U0939823

普通高等教育“十一五”国家级规划教材

电工学概论

（第三版）

朱承高　郑益慧　贾学堂　编

中国教育出版传媒集团
高等教育出版社·北京

内容简介

本教材是为非电类专业编写的电工学通用教材，是在《电工学概论》（第二版）的基础上修订完成的，适用于讲课学时为48~60学时的“电工学”或“电工电子技术”课程。此次修订的重点是由面向经管、文科类专业的教材转变为理工类专业都适用的通用教材。

本教材所编选的教学内容覆盖了教育部高等学校电子电气基础课程教学指导分委员会制定的“电工学课程教学基本要求”所规定的内容，包括电能的产生，电路，电能的传输和分配，常用电动机及其控制，安全用电和节约用电，模拟电子电路，数字电子电路，电力电子技术，电工测量与传感器技术，广播、电视、声像系统，信息通信系统，办公设备及智能卡系统。教材的特点是知识面宽，侧重于原理而不作深入分析，能反映现代科学技术发展水平。其中不仅有传统的、经典的内容，还介绍了一些新技术、新发展，部分资料性内容可供学生自学及课外阅读参考，以扩展视界。

本教材可作为高等学校理工类和经济、管理及文科类等非电类专业的教材，也可作为其他相关专业的教学参考书。

图书在版编目（CIP）数据

电工学概论 / 朱承高，郑益慧，贾学堂编. -- 3版. 北京：高等教育出版社，2024. 12. -- ISBN 978-7-04-063394-8

Ⅰ. TM1

中国国家版本馆CIP数据核字第2024707F0K号

Diangongxue Gailun

策划编辑 杨 晨　　责任编辑 杨 晨　　封面设计 李卫青　　版式设计 童 丹
责任校对 王 雨　　责任印制 高 峰

出版发行 高等教育出版社
社 址 北京市西城区德外大街4号
邮政编码 100120
印 刷 固安县铭成印刷有限公司
开 本 787mm×1092mm 1/16
印 张 35.25
字 数 870千字
购书热线 010-58581118
咨询电话 400-810-0598

网 址 http://www.hep.edu.cn
http://www.hep.com.cn
网上订购 http://www.hepmall.com.cn
http://www.hepmall.com
http://www.hepmall.cn
版 次 2004年3月第1版
2024年12月第3版
印 次 2024年12月第1次印刷
定 价 68.00元

本书如有缺页、倒页、脱页等质量问题，请到所购图书销售部门联系调换
版权所有 侵权必究
物 料 号 63394-00

第三版前言

本次修订的目标是拓宽教材的适用面，使其不仅适用于经管、文科类专业，而且还能适用于学时相近的理工类各专业的教学要求。我们经过几年的教学实践，感觉只要对原版的内容进行适当的扩展，就能够对理工类各专业得到理想的教学效果，并得到学生的好评。所以在本次修订中，我们在第二版的基础上进行了调整、充实、提高，明确并突出了核心内容，同时适当地加宽了知识面，尽量以通识教育要求来组织教学内容。作为理工类专业的电气电子基础课程，其教学内容的适应面不宜过窄，既要在基本知识方面有一定的深度，以培养学生有正确的概念和分析思路，能够分析或解决工程问题；又能有一定的知识扩展，了解学科的现状及知识前沿。

在本次修订中保持了第二版教材的概貌性、原理性、知识性、先进性及知识面宽的特点，力求适应面广，尽量做到既便于教又便于学，概念阐述清楚，文字通顺易懂。教学内容参考教育部高等学校电子电气基础课程教学指导分委员会制定的“电工学课程教学基本要求”编选，并有所扩展，供任课教师根据需要选用。

本次修订进行了以下几方面的修订工作：

1. 第一章增加了“电能是什么”一节，作为电工学的物理基础。

2. 对第二章的体系结构作了调整，把“直流电路”和“交流电路”作为两节分开叙述，不再用并列比较的方式。将“电路的瞬态过程”集中为一节，增编了“非正弦周期信号线性电路”一节。

3. 第三章介绍了“电力系统的调度与管理”以及“智能电网”，以使学生对电力系统有初步的了解。

4. 在第四章中把“可编程控制器”作为独立一节来介绍，并增编了“控制电机”一节。

5. 第五章增编了“防静电”“防雷击”“防爆”和“防电气火灾”的内容。

6. 对第六章和第七章的体系结构作了调整，对电子技术不再以器件和电路分开叙述，而是按照目前常用的体系分成“模拟电子技术”和“数字电子技术”两大部分叙述，新编第六章为模拟电子电路，第七章为数字电子电路。

7. 第七章增编了“半导体存储器”和“可编程逻辑器件”两节，作为可选内容。

8. 第八章增编了“MOS 控制晶闸管(MCT)”和“集成门极换流晶闸管”等新型电力电子器件的内容，并增编了“直流斩波器”一节，增编了介绍电力电子技术在电动车辆、电力系统中应用的内容。

9. 第九章增加了电工测量的内容，章名改为“电工测量与传感器技术”。

10. 第十章至第十二章作为扩展内容，基本上保持原状，仅在个别地方进行了文字或内容的修改和增删，不影响整体的结构。

此次修订增编的内容较多，估计增加的篇幅约为15%，我们力求新增的内容保持概貌性、原理性、知识性、先进性的特点，并与原有内容、风格相匹配，但总会有各种各样的不尽满意的问题存在，还望使用本教材的各位老师和同学对所发现的问题不吝指正。

本教材由上海交通大学电工与电子教学中心组织修订，郑益慧负责第一、二、三章，朱承高负责第四、五、九章，贾学堂负责第六、七章，乔树通负责增编半导体存储器和可编程逻辑器件及第八章，殳国华负责第十、十一、十二章。全书由朱承高负责统稿，乔树通和吴月梅负责整理原稿。

本教材附带相配套的多媒体教学课件，扫码即可下载，该课件由王香婷、赵艾萍、谢维敏等编制。希望读者充分利用该课件以加深理解文字教材的内容。

本教材由浙江大学叶挺秀教授主审，叶教授十分仔细地审阅了原稿，发现和纠正了原稿中的不少错误和瑕疵，并提出了中肯的修改意见，使编者得益匪浅，在此谨表衷心的感谢。

读者在使用本教材的过程中发现问题或有需要交流、讨论之处，可通过电子邮箱 qiao_shu_tong@sjtu.edu.cn 联系。

编 者

2014年5月于上海

多媒体教学课件

第二版前言

自2004年本书第一版出版以后，其体系、内容已逐步为国内高校同行们所了解、接受，在经管、文科类专业的电工、电子基础教学方面起了一定作用，达到了编写的初衷。但是，在教材使用中必然会出现各种问题以及不协调之处，根据所了解的情况及已发现的问题，我们对教材作了适当的修改、调整和补充，而体系、结构基本上不作变动，修订中仍坚持概貌性、原理性、知识性、先进性等特点，尽可能使教材更完善、适应性更强。

与第一版相比，第二版进行了以下几个方面的修订工作：

一、对部分内容编排作了适当调整，尽可能与目前的电工学教学体系相适应。

1. 将原第一章的卷首语编为1.1.1节“电能及电路的基本物理量”。

2. 将原第二章的2.1节“电路与电阻”改编为“电路与基尔霍夫定律”及“电阻电路”两节，并增加了“线性电路分析方法综述”的内容。

3. 将原第六章6.1.1节“二极管及其特性”和6.1.2节“稳压二极管”重编为“半导体基础知识”和“PN结和二极管”两节。

4. 将原第七章7.2.6节“扩大功率输出的方法”改编为“低频功率放大器”。

5. 将原第十一章11.5.3节“无线寻呼系统”改编为“3G移动通信”。

6. 将原第十二章12.2节“智能卡”和12.3节“智能卡读写器及终端”重编为“接触式智能卡及其应用”和“非接触式智能卡及其应用”两节。

二、增添了部分内容，尽可能与目前电工及电子技术的发展相适应。

1. 在1.1.4小节“可充电电池”中增添了“锂离子电池”的内容。

2. 将原第一章1.2.7节“其他发电方式”中的“风力发电”内容扩充为一节。

3. 在2.3.5小节“气体放电光源”中增添了“节能灯”“冷阴极荧光灯”和“霓虹灯”的内容。

4. 在第三章中增编了3.4.4节“工厂供电”。

5. 原第五章改为“安全用电和节约用电”，并增编了5.4节“节约用电”。

6. 在第六章增编了6.2.4节“大规模集成电路概述”。

7. 在6.4.2节“液晶显示器”中增加了“液晶显示屏”的内容。

8. 在第七章增编了7.6.4节“555定时器组成的施密特触发器”。

9. 在9.1.4节“光传感器”中增加了“光纤传感器”的内容。

10. 在第九章中增编了9.4节“现代传感技术的发展”，内容包括微型、智能、生物、仿生传感器等。

11. 在第十二章中增编了12.1.5节“投影机”。

三、对已发现的错误及不妥之处作了修改，尽可能做到概念清楚、叙述正确、语言通顺、用词合理。

在修订过程中继续遵循以物理过程的描述为主，辅以必要的数学推理的方式进行叙述，力求深入浅出地说明问题，并尽可能引起学生的学习兴趣，能主动探索并逐步接受有关用电的各种知识。对电工、电子技术的内涵和发展有比较完整的概念。

本教材由上海交通大学电工与电子技术中心组织编写，郑益慧编写第一～第五章，贾学堂编写第六～第八章，朱承高编写第九章，殳国华编写第十、十一章，赵伟峰编写第12章。全书由朱承高统稿，邵群协助整理了原稿。

本教材由浙江大学叶挺秀教授主审，叶教授审稿极为仔细，发现了书稿中不少细节问题，并提出了改进意见，使编者受益匪浅，在此表示衷心感谢。

本教材修订工作还得到上海交通大学电子信息与电气工程学院电工与电子技术中心领导及同仁们的支持和帮助，在此表示衷心感谢。

对本教材使用中发现的问题，请各位使用本教材的教师和同学以及其他读者不吝指正。

编　者

2007年12月于上海

第一版前言

编写面向经管、文科类专业的电工学教材是一种新的探索，一方面是由于这些专业教学计划所能提供的学时有限，而且不像其他一些工科专业中用电知识多多少少与专业知识结构是有直接联系的，也就是说，用电知识还不是这些专业所必需的专业基础知识。另一方面，经管、文科类专业研究、分析与思考问题的思路和方法可能与工科类专业有很大不同，前者侧重于从宏观、全面来观察分析，在一定程度上要较多地考虑人的因素，而后者则是从一个具体的物理对象来研究，往往是把问题理想化、孤立化，强调自然规律的逻辑推演，所以按照传统的工科电工学内容与要求进行教学，往往难以取得好的效果。

在当代，由于现代科技发展使得电能使用问题与人们工作条件的改善、生活质量的提高紧密地联系在一起，用电基础知识已经不是一种专业的基础技术，而是趋向于大众化教育所必需的基本内容，所以有必要重新审视以前的教学模式与教学内容，看其是否适应大众化教育的需要；有必要根据教学对象的特点，灵活地组织教学内容和要求，开设不同类型的电工学课程。即电工学课程的发展应该是多模式而不是单模式的，通过各种模式的综合才能够充分地反映整个课程发展的全貌。

针对教学对象的特点，把课程的起点及教学要求定位得比较低，教学内容的面广一些，深度浅一些，不要求学生有较强的数理知识基础及演算能力，只要求解决“是什么”问题，而不要求解决“为什么”“怎么办”问题。为此教材内容原则上具有以下特点：

1. 概貌性。即教材中能反映出现代电气领域及用电事业的概貌，这包括电能的生产与消耗，以及电气信息产业的发展。

2. 原理性。对于所涉及的理论、设备、系统仅仅是介绍清楚其工作原理，这种讲述是建立在中学物理知识的基础上，不采用深入的数理推导、分析或证明，只要从宏观上、概念上建立对事物的正确认识，不要求学生能够深入、精确地对事物进行描述。

3. 知识性。教材内容涉及的面较广，对于一些电气产业及用电中的常识性问题力求有所体现，这些知识对于提高经管、人文类专业学生的科技素质、工程素质是极为有用的。

4. 先进性。教材不仅仅把一些经典的、传统的知识传授给学生，而且把现代科学技术中的一些新内容、新发展同时告诉学生，使他们对此有一定程度的了解。

此外，在系统结构及叙述方法上尽可能做到把理论内容与实际用电设备及用电系统的介绍结合在一起，尽可能多介绍一些实例以增加学习兴趣；在文字方面力求通俗易懂，深入浅出，不过多地引用科技术语，避免采用过分浓缩的方法压缩字数，避免衔接上的不协调。

本教材由上海交通大学电气工程系及电工与电子技术中心组织编写，葛万来编写第 1～5

章，贾学堂编写第6～8章，朱承高编写第9章，殳国华编写第10～11章，赵伟峰编写第12章，全书由朱承高教授统稿，朱慧红、郑益慧协助整理原稿。本书还得到中心领导和其他教师的支持和协助。

本教材由浙江大学叶挺秀教授主审，叶教授仔细地审阅了书稿，并对系统及各个细节问题都提出了不少中肯的意见，使编者受益匪浅，亦对提高教材的质量起了很大作用。

本教材的编写与出版还得到高等教育出版社有关同志以及电工学前辈孙文卿教授、张南教授的指导和帮助，在此谨向诸位关心支持、指导帮助本教材成功出版的老师们表示衷心感谢。

由于编者学识疏浅，经验不足，特别是对教材的分量与深度难以把握，在教材中必然存在不少疏漏和错误，在教学的适应性上也可能存在着各种问题，恳请使用本书的各位教师、学生及其他读者及时指正，十分感激。

编　者

2003年8月于上海

目　录

绪　　论

一、电工技术和电子技术发展简史

19 世纪中后期,在物理电学实验研究的基础上开始了电能的工业应用阶段,而且发展颇为迅速。19 世纪末期已经形成了以研究电磁现象的工业应用为核心的电工科学技术,并分成电力与电信两大分支,分别从事电能的产生、传输、应用和电信号的产生、传输以及接收的研究工作。20 世纪的一百年间,在电工科学技术的基础上发展了电子技术、无线电技术、计算机技术、自动控制技术、精密遥控技术等,特别是军事工业的发展和战争的需要加速了电子科学技术及相关新兴学科的产生与发展,反过来先进的军事科技应用到民用工业及人民生活、文化教育及医疗卫生事业中,又使整个社会经济生活面貌大为改观,所以电能的应用、电信技术的发展是现代社会的重要技术支柱。

人们很早就认识电和磁,中国古代应用天然磁石指示方向做成早期的定向仪——司南,之后为了航海事业的需要,又在 11 世纪发明了指南针。对电的认识首先是对雷电现象及摩擦产生的电现象进行研究。1747 年富兰克林通过实验证明了闪电和摩擦产生的电荷是相同的。1785—1789 年法国科学家库仑设计了静电扭秤实验装置,确定了静电作用力与二电荷电荷量的乘积成正比,与电荷距离平方成反比的库仑定律,后来他又将此定律应用到磁极间作用力的研究。以后由拉普拉斯、泊松、高斯等将万有引力的研究结果应用到静电场的研究,从而得到了有关静电场空间分布的泊松方程、高斯定理,这样就把数学与实验物理的研究结合起来了。1826 年德国科学家欧姆通过实验得出了欧姆定律,1840 年焦耳发现了电阻发热的焦耳定律,开始了对电路的研究工作。

1820 年丹麦科学家奥斯特发现雷闪电流会引起磁针抖动,进一步观察到载流导线会引起附近的磁针发生偏转。之后法国科学家安培又作了进一步研究,确定载流线圈磁场方向的右螺旋法则,即载流导体中电流相互作用力和方向的法则,以后又提出了磁通连续性原理和安培环路定律。1831 年英国科学家法拉第提出了电磁感应定律,1834 年俄国的楞次提出了确定感应电流方向的楞次定律,这样就通过电生磁和磁生电把磁现象和电现象紧密结合起来,并在以后由麦克斯韦进一步发展成为统一的电磁场理论及电磁场波动理论,在此基础上,1887 年赫兹通过实验证实了电磁波的存在,从而发展了新学科无线电技术。

法拉第根据电磁感应定律在 1831 年制成了圆盘发电机,这说明可以用水轮机或蒸汽机带动发电机得到电能,以代替昂贵的伏打电池。之后又有多位科学家及工程师对发电机的结构及励磁方式加以改进,到 1870 年已能制造功率高达 100 kW 的直流发电机可供实用。另外,1834 年俄国科学家雅可比制成了第一台电动机,并用以驱动一条小船在涅瓦河上航行,初步显示了电动机的实用性。由于人们是从电池中得到直流电,因此早期的发电机、电动机都是直流的,但是后来的研究发现,长距离输送直流电的电能损耗及电压降太大,而高压直流电的产生和使用具有一定的困难,这就使交流电的研究得以迅速开展。1885 年意大利的费拉里斯提出了交流电机的旋转磁场理论,1886 年美国的特斯拉制成三相异步电动机,1889 年俄国的多利沃 - 多布罗沃利斯基发明了三相笼型异步电动机,应用在由他于 1888 年开创的三相交流输电系统中,加上由他发明的三相变压器,这就奠定了现代三相供电系统的基础,到 1900 年左右交流输电几乎全部采用三相制。

在电信方面,1835—1838 年陆续完成了各种商用电报机的制造。1838 年美国的莫尔斯发明了以点画组成的电码代表数字和字母的信息。于是欧美各国在 1840 年以后纷纷敷设电报线路提供商用电报,1866 年从英国到美国的大西洋海底电缆敷设成功,1869 年已实现了包括穿越太平洋、印度洋的全球范围的海底电缆网的敷设。1876 年美国的贝尔试验电话成功,1877 年爱迪生发明了商用电话机,1878 年美国大力推广使用电话,通信事业得到长足的发展。同时由于电信线路的敷设推动了电路理论的发展,1845 年德国科学家基尔霍夫提出了汇集一个结点上的各个电流的代数和为零及沿一个回路电动势的代数和等于电压降的代数和,称为基尔霍夫电流定律及电压定律。1839 年美籍电气工程师施泰因梅茨提出了正弦交流电路的相量分析法,简化了交流电路的分析计算。

由于电机制造及输电技术的发展,在 19 世纪末,欧美各国相继出现了商用发电厂,向附近一定范围内的用户提供电力。1882 年 7 月,在上海建立了我国第一座商用发电厂,发电机功率为 12 kW,当时距世界上最早的商用电厂(1882 年 1 月建于伦敦)的建立时间仅迟了 6 个月。

起初的电能应用仅限于电气照明及电动机,美国发明家爱迪生曾发明了碳丝灯泡、电弧灯、留声机等许多电器,并创立了美国通用电气公司生产各种电气设备。1883 年爱迪生在研究白炽灯灯丝时发现了炽热的灯丝与带正电的阳极之间存在电流,并称为爱迪生效应,1887 年汤姆逊确定爱迪生效应的本质为热电子发射。1904 年弗莱明发明了真空二极管作为无线电接收的检波器,1906 年德福雷斯特又发明了真空三极管,使电信号放大成为可能,以后又相继出现了四极管、五极管、七极管、功放束射管等,使无线电技术得到了迅猛发展,无线电通信、无线电广播很快地应用到军事、航空及生活中。在很长一段时间里无线电设备都是由真空管构成的。

1948 年贝尔实验室巴丁等人研制出第一个双极晶体管,1957 年贝尔实验室发明了面结合晶体管,以后由于材料及工艺方面的进展又制成了场效晶体管。1958 年美国得州仪器公司制成集成振荡器,首次把晶体管和电阻、电容集成在一块硅片上,构成基本完整的单片功能电路。1961 年美国仙童公司制成了集成触发器。随着集成电路制造工艺及材料的发展,以后相继出现了小规模、中规模、大规模、超大规模集成电路,应用于计算机、无线电通信和其他通用及专用的电子设备,目前医疗设备、工业及交通设备、家用电器、现代化农业设备中已广泛地采用电子装置。由于微电子技术的发展,使集成电路的规模大、功能强、体积小、耗电省,其对国民经济增长的拉动效应日益显现。近年来我国已经引进了许多条集成电路生产线,其中部分生产线的水平已经达到国际水准。

电子器件发展的另一个方向是大功率半导体器件的研究、制造,已经通过了普通晶闸管、可关断晶闸管(GTO)、大功率晶体管(GTR)、功率场效应晶体管(V - MOS)、绝缘层双极型功率管(IGBT)等各个发展阶段,从而产生了新兴学科电力电子技术。利用电力电子器件能够很方便地实现交直流电能之间的互换以及各种电压、频率的交流电能的互换。

近一百年来电工技术、电子技术的发展及电能的普遍使用已经使人类的日常生活及社会发展发生了翻天覆地的变化，新中国成立以来特别是从1978年以来电力工业的发展更是令人瞩目，到1996年下半年已经基本上扭转我国长期缺电的局面，电力供需基本平衡，初步解决了我国工业发展的瓶颈问题。到2000年我国发电厂的装机容量已经超过了3亿千瓦，达到世界第二位，全国电网覆盖率已经超过97%，许多边远地区的农户也能用上电。2003年8月，已经蓄水的三峡水力发电站正式向华中、华东以及南方电网供电，该电站装机容量为1 820万千瓦。我国已经拥有水电、火电、核电、风力、地热、太阳能、潮汐等多种发电手段，计划到2020年装机容量将超过8亿千瓦，会大大地促进国民经济及国防事业的发展。

二、为什么要学习《电工学概论》

如前所述，电工技术、电子技术的发展及大规模的使用电能已经成为我们所处时代的特征，电的应用无处不在。电气应用知识教育不仅是工科专业所必需的，而且是目前所有高等教育以及职业教育所必需的，当然对于不同专业所开设的有关电气的课程，其目的要求、内容与深度会有不同。

学习电工学的目的，首先是一种工程素质教育，即作为当代的大学生必须对当前的用电知识有一个基础的了解，虽然有些专业所学的知识并不需要电气知识作为基础或者以电工学课程作为先修课程，但是学生们需要对电能的产生以及应用方法、电能传输的一些规律、常见电气设备及安全用电规范等有一个概貌的认识，否则将会成为高学历的“电盲”，这是与我们所处的时代很不相称的。其次，这些专业的学生很可能会在以后的工作与生活中接触到电气设备，除了计算机以外会出现一些新颖的电气装置作为相关专业发展的技术手段，会由一些专业人员及高层管理人员根据其所具有的电气知识提出一些改革思路而由电气工程师来实现。进一步而言，也可以由非电专业人员参与并共同完成这种技术改造。这样就需要再深入学习一些电工学专业知识，或阅读一些专业杂志及工具书，为此就需要一定的入门基础知识。所以有必要开设一门比较全面地介绍电工技术、电子技术基础知识，同时又适当介绍应用知识的概论课程。该课程具有一定的综述性及应用性，能够适应学生的原有基础，通过规定学时的学习达到上述的目的。

三、《电工学概论(第三版)》的主要内容

本教材内容分成“电工技术”“电子技术”“综合应用”三大部分，各部分相对独立，没有十分紧密的联系。其中前两部分为核心内容，与传统的电工技术、电子技术两门课程相对应，综合应用部分为扩展内容，是以扩大学生的知识面和增加其应用知识为目的编写的。

1. 电工技术——电能的产生、传输及应用

电工技术部分的内容包括第一章至第五章，每章叙述一个方面的问题，包括电能的产生、电路理论、电能的传输和分配、电能与机械能的转换与控制以及安全用电等五个方面。在第二章电路中集中介绍了电源与负载的关系，侧重于电路基本规律及电能传输回路的分析，简化了传统的复杂电路分析，形成以电路元件、直流电路、单相交流串并联及三相交流电路为主，并辅以瞬态过程分析及非正弦周期信号线性电路的分析的系统。在分析中力求通过物理概念及类比的方式进行叙述，简化推导，通过演绎和归纳把结论引出。

在第一章电能的产生及第三章电能的传输和分配两章中分别介绍了发电和输电的基本技术

知识,而且也概要地介绍了我国电力工业的发展及能源政策。这两章中叙述性内容较多,学生可以通过自学及讨论来掌握。

在第四章常用电动机及其控制中集中介绍三相交流异步电动机、单相交流异步电动机及直流电动机三种常用电动机的工作原理及应用,以及步进电机、交流伺服电动机、直流伺服电动机等三种控制电动机的工作原理。介绍了交流电动机的继电-接触器控制及现代工业控制中普遍使用的可编程控制器的基本原理和使用,使学生能较全面地了解电能转换成机械能的主要途径和控制。

将安全用电和节约用电独立一章的目的是强调安全用电和节约用电的重要性,并介绍主要的安全用电知识及一些节约用电的措施。

2. 电子技术——模拟电子、数字电子、电力电子电路

电子技术包含电子器件和电子电路,近代电子信息产业的高速发展使现代经济、生活呈现出如此丰富多彩的场景,而这都是因为人们对电现象的研究已经深入到原子、分子结构层面,能够通过对电路中的电压、电流的操控,使物质中的电子运动为我们所用,通过电真空技术、半导体技术、微电子技术为我们研制出各种电子器件。把电子器件和各种电路元件按一定规律联结,就构成电子电路。

电子电路是一种功能电路,不同于电工技术中所介绍的电能传输电路,电子电路主要的功能之一是完成电信号的获取、传输、处理以及控制,另外的功能是变换电能的形式,即是直流与交流之间的变换,交流频率的变换、波形的变换、相位的变换以及电压高低的变换。

目前基本上根据电子电路的功能、类型、工作方式可以分成模拟电子技术、数字电子技术、电力电子技术、高频电子技术等不同类型的学科。

第六章模拟电子电路主要介绍如何利用半导体器件的放大功能,实现对模拟电信号进行放大、反馈、滤波、比较等处理,以及低频周期性电信号的产生方法,同时也比较详细地介绍了常用电子器件(半导体二极管、双极晶体管、场效晶体管、集成运算放大器)的基本性能和使用方法。

第七章数字电子电路主要介绍如何利用通用数字集成电路的各种逻辑功能实现对数字逻辑信号的组合逻辑处理和时序逻辑处理。同时也比较详细地介绍了常用混合集成电路定时器、数字/模拟转换器、模拟/数字转换器,以及大规模集成电路——半导体存储器和可编程逻辑器件。

第八章电力电子技术介绍了交流/直流、直流/交流转换的整流、滤波、逆变基本电路以及直流-直流变换的斩波电路,这些电路的电能转换的功能都是利用了大功率的电力电子器件、控制电路以及储能元件实现的。另外还对生产和生活中常见的电力电子装置作了一般性介绍。

由于高频电子技术主要应用于高频电信号的传输和处理,涉及通信、广播以及遥感遥测等领域,其技术领域比较专业,对此本教材不作介绍,仅在第十章、第十一章中对其应用作了一般介绍。

3. 综合应用——电子信息系统的原理和应用

综合应用部分主要目的是扩大学生的知识面、增加其应用知识。第九章电气测量与传感器技术介绍了电量和非电量的测量方法,测量是人们利用专门的量具及测量仪器感知客观世界中被测量大小的操作过程,用电的方法来测量各种物理量是目前普遍采用的方法,电表和传感器是

现代测控系统中必不可少的元件,目前任何电气装置中都少不了,但传感器形式繁多,原理各异,教材中只能选取常用的典型案例予以一般介绍,要求学生对主要的类型能够清楚其原理和应用。

第十章广播、电视、声像系统是生活中最典型的电子信息系统,介绍这部分内容能够使学生理解系统的组成原理及应用功能。我们日常见到的一些设备、家电都是系统的一个组成部分,其功能及电路设计必须符合系统的组成要求,才能发挥其正常的工作性能。

第十一章信息通信系统的编写目的也是使学生对目前各种各样的现代通信方式有一般性的了解,能够知道通信系统的组成及工作原理,有了关于通信方面的基础知识后能够应对通信事业的新发展,并在自己工作中充分利用其新成果。

第十二章办公设备及智能卡系统是一项新的发展前途无限的电子信息系统,特别是经济管理及文科类专业会经常接触、利用该系统并促进其进一步发展。该系统本身是一项电子技术装备,但是其服务对象是各类专业人员,特别是经管类专业人员,所以发展该系统,实现管理工作、经济工作、资料工作的自动化和智能化,对促进国民经济的发展是极其重要的。

四、学习方法及学习安排

本教材所适用的讲课学时为 48 ~ 60 学时,相应的课外自学时数为 64 ~ 80 学时(包括完成复习思考题的时间)。学生除了通过课堂教学及课后复习获得知识外,还应参加一定数量的实验或参观演示,以得到感性认识及形象体验。有条件的学生可以参阅一定数量的参考书,选择所感兴趣的内容进行深入学习,或者完成一些电子小制作以练习自己的动手能力。

电工及电子技术实际上是一门颇为有趣的实用技术,如能把理论学习与实际动手很好地结合,并有始有终地完成学习过程,必能获得颇为丰富的收益。

各章的讲课学时的安排建议见表 0.1。

表 0.1 课时安排

	绪论	0.5 学时
第一章	电能的产生	2 学时
第二章	电路	9 学时
第三章	电能的传输和分配	2.5 学时
第四章	常用电动机及其控制	8 学时
第五章	安全用电和节约用电	1 学时
第六章	模拟电子电路	8 学时
第七章	数字电子电路	10 学时
第八章	电力电子技术	4 学时
核心内容 合计		45 学时
第九章	电工测量与传感器技术	4 学时
第十章	广播、电视、声像系统	3 学时
第十一章	信息通信系统	4 学时

续表

第十二章	办公设备及智能卡系统	4 学时
扩展内容　合计		15 学时
总计		60 学时

考虑到一般院校的实际教学时数不尽相同，建议教学时数不要少于 45 学时，否则核心内容的教学无法保证。讲课时建议教师根据教材内容有重点地讲解，在特殊情况下也可以把教材内容编成若干个专题开设讲座。教材中打 * 号及扩展的内容为自选内容，教师可根据学时及教学条件决定取舍。

第一章　电能的产生

电能是现代生活中必不可少的，它涉及人们日常生活及工业生产的各个领域，为了更好地应用电能，需要了解有关电能产生、合理使用和节约用电的知识，在这一章中将介绍电能是如何产生的，并具体了解各种电源。电源是把其他形式的能量转换成电能的装置，按电源的工作性质可分为直流电源和交流电源。

1.1　电　　能

1.1.1　电能是什么

1. 带电粒子和电场

大家知道分子由原子组成，原子由外层电子和原子核构成，而外层电子是带负电荷、原子核是带正电荷的，正、负电荷间有相互吸引的能力，而同性电荷之间是相互排斥的。通常，电子有规则地分层分布在原子核周围，受原子核吸引而稳定地旋转。这时原子对外不显示出带电性质，即为电中性的，但是，一旦受到外来能量的激发，就会使电子脱离原先运动轨道的束缚成为自由电子，而缺少了一个或几个电子的原子就显现出带正电，称为正离子，如果自由电子被其他的原子所俘获，则该原子显现出带负电，称为负离子。在各种物体内部这种束缚电子成为自由电子，而又被其他原子俘获的过程是不断发生的，而且是不断在演化的。无论我们把物体分割成多么小的物体，其对外总是电中性的，不显现带电性。

但是随着科学研究的深入，已经找到不少方法可以把物体中的正、负电荷分离，并将同种电荷积聚起来，集中于某一物体上，正电荷聚集点称为正极，负电荷聚集点称为负极，这样就会显现出物体带电的效应。

使正、负电荷分离的方法有摩擦生电、光电效应、热电效应等，都可以使物质表面发生电子发射（逸出），化学效应可以使电子形成空间运动而构成电流，电磁感应也可以使导体中的电子定向运动而构成电源。

科学研究证明，在电荷周围的空间必然存在着一种特殊的物质——电场，电荷（带电粒子）和特殊的空间（电场）是两位一体的、不可分离的一种物质，电场的存在是电荷存在的表现。电场的各种性质已为我们所了解，所以通过各种检测手段感知到电场，也就知道了在一定空间范围内存在着电荷。

电荷能够被分离，也一定能复合，电荷的分离是在外部能量作用下实现的，如机械运动、加热、光照、化学反应、核反应等，都要消耗外部能量。电荷分离后建立了电场，电场对带电粒子有作用力，在电场力的作用下，正、负电荷趋于复合，就会形成带电粒子的运动，这一现象说明电场本身是具有能量的。复合的过程就是电场使带电粒子运动做功，直到正、负电荷复合，则电场消失，电场能量也随之消耗殆尽，并转化为其他形式能量。从能量的转化过程看，由外部作用分离电荷就建立电场，即为外部能量转化为电场能量，在电场作用下电荷复合，电场能量做功并转化为其他形式能量。这一过程仅仅是自然界中能量的循环，能量不能产生也不能消失，但能在转化的过程中加以利用。

通过以上的表述，可以清楚地了解“电能是什么”的命题。

- 电能是大自然能量循环中的一种转换形式。
- 电能是在电荷运动的过程中电场力所做的功。
- 电能是电流对用电器以各种形式做功的能力。
- 电能是衡量电流做功多少的物理量。

在现代生活中，我们已经通过自身的观察和体验，清楚地认识到电能的应用是如此广泛，以致难以想象，生活中没有电的日子会是怎样的，尤其是在现代社会，电不仅应用于动力及产生光和热，特别是在信息的利用及传递、处理方面的应用，对整个社会的运行、发展的意义是无法估量的。

2. 电能的发现

电能的发现过程也就是人们对电磁现象认识并利用的过程。

对电现象的认识是从电现象和摩擦生电开始的。近代对电磁现象的实验研究始于16世纪，英国医生吉尔伯特发现了用天然磁石摩擦铁棒能使铁棒磁化，并用实验验证了地磁场的存在，论证了地球是一个巨大的磁体，它与磁针之间因同性相斥、异性相吸而使磁针偏转。1663年德国物理学家盖利克研制出摩擦起电的简单机器。1729年英国学者格雷发现电可以沿金属丝传导，物体分为电性(导电体)和非电性(非导电体)两类，并验证了人体是电性物体。1733年法国化学家杜非发现电荷分“正电荷”和“负电荷”两种，而且有“同性相斥，异性相吸”的特征。1745年和1746年分别由荷兰莱顿大学教授马森布罗克和德国卡明大教堂副主教冯·克莱斯特研制出能储存静电的莱顿瓶，并推广使用。

在经历了对静电现象观察和利用后，进一步的研究就深入到对电现象的理性认识以及内在规律的探究阶段。于是有1747年美国人富兰克林通过有名的“风筝实验”证明了雷雨天闪电现象和摩擦起电机产生的电荷放电的性质是相同的，这就把“天电”和“地电”在本质上统一起来。1785年法国物理学家库仑受牛顿的万有引力定律启发，发明了用以精准测量微小引力的扭杆，从而通过实验得出了两个电荷之间的作用力与它们所带电荷量的乘积成正比、与它们之间距离的平方成反比的库仑定律，至此人们对电现象的研究从定性进入了定量研究，并把电量的单位用“库仑”来命名。1799年意大利物理学家伏特发明了“伏打电池”，可以对外提供较长时间的连续电流，这样使电学研究从静电扩大到动电。另外伏特还发明了起电盘、储电器、验电器等，由于伏特对电学研究的贡献，人们把电动势、电位、电压的单位用“伏特”来命名。

现代电气工程的发展以及用大规模工业生产的方式产生电能是基于电与磁的统一，形成统一的电磁学研究，其发展史中的重要事项有1820年丹麦物理学家奥斯特发现了电流的磁效应，即电池与铂丝连通时，能使靠近铂丝的小磁针产生轻微的晃动。这一发现引起了电磁科学研究的浪潮，接着法国物理学家安培对电磁现象进行深入研究，1820 年提出了电流方向与磁针转动方向关系的右手定则，发现了两条平行的载流导体之间相互作用力的规律，即电流方向一致的相互吸引、方向相反的相互排斥，并且对电流相互作用的现象作了精确的数学分析。安培还提出了物质磁性是由内部存在的环形电流——分子电流产生的，并且利用数学总结出分子电流相互作用的规律，形成了“电动力学”理论。目前电流的单位是用“安培”命名的。

电流的磁效应引起了“磁能否生电”的研究，1831 年法拉第通过实验发现了电磁感应现象，即在电流大小变化、磁场大小变化、载流导体的运动、磁铁的运动以及导线在磁场中运动五种方式都能在导线中感应出电动势。另外，法拉第又提出了带电体、磁体或电流能在周围的空间激发出电场和磁场，起到传递电力和磁力的作用，电场和磁场在空间的分布能够用电力线、磁感线加以描述，这就用物理现象证实了电场和磁场的物质性，通过实验可以观察到电力线、磁感线的存在。

同时对电磁感应进行研究的还有美国物理学家亨利和俄国物理学家楞次。亨利发现了自感现象，在载流铁心线圈通电和断电时能在感应线圈中产生方向相反的感应电流，而且感应电流大小与线圈的匝数有关。楞次通过实验得出了磁场的变化不能突变，感应电流的方向总是使它所产生的磁场的方向与引起感应的原磁场变化相反，即抵抗原磁场的变化，也就是原磁场增强时，感应电流产生的磁场方向和原磁场方向相反，当原磁场减弱时，则感应电流产生的磁场方向和原磁场方向相同。

至此已经完整地通过实验认识了电生磁、磁生电的物理过程。特别是由电磁感应所提供的生产电能的方式以及根据电磁感应原理设计制造的发电机、电动机、变压器，从 19 世纪问世以来，至今仍是现代电气工程的重要核心设备，而且还在不断发展之中。

3. 电能的本质

电能的本质就是电荷在电场中受电场力的作用而做定向移动的过程中，电场对电荷移动所做的功。在这个过程中就表现出电场是具有能量的，这个被称为电能的电场能量存在于电场所在的整个空间中，或者说电场这个特殊的空间是能够存储电能的。

一段金属导线放在一般空间中不会有什么效应出现，如若置于电场之中就会使导线中的自由电子移动，积聚到导线的一端形成负极，而导线的另一端则因缺少自由电子而形成正极，这个现象称为静电感应，当电荷积聚到一定程度时就会在导线的端头上出现放电，在空气中释放电荷，这些都是由于电场的作用所产生的，或者说电场是有能量的。

各种带电体周围空间电场分布的情况可以用数学分析得出并通过电力线直观地加以描述。电场可以有两种方式生成，一种是在静止的或是移动的电荷周围存在的电场，其电力线是从正电荷指向负电荷的，在电场中某点的电力线方向就是带正电的电荷在该点的受力方向。另一种是在随时间变化的磁场周围能够感应出随时间变化的电场，其电力线是与原磁场的磁感线相交链（即与链条一样环环相扣的链接方式）的，此时电力线也和磁感线一样是一种闭合的环线，假若感应出的电场周围也能感应出随时间变化的与原电场相交链的磁场，这样就能形成磁场－电场－磁场－电场……互相交链，像水波一样向外部空间传播的电磁场，这就是电磁波，电磁波的传播与扩散就是电磁能量的传播与扩散。此时就反映出所谓电能本质上就是统一的电磁场的能量，这个能量在电场和磁场随时间变化的情况下，实际上是不断地向周围空间以波动的方式发散的。

上述观点是伟大的英国数学家、物理学家麦克斯韦总结了前人在电磁学方面的研究成果，用数学语言把电场、磁场实验结果加以统一的描述,特别是提出了空间电场中的电力线就相当于电流,称为"位移电流",其性质与传导电流相似。这样闭合的电力线和闭合的载流线圈一样在其周围能产生磁场的现象,在理论上也就统一起来了。

麦克斯韦根据上述观点综合了各种电磁现象的研究提出了由四个方程式组成的描述电磁场的麦克斯韦方程组。所有宏观的电磁现象的基本规律都可以用此方程组求解,静电场、恒定电场、恒定磁场的分布作为特例也都可以从方程组中求解。麦克斯韦方程组是完整的电磁学理论基础,表征了统一的电磁场中电场与磁场的场量之间相互联系而又相互制约的关系,据此还可从变化的电场、磁场相互感应的现象中预言电磁波的存在,并且揭示了光的电磁性质,证明光、电、磁现象的本质是一致的。麦克斯韦所建立的完整的电磁理论体系,充分地描述了电磁现象的本质,在电力工程及电信工程方面直到今天还是十分正确和有效的,许多工程问题及新技术发展问题还是以此为指导解决的。

4. 电能的产生

电能的产生是一个工程问题,因为从物理学得知,自然界中的能量是守恒的,不能无缘地生成,亦不能无缘地消失,只存在着各种能量存在形式之间的变换,所以这个命题的实质就是在工程上如何实现把自然界中所存在的其他形式的能量转换为电能。

能源是自然界赋予人类生存和社会发展的重要物质资源,自然界固有的原始能源称为一次能源,分为不可再生和可再生的能源,一般把化石能源,如煤、石油、天然气和油页岩以及矿物能源,如核材料等定为不可再生能源,它是重要的战略物资,目前还在大量消费,支持着全世界的国民经济发展和人民生活提高,但是用一点就少一点,随着消耗量越来越多,在不远的将来总有一天会枯竭。而可再生能源是指自然界中的太阳能、风能、水能、生物质能、波浪能、潮汐能以及地热等,这些能量虽然名目繁多,但是能源分散,大规模开发利用存在一定困难,目前除水能能够成一定规模外,其他能源的开发比例还很低,并且开发成本较高。

电能是一种二次能源,主要是由不可再生的一次能源转化而来的。其主要的转化途径是化石能源的燃烧,将化学能转化为热能;加热水,使其气化成蒸汽推动汽轮机,从而将热能转化为机械能;最后由汽轮机带动发电机利用电磁感应原理将机械能转化为电能。为此我们要建造大型火力发电厂,并经过几番周折将煤炭化作我们所需的电能,同时也产生大量的废气、废渣、废热,对环境造成不小的影响,而且即使采用现代先进的技术和高效的设备,能量的综合转化效率也仅为40%。

采用热与电转化发电方式的还有:

① 燃气轮机发电 是用压缩空气送入燃烧室与喷入的燃料混合并雾化后进行燃烧,形成高温、高压的燃气送到燃气轮机,在燃气膨胀过程中推动轮机旋转带动发电机发电。此法因燃料燃烧直接推动轮机-发电机组旋转发电,所以热效率较高,而且能快速开、停。

② 柴油机发电 是用高压油泵将柴油喷入气缸,形成油雾与空气混合后,在气缸活塞压缩过程中爆燃,推动柴油机旋转并带动发电机发电。

③ 核能发电 是用核反应堆产生的一次蒸汽,通过蒸汽发生器换热转换为无放射性的二次蒸汽,推动汽轮发电机组旋转发电。

④ 太阳能光热发电 是用大型反射镜接收太阳光并聚焦于蒸汽发生器上,使其集热形成高温并加热水,通过蒸汽循环,推动汽轮发电机发电。

⑤ 地热发电 是用地下的天然蒸汽和热水,经过一定的处理并加以汽化成为一定温度和压力的蒸汽,推动汽轮发电机发电。

水能主要是通过在江河的上游建设水力发电站进行开发,我国水资源量居世界第一,开发的前景极为广阔,举世瞩目的长江三峡水电站建设以来已经为我国提供了大量的电能。水力发电是将水流引向水轮机的涡轮,利用水流的位能和动能,推动水轮机－发电机组旋转发电的,为此就需要拦河筑坝,以提高上游来水的水位增加位能,并保持水库中的库容,调节水流量,维持均衡发电。水力发电的季节性较强,并入电网以后,需要与火力发电配合、互补,以维持电网的稳定运行。

利用海洋中洋流的动能发电是水能开发的重要方面,目前已有海洋潮汐发电、波力发电、温差发电等多种,虽然海洋水能蕴藏量巨大,但因开发成本较高及技术上的原因,目前仅仅作小规模的试验性开发,发展还不是很快。

在可再生的能源中,风能和太阳能的利用是最有发展前景的,目前风力发电在技术上已经成熟,进入了商业开发的时代,在中国的西北新疆、甘肃、青海、宁夏及内蒙古地区已经建成了多个大型风电场,沿海地区在近陆地的浅海中也建起了数个海洋风电场,但建设维护成本要高于内陆的风电场。单台大型风力发电机的额定输出已达 5 000 kW,整个风电场可以有数百台风力发电机,就相当于一座大型火电厂。风力发电厂占地少,无污染,建设简单,施工安装周期短,运行简单,可以无人值守,投资可以分批,较快见效,其发电成本已经和大型火电不相上下,甚至能低于火电,风电并网中的技术问题已逐步解决,所以在有条件的地方设立风电场是对经济发展极为有利的事。

太阳能发电主要有光－热、光－伏发电,常见的是太阳能光伏电池在太阳光照射后直接把太阳能转化为电能,单个的电池元件所产生的电动势较低,需要多个电池串并联组成光伏电池阵列才能对负载供电。

常见的光伏发电系统分为离网型和并网型两种类型。

离网型光伏发电系统是独立运行的,光伏电池发出的直流电流经控制器后对蓄电池充电储能,并对外输出直流电流对直流负载供电。若需对交流负载供电,还需安装 DC－AC 逆变器,将直流转变为 50 Hz 工频交流或中频交流。在系统中还需要安装控制器来保护蓄电池,以防止发生过度充电或过度放电损坏蓄电池。离网型光伏发电系统一般用于对离电网很远、分散的、交通不便的或移动的负载供电。

并网型光伏发电系统有住宅型和集中式两种。前者光伏发电系统中通过逆变器与电网相连,住宅负载主要由光伏电源供电,多余或不足的电能通过电网调整。后者的规模较大,把光伏电源所发的电能都通过逆变器转变成交流电输送入电网,由电网统一分配。但由于光伏电站建设成本较高,进网电价较低,发展有一定限制。

5. 电能的优点

与其他能源相比,电能是人类最方便利用的能源,主要是:

① 电能可以用大规模的工业生产方法集中地获得,把其他能源转换为电能的方法在技术上都已经成熟,相对其他能量之间的转换,产生电能和利用电能是比较方便的。

② 电能可以通过远距离传输直接送到用户或用电负载,而且损耗很低,和其他能源的远距离输送相比较,电能的输送具有实时、方便、高效等优点,这是其他能源无法比拟的。

③ 电能能够很方便地转化为机械能、热能、化学能、光能，能够用于各种信号发生、传递和信息处理，实现自动控制。各种新技术如电子计算机、新能源、航空航天、遥控遥测、新材料的研发等都是充分利用电能才能实现的。

④ 电能本身的产生、传输和利用的过程已能实现精确、可靠的自动化、信息化控制，电力系统各环节的自动化程度远高于其他行业的自动化。

现代电力系统是瞬息万变的体系，在国民经济中的地位不仅要从经济上衡量，而且要从战略地位上看，它居于领先而且是处于统领全国经济发展的地位，其重要性无法估量。全国各地经济要发展，首先要有充足的电力供应，另外要有发达的信息通信产业和交通运输，而这也与电力工业的发展密切相关。

6. 电能的利用

从电能的发现至今的一百多年中，除了在电能的产生方面进行探索，出现了多种电源形式，发电机组容量也从小到大，电网规模不断扩大，在电能的利用方面也进行了有效的探索，发明了不少用电器，用电器的电能消费要求的扩展，使人们生活及生产水平大大提高，同时也刺激了电能生产的发展。

至今电能消费的主力是电动机，电动机是把电能转换成机械能，分散在各个机械设备中作为驱动设备运转的动力源，世界上最早的电动机使用直流电驱动的。1831 年美国物理学家亨利试制成功用电磁铁做往复运动的电动机实验模型。1834 年俄国科学家雅可比发明旋转式直流电动机，开始了电动机从实验模型向实用化转化。1847 年德国工程师西门子研发了自励式直流电动机。1849 年开始，人们就可以用直流电动机驱动机械设备了。1879 年英国人贝德发明多相电动机，在英国伦敦皇家学会展出，1883 年美国科学家特斯拉发明世界上第一台感应电动机，1886 年特斯拉完善了商用异步电动机。1888 年俄国的多布罗奥斯基发明三相异步电动机，1889 年又发明了三相笼型异步电动机。以后直流电动机和交流电动机成为最主要的用电负载，其消费的电力占总消费电能一半以上。由于用电动机作动力的推广应用，使农业生产、交通运输以及工业生产都进入了电气化、自动化时期。

其次的电能消费是电气照明，最早的电光源是弧光灯和白炽灯。在电照明发展过程中，美国工程师爱迪生的贡献极为突出，1880 年发明了实用的白炽灯，他一生总计有 2 000 项左右的专利。照明用电量约占总发电量的 20% 以上，成为仅次于动力用电的负载。

另外，在工业上电炉、电焊、电解、电镀、电冶炼等用电量巨大的生产设备相继出现，在化工、轻工业行业中的电化学产业在生产过程中亦大量消耗电能。

近年来随着家用电器的普及，办公设备的电气化、信息化，使电子计算机已深入到生活、生产过程中，信息产业、通信产业的高速发展，都使用电量迅猛增加，以致电力工业的发展有时会出现跟不上用电的发展，在用电高峰期出现限电、调峰的情况。

由此可以看到，我国的电能应用已经渗透到生活、办公、生产、交通等方方面面，大力发展电力工业应该成为促进国民经济发展的重要措施。

1.1.2　电路的基本物理量

电能的传输及使用都离不开电路，那什么是电路呢？

电路，从其名称上讲，就是电流的通路，是将电气设备或电子元件通过导线连接起来，从而实现某些特定功能的电流的通路。电路就其作用可分为两大类，其一是以传输、分配、转换电能为目的的供配电系统，因其功率、电流、电压的值较大，故也称为强电系统；其二是以传送、处理、储存信号为目的的电子电路，因其功率、电流、电压的值较小，故也称为弱电系统。

表征电路的基本物理量有电流、电压、电动势以及电功率。

1. 电流及其参考方向

在电场力的作用下，电路中电荷的定向移动就形成了电流，通常以正电荷移动方向作为电流的实际方向，其大小用单位时间（秒）内通过导体横截面的电荷量来表示，称为电流。其表达式为

$$i=\frac{\Delta q}{\Delta t}=\frac{\mathrm{d}q}{\mathrm{d}t} \tag{1.1.1}$$

式中，i 为电流，单位为 A（安[培]）。用 i 表示随时间变化的电流，即瞬时电流；若 i 的方向和大小不随时间变化，则用 I 表示，即直流。q 为电荷量，单位为 C（库[仑]）。t 为时间，单位为 s（秒）。

在分析实际问题时，有时难以判定电流的实际方向，这时可以假设一个电流的流动方向，并以此为依据进行分析，这个事先选定的假设方向就称为电流的参考方向或电流的正方向。以此为参考，若分析结果电流为正值，则实际方向与参考方向一致；若为负值，则实际方向与参考方向相反。

2. 电压及其参考方向

电源的两极如果通过另外的导体连接起来，则正极聚集的正电荷和负极聚集的负电荷就在另外的导体中产生电场，并使导体中的带电粒子在导体内部定向移动，形成电流，此时电场力对单位电荷量所做的功也就是单位电荷在正向移动中所释放的电能称为电压，电压是描述电场力对电荷做功大小的物理量。

电压的实际方向为从电源正极指向负极，也就是使正、负电荷复合的方向，其大小为

$$u=\frac{\Delta W}{\Delta q}=\frac{\mathrm{d}W}{\mathrm{d}q} \tag{1.1.2}$$

式中，u 为电压，单位为 V（伏[特]），若 u 的大小方向不随时间变化，则用 U 表示，即直流；ΔW 为电荷在移动中的能量损失，单位为 J（焦[耳]）。

以上所说的电压就是电源两端的电压，实际上外导体中电荷通过每段导体都会有电压降，单位电荷从 A 点移动到 B 点时所释放的电能就称为从导体的 A 点到 B 点的电压 u_{AB}，如图 1.1.1 所示。并有

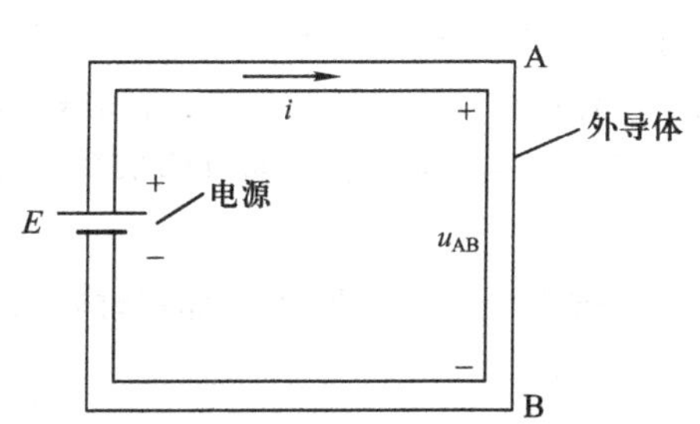

图 1.1.1 在外导体中的电压降

$$u_{AB}=\frac{\Delta W}{\Delta q}=\frac{\mathrm{d}W}{\mathrm{d}q} \tag{1.1.3}$$

若以 B 点为参考点，则电压降 u_{AB} 可以用 V_A 表示，称为 A 点的电位。按照图1.1.1中电流 i 的实际方向可见 u_{AB} 为正值，即 A 点电位高于 B 点，反过来可以说是 B 点电位低于 A 点，或者电压 u_{BA} 为负值。也就是说

$$u_{BA}=-u_{AB}$$

在很多情况下往往事先难以确定导体中各点实际电位的高低，这时可以根据假设的电流方向来确定导体中各点之间的电压指向，称为电压的参考方向，即从假想的高电位点（带正电）指向低电位点（带负电），也可以确定电源中电动势的指向，称为电动势的参考方向，这个参考方向不必用箭头表示，只要在图中用 +、- 号标出各段导体二端相对的电位高低就可以了。

3. 电动势

一般情况下，任何导体中的正电荷与负电荷是中和的，不呈现带电性质，若在外因作用下使导体中的电荷分离，使导体一端为正电荷聚集，另一端为负电荷聚集，形成正极和负极，在导体内部形成从正极指向负极的电场，阻止电荷的分离。此时若外因继续分离电荷，就要反抗电场力继续对带电粒子做功，这样的导体就构成了电源，在两个极所聚集的电荷就带有电能，这个电能会在电荷复合的过程中释放出来。

在电源中，外力对单位电荷量所做的功也就是单位电荷所获得的能量，称为电动势，所以电动势是描述外力对电荷做功大小的物理量。

电动势的实际方向为使正、负电荷分离的方向，从电源的负极指向正极，其大小为

$$e=\frac{\Delta W}{\Delta q}=\frac{\mathrm{d}W}{\mathrm{d}q} \tag{1.1.4}$$

式中，e 为电动势，单位为 V（伏[特]），若 e 的大小和方向不随时间变化，则用 E 表示；ΔW 为电荷所获得的功或能量，单位为 J（焦[耳]）。

电动势只存在于作为电源的导体中，在电源中，若电流方向与电动势方向一致，表示外力超过电场力，外力做正功，电荷得到能量，若电流方向与电动势方向相反，表示电源二极间的电场力超过外力，外力做负功，此时在电源中电能将转化为其他形式的能量。

4. 电能

在 1.1.1 节中我们已经对“电能”一词的物理含义作了详尽的介绍，电能作为一种常用的能量，应该是可以度量的，即可以用检测手段测定其大小，这一物理量称为电能量，简称电能。

当电路中电流通过电路元件或用电负载时，电源在该元件或负载上在一段时间中所释放的能量，既与所通过的电流大小成正比，又与其两端的电压大小成正比，而且与该段时间的长短有关，可见电能量是一种累积量，时间越长则电能的损失也越多。在直流电路中，电流、电压不随时间而变，在一段时间 T 内的电能消耗 W 为

$$W=UIT \tag{1.1.5}$$

一般情况下，电流、电压都随时间而变，在一段时间 T 内的电能消耗 W 为

$$W=\int_0^T \mathrm{d}W=\int_0^T ui\mathrm{d}t \tag{1.1.6}$$

电路中，对于电路元件和用电负载而言，电压的参考方向和电流的参考方向一致。如果二者的数值都是正值，则电能消耗 W 也为正值，表示电路元件和用电负载把电能消耗全部转化为热能。这部分能量实际上是使电荷在导体中做定向移动时，为了克服导体中各种阻力，由电场力所做的功，显见这种能量转换是不可逆的。

如果某一电路元件的电压和电流的参考方向是一致的，而二者的数值一为正值，一为负值；或是参考方向相反，而数值同为正值或负值，则电能消耗 W 为负值，表示该电路元件是发出电能，即元件为电源。电源内由局外力（即非电场力）使电荷逆电场力在导体中做定向移动，起分

离电荷作用,把外部的非电能量转换为电能。

5. 电功率

电功率是单位时间内元件(或电路)转换的电能量,即

$$p=\frac{\Delta W}{\Delta t}=\frac{\mathrm{d}W}{\mathrm{d}t} \tag{1.1.7}$$

电功率简称功率。用 p 表示随时间变化的瞬时功率,用 P 表示不随时间变化的恒定功率。由式(1.1.1)、式(1.1.2)得

$$\Delta W=u\Delta q;\quad \Delta q=i\Delta t$$

代入式(1.1.7),得

$$p=ui \tag{1.1.8}$$

对直流电路

$$P=UI \tag{1.1.9}$$

功率的单位为瓦[特],简称瓦,用符号 W 表示。

当 u、i 参考方向一致时,式(1.1.8)、式(1.1.9)表示元件(或电路)吸收的功率,采用其计算功率时,若其结果 $p>0$,则表明元件(或电路)吸收功率;若其结果 $p<0$,则表明元件(或电路)发出功率。

1.2 直流电源

1.2.1 直流电源的特征

1. 直流电源的电路模型

直流发电机、各种电池都是直流电源,它们产生电能的原理各不相同,其功率可以从几瓦到几千瓦,但是它们共同的特点是电压和电流的大小和方向不随时间而变,所以称为直流。尽管直流电源形式多样,但从它们的外部特性而言是类似的,即接上用电负载以后,就能向负载提供电流,而且接上负载后的电源端电压要低于不接负载(即电源两端是悬空的)时的电源端电压。

为了更方便、更直观地描述其特性,可以在电路中用一种由理想电路元件组成的电路模型表示实际的电源,电压源和电流源就是两种表征理想电源特性的理想电路元件,选用哪一种形式完全由电路分析的方便而定。

2. 电压源与实际电源的外部特性

电压源是一种理想的电路元件,它的两个基本性质是:

① 它的端电压是定值 U,而与输出电流无关。

② 其输出电流的大小和方向,是由与它连接的外电路负载所决定的。

电压源的图形符号如图 1.2.1 所示。图 1.2.1(a)为常用的直流电源符号,图中长线表示正极,短线表示负极。图 1.2.1(b)为电压源的一般符号。图中 +、- 号用以表示端电压的正、负极

(假设的电压方向,+端为假设的高电位端,-端为假设的低电位端),对于已知的直流电源常假设参考方向与实际方向一致。

电压源输出端电压 u 与输出电流 i 之间的关系(即外特性曲线)如图 1.2.2 所示。

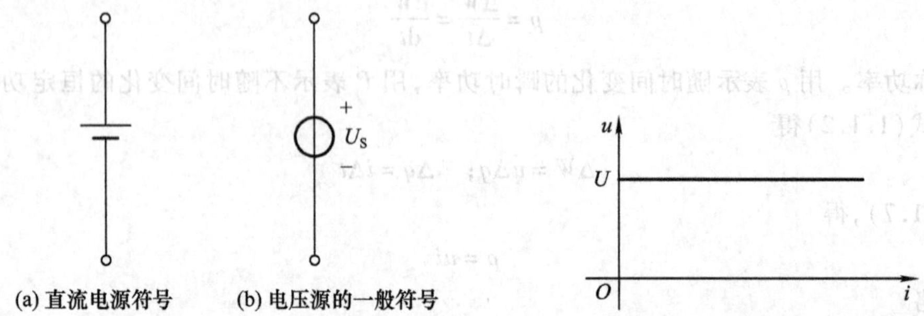

图 1.2.1　电压源的图形符号　　图 1.2.2　电压源的外特性曲线

电压源只是一种理想化的电源,实际上是不存在的。实际电源总是有内阻,所以其端电压将随负载电流的增大而降低,只是在内阻很小时才能近似看成是一个电压源。在一般情况下,可以用一个电压为 U_S 的电压源和内阻 R_0 相串联的电压源模型来表示一个实际电源,如图 1.2.3 所示,电压源的电压等于实际电源与负载断开时的开路电压,串联的电阻等于实际电源的内阻 R_0,它起着电源内部分压的作用,由图可得

$$U = U_S - IR_0 \tag{1.2.1}$$

从上式可画出实际电源的外特性曲线如图 1.2.4 所示。电源的端电压 U 低于电压源的电压 U_S,随输出电流 I 的增大即负载增大,端电压越低。当 $I=0$(实际电源开路)时,实际电源的端电压最大,等于电压源的电压;当实际电源两端短路时,实际电源的端电压最小为 0,而此时实际电源的输出电流最大,为短路电流 $I=\frac{U_S}{R_0}$。从式(1.2.1)及实际电源的外特性曲线可知,实际电源的内阻越小,端电压降得越少,实际电源的外特性曲线越平,越接近于电压源特性,但短路时电流越大,在电源内部将会产生大量热量,造成电源烧坏甚至爆炸等事故。

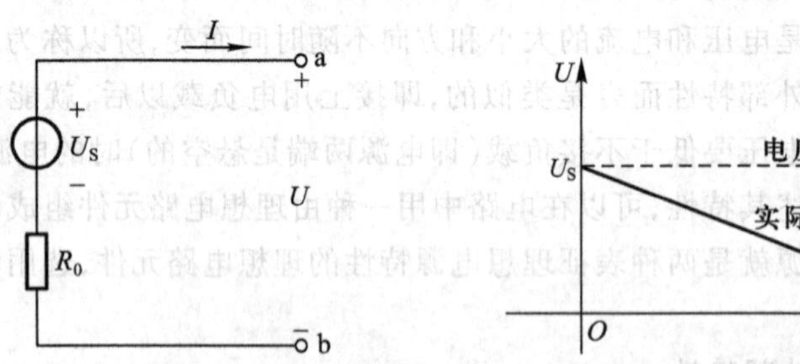

图 1.2.3　实际电源的电压源模型　　图 1.2.4　实际电源的外特性曲线

3. 电流源与实际电源的外部特性

电流源是另一种理想电路元件,它的两个基本性质是:

① 它发出的电流是定值 I_S,而与其输出的端电压无关,即使是端电压为零时,它发出的电流仍为定值 I_S。

② 其输出端电压的大小和方向是由与它连接的外电路负载所决定的。

电流源的图形符号如图 1.2.5 所示，图中箭头用以表示电流的参考方向，对已知的直流电源常假设参考方向与实际方向一致。电流源的外特性曲线如图 1.2.6 所示。

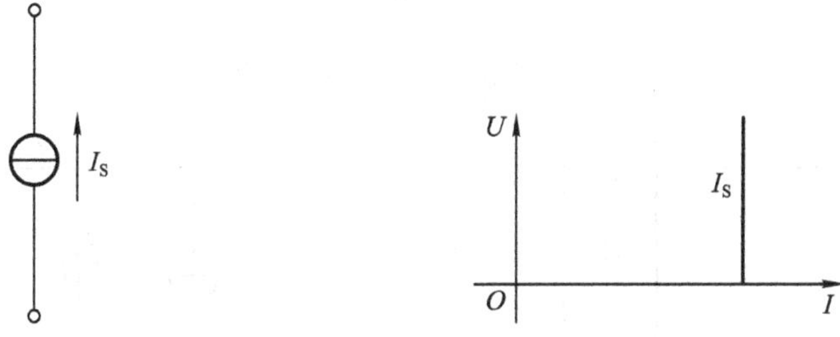

图 1.2.5 电流源的图形符号　　图 1.2.6 电流源的外特性曲线

电流源实际上也是不存在的。实际电源可用电压源模型模拟，也可以用一个电流源 I_S 和电阻 R_0 相并联的电流源模型来模拟，如图 1.2.7 所示，电流源的电流等于实际电源的短路电流 I_S，并联电阻等于实际电源的内阻 R_0，它起着电源内部分流的作用。由图可得

$$I = I_S - \frac{U}{R_0} \tag{1.2.2}$$

从上式可画出实际电源的外特性曲线如图 1.2.8 所示。电源的输出电流 I 低于电流源 I_S，随输出电压 U 的增大即负载电阻增大，输出电流越低。当实际电源短路时，端电压最小为 0，而此时实际电源的输出电流最大，为短路电流（亦为电流源电流）$I = I_S$；当 $I = 0$（实际电源开路）时，实际电源的端电压最大，开路电压 $U_{OC} = I_S R_0$。从式（1.2.2）及实际电源的外特性曲线可知，当 $R_0 \to \infty$（相当于并联支路 R_0 断开）时，电流 I 恒等于电流 I_S，是一定值，而其两端电压 U 是任意的，所以实际电源的内阻越大，其特征越接近电流源，实际生活中光电池所产生的电流基本上不随负载电阻改变，近似为电流源特性。

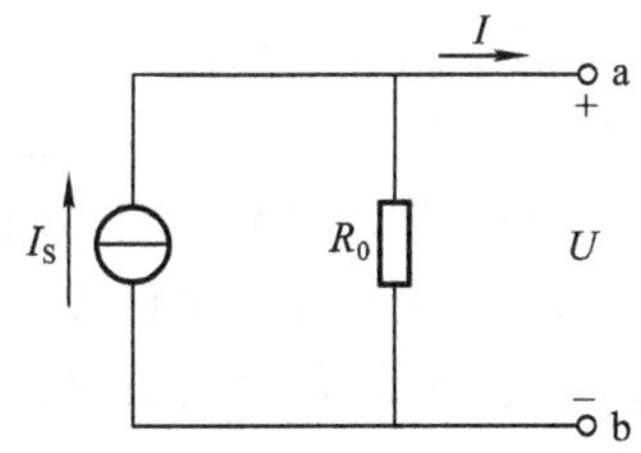

图 1.2.7 实际电源的电流源模型

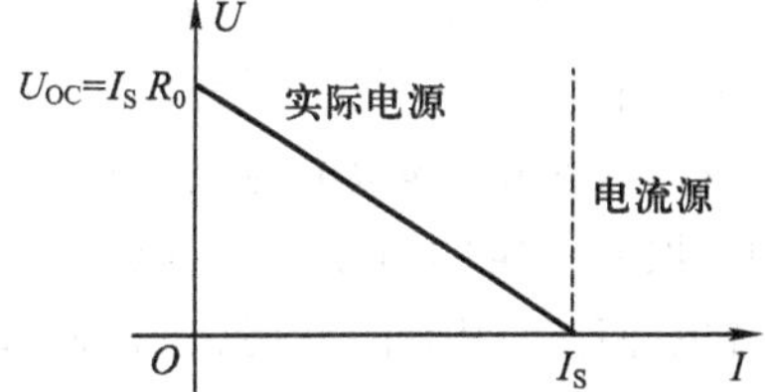

图 1.2.8 实际电源的外部特性曲线

4. 实际电源的电压源模型与电流源模型之间的等效变换

一个实际电源既可以用电压源模型来表示，也可以用电流源模型来表示，那么这两种模型之间一定存在相互等效变换的关系。通过比较两种电源模型的开路和短路两种状态也可以发现这点。所谓等效是对外电路而言的，即当两种电源模型分别连接相同的外电路，它们对外电路产生的效果完全一样，即输出 U、I 之间的关系不变，但这两种电源模型内部结构并不一致，所以内部不能等效。

对于电压源模型，将式（1.2.1）改写为

$$I=\frac{U_S}{R_0}-\frac{U}{R_0} \tag{1.2.3}$$

比较式(1.2.3)和式(1.2.2)可知,只要满足式(1.2.4)的换算条件,则两个关系式是完全相同的。所以,一个电压源模型完全可以由一个电流源模型来代替,如图1.2.9所示。

$$I_S=\frac{U_S}{R_0} \quad 或 \quad U_S=I_S R_0 \tag{1.2.4}$$

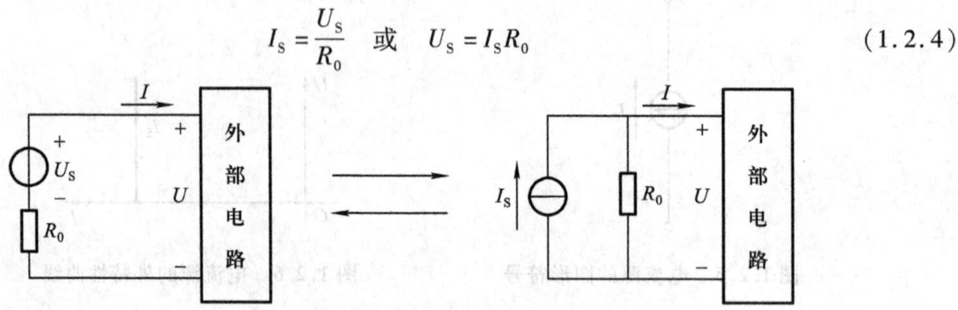

图1.2.9 电压源模型与电流源模型的等效变换

可见,一个电压为 U_S 的电压源和某个电阻 R_0 串联的电路,都可用式(1.2.4)变换为一个电流为 I_S 的电流源和这个电阻 R_0 并联的电路,反过来,一个电流源与电阻并联的电路也可以变换为一个电压源和电阻串联的电路,两者是等效的。变换时电压源的电压极性和电流源的电流方向有一定的关联关系,如图1.2.9所示,而且两种模型中的电阻 R_0 是相同的,仅是连接(串联或并联)方式不同。

另外,值得注意的是,电压源和电流源本身之间没有等效关系。因为电压源的内阻 $R_0=0$,而电流源的内阻 $R_0\to\infty$,所以两者之间不存在等效变换的条件。

1.2.2 一次性电池

化学电源是把化学能直接转换成电能的装置。按可否充电分为一次性电池(不可再充电)和二次电池(可再充电)两类。一次性电池又称干电池(电解质不流动),广泛应用于各种便携式电器。干电池主要有六个系列:普通锌锰(中性锌锰)、碱性锌锰、锌汞、锌空气、镁锰和锌银。其中锌汞电池因汞造成污染,锌银电池又消耗大量的白银,因而使其发展受到一定的限制。锌空气电池随技术的发展有一定的市场,镁锰电池主要用于军事项目,普通锌锰电池已发展为纸板式干电池,碱性锌锰电池已有很大的发展,比普通锌锰电池更适用于高负载,目前被普遍采用。一些常见的电池如图1.2.10所示。

干电池主要由负极、正极和电解质三部分组成,如图1.2.11所示。

负极——向外电路释放电子,在电化学反应中自身或反应物被氧化,一般由锌片等构成。

正极——从外电路接受电子,在电化学反应中自身或反应物被还原,一般由碳棒(二氧化锰和石墨)构成。

电解质——离子导体,离子在电池正、负极之间移动。典型电解质是液态的,某些电池采用在运行温度下呈离子导体的固体电解质。

和其他电源符号一样,图1.2.12是电池的等效电路。一般干电池的单体电动势 E 为1.4 ~ 1.6 V,特殊干电池各不相同;内电阻 R_0 为0.1 ~ 0.5 Ω,随着使用时间的增长逐渐增大。

(a) 干电池

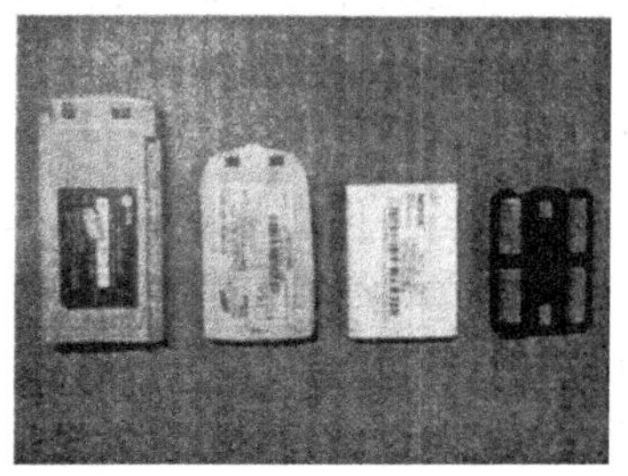

(b) 手机电池

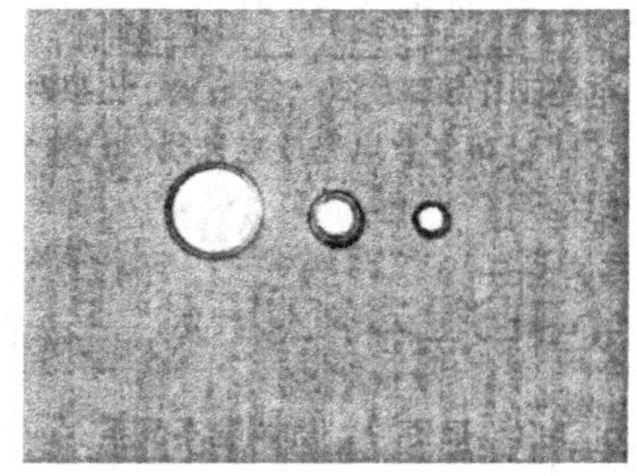

(c) 纽扣电池

(d) 蓄电池

图 1.2.10 一些常见的电池

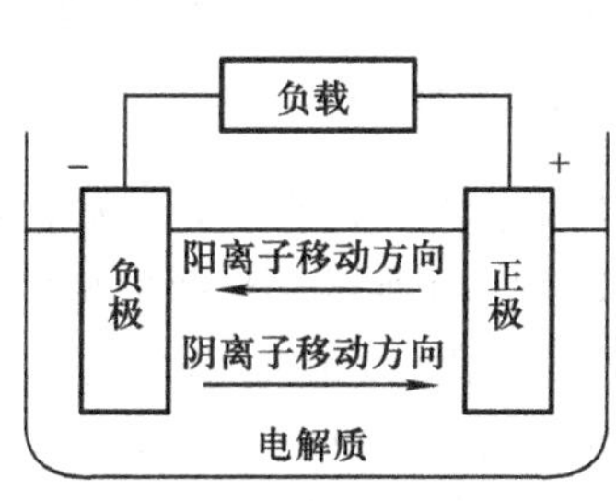

图 1.2.11 电池的组成

图 1.2.12 电池的等效电路

干电池根据实际情况,可串联或并联使用。在使用时可根据不同的要求,如额定电压、工作温度、重量、体积和容量等选择适合型号的电池。另外,电池在长时间不使用时,应将它退出电气设备,以免存放太久因内部放电使电解液渗漏腐蚀电气设备。而且,电池应保存在阴凉、干燥之处。用完后的电池应投入专门的回收箱内,不要随便丢弃,防止发生环境毒性污染。

无论是民用还是军用微型电子装置中都迫切需要电动势高、重量轻、体积小、性能好的电源系统。20 世纪 50 年代发展起来的锂电池具有容量大、自放电少、温度特性好等优点,其电动势为 3 V 左右,在监控装置、心脏起搏器、高级石英手表以及存储器等电子装置中被广泛使用。

1.2.3 可充电电池

可充电电池是一种可反复充电的还原性二次电池。充电时将电能转变成化学能并储存起来,使用时,再将化学能转换成电能并向负载释放。这种电能与化学能的转换是可逆的。

可充电电池最主要的是酸性的铅蓄电池和碱性的镍镉蓄电池两类,还有目前发展迅速的二次锂电池。

1. 铅酸蓄电池

铅酸蓄电池已有一百多年的历史,其特点是电动势较高、结构简单、适用温度范围大、容量大、原料丰富、价格低廉。但也存在比较笨重、防振性差、自放电较强、有氢气放出、易爆等缺点。它主要用于车辆的起动电源和实验室中。

铅酸蓄电池的基本部件包括正极板、负极板、电解液、隔板、蓄电池槽等。正极板是由二氧化铅(PbO_2)构成的生极板,负极板是由海绵状的金属铅(活性物质)构成的熟极板,电解液为稀硫酸(H_2SO_4)溶液,隔板是由玻璃丝等聚合物材料构成,如图 1.2.13 所示。

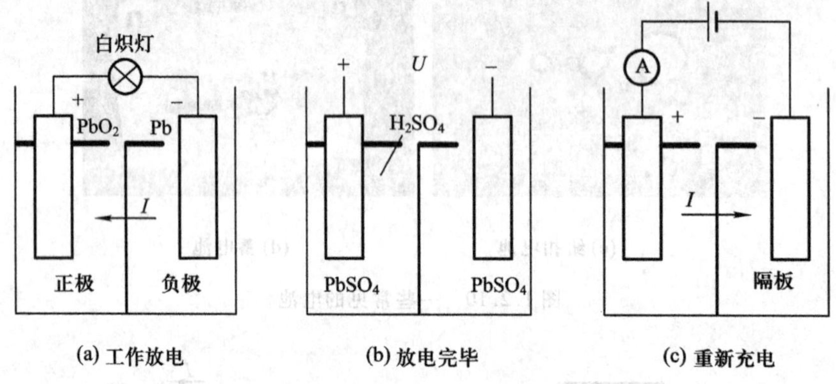

图 1.2.13　铅蓄电池工作原理及结构

充电后的蓄电池两极之间的电压约为 2.1 V。如果在两极间接上负载如白炽灯,就有电流从正极经负载流到负极,再从电解液中流回,如图 1.2.13(a)所示。当两极板间的电压 U 降低到 1.8 V时,电解液中硫酸(H_2SO_4)成分逐渐减少,两极板均变成硫酸铅($PbSO_4$),蓄电池放电结束,如图 1.2.13(b)所示。蓄电池充电时,将两极接在电源的正、负极上,如图 1.2.13(c)所示,组成充电电路。反方向的充电电流使电解液中硫酸(H_2SO_4)浓度逐渐增大,H^+不断移向负极,在负极上生成海绵状的铅,并放出氢气,SO_4^{2-} 不断移向正极,使正极还原成 PbO_2,并有氧气放出,所以充电过程中必须加水以补充水的流失。当极间电压达到 2.5 ~ 2.7 V 时,充电结束。目前,已经生产出免维护的密封式铅蓄电池,能方便地使用于汽车及电动车上,运用中基本对环境没有污染。

2. 镍镉电池

镍镉电池的研究虽然比铅酸蓄电池晚,但它比铅酸蓄电池具有更优越的性能:容量高、内阻小、能大电流充放电、寿命长、自放电小、低温性能好、维护简单。尤其密封式电池可以以任何放置方式加以使用,无须维护。其缺点是价格较贵、有污染、单体电压低(1.25 V),应用不及铅蓄电池广。不过它的重复使用可达上千次,这样使用成本往往比干电池还便宜。

镍镉电池的负极为氢氧化镉[$Cd(OH)_2$]和氢氧化铁[$Fe(OH)_3$],正极为氢氧化镍[$Ni(OH)_2$],电解液溶液为氢氧化钾(KOH),壳体使用二次防爆装置封装,外壳为负极,盖板为正极,盖上有排气孔。为了适应特殊需要,它的形式和结构是多种多样的,按形式可大致分为开口式和密闭式两种,按其结构又可分为平面式、圆筒式和纽扣式等。

镍镉电池在正常的放电时间内,电压基本保持不变,但一旦超过正常放电时间,电压将骤然下降。使用中若过度放电或充电不当,将会影响其使用寿命。

镍镉电池在电气设备、通信器材、卫星火箭等方面得到广泛的应用,由于存在着严重的镉污染,使镍镉电池的应用和开发受到限制。

3. 镍氢电池

镍氢电池是在镍镉电池的基础上,采用钛镍合金或镧镍合金作为新型的储氢材料代替氢氧化镉作为负极材料,生产中避免了镉污染,而且减轻了重量,增加了容量,同样体积容量为镍镉电池的 1.5 ~2 倍,所以发展很快,有取代镍镉电池的前景。

小功率的圆柱形或方柱形镍氢电池用于手提计算机、手机、照相机、摄像机等,充电次数多,使用成本低于干电池。大功率的镍氢电池主要用于电动汽车及混合动力汽车,它能快速反复充电,且能大电流放电不影响电压;混合动力汽车在高速行驶时用汽油机驱动,并带动发电机对电池充电,在低速行驶时则由电动机驱动,用电池供电,解决了低速运行汽油机效率低、能耗大的问题,起到节能的作用。

4. 二次锂电池(锂离子电池)

自阿曼德(Armand)于 1980 年提出了“摇椅电池”(RCB)概念后,日本索尼和三洋公司分别于 1985 年和 1988 年开始了锂离子电池的实用化研究。1991 年 6 月,由索尼公司开发成功。世界上第一部采用锂离子电池的移动电话上市后,激发了世界各国对锂离子电池研制开发的热潮,锂离子电池被人们称为“最有前途的化学电源”,甚至称为“极限电池”或“最后一代电池”。在这之后,松下、东芝、三洋及 SAFT 和 MOLI 公司等先后研究和开发出了类似产品,锂离子电池已经成为世界各国研究开发的重点。

锂离子电池的主要构造部分有负极,正极,能传导锂离子的电解质以及把正、负极隔开的隔离膜。锂离子电池负极是碳素材料,如石墨等;正极则是含锂的过渡金属氧化物,如 $LiCoO_2$、$LiMn_2O_4$ 等;电解质是含锂盐的有机溶液。它的工作原理比较简单,之所以被称为锂离子电池是因为这种电池无论在正、负极中还是在电池隔膜中,锂都是以离子形式存在的。锂离子电池在充、放电过程中,锂离子在正、负极之间及电解质、隔膜中定向运动。充电时在电场驱动下锂离子从正极材料中脱出,穿过电解质及隔膜向负极方向迁移,在负极上捕获一个电子被还原为锂,并存储在具有层状结构的石墨中;放电时,过程正好相反,在负极中的锂会失去一个电子而成为锂离子,并穿过电解质及隔膜向正极方向迁移,并存储在正极材料中,电子则通过了用电设备,并为之供电。由于在充、放电时锂离子是在正、负极之间来回迁移,所以锂离子电池通常又称摇椅电池(Rocking chair battery)。

锂离子电池是目前二次电池中比能量最高的一种新产品,堪称电池之王。由于锂离子电池的正极材料采用含锂的层间化合物材料,负极材料采用碳或石墨,没有了金属锂,所以生产电池的条件不像一次锂电池那么严格,这样就减少了生产操作上的麻烦。但锂离子电池保持了一次锂电池的许多优越性,例如比能量高、工作温度范围宽、工作电压平稳、储存寿命长(相对于其他二次电池)、工作电压高(一般在 2.5 ~3.6 V 之间,有的产品达到 4.2 V)等,比一次锂电池的平均工作电压(2.0 ~3.0 V)还要高出 0.5 V 左右。从安全性来讲,锂离子电池要比以金属锂为负极的一次锂电池安全得多,电池通过过充、短路、穿刺、冲击等滥用试验,均无危险发生。锂离子电池与镍镉电池一样可以快速充电,且无记忆效应,远比镍镉电池优越。而且,世界环境保护组织早已把用作电池原材料的镉(Cd)、汞(Hg)、铅(Pb)等三种元素列为有害物质,镍镉电池的生产和应用受到限制。因而,锂离子电池被称为"绿色"电池。

锂离子电池在军事装备及航天事业中的应用前景广泛,军事装备中的电源包括动力车起动电池、无线通信电台电源、特种兵器使用的电池,如水中兵器电源(包括鱼雷、水雷和声呐干扰器等)、微型无人驾驶侦察飞机动力电源(包括摄录像装置电源)、带引信装置的预埋式各种地雷电源等。

目前,对锂离子电池的负极材料、正极材料、电解质材料研究不断取得新的进展。凝胶聚合物锂电池已率先商品化,其产品以具有超薄、轻便、高能量密度等特点很受用户的欢迎。固体聚合物电解质的研究也取得了许多进展,室温离子导电率以及机械加工性能有了很大的改进。固体锂离子电池具有很好的使用安全性能,在未来的电动汽车上有很好的应用前景。

*1.2.4　燃料电池

燃料电池是利用在电池内发生的所谓燃烧反应,将化学能直接转换为电能的装置。从理论上讲,其能量转换效率要比火力发电高很多,只要不断地供给它燃料,就像往炉膛里添加煤和油一样,就可连续不断地输出电能。实际上,由于部件老化和故障等原因,它也有一定的寿命。前面所介绍的一次或二次电池与环境只有能量交换而没有物质交换,是一个封闭的电化学体系,而燃料电池却是一个开放的电化学体系,与环境既有能量的交换,又有物质的交换。由于需要不断地提供燃料,带走反应生成的水和热量,因此需要一个复杂的辅助系统。

图1.2.14是氢氧燃料电池工作原理及结构示意图。其结构主要包括氢电极(负极)、氧电极(正极)和电解液。氢在负极扩散,与电解液发生化学反应,并放出电子,这些电子经过负载到达正极。在正极上氧原子接受电子后生成氧离子,与电解液中的水发生反应产生氢氧离子,再与失去电子的氢离子结合生成水,并放出热量。为提高反应速率,电极一般采用多孔材料,以增加气体与电解液的接触面积,并采用催化剂提高电池的工作效率。而其他燃料如天然气、煤气等,需经催化裂化或改质以得到氢,在燃料电池中氢电极亦称为燃料极。燃料电池的输出电压约为1 V。

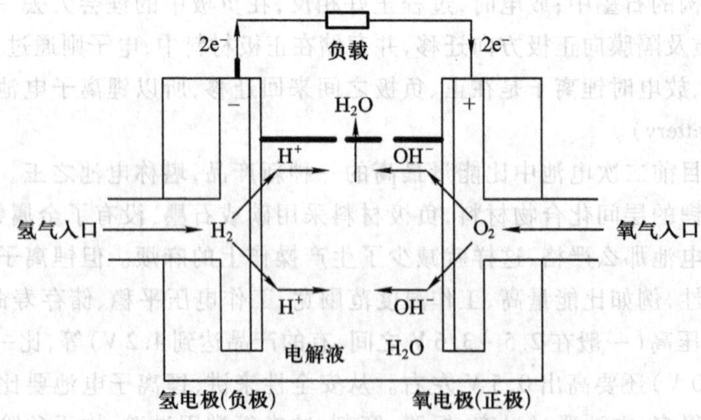

图1.2.14　氢氧燃料电池原理示意图

根据使用电解质的不同和使用温度的高低，燃料电池可分为以下几种类型：低温碱性燃料电池（<120 ℃）；磷酸燃料电池（120 ~260 ℃）；熔融碳酸盐燃料电池（260 ~750 ℃）；高温固体电解质燃料电池（750 ℃以上）。

燃料电池的主要优点为：

（1）能量转换效率高

燃料电池的最高效率可达90%，且与规模无关。它还可在半额定功率下运行。它可以设在用户附近，大大减少了电能传输费用及损耗。在其发电的同时，还可产生热水及蒸汽。

（2）可靠性高

由于燃料电池的转动部件很少，因而系统更加安全可靠，不会发生像燃气涡轮机或内燃机因转动部件失灵而发生的恶性事故。

（3）良好的环境效益

环境污染大多来源于各种燃烧，普通火力发电厂排放的废物有颗粒物（粉尘）、硫氧化物（SO_x）、氮氧化物（NO_x）、碳氢化合物（HC）以及废水、废渣等。燃料电池排放的气体仅为最严格的环境标准的十分之一，温室气体的排放量也远小于火力发电厂。它的电化学副产物是水，其量极少，且清洁得多，无须设置废气处理系统。另外，它在运转过程中噪声很小，对环境影响小。

目前，燃料电池由于技术不够普及，无完善的燃料供应系统，市场价格昂贵，高温时寿命及稳定性不理想，还未进入大规模的商业化应用。

*1.2.5 太阳能电池

太阳能是一种可再生的、取之不尽的有效能源。每年太阳照射到地球上的总热量有 1.5×10^{18} kW·h，相当于世界总需求能量的数万倍。利用太阳能不会改变地球的热能平衡，不会产生生态污染和温室效应。但它的能量密度很低，只有 1 kW/m^2，且昼夜及季节间的差别很大，所以在使用上需要解决设备工作效率低和成本高的问题。太阳能电池是利用半导体的光电效应，使光能直接转换成电能的装置。最常见的太阳能电池的结构示意图如图 1.2.15 所示。

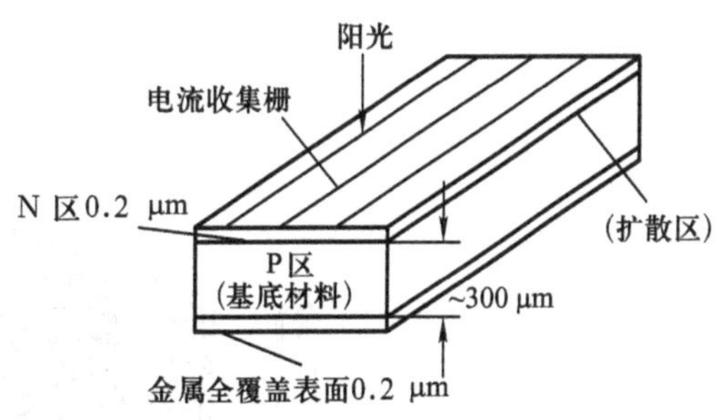

图 1.2.15 太阳能电池的结构示意图

图 1.2.15 中，当 N 型和 P 型半导体结合时，处于 N 区的电子扩散到 P 区，P 区的空穴又扩散到 N 区，结果 N 区带正电，P 区带负电，于是在它们的交界处就产生一个约 0.2 μm 厚的扩散区，称之为 PN 结。在 PN 结内具有一个内电场，由于空穴和电子的扩散力与内电场力平衡，此时没有电流流动。但是，当光照射到 PN 结时，吸收光子的能量产生的电子和空穴（又称载流子），扩散到太阳能电池的背面和正面。其背面完全被金属接触所覆盖，金属电极把电子（负电荷）移向负载。正面指状的金属细栅有助于从电池的正面收集电荷。导电的收集极表面覆盖占总面积的5%，尽可能地使更多的光到达电源的 PN 结。

图 1.2.16 是太阳能电池的等效电路。I_S 为光电流，与光线的强弱有关。D 是 PN 结的等效二极管。U、I 是输出电压和输出电流，单个太阳能电池的输出电压为 0.5 V。

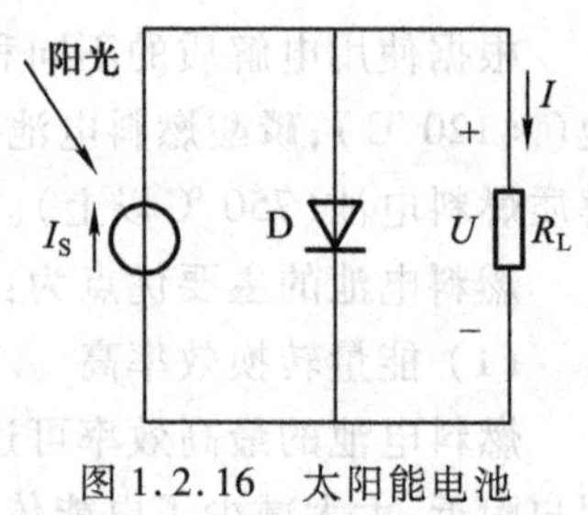

图 1.2.16　太阳能电池的等效电路

太阳能电池可分为：晶体硅和非晶体硅（包括砷化镓、硫化镉、化合物半导体及金属氧化物电池）两种，晶体硅太阳能电池又可分为单晶硅和多晶硅太阳能电池，这类电池可靠性高、转换效率高达 10% ~25%、资源丰富、无毒性，目前正向薄片化及大面积化方向发展，是市场上的主导产品。非晶体硅太阳能电池是近二三十年才发展起来的一种新型薄膜太阳能电池，它耗材少，生产工艺简单，便于大面积连续生产，成本较低，在电子产品、通信、中小型并网发电等方面广泛应用。

1.2.6　直流发电机

直流发电机是把机械能转换成直流电能的旋转机械，主要用于蓄电池充电、同步电机励磁、电解和电镀、直流电动机及汽车、船舶的用电等方面。由于直流发电机构造复杂、能耗大、维护要求高、噪声大，随着电力电子技术的迅速发展，它逐渐被半导体整流电源所取代。

直流发电机主要由磁极、电枢和换向器（整流子）三部分组成，其结构如图 1.2.17 所示。磁极是用来在电机中产生磁场的，它分成极心和极掌两部分。极心上放置励磁绕组，极掌的作用是使电机空气隙中磁感应强度的分布最为合适，并用来挡住励磁绕组。磁极是用钢片叠成的，固定在机座（即发电机外壳）上，机座也是磁路的一部分，它通常使用铸钢制成。电枢是发电机中产生感应电动势部分，它是旋转的。电枢铁心呈圆柱状，由沿圆周冲槽的硅钢片叠成，槽中嵌放电

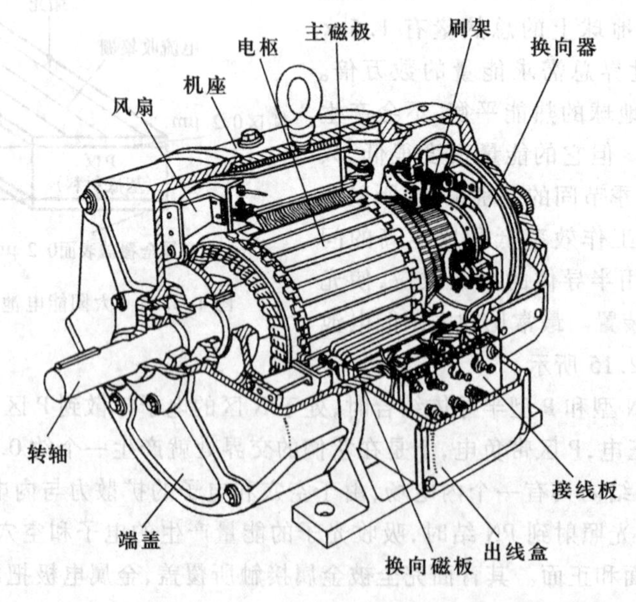

图 1.2.17　直流发电机的结构

枢绕组。换向器装在转轴上,它是由楔形铜片组成,铜片间用云母垫片绝缘。电枢绕组的导线按一定规则与换向片相连接。换向器与电刷是直流电机的构造特征,用以将电枢绕组内的交流电流转换为对外电路输出的直流电流。

图 1.2.18 是直流发电机的工作原理图。直流发电机在运行时,电枢由原动机驱动而在磁场中以恒定的转速旋转,在电枢线圈的两根有效边(切割磁感应线的部分导体)中便感应出电动势。尽管在每一有效边中感应出的电动势是交变的,但在紧压在换向器上的电刷之间出现的电动势或电压的极性是不变的,这样输出电流的方向就一定。

直流发电机通常按励磁方法分为:他励、并励和复励发电机。他励发电机的励磁绕组是由外电源供电的,励磁电流不受电枢端电压或电枢电流的影响。其余两种发电机的励磁电流即为电枢电流或电枢电流的一部分,所以它们也称为自励发电机。

图 1.2.19 是他励发电机的接线原理图。图中 R 是负载电阻;U、I 是发电机的输出电压和输出电流;U_f 是励磁电压;R_f 是励磁调节电阻,用来调节励磁电流 I_f;G 代表发电机电枢绕组,R_a、I_a 是电枢电阻和电枢电流。

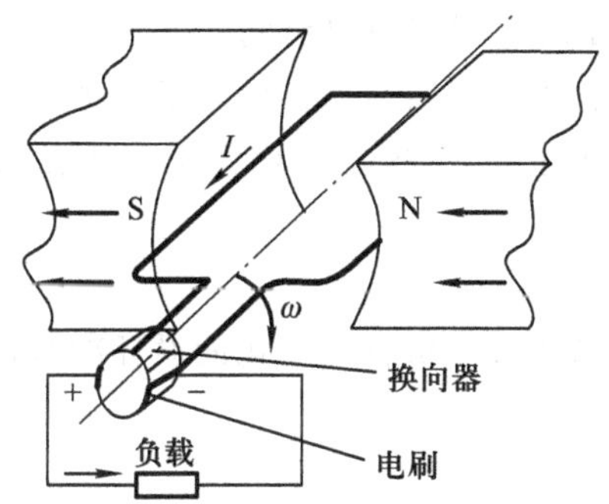

图 1.2.18　直流发电机的工作原理图

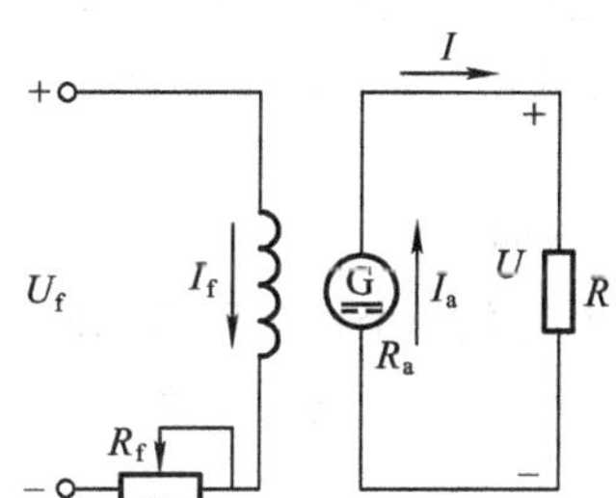

图 1.2.19　他励直流发电机的接线图

1.3　交流电源

在 19 世纪人们一直用直流发电机产生直流电,随着变压器的发明开始了交流电的广泛利用,因为利用变压器能够很方便地将电压升高或降低,做到远距离、低损耗地传输电能。另外正弦量无论做加法运算、减法运算、积分或微分运算,其结果依然是同频率的正弦量,因此在正弦交流电路中各个正弦交流电量频率相同,分析计算方便,正弦交流电量变化平滑,在正常情况下不会引起过电压而破坏电气设备的绝缘,而且,电动机等交流电气设备采用正弦交流电可以使其性能最优。

1.3.1　正弦交流电量的特征

1. 正弦交流电量

随时间按正弦规律变化的电压、电流、电动势称为正弦交流电量,它是由交流发电机或正弦信号发生器产生的。按正弦规律变化的电压和电流如图 1.3.1 所示，其瞬时值数学表达式为$u=U_m\sin\omega t$ 或 $i=I_m\sin\omega t$。在生产和日常生活中一般使用的都是正弦交流电。

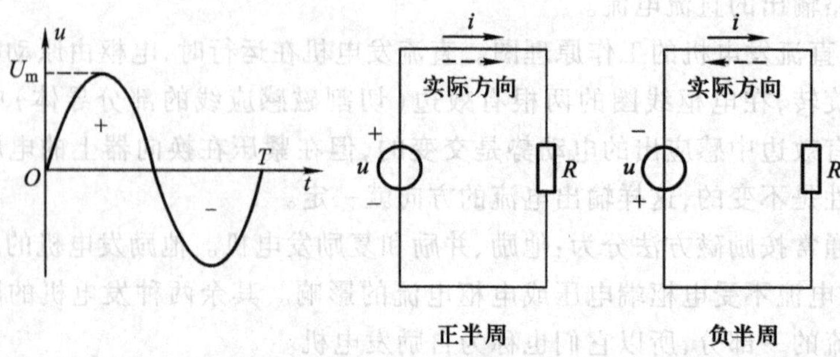

图 1.3.1　正弦交流电压和电流

由于正弦交流电压和电流的方向是周期性变化的，在电路图上所标的方向是它们的参考方向，即代表正半周时的方向。在负半周时，由于所标的方向与实际方向相反，则其值为负。图中的虚线箭标代表电流的实际方向；“＋”“－”代表电压的实际方向(极性)。

正弦交流电的特征表现在变化的快慢、大小及初始值三个方面，而它们分别由频率(或周期)、幅值(或有效值)及初相位来确定。所以频率、幅值及初相位就称为确定正弦交流电的三要素。

2. 频率与周期

正弦交流电变化一个循环所需的时间(秒)称为周期 T。每秒内变化的循环次数称为频率 f，单位是赫[兹](Hz)，它是周期的倒数，即

$$f=\frac{1}{T} \tag{1.3.1}$$

在我国和大多数国家都采用 50 Hz 作为电力标准频率，有些国家(如美国、日本)采用 60 Hz。由于这种频率在工农业广泛应用，所以习惯上也称工频。在其他不同的技术领域内使用着不同的频率，如高频炉电源的频率是 200～300 kHz；高速电动机电源的频率是 150～2 000 Hz；无线电工程上的频率高达 $10^4\sim30\times10^{10}$ Hz 等。

正弦交流电变化的快慢除了用周期和频率表示外，还可以用角频率 ω 来表示。ω 与周期、频率的关系为

$$\omega=\frac{2\pi}{T}=2\pi f \tag{1.3.2}$$

式中，ω 的单位是弧度每秒(rad/s)。周期 T、频率 f 和角频率 ω 三者之间可以相互换算，它们分别从不同的方面表示正弦交流电的变化快慢。

3. 幅值与有效值

正弦交流电在任一瞬间的值称为瞬时值，用小写字母来表示，如 i、u 及 e 分别表示电流、电压及电动势的瞬时值。瞬时值中最大的值称为幅值或最大值，用下标 m 的大写字母来表示，如 I_m、U_m 及 E_m 分别表示电流、电压及电动势的幅值。

实用上正弦交流电流、电压和电动势的大小是用有效值来计量的。有效值根据交直流电流热效应一致的原则确定，即不论是交流电流 i 还是直流电流 I，只要它们在相等的时间内(如交流

电的一个周期 T)通过同一电阻 R 时产生的热效应相等,就认为它们的电流值是相等的。所以交流电流 i 的有效值在数值上就等于等效直流电流 I。由于在一周期内电阻上发出的热量为

$$\int_0^T i^2 R\mathrm{d}t = I^2 RT \tag{1.3.3}$$

在正弦电流的条件下可得

$$I = \sqrt{\frac{1}{T}\int_0^T i^2\mathrm{d}t} = \sqrt{\frac{1}{T}\int_0^T I_m^2\sin^2\omega t\mathrm{d}t} = \frac{I_m}{\sqrt{2}} \tag{1.3.4}$$

同理,正弦电压或正弦电动势的有效值为 $U=\frac{U_m}{\sqrt{2}}$、$E=\frac{E_m}{\sqrt{2}}$。

一般所讲的正弦电压或电流的大小,如交流电压 380 V 或 220 V,都是指它的有效值,用大写字母表示,和表示直流的字母一样。一般交流电流表(安培计)和电压表(伏特计)的读数刻度也是根据有效值定的。

4. 相位、初相位与相位差

正弦交流电是随着时间变化的,所以要确定一个正弦量还要看计时起点($t=0$)。所取的计时起点不同,正弦量的初始值($t=0$ 时的值)就不同,到达幅值或某一特定值所需的时间也就不同,正弦交流电的瞬时表达式也不相同。正弦电流 $i=I_m\sin\omega t$ 的初始值为零,一般称为参考正弦量(电流)。若计时起点不同,则正弦电流为 $i=I_m\sin(\omega t+\psi)$,其波形如图 1.3.2 所示。在这种情况下,初始值 $i_0=I_m\sin\psi$,不等于零。瞬时值表达式中的角度 ωt 和($\omega t+\psi$)称为正弦量的相位角或相位,它反映出正弦交流电变化的进程。$t=0$ 时的相位称为初相位角或初相位,一般用 ψ 表示。

在一个正弦交流电路中,电压 u 和电流 i 的频率是相同的,但初相位不一定相同,如图 1.3.3 所示。图中 u 和 i 的波形可表示为 $u=U_m\sin(\omega t+\psi_1)$ 和 $i=I_m\sin(\omega t+\psi_2)$,它们的初相位分别为 ψ_1 和 ψ_2。两个相同频率的正弦量的相位角之差或相位之差,称为相位角差或相位差,用 φ 表示。则

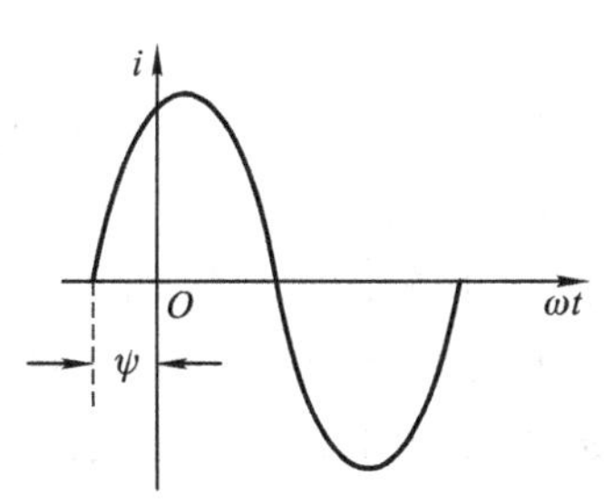

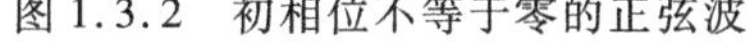
图 1.3.2 初相位不等于零的正弦波

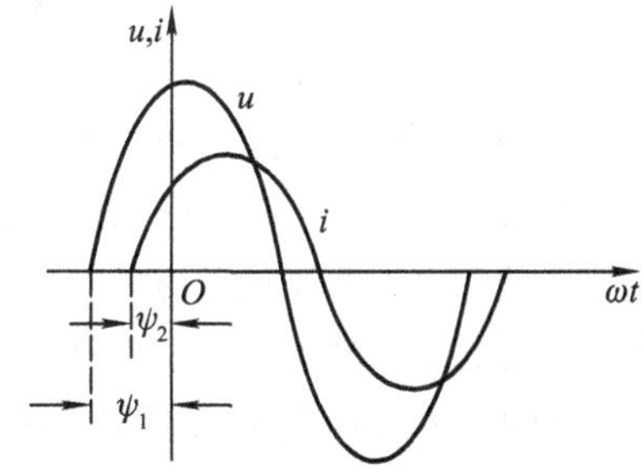

图 1.3.3 u 和 i 的初相位不相等

$$\varphi=(\omega t+\psi_1)-(\omega t+\psi_2)=\psi_1-\psi_2 \tag{1.3.5}$$

当两个同频率正弦量的计时起点($t=0$)改变时,它们的相位和初相位就跟着改变,但两者之间的相位差 φ 仍保持不变。由图 1.3.3 所示的正弦波形可见,因为 u 和 i 的初相位不同(不同相),所以它们的变化进程是不一致的,即不能同时到达正的幅值或零。因 $\psi_1>\psi_2$,所以 u 较 i 先到达正的幅值,这称为在相位上 u 比 i 超前 φ 角,或者说 i 比 u 滞后 φ 角。若 u 和 i 具有相同的初相位,即相位差 $\varphi=0$,称为同相(相位相同);而若 u 和 i 具有相反的初相位,即相位差 $\varphi=$

180°,称为反相(相位相反)。

1.3.2　正弦交流电的产生

1. 三相交流电

在发电、输电、配电及生产上应用最广泛的是三相交流电,因为它能够很经济地传输电能,另外能够使用便宜且性能可靠的三相异步电动机等。三相交流电是指由三个大小相等、频率相同、相位彼此相差 120°的对称正弦交流电动势供电的体系。

2. 三相交流电动势的产生

三相正弦交流电动势是由三相同步发电机产生的,其原理图如图 1.3.4 所示。它的主要组成部分是定子和磁极。

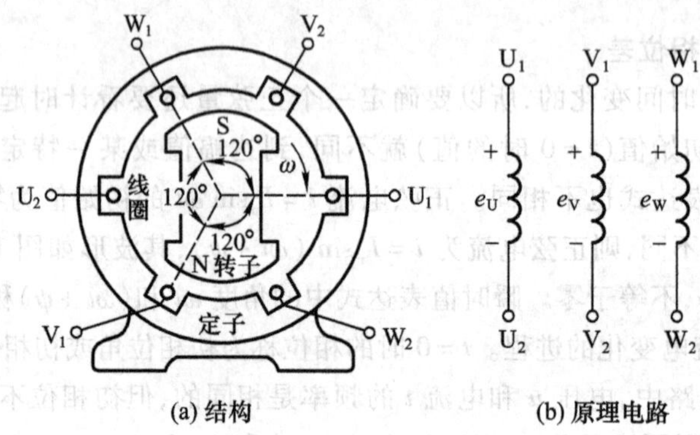

图 1.3.4　三相交流发电机原理示意图

定子铁心是由硅钢片叠成的,硅钢片内圆周表面均匀冲有槽,用以放置三相定子绕组。每相定子绕组都是相同的,它们的始端(头)分别标以 U_1、V_1、W_1,末端(尾)分别标以 U_2、V_2、W_2。各相绕组的始端之间或末端之间彼此相隔 120°。

磁极是转动的,亦称转子。转子铁心上绕有励磁绕组,用直流励磁。选择合适的极面形状和励磁绕组的分布情况,可使空气隙中的磁感应强度按正弦规律分布。

当转子由原动机带动,并以恒定的机械角速度按顺时针方向转动时,则每相绕组依次切割按正弦规律分布的磁感线,在绕组中产生频率相同,幅值相等,相位相差 120°的正弦交流电动势 e_U、e_V、e_W。电动势的参考方向选定为自绕组的末端指向始端,如图 1.3.4(b)所示。如以 U 相电动势为参考正弦量,则有

$$\left.\begin{aligned} e_U &= E_m \sin \omega t \\ e_V &= E_m \sin(\omega t - 120°) \\ e_W &= E_m \sin(\omega t - 240°) = E_m \sin(\omega t + 120°) \end{aligned}\right\} \tag{1.3.6}$$

并有

$$e_U + e_V + e_W = 0 \tag{1.3.7}$$

则该三相电源电动势为对称三相电动势。其相应的正弦曲线波形图如图 1.3.5 所示。

三相交流电出现正幅值(或相应零值)的顺序称为相序。在此,相序是 U→V→W。

3. 三相交流电的联结方式

发电机三相绕组的连接通常如图 1.3.6 所示,即将三个末端连接在一起,这一连接点称为中性点或零点,用 N 表示。这种连接法称为星形联结(如将三相绕组的始、末端相连,即 U_2 与 V_1、V_2 与 W_1、W_2 与 U_1 相连成为闭合的三角形回路,这种连接法称为三角形联结)。从中性点引出的导线称为中性线,俗称零线。从始端 U_1、V_1、W_1 引出的三根导线称为相线或端线,俗称火线。每相始端与末端间的电压,即相线与中性线间的电压,称为相电压,其有效值用 U_U、U_V、U_W 或一般用 U_P 表示,其参考方向为自始端指向末端。而任意两始端间的电压,即两根相线间的电压,称为线电压,其有效值用 U_{UV}、U_{VW}、U_{WU} 或一般用 U_L 表示 ,其参考方向由其下标确定,例如 U_{UV} 是 U 端指向 V 端。

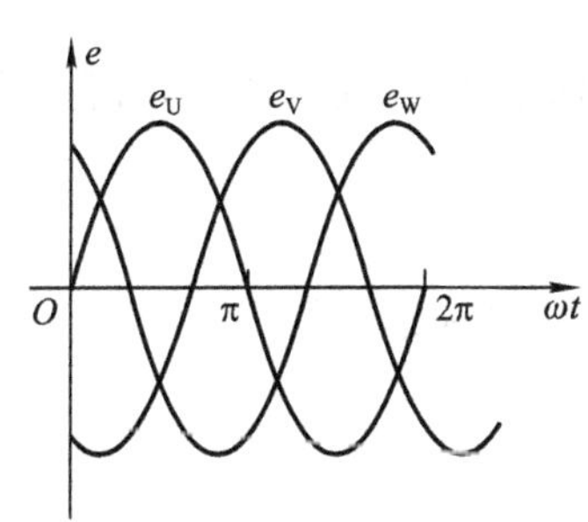

图 1.3.5 三相电动势的波形图

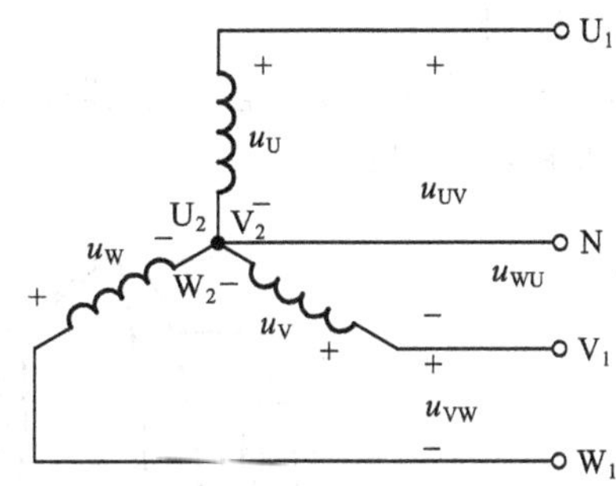

图 1.3.6 三相电源的星形联结

从图 1.3.6 中可见,当绕组中没有电流时,就有 $u_U=e_U$、$u_V=e_V$、$u_W=e_W$ 及 $U_m=E_m$ 成立,即有

$$\left.\begin{aligned} u_U &= U_m \sin \omega t \\ u_V &= U_m \sin(\omega t-120°) \\ u_W &= U_m \sin(\omega t+120°) \end{aligned}\right\} \tag{1.3.8}$$

当发电机的绕组为星形联结时,其相电压和线电压不相等。U、V 两点间线电压的瞬时值等于 U 相电压和 V 相电压之差,即

$$\left.\begin{aligned} u_{UV} &= u_U-u_V = U_m[\sin \omega t-\sin(\omega t-120°)] = \sqrt{3}U_m \sin(\omega t+30°) \\ u_{VW} &= u_V-u_W = \sqrt{3}U_m \sin(\omega t-90°) \\ u_{WU} &= u_W-u_U = \sqrt{3}U_m \sin(\omega t+150°) \end{aligned}\right\} \tag{1.3.9}$$

它们和电源电动势一样都是对称的同频率的正弦量,相电压的大小等于绕组电动势,线电压的大小是相电压的$\sqrt{3}$倍,即

$$U_L=\sqrt{3}U_P \tag{1.3.10}$$

例如,在低压配电系统中相电压为 220 V,线电压为 380 V($380=\sqrt{3}\times 220$)。

1.3.3 水力发电站

水力发电站是利用高位水和低位水之间因落差所具有的水位能,通过水轮机转换成机械能,再通过发电机转换成电能。水力资源是可再生资源。我国水力资源蕴藏量极为丰富，在世界上居首位。理论水力资源为 680 GW（$1\ GW = 10^6\ kW$），可开发利用的水力资源为 405 GW。但到目前为止，我国各种发电机装机总量及年发电总量中，水力部分分别只占总量的 21.6% 和 16%，实际开发的水力资源只占可开发总量的 20%，可见我国的水电开发程度与自然资源条件是十分不相称的。

水力发电的开发包括一般水力发电站（如三峡水电站）和大规模的抽水蓄能发电站（如浙江天荒坪抽水蓄能电站）。近年来抽水蓄能发电站在水力发电中占有的比例日益增大。

1. 水力发电站按构造及落差方式的分类

(1) 引水式水力发电站

在河流的上游建立一个引水口，利用斜坡较缓的水渠，将水引到一定落差的地点，利用水的冲击力发电。

(2) 水坝式水力发电站

在山间河道狭窄的地方，建立起切断水流的大坝，将河水堵住，使水位提升，利用坝前后水的落差发电，如图 1.3.7 所示。

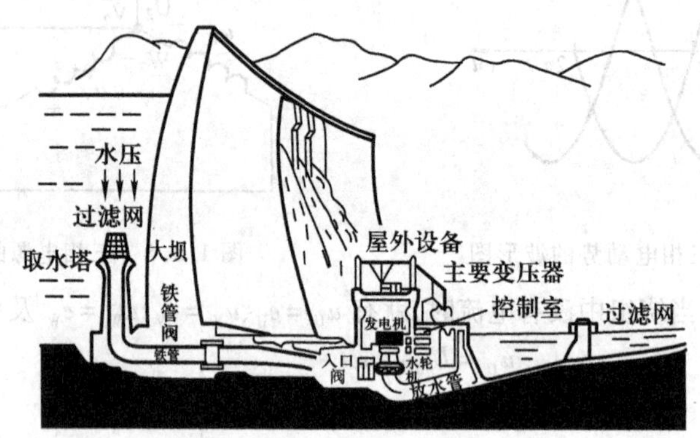

图 1.3.7　水坝式水力发电站

(3) 混合式水力发电站

把引水式和堤坝式组合在一起的混合方式，用水坝将水位提高，再建水道将水引到下游去发电。

2. 水力发电站按水的运行方式的分类

(1) 抽水蓄能发电站

在夜晚轻负荷时，大容量的核电站和火力发电厂的设备利用率下降，产生剩余电能。利用这些多余的电能，用泵将下游水库的水，抽到上游的水库中储存，在重负荷时，再利用上游水库的能量发电，如图 1.3.8 所示。

按照安装泵的方法分，有既作水轮发电机又作抽水泵的可逆式抽水蓄能发电站及发电机、抽水泵分别安装的独立式抽水蓄能发电站。

(2) 径流式发电站

它不调节河水的流量，是利用自然河水的发电方式，这种发电站的建设成本较低。但是，当河水流量大时，要放弃一部分水，在枯水期，发电量必须减少。

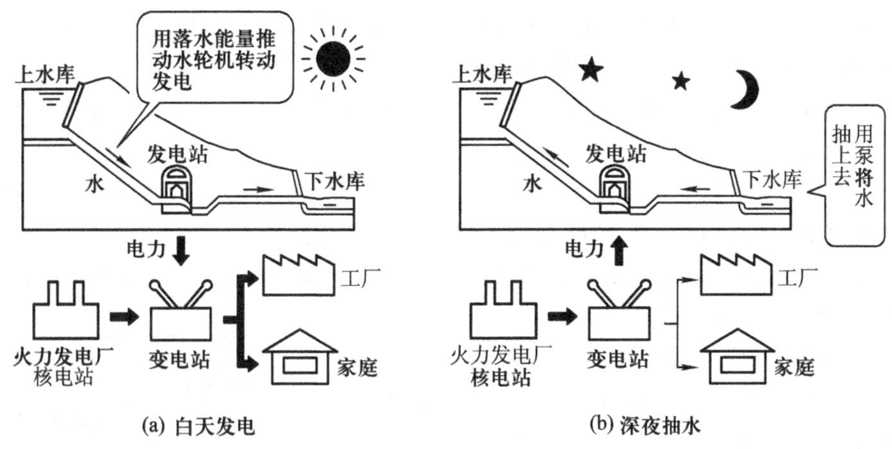

图 1.3.8 抽水蓄能发电站的构成

(3) 调节式发电站

建一个取水坝,在水路途中建一调节水库,当自然流量少、发电站用水不足或负荷增大时,使用调节水库的水发电。

(4) 水库式发电站

这种发电站的水库比调节水库大,可以储存融化的冰雪、梅雨、台风水等,可以调节河流流量的季节变化。

1.3.4 火力发电站

火力发电就是将石油、煤、液化天然气等矿物燃料所具有的热能通过水蒸气转换成机械能,再推动发电机转动,产生电能。

尽管燃料不同,火力发电厂的构成基本相同。图 1.3.9 是火力发电厂的构成,除了锅炉、汽轮机、发电机等主要设备之外,还有各种附属设备,如运输储存燃料的设备、冷凝和给水系统设备及环境保护设备等。

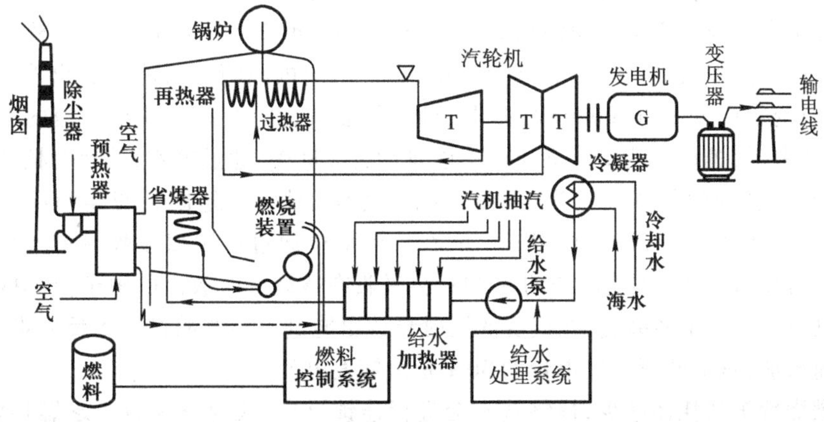

图 1.3.9 火力发电厂的构成

锅炉是将燃料的能量高效地转化为热能的装置。它燃烧煤炭、重油、液化天然气等燃料产生蒸汽,其辅助设备有燃烧器、空气预热器和通风设备等。

汽轮机是将蒸汽所具有的热能转换成机械能,而后推动发电机的装置。按蒸汽的作用方式可分为冲动式汽轮机、反动式汽轮机和冷凝式汽轮机等。

冷凝、给水设备是将汽轮机排出的蒸汽冷凝为冷凝水,而后经冷凝水泵将该冷凝水作为给水送到锅炉去的装置。它包括冷凝处理、加热和锅炉给水全套设备。

汽轮发电机是将汽轮机机械能转换成电能的装置。汽轮机的转子带动发电机转子转动发电,再经过变压器升压,送到电网中。电站采用双极隐极型三相交流同步发电机,其转速为 3 000 r/min。大型发电机的端电压为 15 ~ 30 kV(线电压),中、小型发电机的端电压一般为 3.3 ~ 11 kV。每台发电机接一台主变压器,变压器的容量可达 230 ~ 1 100 MV · A,高压侧的线电压为 66 ~ 500 kV。

火力发电厂的运行控制是由中央调度所大型计算机实施的,在火力发电厂内装有自动负荷控制装置,接收来自中央调度所的指令,对锅炉的燃料、空气、给水及汽轮机进气量进行控制等,如图 1.3.10 所示。

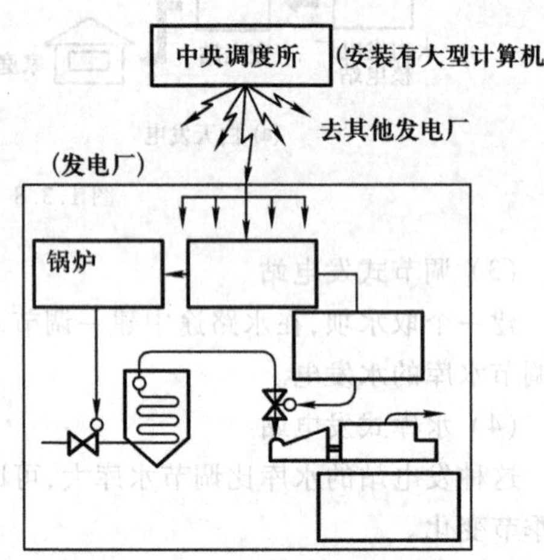

图 1.3.10 火力发电厂的控制

为了确保燃料供应和冷却水等条件,火力发电厂大多建立在江河沿岸、沿海地带或煤炭、石油、天然气产地附近。但在工业区和城镇附近,也建有中小型热电厂,以便就近供电及供蒸汽。

*1.3.5 核能发电站

核电站是利用铀燃料原子核裂变过程中释放的核能来发电的。铀燃料的原子核受到外部热中子轰击时,会产生原子核裂变,分裂为两个原子核,并释放出大量的热量。该热量将水变为水蒸气,然后把它送到汽轮机发电,其原理同火力发电一样。

天然的铀矿中主要是不会分裂的铀 238,占 99.28%,铀 235 只占 0.71%。核电站中使用的是将铀 235 的比例浓缩成 2% ~4% 的核燃料棒,在长时间内渐渐地将能量放出发电。铀 235 的原子核,每次裂变会产生大约 200 MeV(兆电子伏)的能量,并放出 2 ~ 3 个高速的中子。在轻水反应堆中,高速中子(速度约为 1×10^4 km/s,能量约为 2 MeV)通过轻水,减速为核裂变物质容易吸收的热中子(速度约为每秒几千米,再轰击稳定的原子核,引起核裂变连锁反应。1 kg 的铀 235 可以产生的热能大约为 2.3×10^7 kW · h,在反应堆中通过控制棒吸收热中子来调节核裂变的连锁反应。另外,占 97% 不能燃烧的铀 238,会吸收在核裂变时放出的中子,其中 0.6% 变为钚 239,钚 239 也会产生原子核裂变,在裂变的同时释放出能量。将核燃料放入反应堆之后,钚随着燃料的燃烧而增加,核电站累计发电量的 30% 是由钚发电的。

核燃料燃烧后被消耗而减少,最终就不会进行连锁反应,成为乏燃料。乏燃料要定期更换,且放射性极高,还会发热,因此要用钢铁和铅做成的屏蔽容器储藏冷却许多年后,运回工厂再进行化学处理,分离回收铀,以便经浓缩后重新使用,这称为核燃料循环。然后将分离后剩下的核生成物硝酸溶液(废液),再和水泥材料混合,固化在不锈钢容器中,放在地下数百米深的地下层中长期储存。

核电站的结构根据核反应堆的类型不同,相应的系统和设备有较大的差别。现以普通应用的压水堆核电站为例,介绍核电站的系统、设备和工作原理。

压水堆核电站主要由核反应堆、一回路系统、二回路系统及其他辅助系统所组成。图 1.3.11 是压水堆核电站主要系统原理流程。

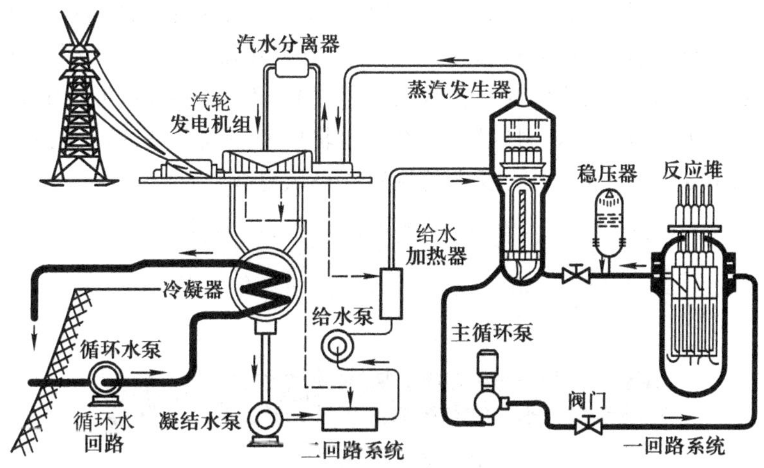

图 1.3.11 压水堆核电站流程图

核反应堆是核电站动力装置的重要设备。它是用低浓缩铀作核燃料,实现可控制链式裂变反应的装置,堆内用轻水作慢化剂和冷却剂。它由堆芯、堆内构件、压力壳及控制棒驱动机构等部件组成,安装在核电站主厂房的反应堆大厅内,并与一回路的主管道相连。核反应堆内的核燃料裂变时放出热能,由流经反应堆内的冷却剂带出反应堆,送往蒸汽发生器。

一回路系统由核反应堆、主循环泵、稳压器、蒸汽发生器和相应的管道、阀门及其他辅助设备所组成。高压的冷却水由主循环泵压送流经反应堆,吸收核燃料裂变放出的热能后,流进蒸汽发生器,通过蒸汽发生器再将热量传递给在管外流动的二回路给水,使它变成蒸汽;此后,再由主循环泵将冷却水重新送至反应堆内。如此循环往复,构成一个密闭的循环回路。一回路系统的压力由稳压器来控制。

二回路系统是将蒸汽的热能转化为电能的装置。它由汽水分离器、汽轮机、冷凝器、凝结水泵、给水泵、给水加热器等设备组成。二回路给水吸收了一回路的热量后成为蒸汽,然后进入汽轮机做功,带动发电机发电。做功后的乏汽排入冷凝器内,凝结成水,然后由凝结水泵送入加热器,加热后重新返回蒸汽发生器,构成二回路的密闭循环。蒸汽发生器及一回路系统(常称为核蒸汽供应系统)相当于火电站的锅炉系统。由于核反应堆是强放射源,流经反应堆的冷却剂带有一定的放射性,不能直接送入汽轮机,否则将会造成汽轮发电机组操作维修上的困难。所以,压水堆核电站比普通电站多一套动力回路。

核电站的发展非常迅速,是未来电能的主要来源之一。它比火力发电具有能量高、耗料少、发电成本低的优越性。它不仅是一座发电站,而且是一座特殊的核燃料生产工厂。它没有通常火电站的废气废水排放,由于采用了多种安全措施,因此我国所建设的核电站是极为安全可靠的。目前在运行的核电站有浙江秦山核电站及广东大亚湾核电站、岭澳核电站,在未来几年中将在浙江三门及广东阳江、台山建设大容量的核电站,缺乏动力资源的浙江、广东将成为我国的核电大省。

*1.3.6　风力发电(风电场)

风能是太阳能的一种转换形式。太阳照射到地球表面,因地表各处受热不同产生温差,从而引起大气的对流运动形成风。到达地球的太阳能中大约2%转化为风能(约 2×10^{16} W),据世界气象组织估计,地球上可利用的风力资源约200亿千瓦(其中陆地上约占一半),比可开发利用的水利资源总量还要大10倍。风能作为一种取之不尽、用之不竭的清洁、可再生绿色能源,越来越受到人们的注意。风力发电没有燃料问题,不会产生辐射和空气污染,所以风力发电正在世界上形成一股热潮。图1.3.12所示为风力发电的场所——风电场。

图1.3.12　风电场

风力发电机是将风能转换成机械能,再把机械能转换成电能的机电设备。风力发电的原理,是利用风力带动风车叶片旋转,再通过增速机构将旋转的速度提升,来促使发电机发电。依据目前的风车技术,大约是3 m/s的微风速度,便可以开始发电。风力发电机通常由风轮、对风装置、调速装置、传动装置、发电机、塔架、停车机构等组成。

图1.3.13和图1.3.14分别是小型和中大型风力发电机的结构示意图。图中,风轮的作用

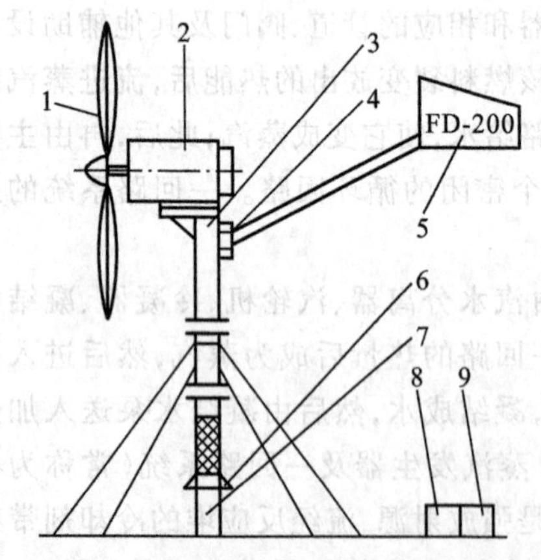

1—风轮　2—发电机　3—回转体　4—调速机构

5—调向机构　6—手刹车机构　7—塔架

8—逆变器　9—蓄电池

图1.3.13　小型风力发电机结构示意图

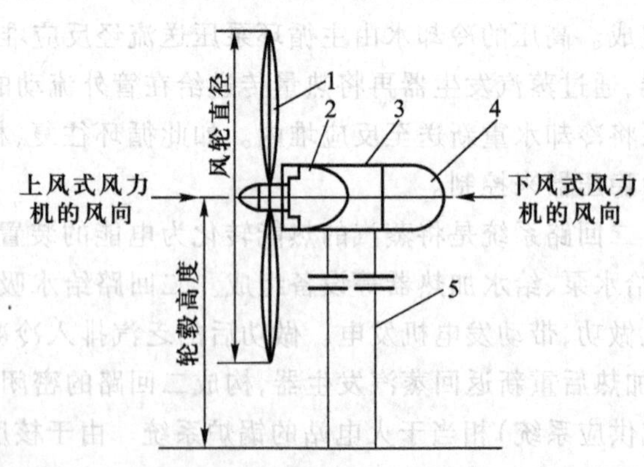

1—风轮　2—变速箱　3—发电机　4—机舱　5—塔架

图1.3.14　中大型风力发电机结构示意图

是吸收风能,并将风能转变成机械能,再由风轮轴将能量送给传动装置。

风力发电机塔架上端的部件——风轮、传动装置、对风装置、调速装置、发电机等组成了机头,机头与塔架的连接部件是机头座与回转体。

机头座用来支撑塔架上方的所有装置及附属部件,它牢固与否将直接关系到风力机的安危与寿命。回转体(转盘)是塔架与机头座的连接部件,机头座安装在回转体的内圈上,并通过固定在塔架上的外套之间的轴承和对风装置相连,在风向变化时,机头便能水平地回转,使风轮迎风工作。

自然界的风速经常变化,当风轮的转速超过额定值时,要影响机组的使用寿命,甚至造成设备的毁坏。为此,风力发电机上带有调速装置,在风速大于额定风速时起限速作用,当风速增至停机风速时,调速装置能使风轮停机。另外,风力发电机也可由手刹车机构控制其停机。

发电机是将由风轮轴传来的机械能转变成电能的设备。风力发电常用的发电机有四种。

(1) 直流发电机

常用在微小型风力发电机上,直流电压为 12 V、24 V、36 V 等。中型风力发电机上也有采用直流发电机的。

(2) 永磁发电机

常用在小型风力发电机上,中、大型风力发电机上一般不用。其电压为 115 V、127 V 等,有交流也有直流。最近我国发明了交流电压 440 V/240 V 的高效永磁交流发电机,可以制成多极低转速,比较适合风力发电机用。

(3) 同步交流发电机

它的电枢与主磁场同步旋转,其工作原理参见 1.3.2 节。

(4) 异步交流发电机

异步交流发电机的电枢与主磁场不同步旋转,其转速略比同步转速低,当并网时它的转速应高于或等于主磁场转速。

交流发电机与直流发电机相比,具有体积小、重量轻、结构简单、低速发电性能好、对周围的无线电设备干扰少等优点。因此,在独立运行的小容量发电系统中,较多地采用永磁式或自励式交流发电机,对于在并网运行的中大型发电系统中,普遍采用同步发电机或异步发电机。

大型风力发电机组是风电系统的关键设备,也是研发的热点。风电机组的发展方向是超大容量、智能化、高稳定性和可靠性。现在的风电设备制造技术已日臻成熟,技术方面的改进主要是进一步降低成本、提高效率,增强抗低温、冰冻、雷击等性能。由于风电技术的进步和发展,在人们心目中风电不稳定的劣质电源的观念已经被打破。风电成本也在逐年下降,目前其基建成本已接近煤电,发电成本也逐渐接近煤电成本。而且风力发电可以与畜牧和旅游等活动共用土地,围绕风电主题开展特色旅游也收效良好,绿色风电具有常规能源发电方式所不可比拟的环保效益。为此,各国都制定了优惠政策发展风电。目前,我国正在新疆、内蒙古、青海、宁夏等内陆草原以及海滨湿地等风力资源相对丰富地区,大力建设风力发电场。我国风电设备的制造能力及开发水平也迅速发展,通过国外引进及国产化相结合,必能实现风电事业大规模高速发展的时代。

*1.3.7 其他发电方式

电能除了用上述几种方式提供外，目前正在开发利用的还有磁流体发电、地热发电、海洋发电等。

1. 磁流体发电

图 1.3.15 和图 1.3.16 分别是磁流体发电机工作原理和结构示意图。

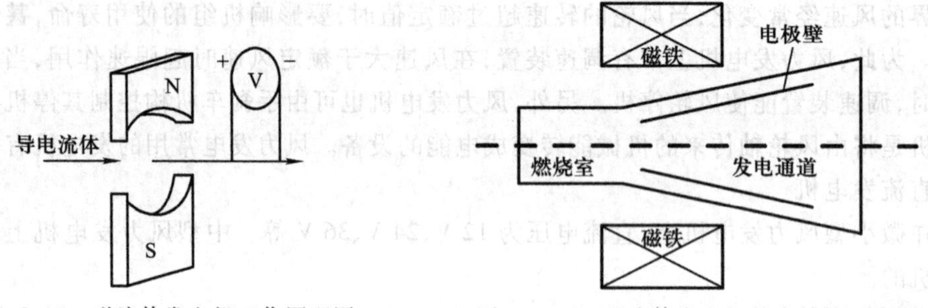

图 1.3.15 磁流体发电机工作原理图 图 1.3.16 磁流体发电机基本结构示意图

磁流体发电是利用高温导电流体高速通过磁场，在电磁感应的作用下，将热能转换成电能。磁流体发电中所用的导电流体可以是导电的气体，也可以是液态金属。导电流体的高温，可以从矿物燃料燃烧时的化学能转换成热能而获得，也可由核燃料在核反应中核能转换成热能而获得。磁流体发电与火力发电的主要差别是在磁流体发电机中，高温高速的导电流体代替了普通发电机中的电枢绕组和转动部件。

磁流体发电机的结构是由燃烧室、发电通道和磁铁三个基本部分组成。燃料在燃烧室中燃烧，化学能转变成热能，产生高温导电气体。高温导电气体通过喷管被加速，从而获得高温高速的导电气体进入发电通道。发电通道由绝缘壁和电极壁组成。电极壁用以引出电流。磁铁用以产生强磁场，它由铁心、空心线圈或超导线圈做成。这样，在燃烧室中产生的高温导电气体，高速流入发电通道，与磁场发生相互作用，产生感应电动势。如果通过电极和外加负载组成回路，则就有电流通过，其方向可根据右手定则来确定。若磁场的方向和导电流体的流动方向均为一定，则感应电动势的方向也就一定，发出的电就是直流电。

磁流体发电具有以下特点：

(1) 效率高

目前火力发电的热效率为 30% ~40%，核能发电为 25% ~30%。磁流体发电的总效率可达 52%。

(2) 起动快

由于磁流体发电是直接将热能转换成电能的，所以起动很快，它可以在几秒内达到额定负荷，而一般火力发电设备的起动时间为几个小时以上。因此磁流体发电机可作为特殊试验用的脉冲电源或尖峰负荷电源，这是其他发电方式无法比拟的。

(3) 环境污染少

火力发电存在严重的热污染和排烟大气污染；核电站也存在热污染或有些放射污染。由于磁流体 - 蒸汽联合电站的热效率高，热污染大大减少。同时，采用了多种措施减少排烟废气中的二氧化硫、氧化氮等污染物的排放。

(4) 结构简单,制造方便

磁流体发电机的主要部件都是固定的、静止的,没有高速转动机械,因而结构简单,造价和发电成本比较低廉。

2. 地热发电

地球本身是一个极大的热库,含有极其丰富的地热资源,包括:

(1) 水热资源

其温度从室温到 360 ℃不等,约占已探明地热资源的 10%。

(2) 地压资源

温度处于 150 ~260 ℃之间,储量大约是已探明地热资源的 20%。

(3) 干热岩

它是地层深处具有 150 ~650 ℃的固体热岩层,其储藏的热能占已探明地热资源的 30%。

(4) 熔岩

它是 650 ~1 200 ℃处于熔化状态的熔岩,其埋藏部位最深,约占已探明地热资源的 40%。

目前能把地下热能带到地面并用于发电的载热介质主要是天然蒸汽(干蒸汽或湿蒸汽)和地下热水,地热发电一般采用将处在地下的高温过热蒸汽或者将热水的一部分蒸发形成的蒸汽发电。地底深处储留层的地热流体温度在 200 ℃以上,当储留层的温度高时,利用地热流体使部分热水汽化,这种发电称为闪蒸方式。为了提高热量利用率,可采用双闪蒸方式,如图 1.3.17 所示。这种方式是用汽水分离器将分离的热水引入蒸发器,减低压力后再使其蒸发成蒸汽而用于发电。

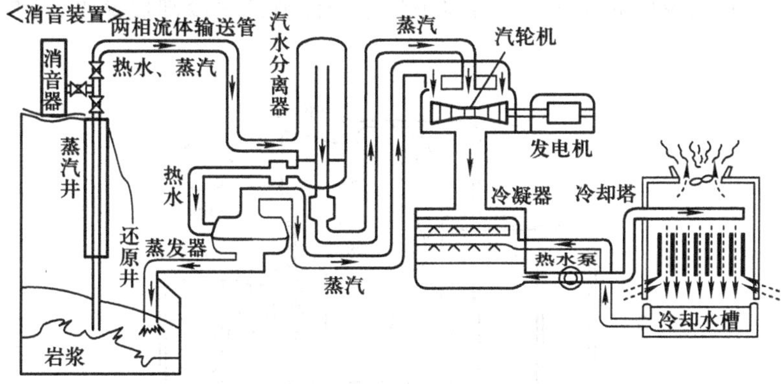

图 1.3.17 双闪蒸方式的地热发电

在储留层的温度低时,可采用另外的发电方式,即将热水抽上来,通过热交换器,加热二次媒体(沸点低的媒体)将它变成气体,驱动热介质汽轮机旋转。其特点是在闪蒸方式得不到足够气体的情况下,也可以发电,可以有效地利用随蒸汽喷出的大量热水。

3. 海洋发电

海洋占地球表面 71% 的面积,它具有巨大的潜在能量可供开发,目前已经开展利用热(温差)、运动(洋流、潮汐、波浪)、化学(浓度差)等进行海洋发电的研究。

(1) 潮汐发电

由于月亮和太阳引潮力的作用,使海洋里的大量海水不断地做周期性的往复运动。涨潮时巨量海水汹涌而来，其中包含着大量的动能，海洋水位的逐渐升高，把大量动能转化为位能。在落潮时，大量海水又奔腾而去，海洋水位逐渐下降。大量位能又转化成为动能。海水在运动中所包含的大量动能和位能便称为潮汐能。潮汐发电和水力发电的原理差不多。它是在海湾或有潮汐的河口上建筑一座拦水堤坝，形成水库，并在坝中或坝旁放置水轮发电机组，然后利用潮汐涨落时海洋水位的升降，使海水通过水轮机时转动水轮发电机组发电。潮汐发电站的建设是一次性投资，拦水坝和其他建筑物的结构要求相对较低，所以发电成本非常低廉。

(2) 波浪能发电

海洋波浪具有很大的能量，每平方千米海面上，波浪的功率可达 $(10\sim20)\times10^4$ kW。目前波浪能发电装置就原理来说大致分为三种：

① 利用海面波浪的上下运动产生空气流或水流而使轮机转动。

② 利用波浪装置前后摆动或转动产生空气流或水流而使轮机转动。

③ 把低压大波浪变成小体积高压水，然后把水引入某一高位水池积蓄起来，使其产生一个水头，从而冲动水轮机。

波浪发电装置可以浮在海上，也可建在海岸，成为固定式发电装置。同时也可以把许多几千瓦的小功率波浪发电装置串接起来，产生较大的功率。

(3) 海洋温差发电

它是利用海洋的表层温水和 1 000 m 深处以下的冷水之间有 20 ℃左右的温差进行发电。该发电系统由蒸发器、冷凝器、汽轮发电机、泵、海洋建筑物、取水管和定位设备所组成，如图 1.3.18 所示。其工作过程为：由温水泵吸取海洋表层温水，在蒸发器中使氨水汽化膨胀为蒸汽，做功推动汽轮机转动发电。来自汽轮机的蒸汽用冷凝器中流过的深海冷水冷却成氨水，再泵入蒸发器完成循环。

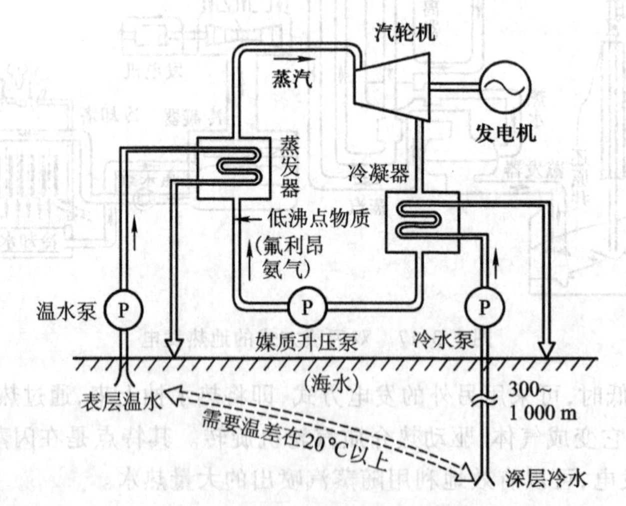

图 1.3.18　海洋温差发电原理

海洋温差发电装置设置在海洋中，发电站的结构形式有浮体式、半潜水式和潜水式三种。它发出的电力有以下几种利用方法：

① 发电站在离陆地 150 km 以内的地方时，可用海底电缆向陆上的变电站送电。

② 离陆地较远的发电站，可利用产生的电力，蒸发海水制造淡水；或将水电解得到氢和氧，用船运往陆地，作为汽车和火电厂的燃料。

③ 利用电站的电力从浓缩海水中提取铀和重水，运往陆地供核电站用。

④ 利用电站的电力从海水中提取稀有金属，如锂。

⑤ 向海上采油、采矿工程供电。

海洋温差发电不消耗能源，又无污染，同时可能做到大规模连续发电，是很有发展前途的。

4. 光热发电

光热发电，即太阳能热发电技术，又称为聚焦式太阳能发电技术，它是利用聚光器聚集太阳能，经吸收器吸收后转化成热能，产生高温蒸汽或气体进入汽轮发电机组或燃气轮机发电机组产生电能。按聚光形式不同，太阳能热发电可分为碟式太阳能热发电、槽式太阳能热发电和塔式太阳能热发电。

(1) 碟式太阳能热发电系统

碟式太阳能热发电系统是利用旋转抛物面反射镜，将入射阳光聚集在焦点上，放置在焦点处的太阳能接收器收集较高温度的热能，加热工质，驱动发电机组发电或在焦点处直接放置太阳能斯特林发电装置发电。碟形/斯特林太阳能热发电系统如图 1.3.19 所示，采用的聚光器由很多

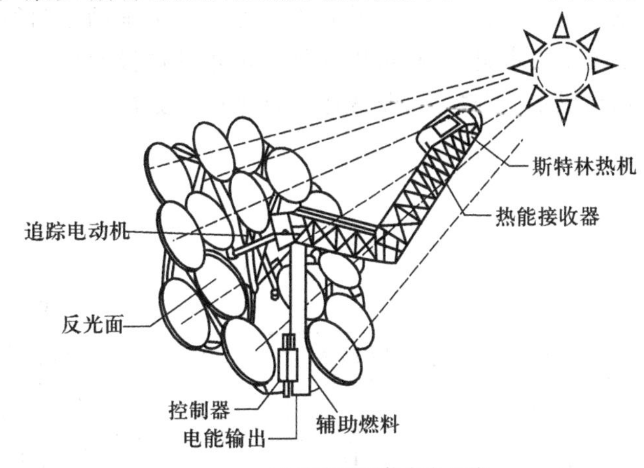

(a) 整套碟形热发电系统

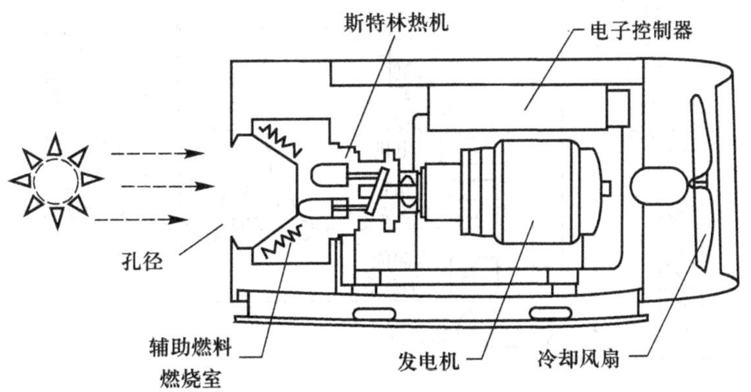

(b) 斯特林热机发电示意图

图 1.3.19 碟形/斯特林太阳能热发电系统

抛物柱面的聚光镜组成。聚光镜可跟踪太阳的移动,将太阳光聚焦到热能接收器上,热能接收器吸收太阳能并将其转化成热能传送到斯特林热机上。热能接收器由一组内含热交换介质的管道组成,热交换介质一般采用氦气或氢气,该气体同时也是斯特林热机的工作介质。此外也可以通过在热管中完成热交换介质的加热和冷凝,将热能接收器中的热量传递到斯特林热机中。斯特林热机的气缸中配有可双向移动的活塞,可将活塞的往复运动转换为发电机旋转运动实现发电。斯特林热机的低温区使用水冷却和风扇冷却同时作用,作为一个封闭的系统,它只需很少的循环水,这也是它和其他聚焦式太阳能发电(CSP)技术相比的优势所在。碟形/斯特林太阳能热发电系统的平均效率高于20%,最高效率接近30%,这在所有的太阳能转换系统中是最高的。碟形/斯特林太阳能热发电系统可以用作不需要外加燃料和冷却水的孤立运行电厂,这使得其特别适合在日光充足而水源短缺的沙漠上进行发电。

(2) 槽式太阳能热发电系统

槽式太阳能热发电系统是将多个槽型抛物面聚光集热器经过串并联的排列,产生高温,加热工质,产生蒸汽,驱动汽轮机发电机组发电。带辅助蒸汽发电的槽式太阳能热发电系统如图1.3.20所示,热交换介质在位于抛物线焦点的热能接收器中被加热到400 ℃左右,然后通过一系列的热交换产生高温、高压的蒸汽来驱动发电机。图中系统既有热存储单元,也设计了在太阳能不足时燃烧燃料发电的部件,使得该系统看起来更像一个带辅助太阳能热源的传统蒸汽发电站。槽式太阳能采集系统不受水量限制,可以在极度缺水的沙漠地区运行。槽式太阳能热发电系统具有规模大、寿命长、成本低等特点,非常适合商业并网发电。

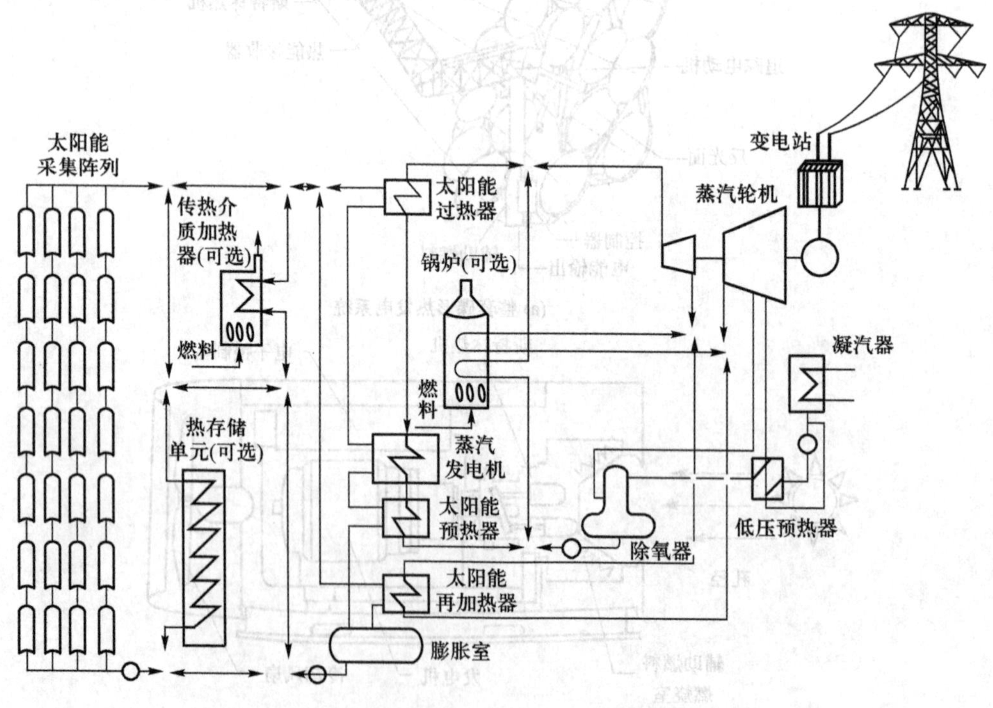

图 1.3.20 带辅助蒸汽发电的槽式太阳能热发电系统

(3) 塔式太阳能热发电系统

塔式太阳能热发电系统的基本形式是利用独立跟踪太阳的定日镜群,将阳光聚集到1个固定在塔顶部的接收器上,用以产生高温,加热工质产生过热蒸汽或高温气体,驱动发电机组发电,从而将太阳能转换为电能。熔融盐储能塔式太阳能热发电系统如图1.3.21所示,由计算机控制的镜面系统(定日镜)将太阳光反射到太阳能采集塔上,系统中采用熔融硝酸盐作为传热介质,冷却箱中的熔融盐被抽到塔顶的热能接收器中,并被加热后存储在高温熔融盐储箱中。两箱热能存储器驱动蒸汽发电机组发电。采用熔融盐储能其温度可达565 ℃,符合蒸汽机最大功率需求,且往返效率大于97%,可使机组在日落后全力发电3小时以上。塔式太阳能热发电系统具有规模大、热传递路程短、热损耗少、聚光比和温度较高等特点,极适合于大规模并网发电。

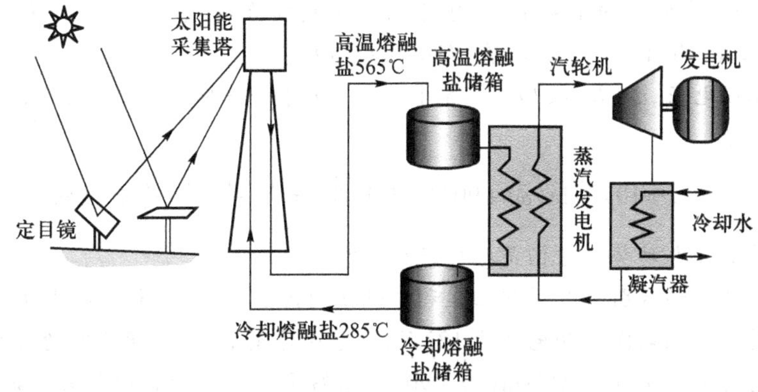

图1.3.21 熔融盐储能塔式太阳能热发电系统

复习思考题及练习题

1-1 简述电流、电压、电动势的物理意义及单位。

1-2 理想电路元件与实际的电路元件有何区别?

1-3 电压源具有哪两个基本性质?

1-4 电流源具有哪两个基本性质?

1-5 实际电源与理想电源有何区别?

1-6 实际电源有哪两种等效的电源模型?

1-7 有一个电源,空载时端电压为12 V,负载时若负载电流为4 A,则电源端电压降为10 V。试画出外特性曲线,并画出其两种电源模型图,求出其参数。

1-8 有一个电源,两端短路时测出短路电流有100 A,空载时端电压为24 V,试画出其两种电源模型图,并求出其参数。

1-9 电压源与电流源之间是否可以等效转换?

1-10 有一台直流0~30 V可调及0~5 A可调的直流稳压、稳流电源,试问该电源作为稳压源使用时的外特性是怎样的？其输出电压电流最大值是多少？若该电源作为稳流源使用时，外特性及电流电压最大值又如何？

1－11 已知一正弦电压为 $u=10\sqrt{2}\sin(314t+60°)$ V，问该电压的周期 T、频率 f、幅值 U_m、有效值 U、初相位 ψ 为多少？并画出该电压的波形图。

1－12 在题 1－11 的电压波形图中，若纵坐标向左移动 30°时，其初相位 ψ_1 为多少？若纵坐标向右移动 30°时，其初相位 ψ_2 为多少？

1－13 现有一正弦电流为 $i=5\sqrt{2}\sin(314t-30°)$ A，问该电流与题 1－11 中的正弦电压相位差是多少？哪一个超前？哪一个滞后？

1－14 已知两个正弦电压为 $u_1=311\sin(314t+90°)$、$u_2=311\sin(314t-30°)$，作出两个电压的波形图，并求出它们的角频率 ω，周期 T，频率 f，幅值 U_{m1}、U_{m2}，有效值 U_1、U_2，初相位 ψ_1、ψ_2 及相位差，指出哪个电压超前，哪个电压滞后。

1－15 已知一正弦电压，$u=U_m\sin(\omega t+45°)$，当 $t=0$ 时电压瞬时值为 220 V，试求该电压的幅值及有效值。

1－16 已知一电压为 $u=10\sqrt{2}\sin(\omega t+90°)$，试求当 $t=\frac{T}{12}$、$\frac{T}{8}$、$\frac{T}{6}$、$\frac{T}{4}$ 时该电压的瞬时值。

1－17 何谓对称三相电动势？它们是怎样产生的？

1－18 如何把三相电动势引出？说明相线和中性线的区别，说明相电压和线电压的区别。

1－19 已知一对称三相电源每相电压为 127 V，该电源作星形联结，问此时的线电压为多少？

1－20 若三相对称电源中 $u_U=311\sin(\omega t+90°)$，试写出 u_V、u_W 的瞬时值表达式，求出相电压有效值。

1－21 根据题 1－20 中的 u_U、u_V、u_W，写出线电压 u_{UV}、u_{VW}、u_{WU} 的瞬时值表达式，求出线电压有效值。

1－22 你知道有哪几种产生电能的方法？

1－23 你认为哪几种发电方式对环境没有污染，可以称为清洁能源？

第二章　电　　路

电路是电工技术和电子技术的基础，是学习电力电路、电子电路以及控制和测量电路的基础。

2.1　电路与基尔霍夫定律

2.1.1　电路

1. 电路的概念

电路的概念在1.1.1节中已经作了简单介绍。从1.1.1节中可以了解到，电路是电流流经的路径，它是由某些电气设备和电子元器件按一定的方式组合起来的。实际的电路都是由一些起不同作用的实际电路元件或电子元器件所组成，如发电机、变压器、电动机、晶体管以及各种电阻器和电容器等，它们的电磁性质较为复杂。例如交流供电的日光灯电路，它除了具有消耗电能的性质（电阻性）外，当与灯管串联的镇流器线圈中通有电流时就会产生交流磁场，这就是电感性。另外镇流器还具有匝间电容，但电容很小，可忽略不计，于是可认为日光灯电路的等效电路是电阻和电感的串联。为了便于对实际电路进行分析和用数学描述，需要将实际电路元件理想化（或称模型化），即在一定条件下突出其主要的电磁性质，而忽略其次要因素，把它近似地看作理想电路元件。

由一些理想电路元件所组成的电路，就是实际电路的模型，它是对实际电路电磁性质的科学抽象和概括。在理想电路元件中主要有电阻元件、电感元件、电容元件和电源元件等，并由相应的电路参数符号来表示。

把任何一个实际电路画成一个由元件符号组成的示意图形，称为电路图。比较复杂的电路有时也称为网络，如输电网络、信息网络。

2. 电路的作用与组成

电路的作用主要有两个：一是传输和转换电能，如图2.1.1(a)所示；二是传递和处理信号，如图2.1.1(b)所示。

电路的组成主要包括电源、负载和中间环节三个部分。

电源是将其他形态的能量转换为电能的供电设备，例如第一章所介绍的蓄电池、发电机等。负载是将电能转换成其他形态能量的用电设备，例如电动机、照明灯和扬声器等。中间环节是连

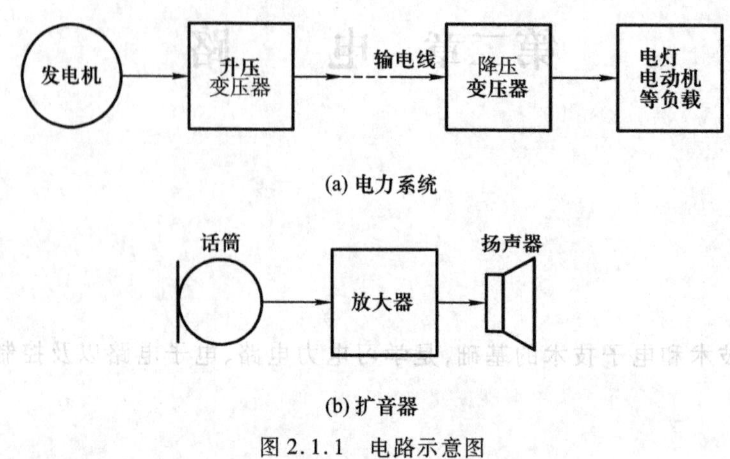

(a) 电力系统

(b) 扩音器

图 2.1.1 电路示意图

接电源和负载的部分,它起传输和分配电能及信号的作用。

2.1.2 基尔霍夫定律

基尔霍夫定律是关于电路中电流分布和电压分布规律的定律,下面以图 2.1.2 所示的电路为例来加以说明。

图 2.1.2 中每一分支电路称为支路,支路中不存在电路的分叉,支路中所有的电路元件都是串联的,各元件通过同一个电流,称为支路电流,在图 2.1.2 中共有三条支路。

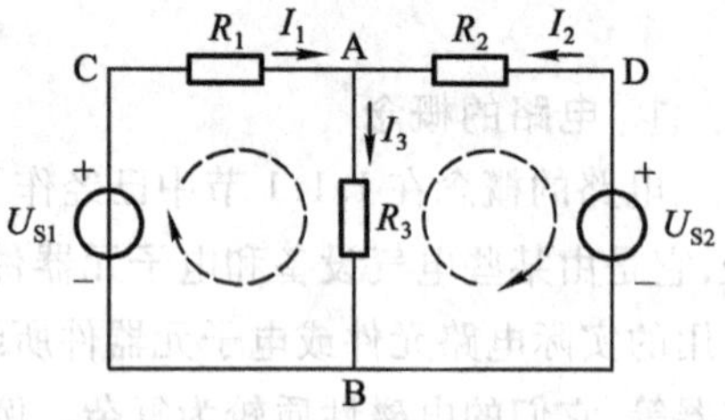

电路中三条或三条以上支路的连接点称为结点,在图 2.1.2中共有 A、B 两个结点。

图 2.1.2 具有三条支路的电路

电路中由一条或多条支路所构成的闭合路径称为回路,在图 2.1.2 中共有三个回路 ABCA、ADBA、ADBCA,它们的循行方向都假定为顺时针方向。

1. 基尔霍夫电流定律(KCL)

基尔霍夫电流定律可以表述如下:在电路中的任何结点上,无论何时,流入结点的支路电流之和恒等于流出结点的支路电流之和。也就是说,结点上的所有支路电流之代数和恒等于零(流入为正,流出为负)。即

$$\sum i = 0 \tag{2.1.1}$$

式(2.1.1)说明任何瞬间在结点上不可能有电荷的积累。

在图 2.1.2 中,各支路电流的参考方向如图中所示,在结点 A 上有

$$I_1 + I_2 = I_3 \quad 或 \quad I_1 + I_2 - I_3 = 0$$

在结点 B 上有

$$I_3 = I_1 + I_2 \quad 或 \quad I_3 - I_1 - I_2 = 0$$

所以这两个结点的电流方程式是一样的,也就是说电路中如有 n 个结点只要列出$(n-1)$个电流方程式,而余下一个电流方程式已经蕴含在$(n-1)$个电流方程中,不必列出。

基尔霍夫电流定律也可以推广到电路的任意闭合面中使用,如图2.1.3所示的电路中按图示电流参考方向可以列出 $I_A+I_B+I_C=0$(实际上三个电流中有一个或两个为负值,为从闭合面流出)。

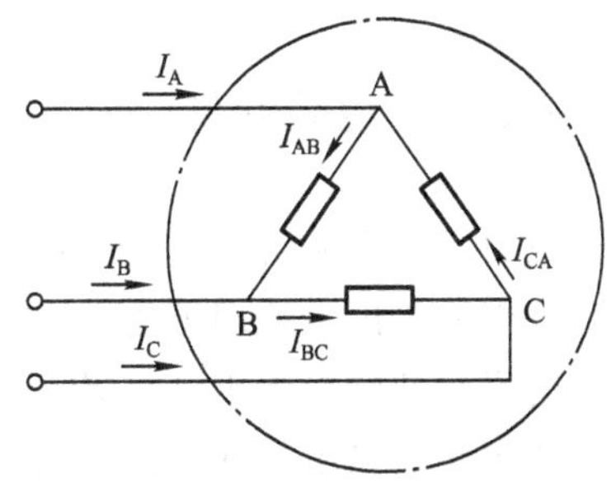

图2.1.3 基尔霍夫电流定律的推广

2. 基尔霍夫电压定律(KVL)

基尔霍夫电压定律可以表述如下:在电路中的任何回路中,任一瞬间沿假设的回路循行方向,所有电路元件上电压降的代数和恒等于零,即

$$\sum u=0 \tag{2.1.2}$$

在应用基尔霍夫电压定律时,若电路元件上电压降的参考方向与回路循行方向一致时,该电压降应取正值,反之则取负值。

在图2.1.2中,各电路元件端电压的参考方向如图中所标+、-符号表示,在回路ABCA中有 $U_{AB}+U_{BC}+U_{CA}=0$,即

$$R_3I_3-U_{S1}+R_1I_1=0 \quad 或 \quad R_3I_3+R_1I_1=U_{S1} \qquad ①$$

在回路ADBA中有 $U_{AD}+U_{DB}+U_{BA}=0$,即

$$-R_2I_2+U_{S2}-R_3I_3=0 \quad 或 \quad R_2I_2+R_3I_3=U_{S2} \qquad ②$$

在回路ADBCA中有 $U_{AD}+U_{DB}+U_{BC}+U_{CA}=0$,即

$$-R_2I_2+U_{S2}-U_{S1}+R_1I_1=0 \quad 或 \quad R_1I_1-R_2I_2=U_{S1}-U_{S2} \qquad ③$$

从以上三个方程式可见,式③=式①-式②,即式③可以从式②和式①导出,通过对回路的观察可得出,回路ADBCA中的所有电路元件实际上已经包含在回路ABCA及ADBA中,所以式③是重复的。因此在分析电路选取的回路时,要选用没有被围支路的回路ABCA、ADBA,这样的回路称为网孔。而回路ADBCA则因有电阻 R_3 所在的支路被围其中,就不宜选用。

2.2 电路元件

在电路理论中对电路元件的研究主要是针对理想电路元件,如前所述理想电路元件有电阻元件、电感元件、电容元件和电源元件,其中电源元件的性能已在第一章中作了详细的介绍,在这一节中将对其他理想电路元件的性能进行分析。在以后的文字中我们将把“理想”二字略去,即所称的电阻元件、电感元件、电容元件都是指理想的,而对一些实际的元件则称为实际电阻或电阻器,实际电感或电感器,实际电容或电容器,实际电源等。另外在表示元件参数时,应该称为电阻值、电感值、电容值等,有时往往简化把“值”字省去,所以电阻、电感、电容的名称要根据使用的场合来理解其含义。此外,它们都是无源元件,即不能产生电能的,不具有电源的性质。

2.2.1 电阻元件

电阻元件是从实际电气设备中的通电导体所呈现出的对电流有阻力、在通电时要损耗电能的现象中抽象出来的理想化模型,是耗能元件。

电阻元件的参数用电阻 R 表示,若 R 为常数,根据欧姆定律 $u=iR$,则 u 与 i 成正比,满足欧姆定律定义的电阻元件称为线性电阻元件,式中的 u 和 i 可以是随时间而变的函数,亦可以是常量,即为恒定直流。

在温度变化不大的环境中,等截面的一段长直金属导体的电阻值可由下式计算

$$R=\rho l/A \tag{2.2.1}$$

式中,l 为导体的长度;A 为导体的截面积;ρ 为导体的电阻率。

电阻元件在电路中要吸收功率,当电压和电流的参考方向一致时,电阻元件所吸收的电功率为

$$p=ui=i^2R=u^2/R \tag{2.2.2a}$$

当电压、电流均为恒定直流时,可表示为

$$P=UI=I^2R=U^2/R \tag{2.2.2b}$$

由于电阻元件通电后必然会消耗电能而发热,引起元件温度升高,只有在元件所发出的热量和向周围环境散发的热量相平衡时,温度不再上升,保持稳定状态。电阻元件的此种特性可以被用来制成各种电热设备,如果这些设备使用不当会形成超载过热,将由于电流过大、温度过高而引起设备损毁,甚至引起电气火灾。因此,所有的实际电阻元件及电热设备都有其电压、电流及功率的限值标示,称为额定值。一般的电热设备标示其额定电压及额定功率,一般电阻元件仅标示其额定电阻及额定功率。

2.2.2 电感元件

电感元件是从实际电气设备中的通电导体会在周围空间产生磁场,并且导体电流和磁场间有能量交换的现象中抽象出来的理想化模型。由于磁场把能量存储在磁场所在的空间,磁场的建立或消失必然伴随着能量的增长和衰减,所以电感元件是一种储能元件。由于电感元件的特性主要取决于磁场的性能,所以要对通电导体周围空间与电流相关联的磁场物理特性有所了解。

在一通电导体周围会产生磁场,其大小与导体中的电流成正比,方向由右螺旋定则确定,磁场可用磁感线来描述。磁场中某点附近磁感线愈密,其磁感应强度愈大,通过某点的磁感线方向就代表了该点的磁场方向。

1. 磁场基本物理量

(1) 磁场强度

磁场强度 H 是计算磁场时所引入的一个物理量,用以表示电流励磁作用的强弱,它是空间矢量。磁场强度的大小是由安培环路定律确定的,即在磁场中的任意一个闭合路径上,具有 $\oint Hdl=\sum I$ 的关系成立。式中,$\oint Hdl$ 为 H 沿闭合路径的线积分;$\sum I$ 为闭合路径所包围的电流

代数和。据此可以确定磁场强度与励磁电流之间的关系。从式中可见，电流的励磁作用仅与空间尺寸有关，而与周围介质的导磁能力无关。

（2）磁感应强度

磁感应强度 B（又称磁通密度）是表示磁场内某点的磁场强弱及方向的物理量，它也是一个空间矢量。其大小为

$$B=\frac{F}{lI} \tag{2.2.3}$$

式中，I 为检测磁场的载流导体电流；l 为导体长度；F 为导体所受到的磁场力。磁场方向与导体电流方向、受力方向互成 90°，满足左手定则。如果磁场内各点的磁感应强度大小相等，方向相同，这样的磁场称为均匀磁场。

（3）磁导率

磁导率 μ 是一个用来表示磁场介质磁性（即导磁能力）的物理量，它与磁场强度 H 的乘积就等于磁感应强度 B，即 $B=\mu H$。真空的磁导率是一个常数 $\mu_0=4\pi\times10^{-7}$ H/m（亨/米）。显然，在同样的励磁情况下（即 H 相同），周围介质不同，则磁感应强度就不同，磁场强弱就不一样。

（4）磁通

磁感应强度 B 与垂直于磁场方向的面积 A 的乘积，称为通过该面积的磁通，即 $\Phi=BA$。

2. 磁性材料

物质按其导磁能力可分为铁磁材料和非铁磁材料两大类。非铁磁材料对磁场强弱的影响很小，它们的磁导率与真空的磁导率近似相等，为一常数。只有铁、钴、镍以及这些金属的合金具有很高的磁导率，可对周围的磁场产生较大的影响。它们通常称为铁磁材料。铁磁材料具有高磁导率、有磁饱和现象及磁滞现象等特征。

铁磁材料的磁导率一般为真空磁导率的几百倍，有的达几千倍，而且它不是常数。通常用其磁感应强度 B 随磁场强度 H 变化的曲线来表示，称为磁化曲线。图 2.2.1 示出了典型的 $B-H$ 曲线及 $\mu-H$ 曲线。

铁磁材料在交变磁场中将会被反复磁化，在磁化过程中磁场强度 H 由 $-H_m$ 增加到 $+H_m$ 时磁感应强度 B 的变化轨迹，与 H 由 $+H_m$ 减少到 $-H_m$ 时 B 的变化轨迹是不一样的，其变化曲线称为磁滞回线，如图 2.2.2 所示。图中可见，B 的变化永远是落后于 H 的变化。当 $H=0$ 时，$B=B_r$ 称为剩余磁感应强度，简称为剩磁。只有当 H 向反方向变化到 H_c 时，才能克服剩磁，使 $B=0$，此时 H_c 称为矫顽力。从图 2.2.1 及图 2.2.2 中均可见到 H 增加到一定值后 B 将趋于饱和，即 B 不再随 H 的增加而增加。这就是磁饱和现象。

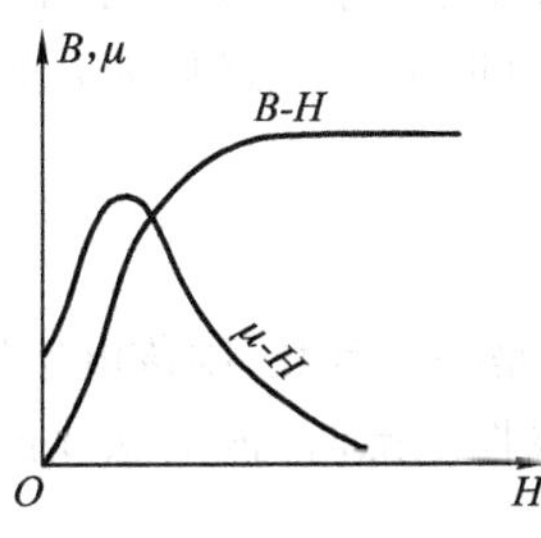

图 2.2.1 磁化曲线

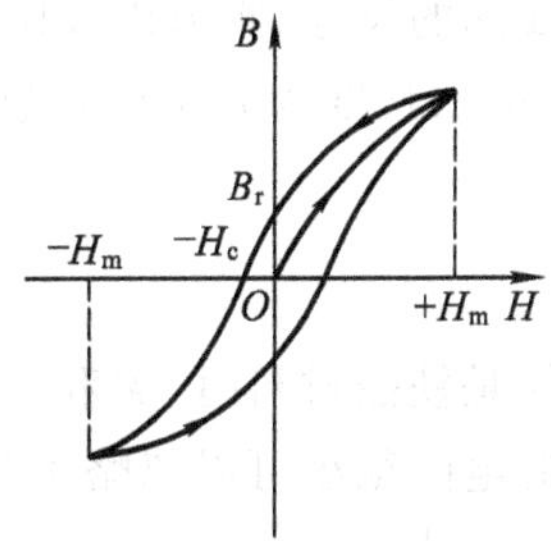

图 2.2.2 磁滞回线

铁磁材料在交变磁化的过程中会有能量损耗而导致铁磁材料发热，一种是磁滞损耗，是因为材料内部的分子本身具有磁性，在外部交变磁场作用下反复取向而产生的，在单位体积内的磁滞损耗与材料性质有关，并与磁滞回线所包围面积成正比。另一种为涡流损耗，是因为外部交变磁场在材料中感应出交变电动势，并在材料内部形成旋涡状的感应电流，称为涡流，由于铁磁材料的电阻很小，涡流会很大并使材料发热而有很高的温升。

在工程上可以利用此种现象进行金属冶炼（感应炉）及金属零件的热处理，但在很多场合必须要避免铁心发热，降低能耗，此时必须选用导磁性很好、磁滞回线面积小的软磁材料，如纯铁、硅钢、软磁铁氧体等，并且不能用整块铁心，而要用彼此绝缘的铁磁材料薄片叠成铁心或金属氧化物粉末压成铁心，以增大涡流流通电阻，限制涡流损耗。

除此以外，磁滞回线面积大的材料显然不适用在交变磁场内工作，但利用剩磁及矫顽力大的优点可以做成永久磁铁，例如磁钢、铝镍钴合金、钕铁硼合金及硬磁铁氧体等。

3. 电磁感应

当导线构成一个通电线圈如图 2.2.3 所示，则电流通过线圈会产生比较集中的磁场，因而必须考虑磁场能储存的影响，电感是用来表征电路中具有磁场储能这一物理性质的理想元件。

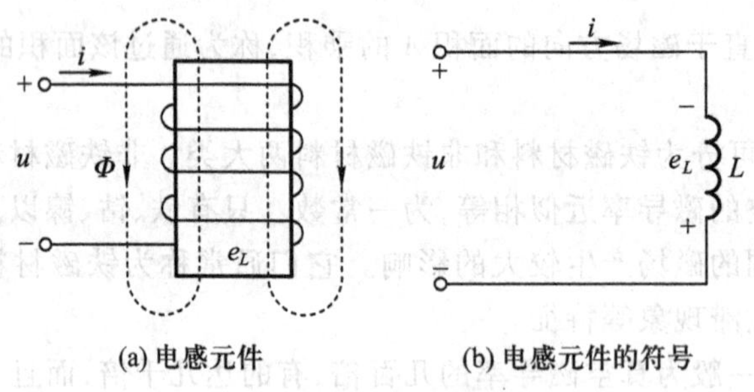

图 2.2.3 电感线圈

设图 2.2.3(a) 中的电感线圈匝数为 N，电流 i 通过线圈时产生的磁通为 Φ，则两者的乘积 $\Psi=N\Phi$ 称为线圈的磁链。当线圈中没有铁心时，它与电流的比值为

$$L=\frac{\Psi}{i}=\frac{N\Phi}{i} \tag{2.2.4}$$

式中，L 称为电感线圈的电感（常称自感），其单位为亨[利](H)，是电感线圈的参数；Ψ 和 Φ 的单位为韦[伯](Wb)；i 的单位为安[培](A)。线圈的匝数 N 愈多，其电感愈大；线圈中单位电流产生的磁通愈大，电感也愈大。

线圈电感量与线圈的尺寸、匝数以及附近的介质的导磁性能有关。若图 2.2.3(a) 中电感线圈的横截面积为 $A(\mathrm{m}^2)$，长度为 $l(\mathrm{m})$，匝数为 N，介质的磁导率为 $\mu(\mathrm{H/m})$，则其电感为

$$L=\frac{\mu AN}{l} \tag{2.2.5}$$

当通电线圈中间是铁磁材料时，Ψ 和 i 的比值就不是一个常数，则该电感称为非线性电感。

如果电感线圈的电阻很小可以忽略不计，并且是线性电感时，该电感线圈可用图 2.2.3(b) 所示的理想电感元件来代替。

可以证明，电感线圈中储存的磁场能量为

$$W_L = \frac{1}{2}Li^2 \tag{2.2.6}$$

当空心通电线圈交链的磁通发生变化时,线圈中就要产生感应的电动势,感应电动势的大小与电感量 L 及电流变化率$\frac{\mathrm{d}i}{\mathrm{d}t}$成正比,即

$$e = -N\frac{\mathrm{d}\Phi}{\mathrm{d}t} = -L\frac{\mathrm{d}i}{\mathrm{d}t} \tag{2.2.7}$$

式中的负号说明感应电动势总是反抗电流或磁场的变化,即当电流增加或磁场增强时,感应电动势方向与电流方向相反,以阻止电流或磁场的增强。反之,当电流减小时,感应电动势方向与电流方向相同,以阻止电流减小。

图 2.2.3(b)是电感元件的符号,图中各电量的参考方向按如下原则确定,电压 u 的参考方向先行确定,电流 i 的参考方向与电压参考方向一致,磁通 Φ 的参考方向与电流参考方向按右螺旋定则确定,感应电动势 e_L的参考方向与磁通参考方向同样要符合右螺旋定则,所以在电路中 i 和 e_L的参考方向是一致的,即 e_L参考方向由(-)指向(+)。根据 KVL 可以列出电压方程为 $u+e_L=0$,由此可得

$$u = -e_L = L\frac{\mathrm{d}i}{\mathrm{d}t} \tag{2.2.8}$$

由于实际的电感线圈中还有一定的电阻,通电后会发热,若电流过大,温升过高,线圈就有可能烧毁,所以对线圈电流必须有所限制,即对于一般的电感线圈除了标示其电感值 L 外,还应标示其额定电流值。

2.2.3 电容元件

电容元件是从实际的带电导体能够储存电荷,并在周围空间产生电场的现象中抽象出来的理想化模型。由于电场所在的空间能够储存能量,而且储存的多少与电场的强弱相关,与电感元件相似,电容元件也是一种储能元件,由于电容元件的性能是与电场相关的,所以要对电场的物理特性有所了解。

1. 电场

任何一个电荷周围空间都存在着电场,当电荷发生变化时,周围的电场也随之而变化。任意两个电荷之间都存在着作用力,该作用力又称为电场力,其大小与每个点电荷的电荷量 q_1、q_2 成正比,与两个电荷之间距离 r 的平方成反比,即 $F=k\frac{q_1q_2}{r^2}$。

电场中某点电场的强弱常用电场强度 E 来衡量。电场强度 E 的大小等于单位点电荷在该点受到的电场力的大小,其方向为正电荷在该点受力的方向。它是个空间矢量,并且满足叠加定理。在同样的电场分布情况下,电场强度的大小还和电场所在的介质(简称电介质)性质有关,在电介质中的电场强度比真空中的电场强度大,二者之比值称为相对介电常数 $\varepsilon=\frac{E}{E_0}$($E_0$ 为真空电场强度),用以表示电介质的介电性质。

通常把电场强度处处都相等的电场,称为均匀电场。

电场中任意两点 a、b 间的电位差 U_{ab}，其大小是电场力把单位正电荷从 a 点移动到 b 点所做的功，即 $U_{ab}=\frac{dW_{ab}}{dq}$。假若所取的 b 点为公认的参考点（一般可以把大地定为参考点），则电场中任意一点 a 对参考点 b 的电位差可认为是 a 点的电位，即参考点 b 本身的电位为 0，$U_{ab}=U_a-U_b=U_a$。

一个带电荷量为 q 的孤立导体，在静电平衡时，具有一定的电位 u，当导体上所带的电荷量增加时，它的电位也随着增加，两者成正比关系。

$$C=\frac{q}{u}\quad 或\quad q=Cu \tag{2.2.9}$$

式中，C 为与 q、u 无关的常量，其值仅取决于导体的大小和形状等因素。把 C 定义为孤立导体的电容，单位为法[拉](F)。若孤立导体为一球体，则 $C=\frac{q}{u}=4\pi\varepsilon_0 R$，其中 ε_0 是真空的介电常数；R 是球体的半径。

2. 电容器

实际上，孤立导体并不存在。通常用彼此绝缘，而且靠得很近的两薄板导体、薄球面导体、薄柱面导体等组成所谓电容器，这两薄板导体称为电容器的极板。电路中的电容器用电容元件表示，其符号如图 2.2.4 所示。

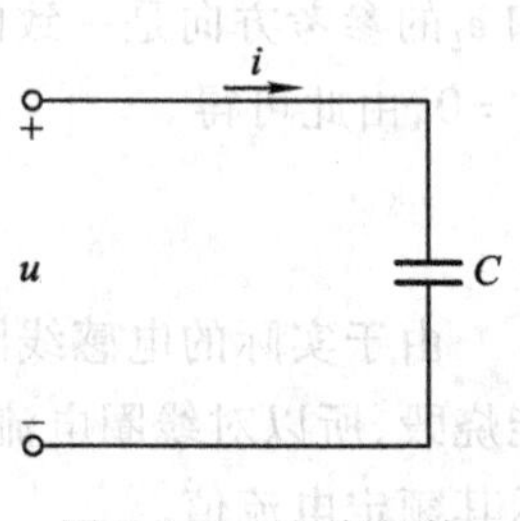

图 2.2.4　电容元件

电容器的电容量与极板的尺寸及极板间电介质的介电常数 ε 有关。例如，有一极板间距离很小的平行板电容器，其极板面积为 $A(\mathrm{m}^2)$，板间距离为 $d(\mathrm{m})$，极板间电介质的介电常数为 $\varepsilon(\mathrm{F/m})$，则其电容量 $C(\mathrm{F})$ 为

$$C=\frac{q}{u}=\frac{\varepsilon A}{d} \tag{2.2.10}$$

在电压的参考方向如图 2.2.4 所示的情况下，当电压为正值时，即上极板上储集的是正电荷，下极板上储集的是负电荷。极板间的电场方向是从上而下。

当极板上电压 u 发生变化时，所储存的电荷量也要发生变化，在电路中就会产生电流，式中 u 和 i 的参考方向相同，则

$$i=\frac{dq}{dt}=C\frac{du}{dt} \tag{2.2.11}$$

可以证明，电容器中电场能量的大小为

$$W_C=\frac{1}{2}Cu^2 \tag{2.2.12}$$

说明当电容元件的端电压升高时，电场能量增大，此时电容器从外电路取用电能；当电压降低时，电场能量减小，即电容器向外电路回输电能。

对于实际的电容器，如果极板间的电压过高，极板间的绝缘材料就会被击穿。因此使用电容器时，必须保证其极板间的电压不超过某一限定值，这一限定值称为额定工作电压。所以对于电容器不仅标示其电容值，还应标示其额定工作电压值。

2.3 直流电路

由独立的恒定直流电源供电的电路称为直流电路。在直流电路中,各支路中的电流以及各结点间的电压都是恒定值,即它们的大小和方向都不随时间变化,相应的电路的功率分布状态也是不变的。

电路的直流工作状态是最基本、最简单的工作状态,对此种工作状态的分析可以掌握电路的各种分析方法,此时把电路中的电源看做"激励"或"输入",而把电路中的电流、电压分布看做"响应"或"输出"。经过电路分析可见,激励和响应或者输入和输出之间的关系,完全是由电路结构与参数所决定的。为了分析电路中的电流、电压分布,首先需要了解单个电路元件在电路中的作用,然后再了解用电路元件组合成各种简单的和复杂的电路的分析方法。

2.3.1 单一电路元件的直流电路

1. 直流电阻电路

图 2.3.1 是单个理想直流电压源 U_S 和单个电阻 R 构成的简单电路,由电源产生的作用于电阻上的电压为 U,闭合电路中的电流为 I。

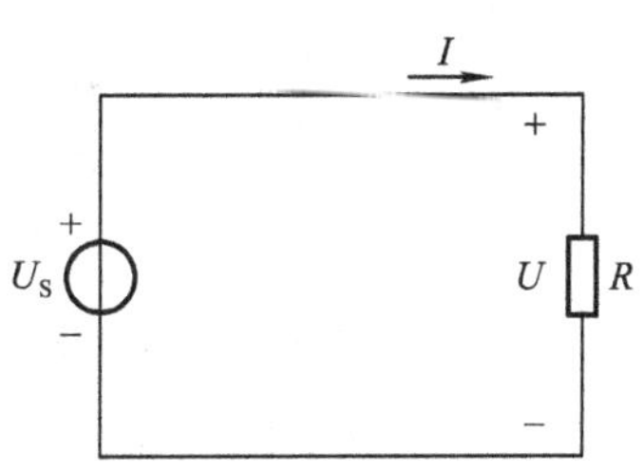

图 2.3.1 直流电阻电路

图 2.3.1 中,电压源 U_S 及电压 U 的极性由正、负号表示,电流 I 的实际方向如图中箭头所示。当电路中的某些电压和电流的实际方向不能确定时,先假设其参考方向,再对电路分析求解。如参考方向和实际方向一致时,其值为正值,反之为负值。则根据欧姆定律,电阻值为

$$R = \frac{U}{I} \tag{2.3.1}$$

电阻上消耗的功率为

$$P = UI = RI^2 = \frac{U^2}{R} \tag{2.3.2}$$

当电压和电流的参考方向一致时,电路吸取和消耗的功率等于电压和电流的乘积。其计算所得的功率若为正值,表明此部分电路吸取功率;若为负值则表明此部分电路输出功率。

2. 直流电感电路

(1) 纯电感电路

纯电感是指由电阻为零的导线所绕成的电感线圈,当有电流通过纯电感时,就会在电感线圈中产生磁场,若电感电流是恒定的直流电流,则所产生的磁场也是恒定不变的,不会在电路中产生感应电动势。

如果把纯电感元件与恒定直流电源连接起来,如图 2.3.2(a)所示,则情况就不一样了。在

接通电源的瞬间,电压 U 就直接加在纯电感的两端,由于电感线圈的内阻为零,在纯电感中的电阻压降为零,而通电后电感线圈中的电流就从零开始增长,必然会在电感线圈中感应出感应电动势,所以电路中电源电压 U 与感应电动势相平衡,即有

$$U = -E = L\frac{\mathrm{d}i}{\mathrm{d}t}, \quad i_L = \int_0^{\infty} \frac{U}{L}\mathrm{d}t \tag{2.3.3}$$

电感线圈中的电流将会从 0 开始随着时间作线性增长,增长的斜率为恒定的 U/L,理论上此时的电流、电压随时间变化的曲线如图 2.3.2(b)所示,如果电源为电压源,其容量是无限的,则电流可以趋于无穷大。

实际上,一般条件下的导体总存在电阻,只有在超低温状态下的金属导体才会呈现零电阻状态,此时截面积很小的导线也能流过很大的电流而不产生功率损耗,除非在某些需要产生超强磁场的特殊场合,如核子加速器、核反应装置,一般不会有如此要求。

由于电感线圈中总存在电阻,通电后电感线圈电流 I 将稳定在 U/R_L。此后电流不再变化,即 $\mathrm{d}i/\mathrm{d}t=0$,这样电感线圈中的感应电动势为零,所以在纯电感 L 上不存在直流压降,即在恒定直流条件下应把纯电感 L 看做是短路的。通常应把实际的电感线圈看做是纯电感元件和电阻元件的组合体,其等效电路如图 2.3.3 所示,此时电感线圈电流的大小仅取决于线圈电阻,而与电感量无关。

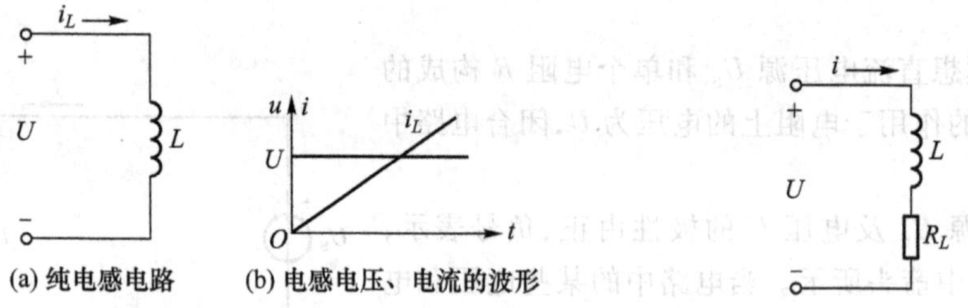

图 2.3.2 纯电感直流电路　　图 2.3.3 实际电感线圈的等效电路

(2) 铁心线圈电路

在工程上铁心线圈有很广泛的应用,凡是需要利用电流产生强磁场(称为励磁)的地方都需要带铁心的线圈。由于铁磁材料具有高磁导率的特点,能够把磁场集中在某一特定空间,可以满足产生电磁力或感应电动势的需要。

常见的直流铁心线圈是直流电磁铁和直流电机的励磁线圈。在直流励磁电流恒定的情况下,铁心中的磁通也是恒定的,在线圈和铁心中不会产生感应电动势,所以限制电流的因素只有线圈电阻 R,即线圈电流为线圈电压与线圈电阻之比,$I=\dfrac{U}{R}$。另外,铁心中因磁通恒定,也不会有附加的能量损耗,铁心不会发热。

因此,在恒定磁通的情况下,直流铁心线圈在电路中相当一个固定电阻,其功率损耗也只是电阻损耗(又称为铜损耗)$\Delta P=RI^2$。只有在磁通发生变化的情况下,例如电路结构或电压变化引起电流变化,或是电磁铁吸合或放开过程中磁通变化,才会在电路中产生感应电动势。当磁通增大时,感应电动势与电流方向相反,当磁通减小时,感应电动势与电流方向相同。

3. 直流电容电路

在纯电容元件两端加上恒定直流电压 U 时,就会在电容器极板之间产生电场。在接通电源瞬

间,电源开始给电容器充电,即电源两极的正、负电荷就通过导线转移到电容器极板上,在电容器中建立电场。随着极板上积累的电荷量的增加,极板间的电场随之增强,电压亦逐步升高,直到电容器端电压增加到电源电压 U,电源与电容器之间的电压差为零,充电才完成,此时的电路处于稳定状态。由于电路中电荷不再迁移,电容器电流为零,所以电路相当于开路,即电容器对恒定的直流电压起隔离作用,不允许恒定直流电流通过。

根据以上分析,可以得出在直流电路稳定的工作状态下,电阻电路的电压、电流关系完全服从于欧姆定律,串联在电路中的纯电感可以看做是短路,对整个电路不产生影响,而并联在电路中的纯电容则可以看做是开路,同样对电路不产生影响。所以,对由许多电路元件构成的直流稳态电路进行分析时,仅需考虑电路中电阻元件的作用,而对电感元件、电容元件做短路和开路处理,其作用不必考虑。

2.3.2 直流线性电路分析方法综述

1. 电阻的串、并联电路

在实际的电路中,电阻的连接形式是多种多样的,其中最简单和最常用的是串联与并联。

(1) 电阻的串联

如果电路中有两个或多个电阻一个接一个地顺序相连,并且在这些电阻中流过同一电流,则称该连接方法为电阻的串联。图 2.3.4(a) 所示的是两个电阻的串联电路,图 2.3.4(b)所示为其等效电路。

两个电阻串联,电路两端总的电压 U 是各个串联电阻上的电压 U_1、U_2 之和,即

$$U = U_1 + U_2 = R_1 I + R_2 I = (R_1 + R_2) I = RI \tag{2.3.4}$$

式中,$R = R_1 + R_2$ 称为电阻串联电路的等效电阻。

两个串联电阻上的电压分别为

$$\left.\begin{aligned} U_1 &= R_1 I = \frac{R_1}{R_1 + R_2} U \\ U_2 &= R_2 I = \frac{R_2}{R_1 + R_2} U \end{aligned}\right\} \tag{2.3.5}$$

式(2.3.5)称为电阻串联电路的分压公式,式中$\dfrac{R_1}{R_1 + R_2}$、$\dfrac{R_2}{R_1 + R_2}$称为分压比。

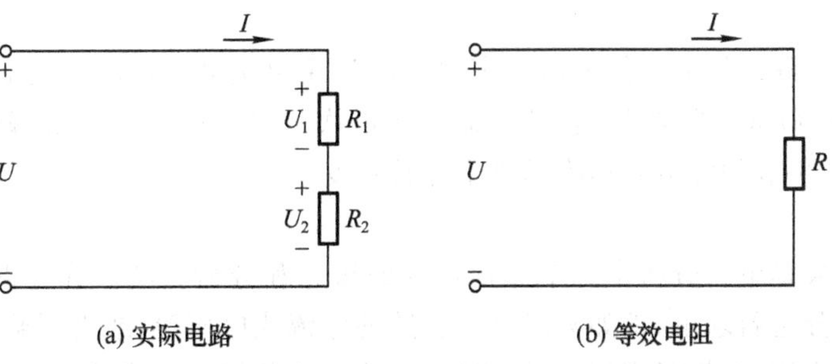

图 2.3.4 电阻的串联

(2) 电阻的并联

如果电路中有两个或多个电阻连接在两个公共结点之间，则该连接方法就称为电阻的并联，其电路如图 2.3.5(a)所示，图 2.3.5(b)为其等效电路。在各个并联电阻上所加的电压相同，等于电源电压。

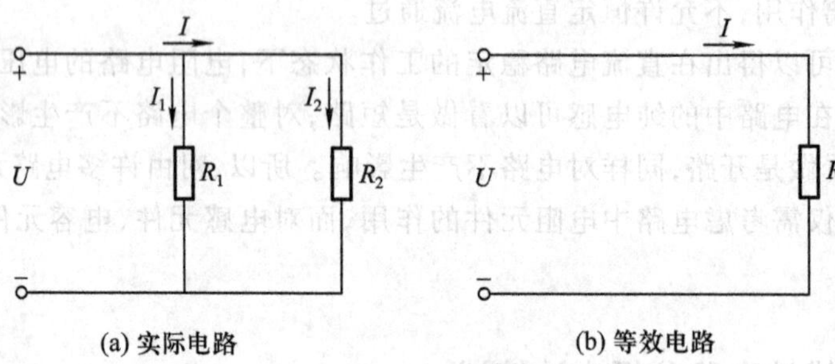

(a) 实际电路　　(b) 等效电路

图 2.3.5　电阻的并联

在并联电路中，电源输入的总电流 I 是各个并联电阻中的分支电流之和，即

$$I = I_1 + I_2 = \frac{U}{R_1} + \frac{U}{R_2} = U\left(\frac{1}{R_1} + \frac{1}{R_2}\right) = \frac{U}{R} \tag{2.3.6}$$

式(2.3.6)说明两个电阻并联也可以用一个等效电阻 R 来代替，等效电阻的倒数等于各个并联电阻的倒数之和，即

$$\frac{1}{R} = \frac{1}{R_1} + \frac{1}{R_2}, \quad R = \frac{R_1 R_2}{R_1 + R_2} \tag{2.3.7}$$

两个并联电阻上的电流分别为

$$\left.\begin{aligned} I_1 &= \frac{U}{R_1} = \frac{R}{R_1}I = \frac{R_2}{R_1 + R_2}I \\ I_2 &= \frac{U}{R_2} = \frac{R}{R_2}I = \frac{R_1}{R_1 + R_2}I \end{aligned}\right\} \tag{2.3.8}$$

式(2.3.8)称为两个电阻并联的分流公式，式中 $\frac{R_2}{R_1 + R_2}$、$\frac{R_1}{R_1 + R_2}$ 称为分流比。每个电阻上电流的分配与电阻成反比。有时为了某种需要可将电阻或变阻器与电路中的某一段并联，以起分流或调节电流的作用。

一般负载都是并联运用的。例如居民家里的各种用电负载，以及马路边的路灯。并联的负载愈多(负载增加)，则总电阻愈小，电路中总电流和总功率就愈大。但是每个负载的电源电压是固定的，所以每个负载的电流和功率基本上保持不变。

2. 等效变换法

等效与等效变换是电路分析中一个非常重要的概念和分析方法。在电路分析中，如果需要对电路中的某一部分进行求解，例如只求某一支路的电流或电压等，或者了解一个电路作为一个整体对外接电路的作用，分析时常用等效变换的方法。这些等效变换的方法包括电阻串、并联等效分析法，电源模型的等效变换法，戴维宁定理分析法等。

(1) 电阻串、并联等效分析法

该方法通过电阻串、并联等效化简原电路,使得原电路的总电压、总电流易于求解,再通过并联电阻的分流关系和串联电阻的分压关系,来求解电路中其他各部分的参数。电阻串、并联等效分析法特别适用于单电源电路的求解。

例 2.3.1 已知电路如图 2.3.6 所示,求等效电阻 R_{ao};若外加电压 U_{ao} 为 100 V,求 U_{bo}、U_{co}、U_{do} 和 U_{eo}。

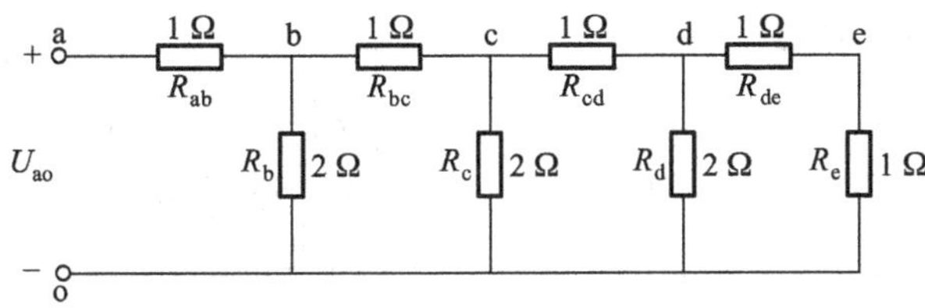

图 2.3.6 例 2.3.1 的电路

解 该电路可以由末级向前级逐步计算。电阻 R_{de} 与 R_e 串联,而 U_{eo} 是 U_{do} 在 R_e 上的分压,即

$$U_{eo} = U_{do} \times \frac{R_e}{R_e + R_{de}} = U_{do} \times \frac{1}{1+1} = \frac{1}{2} U_{do}$$

do 端口的等效电阻 R_{do} 是 R_e 与 R_{de} 串联之后再与 R_d 并联的结果,即

$$R_{do} = (R_{eo} + R_{de}) /\!/ R_d = \frac{(1+1) \times 2}{1+1+2} \Omega = 1\ \Omega$$

电阻 R_{cd} 与端口等效电阻 R_{do} 串联,而 U_{do} 是 U_{co} 在端口等效电阻 R_{do} 上的分压,即

$$U_{do} = U_{co} \times \frac{R_{do}}{R_{do} + R_{cd}} = U_{co} \times \frac{1}{1+1} = \frac{1}{2} U_{co}$$

同理 co 端口的等效电阻 R_{co} 是 R_{do} 与 R_{cd} 串联之后再与 R_c 并联的结果,即

$$R_{co} = (R_{do} + R_{cd}) /\!/ R_c = \frac{(1+1) \times 2}{1+1+2} \Omega = 1\ \Omega$$

电阻 R_{bc} 与端口等效电阻 R_{co} 串联,而 U_{co} 是 U_{bo} 在端口等效电阻 R_{co} 上的分压,即

$$U_{co} = U_{bo} \times \frac{R_{co}}{R_{co} + R_{bc}} = U_{bo} \times \frac{1}{1+1} = \frac{1}{2} U_{bo}$$

同理 bo 端口的等效电阻 R_{bo} 是 R_{co} 与 R_{bc} 串联之后再与 R_b 并联的结果,即

$$R_{bo} = (R_{co} + R_{bc}) /\!/ R_b = \frac{(1+1) \times 2}{1+1+2} \Omega = 1\ \Omega$$

电阻 R_{ab} 与端口等效电阻 R_{bo} 串联,而 U_{bo} 是 U_{ao} 在端口等效电阻 R_{bo} 上的分压,即

$$U_{bo} = U_{ao} \times \frac{R_{bo}}{R_{bo} + R_{ab}} = U_{ao} \times \frac{1}{1+1} = \frac{1}{2} U_{ao}$$

ao 端口的等效电阻 R_{ao} 是 R_{ab} 与 R_{bo} 串联的结果,即

$$R_{ao} = R_{bo} + R_{ab} = (1+1)\Omega = 2\ \Omega$$

各端口的电压计算结果为

$$U_{bo} = 100 \times \frac{1}{1+1}\ \text{V} = 50\ \text{V} \quad U_{co} = 50 \times \frac{1}{1+1} \text{V} = 25\ \text{V}$$

$$U_{do} = 25 \times \frac{1}{1+1}\ \text{V} = 12.5\ \text{V} \quad U_{eo} = 12.5 \times \frac{1}{1+1} \text{V} = 6.25\ \text{V}$$

(2) 电源模型等效变换法

在多电源电路的分析中,如果出现多个实际电源模型呈现串、并联状态时,可以将并联的实际电源模型转化为电流源模型加以合并,而将串联的实际电源模型转化为电压源模型加以合并,从而求解电路。

例 2.3.2　在图 2.3.7(a)所示电路中,利用电源模型等效变换简化方法,求电流 I_1、I_2 和 I_3。

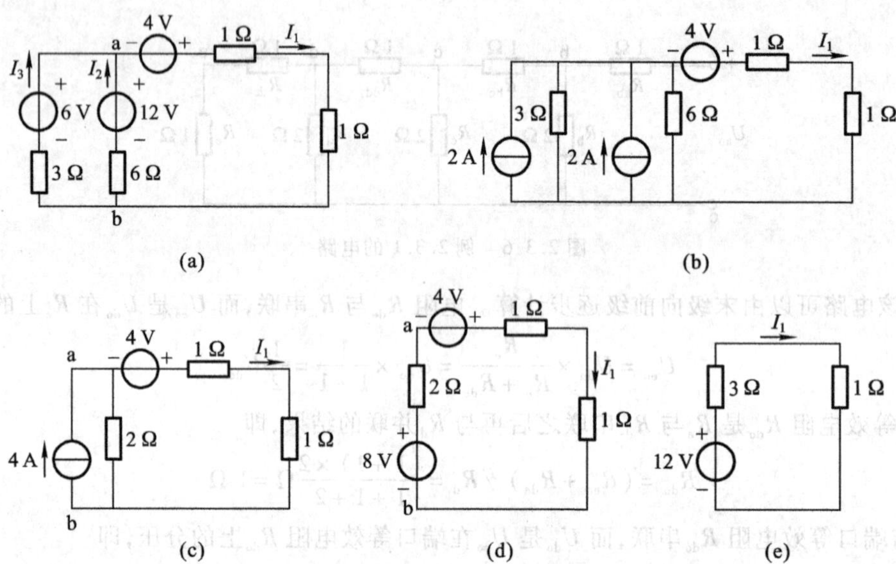

图 2.3.7　例 2.3.2 的电路

解　图 2.3.7(a)中并联的两个电压源模型分别等效变换为电流源模型,如图 2.3.7(b)所示。再将两个电流源模型合并为一个电流源模型,如图 2.3.7(c)所示。

然后再把电流源模型变换为电压源模型,如图 2.3.7(d)所示。最后将两个电压源合并,如图 2.3.7(e)所示。于是求得

$$I_1 = \frac{12}{4}\text{A} = 3\text{ A}$$

由于电流 I_1 已求出,便可再从图 2.3.7(a)所示电路中求出电压 U_{ab} 为

$$U_{ab} = (-4 + 3\times 1 + 3\times 1)\text{ V} = 2\text{ V}$$

于是求出支路电流 I_2 和 I_3 为

$$I_2 = \frac{12-2}{6}\text{A} = \frac{5}{3}\text{A}$$

$$I_3 = \frac{6-2}{3}\text{A} = \frac{4}{3}\text{A}$$

(3) 戴维宁定理分析法

戴维宁定理可以叙述如下:任何一个有源的二端网络都可以等效为一个电压源和一个电阻相串联的形式,此电压源的电压等于该二端网络的端口开路电压,电阻等于该二端网络内部所有独立电源置零(电压源短路,电流源断路)后的端口输入电阻。

在一个电路中，如果仅需求出某一支路电流，而除去该支路后余下的电路为有源二端网络，就可以用戴维宁定理求解。

例 2.3.3 试用戴维宁定理求图 2.3.8(a)所示电路中的电流 I_g。

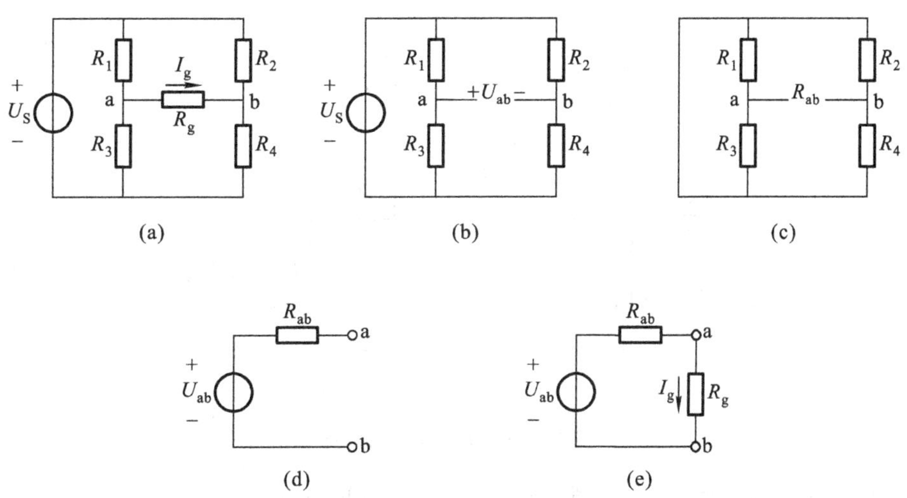

图 2.3.8 例 2.3.3 的电路

解 分析可知，I_g 电流不能用前面所学的方法求解，电阻 R_g 的存在，使得电路中的电阻不能构成串、并联，如果没有 R_g 电阻，则余下的电路就构成有源二端网络，如图 2.3.8(b)所示，该电路中的 4 个电阻就形成串、并联状态。现应用戴维宁定理针对有源二端网络进行分析。

(1) 求开路电压 U_{ab}

如图 2.3.8(b)所示。

$$U_{ab}=\frac{R_3}{R_3+R_1}U_S-\frac{R_4}{R_4+R_2}U_S$$

(2) 求等效电阻 R_{ab}

独立电源置零，则 U_S 相当于短路，如图 2.3.8(c)所示。

$$R_{ab}=R_3/\!/R_1+R_4/\!/R_2=\frac{R_1R_3}{R_1+R_3}+\frac{R_2R_4}{R_2+R_4}$$

求得戴维宁等效电路如图 2.3.8(d)所示。

将电阻 R_g 连接于 a、b 两个端子上，如图 2.3.8(e)所示，求得 I_g 为

$$I_g=\frac{U_{ab}}{R_g+R_{ab}}$$

3. 叠加定理分析法

叠加定理叙述如下：线性电路中，任一支路中的电压或电流都是电路中各个独立电源单独作用时，在该处产生的电压或电流分量的代数和。

叠加定理可以用于多独立电源电路的分析中。各独立电源单独作用，就是指电路中只留下一个独立电源，而将其他独立电源置零(电压源短路，电流源断路)。

应该注意的是，叠加定理不能用于求解功率问题，因为功率是电压与电流的乘积，不是线性

量，所以不能叠加。

例 2.3.4　电路如图 2.3.9(a)所示，试用叠加定理求电流 I，并计算 9 Ω 电阻上吸取的功率。

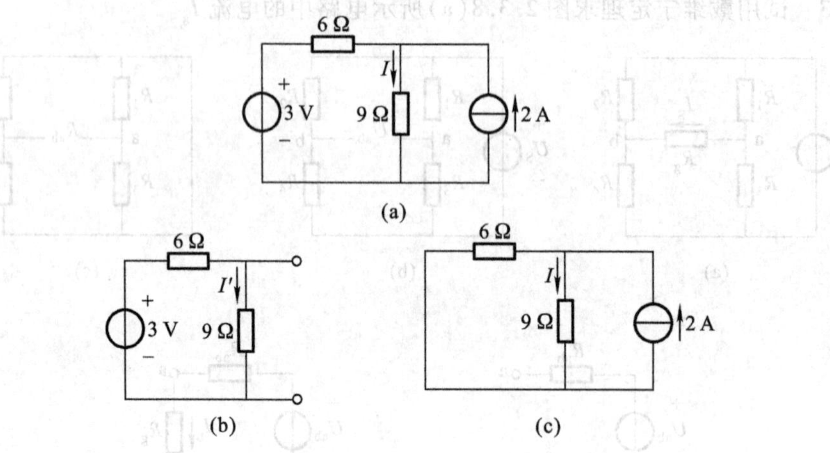

图 2.3.9　例 2.3.4 的电路

解　电压源单独作用时，将电流源开路，如图 2.3.9(b)所示，得

$$I' = \frac{3}{6+9}\text{A} = 0.2\ \text{A}$$

电流源单独作用时，将电压源短路，如图 2.3.9(c)所示，得

$$I'' = 2 \times \frac{6}{6+9}\text{A} = 0.8\ \text{A}$$

两电源共同作用时，因为电流方向一致，所以

$$I = I' + I'' = (0.2 + 0.8)\ \text{A} = 1\ \text{A}$$

9 Ω 电阻上吸取的功率为

$$P = I^2 R = 1^2 \times 9\ \text{W} = 9\ \text{W}$$

4. 电路分析的一般方法

前面所述的等效变换法，主要是通过电路的等效变换对电路中某一支路的电压或电流进行求解，其特点是在等效变换的过程中改变了电路的结构。当需要对电路进行全面分析计算时，等效变换的方法显然已不适用，对于这样的问题需采用下面介绍的电路分析一般方法进行分析计算。

(1) 支路电流法

支路电流法是以支路电流为未知量，通过列写各结点的 KCL 方程及各回路的 KVL 方程，来求解电路的方法。

例 2.3.5　电路如图 2.3.10 所示，试用支路电流法求各支路电流。

解　有几条支路，就设定几个支路电流为未知量。该电路共有 5 条支路，设定 5 个支路电流。并根据结点列相应的 KCL 方程，电路中共有 3 个结点，可以列出(3 − 1)个独立方程。

结点 a　　$I_1 + I_4 - I_3 = 0$

结点 b　　$I_2 - I_4 - I_5 = 0$

根据回路列相应的 KVL 方程。

回路 Ⅰ　　$80I_1 + 40I_3 = 5$

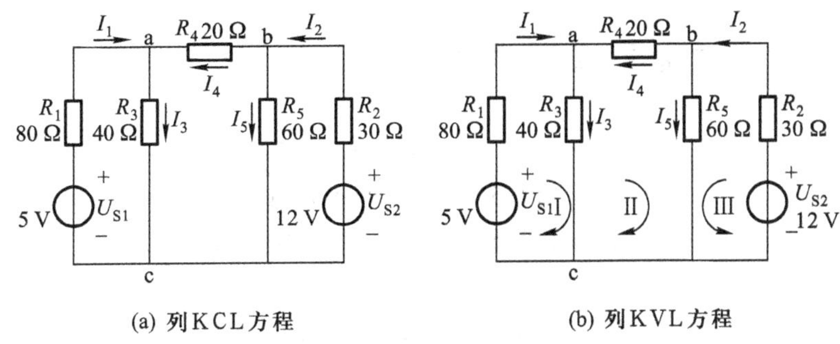

(a) 列KCL方程　　(b) 列KVL方程

图 2.3.10　例 2.3.5 的电路

回路Ⅱ　　$-40I_3-20I_4+60I_5=0$

回路Ⅲ　　$30I_2+60I_5=12$

电路有 5 个未知支路电流(I_1、I_2、I_3、I_4、I_5),现列出 5 个独立方程,解上述方程组可得

$$I_1=0.01\ \text{A};\quad I_2=0.197\ \text{A};\quad I_3=0.105\ \text{A};\quad I_4=0.095\ \text{A};\quad I_5=0.102\ \text{A}$$

(2) 结点电压法

结点电压法就是以一个结点为参考结点(即零电位点),而以其他结点电位也就是其他结点与参考结点间的电压为未知量,利用 KVL 定律,推出各支路电流,然后列各结点的 KCL 方程,从而求解结点电压,进而求解电路的方法。

例 2.3.6　应用结点电压法求图 2.3.11 所示电路中的支路电流,并求电源输出功率以及负载电阻上消耗的功率。

解　设定结点 b 为零电位点,则各支路两端的电压 U_{ab} 均为结点 a 的电位,也就是结点电压。

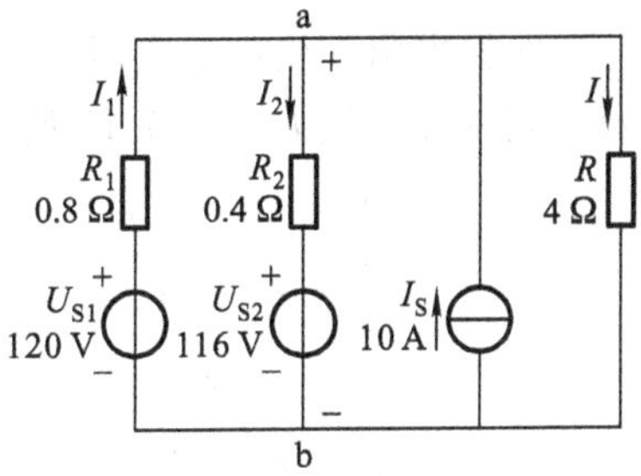

对于支路 1 有　$I_1=\dfrac{U_{S1}-U_{ab}}{R_1}$

对于支路 2 有　$I_2=\dfrac{U_{ab}-U_{S2}}{R_2}$

对于支路 4 有　$I=\dfrac{U_{ab}}{R}$

图 2.3.11　例 2.3.6 的电路

结点 a 的 KCL 方程为　$I_1-I_2+I_S-I=0$

即

$$\frac{U_{S1}-U_{ab}}{R_1}-\frac{U_{ab}-U_{S2}}{R_2}+I_S-\frac{U_{ab}}{R}=0$$

则

$$U_{ab}=\frac{\dfrac{U_{S1}}{R_1}+\dfrac{U_{S2}}{R_2}+I_S}{\dfrac{1}{R_1}+\dfrac{1}{R_2}+\dfrac{1}{R}}=\frac{\dfrac{120}{0.8}+\dfrac{116}{0.4}+10}{\dfrac{1}{0.8}+\dfrac{1}{0.4}+\dfrac{1}{4}}\ \text{V}=112.5\ \text{V}$$

$$I_1=\frac{120-112.5}{0.8}\text{A}=9.38\ \text{A}$$

$$I_2=\frac{112.5-116}{0.4}\text{A}=-8.75\ \text{A}$$

$$I=\frac{U_{ab}}{R}=\frac{112.5}{4}\text{ A }=28.13\text{ A}$$

电源输出功率为

$$P_1=112.5\times9.38\text{ W}=1\,055\text{ W}$$
$$P_2=112.5\times8.75\text{ W}=984\text{ W}$$
$$P_3=112.5\times10\text{ W}=1\,125\text{ W}$$

电阻 R 上消耗功率为

$$P_R=112.5\times28.13\text{ W}=3\,164\text{ W}$$

*2.3.3　非线性电阻的概念

如果电阻两端的电压与通过的电流成正比，则该电阻的电阻值是一个常数，不随电压或电流而改变，这种电阻称为线性电阻。线性电阻两端的电压与其中电流的关系遵循欧姆定律，即 $R=\frac{U}{I}$。实际上绝对的线性电阻是没有的，只要实际的电阻的特性基本上符合欧姆定律，就可以认为是线性的。

如果电阻不是一个常数，而是随着电压或电流或其他物理量如温度而变动，则该电阻就称为非线性电阻。非线性电阻两端的电压与其中的电流的关系不遵循欧姆定律，一般不能用数学公式表示，而是用电压与电流的关系曲线（伏安特性曲线）$u=f(i)$ 或 $i=f(u)$ 来表示。非线性电阻的伏安特性曲线可以由实验测量结果画出或用专门的图示仪来测得。在 2.7.5 节中所介绍的气体放电光源就是一种典型的非线性电阻。

非线性电阻在生产上应用很广，如半导体二极管、晶体管、热敏电阻等。半导体二极管的符号及伏安特性曲线如图 2.3.12 所示，图 2.3.13 是非线性电阻元件的符号。

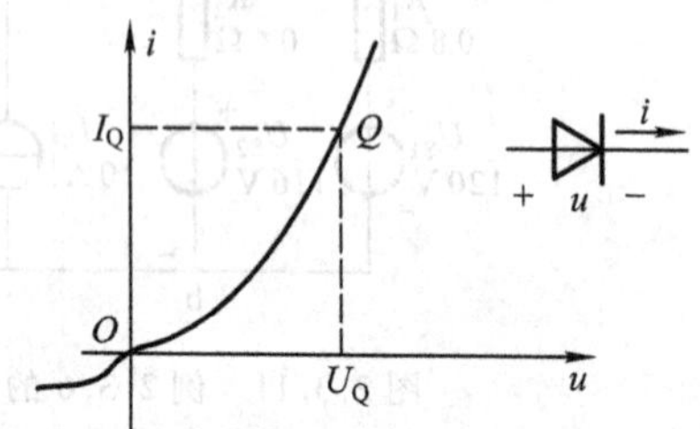

图 2.3.12　半导体二极管的伏安特性曲线

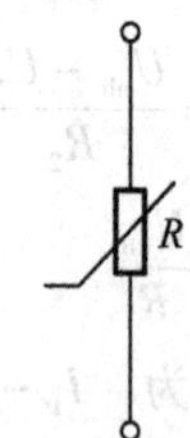

图 2.3.13　非线性电阻的符号

由于非线性电阻的阻值是随着电压或电流的变化而变化，计算它的电阻时就必须指明它的工作电压或工作电流，例如求取图 2.3.12 中，工作点 Q 处的电阻。

非线性电阻元件的电阻有两种表示方式。一种是静态电阻 R（又称直流电阻），它等于工作点 Q 处的工作电压 U_Q 和工作电流 I_Q 的比值，即 $R=\frac{U_Q}{I_Q}$。另一种是动态电阻 r（又称交流电阻），它等于工作点 Q 附近的电压微变量 ΔU 与电流微变量 ΔI 的比值，即 $r=\lim\limits_{\Delta\to0}\frac{\Delta U}{\Delta I}=\left.\frac{\mathrm{d}U}{\mathrm{d}I}\right|_{\substack{u=U_Q\\ i=I_Q}}$。

含非线性电阻元件电路的分析计算方法，是把有非线性电阻元件的分支电路从总电路中去除，剩下一个含有两个端点的线性电路（两端线性网络），再等效地化简为一个实际的电压源，如

图 2.3.14 所示，并列出其端电压 u 和电流 i 的关系

$$u = U_{S} - R_{1}i \tag{2.3.9}$$

式(2.3.9)是一个直线方程式，可在非线性电阻伏安特性曲线的坐标系中画出其直线，它们的交点 Q 就是电路的工作点，如图 2.3.15 所示。该点的坐标就是电路中所要求的电压 U_Q 与电流 I_Q，这种分析方法称为图解法。

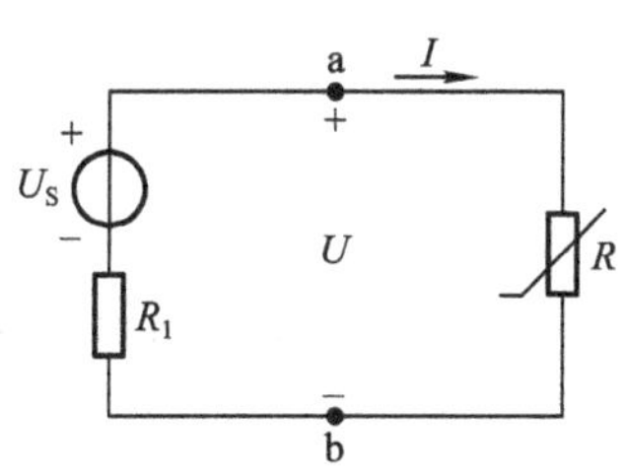

图 2.3.14 非线性电阻电路

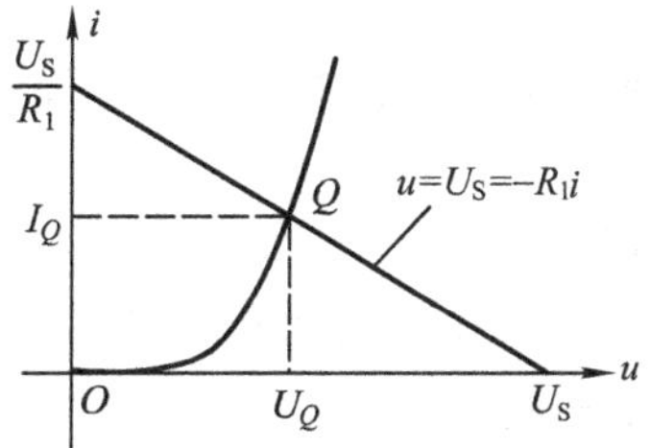

图 2.3.15 非线性电阻的图解法

2.4 交流电路

由交流电源供电的电路称为交流电路，交流电路中电流、电压的大小和方向都是按确定的规律变化的，最典型的交流电路是正弦交流电路，在第一章中已就正弦交流电量的特征作了详细的介绍。线性电路在正弦交流电源的激励下，所产生的电流、电压都是正弦量，所以在作交流电路分析前，必须要熟练地掌握正弦交流电量的特征以及电阻元件、电感元件、电容元件在加上正弦交流电量后的表现。

众所周知，直流电量是恒定量，其特征是大小和方向用代数量即可完整地表示，而交流电量是随时间变化的量，正弦交流电量则是随时间按正弦函数规律变化的，其特征量除了表示其大小外，还应该表示其变化的快慢，以及变化的进程或称为所处的状态，相应的有幅值或有效值、频率或周期、初相位，即正弦交流电量三要素。

同一个线性电路，在恒定直流电源的激励下，仅表现出电阻电路的特征，而在正弦交流电源的激励下，由于电流、电压是交变的，也就是电路中导体周围空间的磁场、电场亦作相应的交变，就有磁场能和电场能通过电路与电源进行交换，所以电路中除了有电源供给电阻元件消耗电能的电阻电流分量外，还存在着电源与电感元件、电容元件进行能量交换的电感电流分量和电容电流分量，这两个电流分量所承载的是电能的双向传递，而电阻电流分量所承载的是电能的单向传递，二者的性质完全不同。这种情况只能说明电路处于交流的工作状态是属于一般的、普通的工作状态，而直流工作状态是一种特殊的工作状态，相当于正弦交流电源的变化频率无限趋近于零的工作状态，这样就把交流与直流从概念上统一起来了，交流与直流电路本质上是一回事，只是在不同的条件下，表现不一样而已。

交流电路应用的场合远比直流电路广泛，不同的传输要求对电路的结构有不同的要求。用于传输电能的电力系统，要求电源的频率恒定不变，称为工频，交流发电机输出电压的波形严格保持正弦波，这样一来，对交流电量的分析就锁定在其大小和相位两个要素上。在电力系统中工

频永远是 50 Hz,而在特殊的单独供电的系统中才有专用的频率,如 400 Hz,1 000 Hz 等。

在传输信号电压及信号功率的系统和电子电路中,往往电路中是有许多信号同时传送的,而且信号的波形并不是标准的正弦波。对于非正弦的周期性信号波形,可用数学方法将其分解成许多不同频率的正弦波信号,然后按正弦交流电路分析的方法分别进行电路分析,将分析的结果再合成,这将在 2.8 节非正弦周期信号线性电路的分析中再作介绍。

2.4.1　单一电路元件的正弦交流电路

1. 交流电阻电路

图 2.4.1 是电阻元件交流电路,电源 u_s、电压 u_R 和电流 i 的参考方向如图所示。电压和电流的关系应服从欧姆定律,即 $u_R=Ri$。

设电流为参考正弦量,即 $i=\sqrt{2}I\sin\omega t$。根据欧姆定律可得电阻的端电压为

$$u_R=Ri=\sqrt{2}RI\sin\omega t=\sqrt{2}U_R\sin\omega t \tag{2.4.1}$$

式中,$U_R=RI$ 为电阻端电压的有效值。

由此可见,电阻中流过正弦电流时,电阻的端电压也是同频率的正弦交流量,并且相位相同。电压的有效值与电流的有效值之比就是电阻 R。显然电压的幅值与电流的幅值之比也是电阻 R。

交流电路中任一瞬间的功率称为瞬时功率,其值为这一时刻的电压和电流瞬时值的乘积,即

$$p=u_Ri=2U_RI\sin^2\omega t=U_RI(1-\cos 2\omega t) \tag{2.4.2}$$

瞬时功率随时间变化的波形如图 2.4.2 所示,它反映了基本上每一瞬间都有电能损耗。

但一般所指的交流电功率,是指在按正弦规律周期性变化的交流电路中,瞬时功率在一个周期内的平均值,即平均功率 P_R

$$\begin{aligned}P_R&=\frac{1}{T}\int_0^T p\mathrm{d}t=\frac{1}{T}\int_0^T ui\mathrm{d}t\\&=\frac{1}{T}\int_0^T 2UI\sin^2\omega t\mathrm{d}t=UI\\&=\frac{U^2}{R}=RI^2\end{aligned} \tag{2.4.3}$$

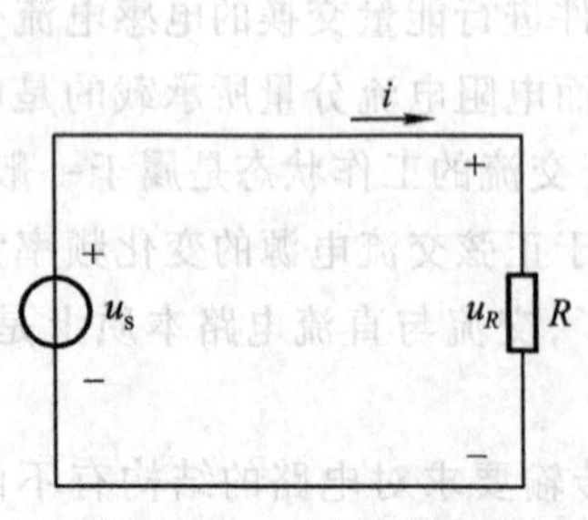

图 2.4.1　交流电阻电路

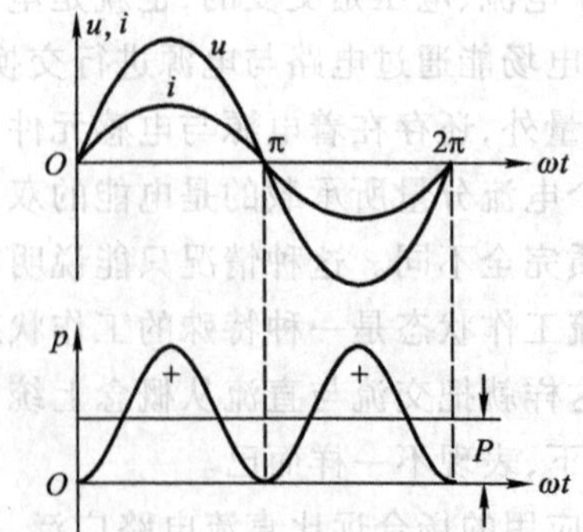

图 2.4.2　电阻元件的功率波形

上式说明了交流电阻电路中所消耗的功率即为电压与电流有效值的乘积,其计算式与直流

电阻电路相似。这个交流平均功率又称为有功功率,是电流通过电阻时所消耗的功率。

2. 交流电感电路

(1) 纯电感电路

图 2.4.3(a)是交流纯电感电路。若取电流为参考正弦量,则

$$i_L = I_{Lm}\sin \omega t = \sqrt{2}I_L\sin \omega t$$

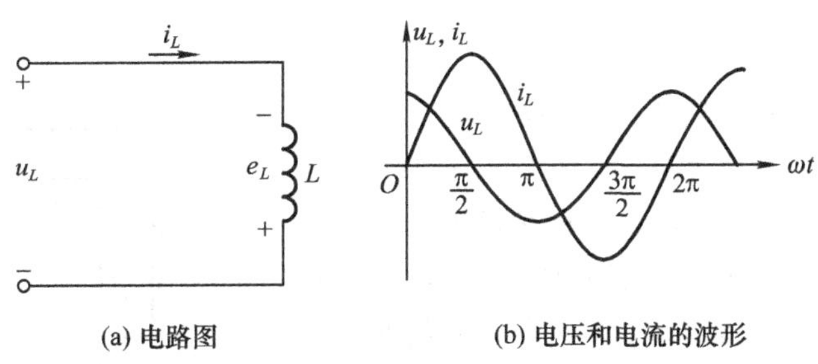

(a) 电路图　　(b) 电压和电流的波形

图 2.4.3 纯电感交流电路

在图示参考方向上有

$$u_L = -e_L = L\frac{\mathrm{d}i}{\mathrm{d}t} = L\frac{\mathrm{d}I_{Lm}\sin \omega t}{\mathrm{d}t} = \omega LI_{Lm}\cos \omega t = U_{Lm}\sin(\omega t + 90°) \tag{2.4.4}$$

可见,电流为正弦量时,电压也是正弦量。比较上面两式,可知电感的电压与电流之间有如下的关系:

① 电压与电流的频率相同。

② 电压在相位上超前电流 90°,即电流在相位上滞后电压 90°,如图 2.4.3(b)所示。

③ 电压和电流的最大值和有效值之间的关系分别为

$$U_{Lm} = \omega LI_{Lm} = X_LI_{Lm}, \quad U_L = X_LI \tag{2.4.5}$$

式中,$X_L = \omega L = 2\pi fL$ 称为电感的电抗,简称感抗,单位也是欧[姆](Ω)。

当电压一定时,X_L 越大,则电流越小,所以 X_L 是表示电感对电流阻碍作用大小的物理量。X_L 的大小与电感 L 和频率 f 成正比,L 越大,f 越高,X_L 就越大。在直流电路中,由于 $f=0$,$X_L=0$,故电感可看做短路,起短直作用。

纯电感电路的瞬时功率为

$$p_L = u_Li = U_{Lm}I_{Lm}\sin(\omega t + 90°)\sin \omega t = U_LI_L\sin 2\omega t \tag{2.4.6}$$

可见 p_L 是一个幅值为 UI,并以 2ω 的角频率随时间而变化的交变量,其功率波形如图 2.4.4 所示。当 $p_L>0$ 时,电流 i 在增加,这时电感中储存的磁场能量在增加,电感从电源取用电能并转换成磁场能;$p_L<0$ 时,电流 i 在减小,这时电感中储存的磁场能转换成电能送回电源。在一周期内的平均功率即有功功率等于零,即

$$P_L = \frac{1}{T}\int_0^T p_L\mathrm{d}t = \frac{1}{T}\int_0^T U_LI_L\sin 2\omega t\mathrm{d}t = 0 \tag{2.4.7}$$

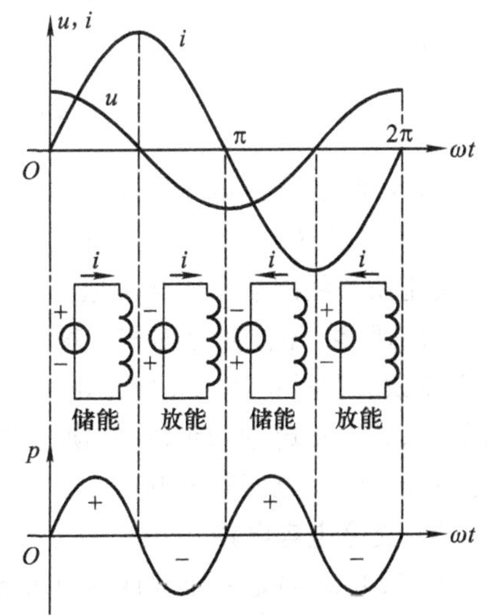

图 2.4.4 电感元件的功率波形

瞬时功率的这一特点,一方面说明电感并不消耗电

能，不是耗能元件，而是一种磁场储能元件；另一方面还说明电感和电源之间有能量在往返互换，电感电路的瞬时功率就是电感与电源之间互换能量的互换功率，一般把互换功率的最大值定义为电感线圈的无功功率 Q_L，即

$$Q_L = U_L I_L = X_L I^2 = \frac{U^2}{X_L} \tag{2.4.8}$$

式中，Q_L 的单位是乏(var)。

(2) 铁心线圈电路

当交流电感线圈中放入铁心以后，交流电流所产生的磁通大部分都通过铁心闭合，如图 2.4.5 所示，这部分磁通称为主磁通 Φ，但也有极少部分的磁通是通过线圈周围的空隙或绝缘材料闭合的，没有通过铁心，这部分磁通称为漏磁通 Φ_σ。若线圈的匝数为 N，则两个磁通在线圈中产生的感应电动势为

$e = -N\dfrac{\mathrm{d}\Phi}{\mathrm{d}t}, e_\sigma = -N\dfrac{\mathrm{d}\Phi_\sigma}{\mathrm{d}t}$。

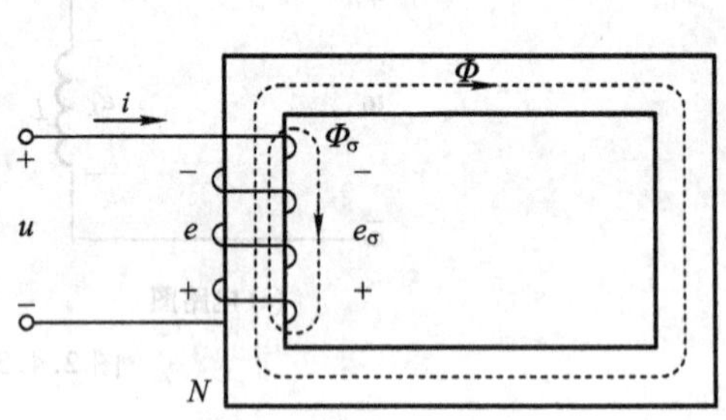

图 2.4.5　铁心线圈的交流电路

相应地，交流铁心线圈的电压与电流之间的关系为

$$u + e + e_\sigma = Ri \tag{2.4.9}$$

在实际的铁心线圈电路中，由于空气的磁导率 μ_0 为常数，远小于铁心的磁导率 μ，因此漏磁通 Φ_σ 远小于主磁通 Φ，另外线圈电阻 R 亦很小，为了分析简便，可以忽略漏磁通及线圈电阻的影响。所以有

$$u \approx -e = N\frac{\mathrm{d}\Phi}{\mathrm{d}t} \tag{2.4.10}$$

因为 u 是正弦交流电压，主磁通 Φ 也必须是同频率的正弦函数，设 $\Phi = \Phi_\mathrm{m}\sin\omega t$，则

$$e = -N\frac{\mathrm{d}\Phi}{\mathrm{d}t} = \omega N\Phi_\mathrm{m}\sin(\omega t - 90°) = E_\mathrm{m}\sin(\omega t - 90°) \tag{2.4.11}$$

$$u \approx -e = \omega N\Phi_\mathrm{m}\sin(\omega t + 90°) = E_\mathrm{m}\sin(\omega t + 90°) \tag{2.4.12}$$

其有效值

$$U = E = \frac{\omega N\Phi_\mathrm{m}}{\sqrt{2}} = \frac{2\pi f}{\sqrt{2}}N\Phi_\mathrm{m} = 4.44fN\Phi_\mathrm{m} \tag{2.4.13}$$

由此可见，线圈电压 u 在相位上比铁心磁通 Φ 超前 90°，两者数量关系基本上是固定的，与线圈的电流无关。在 f、N 不变的前提下，只要电压不变，磁通也基本不变，在未达到饱和的情况下，交流铁心线圈端电压与磁通近似为线性关系。若外加的线圈端电压过高，则因铁心磁饱和的影响，磁通 Φ_m 不能随之而相应增大，势必造成线圈电流急剧增加，线圈电阻过热而损坏线圈，所以交流铁心线圈都有一个额定电压值，在额定电压下铁心中的磁通密度正好处于磁化曲线的弯曲部分，若电压超过额定值，将使主磁通进入饱和区，不仅使线圈电流增加，而且会使电流波形发生严重畸变，对电网是不利的。

3. 交流电容电路

图 2.4.6(a)是一个线性纯电容元件与正弦交流电源连接的电路，电路中的电流 i_C 和电容器两端的电压 u_C 的参考方向如图所示。

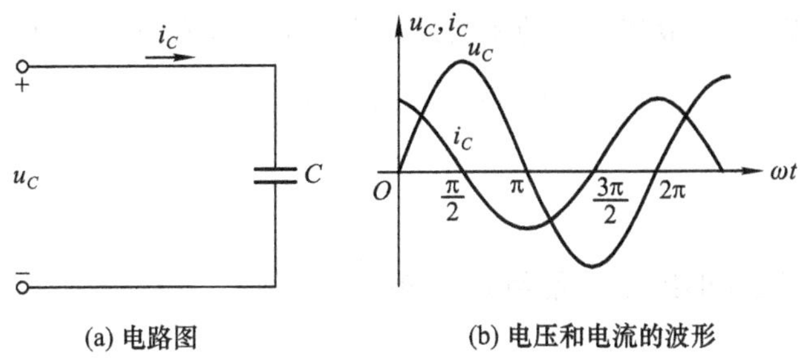

(a) 电路图　(b) 电压和电流的波形

图 2.4.6　纯电容交流电路

如设电压 u 参考正弦量为 $u_C=U_{Cm}\sin\omega t$，根据式(2.2.11)，则有

$$i_C=C\frac{\mathrm{d}(U_{Cm}\sin\omega t)}{\mathrm{d}t}=\omega CU_{Cm}\cos\omega t=\omega CU_{Cm}\sin(\omega t+90°)=I_{Cm}\sin(\omega t+90°)\tag{2.4.14}$$

也是同频率的正弦量。

比较上面两式，可知纯电容电路的电压和电流之间有如下关系：

① 电压与电流的频率相同。

② 电流在相位上超前于电压 90°，即电压在相位上滞后于电流 90°。如图 2.4.6(b)所示。

③ 电压和电流的最大值和有效值之间的关系分别为

$$I_{Cm}=\omega CU_{Cm}=\frac{U_{Cm}}{X_C},\quad I_C=\frac{U_C}{X_C}$$

即

$$U_C=X_CI_C\tag{2.4.15}$$

式中，$X_C=\dfrac{1}{\omega C}=\dfrac{1}{2\pi fC}$，称为电容的电抗，简称容抗，单位也是欧[姆](Ω)。

当电压一定时，X_C 越大，则电流越小，所以 X_C 是表示电容对电流阻碍作用大小的物理量。X_C 的大小与电容 C 和频率 f 成反比，C 越大，f 越高，容抗 X_C 就越小。所以在直流电路中，由于 $f=0$，$X_C\to\infty$，电容就相当于开路，起了隔直作用。

纯电容电路的瞬时功率为

$$p_C=ui=U_{Cm}I_{Cm}\sin(\omega t+90°)\sin\omega t=U_CI_C\sin 2\omega t\tag{2.4.16}$$

可见，p_C 也是一个幅值为 U_CI_C，并以 2ω 的角频率随时间而变化的交变量，其功率波形如图 2.4.7 所示。当 $p_C>0$ 时，电压 u 在增加，这时电容在充电，电容从电源取用电能并把它转换成了电场能；$p_C<0$ 时，电压 u 在减小，这时电容中储存的电场能转换成电能送回电源。在一周期内的平均功率即有功功率等于零，即

$$P_C=\frac{1}{T}\int_0^T p_C\mathrm{d}t=\frac{1}{T}\int_0^T U_LI_L\sin 2\omega t\mathrm{d}t=0\tag{2.4.17}$$

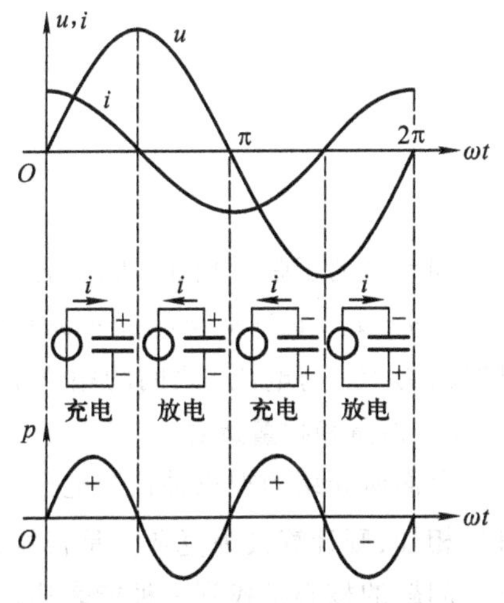

图 2.4.7　电容元件的功率波形

瞬时功率的这一特点，一方面说明电容并不消耗电能，它是一种电场储能元件。另一方面又说明电容和电源之间有能量在往返互换，电容电路的瞬时功率就是电容与电源

之间互换电能的互换功率，一般把互换功率的最大值定义为电容的无功功率，即

$$Q_C = U_C I_C = X_C I^2 = \frac{U^2}{X_C} \tag{2.4.18}$$

式中，Q_C 的单位是乏(var)。

2.4.2 RLC 串联的正弦交流电路分析

实际上，比较复杂的正弦交流电路都是由电阻、电感、电容三种电路元件构成的。最简单的是电路元件的串联或并联。下面就对串联、并联电路进行分析，以了解电路中的端电压与电流之间大小和相位的关系及电路所消耗的能量。

1. *RLC* 串联电路的电压、电流

图 2.4.8 是电感线圈与电容器串联的正弦交流电路，其中 R 可看做电感线圈的内阻。电路中端电压 u 为正弦交流电压，电路中的各元件通过同一电流 i，电压 u 与电流 i 的参考方向如图所示。

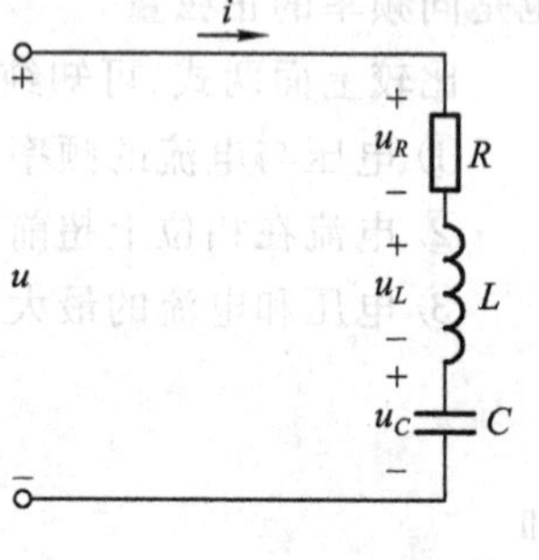

图 2.4.8 电阻、电感和电容元件串联的交流电路

由于各元件通过同一个电流，所以可以设电流为参考正弦量，即 $i = I_m \sin \omega t$。根据前面所述，电阻元件上的电压 u_R 与电流 i 同相，且有

$$u_R = RI_m \sin \omega t$$

电感元件上的电压 u_L 比电流 i 超前 90°，且有

$$u_L = I_m \omega L \sin(\omega t + 90°) = U_{Lm} \sin(\omega t + 90°)$$

电容元件上的电压 u_C 比电流 i 滞后 90°，且有

$$u_C = \frac{I_m}{\omega C} \sin(\omega t - 90°) = U_{Cm} \sin(\omega t - 90°)$$

在前面各式中

$$\frac{U_{Rm}}{I_m} = \frac{U_R}{I} = R$$

$$\frac{U_{Lm}}{I_m} = \frac{U_L}{I} = \omega L = X_L$$

$$\frac{U_{Cm}}{I_m} = \frac{U_C}{I} = \frac{1}{\omega C} = X_C$$

同频率的正弦量相加，所得出的仍是同频率的正弦量。所以电路端电压为

$$u = u_R + u_L + u_C = U_{Rm} \sin \omega t + U_{Lm} \sin(\omega t + 90°) + U_{Cm} \sin(\omega t - 90°) = U_m \sin(\omega t + \varphi)$$

其幅值为 U_m，与电流 i 之间的相位差为 φ。

2. 相量和相量运算

上面所介绍的把三种正弦电压 u_R、u_L、u_C 相加求得同频率的端电压 u，如采用三角函数公式进行相加，则计算极为复杂。是否能找到一种简单的计算方法，是交流电路推广应用与发展的关键。问题的核心是找到一种能表达正弦量的中间变换量，来简化这个三角函数的计算过程，该中间变换量应该与正弦电量之间具有一一对应的变换关系，并表达了正弦电量的大小和相位两个

要素，但不具有正弦电量的物理含义，中间变换量仅仅是作为一个数学量参与计算过程，最后计算结果还是要反变换成正弦电量。下面介绍如何获得这样的中间变换量，又如何利用这个量来简化计算过程。

因为一个正弦波可以看做是一个旋转矢量在平面上随时间作逆时针方向匀速旋转时，在垂直轴上的投影随时间变化的波形，如图 2.4.9 所示。也就是说，一个正弦波必定有一个旋转矢量与之相对应，正弦波的幅值、角频率、初相位等三要素反映在旋转矢量上就是矢量的长度，旋转角速度和初始辐角。数学分析证明，同频率正弦量相加减的结果也是同频率的正弦量，而这种加减运算也可以用对应的旋转矢量进行，因为旋转矢量的旋转角速度相同，在任何时刻其相对位置都是相同的。这样就可以选择其初始状态的位置来代表其他任意时刻各矢量的相对位置。若用矢量求和的方法求得在 $t=0$ 时的合成矢量，就可以根据此合成矢量写出正弦量相加减之后的合成正弦量。合成矢量的长度及辐角都可以用几何方法或坐标投影合成的方法求得。

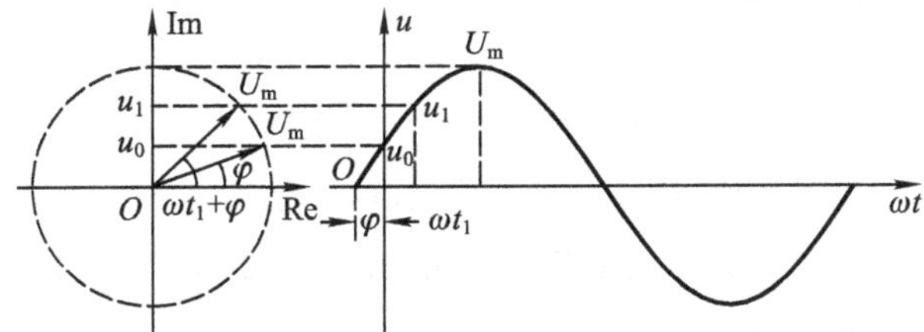

图 2.4.9 旋转矢量与正弦波

例 2.4.1 已知 $u_a = U_{am}\sin(\omega t+\varphi_a) = 100\sin(\omega t+30°)$

$u_b = U_{bm}\sin(\omega t+\varphi_b) = 100\sin(\omega t+90°)$

试求 $u_c = u_a + u_b$，$u_d = u_a - u_b$。

解 先作出与 u_a、u_b 对应的旋转矢量（注意图 2.4.10 中的矢量长度及辐角）。然后用矢量合成（平行四边形）的方法求出 $\boldsymbol{U}_{cm}$。

$$\boldsymbol{U}_{cm} = \boldsymbol{U}_{am} + \boldsymbol{U}_{bm}$$

从图中量得 $\boldsymbol{U}_{cm}$ 的长度为 173.2，辐角为 60°，则

$$u_c = U_{cm}\sin(\omega t+\varphi_c) = 173.2\sin(\omega t+60°)$$

或者用坐标解析法

$$U_{cm} = \sqrt{(U_{am}\cos 30° + U_{bm}\cos 90°)^2 + (U_{am}\sin 30° + U_{bm}\sin 90°)^2}$$

$$= \sqrt{(86.6)^2 + (50+100)^2} = \sqrt{7\ 500 + 22\ 500} = 173.2$$

$$\varphi_c = \arctan\frac{U_{am}\sin 30° + U_{bm}\sin 90°}{U_{am}\cos 30° + U_{bm}\cos 90°} = \arctan\frac{50+100}{86.6} = \arctan 1.732 = 60°$$

同理可求得 u_d，先作出

$$(-u_b) = -100\sin(\omega t+90°) = 100\sin(\omega t-90°)$$

然后用矢量合成法（如图 2.4.11 所示）及解析法求取 $u_d = u_a + (-u_b)$，则

$$U_{dm}=\sqrt{[U_{am}\cos 30°+U_{bm}\cos(-90°)]^2+[U_{am}\sin 30°+U_{bm}\sin(-90°)]^2}$$
$$=\sqrt{(86.6)^2+(50-100)^2}=\sqrt{7\ 500+2\ 500}=100$$

$$\varphi_d=\arctan\frac{U_{am}\sin 30°+U_{bm}\sin(-90°)}{U_{am}\cos 30°+U_{bm}\cos(-90°)}=\arctan\frac{50-100}{86.6}=\arctan(-0.577)=-30°$$

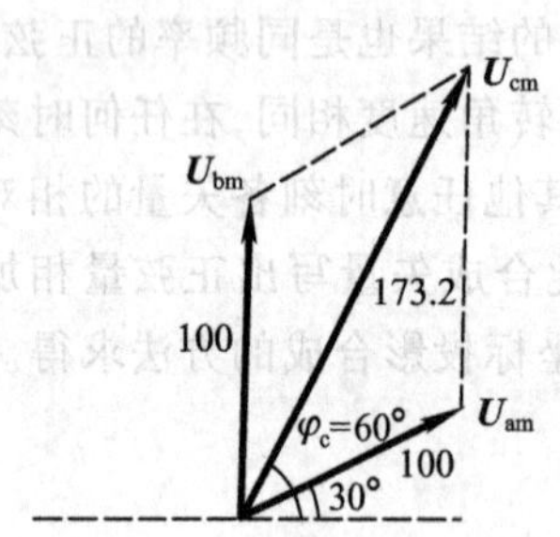

图 2.4.10　矢量合成法求 U_{cm}

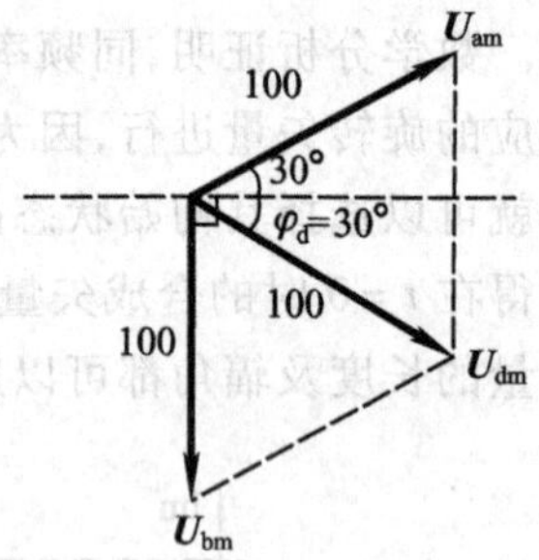

图 2.4.11　矢量合成法求 U_{dm}

则
$$u_d=U_{dm}\sin(\omega t+\varphi_d)=100\sin(\omega t-30°)$$

在电气工程领域内普遍采用旋转矢量来代表正弦量进行运算，为了区别其他工程技术领域内的矢量，把代表正弦量的旋转矢量称为**相量**，并用正弦量符号上加点表示，如$\dot{U}$、$\dot{I}$。为了便于工程运算，相量的幅值不用最大值而用有效值来表示，称为有效值相量（简称相量），由有效值相量作出的初始状态（$t=0$）矢量图称为**相量图**。

据此，在串联交流电路中求取总电压的运算就可以利用相量来进行，由于实用上作图法运算还比较麻烦而且欠准确，一般采用坐标解析法运算，此时相量可用极坐标形式或直角坐标的形式表示。例 2.4.1 中的正弦量 u_a、u_b、u_c、u_d 所对应的相量为

$$\left.\begin{aligned}\dot{U}_a&=U_a\angle\varphi_a=100\angle 30°\\ \dot{U}_b&=U_b\angle\varphi_b=100\angle 90°\\ \dot{U}_c&=U_c\angle\varphi_c=173.2\angle 60°\\ \dot{U}_d&=U_d\angle\varphi_d=100\angle -30°\end{aligned}\right\}\text{极坐标式}$$

或

$$\left.\begin{aligned}\dot{U}_a&=U_a\cos\varphi_a+jU_a\sin\varphi_a=100\cos 30°+j100\sin 30°=86.6+j50\\ \dot{U}_b&=U_b\cos\varphi_b+jU_b\sin\varphi_b=100\cos 90°+j100\sin 90°=0+j100\\ \dot{U}_c&=U_c\cos\varphi_c+jU_c\sin\varphi_c=173.2\cos 60°+j173.2\sin 60°=86.6+j150\\ \dot{U}_d&=U_d\cos\varphi_d+jU_d\sin\varphi_d=100\cos(-30°)+j100\sin(-30°)=86.6-j50\end{aligned}\right\}\text{直角坐标式}$$

在这里是把相量放在复数坐标系统中进行处理的，如图 2.4.12 所示，该坐标系统的横轴为实数轴以 +1 表示；纵轴为虚数轴以 +j 表示。一个复数 A 在复平面既可以用极坐标形式表示，也可以用直角坐标形式表示，即

$$A = |A| \angle \varphi_A = a + \mathrm{j}b = |A|\cos\varphi_A + \mathrm{j}|A|\sin\varphi_A$$

或

$$|A| = \sqrt{a^2 + b^2}, \varphi_A = \arctan\frac{b}{a}$$

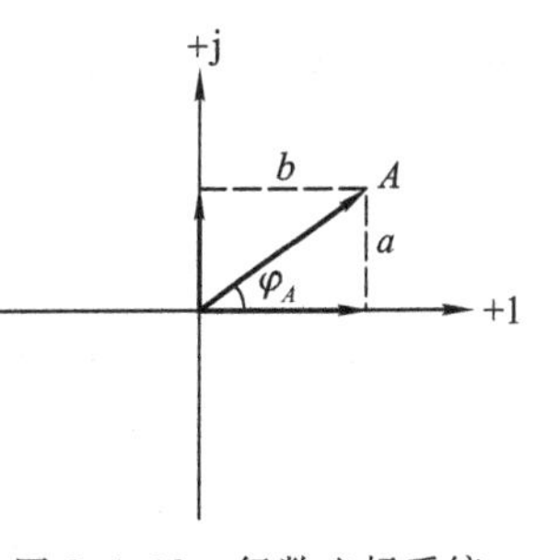

图 2.4.12 复数坐标系统

这样,就可以利用数学中的复数运算的法则直接利用电路计算公式来处理相量的加减运算,以及电压电流之间的比例运算。而不必通过复杂的三角函数的运算及作图。

3. 欧姆定律的相量形式

利用相量运算,也能大大地简化电阻、电感、电容串联电路分析。对于纯电阻电路,根据 2.4.1 节的分析,若 $i = I_m \sin \omega t = \sqrt{2} I \sin \omega t$,则电阻两端的电压为

$$u_R = \sqrt{2} U_R \sin \omega t = \sqrt{2} RI \sin \omega t$$

其相量表示为

$$\left.\begin{aligned} \dot{I} &= I \angle 0^\circ \\ \dot{U}_R &= RI \angle 0^\circ = R\dot{I} \end{aligned}\right\} \tag{2.4.19}$$

纯电阻元件相量形式的欧姆定律为

$$\frac{\dot{U}_R}{\dot{I}} = R \tag{2.4.20}$$

对于纯电感电路,根据 2.4.1 节的分析,若 $i = I_m \sin\omega t = \sqrt{2} I \sin \omega t$,则电感两端的电压为

$$u_L = \sqrt{2} U_L \sin(\omega t + 90^\circ) = \sqrt{2} X_L I \sin(\omega t + 90^\circ)$$

其相量表示为

$$\left.\begin{aligned} \dot{I} &= I \angle 0^\circ \\ \dot{U}_L &= U_L \angle 90^\circ = X_L I \angle 90^\circ = \mathrm{j} X_L \dot{I} \end{aligned}\right\} \tag{2.4.21}$$

纯电感元件相量形式的欧姆定律为

$$\frac{\dot{U}_L}{\dot{I}} = \mathrm{j} X_L \tag{2.4.22}$$

在相量图中,式(2.4.21)、(2.4.22)中的 j 表示电压 $\dot{U}_L$ 的相位角与电流 $\dot{I}$ 的相位角相比,向逆时针方向旋转了 90°。

对于纯电容电路,根据 2.4.1 节的分析,若 $u_C = U_{Cm} \sin \omega t = \sqrt{2} U_C \sin \omega t$,则电容中的电流为

$$i = \sqrt{2} I \sin(\omega t + 90^\circ) = \sqrt{2} \frac{U_C}{X_C} \sin(\omega t + 90^\circ)$$

其相量表示为

$$\left.\begin{aligned} \dot{U}_C &= U_C \angle 0^\circ \\ \dot{I} &= I \angle 90^\circ = \frac{U_C}{X_C} \angle 90^\circ = \mathrm{j} \frac{\dot{U}_C}{X_C} \end{aligned}\right\} \tag{2.4.23}$$

纯电容元件相量形式的欧姆定律为

$$\frac{\dot{U}_C}{\dot{I}}=\frac{X_C}{\mathrm{j}}=-\mathrm{j}X_C \tag{2.4.24}$$

式中，$-\mathrm{j}$ 表示电压 $\dot{U}_C$ 的相位角滞后电流 $\dot{I}$ 的相位角 90°，即向顺时针方向旋转 90°。

这样，图 2.4.8 表示的串联交流电路的电压平衡关系可用相量形式表示为

$$\dot{U}=\dot{U}_R+\dot{U}_L+\dot{U}_C=R\dot{I}+\mathrm{j}X_L\dot{I}-\mathrm{j}X_C\dot{I}=[R+\mathrm{j}(X_L-X_C)]\dot{I} \tag{2.4.25}$$

相量形式串联交流电路的欧姆定律为

$$\frac{\dot{U}}{\dot{I}}=R+\mathrm{j}(X_L-X_C)=Z \tag{2.4.26}$$

上式中的 Z 称为串联交流电路的复数阻抗，简称复阻抗。它可以有以下几种表示形式

$$Z=R+\mathrm{j}(X_L-X_C)=\sqrt{R^2+(X_L-X_C)^2}\,\underline{/\arctan\frac{X_L-X_C}{R}}=|Z|\underline{/\varphi} \tag{2.4.27}$$

式中，$|Z|$ 是复阻抗 Z 的模，它反映复阻抗的大小。简称阻抗。φ 是复阻抗 Z 的辐角，称为阻抗角，它反映电流和电压的相位关系，即正弦函数表达式中的相位差。当阻抗角 $\varphi>0$ 即 φ 为正值时，电压超前于电流，串联交流电路是电感性电路；当阻抗角 $\varphi<0$ 即 φ 为负值时，电压滞后于电流，串联交流电路呈电容性；当阻抗角 $\varphi=0$ 即电压与电流同相位，串联交流电路呈电阻性。

那么，就可以用图 2.4.13(a)所示的相量形式的串联交流电路代替图 2.4.8 中所示的电路。图 2.4.13(b)是电路中各个元件上的电压和电流的相量图。

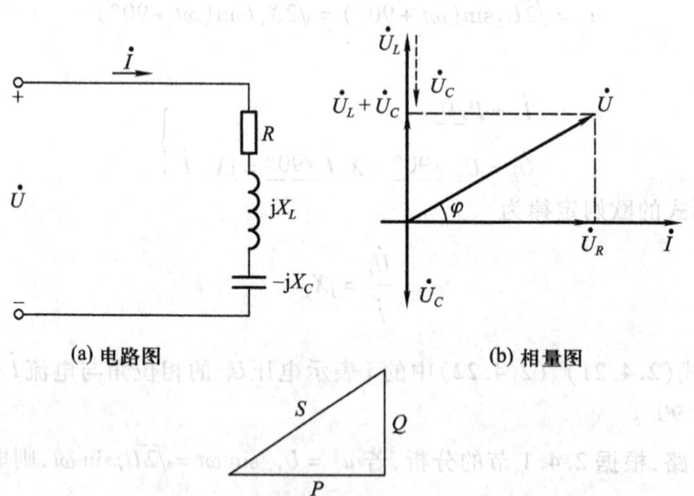

图 2.4.13 用相量和阻抗表示的串联电路

从相量图中可以得知各部分电压的有效值之间的关系为

$$U=\sqrt{U_R^2+(U_L-U_C)^2} \tag{2.4.28}$$

即总电压是各部分电压的相量和而不是代数和，因此，当电路中同时接有电容和电感时，总电压

的有效值有可能会小于电感或电容电压的有效值，总电压可能会小于某部分的分电压，这在直流电路中是不可能出现的。

4. *RLC* 串联电路的功率

RLC 串联交流电路中的瞬时功率为

$$p = ui = U_m I_m \sin(\omega t + \varphi)\sin \omega t = UI\cos\varphi - UI\cos(2\omega t + \varphi)$$

相应的平均功率为

$$P = \frac{1}{T}\int_0^T p\mathrm{d}t = \frac{1}{T}\int_0^T [UI\cos\varphi - UI\cos(2\omega t + \varphi)]\mathrm{d}t = UI\cos\varphi$$

从图 2.4.13(b)的电压相量图中，由 $\dot{U}$、$\dot{U}_R$、$(\dot{U}_L + \dot{U}_C)$ 构成的直角三角形可得

$$U\cos\varphi = U_R = RI$$

于是

$$P = U_R I = RI^2 = UI\cos\varphi = P_R \tag{2.4.29}$$

即电路中消耗的平均功率就是电阻上消耗的功率，在交流电路中又称为有功功率，而电感元件和电容元件没有电能损耗。但电感元件和电容元件在交流电路中与电源之间进行能量的交换，这部分的功率用无功功率 Q 表示，以区别于反映电流做功消耗电能的有功功率，则

$$Q = U_L I - U_C I = (U_L - U_C)I = I^2(X_L - X_C) = UI\sin\varphi = Q_L - Q_C \tag{2.4.30}$$

说明电感元件和电容元件都有无功功率，但性质相反。假若定义电感元件消耗无功功率，则电容元件就提供无功功率，所以电源对负载所提供的无功功率就等于电感性无功功率和电容性无功功率之差。

由上述可知，一个交流发电机输出的功率不仅与发电机的端电压及其输出电流的有效值有关，而且还与电路(负载)的参数或负载的性质有关。电路所具有的参数不同，则电压和电流间的相位差 φ 就不同，这时在同样的电压 U 和电流 I 之下，由式(2.4.29)和式(2.4.30)所表示的电路有功功率 P 和电路无功功率 Q 也就不同。式中的 $\cos\varphi$ 称为功率因数，在供电系统中亦将 $\cos\varphi$ 称为力率，用 λ 表示。在正弦交流电路中，$\lambda = \cos\varphi$。

在交流电路中，如将发电设备、供电线路或用电设备的电压与电流有效值相乘，则得出所谓视在功率 S，即

$$S = UI \tag{2.4.31}$$

视在功率的单位是伏安(V·A)或千伏安(kV·A)。交流电气设备是按照规定的额定电压 U_N 和额定电流 I_N 来设计和使用的，发电机或变压器就是以额定电压和额定电流的乘积来表示其额定容量，也就是以额定视在功率 $S_N = U_N I_N$ 来表示其容量的。额定容量说明了该设备对外供电的最大能力，但实际供电是否能达到此额定容量，并不取决于电源设备，而是取决于负载的需要和负载的性质，假若负载不是纯电阻，而是电感性或电容性，即负载功率因数 $\cos\varphi < 1$，此时的有功功率输出必然小于供电设备的额定容量，即 $P = U_N I_N \cos\varphi < S_N$，这就说明了该电源设备未被充分利用，因为一般的电源设备的利用程度是以其输送的有功功率的能力来衡量的。

由于有功功率 P、无功功率 Q 和视在功率 S 所代表的意义不同，为了区别，分别采用瓦(W)、乏(var)、伏安(V·A)三种不同的单位。P、Q、S 之间有一定的关系，即 $S = \sqrt{P^2 + Q^2}$、$P = S\cos\varphi$、

$Q = S\sin\varphi$。显然，它们之间也可以用一个直角三角形（功率三角形）来描述彼此的关系，如图 2.4.13(c)所示。

但是，必须注意，P、Q、S 不是相量，它们只是一个固定的物理量，而不是正弦量。

5. 串联谐振

在含有电感和电容元件的电路中，电路两端的电压与其中的电流一般是不同相的。如果调节电路的参数或电源的频率而使它们同相，这时电路就发生谐振现象。研究谐振的目的就是认识这种客观现象，以便在生产上为人们所利用，同时预防它产生的危害。按发生谐振的电路构成不同，谐振现象可分为串联谐振和并联谐振。以下讨论串联谐振电路的构成、谐振条件以及谐振特征。

在图 2.4.8 中所示的 R、L、C 元件串联的电路中，当满足谐振条件 $X_L = X_C$，即 $2\pi fL = \dfrac{1}{2\pi fC}$ 时，则 $\varphi = \arctan\dfrac{X_L - X_C}{R} = 0$，电路中的电压 $\dot{U}$ 与电流 $\dot{I}$ 同相，此时串联交流电路发生串联谐振。

根据谐振条件可得出谐振频率

$$f = f_0 = \frac{1}{2\pi\sqrt{LC}} \tag{2.4.32}$$

即当调节电源频率 f 与电路参数 L 和 C 之间满足上式关系时，则发生谐振。

串联谐振具有下列特征：

① 电路的阻抗 $|Z| = \sqrt{R^2 + (X_L - X_C)^2}$，此时 $|Z|$ 为最小值。在一定的电源电压作用下，电路中的电流将达到最大 $I = I_0 = \dfrac{U}{R}$。阻抗与电流随频率而变化的谐振曲线如图 2.4.14 所示。

② 由于电源电压与电路中的电流同相（$\varphi = 0$），因此电路对电源呈电阻性。电源供给电路的能量全部被电阻所消耗，电源与电路之间不发生能量的交换。能量的互换只发生在电感线圈和电容器之间。

③ 由于 $X_L = X_C$，有 $U_L = U_C$。而 $\dot{U}_L$ 与 $\dot{U}_C$ 相位上相反，正好相互抵消，对整个电路不起作用，因此电源电压 $\dot{U} = \dot{U}_R$，如图 2.4.15 所示。

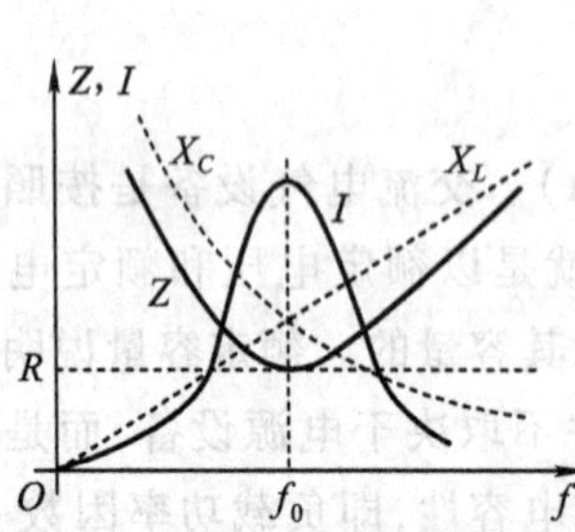

图 2.4.14　阻抗与电流随频率变化曲线

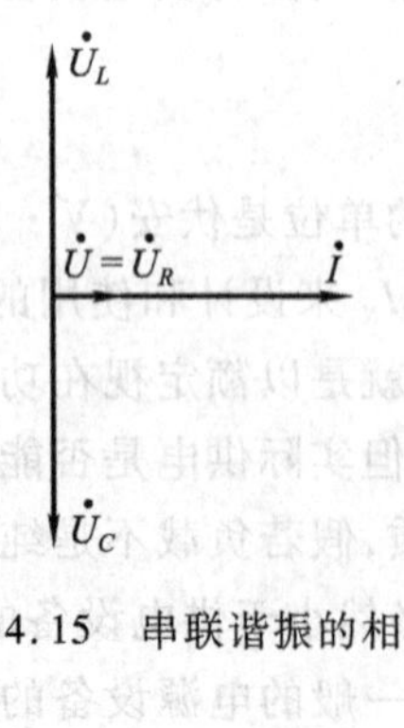

图 2.4.15　串联谐振的相量图

但是，U_L 和 U_C 的单独作用不可忽视，因为

$$U_L = X_L I = \frac{X_L}{R}U$$

$$U_C = X_C I = \frac{X_C}{R}U$$

当 $X_L = X_C > R$ 时(因为 R 一般为电感线圈的内阻,通常比 X_L 要小得多),U_L 和 U_C 都要高于电源电压 U。若电压过高,可能会击穿电感线圈和电容器的绝缘,因此,在电力系统中应避免串联谐振的发生。在无线电工程中则是利用串联谐振可以在电感和电容上获得较高的信号电压。

因为串联谐振时的 U_L 和 U_C 可能超过电源电压 U 许多倍,所以串联谐振又称为电压谐振。U_L 或 U_C 与电源电压 U 的比值称为串联谐振电路的品质因数 Q,其表达式为

$$Q = \frac{U_C}{U} = \frac{U_L}{U} = \frac{1}{\omega_0 CR} = \frac{\omega_0 L}{R}$$

可见品质因数的大小与电源无关,只与电路参数有关,大小一般在几十到几百之间。

④ 串联谐振电路对频率有选择性,可在无线电选择接收信号频率时加以利用。

2.4.3 RL与C 并联的正弦交流电路分析

1. RL 与 C 并联电路的电压电流

图 2.4.16(a)所示的电路是电感线圈与电容器并联的电路,其中电阻 R 可认为是电感线圈的内阻,数值很小,电感线圈与电容器两端的电压相等,其电流的参考方向如图所示。

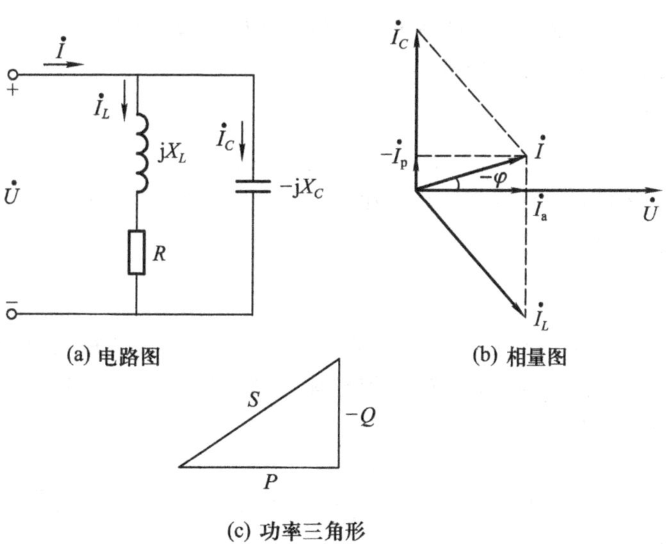

图 2.4.16 用相量和阻抗表示的并联电路

设电压为参考相量 $\dot{U} = U\angle 0^\circ$,则电路中的电流为

$$\dot{I} = \dot{I}_L + \dot{I}_C = \frac{\dot{U}}{R + \mathrm{j}X_L} + \frac{\dot{U}}{-\mathrm{j}X_C} = \dot{U}\left(\frac{1}{R + \mathrm{j}X_L} + \frac{1}{-\mathrm{j}X_C}\right) \tag{2.4.33}$$

根据式(2.4.33),可求得电路的总阻抗为

$$\frac{\dot{U}}{\dot{I}}=Z=\frac{1}{\dfrac{1}{R+\mathrm{j}X_L}+\dfrac{1}{-\mathrm{j}X_C}} \tag{2.4.34}$$

上式为相量形式的并联交流电路的欧姆定律，说明电路上总的阻抗的倒数等于各个分支电路阻抗倒数的代数和，这和纯电阻元件并联电路的分析原理相类似。如果电路是由两个阻抗 Z_1 和 Z_2 并联，则总阻抗 Z 和各个支路阻抗的关系为

$$\frac{1}{Z}=\frac{1}{Z_1}+\frac{1}{Z_2} \quad 或 \quad Z=\frac{Z_1Z_2}{Z_1+Z_2}$$

电路中各个电流的相量图如图 2.4.16(b)所示。说明总电流也是各个分电流的相量和。总的电流 $\dot{I}$ 可能比某一支路电流 $\dot{I}_L$ 或 $\dot{I}_C$ 还要小，这是和纯电阻元件并联电路的区别。图中 φ 为负值，表示电流 $\dot{I}$ 超前电压 $\dot{U}$，电路呈电容性。假若 φ 为正值，即 $\dot{I}$ 滞后电压 $\dot{U}$（$\dot{I}$ 在第四象限），则电路呈电感性。

2. *RL* 与 *C* 并联电路的功率

电路中消耗的有功功率，为各个耗能元件，即电阻上消耗的有功功率

$$P=P_R=RI_1^2=UI\cos\varphi=UI_{\mathrm{a}} \tag{2.4.35}$$

式中，$I_{\mathrm{a}}=I\cos\varphi$ 称为总电流的有功分量。

电路中的无功功率，为各个储能元件产生或消耗的无功功率的代数和

$$Q=Q_L-Q_C=I_L^2X_L-I_C^2X_C=UI\sin\varphi=UI_{\mathrm{p}} \tag{2.4.36}$$

式中，$I_{\mathrm{p}}=I\sin\varphi$ 称为总电流的无功分量。

电路中的视在功率

$$S=\sqrt{P^2+Q^2}=UI \tag{2.4.37}$$

所以，并联交流电路 P、Q、S 之间同样也存在着直角三角形关系，称为功率三角形，如图 2.4.16(c)所示，图中 Q 为负值表示 $Q_C>Q_L$。

3. 并联谐振

在图 2.4.16(a)所示的电感线圈与电容器并联的电路中，若电路端电压 $\dot{U}$ 与电流 $\dot{I}$ 相位相同，则称为电路发生并联谐振，此时电路呈纯电阻性质，电路的等效阻抗必定为实数，根据式(2.4.34)可以推得并联谐振时

$$\frac{1}{Z}=\frac{1}{R+\mathrm{j}X_L}+\mathrm{j}\frac{1}{X_C}=\frac{R}{R^2+X_L^2}-\mathrm{j}\frac{X_L}{R^2+X_L^2}+\mathrm{j}\frac{1}{X_C}=\frac{R}{R^2+X_L^2} \tag{2.4.38}$$

即发生并联谐振的条件是

$$\frac{1}{X_C}-\frac{X_L}{R^2+X_L^2}=0$$

即

$$R^2+X_L^2=X_LX_C,\ R^2+\omega_0^2L^2=\frac{L}{C}$$

则谐振角频率

$$\omega_0=\sqrt{\frac{1}{LC}-\frac{R^2}{L^2}} \tag{2.4.39}$$

此时等效阻抗为

$$Z=\frac{R^2+X_L^2}{R}=\frac{R^2+\left(\frac{1}{LC}-\frac{R^2}{L^2}\right)L^2}{R}=\frac{L}{RC} \tag{2.4.40}$$

假若电感线圈的内阻很小,远小于电感线圈的感抗 $\omega_0 L$,必然有$\frac{R^2}{L^2}\ll\frac{1}{LC}$,则谐振频率近似为

$$\omega_0\approx\frac{1}{\sqrt{LC}}\quad 或\quad f_0\approx\frac{1}{2\pi\sqrt{LC}}$$

此时并联谐振频率与串联谐振频率近似相等。

并联谐振具有下列特征:

① 并联谐振时,电路的阻抗 $Z\approx\frac{L}{RC}$接近最大,在电源电压 U 一定时,电路中的总电流 I 接近最小。其阻抗 $|Z|$ 与电流 I 的谐振曲线如图 2.4.17 所示。

② 并联谐振时,由于电源电压与电流同相($\varphi=0$),因此,电路对电源呈电阻性,即 $|Z|$ 相当于一个电阻。

③ 谐振时各并联支路的电流

$$I_L=\frac{U}{\sqrt{R^2+(\omega_0 L)^2}}\approx\frac{U}{\omega_0 L}$$

$$I_C=\omega_0 CU$$

由于电阻 R 远小于感抗 X_L 和容抗 X_C,且有 $\omega_0 L=\frac{1}{\omega_0 C}=\sqrt{\frac{L}{C}}$,可得 $I_L\approx I_C$ 远大于 I_0,其相量图如图 2.4.18 所示。即在谐振时电感线圈和电容器的电流近似相等,而比总电流大许多倍。因此,并联谐振也称电流谐振。

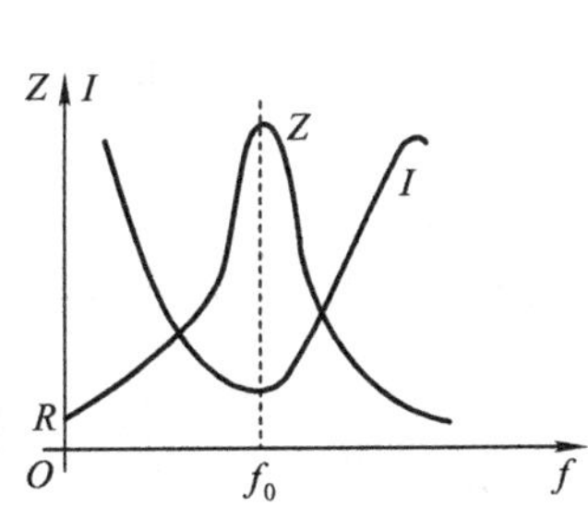

图 2.4.17 $|Z|$ 和 I 的谐振曲线

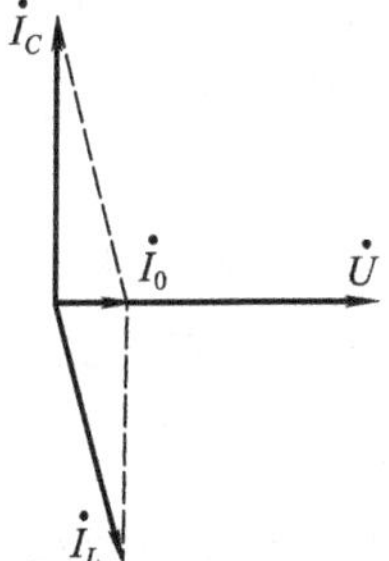

图 2.4.18 并联谐振时的电流相量图

I_C 或 I_L 与总电流 I_0 的比值称为并联谐振电路的品质因数 Q,即

$$Q=\frac{I_L}{I_0}=\frac{\frac{U}{\omega_0 L}}{\frac{U}{\frac{L}{RC}}}=\frac{1}{\omega_0 RC}=\frac{\omega_0 L}{R} \tag{2.4.41}$$

即在谐振时,支路电流 I_C 或 I_L 是总电流的 Q 倍,也就是谐振时,电路的阻抗为支路阻抗的 Q 倍。

品质因数 Q 的大小与电源无关，只取决于电路参数。Q 一般在几十到几百之间。

④ 如并联谐振电路改由恒流源供电，当电源为某一频率时电路发生谐振，电路的阻抗为最大，这样就起到了选频的作用。电路的品质因数 Q 越大，阻抗的谐振曲线越尖锐，频率选择性越好。

2.4.4　正弦交流电路分析方法综述

使用相量运算法分析正弦交流电路时，一般电路元件都可以用复阻抗来表示，复阻抗 Z 的一般形式为

$$Z = R + \mathrm{j}X$$

式中 R 为电阻，X 为电抗，$X = X_L - X_C$，说明电路中感抗 X_L 的作用和容抗 X_C 的作用是互补的。

对纯电阻电路 $Z = R$；对纯电感电路 $Z = \mathrm{j}X_L$；对纯电容电路 $Z = -\mathrm{j}X_C$。

这样，对于一般电路元件或支路，其两端交流电压与通过的交流电流之间的关系可以用相量形式的欧姆定律公式统一表示，即

$$\dot{U} = \dot{I}\,Z$$

上式与直流电路的欧姆定律公式 $U = IR$ 相比，两者在形式上是相似的，运算关系是一样的，直流是实数域运算，交流是复数域运算。这样就可以沿用直流电路的分析方法来分析交流电路。在分析时，所用的定理、方法，甚至公式都相似，两者的差别在于用 Z 取代 R，用 $\dot{U}$、$\dot{I}$ 取代 U、I，另外在运算时交流的复数运算较为烦琐，而直流的实数运算较为简便。

下面列举若干交流电路分析的实例，读者可与第 2.3.2 节中的实例做一些对照。

1. 阻抗的串、并联等效分析法

该方法通过复阻抗串、并联等效简化电路，先求出电路的总电压、总电流相量，再通过并联复阻抗分流和串联复阻抗分压关系，来求解其他支路变量。该方法特别适用于单一电源电路的分析。

例 2.4.2　电路如图 2.4.19 所示，$Z_{ab} = Z_{bc} = Z_{cd} = Z_d = 1 + \mathrm{j}\Omega$，$Z_b = Z_c = 2 + \mathrm{j}2\Omega$，求电路的等效复阻抗 Z_{ao}。若外加电压 $\dot{U}_{ao} = 100\underline{/30^\circ}\ \mathrm{V}$，求 $\dot{U}_{bo}$、$\dot{U}_{co}$、$\dot{U}_{do}$。

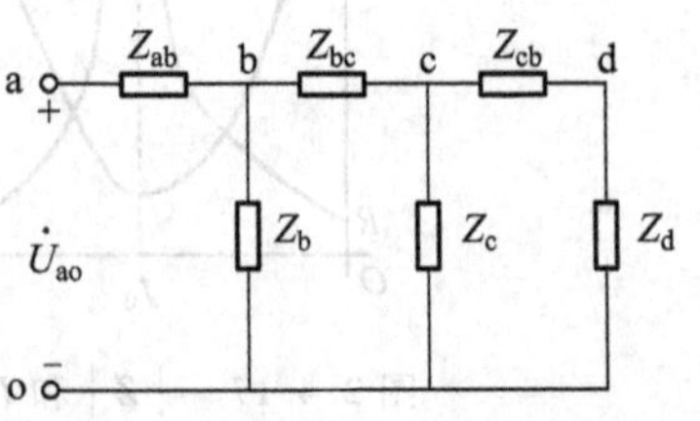

图 2.4.19　例 2.4.2 的电路

解　该电路可由末级向前级逐步计算。复阻抗 Z_{cd} 与 Z_d 串联，而 $\dot{U}_{do}$ 是 $\dot{U}_{co}$ 在复阻抗 Z_d 上的分压，即

$$\dot{U}_{do} = \dot{U}_{co} \times \frac{Z_d}{Z_{cd} + Z_d} = \dot{U}_{co} \times \frac{1 + \mathrm{j}}{2 + \mathrm{j}2} = \frac{1}{2}\dot{U}_{co}$$

co 端口的等效复阻抗 Z_{co} 是 Z_{cd} 与 Z_d 串联之后再与 Z_c 并联的结果，即

$$Z_{co} = (Z_{cd} + Z_d) /\!/ Z_c = \frac{(2 + \mathrm{j}2) \cdot (2 + \mathrm{j}2)}{4 + \mathrm{j}4} = 1 + \mathrm{j}\Omega$$

复阻抗 Z_{bc} 与等效复阻抗 Z_{co} 串联，而 $\dot{U}_{co}$ 是 $\dot{U}_{bo}$ 在等效复阻抗 Z_{co} 上的分压，即

$$\dot{U}_{co} = \dot{U}_{bo} \times \frac{Z_{co}}{Z_{bc} + Z_{co}} = \dot{U}_{bo} \times \frac{1+j}{2+j2} = \frac{1}{2}\dot{U}_{bo}$$

bo 端口的等效复阻抗 Z_{bo}是 Z_{bc}与 Z_{co}串联之后再与 Z_b并联的结果，即

$$Z_{bo} = (Z_{bc} + Z_{co}) /\!/ Z_b = \frac{(2+j2)\cdot(2+j2)}{4+j4} = 1 + j\Omega$$

复阻抗 Z_{ab}与等效复阻抗 Z_{bo}串联，而$\dot{U}_{bo}$是$\dot{U}_{ao}$在等效复阻抗 Z_{bo}上的分压，即

$$\dot{U}_{bo} = \dot{U}_{ao} \times \frac{Z_{bo}}{Z_{ab} + Z_{bo}} = \dot{U}_{ao} \times \frac{1+j}{2+j2} = \frac{1}{2}\dot{U}_{ao}$$

ao 端口的等效复阻抗 Z_{ao}是 Z_{ab}与 Z_{bo}串联的结果，即

$$Z_{ao} = Z_{ab} + Z_{bo} = 2 + j2\Omega$$

各端口电压为

$$\dot{U}_{bo} = 50\underline{/30^\circ}\ \text{V} \qquad \dot{U}_{co} = 25\underline{/30^\circ}\ \text{V} \qquad \dot{U}_{do} = 12.5\underline{/30^\circ}\ \text{V}$$

2. 电源模型等效变换法

在多交流电源电路的分析中，如果出现多个实际电源模型且呈串、并联关系时，可以将并联的实际电源模型转化为电流源模型加以合并，而将串联的实际电源模型转化为电压源模型加以合并，从而求解电路。

例 2.4.3 电路如图 2.4.20(a)所示，$\dot{U}_1 = 6\underline{/0^\circ}$ V，$\dot{U}_2 = 12\underline{/90^\circ}$ V，$\dot{U}_3 = 4\sqrt{2}\underline{/-45^\circ}$ V，$Z_1 = 3\underline{/45^\circ}\ \Omega$，$Z_2 = 6\underline{/45^\circ}\ \Omega$，$Z_3 = 1\underline{/45^\circ}\ \Omega$，$Z_4 = 1\underline{/45^\circ}\ \Omega$，运用电源模型等效变换方法，求电流$\dot{I}_1$、$\dot{I}_2$和$\dot{I}_3$。

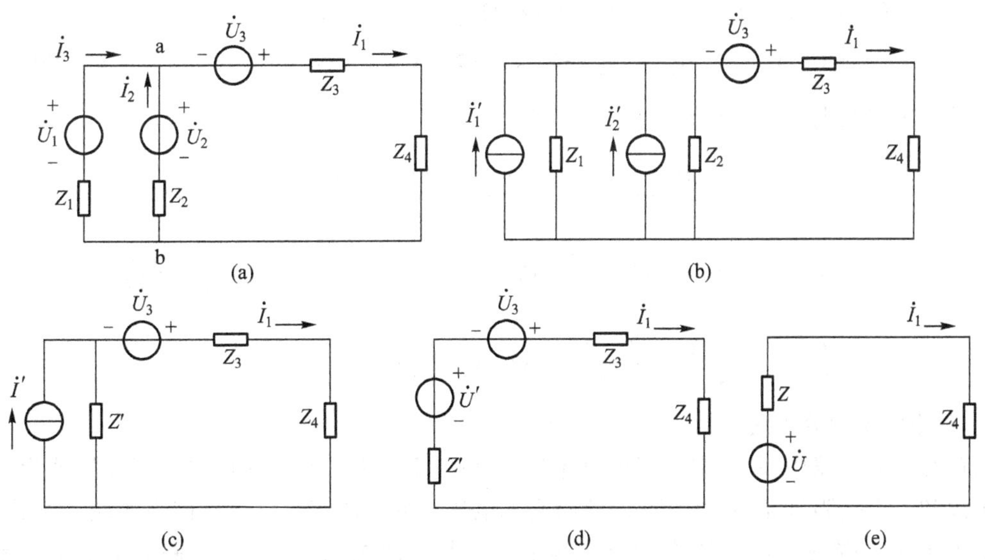

图 2.4.20 例 2.4.3 的电路

解 首先把图 2.4.20(a)中并联的两个电压源模型分别等效变换为电流源模型如图 2.4.20(b)所示。

$$\dot{I}_1' = \frac{\dot{U}_1}{Z_1} = \frac{6\angle 0^\circ}{3\angle 45^\circ}\text{A} = 2\angle -45^\circ\,\text{A}$$

$$\dot{I}_2' = \frac{\dot{U}_2}{Z_2} = \frac{12\angle 90^\circ}{6\angle 45^\circ}\text{A} = 2\angle 45^\circ\,\text{A}$$

接着将两个电流源模型合并为一个电流源模型如图 2.4.20(c)所示。

$$\dot{I}' = \dot{I}_1' + \dot{I}_2' = (2\angle -45^\circ + 2\angle 45^\circ)\,\text{A} = 2\sqrt{2}\angle 0^\circ\,\text{A}$$

$$Z' = Z_1 /\!/ Z_2 = \frac{3\angle 45^\circ \times 6\angle 45^\circ}{3\angle 45^\circ + 6\angle 45^\circ}\Omega = 2\angle 45^\circ\,\Omega$$

然后再把电流源模型等效变换为电压源模型如图 2.4.20(d)所示。

$$\dot{U}' = Z' \cdot \dot{I}' = (2\angle 45^\circ \times 2\sqrt{2}\angle 0^\circ)\,\text{V} = 4\sqrt{2}\angle 45^\circ\,\text{V}$$

最后将两个电压源合并为一个电压源模型如图 2.4.20(e)所示。

$$\dot{U} = \dot{U}' + \dot{U}_3 = (4\sqrt{2}\angle 45^\circ + 4\sqrt{2}\angle -45^\circ)\,\text{V} = 8\angle 0^\circ\,\text{V}$$

$$Z = Z' + Z_3 = (2\angle 45^\circ + 1\angle 45^\circ)\,\Omega = 3\angle 45^\circ\,\Omega$$

从图 2.4.20(e)求得

$$\dot{I}_1 = \frac{\dot{U}}{Z + Z_4} = \frac{8\angle 0^\circ}{4\angle 45^\circ}\text{A} = 2\angle -45^\circ\,\text{A}$$

由于电流$\dot{I}_1$已求出,便可再从图 2.4.20(a)所示电路中求出电压$\dot{U}_{ab}$为

$$\begin{aligned}\dot{U}_{ab} &= -\dot{U}_3 + \dot{I}_1 \cdot (Z_3 + Z_4) = -4\sqrt{2}\angle -45^\circ + \dot{I}_1 \times 2\angle 45^\circ \\ &= (-4\sqrt{2}\angle -45^\circ + 2\angle -45^\circ \times 2\angle 45^\circ)\,\text{V} = [-(4-\text{j}4)+4]\,\text{V} = \text{j}4 = 4\angle 90^\circ\,\text{V}\end{aligned}$$

于是求出支路电流$\dot{I}_2$和$\dot{I}_3$为

$$\dot{I}_2 = \frac{\dot{U}_2 - \dot{U}_{ab}}{Z_2} = \frac{12\angle 90^\circ - 4\angle 90^\circ}{6\angle 45^\circ}\text{A} = \frac{4}{3}\angle 45^\circ\,\text{A}$$

$$\begin{aligned}\dot{I}_3 &= \dot{I}_1 - \dot{I}_2 = \left(2\angle -45^\circ - \frac{4}{3}\angle 45^\circ\right)\text{A} = \left[\sqrt{2} - \text{j}\sqrt{2} - \left(\frac{2\sqrt{2}}{3} + \text{j}\frac{2\sqrt{2}}{3}\right)\right]\text{A} \\ &= \left(\frac{\sqrt{2}}{3} - \text{j}\frac{5\sqrt{2}}{3}\right)\text{A} = \frac{2\sqrt{13}}{3}\angle \arctan(-5)\,\text{A}\end{aligned}$$

3. 戴维宁定理分析法

在正弦交流电路中,戴维宁定理可简述为:任何一个有源二端交流网络都可以等效为一个交流电压源和一个复阻抗相串联的形式,此时交流电压源的电压等于该二端网络的端口开路电压,复阻抗等于该二端网络内部所有独立电源置零(电压源短路,电流源开路)后的端口等效复阻抗。

在一个电路中,如果仅需求出某一支路电流,而除去该支路后余下的电路为有源二端网络,就可以应用戴维宁定理求解。

例 2.4.4 试用戴维宁定理求图 2.4.21(a)所示电路中的电流$\dot{I}_g$。

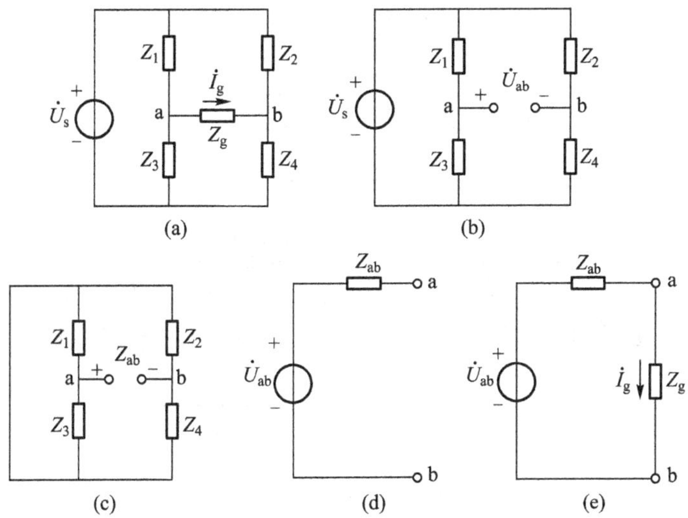

图 2.4.21 例 2.4.4 的电路

解 待求支路以外的电路是有源二端网络，应用戴维宁定理建立该网络的等效电压源模型。

(1) 求开路电压 $\dot{U}_{ab}$

如图 2.4.21(b)所示，则

$$\dot{U}_{ab}=\frac{Z_3}{Z_1+Z_3}\cdot\dot{U}_s-\frac{Z_4}{Z_2+Z_4}\cdot\dot{U}_s$$

(2) 求等效复阻抗 Z_{ab}

独立电源置零，$\dot{U}_s$则相当于短路，如图 2.4.21(c)所示。

$$Z_{ab}=Z_1/\!/Z_3+Z_2/\!/Z_4=\frac{Z_1Z_3}{Z_1+Z_3}+\frac{Z_2Z_4}{Z_2+Z_4}$$

求得戴维宁等效电路如图 2.4.21(d)所示。

将复阻抗 Z_g连接于 a、b 两个端子上，如图 2.4.21(e)所示，求得电流 $\dot{I}_g$为

$$\dot{I}_g=\frac{\dot{U}_{ab}}{Z_{ab}+Z_g}$$

4. 叠加定理分析法

例 2.4.5 电路如图 2.4.22(a)所示，试用叠加定理求支路电流 $\dot{I}$，并计算该支路复阻抗吸收的有功功率。

解 电压源单独作用时，将电流源开路，如图 2.4.22(b)所示，得

$$\dot{I}'=\frac{6\angle 0^\circ}{6\angle 45^\circ+9\angle 45^\circ}\text{ A}=0.4\angle -45^\circ\text{ A}$$

电流源单独作用时，将电压源短路，如图 2.4.22(c)所示，得

$$\dot{I}''=\frac{6\angle 45^\circ}{6\angle 45^\circ+9\angle 45^\circ}\times 1\angle 45^\circ\text{ A}=0.4\angle 45^\circ\text{ A}$$

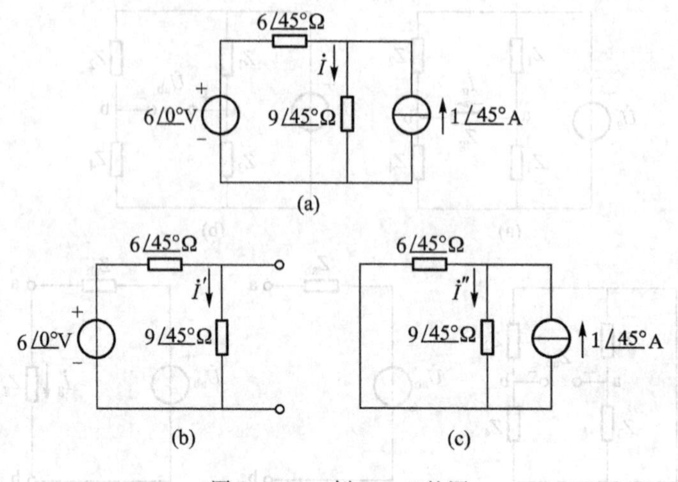

图 2.4.22　例 2.4.5 的图

两个电源共同作用时,因为电流参考方向相同,所以

$$\dot{I}=\dot{I}'+\dot{I}''=(0.4\angle -45^\circ+0.4\angle 45^\circ)\ \text{A}=0.4\sqrt{2}\angle 0^\circ\ \text{A}$$

复阻抗 $9\angle 45^\circ\ \Omega$ 吸收的有功功率为

$$P=(0.4\sqrt{2})^2\times 9\times\cos 45^\circ\ \text{W}=0.32\times 9\times\frac{\sqrt{2}}{2}\ \text{W}\approx 2\ \text{W}$$

5. 相量图分析法

直接根据已知条件列出各交流电量之间的关系,画出电路的相量图,利用相量图所表示的几何关系来分析电路,称为相量图分析法。用相量图分析法的核心是要准确地画出相量图。画图时首先要确定一个基准相量作为参考,基准相量的初相位为0°或者90°,然后根据各种已知条件,画出其余相量,形成相量图。为了分析方便,相量可以在图上平行移动,根据电路中的关系,可以在图中进行相量相加减,形成几何图形来求解。

(1) 用相量图法分析功率因数的提高

我们知道,直流电路的功率等于电流与电压的乘积,但在计算交流电路的平均功率时还要考虑电压与电流之间的相位差 φ,即 $P=UI\cos\varphi$,式中 $\cos\varphi$ 是电路的功率因数。电压与电流之间的相位差 φ 或电路的功率因数 $\cos\varphi$ 取决于电路(负载)的参数。只有在纯电阻负载(如电灯、电阻炉等)的情况下,电压和电流才同相,其功率因数为1,对其他负载来说,其功率因数均介于0~1之间。

当电压与电流之间有相位差时,即功率因数小于1时,在电路与电源之间发生能量互换,出现无功功率 $Q=UI\sin\varphi$。如前所述,将会引起:

① 发电设备、供电线路的容量得不到充分的利用。

② 由于无功分量电流的存在,增加了输电线路和发电机绕组的功率损耗。

供电线路功率因数不高是由于在工农业生产和生活中大量使用的是电感性负载。如常用的异步电动机,在额定负载时的功率因数为0.8~0.9,如在轻载或空载时就更低。其他如工频炉、电焊变压器以及带电感镇流器的气体放电灯负载的功率因数都较低。电感性负载的功率因数之所以小于1是由于负载本身需要一定的无功功率,以产生一定的交流磁场才能正常工作。因此,我们要设法就地提供这些负载所需要的感性无功功率,而不需要电源向它提供。按照供电规则,高压供电的工业企业的平均功率因数不低于0.95,其他单位不低于0.9。

提高功率因数的常用方法就是在电感性负载两端并联静电电容器(设置在用户或变电所中),其电路图和相量图如图2.4.23所示。

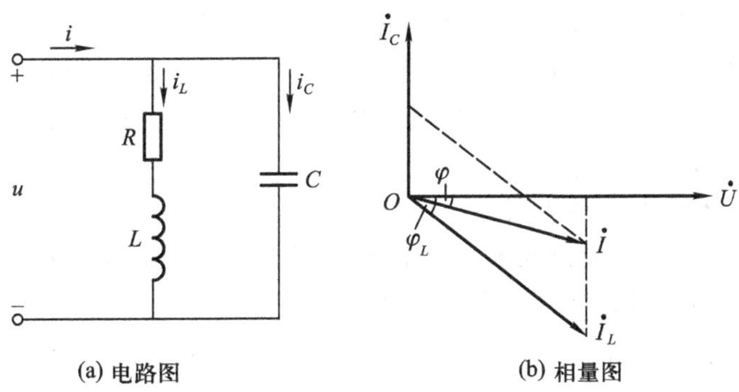

(a) 电路图　　(b) 相量图

图2.4.23　电感性负载并联电容器以提高功率因数

在并联电容器后,电感性负载的电流 $I_L=\dfrac{U}{\sqrt{R^2+X_L^2}}$和功率因数 $\cos\varphi_L=\dfrac{R}{\sqrt{R^2+X_L^2}}$和消耗的功率 $P=UI\cos\varphi_L$ 等均未发生变化,这是由于电源电压和负载本身的参数并没有改变。由于电容器直接并联在电感性负载二端,就实现了由电容器就地向电感性负载提供感性无功功率,减小了总电流中的无功分量,使总电流与电源电压之间的相位差减小,即 $\varphi<\varphi_L$,所以功率因数增大,即 $\cos\varphi>\cos\varphi_L$。只要电容 C 选择适当,可将功率因数提高到希望的数值。根据图2.4.23(b)可以求得电容的大小为

$$C=\frac{I_C}{\omega U}=\frac{I_L\sin\varphi_L-I\sin\varphi}{\omega U}$$

由于

$$P=UI_L\cos\varphi_L=UI\cos\varphi$$

则

$$I_L=\frac{P}{U\cos\varphi_L}\quad I=\frac{P}{U\cos\varphi}$$

所以

$$C=\frac{P}{\omega U^2}(\tan\varphi_L-\tan\varphi)\tag{2.4.42}$$

由相量图可见,并联电容以后,供电线路的总电流也减小了,即 $I<I_L$,因而也减小了功率损耗。对于同样的负载,电源的总量也可以减小,因为线路的视在功率 $S=UI$ 减小了。

在上述电路中,我们是通过画相量图的方法来求解的,由于电路是并联电路,其端电压对于两条支路都是相同的,选用端电压作为基准相量可以方便地画出其他相量,并作比较。如根据 $\dot{I}_C$

超前于$\dot{U}$ 90°角的关系，可以在$\dot{U}$的垂直方向上画出$\dot{I}_C$；根据$\dot{I}_L$滞后于$\dot{U}\varphi_L$角的关系，可以在$\dot{U}$顺时针方向转φ_L角的位置画出$\dot{I}_L$；然后将$\dot{I}_C$和$\dot{I}_L$几何相加得出总电流$\dot{I}$，就得到完整的相量图。从图中还可以看到，如果改变电容的大小，即能使电容电流$\dot{I}_C$大小成正比变化，相量$\dot{I}$的矢端会沿着与$\dot{U}$相垂直方向的轨迹上下移动，当移动到$\dot{I}$与$\dot{U}$同相时，即φ为零，$\cos\varphi=1$，此时总电流$\dot{I}$为最小，整个电路呈电阻性，即感性负载所需的感性无功功率全部由电容器来补偿，整个电路不需要由电源来提供无功功率。当然，如果电容量过大，形成过补偿状态，则总电流又要增大，整个电路成为容性负载，线路损耗又要增大了。

(2) 用相量图法分析串、并联电路

直接用画相量图的方法来分析或求解交流串、并联电路，或是求取电路参数变化引起电量变化的轨迹，要比列电路方程进行计算更为简便、直观。

例 2.4.6　在图 2.4.24 所示的电路中，$U=200$ V，$I_1=10$ A，$I_2=10\sqrt{2}$ A，$R=5$ Ω，$R_2=X_L$，试求 I、X_C、R_2、X_L。

解　根据题意，可以选择并联电路的端电压$\dot{U}_2$作基准相量，然后根据两个并联支路的阻抗性质分别画出$\dot{I}_1$和$\dot{I}_2$，注意画图时要求$\dot{I}_1$和$\dot{I}_2$长度的比例相同，即与 10 A 和 $10\sqrt{2}$ A 相对应，并且很容易根据 X_C的电容性质及 $R_2=X_L$的条件确定$\dot{I}_1$和$\dot{I}_2$的相位如图 2.4.25 所示。显然根据电路中的总电流 $\dot{I}=\dot{I}_1+\dot{I}_2$，用几何相加得出相量$\dot{I}$是与基准相量$\dot{U}_2$同相的，而且直接从三个电流形成的等腰直角三角形关系中可以得出 $I=10$ A。由于$\dot{I}$与$\dot{U}_2$同相，电阻 R 的压降$\dot{I}R$与$\dot{U}_2$也是同相的，显然总电压$\dot{U}=\dot{U}_2+\dot{I}R$也与$\dot{U}_2$同相，即$\dot{U}$、$\dot{U}_2$、$\dot{I}R$三个电压相量在同一条直线上，可以得出

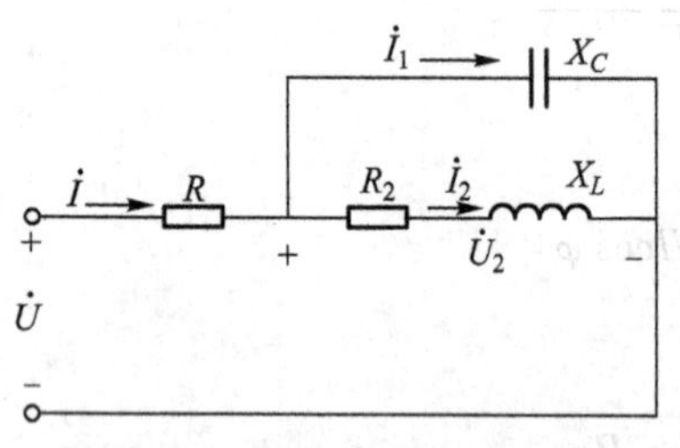

图 2.4.24　例 2.4.6 的电路

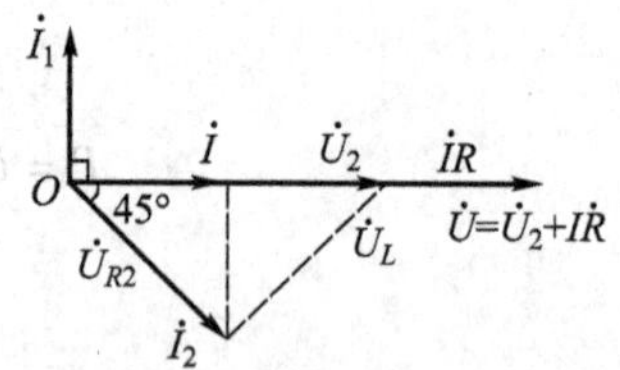

图 2.4.25　例 2.4.6 电路的相量图

$$U_2=U-IR=(200-10\times5)\ \text{V}=150\ \text{V}\quad X_C=U_2/I_1=150/10\ \Omega=15\ \Omega$$

另外，根据$\dot{U}_2=\dot{I}_2(R+jX_L)$和 $R_2=X_L$的条件，可以得出$\dot{U}_2$、$\dot{I}R$ 和$\dot{I}X_L$三个电压相量形成等腰直角三角形，所以

$$X_L=U_L/I_2=U_2/(\sqrt{2}\cdot I_2)=[150/(\sqrt{2}\times10\sqrt{2})]\ \Omega=7.5\ \Omega\quad R_2=X_L=7.5\ \Omega$$

例 2.4.7　试求图 2.4.26 电路中的电流 I_1、I_2及 I，并根据相量图求 U_{AB}，设电源电压 $U=200$ V。

解　根据电路结构可以选用电源电压$\dot{U}$作为基准相量，画出如图 2.4.27 所示的相量图，画图时应注意各段电压的比例关系。

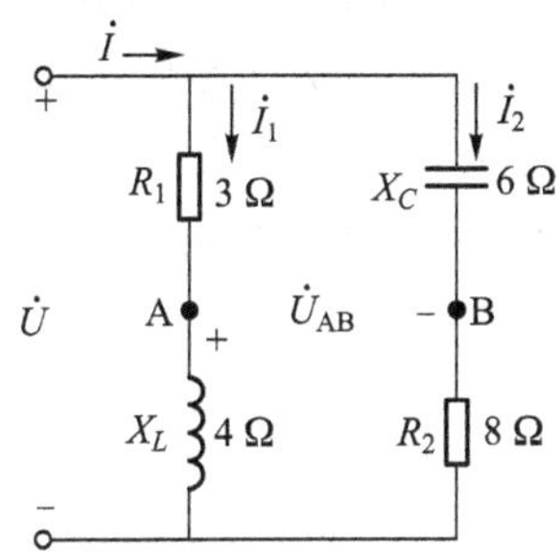

图 2.4.26　例 2.4.7 电路图

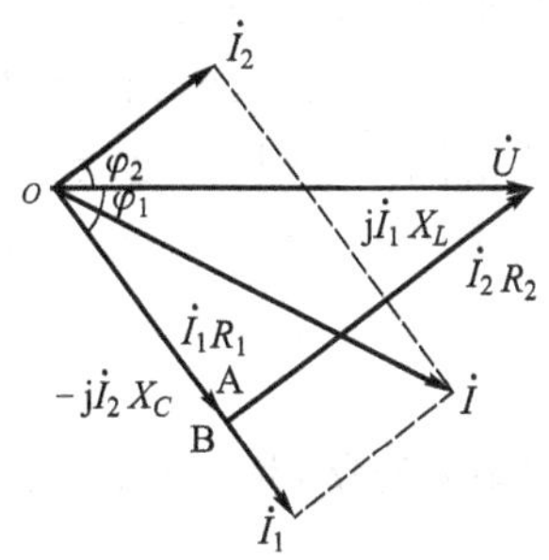

图 2.4.27　例 2.4.7 的相量图

根据已知条件,可以求得支路电流为

$$I_1 = U/\sqrt{R_1^2 + X_L^2} = (200/\sqrt{3^2 + 4^2})\ \mathrm{A} = 40\ \mathrm{A}$$

$$I_2 = U/\sqrt{X_C^2 + R_2^2} = (200/\sqrt{6^2 + 8^2})\ \mathrm{A} = 20\ \mathrm{A}$$

$\dot{I}_1$的相位角 $\varphi_1 = \arctan X_L/R_1 = \arctan 4/3 = 53.1°$,感性,滞后于$\dot{U}$。

$\dot{I}_2$的相位角 $\varphi_2 = \arctan(-X_C/R_2) = \arctan(-6/8) = -36.9°$,容性,超前于$\dot{U}$。

据此,可以画出相量$\dot{I}_1R_1$、j $\dot{I}_1X_L$、-j $\dot{I}_2X_C$、$\dot{I}_2R_2$,其位置如图 2.4.27 所示,从图中可见 AB 两点的电位是重合的,所以直接从图上就可以得出 $U_{AB} = 0$。

由于 $\varphi_1 = 53.1°$,$\varphi_2 = 36.9°$,图中相量$\dot{I}_1$与$\dot{I}_2$是垂直的,所以可用求直角三角形斜边的方法求得

$$I = \sqrt{I_1^2 + I_2^2} = \sqrt{40^2 + 20^2}\ \mathrm{A} = 20\sqrt{5}\ \mathrm{A} = 44.2\ \mathrm{A}$$

2.5　三相交流电路

由三相交流电源供电的电路称为三相交流电路。下面主要介绍三相交流负载构成电路的连接、分析和使用等问题。

在工农业生产中,发电、输电和配电等基本上都采用三相电源供电,因为同样尺寸的三相交流发电机的额定容量要比单相交流发电机的额定容量大;三相输电比单相输电经济;生产上常用的三相异步电动机结构简单、价格便宜且性能优良。

由三相电源供电的负载称为三相负载。三相负载一般可分为两种,一种三相负载,是一个整体,各相必须同时接在三相电源上才能工作,如三相电动机、大功率三相电阻炉等,这类负载的特点是每相的阻抗相等(不仅大小相等,而且阻抗角也相同),称为对称三相负载;另一种负载如电灯、家用电器等,只需由单相电源供电即可工作,但为了使三相电源供电均衡,许多这样的单相负载实际上是大致平均分配到三相电源的三个相上,这类负载三个相的阻抗一般不可能相等,属于不对称三相负载。

三相负载的基本连接方式有星形和三角形两种。无论采用哪种连接方式，每相负载始、末端之间的电压称为负载的相电压；两相负载始端之间的电压称为负载的线电压；每相负载中通过的电流称为负载的相电流；负载从供电线上取用的电流称为负载的线电流。

三相负载应该采用哪一种连接方式，应该根据电源电压和负载额定电压的大小来决定。原则上，应使负载的实际相电压等于其额定相电压。

2.5.1　三相交流负载的星形联结

图 2.5.1(a)是三相负载为三相四线制星形联结时的电路图。三相负载的三个末端连接在一起，接到电源的中性线上，三相负载的三个始端分别接到电源的三个相线上。

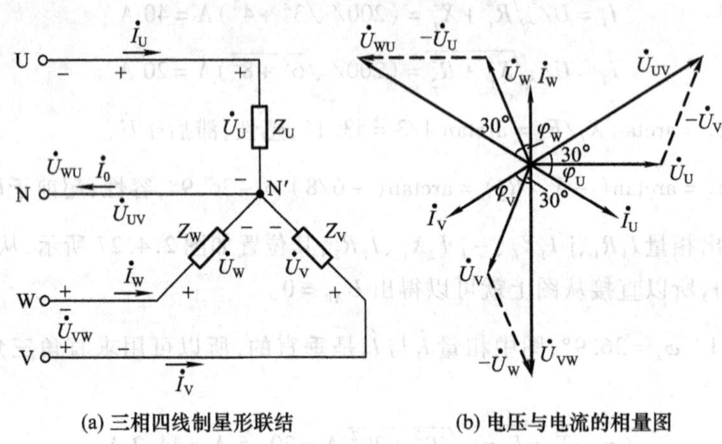

(a) 三相四线制星形联结　　(b) 电压与电流的相量图

图 2.5.1　三相负载的星形联结

在图示参考方向下，线电压和相电压的关系，线电流和相电流的关系，与星形联结的三相电源中的关系相似，即相电压

$$U_U = U_V = U_W = U_P \tag{2.5.1}$$

线电压

$$U_{UV} = U_{VW} = U_{WU} = U_L = \sqrt{3}U_P \tag{2.5.2}$$

线电流 I_L 等于相电流 I_P，即

$$I_L = I_P \tag{2.5.3}$$

中性线的电流为

$$\dot{I}_0 = \dot{I}_U + \dot{I}_V + \dot{I}_W \tag{2.5.4}$$

相电压与相电流的关系为

$$\left.\begin{aligned}\dot{I}_U&=\frac{\dot{U}_U}{Z_U}\\ \dot{I}_V&=\frac{\dot{U}_V}{Z_V}\\ \dot{I}_W&=\frac{\dot{U}_W}{Z_W}\end{aligned}\right\}\tag{2.5.5}$$

由于三相电源提供的线电压和相电压一般都是对称的,如果负载也是对称的,即负载的阻抗 $Z_U=Z_V=Z_W$,则负载和电源的线电流及相电流必然都是对称的,这样的三相电路称为对称三相电路。这时,电压与电流的相量图如图 2.5.1(b)所示。因此,在对称三相电路中,星形联结的三相负载和星形联结的三相电源,它们的线电压与相电压、线电流和相电流的有效值之间和相位之间的关系是相同的,即有效值满足 $U_L=\sqrt{3}U_P$、$I_L=I_P$,在相位上,线电压超前于对应的相电压 30°,线电流与对应的相电流相位相同。

另外,在对称三相电路中,根据式(2.5.4)可以推得,中性线的电流等于零。此时中性线便可以省去,电路就变成三相三线制星形联结,而前面得到的线电压与相电压、线电流与相电流的关系仍然成立。

如果负载不对称,中性线电流就不等于零,中性线便不能省去。由于中性线的存在,保证了各相电压的有效值是相同的,每相的相电流可以分别根据各相阻抗独立计算,然后把各相电流按相量相加求出中性线电流。

通常居民楼的照明线路是由线电压为 380 V 的三相四线制电源供电的,如图 2.5.2 所示。为了使三相电源的各相尽可能地均匀承担负载,可将整座楼的负载分成三组,分别接到电源的三个相上。由于各个组的照明家电等用电负载的功率和时间不可能完全相同,所以三相负载是不可能对称的。现在分别用一个或三个照明灯来代表三相的照明灯数,并假设这些照明灯的额定功率是相同的,当 V 相的灯已关闭,即开关 S 断开时,若接有中性线,虽然负载不对称,但 U 和 W 两相的相电压仍等于电源的相电压 220 V,正好也就是照明灯的额定电压,它们可以正常工作。但是,如果没有中性线,则变成 U 和 W 两相的照明灯串联后加上 380 V 的线电压。由于 U 相是三个照明灯并联,等效电阻是 W 相的三分之一,380 V 的线电压绝大部分由 W 相的照明灯来承受,其相电压将超过 220 V 的额定电压,不久就会烧毁;U 相的照明灯开始因电压的不足而发暗,当 W 相的照明灯烧坏后,U 相的照明灯又因为电路不通而熄灭。这说明,当三相负载不对称而又没有中性线时,三相负载的相电压会不对称,势必使得有的相电压超过负载的额定相电压,有的低于负载的额定相电压,致使负载不能正常工作,甚至损坏。中性线的作用就在于能保持负载中性点和电源的中性点电位一致,从而在三相负载不对称时,负载的相电压仍然是对称的。因此,在三相四线制电路中,中性线不允许断开,也不允许安装熔断器等短路或过电流保护装置。

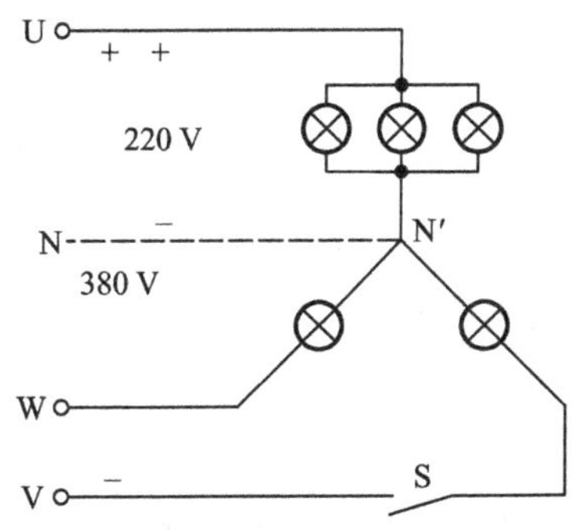

图 2.5.2　三相照明线路中中性线的作用

2.5.2　三相交流负载的三角形联结

当三相负载的每相额定电压等于电源的线电压时，三相负载就必须与电源进行三角形联结，如图2.5.3(a)所示。每相负载的始端都依次与另一相负载的末端连接在一起，形成闭合回路，然后将三个连接点分别接在三相电源的三根相线上，所以这种接法是三相三线制。

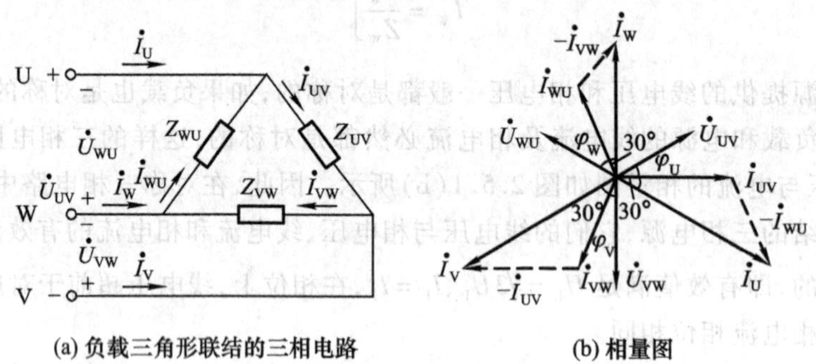

(a) 负载三角形联结的三相电路　　(b) 相量图

图2.5.3　三相负载的三角形联结

在图2.5.3所示参考方向下，线电压和相电压的关系为

$$U_{UV}=U_{VW}=U_{WU}=U_L=U_P \tag{2.5.6}$$

即线电压与相电压相等。

线电流与相电流的关系为

$$\left.\begin{aligned}\dot{I}_U&=\dot{I}_{UV}-\dot{I}_{WU}\\ \dot{I}_V&=\dot{I}_{VW}-\dot{I}_{UV}\\ \dot{I}_W&=\dot{I}_{WU}-\dot{I}_{VW}\end{aligned}\right\} \tag{2.5.7}$$

相电压与相电流的关系为

$$\dot{I}_{UV}=\frac{\dot{U}_{UV}}{Z_{UV}};\quad \dot{I}_{VW}=\frac{\dot{U}_{VW}}{Z_{VW}};\quad \dot{I}_{WU}=\frac{\dot{U}_{WU}}{Z_{WU}} \tag{2.5.8}$$

由于三相电源提供的电压一般都是对称的，因此，三相负载的线电压和相电压也是对称的。若三相负载也对称，则负载和电源的线电压及相电流也一定是对称的，称为对称三相电路。其相量图如图2.5.3(b)所示。因此，在对称三相电路中，三角形联结的三相负载和三角形联结的三相电源，它们的线电压与相电压、线电流与相电流的有效值之间和相位之间的关系是相同的，即$U_L=U_P$及$I_L=\sqrt{3}I_P$，在相位上，线电压与对应的相电压相位相同，线电流滞后于对应的相电流30°。

像三相交流电动机这样的三相对称负载，它本身是一个整体，产品出厂时，额定的相电压就已经确定，与采用何种连接方式无关。因而，按其连接方式的不同，其额定线电压就不同。若额定相电压为220 V，则星形联结时额定线电压为380 V，三角形联结时额定线电压为220 V。若额定相电压为380 V，则星形联结时额定线电压为660 V，三角形联结时额定线电压为380 V。

2.5.3 三相交流负载的功率

三相负载和三相电源,无论负载是否对称,无论采用何种连接方式,三相总有功功率都等于各相有功功率之和,即

$$\left.\begin{aligned} &P=P_{U}+P_{V}+P_{W}=U_{U}I_{U}\cos\varphi_{U}+U_{V}I_{V}\cos\varphi_{V}+U_{W}I_{W}\cos\varphi_{W}\\ \text{或}\quad &P=P_{UV}+P_{VW}+P_{WU}=U_{UV}I_{UV}\cos\varphi_{UV}+U_{VW}I_{VW}\cos\varphi_{VW}+U_{WU}I_{WU}\cos\varphi_{WU}\end{aligned}\right\}\tag{2.5.9}$$

三相总无功功率都等于各相无功功率之和,即

$$\left.\begin{aligned} &Q=Q_{U}+Q_{V}+Q_{W}=U_{U}I_{U}\sin\varphi_{U}+U_{V}I_{V}\sin\varphi_{V}+U_{W}I_{W}\sin\varphi_{W}\\ \text{或}\quad &Q=Q_{UV}+Q_{VW}+Q_{WU}=U_{UV}I_{UV}\sin\varphi_{UV}+U_{VW}I_{VW}\sin\varphi_{VW}+U_{WU}I_{WU}\sin\varphi_{WU}\end{aligned}\right\}\tag{2.5.10}$$

总视在功率为

$$S=\sqrt{P^{2}+Q^{2}}\tag{2.5.11}$$

如果负载对称,则各相的有功功率、无功功率都相等,功率因数都相同,即

$$P_{U}=P_{V}=P_{W}=U_{P}I_{P}\cos\varphi\quad\text{或}\quad P_{UV}=P_{VW}=P_{WU}=U_{P}I_{P}\cos\varphi$$

$$Q_{U}=Q_{V}=Q_{W}=U_{P}I_{P}\sin\varphi\quad\text{或}\quad Q_{UV}=Q_{VW}=Q_{WU}=U_{P}I_{P}\sin\varphi$$

从而得到总有功功率、无功功率和视在功率与相电压、相电流的关系为

$$\left.\begin{aligned} P&=3U_{P}I_{P}\cos\varphi\\ Q&=3U_{P}I_{P}\sin\varphi\\ S&=3U_{P}I_{P}\end{aligned}\right\}\tag{2.5.12}$$

由于星形联结时,$U_{L}=\sqrt{3}U_{P}$,$I_{L}=I_{P}$;三角形联结时 $U_{L}=U_{P}$,$I_{L}=\sqrt{3}I_{P}$。代入上式可得到负载对称时,这三种功率和线电压、线电流的关系为

$$\left.\begin{aligned} P&=\sqrt{3}U_{L}I_{L}\cos\varphi\\ Q&=\sqrt{3}U_{L}I_{L}\sin\varphi\\ S&=\sqrt{3}U_{L}I_{L}\end{aligned}\right\}\tag{2.5.13}$$

2.6 电路的瞬态过程

当电路中的电源为恒定直流或是周期性变化的交流电源时,电路中的电流、电压也是恒定直流或是与电源相对应的周期性变化的交流电量,则电路处于稳定工作状态,是一种可以长期连续运行的工作状态,称为稳态。前面所介绍的恒定直流或是稳定的正弦交流电路都属于稳态,对其的分析称为电路的稳态分析。

一个稳态工作的电路,当其电路结构或参数发生变化(称为换路)时,必然会使电路从一种稳定工作状态过渡到另一种稳定的工作状态,在过渡过程中电流、电压变化的规律必然有别于曾经的或未来的稳定工作状态,而且经历的时间极为短暂,所以又称为瞬态过程。

瞬态过程中的电流、电压既含有换路后的稳态电路的电流、电压(称为稳态分量),又增加了一种从换路前的稳态调整到换路后的稳态用于调整电路工作状态的瞬态分量电流、电压。电路稳定工作状态的变换之所以不是瞬时实现的,而需要经历一个瞬态过程进行调整,是因为电路中存在着储能元件,与储能元件相伴的电场或磁场工作状态的变换,必然有储存能量的状态变换,储能状态的变换是不可能瞬间完成的,而需要一个过程,所以电流、电压状态的变化所形成的瞬态分量,实质上是电路中储能状态变化所致。

研究瞬态过程的最重要依据是储能元件的能量不能突变,即电感元件的磁场能量不能突变,电容元件的电场能量不能突变,这就是所谓的换路定律。以此为依据,由于电感元件中的磁场能$W_L=\frac{1}{2}Li_L^2$,电容元件中的电场能 $W_C=\frac{1}{2}Cu_C^2$,在电感 L 和电容 C 为常数时,则相应的电感电流 i_L和电容电压 u_C均不能突变。由此可以推断,在电路为纯电阻性质时,如发生换路就不存在储能状态的转换,也就不会产生瞬态过程,换路前后两种稳态的转换可以瞬间实现。

之所以需要重视并研究瞬态过程,是因为瞬态现象既可以在某些场合加以利用,例如在电子电路中电容器用于信号发生及信号的延迟,又需要在某些场合加以防止,例如电感性电路中的通断往往会伴生高电压,损坏电路元件或电气设备,另外还需要防止电路中发生寄生振荡,引起干扰和噪声或是损坏电路元件。

2.6.1　电感线圈与电源的接通与断开

电感线圈是储能元件,在电感线圈接通断开电源或电路结构发生变化时(简称换路),电感线圈中的磁场能量$\frac{1}{2}Li_L^2$ 不能突变,否则瞬间功率将为无限大,事实上这是不可能的。因为电感 L 是常数,电感中的电流 i_L 在电路换路前后也不可能发生突变。

设换路时刻为计时起点,即 $t=0$,以 $t=0_-$ 表示换路前的终了时刻,$t=0_+$ 表示换路后的初始时刻,则换路前后瞬间电感线圈中的电流 $i(0_-)$和 $i(0_+)$不可能突变,即 $i(0_-)=i(0_+)$。

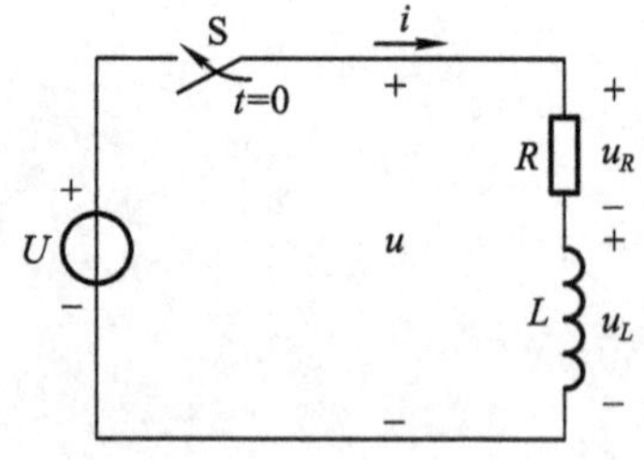

图 2.6.1　*RL* 电路与恒定电压接通

1. 电感线圈与电源的接通

在图 2.6.1 所示的电感 L 和电阻 R 串联电路中,换路前开关是 S 断开的,在 $t=0$ 时刻合上开关 S(换路)。由于电感电流不能突变,只能从初始值 $i(0_+)$逐渐增加到稳定时的数值(稳态值)$i_L(\infty)=I_S=\frac{U}{R}$。

由换路后的电路得电压方程为

$$u_L+Ri_L=U \tag{2.6.1}$$

将 $u_L=L\frac{\mathrm{d}i_L}{\mathrm{d}t}$代入并除以 R 可得

$$\frac{L}{R}\frac{\mathrm{d}i_L}{\mathrm{d}t}+i_L=\frac{U}{R}=I_S \tag{2.6.2}$$

式(2.6.2)是一个一阶常系数微分方程,参照初始条件 $i(0_+)=0$,求得其解为

$$i_L = I_S(1 - e^{-\frac{Rt}{L}}) = I_S(1 - e^{-\frac{t}{\tau}}) \tag{2.6.3}$$

式中，$\tau = \frac{L}{R}$称为电路的时间常数，其单位为秒(s)。

电感两端的电压为

$$u_L = L\frac{\mathrm{d}i_L}{\mathrm{d}t} = RI_S e^{-\frac{t}{\tau}} = Ue^{-\frac{t}{\tau}} \tag{2.6.4}$$

它们的变化曲线如图2.6.2所示。可见，电感电流 i_L 是按指数规律由初始值0增加到稳态值 $I_S = \frac{U}{R}$的。电感电压 u_L 在换路瞬间会发生突变，由 $u_L(0_-)=0$ 突变到 $u_L(0_+)=U$，然后再按指数规律逐渐衰减到零。过渡过程进行的快慢，取决于电路的时间常数 $\tau = \frac{L}{R}$。τ 越大，i_L 增长和 u_L 衰减得越慢。理论上，只有在 $t \to \infty$ 时，它们才能达到稳态值。工程上，只要 $t \geqslant 3\tau \sim 5\tau$，即可认为衰减已基本结束，电路达到稳态。

2. 电感线圈与电源的切断

图2.6.3所示的电路中，换路前开关S合在a端，设电路已处于稳定状态，通过电感的电流 $i_L = I_0 = \frac{U}{R}$。换路时，突然将开关断开a端，电感线圈中储存的磁场能量将释放到电阻中，电感中的电流从初始值 I_0 逐渐衰减到零。

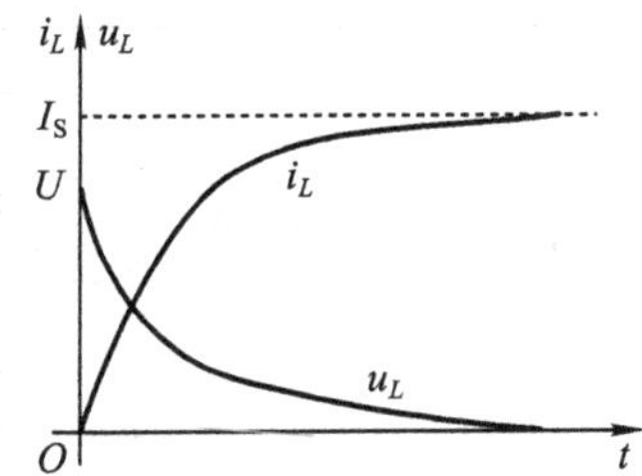

图2.6.2 电感中电压与电流的波形

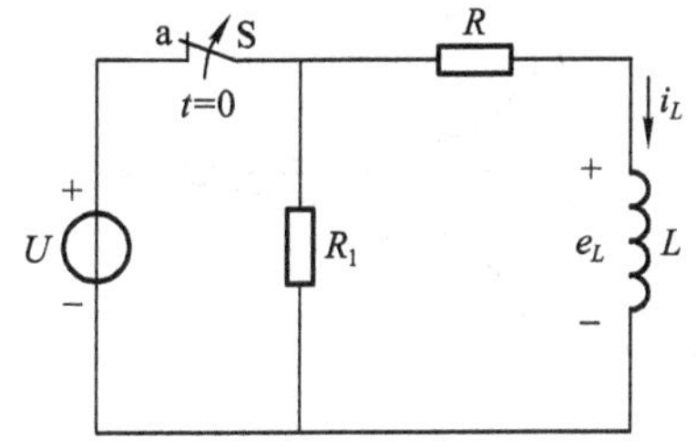

图2.6.3 *RL*电路与恒定电压切断

由换路后的电路得电压方程为

$$u_L + (R + R_1)i_L = 0 \tag{2.6.5}$$

即

$$\frac{L}{R + R_1}\frac{\mathrm{d}i_L}{\mathrm{d}t} + i_L = 0 \tag{2.6.6}$$

式(2.6.6)是一个一阶常系数微分方程，参照初始条件 $i(0_+) = I_0$，求得其解为

$$i_L = I_0 e^{-\frac{(R+R_1)t}{L}} = I_0 e^{-\frac{t}{\tau}} \tag{2.6.7}$$

式中，$\tau = \frac{L}{R + R_1}$。

电感两端的电压为

$$u_L = L\frac{\mathrm{d}i_L}{\mathrm{d}t} = -(R + R_1)I_0 e^{-\frac{t}{\tau}} = -U\left(1 + \frac{R_1}{R}\right)e^{-\frac{t}{\tau}} \tag{2.6.8}$$

它们的变化曲线如图 2.6.4 所示。

可见,电感电流 i_L 是按指数规律由初始值 I_0 衰减而趋于零的。电感电压 u_L 则在 $t=0$ 时发生突变,由 $u_L(0_-)=0$ 突变到 $u_L(0_+)=-U\left(1+\frac{R_1}{R}\right)$,然后再按指数规律逐渐衰减。它的衰减快慢也是由 RL 电路的时间常数 τ 决定的。

换路瞬间($t=0$ 时)电感电压发生突变的原因是由于电流的变化而在电感中产生感应电动势所致。L 越大,电流的变化率$\frac{\mathrm{d}i_L}{\mathrm{d}t}$也就越大,则换路瞬间电感电压的突变值 $U\left(1+\frac{R_1}{R}\right)$就愈大,因此,工作中若将电感线圈从电源断开时,相当于 $R_1\to\infty$,由于电流要在极短的时间内急剧地降至零,电流的变化率很大,致使电感两端产生很高的感应电压,这个电压为 $U\left(1+\frac{R_1}{R}\right)\to\infty$,将使开关触点之间的空气电离,产生电弧将触点烧坏,还可能将电感线圈的绝缘击穿,同时也可能使并联在电感线圈两端的测量仪表(如电压表)受到损坏。为防止此类事故的发生,可以在电感很大的线圈两端并联一个反向连接的二极管,如图 2.6.5 所示。二极管具有单向导电性,开关 S 合上时,它不会影响电路的正常工作,而在开关 S 断开时,可以给电感线圈提供放电回路。电流通过二极管时,其管压降约为 0.7 V,从而避免了过电压的产生。这个反向连接的二极管称为续流二极管。此外,在一般情况下,在线圈与电源断开之前,应将与线圈并联的测量仪表预先从电路中断开。

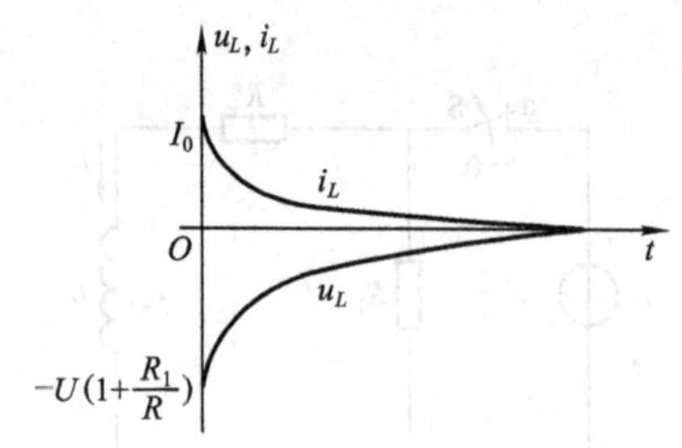

图 2.6.4　电感中电压与电流的波形

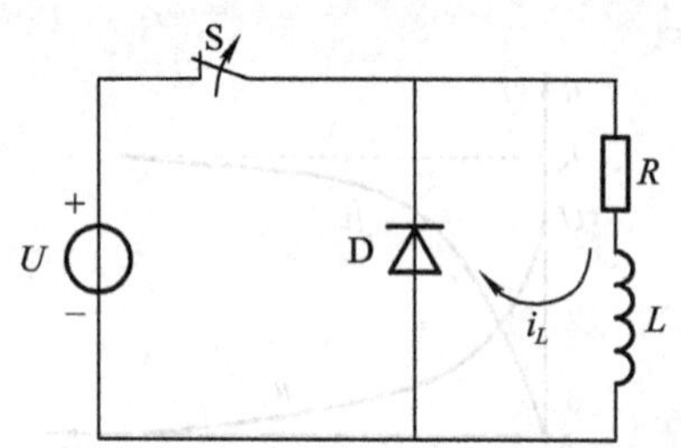

图 2.6.5　用二极管防止产生高电压

2.6.2　电容器的充放电

电容器是储能元件,所储存的电场能量在任何场合都不能突变。因为如果电容器的储能发生突变,则此时电路的瞬间功率将趋于无限大,即 $p=\frac{\mathrm{d}W}{\mathrm{d}t}\to\infty$,事实上任何电源及线路功率都是有限值,不可能为无限大。在电容器接通或切断(换路)时,电容器中的电场能量$\frac{1}{2}Cu_C^2$ 不能突变。因为电容 C 是常数,电容上的电压 u_C 在电路换路前后也不可能发生突变,即$u_C(0_+)=u_C(0_-)$。

1. 电容器的充电

在图 2.6.6 所示的 RC 串联电路中,换路前开关 S 是断

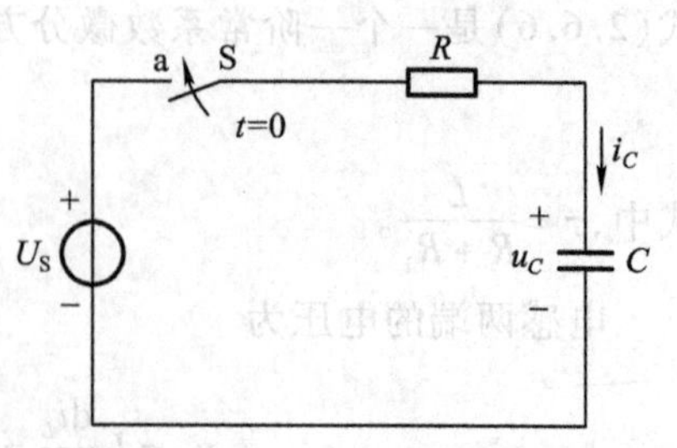

图 2.6.6　RC 充电电路

开的，电容中没有储存能量，即$u_C(0_-)=0$。在$t=0$时换路，开关S闭合，RC串联电路加上一直流电压U_S，电容开始充电。由于能量不能突变，电容两端的电压u_C就从初始值$u_C(0_+)$逐渐增加到稳态值，$u_C(\infty)=U_S$。

由换路后的电路得电压方程为

$$Ri_C+u_C=U_S \tag{2.6.9}$$

将$i_C=C\dfrac{du_C}{dt}$代入上式得

$$RC\frac{du_C}{dt}+u_C=U_S \tag{2.6.10}$$

式(2.6.10)是一个一阶常系数微分方程，参照初始条件$u_C(0_+)=0$，求得其解为

$$u_C=U_S-U_S e^{-\frac{t}{RC}}=U_S(1-e^{-\frac{t}{\tau}}) \tag{2.6.11}$$

式中，$\tau=RC$称为电路的时间常数，其单位为秒(s)。

电容的充电电流为

$$i_C=C\frac{du_C}{dt}=\frac{U_S}{R}e^{-\frac{t}{RC}}=I_0 e^{-\frac{t}{\tau}} \tag{2.6.12}$$

式中，I_0为$t=0$时的充电电流，即初始充电电流，它也可以根据初始条件直接求出，即$Ri_C(0_+)+u_C(0_+)=U_S$，则$I_0=i_C(0_+)=\dfrac{U_S}{R}$。

它们的变化曲线如图2.6.7所示。可见，u_C是由初始值随时间按指数规律逐渐增长，最终趋于稳态值U_S；充电电流i_C在$t=0$时发生突变，由$i_C(0_-)=0$突变到$i_C(0_+)=I_0=\dfrac{U_0}{R}$，然后按指数规律衰减而趋于零。电容充电的快慢，取决于电路的时间常数$\tau=RC$，τ越大，充电越慢。理论上，只有在$t\to\infty$时，它们才能达到稳态值。工程上，只要$t\geqslant 3\tau\sim 5\tau$，即可认为电路已稳定，充电已基本结束。

2. 电容器的放电

图2.6.8所示的RC串联电路中，换路前开关S合在a端，设电路已处于稳定状态，电容两端的电压为$u_C(0_-)=U_0$，电容器中储存的能量为$\dfrac{1}{2}CU_0^2$。在$t=0$时刻换路时，突然将开关合向b端，电容器中储存的电场能量将通过电路电阻R进行释放，经过一段时间，电容两端的电压从初始值U_0逐渐衰减到零。

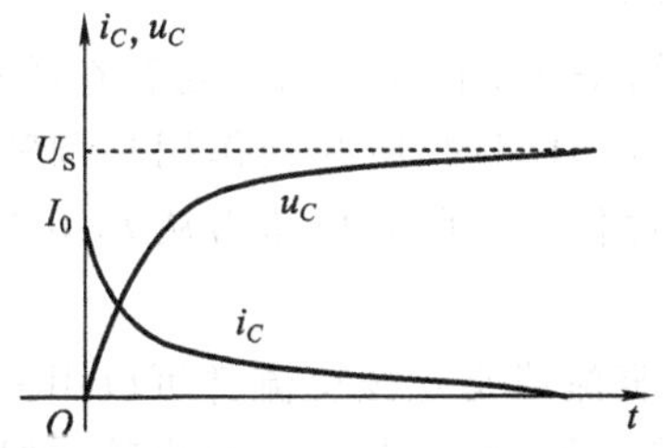

图2.6.7 RC充电电压与电流的波形

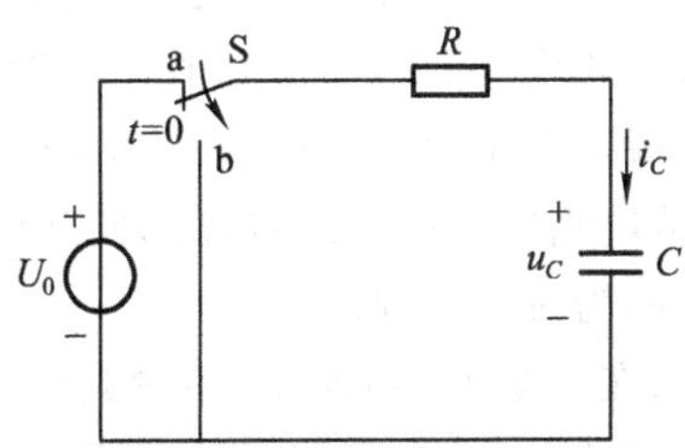

图2.6.8 RC放电电路

由换路后的电路得电压方程为

$$Ri_C + u_C = 0 \tag{2.6.13}$$

将 $i_C = C\dfrac{\mathrm{d}u_C}{\mathrm{d}t}$ 代入上式得

$$RC\frac{\mathrm{d}u_C}{\mathrm{d}t} + u_C = 0 \tag{2.6.14}$$

式(2.6.14)是一个一阶常系数微分方程，参照初始条件 $u_C(0_+) = U_0$ 求得其解为

$$u_C = U_0\mathrm{e}^{-\frac{t}{RC}} = U_0\mathrm{e}^{-\frac{t}{\tau}} \tag{2.6.15}$$

电容的放电电流为

$$i_C = C\frac{\mathrm{d}u_C}{\mathrm{d}t} = -\frac{U_0}{R}\mathrm{e}^{-\frac{t}{RC}} = -I_0\mathrm{e}^{-\frac{t}{\tau}} \tag{2.6.16}$$

它们的变化曲线如图 2.6.9 所示。可见，电容放电时，其电压是由初始值 U_0 随时间按指数规律衰减，最终趋于零稳态值。放电电流在 $t=0$ 时发生突变，由 $i_C(0_-)=0$ 突变到 $i_C(0_+) = -I_0 = -\dfrac{U_0}{R}$，然后再按指数规律衰减到零。它们衰减的快慢也是由 RC 电路的时间常数 τ 决定的。

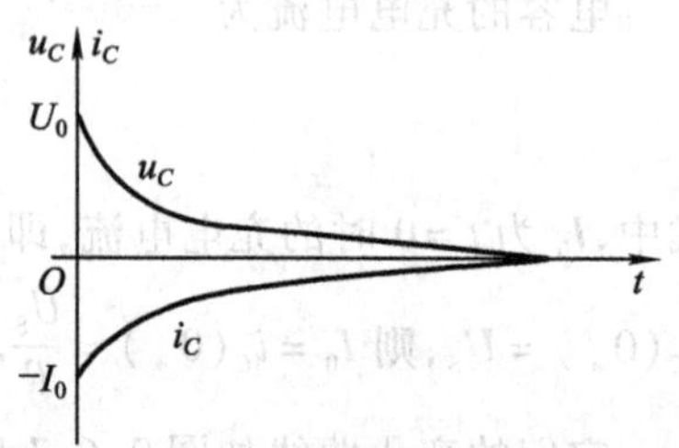

图 2.6.9　RC 放电电压与电流的波形

3. 用三要素法分析电容器充放电过程

对具有单一储能元件电容器(包括有多个电容器可以用串、并联的方法等效简化为一个电容器的电路)的充放电过程的分析可见，它也像电感电路一样，其电压、电流都按照指数规律变化的，所不同的是电容电路中的电容电压 u_C 不能突变，而电容电流在初始瞬间可以突变。它们一般变化规律可以总结如下：

电容电压瞬时值

$$u_C(t) = \text{稳态值 } u_C(\infty) + [\text{初始值 } u_C(0_+) - \text{稳态值 } u_C(\infty)]\mathrm{e}^{-t/\tau} \tag{2.6.17}$$

电容电流瞬时值

$$i_C(t) = \text{稳态值 } i_C(\infty) + [\text{初始值 } i_C(0_+) - \text{稳态值 } i_C(\infty)]\mathrm{e}^{-t/\tau} \tag{2.6.18}$$

这样，只要求出电容电压、电容电流的初始值、稳态值及时间常数 τ 三个要素，就能很方便地写出充、放电过程中瞬时值的表达式，作出电压电流波形图。

在上述表达式中前面一项稳态值又称为稳态分量，是在电路中一直稳定存在的；后面一项指数分量又称为瞬态分量，它是只存在于 $t=0\sim5\tau$ 这一段时间内，所起的作用是调整电容器的储能状态，使其从电路的一种稳态过渡到换路后的另一种稳态。所以换路后从 $t=0$ 到 $t\approx5\tau$ 这一段时间工程上称为过渡过程。

必须指出，在一阶 RC 电路中，不论其电源是恒定直流或是正弦交流都可以用三要素公式求取其瞬态过程中的电压、电流，电源的不同仅影响其稳态值，而瞬态分量按指数曲线衰减的规律是相同的。

同理,在 2.6.1 节中所介绍的电感电路中,一阶 RL 电路瞬态过程的电流 $i_L(t)$ 及电压 $u_L(t)$ 也可以用三要素法分析。

2.7 实际的电阻性负载举例

2.7.1 电阻性负载及电阻器的额定值

实际的电阻性负载一般是用来把电能通过负载转化为热能或光能,为人们的生活及工农业生产服务的用电器。额定值是用电器等用电设备的生产厂家为了使其长时间安全使用而规定的一组技术数据。它的符号是在参数符号下加 N 下标,如额定电压 U_N、额定电流 I_N、额定功率 P_N 等。在应用这种以产生热能为目的的用电器时,要注意其额定电压及额定功率,只有把用电器接在电源电压与额定电压相等的电源上时,用电器才能正常工作,若电源电压过高,则用电器会过热甚至烧毁电器本身及周围物品,引起火灾,这是很危险的。若电源电压过低往往会使用电器发热不足,温度偏低,不能正常工作。由于电阻的发热与端电压的平方成正比,因而对电源电压的稳定性要求较高,电热及照明负载一般要求电源电压的波动范围为 ±5%。

电热器负载一般功率都比较大,使用前要根据其额定功率及额定电压计算其额定电流($I_N = P_N/U_N$),校核一下电源供电线路是否允许该电流通过,即供电线路及电源开关、插座的容许电流值应大于实际通过的电流,这样才能保证连续安全地使用电热器。否则,若线路电流超过容许值,长期使用会造成线路过热,绝缘老化甚至漏电击穿并引起短路起火。

除了上述照明、电热型大功率电阻性负载外,还有一类电子线路中使用的小型、微型电阻器,它们在电子电路中起降低电压、分压、调节电压,限制电流、分流、调节电流等作用,也可以作为小功率电阻负载使用。

这些小型电阻器按电阻值是否可变可分成固定电阻器及可变电阻器,按电阻器材料及制作方式可分为线绕电阻器、薄膜电阻器(碳膜、金属膜、合成膜)及合成电阻器,其原理结构如图 2.7.1、图2.7.2、图 2.7.3、图 2.7.4 所示。

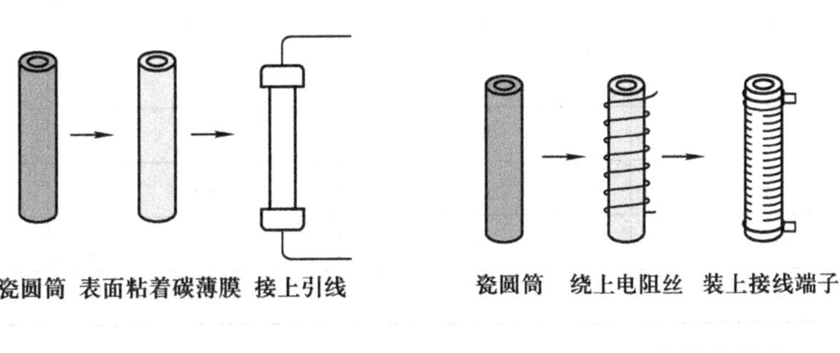

图 2.7.1 薄膜电阻器　　图 2.7.2 线绕电阻器

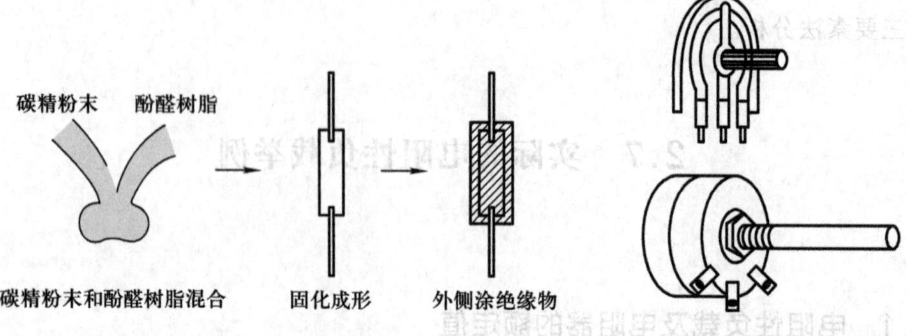

图 2.7.3　合成电阻器

图 2.7.4　可变电阻器

选用小型电阻器时要注意其标称电阻值及额定功率。目前固定电阻器的电阻值均采用色带标志，一般用 4 条色带。第 1 及第 2 色带表示该电阻器标称电阻值的第 1 位数和第 2 位数，第 3 色带为倍率（10 的整数次幂），第 4 色带为标称电阻值的允许误差。精度高的电阻器用 5 条色带，此时第 1、2、3 条色带分别表示其标称电阻值的第 1、2、3 位数，第 4 色带为倍率，第 5 色带为允许误差。色带标志含义见表 2.7.1，色带标志举例如图 2.7.5 所示。

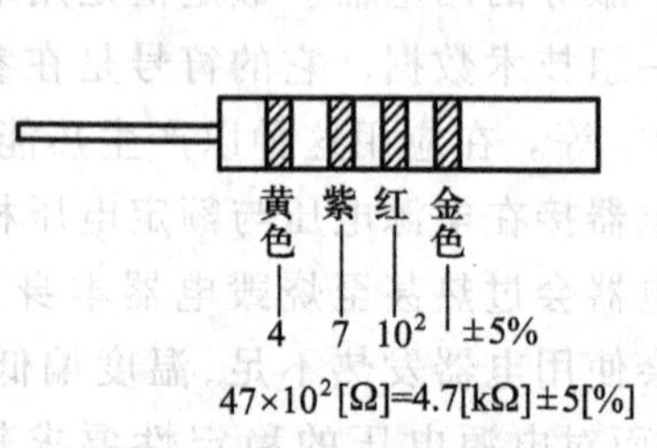

图 2.7.5　色带标志举例

表 2.7.1　电阻器色带标志含义

颜色	第 1 色带数字	第 2 色带数字	第 3 色带数字	第 4 色带数字
黑	0	0	10^0	—
棕	1	1	10^1	±1%
红	2	2	10^2	±2%
橙	3	3	10^3	—
黄	4	4	10^4	—
绿	5	5	10^5	±0.5%
蓝	6	6	10^6	—
紫	7	7	10^7	—
灰	8	8	10^8	—
白	9	9	10^9	—
金	—	—	10^{-1}	±5%
银	—	—	10^{-2}	±10%
无色	—	—	—	±20%

小型电阻器的外形尺寸及体积反映了其额定功率大小，通常其额定功率有 1/20 W、1/16 W、

1/8 W、1/4 W、1/2 W、1 W、2 W、5 W、10 W 等几种，选用时应根据工作电流数值算出其正常功率（RI^2）然后再加一倍裕量，来确定所选用的功率等级。

*2.7.2 电取暖器

电取暖器是利用电热元件（电热丝、电热棒、电热极）把电能转换成热能，以供人们在日常生活中取暖的一种电器。它与采用燃料燃烧取暖的器具相比有以下优点：使用方便、效率较高、安全可靠、干净无污染、能迅速投入工作。

按电取暖器对人体传送热能的方法不同，一般可分为直接取暖和间接取暖两大类。

1. 直接取暖

当电能转变成热能后能利用热传导作用使人们取暖，取暖的人或物体直接与电暖器相接触，且只有接触的部位才能取暖。如：电热毯、电热鞋、电暖壶等。

2. 间接取暖

由电能转变成热能后通过其他介质向人们传送热量，而取暖器不与人体直接接触。此类电暖器按其不同的传热方式又可分为三种。

（1）自然对流式

利用冷热空气的自然对流，以提高房间的气温来取暖。如电炉、电热油汀、电散热片等。

（2）热体辐射式

利用发热体热能的辐射、发射等作用，使热量集中于一个局部空间以供暖。如反射式电暖炉、红外线电暖炉等。

（3）强迫对流式

利用风机强迫周围冷空气流经电热腔被加热成暖空气，然后输送到采暖场所，如暖风机、空调机等。

*2.7.3 电炊具

电炊具可分为电热炊具和电动炊具两大类，前者系将电能变成热能后用来烹调食品，一般都带有电热元件和电热控制元件；后者用来进行食物原料处理加工，一般都带有电动机。

1. 电热炊具

电能经电阻丝或电热元件转变为热能后用来加热食品。此类电热炊具按其作用又可分为四类。

（1）热沸类

用来加热水、牛奶、咖啡等液态饮料。被加热物流动性好，电热元件负荷高，加热温度较低，约 105 ℃，如电水壶、咖啡壶、自动沸水壶等。

（2）煎炸类

用来煎炸牛排、鱼、薄饼等食品。炊事时一般都离不开油，对温度的要求为 180 ℃，温度太高油容易碳化，太低又达不到煎炸的要求，因此该产品一般都带有调温器和限温装置。如电炒锅、电炸锅等。

(3) 蒸煮类

用来烧、煮、蒸、炖食品。对烧煮物品有一定的特殊程序要求，因此一般都带有温度控制、保温结构和时间控制等。如微波炉、电饭锅等。

(4) 烘烤类

用来烘烤肉类、家禽、面包等食品。要求烹调略带焦黄，一般要求炉温在 100 ~ 250 ℃，能调节炉温。如面包炉、电烤箱、三明治炉等。

2. 电动炊具

电能带动电动机达到搅拌和清洗食品或器皿的目的。按其作用可以分为三类：

(1) 改形类

用来给食品原料加工剥皮、刀切改形，改形类炊具一般都带有各种形式的刀具。如剥皮机、和面机、搅拌机等。

(2) 清洗类

用来对食品原料和餐具的清洗，它们一般都带有水泵，如洗菜机、洗碗机等。

(3) 其他类

如厨房炉灶鼓风机，它一般都带有旋转风叶。

电炊具常在厨房中使用，往往与食品直接接触，因此对该类器具要有一定的特殊要求。考虑到厨房环境：空气湿度大（相对湿度常达 90%），接触水汽多；油烟、灰尘多；空气中常含酸、碱、盐雾；常有溢水、油水溅滴等。因此电炊具应满足：与食品接触的零部件应是无毒、不引起腐蚀；便于清洁；发生故障时对人身无危险。

*2.7.4 热辐射光源

任何绝对温度高于 0 K 的物体都会产生辐射，即发出电磁波。这种因热而产生的辐射，称为热辐射。辐射产生的电磁波并不都是可见的，这些热辐射几乎全部是远红外线，只有波长在 380 ~ 780 nm部分的电磁波才是可见光。当把碳或金属之类的物质加热到 500 ℃ 左右时才会产生暗红色的可见光，随着温度的上升，光变得更亮更白。现在广泛使用的钨丝灯就是利用热辐射现象做成的光源。

热辐射光源主要有白炽灯和卤钨灯，下面就其结构、工作原理和使用特征等，分别进行介绍。

1. 白炽灯

白炽灯是根据热辐射的原理制成的，辐射体为很细的白炽灯丝。电流通过灯丝时释放出热量，将灯丝加热至很高的温度，使灯丝产生很强的热辐射，其中一部分辐射处在可见光区，从而把电能转变成光能。普通白炽灯的结构如图 2.7.6 所示，由灯丝、支架、引线、玻壳和灯头几部分组成。玻壳把灯丝封闭在真空或特殊气体中，使灯丝与空气隔绝开来。以免在高温下灯丝被剧烈氧化而烧毁。同时，玻壳必须能让可见光透射出来，所以玻壳使用玻璃等透明材料制成。引线通常由康铜丝、镀镍铁丝等金属材料制成，用来引入电流。为了使引线和玻壳之间具有真空气密封接，引线中常接入一段杜美丝。支架是为了支撑灯丝，通常用钼丝制成。主要部分灯丝必须满足下列要求：熔点高，蒸发率小，可见辐射选择性好，有合适的电阻率，加工容易，机械强度好。所以一般用金属钨制成。为了减低白炽钨丝的蒸发速率，延长灯丝寿命，可以在灯壳中充有氮和稀有气体混合气，称为充气白炽灯。对于灯丝完全相同的充气白炽灯和真空白炽灯，如要求它们的寿命相同，那么充气白炽灯的灯丝温度可以比真空白炽灯的灯丝温度高得多，因而可以得到较高的光效。

目前，白炽灯正向小型化发展。当玻壳的尺寸缩小时，机械强度增高，可以充入气压更高、效果更好也更贵的氪气和氙气，使白炽灯的光效和寿命大大地提高。

2. 卤钨灯

卤钨灯是利用卤钨循环原理制成的一种新型白炽灯。在卤钨灯中，利用卤素和钨的化学作用，使从钨丝上蒸发出来并沉积在玻壳上的钨原子重新返回钨丝，使玻壳始终保持透明。这样，卤钨灯的玻壳就可以做得很小，从而可以提高充气压强，若充入贵重的惰性气体，使钨丝的蒸发速率进一步降低，还可以使钨丝的工作温度和光效更进一步提高。

卤钨灯的结构如图 2.7.7 所示，由灯丝、金属支架、引出线、石英玻壳和散热罩几部分组成。由于卤钨灯的玻壳要能承受较高的温度和开关的强烈热冲击，故它们都采用石英玻璃或二氧化硅含量在 96% 以上的高硅氧玻璃。灯丝通常做成线形、排丝形或点状。

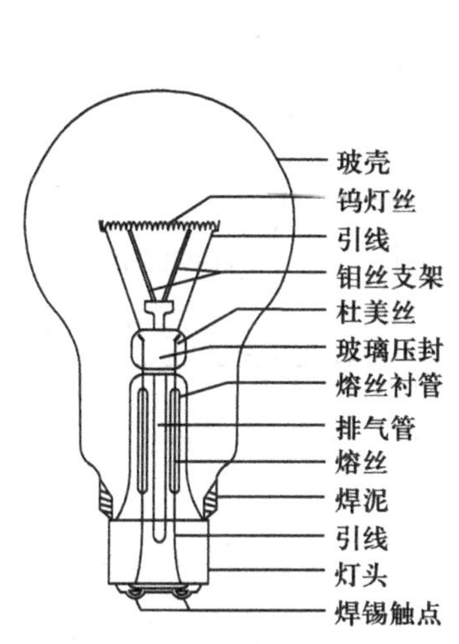

图 2.7.6 普通白炽灯结构示意图

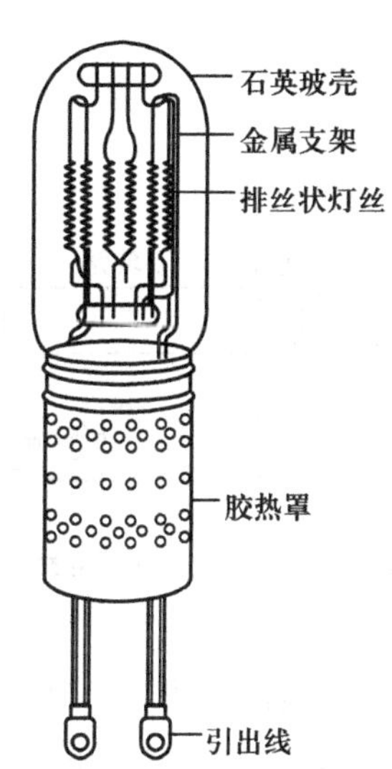

图 2.7.7 卤钨灯结构示意图

卤钨灯的灯丝温度可以比普通白炽灯高很多，因此当采用石英玻壳时，卤钨灯的紫外线辐射要比普通白炽灯多。另外它小而结实，从而使灯具和光学系统小型化，成本降低，所以它在各个领域都有广泛应用。如：泛光照明卤钨灯、投光照明卤钨灯、汽车卤钨灯、舞台和影视卤钨灯、复印机用卤钨灯等。

*2.7.5 气体放电光源

气体放电是指电流通过气体介质时所发生的物理现象。在适当的条件下，如强电场、光辐射、粒子轰击和高温加热等，组成气体的分子会发生电离，产生自由移动的正、负离子，并在电场的作用下形成电流。离子不断地从电场中取得能量，并通过相互碰撞，把能量传递给别的气体原子。得到能量的原子形成激发态原子。当这些激发态原子自发返回基态时，会释放出电磁辐射。

另外,电离气体中正、负离子的减速或复合,也会产生电磁辐射。利用气体放电时产生电磁辐射的现象所制成的光源称为气体放电光源。

图 2.7.8 所示是气体放电灯的电路示意图。气体放电灯结构包括玻壳(里面有放电气体)、阴极和阳极。其类型有:低气压汞蒸气放电荧光灯(日光灯)、高气压汞蒸气放电灯、钠灯和氙灯等。

常用的气体放电等都是由交流供电的,灯管的两极既是阳极又是阴极,交流电压过零时,灯管中放电电流为零,灯管不发光,只有在电压上升到一定值时才开始放电,灯管发光。因此在交流电的一周期内,灯管发光两次,其发光的闪烁频率为交流电源频率的两倍。在由市电电源直接供电时,为了消除频闪效应可以采用三相三管供电电路。

由于气体放电的伏安特性为负阻特性,在放电区域内电流增大电压反而下降,如图 2.7.9 所示,放电灯如果接到电压恒定的电源上将会出现电流无限制的增大而将电极烧毁并且也会使供电线路过热,所以气体放电灯在实际应用时必须与相应的限流元件串联以限制放电电流,直流供电的电路中为限流电阻 R(如图 2.7.8 所示),在交流供电的电路中为限流电感线圈,该线圈又称为镇流器。

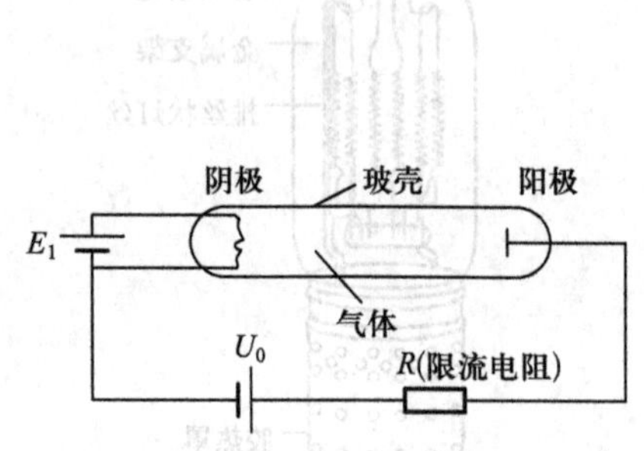

图 2.7.8　气体放电灯电路示意图

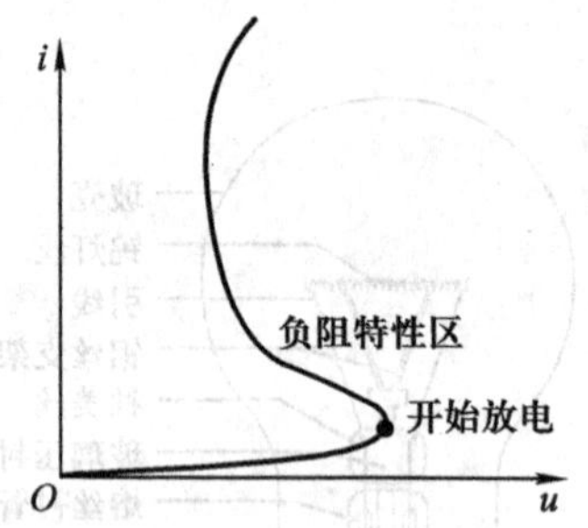

图 2.7.9　气体放电的伏安特性

1. 日光灯

常用的日光灯电路如图 2.7.10(a)、(b)所示,图中 S_1 为起辉器,它实质上是一个辉光放电管,两个电极封装在充有氖气的小玻璃泡内,其中一个电极由两片热膨胀系数不同的双金属片制成,如图 2.7.10(c)所示。电路不通电时 S_1 断开,当电路接通电源后,氖管中两个极间发生辉光放电并产生热量,使双金属片受热膨胀伸展,从而两个电极触点闭合,接通电路,形成电流,加热

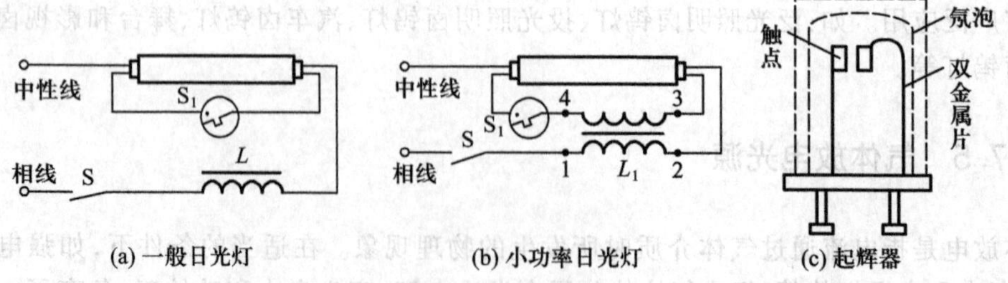

图 2.7.10　日光灯电路

灯丝,之后因触点间电压为零而使双金属片冷却,触点重新恢复到断开位置。此时与灯管串联的铁心电感线圈(镇流器)中因突然断电而感应出很高的电压,使灯管内的汞蒸气弧光放电,产生紫外线激发管壁上的荧光粉发光。此时灯管两端电压降能维持较低的数值(100 V 以下),镇流器两端有较大的电压降,起限制和稳定放电电流的作用。

2. 节能灯

节能灯是一种交流荧光灯,节能的概念是针对白炽灯而言的。白炽灯成本低、使用方便,因而沿用至今,但它发光效率不高,属于不节电光源产品,而且光色比自然光偏红,易造成眼睛疲劳。荧光灯灯管内表面涂以稀土三基色荧光粉,管内充有低压惰性气体氩汞组成的混合气体,由电子镇流器来驱动,光效大大提高,而且光色接近自然光。随着对气体放电理论的研究和三基色荧光粉的开发以及镇流技术改进,荧光灯光源尺寸越来越小,光效越来越高,紧凑型荧光灯成为大力提倡的环保节能灯,而日常生活中所说的节能灯主要是指紧凑型荧光灯。在相同条件下,使用节能灯可以比白炽灯节电 70% ~80%,而且节能灯使用寿命长,可达 5 000 h 以上,一些质量好的品牌使用寿命可达 1×10^4 h。

节能灯起动时通过镇流器给灯管灯丝加热,大约在 887 ℃温度时,灯丝就开始发射电子,电子碰撞氩原子后使氩原子获得了能量又撞击汞原子,汞原子在吸收能量后产生电离,发出 253.7 nm 的紫外线,紫外线激发荧光粉发光,由于荧光灯工作时灯丝的温度在 887 ℃左右,比白炽灯工作的温度 1 927 ~2 427 ℃低很多,所以它的寿命也大大提高,荧光粉的电光转换效率达到 60 lm/W 以上,所以光效很高。电子镇流器是电子节能灯的核心部件,普通荧光灯靠开启时灯管电流变化速率产生高电压,通过起辉器来点燃灯管;而电子节能灯则是通过电子镇流器将交流电整流成直流电,再逆变为高频交流电来激发灯管的。这种高频交流电与稀土三基色荧光粉相配合,不仅具有很好的节能效果,而且大大丰富了发光光谱,使节能灯的光色质量明显优于白炽灯和普通荧光灯。

紧凑型节能荧光灯的灯管使用 10 ~16 mm 的细玻璃管,弯曲或熔接制成非常紧凑的形状。其结构可分为三种基本类型。

(1) 自带镇流器的一体化节能灯

这种节能灯自带镇流器、起辉器等全套控制电路,并装有螺旋灯头或插式灯头。电路一般封闭在一个外壳里,而且有的灯管外面也会装一个保护罩。保护罩可以是透明的、棱镜式的或带一个反射器,并有各种形状与大小。配用的镇流器可以是电感型的,也可以是高频电子镇流器。

一体化紧凑型荧光灯可以直接安装在标准的白炽灯的灯座上,直接替代白炽灯。这种节能灯的缺点就是当镇流器、控制电路或灯管中任何一个器件发生故障后就必须更换整个紧凑型荧光灯,而不能进行部分的修理。

(2) 与灯具中的控制电路分离的灯管

这种灯管是可以从灯具中拆卸下来的。而有的灯管在一个平面上盘旋,有的是由两根或四根或更多并排的管组成。这种灯管的灯头很特殊,用于专门设计的灯具中。灯头有两针和四针两种。两针的灯头中含有起辉器和 RFI 抑制电容器,而四针的灯头中没有任何电路元件。这种灯具中的空间足够大,所以一般配用电感镇流器,还可以加一个补偿功率因数的电容。这样的电路可以保证灯管的长寿命,而且即使灯管损坏也可以很容易地进行更换。四针灯头的灯管可配用高频镇流器并适用于应急照明。

(3) 配适配器的可拆性灯管

这种灯的灯管部分与上述可分离灯管相同。适配器内部有控制电路，一端是与灯管的灯头相适配的插座，另一端为普通白炽灯的螺旋灯头或插式灯头，灯管和适配器可允许分开单独购买。当灯管损坏时，可以只更换灯管，而继续使用原来的适配器。适配器中的控制电路不是电感镇流器就是高频电子镇流器。

自镇流的紧凑型节能灯一般适用于家庭用户，但在一些装饰性的商业场合，如宾馆、酒店、酒吧、商店等以前一直使用白炽灯的地方，也可以用来替换白炽灯。灯管可拆离的紧凑型荧光灯，要配以装有镇流器的灯具来使用，如台灯、地灯、壁灯等。配以四针灯头的可拆离紧凑型荧光灯，需连接电子控制电路使用，并适用于应急照明。

3. 冷阴极荧光灯

近年来我国信息产业迅速发展，带动了液晶显示(LCD)技术的迅速发展，液晶显示具有体积小、重量轻、功耗低、携带方便、抗震性优、无辐射、色彩好等特点，现已用在掌上电脑、笔记本电脑、台式监视器、液晶电视(LCD TV)、车载电视、携带式 DVD、卫星定位系统(GPS)、可视电话以及各类电子仪器和工业控制系统中。目前大屏幕[30~40 in(英寸)]LCD TV 的大量生产，已经严重危及阴极射线管(CRT)电视机的市场销售；超大屏幕(>40 in)LCD TV 的研发成功，已成为等离子显示(PDP)产业的竞争者。这些产品所用的背光源——冷阴极荧光灯的研制和生产也受到人们的关注。

用作背光照明的荧光灯可以分热阴极型和冷阴极型，热阴极型是在灯丝(钨螺旋丝)上涂氧化钡、氧化锶、氧化钙等粉末，通过加热灯丝产生电子发射、由电弧放电起动灯管工作。一般灯管三元氧化物的热阴极工作温度约 900 ℃，阴极表面电子获取足够热能后，脱离阴极原子的束缚，形成热电子发射。该类灯管亮度大、光效高，但寿命较短仅为 3 000~5 000 h。

冷阴极荧光灯是采用镍、钽、锆等金属作电极，用高的起动电压形成辉光放电起动灯管工作，电流密度低，光效和亮度较低，冷阴极的工作温度较低，寿命可长达 2×10^4 h。

冷阴极荧光灯是冷阴极气体放电光源，采用正常辉光放电形式，其电子的发射主要是依靠气体电离产生的正离子在电场的作用下，以足够的能量轰击阴极表面，引发阴极二次电子的发射来维持放电，在一定的电流范围内阴极电流密度不变，管压降不变，工作电流大小依赖于灯管直径、电极种类、气体种类和充气压力。该灯仅在正柱区足够长、内径又足够小时，使灯管有高的亮度，因此信息用冷阴极荧光灯灯管径很细。在涂有高光效稀土荧光粉的玻管内充有氩、氖、汞组成的混合气体，使灯管的起动电压较低，在灯的气体放电过程中由汞辐射的紫外光激发荧光粉发射出可见光。作为背光照明的主要方式有反射板(直下)方式和导光板(边缘照明)方式，随着笔记本电脑越来越轻、越薄的要求，又出现了楔形背光源方式。对用作液晶显示背光照明的灯要求具有：辉度达 3 000~7 000 cd/m^2；辉度均匀度达 80% 以上；色温度为 6 000~8 000 K；在红、绿、蓝三色区域有好的再现性；薄形的厚度在 5 mm 以下，功耗低至 1~3 W；在低温 −10 ℃下可起动；寿命在 10^4 h 以上。近来用于背景照明及扫描器的冷阴极荧光灯管径越来越细，外径已从 6 mm 减少到 1.6 mm。灯管长度也越来越长，如 1.8 mm 的灯管长达 300 mm，灯管的形状除直管形外，也可制成 U 形、L 形、W 形及光学单元不等的平板形。近年来，数码照相机(DVC)、笔记本电脑、扫描仪、电子手表、打字机等用电池驱动的液晶显示器应用日益广泛。在这些电子信息电器中用作液晶显示背光源的冷阴极荧光灯更要求具有高效率、低电压、低功耗、薄型化和长寿命的性能。

4. 霓虹灯

霓虹灯由于颜色鲜艳,又容易控制使其富有动感,具有艺术性和装饰性,广泛地用来增加节日气氛,又可以用来做成形状各异的广告牌等。

霓虹灯是由两部分组成的,一部分是霓虹灯的灯管,灯管内充有惰性气体,必须用高压电击穿它,才能发出五颜六色的光;另一部分是驱动灯管发光的高压电源,也就是通常所说的霓虹灯变压器用以把 220 V 市电电压升高到击穿惰性气体所需的高电压。霓虹灯管的制造技术很成熟,所需设备和制造工艺均很简单,但霓虹灯变压器的制造技术尚不够完善。为了能够使霓虹灯发出不同颜色的光,就要向灯管内充入不同的惰性气体,其中氦气发光颜色为黄色,氖气发光颜色为红色,氩气发光颜色为红或绿色,氪气发光颜色为黄绿色,氙气发光颜色为鲜蓝黄色。

在 20 世纪 30 年代中期发明了荧光粉,荧光粉是一种在不可见射线轰击下发出可见光的物质,如钨酸盐、硼酸盐、硅酸盐等,将其涂敷在灯管壁上,在低压汞蒸气放电产生的短波紫外线的激发下能发出数十种不同颜色的可见光。荧光粉的应用使霓虹更具有艺术性和装饰性。荧光粉发光型霓虹灯是当今普遍应用的一类霓虹灯,不同的荧光粉有各自的不同的发射光谱,采用不同的荧光粉,就可以获得该霓虹灯所需的色光。在霓虹灯的制作中,常用彩色玻璃做霓虹灯灯管,这是利用彩色玻璃的滤色作用,如蓝色玻璃能滤去除蓝色光以外的所有颜色,而红色玻璃只能让红色光与少量的橙红色光透过。用彩色玻璃制作的霓虹灯的气体放电发光过程是与透明管时完全一样,采用彩色玻璃的目的在于把气体或荧光粉发出的光中不需要的颜色滤去,从而得到所需要的色光。

2.8 非正弦周期信号线性电路

在现代工农业生产、人民日常生活以及交通运输、办公通信等各种行业中所需的电能都是由正弦交流供电网络供给的。由于种种原因,电网所输出的电压、电流波形会产生畸变,造成失真,对负载的运行产生一些影响,但一般来说这些波形失真所占的比例较小,在 5% ~10% 以内。从能源传输的角度看,波形失真的影响不是很大,在分析电路时往往是用等效正弦量来代替这种失真较小的正弦波。所谓等效就是指两者所传输的电能或是功率是相同的,采用等效正弦波分析正弦电压、电流的大小和相位与实际电压、电流的大小、相位略有差异,一般情况下往往予以忽略,所以在电力电路分析中都是按理想的正弦交流电路处理。

但是在电信号传输、处理以及大量的电子通信、工业检测、自动控制系统中,所见到的信号电压、电流波形大部分不是正弦波,尤其在数字化的电子系统中,绝大多数信号采用矩形脉冲波,此时信号波形的形态或波形参数往往代表一种信息,信号通过传递后是否会产生畸变、失真,就成为电路分析时主要关心的问题。

信号的类型、形态、特征五花八门、错综复杂,从电信号看,有周期性的和非周期性的,从波形看,常见的有矩形波、矩形脉冲波、三角波、锯齿波以及半波、全波整流波形(见图 2.8.1)等。

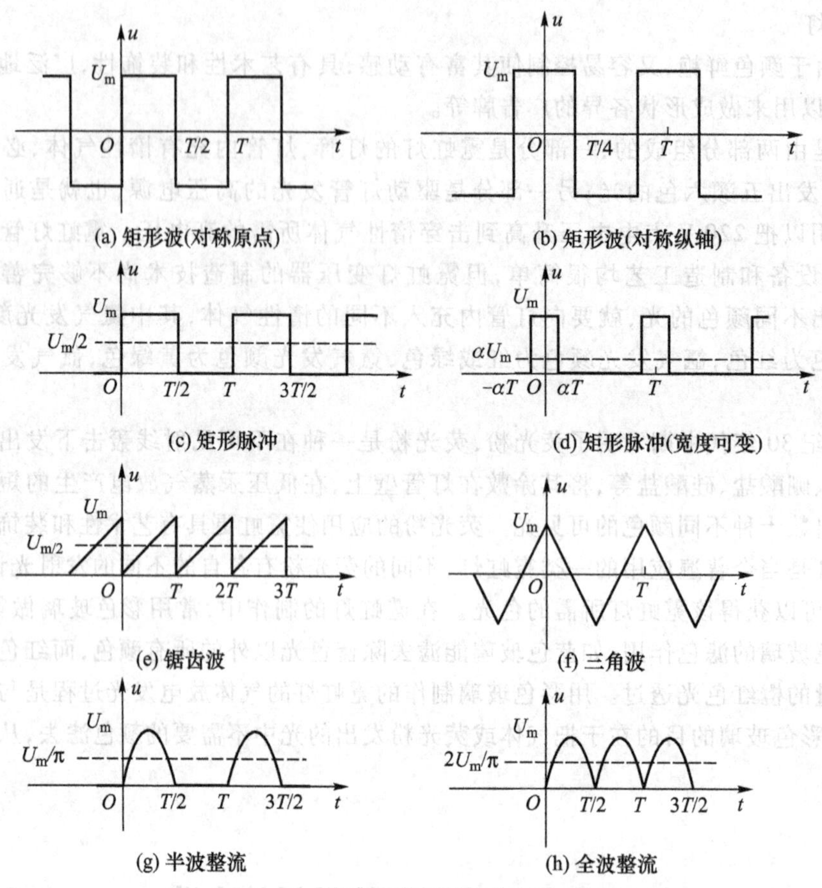

图 2.8.1　非正弦周期信号电压的波形

在线性电路中，如果激励是非正弦电压或电流，则电路各部分的响应也是非正弦的，假如电路是纯电阻网络，则波形不会发生畸变。但电路中总会带有电感元件、电容元件，这样就要发生波形畸变。另外如果电路中有几个不同频率的正弦电压、电流同时激励，电路的响应就是由各个不同频率的正弦激励信号分别产生的响应叠加而成，显然也是非正弦的。由此，能否进行逆向思维，把线性电路中的非正弦的输出信号看做是由许多不同频率的正弦信号的合成呢？根据数学分析，这种做法是可行的。

2.8.1　非正弦周期函数的分解

1. 傅里叶级数

1811 年伟大的法国科学家傅里叶在研究热传播问题时创立了一种数学分析理论，即任何周期信号，只要满足狄里赫利条件（该信号在有限区间内连续，或只有有限个第一类间断点和有限个极大值、极小值，且在一个周期内有 $f(t)$ 的积分 $\int_0^T |f(t)|\mathrm{d}t$ 存在），都可以展开成为收敛的无穷三角级数的线性组合，这就是傅里叶级数。

设周期信号为 $f(t)$，其周期为 T，角频率为 $\omega=2\pi f$，则信号可以分解为

$$f(t)=A_0+(a_1\cos\omega t+b_1\sin\omega t)+(a_2\cos 2\omega t+b_2\sin 2\omega t)+\cdots+(a_n\cos n\omega t+b_n\sin n\omega t)+\cdots$$
$$=A_0+\sum_{n=1}^{\infty}(a_n\cos n\omega t+b_n\sin n\omega t) \tag{2.8.1}$$

式中，A_0称为恒定分量，是$f(t)$在一个周期内的平均值，也就是直流分量；a_n、b_n称为傅里叶系数。A_0、a_n、b_n可按下式求得

$$\left.\begin{aligned}A_0&=\frac{1}{T}\int_0^T f(t)\,\mathrm{d}t\\a_n&=\frac{2}{T}\int_0^T f(t)\cos n\omega t\mathrm{d}t\\b_n&=\frac{2}{T}\int_0^T f(t)\sin n\omega t\mathrm{d}t\end{aligned}\right\} \tag{2.8.2}$$

式(2.8.1)又可以改写为

$$f(t)=A_0+A_1\sin(\omega t+\varphi_1)+A_2\sin(2\omega t+\varphi_2)+\cdots+A_n\sin(n\omega t+\varphi_n)+\cdots$$
$$=A_0+\sum_{n=1}^{\infty}A_n\sin(n\omega t+\varphi_n) \tag{2.8.3}$$

式中$A_1\sin(\omega t+\varphi_1)$称为基波或一次谐波，其角频率与原信号角频率相同，$A_2\sin(2\omega t+\varphi_2)$称为二次谐波，其角频率是基波角频率的2倍，相应地还有三次、四次…n次谐波等，$n>2$的谐波一般称为高次谐波。A_1、A_2…A_n称为各次谐波的振幅，φ_1、φ_2…φ_n称为各次谐波的初相角。A_n、φ_n与傅里叶系数a_n、b_n的关系为

$$\left.\begin{aligned}A_n&=\sqrt{a_n^{\ 2}+b_n^{\ 2}}\\\varphi_n&=\arctan\frac{a_n}{b_n}\\a_n&=A_n\sin\varphi_n\\b_n&=A_n\cos\varphi_n\end{aligned}\right\} \tag{2.8.4}$$

2. 周期信号的特征

若所给定的周期信号函数具有某些特征，就可以使有的谐波分量为零，从而简化函数分解的过程，减少三角级数的项数。

(1) 偶函数

当周期信号波形对称于纵坐标时，即有$f(t)=f(-t)$的关系成立，称为偶函数。此时系数$b_n=0$，即展开式中仅有余弦项谐波分量$a_n\cos\omega t$；$A_n=|a_n|$，$\varphi_n=\frac{\pi}{2}+k\pi(k=0,1,2\cdots)$。因此有

$$f(t)=A_0+\sum_{n=1}^{\infty}A_n\sin(n\omega t+\varphi_n)=A_0+\sum_{n=1}^{\infty}A_n\cos n\omega t \tag{2.8.5}$$

(2) 奇函数

当周期信号波形对称于坐标原点时，即有$f(t)=-f(-t)$的关系成立，称为奇函数，此时系数$a_n=0$，即展开式中仅有正弦项谐波分量$b_n\sin n\omega t$，$A_n=|b_n|$，$\varphi_n=k\pi(k=0,1,2\cdots)$。因此有

$$f(t)=A_0+\sum_{n=1}^{\infty}A_n\sin(n\omega t+\varphi_n)=A_0+\sum_{n=1}^{\infty}b_n\sin n\omega t \tag{2.8.6}$$

(3) 奇谐函数

若周期信号波形的前半周期后移$\frac{T}{2}$后，与后半周波形对称于横轴，即有$f(t)=-f\left(t+\frac{T}{2}\right)$的

关系成立，称为奇谐函数。此时偶次谐波的振幅 A_0、A_2、A_4…均为零，即展开式中仅有奇次谐波分量，无偶次谐波分量。

(4) 偶谐函数

若周期信号波形的前半周期与后半周期完全相同，即有 $f(t)=f\left(t+\frac{T}{2}\right)$ 的关系成立，称为偶谐函数。此时奇次谐波的振幅 A_1、A_3…均为零，即展开式中仅有偶次谐波分量，无奇次谐波分量。

3. 非正弦周期信号的傅里叶级数

工程上常见的非正弦周期信号都满足狄里赫利条件，因而都可以用傅里叶级数分解，它们的傅里叶级数是收敛的，谐波次数越高，其振幅越小，所以在对各个非正弦周期信号进行分解时一般仅取前几项。

(1) 矩形波(对称原点)

波形如图 2.8.1(a)所示，波形的正、负半波的幅值相同、宽度相同，且波形对称于坐标原点，是奇函数，波形中仅有正弦谐波分量。另外，波形又满足 $f(t)=-f\left(t+\frac{T}{2}\right)$ 的条件，是奇谐函数，波形中仅有奇次谐波分量。其傅里叶级数为

$$f(t)=\frac{4U_m}{\pi}\left(\sin\omega t+\frac{1}{3}\sin 3\omega t+\frac{1}{5}\sin 5\omega t+\cdots+\frac{1}{n}\sin n\omega t+\cdots\right)(n\text{ 为奇数})\qquad(2.8.7)$$

矩形波的谐波分量收敛较慢，在电路分析中一般取到第 11 次谐波。

(2) 矩形波(对称纵轴)

波形如图 2.8.1(b)所示，与图(a)的差别在于将坐标纵轴移到正半波的中间，使波形对称于纵坐标，为偶函数，波形中仅有余弦谐波分量，同时又满足奇谐函数条件，波形中仅有奇次谐波。其傅里叶级数为

$$f(t)=\frac{4U_m}{\pi}\left(\cos\omega t-\frac{1}{3}\cos 3\omega t+\frac{1}{5}\cos 5\omega t-\frac{1}{7}\cos 7\omega t+\cdots+(-1)^{\frac{n-1}{2}}\frac{1}{n}\cos n\omega t+\cdots\right)(n\text{ 为奇数})$$

(2.8.8)

(3) 矩形脉冲

波形如图 2.8.1(c)所示，与图(a)的差别在于波形的负半波为零，则波形中具有直流分量 $A_0=\frac{U_m}{2}$，整个波形可以看做是直流分量 A_0 与图(a)的矩形波叠加，且此时的矩形波幅值为 $\frac{U_m}{2}$。其傅里叶级数为

$$f(t)=\frac{U_m}{2}+\frac{2U_m}{\pi}\left(\sin\omega t+\frac{1}{3}\sin 3\omega t+\frac{1}{5}\sin 5\omega t+\cdots+\frac{1}{n}\sin n\omega t+\cdots\right)\qquad(2.8.9)$$

(4) 矩形脉冲(宽度可变)

波形如图 2.8.1(d)所示，与图(c)的差别在于脉冲宽度是可变的，且波形为偶函数。此时脉冲宽度为 αT，α 称为脉宽系数($0<\alpha<1$)。波形中含有直流分量 A_0，$A_0=\alpha$，即直流分量等于脉宽系数。其傅里叶级数为

$$f(t)=U_m\left[\alpha+\frac{2}{\pi}\left(\sin\alpha\pi\cos\omega t+\frac{1}{2}\sin 2\alpha\pi\cos 2\omega t+\frac{1}{3}\sin 3\alpha\pi\cos 3\omega t+\cdots+\frac{1}{n}\sin n\alpha\pi\cos n\omega t+\cdots\right)\right]$$

(2.8.10)

(5) 锯齿波

波形如图 2.8.1(e)所示,此时波形中含有直流分量 $A_0=\frac{U_m}{2}$,如将横轴上移到$\frac{U_m}{2}$处,则波形对称于原点为奇函数,波形中仅有正弦谐波分量。其傅里叶级数为

$$f(t)=U_m\left[\frac{1}{2}-\frac{1}{\pi}\left(\sin\omega t+\frac{1}{2}\sin 2\omega t+\frac{1}{3}\sin 3\omega t+\cdots+\frac{1}{n}\sin n\omega t+\cdots\right)\right] \tag{2.8.11}$$

(6) 三角波

波形如图 2.8.1(f)所示,此时波形对称于纵坐标为偶函数,波形中仅有余弦函数分量,且波形又满足奇谐条件,为奇谐函数,仅有奇次谐波分量。其傅里叶级数为

$$f(t)=\frac{8U_m}{\pi^2}\left(\cos\omega t+\frac{1}{9}\cos 3\omega t+\frac{1}{25}\cos 5\omega t+\cdots+\frac{1}{n^2}\cos n\omega t+\cdots\right) \tag{2.8.12}$$

若将纵坐标左移$\frac{T}{4}$,则波形对称于原点为奇函数,波形中仅有正弦谐波分量,且波形亦满足奇谐条件,仅有奇次谐波分量。其傅里叶级数为

$$f(t)=\frac{8U_m}{\pi^2}\left(\sin\omega t-\frac{1}{9}\sin 3\omega t+\frac{1}{25}\sin 5\omega t+\cdots+(-1)^{\frac{n-1}{2}}\frac{1}{n^2}\sin n\omega t+\cdots\right) \tag{2.8.13}$$

(7) 半波整流

波形如图 2.8.1(g)所示,是把负半波削去后的正弦波,波形中含有直流分量 $A_0=\frac{U_m}{\pi}$。其傅里叶级数为

$$f(t)=\frac{2U_m}{\pi}\left(\frac{1}{2}+\frac{\pi}{4}\sin\omega t-\frac{1}{3}\cos 2\omega t-\frac{1}{15}\cos 4\omega t-\cdots-\frac{1}{n^2-1}\cos n\omega t-\cdots\right)(n\text{ 为偶数}) \tag{2.8.14}$$

若将纵坐标右移$\frac{\pi}{2}$,则波形对称于纵坐标,为偶函数,波形中仅有余弦谐波分量。其傅里叶级数为

$$f(t)=\frac{2U_m}{\pi}\left(\frac{1}{2}+\frac{\pi}{4}\cos\omega t+\frac{1}{3}\cos 2\omega t-\frac{1}{15}\cos 4\omega t+\cdots-\frac{(-1)^{\frac{n}{2}}}{n^2-1}\cos n\omega t+\cdots\right)(n\text{ 为偶数}) \tag{2.8.15}$$

(8) 全波整流

波形如图 2.8.1(h)所示,是把正弦波的负半波换为正半波后的波形,波形中含有直流分量 $A_0=\frac{2U_m}{\pi}$,且波形为偶谐函数。其傅里叶级数为

$$f(t)=\frac{4U_m}{\pi}\left(\frac{1}{2}-\frac{1}{3}\cos 2\omega t-\frac{1}{15}\cos 4\omega t-\cdots-\frac{1}{n^2-1}\cos n\omega t+\cdots\right)(n\text{ 为偶数}) \tag{2.8.16}$$

若将纵坐标右移$\frac{\pi}{2}$,则波形对称于纵坐标为偶函数,波形中仅有余弦谐波分量。其傅里叶级数为

$$f(t)=\frac{4U_m}{\pi}\left(\frac{1}{2}+\frac{1}{3}\cos 2\omega t-\frac{1}{15}\cos 4\omega t+\cdots-\frac{(-1)^{\frac{n}{2}}}{n^2-1}\cos n\omega t+\cdots\right)(n\text{ 为偶数}) \tag{2.8.17}$$

从以上所列出的傅里叶级数展开式可见,同样一个波形,其坐标轴位置不同,则展开式也有差别。纵坐标的位置(即波形的初相)与波形特征有关,横坐标的位置与直流分量的大小有关,

所以在分解波形时，必须先确定波形和坐标轴的位置，再选定其展开式。

2.8.2　非正弦周期电流、电压的有效值、平均值和平均功率

1. 有效值

非正弦周期电流、电压的有效值定义和正弦周期电流、电压的有效值定义相同，为其瞬时值在一个周期中的方均根值，即

$$I=\sqrt{\frac{1}{T}\int_0^T i^2\mathrm{d}t},\quad U=\sqrt{\frac{1}{T}\int_0^T u^2\mathrm{d}t} \tag{2.8.18}$$

若非正弦周期电流用傅里叶级数展开式表示，则有效值计算式为

$$\begin{aligned}I&=\sqrt{\frac{1}{T}\int_0^T\left[I_0+\sum_{n=1}^{\infty}I_{\mathrm{nm}}\sin(n\omega t+\psi_n)\right]^2\mathrm{d}t}\\&=\sqrt{I_0{}^2+\sum_{n=1}^{\infty}I_n{}^2}=\sqrt{I_0{}^2+I_1{}^2+I_2{}^2+I_3{}^2+\cdots+I_n{}^2+\cdots}\end{aligned} \tag{2.8.19}$$

在上式的计算中，由于各次谐波分量与另外的谐波分量或直流分量相乘项在一个周期内积分的结果总是为零，则仅剩下直流分量及各次谐波分量本身自乘项积分的结果不为零。各谐波分量的有效值均为最大值的$1/\sqrt{2}$，直流分量的有效值就是I_0，所以

$$I=\sqrt{I_0{}^2+(I_{1\mathrm{m}}/\sqrt{2})^2+(I_{2\mathrm{m}}/\sqrt{2})^2+(I_{3\mathrm{m}}/\sqrt{2})^2+\cdots+(I_{\mathrm{nm}}/\sqrt{2})^2+\cdots} \tag{2.8.20}$$

同理，非正弦周期电压的有效值计算公式为

$$U=\sqrt{U_0{}^2+U_1{}^2+U_2{}^2+U_3{}^2+\cdots+U_n{}^2+\cdots} \tag{2.8.21}$$

2. 平均值

非正弦周期电流、电压的平均值就是傅里叶级数展开式中的直流分量，即

$$\left.\begin{aligned}I_0&=\frac{1}{T}\int_0^T i\mathrm{d}t=\frac{1}{2\pi}\int_0^{2\pi}i\mathrm{d}\omega t\\U_0&=\frac{1}{T}\int_0^T u\mathrm{d}t=\frac{1}{2\pi}\int_0^{2\pi}u\mathrm{d}\omega t\end{aligned}\right\} \tag{2.8.22}$$

对于正、负半波波形对称，在一个周期内的积分为零的波形来说，平均值是指其波形绝对值的平均值，即

$$\left.\begin{aligned}I_0&=\frac{1}{T}\int_0^T|i|\mathrm{d}t\\U_0&=\frac{1}{T}\int_0^T|u|\mathrm{d}t\end{aligned}\right\} \tag{2.8.23}$$

由于波形对称可以理解为正、负半波的波形相同，且在正半周中电流、电压的瞬时值均为正值，此时可取半个周期来计算其平均值，即

$$\left.\begin{aligned}I_0&=\frac{2}{T}\int_0^{\frac{T}{2}}|i|\mathrm{d}t\\U_0&=\frac{2}{T}\int_0^{\frac{T}{2}}|u|\mathrm{d}t\end{aligned}\right\} \tag{2.8.24}$$

3. 平均功率

计算非正弦周期交流电路的平均功率必须取同一瞬时交流电流和交流电压相乘求得瞬时功率,然后在一个周期内对瞬时功率求平均值,即

电流瞬时值为 $i = I_0 + \sum_{n=1}^{\infty} I_{nm}\sin(n\omega t + \psi_{in})$

电压瞬时值为 $u = U_0 + \sum_{n=1}^{\infty} U_{nm}\sin(n\omega t + \psi_{un})$

则瞬时功率 p 为

$$p = ui = \left[U_0 + \sum_{n=1}^{\infty} U_{nm}\sin(n\omega t + \psi_{un})\right]\left[I_0 + \sum_{n=1}^{\infty} I_{nm}\sin(n\omega t + \psi_{in})\right]$$

此计算式中不同频率的谐波分量乘积在一个周期内积分的平均值为零,仅有直流分量及各次同频率的谐波分量乘积在一个周期内积分的平均值不为零,所以平均功率为

$$\begin{aligned} p &= \frac{1}{T}\int_0^T p\mathrm{d}t = \frac{1}{T}\int_0^T ui\mathrm{d}t = U_0 I_0 + \sum_{n=1}^{\infty} U_n I_n\cos(\psi_{un} - \psi_{un}) \\ &= P_0 + \sum_{n=1}^{\infty} P_n = P_0 + P_1 + P_2 + P_3 + \cdots + P_n + \cdots \end{aligned} \tag{2.8.25}$$

这说明非正弦周期交流电路的平均功率等于各次谐波平均功率之和,而不同频率的电压和电流之间不形成平均功率。在电路中,平均功率只存在于电阻元件,而电感元件、电容元件不消耗功率,所以平均功率也可以表示为

$$p = I_0^2 R + \sum_{n=1}^{\infty} I_n^2 R = I_0^2 R + I_1^2 R + I_2^2 R + I_3^2 R + \cdots + I_n^2 R + \cdots \tag{2.8.26}$$

例 2.8.1 试求矩形波电压、半波理想电压的有效值、平均值。

解 在求非正弦交流电压、电流有效值、平均值时,可以直接对波形在一周期或半周期中的函数式求取方均根值及平均值。

(1) 矩形波

函数表达式为

$$U = \begin{cases} U_m & 0 \leqslant t < \dfrac{T}{2} \\ -U_m & \dfrac{T}{2} \leqslant t < T \end{cases}$$

计算有效值、平均值时可取半周期,即

有效值为 $U = \sqrt{\dfrac{2}{T}\int_0^{\frac{T}{2}} u^2\mathrm{d}t} = \sqrt{\dfrac{2}{T}\int_0^{\frac{T}{2}} {U_m}^2\mathrm{d}t} = U_m$

平均值为 $U_0 = \dfrac{2}{T}\int_0^{\frac{T}{2}} u\mathrm{d}t = \dfrac{2}{T}\int_0^{\frac{T}{2}} U_m\mathrm{d}t = U_m$ (绝对平均值)

说明矩形波的有效值和平均值均为 U_m。

(2) 半波整流

函数表达式为

$$U=\begin{cases}U_m\sin\omega t & 0\leqslant t<\dfrac{T}{2}\\ 0 & \dfrac{T}{2}\leqslant t<T\end{cases}$$

有效值为

$$U=\sqrt{\frac{1}{T}\int_0^{\frac{T}{2}}u^2\mathrm{d}t}=\sqrt{\frac{1}{T}\int_0^{\frac{T}{2}}U_m{}^2\sin^2\omega t\mathrm{d}t}=U_m\sqrt{\frac{1}{T}\int_0^{\frac{T}{2}}\frac{1-\cos 2\omega t}{2}\mathrm{d}t}=\frac{U_m}{2}=0.5U_m$$

平均值为

$$U_0=\frac{1}{T}\int_0^{\frac{T}{2}}u\mathrm{d}t=\frac{1}{T}\int_0^{\frac{T}{2}}U_m\sin\omega t\mathrm{d}t=\frac{1}{2\pi}\int_0^{\pi}U_m\sin\omega t\mathrm{d}t=\frac{U_m}{\pi}=0.318U_m$$

2.8.3 非正弦周期信号线性电路的计算

前面对非正弦周期信号分析的目的是要对该信号激励的线性电路进行分析、计算，其核心思想是利用线性电路的叠加性质，因此分析、计算的具体步骤为：

① 将给定的非正弦周期信号源输出电压或电流用傅里叶级数展开成直流分量和各次谐波分量之和，所取谐波分量的项数要根据级数的收敛情况和所需的精度而定。

② 分别求出激励信号的直流分量和各次谐波分量单独作用时各指定支路的电流、电压。对于直流分量按计算直流电路的方法求解；对于各次谐波分量则按各次谐波分量单独求解（在确定电路的感抗和容抗时，应根据谐波分量的频率单独计算），并将求解的结果写成瞬时值表达式。

③ 将属于同一支路的电流或电压的各次谐波分量和直流分量逐项相加，就可以得出所求的电流或电压响应。在相加时必须用瞬时值表达式，不能用相量表达式相加，因为相量不能用于不同频率的正弦量相加。

例 2.8.2 如图 2.8.2 所示，在电阻元件、电感元件和电容元件串联的电路中，电阻 $R=100\ \Omega$，电感 $L=0.1$ H，电容 $C=11.27\ \mu$F，在电路的输入端加上矩形脉冲电压，电压波形如图 2.8.1(c)所示，电压幅值 $U_m=47.1$ V，脉冲频率 $f=50$ Hz。试求电路电流 $i(t)$ 及电容两端电压 $u_C(t)$（计算时，谐波分量取到 5 次）。

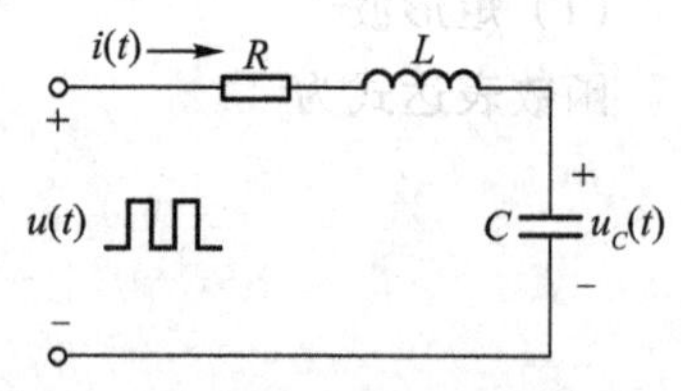

图 2.8.2 例 2.8.2 的电路

解 电路输入的矩形脉冲电压为

$$\begin{aligned}u(t)&=\frac{U_m}{2}+\frac{2}{\pi}U_m\left(\sin\omega t+\frac{1}{3}\sin 3\omega t+\frac{1}{5}\sin 5\omega t\right)\\&=\frac{47.1}{2}+\frac{2}{\pi}47.1\left(\sin 314t+\frac{1}{3}\sin 942t+\frac{1}{5}\sin 1\ 570t\right)\\&=23.55+30\sin 314t+10\sin 942t+6\sin 1\ 570t\end{aligned}$$

(1) 电流计算

直流分量电流：因电容元件不允许直流电流通过，故直流分量电流 $I_0=0$

① 基波分量电流：

电感元件对基波的感抗 $X_{L1}=\omega L=314\times 0.1\ \Omega=31.4\ \Omega$

电容元件对基波的容抗 $X_{C1}=\dfrac{1}{\omega C}=\dfrac{1}{314\times 11.27\times 10^{-6}}\Omega=282\ \Omega$

电路对基波的阻抗
$$|Z|=\sqrt{R^2+(X_{L1}-X_{C1})^2}=\sqrt{(100)^2+(31.4-282)^2}\Omega$$
$$=\sqrt{10\ 000+62\ 800}\ \Omega=270\ \Omega$$

基波电流幅值 $I_{1m}=U_{1m}/|Z|=(30/270)\text{A}=0.111\ \text{A}$

基波电压、电流相位差
$$\varphi_1=\arctan\frac{X_{L1}-X_{C1}}{R}=\arctan\frac{31.4-282}{100}$$
$$=\arctan(-250.6/100)=-68.2°$$

② 三次谐波分量电流：

电感元件对三次谐波的感抗 $X_{L3}=3\omega L=3\times 314\times 0.1\ \Omega=94.2\ \Omega$

电容元件对三次谐波的容抗 $X_{C3}=\dfrac{1}{3\omega C}=\dfrac{1}{3\times 314\times 11.27\times 10^{-6}}\Omega=94.2\ \Omega$

电路对三次谐波的阻抗 $|Z_3|=\sqrt{(100)^2+(94.2-94.2)^2}\Omega=100\ \Omega$

三次谐波电流幅值 $I_{3m}=U_{3m}/|Z_3|=(10/100)\text{A}=0.1\ \text{A}$

三次谐波电压、电流相位差 $\varphi_3=\arctan\dfrac{X_{L3}-X_{C3}}{R}=\arctan\dfrac{94.2-94.2}{100}=0°$

③ 五次谐波分量电流：

电感元件对五次谐波的感抗 $X_{L5}=5\omega L=5\times 314\times 0.1\ \Omega=157\ \Omega$

电容元件对五次谐波的容抗 $X_{C5}=\dfrac{1}{5\omega C}=\dfrac{1}{5\times 314\times 11.27\times 10^{-6}}\Omega=56.5\ \Omega$

电路对五次谐波的阻抗 $|Z_5|=\sqrt{(100)^2+(157-56.5)^2}\Omega=141.8\ \Omega$

五次谐波电流幅值 $I_{5m}=U_{5m}/|Z_5|=(6/141.8)\text{A}=0.042\ \text{A}$

五次谐波电压、电流相位差 $\varphi_3=\arctan\dfrac{X_{L5}-X_{C5}}{R}=\arctan\dfrac{157-56.5}{100}=45.1°$

则电路电流

$$i(t)=I_{1m}\sin(\omega t-\varphi_1)+I_{3m}\sin(3\omega t-\varphi_3)+I_{5m}\sin(5\omega t-\varphi_5)$$
$$=[0.111\sin(314t+68.25°)+0.1\sin 942t+0.042\sin(1\ 570t-45.1°)]\text{A}$$

(2) 电容两端电压计算

基波电压幅值 $U_{1Cm}=I_{1m}\times X_{C1}=0.111\times 282\ \text{V}=31.3\ \text{V}$

三次谐波电压幅值 $U_{3Cm}=I_{3m}\times X_{C3}=0.1\times 94.2\ \text{V}=9.42\ \text{V}$

五次谐波电压幅值 $U_{5Cm}=I_{5m}\times X_{C5}=0.042\times 56.5\ \text{V}=2.37\ \text{V}$

各次电容电压相位均滞后于电容电流 90°，则电容两端电压为

$$u_C(t)=U_{1Cm}\sin(\omega t-\varphi_1-90°)+U_{3Cm}\sin(3\omega t-\varphi_3-90°)+U_{5Cm}\sin(5\omega t-\varphi_5-90°)$$
$$=[31.3\sin(314t-21.75°)+9.42\sin(942t-90°)+2.37\sin(1\ 570t-135.1°)]\text{V}$$

复习思考题及练习题

2-1　列出图 2.01 中各结点的电流方程式，并求出 I_x。

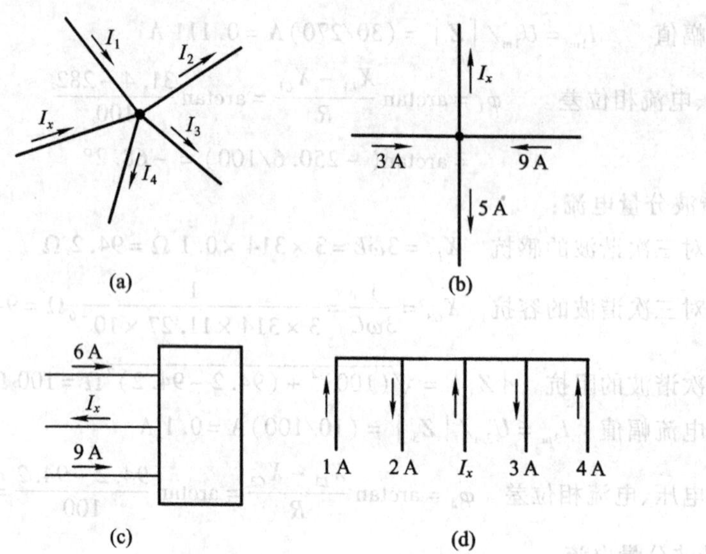

图 2.01　练习题 2-1 的图

2-2　列出图 2.02 中各回路的电压方程式，并标出回路循行方向，求出 U。

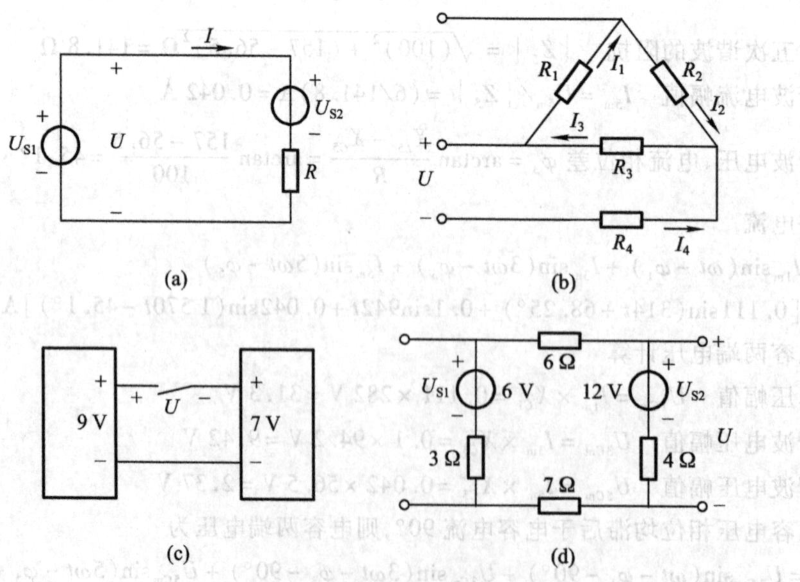

图 2.02　练习题 2-2 的图

2-3 求出图 2.03 所示电路中的电流 I。

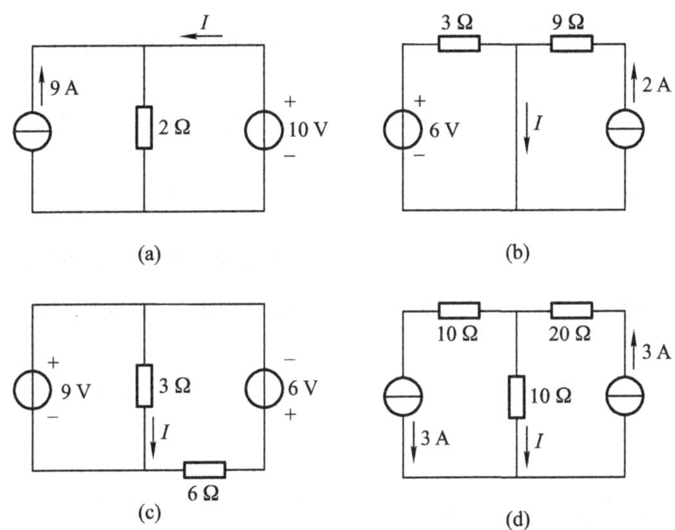

图 2.03 练习题 2-3 的图

2-4 求出图 2.04 所示电路中的电压 U。

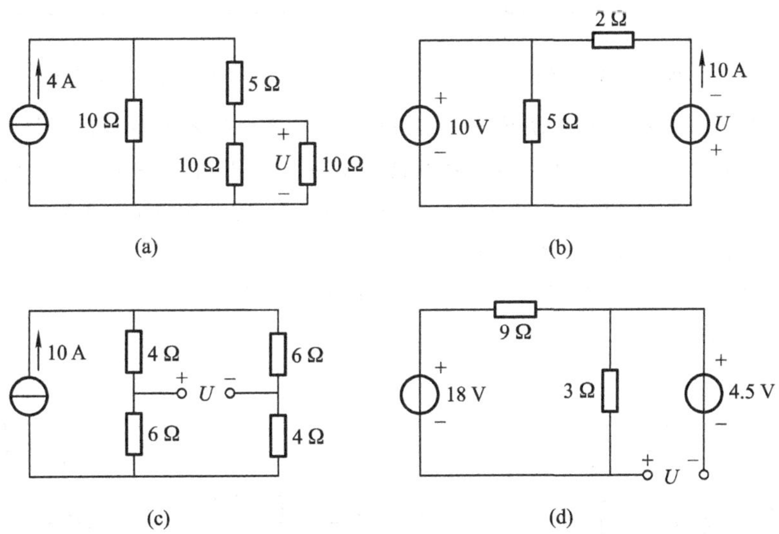

图 2.04 练习题 2-4 的图

2-5 电路如图 2.05 所示，电源电动势 $E=48$ V，内阻 $R_0=0.1\ \Omega$，负载电阻 $R_1=9.8\ \Omega$，$R_2=9.5\ \Omega$，线路电阻 $R_l=0.05\ \Omega$。分别计算负载电阻 R_2 并联前后：(1) 电路中电流 I；(2) 电源端电压 U_1 和负载端电压 U_2；(3) 负载功率 P。分析当负载电阻 R_2 并联后，总的负载电阻、线路中电流、负载功率、电源端和负载端电压的变化情况。

2-6 求图 2.06 所示电路的等效电阻 R_{ab}，其中 $R_1=12\ \Omega$，$R_2=6\ \Omega$，$R_3=4\ \Omega$。

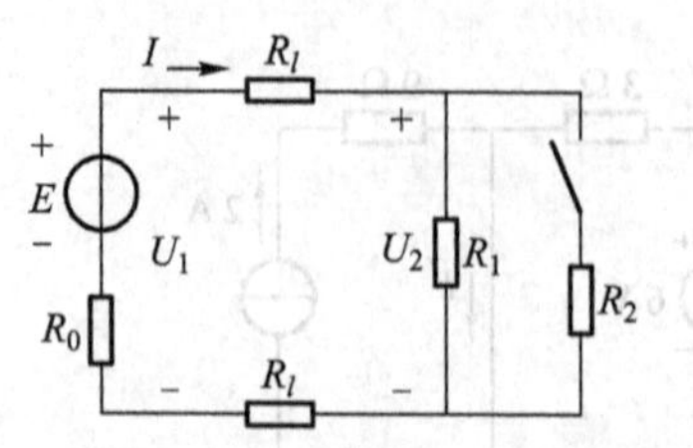

图 2.05　练习题 2-5 的图

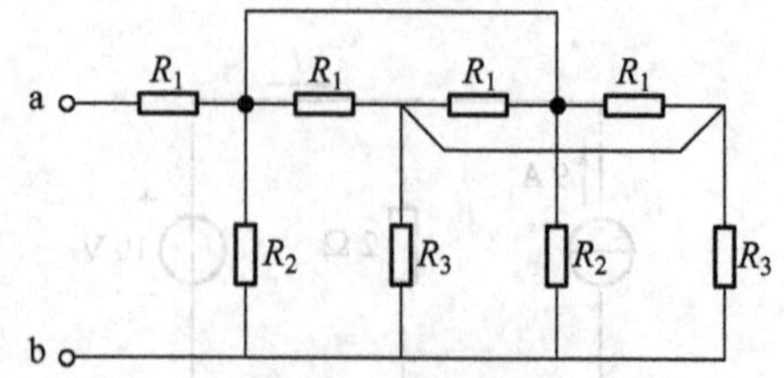

图 2.06　练习题 2-6 的图

2-7　电路如图 2.07 所示，求 I,I_1,U_S，并计算 20 V 的理想电压源和 5 A 的理想电流源发出的电功率。

2-8　试用电压源和电流源等效变换的方法，计算图 2.08 中的电流 I。

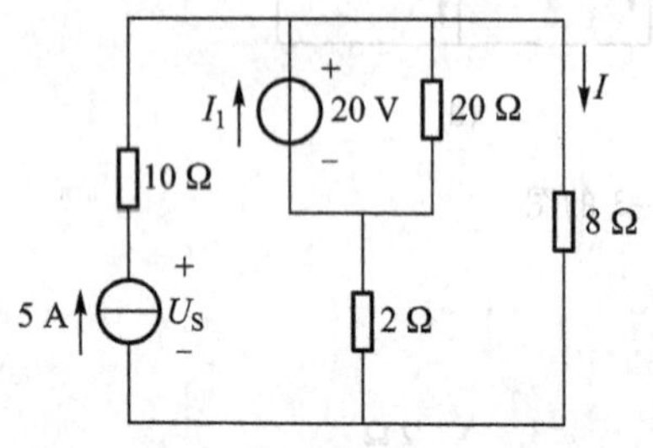

图 2.07　练习题 2-7 的图

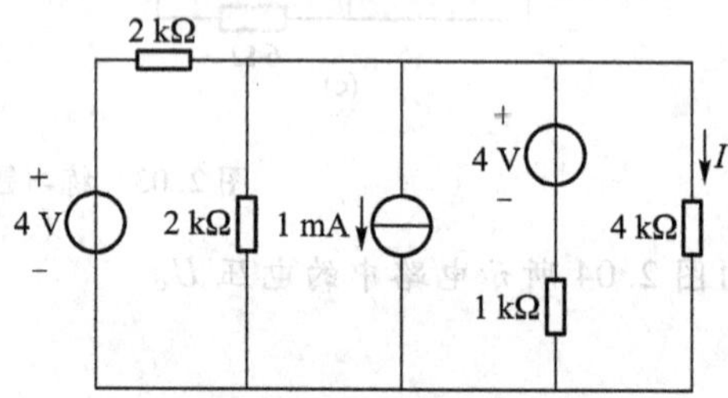

图 2.08　练习题 2-8 的图

2-9　试用支路电流法或结点电压法计算图 2.09 所示电路中的各支路电流，并求三个电源的输出功率和负载电阻 R_L 取用的功率。0.6 Ω 和 0.5 Ω 分别为两个电压源的内阻。

2-10　电路如图 2.10 所示，N 为线性含源电阻电路，$R=5\ \Omega$，已知当 $i_S=0$ A 时，$u=5$ V；当 $i_S=3$ A 时，$u=0$ V。求 N 的戴维宁等效电路。

2-11　应用叠加定理，计算图 2.11 中各支路的电流和各元器件（电源和电阻）两端的电压，并说明功率平衡关系。

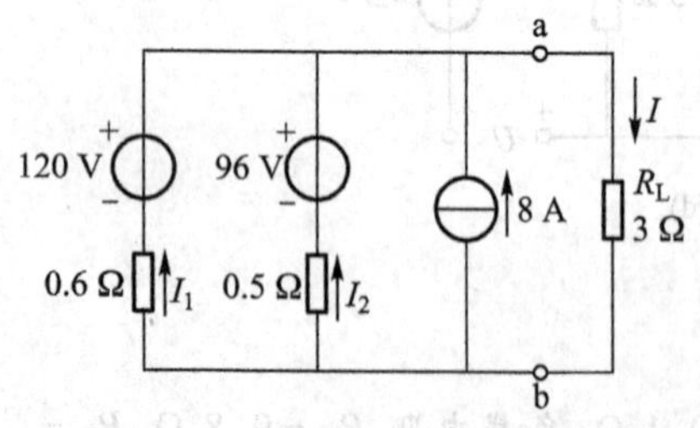

图 2.09　练习题 2-9 的图

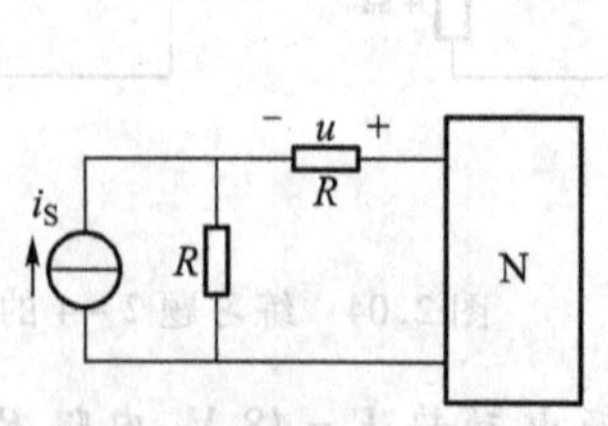

图 2.10　练习题 2-10 的图

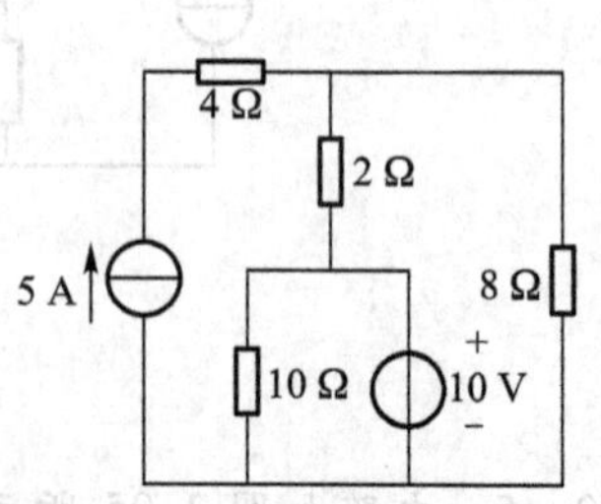

图 2.11　练习题 2-11 的图

2-12　应用戴维宁定理，计算图 2.12 中 2 Ω 电阻中的电流 I。

2-13　电路如图 2.13 所示，当 $R=4\ \Omega$ 时，$I=2$ A。求当 $R=9\ \Omega$ 时，I 等于多少？

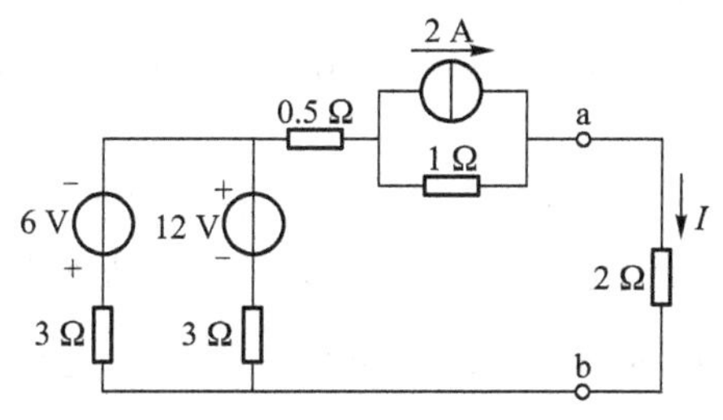

图 2.12 练习题 2-12 的图

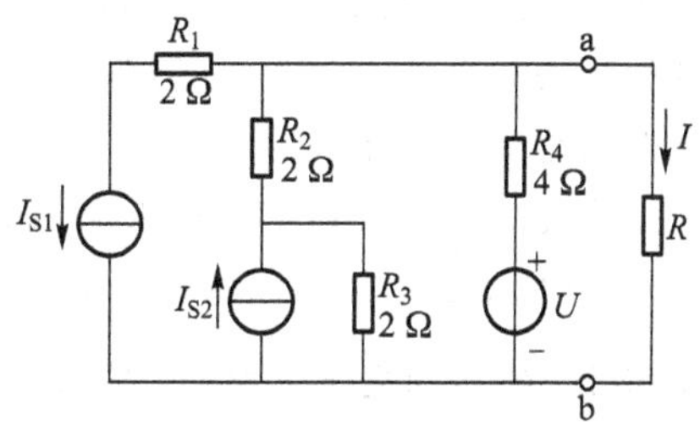

图 2.13 练习题 2-13 的图

2-14 有 50 个彩色白炽灯接在 24 V 的交流电源上，每个白炽灯为 60 W，求每个白炽灯的电流及总电流，另外消耗的总功率为多少？

2-15 在 220 V 的单相交流电源上，接有两台电阻电热器，一台为 1.5 kW，一台为 3 kW，分别求这两台电热器的电阻。以及电源所供给的总电流。

2-16 一个 220 V、100 W 的白炽灯，接在直流 220 V 电源上和接在交流 220 V 电源上的发光效果是否一样？

2-17 说明电热器的额定电压和额定功率的意义。若实际电网电压超过额定电压会发生什么问题？若电网电压低于额定电压会发生什么问题？

2-18 若交流电压瞬时值为 $u=311\sin(314t+90°)$，加在白炽灯两端，设白炽灯电阻为 484 Ω，写出白炽灯电流的瞬时值表达式，此时白炽灯的功率消耗是多少？

2-19 若交流电压瞬时值为 $u=311\sin(314t+90°)$，加在纯电感两端，设电感量 $L=1.54$ H，写出电感电流的瞬时值表达式，此时电感电流有效值是多少？功率损耗是多少？

2-20 若交流电压瞬时值为 $u=311\sin(314t+90°)$，加在纯电容两端，设电容量 $C=6.6$ μF，写出电容电流的瞬时值表达式，此时电容电流有效值是多少？功率损耗是多少？

2-21 若把题 2-18、2-19、2-20 中的白炽灯、纯电感、纯电容同时接在 $u=311\sin(314t+90°)$ 的电源上，写出总电流的瞬时值表达式，此时总电流有效值为多少？

2-22 一个纯电感元件接在 50 Hz 的交流电源上与接在电压相同的 1 000 Hz 交流电源上所通过的电流相比较，哪一个电流大？二者相比相差多少倍？

2-23 一个纯电容元件接在 50 Hz 的交流电源上与接在电压相同的 1 000 Hz 交流电源上所通过的电流哪一个大？二者相比相差多少倍？

2-24 一个电感量为 1 H 的电感元件，通过 0.5 A 直流电流时的端电压为多少？通过 0.5 A 的 50 Hz 交流电流时端电压为多少？若通过 0.5 A 的 400 Hz 交流电流时端电压又为多少？

2-25 一个电容量为 1 μF 的电容元件，加上 100 V 直流电压时的电流为多少？加上 100 V 的 50 Hz交流电压时电流为多少？加上 100 V 的 1 000 Hz 交流电压时电流为多少？

2-26 一个电感元件加上 220 V、50 Hz 的交流电压，通过的电流为 1 A，用相量图表示该电感元件的电压与电流关系，并求出元件的感抗和电感量。

2-27 一个电容元件加上 220 V、50 Hz 的交流电压，通过的电流为 0.1 A，用相量图表示该电容元件的电压与电流关系，并求出元件的容抗和电容量。

2-28 说明有功功率、无功功率、视在功率及功率因数的含义及单位。

2-29 直流电路中有没有无功功率的概念？在电容器充电时从电源中取得的电能，在放电时消耗在电阻上的电能,可不可以用无功功率概念来说明?

2-30 用相量法求取 $u_1=100\sin(314t+30°)$ 与 $u_2=173\sin(314t+120°)$ 之和 $u=u_1+u_2$,并写出它们的相量表示式。

2-31 已知某负载的电流的有效值及初相为 2 A、45°,电压的有效值及初相为 100 V、-45°,频率为 50 Hz,写出它们的相量表示式,并判断该负载是什么元件,元件参数为多少?

2-32 在 50 Hz 的单相交流电路中,若(1) $\dot{U}=220\angle 90°$ V,$\dot{I}=10\angle 90°$ A;(2) $\dot{U}=220\angle 90°$ V,$\dot{I}=10\angle 45°$ A;(3) $\dot{U}=220\angle 90°$ V,$\dot{I}=10\angle 120°$ A。求三种情况下电路中的 R 及 X,并写出电路阻抗 Z 的复数式。

2-33 一个电感线圈接到 20 V 的直流电源时,通过电流为 0.5 A。接到 50 Hz、100 V 的交流电源时通过电流为 1.25 A,求线圈的 R 和 L。

2-34 在 R 与 L 串联的交流电路中 $U=220$ V,$R=50\ \Omega$,$L=0.282$ H,$f=50$ Hz,求电路中的电流以及电压与电流间的相位差,作出相量图。

2-35 把上述的 RL 串联电路与一个电容器并联,若并联后的电路总电流有效值和原来 RL 串联电路的电流有效值相同,求电容电流及电容量,作出相量图。

2-36 在 R 与 C 并联的交流电路中 $U=220$ V,$R=50\ \Omega$,$C=63.7\ \mu$F,$f=50$ Hz,求电路中的总电流以及电压与总电流间的相位差,作出相量图。

2-37 把上述的 R 与 C 并联电路与一电感元件串联,接在 $U=220$ V、50 Hz 的交流电源上,测得 RC 并联电路的端电压正好也是 220 V,求电感元件两端的电压及电感量,作出相量图。

2-38 有两台单相交流电动机(电感性负载)并联在 $U=220$ V 的电源上,所消耗的功率及功率因数为 $P_1=1$ kW,$\cos\varphi_1=0.8$,$P_2=0.75$ kW,$\cos\varphi_2=0.6$,求每台电动机的电流、无功功率、视在功率,以及总有功功率、总无功功率、总视在功率、总电流、总功率因数。

2-39 在 40 W 荧光灯电路中已知电源为 220 V、50 Hz,灯管端电压为 100 V,功率消耗为 40 W,镇流器功率消耗为 8 W,灯管电流为 0.4 A。求(1) 电路的总有功功率、视在功率、无功功率和功率因数。(2) 镇流器的无功功率、视在功率及端电压。(3) 作出相量图。

2-40 题 2-39 电路中,欲使功率因数提高到 0.9,应并联多大的电容?

2-41 有一额定电压为 220 V,输入功率为 90 kW 的交流电感性负载,功率因数为 0.6,接到 220 V、50 Hz 的电源上工作,求该负载所需要的无功功率及视在功率。若要求该电网的功率因数提高到 0.9,则需要并联多大的电容?

2-42 解释 RLC 串联电路中的串联谐振现象,串联谐振有哪几个特征?通过哪些参数调节可以出现串联谐振?

2-43 解释电感线圈与电容并联电路中出现的并联谐振现象?此种谐振现象的最主要特征是什么?其谐振频率与哪些参数有关?

2-44 在 RLC 串联电路中已知 $R=10\ \Omega$,$L=300\ \mu$H,$C=270$ pF,求谐振频率 f_0 及 Q 值。

2-45 在电感线圈与电容并联电路中已知 $R=10\ \Omega$,$L=500\ \mu$H,$C=234$ pF,求谐振频率 f_0 及电路的等效电阻。

2-46 电路如图 2.14 所示,已知 $\dot{U}_1=230\angle 30°$ V,$\dot{U}_2=220\angle 45°$ V,$Z_1=Z_2=(0.1+\text{j}0.5)\ \Omega$,$Z_3=(6+\text{j}6)\ \Omega$,试分别用支路电流法、叠加原理和戴维宁定理求电流 I_3。

2－47 三相交流对称负载作星形联结时，是否需要中性线？三相交流不对称负载作星形联结时，是否需要中性线？为什么？

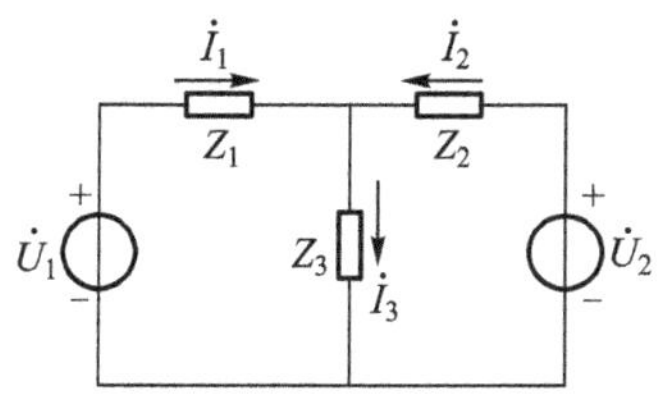

图 2.14 练习题 2－46 的图

2－48 三相负载的额定相电压为 380 V，在三相 380 V 线电压的电网中应该用哪种连接方法？若该负载接成星形，则负载相电压为多少？若负载阻抗不变则此时的输入功率为额定时的多少倍？

2－49 试分析三相对称负载作三线制星形联结时，断开一相后的运行情况。若线电压为 380 V，余下的两相的相电压为多少？

2－50 试分析三相四线制星形联结的负载断开一相后的运行情况，若线电压为 380 V，余下两相的相电压为多少？

2－51 一三相对称负载作星形联结，电源线电压为 380 V，负载阻抗为 10 Ω，求负载相电流、线电流。若 $\cos\varphi=0.8$，求有功功率及视在功率。

2－52 题 2－51 中的负载作三角形联结，求负载相电流、线电流、有功功率及视在功率。

2－53 在三相四线制照明电路中若 U 相接 100 W 白炽灯 22 只，V 相接 100 W 白炽灯 33 只，W 相接 100 W 白炽灯 22 只，求中性线电流。

2－54 三相负载额定相电压为 220 V，接到线电压为 380 V 的电源上，应该采用什么连接方法，若负载视在功率为 6.6 kV·A，功率因数为 0.8，求有功功率、无功功率、相电流及负载阻抗。

2－55 如图 2.15 所示三相四线制电路中，线电压为 380 V，接有对称三相白炽灯负载，已知三相白炽灯所消耗的功率为 210 W，此外在 U 相上接有功率为 40 W，功率因数为 0.5 的日光灯，试求各电流表的读数。

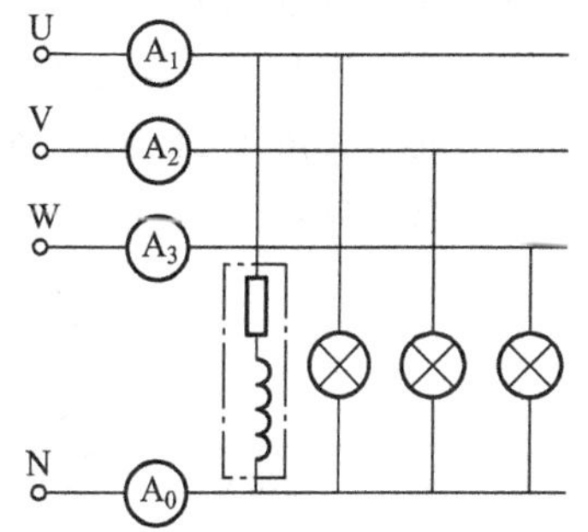

图 2.15 练习题 2－55 的图

2－56 为什么电容元件的端电压不能突变？在电容器与电源接通瞬间，电容电流能不能突变？

2－57 为什么电感元件中的电流不能突变？在电感线圈与电源接通瞬间，电感元件端电压能不能突变？

2－58 为什么说电路中发生换路的瞬间，电感元件相当于开路，而电容元件相当于短路？而在直流稳态的情况下，电感元件相当于短路，电容元件相当于开路。

2－59 为什么电感线圈断开电源时，开关两端会产生火花？此种现象如何避免？

2－60 电容器储能的大小与哪些因素有关？直流充、放电电路中充、放电过程的快慢与哪些因素有关？

2－61 电感线圈储能的大小与哪些因素有关？电感线圈与直流恒定电源接通后电流按什么规律增长？增长过程的快慢与哪些因素有关？

2－62 在图 2.16 所示的电路中，电路原先已稳定，求在开关断开瞬间的 $u_C(0_+)$ 及 $i_C(0_+)$，电路时间常数 τ 以及电路稳定后的 $u_C(\infty)$ 及 $i_C(\infty)$。

2－63 在图 2.17 所示的电路中，电路原先已稳定，求在开关断开瞬间的 $u_L(0_+)$ 及 $i_L(0_+)$ 电路时间常数 τ 以及电路稳定后的 $i_L(\infty)$ 及 $u_L(\infty)$。

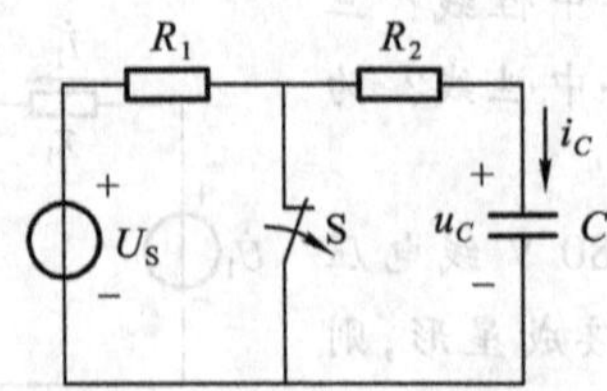

图 2.16　练习题 2-62 的图

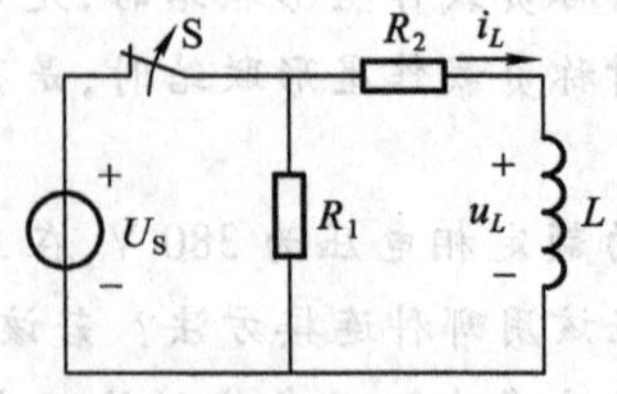

图 2.17　练习题 2-63 的图

2-64　在图 2.18 所示的电路中，当 $t=0$ 合上开关 S，用三要素法求 $u_C(t)$ 及 $i_C(t)$。

2-65　在图 2.19 的电路中，电路原先已稳定，在 $t=0$ 瞬间断开开关 S，用三要素法求取 $u_C(t)$ 及 $i_C(t)$。

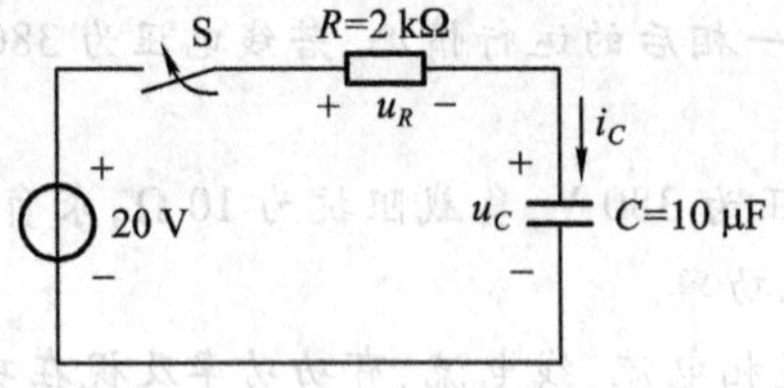

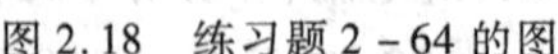

图 2.18　练习题 2-64 的图

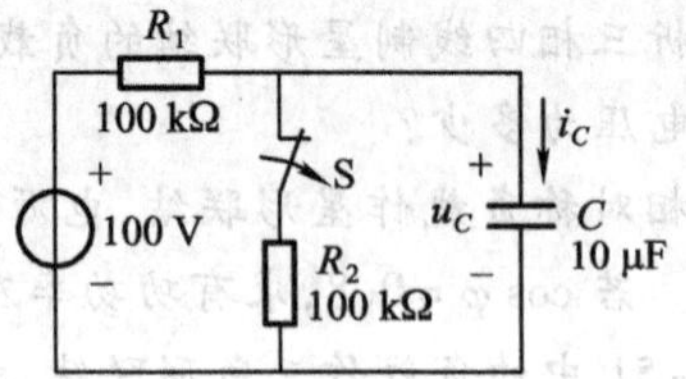

图 2.19　练习题 2-65 的图

2-66　电路如图 2.20 所示，如果在稳定状态下闭合 S($t=0$)将 R_1 短路，求 S 闭合后分别经过多长时间电流才能达到 12 A 和 15 A。

2-67　电路如图 2.21 所示，在换路前已处于稳态。在 $t=0$ 时将开关 S 从位置 1 合到位置 2 后，求 i_L 和 i。

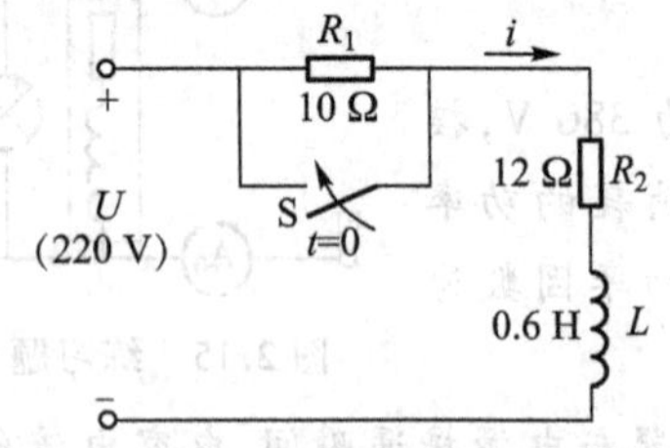

图 2.20　练习题 2-66 的图

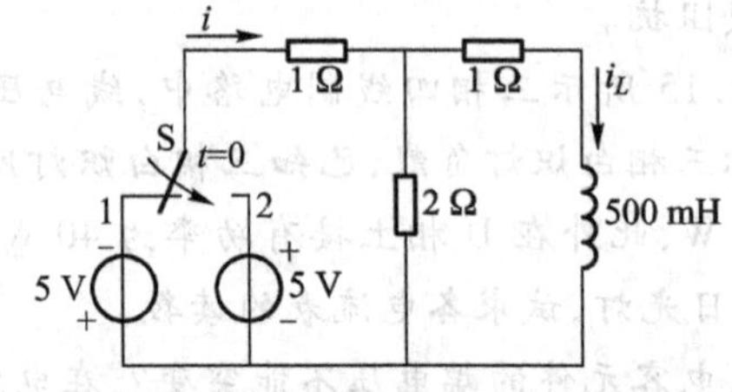

图 2.21　练习题 2-67 的图

2-68　电路如图 2.22 所示，其中 $R_1=1\ \text{k}\Omega$，$R_2=2\ \text{k}\Omega$，$C=30\ \mu\text{F}$，$U_1=3\ \text{V}$，$U_2=9\ \text{V}$。换路前开关 S 长期合在位置 1 上，如在 $t=0$ 时把它合到位置 2 后，求电容元件上的电压 u_C。

2-69　电路如图 2.23 所示，换路前电路处于稳态，求换路后($t\geqslant 0$)的 u_C。

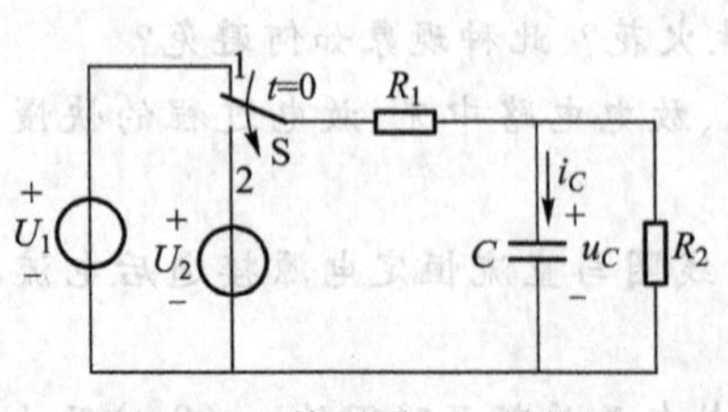

图 2.22　练习题 2-68 的图

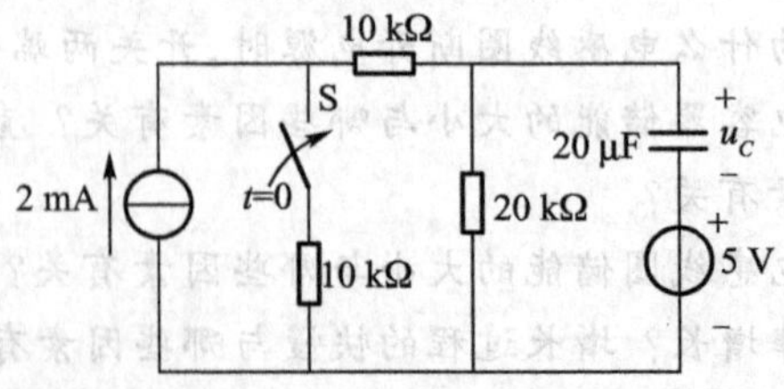

图 2.23　练习题 2-69 的图

2-70　在图 2.24 所示的电路中，$R=25\ \Omega$，$\omega L=7.5\ \Omega$，$\dfrac{1}{\omega C}=67.5\ \Omega$，电源电压 $u=[195\sin(\omega t-30°)+125\sin 3\omega t+49\sin(5\omega t+30°)]\ \text{V}$。求电路电流 i 的瞬时值、有效值和电路消耗的

功率。

2-71 在图2.25所示的滤波器电路中，设 u_I 为非正弦周期电压，且基波频率 f_1 及电容 C 为已知。试问电感 L_1 和 L_2 调至何值时，u_O 中没有基波电压，同时使 u_O 和 u_I 中的三次谐波电压同相。此时两个三次谐波电压成何关系？

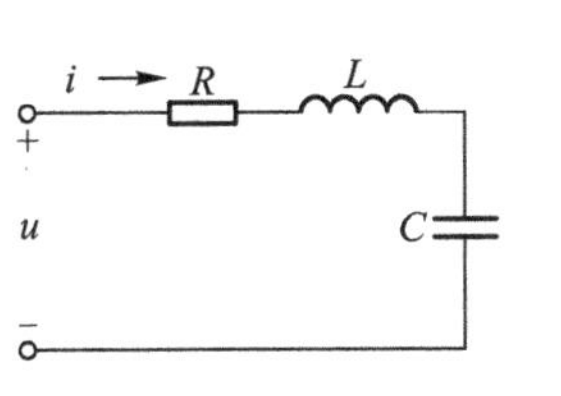

图2.24 练习题2-70的图

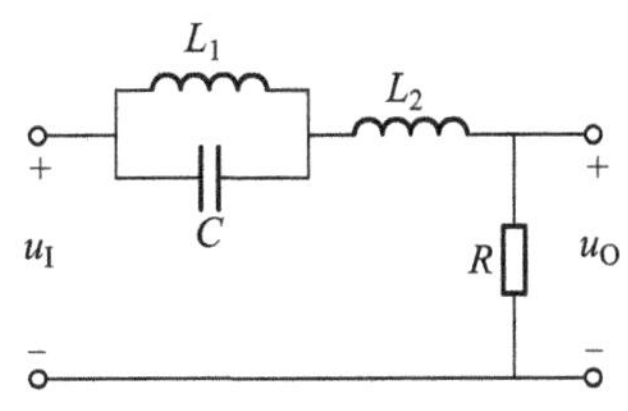

图2.25 练习题2-71的图

2-72 在图2.26所示的电路中，电源 u_I 为全波整流电压，其峰值为310 V，频率为50 Hz，$L=10$ H，$C=20\ \mu F$，$R=2\ k\Omega$。求负载电阻 R 的端电压 u_O 的瞬时值及电阻 R 吸收的功率（谐波分量取到四次）。

2-73 由电阻和电容构成的脉冲衰减器（分压器）如图2.27所示，为了得到无失真传输，R 和 C 应满足何种关系？

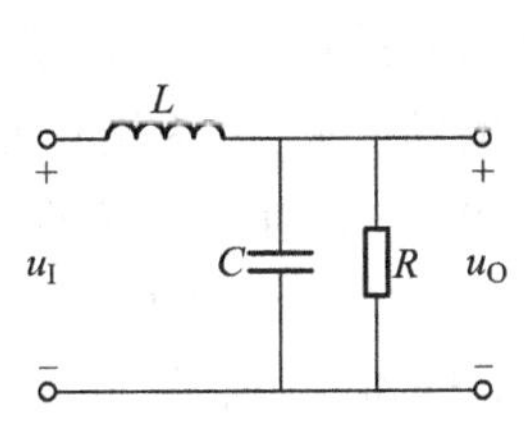

图2.26 练习题2-72的图

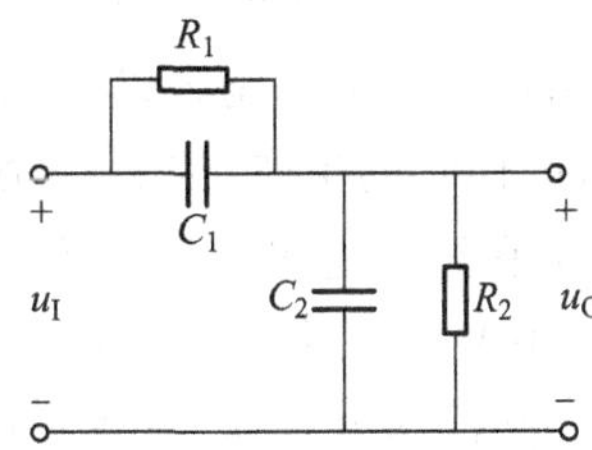

图2.27 练习题2-73的图

第三章 电能的传输和分配

3.1 电力系统

3.1.1 电力系统的发展和现状

电力系统的功能是将一次能源通过发电装置转化成电能，再经由输电线、变电站、配电所等环节供应到各个用户。由于电能难以大规模存储，这就需要采用信息控制手段，对电力系统进行统一的调度与管理，使它的生产、传输、分配和使用保持瞬间平衡，并为用户提供优质的电能。

1882 年爱迪生在纽约建成世界上第一座正规的发电厂，装有 6 台蒸汽直流发电机，功率约为 660 kW，采用 110 V 电压供电，供电距离 1.6 km，负荷主要是照明用的白炽灯，供电系统中装设了熔丝、开关、断路器和电表等。1885 年单相交流发电机和变压器问世，1886 年建成第一个交流输电系统，电源电压达到 3 kV。1891 年第一台三相交流发电机问世。1896 年尼加拉瓜大瀑布水电站建成，并采用三相交流输电送至 35 km 外的布法罗，确定了交流输电的主导地位，为此后 30 年间大量开发水电创造了条件。此后，1916 年美国建成第一条 132 kV 输电线路，1923 年开始使用 230 kV 线路，1932 年苏联建成单机容量 6.2 万千瓦第聂伯水电站，1935 年美国胡佛水电站单机容量 8.25 万 千瓦。

我国最早的电力系统于 1907 年在上海建成，发电厂采用英国产 800 kW 汽轮发电机组，设有 5 条输电线路，最高电压 2.5 kV，设有 12 个配电站。1910 年为解决滇越铁路电力供应问题，云南昆明民间投资建设石龙坝水电站，安装了 2 台德国西门子公司的 240 kW 发电机和奥地利产水轮机，于 1912 年建成发电，并自建了 23 kV 的输电线路。总体上，19 世纪末 20 世纪初的电力系统是由发电机直接向用户供电的，以交流输电为主，相互独立、规模很小。到 1949 年，我国发电设备容量为 185 万千瓦，年发电量 43.1 亿千瓦时。

第二次世界大战后全球经济快速发展，工业生产对能源电力的需求迅速增加，特别是变压器等各种新型输变电装备的发明与创新有力推动了电力系统的快速发展。新中国的电力系统从 20 世纪 50 年代开始组建，1971 年刘家峡水电站及刘家峡 - 关中 330 kV 输电线路（535 km）建成。1981 年平顶山 - 武汉 500 kV 输电线路（610 km）建成，开始了以 500 kV 骨干输电网的建设，促进了自 20 世纪 80 年代以来电力工业的大发展。2005 年青海官亭 - 甘肃兰州东 750 kV 输变电示范工程投入运行。2009 年由我国自主研发、设计和建设的晋东南－南阳－荆门 1 000 kV 特高压输电线路(640 km)投入运行，与 500 kV 输电线路相比，输送电能是 500 kV 线路的 5 倍，电能损耗和占地面积减少 50% 以上，建设资金节省 30% 以上。通过高压输电线路的建设，目前国家电网由华东、华北、华中、东北、西北、南方等区域性电网构成。从 20 世纪中期到 20 世纪末，伴随着大型火电站、水电站、核电站的建设，电力系统规模不断扩大，形成了以大型发电机组、超高压输电线路为主要特征的大型互联电力系统，输电电压达到 1 000 kV，发电机单机容量达到 100 万千瓦。

自 20 世纪末以来，为了应对环境危机和化石能源危机的双重压力，世界各国大力发展可再生能源发电和电网智能化技术。当前电力系统的发展方向是大规模可再生能源电力的集中和分散接入以及电网运行控制和用电的全面智能化。

3.1.2 电力系统的基本结构

电力系统的基本结构如图 3.1.1 所示，图中有核电站、火电厂、水电站等电源点，它们发出的电能通过电厂内的升压变压器把电压升高到 500 kV 或 220 kV 后送出，各电源点之间还可以通过 500 kV 或 220 kV 输电线路相互连接，以实现不同地区之间电能的交换或调节，提高供电的经济性和可靠性。

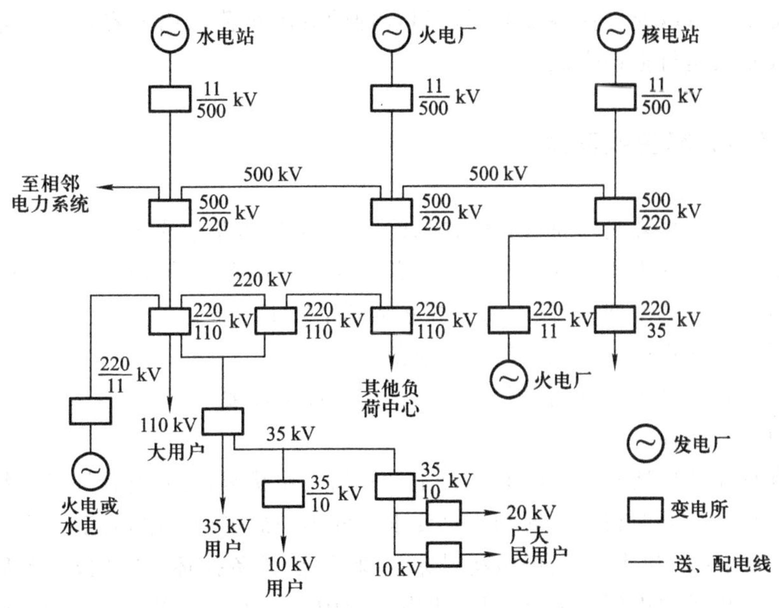

图 3.1.1 电力系统的基本结构

当高压输送的电能到达地区的负荷中心时，将通过各种电压等级的变压站逐级降压，分别供电给 35 kV、10 kV 以及使用最广泛的 380 V/220 V 民用及工业用户。

3.1.3 电力系统的优越性

实践证明，独立运行的发电厂通过电力网连接成电力系统后，将在技术经济上具有以下优点：

(1) 减少系统中的总装机容量

由于负荷特性、地理位置等的不同,电力系统中各发电厂独立运行时的最大负荷并不是同时出现的,因此系统均衡后的综合最大负荷常小于各发电厂单独供电时的最大负荷的总和,所以可减少系统中的总装机容量。

(2) 合理使用动力资源,充分发挥水力发电厂的作用

水力发电厂的出力取决于河流的来水情况,而水流情况却是多变的,独立运行时很难与电力负荷相适应,往往枯水季节出力不足,而在丰水季节却要弃水。当水力发电厂并入电力系统以后,它的运行情况就可以与火力发电厂相互配合调剂。在丰水季节,可以让水力发电厂尽量多发电以减少火力发电厂的出力,节省燃料;而在枯水季节则让水力发电厂担负尖峰负荷,火力发电厂则负担固定的基本负荷。这样既充分利用水能资源,又提高了火力发电厂的运行效率,减低了煤耗。

(3) 提高供电的可靠性

独立运行的发电厂必须单独装设一定的备用设备,以防止机组检修或事故时中断对客户的供电。但当连成电力系统后,不仅可减少备用机组的台数与容量,提高设备的利用率,而且不同发电厂之间在电厂或线路事故时还可以相互支援,因而提高了供电的可靠性。

(4) 提高运行的经济性

在电力系统中还可以通过在各发电厂之间合理的分配负荷采用大容量的发电机组,使得整个系统的电能成本及运行损耗降低。

3.1.4 对电力系统的要求

由于电能的生产和损耗是同时进行的,在某一瞬间的发电量取决于同一瞬间的电能损耗,现代科技尚无法解决高效率大容量的电能储存问题。而且国民经济的发展和人民生活的提高很大程度上依赖于电力工业的发展,所以电力系统必须满足以下要求:

(1) 电力系统的建设必须优先于其他工业部门

其容量及电力设备必须充分满足其他工业部门发展的需要。

(2) 保证供电的可靠性

首先是要保证系统中所有设备随时都处于良好的工作状态,定时进行巡检和维修,其次是要防止误操作发生事故。同时根据不同的用电要求采取不同的可靠供电措施,对于第一类用户,如矿井、连续生产的化工厂和冶炼厂,停电将带来人身危险,设备损坏,产品报废等后果,因此必须有两个或两个以上的独立电源供电,以保证供电不会中断。第二类用户如大型生产企业,城市公用事业及大型商务楼、商场等,停电会引起社会不安定影响人民生活。第三类用户如工厂附属车间、一般性工商企业、非农忙及抗灾时期的农用电,短时停电相对影响较小,所以一旦系统发生事故而供电不足时,可首先切除第三类用户,保证第一类、第二类用户的供电。

(3) 保证电能的质量

维持供电电压在额定值的 ±5% 范围内,供电频率在(50 ±0.2)Hz 范围内。

(4) 保证电力系统经济运行

电能的生产、输送及分配过程必须高效率、低损耗,合理调负荷,降低电能成本。

*3.1.5 电力系统的运行状态

由于电能难以大规模存储,其生产、传输和使用的地域广阔,而且只能同时完成,因此,需要了解电力系统的运行状态。一般将电力系统的运行状态分为:正常运行状态、警戒状态、紧急状态、系统崩溃状态和恢复状态。电力系统运行状态及其相互转换关系如图 3.1.2 所示。

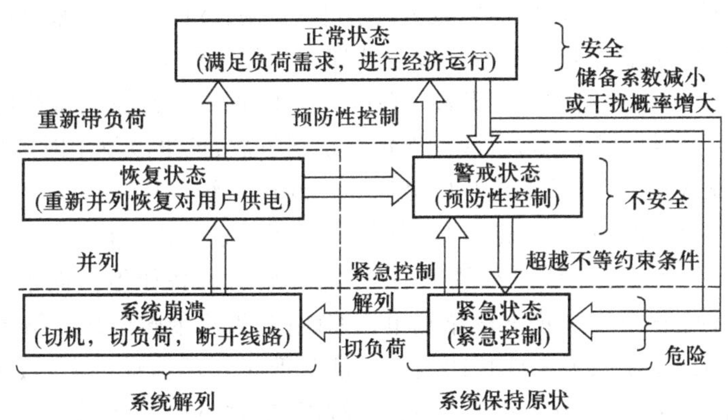

图 3.1.2 电力系统运行状态及其相互转换关系

1. 正常运行状态

电力系统中总的有功和无功出力与负荷总的有功和无功功率的需求达到平衡,各母线电压和频率均在正常运行的允许偏移范围内,各电源设备和输电设备均在规定的限额内运行。在该状态下,电力设备的备用容量使系统具有适当的安全水平,能承受正常的干扰(如断开一条输电线路或停运一台发电机组)。

2. 警戒状态

当负荷增加过多、输电线路断开、发电机出力减少或自然灾害使得电力设备备用容量减少,导致电力系统不能承受正常的干扰时,电力系统就进入警戒状态。在该状态下,电力系统仍能向用户提供合格的电能,但电力系统的安全储备系数大大减少,系统随时可能受到威胁和破坏。

3. 紧急状态

处于正常状态或警戒状态的电力系统在受到足够严重的干扰(如短路故障,切除大容量机组等)后,系统则有可能进入紧急状态。在该状态下,系统的某些参数超越限值,例如变压器过负荷等。

4. 崩溃状态

在紧急状态时,如果不能及时采取适当的控制措施,或初始干扰及其所产生的连锁反应十分严重,则系统有可能失去稳定,即工作在崩溃状态。在该状态下,为避免事故进一步扩大并保证对重要负荷供电,电力系统中的自动解列装置动作,或调度人员手动解列,也就是通过切断线路将一个并联运行的电力系统解列成几个子系统。解列后由于各个子系统出力和负荷间的不平衡,还将大量切除负荷和发电机。

5. 恢复状态

在系统崩溃后,借助继电保护和自动装置将故障区隔离,待电力系统稳定之后,如果部分设备运行在额定范围之内,或若干设备已重新启动,则系统可以进入恢复状态。

下面以 2013 年 8 月 14 日美 - 加大停电事故为例,来说明电力系统的运行状态及其转换过程。

2013 年 8 月 14 日,美国中西部地区天气炎热,用电负荷增加。电能从印第安纳州和俄亥俄州南部经过密歇根州和俄亥俄州北部向底特律地区输送,并进一步向加拿大的安大略省供应。(正常状态)。

14 时左右,俄亥俄州北部一台 597 MW 发电机组过载跳闸;15 时 05 分,俄亥俄州的一条 345 kV 南北联络输电线路过载跳闸,输送电能转移到相邻线路上(警戒状态)。

因输送功率增加,邻近线路的温度升高、线路下垂,15 时 32 分,俄亥俄州的另一条 345 kV 南北联络输电线路因下垂接触到树木,引起对地短路跳闸事故,该事故发生时电力监控系统失灵未能及时告知运行控制人员,使得俄亥俄州的克里夫兰地区系统电压降低。15 时 41 分,又有两条南北联络线过载跳闸,致使克里夫兰地区出现严重低电压(紧急状态)。

16 时 6 分,第 5 条南北联络线过载跳闸后,电能开始从底特律地区向俄亥俄州北部反向传输。16 时 9 分,最后两条 345 kV 南北联络输电线路跳闸,俄亥俄州南北联络输电线路解列,电能开始通过印第安纳州经密歇根州与底特律地区向俄亥俄州北部输送。大约 30 ~ 45 s 后,因电网电压降低,密歇根州中部电网 1 800 MW 机组相继跳闸,电网电压开始崩溃。16 时 10 分,底特律地区电网电压全面快速崩溃,在 8 s 之内约 30 条密歇根州和底特律地区间的输电线路跳闸,电能输送再次发生变化,从俄亥俄州南部经宾女法尼亚州、纽约州、安大略省、底特律地区向克里夫兰地区供电,导致底特律地区和安大略省交界地区大量机组和线路跳闸,安大略省和底特律地区电网解列,底特律地区和俄亥俄州北部地区电压全部崩溃,电力系统瓦解,所有负荷停电。与此同时,安大略省和纽约州电网开始崩溃,大部分负荷停止电力供应(崩溃状态)。

系统崩溃后,立即着手恢复供电。到 19 时 30 分,只有 1 340 MW 负荷恢复供电;23 点,共有 21 300 MW 负荷恢复供电;8 月 15 日 5 点,共 41 100 MW 负荷恢复供电;11 点,共 48 600 MW 负荷恢复供电。大部分跳闸的输电线路和停运的火力发电机组恢复运行,绝大部分居民恢复正常供电。至 8 月 17 日 17 点,除密歇根州、安大略省的输电线路外,其他停运线路都恢复了运行。但退出运行的核电站仍需要几天时间才能逐步并网发电(恢复状态)。

此次停电事故涉及美国东部 8 个州及加拿大部分地区,对其人民生活和工业生产造成严重影响。受影响人数约 5 000 万,受害电网的区域宽达约 960 km(600 英里),几百台发电机组停运,约 54 700 km 的高压线路跳闸。纽约州损失负荷 22 000 MW,只剩 5 640 MW,加拿大安大略省损失负荷 20 000 MW,只剩 1 200 MW。14 日一天在纽约市发生严重火灾 60 起,电梯救援多达 800 次,紧急求救电话接近 8 万次,急诊医疗电话达到 500 次。大停电给美国经济造成的损失每天约 300 亿美元。

在电力系统中,小故障是不可避免的,但是在美 - 加大停电事故发展过程中,出现了系列小故障的连锁反应后,各地区电网没有及时有效地进行信息交换,最终导致电网崩溃。信息没有交换的原因是美国各地区电网相互独立,电网建设和运行缺乏统一规划与管理。因此,建立统一的电网调度与管理机制及管理负荷、电源和输电网络的工作方式,可以保证电力系统安全、经济和高效运行。

*3.1.6 电力系统的调度与管理

电能难以大规模存储,其在电力系统中的生产和使用只能同时进行。随着电源和负荷的特性和规模不断增加且分布广阔,形成了以大型发电机组、超高压输电线路为主要特征的大型互联电力系统。借助电力系统,可以实现不同特性电源的相互补充,可以提高整体负荷的平稳性,有利于提高电路系统运行的经济性和可靠性。但电力系统中的一处故障可能会触发、波及系统的大规模连锁故障,破坏电网的安全运行。如2003年美-加的8.14大停电、丹麦的9.23大停电、意大利的9.28大停电都是在故障引起连锁反应后最终导致电网崩溃的典型事故。因此,保证大型互联电力系统的安全经济运行,需要有与之相匹配的电力调度系统,监控和管理电力系统的运行,处理系统中的事故和异常状态,并为用户提供优质的电能。

1. 电力调度技术的发展

为了合理监控和管理电力系统的运行,处理系统中的事故和异常状态,人们在电力系统形成的早期阶段,就注意到电力系统的远程监控问题,并提出设立电力系统的调度控制中心。在开始阶段,电话是信息传送的主要工具,调度人员需要很长时间才能掌握有限的运行状态信息,因此电力系统的调度主要依据自动装置、有限的状态信息和调度人员的经验完成。随着模拟电子及通信技术的发展,电力系统中远方的仪表读数和信号继电器的位置信息可以实时传递到调度中心的模拟盘上,调度人员基于这些信息可掌握电力系统的运行状态,并能够及时发现和处理事故。随着数字电子及通信技术的发展,数字式远动装备出现并应用于调度中心,使电力系统状态信息的收集和传输技术有了很大提升。计算机与远动装置和通信设备组成的系统直接应用于电力系统调度,主要用来完成电力系统运行状态的监控(信息的收集、处理和显示)、远距离开关操作、自动出力控制及经济运行,以及制表、记录和统计等功能,这个系统称为监视控制与数据采集系统(SCADA——Supervisory Control and Data Acquisition)。20世纪60年代后期,国际出现许多大面积停电事故以后,电力系统运行的安全性引起人们的高度关注,在原有SCADA系统功能的基础上,增加了安全分析与安全控制功能以及其他调度管理和计划管理功能,这个系统被称为能量管理系统(EMS——Energy Management System)。利用这个先进的自动化管理系统,运行人员的工作已从过去监视、记录为主转变为较多地进行分析、判断和决策,形成了调度自动化系统。20世纪末计算机网络技术应用于调度自动化系统后,可将配电网中的信息、有关部门的管理与规划信息相结合构成综合自动化系统,实现了信息共享和功能互补,使电力系统运行的安全性、经济性进一步提高。

2. 电力系统调度的任务

在电力系统中,事故是不可避免的,为保障电网安全、稳定运行,电力调度自动化系统需要实时监测电网的运行状态,根据负荷水平的动态变化实时优化电网的运行方式,提高电网的安全裕度。在电力系统中,有功和无功负荷持续变化,当有功负荷超过发电有功时系统频率就下降,当无功负荷超过发电无功时母线电压就降低,因此,电力调度要跟踪负荷变化实时调整发电出力,保证供电质量。在同样电力负荷的情形下,通过电力调度,调整发电机出力,可提高发电机组运行的经济性,降低输电损失。通过电力系统调度可以保证提供有效的事故后恢复措施。在电力系统事故恢复过程中,借助电力调度系统,可使超载运行设备恢复正常运行,可对失电负荷恢复电力供应,还可以实施黑启动。

3. 电力系统的分层调度控制

世界各国的大型电力系统都采用分层调度控制。典型的分层结构就是将电力系统调度中心分为主调度中心、区域调度中心和地区调度中心。分层调度控制将全电力系统的监测控制任务分配给不同层次的调度中心。下一层调度根据上一层调度中心的命令,结合本层电力系统的实际情况,完成本层次的调度控制任务,同时向上层调度传递所需的信息。通过分层调度控制,可对系统的运行进行统一调度指挥,使电力系统的运行能满足发、用电要求,保证供电质量,并提高系统运行的安全性和经济性。我国根据电压等级和行政区划,将电网调度机构分成5层,即国家调度中心(简称国调)、跨省(自治区、直辖市)调度中心(简称网调)、省(自治区、直辖市)级调度中心(简称省调)、地区级调度中心(简称地调)和县级调度中心(简称县调)。图3.1.3所示为我国的电网调度体制示意图。

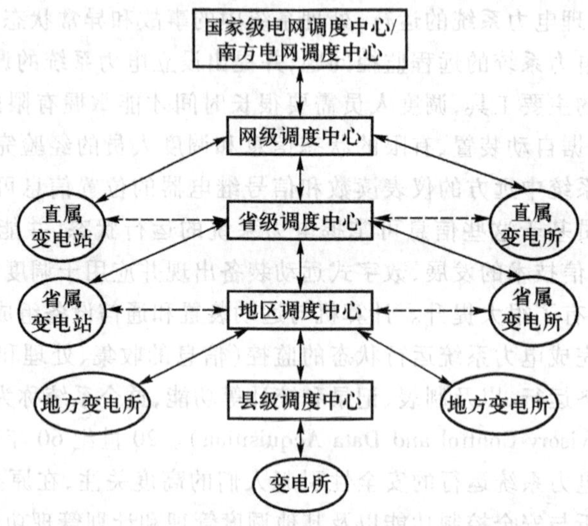

图3.1.3 中国电网调度体制示意图

4. 调度自动化系统的基本结构

现代调度自动化系统由信息采集和控制执行子系统、信息传输子系统、信息处理子系统和人机联系子系统构成。图3.1.4是调度自动化系统的基本结构。信息采集和控制执行子系统是调度自动化的基础,其主要任务是采集调度管辖发电厂、变电站中各种表征电力系统运行状态的实时信息,并根据需要向调度控制中心转发各种监视、分析和控制所需的信息,同时,接受上级调度中心发出的操作、控制和调节命令,直接操作或转发给本地执行单元或执行机构。信息传输子系统将信息采集子系统采集的信息及时、准确地送给调度控制中心。信息处理子系统主要由计算机组成,是调度自动化系统的核心,它主要进行实时信息的处理、编制计划和统计数据、安全性分析、经济性分析和电能质量分析。人机联系子系统主要包括模拟盘、图形显示器、控制台键盘、音响报警系统、记录打印和绘图系统。通过人机联系子系统,调度人员可以随时掌握系统运行情况,及时下达决策命令,实现对系统的实时控制。习惯上,把信息处理和人机联系子系统称为主站端系统,而把信息采集和控制执行子系统称为厂站端系统。

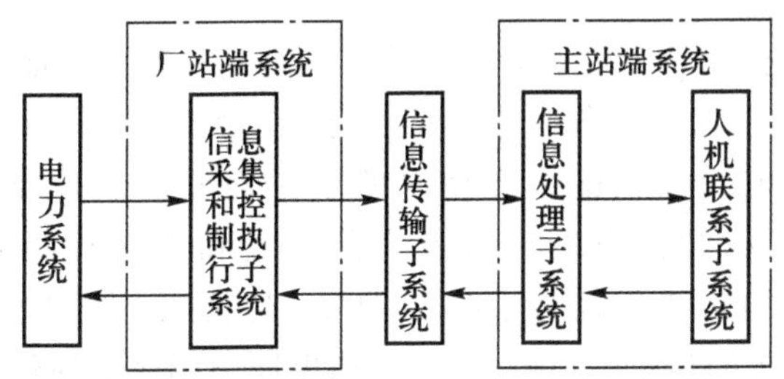

图 3.1.4 调度自动化系统的基本结构

*3.1.7 智能电网

1. 智能电网提出的背景

2009 年美国将智能电网作为一项国策提出之后,被世界各国视为推动经济发展和产业革命,建立可持续发展的生态文明社会的新基础和新动力。智能电网发展的驱动力主要来自四个方面。

(1) 电网需应对风能、太阳能等可再生能源大规模发电带来的挑战

从电能供应和电网运行的角度来看,风能、太阳能等可再生能源发电方式普遍存在间歇性强、波动性大、可控性差等一系列问题。如果不能建立与之相适应的电力网络结构和运行规则,如果不能大幅提高电网对广域量测信息和风能/日照等实时资源信息的综合分析和处理能力,如果不能全面提升电网在能量管理和调度方面的智能预测和优化调度水平,电网就难以适应可再生能源大规模发展的要求,并成为制约新能源发电和能源生产、消费结构调整的主要瓶颈和阻力。

(2) 电网需适应电动汽车、小容量分布式电源等新型用电方式带来的影响

环境与能源危机的双重压力促进了用电结构的变化。电动汽车、家庭式光伏发电等的出现,使得电能从电网到用户的单向流动转变为用户与电网间的双向流动,也使得用户的用电需求从不可控的刚性向可控的柔性转换。现有配电网的结构、保护、控制方式,用户侧能量管理模式、电费结算方式等都难以适应这种变化。

(3) 电网建设需考虑设备老化和更新换代的投资效益

美国和欧洲的大部分发达国家正在使用的电网设备在逐渐老化,先后达到退役年龄,即将迎来大范围更新换代的投资需求。如何使电网建设投资达到效益最大化也是未来电网发展的关键。

(4) 智能化电网的建设是经济发展的引擎

当前全球信息化产业和网络经济对经济发展的推动力日趋下滑,以美国为代表的发达国家急需寻找新的经济发展引擎和动力。这一新的动力定位在“以家庭网络化为起点,以用电设备的信息化和智能化控制、智能化调节为载体,使信息网络向用电设备和供电设备构成的能源电力网络渗透和发展”。创造一个超越互联网革命的新能源产业革命,并以此拉动全球经济的转型成为

美国等发达国家推进智能电网建设的动因。

2. 智能电网的概念

美国《能源独立与安全法案》中对智能电网的定义是具有双向的能量流和信息流的网络，它是将分布式发电、高压电网、大容量储能装置、智能化家居、电动汽车等有机连接在一起的现代电力网络，能够实现发电、输电、配电和用电的全方面监控和优化调度。《未来的欧洲电网——愿景与策略》中提及，智能电网应该能充分开发和利用欧洲范围内的大型集中式发电和小型分布式发电，为用户提供高效、可靠、灵活、易接入的电能，同时实现用户与电网的互动，并保证电网安全、经济的运行。也就是说，智能电网中涵盖了现代电力工程技术、分布式发电和储能技术、高级传感和监控技术、信息处理与通信技术的新型输配电系统。目前，智能电网的发展趋势，主要体现在：①电网对分布式和集中式可再生能源的接纳能力；②在电能生产、传输和应用中各类电力设备运行状态的信息化和智能运行技术的应用；③电网和用户间能量与信息的良性互动机制。

3. 我国智能电网的建设

早在“智能电网”概念兴起之前，我国在电力调度自动化、变电站综合自动化、广域量测系统、自动抄表系统等方面进行了一系列信息化建设工作。随着“智能电网”理念的发展，国家电网公司提出建设“坚强智能电网”的发展规划。“坚强智能电网”是以特高压同步电网为中心，交直流和各级电网协调发展，具备大范围、大规模、高效率的能源优化配置和高安全、高可靠性、高互动性。规划中提出建设 1 000 kV 交流特高压骨干电网，建成智能化的变电站和调度中心，使电网具备接纳和优化配置大型火电、水电、核电和可再生能源发电的能力，使分布式发电和电动汽车等各种用电设备实现“即插即用”，满足发电和用电之间的智能化实时互动。

3.2　交流输电系统

19 世纪末，各种交流电机相继出现，交流电路理论逐步完善，确立了三相交流输电系统的主导地位，由于采用了交流电，各种不同交流电压之间的交换、输送、分配和用电都很方便，现代各个电力系统中主要是采用交流输电的。

交流输电技术的发展是以增加输送容量、提高输电线路电压等级以及增加输送距离为标志的。与各输电线电压等级相适应的输送功率和输送距离见表 3.2.1。

表 3.2.1　与各输电线电压等级相适应的输送功率和输送距离

电压等级/kV	10	35	110	220	330	500
输送功率/MW	2.0	10.0	50.0	500	800	1 500
输送距离/km	20	50	150	300	600	850

3.2.1 交流输电线

交流输电线可分为架空线路与电缆线路两大类。前者应用于地区间的输电，一般电压较高、距离较长。后者应用于城市内的输电，电缆线路一般埋设在地下，线路电压为 35 kV 或 10 kV，也有 380 V/220 V 的低压，在大型工厂企业内部也采用电缆输电。与架空线路相比，电缆线路的铺设成本要高许多，所以在电力系统中只有在一些不适于架空线路的地方如过江、跨海或严重污染区才考虑使用电缆输电。

架空线路由导线、避雷线、杆塔、接地装置、绝缘子和金具等部分构成，其结构如图 3.2.1 所示。导线用以传输电流、必须具有足够的截面以保持合理的电流密度及比较小的电能损耗，同时又必须有足够的机械强度和抗大气化学腐蚀能力。一般采用钢芯铝绞线，它能兼顾机械强度、导电能力、散热面积等要求。避雷线主要用于防止遭受雷击引起事故，避雷线架设在输电线的上方，雷击时雷闪首先击中避雷线并通过接地装置将雷电流引入大地。由于避雷线不输送电流，所以一般采用钢绞线。杆塔是架空线路的支撑结构，由钢筋混凝土或钢材构成，根据使用目的和受力的要求其结构有普通直线杆塔、耐张杆塔、转角杆塔、终端杆塔、跨越杆塔、换位杆塔等。

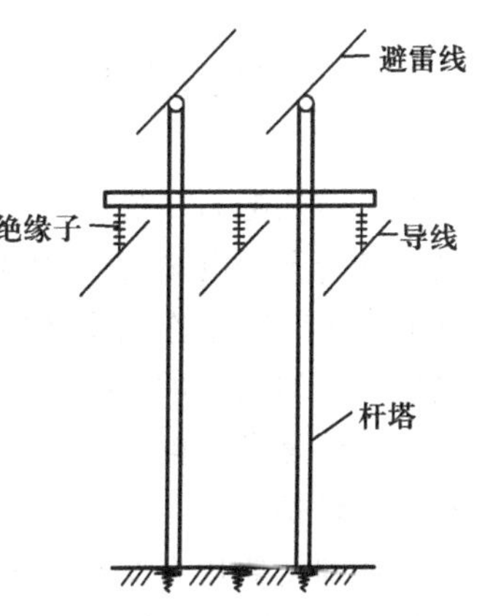

图 3.2.1 架空线路

绝缘子用来把夹持导线的金具固定在杆塔上，并保持导体与杆塔之间的良好绝缘。绝缘子由陶瓷制成，如图 3.2.2(a)所示。单个绝缘子的耐压等级有限，一般不超过 20 kV，所以一般用单个悬式绝缘子串接组成绝缘子链来使用，其结构如图3.2.2(b)所示。

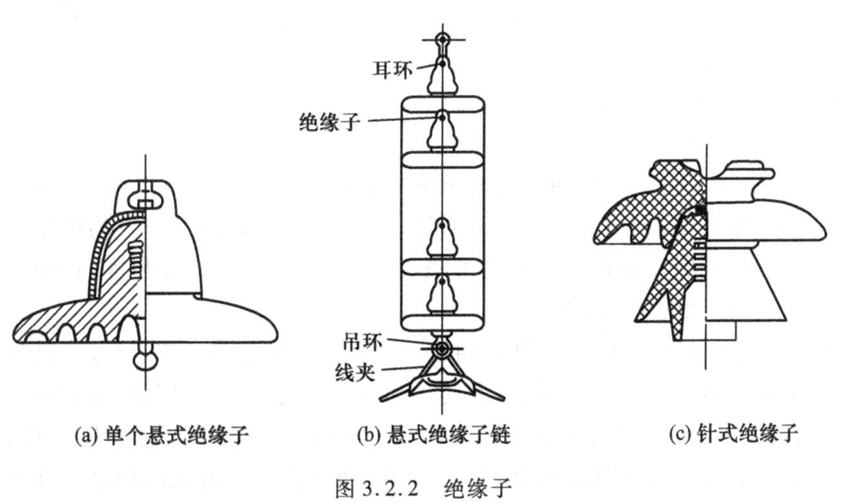

图 3.2.2 绝缘子

金具是架空线路中所使用的技术部件的总称，用来夹持导线(如各种线夹)、连接绝缘子、压接导线、防止导线振动等。

高压架空输电线路在周围空间到大地表面的范围内会感应出强电场，导线通电时又会在周围空间产生强磁场，电场的静电感应会对人体、金属物体、建筑物产生感应电压，交变磁场又会对邻近的电力及通信线路产生电磁感应，形成电磁干扰。所以输电线必须悬挂在足够的高度，并使之与其他线路保持足够的距离，以保证地面上的人身安全及减少电磁干扰。因此高压架空输电线路所通过的路径必须占用一定的土地面积和空间区域，称为线路走廊或高压走廊，在该走廊内除杆塔基础占用一定土地外，其余土地可用于耕作和绿化，但不能用于建设居住用房，人应避免长期在强电磁场的环境下生活，因为强电磁场会引起人生理上发生一些不良反应，这些反应可能会引起心情上的变化甚至会引起某些慢性不可预知的疾患。另外在高压输电线一旦发生事故特别是短路或雷击时将对故障点附近地面的生物带来致命的后果。

3.2.2　变压器和变电站

变电站是电力系统中对电压和电流进行变换，接受电能及分配电能的场所。在发电厂内的变电站是升压变电站，其作用是将发电机发出的电能升压后馈送到高压电网中。电力网中的变电站通常是起联络作用及降压作用，即把同一电压等级的各路进线连接起来，并逐次降压直到各个电压等级的用户（如图 3.1.1 所示）。变电站中的主要设备是大容量变压器。

变压器是利用电磁感应原理，从一个绕组向另一个绕组传输同频率的交流电能或电信号的静止电气设备。

变压器主要用在交流输电系统中，它能高效率地升高交流电压、减小电流，以实现大功率远距离输电，又能方便地降低电压增大电流，以实现低压近距离供电的要求；而且多绕组变压器的各绕组之间用高强度绝缘隔离，可实现各个不同电压等级的电路独立运行，相互间不存在电的联系。

另外在各种电子设备及控制装置中亦大量使用各种小功率变压器及专用变压器，例如整流变压器、控制变压器、隔离变压器、电炉变压器、电焊变压器、矿用及船用变压器、仪用互感器，输入及输出变压器、脉冲变压器等。这些变压器用途不同，形态各异，体积重量差异极大，品种及规格更是千变万化，但它们的基本工作原理却是相同的。

1. 变压器的主要结构

在交流输电系统中应用最广的油浸式电力变压器的外形如图 3.2.3 所示，其主体部分放在油箱内，箱内灌满变压器油，利用油受热后的对流作用，把铁心和绕组产生的热量经由箱壁上的散热管发散到空气中，同时变压器油又隔绝了绕组与空气，提高了绝缘强度，避免了空气中的水汽及其他气体对绕组绝缘的腐蚀作用。

铁心和绕组是变压器的主体结构，铁心通常用表面涂有绝缘漆的 0.35 mm 硅钢片叠成或卷成，近来已采用低损耗的冷轧硅钢片，其厚度达 0.2 mm，以进一步降低损耗和发热。

铁心结构有心式和壳式两种，如图 3.2.4 所示，心式结构中，绕组包围铁心柱，通常用于高压、小电流的场合。壳式结构中铁心套住绕组，常用于低电压、大电流的场合。变压器的铁心构成了闭合的磁通通路，并采用高磁导率低损耗的软磁材料，一方面是为了减小磁滞涡流损耗，另一方面是使磁通尽量都集中在铁心中，力求减小漏磁通。

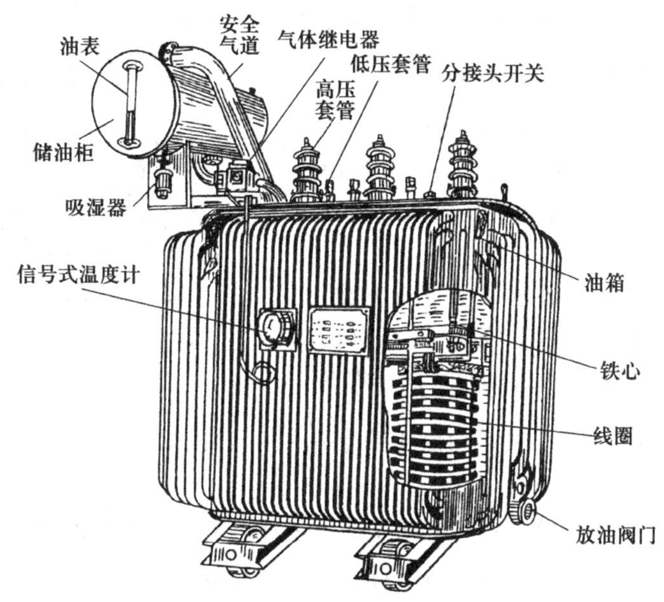

图 3.2.3 油浸式电力变压器

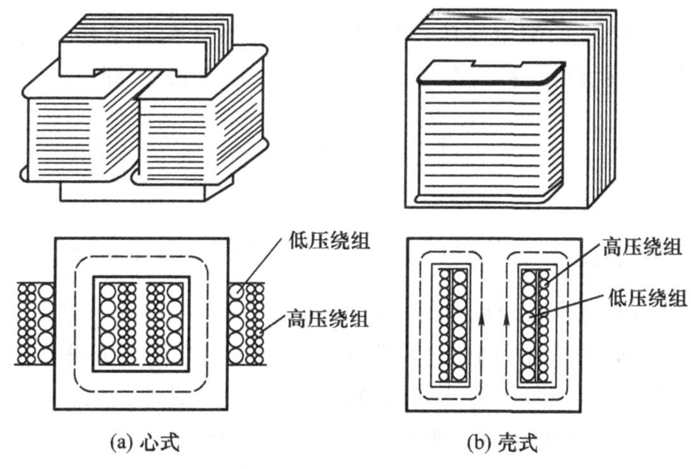

图 3.2.4 变压器的铁心结构

绕组是由绝缘铜线或铝线绕制而成,是线圈的组合,它构成了变压器的电路部分。以最简单的单相双绕组电力变压器为例,其一个绕组与电源相连用以输入电能,称为一次绕组(旧称原绕组、初级绕组),另一个绕组与负载相连,用以向负载输出电能,称为二次绕组(旧称副绕组、次级绕组)。

2. 变压器的工作原理

(1) 变压器的空载运行

如图 3.2.5 所示变压器的一次绕组接电源,二次绕组开路,即二次绕组中没有电流,一次绕组电流 $\dot{I}_1 = \dot{I}_{10}$ 的运行状态称为空载。空载时的变压器就相当于 2.2.2 节中所介绍的交流电感线圈，其特点是交流电源电压$\dot{U}$近似地与铁心中交流主磁通Φ在绕组中所感应的交流感应电动势$\dot{E}_1$相平衡，即在漏磁通$\Phi_{\sigma1}$很小，绕组电阻也很小的情况下，电源电压$\dot{U}_1 \approx -\dot{E}_1$，其有效值为

$$U_1 \approx E_1 = 4.44 f N_1 \Phi_m \tag{3.2.1}$$

式中，f为电源频率；N_1为一次绕组匝数；Φ_m为交流主磁通最大值。

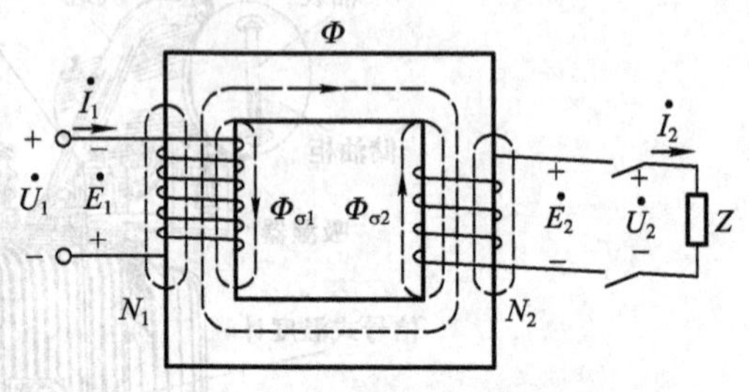

图 3.2.5　变压器的工作原理

对于式(3.2.1)也可以通过以下分析得出。在一个周期内主磁通由$+\Phi_m$变成反方向的$-\Phi_m$，然后又从$-\Phi_m$变成$+\Phi_m$，也就是在一周期内主磁通变化的绝对值是$4\Phi_m$，其平均变化率为$\frac{4\Phi_m}{T}$，由于绕组有N_1匝，这样一次绕组中感应电动势平均值$E_{1cp} = 4N_1 \frac{\Phi_m}{T} = 4fN_1\Phi_m$，可以证明正弦交流电量有效值和平均值之比为1.11，这样

$$E_1 = 1.11 E_{1cp} = 4.44 f N_1 \Phi_m$$

由于套在铁心上的二次绕组同样也受到主磁通的电磁感应作用，同理二次绕组中的感应电动势E_2为

$$E_2 = 1.11 E_{2cp} = 4.44 f N_2 \Phi_m \tag{3.2.2}$$

式中，N_2为二次绕组匝数。

在空载情况下，二次绕组的端电压$\dot{U}_2$以$\dot{U}_{20}$表示，$\dot{U}_{20}$就等于$\dot{E}_2$。这样一次绕组与二次绕组的电压比就等于两个绕组的匝数比，称为变压比，简称变比，用k表示，即

$$\frac{U_1}{U_{20}} = \frac{E_1}{E_2} = \frac{N_1}{N_2} = k \tag{3.2.3}$$

(2) 变压器的负载运行

变压器的一次绕组接电源，二次绕组与用电负载接通，在感应电动势$\dot{E}_2$作用下，负载电路中产生电流$\dot{I}_2$的运行状态称为负载运行，此时一次绕组中的电流由空载时的$\dot{I}_{10}$增加为$\dot{I}_1$。

在分析负载运行时，必须掌握一个原则，即变压器的一次绕组是并联在电源上的，而电源电压是恒定的，在任意时刻一次绕组中的感应电动势以及主磁通必然是恒定的，无论是空载或是负载，还是负载变化都不例外，这就是恒磁通原则。在铁心中既然磁通是恒定的，产生磁通的磁通势也应该是恒定的。也就是说变压器空载时的磁通势必须等于负载时的磁通势，即

$$N_1 \dot{I}_{10} = N_1 \dot{I}_1 + N_2 \dot{I}_2 \approx 0 \tag{3.2.4}$$

由于空载时一次绕组电流$\dot{I}_{10}$极小，仅占额定电流1%～3%，所以可以近似认为$N_1 \dot{I}_{10} \approx 0$。这样可得

$$\dot{I}_1 = -\frac{N_2}{N_1}\dot{I}_2 = -\frac{\dot{I}_2}{k} \tag{3.2.5}$$

也就是说一次绕组和二次绕组中的电流之比为匝数比的倒数，式(3.2.5)中的负号表示$\dot{I}_2$与$\dot{I}_1$的相位是相反的。

在负载情况下，一次绕组与二次绕组的视在功率是相等的，即

$$S_1 = U_1 I_1 = \frac{kU_2 I_2}{k} = U_2 I_2 = S_2 \tag{3.2.6}$$

实际的负载阻抗 $Z_L = \frac{\dot{U}_2}{\dot{I}_2}$，通过变压器的电磁耦合，反映在电源电路中的等效阻抗 Z_L' 为

$$Z_L' = \frac{\dot{U}_1}{\dot{I}_1} = \frac{k\dot{U}_2}{\frac{\dot{I}_2}{k}} = \frac{k^2\dot{U}_2}{\dot{I}_2} = k^2 Z_L \tag{3.2.7}$$

也就是说在变压器二次绕组端接入负载阻抗 Z_L，对于电源来说，其效果就与在电源电路中接入阻抗 Z_L' 一样。

从前面的简单分析可以看到，虽然变压器的一次绕组和二次绕组在电路上是隔离的，但是通过主磁通的耦合，实现了在不同电压的电路之间传输电能，而且还有变换电压、变换电流、变换阻抗的作用。同时也看到当二次绕组有电流及功率输出时，依赖于磁通势平衡，一次绕组必然有相应的电流及功率输入，二者时时刻刻都保持着一种平衡关系。

3. 变压器的运行性能

实际变压器的两个绕组总有一些漏磁通及电阻，这就造成了负载电流变化时的输出电压波动，当电源电压 U_1 和负载功率因数 $\cos\varphi_2$ 固定时，输出电压 U_2 随负载电流 I_2 变化的关系曲线称为外特性曲线，如图 3.2.6 所示，可见在电阻及电感负载情况下，电压 U_2 随电流 I_2 的增加而有所降低。

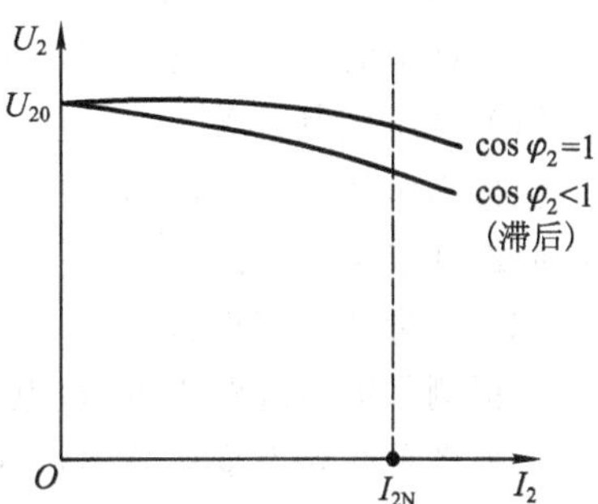

图 3.2.6 变压器外特性曲线

通常把变压器在电源电压 U_1 额定，由空载达到额定运行时的输出电压相对变化率 $\Delta U\%$ 称为电压调整率，即有

$$\Delta U\% = \frac{U_{20} - U_2}{U_{20}} \times 100\% \tag{3.2.8}$$

一般变压器的电压调整率很小，在规定的功率因数条件下不超过 5%。假若变压器空载时输出电压 U_{20} 为 400 V，在额定负载时的输出电压为 380 V。

变压器运行时具有铁心磁滞损耗及涡流损耗（称为铁损耗）及绕组导线中的电阻损耗（称为铜损耗），相应地效率 η 可表示为

$$\eta = \frac{P_2}{P_1} \times 100\% = \frac{P_2}{P_2 + P_{Cu} + P_{Fe}} \times 100\% \tag{3.2.9}$$

式中，P_2 为输出功率；P_{Cu} 为电阻损耗功率，与电流平方成正比；P_{Fe} 为磁滞涡流损耗功率，在频率不变情况下近似与电源电压平方成正比。

降低损耗不仅可以提高变压器运行的经济性，而且可以降低变压器的发热和温度，可以使变压器向大容量发展。中小型变压器的效率为 95% ~98%，大容量变压器效率可达 99% ~99.5%。

4. 变压器的额定值

变压器的额定值是在铭牌上标出的能长期连续运行的数据，主要有：

(1) 额定频率 f_N

变压器应接交流电源的频率，我国规定为 50 Hz。

(2) 额定电压 U_{1N}、U_{2N}

U_{1N}为变压器一次绕组应接交流电源的电压。U_{2N}为变压器二次绕组空载时的输出电压。对三相变压器,额定电压都指线电压。额定电压值取决于变压器的绝缘强度及铁心磁通密度。电源电压超过额定值会使铁心过热并造成绝缘老化及击穿。

(3) 额定电流 I_{1N}、I_{2N}

在额定电压以及规定的环境温度(40 ℃)及容许温升的条件下,允许长期连续运行的一次绕组和二次绕组电流。对三相变压器都是指线电流。

(4) 额定容量 S_N

根据额定电压及额定电流确定的额定输出视在功率。对单相变压器,$S_N = U_{2N}I_{2N}$。对三相变压器,$S_N = \sqrt{3}U_{2N}I_{2N}$。变压器运行于额定容量时称为满载,超过额定容量称为过载,远低于额定容量称为轻载。当环境温度高于 40 ℃时,变压器应该降低容量以保证内部温度不超过绝缘的容许温度。若环境温度远低于 40 ℃时,则可以适当过载运行。

5. 变电站的其他设备

变电站中的主要设备除了各个电压等级的大容量变压器外,还应有:

(1) 高压控制开关

包括高压隔离开关(只能在线路空载时接通、断开电路)、高压断路器(又称负荷开关,容许带负荷断开或接通电路)。

(2) 测量和监视设备

包括测量输电线路中电压、电流和功率的仪表,各种遥测转换设备以及远传装置。

(3) 各种线路及变压器运行保护电器

当监视设备检测到故障时,按照规定的处理原则即能自动地迅速断开开关设备,以切除故障并发出相应的报警信号。

(4) 无功功率补偿装置

采用自动投切电力电容器或其他大容量的无功补偿设备,以调整输入线路的功率因数达到 0.95 左右。

(5) 各种操作、控制、显示装置

这些装置通常都安装在变电站的控制室中,控制操作的目的是断开、接通电力线路或变压器,改变线路的接线方式。在控制室通过遥测及遥控方式使在现场的各种开关动作,并把开关的状态返回到控制室,在控制屏上显示出来。

*3.3 直流输电系统

3.3.1 采用直流输电的原因

由交流输电线所连接起来的电力系统,虽然具有可以灵活变压的优点,但系统中还要求所有的发电机必须保持同步运行,在电网受到各种事故及故障干扰时必须有足够的稳定性;另外,输电线路中要有合理的无功功率补偿,以保证系统的电压稳定。在大容量高电压远距离输电时,不仅上述问题更显突出,而且输电线路对周围环境及生态的影响,以及对其他线路的干扰也更加严重。所以,目前在超高压远距离输电时,特别是在各电力系统之间的联络时,考虑采用直流输电。我国已经成功地把葛洲坝水电站发出的电能通过 ±500 kV 的直流输电线路送到上海南桥换流站,把三峡水电站发出的电能送到江苏武进政平换流站及上海白鹤换流站。

直流输电线与交流输电线相比较具有以下优点:

① 在同样电压等级及输送相同功率条件下,直流输电线路仅需两根输电线,线路杆塔结构简单,线路造价低、投资省,线路走廊窄。因为不存在交变电磁场,所以对通信线路及周围环境的影响小。

② 输电线路沿线电压分布平稳,没有电容损耗电流及电感电压降落。线路不需要无功功率补偿。

③ 线路所联系的两个交流电力系统不需要同步运行,也就不存在稳定性的相互影响。输送容量及距离与电网的稳定无关。

④ 线路功率损耗小,运行费用节省。发生事故时的影响范围小。

⑤ 由于线路上仅输送有功功率,利用对换流装置的控制,可以方便地实现定电流、定功率的调节。

3.3.2 直流输电系统的组成

典型的直流输电系统示意图如图 3.3.1 所示。图中交流电力系统 Ⅰ 作为送电端,送出交流功率给换流站 Ⅰ(整流站)的换流变压器 1,变压器 1 输出到整流器,把交流功率转换成直流功率。经直流输电线传输到换流站 Ⅱ(逆变站),逆变器将直流功率变成交流功率再经换流变压器 2,把交流功率送入受电端的交流电力系统 Ⅱ。

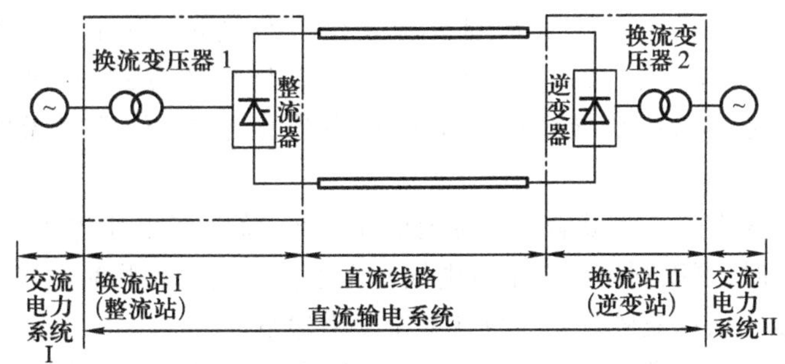

图 3.3.1 直流输电系统示意图

换流站是直流输电系统中的关键设施,其主要设备是换流变压器和换流装置,辅助装置是安装在交流侧和直流侧的滤波器(用以滤除换流中所产生的杂波),以及安装在交流侧的大容量无功功率补偿装置。所以换流站的造价远大于交流变电站的造价。

直流输电系统的电压及容量受制于换流装置的容量及容许电压。目前大功率换流阀是采用高电压大电流的晶闸管器件串并联组成的，运行中要保证其恒温及洁净的工作环境，并保护其不发生过载及过电压。

直流输电线通常采用双极系统，该系统中一根线对地电压为正，另一根线对地电压为负，送电端及受电端各有两组换流设备串联，其中性点分别接地或用一根低绝缘的中性线连接起来，如图 3.3.2 所示。

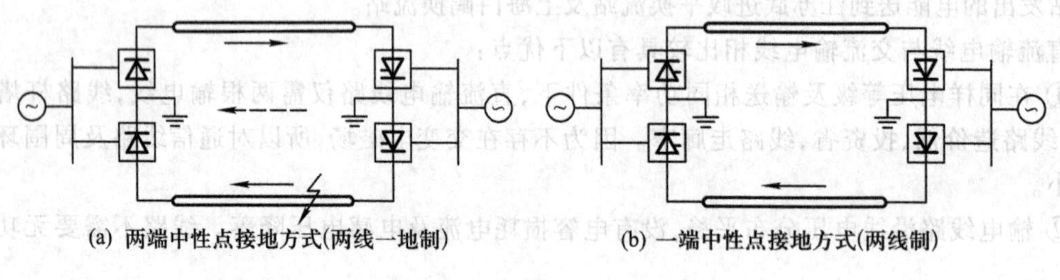

(a) 两端中性点接地方式(两线一地制)　　(b) 一端中性点接地方式(两线制)

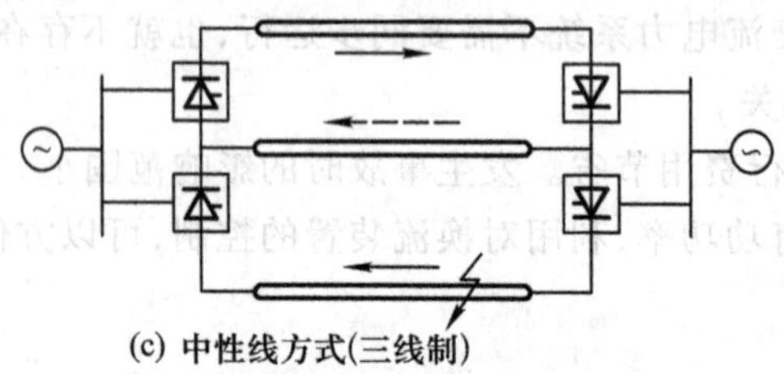

(c) 中性线方式(三线制)

实箭头——正常时电流方向

虚箭头——极间运行后回流电流方向

图 3.3.2　双极直流输电系统

采用两端中性点接地方式可以节省一根导线，利用大地作为导体，固定两端的中性点电位，形成两组直流供电回路。在理想情况下，两组回路参数对称，电流相同，在两个接地点之间的回路电流相互抵消，大地中没有电流通过。但是实际上总会有少量的不平衡电流通过，对沿线埋设在地下的金属管线及基础设施发生电化腐蚀，另外也会影响沿线的地磁分布。为此可以采取送电端中性点接地、受电端中性点悬空的方式，以杜绝大地中的不平衡电流，或是用一根低绝缘的接地导线把两端中性点连接起来，但这样做要增加不少投资，一般应用较少。

采用双极性系统的优点是两根输电线对地电压平衡，降低了电压等级。另外在一根输电线或换流设备发生故障时，可以利用另一根输电线与大地构成的回路临时输送一半电力(一端接地方式需变换成两端接地)，待故障排除后再恢复全功率输电。

直流输电虽然具有很多优点，但是由于换流站投资很大，换流装置的过载能力较低，高电压大电流的直流开关设备在技术上还不完全过关，使之应用范围受到一定限制。只有在输电距离足够长，以及在输电线路上所节省的投资足以补偿换流站与变电站的投资差价时，直流输电在经济上的优越性才逐步显现出来。所以直流输电适用在大容量远距离输电、跨海输电，以及作为两个交流电力系统之间的非同步联络等方面。

3.4　低压配电系统

3.4.1　配电方式

配电系统是电力系统向用户分配电能的重要环节。低压配电系统是指1 kV以下电压的配电系统。通常由配电变压器、低压配电线路以及相应的控制开关及保护装置构成。习惯上把从配电变电站一直到用户进户线的电力网络称为配电系统,工厂企业配电系统如图3.4.1所示。除了某些大功率电动机采用高压供电外,车间内的用电设备均采用 380/220 V 低压供电。

目前常用的低压供电方式有三相三线制,三相四线制,单相二线制等。在工厂车间中动力负载通常采用三相三线制供电,而照明、动力负载混合供电时应采用三相四线制(带中性线)的供电方式。单相二线制则主要用于居民住宅照明及生活用电,办公室、商场的照明、办公设备等用电也是单相二线 220 V 供电,通常单相供电线路是由三相供电线路的一根相线和一根中性线构成的。居民小区或办公楼内的单相负载应该均衡地分配在三相供电线路的各个相上。

我国的电气安全规程规定,低压供电线路除了供电导线外,还应敷设保护零线。该零线由三相电源中性点引出并独立敷设,不能与中性线合用。保护零线在敷设过程中不经过开关,并可多次接地以保持其零电位,供用电设备保护接零之用。这样单相供电时应为单相三线,三相混合供电时应为三相五线。为了便于识别,在敷设架空线路时应采用规定颜色的塑料绝缘导线,其中黄、绿、红分别表示 U、V、W 三相相线,蓝色则表示中性线,保护零线为黄绿双色线。另外双重绝缘护套线中的塑料芯线颜色亦应符合以上规定,不能乱接,特别是黄绿双色线只能专用于保护零线,不能用在其他线路中,如图 3.4.2 所示。

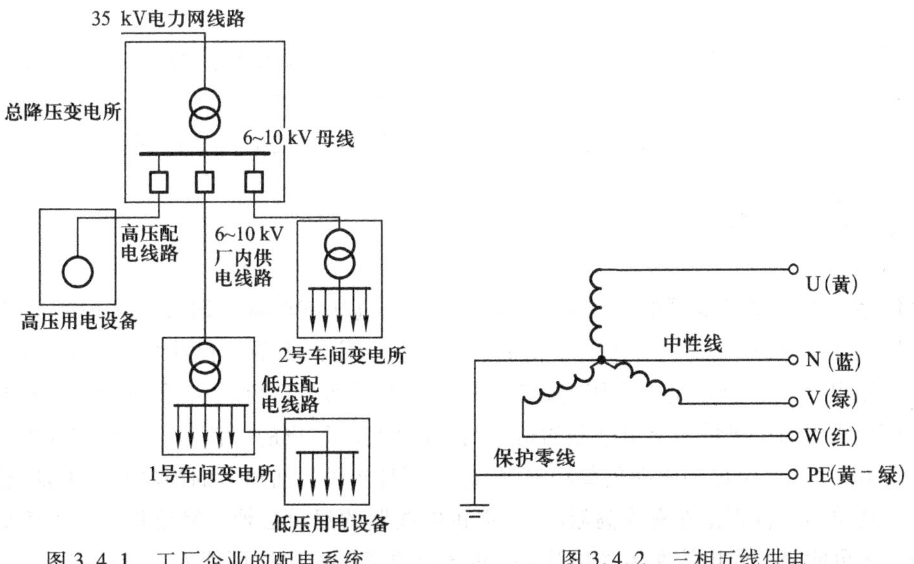

图 3.4.1　工厂企业的配电系统

图 3.4.2　三相五线供电

3.4.2 楼宇供电

楼宇通常泛指供居住、办公、商业、医疗、财经、科教等使用的高层建筑或建筑楼群。这些建筑群建筑面积大,功能齐全,成为城市中生活、工作的独立区域。楼宇中用电量大,供电要求高,是城市中的用电负荷中心。

楼宇用电负荷大致有照明设备,交通运输设备(电梯、自动扶梯等),给排水设备(各种水泵),采暖设备(如锅炉及配套设施),通风空调设备,通信、广播、电视设备,安全监控及保安设备,消防设备,计算机房以及其他功能性设施如厨房、洗衣房、娱乐场所。根据楼宇的主要用途还应考虑其功能设备的用电要求,如医疗设备、仓库设备、商场设备、放映或演出设备等。可见现代化的楼宇用电应该由区域电力网中引入高压供电线(10 kV 或 35 kV)通过楼宇内的配电变压器降压,并由配电室所引出的许多根低压电缆将电能直接输送到各个用电设备。

根据用电设备的运行特点可以将各种设备分成保障型、保安型、舒适型等几种。保障性负荷是指照明、给排水设备、电梯专用设备、通信及计算机设备、生活设施、锅炉等,按其重要程度又可分为一级及二级负荷。保安型负荷是指消防、通风、事故照明等设备,即保证建筑物及人身安全的用电,平时不用,在火警、进水等事故情况下应能立即投入运行。舒适型用电是季节性用电负荷如空调制冷系统及采暖系统,其重要程度不如前两种负荷。

为了保障楼宇中各个重要负荷的不间断用电,楼宇中应安装两台或多台配电变压器,并分别从城市电力系统的不同变电站取得电能。两台变压器平时分别对规定的负荷供电,在事故情况下,可以切除一台变压器,由另一台变压器对所有重要负荷供电。考虑到外部电网发生故障的最严重情况,外来电源全部切断,楼宇应该备有应急发电设备作为备用电源,向最重要的负荷提供事故用电。如事故照明、通信设备、电梯、锅炉、给排水等。备用电源应在 5 ~ 10 s内自动启动。对于不能中断供电的计算机房及相关设备,应采用不停电电源(UPS)供电。

对于用电量特别大的楼群,可安装几个变压器,并且根据负荷特点分别由专门变压器供电。例如空调装置等属季节性负荷可单设变压器供电,以便不用时切除。照明负荷亦可单设变压器以保证电压质量。另外变压器输出端应有适当联络,以提高供电的可靠性和经济性。

3.4.3 住宅供电

居民住宅供电是城市电网的重要部分,是由城市的高压配电网经居民小区内的 10 kV/380 V 变压器降压到 380/220 V,然后对住宅单相供电。除了居住密集的居民小区外,也有的低压供电线路是居民用电与工业企业用电合用的,当企业中有大型动力负荷起动、停止时,电压波动较大。

目前每套住宅的用电量随家用电器的增加而不断增多,每户的峰值负荷为5 ~6 kW,折算到供电电流可达 40 ~ 50 A(考虑到感性负载功率因数)。而且居民生活用电的高峰基本上都是同时出现在晚上 6 点到 10 点,特别是在夏季高温时,所以供电线路的建设必须以峰值负荷作为依据,并留有备用。为了尽可能减少供电线路上的电压降,供电用的变压器应尽可能安装在负荷中心。对于高层住宅,应安装在专门的变电室内,对于多层住宅可在户外空地上(绿化区域)设置箱式变电站。无论是室内变电室,还是箱式变电站都应选用环氧树脂浇封的干式变电器,不能采用油浸式变压器,以减少火灾的危险。由变电站到住宅的供电线路应采用埋设在暗管中的电缆或绝缘线,其截面积要留有一定余量以适应日后用电量的增加。

住宅供电线经住宅楼的垂直穿线管到达每层楼面的配电间,通过楼面配电板为每户居民安装的空气断路器、熔断器及电度表后,再连接到每户室内配电箱。按照规定,室内配电箱应由进户总断路器开关、漏电保护器以及多个分路单极空气断路器组成,如图 3.4.3 所示。空气断路器是一种新型的自动电器,当其输出线路及负载发生过载及短路时能够自动断开,只有在故障排除后才能合上。漏电保护器用以检测室内线路及负载的漏电是否超过规定值,当发生线路、用电器对地漏电或有触电事故时会使空气断路器自动断开而起到漏电保护的作用。各个分路空气断路器分别控制室内照明、空调插座、每个房间的家电插座供电,对分路的过载、短路起保护作用。房间中的插座应该采用单相三线安全插座,其接地极必须与专门的接地线或保护零线相接,不能与中性线共用。

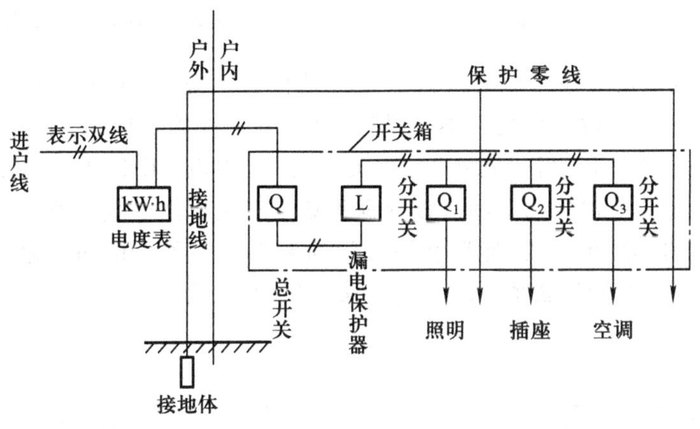

图 3.4.3 室内配电箱

电能的计量是住宅供电的重要环节。目前广泛采用感应系动作原理的电度表测量交流电能,其测量机构如图 3.4.4 所示。电压线圈加上供电电压 U 在铁心中产生磁通 Φ_U,电流线圈中通过负载电流 I 在铁心中产生磁通 Φ_I。两磁通在铝盘中产生涡流,并相互作用产生使铝盘转动的转矩。可以证明,该转矩与负载的消耗功率 $UI\cos\varphi$ 成正比。铝盘转动时受到永久磁铁的制动作用,所产生的制动力矩正比于铝盘的转速。当旋转力矩与制动力矩相平衡时,铝盘转速正比于负载功率,如果对铝盘的转数进行计算,则计算的结果就代表了所消耗的电能。每千瓦·时(度)电能所对应的铝盘转数称为电度表的转速系数,通常标明在电度表的铭牌上。

目前已广泛采用分时计费的电度表,可将高峰时段及低谷时段用电分别计价。分时计费电度表是采用电子计算装置,将铝盘转数通过光电传感器转换为电脉冲,然后再由时间控制开关控制高峰及低谷时段的计数时间,分别对电脉冲进行计数,并分别由峰载计量器和谷载计量器显示分时用电量。其原理如图 3.4.5 所示。

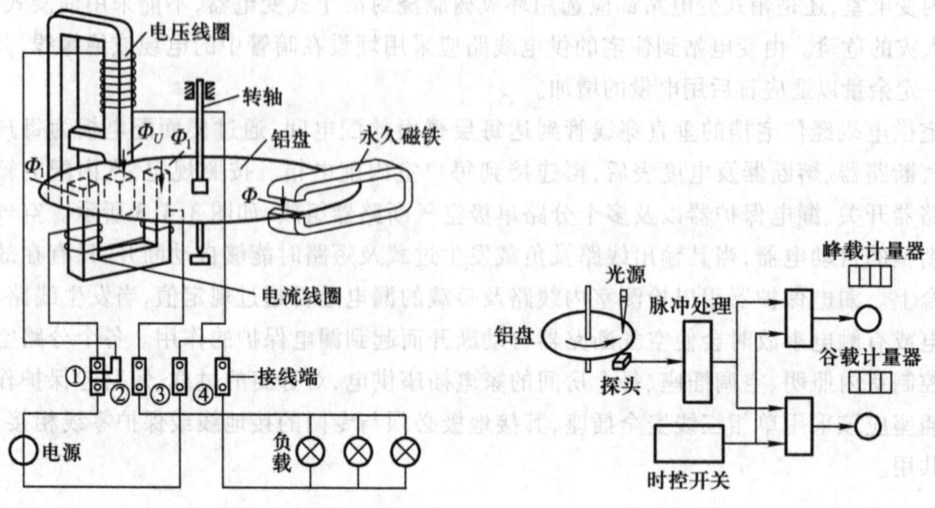

图 3.4.4　感应系电度表的结构原理　　　图 3.4.5　分时计费电度表原理图

利用电子积算的电度表还可以发展成远程自动抄表系统，如图 3.4.6 所示。在每个楼层的配电间内安装有每户的数据采集终端，它把每户的电子计算电度表、水表、煤气表所送过来的电脉冲进行记录存储处理，得出每小时、每天、每月的用电、用水、用气量，还可以得出平均消耗量及峰值消耗量与所出现的时间。该数据采集终端利用供电线载波技术把数据定时发送到小区的配电站中的系统集中器，然后利用专门的调制解调器（Modem）通过市内电话网与供电、煤气、自来水公司的控制站联系，接受控制站的指令发送数据，满足自动查询、自动结账及打印的需要。

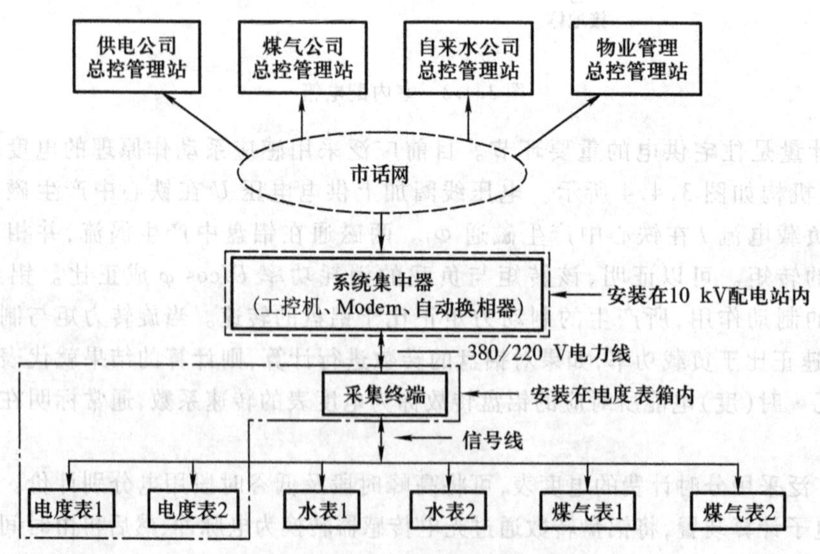

图 3.4.6　远程自动抄表系统

*3.4.4 工厂供电

工业企业是城市电网的主要用户,在工厂、车间等主要生产场地的负载为三相电动机,也有三相电炉及一些变流装置。工厂用电的特点是用电量大,功率因数较低,负载情况复杂,用电时负荷波动较大。通常一班制的负荷比较集中在上午 9 点 ~11 点,下午 1 点 ~4 点,二班制的负荷高峰还出现在晚上 6 点 ~10 点,与城市的照明负荷高峰相重叠。

由于生产设备绝大部分为三相负载,车间供电应采用三相四线制加保护零线构成的三相五线制混合供电方式(参见图 3.4.2),既可以供给三相负载,也可以供给单相负载,并提供必要的接零保护。对于大功率的三相负载,则采用三相三线制专线供电方式,并根据具体设备情况另加接地或接零的保护线。

1. 供电系统的构成

生产设备对供电的可靠性要求较高,另外对电能的质量如电压、频率也有一定要求。现代城市电网的容量极大,所以一般工厂中的负荷波动不会对电压、频率产生影响,为了保证用电可靠性,大中型工业企业通常从城市电网的两个不同的供电所供电,当其中一路电源发生故障或例行检修时,由另一路电源供电,两路互为备用。对于特别重要的生产设备还必须由企业自备备用紧急发电设备,一旦电网供电全部切断,立即启用备用电源保证设备的正常运行。

大中型工业企业的供电系统示意图分别如图 3.4.7 和图 3.4.8 所示,图中只用一根线来表示三相供电线(称为单线图),并且仅示意性地标出了高、低压母线上的联络开关,没有画出其他的配电电器。

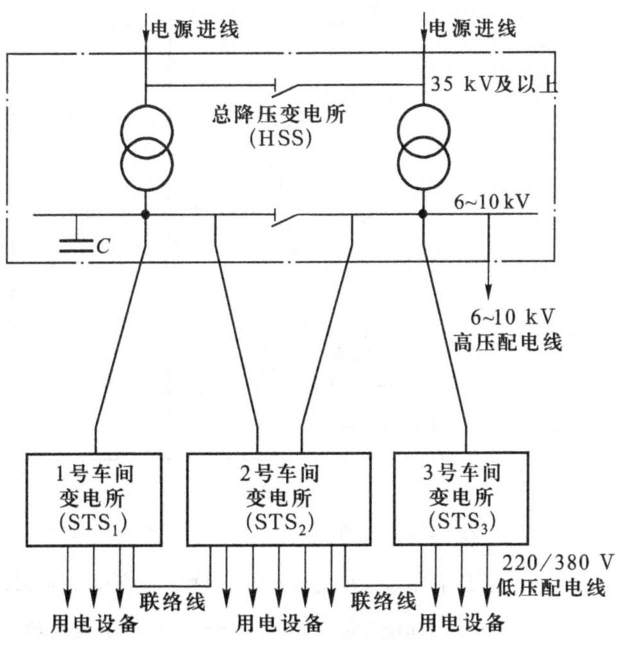

图 3.4.7 带有总降压变电所的工业企业供电系统

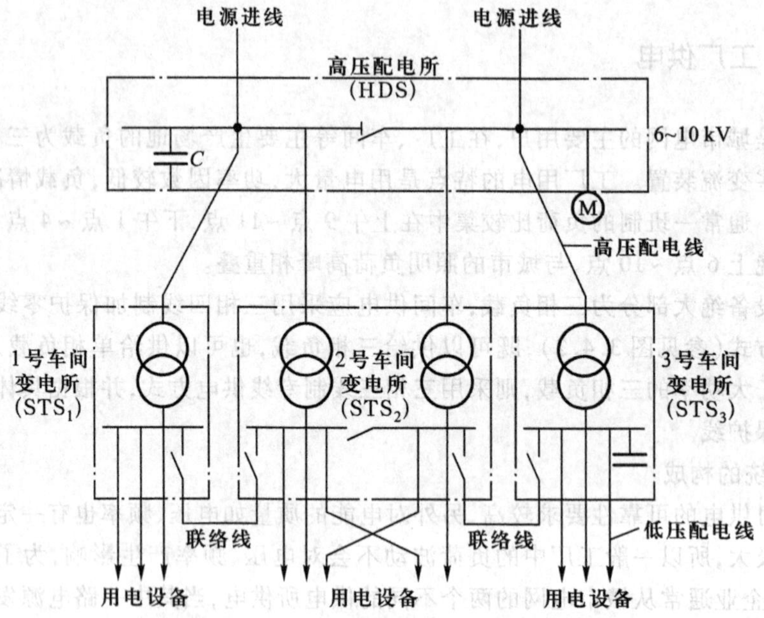

(a) 系统图

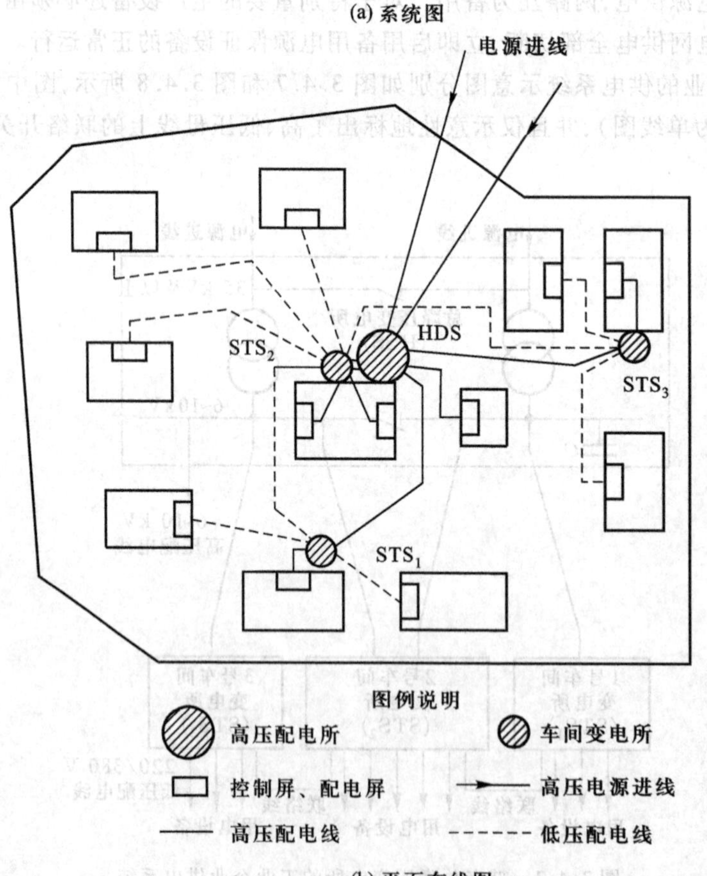

(b) 平面布线图

图 3.4.8　带有高压配电所的工业企业供电系统

图 3.4.7 与图 3.4.8 所示的系统中都有两条电源进线，在平时可以仅由一条进线供电，另一条进线断开作为备用，此时应将母线上的联络开关合上，构成一个系统。若因负载增加容量或某一电源进线容量受限时，可以将整个系统分拆为二，实施分段供电，此时必须把所有母线上的联络开关断开，成为两个完全独立的供电系统，这样就提高了整个供电系统的灵活性和可靠性。

图 3.4.7 中在 6 ~ 10 kV 母线上还有高压配电线路引出，直接供电给大容量的高压用电设备如高压电动机等，在高、低压母线上均接有补偿用电力电容器，用以补偿感性负载（如电动机）的无功功率，提高整个系统的功率因数。

一般生产设备的供电电压均为 380 V 线电压，这些设备均通过线路开关接在从车间配电柜引出的低压配电线路上，这些配电柜均由邻近的车间变电所供电，车间变电所的输入电压一般为 6 ~ 10 kV，可以由城市电网的 6 ~ 10 kV 配电线路通过工厂内的高压配电所供电（图 3.4.8），也可以从电网的 35 kV 配电线路通过工厂内的总降压变电所降到 6 ~ 10 kV 后，再输送到车间变电所。

若工厂所需的总负荷在 1 000 kV · A 以下，可以只设一个降压变电所，将电压降为 220/380 V 电压后对各车间供电；若工厂所需的总负荷仅在 160 ~ 250 kV · A以下时，视城市电网低压配电线的容量大小，可以直接由电网供电而不在厂内安装降压变压器，但需向供电部门缴纳相应的增容费用。

2. 配电装置

配电装置包括厂内所敷设的配电线路及配电控制柜。由于生产场地一般都比较狭小，现在车间与配电所之间，以及配电所与电网之间尽可能采用电缆连接，不要采用高架明线，一方面是为了安全以及厂区通道交通的畅通，另一方面也是为了美观。历史上所遗留下来的明线亦逐步改造成暗埋入地、电缆沟或电缆桥架敷设两种方式，前者费用相对较低但检修及改造颇为不便，后者虽然投资较大，但敷设及改线比较灵活，目前新建厂房基本上采取此种方式。

配电柜是供电系统的核心设备，按电压等级可分成高压柜（1 kV 以上）及低压柜（低于 1 kV），按功能可分为受电柜及馈电柜，另外还有联络柜及电容器柜等专用控制柜。受电柜是接收电网或工厂变电所输入电能的，电源进线通过隔离开关、熔断器、负荷开关（各种断路器）后接入高、低压母线（如图 3.4.9 所示），在受电柜上还安装有各种电能计量仪表及电压、电流指示仪表。馈电柜是将高、低压母线上的电能通过隔离开关、熔断器、空气断路器（负荷开关）后分路供电给各车间或各路用电负载（如图 3.4.10 所示），一般在馈电柜面板上仅有分路电压、电流指示，开关操作手柄及开关位置指示，有特殊要求的可安装电能计量仪表。一般馈电柜都有规定的额定容量，每柜的额定容量大约有 200 kV · A、400 kV · A、600 kV · A、800 kV · A，在额定容量范围内可以有多路输出。受电柜是一路进线一个柜，其最大容量可达 2 500 kV · A。

配电柜的各种开关是柜体中的主要设备，负荷开关即各种断路器是能带负荷切断电路的开关，它兼有过电流、欠电压及短路保护功能，能在线路运行异常的情况下自动断开，避免事故的扩大。小容量断路器一般为手动操作，大容量的则为电动操作（电磁铁或电动机）。

隔离开关是一种刀闸，不带灭弧机构，绝对不允许带负荷接通与断开，否则会产生很大的电弧引起火灾及人身伤亡事故。在检查、修理或换接电气设备时，当断路器已将线路断开后再断开隔离开关，以隔断电源与负载的通路，保证检修线路安全。待线路检修完成后先合上隔离开关，然后再合上断路器使线路通电。大容量配电线路的隔离开关无论在通、断情况下都应该在操作手柄上加锁，以保证不能随意地通、断操作，避免发生事故。

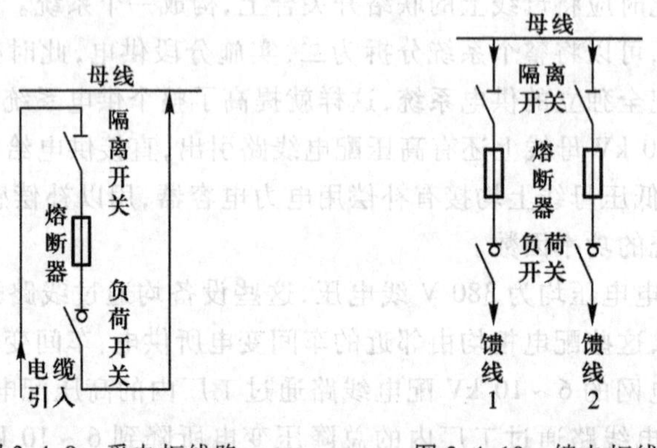

图 3.4.9　受电柜线路　　　图 3.4.10　馈电柜线路

熔断器是对线路进行短路保护的电器，当短路事故发生后极短时间内断开线路并发生熔断指示信号，它与断路器构成双重的短路保护机制，一旦断路器发生故障无法断开短路电流时，熔断器会及时断开电路。

现代的配电系统中，可以在配电柜中加装电流、电压、有功功率、无功功率的数据采集及远传装置，也可以采集开关的位置及操作信号以及现场的实时图像，实现全厂动力系统运行的集中监控。如有需要也可以对各个开关进行远距离操作，实现现场无人值守的配电系统自动化。

3. 供电系统的组织与管理

供电系统的生产岗位与一般生产岗位不同，其所负责任以及影响面特别重大，不允许发生人为的故障与事故，如稍有闪失将会造成重大经济损失及人身伤亡，所以在岗人员必须经过严格选配及业务考核，以保证整个供电系统能正常无事故运行。

工业企业的动力部门应保证 24 h 值班制度，并对配电装置进行定时巡检，对于倒闸操作（开关通断操作）必须两人共同在场，一人监视一人操作，目测确认开关操作前后的通断状态，并对每一操作做好记录。一旦发生线路及设备故障，维修电工应及时到场排除故障修理设备，事后还应分析故障原因，采取适当的技术措施，防止故障再次发生。平时应有计划地定期对线路、配电设备检查维护，更换易损零部件，保证线路及设备状态良好。

动力部门的在岗人员应定期进行技术培训、定期考核，保证其业务熟练及保持较强的责任感，而且还应该定期进行安全技能培训与考核，做到持双证上岗。对于负责高压系统检修的高压电工，必须按照我国现行的规范进行高压电工的培训与考核，绝对不允许低压电工从事高压系统的操作，亦不允许无证人员上岗操作或有证人员越级操作，保证供电系统的规范生产与管理。

工业企业供电系统的运行和管理中永远要把安全放在第一位，不能发生人身事故及设备事故，然后再考虑系统的供电可靠性及经济合理地运行。

复习思考题及练习题

3-1　何谓电力系统？采用电力系统传输和分配电能比由发电厂直接向用户供电有什么优点？

3-2 为什么要采用高压传输电能？我国目前远距离输电所采用的最高电压等级是多少？在城市内所采用高压配电的电压等级是多少？

3-3 输电线路在什么情况下采用架空线？在什么情况下采用电力电缆？

3-4 架空输电线为什么一般采用钢芯铝绞线？

3-5 何谓高压走廊？在高压走廊的范围内应注意什么安全问题？

3-6 何谓变压器？它有哪些主要功能？变压器能否改变直流电压？

3-7 简要说明变压器变换电压及变换电流的原理。

3-8 为什么说变压器输入电功率与输出电功率总是保持平衡关系？

3-9 当变压器输出电路中接入负载阻抗 Z_L 时，在电源输入电路中是否有所反映？如何反映？

3-10 比较直流输电与交流输电的特点，在什么情况下采用直流输电比较合适？在什么情况下采用交流输电比较合适？

3-11 简要说明直流输电系统的组成。在直流输电系统中换流站起什么作用？

3-12 双极直流输电系统具有什么优点？你认为三种接地方式中哪一种较好？

3-13 为什么我国规定在三相低压配电系统中要采用三相五线制而不是三相四线制？

3-14 怎样才能保证对一些重要用电大户的不间断供电？

3-15 在现代化的商住办公楼宇中，用电负荷有哪几类？它们分别有哪些特征？

3-16 每户住宅进户线所接的室内配电箱由哪些电器组成？它们各起什么作用？

3-17 说明电能计量的原理。

3-18 变压器的绕组感应电动势与哪些因素有关？如需要把 220 V 的电压降为 110 V，即变比为 2:1，是否能采用一次绕组为 10 匝，二次绕组为 5 匝的变压器？

3-19 一台容量为 50 kV·A 的单相变压器，其额定电压为 10 000 V/400 V，试求：(1) 一次绕组和二次绕组的额定电流。(2) 若变压器向功率因数为 0.8 的负载供电，在满载时能输出多少有功功率？(3) 在额定运行时，二次绕组端电压为 380 V，其电压调整率为多少？

3-20 一台容量为 10 kV·A 的单相变压器，其额定电压为 380 V/230 V，变压器二次侧已接有一感性负载，其功率因数为 0.6，消耗有功功率为 3 kW。(1) 求此时的一次绕组和二次绕组的额定电流。(2) 若变压器二次侧再接 220 V、100 W 的白炽灯，还能接几只？(3) 在满载时变压器输出电压为 215 V，则电压调整率为多少？

第四章　常用电动机及其控制

电动机的作用是将电能转换为机械能。在机械、冶金、石油、煤炭、化学工业以及其他各种工业企业中,都广泛应用电动机来带动生产机械。例如各种机床、高炉运料装置、电铲、轧钢机、吊车、抽水机、鼓风机、搅拌机、造纸机等都采用电动机拖动,一个现代化工厂需要几百台至上万台电动机。

在农业方面,如电力排灌、脱粒、碾米、榨油、粉碎等农业机械,都是用三相异步电动机拖动的。

生产机械由电动机拖动,能简化生产机械的结构及实现远距离自动控制。三相异步电动机是各种生产机械的主要动力设备,仅在需要均匀调速的生产机械上,如龙门刨床、轧钢机及某些重型机床的主传动结构,以及电力机车中才采用直流电动机。而要求恒速连续工作的大功率压缩机、水泵、风机则采用交流同步电动机。单相异步电动机用于功率不大的电动工具和某些家用电器中。

在各种自动控制系统中,也采用了大量的控制用电动机,用来检测空间位移量及执行操作指令,操纵机械运动部件的动作,启闭阀门操动开关等,使控制系统正常工作。

4.1　三相交流异步电动机的工作原理

4.1.1　结构

三相异步电动机分为笼型和绕线型两大类。图 4.1.1 是笼型异步电动机的结构图。三相异步电动机的固定部分称为定子,旋转部分称为转子。在定子和转子之间有一个很小的间隙,称为气隙。

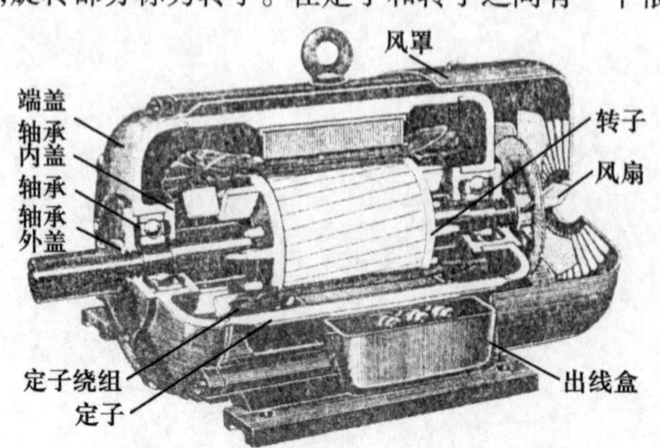

图 4.1.1　笼型异步电动机的结构图

三相异步电动机的定子由机座、压装在机座内的圆筒形铁心以及三相定子绕组组成。机座用铸铁或铸钢制成,定子铁心作为电动机磁路的一部分并用来放置定子绕组。铁心采用导磁性良好和损耗小的0.5 mm厚的相互绝缘的电工硅钢片叠成,铁心的内圆周表面均匀冲有槽(如图4.1.2所示),用以嵌放对称的三相定子绕组。

三相异步电动机的转子由转子铁心、转子绕组和转轴等组成。转子铁心也作为电动机磁路的一部分,由0.5 mm厚的硅钢片叠成。中、小型异步电动机的转子铁心就直接套装在电动机轴上。在转子铁心上开有槽,如图4.1.2所示,以供嵌放或浇铸转子绕组之用。

转子绕组的作用是产生感应电动势、流过电流和产生电磁转矩,其结构形式有笼型和绕线型两种,笼型转子的每个转子槽中插入一根铜导条,在伸出铁心两端的槽口处,用两个短路铜环分别把所有导条的两端都焊接起来。如果去掉铁心,整个绕组的外形就像一个笼子,所以称为笼型转子,如图4.1.3所示。中、小型异步电动机一般都采用铸铝转子,把导线条、端环以及端环上风叶一起铸出,如图4.1.1中所示的转子。笼型电动机结构简单、价格低廉、工作可靠,使用、维护都很方便,所以应用极为广泛。

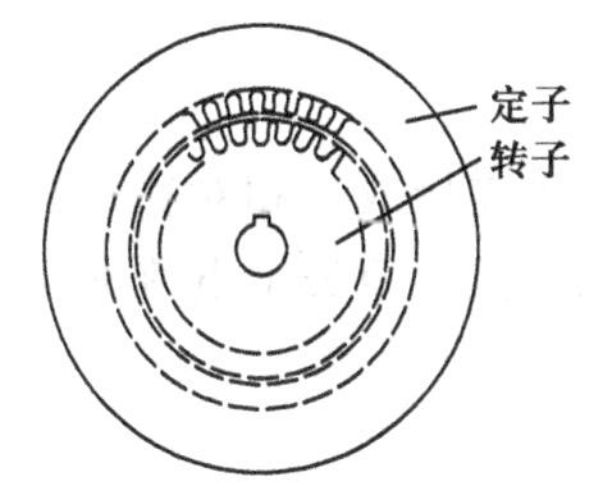

图4.1.2 定子和转子的铁心冲片

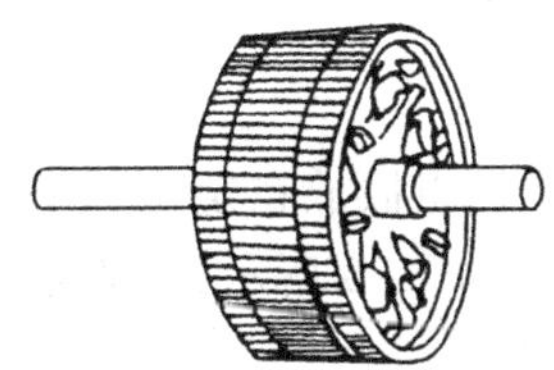

(a) 转指外形

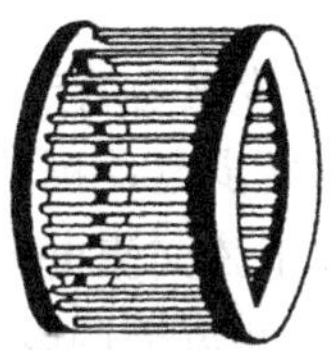

(a) 笼型绕组

图4.1.3 笼型转子

绕线型转子的绕组和定子相似,是用绝缘导线嵌放在转子槽内,连接成星形的三相对称绕组,绕组的三个出线端分别接到转子轴上的三个滑环(环与环,环与转轴都互相绝缘),通过碳质电刷把电流引出来。图4.1.4是绕线型转子三相异步电动机。

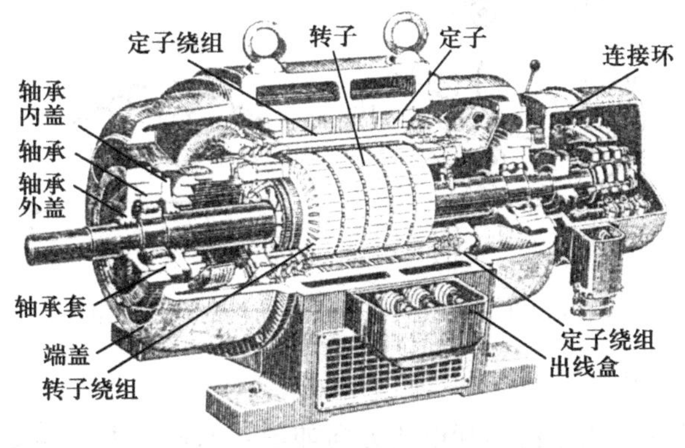

图4.1.4 绕线型转子三相异步电动机

绕线型转子的特点是可以通过滑环和电刷在转子绕组回路中接入附加电阻,用以改善电动机的起动性能,或调节电动机的转速。其接线示意图如图4.1.5所示。为了减少电刷的磨损和摩擦损耗,中型绕线型转子三相异步电动机有时还装有提刷短路装置,以便当电动机起动完毕而又不需要调节转速时,把电刷提起并同时将三个滑环短接。

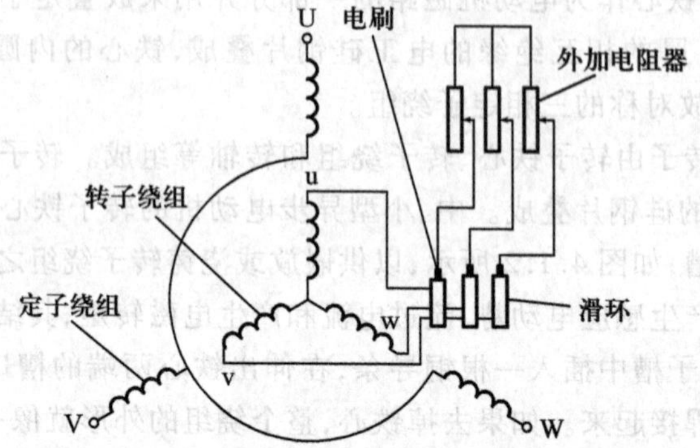

图 4.1.5　绕线型转子异步电动机接线示意图

4.1.2　旋转磁场

1. 旋转磁场的产生

三相异步电动机的定子绕组嵌放在定子铁心槽内,按一定规律连接成三相对称结构。通入三相对称正弦交流电流,如图 4.1.6 所示,⊗表示电流的正方向是流进,⊙表示电流的正方向是流出,设三相电流的瞬时值为

$$i_U = I_m \sin \omega t$$

$$i_V = I_m \sin(\omega t - 120°)$$

$$i_W = I_m \sin(\omega t + 120°)$$

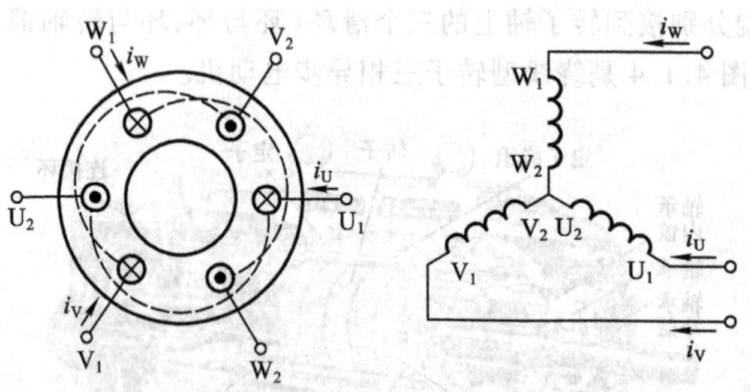

图 4.1.6　两极三相异步电动机的定子绕组

图 4.1.7 为三相对称电流的波形图。

在 $\omega t = 0°$的瞬时,定子绕组中的实际电流方向如图 4.1.8(a)所示。这时 $i_U = 0$,i_V 是负的,其方向与参考方向相反,即自 V_2 到 V_1;i_W 是正的,其方向与参考方向相同,即自 W_1 到 W_2。按右手螺旋定则可得到各个绕组电流所产生的合成磁场方向,是一个具有两个磁极的磁场,又称为一对磁极的磁

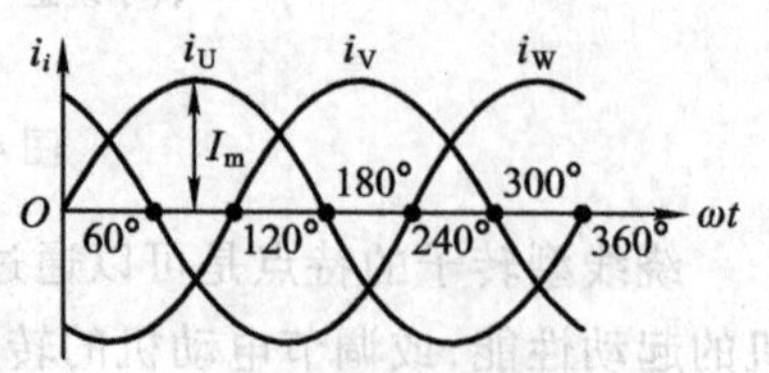

图 4.1.7　三相对称电流

场，其磁极对数 $p=1$。

在 $\omega t=60^\circ$ 时，定子绕组中电流的方向和三相电流的合成磁场的方向如图 4.1.8(b)所示，也是一个两极磁场。但这个两极磁场的空间位置和 $\omega t=0^\circ$ 时相比，已按顺时针方向在空间转过了 60°角。

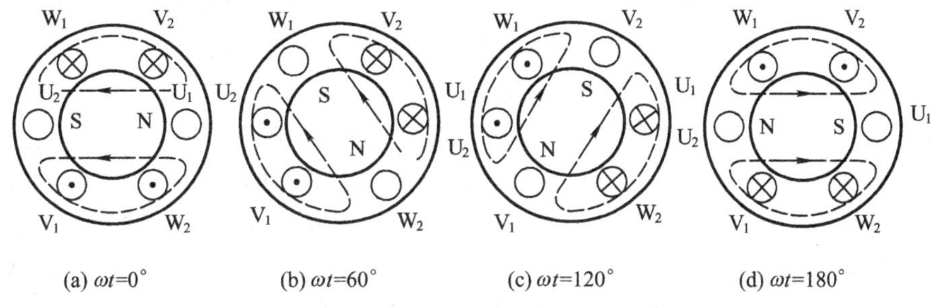

图 4.1.8 两极旋转磁场

同理可得在 $\omega t=120^\circ$ 及 $\omega t=180^\circ$ 时的三相电流合成磁场，它比 $\omega t=60^\circ$ 时的合成磁场在空间沿顺时针方向又分别转过了 60°和 120°，如图 4.1.8(c)、(d)所示。

由上面的分析可知，当定子绕组中通入三相电流后，它们共同产生的合成磁场随着时间的变化而在空间不断地旋转着，形成旋转磁场。这个旋转磁场同磁极在空间旋转的作用是一样的。

2. 旋转磁场的转向

从图 4.1.8 可看出若三相电流出现正幅值的顺序为 U、V、W，则旋转磁场的旋转方向是 U_1-U_2、V_1-V_2、W_1-W_2。

如果将同三相电源相连接的三根导线中的任意两根对调一下，例如 V 与 W 两相对调，即将 i_V 通入 W_1-W_2、i_W 通入 V_1-V_2，则旋转磁场的旋转方向为 U_1-U_2、W_1-W_2、V_1-V_2，形成反转。

3. 旋转磁场的极数

三相异步电动机的极数就是旋转磁场的极数。在图 4.1.8 所示的定子有 6 槽的情况下，每相绕组只有一个线圈，三相绕组的始端之间相差 120°，则产生的旋转磁场具有一对极，即 $p=1$。若定子有 12 槽，每相绕组有两个相同的线圈串联，并按图 4.1.8 的次序嵌入槽内，则三相绕组的始端之间相差 60°的空间角，产生具有两对磁极的旋转磁场，即 $p=2$。如果要产生三对极，即 $p=3$ 的旋转磁场，则定子要有 18 槽，每相绕组必须有三个相同的线圈串联，每相绕组的始端之间相差 40°$\left(\text{即相差}\dfrac{120^\circ}{p}\right)$。

4. 旋转磁场的转速

旋转磁场的转速取决于旋转磁场的极数和电源频率。在磁极对数 $p=1$ 的情况下，三相定子电流变化一个周期，所产生的旋转磁场在空间亦旋转一周。电源频率为 f 时，三相定子绕组电流变化一个周期所产生的旋转磁场在空间转过一对磁极的角度，即 $\dfrac{1}{p}$ 周，因此旋转磁场的转速为

$$n_0=\frac{60f}{p}(\text{r/min}) \tag{4.1.1}$$

式中的 n_0 又称为同步转速，因我国电网频率 $f=50$ Hz，当电动机磁极对数 p 分别为 1、2、3、4 时，相应的同步转速 n_0 分别为 3 000 r/min、1 500 r/min、1 000 r/min、750 r/min。

4.1.3　转动原理

图 4.1.9 为三相异步电动机工作原理示意图。当三相定子绕组接至三相电源后，在电动机内产生旋转磁场。图中用一对以恒定转速 n_0（旋转磁场的转速）按顺时针方向旋转的磁铁来模拟该旋转磁场，此时转子导体逆时针方向切割磁通而产生感应电动势。根据右手定则可知在 N 极下的转子导体的感应电动势的方向是向外的，而在 S 极下的转子导体的感应电动势方向是向里的。同时在短接的转子绕组中，由感应电动势产生了感应电流，所以这种电动机被称为感应电动机。

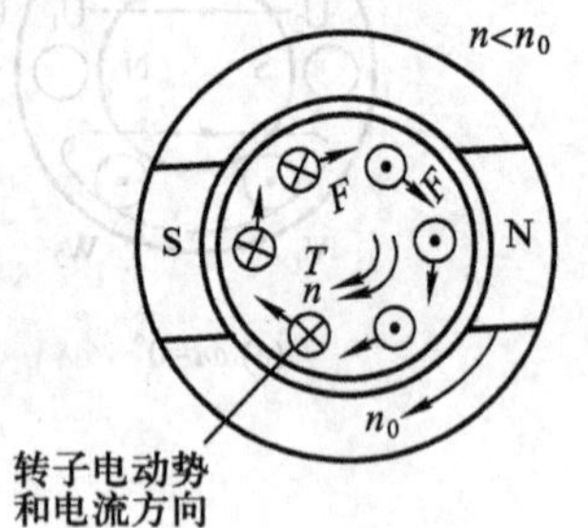

图 4.1.9　三相异步电动机工作原理示意图

转子绕组中的感应电流与磁场相互作用又产生电磁力 F，其方向由左手定则确定。各个转子导体在旋转磁场作用下受到的电磁力对转子转轴所形成的合成转矩称为电磁转矩 T，由于 T 的作用使电动机转子转动起来。电磁转矩与旋转磁场的转向是一致的，故转子旋转的方向与旋转磁场的方向相同。

但是，电动机转子的转速 n 必须低于旋转磁场转速 n_0。如果转子转速达到 n_0，那么转子与旋转磁场之间就没有相对运动，转子导体将不切割磁通，转子导体就不会产生感应电动势、感应电流和电磁转矩，所以电动机转子不可能维持在旋转磁场的同步转速 n_0 状态下运行。电动机只有在转子转速 n 低于同步转速 n_0 时，才能产生电磁转矩并驱动负载，维持稳定运行。所以这种电动机称为异步电动机。

异步电动机的同步转速 n_0 与转速 n 之差与同步转速之比称为转差率，用 s 表示，即

$$s=\frac{n_0-n}{n_0} \tag{4.1.2}$$

由于一般电动机的转速 $n<n_0$，且 $n>0$，故转差率在 0 到 1 的范围内，即 $0<s<1$。常用的异步电动机，在额定负载时的额定转速 n_N 很接近同步转速，所以它的额定转差率 s_N 很小，为 0.01～0.07。

例 4.1.1　三相异步电动机的额定转速为 $n=1\ 440$ r/min，电源频率为 50 Hz，试求电动机的极数和额定负载时的转差率。

解　电动机的额定转速 n 接近于而小于同步转速 n_0，与 1 440 r/min 最接近的同步转速为 $n_0=1\ 500$ r/min，与此相对应的磁极对数 $p=\frac{60f}{n_0}=\frac{60\times50}{1\ 500}=2$，则额定负载时的转差率为

$$s=\frac{n_0-n}{n_0}=\frac{1\ 500-1\ 440}{1\ 500}=0.04$$

4.1.4　铭牌数据

三相异步电动机的铭牌上标有额定值数据，主要的数据如下：

1. 型号

型号是电动机名称、类型、规格的代号,例如

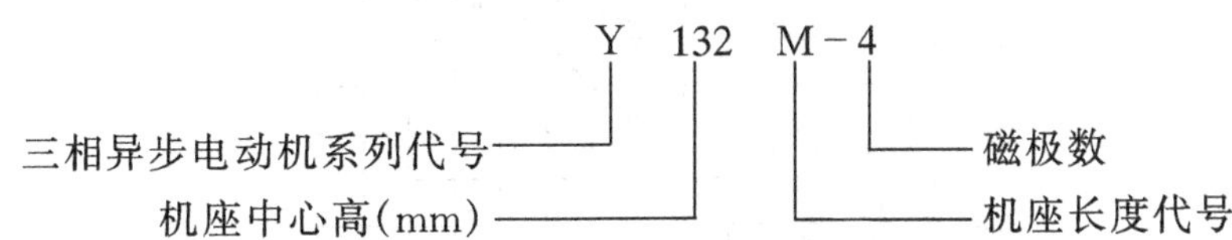

三相异步电动机系列代号有:Y 为普通笼型异步电动机;YR 为绕线型转子异步电动机;YB 为防爆型异步电动机;YQ 为高起动转矩异步电动机等。机座长度代号有:S——短机座;M——中机座;L——长机座。

2. 额定功率 P_N

电动机在制造厂所规定的额定情况下运行时,所输出的机械功率,单位一般为千瓦(kW)。三相异步电动机的额定功率 P_N 为

$$P_N = \sqrt{3}U_N I_N \eta_N \cos\varphi_N = T_N \omega_N \tag{4.1.3}$$

式中,η_N 和 $\cos\varphi_N$ 分别为额定情况下的效率和功率因数;T_N 为额定转矩(N·m);ω_N 为额定角速度(rad/s)。

3. 额定电压 U_N

额定电压是指电动机额定运行时,外加于定子绕组上的线电压,单位为伏(V)。

一般规定电动机的工作电压不应高于或低于额定值的 5%。当工作电压高于额定值时,磁通将增大,造成铁心过热并使定子电流大于额定电流,引起绕组过热。当工作电压低于额定值时,引起输出转矩减小,转速下降,定子电流增加,也使绕组过热,对电动机的运行是不利的。

4. 接法

我国的低压供电线电压为 380 V,所以规定额定功率为 4 kW 及以上的异步电动机,额定电压为 380 V,绕组为三角形联结。额定功率为 3 kW 及以下的,额定电压为 380/220 V,绕组为 Y/Δ 联结(即电源线电压为 380 V 时,电动机绕组为星形联结;电源线电压为 220 V 时,电动机绕组为三角形联结)。电动机的连接方法如图 4.1.10 所示,图中 U_1、V_1、W_1 分别为三相绕组的始端(头),U_2、V_2、W_2 分别为相应绕组的末端(尾)。

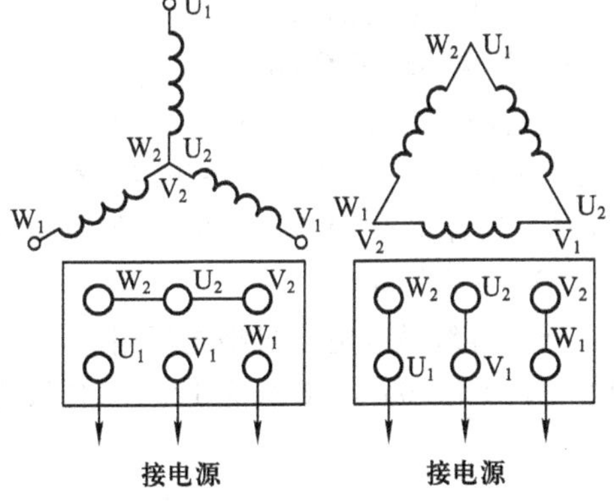

图 4.1.10 定子绕组的星形联结和三角形联结

5. 额定电流 I_N

额定电流是指电动机在额定电压和额定输出功率时,定子绕组的线电流,单位为安(A),额定电流计算式为

$$I_N = \frac{P_N}{\sqrt{3}U_N \eta_N \cos\varphi_N} \tag{4.1.4}$$

三相异步电动机定子电流与输出功率的关系,即工作特性曲线如图 4.1.11 所示。

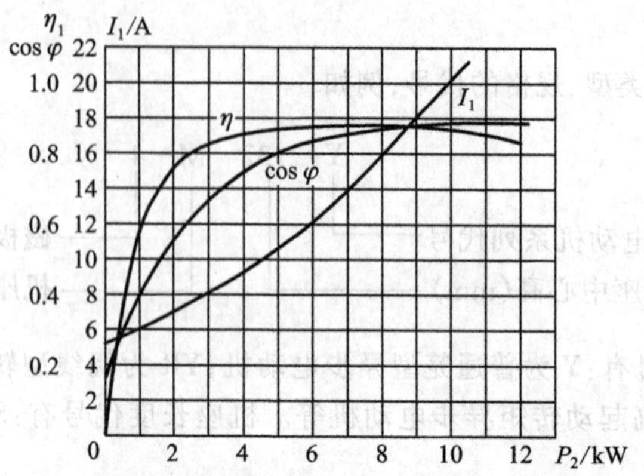

图 4.1.11　三相异步电动机的工作特性曲线

6. 额定频率 f_N

我国国内用的异步电动机规定的电源频率为 50 Hz。

7. 额定转速 n_N

额定转速是指电动机在额定电压、额定频率下，输出额定功率时的转速，单位为转/分（r/min）。

8. 额定效率 η_N

额定效率指电动机在额定运行时的效率，是额定输出功率与额定输入功率的比值，即

$$\eta_N=\frac{P_{2N}}{P_{1N}}\times 100\%=\frac{P_N}{\sqrt{3}U_N I_N\cos\varphi_N}\times 100\% \tag{4.1.5}$$

一般电动机的额定效率 η_N 为 75% ~92% 。从图 4.1.11 中的曲线可以看出，在额定功率的 75% 左右是效率最高的。

9. 额定功率因数 $\cos\varphi_N$

额定功率因数指电动机在额定运行时的功率因数。三相异步电动机的功率因数与输出功率的关系如图 4.1.11 所示。在额定负载时功率因数 $\cos\varphi_N$ 在 0.8 ~0.9 之间，而在空载时功率因数 $\cos\varphi$ 只有 0.2 ~0.3。因此，必须避免电动机长期在轻载或空载下运行。

10. 绝缘等级

绝缘等级是以电动机绕组所用的绝缘材料所允许的最高工作温度表示的耐热等级。Y 级为 90 ℃，A 级为 105 ℃，E 级为 120 ℃，B 级为 130 ℃，F 级为 155 ℃，H 级为 180 ℃。

4.2　三相交流异步电动机的使用

4.2.1　转矩特性

1. 转子电路分析

三相异步电动机通电后，旋转磁场同时切割定子绕组和转子绕组，绕组中分别产生感应电动

势 E_1、E_2。定子绕组电路中，由于阻抗上的压降很小可以略去，所以 E_1 近似等于电源电压 U_1，当 U_1 和频率 f_1 恒定时，旋转磁场的磁通 Φ_m 基本保持不变。

若转子静止不动，即 $n=0$、$s=1$ 时旋转磁场对转子的相对切割速度为 n_0，转子感应电动势 $E_2=E_{20}$ 为最大，其频率 $f_2=f_1$。

转子转动后，旋转磁场对转子的相对切割速度为 n_0-n，不难理解，此时转子绕组的感应电动势及频率都与相对切割速度成正比，即

$$E_2=\frac{n_0-n}{n_0}E_{20}=sE_{20} \tag{4.2.1}$$

$$f_2=\frac{n_0-n}{n_0}f_1=sf_1 \tag{4.2.2}$$

也就是说 E_2、f_2 均与转差率成正比。

由于转子绕组是短接的，所以每相转子绕组的等效电路如图 4.2.1 所示，图中 R_2 为转子绕组电阻，$L_{\sigma2}$ 为转子绕组的漏磁电感，相应的漏磁感抗 X_2 为

$$X_2=2\pi f_2L_{\sigma2}=2\pi sf_1L_{\sigma2}=sX_{20} \tag{4.2.3}$$

式中，$X_{20}=2\pi f_1L_{\sigma2}$ 为转子静止时的漏磁电抗。

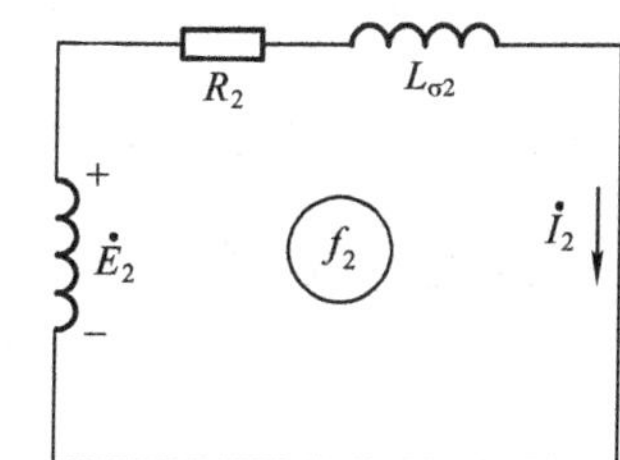

图 4.2.1 转子绕组等效电路

转子绕组电流 I_2 为

$$I_2=\frac{E_2}{\sqrt{R_2^2+X_2^2}}=\frac{sE_{20}}{\sqrt{R_2^2+(sX_{20})^2}} \tag{4.2.4}$$

转子绕组功率因数 $\cos\varphi_2$ 为

$$\cos\varphi_2=\frac{R_2}{\sqrt{R_2^2+X_2^2}}=\frac{R_2}{\sqrt{R_2^2+(sX_{20})^2}} \tag{4.2.5}$$

2. 电磁转矩公式

三相异步电动机的电磁转矩是由旋转磁场的每极磁通 Φ_m 与转子电流的有功分量 $I_2\cos\varphi_2$ 相互作用产生的，所以电磁转矩 T 与 Φ_m 及 $I_2\cos\varphi_2$ 成正比，即

$$T=K\Phi_mI_2\cos\varphi_2=K\Phi_m\frac{sE_{20}R_2}{R_2^2+(sX_{20})^2} \tag{4.2.6}$$

由于 Φ_m 及 E_{20} 均与电压 U_1 成正比，则电磁转矩又可以表示为

$$T=K_T\frac{U_1^2sR_2}{R_2^2+(sX_{20})^2} \tag{4.2.7}$$

式中，K、K_T 均为与电动机结构有关的常数。

3. 转矩特性($T-s$)曲线分析

从式(4.2.7)中可见，当 s 很小时，$(sX_{20})^2\ll R_2^2$，$(sX_{20})^2$ 可略去，T 正比于 s；当 s 接近于 1 时，$(sX_{20})^2\gg R_2^2$，R_2^2 可略去，则 T 与 s 成反比，所以根据式(4.2.7)作出的转矩特性曲线($T-s$

曲线)如图 4.2.2 所示。在 $T-s$ 曲线上 $s=0,n=n_0$ 表示电动机处于理想空载状态,此时转子与旋转磁场同步旋转,不存在感应电动势,则电磁转矩为零。

当 $s=s_N$ 时,表示电动机处于额定运行状态,此时转子转速 n_N 为额定转速,转矩 T_N 为额定转矩,所输出的机械功率为额定功率 P_N。根据式(4.1.3)可得

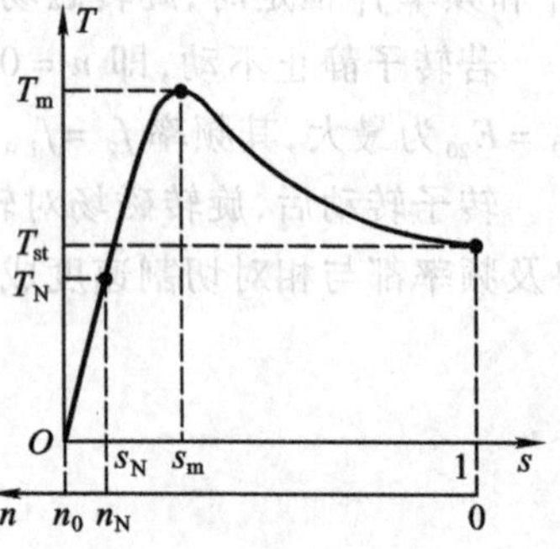

图 4.2.2　$T-s$ 曲线

$$P_N=T_N\omega_N=\frac{2\pi n_N}{60}T_N$$

则

$$T_N=\frac{P_N}{\omega_N}=\frac{P_N}{\frac{2\pi n_N}{60}}=9.55\frac{P_N}{n_N}\qquad(4.2.8)$$

式中,T_N 的单位为 N · m,P_N 的单位为 W;n_N 的单位为 r/min。若 P_N 的单位以 kW 表示,则式(4.2.8)可改写为 $T_N=9\,550\frac{P_N}{n_N}$。

通常电动机的负载转矩 $T_L\leqslant T_N$,相应的转差率范围为 $0<s\leqslant s_N$,即转速范围为 $n_0>n\geqslant n_N$。

当 $s=s_m$ 时,电动机处于临界运行状态,此时电磁转矩 T_m 为最大值,可以通过求取 $T-s$ 曲线极值的方法,求得临界转差率 $s_m=\frac{R_2}{X_{20}}$,$T_m=K_T\frac{U_1^2}{2X_{20}}$。可见 s_m 与 R_2 成正比,但 T_m 与 R_2 无关;而 T_m 与 U_1^2 成正比,s_m 与 U_1^2 无关,这样可以通过改变 R_2(绕线型转子电路外接变阻器)及降低 U_1 来改变 $T-s$ 曲线形状,如图 4.2.3、图 4.2.4 所示。

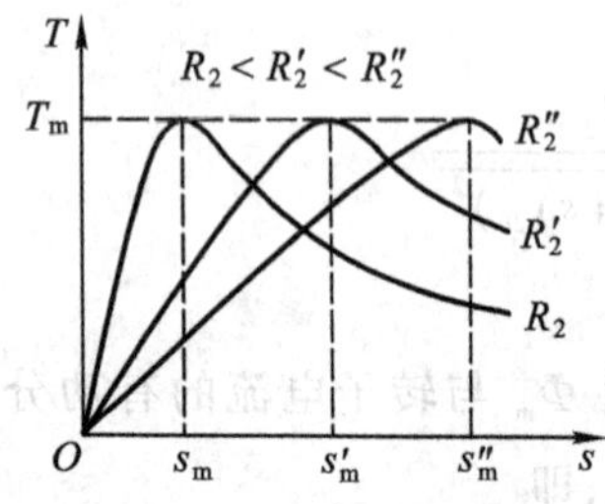

图 4.2.3　增大 R_2 的 $T-s$ 曲线

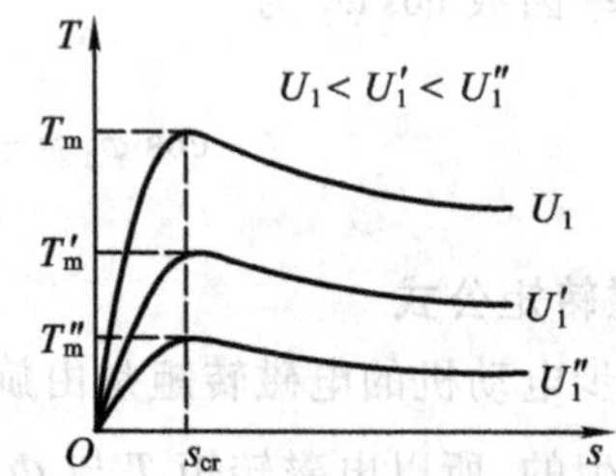

图 4.2.4　降低 U_1 的 $T-s$ 曲线

电动机最大转矩 T_m 与额定转矩 T_N 之比称为过载系数 $\lambda_m=\frac{T_m}{T_N}$。Y 系列异步电动机的 λ_m 范围为 1.8 ~ 2.2,当电动机负载转矩 $T_m>T_L>T_N$ 时为过载运行状态,在短时间内是允许的,但长期过载必然会使电动机因电流太大温度升高而损坏。

当 $s=1,n=0$ 时表示电动机处于起动状态,此时的转矩 $T=T_{st}$ 称为起动转矩或堵转转矩。起动转矩 T_{st} 与额定转矩 T_N 之比称为起动转矩倍数,表示电动机的起动能力,Y 系列异步电动机的起动转矩倍数为 1.6 ~ 2.2。

4. 机械特性

三相异步电动机的转速 n 与转矩 T 之间的关系曲线如图 4.2.5 所示,它是把 $T-s$ 曲线经过

坐标变换后得到的。图中 a 点为起动状态，b 点为临界状态，c 点为理想空载状态。

当电动机所带的负载转矩 T_L 小于起动转矩 T_{st}时，电动机可带负载起动。从 a 点至 b 点，电动机的转矩随转速的上升而增大，促使电动机转速的迅速提高，到达 b 点时转矩为最大值 T_m。拐过 b 点以后，电动机的转矩则随转速的上升而减小，但只要是电磁转矩 T 大于负载转矩 T_L，电动机的转速还保持持续上升，直到 $T = T_L$ 时，电动机的转速才稳定下来。所以电动机稳定运行的工作点位于 $n = f(T)$ 曲线 b、c 区间的某一点。

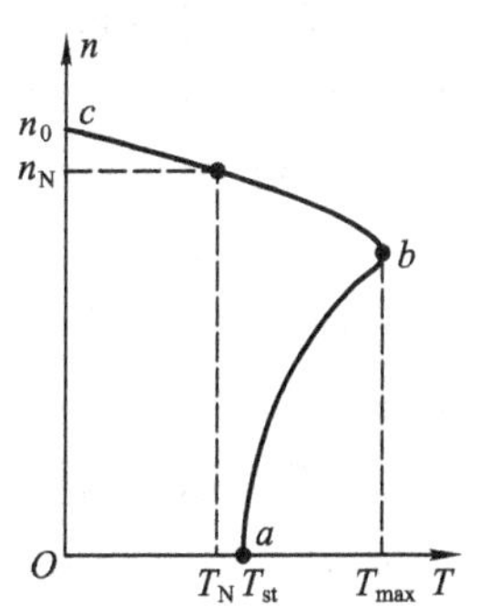

图 4.2.5 三相异步电动机的机械特性

当负载转矩 T_L 发生变化时，只要 $T'_L < T_m$，则电动机可以自动调节，使电动机的电磁转矩重新适应负载的需要。例如，当负载转矩 T_L 增加时，电动机的电磁转矩 T 不能马上改变，因而 $T < T'_L$导致电动机的转速下降，随着转速的下降，电磁转矩 T 上升，直到 $T = T'_L$，电动机在一个新的工作点上稳定下来，此点的转速 $n' < n$，如图中所示，所以 bc 段为稳定工作区，一般异步电动机 $n = f(T)$ 特性曲线的 bc 段较平坦，故在此区段内，负载转矩的变动引起的转速变化不大，这种特性成为硬机械特性。

如果负载转矩突然增加，或电源电压突然降低使 $T_L > T_m$ 时，则电动机转速迅速下降，进入 ab 段，电动机的电磁转矩随转速的下降而减小，导致电动机迅速停止运转，这种现象称为堵转。堵转后，电动机中的电流立即升高为额定电流的数倍，如果没有保护措施及时切断电源，电动机将被烧毁。

4.2.2 起动

1. 起动性能

电动机从接通电源开始转动，转速逐渐上升直到稳定运转状态，这一过程称为起动。电动机能够起动的条件是起动转矩 T_{st}必须大于负载转矩 T_L。

电动机在接通电源瞬间，转子电路的感应电动势和感应电流为最大，这称为起动电流或堵转电流 I_{st}。一般中小型三相异步电动机的起动电流为额定电流的 5 ~ 7 倍。通常电动机起动后随转速快速上升电流很快下降，只要不是频繁起动电动机，不会因起动发热而烧坏。若电动机频繁起动，也会使电动机过热。

过大的起动电流会在电源线路上产生较大的电压降落，影响同一变压器供电的其他负载的正常工作。如果附近的大容量异步电动机起动时，灯会突然变暗，电动机的电磁转矩也会突然下降，转速降低。

另外，尽管电动机起动电流很大，但由于起动时转子的功率因数 $\cos\varphi_2$ 很低，实际上电动机的起动转矩是不大的。所以异步电动机不能在满载下起动，因而一般机床的主电动机都是空载起动，起动后再切削工作。

2. 直接起动

直接起动就是采用开关或接触器直接将额定电压加到电动机上。这种起动方法的优点是简单、经济和起动快。缺点是由于起动电流很大，起动瞬间会造成电网电压突然下降。一台电动机能否直接起动，要根据电力管理部门的规定，如果电动机和照明负载共用一台变压器供电，则规定电动机起动时引起的电网电压降不能超过额定电压的5%，一般在15 kW以下的笼型异步电动机可以考虑直接起动。

3. Y－Δ换接降压起动

降压起动是为了减小电动机起动时的起动电流对电网的影响，其方法是在起动时降低加在电动机定子绕组上的电压，待电动机转速接近稳定时，再把电压恢复到正常值。由于电动机的转矩与电压平方成正比，所以降压起动时转矩亦会相应减小，目前降压起动的主要方法为星－三角（Y－Δ）换接起动，其适用条件是正常运行时定子绕组为三角形联结的笼型异步电动机，图4.2.6为Y－Δ换接起动原理电路。

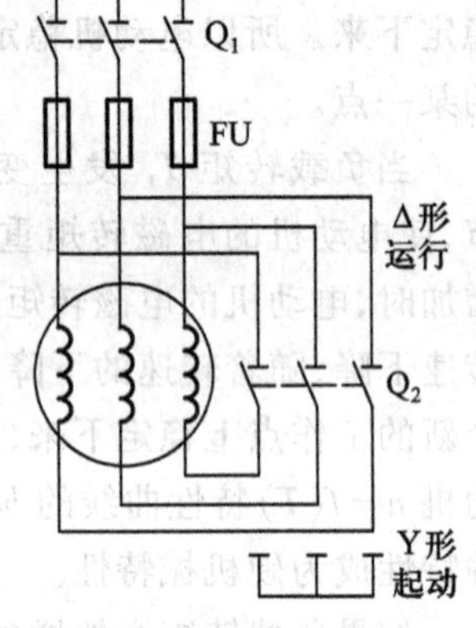

图4.2.6　Y－Δ换接起动原理电路

在起动时，先将开关Q_1合上，接通三相电源，然后将开关Q_2向下闭合，使电动机的定子绕组为星形联结，这时每相绕组上的起动电压只有它的额定电压的$\frac{1}{\sqrt{3}}$，当电动机到达一定转速后，迅速把开关Q_2向上闭合，定子绕组转换成三角形联结，使电动机在额定电压下运行。

这种起动方式的电动机起动线电流和起动转矩都降低到直接起动时的$\frac{1}{3}$，因此只能在空载情况下起动。

4. 限流降压软起动

采用软起动控制器和电动机串联如图4.2.7所示，在电动机起动过程中，软起动控制器可按用户期望的起动特性，对电动机进行限流起动或限压起动，使其平滑可靠地完成起动。

限流起动模式的起动过程如图4.2.8所示。在电动机起动时，软起动控制器的输出电流从零迅速增加，直到输出电流达到设定的电流限幅值I_m，然后电压逐渐升高，电动机逐渐加速，最后达到稳定工作状态，输出电流为负载电流I_L。电流限幅值可根据实际负载情况设定为$(0.5\sim4)I_N$。由图可见，在负载一定时，I_m选的小，起动时间长；反之，起动时间短。

限压起动模式的起动过程如图4.2.9所示。在电动机起动时，软起动控制器的输出电压从较小的U_0开始逐渐升高至额定电压U_N。其初始电压U_0及起动时间t_1可根据负载情况和工艺要求设定，以获得满意的电压上升率，使电动机平滑地起动，避免电动机对负载的转速冲击及力矩冲击，并使对电网电压的冲击最小。

图4.2.7　软起动控制器的接线

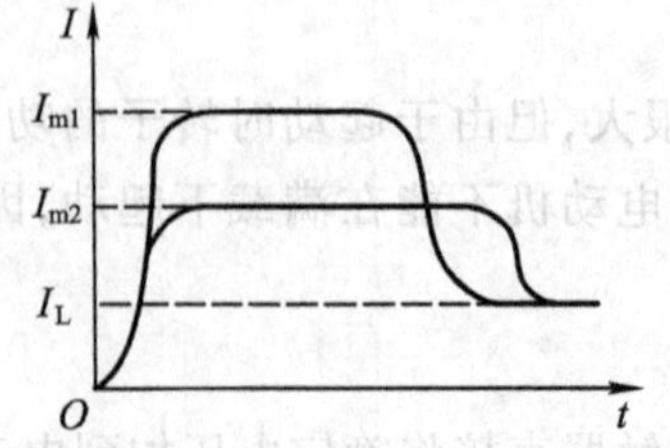

图4.2.8　限流起动模式

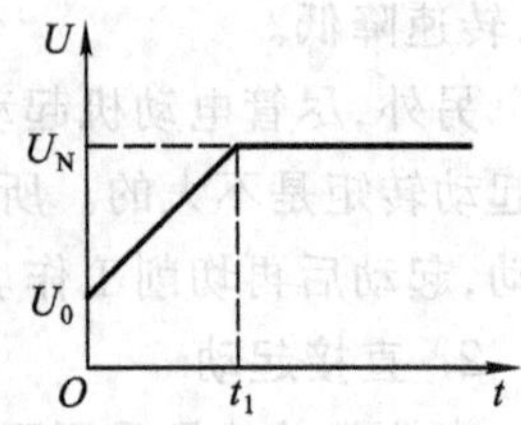

图4.2.9　限压起动模式

电动机停车时，可直接断电停车，也可利用软起动控制器使输出电压逐渐平滑地减小至零，使电动机无机械应力地缓慢停车。软起动控制器还兼有对电动机的过流、过压、过载和缺相等保护功能，因此得到日益广泛地应用。

5. 转子电路串接电阻起动

绕线型电动机可以采用在转子回路中串接电阻 R_n 的起动方法，其接线如图 4.2.10 所示，其特性见图 4.2.3。这样既可以限制起动电流，同时又增大了起动转矩。因此对要求起动转矩较大的生产机械，例如起重机、锻压机等常采用绕线型电动机拖动。电动机起动结束后，随着转速的上升将起动电阻逐段切除。

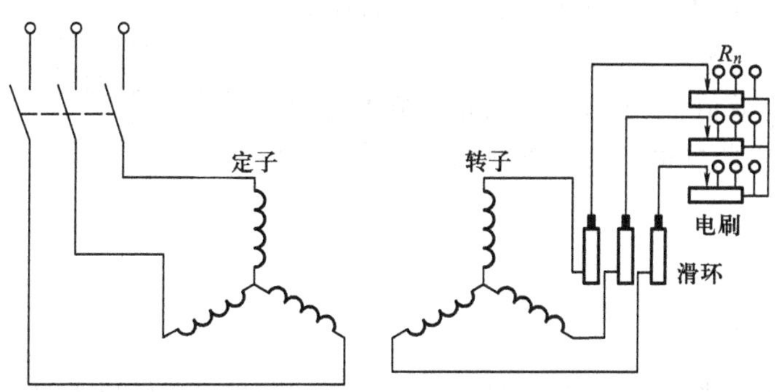

图 4.2.10 绕线型电动机起动时的接线图

4.2.3 调速

电动机的调速就是在一定的负载条件下，人为地改变电动机的电路参数，使电动机的转速发生改变，以满足不同生产过程的要求。

由异步电动机的转速公式 $n=(1-s)n_0=(1-s)\dfrac{60f_1}{p}$ 可见，改变异步电动机转速的方法有改变转差率 s、改变磁极对数 p 和改变电源频率 f_1 等。下面分别进行讨论。

1. 改变磁极对数调速

由式 $n_0=\dfrac{60f_1}{p}$ 可知，如果磁极对数 p 减小一半，则旋转磁场的转速 n_0 将提高一倍，转子转速 n 差不多也提高一倍。因此改变 p 可以得到不同的转速。如何改变磁极对数，取决于定子绕组的布置和连接方式。笼型多速异步电动机的定子绕组是特殊设计和制造的，可以通过改变外部连接的方式来改变磁极对数 p，以达到调节转速的目的。

常见的多速电动机有双速、三速、四速几种，是有级调速。

2. 改变转差率调速

只要在绕线型电动机的转子电路中接入一个调速电阻 R_2'（和起动电阻一样接入），改变电阻 R_2' 的大小，在负载转矩不变时，就可实现有级调速。譬如增大调速电阻 R_2' 时，转差率 s 上升，而转速 n 下降。

这种调速方法的优点是设备简单、投资少，缺点是功率损耗较大、运行效率较低，这种调速方法广泛应用于起重运输设备中。

3. 变频调速

变频调速是通过改变笼型异步电动机定子绕组的供电频率 f_1 来改变同步转速 n_0 而实现调速的。如果能均匀地改变供电频率 f_1，则电动机的同步转速 n_0 及电动机的转速 n 均可以平滑的改变。在交流异步电动机的诸多调速方法中，变频调速的性能最好，其特点是调速范围大、稳定性好、运行效率高。目前已有多种系列的通用变频器问世，由于使用方便，可靠性高且经济效益显著，得到了广泛地应用。

近年来变频调速技术发展很快，目前主要采用如图 4.2.11 所示的通用变频调速装置，它主要由整流器和逆变器两大部分组成。整流器先将频率 f 为 50 Hz 的三相交流电变换为直流电，再由逆变器变换为频率 f_1 可调、电压有效值 U_1 也可调的三相交流电，供给三相笼型电动机。由此可得到电动机的无级调速，并具有较好的机械特性。

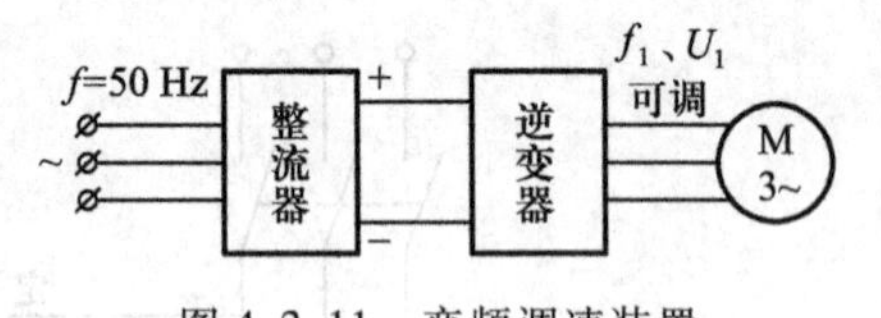

图 4.2.11　变频调速装置

4.2.4　制动

制动是电动机的一种运行方式，在制动状态下，电动机的电磁转矩 T 的方向是和转速 n 的方向相反的，电动机的转矩将使转速下降，以至停车或是反转。

电动机的制动运行都是短时状态，制动运行的一种目的是使负载迅速准确停车，另一种目的是在位能负载（重物）下降时起转矩平衡作用，使负载低速稳定下降，常用的制动运行方式有能耗制动、反接制动、反转制动（倒拖制动）等。

为了能使电动机准确可靠停车，应同时采用电磁制动和在电动机轴端安装机械制动器，以避免机械滑动，并锁定停车位置，提高停车的可靠性。

1. 能耗制动

运行中的三相异步电动机断开电源后，立即接通低压直流电源，如图 4.2.12 所示，此时定子绕组会产生方向固定的直流磁场，由于惯性，转子导体将会切割直流磁场的磁感线，产生的感应电流与磁场相互作用产生的电磁转矩与转动方向相反，起制动作用。当电动机减速到零时，应立即断开直流电源，防止绕组长期通电造成过热。能耗制动的特点是平稳、无冲击、能正确停车，调节制动电流应不超过电动机额定电流。

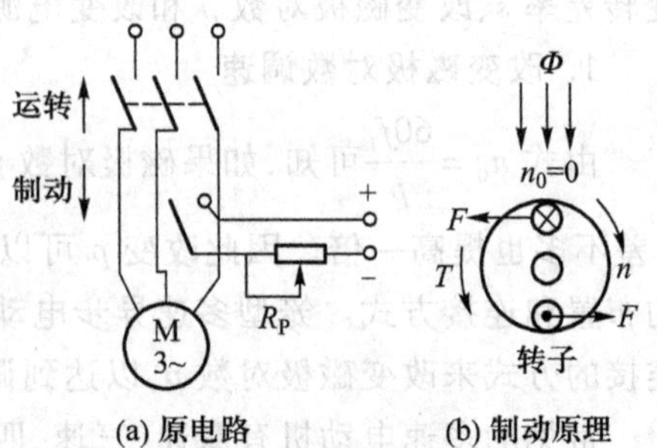

图 4.2.12　能耗制动

2. 反接制动

将运行中的三相异步电动机三根电源线中的任意两根对调，并在电源线中串联限流电阻，就可实现反接制动，其原理如图 4.2.13 所示。此时由于旋转磁场变反，电磁转矩反向与负载转矩方向一致，使电动机减速，当转速接近于零时应立即断电，否则电动机将反转。此种制动必须在电动机轴端安装速度继电器，当电动机转速降到 100 转/分时，通过继电接触器控制电路，使电动机停车。由于开始反接时，电动机制动电流超过起动电流，造成的冲击很大,所以必须在主电路中串接限流电阻。

3. 反转制动(倒拖制动)

用绕线型电动机拖动位能负载的升降起重设备中,当重物下降时必须在电动机转子电路中串入较大的附加电阻,使电动机电磁转矩减小而减速,一直到 $n=0$ 时,电磁转矩仍小于位能负载转矩。此时重物将使电动机反转,将重物下放,电动机的接线未变,但转向变反使转差率增大为 $s>1$,转子电流及电磁转矩增加到与位能负载转矩相平衡,重物以 $-n$ 等速下降,稳定运转,其原理如图 4.2.14 所示。

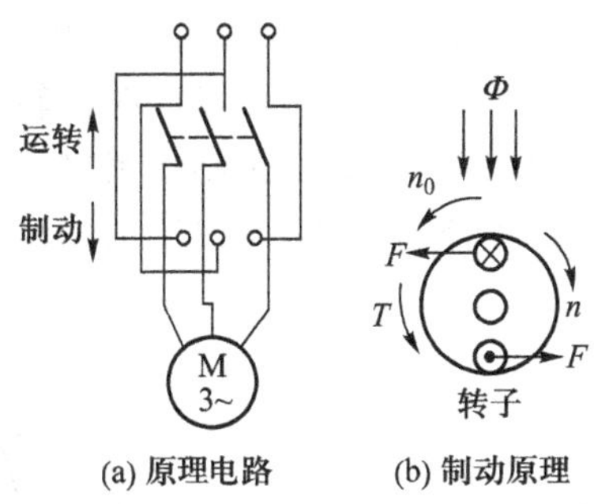

图 4.2.13　反接制动

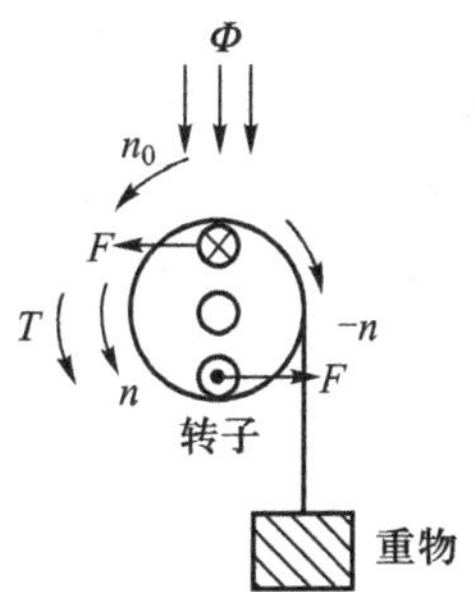

图 4.2.14　反转制动原理

在反转制动状态下,电源输入的电能和重物下降的位能消耗在转子附加电阻上,调节附加电阻可以调节重物下降的速度。

4.3　三相交流异步电动机的继电－接触器控制

4.3.1　常用控制电器

异步电动机的起动、反转、调速等运行状态都是由开关、接触器、继电器的触点及线圈连接成控制电路,通过控制电动机与电源的通断以及变更其接线方式来实现的,这种控制方式称为继电－接触器控制。以下首先介绍一些主要的控制电器,然后介绍最简单的控制电路。

1. 按钮

按钮用来接通或断开控制电路(其中电流很小),从而控制电动机或其他电器设备的运行。其结构如图 4.3.1 所示。将按钮按下时,下面一对原来断开的静触点被动触点接通,以接通某一控制电路,该触点称为动合(常开)触点。上面一对原来接通的静触点则被断开,以切断另一控制电路,该触点称为动断(常闭)触点。松开按钮时,动

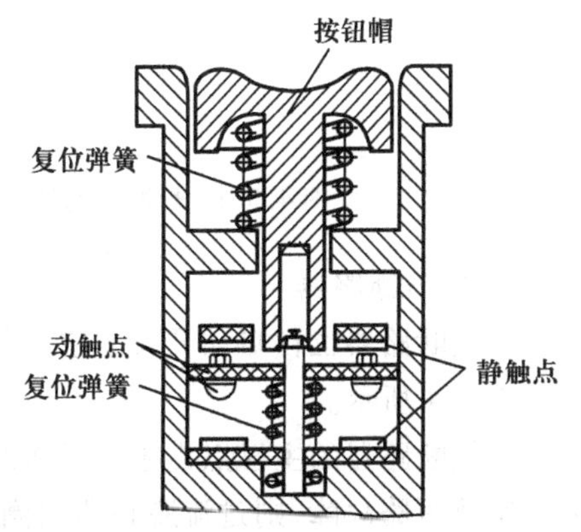

图 4.3.1　按钮的结构

触点在弹簧下自动恢复到原来位置(称为复位)。

2．熔断器

熔断器俗称保险丝,是最简便的而且有效的短路保护电器。它主要由熔体及安装熔体的绝缘座等部件组成,图 4.3.2 是常用的几种熔断器的结构。熔断器在使用时应与它所保护的电路串联。如果该电路一旦发生短路等故障时,只要通过熔体的电流超过某一定值,在一定时间内熔体将因过热而熔断,从而使电路断开,保护了线路及电气设备。

3．组合开关

组合开关又称转换开关,结构如图 4.3.3 所示,其静触片分层装在各圆形胶木盒内,一端伸出盒外作为接线柱。动触片装在带有手柄的方形转轴上,转动手柄可以同时使转轴上的动触片与各静触片接通或断开,以同时切换多条电路的通断状态。组合开关结构紧凑、体积小、操作方便,一般用作机床等生产设备的电源开关,也可用来直接控制 4 kW 及以下的笼型异步电动机的起动、停止。

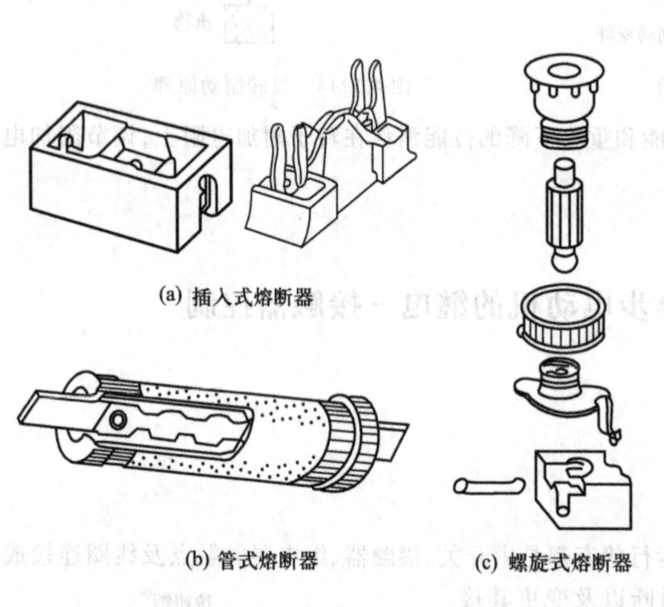

图 4.3.2　熔断器的结构

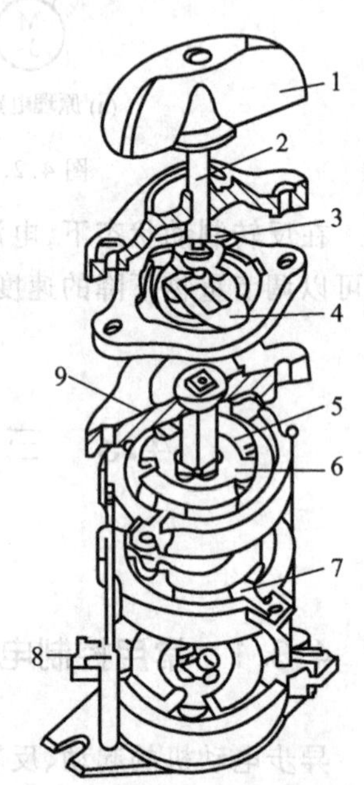

1—手柄　2—转轴　3—弹簧
4—凸轮　5—绝缘垫板　6—动触片
7—静触片　8—接线柱　9—绝缘杆

图 4.3.3　组合开关的结构图

4．空气断路器

空气断路器也称自动开关或空气开关,用于 500 V 以下的交、直流供电电路。其一般原理图如图 4.3.4 所示。

空气断路器的主触点由手动操作结构使之闭合,并被锁钩锁在合闸的位置。如果电路中发生过流及短路故障,则过流脱扣器线圈将产生较强的电磁吸力使脱扣机构中的锁钩脱开,主触点在释放弹簧的作用下迅速分断电路。如果电路中电压严重下降或断电时,欠压脱扣器的衔

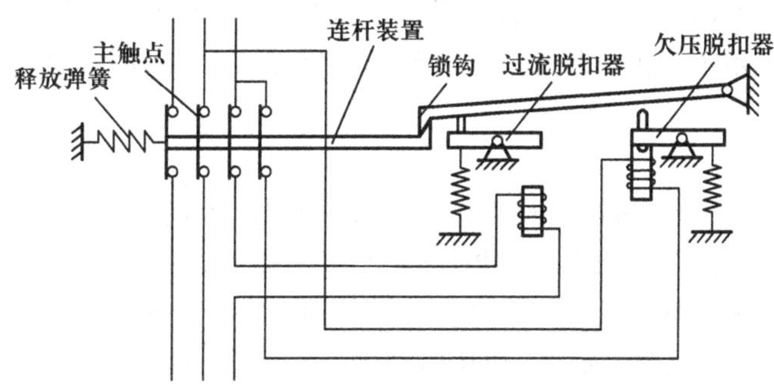

图 4.3.4 空气断路器的原理图

铁就被释放而使主触点断开，实现了失压保护。当电源电压恢复正常时，必须重新合闸后才能工作。

5. 交流接触器

交流接触器是利用电磁力来接通和断开主电路的执行电器。常用于电动机、电炉等负载的自动控制及远距离控制。图 4.3.5 是交流接触器的结构。当吸引线圈两端施加额定电压时，产生电磁力，将动铁心（上铁心）吸下，动铁心带动动触点一起下移，使动触点和静触点闭合接通电路，当线圈断电时，铁心失去电磁力，动铁心在复位弹簧的作用下复位，触点恢复常态。交流接触器有三对动合主触点和若干对辅助触点，主触点可以通过较大电流，用在主电路中控制三相负载，辅助触点用在电流较小的控制电路中。

6. 热继电器

热继电器是用于实现交流异步电动机过载保护的，它利用电流的热效应而动作，其原理如图 4.3.6 所示。

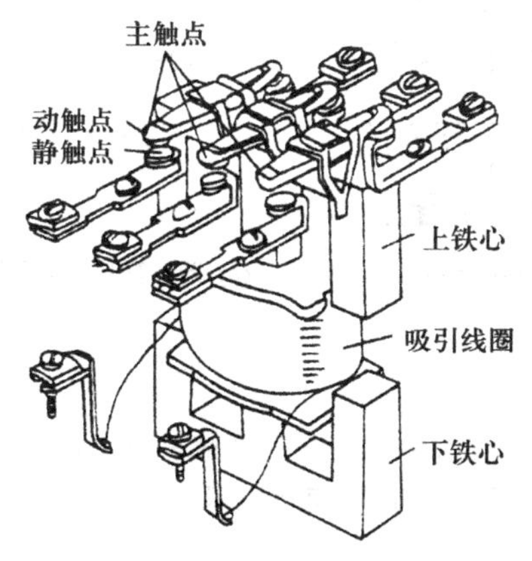

图 4.3.5 交流接触器的结构

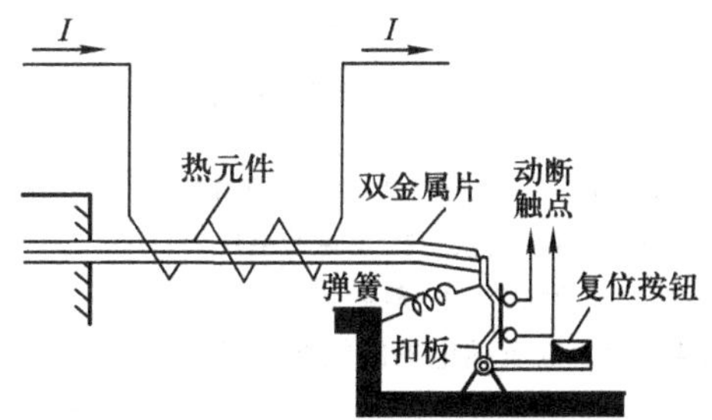

图 4.3.6 热继电器的原理图

把低电阻的热元件串接在电动机的主电路中，当热元件中通过的电流超过其整定值而过热一段时间后，由于双金属片的上面一层金属的膨胀系数小，而下面的大，因而受热后便向上弯曲，使扣板脱扣，扣板在弹簧的拉力下将动断触点断开，使控制电动机的接触器线圈断电，从而断开电动机主电路，待热元件冷却后，按下复位按钮就可把热继电器复位，重新起动电动机。现在生产的热继电器都具有三组热元件,且具有断相保护功能,即在三相电流严重不平衡甚至断开一相的情况下,其机械结构亦能使扣板脱扣将动断触点断开,保护了电动机因断相造成二相电流过载而烧坏的情况。

7. 电磁式继电器

电磁式继电器是由电磁铁带动触点动作的,其结构类似于接触器,由电磁机构(铁心、衔铁、线圈、弹簧等)和触点等组成。当线圈通电时,铁心吸引衔铁,使动触点和静触点闭合以接通电路,线圈断电时衔铁复位使触点断开。按其用途及使用要求可分成几种。

① 电压继电器　线圈匝数多而细,使用时线圈与负载并联以反映负载电压,当线圈电压达到规定值时动作。交流继电器铁心由硅钢片叠成,在铁心的端头,嵌套一个闭合铜环(称短路环)线圈,通电后产生的交变磁场会在环内感应交流电流,使环内所交链的磁通和环外的磁通相位不一致,两者不同时为零,不会造成吸力为零而产生振动噪声。而直流继电器线圈电流恒定,铁心由电工钢制成,没有上述现象,其结构原理如图 4.3.7 所示。

② 电流继电器　线圈匝数少而粗,使用时线圈与负载串联以反映负载电流,当线圈电流达到规定值时动作。电流继电器结构与电压继电器相同,仅仅是线圈规格有所区别。

③ 中间继电器　是一种电压继电器,在衔铁上装有 2 ~ 8 对触点,触点电流较大,在控制电路中用来增加受控电路数及控制容量,并可使输入电路和受控输出电路隔离,将动作信号同时传输到各受控器件,其结构原理如图 4.3.8 所示。

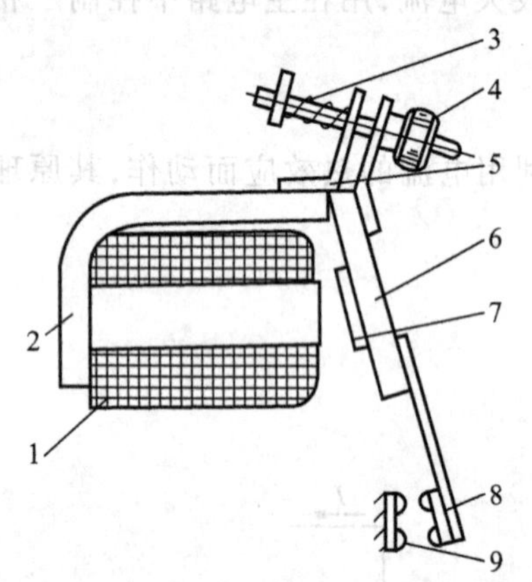

1—线圈　2—铁心　3—释放弹簧　4—调节螺母
5—旋转角　6—衔铁　7—非磁性垫片
8—动触点　9—静触点

图 4.3.7　电压继电器的结构原理

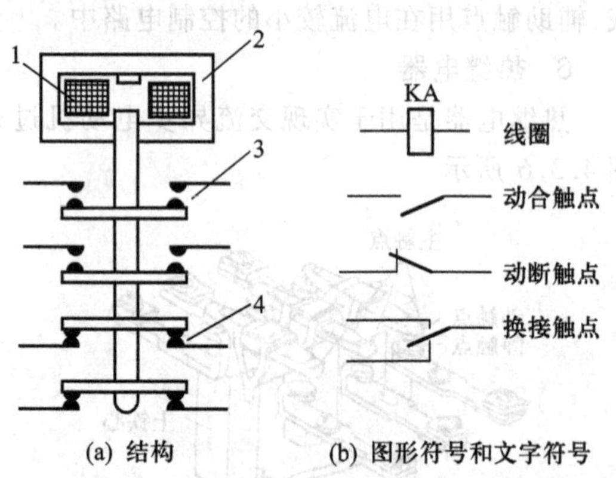

1—线圈　2—铁心　3—动合触点　4—动断触点

图 4.3.8　中间继电器的结构原理

8. 时间继电器

时间继电器是一种有延时功能的电磁式继电器,即继电器线圈通电或断电一直到触点动作或复原,有一定的延时时间。根据其延迟机构的工作原理可以分为空气式、电动式、数字式等。

① 空气式　是利用空气阻尼作用实现延时功能的,结构简单,但延时准确度较低。其结构原理如图 4.3.9 所示。主要由电磁系统、微动开关、空气阻尼器和传动机构组成。当线圈通电

时，衔铁和托板被吸引而下移，而由于上面空气室橡皮膜的分隔，导致活塞杆和杠杆不能随衔铁落下，只能随上气室中通过进气孔缓慢充气，使活塞杆缓慢下降，直到预设位置，杠杆推动微动开关动作。继电器的延时时间即为线圈通电到开关动作的时间间隔，一般为 0.4～180 s 范围内可调。当线圈断电时，在弹簧作用下衔铁和活塞杆立即上升，由于橡皮膜面上压缩空气使空气通过排气活门立即排出，杠杆迅速脱离微动开关使开关触点复位。另外，一般时间继电器还带有一对由托板带动的瞬时动作开关，供用户选用。

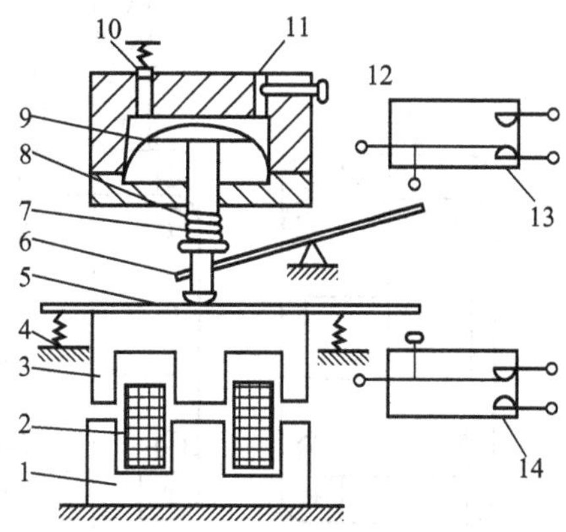

1—铁心　2—线圈　3—衔铁　4—恢复弹簧　5—托板　6—杠杆　7—活塞杆　8—释放弹簧　9—橡皮膜　10—排气孔　11—进气孔　12—调节螺钉　13—延时触点　14—微动开关

图 4.3.9　通电延时空气式时间继电器结构原理

② 电动式　是由微型同步电动机、减速齿轮组、电磁离合器组合而成的。当动作电压输入时，电磁离合器通电吸合，使同步电动机带动凸轮机构转动，经一定时间后，凸轮达到预定位置，压下延时触点动作，构成通电延时。反之，若线圈通电时电磁离合器松开凸轮停转，而在线圈断电时离合咬合，使凸轮转动直到设定位置压下触点动作，就可构成断电延时。

继电器的延时可以是短时延时的如 2～40 s、10～240 s，也有长延时的如 0.5～12 h、3～72 h 等，其时间基准是依据同步电动机的转速一直与电网频率同步，所以延时精度较高。一般电动机是一直接在交流电源上通电转动的，在长延时时也可以在离合器线圈通电时同时通电转动，在延时触点动作时断开。此种延时继电器比较普遍地用在生产过程的顺序控制设备中。

③ 电子式　是利用电阻、电容充放电延时原理构成的，体积小、重量轻，可以装在仪表中。电子电路形式较多，一般用功率管或小型晶闸管来控制继电器动作，延时时间较短，一般不超过 1 小时。

④ 数字式　是采用数字集成电路及数字计时电路制成的，型式繁多，延时调节范围宽，延时精度高。交流供电的可用 50 Hz 电源频率作时间基准，直流供电的以晶体振荡频率作时间基准，用小型继电器触点输出。

9. 行程开关

是一种由工作机械操动的主令控制电器，用于通断及切换控制电路，反映工作机械中移动部件的位置，根据其结构原理有行程开关、微动开关、接近开关、光电开关等多种。

① 行程开关　是由机械部件（撞块）的移动来按压操动的，其结构类似于按钮，外形及操动结构形式较多，当撞块使操动杆压下的位移达到一定时，触点动作，其结构及原理如图 4.3.10 所示。一般用于机床、生产线、物流机械、升降设备等。对于起重机械和冶金设备、重型机械上所用的行程开关，因运动部件的冲击力很大，必须选用专用的行程开关，并有合适的保护装置以保证动作安全可靠。

② 微动开关　是一种微小型的行程开关，特点是按钮行程极短，轻轻触碰即可动作，按压力最小可达 5×10^{-2} N 左右，体积小、重量轻，一般用于办公设备、家用电器、轻工机械、仪表中，也可以做成控制面板上的触摸按钮。

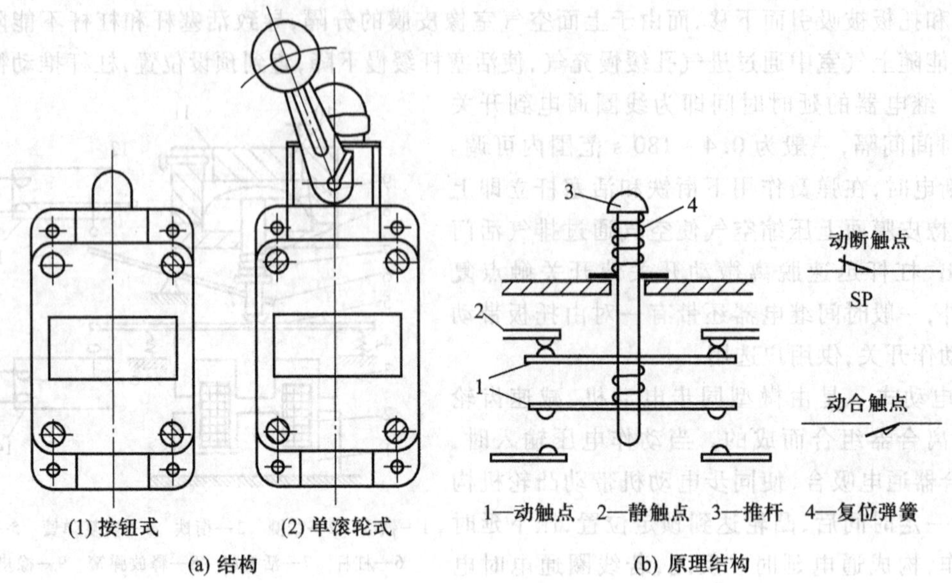

图 4.3.10　行程开关

③ 接近开关　是一种无触点位置控制元件，当物体与开关的感应头之间的距离小于一定数值时，开关输出“动作”信号，使外接负载通电，起了行程开关的作用。用接近开关作为行程控制是与移动部件没有机械接触和撞击的，而且动作迅速，使用寿命长，安全可靠。

接近开关内部电路框图如图 4.3.11 所示，图中当移动部件上的铁磁体移动到接近感应头的位置时，感应头内的振荡线圈因增加了铁磁损耗而使所在振荡电路停止振荡，振荡电路因电流发生变化而开通功率开关电路，使外部负载通电。若铁磁体离开感应头，则振荡电路恢复振荡，输出开关电路截止。

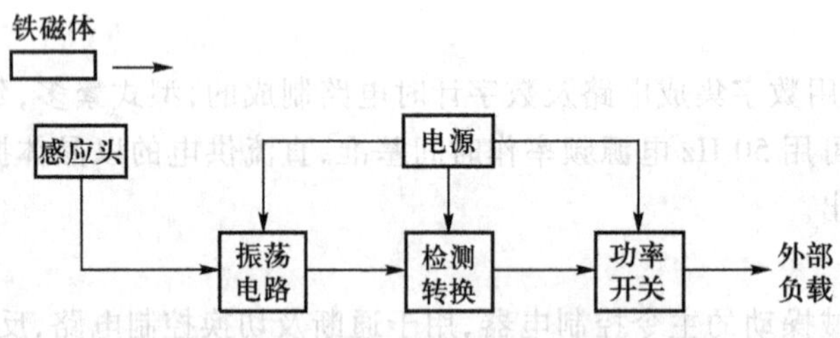

图 4.3.11　接近开关内部电路框图

接近开关大部分为电感应式，其感应元件为高频振荡线圈，只能检测各种金属体。另外亦有一种电容式接近开关，其感应面与大地间构成一个电容器参与振荡电路发生振荡。当外来物体接近感应面时使电容量发生变化，使振荡器停振，开通输出电路，物体离开时则输出电路截止。但电容参数会受外界多种因素影响，容易受到干扰而产生误动作或不动作，所以使用受限。

④ 光电开关　是一种用红外线作为感知介质的位置检测元件，用于工业控制中作为移动物体检测、计数、物位检测、尺寸控制和安全报警等用途。光电开关有透射型、同轴反射、漫反射型等结构，当发射器发出调制红外线，接收器接收到以后会发出开通信号给外部负载，一般发射器与接收器应成对使用，以达到抗可见光干扰以及抗不配对的红外线干扰的效果。

4.3.2 基本控制电路

1. 常用电机、电器的图形符号

继电接触器控制系统中常用电机、电器的图形符号参见表4.3.1。

表4.3.1 常用电机、电器的图形符号

名称	符号	名称			符号
三相笼型异步电动机	M 3~	按钮触点	动合		
		按钮触点	动断		
三相绕线型转子异步电动机	M 3~	接触器吸引线圈 继电器吸引线圈			
直流电动机	M	接触器触点	主触点		
		接触器触点	辅助触点	动合	
		接触器触点	辅助触点	动断	
单相变压器		时间继电器触点	动合延时闭合		
		时间继电器触点	动断延时断开		
三极开关		时间继电器触点	动合延时断开		
		时间继电器触点	动断延时闭合		
熔断器		行程开关触点	动合		
		行程开关触点	动断		
信号灯		热继电器	动断触点		
		热继电器	热元件		

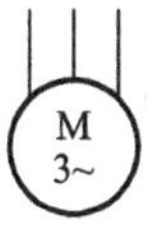

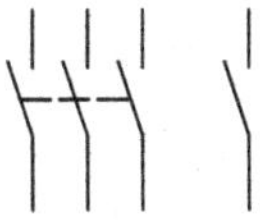

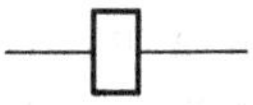

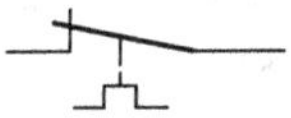

2. 直接起动控制

用低压控制电器对电动机及其他电气设备进行自动控制是目前工农业生产设备中普遍采用的，通常把整个电路分为主电路和控制电路两部分，主电路是从电源进线到电动机的大功率电路，由空气断路器、熔断器、接触器主触点、热继电器的热元件串联而成；控制电路是由按钮、接触器的辅助触点和线圈、热继电器触点等组成的，在控制电路中同一个控制电器中起不同作用的部件应画在不同的电路中，然后用同一个文字符号标注，该电器通电时各相关部件同时动作。

三相异步电动机定子绕组直接接通三相电源称为直接起动控制，其控制电路原理如图 4.3.12 所示。主电路中空气断路器用作电源隔离、手动通断及线路过载、短路保护，熔断器作为后备短路保护，接触器用作电动机自动、起动停止控制，热继电器用作电动机过载保护。

按照我国国家标准，控制电路电源电压应采用 220 V 相电压，且接触器线圈作为负载应放在 N 端，而按钮触点及熔断器应接在电源端，这样在控制电路正常工作或发生故障时都不会引起附加的意外，而且在停止状态下接触器线圈与电源是断开的，便于故障检查。若控制电路中控制电器较多，则应采用隔离变压器对控制电路供电，并加装专用的空气断路器进行短路保护，以保证安全操作和检修。

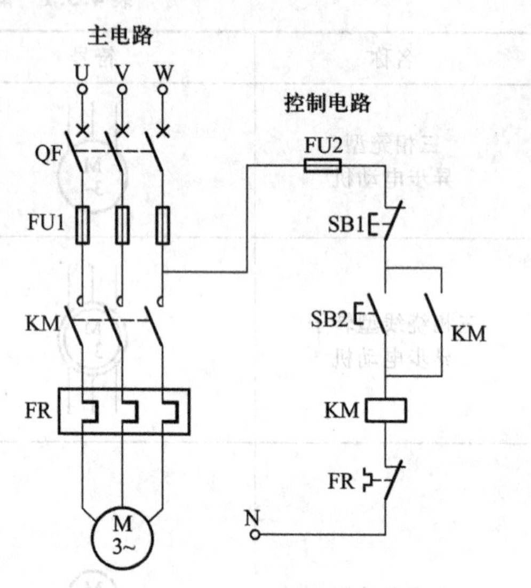

图 4.3.12　直接起动控制电路

操作时先合上空气断路器 QF，接通三相电源，然后按下起动按钮 SB2 动合触点，接触器 KM 线圈通电，吸合动铁心使三个主触点闭合，电动机通电起动，同时与按钮 SB2 并联的接触器辅助动合触点亦闭合，对 SB2 动合触点起旁路作用，所以在松开起动按钮使之复位时，能够保持接触器线圈的通电吸合状态，维持电动机的连续运行。接触器的这一控制功能称为自锁，其对应的辅助动合触点称为自锁触点。若接线时未接自锁触点或用一开关将触点断开，则电动机的运转完全由按钮 SB2 手动控制，按下时电动机运转，松开时停车，此种状态称为点动，常用于机械负载的试车或校准。要使连续运行中的电动机停车，必须按下与起动按钮串联的停止按钮 SB1，断开控制电路使接触器线圈断电，动铁心及主触点复位，断开主电路。若电动机在运行中发生过载，热继电器的热元件一段时间后会使动断触点断开而切断控制电路，待电动机经过一段时间冷却，并经检查处理过载原因后才能人工复位，接通动断触点。

交流接触器 KM 本身具有失压及欠压保护作用。当电源电压过低或突然停电时，接触器线圈无法吸住动铁心，主电路断开，电动机停转。若电源恢复来电时，必须人工操作起动，电动机不会自动起动以避免发生事故。另外，还可以保证电动机不在电压过低时转动，避免发生过电流烧坏电动机。

3. 正反转控制

要改变三相异步电动机的转向，只要将电动机的三根电源线中的任意两根对调，即三相定子绕组电流的相序变反，使旋转磁场反转。为此可用两个接触器分别接通电源来实现，其控制电路如图 4.3.13(a)所示。当接触器 KM1 吸合时电动机正转,当接触器 KM2 吸合时电动机反转,因为有两根电源线对调。如果两个接触器主触点同时闭合,就会造成电源线对调的两相电源短路。为了保证两个接触器不同时吸合,在控制电路中每个接触器线圈必须与对方接触器的动断辅助触点串联,即 KM1 线圈与 KM2 的动断辅助触点串联,KM2 线圈与 KM1 的动断辅助触点串联,这种连接称为互锁,即互相制约,保证任意时刻仅有一个接触器线圈通电。因为在某一接触器通电吸合时就断开了对方接触器线圈电路,直到该接触器线圈断电复位,电动机停车为止。

若电动机处于正转状态,要使其反转必须先按停止按钮 SB0 使其停车,在接触器复位,动断辅助触点接通后,才能按反转起动按钮使电动机反转。如需直接用按钮进行反转操作,可以采用复合按钮进行按钮互锁。控制电路如图 4.3.13(b)所示,图中复合按钮带有一对动合触点和一对动断触点,两个动断触点分别与对方接触器线圈串联,当按下正转起动按钮 SB1 时,其动断触点先断开反转接触器线圈,再接通正转接触器线圈;同样当按下反转起动按钮 SB2 时,其动断触点先断开正转接触器线圈,再接通反转接触器线圈。所以在改变电动机转向时只要一次按下相应的起动按钮即可。

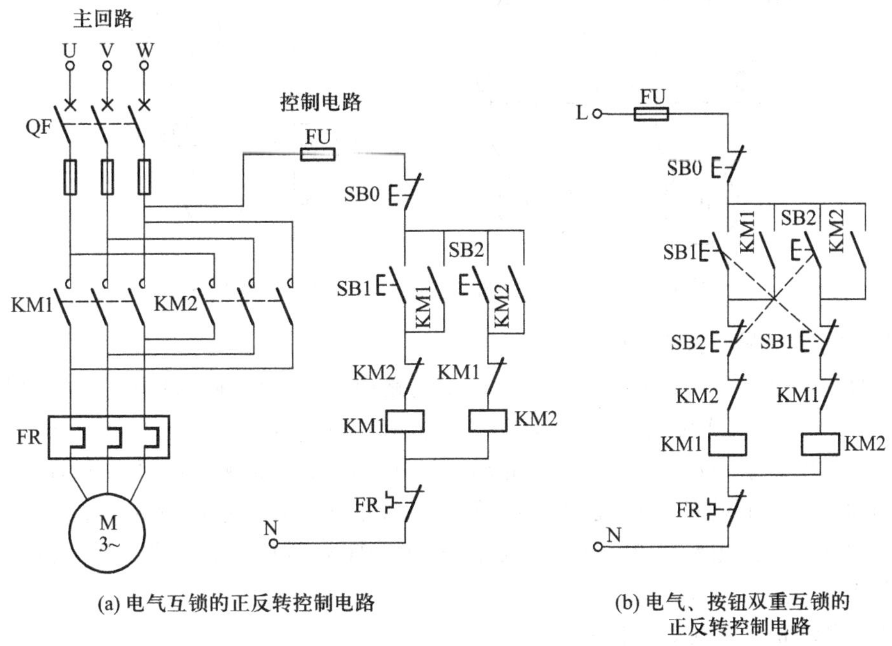

(a) 电气互锁的正反转控制电路

(b) 电气、按钮双重互锁的正反转控制电路

图 4.3.13　正反转控制电路

4. 顺序联锁控制

在生产机械中要求有几台电动机分别传动的部分,相互之间需要满足一定的约束条件,才能彼此正常地协调工作。例如机床在主轴电动机起动之前必须先起动油泵电动机;多段的皮带运输机起动时必须先起动货流方向最前端的输送电动机,然后依次顺序起动,直到最末端的输送电动机,而停车时的顺序正好相反。这种在控制电路中相互制约的条件称为联锁,而满足一定工作次序的控制方式称为顺序控制。

(1) 两台电动机顺序起动、同时停止

控制电路如图 4.3.14 所示，电动机 M1 先起动，M2 只能在 M1 起动后才能起动，就把电动机 M2 的接触器线圈 KM2 接在电动机 M1 的接触器自锁触点 KM1 的后面，只有在 M1 起动后接通自锁触点 KM1，再按下按钮 SB2，才能使接触器线圈 KM2 通电，否则因自锁触点 KM1 断开，线圈 KM2 无法通电。停车时仅需按下按钮 KB0，两个接触器线圈同时断电使电动机停止运转。图中热继电器热元件分别和各自的接触器线圈相串联，当 M2 过载时热继电器 FR2 可以使电动机 M2 单独停车，而 M1 过载时热继电器 FR1 动作使接触器线圈 KM1 断电，不仅使 M1 停车，而且因自锁触点 KM1 断开而使接触器线圈 KM2 断电，使 M2 停车。

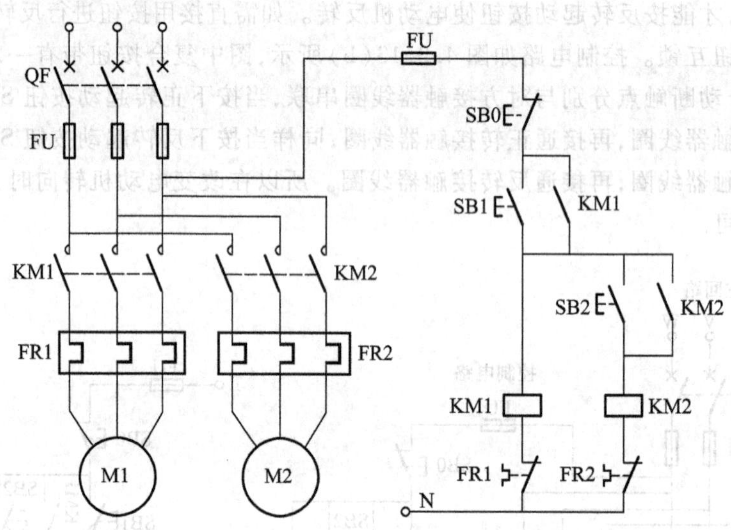

图 4.3.14　两台电动机顺序起动同时停止控制电路

(2) 两台电动机顺序起动、顺序停止

电动机的主电路与图 4.3.14 完全相同，控制电路中应有两路独立的电动机起停控制电路，然后按图 4.3.15 的方式连接在一起，电动机 M2 的起动按钮 SB22 应串接在电动机 M1 的起动按钮 SB12 的后面，实现了 M1 先起动，M2 后起动。另外用动合联锁触点 KM2 与电动机 M1 的停止按钮 SB11 并联，保证了只有在 M2 已停止的情况下，才能按 SB11 使 M1 停止。此外，当 M2 过载时，热继电器 FR2 动作，电动机 M2 可以单独停车，而 M1 过载时热继电器 FR1 动作，使电动机 M1 和 M2 同时停止。

(3) 两台电动机延时时顺序控制

采用时间继电器还可以实现延时顺序控制，其控制电路如图 4.3.16 所示，时间继电器 KT1 用以延时起动电动机 M2，时间继电器 KT2 用以使电动机 M1 延时停止。起动时，按下起动继电器按钮 SB1，使接触器线圈 KM1 和时间继电器线圈 KT1 同时通电，电动机 M1 起动并自锁，经 T1 时间后动合触点 KT1 接通，接触器 KM2 吸合使电动机 M2 起动。停车时按下停止按钮 SB2，使时间继电器线圈 KT2 通电并自锁，其动断瞬时触点 KT2 断开，使接触器线圈 KM2 断电，电动机 M2 停车。经 T_2 时间后，动断延时触点 KT2 断开，接触器线圈 KM1 和时间继电器线圈 KT1 断电，电动机 M1 停车，控制电路恢复起始状态。在运行中无论电动机 M1 还是 M2 过载，都能使两者同时停车，保证机械负载的协同状态。

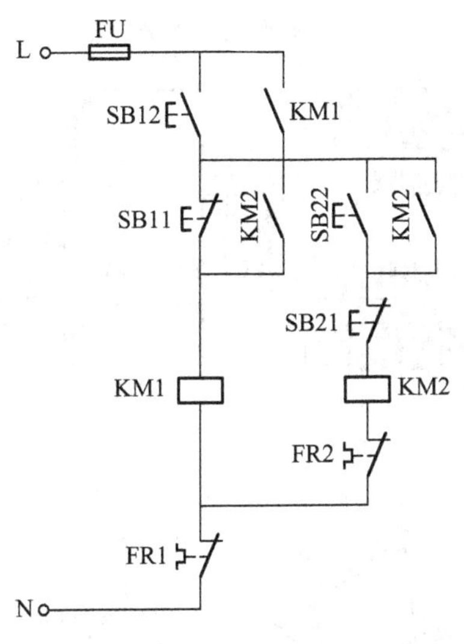

图 4.3.15 两台电动机顺序起动、顺序停止控制电路

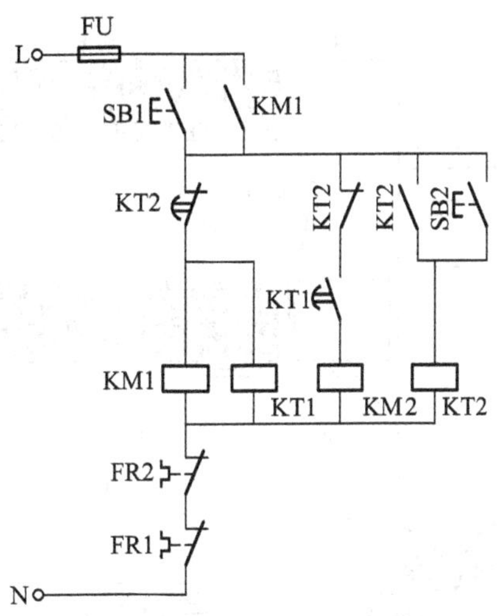

图 4.3.16 两台电动机延时顺序起动、停止控制电路

*4.4 三相交流异步电动机的可编程控制器控制

可编程控制器(Programmable Logic Controller,简称 PLC)是一种专门用于工业环境的数字式电子控制装置,它用计算机来代替传统的继电器触点逻辑控制来实现生产设备的自动控制,节省了大量的控制继电器和接线,提高了控制装置的可靠性,并可以作为工控部件构成集散控制系统(DCS),所以 PLC 是现代工业控制的基础。

目前不同企业生产的产品其技术性能、指令及编程方法有所差别,应用较为广泛的品牌是三菱和西门子,其次是欧姆龙、富士、松下、施耐德、罗克韦尔、ABB、GE 等,它们在性能及应用上各有特色及适用领域。

4.4.1 可编程控制器的结构和工作方式

1. 基本结构

可编程控制器的结构有整体式、模块式两种,前者用于小型机(输入、输出点在 256 点以内),后者多用于中型机(输入、输出点为 128 点～2 048 点),虽然 PLC 的规模功能扩展范围有大小之分,但基本工作原理是类似的。典型的三菱 FX_{2N}－64MR 小型机外形如图 4.4.1 所示,该系列主机为基本单元(MR),另外还可以扩充其输入/输出点的扩展单元(自带电源)或扩展模块(由主机供电。)

可编程控制器的硬件结构必须能耐受工业环境下的温度、湿度、振动、噪声冲击等变化,能够连续 24 小时高可靠性运行,并适应强电磁干扰,不会发生误动作。其基本组成如图 4.4.2 所示。

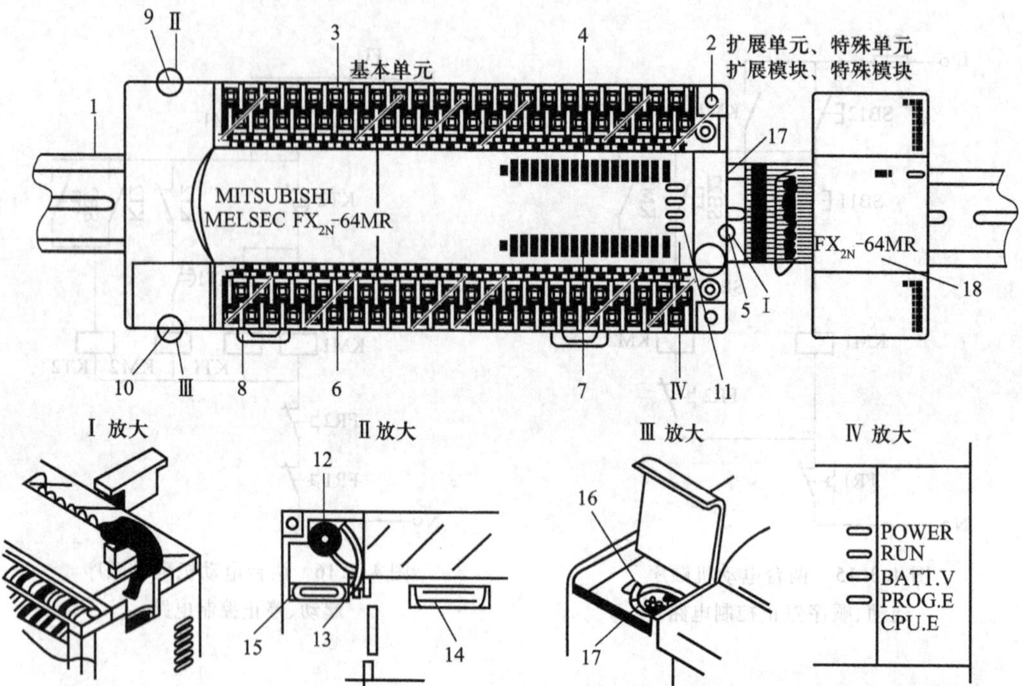

1—35 mm 宽 DIN 导轨　2—安装孔 4 个(ϕ4.5)(32 点以下者 2 个)　3—电源、辅助电源、输入信号用的装卸式端子台(带盖板，FX_{2N} -16M 除外)　4—输入指示灯　5—扩展单元、扩展模块、特殊单元、特殊模块、接线插座盖板　6—输出用的装卸式端子台(带盖板，FX_{2N} -16M 除外)　7—输出动作指示灯　8—DIN 导轨装卸用卡子　9—面板盖　10—外围设备接线插座、盖板　11—动作指示灯(POWER：电源指示，RUN：运行指示灯，BATT. V：电池电压下降指示，PROG. E：出错指示闪烁(程序出错)，CPU. E：出错指示亮灯(CPU 出错))　12—锂电池(F_2 -40BL，标准装备)　13—锂电池连接插座　14—另选存储器滤波器安装插座　15—功能扩展板安装插座　16—内置 RUN/STOP 开关　17—编程设备、数据存储单元接线插座　18—产品型号指示

图 4.4.1　三菱 FX_{2N} -64MR 的外形

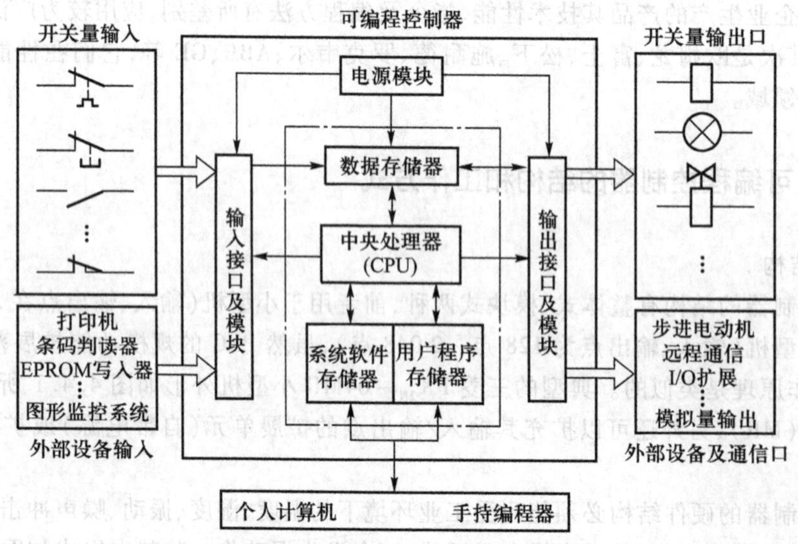

图 4.4.2　可编程控制器的基本组成

（1）中央处理器(CPU)及存储器

中央处理器是 PLC 的核心部件,它按照固化在系统软件存储器(ROM)中的系统软件工作,系统软件包括系统管理程序、指令解释程序、I/O 操作程序、逻辑运算程序、联网通信程序、故障检测程序、内部继电器操作程序等,其有开机自检、键盘输入处理、用户程序翻译、传递信息及监控运行等系统固有的功能。

在编程操作时将用户编写的用户程序存入用户程序存储器(RAM),同时诊断用户程序中是否有语法错误。

数据存储器(RAM)用来存放在执行用户程序指令时从输入、输出接口中实时采集的状态标识或数据,与中央处理器交换。

（2）接口

输入接口　通过接线端子,接收现场各种开关及传感元件送来的开关量、数码信号及模拟量输入信号,接口电路必须能够把外部输入信号转换成内部的标准电平信号,并能隔断内外电路间的电气联系,避免外电路的电气干扰信号的影响。

输出接口　通过接线端子,将 CPU 处理后的输出控制信号转换成外部设备所需要的控制信号,通常有继电器输出、晶体管输出、晶闸管输出三种类型。一般较多采用继电器输出,可控制接触器、电磁阀等控制电器。

通信接口　用来与外部设备进行数据通信或是联网用的专用通信插座(RS232、RS485、USB 等)。

编程接口　用来与手提电脑、编程器或存储器(U 盘、硬盘)连接的专用插座。

扩展接口　用来连接各种扩展模块及增加输入输出点数,以扩展 PLC 系统的功能。

2. 工作方式

可编程控制器是按循环扫描方式运行的,通电后即进行系统自检,自检无误就进入用户程序,按指令的先后顺序,逐条读取,逐条执行直到全部程序结束,然后再重新进行下一次循环。其运行过程如图 4.4.3 所示。每一循环有三个阶段。

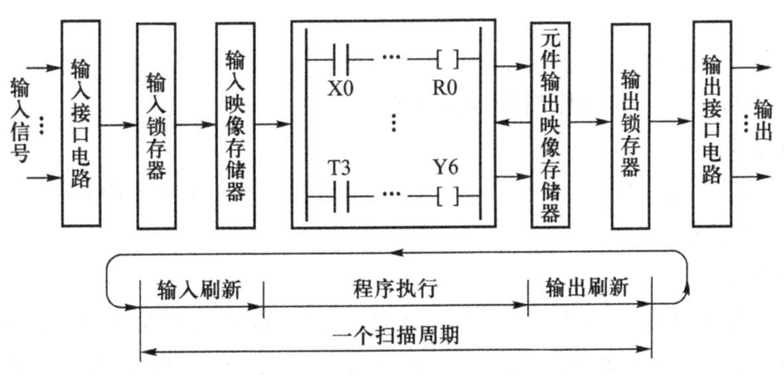

图 4.4.3 可编程控制器的运行过程

（1）输入刷新

循环扫描开始时将所有输入点的通断状态读入输入锁存器,读数完成后即把锁存器内容存入输入映像在存储器。此时输入接口与输入锁存器之间的联系已被切断,输入点的状态变化不影响锁存器内容。此种状态维持到下一个扫描周期开始,再重新建立联系,进行输入刷新。

(2) 程序执行

输入刷新结束时即按梯形图程序自左到右、自上到下逐条执行每一条指令,指令所需的输入、输出点及内部软件状态分别从输入、输出映像存储器及数据存储器中取得,经 CPU 处理后将结果存入输出映像存储器和数据存储器,直到所有指令处理完毕,此时输出元件映像存储器中的内容就是该周期程序的执行结果。

(3) 输出刷新

程序执行结束时即把输出元件映像存储器中的内容读入输出锁存器,对锁存器进行刷新,并由输出接口电路驱动外部负载工作。输出刷新结束,程序又重新进入下一循环周期的运行;此时输出元件映像存储器与输出锁存器之间的联系被切断,直到下一循环周期程序执行结束,再重新建立联系,将程序执行结果读入输出锁存器进行刷新。

可编程控制器的输出响应并不是实时跟随输入状态的变化,而是有一个扫描周期的时间间隔,一般在 100 ms 以内,在工业电气控制系统中还是能满足处理速度的要求,而且此种工作方式下程序的执行是独立的,不会受到外部输入的扰动及干扰的影响,提高了抗干扰能力。

4.4.2 可编程控制器的编程

可编程控制器虽然按计算机的内部工作方式运行,但从开发应用的目标来看必须与传统工业的触点逻辑控制方式相对应,首先是在其核心部分设置了大量的替代各种继电器的软元件,其次不采用微型计算机的编程语言及编程方法,而采用面向控制过程,由继电器—接触器控制电路演变而来图形编程语言,便于电气技术人员理解和掌握。为了便于记忆、文字叙述,梯形图中的图形符号均可用指令助记符表示,梯形图所表示的逻辑关系可以用助记符写成的指令语句表表示,指令语句是对 CPU 的操作命令,这些操作包括取数、移位、串联、并联、逻辑运算、算术运算、定时、计数、传送数据等。

1. 软元件

(1) 输入继电器

由外部输入信号通过输入接口电路驱动,在程序中只有输入“触点”存在,没有输出线圈。输入继电器的数量为每种可编程控制器的输入点。

(2) 输出继电器

由程序内部的指令操作驱动,将输出信号传送给外部负载,在程序中每一个输出继电器只能使用一次,不能多次使用。

(3) 辅助继电器

是程序运行所用的内部继电器,与外部输入和外部负载没有直接联系,共分三类,通用型是常用的中间继电器;保持型在电源断电时能保持断电前的状态;特殊型用于反映程序运行状态,提供标准时钟、运算标记、工作方式、出错检测、中断禁止等,在运行中只能使用其触点,不能由程序驱动。

(4) 定时器

相当通电延时的时间继电器,当定时器线圈被驱动后,经过设定的时间后使输出触点动作,其设定值的时间基准有 1 ms、10 ms、100 ms,通常使用 100 ms。

(5) 计数器

对输入的脉冲信号进行计数,当到达设定值时使输出触点动作,动作后能保持触点状态不变,只有在复位信号输入后才能恢复原始零状态。

(6) 数据寄存器

用于存储数据,一般为16位寄存器,作为定时器、计数器设定值的存储单元,程序中数值运算的中间寄存单元等。

各种类型的PLC,其软元件的分配数量和编号都不相同,每种软元件的功能及操作方式亦略有差别,使用前应注意阅读相应的使用手册及编程手册。

2. 梯形图编程

梯形图是从传统的继电器控制电路图演化而来的PLC图形编程语言,其基本的控制元件图形是动合触点─┤├─,动断触点─┤/├─,控制线圈─○─,每一个触点或线圈对应一个编号,凡编号相同的触点或线圈属于同一个元件。

编程时从左边的母线开始,依次将各个触点按所需的逻辑关系,连接成串联和并联,最后以一个线圈作为结尾,称为一阶(一个梯级),表示对某一继电器的动作要求。完整的梯形图由若干个阶组成,最后以 END 指令表示用户程序结束。在每一阶梯形图的右方加注简短的注释,说明功能。必要时在触点、线圈符号旁除编号外加注元件的功能或名称,这样就便于理解和读图。图4.4.4分别表示三相异步电动机直接起动控制电路和梯形图。对比后可见,两者在形式和逻辑关系上是极为相似的,但在画梯形图时必须按照一定规则,以保证程序运行不会出错。

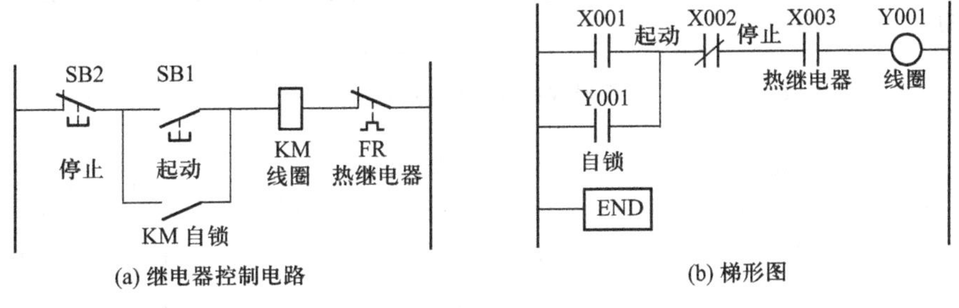

(a) 继电器控制电路

(b) 梯形图

图4.4.4 三相异步电动机直接起动控制电路和梯形图

① 编程前必须确定所用软元件的编号、功能,输入、输出点的地址及功能。每个继电器的触点和线圈用同一编号,每个元件的触点可以无数次使用。

② 梯形图每一行必须从左边开始,到右边线圈线束,线圈右边不能有触点。线圈不能直接接母线,必须经过触点接母线。每个线圈只能使用一次。

③ 把串联触点多的分支电路画在上方,把并联触点多的电路画在左方,触点接成桥式不能编程,必须改画成等效梯形图(见图4.4.5)。

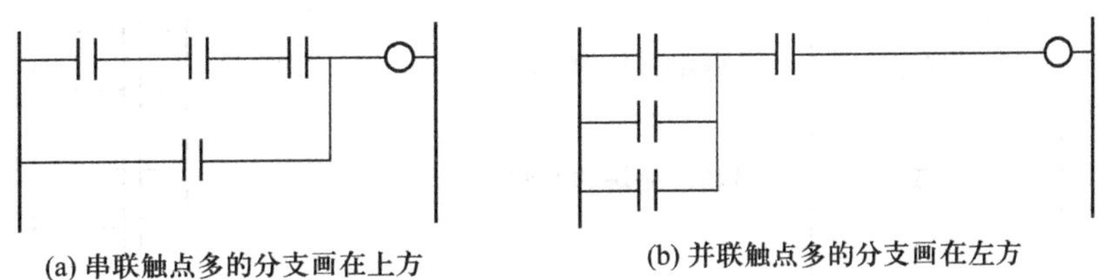

(a) 串联触点多的分支画在上方

(b) 并联触点多的分支画在左方

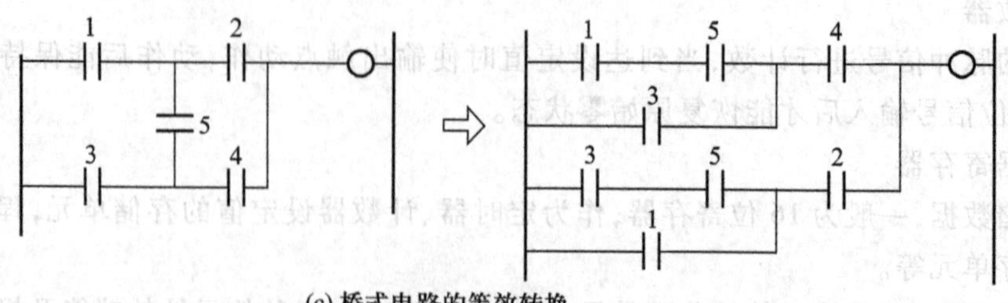

(c) 桥式电路的等效转换

图 4.4.5 合理的梯形图画法

3. 指令表编程

梯形图中的图形符号可用助记符表示,写成用助记符指令语句构成的指令语句表,指令语句是给 CPU 的操作指令,指示 CPU 所要完成的某一操作,其规定格式为“语句步号(地址)、指令助记符(操作码)、元件类型和编号(操作数)”。

PLC 的指令系统分成基本指令和功能指令两大类,基本指令是指直接对输入、输出点进行简单逻辑操作的指令,不同类型的 PLC 基本指令功能大致相同,只是助记符形式、梯形图符号和元件编号有所差别。功能指令是指进行数据处理、运算和顺序控制的专用指令,其助记符用功能号表示,不同类型的 PLC 功能指令及功能号、应用方法有所不同,需阅读产品的编程手册。在表 4.4.1中列出了三菱 PLC 的常用基本指令,可满足一般场合的使用。

表 4.4.1 三菱 PLC 基本指令表

指令助记符	名称	功能	梯形图
LD	取	首接母线的动合(常开)触点	
LDI	取反	首接母线的动断(常闭)触点	
AND	与	串联连接的动合触点	
ANI	与非	串联连接的动断触点	
OR	或	并联连接的动合触点	
ORI	或非	并联连接的动断触点	
ANB	块与	并联电路块的串联	
ORB	块或	串联电路块的并联	

续表

指令助记符	名称	功能	梯形图
OUT	输出	驱动继电器线圈 驱动定时器线圈（K 设定时间） 驱动计数器线圈（K 设定计数值）	 T0 K10 C K
PLS PLF	脉冲上沿 脉冲下沿	触点闭合瞬间线圈得电一扫描周期 触点断开瞬间线圈得电一扫描周期	PLS PLF
SET RST	置位 复位	使目标元件动作保持 使目标元件动作复位	SET RST
NOP END	空操作 结束	无动作 输出处理后返回到程序开始	NOP END

说明：PLS、PLF 的目标元件为中间继电器和输出继电器。
SET 的目标元件为状态继电器、中间继电器和输出继电器。
RST、OUT 的目标元件不能为输入继电器。

4. 常用编程举例

(1) 自锁开关

用一只控制按钮控制输出点的通、断动作，梯形图如图 4.4.6(a)所示，动作时序如图 4.4.6(b)所示。当按下输入点 X000 时，运用脉冲上沿 PLS 指令使中间继电器 M000 动合触点接通一个扫描周期，使输出线圈 Y000 动作，并使 Y000 动合触点闭合、动断触点断开，该扫描周期过后 M000 复原，此时由于 Y000 的动合触点已闭合实现自锁保持接通状态。当 X000 再次按下时 M000 又动作一个扫描周期，由于自锁通路中 M000 动断触点断开而使 Y000 断开。

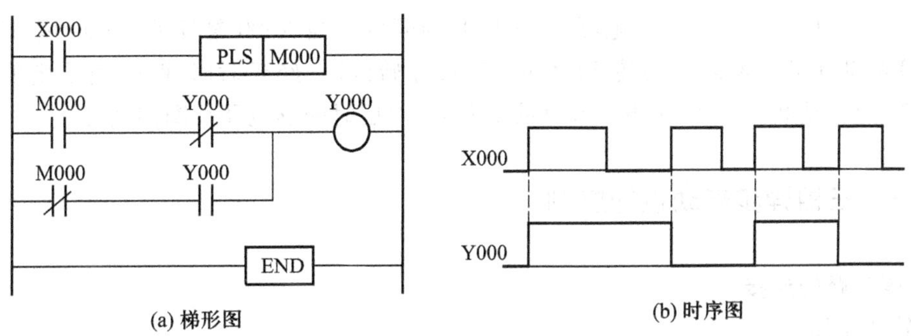

(a) 梯形图

(b) 时序图

图 4.4.6 自锁开关

（2）闪烁控制

控制按钮 X000 接通后就自动进入振荡程序，梯形图如图 4.4.7(a)所示，动作时序如图 4.4.7(b)所示。时间继电器 T1 线圈接通经 1 s 后动合触点 T1 接通，输出线圈 Y000 动作，动合触点 Y000 接通，又使时间继电器 T2 线圈通电经 2 s 后动合触点 T2 断开，使 Y000、T1 失电复原，又使 T2 失电复原，动断触点 T2 恢复接通后，又使 T1 线圈接通，重复振荡过程。输出线圈接通时间 T_2 和断开时间 T_1 由时间继电器设定值 K 确定，其时间基准为 0.1 s，K10 为 1 s、K20 为 2 s。

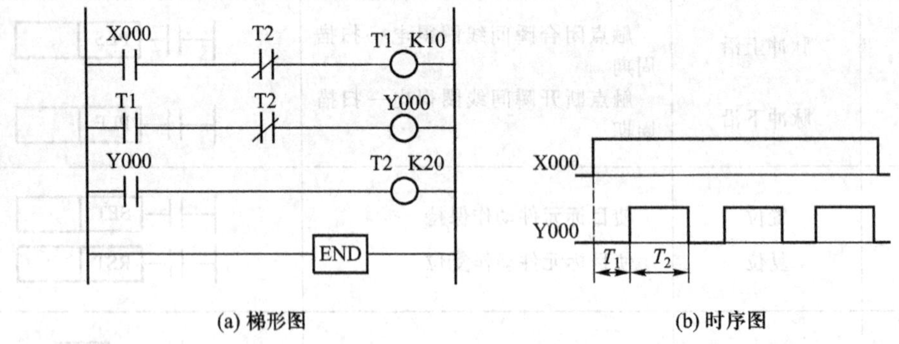

(a) 梯形图　(b) 时序图

图 4.4.7　闪烁控制

（3）延时断开

PLC 中的定时器（时间继电器）大都是通电延时动作的，如需延时断开控制可按图 4.4.8(a)所示的梯形图编程，其动作时序如图 4.4.8(b)所示。

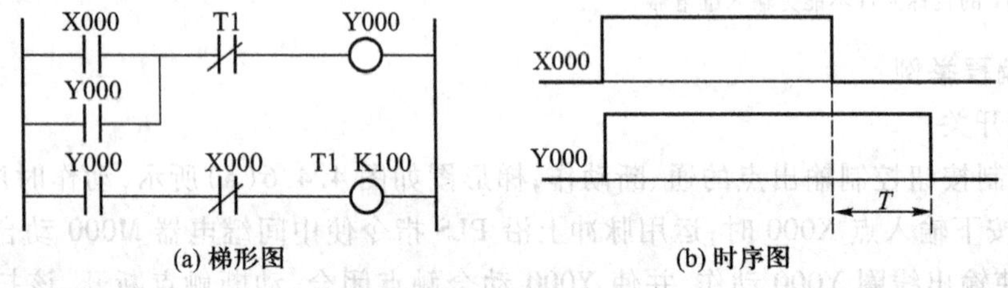

(a) 梯形图　(b) 时序图

图 4.4.8　延时断开

当输入开关 X000 接通后，输出线圈 Y000 接通并自锁，由于 Y000 的动合触点接通时 X000 的动断触点先行断开，所以时间继电器 T1 线圈是断开的。当 X000 复原后，Y000 因自锁而保持接通，X000 的动断触点恢复接通使 T1 线圈接通，开始延时，经延时时间 T（由设定值 K 确定，K100 为 10 s）后，动断触点 T1 断开，Y000 线圈断开，然后时间继电器线圈亦断开。

4.4.3　三相异步电动机的控制

1．外围电路的连接

（1）输入电路

输入信号大部分为开关信号，通常信号电源为直流 24 V，若输入端外接元件为开关、按钮等，则信号电源可直接采用主机内部电源,输入信号端子排上面的 COM 端即为电源端,也是输入电路公共端。若主机内不带电源或内部电源容量不足,则在输入电路中需要串接外部电源。具体接法见图 4.4.9。

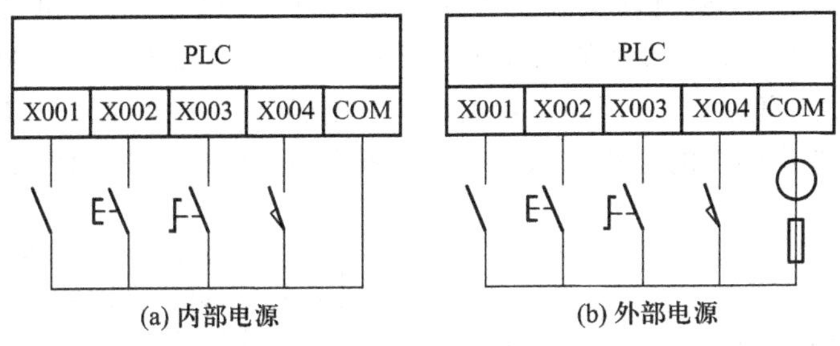

图 4.4.9 开关元件与 PLC 输入端的连接

(2) 输出电路

通常开关控制电路大部分输出负载为继电器、接触器、电磁阀线圈以及信号灯,一般都选择继电器输出电路,此种方式可驱动最大 220 V、1 A 的交流负载或直流负载,有一定的过载能力,但动作时间为 10 ms,故响应速度较慢;而晶体管输出电路的响应速度为 0.2 ms,但只能驱动最大 30 V、0.2 A 的直流负载;双向晶闸输出电路的响应速度为 1 ms,能驱动 220 V、0.2 A 的交流负载。

输出电路的连接方法如图 4.4.10 所示,可编程控制器的输出端分成若干组,每组有 2 个或 4 个输出端及一个公共端,也有 8 个输出端的,每组接一种电源,不同组的电源可以是不同的。图中表示了一组输出端的接线。不同电压等级的负载,应分组连接。

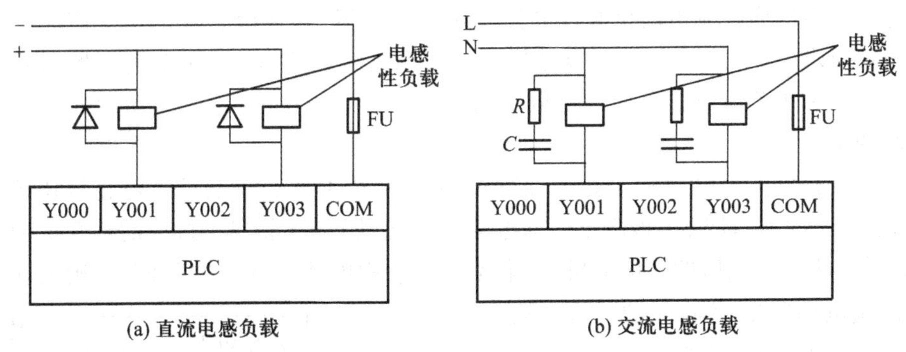

图 4.4.10 输出电路的接线

电路中为避免负载短路损坏可编程控制器,应在每组负载的公共端回路中串联 1 ~2 A 的熔断器进行短路保护;对于继电器线圈、接触器线圈、电磁阀线圈等电磁类感性负载应在负载旁并联续流二极管或阻容吸收电路,以防止输出电路断开时产生过电压;若实际负载工作电流较大,可通过中间继电器驱动,避免输出电路过载。

(3) 供电电源

PLC 均采用 220 V 50 Hz 电源供电,通常需要将市电电源通过 1:1 隔离变压器对 PLC 主机及输出电路中的 220 V 负载供电,以避免外来电源干扰及提高安全性。输入端子排上的“L”“N”端为“相线端”及“中线端”。主机内置直流电源一般为直流 24 V 400 mA(32 点为 250 mA)对输入开关元件及传感元件供电。中大型机需另加直流电源模块对外围输入元件供电。

2. 三相异步电动机的正反转控制

以下就 4.3 节介绍的一般电动机正反转控制为例说明 PLC 的接线和编程。其外部接线如图 4.4.11 所示。图中把正、反、停控制按钮 SBF、SBR、SB1 分别接入输入点 X000、X001、X002，热继电器 FR 接入输入点 X003，均采用动合触点输入。正、反转接触器 KMF、KMR 的线圈分别接入输出点 Y000、Y001，并由外接的交流电源驱动。可画出相应的梯形图如图 4.4.12 所示。

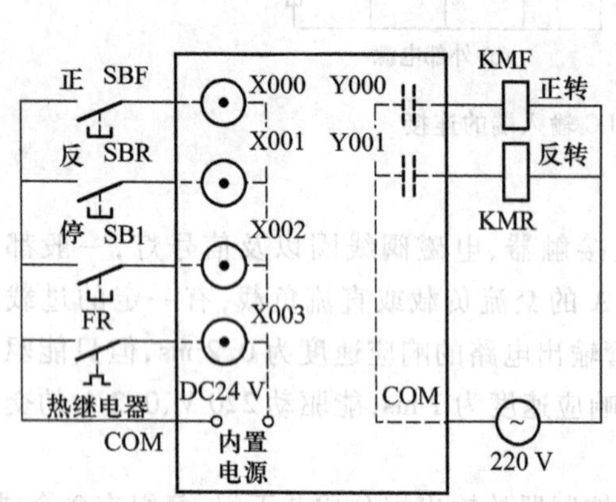

图 4.4.11　PLC 正反转控制的外部接线图

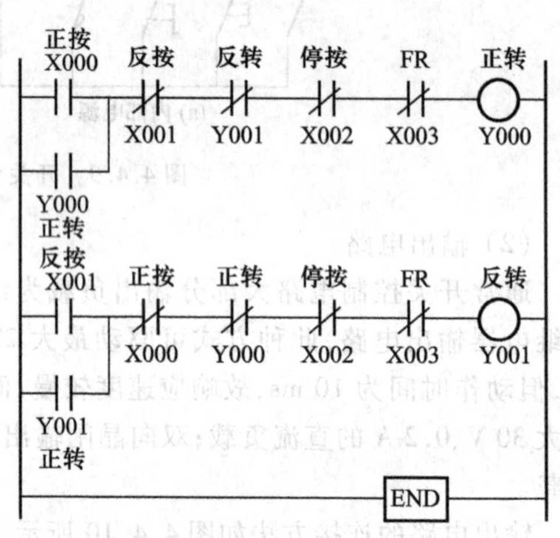

图 4.4.12　正反转控制梯形图

3. 三相异步电动机的顺序延时控制

按预定的先后次序控制电动机起动或停止称为顺序控制，在确定其动作次序时一般都有延时要求及联锁要求，用 PLC 控制时很容易通过梯形图编程来实现，而在继电器控制系统中必须增加时间继电器和中间继电器等硬件。以下就 A、B 两台电动机的先后起动和先后停止为例说明延时控制的接线和编程。

要求起动按钮按下后电动机 A 起动，经 10 s 后电动机 B 再自动起动。停止按钮按下后电动机 B 先停止，经 5 s 后电动机 A 再停止。即电动机 A 先动后停(相当于机床的油泵电动机)，电动机 B 后动先停(相当于机床的主电动机)。若运转过程中电动机 A 因故障停车，则电动机 B 应立即停车。控制电路带有过载保护。PLC 输入、输出口接线见图 4.4.13，梯形图见图 4.4.14。

在图 4.4.13 中，起动按钮接 X001，停止按钮接 X002，热继电器 A 的动合触点接 X003，热继电器 B 的动合触点接 X004；电动机 A 的接触器线圈接 Y001，电动机 B 的接触器线圈接 Y002。

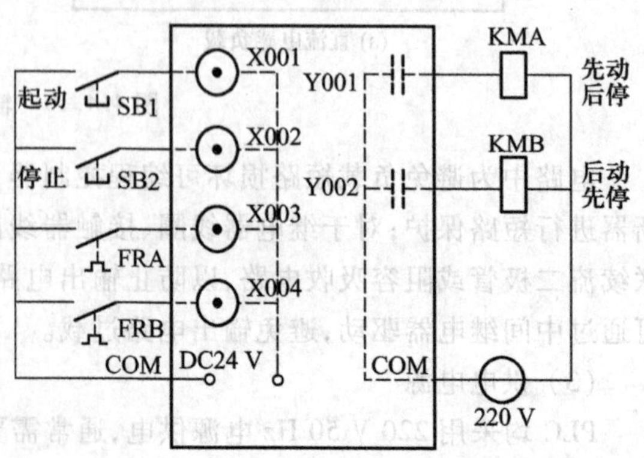

图 4.4.13　顺序延时控制 PLC 接线图

在图 4.4.14 中按下起动按钮 SB1 时，动合触点 X001 闭合，接触器线圈 Y001 接通并自锁，电动机 A 起动，只有在接触器线圈 Y002 断开，即电动机 B 不运转,而且在经过 5 s 延时停止继电器动断触点 T2 断开时才能将 Y001 断开,电动机 A 再停止。

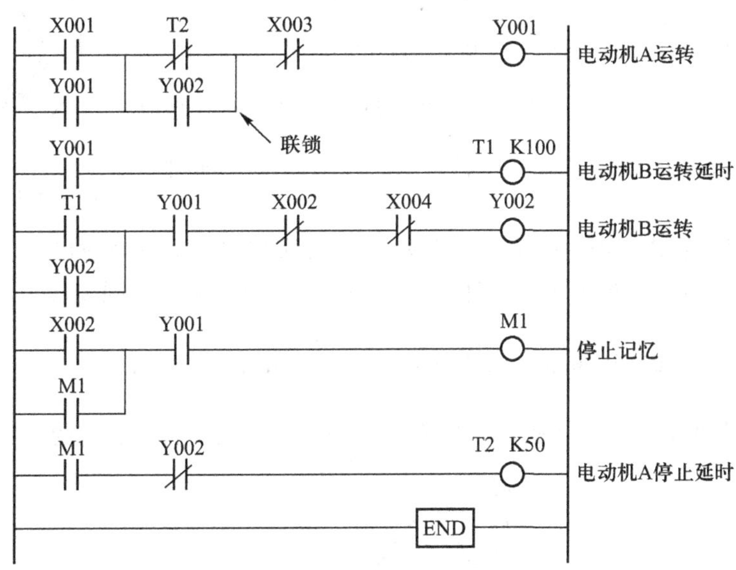

图 4.4.14 顺序延时控制的梯形图

当 Y001 接通的同时,使延时起动继电器 T1 接通,经 10 s 后延时动合触点 T1 闭合接触器线圈 Y002 接通并自锁,电动机 B 后起动。当按下停止按钮 SB2 时,动断触点 X002 断开或电动机 A 因故障停车 Y001 断开时才能将 Y002 断开,电动机 B 先停止。此时还必须用中间继电器 M1 将 X002 的动作状态记住,并在线圈 Y002 已断开时接通延时继电器 T2 线圈,经延时 5 s 后 T2 动作断开 Y001,待 Y001 复原后使 M1 和 T2 复原。

*4.5 单相交流异步电动机

单相异步电动机常用于家用电器,例如电风扇、洗衣机、电冰箱等。生产上一些流动使用的电动工具,例如手电钻等,也常采用单相异步电动机。单相异步电动机的功率不大,容量在 1 kW 以下。因此亦常用于小功率机械,例如小型鼓风机、空气压缩机、医疗器械及其他一些自动装置。

4.5.1 旋转磁场的形成

单相异步电动机的定子绕组由单相电源供电,定子上有一个或两个绕组,而转子为笼型。

单相定子绕组通入正弦交流电流时,会产生脉动磁场,如图 4.5.1 所示。脉动磁场的轴线为定子绕组的轴线,在空间位置是固定的,其大小随时间按正弦规律变化,即 $B=B_{m}\sin\omega t$。

振幅为 B_m 的一个单相脉动磁场，可以分解成两个幅值恒定$\left(\text{等于}\frac{1}{2}B_m\right)$、转速为同步转速$\left(n=\frac{60f_1}{p}\right)$、但转向相反的旋转磁场。其中顺时针旋转的以 B'_m 表示，逆时针旋转的以 B''_m 表示，此时 $B'_m=B''_m=\frac{1}{2}B_m$。在图 4.5.2 中作出了两个转向相反的旋转磁场的磁感应强度幅值在不同瞬间的位置，以及由它们合成的脉动磁场 B 随时间而交变的情况。

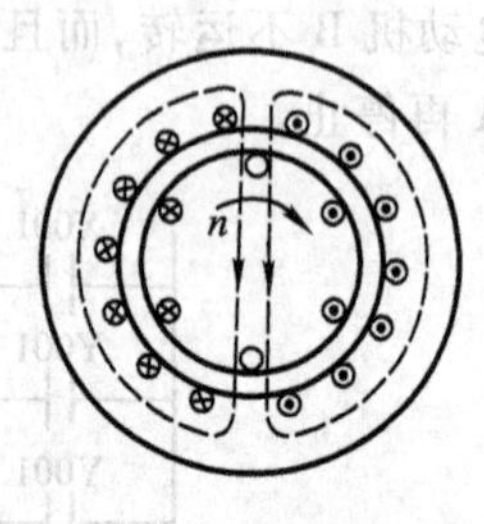

图 4.5.1　单相脉动磁场

在 $t=0$ 时，两个旋转磁场的磁感应强度矢量 $\boldsymbol{B}'_m$ 和 $\boldsymbol{B}''_m$ 相反，故其合成磁感应强度 $\boldsymbol{B}=0$。到 $t=t_1$ 时，$\boldsymbol{B}'_m$ 和 $\boldsymbol{B}''_m$ 按相反方向在各自空间转过 ωt_1 角度，其合成磁感应强度应为

$$\boldsymbol{B}=\boldsymbol{B}'\sin\omega t_1+\boldsymbol{B}''\sin\omega t_1=2\times\frac{\boldsymbol{B}_m}{2}\sin\omega t_1=\boldsymbol{B}_m\sin\omega t_1$$

即合成磁场为脉动磁场。在脉动磁场作用下，电动机转子是无法自行起动的。

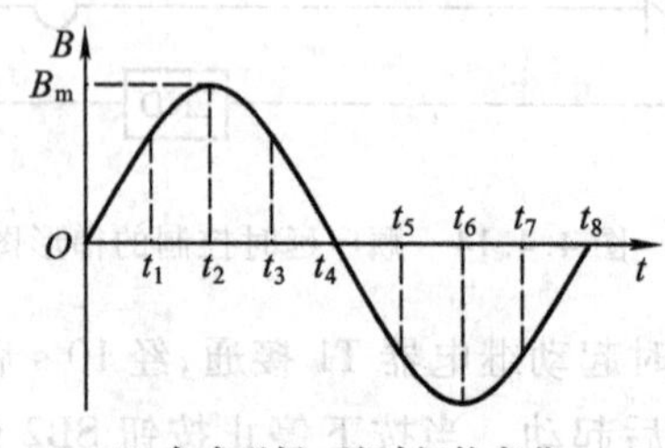

(a) 合成磁场B随时间的变化

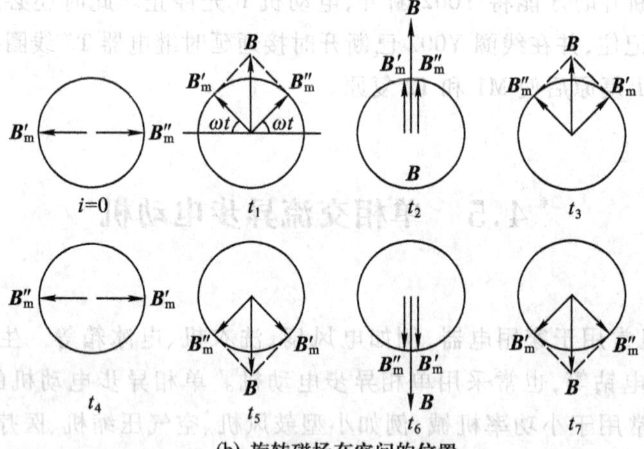

(b) 旋转磁场在空间的位置

图 4.5.2　脉动磁场分成两个转向相反的旋转磁场

但是，如果将电动机的转子推动一下，那么电动机就会继续转动，此时转子相对正向旋转磁场 $\boldsymbol{B}'_m$ 的转差率 s' 为

$$s'=\frac{n_0-n}{n_0}\tag{4.5.1}$$

而反向旋转磁场与转子间转差率 s'' 为

$$s''=\frac{-n_0-n}{-n_0}=\frac{n_0+n}{n_0}=\frac{n_0+(1-s')n_0}{n_0}=2-s' \tag{4.5.2}$$

4.5.2 转矩特性

单相异步电动机的两个转向相反的磁场分别同转子作用产生正向电磁转矩 T' 和反向电磁转矩 T''，它们与转差率的关系跟普通三相异步电动机相似，可用图 4.5.3 所示的 $T'=f(s')$ 及 $T''=f(s'')$ 曲线表示。在同一转速条件下，求出合成转矩 $T=T'-T''$，并作出图中的 $T=f(s')$ 曲线。

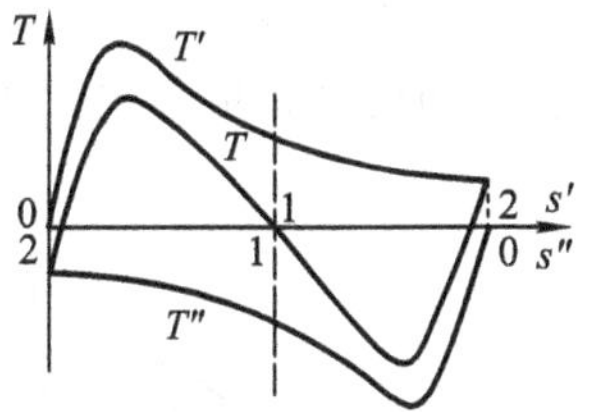

图 4.5.3 单相异步电动机的 $T=f(s)$ 曲线

由图可见，在 $0<s'\leqslant 1$ 即转速在 $n_0\sim 0$ 范围内，合成转矩 $T=T'-T''>0$，使电动机正转。同理，在 $0<s''<1$ 即转速在 $-n_0\sim 0$ 范围内，合成转矩 $T=T'-T''<0$，使电动机反转。当转子静止时，$n=0$，$s=1$，合成转矩为零，因此电动机没有起动转矩，不能自行起动。假若因外来因素作用使电动机转子转动，则无论是顺时针方向还是逆时针方向都能够转起来，逐步升速到合成转矩与负载转矩相平衡时稳定运转。

由于单相异步电动机中存在着正转、反转两个转矩，并相互抵消，所以效率和过载能力均比同容量的三相异步电动机要低些。

4.5.3 起动方法

单相异步电动机没有起动转矩，若要自行起动，就必须给它增加产生起动转矩的起动装置。而起动装置有各种形式，就形成了多种不同起动形式的单相异步电动机。

1. 电容分相式起动

电容分相式起动的原理如图 4.5.4 所示。在单相异步电动机的定子内，除原来绕组 A（称为工作绕组或主绕组）外，再加一个起动绕组 B（副绕组），两者在空间相差 90°。接线时，起动绕组串联一个电容器，然后与工作绕组并联于交流电源上。选择适当的电容量，可使两绕组电流的相位差为 90°。这样，在相位上相差 90°电流通入在空间也相差 90°的两个绕组后，能够产生旋转磁场使电动机起动。

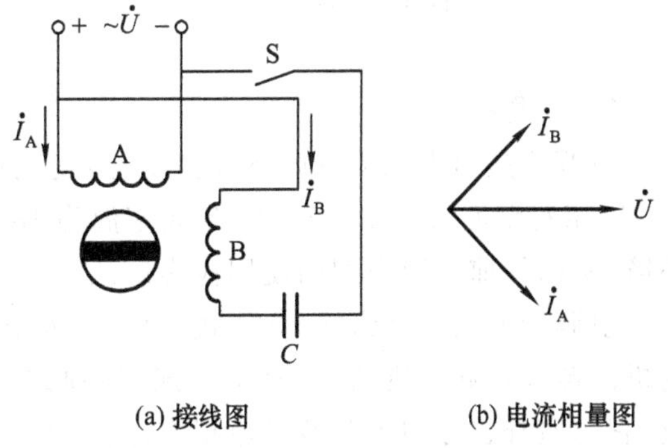

(a) 接线图 (b) 电流相量图

图 4.5.4 电容分相式起动的原理图

电动机转起来之后，起动绕组可以留在电路中，也可以利用离心式开关 S 或电压、电流型继电器把起动绕组与电源断开。按前者设计制造的称为电容运转电动机，它具有良好的运行特性，功率因数大约为 0.9，其功率最大约为 0.75 kW。按后者制造的称为电容起动电动机，它具有较大起动转矩，使用于小型水泵、风机等，最大功率可超过 0.75 kW。

除用电容来分相外，也可用电感和电阻来分相。工作绕组的电阻小，匝数多（电感大），起动绕组的电阻大，匝数少（电感小），两绕组并联接在电源上，绕组电流相量如图 4.5.5 所示。起动绕组电路电感小，其电流 $\dot{I}_B$ 超前于工作绕组电流 $\dot{I}_A$ θ 角，这样就能在电机中产生一个不是很均匀的旋转磁场，使电动机起动，当电动机转速达到接近同步转速时，由离心开关把起动绕组与电源断开。

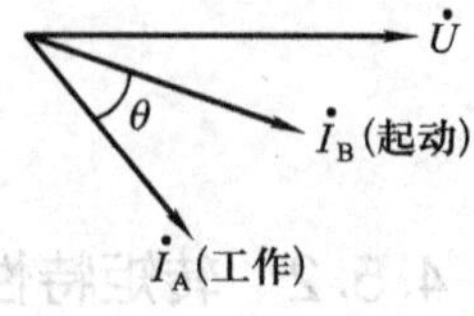

图 4.5.5　分相式起动绕组电流相量图

2. 罩极式异步电动机

罩极式异步电动机的结构如图 4.5.6 及图 4.5.7 所示，在定子磁极上绕有单相绕组，在磁极上有一凹槽将磁极分成大小不同的两部分，在较小的部分上套上一个短路铜环，成为罩极。

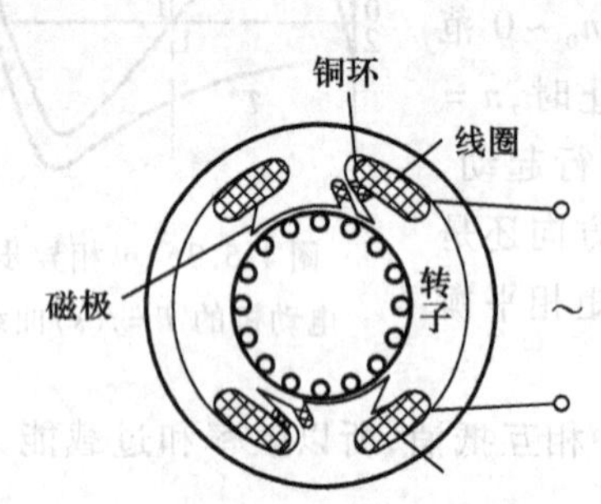

图 4.5.6　罩极式异步电动机的结构

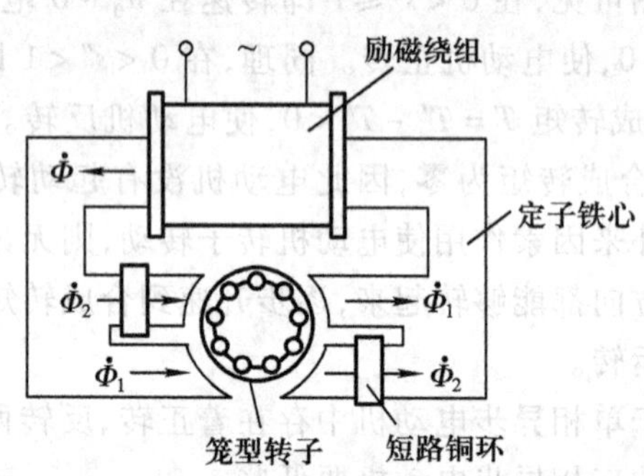

图 4.5.7　微型罩极式异步电动机结构

磁极上的凹槽把磁通分为 Φ_1 及 Φ_2 两部分，由于短路铜环中的感应电流的作用，使通过罩极的磁通 Φ_2 相位滞后于不通过罩极的磁通 Φ_1，这样在磁极的端面上就形成了由磁极的大部分向罩极部分单向移动的磁场，在转子中产生起动转矩，使转子顺着磁场移动的方向转动。

罩极式电动机起动转矩小、损耗大、效率低，但结构简单、工作可靠、制造成本低，使用于对起动转矩要求不高的场合，如风扇等设备中。

*4.5.4　应用举例

1. 空调器

空调器是用来调节室内空气温度、湿度及过滤净化空气的家用电器，由于夏天室温为 25 ~ 27 ℃，相对湿度为 50% ~60%，冬天室温为 18 ~ 20 ℃，相对湿度为 45% ~65% 是人的舒适生活环境，所以目前家用空调的使用极为广泛。

空调器的结构有窗式、分体式两种，其外形如图 4.5.8 所示，目前已经普遍采用分体式，其室内机由蒸发器和风机组成，有壁挂式、吊顶式、柜式等几种。室外机由压缩机、冷凝器和风机组成，它与室外机之间由制冷管道相连，这样可以消除压缩机、冷凝器风机噪声对室内的影响。

空调器的工作原理是利用制冷剂在液态蒸发的过程中要从周围环境中吸收热量，使周围物体冷却。另外制冷剂从蒸汽冷凝成液体过程中要向周围环境放出热量。这样把制冷剂从液态到蒸汽再从蒸汽到液态构成循环，就可以从一个温度较低的地方吸收热量，而到另一个温度较高的地方放出热量。这种能把热量从低温处输送到高温处的循环是与热量从高温处传导到低温处的

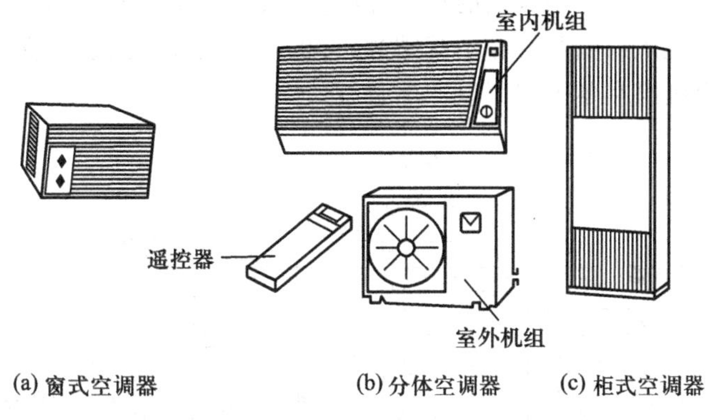

图 4.5.8 空调器外形

自然规律是相反的，所以这种循环称为热泵。热泵中制冷剂的循环流动必须是强制的，也就是需要压缩机的驱动，消耗一定能量。

制冷剂以前一直使用各种牌号的氟利昂（氟氯烷），虽然这种物质无色无味，化学性质稳定，对金属无腐蚀，对人体无危害，但氟利昂释放到大气层后会破坏顶部的臭氧层，使到达地表的紫外线增加，对生态环境有不良影响并使皮肤癌的发病率上升，所以国际上已经禁用氟利昂，并采用一些替代制冷剂，我国亦相应地开发了无氟空调。

空调器的制冷循环示意图如图 4.5.9 所示。图中蒸发器及冷凝器都是一种热交换器，蒸发器的管道较粗，容积很大。由毛细管流出的制冷剂液体进入蒸发器后就因减压膨胀而气化成为蒸汽从室内环境吸热，低压蒸汽经四通阀及压缩机压缩后成为高温高压蒸汽。高温高压蒸汽进入冷凝器以后，制冷剂在冷凝器管道中把热量传输给室外空气，并逐步冷却凝结成高压液体，其温度与周围环境温度一致。然后流入毛细管，通过毛细管减压成为低压低温气体流入蒸发器，这样就完成了制冷剂的制冷循环。在蒸发器吸热制冷的同时，周围空气中的水汽会凝结在蒸发器的表面，滴到集水槽中由输水管排出，这样就使室内空气中的水分减少，相对湿度降低，起了去湿作用。

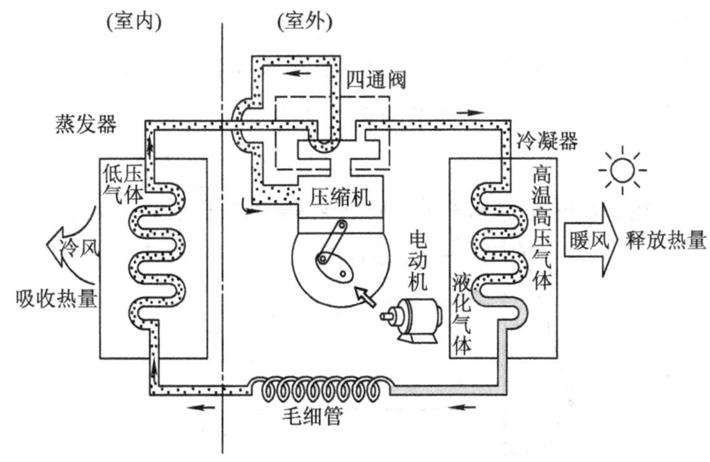

图 4.5.9 空调器的制冷循环示意图

如果变换四通阀的位置，使制冷剂的流动方向变反，如图 4.5.10 所示，此时制冷剂在冷凝器中吸热气化，通过压缩机压缩到蒸发器中凝结放热，也就是把室外低温环境中的热量输送到室内高温环境中，这样室内机组在冬天就可以产生暖气。

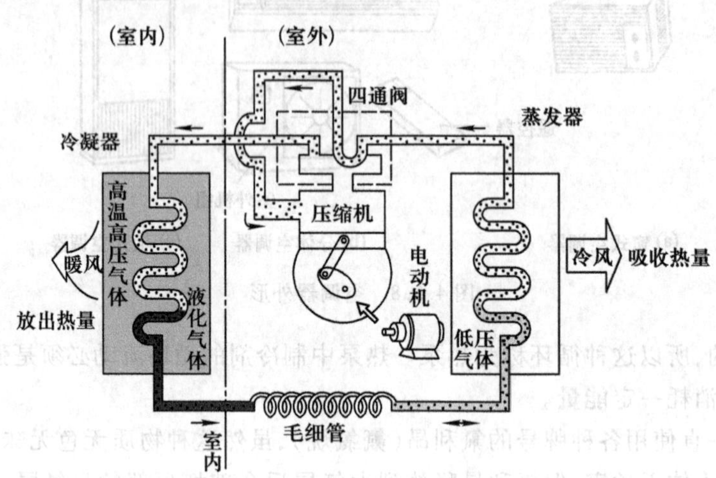

图 4.5.10 空调器的制热循环示意图

但是用热泵制热只能在 0 ℃以上的室外环境中运转，若室外温度低于 0 ℃，则需用辅助电加热器供热，这样用电量较大，且必须有一套可靠的温控装置，以保证安全。

空调器的压缩机采用电容运转的单相异步电动机带动，为了增加起动转矩，在起动时起动继电器动作，把起动电容器与运转电容器并联，在运转后切除起动电容器以得到较好的运转性能。

空调器室内机与室外机的风扇也是由单相电容运转异步电动机带动的，采用改变电压的方法来调节其转速。

空调的温度控制一般是通过温控器开关的接通与断开，使压缩机运转或停止来实现的。由于压缩机不能频繁的起动或停止，加上温控开关也有一定的热惯性，就使室内温度变化的幅度较大。现在出现的变频空调就是用变频器对压缩机电动机实现变频调速，在空调起动时压缩机高速运转，到达设定温度时又能低速运转，进入保温状态，这样压缩机一直处于连续运转状态而通过调速来实现恒温调节，这样不仅使室温的波动小而且减少了压缩机的起动次数，提高了制冷效率。变频空调与常规空调制热时的控温比较如图 4.5.11 所示。

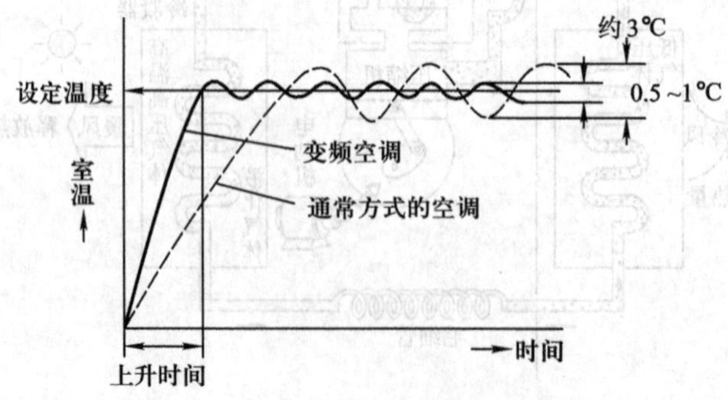

图 4.5.11 变频空调与常规空调的控温比较

2. 电冰箱

电冰箱是一种冷藏设备，现在多数家庭采用双门双温直冷式冰箱，有效容积在 200 L 左右。也有采用三门三温的大容量冰箱，容积一般不超过 300 L。

电冰箱制冷系统的工作原理与空调器制冷系统的原理相似，亦是利用制冷剂经压缩机压缩后在冷凝器中散热，然后经过毛细管减压后到蒸发器气化吸热，再回到压缩机的制冷循环。所不同的是电冰箱压缩机功率较小，把分相起动的单相异步电动机与压缩机构成一体。另外冷冻室及冷藏室分别利用两组蒸发器，以得到不同的温度，冷冻室的温度达到 -18 ℃（三星级）或 -24 ℃（四星级），冷藏室的温度为 0 ~ 10 ℃。直冷式双门电冰箱的剖面图如图 4.5.12 所示。一般双门双温电冰箱为单压缩机系统，而大容量双门电冰箱（250 L 以上）要做到冷冻室冷藏室温度分别可调，用一台压缩机有一定困难，应采用双压缩机制冷系统。间冷式无霜电冰箱将蒸发器装在冷冻室和冷藏室中间的夹层中或装在冷冻室背后，利用小型轴流式风扇使箱内空气按规定的风路强制流动，空气通过蒸发器制冷，流入冷冻室及冷藏室循环流动使箱内食品冷却。

电冰箱的制冷系统如图 4.5.13 所示，图中压缩机将来自冷冻室及冷藏室蒸发器中的低温低压制冷剂气体压缩为高温高压的气体，输送到安装在冰箱背部或侧面的冷凝器中，通过冷凝器管壁向周围空气散热，并使制冷剂气体凝结为常温的液体。液体通过干燥过滤器，以滤除制冷剂中的杂质，并吸收水分，再经过直径为 0.5 ~ 0.8 mm 毛细管的减压后，进入蒸发器，因为蒸发器管径大大增加，内部气压大大降低，使制冷剂液体在蒸发器内吸收蒸发器周围的热量蒸发（沸腾）成为低温低压的气体，从而使冷冻室及冷藏室温度下降，蒸发器表面结霜。如此连续制冷循环，直到冷藏室温度达到设定值时，压缩机停止，冷藏室蒸发器开始化霜。若冷藏室温度升高时，压缩机又通电重新制冷。

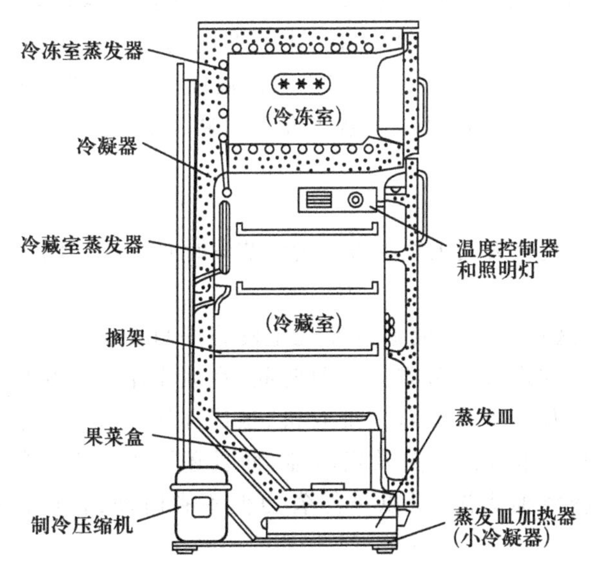

图 4.5.12 直冷式双门电冰箱的剖面图

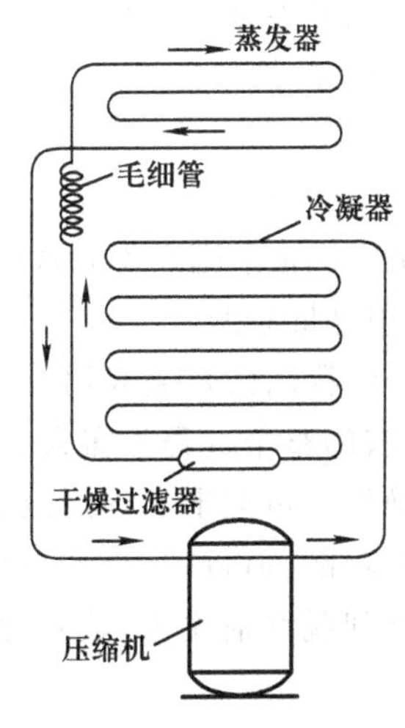

图 4.5.13 电冰箱的制冷系统图

直冷式双门电冰箱的电路原理如图 4.5.14 所示，图中定温复位控制器 3 用于设定温度，它是温感压力式温度控制器,其工作原理如图 4.5.15 所示。感温管及膜盒式感温腔构成封闭系统,内部充有感温剂。将感温管尾部置于靠近冷藏室蒸发器管路出口处,以感受蒸发器表面附近的温度。当温度变化时,则感温剂的容积和压力亦变化,使传动膜片发生位移,通过杠杆作用牵动快跳活动触点动作,完成开关的通断。图中的凸轮为温度调节旋钮,调节凸轮的位置可以改变主弹簧的松紧,从而调节触点动作的温度。

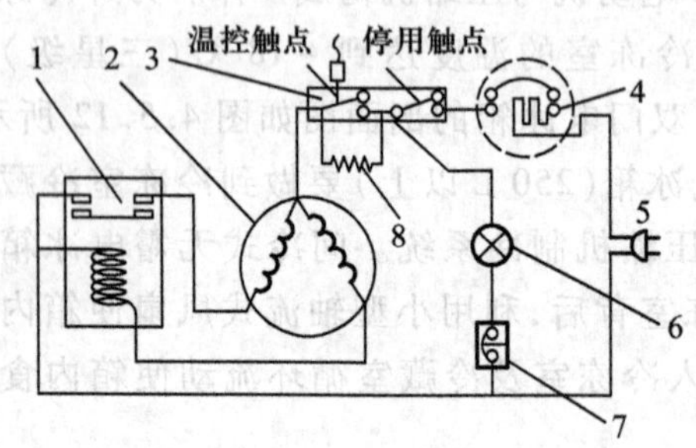

1—起动继电器　2—压缩机电动机　3—定温复位控制器　4—过热保护继电器　5—电源插头　6—箱内照明灯　7—照明灯开关　8—冷藏室蒸发器化霜补偿电热

图 4.5.14　直冷式双门电冰箱电路原理图

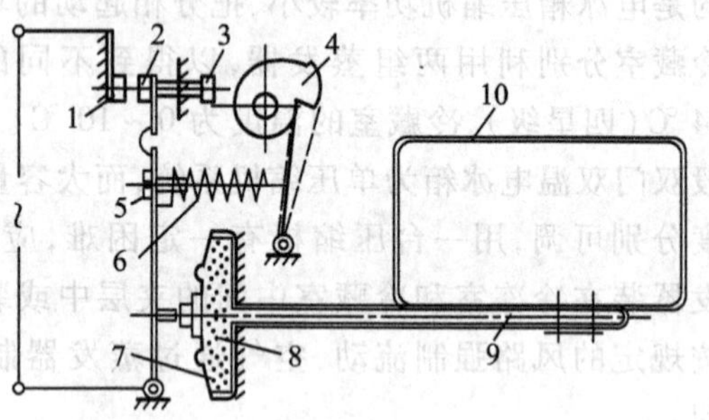

1—固定触点　2—快跳活动触点　3—温差调节螺钉　4—温度高低调节凸轮　5—温度范围高低调节螺钉　6—主弹簧　7—传动膜片　8—膜盒式感压腔　9—感温管　10—电冰箱蒸发器

图 4.5.15　温感压力式温度控制器工作原理

图 4.5.14 中,当定温复位控制器的温控触点接通时,电流先经过起动继电器线圈进入压缩机电动机 2 主绕组,由于电动机尚未转动,起动电流很大就吸合起动继电器 1 触点,使起动绕组通电,电动机转动。电动机正常运转后主绕组电流减小,继电器线圈吸力不足,就使起动继电器触点断开,起动绕组断电。图中的过热保护继电器 4,其上部为带触点的碟形金属片,装在一个耐高温的塑料圆壳内,其下部为镍铬做成的发热元件,串联在电动机的主电路中,同时还将继电器圆壳紧贴在压缩机的外表面上安装,以感受压缩机表面温度,当压缩机过热或电动机过载时,热元件过热使碟形双金属片过热弯曲翻转,其触点断开电路,保护了电动机及压缩机。

3. 洗衣机

洗衣机是家庭必备的家用电器,用洗衣机代替人工洗衣可以大大节省时间,节省用水及洗涤剂,而用电量甚少。

目前我国已普遍采用全自动洗衣机,这种洗衣机能够按照规定的程序自动洗涤、漂洗、脱水,洗衣的整个过程不需人员看管及操作,这样大大节省人工及时间,在脱水结束后由蜂鸣器通知操作人员取出衣物。以前曾经非常普及的半自动双桶洗衣机,虽然亦能完成洗涤、漂洗、脱水等功能,但每一个洗衣过程需要人工操作转换开关及定时器,而且还要人工把衣物从洗涤桶拿到脱水桶脱水,或从脱水桶拿到洗涤桶漂洗,所以虽然省力但不省时间,目前已逐步淘汰。

洗衣机按其结构和洗衣方式可分为波轮式、波轮搅拌式和滚筒式,它们的工作原理如图 4.5.16、图 4.5.17、图 4.5.18 所示。

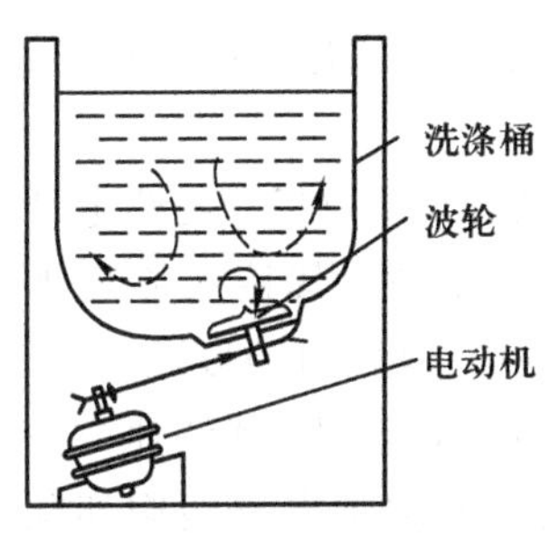

图 4.5.16 波轮式洗衣机原理图

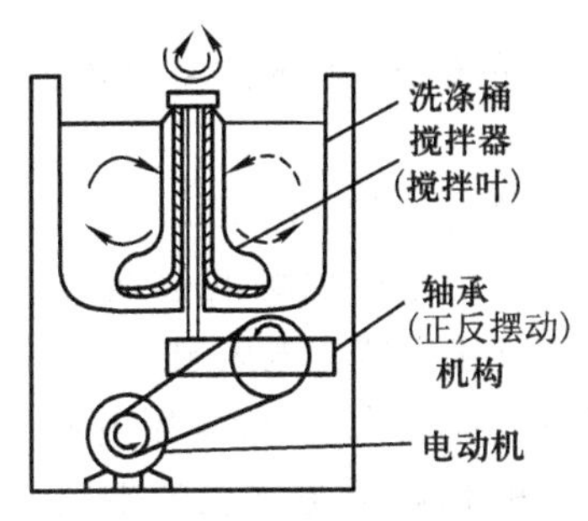

图 4.5.17 波轮搅拌式洗衣机原理图

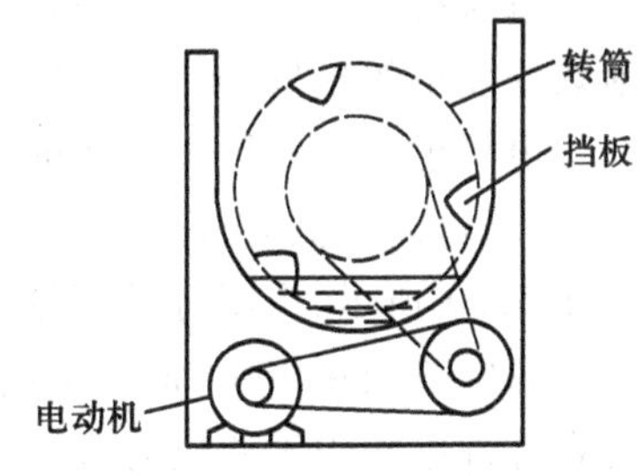

图 4.5.18 滚筒式洗衣机原理图

波轮式洗衣机是在洗衣桶底部安装波轮，波轮在作正转、反转时桶内形成强漩涡水流带动衣物旋转及上下翻滚，其洗涤效果较好、洗涤时间短且结构简单、价格便宜，但对衣物有一定磨损。目前波轮式洗衣机在市场上最普遍。

波轮搅拌式洗衣机是在洗衣桶内垂直安装一搅拌器，与底部的波轮一起作正、反向旋转。它的洗涤时间较长而对衣物的损伤较少。

滚筒式洗衣机具有一个固定的水平外桶，中间装有可以旋转的内桶，称为滚筒，滚筒壁上有很多小孔，还有几条突筋，滚筒旋转时使衣物在筒中翻滚起落。它的洗涤效果好，特别是对衣物的损伤小，适合洗涤毛料织物。但机器造价高、噪声大、功率消耗大、洗涤时间长。

无论是哪一种洗衣机在洗涤时都需要电动机带动波轮或滚筒作反复的正、反向旋转，此时可采用电容分相式异步电动机，并按图 4.5.19 接线，图中电动机的两个绕组 U_1U_2、V_1V_2 的结构完全相同，可以互为主、副绕组，电容器 C 接在绕组 U_1、V_1 之间，当开关 S 置于 1 时，电容器 C 与绕组 V_1V_2 串联，则 V_1V_2 为起动绕组，其电流 $\dot{I}_V$ 超前于 $\dot{I}_U$，电动机正向旋转，当开关 S 置于位置 2 时，电容器 C 与绕组 U_1U_2 串联，其电流 $\dot{I}_U$ 超前于 $\dot{I}_V$，电动机将反方向旋转。洗衣机中的转换开关 S 由机械定时器控制其转换动作。一般在强洗时正、反转时间长，停止时间长。

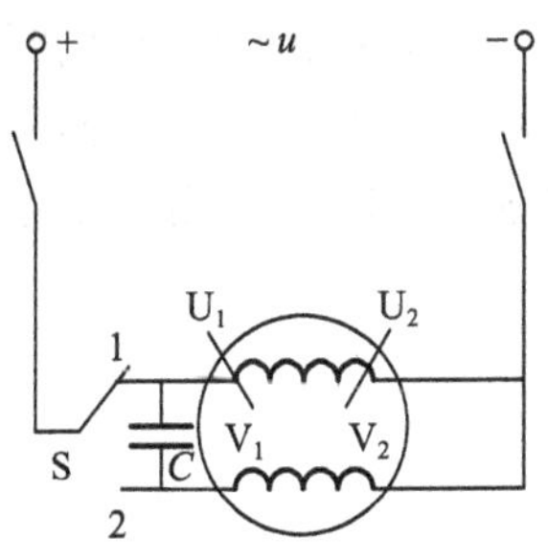

图 4.5.19 电容分相式异步电动机正反转接线原理图

在全自动洗衣机中，由于机械式程序控制器是靠微型电动机带动复杂的凸轮机构转动，来控制转换开关及水阀的通断，工作可靠性差，控制程序单一。现在采用微电脑芯片控制后能够根据洗涤设定要求及洗衣机中的传感器测定结果，自动选择洗涤程序，控制电动机的正、反转及洗涤与脱水状态的转换，并自动检测漂洗的洁净程度，控制洗衣过程的结束。

洗衣机的脱水是由电动机带动脱水桶单方向高速旋转来完成的，脱水桶壁上有许多密集的小孔，高速旋转时桶内衣物的水分因离心力的作用通过小孔流出桶外。双桶洗衣机的脱水桶是由专门的电容运转异步电动机带动的，其转速可达 1 000 r/min，而全自动洗衣机则是由同一台电动机通过机械变速装置及电磁离合器带动脱水桶旋转的。

4. 电风扇

电风扇主要用于居室、办公室、餐厅的通风,并通过空气流通带走人体散发的热量及室内其他热源发出的热量,使室内降温。

电风扇由单相异步电动机带动,一般风叶直径在300 mm以内的电风扇采用罩极式异步电动机,并通过改变其定子绕组的抽头来改变定子磁场的强弱,以实现三挡调速,其接线原理如图4.5.20所示,由图可见,调速开关应直接安装在电风扇上,如常用的台扇、落地扇、鸿运扇等。

风叶直径在300 mm以上的电风扇功率较大,一般采用电容分相式异步电动机,其调速方法是在外部串联用于调速的可调电感线圈,以降低电动机的端电压,当调速开关把电感线圈切除后,电动机直接与电源接通,而全速运转。其接线原理如图4.5.21所示。由图可见调速器(包括开关和电抗器)和电风扇是可以分开安装的,如常见的吊扇和壁扇,人必须远距离控制电风扇的开停和调速。

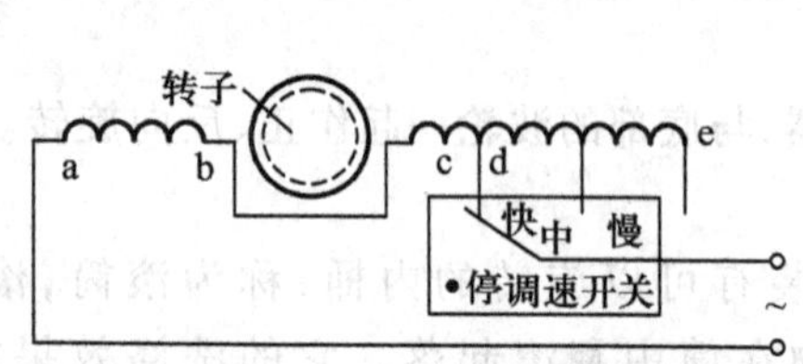

图4.5.20　抽头调速接线原理

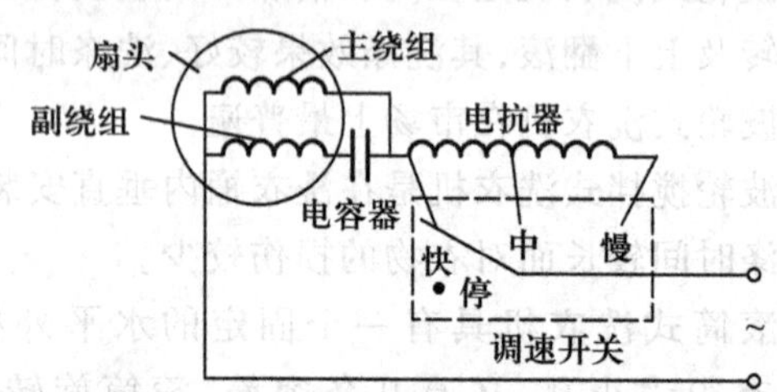

图4.5.21　串联电抗器调速接线原理

吊扇的电动机是外转子式的,即中间绕有线圈的机头与吊杆相连是固定不动的定子,风叶就直接固定在外环上随外环转动。此种结构的机头体积较小,结构合理。由于吊扇风叶直径较大,相应的转速要低,噪声要小,就要求电动机定子的极数较多,所以吊扇电动机是圆盘状的。

*4.6　直流电动机

由于直流电动机的调速性能比交流电动机优越,起动转矩大,在对调速要求较高和起动转矩要求较大的场合,例如起重运输设备、龙门刨床、可逆式轧机,常采用直流电动机拖动。但是直流电动机的构造复杂,价格较高,因而在调速要求不是很精密的场合已改用交流电动机变频调速。本节讨论直流电动机的基本结构、工作原理、特性、起动、反转和调速等内容,并介绍其在日常生活中的一些应用。

4.6.1　结构与工作原理

1. 基本结构

直流电动机的结构,主要由定子和转子两部分组成,如图4.6.1所示。

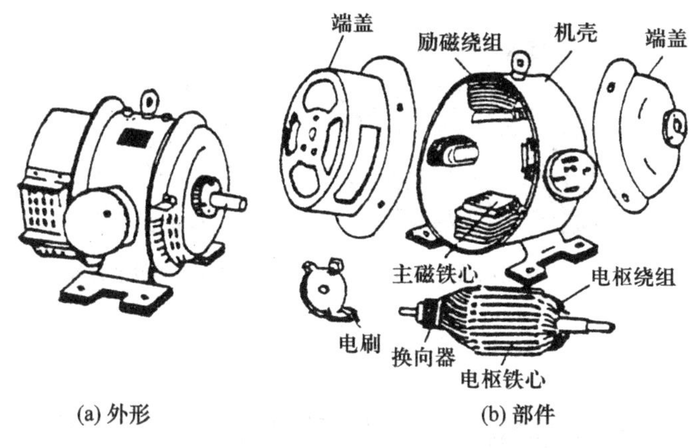

图 4.6.1 直流电动机的结构

(1) 定子

定子是电动机中固定不动的部分，它主要由主磁极、机座和电刷装置组成。主磁极（又称磁极，如图 4.6.2 所示）是由主磁极铁心（包括极心和极掌两部分）和励磁绕组组成，其作用是用来产生主磁场的。

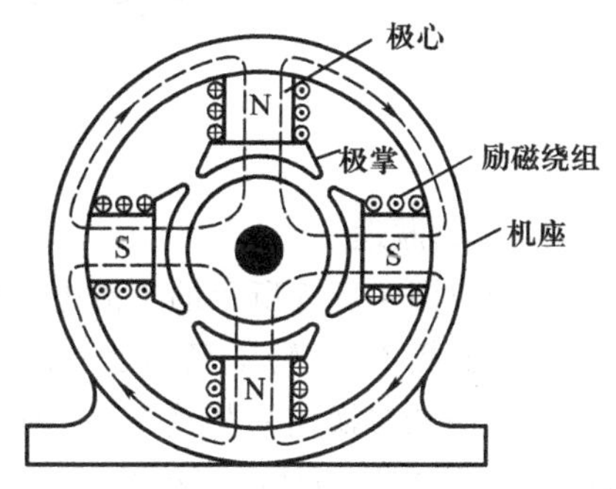

图 4.6.2 主磁极结构

极心上放置励磁绕组，极掌的作用是使电动机空气隙中磁感应强度的分布最为合适，并用来挡住励磁绕组。主磁极用硅钢片叠成，固定在机座（即电机外壳）上。机座也是磁路的一部分，通常用铸钢制成。电刷是引入电流的装置，其位置固定不变。它与转动的换向器作滑动连接，将外加的直流电流引入电枢绕组中，使其转换为交流电流。

直流电动机的磁场是一个恒定不变的磁场，是由励磁绕组中的直流电流产生的，磁场方向和励磁电流的关系由右螺旋法则确定。

在微型直流电动机中，也有用永久磁铁作为磁极的。

(2) 转子

转子是电动机转动的部分，它主要由电枢和换向器组成。电枢是电动机中产生感应电动势的部分，主要包括电枢铁心和电枢绕组。电枢铁心呈圆柱状，由硅钢片叠成，表面冲有槽，槽中放置电枢绕组，如图 4.6.3 所示。通有电流的电枢绕组在磁场中受到电磁力矩的作用，驱动转子旋转，起了能量转换的枢纽作用，故称“电枢”。

换向器又称整流子，是直流电动机中的一种特殊装置，其外形及剖面如图 4.6.4 所示。它是由楔形铜片（换向片）叠成，片间用云母垫片绝缘。换向片嵌放在套筒上，用压圈固定后成为换向器再压装在转轴上，电枢绕组的导线按一定规则焊接在换向片凸出部分的叉口中。

在换向器的表面用弹簧压着固定的电刷，使转动的电枢绕组得以同外电路连接起来，并实现将外部直流电流转换为电枢绕组内的交流电流。

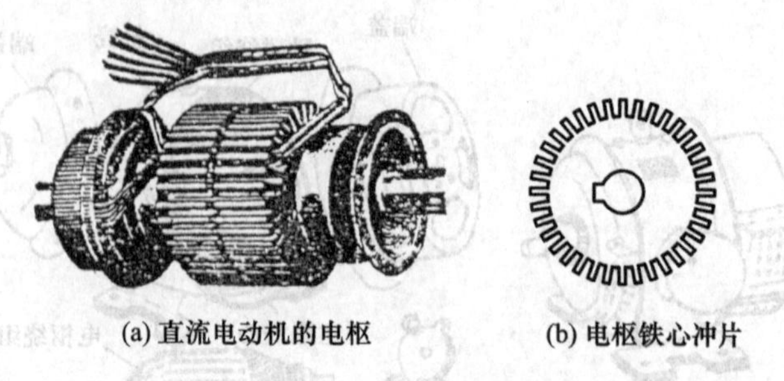

(a) 直流电动机的电枢　(b) 电枢铁心冲片

图 4.6.3　电枢绕组

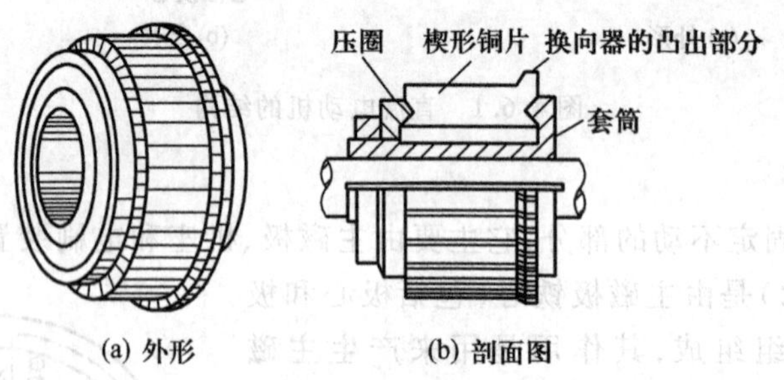

(a) 外形　(b) 剖面图

图 4.6.4　换向器

2. 工作原理

下面以图 4.6.5 所示的直流电动机的基本工作原理图，来分析它的工作原理。图中，定子只画出一对磁极 N、S，转子只画了一匝电枢绕组 abcd。绕组的 a、d 两端与换向片相连接，经两个与换向片作滑动接触的电刷 A、B 与外电路接通。

当接通直流电源之后，直流电源的通路是：从电源正极经电刷 A→ab→cd→B→电源负极。载流导体 ab 和 cd 在磁场中受到电磁力的作用，其电磁力的方向由左手定则确定。电枢绕组受到的两个电磁力形成电磁转矩，驱动转子按逆时针方向转动。

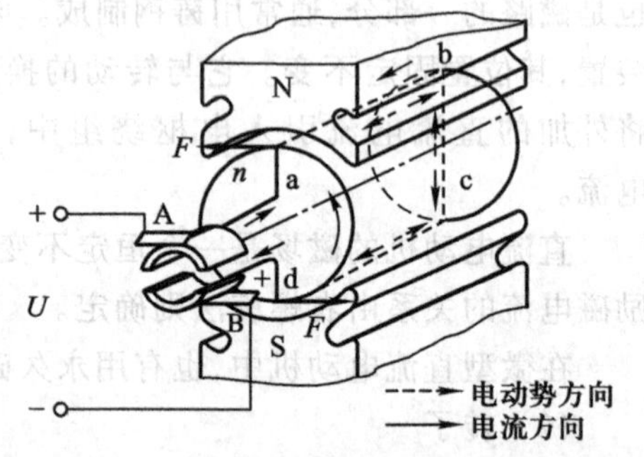

图 4.6.5　直流电动机的基本工作原理

绕组转过半周以后，载流导体 ab 和 cd 互换了位置。由于换向片与电刷的滑动接触，即电刷不动，换向片跟随转子转动。因此，cd 中的电流方向变反与原 ab 中的电流方向相同，ab 中的电流方向变反与 cd 中的电流方向相同，也就是 N 极下的导体的电流方向保持不变，S 极下导体的电流方向也保持不变，所以它们所受电磁力的方向不变，电动机仍按逆时针方向转动。可见换向器所起的作用是自动改变电枢绕组中电流的方向，保证电动机沿同一方向转动。

3. 励磁方式

(1) 他励电动机

励磁绕组的电流是由其他电源供给的电动机。图 4.6.6(a)是他励电动机的接线示意图。

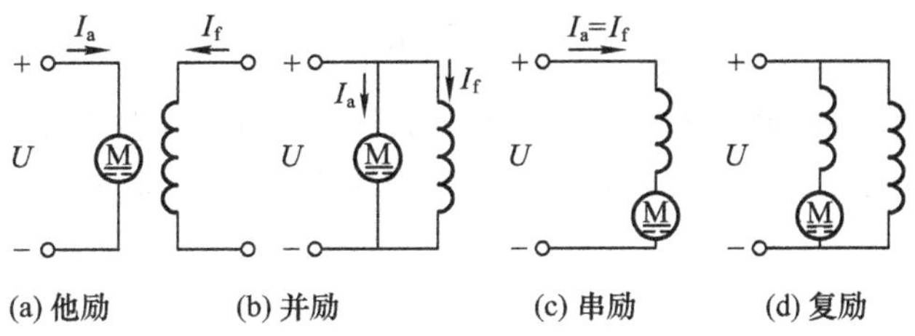

图 4.6.6 直流电动机的励磁方式

(2) 自励电动机

励磁绕组的电流是由电枢绕组的电源供给的电动机。按照励磁绕组与电枢绕组的连接方式,自励电动机又可分为三类:

① 并励电动机 励磁绕组与电枢并联,图 4.6.6(b)是其接线示意图。这种电动机的励磁绕组的匝数多、导线截面小,因此电阻大,励磁电流较小,为电动机额定电流 1% ~5%。

② 串励电动机 励磁绕组与电枢串联,其接线示意图如图 4.6.6(c)所示。由于这种电动机的励磁电流较大,等于电枢电流,故励磁绕组的导线粗、匝数少、电阻值小。

③ 复励电动机 具有两个励磁绕组,一个与电枢并联,另一个与电枢串联,图 4.6.6(d)是它的接线原理图。

4.6.2 转矩及电动势

在实际工作中,应用较多的是并励电动机和他励电动机。这两种电动机的特性相差不多,下面以并励电动机为例,讨论直流电动机的电磁转矩、电枢电动势和机械特性。

1. 电磁转矩

图 4.6.7 为并励电动机的原理电路图,图中附加电阻 R_f'与励磁绕组串联,用以调节励磁电流 I_f。可以证明,电动机的电磁转矩 T 的表达式为

$$T = K_T \Phi I_a \tag{4.6.1}$$

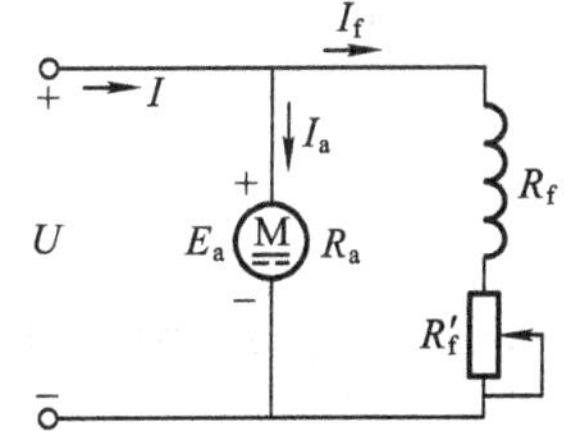

图 4.6.7 并励电动机的原理电路

式中,K_T 是与电动机结构有关的转矩常数;I_a 是电枢电流(流经电枢绕组中的电流);Φ 是磁极的每极磁通。

当电动机带动机械负载恒速运行时,电动机的电磁转矩 T 与机械负载转矩 T_c 及电动机的空载损耗转矩 T_0 之和相等,即

$$T = T_c + T_0 \tag{4.6.2}$$

将式(4.6.2)代入式(4.6.1),得电枢电流

$$I_a = \frac{T_c + T_0}{K_T \Phi}$$

一般由于 T_0 较小,可以将其忽略,则

$$I_a \approx \frac{T_c}{K_T \Phi} \tag{4.6.3}$$

可见,当磁通 Φ 不变时,电枢电流 I_a 正比于负载转矩 T_c,这是直流电动机的一个特点。

和异步电动机一样,已知转速 n 和轴上输出机械功率 P 时,直流电动机的电磁转矩也可以用下式计算,即

$$T = 9\,550\frac{P}{n} \tag{4.6.4}$$

式中,P 的单位为 kW;n 的单位为 r/min;T 的单位为 N·m。

2. 电枢电动势

当电枢导体受到电磁转矩的作用在磁场中转动时,其转动方向与电磁转矩方向一致,电枢导体同时切割磁感应线产生感应电动势。电动势 E_a 的方向由右手定则确定,显然是与导体中电流方向相反的,其大小为

$$E_a = K_E \Phi n \tag{4.6.5}$$

式中,K_E 是与电动机结构相关的电动势常数。

3. 机械特性

当电动机的端电压 U 和励磁电路的电阻 $R_f + R_f'$ 为定值时,励磁电流 I_f 和磁通 Φ 也为定值。由图 4.6.7 可知在电枢电路中

$$U = E_a + I_a R_a = K_E \Phi n + I_a R_a$$

则

$$n = \frac{U - I_a R_a}{K_E \Phi}$$

将式(4.6.3)代入上式有

$$n = \frac{U}{K_E \Phi} - \frac{R_a}{K_T K_E \Phi^2} T = n_0 - \Delta n \tag{4.6.6}$$

式中,$n_0 = \frac{U}{K_E \Phi}$ 是 $T=0$ 时并励电动机的转速,实际上是不存在的,因为即使电动机轴上没有加机械负载,电动机的电磁转矩也不可能为零,它还要平衡空载损耗转矩,所以 n_0 通常称为理想空载转速。$\Delta n = \frac{R_a}{K_T K_E \Phi^2} T$ 称为转速降。转速降是由电枢电阻 R_a 引起的。由式(4.6.3)可知,当负载转矩增加时,I_a 随着增大,于是 $I_a R_a$ 增加。由于电源电压 U 是一定的,这使反电动势 E 减小,也就是转速 n 降低了。

运行中,并励电动机的励磁回路不能断开。否则,$I_f = 0$,磁极上仅有很小的剩磁通,当电动机处在空载或轻载运行时,n 和 I_a 会急剧增加并超过容许值,使电动机损坏并发生危险。

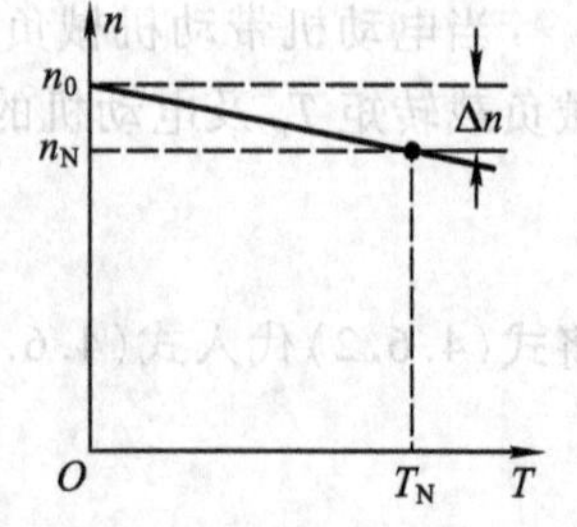

图 4.6.8 并励电动机的机械特性

并励电动机的机械特性曲线如图 4.6.8 所示。由于 R_a 很小,转

速 n 下降较慢,从空载到满载,转速降 Δn 为额定转速的5% ~10%。因为转速变化很小,所以并励电动机的机械特性是硬特性。

4.6.3 起动及调速

1. 起动

直流电动机在起动瞬间,由于转速 $n=0$,所以电枢电动势 $E_a=K_E\Phi n=0$。因此,电枢起动电流为

$$I_{ast}=\frac{U-E_a}{R_a}=\frac{U}{R_a}$$

若起动时,电压为额定值,电枢电阻 R_a 又很小,则起动电流就很大,其数值可达额定电流的10 ~20 倍。这样大的起动电流不仅会对供电电源产生一个很大的冲击,而且会烧坏电动机的换向器和电枢绕组。所以,直流电动机绝对不允许直接起动,起动时必须在电枢回路内串联起动电阻 R_{st},以限制电枢起动电流在 1.5 ~2.5 倍额定电流的范围内,即

$$I_{st}=\frac{U}{R_a+R_{st}}\leqslant(1.5\sim2.5)I_N \tag{4.6.7}$$

例 4.6.1 有一台 Z2 -61 型直流并励电动机,额定电压 220 V,额定电流 53.5 A,励磁电流 1.1 A,电枢绕组电阻为 0.2 Ω。求:(1)在额定电压下,直接起动时,起动电流为多少?(2)欲使起动电流不大于 2 倍额定电流,应串联的起动电阻为多少?

解 (1)直接起动时电枢起动电流为

$$I_{ast}=\frac{U_N}{R_a}=\frac{220}{0.2}\ \text{A}=1\ 100\ \text{A}$$

$$I_{st}=I_f+I_{ast}=(1.1+1\ 100)\ \text{A}=1\ 101.1\ \text{A}$$

约为额定电流的 20.6 倍,这样大的电流足以使电枢烧坏。

(2)应串联的起动电阻为

$$R_{st}=\frac{U_N}{2I_N-I_f}-R_a=\left(\frac{220}{2\times53.5-1.1}-0.2\right)\ \Omega\approx(2.1-0.2)\ \Omega=1.9\ \Omega$$

常用的三端起动器及其接线如图 4.6.9 所示,起动时,需将起动电阻手柄置于起动位置,此时起动电阻为最大值,当手柄上移接通电源后,随着电动机转速的上升,转动手柄,把起动电阻逐段切除,最后手柄被电磁铁吸住,电动机便稳定运行。运行中如果电源开关断开或励磁电路断开,则电磁铁将因断电而放开手柄,手柄在弹簧作用下复原准备以后起动。起动电阻器 R_{st}是按短时运行设计的,不能将其手柄长时间停留在电阻器的中间位置,以免部分电阻在电枢回路内停留很久,使电阻器过热而损坏。这种串联起动电阻的起动方法,适用于自励电动机。

此外,对于他励电动机,还可以采用降低电枢电压 U 的方法来限制起动电流,此时电枢应由

独立直流电源供电。近年来,晶闸管可控整流电源得到了广泛的应用,它的输出直流电压连续可调。若用它给直流电动机的电枢回路供电,只要在起动时,将电压由低到高缓慢地增加,便限制了起动电流。

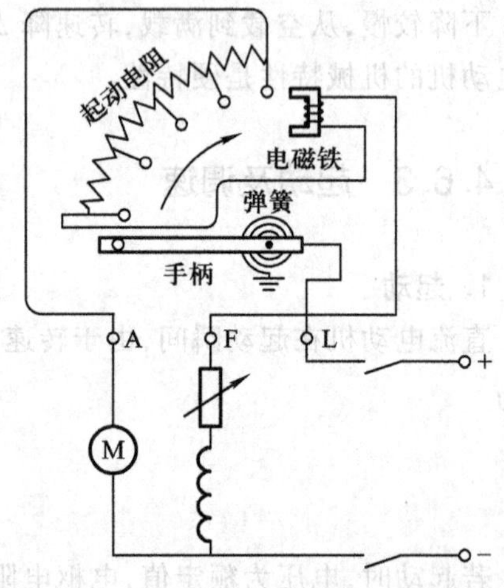

图 4.6.9　三端起动器及其接线

2. 反转

直流电动机的转动方向取决于电枢导体在磁场中的受力方向。要使电动机反转,只要改变电枢电流方向或励磁电流方向,二者只要改变其一就可以了。如果同时改变这两个电流的方向,电动机的转动方向将维持原方向不变。因为励磁绕组的电感较大,当改变它的电流方向时,可能产生很大的电火花,故常用改变电枢电流方向的办法来改变电动机的转向。也就是将电刷接到电源的两根导线对调。

3. 调速

采用一定的方法,人为地改变电动机的机械特性,使它在负载转矩一定的条件下,得到不同的转速,称为电动机的调速。

直流电动机的主要优点就是能够均匀地大范围的调速。从式(4.6.6)的机械特性表达式可见,在负载转矩 T_c 一定的情况下,改变电枢电压 U、磁通 Φ、电枢回路电阻 R_a,都可以改变电动机转速 n。

(1) 改变电枢回路电阻

在电枢回路内串联电阻器 R_T,用以降低电枢电路的端电压,使电动机转速下降,如图 4.6.10(a)所示。此时的机械特性表达式为

$$n=\frac{U}{K_E\Phi}-\frac{(R_a+R_T)}{K_TK_E\Phi^2}T=n_0-\Delta n$$

这种方法使电动机的机械特性变软,所串联的电阻 R_T 越大,特性越软。电动机工作在软特性时,负载转矩有一点变化,电动机的转速变化较大,会影响工作质量。此外,在串联电阻 R_T 上流过的是电枢电流,功率损耗大,不经济。而且,此方法只能使转速减小。因为串入 R_T 后,电枢回路总电阻变为 $R_T'=R_a+R_T>R_a$,理想空载转速 n_0 不变,而 Δn 随 R_T 的增大而增加,电动机转速则随之减小,所以,这是一种不理想的调速方法。但是,这种方法容易实现,而且比较简单,在要求不高短时运行的场合还经常采用。

(2) 改变磁通量

在电动机励磁回路中串联电阻器 R_f'或减小励磁电压,都可以使磁通量 Φ 变小,使电动机的转速升高,如图 4.6.10(b)所示。由于在设计电动机磁场时,已使磁通 Φ 工作在饱和值附近,所以不能用增大 Φ 的方法,使转速 n 减小。这种调速平滑、经济,而且机械特性比较硬,控制比较方便,调速范围也比较大。

(3) 改变电源电压 U

改变电源电压 U,可以使机械特性平行下移,如图 4.6.10(c)所示。如果要上移,电压将大

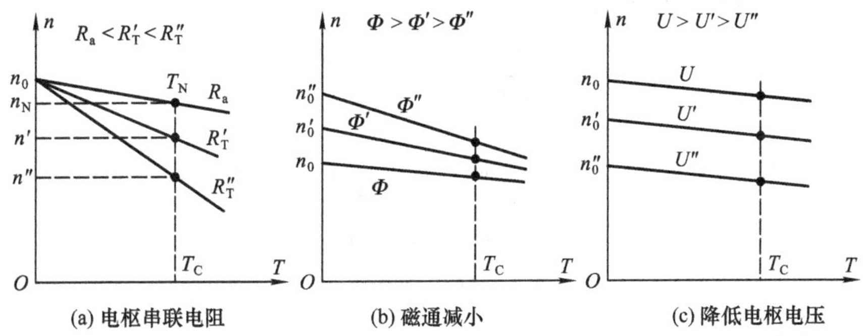

图 4.6.10 并励电动机调速时的机械特性

于额定电压,对电动机的绝缘不利,一般是不允许的。这种调速方法必须具备可调直流电源,通常是采用晶闸管可控整流装置。由于降低电源电压调速,机械特性的硬度不变,并能在较宽范围内均匀调速,所以是一种比较理想的调速方法。

4.6.4 应用举例

由于直流电动机的调速和起动转矩等性能比较好,因此,它在城市交通工具和电动工具等方面有广泛的应用。如电车和地铁的牵引、电动自行车、电钻、电锯、电锤等。

1. 电动交通工具

电动交通工具包括大功率的电力机车,城市中的电车、地铁、轻轨列车,以及蓄电池车、电动汽车、电动自行车等。在这些电动机车中普遍地采用直流串励电动机作为牵引动力。

(1) 直流串励电动机

直流串励电动机的接线图如图 4.6.11 所示,机械特性如图 4.6.12 所示,由于励磁绕组与电枢绕组串联,所以励磁电流 I_f 与电枢电流 I_a 相等,即

$$I = I_a = I_f = \frac{U - E}{R_a + R_f} \tag{4.6.8}$$

显然电动机的磁通 Φ 随电枢电流变化,此时的电磁转矩 $T = K_T \Phi I_a$ 将与 Φ 和 I_a 之间的关系有关。当 I_a 较小时,磁路未饱和,Φ 与 I_a 成正比,则 $T = K'_T I_a^2$,T 与 I_a 平方成正比。当 I_a 很大时,磁路饱和,Φ 基本不变,则 $T = K''_T I_a$。显见在一般情况下,转矩增长的倍数要大于电流增加的倍数。这一性质适用于电力牵引需要重载起动的场合。

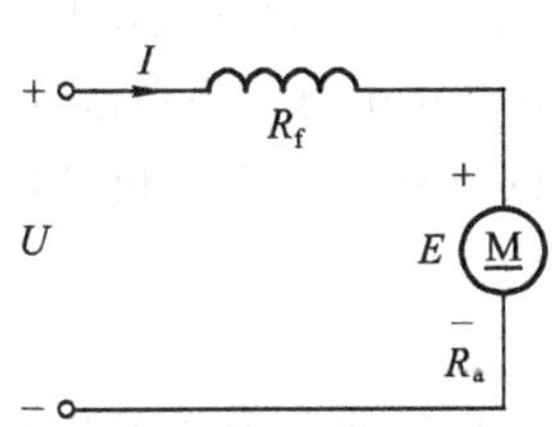

图 4.6.11 串励电动机的接线图

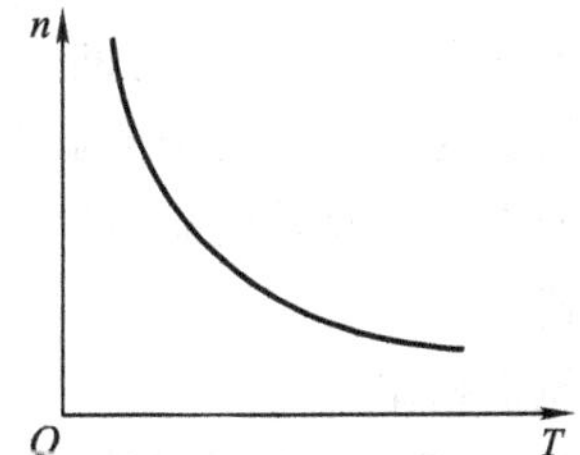

图 4.6.12 串励电动机的机械特性

电动机的机械特性可以从下式得出

$$n=\frac{E}{K_E\Phi}=\frac{U-I_a(R_a+R_f)}{K_E\Phi} \tag{4.6.9}$$

在磁路不饱和时，由于 Φ 与 I_a 成正比，而 $I_a=\sqrt{\frac{T}{K_T'}}$，则上式可写成

$$n=\frac{K_1U}{\sqrt{T}}-\frac{R_a+R_f}{K_E'} \tag{4.6.10}$$

式中，K_1，K_E' 均为常数。

可见，转速近似地与$\sqrt{T}$成反比，所得到的机械特性如图 4.6.12 所示，当转矩较小时，转速随转矩增大而急剧下降，转矩很大时，磁路趋向饱和则转速下降趋缓。从图中可以看出，在轻载及空载时磁通很小，转速很高，以至形成飞车发生危险。所以串励电动机严禁空载及用皮带传动以防皮带脱落或断裂形成空载。在电力牵引中由于机车车身有很大的自重，运行中不会造成电动机空载。

(2) 电力机车

电力机车是由轨道上空的架空线(接触网)通过机车顶部的受电弓引入电能，供给机车底部的直流串励牵引电动机驱动机车。电力机车可分为铁路干线上使用的干线电力机车和矿山、工厂使用的工矿电力机车。干线机车功率大，目前最大功率可达 6 000 kW。由工频单相 27.5 kV 交流供电，经机车内的变流装置降压整流后供给直流串励电动机。工矿机车功率较小，露天作业的大型机车功率约为 2 000 kW，供电电压为直流 1 500 ~ 3 000 V，在矿井下则功率很小，为几十千瓦，供电电压为直流 250 ~ 500 V，直流电能通过控制装置后直接供给直流串励电动机。

电力机车底部的两个转向架一般装有四根传动轴，每根传动轴由一台牵引电动机驱动。这样机车的牵引力被均匀地分配到四对轮轴上，使每个轮子上的牵引力减小，也就不容易打滑。另外由四台电动机构成的驱动系统，可以通过改变接线构成四台电动机串联、二串二并、四台电动机并联，如图 4.6.13 所示。在串联时电动机端电压为 1/4 额定电压，二串二并时又为 1/2 额定电压，并联时为全电压。这样可构成串并联调速，较传统的电枢电路串联电阻调速能大量节能。

为了实现电力机车的节能无级调速，利用现代电力电子技术，在直流供电电路中安装了直流斩波器，斩波器实质上是串联在供电电路中的直流功率电子开关。若该开关以一定频率接通与断开，则将恒定的电流供电电压变换为幅度恒定的断续供电电压。使直流电动机端电压平均值下降。若调节开关接通时间 t_c 与断开时间 t_0 的比例就可以调节电动机端电压平均值 U_{cp}，如图 4.6.14 所示，实现了节能的调节端电压调速。在交流供电电路中可以采取改变机车内变压器输出绕组抽头的方法以及采用晶闸管可控整流(见第八章)的方法调节电动机端电压，实现有级调速及无级调速。

(3) 城市轨道列车

地铁及轻轨车辆是典型的城市轨道列车，每列车一般由两节动车和若干节拖车组成，每节动车有两个转向架共装有四台牵引电动机，驱动四根传动轴，每台电动机的功率为 100 ~

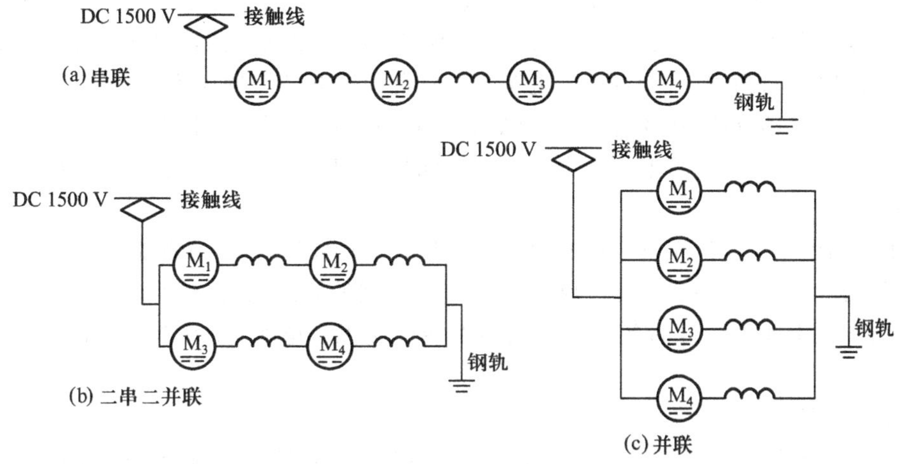

图 4.6.13 直流串励电动机串并联调速

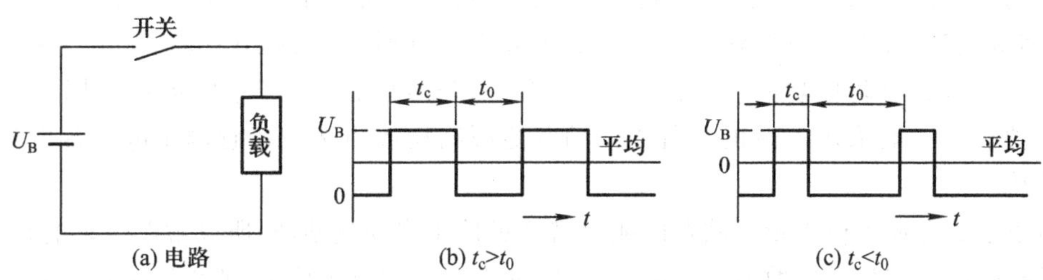

图 4.6.14 斩波器的工作原理

150 kW。动车电能由顶部的接触网通过受电弓输入或是由轨道侧面铺设第三轨通过受流电刷输入。北京地铁采用第三轨供电,供电电压为直流 750 V,上海地铁采用接触网供电,供电电压为直流1 500 V。地铁车辆在市内地下隧道中行驶,到市郊则可到地面或高架轨道上行驶,其最高速度可达 100 km/h,平均行驶速度为 35 ~ 50 km/h,又有很大的载客量,成为市内市郊联运的快速交通工具。而轻轨车辆一般在城市地面或高架的专用线路上运行,每列车的节数较少,一般为四节。最高速度约为 80 km/h,平均运行速度为 25 ~ 35 km/h。轻轨高架线路的投资约为地铁投资的 1/3,轻轨车辆的自重及载客量均低于地铁。有的国家的轻轨车辆采用橡胶车轮以减少噪声。地铁及轻轨动车的电动机一般采用二串二并的固定连接,并采用直流斩波器调压无级调速。这些控制设备基本上安装在车辆底部,动车的绝大部分空间可用于载客。

(4) 电车

电车是大城市的重要交通工具,分有轨电车及无轨电车两类。我国第一条有轨电车线路于 1906 年在天津建成,第一条无轨电车线路于 1914 年在上海建成。有轨电车在市内道路上沿轨道行驶,由于车辆自重大,起动加速及减速制动所需时间长,在交叉路口间距短、车辆繁多的道路上速度很低,无法让道变道,容易引起交通堵塞。因此已经在许多城市淘汰,而在大连等北方城市继续保留,成为一道城市景观。

无轨电车行驶类似于公共汽车,由一台牵引电动机驱动传动轴,其功率为 75 ~ 120 kW,其直流电源由两根集电杆从架空接触网上引入，其电压为 550 V 左右。经过直流斩波器调节电动机端电压，实现串励电动机的调速。在城市的某些不宜采用架空线的路段则采用带有辅助动力装置蓄电池的无轨电车，当进入该路段时，电车集电杆自动拉下，依靠蓄电池供电行驶，当驶出该路段时，电车集电杆自动升起，在经过架空接触网电门时被专门的导杆机构导入架空接触网，由架空接触网给电动机供电并对蓄电池充电，例如北京的 103、104 路电车经过王府井大街时，就有这样一个过程。

城市中采用电车作交通工具与公共汽车相比具有没有大气污染、节省能源的优点，且电车起动快、爬坡能力大，唯一的缺点是行驶路径受到架空线网的制约，灵活性小。为了减少中心城区的废气污染，在供电能力允许的条件下应大力发展公交无轨电车，而有轨电车逐步向轻轨交通发展。

(5) 蓄电池车

以蓄电池作能源的电动车辆，一般功率较小，俗称电瓶车。采用低压直流串励电动机驱动，通过直流斩波器或串联电枢电阻起动及调速，较多地用于仓库、工厂、码头、矿山等局部地区搬运货物，也有在旅游景点、公园内作为旅游观光车。大功率的蓄电池车也可在轨道上行驶，拖带客货列车，此时运行线路长度可达数十公里。其时速可达 10 ~ 40 km/h。在矿井中运行的蓄电池车应具有防爆功能，在行驶途中以及停车充电时不能产生电火花。用作长距离牵引的蓄电池机车一般采用内燃机及蓄电池的双能源结构或由架空接触网供电及蓄电池供电的双能源结构。

目前由于蓄电池单位重量所储存的能量密度远低于汽油或柴油，所以蓄电池车的自重很大，加上普通蓄电池有充放电次数的寿命限制，平时又有一定的维护要求，所以蓄电池车难以成为普遍使用的交通工具。

(6) 电动汽车

电动汽车是目前尚在研发中的交通工具，是具有汽车的方便性而又以电能作为动力的车辆。由于蓄电池单位重量的储能较低，在电动汽车上只能作为辅助能源，其主能源采用燃料电池或太阳能电池，前者采用氢为能源，对环境无污染，具有较大的功率输出，后者与蓄电池联合使用，行驶时由二者提供电能，停驶时由太阳能电池对蓄电池充电，这同样是无污染的清洁能源。

电动汽车的驱动方式可以在每个车轮上安装电动机驱动，由控制装置实现其同步转动直线行驶，也可以利用车轮的差速实现小转弯甚至原地旋转调头。其驱动电动机亦是采用直流串励电动机。

电动汽车的发展与推广还需有较长的时间，除了电动汽车本身性能的提高以及费用的下降外，还必须建成一整套类似于加油站的充电站、维修站等的社会服务设施，并有相应的政策优惠，才能引导人们使用电动汽车。

(7) 电动自行车

电动自行车是城市内新兴的电力助动车辆，以封闭式蓄电池作能源代替市内污染较重的燃油助动车和摩托车。

电动自行车是采用盘型外转子式无刷直流电动机作为驱动电动机，现以图 4.6.15 所示的电动机结构来说明其工作原理。电动机的外转子是由磁性强的永磁材料构成的磁极，直接与后轮辐条相连带动车轮转动。电动机内定子为电枢，三相绕组分别绕在三个磁极上，绕组接成 Y 形，其三个首端通过各自的电子开关（由电力电子器件构成）接直流电源的正极或负极，三相共有六个开关，开关的动作由检测外转子磁极位置的霍尔磁极传感器 H_U、H_V、H_W 所控制，其原理接线如图 4.6.16 所示。

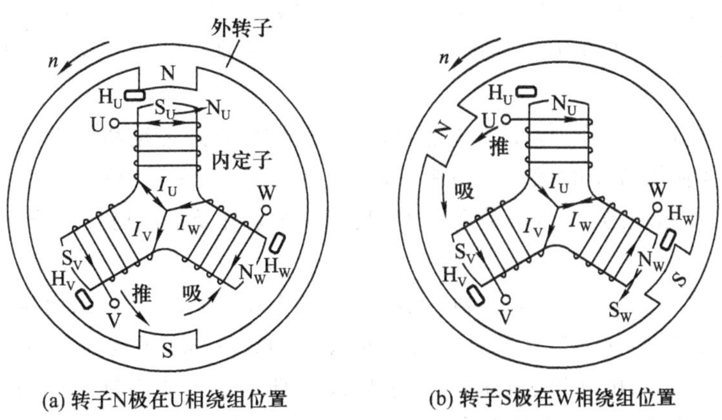

(a) 转子N极在U相绕组位置　(b) 转子S极在W相绕组位置

图 4.6.15 外转子式无刷直流电动机的工作原理

在任一瞬间三相绕组中电流不可能都是流入的或是都是流出的，而是二相流入一相流出或是一相流入二相流出。

若外转子位于如图 4.6.15(a)的位置，原先 U 相电子开关接电源负极[如图 4.6.16(a)所示]，电流 I_U 是流出的，形成 S_U 极吸引外转子的 N 极逆时针旋转。当外转子 N 极转到传感器 H_U 位置时，H_U 感受到 N 极的磁性发出信号使 U 相绕组的电子开关改为接电源正极，则因电流 I_U 由流出变成流入，形成 N_U 极对外转子 N 极起推斥作用，同时 V 相的电流 I_V 也是流出的，所形成的 S_V 极对外转子 N 极起吸引作用，促使外转子继续旋转到如图 4.6.15(b)所示位置。当经过 60°角使外转子 S 极转到传感器 H_W 位置时，W 相绕组的电子开关将由接电源正极改为接电源负极[如图 4.6.16(b)所示]，使绕组中的电流换向。于是其磁极由原先的 N_W 改为 S_W。这样对外转子的 S 极由吸引作用变成推斥作用。继续使外转子旋转。

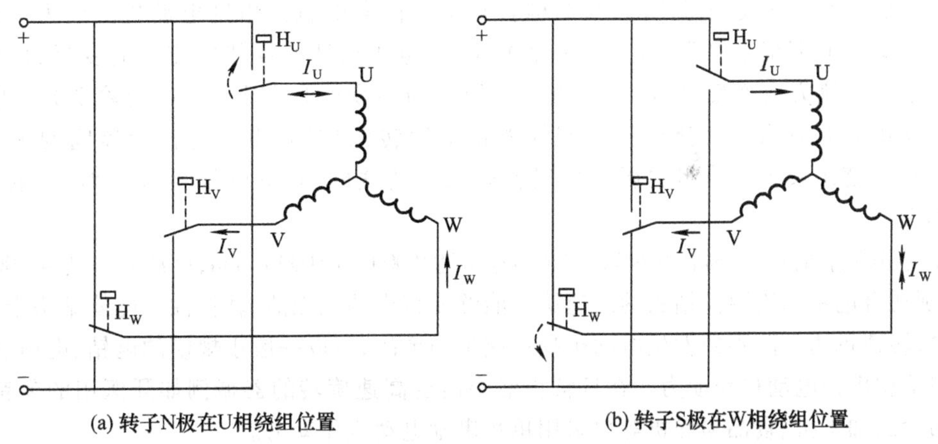

(a) 转子N极在U相绕组位置　(b) 转子S极在W相绕组位置

图 4.6.16 无刷直流电动机绕组的原理接线

若再转过60°角，则外转子N极到达传感器H_V位置，则重复上述过程使V相电流换向，磁极由原先的S_V改为N_V，对外转子N极由吸引变为推斥。如此周而复始，在外转子旋转一周中电子开关有六次换接，每相两次。这样在电枢绕组中所通过的是交流电，而供电电源为直流。采用了电子换流电路省略了传统直流电动机的电刷及机械换向器，提高了可靠性。

无刷直流电动机的调压可以采用类似于直流斩波器的方法使电子开关以一定的频率高速通断，调节电动机绕组电流平均值及电动机转矩平均值，实现电动机的调速及上下坡时的转矩调节。

2. 电动工具

电动工具是用于握持操作，以小功率电动机作为动力，通过传动机构驱动工作头的工具，具有结构简单、携带及使用方便的优点。在机械制造、建筑装潢、采矿、铁道及公路建设、农林牧业以及其他行业中都普遍使用，在减轻劳动强度、改善工作条件及提高劳动生产率等方面起了很大作用。

常见的电动工具有电钻、电动砂轮机、电锤和冲击电钻、电动螺丝刀、电锯、电刨等。电钻用于在金属、塑料等材料上打孔，按钻孔直径有6 mm、13 mm、19 mm等规格。钻孔直径较大的电钻转速较低。电钻主要是由电动机、减速齿轮、手柄及端部的钻夹或圆锥套筒组成，一般由单相交流220 V供电，在有特殊安全要求的场合则由安全变压器所输出的24 V供电。

电动砂轮的工作头为砂轮，用于对工件或结构件进行磨削、打光。

电锤的结构类似于大型电钻，其机械结构使钻头在旋转的同时前后运动，造成对钻孔部位击打效果，所需电动机的功率比较大。在混凝土构件、砖墙上打孔、开槽，安装膨胀螺栓、建筑穿管、打底脚螺栓等设备安装工作中都要使用电锤。

电动螺丝刀用于装卸螺丝连接件，并采用牙嵌式离合器传动机构，在螺丝旋紧时能自动打滑，不致伤害电动机。在工厂生产线上所用的电动螺丝刀由220 V交流或低压交流供电，而在现场安装时拉电源不便，往往采用可充电镍镉电池供电的无电源线电动螺丝刀。

电锯、电刨是电动木工工具，用于锯开及刨削木材或木结构件。一般可装在台架上作为小型台刨使用，也有的可以锯、刨两用，其锯片及刨刀由电动机通过皮带传动。电锯及电刨使用中特别要注意安全，往往在推送木料时不小心被刀片锯去手指、手臂，造成伤害。

电动工具所用的电动机大致为单相串励电动机、永磁式直流电动机、单相异步电动机。

单相串励电动机是使用最广的，其结构就是带换向器的直流串励电动机。因为串励电动机的励磁绕组与电枢绕组串联，流过同一个电流，若电源极性变反使电流方向变反，同时使磁场极性及电枢电流方向变反，所产生的电磁转矩方向不变(可利用左手定则验证)。所以，直流串励电动机加上适当的交流电压后同样能正常运转(只是在电刷与换向器间的火花稍大些)，由于串励绕组及电枢绕组均属于导线粗匝数少的线圈，其电感量相对较小，对电流相位的影响不大。

交直流串励电动机的机械特性很软，空载转速可达8 000～10 000 r/min，负载转速为4 000 r/min左右，特别适合电钻的需要。钻头的高速旋转能够使打出的孔光洁，软特性又能使钻头卡住或碰到硬物时，转速迅速下降不致发生电动机损坏或工伤事故，所以一般小规模的电钻、电锤、电动砂轮都采用单相串励电动机作动力。在日常生活中需要高速旋转的器械例如牙医用的牙钻、厨房中使用的食品加工机、食品粉碎机等也采用单相串励电动机作动力。

永磁式直流电动机功率较小，机械特性较软，利用磁钢代替励磁绕组产生磁场，适用于由电池供电的电动工具,如电动螺丝刀等。这些工具往往都带有一个低压整流器或充电器,亦可以将整流器插在 220 V 的电源插座上,由整流器输出的低压直流电供电。

单相异步电动机适用于要求功率较大而转速要求不特别高(不超过 3 000 r/min)的电动工具驱动,例如电锯、电刨等,一般采用运转性能较好的电容运转电动机。

*4.7 控制电机

控制电机是电气伺服控制系统中的主要元件,伺服控制是一种根据输入的指令信号使受控对象以规定的速度和运动路径,达到精确的目标位置的运动控制系统,是自动控制系统的一个分支。

典型的伺服系统的组成框图如图 4.7.1 所示。图中比较环节将输入指令信号和系统的反馈信号进行比较,得出偏差信号输送到控制环节(计算机),按预定的控制规律进行运算、变换处理产生相应的控制信号输送到执行环节,经过功率放大驱动执行元件工作,从而使受控对象(传动系统、执行装置、机械负载)动作,检测环节用以对系统输出的受控量进行测量和变换,形成与输入指令相当的反馈信号输送到比较环节。

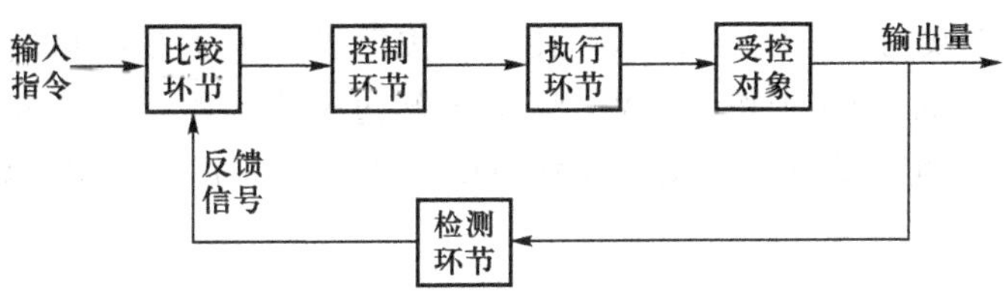

图 4.7.1 伺服系统的组成框图

典型的伺服控制系统有如防空雷达控制,要求雷达天线要一直跟踪空中目标移动,为地面武器提供目标方位。又如数控加工中心的刀具进给机构的位移,实时反馈给计算机与加工目标位置比较,计算机不断输出继续加工的信号及加工参数信号。

根据控制电机的功能可以分成执行元件和检测元件两大类,执行元件包括步进电动机、直流伺服电动机和交流伺服电动机,以及交、直流直线电动机;检测元件包括交、直流测速发电机、自整角机和旋转变压器等,主要用于测量机械转角、转角差及转速。现代由于传感技术的发展,这些功能完全可以由结构上与执行元件一体化的传感器来代替,所以一般控制电机主要是指执行电动机,又称伺服电动机。

对执行电动机的要求除了和普通电动机一样能稳定运转,输出规定的功率,工作可靠外,更重要的是要求受控性能要好,即① 转速跟随控制信号的精度高,在低速到高速范围内均能平稳运转,无低速爬行现象;② 转动惯量小,能满足对调速指令信号快速动态响应要求,加、减速时间短,能很快进入新的稳定运行状态;③ 有较大的过载能力及能够承受频繁的起动、反转和制动控制要求。

所以只要是在伺服系统中能够满足系统所要求的精度,有快速响应能力以及抗干扰能力的电动机,都可以称为伺服电动机。

4.7.1　步进电动机

步进电动机是由功率脉冲信号激励驱动的电动机，其旋转角度与输入的功率脉冲数成正比。其结构有反应（磁阻）式、永磁式以及用两种形式合成的混合式，而反应式是比较普遍应用的。

1. 反应式

图 4.7.2 所示的是三相小步距角步进电动机结构系统，其定子和转子的磁极加工成多齿形，且定子、转子的齿宽和齿距相等。设定子磁极每极 5 齿，转子表面齿数为 $Z=40$，即齿距为$\frac{360°}{40}=9°$。当 U 相绕组通电产生的磁通使 U 相定子磁极与转子齿互相对齐时，由于 V 相磁极与 U 相磁极轴线空间角相差 120°，所对应的转子齿数为$\frac{40}{3}=13\frac{1}{3}$，同理 W 相磁极与 U 相磁极轴线空间角相差 240°，对应的转子齿数为 $26\frac{2}{3}$，其齿距展开图如图 4.7.3 所示。若按 U－V－W 磁极方向看，V 磁极轴线的齿超前于转子齿$\frac{1}{3}$齿距，即 3°空间角，W 相磁极轴线的齿超前于转子$\frac{2}{3}$齿距，即 6°空间角。当励磁绕组按 U－V－W 的顺序依次通电时，由磁场产生的吸引力将分别使 V 相磁极轴线、W 相磁极轴线与转子齿对齐，从而使转子按每步为 3°的步距角旋转，若经过 U－V－W－U 轮流通电循环一周，则转子按 U－V－W 方向转过一个齿距。若通电顺序为U－W－V－U，则转子按 U－W－V 顺序反方向转动。此种通电方式称为三相单三拍，每通电一次所转过的步距角 θ 为

$$\theta=\frac{360°}{\text{齿数}\times\text{相数}}=\frac{360°}{Z\times m}\qquad(4.7.1)$$

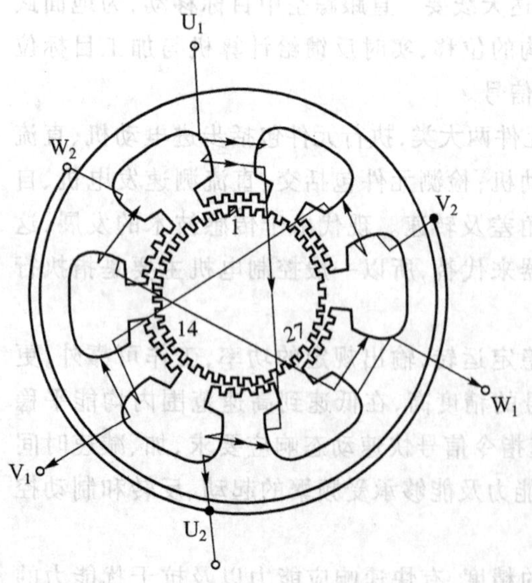

图 4.7.2　三相小步矩角步距电动机结构原理

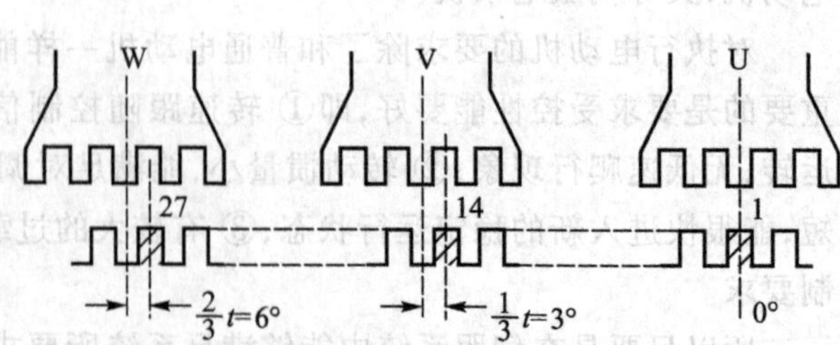

图 4.7.3　步进电动机定子、转子齿距展开图

若电动机通电方式改为 U－UV－V－VW－W－WU－U，称为三相单双六拍，当 U、V 两相同时通电时将同时吸引转子，则转子转角为$\frac{1}{6}$齿距，即步距角为$\frac{9^\circ}{6}=1.5^\circ$，需要经过 6 步才能转过一个齿，此次的步距角 $\theta=\frac{360^\circ}{2Zm}$。若通电方式为 UV－VW－WU。称为三相双三拍，通过三步完成一个齿距循环，其步距角与单三拍相同。

若电动机控制脉冲频率为 f，则根据步距角可算出其转速 n 为

$$n=60\times\frac{f\theta}{360^\circ} \tag{4.7.2}$$

为了使电动机平稳旋转，就要求步距角越小越好，也就是增加相数及齿数，这将使结构及驱动电源复杂化。常用的步距角有 1.5°/3°、0.9°/1.8°、0.75°/1.5°、0.6°/1.2°等。

2. 永磁式

两相永磁式步进电动机结构原理如图 4.7.4 所示，图中定子有两相控制绕组 UO 和 VO，每相绕组由 4 个励磁线圈串联而成，永磁转子有 2 对磁极，控制绕组按 U、V、－U、－V 四步顺序通电。当 U 相通正向电流时，转子磁极受 U 相磁极吸引位于图示位置；当 V 相通正向电流时，则转子磁极受 V 相磁极的吸引，顺时针方向转过 45°；当 U 相绕组通反向电流时，转子磁极受 U 相磁极反极性吸引，又顺时针方向转过 45°，转到与图示位置相垂直的位置，此时垂直方向的极性为 S 极，水平方向的极性为 N 极；当 V 相绕组通反向电流时，转子磁极受 V 相磁极反极性吸引，又顺时针转过 45°。当 U 相又通正向电流时，开始又一次通电循环，此时转子磁极位置相对于起始位置转过了 180°。可见每经过一次循环通电转子就转过一对磁极，若磁极对数为 p，则每一循环对应的转角为$\frac{360^\circ}{p}$，每一循环由 4 步构成，则步距角 θ 为

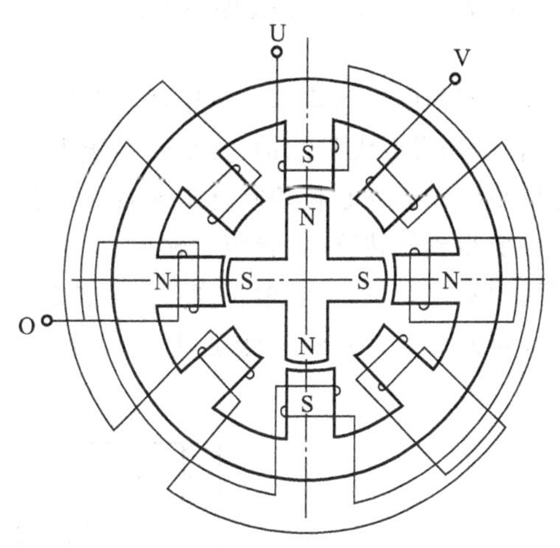

图 4.7.4　两相永磁式步进电动机

$$\theta=\frac{360^\circ}{p\cdot 2\cdot m} \tag{4.7.3}$$

为了减小步距角运转平稳，可以将通电循环改为 U、UV、V、V(－U)、(－U)、(－U)(－V)、(－V)、(－V)U、U，此时步距角为 22.5°；或增加磁极对数，将 p 改为 3，则在单拍运行方式下步距角为 30°，双拍运行方式下步距角为 15°。

3. 驱动系统

步进电动机在使用时由对应的驱动装置供电，该驱动装置既是驱动电源又是控制器，其组成框图如图 4.7.5 所示，由外来的控制指令控制脉冲信号源产生频率可变的脉冲信号和控制转向的方向信号，脉冲信号送到脉冲分配器通过逻辑控制电路按一定顺序分配到各相绕组控制其通

断，各相绕组都配有一套功率放大器，将分配器输出的毫安级信号电流放大到几安至十几安的驱动电流脉冲送入电动机驱动绕组，根据电动机型号及运转性能的不同，应配用专用的驱动器才能使步进电动机正常工作，驱动器除了有交流或直流供电端口外，还应带有控制信号接口及反馈、通信信号接口，以与外部系统的控制器相连接。

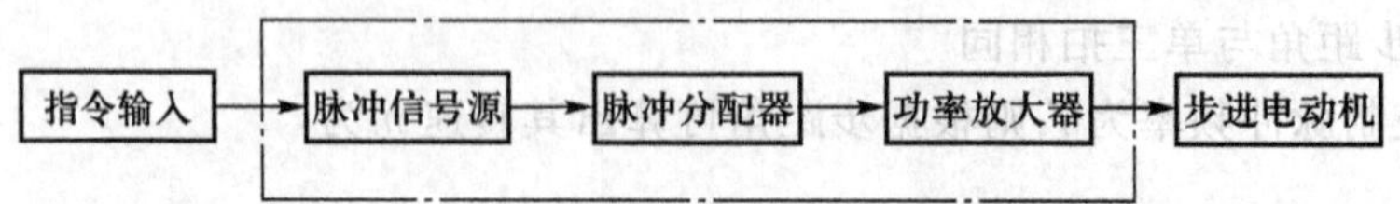

图 4.7.5　步进电动机驱动系统的组成框图

步进电动机的应用极为广泛，例如在办公自动化设备如复印机、传真机、打印机中的扫描机构、送纸机构，光盘驱动器中的半导体激光头的移动机构，照明装置及监视摄像机的三维转动机构，机器人的关节转动机构以及医疗器械中的液体定量传输机构中都采用了步进电动机传动，它们都具有可控、低速、较高的转矩、频繁的操作等特点。

4.7.2　直流伺服电动机

直流伺服电动机的工作原理与普通直流电动机基本相同，但结构上为了减小转动惯量将定子、转子均做成细长结构，其励磁系统大部分采用永久磁钢。为了进一步减小转动惯量，可以把电枢绕组做成空心杯印制绕组或者做成盘形印制绕组，将转子铁心固定成内定子(见图 4.7.6)。如果要得到低转速、大转矩的输出，可以增大电动机的直径、增加磁极对数、缩短轴间尺寸，制成直流力矩电动机，其电枢长度与直径之比为 0.2，形成扁平结构，它不需减速机构直接带动负载，可以得到每分钟几转的低速，且反应速度快，机械特性硬，能长期在低速和堵转状态下运行。

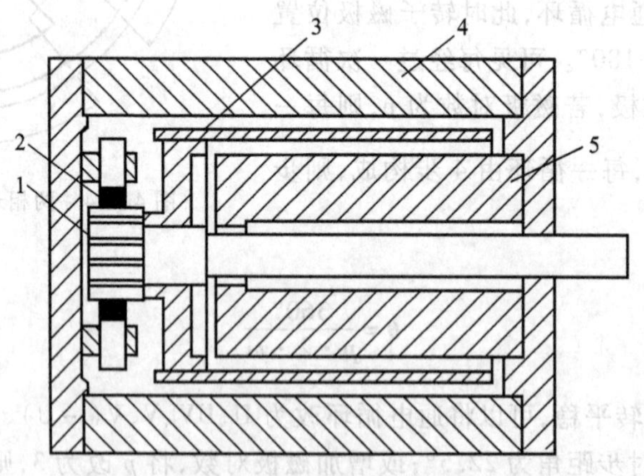

1—换向器　2—电刷　3—空心杯电枢　4—外定子　5—内定子

图 4.7.6　空心杯电枢永磁式直流伺服电动机

直流伺服电动机大都采用电枢控制方式，即控制电压接到电枢两端，由控制器驱动电枢旋转。直流伺服电动机的机械特性方程与普通直流电动机相同[见式(4.6.6)]，但由于电枢导线较细，电阻 R_a 较大，故机械特性曲线是斜率较大的一组平行线，如图 4.7.7 所示。当电枢电压 U_a

变化时,斜率 $\tan\alpha = -\dfrac{R_a}{K_E K_T \Phi^2}$保持不变。

当电动机负载转矩恒定时,转速随控制电压变化的特性曲线称为调节特性,如图 4.7.8 所示,亦是一组平行线。当负载转矩 $T\neq 0$ 时,调节特性与横轴的交点 U_{a0} 称为始动电压,$U_a < U_{a0}$ 时,电动机电磁转矩小于负载转矩无法起动,只有 $U_a > U_{a0}$时才能起动。

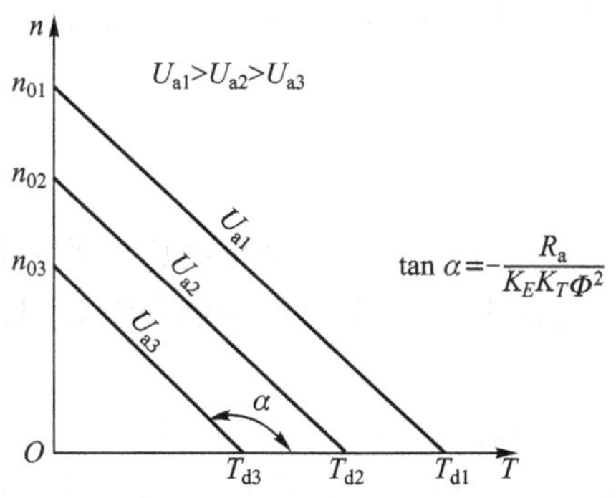

图 4.7.7 直流伺服电动机的机械特性

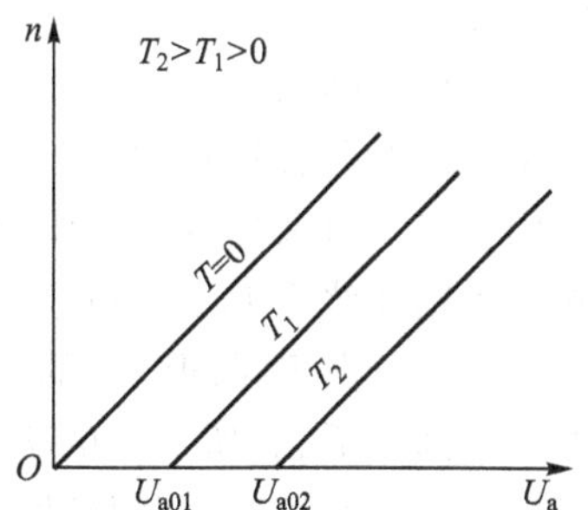

图 4.7.8 直流伺服电动机的调节特性

目前直流伺服电动机的驱动控制采用直流脉冲宽度调制和晶闸管触发调节控制两种方式。直流脉冲宽度调制是应用大功率晶体管作为开关器件控制电动机的通断,其原理如图 4.7.9 所示,工作时电枢绕组得到的端电压是一串宽度可调的矩形脉冲,通过调节脉冲宽度就可以改变电枢电压 U_a的平均值,实现平滑调速。假设一个开关周期为 T,其中通电时间为 τ,则电路的导通率(又称占空比)$\mu=\tau/T$,只要在 $0\sim T$ 的范围内调节 τ,就相当于在 $0\sim U$ 的范围内调节 U_a。通常晶体管功率开关频率为 500 ~ 2 500 Hz,加上电枢绕组旁续流二极管的作用,尽管电压是脉动的,电枢电流还是连续的,不会出现转速的波动。

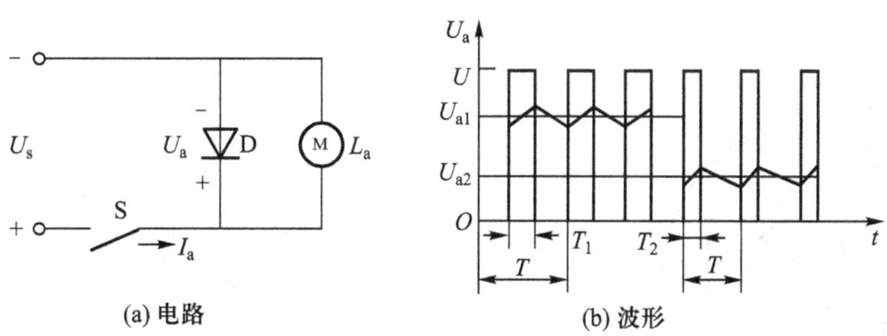

图 4.7.9 直流脉冲宽度调制调速驱动系统原理

晶闸管可控整流方式是直接利用 50 Hz 交流电源供电,通过控制晶闸管整流器件触发导通的相位角,来实现整流电流的调节,但因为供电频率较低调压时电流波形变化较大,尤其在低电压输出时较难稳定,有时受到干扰时还会出现失控现象,目前已逐步减少使用。

4.7.3 交流伺服电动机

交流伺服电动机分成同步伺服电动机和异步伺服电动机两大类,它们在结构及原理上都能

满足自动控制系统对伺服电动机的要求,即:

① 宽广的调速范围,转速能在零到最大值范围内连续平滑调速,运转稳定。

② 线性的工作特性,转矩一定时转速与控制电压成正比;控制电压一定时转速与转矩近似成直线关系。

③ 无“自转”现象,控制电压一旦下降为零,就能自行停转,并有自锁转矩锁定停转时的位置。

④ 响应迅速,控制电压加上后电机能立即起动,起动转矩大,转动惯量小,转速能迅速跟随控制电压变化而变化。

1. 异步伺服电动机

(1) 旋转磁场和转矩特性

异步伺服电动机又称两相伺服电动机,其定子绕组为空间相差 90°电角度放置的两相绕组,其中一相作为励磁绕组 L_1 接到固定电压为 U_L 的交流电源上,另一相则为控制绕组 L_2,接入控制电压 U_C,两电压频率相同,但 U_C 的幅度及相位均可调节。

当两绕组通电后,若所产生的磁通势 I_1N_1 和 I_2N_2 大小相同,且电流 i_1 和 i_2 相位相差 90°电角度时就可以形成一个恒速、恒幅的圆形旋转磁场,此时电动机电磁转矩最大。如果两磁通势大小不等,或相位差不是 90°,则形成椭圆形旋转磁场,如图 4.7.10 所示。经分析可将椭圆形旋转磁场看作是由两个幅值不同、转向相反的圆形旋转磁场的合成,其中正向旋转磁场幅值 $\Phi_+ = \frac{1}{2}(\Phi_L + \Phi_C)$,反向旋转磁场幅值 $\Phi_- = \frac{1}{2}(\Phi_L - \Phi_C)$。正、反向的旋转磁场将在转子中产生正、反向电磁转矩,实际的电磁转矩可由正、反向两个转矩特性合成(相减)求得,如图 4.7.11 所示。若控制绕组磁通 Φ_C 接近于励磁绕组 Φ_L,则正向转矩 $T_{正}$ 增大,反向转矩 $T_{反}$ 减小,堵转转矩 T_d 增大,空载转差率 S_0 减小。反之,则堵转转矩减小,空载转差率增大。由于反向旋转磁场产生的制动转矩及转子损耗的影响,使两相电动机的理想空载转速 n_0(与 S_0 对应)比一般异步电动机低,其最高转速约为同步转速的 5/6。

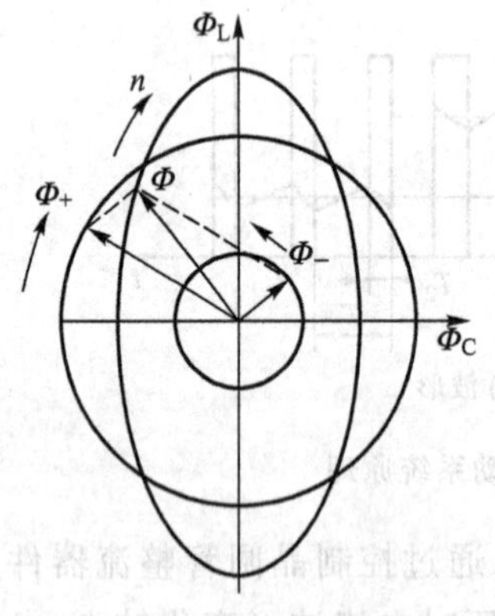

图 4.7.10　椭圆形旋转磁场

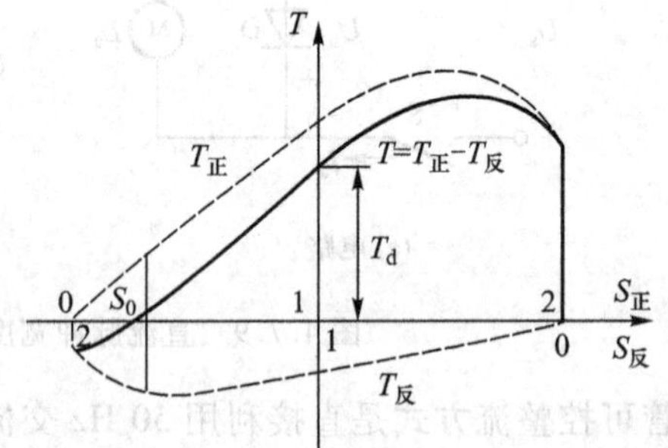

图 4.7.11　正向和反向转矩特性的合成

(2) 结构特点

两相伺服电动机和普通两相电动机的区别在于转动惯量小和转子绕组电阻大两个特点,为了转动惯量小应把转子做成细长结构,也可以用非磁性合金材料制成空心杯形转子,把原来的转子铁心作为内定子。

增大转子绕组电阻的目的是使电动机转矩特性上最大转矩对应的转差率 $S_m>1$，这样使电动机在转速从零到同步转速范围内（即 $S=1\sim0$）都能稳定运转，而且还能够在控制电压 $U_C=0$ 时立即停转，即消除"自转"现象。当 $U_C=0$ 时，电动机仅有励磁绕组作用，成为单相异步电动机，此时正、反向旋转磁场磁通大小相同转向相反，形成的转矩特性如图 4.7.12 所示。图中正、反向转矩特性用虚线表示，合成转矩 $T=T_{正}+T_{反}$，其特性用实线表示，可见合成转矩为制动转矩，即在 $S_{正}<1$ 时，T 为负值，$S_{反}<1$ 时，T 为正值。这样在控制电压消失后，产生的制动转矩使电动机迅速停转，并将电动机锁住在停止的状态下。

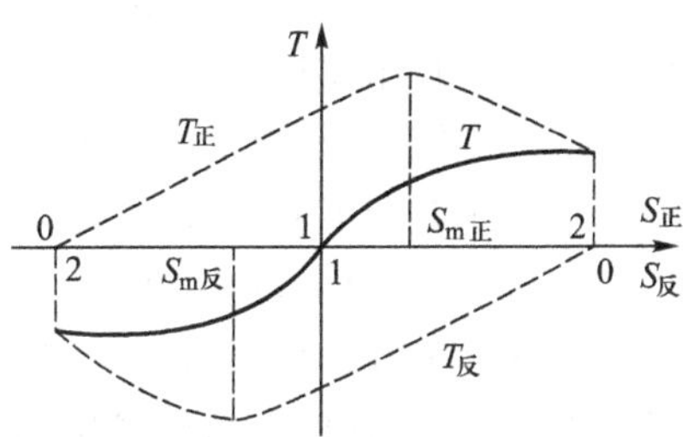

图 4.7.12 $U_C=0$ 时电动机转矩特性的合成

（3）控制方式

两相伺服电动机的控制主要是调节控制电压大小和相位，控制方式如下：

① 幅值控制 保持 U_L 和 U_C 间相位差为 90°，调节 U_C 大小来调节转速。

② 相位控制 保持 U_L 和 U_C 大小不变，调节 U_L 和 U_C 间的相位差来调速。

③ 幅值相位控制 励磁绕组与电容器串联后接到励磁电源上，调节 U_C 的幅值来调速，调速时因励磁绕组阻抗亦发生变化，使 U_L 和 U_C 的相位差亦发生变化。此法用电容器分相，方法简单且应用较广。

三种控制方式的机械特性见图 4.7.13。图中 $\alpha=U_C/U_L$ 称为信号系数，β 为 U_C 和 U_L 间相位差。

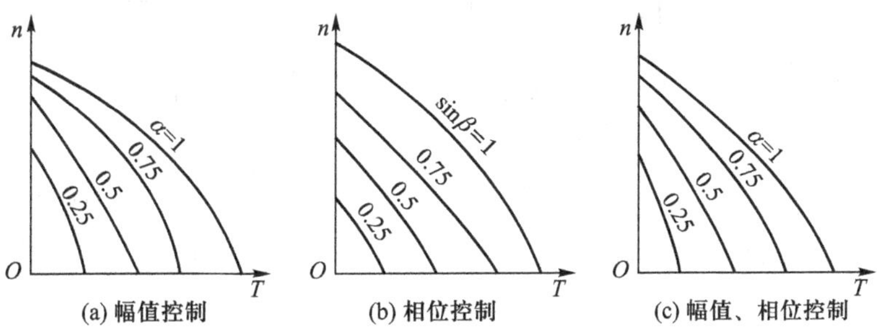

图 4.7.13 两相伺服电动机的机械特性

2. 同步伺服电动机

（1）同步电动机

同步电动机就是指转子旋转速度与定子旋转磁场速度一致的电动机，其定子铁心中嵌放对称的三相绕组，通入对称的三相电流后就能产生恒速、恒幅稳定运行的旋转磁场，其转速取决于电源频率，$n=60f/p$，这一点与三相异步电动机是完全一样的。

电动机的转子是由铁心励磁绕组及滑环构成的，绕组中通以直流电流后就会产生直流磁通形成磁极，与定子旋转磁场相互吸引，由定子磁场拖曳旋转（见图 4.7.14）。因旋转磁

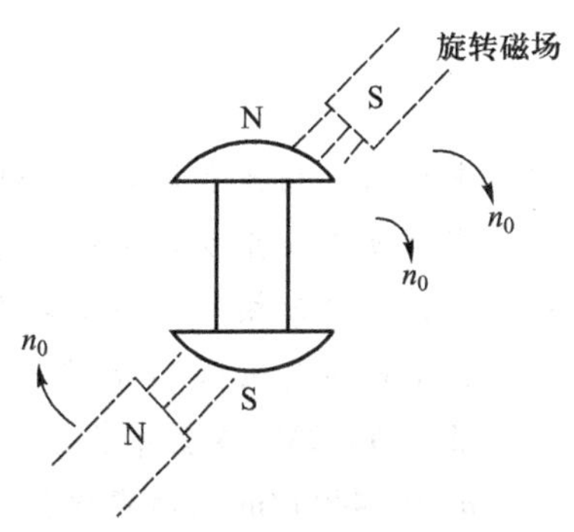

图 4.7.14 同步电动机的转动原理

场转速很高，在转子铁心上要带有类似于异步电动机转子中的笼形绕组，称为起动绕组。当同步电动机通电起动时，其转子就按异步电动机的起动方式起动，当转速接近同步时，再接通直流励磁电源，旋转磁场就会吸住转子磁极牵入同步。

在供电电源为 50 Hz 工业电网的条件下，同步电动机的转速是恒定的同步转速，即 $n=60\times 50/p=3\ 000/p$，无法调速，只能用在要求恒速运行的大功率机械装备，如水泵、风机等。但是由于现代电力电子技术发展出现了可以调频、调速的变频调速器以后，不仅可以对异步电动机进行调速，还可以对同步电动机进行调速，变频调速器的最低频率为 1 Hz，这样就可以使同步电动机从 1 Hz 开始升速进行直接起动。

(2) 永磁同步伺服电动机

现代磁性材料的发展，用稀土铁合金材料钕铁硼制成的永磁体能够得到很强的磁场，可以代替励磁绕组励磁，使电动机转子结构简单，实现体积小、重量轻、转子没有能耗、不发热。所制成的正弦波永磁同步伺服电动机已经广泛地使用在机器人、数控机床、印刷机械、纺织机械中。

永磁同步伺服电动机在系统中需与伺服驱动器配套使用，在变频调速器内加上伺服控制电路和接口后就可以成为伺服驱动器。常用的表面式永磁体转子截面示意图见图 4.7.15，永磁体做成瓦片状贴在铁心表面或插入铁心。伺服驱动器的接线框图如图 4.7.16 所示，一般伺服电动机的轴端均带有编码器（码盘），向上级控制器反馈速度信号和位置信号。

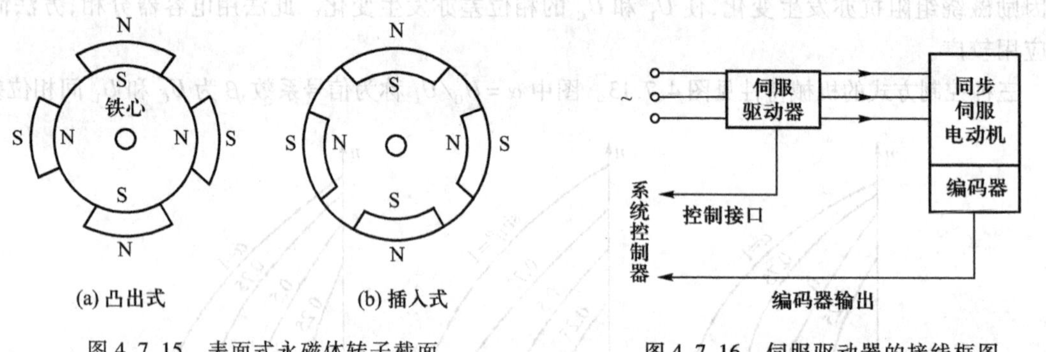

图 4.7.15　表面式永磁体转子截面

图 4.7.16　伺服驱动器的接线框图

复习思考题及练习题

4-1　怎样从三相异步电动机的结构特征来区别笼型和绕线型？

4-2　怎样使三相异步电动机改变转向？

4-3　已知一台三相笼型异步电动机的额定功率 $P_N=3$ kW，额定转速 $n_N=2\ 880$ r/min。试求：(1) 磁极对数；(2) 额定时的转差率 s_N；(3) 额定转矩 T_N。

4-4　已知 Y112M-4 型异步电动机的技术数据为 $P_N=4$ kW，三角形联结，额定电压 $U_N=380$ V，$n_N=1\ 440$ r/min，额定电流 $I_N=8.8$ A，功率因数 $\cos\varphi_N=0.82$，效率 $\eta_N=84.5\%$。试求：(1) 磁极对数；(2) 额定运行时的输入功率 P_{1N}；(3) 额定时的转差率 s_N；(4) 额定转矩 T_N。

4-5 已知 Y132M-4 型异步电动机的额定功率 P_N 为 7.5 kW，额定电流 $I_N=15.4$ A，额定转速 $n_N=1\ 440$ r/min，额定电压 $U_N=380$ V，额定时的功率因数 $\cos\varphi_N=0.85$，额定时的效率 $\eta_N=0.87$，起动转矩 T_{st}/额定转矩 $T_N=2.2$，起动电流 I_{st}/额定电流 $I_N=7.0$，最大转矩 T_m/额定转矩 $T_N=2.2$。试求：(1) 额定输入功率 P_{1N}；(2) 额定转矩 T_N；(3) 额定时的转差率；(4) 起动电流 I_{st}；(5) 起动转矩 T_{st}；(6) 最大转矩 T_m。

4-6 在三相异步电动机起动瞬间($s=1$)，为什么转子电流 I_2 大，而转子电路的功率因数 $\cos\varphi_2$ 小？

4-7 假如在三相电网中有一大批异步电动机同时起动，将对电网电压造成什么影响？为什么？

4-8 三相异步电动机转矩特性曲线的形状受哪些因素影响？

4-9 为什么要采用降压起动措施？降压起动对电动机的起动转矩有何影响？在什么情况下才可以采用降压起动？

4-10 降压起动有哪几种主要的方法？

4-11 绕线型异步电动机转子电路中串联电阻为什么能改善异步电动机的起动性能和调速性能？

4-12 三相异步电动机在正常运行中，如果转子突然被卡住，将会对电动机造成什么后果？

4-13 三相异步电动机在正常运行中，如果突然有一相断电，电动机是否还能运行？若电动机是在重载情况下，电动机电流有何变化？

4-14 三相异步电动机有哪几种调速方法？其中哪种方法的调速性能最好？

4-15 在电源电压不变的情况下，如果额定时为三角形联结的误接成星形联结，会造成什么后果？又如额定时为星形联结的误接成三角形联结，又会造成什么后果？

4-16 热继电器在三相异步电动机控制电路中起到什么作用？它能否起短路保护作用？

4-17 试拟出能在两个地点分别对一台三相笼型异步电动机进行直接起动控制的控制电路。

4-18 试拟出既能作点动控制，又能作直接起动控制(二者用开关转换)的控制电路。

4-19 试说明正反转控制电路中接触器的互锁触点起什么作用？

4-20 可编程控制器具有什么功能？它用于电动机控制时较传统的继电器接触器控制方法有什么优点？

4-21 PLC 的继电器、晶闸管、晶体管三种输出类型各有什么特点？适用何种场合？

4-22 设计一个计数次数为 2 000 次的计数器。

4-23 设计一个定时梯形图程序，当输入按钮 X000 接通 30 s 后输出继电器 Y000 闭合，X000 断开 5 s 后，Y000 断开。

4-24 设计一个定时梯形图程序，当 X000 接通时，Y000 立即接通，而 X000 断开 60 s 以后，Y000 才断开。

4-25 用 25 只彩灯按红、橙、黄、绿、白顺序循环布置，要求每 1 s 顺序移动 1 个灯位，用一个方式开关选择点灯方式。(1) 每次只有 1 个灯亮；(2) 每次相邻 5 个灯同时亮。要求设计梯形图程序。

4-26 单相异步电动机为什么没有起动转矩，怎样才能解决它的起动问题？

4-27 单相异步电动机中只有单相脉动磁场，没有旋转磁场，为什么能使转子转动？

4-28 电容分相起动、电容分相运转及罩极式单相异步电动机分别用于什么地方？其中哪一种类型的单相异步电动机性能最好？

4-29 说明改变电容分相运转单相异步电动机转向的方法。

4-30 说明电风扇调速的方法。专门的风扇调速器是与哪种风扇相配套的？

4-31 直流电动机有哪几种励磁方法？常用的是哪种励磁？

4-32 直流串励电动机有什么特点？为什么它专用于电力机车的传动？

4-33 直流电动机在运转过程中电枢电流的大小与哪些因素有关？电动机的转速与哪些因素有关？

4-34 如何改变直流电动机的转向？

4-35 为什么并励电动机在空载、有载时，励磁电路都不能断开？

4-36 直流电动机应该采用什么起动方法？若将并励电动机直接接通电源将会造成什么后果？

4-37 直流电动机有哪几种调速方法？哪种方法的调速性能最为理想？

4-38 一台并励电动机，已知额定功率 $P_N=2.2$ kW，额定电压 $U_N=220$ V，额定电流 $I_N=12.5$ A，额定转速 $n_N=3\,000$ r/min，励磁功率 $P_f=77$ W，试求：(1) 励磁电流 I_f；(2) 额定电枢电流 I_{aN}；(3) 额定转矩 T_N；(4) 额定运行时的效率 η_N。

4-39 一台15 kW，220 V 的并励电动机 $\eta_N=85.3\%$，$R_a=0.2\ \Omega$，$R_f=44\ \Omega$。若直接起动则起动电流为额定电流的多少倍？若起动电流限制为额定电流的1.5倍，则起动变阻器的电阻为多少？

4-40 说明三相步进电动机的通电方式，什么是单三拍？什么是双三拍？什么是单双六拍？若单三拍时步距角为1.5°，那么双三拍和单双六拍时的步距角为多少？该步进电动机转子的齿数是多少？

4-41 三相反应式步进电动机有40个齿。(1) 求在双三拍及单双六拍方式下的步距角；(2) 若步进电动机的脉冲频率为600 Hz，求两种方式下的转速。

4-42 什么是“自转”现象？交流伺服电动机为什么能克服这一现象？

4-43 说明交流异步伺服电动机的工作原理。为什么单相异步电动机不能用作伺服控制？

4-44 说明交流伺服电动机的控制方式？通常采用何种控制方式？

4-45 何谓同步电动机？如何实现对同步电动机调速？

第五章　安全用电和节约用电

安全用电是指使用各种电设备时,为了防止各种电气事故危及人的生命安全及设备的正常运行,所应该采取的必要安全措施及用电的注意事项。

节约用电是指通过加强用电管理,采取技术上可行、经济上合理的节电措施,以减少电能的直接和间接损耗,提高能源利用效率和保护环境。电能是极宝贵的二次能源,节约用电是节约能源的重要内容。节约用电,就是要不断提高电能利用技术水平,不白白浪费电能,让每千瓦时的电能都发挥出最大的作用。

5.1　电对人体的危害

电对人体的伤害是人体触电所造成的。触电就是指人体的不同部位同时接触到不同电位的带电体时,人体内就有电流通过而造成对人体的伤害。触电所造成的伤害主要有电击和电伤。电击是人体加上一定电压后,人体电阻迅速减小,而使通过人体的电流增大,造成人体内部组织损坏而致死亡。电伤是电流的热、化学、机械效应所造成身体表面皮肤、肌肉的伤害。常见为电弧烧伤、灼伤人的脸面、肢体等部分,情况严重的也会导致死亡。

要防止发生触电事故最主要的是人必须按照规定的安全操作规程操作与使用用电器,以及用电器的电气安全性能必须符合要求,即在长期使用的过程中不发生漏电现象及因之形成的设备表面带电。

5.1.1　电流对人体的作用

电流通过人体所产生的效应经各国科学家的研究后,综合成国际电工委员会(IEC)的第479号报告《电流通过人体的效应》。其中提到15～100 Hz交流电流对人体的作用可分为三个范围,即感知电流、摆脱电流和室颤电流。感知电流是使人体有所感觉的电流值,约为0.5 mA,与通电时间长短无关。摆脱电流是人能够自主摆脱触电的带电体的电流值,不超过10 mA。而室颤电流是指能造成人死亡的心室颤动、引起窒息的电流值,与通电时间长短有密切关系,在通电时间在0.2 s以内,约为300 mA;而通电时间达到0.7 s以上,则电流值降为30 mA左右。可知要挽救人的生命,关键是要触电保护装置快速动作,以缩短人的触电时间。

ICE 479－1(1984)报告中对人体电阻的研究表明,人体电阻值与人体不同部位间的接触电压之间呈非线性关系，当接触电压在 50 V 以下时呈现出较高的电阻值。而接触电压越高，则人体电阻越小。在 220 V 时从左手到右脚的电阻有 5% 的统计数据小于 1 000 Ω，有 50% 的统计数据小于 1 350 Ω，所以目前都是以 1 000 Ω 作为人体电阻的依据。人体电阻包括皮肤电阻和体内电阻，皮肤电阻与皮肤角质层的厚薄、潮湿程度及是否沾有尘埃及化学物质有关，而体内电阻约为 500 Ω，基本上不受外界因素影响。当通电时间增加则人体电阻亦会下降。由于人体电阻是变动的，所以无法确定一个合适的最高安全电压。

电流通过人体产生的危险性不仅与电流大小有关，而且还与电流在人体中的路径有关。研究表明，凡是通电路径有可能通过心脏的，危险性就大，所以从左手（或右手）到胸部的危险性最高。右手到背部的危险性最低，从手到脚具有中等危险性。人体左边触电的危险性要高于右边触电的危险性。

研究表明，15～100 Hz 交流电流对人体危害最大，而直流电流及 1 kHz 以上的高频电流危害性稍低些。但高频电流会在人体内产生热效应及烧伤，所以高频电流过大也要引起触电死亡。

另外，人体对触电的耐受程度与人体状况有关。一般男性对电流的耐受能力比女性高 30% 左右，儿童的耐受能力最低，伤害最重。情绪及精神状态好、健康状况好时耐受能力高，有疾病、身体疲劳、情绪差时耐受能力低。

5.1.2　触电方式

在低压电网中，常见的触电方式有单相触电、两相触电，以及跨步电压和接触电压触电。

1. 单相触电

这种触电是指人体的某部位在地面上或其他接地体上，而另一部位触及三相系统中任一根相线。这时触电的危险程度取决于三相电网的中性点是否接地。

电源中性点接地的单相触电，如图 5.1.1 所示，这时人体处于相电压作用下，危险性大。电源中性点不接地的单相触电，如图 5.1.2 所示，这种触电也有危险。因为导线对地有漏电阻 R'，还有分布电容，与人体就构成了电流通路。

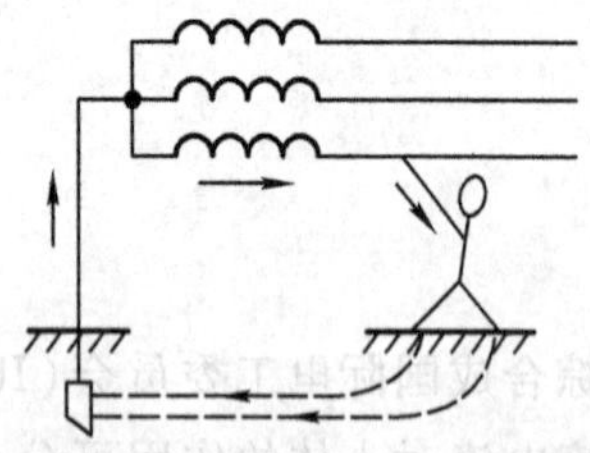
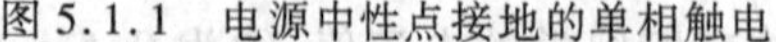

图 5.1.1　电源中性点接地的单相触电

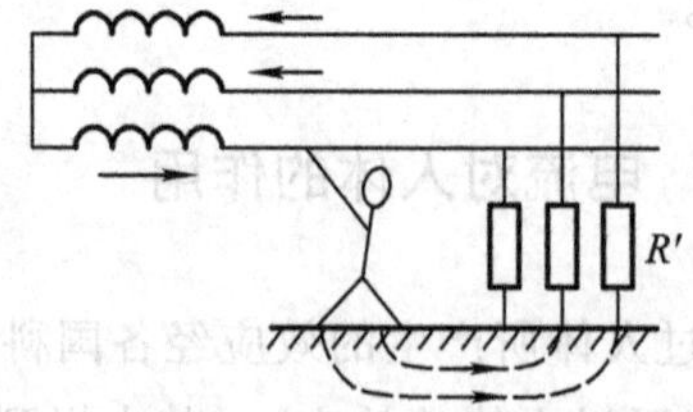

图 5.1.2　电源中性点不接地的单相触电

2. 两相触电

这种触电是指人体同时触及两根相线（火线），这时加到人体上的电压为线电压 380 V，最为危险。

3. 跨步电压和接触电压触电

电气设备的外壳或电力网的中性点通过接地线与埋入地下的金属导体（接地体）相连，称为正常接地。平时在接地体中是没有电流或只有很小的电流流入大地，接地体及其周围土地对大地的对地电压为零。当系统发生故障时，如输电线断裂接地、设备碰壳短路或遭受雷击等，将会有很大的电流流过接地体进入大地，接地体及其周围的土地将有对地电压产生。对地电压以接地体处最高，离开接地体，对地电压逐渐下降，约至离接地体 20 m 处对地电压降为零。此时当人在接地体附近行走时，在两脚之间将有一个电压存在而使人触电，这种触电称为跨步电压触电，如图 5.1.3 中甲、乙二人的 U_{k1} 和 U_{k2}。当跨步电压较高时，双脚会抽筋而使人倒地，这不仅会使加于人体的电压增加，还会使电流通过人体的路径改变，如从脚到头流经人体的重要器官，在几秒钟之内就会使人致命。

由于图 5.1.3 中发生短路故障的设备有对地电压，人触及设备外壳会有电压加于人体，这种电压称为接触电压。如图中的丙所承受的电压 U_j，它是设备外壳的对地电压（也就是接地体的对地电压）与人体站立处（通常按人体离开设备一跨步 0.8 m 考虑）的对地电压之差。

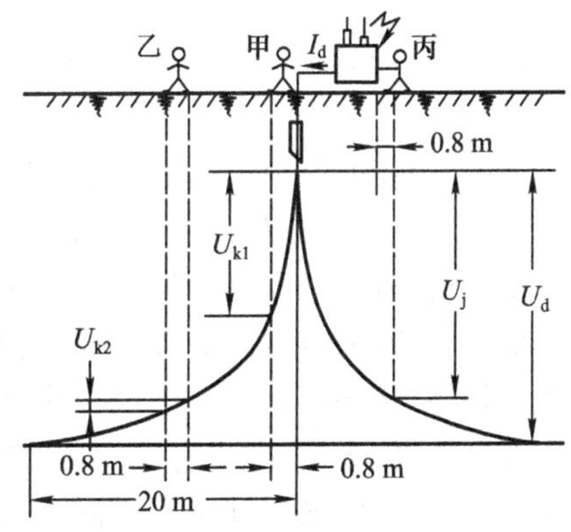

图 5.1.3 跨步电压触电

跨步电压和接触电压触电，一般在雷击或有强大的接地短路电流出现时发生。所以在发生故障接地及断线接地时，不要走近接地点附近的区域，若有必要，必须穿绝缘靴。

另外，当人走近高压带电体，与带电体的距离小于高压放电距离时，人和高压带电体之间就会产生电弧放电，相当于遭受雷击。这时通过人体的电流很大，人体严重灼伤，并危及生命。

5.2 对低压导线及用电器的电气安全性能要求

低压导线及用电器的主要不安全因素是绝缘损坏、老化而致的漏电，当绝缘材料的工作温度过高、受潮、使用时间过长、周围有腐蚀气体作用或机械损伤会导致材料的绝缘性下降，造成漏电。而漏电电流反过来因其发热及电化学作用，又导致绝缘材料损坏加剧，以致绝缘材料炭化，失去绝缘作用，造成短路事故，甚至因过分发热引燃周围物体发生电气火灾。

5.2.1 低压导线

低压导线主要为以聚氯乙烯为绝缘层的塑料线及以橡胶为绝缘层的橡胶线，导线的芯线为单股铜线（硬线）或多股铜线（软线），硬线多用于室内固定敷设（穿管或明敷）的动力或照明线路，软线则用于家电、仪器仪表、计算机及移动照明灯的电源线，以及电气设备、电子装置的内部接线。一般电源线的额定电压均应在交流 500 V 以上，而用于电子设备内部接线的塑料线其额定电压一般为交流 250 V，甚至交流 100 V，由于绝缘层较薄，不能用于工频 220 V 的供电线路中。

低压导线线芯截面积过细，通过电流的电流密度过大，不仅会引起线芯发热、导线温升过高引起绝缘材料加速老化，而且在导线较长时线路压降也较大，使用电器的端电压减少。所以选用导线时线芯截面积不能过小，尤其是对穿管固定敷设的导线，因其散热条件差，而且管内总是有多根导线，一旦绝缘层损坏往往危及其他线路及用电设备的安全，发生问题后检修及更换也极为麻烦。一般低压导线线芯截面积的规格有 0.5 mm^2、0.75 mm^2、1.0 mm^2、1.5 mm^2、2.5 mm^2、4.0 mm^2、6.0 mm^2 等多种，在小截面积时，可按 6 A/mm^2 的电流密度经验数据计算其安全载流量，在截面积较大时则电流密度减小为 4～5 A/mm^2。

为了提高低压导线的绝缘性能及抗机械损伤的能力，延长其使用寿命，在室内供电线路中应尽量采用具有双重绝缘的护套线，即在 2 根以上的绝缘单线外面再套上一个有一定厚度的绝缘护套，该护套既起了加强绝缘作用，又保护芯线绝缘不受损伤，但相应的体积增大对散热也有影响。

一般低压塑料线的最高耐温为 105 ℃，长期运用温度为 70 ℃以下，而橡胶线的最高耐温为 90 ℃，长期运用温度为 60～65 ℃以下。若需要在高温环境下使用，则必须使用耐高温的聚四氟乙烯绝缘的高温导线，其耐温可达 200 ℃左右。

低压导线的绝缘性能一般是用绝缘电阻及耐压能力指标来表示的，在导线表面清洁及常温干燥环境下，用 500 V 兆欧表对导线测试时，其单线绝缘电阻不应低于 10 MΩ。对于绝缘层厚度≤0.6 mm 的导线，应能耐受工频 1 500 V、1 min 的耐压试验，绝缘层厚度 >0.6 mm 的导线，其耐压值为工频 2 000 V、1 min。导线表面潮湿或沾有油污尘埃都会使绝缘性能下降及形成表面漏电。市场上出售的劣质塑料导线往往采用再生塑料作绝缘材料或在塑料中添加填料，或绝缘层厚度不足，或芯线截面积偏小等手段节省成本。在开始使用时往往不发现问题，使用时间长了会造成漏电增大、绝缘老化等安全隐患。使用者应选用正规厂家生产的、绝缘层表面有光泽、柔软的、有合格标志的导线。

5.2.2 用电器

1. 按设备的电击防护方式分类

在生活及工作中经常使用的用电设备有各种家用电器、电动工具、办公设备、计算机、网络终端设备、照明设备等，国家按电气设备的电击防护方式分为 0、Ⅰ、Ⅱ、Ⅲ类。

0 类设备是仅依靠其基本绝缘作为电击防护的设备，若基本绝缘失效极有可能发生电击危险，使用这些设备只能在铺设地板的清洁干燥的房间内。由于这些设备的电击防护条件较差，目前已经逐步淘汰。

Ⅰ类设备是除了基本绝缘以外，其能被人体触及的可导电部分（如外壳、操作手柄等）连接有一根保护线，供设备接地或接零之用。保护线应与电源线组合在一起成为三芯线，并采用带保护极的三眼电源插头、插座。

目前使用的大部分电气设备属于Ⅰ类，但是由于历史原因，往往在单相供电电路中保护线的设置不到位，这样电气设备的保护线被空置，实际上形成 0 类设备，使用中也必须注意。

Ⅱ类设备的电击防护不仅依靠基本绝缘，而且还增加了附加保护绝缘，即形成双重绝缘或绝缘性能与之相当的加强绝缘，当基本绝缘失效时带电体仍与人体隔离，这样的设备不必设置保护线。Ⅱ类设备的外壳及操作手柄一般用绝缘材料制成，其电击防护完全依靠设备本身的绝缘措施，与电网保护线无关，是目前用电器的发展方向。现在常用的电动工具如电钻、电锤等都已采用双重绝缘结构，提高了安全性能，但在使用中也要注意外壳及电源线是否有破损、芯线是否露出，对这些安全隐患应及时检修。

Ⅲ类设备是由安全低电压供电的设备，设备内部不会产生超过供电电压值的电压，因此也不会形成电击危险，安全低电压供电的系统是一个独立的“悬浮”供电系统，设备外壳等人体可触及的可导电部分不能与保护地线或零线相接，以免意外地引入高电位发生危险。

2. 设备电击防护性能

为了保证用电设备的正常安全使用，在产品标准中均包括有防止使用者触电的安全性能条款。在产品出厂前，每台产品必须经过常温下绝缘电阻、耐压强度、泄漏电流、接地电阻的测试，以前凡合格者贴上长城标志，自 2003 年 7 月起产品必须同时满足电磁兼容（即产品无有害电磁能量辐射）及环保性能检验合格，贴上 3C 标志才能销售。

对于家用电器规定其基本绝缘的绝缘电阻为 2 MΩ 以上（加强绝缘为 7 MΩ 以上），基本绝缘的耐压为 1 250 V、1 min（Ⅲ类设备为 500 V、1 min）、泄漏电流（在设备加上工作电压且在无故障运行的情况下，从电源端流经各个绝缘部分到达不带电的设备外壳的电流）Ⅰ类设备为 2 mA 以内（小设备为 1 mA，大设备为 2 mA），Ⅱ类设备为 0.25 mA 以内。接地电阻（从Ⅰ类设备内部任何可触及的可导电部分到电源插头的保护线引出端之间的电阻）应小于 1 Ω，这样才能保护产品的保护措施可靠。

5.3 防止发生电气事故的安全措施

电气事故除了电击之外还包括电气火灾及故障引起的设备损坏。电击是由于绝缘损坏、雷电以及人操作不慎等引起，而电气火灾往往是由于线路及设备的过电流、短路，或者照明及电热设备散热不好，形成局部高温而引燃引爆周围物体所引起。目前触电及电气火灾还时有发生，除了加强思想教育、重视安全操作、加强设备维护外，在技术上也应采用各种适当的措施以防止各种电气事故的发生。

5.3.1 隔离电源和安全电压

1. 隔离电源

隔离电源是指以安全为目的，采用隔离变压器把市电电源接入其输入绕组（一次绕组），而负载则接到变压器的输出绕组（二次绕组）。变压器的输出电路与输入电路在电路上是隔离的，在输入绕组和输出绕组之间有很高的绝缘强度，耐压很高，而且不允许其输出电路中的任一点与地线或零线相接，整个输出电路“悬浮”成一个独立系统，如果人体触及电路中的任一点也不会发生触电，如果隔离变压器带有屏蔽措施还能防止市电电网中的有害干扰信号、杂散脉冲波等对输出电路的影响。

隔离变压器的输出电压是根据负载需要确定的，可以是高电压，也可以是低电压，市场上的

1∶1 变压器通常就是 220 V/220 V 的隔离变压器。

2. 安全电压

安全电压是指由专用的隔离电源供电的一个很低的供电电压值。以安全电压工作的电路必须在电气上是独立的、“悬浮”的，不能与任何可能导电或引入故障电位的部分相接（包括任何接地点或接零点）。

根据 IEC 479—1(1984)报告，我国把低于 50 V 的 42 V、36 V、24 V、12 V、6 V 等 5 个等级的电压规定为安全电源的额定供电电压，因为人在低电压条件下触电还不至于发生致命的危险。但是在具体确定额定电压值时还需根据使用条件决定，例如一般操作设备如移动照明的行灯、机床上的工作灯采用 36 V 供电，某些移动电动工具也采用 36 V，而医用电器设备为 24 V 以下的电压，至于有探入人体电极的医用电器只能用 12 V 以下的电压，在金属容器或管道内部工作的设备、照明器具都应由 12 V 供电，安装在浴室、游泳池以及类似潮湿环境下的电气设备则不应超过 12 V。

专用的隔离电源除隔离变压器外还包括独立的交、直流发电机及蓄电池，它们均需保证该电源与市电电网之间的隔离有效。

5.3.2 保护接地与保护接零

保护接地和保护接零都是防止电气设备内部绝缘一旦破损、发生漏电或短路而使电气设备金属外壳带电，导致使用者及接触者遭受电击的被动保护措施。电气设备采用何种保护方式应根据供电线路电源端的接地方式确定。

1. 保护接地

在电源变压器不接地的供电系统中，保护接地就是把电气设备不带电的外露可导电部分用一根保护线和埋入地下的并与土壤直接接触的接地体相连，一旦电气设备内部绝缘破损，造成一相对外壳击穿或电源电压意外地传到不带电的外露部分时，则有很小的故障电流 I_d 由发生故障的一相入地，并通过其他两相对地的分布电容 C_1、C_2 回到电源，如图 5.3.1 所示。若电气设备外壳接地良好，接地电阻一般不超过 4 Ω，则设备外壳对地电压很低，为 $I_d \times 4\ \Omega$，不会超过安全电压的极限值 50 V，人体触及外壳时可能会有触电感觉，但不至于发生致命危险，所以在发生故障后，系统仍能带故障运行。该系统适用于需要连续供电设备的供电，例如医院手术室、玻璃熔炉、连续浇铸等，若自动切断电源会造成设备报废及其他严重后果。但是，如果发生两相对地击穿形成相间短路，就必须由过电流保护装置自动切断电源，否则就会烧坏设备及线路。

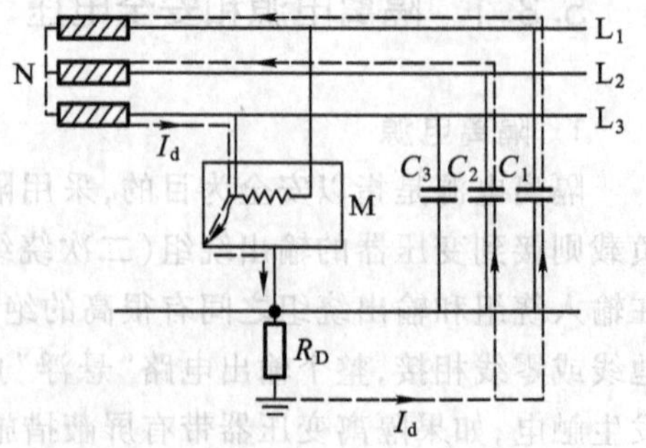

图 5.3.1　中性点不接地系统中的保护接地

如果在电源变压器中性点接地的供电系统中采用保护接地，当有一相设备内部绝缘破损而对外壳击穿时，则故障电流 I_D 将通过设备接地体的接地电阻 R_D 入地，并通过电源中性点接地体的接地电阻 R_N 进入电源中性点形成回路，如图 5.3.2 所示。此时仅有两个接地体的接地电阻起限制故障电流作用，即故障电流 $I_D=\frac{U_D}{R_D+R_N}$，在接地电阻很小的情况下，故障电流很大，而且电源电压将分压在两个接地电阻上，若两接地电阻相等即 $R_D=R_N$，当电源电压 $U_0=220$ V 时，电气设备外壳对地电压 $=I_DR_D=\frac{U_0}{2}$，将达 110 V，一旦人体触及外壳将发生危险。而且电源变压器中性点对地电压 $=I_DR_N=\frac{U_0}{2}$，亦为 110 V，于是造成电源中性点位移，造成系统中其他外壳接零线的电气设备外壳带电，人体触及这些正常工作设备的外壳时也要发生危险。

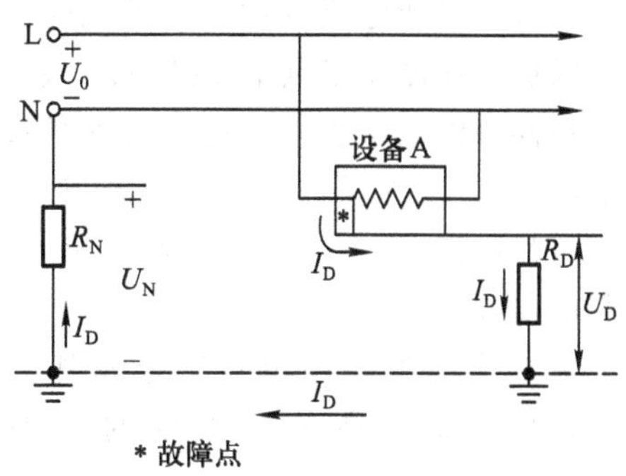

图 5.3.2 中性点接地系统中的保护接地

所以在电源变压器中性点接地的供电系统中，采用保护接地不能保证在故障情况下，电气设备的外壳对地电压在安全电压极限值 50 V 以内，而且还要发生中性点位移，因此不允许采用保护接地措施。对于历史遗留采用保护接地的设备，除尽可能改为保护接零外，还可以在设备电源端改装漏电保护开关（见 5.3.3 节），一旦发生有一相绝缘击穿漏电时，立即切断电源。

2. 保护接零

我国规定在电源变压器中性点接地的供电系统中的电气设备，一律采用保护接零，即把电气设备不带电的外露可导电部分用保护线与供电线路中的零线（中性线）相接。如果设备中有一相绝缘击穿碰壳时，就形成一相电源对零线短路，因零线与相线的阻抗很小，该短路电流远大于工作电流，足以使供电线路的短路保护装置动作切断电源。从图 5.3.3 中可见，此时故障电流 I_D 直接从零线 PEN 回到电源中性点，不经过大地，在电源中性点接地处接地体电阻 R_N 上的电压降 $U_N=0$，所以不会造成电源中性点位移。而电气设备内部短路瞬间电源电压将降落在相线及零线的阻抗上，设它们的阻抗相等，则电气设备外壳的对地电压将为电源电压的一半，即 $\frac{U_0}{2}=$ 110 V，人体触及仍会发生危险，所以必须在供电系统中安装短路保护装置，一旦发生故障，立即可靠地切断电源。

为了保证保护零线永远保持零电位，我国规定低压供电线路把工作零线（中性线）N 与保护零线 PE 分开，形成三相五线制，如图 5.3.4 所示。电气设备外壳直接与保护零线相连，能够避免

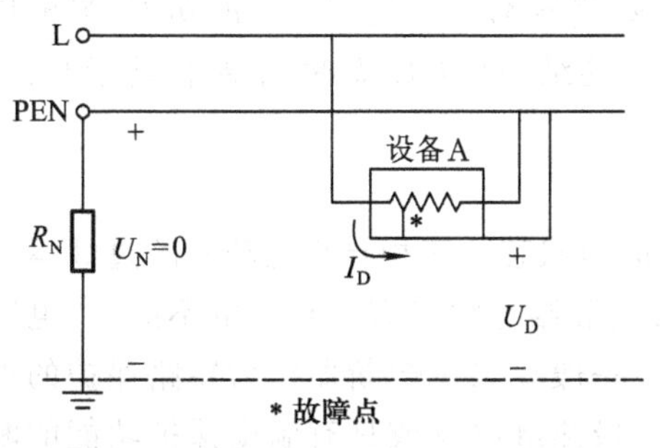

图 5.3.3 保护接零的原理

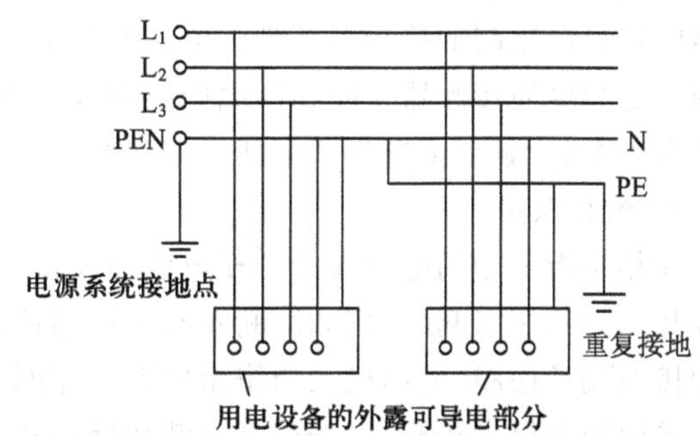

图 5.3.4 三相五线制的保护接零

负载不平衡电流流过工作零线时产生的不平衡电压影响。另外保护零线需要多点重复接地，以保证其接地可靠。

在同一供电系统中不能既有保护接地的设备，又有保护接零的设备，否则在保护接地的设备发生故障时所产生的电源中性点位移（如图 5.3.2 所示），将会使保护接零设备的外壳带电引起电击危险。

单相供电的家用电器其金属外壳亦应采用保护接零措施，保护线应接在单独敷设的保护零线上，如图 5.3.5 所示。

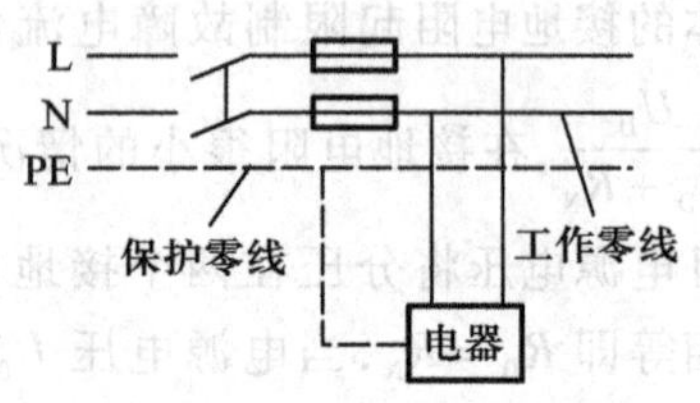

图 5.3.5　单相供电时单独敷设保护零线

5.3.3　过流、欠压及漏电保护

过流、欠压漏电保护是对供电线路及用电设备的基本保护措施，防止其在外界影响、内部绝缘损坏及误操作时发生故障或减轻故障对电网、生产机械及人身安全的危害。

1. 短路保护

短路是供电线路或用电设备因绝缘击穿、线路接错或误操作致使电流突然急剧增大的现象，是最严重过流故障，短路电流过大会使供电线路或用电设备起火燃烧，也会因电动力效应使用电设备发生机械变形。在短路瞬间会引起电源电压大幅度下降，影响周边设备的正常工作。常用的短路保护电器为熔断器和带电磁脱扣装置的空气断路器，它们应设置在受电线路入口端。短路电流一般达正常工作电流的 7～8 倍以上。

2. 过载保护

过载是指供电线路或用电设备因负荷过重使工作电流超过其额定值，是一种非正常的工作状态。过载电流远比短路电流小，在短时间内用电设备是能够承受的。但长期过载会形成过热、绝缘老化以至用电器内部烧坏起火。对于电动机负载可用热继电器和带热脱扣装置的空气断路器作为过载保护，对于电热性及照明负载还可用熔断器作为过载保护。过载保护电器应装置在负载的电源端。

3. 欠压保护和失压保护

欠压保护是避免电气设备在低电压下运行而引起过电流以至烧坏的一种保护措施。失压保护是避免机械负载因突然断电停车，当电源恢复时又自行起动的一种保护措施。在电动机控制电路中带自锁控制的接触器及带欠电压脱扣器的空气断路器都具有欠压保护的功能，当电压降低到一定数值使接触器及脱扣器电磁线圈吸力不足而不能维持吸合状态时，电路自动断开，当电源重新来电时，必须由操作者重新根据现场状态合闸。

4. 断相保护

断相是指三相用电设备的三相电源中断开一相的故障状态。三相异步电动机的过载运行大部分是因为断相引起的，例如熔断器有一相熔体熔断，接触器主触点有一相接触不好，主电路有一相接线端子松脱，电动机三相绕组中有一相断开等。一般在采用熔断器作为短路保护的地方必须采取断相保护措施，即选用具有断相保护功能的三极热继电器或具有温度保护功能的断相保护装置。

5. 漏电保护

漏电保护是在供电线路及电气设备中因绝缘破损而产生漏电，甚至人体直接触及带电体，能够立即断开电源，避免扩大事故的保护方式。漏电保护是由带漏电检测装置的漏电断路器实现的，三相四线制电路的四极漏电断路器的工作原理如图 5.3.6所示，图中 4 根电源线都穿过断路器内的零序电流互感器 TA，在正常无漏电的情况下，四线电流之和为零，互感器 TA 的二次侧无输出。当发生人体触电或设备漏电时，漏电电流将会通过大地或保护零线返回电源，使四线电流之和不为零，互感器的二次线圈中感应出零序电流，输入高灵敏度的漏电电磁脱扣器，使断路器触点 QF 断开。

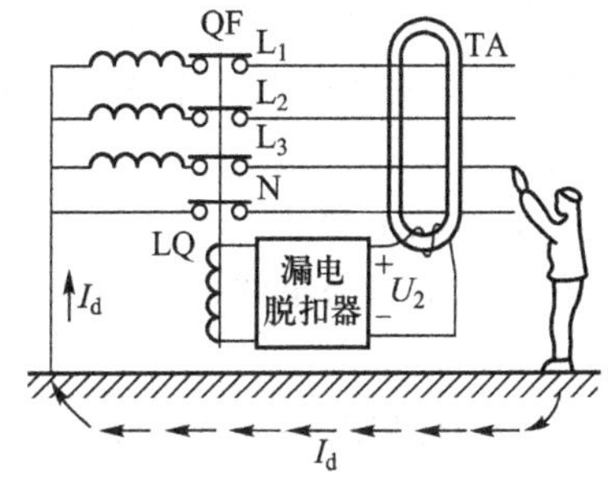

图 5.3.6 四极漏电断路器的工作原理

用于保护人体安全的漏电断路器的漏电动作电流为不超过 30 mA，相应的不动作电流为 15 mA。一般用于线路保安及防火的漏电断路器，其漏电动作电流为不超过 50 ~ 100 mA。不动作电流为 25 ~ 50 mA。此外，用于单相负载保护应选用二极开关，用于三相三线制负载保护的应选用三极开关。一般漏电保护断路器均兼有过流保护功能。

5.4 静电防护和电气设备的防雷、防火、防爆

5.4.1 静电的防护

1. 静电的产生和危害

静电是由于两种互相接触的非导电物质在相对运动的过程中，因摩擦而产生的带电现象。静电广泛地存在于自然界、生产工艺过程以及生活中。工业生产中的挤压、切割、搅拌、粉末或液体的输送、过渡、喷溅以及生活中的行走，穿衣时的摩擦都会产生静电。非导电物质表面所积累的静电荷会在周围的空间产生静电场，极性相反的静电荷之间会形成很高的电压，并通过放电使异性电荷复合而使静电消失。一般情况下因静电量不大，放电过程不为人们觉察，但在静电所积聚的电能很大时，放电时会伴有响声和火花，而对生产和人身安全造成危害，主要为：

(1) 爆炸和火灾

在可燃液体、气体的输送和储存，面粉、锯末、煤粉、纺织等作业场所会在空气中存在可燃气体、粉尘和空气的爆炸混合物，在静电放电的引爆下会引起火灾或爆炸。

(2) 电击

静电引起的电击虽然因能量较小，不致命，但会使人感觉“麻电”及“电震”引起摔倒和坠落或发生操作事故。

(3) 造成生产事故

如粉体不能正常输送，纤维缠结降低纺织品质量，纸张不能正常传输影响印刷质量和速度，

电子元器件之间的静电会引起电路工作的失常。

2. 静电的防护措施

(1) 接地和泄漏

用导电体和绝缘体紧密接触，再把导电体接地(接地电阻小于 100 Ω)或者提高工作场所空气中的湿度，或者在绝缘体材料中添加抗静电添加剂，增加材料的吸湿性及表面导电性，加速静电电荷的泄漏。

(2) 静电中和

在静电电荷密集的地方用电离设备产生带电离子，将该处的静电电荷中和，以消除绝缘体上的静电。

(3) 防静电放电和人体带电

在易燃环境及电子生产场所不能穿化纤织物，应穿由导电纤维制成的防静电工作服、工作鞋和手套。在坐着工作的场合还应佩戴接地的腕带，防静电的工作场所入口处应有接地的金属门、扶手、支架等。

5.4.2 雷电的形成及防护

1. 雷电的危害

雷电是自然界中高能量静电的积聚和放电的过程，其放电时间极短，仅为 50 ~ 100 μs，但大气中的瞬时放电电流可达 300 kA，放电路径中形成的等离子体温度可达 20 000 ℃以上，并产生强烈的声光效应。

雷电的类型有直击雷、感应雷和雷电侵入波等。直击雷是雷云与地面上凸出物之间的放电；感应雷是在雷云放电时所形成的雷电波在附近的金属导体上感应出的高电压，在大气中产生的放电；雷电侵入波是由于架空导线或金属管道在遭受雷击以后所产生的冲击电压，沿导线或管道的两个方向迅速传播的雷击波。雷电所产生的冲击电压和冲击电流具有极强的破坏力，主要有以下几个方面。

(1) 电作用

雷电可以击穿电气设备的绝缘，毁坏电气设备和线路，引起火灾和爆炸事故，在雷电流通路及入地点周围会产生强电场和入地点周围地面的电压升高，有可能造成人身触电伤亡事故。

(2) 热作用

巨大的雷电流通过时会产生大量的热能，造成易燃物燃烧及金属熔化火星飞溅，引起火灾及爆炸。

(3) 机械作用

雷电流通过被击物时所产生的热能还会使被击物内部的水分或其他液体急剧气化膨胀，产生强大的机械应力使被击物破坏或爆炸。此外因大电流、高电压带来的静电力和电动力也会对周围物体产生很强的破坏，形成巨大的气浪。

(4) 雷电侵入波

雷电侵入波通过架空导线和金属管道会传导到与之连接的所有设备上，相当于把“雷击”引导到远距离的室外、室内所有的设施上，很容易形成屋毁人亡的结果。在日常生活及低压电力线路中，这种事故发生的概率是较多的。

2. 防雷措施

(1) 直击雷的防护

凡是凸出在地面上的建筑物、铁塔等都应该采用避雷针，避雷线、避雷带、避雷网等防护措施，利用安装在凸出物顶部的镀锌圆钢、钢绞线作为接闪器，通过由钢绞线或扁钢构成的引下线，把雷电流引入接地装置流入大地。注意雷电接地装置的接地电阻应在 1.0 Ω 以下，而且应离开各种工作接地、保护接地或屏蔽接地点的距离在 5 m 以上。

(2) 感应雷的防护

针对有爆炸危险的建筑物和构筑物，应将其内部的所有金属设备、金属管道及结构钢筋等用金属线连接，连成导电通路并予以接地。对金属屋顶亦应用金属线将屋顶妥善接地，对非金属屋顶应在屋顶上加装金属网格并多处接地。

(3) 雷电侵入波的防护

在电力线路及金属管道接入被保护建筑或设备的引入端，应装设合适的避雷器。避雷器的上端接在线路或金属管道上，下端接地，在避雷器内部及外部都要安置有放电间隙及灭弧的装置。雷击时有高压冲击波沿线路或管道袭来时，其放电间隙将冲击波能量释放到地，以切断冲击波。放电电流通过间隙时产生的电压(称为残压)进入被保护物，不足以形成破坏。当放电电流通过后，避雷器间隙又恢复绝缘状态，保持线路或管道的正常运行。

(4) 雷电发生时的人身防护

在雷电天气时，室外的人应进入室内，并且不要接触天线、金属门窗、金属网、金属管道，远离带电设备，不使用电视、电话及不操作各种家电设备。在室外时，切勿站在大树下或空旷的场地、山顶、楼顶、导电性能高的物体下面，并且不能打伞，不要把锄头、球拍、球杆、铁锹等物扛在肩上。不要再进行室外运动及水上运动，不要在无防雷设施的棚屋及金属构件下躲避。

5.4.3 电气设备的防火

1. 电气火灾的原因

火灾事故中电气火灾占较大比重，引起电气火灾的原因主要是电气设备运行中的静电放电、线路和设备的过热以及产生的电火花、电弧引燃周围的易燃物等。若电气线路及设备运行不正常以至发生短路、过载，导线接线端及开关触点接触不良，电热设备、照明装置的散热不良等，都会使用电器及线路过度发热以至达到危险温度，引燃易燃物及用电器本身，或破坏绝缘，进一步扩大事故范围，形成火灾。

2. 电气火灾的预防

(1) 线路过载及短路

正确选用导线截面并有一定安全裕量；按电气安装规程安装线路；线路供电端有可靠的过载及短路保护装置；经常检查导线绝缘；线路周围环境采取干燥及防潮、防腐措施；有足够散热条件，无易燃物。

(2) 电热设备的使用

电热设备安置于阻燃、不导热的基座上并远离易燃烧物；有通风散热的系统应先通风后加热，先停加热后停通风；电热设备的供电应选用耐高温绝缘导线并可靠敷设、连接牢固；导线规格容量必须满足电热设备要求并有裕量；电热设备受潮后，在通电前必须先行烘干，并绝缘检查合格；电热设备周围不能堆放易燃、易爆物品。

(3) 电动机的使用

电动机应安置在阻燃的基座上并选用符合环境要求的电动机；在供电控制电路中必须安装相应的过载和短路保护装置；电动机容量选择必须满足机械负载的要求并略有富裕；运行中必须注意机械负载的运行不能有障碍及卡死；电动机受潮后必须先行烘干才能使用。

3. 电气火灾的灭火

(1) 断电

电气火灾发生后，首先必须断开电源。如果没有切断电源，扑救人员或救火器械可能触及带电部分造成触电事故；灭火用的水柱、泡沫等射到带电部分亦会引起触电。另外火灾亦会引起电气设备绝缘破坏，电线断落造成短路，会使地面、本来不带电的金属结构带电，也会造成接触电压触电或跨步电压触电。所以发生火灾后首要任务是断电。

断电时要用绝缘工具操作，低压供电及控制电路应先将空气断路器断开，不能先操作闸刀开关断电，以免断电时的电弧引起事故。若用剪断电线断电，需考虑剪线的位置，应使剪断掉落的电线是在负载侧的不带电部分，防止发生电源线接地引起触电事故。

如果需要切断外线电源应立即与供电部门联系。

(2) 带电灭火

因时间紧迫必须带电灭火时，必须首先选择二氧化碳（干冰）、二氟一氯一溴甲烷（1211）、二氟二溴甲烷或干粉灭火机，各种泡沫灭火喷出的泡沫均有导电性，不能用于带电灭火。用水枪灭火要用喷雾水枪，若必须用直流水枪，则应将喷嘴接地及让灭火人员穿绝缘服、绝缘靴及戴绝缘手套。

救火时人体与带电体之间要保持室内不小于 4 m，室外不小于 8 m 的安全距离，人体与带电体之间仰角不超过 45°，防止带电体及导线掉落伤人。若遇带电导线掉落，应在距掉落点 8 ~ 10 m的范围划出警戒区，防止人员进入。

(3) 电气设备灭火

电气设备外部起火，应用电气灭火机灭火，并用水枪喷雾降温。若有绝缘油流出，则必须用沙土、泡沫灭火剂覆盖扑灭油火，防止爆炸。对于发电机、电动机等旋转电器，只能用电气灭火机灭火，用水枪喷雾降温，不能用干粉、沙土灭火，防止粉尘进入电器内部。

5.4.4 电气设备的防爆

一般而言，电气设备本身的事故是不会引起爆炸事故的。只有在设备周围空间具有爆炸混合物，并因故障或事故产生电火花或局部升温达到危险温度，从而引起空间爆炸。亦可能由于电气设备本身的故障使设备的绝缘油或冷却剂泄漏，在周围空间聚集形成爆炸混合物，在火花或电弧作用下引爆。

电气防爆的防范主要是根据有爆炸危险可能性的危险场所分级；有区别地选择具有不同防爆功能的防爆电器及其保护装置，并使之正常运行；保持必要的防火间距以及良好的通风，保证周围环境不会使爆炸混合物积聚到危险状态。

我国把爆炸危险场所分为气体爆炸危险场所、粉尘爆炸危险场所、火灾危险场所三类，各类中按危险程度各分 2 ~3 种区域。对于区域内的爆炸性物质再进行分类、分级和分组管理。防爆电气设备应按防爆危险场所区域划分以及爆炸物的类别、级别、组别选用。

我国的防爆电气设备类型和标志分为隔爆型“d”、增安型“e”、本质安全型“ia、ib”、正压型“p”、充油型“o”、充砂型“q”、无火花型“n”、特殊型“s”9 类,其中较多选用隔爆、增安、本质安全、正压等类型。对此国家标准均有详尽、具体的选型规定。防爆电器的外壳都有明显、清晰的永久性的凸纹标志表示防爆型式、类别、级别、组别。

在煤矿、石油、化工、橡胶、塑料、轻纺、化肥以及其他能产生可燃粉尘、通风不良的生产场所都应该注意电气设备的防爆,所有的电器包括电动机、控制电器、电缆、控制箱都应按国标 GB 3836.1—83《爆炸性环境用防爆电气设备通用要求》或相应的矿用电气设备技术要求选用。所有防爆电器、电缆都有封闭式气密外壳,在安装施工、检修时必须保证整个电气系统与外部环境气密隔离,这样即使电气系统中出现某些故障或有电火花产生,都能确保不会传导到外部环境引起事故,假若外部发生局部火灾或爆炸事故亦不会影响电气系统使事故扩大;在危险环境中把电气系统安置在封闭的、有一定机械强度的外壳所保护的环境中,亦有利于电气系统防潮、防尘、防腐蚀,提高运行的可靠性及寿命。但是在设计、安装时,必须注意满足通风散热条件,防止导线及电器的温度升高超过正常范围。

5.5 节约用电

在满足生产、生活和交通、景观、市政等必需的用电条件下,尽量减少电能的损耗,提高用户的电能利用率及用电器的电能转换效率;并减少输电配电、供电网络中的电能传输损耗,降低单位产能的电能消耗,是节约用电的总体目标。

减小电能损耗能够使有限的发电、输变电设备的容量能够得到最大限度的利用,并减少不必要的投资,减少不可再生的一次性能源(煤、石油、天然气)等的消耗,以及减少用户的电费支出,降低生产成本。另一方面减少电能损耗还可以减少发电过程中废水、废气、废渣及烟尘的排放以及各个环节的电损耗热能的排放,无疑对于保护环境及改善生产、生活条件都是极为有利的,因而节约电能也是建设和谐社会的一个重要方面。

节约用电的措施应该包括加强节电的管理,以减少人为的不合理的用电引起的电能浪费,以及采用有效的节电技术及节电电气设备,以提高电能利用效率减少电能损耗两个方面。

5.5.1 加强节电管理

① 制定合理的用电政策及收费制度,区分不同的用电目的实行不同的电价,不同的用电时段实行不同的电价,以经济手段来限制不必要的甚至是“奢侈”的用电。

② 根据用户的用电规模及历史用电量的大小,供电部门应给出适当的用电定额及用电指标,对于超定额、超指标用电应该有规定的处理措施。

③ 用电规模大的用电单位应设立专门的节电管理机构,用电规模小的单位亦应确定节电专

管人员负责整个单位节电计划及节电措施的检查与执行。

④ 用电单位应根据本单位的用电情况及发展制定节电计划及具体执行措施，定期对实际用电情况及计划的执行进行分析，根据需要确定对用电设备进行更新的改造，改进生产工艺，调整生产工序，以达到进一步节省电能、降低消耗的目的。

⑤ 以节电为目的，制定用电设备使用及节电管理的规章制度，特别是对耗电量大的设备如大型空调、大型风机等应定期检修、清洗过滤器，并根据实际使用要求确定空调的控制温度，不超标使用。

⑥ 对大部分用电设备加装用电监测仪表，便于实时监控及发现问题并定期对电能计量及测试仪表进行校核。

⑦ 组织对员工的节电教育和技术培训，鼓励员工对用电及节电提出合理化建议。对行之有效的给予适当的奖励，对操作不当造成事故以及浪费电能的应予以批评教育以及扣奖金，扣薪甚至降职、退职等处理。

5.5.2 节电技术措施

现代生产、生活中，电能的消耗主要是照明用电及电动机用电（包括各种家用电器中的电动机），各种电子产品及自动化控制设备的普及也使用电量有所增加，所以节电措施主要是针对照明设备及电动机。

1. 照明设备的节电技术

(1) 选择节能的照明光源

目前电照明所用的电源主要是热辐射光源和气体放电光源两大类。热辐射光源包括白炽灯和卤钨灯，是由电流通过灯丝直接加热到白炽状态而发光，具有结构简单、价格便宜、显色性好，频闪效应不明显及功率因数 =1 的优点，在许多场合仍被普遍采用；但它们的发光效率很低，大量的电能被转化为热能向周围空间散发，转化为光能的仅为 10%～15%。从节能的观点看，热辐射光源不是理想的光源，它们不仅大量浪费电能，而且还对环境造成热污染，使环境温度升高。

气体放电光源包括荧光灯、高压汞灯、钠灯、金属卤化物灯、氙灯等，是由气体放电过程中激发气体分子电离并复合而发光，其发光效率较热辐射光源高 3～4 倍，且寿命长，可以做成大功率光源适用于大面积照明，但显色性较差及频闪效应明显的缺点限制了它的应用范围，而且为了限制气体放电电流，要用电感线圈镇流器与灯管串联，增加了附加的电能损耗。目前在一般照明场合已经推广使用具有节能意义的冷阴极荧光灯，它不用传统的镇流器限流，在同样光照条件下消耗的电能约为热辐射光源的五分之一。所以从节能的观点看，在无特殊要求的场合应选用气体放电电源。

目前正在研发的高亮度 LED（发光二极管）光源是一种比较理想的节能的长寿命、高亮度、低损耗的半导体冷光源，其发光效率还比气体放电光源高许多，且无频闪效应，发光柔和，但制造成本很高，达普通白炽灯的数十倍到上百倍，加上由于光色的原因，目前还不适合用在一般照明场合，有可能在景观照明及一些特殊场合如车辆、航空、航天装置中使用。

(2) 合理的照明设计

在不同的生活环境及工作环境中，要确定合适的照度，同时更需要注意尽可能均匀的照明布置，使环境中各工作点的照度相近，不要有的特别亮，有的明显偏暗。此外，应充分利用自然采光条件，减少人工照明灯具的使用时间。

(3) 采用高效的照明灯具及定期维护

高效的灯具主要是灯具本身对光的吸收要小，反射面的反射率要大，另外，镇流器可选用高可靠低能耗的电子镇流器。应定期清扫工作环境及灯具，避免尘埃积聚而影响实际光效。

(4) 减少照明供电线路损耗

不要把大功率的多个照明灯都集中在一相供电线路上，尽可能采用三相四线制供电方式，并且在一相上的多个照明灯也可采用多路供电方式，既减少了线路损耗又提高了供电可靠性。

(5) 减少开灯时间

养成随手关灯的习惯，不让照明灯空开浪费电能，在一些公共场合使用具有声、光及感应控制的灯具，自动控制灯具的开关。

2. 电动机节电技术

(1) 选择合适的电动机

根据机械负载的性质及机械特性选用特性相配的电动机，而且其平均机械负荷应为电动机额定功率的70% ~80%，此时电动机运行效率最高，且留有一定的过载裕量。防止电动机长期空载、轻载(40%额定功率以下)运行，此时运行效率极低且交流异步电动机的功率因数在0.5以下。电动机转速过高(约3 000 r/min)，机械寿命短、噪声大，维护不便，而1 000 r/min以下的电动机，其运行效率及功率因数均较低，体积大，价格高，故一般选用1 500 r/min的电动机。

(2) 采用新型的节能高效电动机

新型的高效率电动机经常都选用铁损耗较小的铁心材料，绕组的线径较粗，定子及转子加工也较精细，因而价格较普通电动机高，但其高出部分经3 ~5年的节电效益即可补偿。高效率电动机适用于长期运行、负载稳定、不频繁起动、无冲击负荷及负载突变的场合。

(3) 采用先进的控制技术及控制设备

对于机械负载的变化，尽可能用电动机的无级调速来适应。例如：泵的流量及风机的风量控制，过去采用调节阀门及风门的方法，通过增大管道中机械阻力来实施调节，实际上增加无谓的机械损耗及电能消耗。现在采用变频调速器来调节异步电动机转速从而控制流量及风量，可节省大量电能。又如在一些软起动控制设备中，当所控制的电动机负载下降到额定功率的40%以下时，可以自动地将原来的三角形联结改为星形联结，使相电压从380 V降低到220 V，既减少了电动机的空载损耗又不影响其正常运行。

(4) 加强电动机的运行管理及维修

在使用电动机时应力求避免长期空载，必要时可将其断电，以节省电能及机械磨损。另外，对于大型电动机应经常注意供电电压的稳定及三相平衡，若供电电压过高或过低以及三相电压不平衡，都会使电动机运行状况变坏，并增加附加的电能损耗，使电动机发热加剧。电动机长期运行后，会因为机械磨损、绝缘性能下降等原因而使损耗增加，特别是一些在环境恶劣场合运行的陈旧电动机，要经常进行检查，对发现的故障及时维修，并保证维修质量，以避免能耗增加及发生运行事故。

3. 供电系统节能

供电系统的电能损耗主要由供电线路损耗及变压器损耗两部分组成，在交流供电线路中，供电电流包含有功电流及无功电流，尽量减少线路中无功电流的传输，是减少线路损耗的最有效措施。为此，必须提高用电负载的功率因数，使电动机在高功率因数状态下运行。另外，尽可能实现无功功率就地补偿，即在用电负载附近甚至在大型负载旁安置无功功率补偿装置（如电力电容器），并且按实时功率因数或无功功率值自动投切，以实现供电线路运行时的功率因数一直保持在0.95～1范围内，此时无功功率及线路电流为最小，线路损耗自然为最低。

变压器损耗的减小，一方面应选用新型号的节能变压器，淘汰陈旧的低效率的变压器，力求使变压器满载运行效率在99.5%以上。另一方面，与供电线路相似，要求负载功率因数接近于1，负载接近电阻性。当用电负荷减少使变压器处于轻载时，对于有两台及两台以上变压器并联供电的系统而言，可以切除一台变压器，让其余的变压器在接近满载的情况下运行，以减少变压器的空载损耗。

复习思考题及练习题

5-1　说明人体触电致死的原因。

5-2　解释跨步电压、接触电压的含义，说明在何种情况下能够发生跨步电压、接触电压触电。

5-3　怎样会发生触电事故？为了避免触电，我们在使用电器、接电操作时应注意哪些问题？

5-4　在进行电工实验时，为什么在合上电源时操作者一定要通知同组同学注意？为什么在实验过程中不允许带电改接电路？

5-5　在选用导线时，若导线截面过细、绝缘层过薄会产生怎样的安全隐患？

5-6　导线使用的环境温度对导线的选用及允许载流量有什么影响？

5-7　何谓双重绝缘？导线及用电器如何实现双重绝缘？

5-8　解释用电器按电气设备的电击防护方式分类。日常使用的电气设备一般属于第几类？

5-9　家用电器的出厂试验中有哪几个电气安全测试项目？

5-10　为什么安全变压器必须是双绕组变压器？而且其外壳及铁心要采用接地或接零保护？

5-11　为什么在一般环境条件下，可以采用36 V的安全电压，而在潮湿环境中以及金属容器内部规定安全电压为12 V？

5-12　为什么在中性点不接地的三相电网中，人体触及一相相线也会有麻电的感觉？

5-13　在中性点不接地的三相电网中，若出现一相接地故障，该电网是否能正常供电？此时若人体触及其他两相电源线，则会发生什么情况？

5-14　为什么在中性点接地的三相供电系统中必须采用接零保护？而不能用接地保护？为什么保护零线应重复接地？

5-15　为什么在中性点接地的三相供电电网中，不允许将一部分设备保护接零而另一部分设备保护接地？

5-16 为什么单相用电器的电源开关应串联在相线中？为什么在采用螺口白炽灯时，相线必须接在灯座中的顶芯上？

5-17 说明漏电开关的功能。为什么三相四线供电电路中应该采用四极漏电开关？

5-18 为什么说电气线路及电气设备的超负荷运行以及电气击穿是造成电气起火事故的主要原因？

5-19 如何节省照明电能损耗？目前有哪些节电光源？

5-20 如何减少电动机运行损耗？

第六章 模拟电子电路

电子技术中的信号可分为模拟信号和数字信号两大类。

模拟信号是指在时间、数值上都是连续变化的信号,如温度、速度、压力等信号;数字信号是指在时间和数值上都是不连续的(离散的)信号,如电子表的秒信号等。

由于这两类信号的处理方法各不相同,电子电路也因此相应地分为两类:一是传输和处理模拟信号的电路,亦即模拟电路;二是传输和处理数字信号的电路,亦即数字电路。

6.1 半导体二极管及其应用

6.1.1 半导体基础知识

1. 半导体及其特点

半导体是导电性能介于导体和绝缘体之间的非离子性导电物质,其电阻率在 $10^{-4} \sim 10^{9}\,\Omega \cdot \mathrm{cm}$ 之间,如硅(Si)、锗(Ge)及某些化合物等。半导体除电阻率与导体和绝缘体有别外,它还具有一些独特的导电性能。

(1) 热敏性

半导体的电阻率随温度升高而显著减少,具有负温度系数。例如纯锗,当温度从 20 ℃升至 30 ℃时,其电阻率约降低一半。利用这种特性制成的热敏原件,常用于检测温度的变化。

(2) 光敏性

有的半导体材料一旦受到光线照射,电阻率即显著下降。例如硫化镉在一般灯光照射下,它的电阻率是移去灯光后电阻率的几十分之一或几百分之一,利用这种特性可制成光敏器件。

(3) 杂敏性

在纯净的半导体材料中掺入某种微量的合适元素后,其导电能力将猛增几万倍甚至百万倍。例如在纯硅中掺入百万分之一的硼,即可使其电阻率从 $0.214 \times 10^{6}\,\Omega \cdot \mathrm{m}$ 下降到 $0.4\,\Omega \cdot \mathrm{m}$。这是半导体最显著、最突出的特性。利用掺杂的方法,能制造出各种不同性能、不同用途的半导体材料,它们具有体积小、重量轻、耗电少、寿命长、工作可靠、价格低廉等优点,使它很快便在电子技术中得到广泛的应用。

(4) 场敏性

有的半导体材料在电场及磁场的作用下,其导电性能会发生变化。

2. 本征半导体

本征半导体是指完全纯净的具有单晶体结构的半导体，原子核最外层有 4 个价电子的硅和锗属于此类。

半导体是导电能力介于导体和绝缘体之间的一类物质的总称，天然的硅（Si）和锗（Ge）在制成纯净的单晶体后，能制成各种半导体器件。

硅和锗晶体的原子排列很有规律，两个相邻原子共用一对价电子，组成共价键结构，如图 6.1.1所示。

共价键中的电子在热力学温度为 0 K 时，价电子将全部束缚在共价键中，此时，本征半导体相当于绝缘体。在热量、光照等能量激发下，有少量电子获得足够大的能量而挣脱共价键束缚后成为自由电子，留下的相应空位称为空穴，如图 6.1.2 所示。电子和空穴相伴而生，相伴而灭，电子带负电，空穴带正电，它们做定向运动都能形成电流，故都称为载流子。载流子的数量随温度的变化而显著变化，这是半导体不同于金属的一个显著特点。

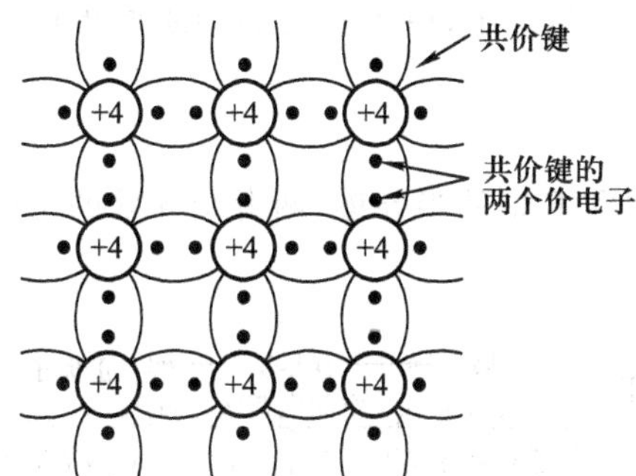

图 6.1.1 晶体的共价键结构

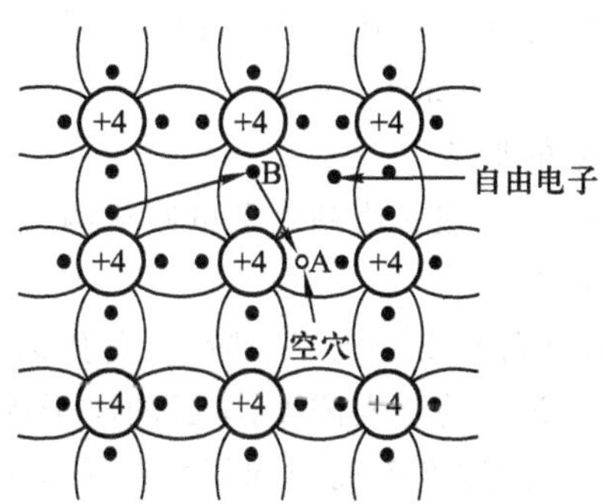

图 6.1.2 本征半导体电子、空穴对的形成

3. 杂质半导体

本征半导体的导电能力在室温情况下不但很低，更重要的是靠温度控制导电能力很不方便。在本征半导体中掺入微量合适的杂质，就可以形成导电能力强而又控制方便的杂质半导体。根据掺入杂质的不同，杂质半导体可分为 N 型（电子型）和 P 型（空穴型）两类，如图 6.1.3 和图 6.1.4 所示。

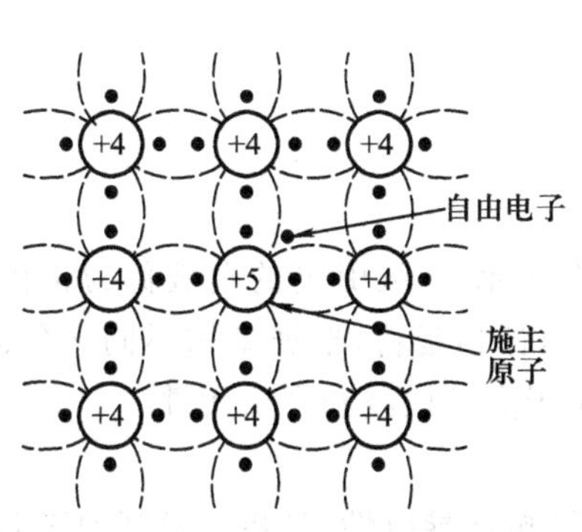

图 6.1.3 N 型半导体结构示意图

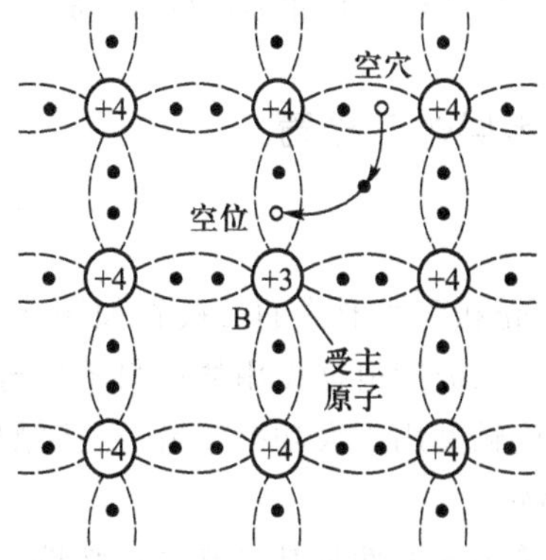

图 6.1.4 P 型半导体结构示意图

(1) N 型半导体

在本征半导体硅或锗中,掺入微量的五价元素,例如磷(P),五价元素外层的 4 个价电子取代硅或锗的 4 个电子形成新的共价键结构后,多余了一个价电子,该电子容易挣脱原子核的束缚而成为自由电子;另外,温度所激发的电子空穴对仍然存在,这样就使自由电子数远大于空穴数,自由电子就成为该类杂质半导体的主要载流子,因此将这类杂质半导体称为电子型半导体,即 N 型半导体。在 N 型半导体中,自由电子称为多数载流子(简称多子),空穴称为少数载流子(少子)。由于五价的杂质原子,可以提供电子,故称为施主原子。

(2) P 型半导体

在本征半导体硅和锗中,掺入微量的三价元素硼(B),硼原子只有 3 个价电子,当硼原子与相邻的硅或锗组成共价键结构后,少一个电子形成一个空位(这个空位是电中性,故不是空穴)。在室温下,获得足够能量的价电子就会移动到这个空位上来,填补了这个空位,于是该价电子原来所处的位置,就出现了一个空穴。同 N 型半导体一样,温度所激发的电子空穴对也仍然存在。P 型半导体空穴数远大于电子数,故空穴称为多子,电子称为少子,由于三价的杂质原子可以接受电子,故称为受主原子。

4. PN 结的形成

用特殊的工艺在一块晶片上可制成两边分别为 N 型和 P 型的半导体,两者交界处的空间电荷区称为 PN 结。

PN 结的形成大致分成三个阶段,首先因为 P 区的空穴浓度远大于 N 区的空穴浓度,N 区的电子浓度远大于 P 区的电子浓度,因浓度差而引起了载流子运动,称扩散运动,该运动使 N 区失去电子带正电,P 区失去空穴带负电,形成了由 N 区指向 P 区的内电场,如图 6.1.5 所示。其次是内电场的建立,使载流子发生漂移运动,即电子和空穴在内电场作用下又重新回到各自区域。第三是扩散运动和漂移运动达到动态平衡,宏观上载流子不再运动,交界面处的电场强度也不再变化,这时交界面处两边形成了不能移动的正、负离子区,称为 PN 结,亦称耗尽层、高阻区等。

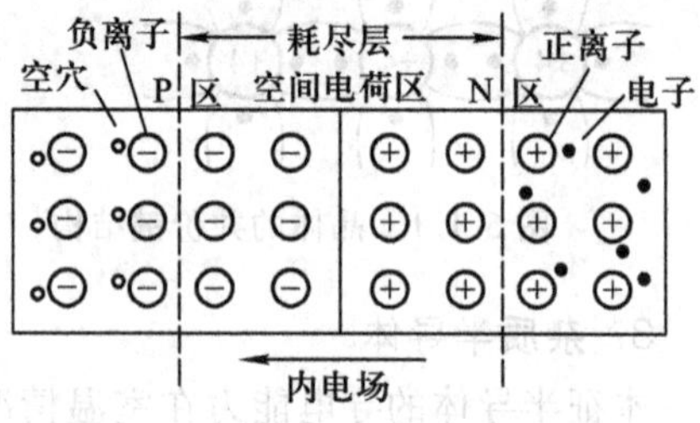

图 6.1.5　PN 结形成示意图

6.1.2　半导体二极管

1. 结构

PN 结加外壳和引线形成的二极管如图 6.1.6 所示,P 区引出的电极称为正极,N 区引出的电极称为负极。二极管根据使用的材料不同分为硅管和锗管;根据结构不同又分为面接触型和点接触型。面接触型用于大功率整流,点接触型用于高频检波和开关元件。

2. 伏安特性

二极管的单向导电性是其最基本的特性。所谓单向导电性,是指二极管加正向电压时导通,加反向电压时截止(不导通)。这是因为二极管正极的直流电位高于负极的直流电位,即加正向电压(简称正偏)时,外加电压将抵消 PN 结内电场的一部分,耗尽层变窄,扩散运动加强,漂移运动削弱，二极管有较大电流从正极流向负极，二极管导通；如果接法和上述相反，即称反偏，外加电压将加强 PN 结内电场，耗尽层变宽，阻止扩散运动，加强漂移运动，二极管只有极小的电流从负极流向正极，可以认为电流约为零，即不导通（截止）。上述现象可用实验方法测得，将测量的结果用 $i_D=f(u_D)$ 的曲线描述，可得二极管的伏安特性曲线如图 6.1.7 所示。反向电流突然增大的区域称为击穿区。

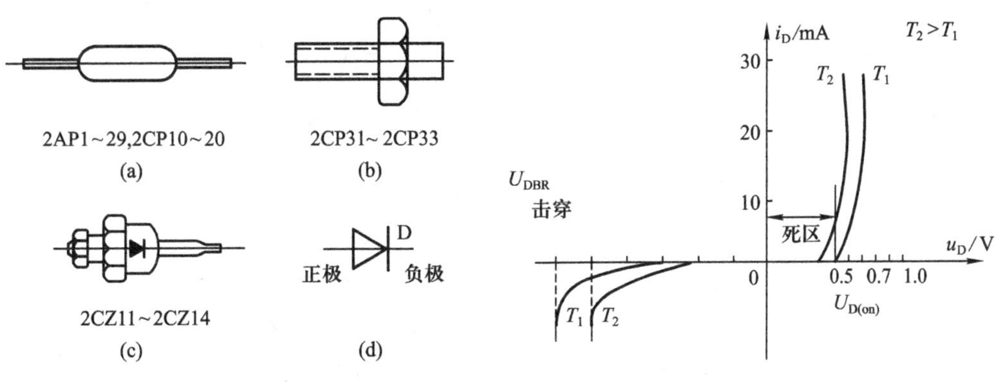

图 6.1.6 二极管的外形及符号

图 6.1.7 二极管的伏安特性

应当说明：反向偏置时二极管截止，是指所加电压在小于击穿电压 U_{DBR} 的范围内；反向电流虽小但受温度影响很大，温度每增加 10 ℃，反向电流（又称反向饱和电流）约增加一倍；在反向击穿区微小的电压变化，将导致很大的电流变化，一般二极管不允许工作在击穿区，否则管子可能损坏。

图中 $U_{D(on)}$ 称为二极管的开启电压（导通电压、门槛电压），是指在正偏情况下，正向电流明显增加的转折点处的电压，对锗管 $U_{D(on)}$ 为 0.1 ~ 0.3 V，硅管 $U_{D(on)}$ 为 0.5 ~ 0.7 V，在近似计算时，无论锗管和硅管都可按理想二极管处理，即 $U_{D(on)}$ 取 0 V。

3. 主要参数

(1) 最大整流电流 I_{OM}

是指二极管长期运行时允许通过的最大正向平均电流，使用时二极管的平均电流不能超过此值。

(2) 最大反向工作电压 U_{DR}

是指二极管在正常工作时所允许加的最高的反向电压，一般取 $U_{DR}=\left(\frac{1}{3}\sim\frac{1}{2}\right)U_{DBR}$。

(3) 反向电流 I_{DR}

是指在最大反向工作电压 U_{DR} 时所对应的反向电流值，此值越小，管子的性能越好。

二极管的主要参数是选择管子的重要依据。

4. 简单应用

二极管的应用很广，如整流、检波、钳位和限幅及数字电路等方面，本节仅介绍简单的应用，以此说明二极管电路的分析方法。

(1) 限幅电路

在图 6.1.8(a) 所示电路中，已知输入信号 $u_i=U_m\sin\omega t$，$U_m>E$，二极管为理想元件。显然

$u_i \geqslant E$时，D_1 导通 D_2 截止，$u_O = E$；$u_i \leqslant -E$ 时，D_1 截止 D_2 导通，$u_O = -E$，$-E < u_i < +E$ 时，D_1 和 D_2 都截止。$u_O = u_i$，据此可得出图 6.1.8(b)的波形。该电路将输出电压的幅度限制在一定范围内，故称限幅电路。

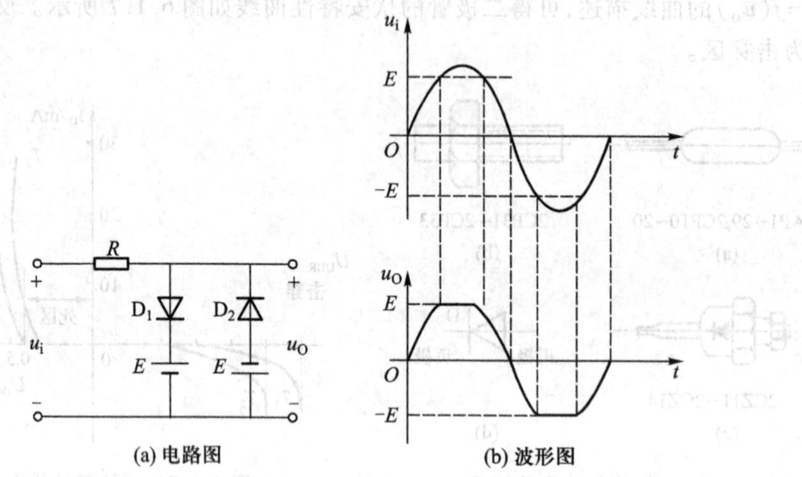

(a) 电路图　(b) 波形图

图 6.1.8　二极管限幅电路

(2) 或门电路

图 6.1.9 是二极管或门电路，它是数字电路中最基本的门电路之一。所谓门电路是指电路的输出和输入之间存在着一定的逻辑关系，即因果关系。对图 6.1.9 来说，设二极管导通时的电压为 0.7 V，则 A 或 B 只要有一个高电平(5 V)，输出 Y 即为高电平(4.3 V)，只有 A，B 全为低电平(0 V)，输出 Y 才为低电平(−0.7 V)，具体工作情况如表 6.1.1 所示。

在图 6.1.9 中，二极管属于共阴性接法，阳极电位高的二极管将首先开通，可得出 Y 端的电位，该电位将对阳极电位低的二极管钳位，使其截止。

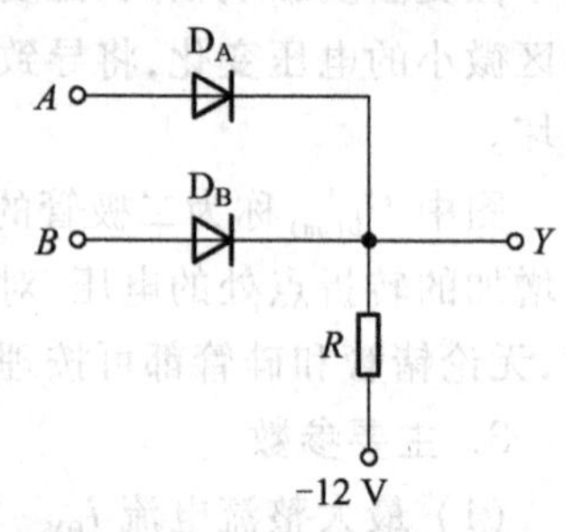

图 6.1.9　二极管或门电路

表 6.1.1　或门电路的关系

A	B	D_A	D_B	Y
0 V	0 V	截止	截止	−0.7 V
5 V	0 V	导通	截止	4.3 V
0 V	5 V	截止	导通	4.3 V
5 V	5 V	导通	导通	4.3 V

(3) 波形变换

在图 6.1.10(a)所示的微分电路中输入一方波 u_I，设电容的初始电压 $u_C(0) = 0$ V，二极管 D 为理想元件，则不难得出：在 $O \sim t_1$ 期间，电容器很快被充电，稳态时其上电压为 U，极性如图中所示。这时由于二极管 D 截止，故 u_O 为零，u_R 为一正尖脉冲。

在 $t_1 \sim t_2$ 期间，u_I 在 t_1 瞬间由 U 下降到零，在 t_1 瞬间，电容器经 R 和 R_L 分两路放电，二极管 D 导通，u_O 和 u_R 均为负尖脉冲，若二极管 D 为理想元件，则 $u_O = u_R$。在 t_2 瞬间 u_I 又由零上升到 U，如此循环可得输出电压 u_O 的波形如图 6.1.10(b)所示。

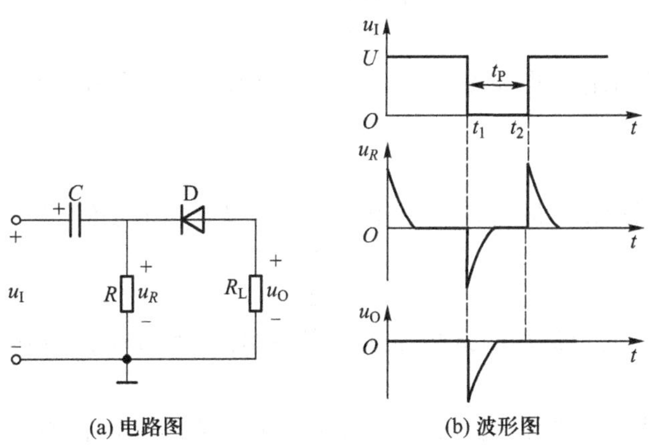

(a) 电路图

(b) 波形图

图 6.1.10 波形变换图

6.1.3 稳压二极管

1. 符号及特性

稳压二极管本质上也是二极管，但是由于特殊的制造工艺，使它可以工作在反向击穿区而不会损坏，因为反向击穿区微小的电压变化可以引起相当大的电流变化，体现了反向工作时具有稳压的特性，故称为稳压二极管，其符号及特性如图 6.1.11 所示。

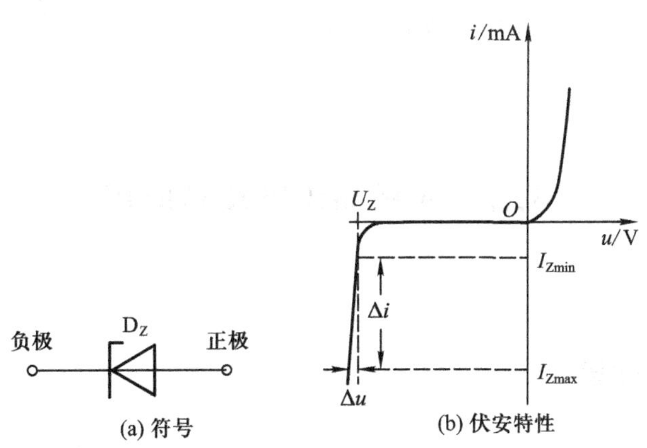

(a) 符号

(b) 伏安特性

图 6.1.11 稳压二极管

稳压二极管如工作在正偏以及反偏但未被击穿，则与一般二极管无异。如反偏击穿，则与二极管相似，只是击穿的电压较低，且更陡直，以便获得更好的稳压特性。

2. 主要参数

(1) 稳定电压 U_Z

指稳压二极管通过的反向电流为额定电流时的端电压,U_Z有较大的分散性,即使同一型号的管子,其值也不尽相同。稳压值为 6 V 左右的管子,稳压性能较好。

(2) 稳定电流 I_Z

指稳压二极管正常工作的电流参考值,只要 $I_{Zmin} < I_Z < I_{Zmax}$,稳压二极管都起稳压作用,而电流较大时稳压效果较好。

(3) 动态电阻 r_Z

指稳压二极管在反向击穿区内,电压变化量与电流变化量的比值,即

$$r_Z = \frac{\Delta u_Z}{\Delta i_Z}$$

式中,r_Z是衡量稳压性能好坏的指标,击穿区特性愈陡,则 r_Z愈小,稳压性能愈好。

(4) 额定功耗 P_Z

指稳压电压与最大稳定电流 I_{Zmin}的乘积,即 $P_Z = U_Z \cdot I_{Zmin}$。工作时的功率应小于此值,否则稳压二极管将出现热击穿而烧坏。

3. 稳压二极管应用

稳压二极管稳压电路如图 6.1.12 所示。当负载电阻 R_L不变时设输入电压 U_I由于电网电压波动而升高,这将引起 D_Z两端电压,也就是输出电压 U_O升高。由稳压二极管特性可知,D_Z电压少许增加将导致流经 D_Z电流 I_2剧烈增加,使总电流 I_1大大增加,这样 R 上的压降 U_R也大大增加,即 U_I升高大部分将在 R 上,使 $U_O = U_I - U_R$增加得很少;同样,当输入电压 U_I由于电网波动而下降,U_O的下降也很少,故 U_O基本保持不变。应注意,R 应在一定范围内,且 $U_I > U_Z$,上述结果才成立。

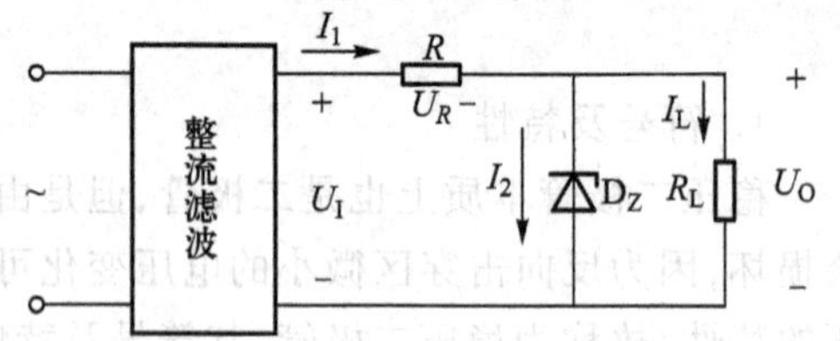

图 6.1.12　稳压二极管稳压电路

6.2　双极晶体管及其应用

6.2.1　双极晶体管

双极晶体管(电流由两种载流子形成),一般简称为晶体管,晶体管由两个 PN 结构成,具有电流放大作用。

1. 基本结构、符号

按照 P 型和 N 型排列的顺序不同,其组成的形式有 PNP 型和 NPN 型两种,它们的结构示意图和图形符号如图 6.2.1 所示,有关名称已标于图中。晶体管按使用的材料又可分为硅管和锗管。

因此,晶体管共有 NPN 锗管和 NPN 硅管,PNP 锗管和 PNP 硅管四种。在一般情况下,所讲的硅管是指 NPN 型,锗管是指 PNP 型,以后不加以说明均按此约定。NPN 型和 PNP 型符号的区别是发射极的箭头方向,该箭头方向代表直流电流或总电流(交直流叠加后的电流)的实际方向。

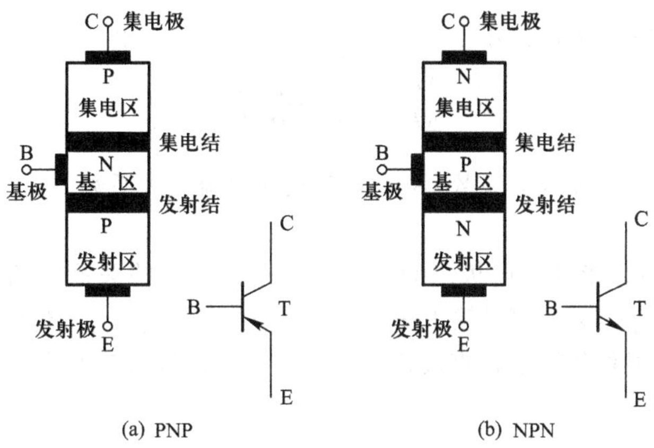

图 6.2.1 两类晶体管的结构示意及图形符号

2. 电流的分配与放大作用

通过实验的方法,可以得到晶体管电流的分配及放大关系,具体实验电路如图 6.2.2 所示。该线路由于发射极是输入回路和输出回路的公共接地点,所以称为共发射极放大电路,简称共射(共 e)放大电路。

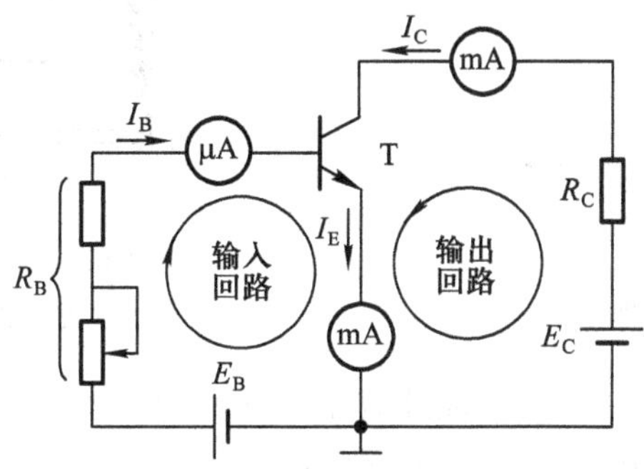

图 6.2.2 NPN 型共发射极放大实验电路

实验时,改变 R_B,但在满足发射结电压正偏(实际值为 NPN 型 $U_{BE} \geqslant 0.6$ V,PNP 型 $U_{BE} \leqslant -0.2$ V),集电结电压反偏(即 NPN 型 $U_{BC} < 0$ V,PNP 型 $U_{BC} > 0$ V)的条件下,可得表 6.2.1 中的一组数据。

表 6.2.1 晶体管电流测量数据表

I_B/μA	20	40	60	80	100
I_C/mA	0.98	2.00	3.12	4.4	5.6
I_E/mA	1.00	2.04	3.18	4.48	5.7

从表中的数据可以发现:

① $I_E = I_B + I_C$。

② 各集电极电流和相应基极电流之比大致相等，若以 $\bar{\beta}$ 代表其比值，则有

$$\bar{\beta}_1=\frac{I_C}{I_B}=\frac{0.98}{0.02}=49,\quad \bar{\beta}_2=\frac{2.00}{0.04}=50,\quad \cdots$$

③ I_B 对 I_C 有控制作用，I_B 的微小变化，可以引起 I_C 较大的变化

$$\tilde{\beta}=\frac{\Delta I_C}{\Delta I_B}=\frac{3.12-2.00}{0.06-0.04}=56$$

$\bar{\beta}_1$、$\bar{\beta}_2$ 称为共发射极直流电流放大系数，$\tilde{\beta}$ 则称为交流电流放大系数。

3. 特性曲线

晶体管的特性曲线是指各个电极之间的电压与电流之间的关系，共有两组，一组是输入曲线，即 $i_B=f(u_{BE})\mid_{U_{CE}=\text{常数}}$，另一组是输出曲线，即 $i_C=f(u_{CE})\mid_{i_B=\text{常数}}$。得到特性曲线的方法有多种，最简单的方法是用晶体管图示仪直接显示。图 6.2.3 和图 6.2.4 是 NPN 型晶体管共射放大电路的实测曲线。

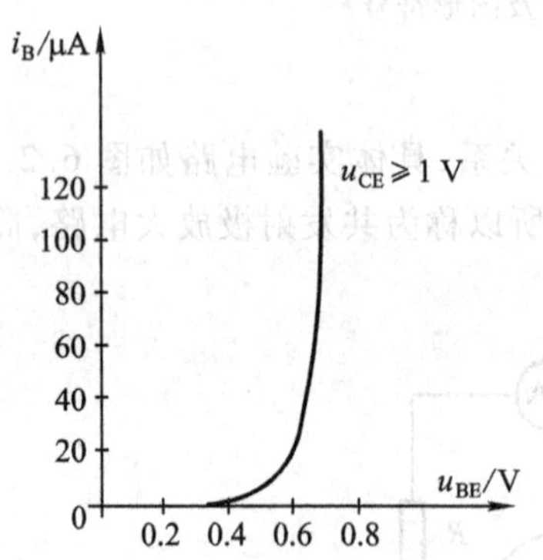

图 6.2.3　NPN 型晶体管共射放大电路输入特性曲线

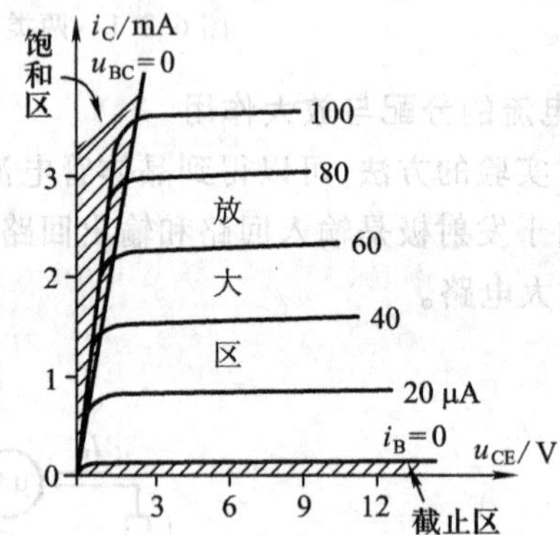

图 6.2.4　NPN 型晶体管共射放大电路输出特性曲线族

在输入曲线上，$u_{CE}\geqslant 1$ V 的一根是晶体管工作在放大状态下实际使用的曲线；和二极管相似，晶体管的开启电压 $U_{BE(on)}$ 在 0.5～0.7 V 之间。

输出曲线可以分为三个区域：

（1）饱和区

$u_{BC}=0$ V 左侧和纵轴之间的区域，该区域发射结和集电结均正偏。i_C 不受 i_B 的控制，此时 i_C 称为集电极饱和电流，用 I_{CS} 表示。集电极和发射极间的压降称为饱和压降，用 U_{CES} 表示，其值很小，一般取 0.3 V，近似计算常取为 0 V，集射极之间相当于开关接通。

（2）放大区

$u_{BC}=0$ V 和 $i_B=0$ μA 之间的扇形区域，该区域发射结正偏，集电结反偏。i_C 受 i_B 控制，且有 $i_C=\beta i_B$ 关系成立。

（3）截止区

$i_B=0$ μA 以下和横轴之间的区域，该区域发射结和集电结均反偏。$i_C=I_{CEO}$，I_{CEO} 称为穿透电流，其值很小，近似为 0，集射极之间相当于开关断开。

4. 主要参数

(1) 电流放大系数 β

静态(直流)电流放大系数

$$\bar{\beta}=\frac{I_C-I_{CEO}}{I_B}\approx\frac{I_C}{I_B}$$

动态(交流)电流放大系数

$$\beta=\frac{\Delta i_C}{\Delta i_B}\bigg|_{u_{CE}=\text{常数}}$$

$\bar{\beta}$ 和 $\tilde{\beta}$ 定义不同,一般情况下数值接近,均用 β 表示。β 太小和太大都不好,小功率晶体管在 100～200 之间相对较好。

(2) 极间反向电流

集电极、基极间的反向饱和电流 I_{CBO}:是指发射极开路,集电结加反偏时测得的电流,其值越小越好。

穿透电流 I_{CEO}:是指基极开路,集电极和发射极之间的反向漏电流,其值也是越小越好。

实测和理论分析可知,I_{CBO} 和 I_{CEO} 在一般情况下其值甚微,均可忽略不计,但它们受温度影响大,应引起注意。

(3) 极限参数

集电极最大允许电流 I_{CM}:规定 β 值下降至正常值的 $\frac{2}{3}$ 时所对应的集电极电流。使用时集电极电流应小于 I_{CM}。

反向击穿电压 $U_{(BR)CEO}$:是指基极开路时,集电极与发射极之间的最大允许电压,一般取电源电压 $U_{CC}=\left(\frac{1}{3}\sim\frac{1}{2}\right)U_{(BR)CEO}$。

集电极最大允许损耗功率 P_{CM}:是指管子安全工作的上限值,由 $P_{CM}=i_C u_{CE}$ 决定其临界值。晶体管安全工作区是由 I_{CM}、P_{CM} 和 $U_{(BR)CEO}$ 三条曲线所包围的区域,如图 6.2.5 所示。

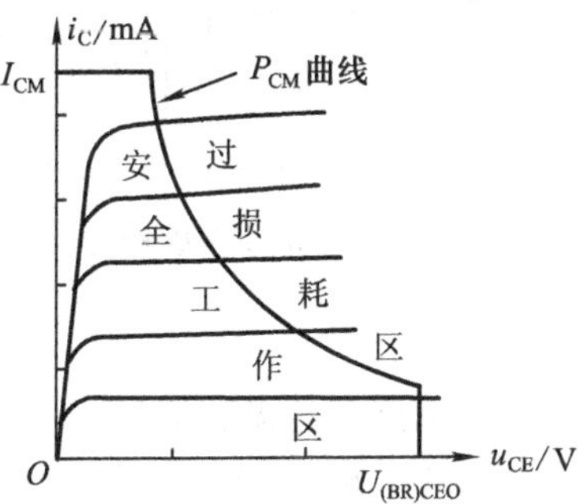

图 6.2.5 晶体管安全工作区

6.2.2 双极晶体管放大电路

双极晶体管放大电路是利用晶体管将微弱的电信号进行放大的电子电路的总称。所谓放大,实质上是一种能量形式的变换,即把直流电源所提供的一部分直流电能转化成按输入电信号(简称信号)规律变化的输出电能,而输出信号电压或电流的变化规律要与输入电信号的变化规律一致,即输出信号不失真。

双极晶体管放大电路按照信号输入回路与输出回路的交流公共接地端与双极晶体管的发射极、集电极和基极中的哪一个极相连,可以分为共发射极、共集电极和共基极三种类型;按照信号是通过电容还是通过变压器或直接及光电转换传递的方式，又可以分为阻容耦合、变压器耦合和直接耦合及光电耦合器。下面简介阻容耦合的共发射极和共集电极放大电路。

1. 阻容耦合的共发射极（简称共射）电路

（1）电路结构

阻容耦合的共射放大电路的基本形式如图 6.2.6（a）所示。图中晶体管 T 是放大电路的核心部件，其作用是电流放大，即由输入基极电流 i_B 的变化控制集电极电流 i_C 的变化。二者之比取决于晶体管的电流放大系数，即有

$$\beta = \Delta i_C / \Delta i_B$$

图 6.2.6 中，集电极电阻 R_C 的作用是把集电极电流 i_C 的变化转化成集电极对地电压的变化。电容 C_1 和 C_2 称耦合隔直电容，耦合的含义是指输入信号经电容 C_1 传递到晶体管的基极，而放大后的信号经电容 C_2 传递到负载 R_L，为减少信号在电容上的损耗，C_1 和 C_2 要取得足够大，一般取几微法到几十微法；隔直的含义是指在稳态时，电容 C_1 和 C_2 相当于断开，隔断直流和信号及负载的联系。应当注意 C_1 和 C_2 是具有极性的电容，标有正号的一侧代表电容的正极，应与直流高电位相连。图中“⊥”为接地符号。

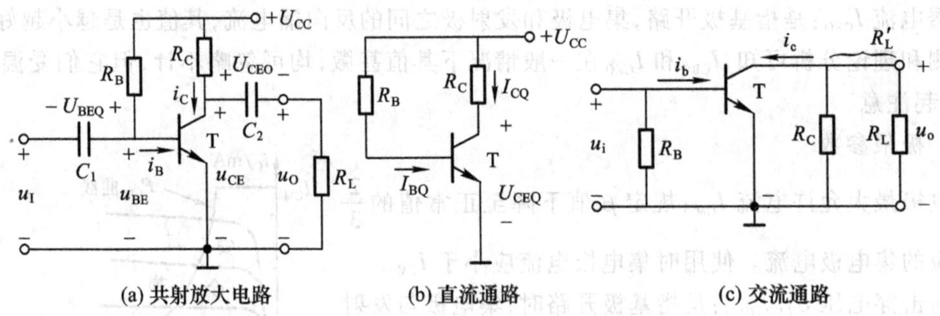

图 6.2.6　阻容耦合共射放大电路

放大电路是直流和信号共存于一体，分析时，一般采用直流和信号分别分析，这种方法称为静态和动态分析，两者叠加就可求得总量。总量用小写字母、大写下标表示，直流量用大写字母、大写下标表示，交流量用小写字母、小写下标表示。

（2）静态分析

所谓静态分析，就是在无输入信号的情况下（如 $u_i=0$），求电路的静态值（亦称静态工作点 Q）I_{BQ}、I_{CQ} 和 U_{CEQ}，其作用是保证电路处于正常的放大状态。欲求静态值就必须先得出直流通路，对阻容耦合电路而言，就是利用电容的隔直作用将其断开，得出图 6.2.6（b）的直流通路。

由直流通路求静态工作点的方法有两种，一种是估算法，另一种是图解法。两种方法的原理相同，而已知条件不同。

估算法，是已知晶体管的放大系数 β 和 U_{BE}，由图 6.2.6（b）可得

$$I_{BQ} = \frac{U_{CC} - U_{BE}}{R_B} \approx \frac{U_{CC}}{R_B} \quad (U_{CC} \gg U_{BE})$$

$$I_{CQ} = \beta I_B$$

$$U_{CEQ} = U_{CC} - I_{CQ} R_C$$

图解法，是已知晶体管的输出特性曲线和 U_{BE}，求 I_{BQ} 同估算法，但不能直接由 I_B 求 I_C 和 U_{CE}，需由方程组

$$\begin{cases} i_C = f(u_{CE}, i_B)\Big|_{I_B} & ① \\ U_{CE} = U_{CC} - I_C R_C & ② \end{cases}$$

联立作图求解，如图 6.2.7 所示。

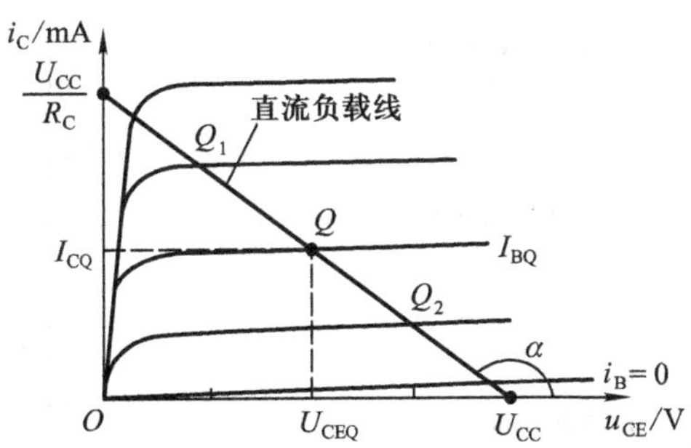

图 6.2.7 用图解法确定放大电路的静态工作点

具体步骤是由方程②在输出曲线上，作出直流负载线，显然该直流负载线是经过$\left(0, \frac{U_{CC}}{R_C}\right)$和$(U_{CC}, 0)$的直线，该负载线和已求得的 I_{BQ} 的交点 $Q(U_{CEQ}、I_{CQ})$ 即为所求。

直流负载线的斜率 K 为

$$K = \tan\alpha = -\frac{1}{R_C}$$

故斜率仅与直流负载电阻 R_C 有关。

(3) 动态分析

所谓动态分析，就是对 $u_i \neq 0$ 时电路状态的分析。其分析方法也有计算法和图解法两种。无论采用何种方法，都要先求出图 6.2.6(a)的交流通路图 6.2.6(c)，具体方法是将电源 U_{CC} 交流短路（因为 U_{CC} 的变化量为零、内阻约为零），C_1 和 C_2 交流短路（因为它们的容量足够大，且信号频率较高，容抗约为零）。

图解法，就是根据晶体管的输入和输出曲线，通过作图的方法，求出由 u_i 的变化，引起的 i_b、i_c 和 u_o 的变化，应当注意，图解法是在静态分析的基础上进行的。步骤如下：

① 当有正弦输入信号 u_i 时

$$u_{BE} = U_{BEQ} + u_i$$

输入信号 u_i 引起的 i_b 将在 Q' 和 Q'' 之间按照正弦规律变化，如图 6.2.8(a)所示。

② 作交流负载线 由图 6.2.6(c)知交流负载电阻应为 $R'_L = R_C // R_L$，所以交流负载线的斜率 K' 仅与 R'_L 有关，$K' = \tan\alpha' = -\frac{1}{R'_L}$，另外在 $u_i = 0$ 时，就是静态工作的情况，由上分析知，交流负载线是一条过静态工作点 Q，斜率为 $-\frac{1}{R'_L}$ 的直线，如图 6.2.8(b)所示。

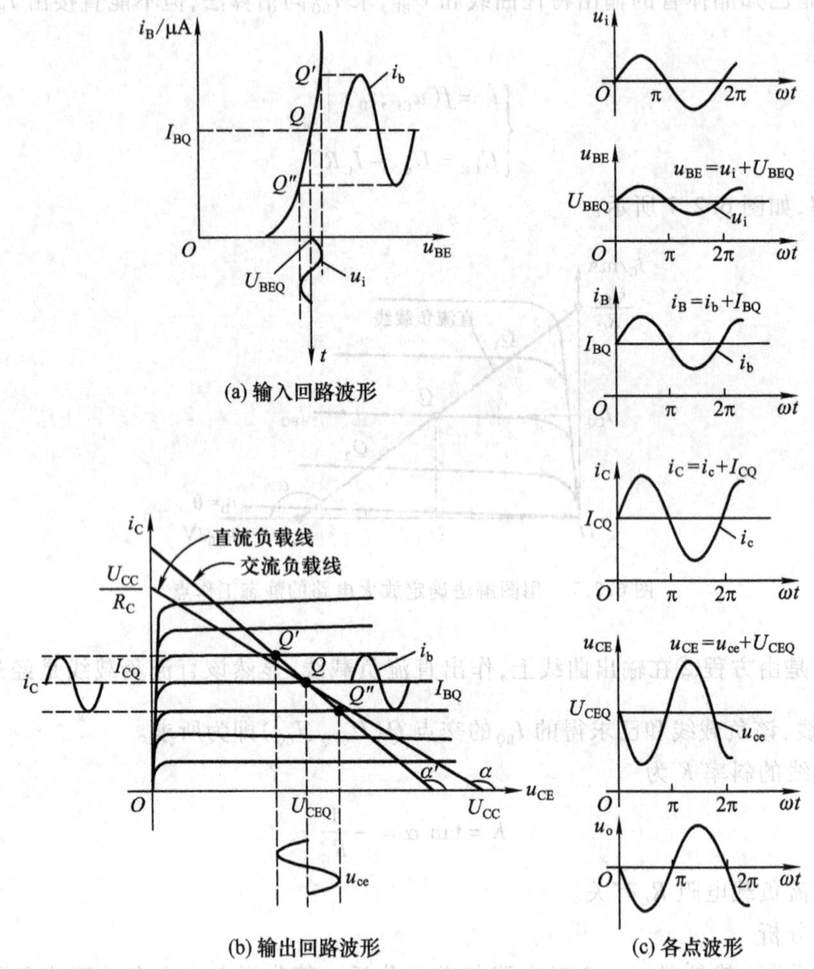

图 6.2.8　用图解法分析信号波形

③ 由 i_b 在交流负载线 Q' 和 Q'' 之间的变化，可求得 i_c 和 u_{ce} 也在 Q' 和 Q'' 之间按正弦规律变化，如图 6.2.8(b) 所示。

综上分析，可得如下结论[如图 6.2.8(c) 所示]：

- 放大器各总量 i_B、i_C 和 u_{CE} 都是直流分量和交流分量两部分叠加而成，即

$$i_B = I_{BQ} + i_b$$

$$i_C = I_{CQ} + i_c$$

$$u_{CE} = U_{CEQ} + u_{ce}$$

- 由于 C_2 的隔直作用，输出电压 $u_o = u_{ce}$，且与输入电压 u_i 反相。
- 放大器的电压放大倍数

$$A_u = -\frac{U_o}{U_i} = -\frac{U_{om}}{U_{im}}\text{（式中负号代表反相）}$$

- 静态工作点 Q 对放大性能的影响。

如果静态工作点 Q 设置偏低，如图 6.2.9(a)所示，u_o的正半周出现平顶，这种输出不按正弦规律变化的现象，称为截止失真。

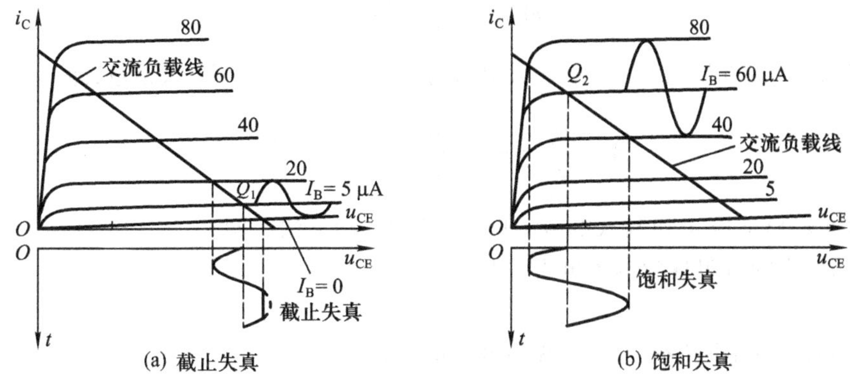

图 6.2.9 工作点不合适引起输出电压波形失真

如果静态工作点 Q 设置偏高，如图 6.2.9(b)所示，u_o的负半周出现平顶，这种输出不按正弦规律变化的现象，称为饱和失真。

一般情况下，静态工作 Q 应设置在交流负载线的中点，才能使输出获得最大的动态变化范围。

图解法的优点是对输入信号的大小无限制，可以判断失真情况及动态范围且直观形象。缺点是不适用于复杂电路，且分析过程较繁。对小信号放大电路，一般采用微变等效电路分析法。

微变等效电路分析法，就是将交流通路中的晶体管用其微变等效电路取代以后，再进行分析的方法。分析的过程大致按如下三个步骤进行：

图 6.2.10(b)是图 6.2.10(a)晶体管的微变等效电路，用其取代图 6.2.6(c)中的晶体管，得出放大电路的微变等效电路，如图 6.2.11 所示。在该图中正弦交流信号均换成正弦量的相量形式，以便于计算图 6.2.11 所示的电路。

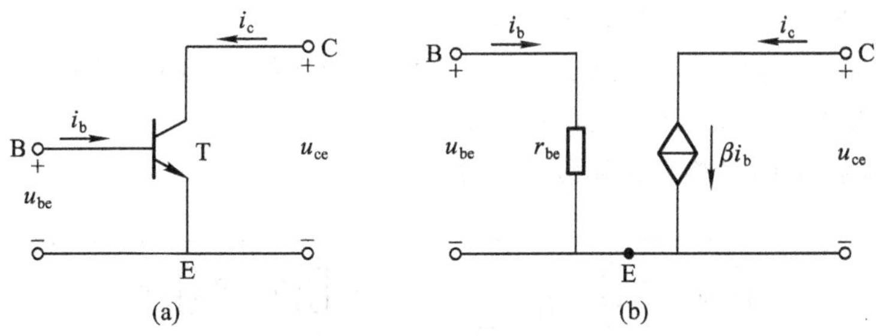

图 6.2.10 晶体管及其微变等效电路

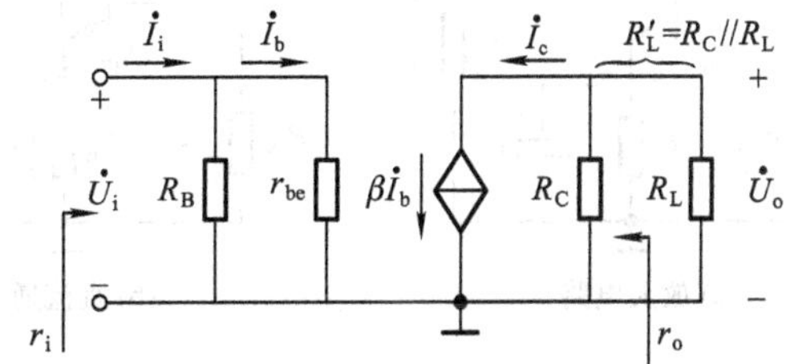

图 6.2.11 放大电路的微变等效电路

应当注意图6.2.10(b)的受控电流源βi_b其大小和方向，均受i_b的控制；图6.2.10(b)所示的微变等效电路适用于任何型号的双极晶体管；图中的r_{be}是晶体管本身的输入电阻，其值可按下式求得

$$r_{be}=200+(1+\beta)\frac{26(\mathrm{mV})}{I_{EQ}(\mathrm{mA})}(\Omega) \tag{6.2.1}$$

由图6.2.11可以方便地求出共射放大电路的主要指标——电压放大倍数，即

$$A_u=\frac{\dot{U}_o}{\dot{U}_i}=\frac{-\dot{I}_c(R_C /\!/ R_L)}{\dot{I}_b r_{be}}=-\frac{\beta R_L'}{r_{be}} \tag{6.2.2}$$

式中，负号说明输出电压u_o和输入电压u_i反相(结论与图解法相同)。

从输入端看入的电阻称为输入电阻，即

$$r_i=R_B /\!/ r_{be} \tag{6.2.3}$$

从输出端看入的电阻(不含R_L)，称为输出电阻，即

$$r_o=\left.\frac{\dot{U}_{外加}}{\dot{I}}\right|_{\substack{\dot{U}_s=0\\ R_L\to\infty}}\approx R_C \tag{6.2.4}$$

(4) 工作点稳定的共射放大电路

① 温度对工作点的影响　晶体管的很多参数都受温度影响，对于一个基本放大电路，如图6.2.6(a)来说，温度变化带来的影响集中体现在工作点的变化上，如温度上升、I_{CQ}上升，静态工作点Q上移；反之，静态工作点下移，如图6.2.12所示。前面已经分析工作点的这一变化，轻则使放大器动态范围变小，重则使输出信号产生饱和失真或截止失真，因此必须采取稳定工作点的措施。

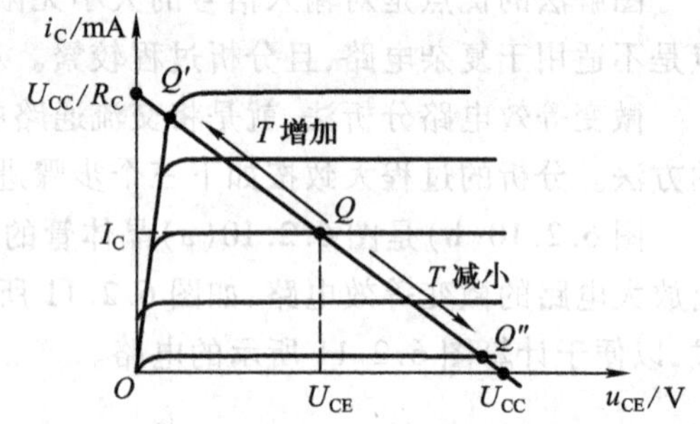

图6.2.12　工作点Q随温度变化的示意图

② 分压式偏置放大电路　分压式偏置放大电路，是最常用的一种工作点稳定电路，如图6.2.13(a)所示。图中的电容C_E只要取得足够大(一般取几十微法到几百微法)，对交流信号就可以视为短路，而对直流无影响，故C_E又称为交流旁路电容。

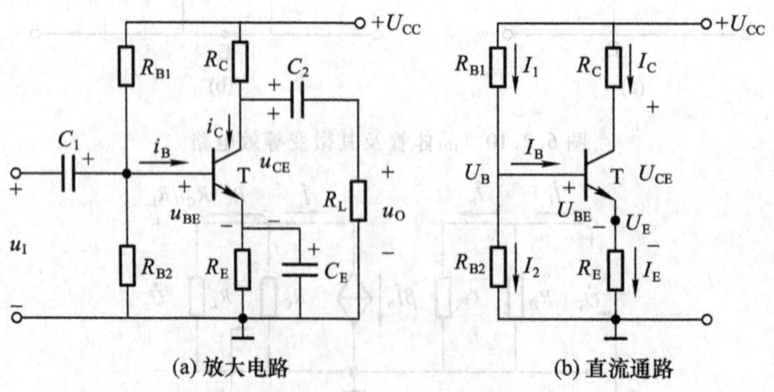

图6.2.13　分压式偏置放大电路

分压式偏置电路稳定工作点的原理可用图 6.2.13(b)的直流通路予以说明。设电路参数满足 $I_1 \gg I_B$ 和 $U_B \gg U_{BE}$，则

$$\text{温度升高} \rightarrow I_C \uparrow \rightarrow U_E \uparrow \rightarrow U_{BE} \downarrow \rightarrow I_B \downarrow \rightarrow I_C \downarrow$$

实现了工作点自动调节的过程，即实现了工作点稳定。

对交流信号而言，由于发射极通过 C_E 直接接地，故分压式偏置放大电路仍属共发射极放大电路，其微变等效电路类同于图 6.2.11，唯一不同的是 R_B 需用 $R_{B1} /\!/ R_{B2}$ 取代，公式(6.2.2)、(6.2.4)适用于分压式偏置电路；公式(6.2.3)中的 R_B 用 $R_{B1} /\!/ R_{B2}$ 取代后，适用于分压式偏置电路。分压式偏置电路亦适用于共集、共基放大电路。

2. 共集电极放大电路——射极输出器

典型的共集电极放大电路如图 6.2.14 所示。由于该图输入回路和输出回路的交流公共接地点在集电极，故称为共集电极放大电路；又由于该电路的输出信号取自晶体管的发射极，故该电路又称为射极输出器。

共集电极放大电路，由于接有发射极电阻 R_E，所以具有工作点稳定作用，稳定原理与分压式偏置电路类似。

共集电极放大电路的微变等效电路如图 6.2.15 所示，根据定义，可得放大倍数

$$A_u = \frac{\dot{U}_o}{\dot{U}_i} = \frac{(1+\beta) R_L'}{r_{be} + (1+\beta) R_L'} \tag{6.2.5}$$

输入电阻

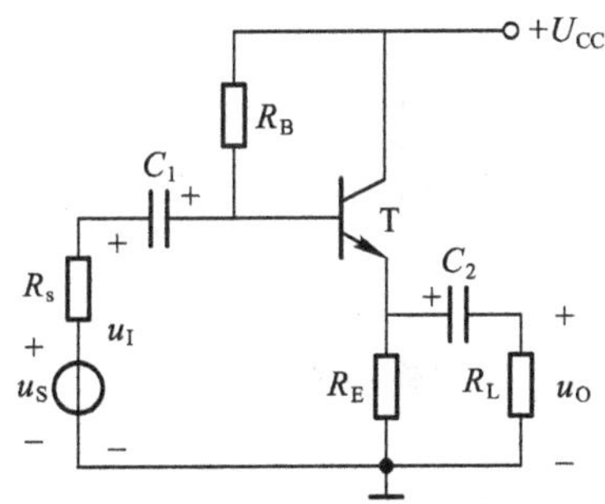

图 6.2.14　共集电极放大电路

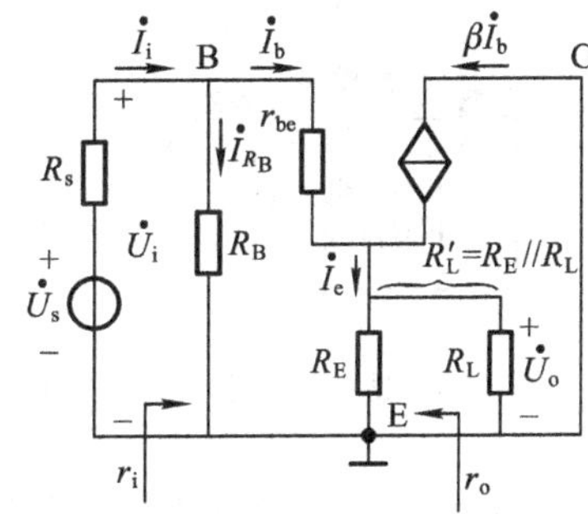

图 6.2.15　共集电极放大电路的微变等效电路

$$r_i = \frac{\dot{U}_i}{\dot{I}_i} = R_B /\!/ [r_{be} + (1+\beta) R_L'] \tag{6.2.6}$$

输出电阻

$$r_o = \left.\frac{\dot{U}_{外加}}{\dot{I}}\right|_{\substack{\dot{U}_s=0 \\ R_L\to\infty}} \approx R_E /\!/ \frac{R_s + r_{be}}{1+\beta} \approx \frac{R_s + r_{be}}{\beta} \quad (R_E \gg R_s \quad \beta \gg 1) \tag{6.2.7}$$

共集电极放大电路的主要特点是输入电阻 r_i 高，输出电阻 r_o 低，放大倍数 A_u 小于 1 但接近于 1。由于上述特点，该电路常用于多级放大器的第一级或最后级，以减小信号源内阻 R_s 上的压降和提高

带负载能力。该电路可作为小功率放大器使用。

6.3　场效晶体管及其应用

6.3.1　单极晶体管—场效晶体管

1. 结构与分类

单极晶体管(电流由一种载流子形成)一般称为场效晶体管,这是因为它是由电场来控制晶体管的电流,所以常用场效晶体管的名称以区别上节的双极晶体管。

场效晶体管具有输入电阻高(可达$10^7 \sim 10^{15}\,\Omega$),而且功耗小、体积小、噪声低和易集成等一系列的优点,所以目前被广泛用于各种电子电路中。

常用的场效晶体管有结型(JFET)和金属-氧化物绝缘栅型(MOS)等,结型场效晶体管只有耗尽型,而绝缘栅型有耗尽型和增强型。由于绝缘栅场效晶体管应用广,所以本教材只介绍该管的结构和工作原理。

绝缘栅场效晶体管有四种类型:N 沟道耗尽型和增强型,其结构和图形符号如图 6.3.1 所示;P 沟道耗尽型和增强型,其结构和符号如图 6.3.2 所示。

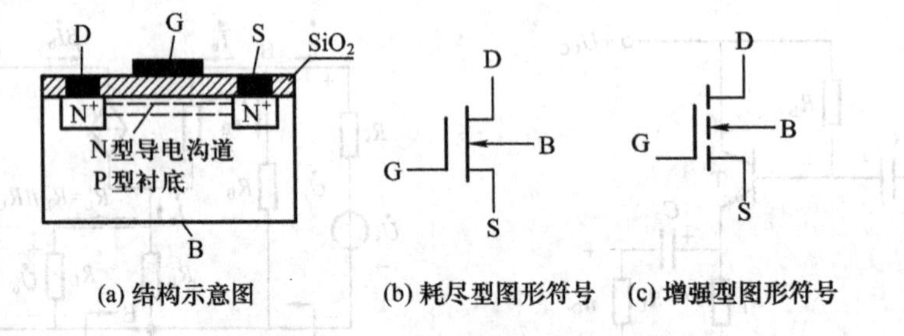

图 6.3.1　N 沟道绝缘栅场效晶体管

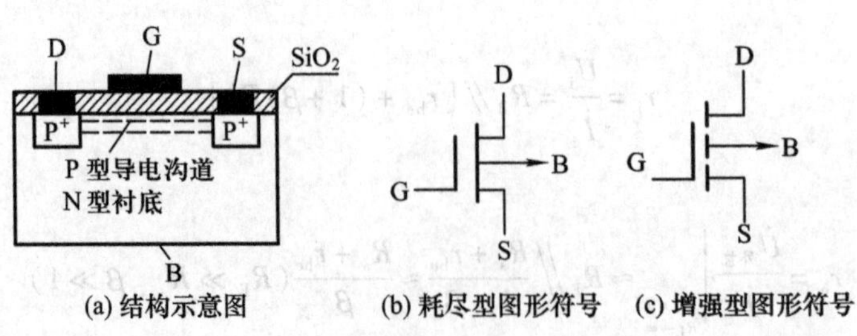

图 6.3.2　P 沟道绝缘栅场效晶体管

图 6.3.1(a)是 N 沟道的结构示意图，P 型衬底是杂质浓度较低的 P 型硅片，两个 N^+ 区是高掺杂的 N 型区域，斜线区域为 SiO_2 绝缘层。在两个 N^+ 区和 SiO_2 的表面引出三个电极：漏极 D、栅极 G 和源极 S。N 沟道耗尽型管子是在 SiO_2 绝缘层预先埋入正离子形成的，因为 SiO_2 绝缘层预先埋入了正离子，所以能将 P 型衬底中的少数载流子电子吸到 SiO_2 绝缘层的下面，而沟通了两个 N^+ 区域，在 $U_{GS}=0$ 时，形成了电子型(即 N 型)导电沟道，故符号 D、S 之间用一根直线表示，衬底与沟道间形成 PN 结，箭头指向沟道表示沟道为 N 型。N 沟道增强型管子是 SiO_2 绝缘层没有预先埋入正离子形成的，在 $U_{GS}=0$ 时，不能形成导电沟道，故符号 D、S 间是断开的。$U_{GS}\geqslant U_{GS(th)}$ 才能形成 N 型导电沟道。

图 6.3.2 同图 6.3.1 类似，只是导电沟道是空穴型，预先在 SiO_2 绝缘层中埋入负离子形成 P 沟道耗尽型，否则是 P 沟道增强型，其符号 D、S 间是直线代表耗尽型，断开代表增强型，箭头背离沟道为 P 型。

2. 工作原理和特性曲线

以 N 沟道耗尽型为例简述工作原理。在图 6.3.1(a)中，因为 $u_{GS}=0$ 已有导电沟道，所以有 u_{DS} 就有电流 i_D 形成；在相同 u_{DS} 情况下，增大 u_{GS}，在电场力的作用下，衬底 P 区中的电子向上运动，使已有的导电沟道加宽，故 i_D 增大；反之，减小 u_{GS}，导电沟道变窄，i_D 随之减小，当 u_{GS} 减到一定数值 $u_{GS(off)}$ 时，原导电沟道的电子将被全部复合，沟道被夹断，$i_D=0$，所以称 $U_{GS(off)}$ 为夹断电压。

和双极晶体管类似，场效晶体管也用特性曲线描述电压和电流的特性。因为场效晶体管的 $i_G=0$，漏极电流 i_D 是由栅源电压控制，所以用 $i_D=f(u_{GS})\Big|_{u_{DS}=\text{常数}}$ 的曲线(称为转移特性曲线)加以描述。输出曲线和双极晶体管输出曲线类似，即 $i_D=f(u_{DS})\Big|_{u_{GS}=\text{常数}}$。用实验的方法，可得 N 沟道绝缘栅耗尽型和增强型的特性曲线见表 6.3.1。

3. 主要参数

(1) 夹断电压 $U_{GS(off)}$

耗尽型采用。它是在固定 u_{DS} 条件下，i_D 为某一规定的微小电流(如 50 μA)情况下所对应的 u_{GS}。

(2) 开启电压 $U_{GS(th)}$

增强型采用。亦是在固定 u_{DS} 条件下，i_D 为某一规定的微小电流(如 50 μA)情况下所对应的 u_{GS}。

(3) 直流输入电阻 $R_{G(DC)}$

是指栅源电压与栅极漏电流的比值，绝缘栅型一般大于 $10^9\,\Omega$。

(4) 跨导 g_m

是描述栅、源间电压 u_{GS} 对漏极电流 i_D 控制作用的一个重要参数，即 $g_m=\dfrac{di_D}{du_{GS}}\Big|_{u_{DS}=\text{常数}}$，该参数体现场效晶体管的放大能力，单位是西门子(S)。

表 6.3.1　N 沟道场效晶体管的特性

结构类型			图形符号	工作时所需电压极性		转移特性 $i_D=f(u_{GS})\big\vert_{U_{DS}=常数}$	输出特性 $i_D=f(u_{DS})\big\vert_{U_{GS}=常数}$
				u_{DS}	u_{GS}		
绝缘栅型 MOS	N 沟道	耗尽型		+	-,0,+		
		增强型		+	+		

(5) 极限参数

① 最大漏极电流 I_{DM}　是管子工作时允许的最大漏极电流。

② 最大漏、源击穿电压 $U_{(BR)DS}$　是指 $|u_{DS}|$ 增大时，i_D 急剧增加时的 u_{DS}，正常工作电压应小于此值。一般电源电压 $u_{DD}\leqslant 20$ V。

③ 最大耗散功率 P_{DM}　是管子最高温升决定的参数。和双极晶体管类似，$U_{(BR)DS}$、I_{DM} 和 P_{DM} 所围的区域为安全工作区。

*6.3.2　场效晶体管放大电路

为了获得高输入电阻 r_i 的放大电路，最直接的方法是利用场效晶体管代替双极晶体管组成放大电路，与双极晶体管类似，场效晶体管放大电路有共源极、共漏极（亦称为源极输出器）和共栅极放大电路，这里简单介绍共源极和共漏极放大电路。

1. 共源极放大电路

共源极放大电路常用结构如图 6.3.3 所示。可见其结构和图 6.2.6 的共射极结构类似，所不同的是偏置电路是由 R_{G1}、R_{G2} 和 R_G 对场效晶体管提供栅源极间工作的偏置电压，其他元件的作用与晶体管放大电路相似，其静态工作点 Q 可以通过选择合适的电阻 R_S 或 R_{G1} 来得到。

场效晶体管和图 6.3.3 所示电路的微变等效电路如图 6.3.4(a)、(b)所示。

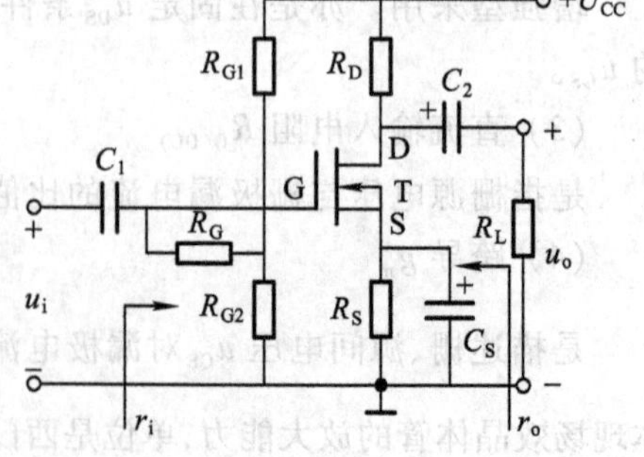

图 6.3.3　MOS 场效晶体管共源放大电路

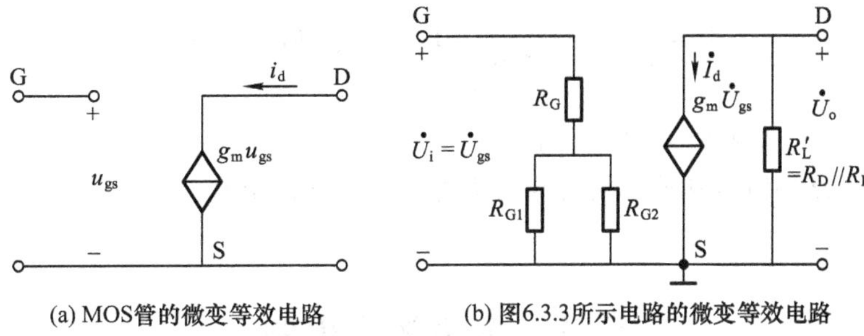

图 6.3.4 MOS 管及图 6.3.3 所示电路的微变等效电路

因为场效晶体管的微变等效电路只有一个参数 g_m，所以电路分析过程和结果均更加简单。

输入电阻

$$r_i = R_G + (R_{G1} // R_{G2}) \tag{6.3.1}$$

输出电阻

$$r_o = R_D \tag{6.3.2}$$

放大倍数

$$A_u = \frac{\dot{U}_o}{\dot{U}_i} = \frac{-g_m \dot{U}_{gs}(R_L // R_D)}{\dot{U}_{gs}} = -g_m(R_L // R_D) = -g_m R'_L \tag{6.3.3}$$

式中，负号说明输出电压和输入电压反相。

2. 共漏极放大电路（源极输出器）

共漏极放大电路的结构如图 6.3.5(a)所示，图(b)为其等效电路。

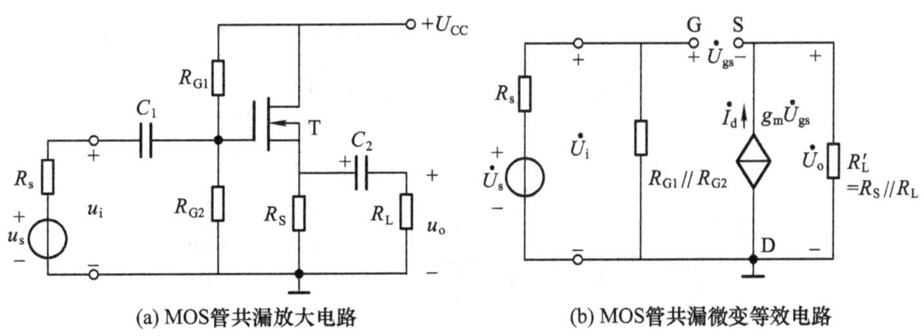

图 6.3.5 MOS 管共漏放大电路及其微变等效电路

由微变等效电路可得如下结果：

输入电阻

$$r_i = R_{G1} // R_{G2} \tag{6.3.4}$$

输出电阻

$$r_o = R_S // \left(\frac{1}{g_m}\right) \tag{6.3.5}$$

放大倍数

$$A_u=\frac{\dot{U}_o}{\dot{U}_i}=\frac{g_m R'_L}{1+g_m R'_L}\approx 1\quad（当 g_m R'_L \gg 1 时）\tag{6.3.6}$$

式中，$R'_L=R_S /\!/ R_L$，正号说明 $\dot{U}_o$ 和 $\dot{U}_i$ 同相。

共漏极放大电路的特点和使用场合与共集电极放大电路相似。

6.4　多级放大电路

一个实际的放大电路往往会在电压放大倍数、输入电阻和输出电阻等方面有特定的要求，这就需要把几级基本放大电路连接成多级放大电路，以满足要求。

6.4.1　多级放大电路的耦合方式

多级电路之间的连接称为耦合，常用的级间耦合方式有阻容耦合、变压器耦合、直接耦合和光电耦合四种方式。

1. 阻容耦合

各级之间用电容连接的方式，称为阻容耦合，如图 6.4.1 所示。它的优点是各级静态工作点相互独立；缺点是不能放大直流和变化缓慢的信号。此外还不能适应集成化的要求，因为集成电路中无法制作大电容。

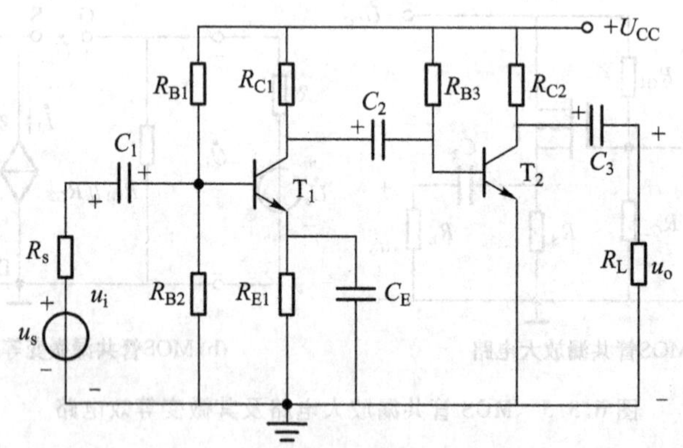

图 6.4.1　阻容耦合放大电路

2. 变压器耦合

用变压器连接各级的方式，称为变压器耦合，如图 6.4.2 所示。它的优点是各级之间静态工作点相互独立，可进行阻抗变换，以达到输出最大功率的目的；缺点是体积笨重，费用高，易受干扰，不能集成。仅在特殊场合使用。

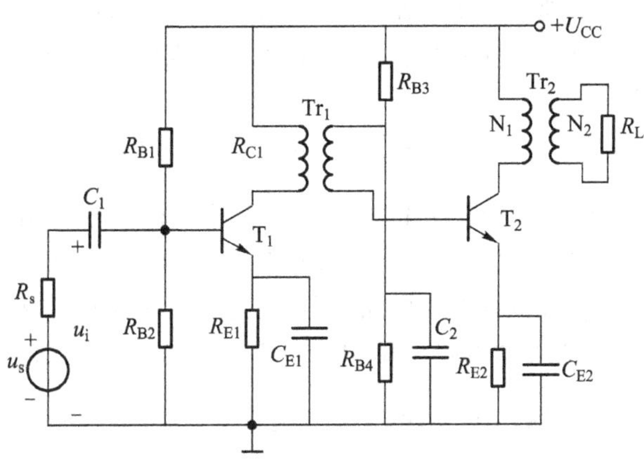

图 6.4.2 变压器耦合放大电路

3. 直接耦合

前后级直接用导线连接的方式,称为直接耦合,如图 6.4.3 所示,它的优点是低频特性好,既能放大直流信号或缓慢变化的信号,又能放大交流信号,易于集成;缺点是各级静态工作点相互影响,还存在零漂现象。

4. 光电耦合

各级之间用光电耦合器连接的方式,称为光电耦合,如图 6.4.4 所示。它的优点是前后级无电气方面的直接的连接,抗干扰能力强;缺点是输出电压较低,往往需要进一步的放大。

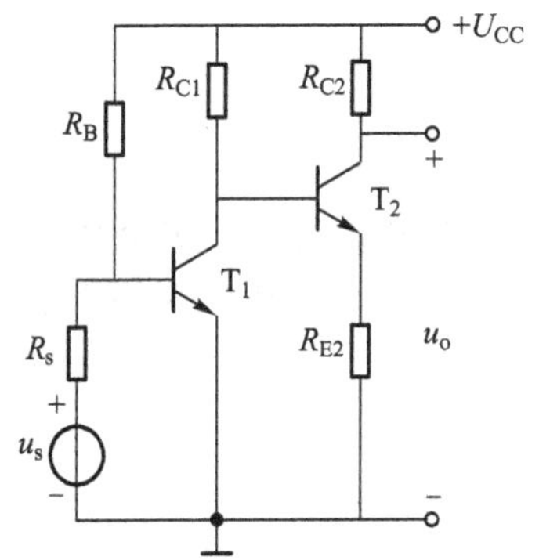

图 6.4.3 直接耦合放大电路

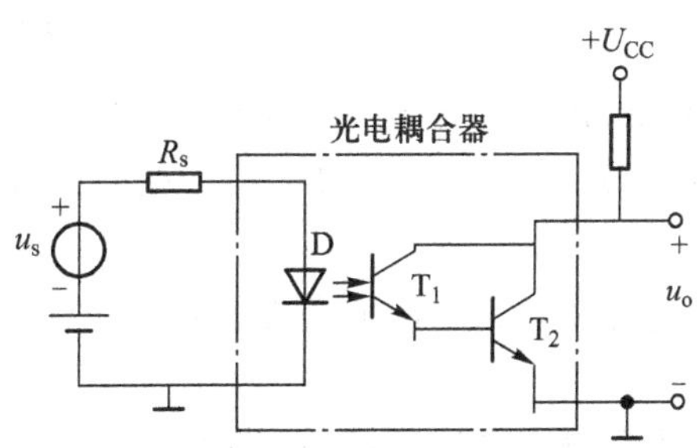

图 6.4.4 光电耦合放大电路

本节只讨论阻容耦合和直接耦合。

6.4.2 多级放大电路的基本性能指标及一般分析方法

1. 静态指标及分析

无论何种耦合方式,静态指标都是指各级的静态工作点 $Q(I_{BQ}、I_{CQ}、I_{CEQ})$。分析方法是先画出直流通路。画直流通路的原则均是令输入信号为零(如 $u_s=0$ 或 $u_i=0$),电容支路断路,变压器一次、二次绕组短路。阻容耦合和变压器耦合电路的计算方法同前述的单管放大电路；直接耦合，由于工作点相互影响，需根据电路理论建立方程组联立求解或采用近似计算得出结果。

2. 动态指标及分析

多级放大电路动态的基本指标同单级放大电路，仍是输入电阻 r_i、输出电阻 r_o 及电压放大倍数 $\dot{A}_u$。分析方法有直接分析法和间接分析法。所谓直接分析法就是画出多级放大电路的微变等效电路，建立方程组联立求解，这种方法计算过程较长，一般不用；所谓间接分析法就是用已推导的基本放大电路的公式，求解多级放大电路，下面讨论的就是这种方法。

一个 n 级放大电路的交流等效电路可用图 6.4.5 所示方框图表示。由图可知，放大电路中的前级的输出电压就是后级的输入电压，即 $\dot{U}_{o1}=\dot{U}_{i2}$，$\dot{U}_{o2}=\dot{U}_{i3}$，…，$\dot{U}_{o(n-1)}=\dot{U}_{in}$，所以，多级放大电路的电压放大倍数为

$$A_u=\frac{\dot{U}_o}{\dot{U}_i}=\frac{\dot{U}_{o1}}{\dot{U}_{i1}}\cdot\frac{\dot{U}_{o2}}{\dot{U}_{i2}}\cdot\cdots\cdot\frac{\dot{U}_{on}}{\dot{U}_{in}}=A_{u1}\cdot A_{u2}\cdot\cdots\cdot A_{un}$$

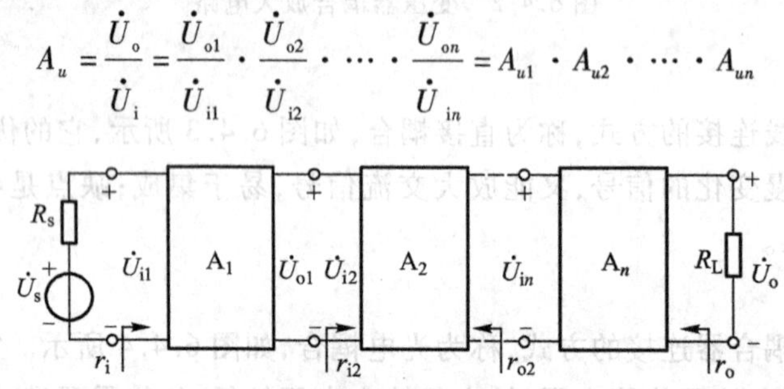

图 6.4.5 多级放大电路的方框图

即

$$A_u=\prod_{j=1}^{n}A_{uj} \tag{6.4.1}$$

式(6.4.1)表明，多级放大电路的电压放大倍数等于组成它的各单级电压放大倍数之积。对于第 1 级到第($n-1$)级，每一级的放大倍数均应将后级输入电阻作为前级负载考虑，这点务必注意。

根据放大电路的输入电阻的定义，显然有

$$r_i=r_{i1} \tag{6.4.2}$$

即多级放大电路的输入电阻由第一级决定。

根据输出电阻的定义，显然有

$$r_o=r_{on} \tag{6.4.3}$$

即多级放大电路的输出电阻，由最后一级决定。

应当注意，当共集电极放大电路作为第一级时，其输入电阻 r_i 必须计及第二级的放大电路输入电阻 r_{i2}；而当共集电极放大电路作为最后一级(即第 n 级)时，其输出电阻 r_o 必须将它前一级，即第($n-1$)级的输出电阻 $r_{o(n-1)}$ 当做其信号源内阻考虑。

例 6.4.1 在图 6.4.1 所示电路中，已知 $R_{B1}=30\ \text{k}\Omega$，$R_{B2}=10\ \text{k}\Omega$，$R_{C1}=5\ \text{k}\Omega$，$R_{E1}=2.3\ \text{k}\Omega$，$R_{B3}=390\ \text{k}\Omega$，$R_{C2}=R_L=5\ \text{k}\Omega$，$\beta_1=\beta_2=50$，$r_{bb'_1}=r_{bb'_2}=200\ \Omega$，$U_{BEQ_1}=U_{BEQ_2}=0.7\ \text{V}$，$R_s=100\ \Omega$。试估算静态工作点 Q 及动态指标 A_u、r_i、r_o 和 A_{us}。

解 (1) 求解 Q 点

$$U_{BQ_1} \approx \frac{R_{B2}}{R_{B1}+R_{B2}}U_{CC} = \frac{10}{30+10} \times 12\ \text{V} = 3\ \text{V}$$

$$I_{EQ_1} = \frac{U_{BQ_1} - U_{BEQ_1}}{R_{E1}} \approx \frac{3-0.7}{2.3}\text{mA} = 1\ \text{mA} \approx I_{CQ_1}$$

$$I_{BQ_1} = \frac{I_{EQ_1}}{1+\beta_1} \approx \frac{1}{50}\text{mA} = 0.02\ \text{mA} = 20\ \mu\text{A}$$

$$U_{CEQ_1} \approx U_{CC} - I_{CQ_1}(R_{C1}+R_{E1}) = [12 - 1 \times (5+2.3)]\text{V} = 4.7\ \text{V}$$

$$I_{BQ_2} = \frac{U_{CC} - U_{BEQ_2}}{R_{B3}} = \frac{12-0.7}{390}\text{mA} = 0.029\ \text{mA} = 29\ \mu\text{A}$$

$$I_{CQ_2} = \beta_2 I_{BQ_2} = 50 \times 0.029\ \text{mA} = 1.45\ \text{mA} \approx I_{EQ_2}$$

$$U_{CEQ_2} = U_{CC} - I_{CQ_2}R_{C2} = [12 - 1.45 \times 5]\text{V} = 4.75\ \text{V}$$

(2) 求解动态指标

$$r_{be_1} = r_{bb'_1} + (1+\beta_1)\frac{26}{I_{EQ_1}} = \left[200 + (1+50) \times \frac{26}{1}\right]\Omega = 1\ 526\ \Omega = 1.526\ \text{k}\Omega$$

$$r_{be_2} = r_{bb'_2} + (1+\beta_2)\frac{26}{I_{EQ_2}} = \left[200 + (1+50) \times \frac{26}{1.5}\right]\Omega = 1\ 084\ \Omega = 1.084\ \text{k}\Omega$$

$$A_u = A_{u1} \cdot A_{u2} = \beta_1 \frac{R_{C1} /\!/ r_{i2}}{r_{be_1}} \times \beta_2 \frac{R_{C2} /\!/ R_L}{r_{be_2}} \approx 3\ 365$$

$$r_i = R_{B1} /\!/ R_{B2} /\!/ r_{be_1} \approx 1.27\ \text{k}\Omega$$

$$r_o = R_{C2} = 5\ \text{k}\Omega$$

$$A_{us} = \frac{r_i}{r_i + R_s}A_u = \frac{1.27}{1.27+0.1} \times 3\ 365 \approx 3\ 119$$

*6.4.3 差分放大电路

图 6.4.6 是二级直接耦合放大电路,它是为克服阻容耦合放大电路的缺点而引入的,它既能放大直流信号又能放大交流信号。

直接耦合放大电路存在着各级静态工作点相互影响和零点漂移严重的缺点。所谓零点漂移是指输入信号为零时,输出端有偏离静态值的变化缓慢的信号输出。抑制零点漂移最有效的电路是差分放大电路,它主要用作运算放大器的输入级。

1. 电路结构的特点

典型的差分放大电路如图 6.4.7 所示。该电路结构的主要特点是左右两边完全对称,即 T_1

和 T_2 的性能完全一致，标号相同的电阻也完全相同。

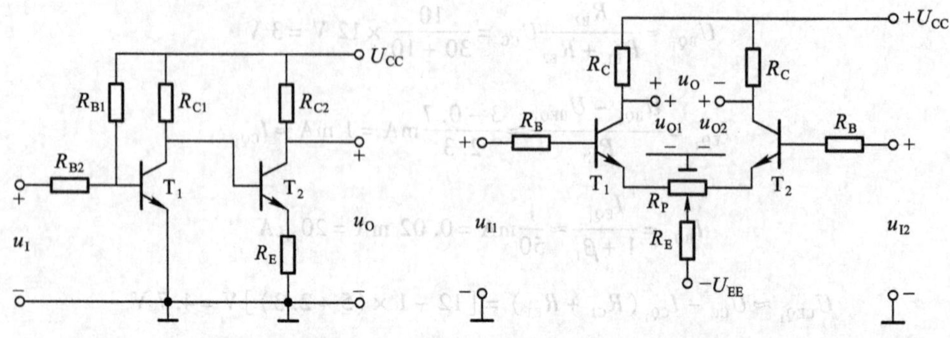

图 6.4.6　二级直接耦合放大电路　　　　图 6.4.7　典型差分放大电路

2. 抑制零点漂移的原理

由于电路对称，故 $I_{C1}=I_{C2}$、$U_{C1}=U_{C2}$，$U_O=U_{C1}-U_{C2}=0$；无论何种条件变化（如温度），引起的电流和电压变化量也必然相同，即 $\Delta I_{C1}=\Delta I_{C2}$，$\Delta U_{C1}=\Delta U_{C2}$，$\Delta U_o=\Delta U_{o1}-\Delta U_{o2}=0$。可见，虽然每管都产生零点漂移，但由于输出取自两管输出之差，故相互抵消，体现了良好的抑制零漂能力。电位器 R_P 称为调零电阻，其作用是为了解决实际上难以保证完全对称和引入差模负反馈。为了进一步提高零点漂移的能力，R_E 常用恒流源电路取代。

3. 输入和输出方式

（1）三类输入信号

差模信号：指两输入端的信号大小相等、极性相反的信号，即

$$u_{I1}=-u_{I2}=\frac{1}{2}u_{Id}=u_{Id1}=-u_{Id2} \tag{6.4.4}$$

共模信号：指两输入端的信号大小相等、极性相同的信号，即

$$u_{I1}=u_{I2}=u_{Ic} \tag{6.4.5}$$

比较信号：又称任意输入信号，即两输入端的输入信号大小和极性均是任意的。

差模信号和共模信号是两种基本输入方式，比较（任意）信号是由它们组合而成，即

$$\begin{cases} u_{I1}=u_{Id1}+u_{Ic} & (6.4.6)\\ u_{I2}=u_{Id2}+u_{Ic} & (6.4.7)\end{cases}$$

故

$$\begin{cases} u_{Ic}=\dfrac{u_{I1}+u_{I2}}{2} & (6.4.8)\\ u_{Id1}=-u_{Id2}=\dfrac{u_{I1}-u_{I2}}{2} & (6.4.9)\end{cases}$$

应注意 u_{Id} 是两输入端之间的信号；u_{Id1} 和 u_{Id2} 分别是两输入端的对地信号。

（2）对共模信号的抑制作用

当共模信号 $u_{I1}=u_{I2}=u_{Ic}$ 输入时，输出有两种情况，一是从 u_O 输出（双端输出），二是从 u_{O1} 或

u_{O2}输出(单端输出)。因为电路对称,所以在双端输出时,$\Delta U_{oc}=0$,共模放大倍数 $A_c=\frac{\Delta U_{oc}}{\Delta U_{ic}}=0$,体现了对共模信号有极强的抑制能力。因为发射极接有较大的电阻 R_E,有强烈的负反馈作用,所以,即使单端输出,ΔU_{oc}的值很小,A_c也很小,即对共模信号的抑制能力仍很强。

(3) 对差模信号的放大作用

当差模信号输入时,可以构成四种输入、输出方式,如图 6.4.8 所示。其中图(a)为双端输入、双端输出,图(b)为单端输入、双端输出,图(c)为双端输入、单端输出,图(d)为单端输入、单端输出。

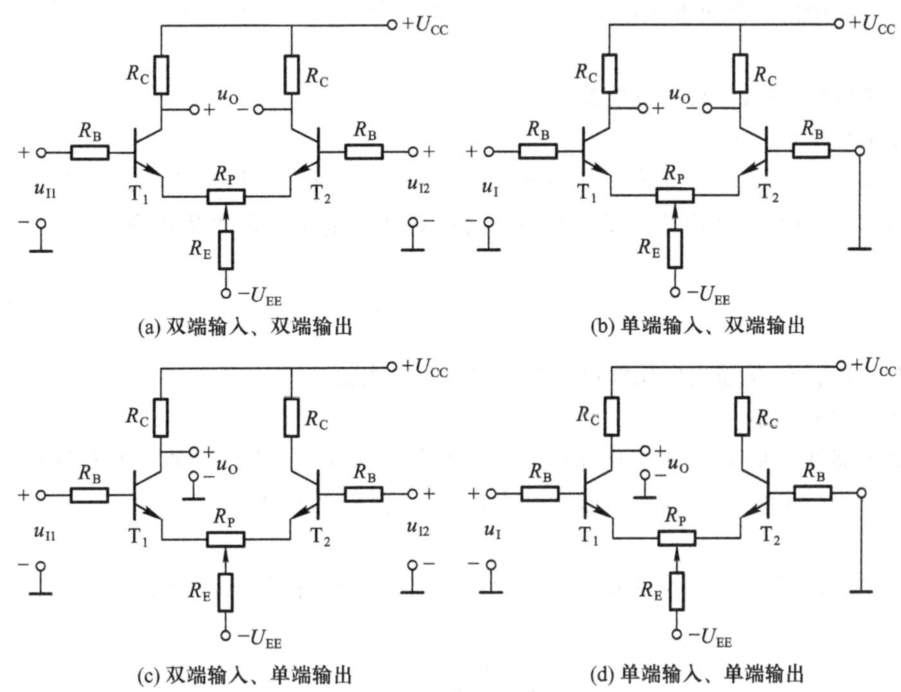

图 6.4.8 四种输入、输出方式的差分放大电路

理论分析不难得出:无论何种输入、输出方式,都对差模信号有放大作用。四种电路动态指标的分析原则为:输入电阻均为单管输入电阻的两倍;凡双端输出,输出电阻为单管输出电阻的两倍,电压放大倍数则和单管放大倍数相同;凡单端输出,输出电阻和单管输出电阻相同,而电压放大倍数则为单管放大倍数之半。

(4) 共模抑制比

为了综合评价差分放大电路对差模信号的放大能力和对共模信号的抑制能力,引入共模抑制比,其定义为

$$K_{CMR}=\left|\frac{A_d}{A_c}\right| \tag{6.4.10}$$

若用分贝表示,则定义为

$$K_{CMR}(dB)=20\lg\left|\frac{A_d}{A_c}\right| \tag{6.4.11}$$

显然对双入、双出的差分放大电路来说，在理想情况下，K_{CMR}为无穷大。共模抑制比愈大，说明差分放大电路性能愈优。

*6.4.4　低频功率放大电路

以输出功率为主要目的的放大电路统称为功率放大电路，它处于多级放大电路的末级或末前级，以推动负载工作，如推动扬声器、使电动机旋转和继电器动作等。功率放大电路和前述的电压放大电路放大的本质相同，但侧重点不同，电压放大电路以得到足够大的信号电压为目的，而功率放大电路则以得到足够大的输出功率为目的。侧重点的不同，带来了分析内容和分析方法的不同。

1. 对低频功率放大电路的性能要求

（1）输出功率足够大

放大电路的放大元件（一般称功率管或功率元件）要在接近极限运用状态下工作，以输出足够大的电压和电流幅度，从而获得足够大的输出功率 P_O。它的一般表达式为

$$P_O = U_O I_O = \frac{1}{2}U_{om}I_{om} \tag{6.4.12}$$

式中，U_O、U_{om}和 I_O、I_{om}是输出电压和电流的有效值及最大值。

（2）非线性失真小

由于放大器件的非线性，放大电路的非线性失真不可避免。大信号的放大电路尤为突出，这里所说的失真小是定性的，即在保证输出功率前提下，使失真尽量小。

（3）效率高

放大电路中，负载得到的交流信号功率 P_O 与直流电源提供的直流功率 P_U 之比定义为效率 η，即

$$\eta = \frac{P_O}{P_U} \times 100\% \tag{6.4.13}$$

显然 η 高是功率放大器追求的目标，否则将带来一系列的问题。

（4）管耗低

在功率放大电路中，只有将管子的损耗降低，才能获得高效率。管耗如超过允许值，将导致管子烧毁。因此功率管一般安装在散热器上，以便充分利用和保护管子。管耗 P_T 可用下式求得

$$P_T = P_U - P_O - P_R \approx P_U - P_O \tag{6.4.14}$$

式中，P_U 为电源输出功率；P_R 为电路中所有电阻的损耗，在所讨论的电路中忽略不计。

2. 低频功率放大电路的分类

由于功率放大电路是在大信号状态下工作，因此不能使用微变等效电路法分析计算，只能用图解法分析计算。

低频功率放大电路按照功放管所设静态工作点的不同，可分为甲类、乙类、甲乙类等。

在甲类功放中，功放管的集电极电流 $I_{CQ} > I_{Cm}$，在输入正弦波信号的整个周期内，功放管都有

集电极电流流通,其电流波形图如图 6.4.9 所示,其中 u_i 是输入的信号电压,i_C 是功放管的集电极电流。由于 I_{CQ} 大,它的效率最低,但输出波形失真最小。

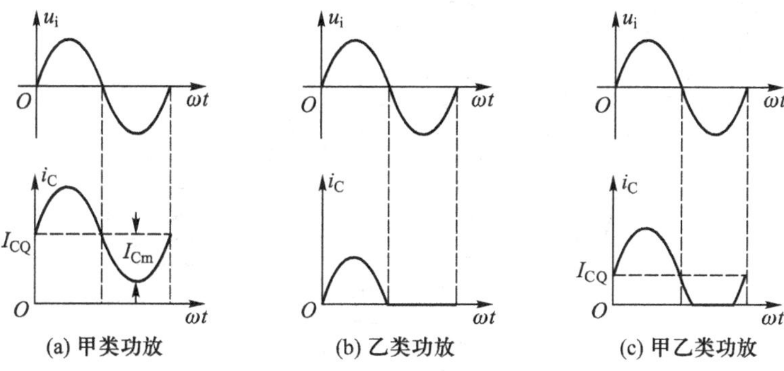

(a) 甲类功放　(b) 乙类功放　(c) 甲乙类功放

图 6.4.9　功率放大电路的工作情况

在乙类功放中,功放管的集电极电流 $I_{CQ}=0$,在输入信号的整个周期内,忽略晶体管死区电压,每管也只有半个周期导通。它的效率最高,但输出波形失真最大,图 6.4.9(b)示出了集电极的电流波形。

在甲乙类功放中,功放管的集电极电流 $0<I_{CQ}\ll I_{Cm}$,在输入信号的整个周期内,每管导通略大于半个周期,它的效率接近乙类,失真情况接近甲类,图 6.4.9(c)示出了集电极的电流波形。

从耦合方式上说,构成上述三类功放的具体电路有多种,本书只讨论目前广泛应用的直接耦合构成的功放。

3. 互补对称功率放大电路(OCL)

(1) 电路组成

乙类双电源互补对称功率放大电路简称(OCL),电路如图 6.4.10 所示。该电路的本质是由两个乙类射极输出器组合而成,特点是 T_1、T_2 特性参数完全对称,正、负电源也完全对称。

(2) 工作原理

静态时,由于 T_1,T_2 对称,$U_E=0$,$U_{BE}=0$,$I_B=0$,$I_C=0$,两个晶体管均截止。

在输入正弦电压 $u_i=U_i\sin\omega t$ 的作用下,正半周内 T_1 管导通,T_2 管截止。电流 i_{C1} 流经 R_L 形成输出电压 u_o 的正半周,$u_o\approx u_i$,由 T_1 管完成电压跟随作用。

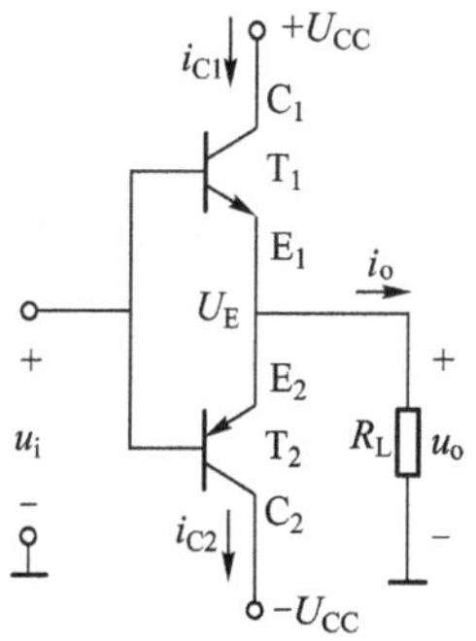

当 u_i 为负半周时,T_1 管截止,T_2 管导通,电流 i_{C2} 流经 R_L 形成输出电压 u_o 的负半周,仍有 $u_o\approx u_i$,由 T_2 管完成电压跟随作用。

图 6.4.10　乙类双电源互补对称功率放大电路

可见在输入电压变化的一个周期内,T_1 管和 T_2 管交替导通,在输出端形成一个完整的正弦输出电压波形,如图 6.4.11 所示。射极输出器的 $u_o\approx u_i$,虽无电压放大作用,但有电流放大作用,故有功率放大作用。

从以上分析可知:这种电路每只管子只导通半个周期,属于乙类工作状况;两只管子轮流工作,互补对方之不足,乙类双电源互补对称放大电路因此而得名。

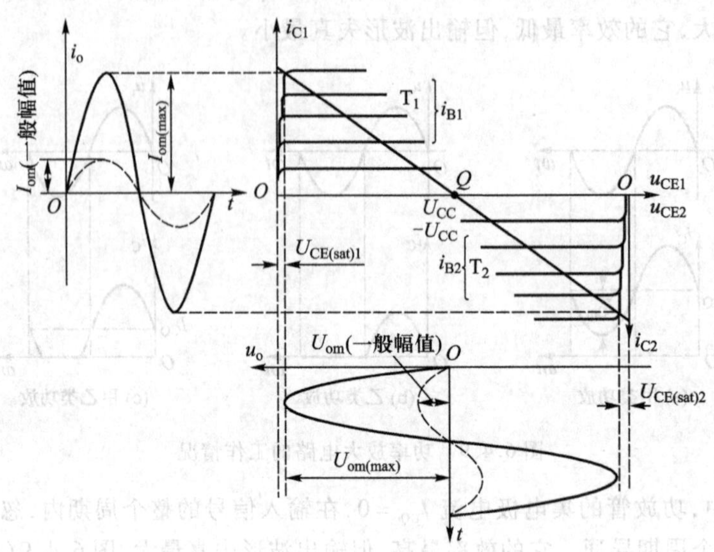

图 6.4.11　乙类双电源互补对称功率放大电路的图解分析

(3) 分析计算(注意:U_{om}代表一般情况下输出正弦波电压的幅值,$U_{om(max)}$代表输出正弦波电压的幅值的最大不失真值)

① 输出功率 P_o、$P_{o(max)}$　输出功率的一般关系式如式(6.4.12)。

当输入信号足够大时,最大不失真的电压、电流值分别为 $U_{om(max)}$、$I_{om(max)}$,则电路的最大不失真输出功率 $P_{o(max)}$ 为

$$P_{o(max)} = \frac{1}{2}\frac{U_{om(max)}^2}{R_L} \tag{6.4.15}$$

设管子的饱和压降为 $U_{CE(sat)}$,则电路的最大不失真输出功率 $P_{o(max)}$ 为

$$P_{o(max)} = \frac{1}{2}\cdot\frac{(U_{CC}-U_{CE(sat)})^2}{R_L} \tag{6.4.16}$$

或

$$P_{o(max)} \approx \frac{1}{2}\cdot\frac{U_{CC}^2}{R_L}\quad（忽略 U_{CE(sat)} 时） \tag{6.4.17}$$

② 直流电源提供的平均功率 P_U、$P_{U(max)}$　由于 T_1、T_2 管交替导通,可以认为 i_{C1}、i_{C2} 近似为正弦波的半波,每个电源各提供半个周期的电流,因此可以认为电源 U_{CC}、$-U_{CC}$ 提供的平均功率一般表达式为

$$P_U = 2P_{U_{CC}} = \frac{2}{2\pi}\int_0^{\pi} U_{CC}\cdot I_{om}\cdot \sin\omega t\mathrm{d}(\omega t)$$

$$= \frac{2U_{CC}}{\pi}\cdot I_{om}$$

$$= \frac{2U_{CC}}{\pi} \cdot \frac{U_{om}}{R_L} \tag{6.4.18}$$

当 $U_{om} = U_{om(max)}$ 时，电源输出最大功率，用 $P_{U(max)}$ 表示，则

$$P_{U(max)} = 2 \cdot \frac{U_{CC}}{\pi} \cdot \frac{U_{om(max)}}{R_L} = 2 \cdot \frac{U_{CC}}{\pi} \cdot \frac{U_{CC} - U_{CE(sat)}}{R_L} \tag{6.4.19}$$

或

$$P_{U(max)} \approx 2 \cdot \frac{U_{CC}^2}{\pi R_L} \quad （忽略 U_{CE(sat)} 时） \tag{6.4.20}$$

③ 效率 $\eta, \eta_{(max)}$ 一般输出时的效率 η 可由式(6.4.13)和式(6.4.18)求得。

$$\eta = \frac{P_o}{P_U} \times 100\% = \frac{\dfrac{1}{2}\dfrac{U_{om}^2}{R_L}}{2\dfrac{U_{CC}}{\pi} \cdot \dfrac{U_{om}}{R_L}} \times 100\% = \frac{\pi \cdot U_{om}}{4 \cdot U_{CC}} \times 100\% \tag{6.4.21}$$

最大效率 $\eta_{(max)}$ 为

$$\eta_{(max)} = \frac{P_{o(max)}}{P_{U(max)}} \times 100\% = \frac{\dfrac{1}{2}\dfrac{(U_{CC} - U_{CE(sat)})^2}{R_L}}{2\dfrac{U_{CC}}{\pi} \cdot \dfrac{(U_{CC} - U_{CE(sat)})}{R_L}} \times 100\%$$

$$= \frac{\pi \cdot (U_{CC} - U_{CE(sat)})}{4 \cdot U_{CC}} \times 100\% \tag{6.4.22}$$

或

$$\eta_{(max)} = \frac{\pi}{4} \times 100\% = 78.5\% \quad （忽略 U_{CE(sat)} 时） \tag{6.4.23}$$

④ 管耗 $P_T, P_{T(max)}$ 由于两管对称，管耗相等，故总管耗 P_T 为单管管耗 P_T 的两倍，因此，只需求出单管管耗 P_T 即可。由式(6.4.14)、式(6.4.15)、式(6.4.18)求得。

$$P_{T_1} = \frac{1}{2}(P_U - P_o) = \frac{1}{2}\left(\frac{2U_{CC}U_{om}}{\pi R_L} - \frac{1}{2} \cdot \frac{U_{om}^2}{R_L}\right)$$

$$= \frac{1}{R_L}\left(\frac{U_{CC}U_{om}}{\pi} - \frac{U_{om}^2}{4}\right) \tag{6.4.24}$$

令 $\dfrac{dP_{T_1}}{dU_{om}} = 0$，可得 $U_{om} = \dfrac{2}{\pi} \cdot U_{CC} \approx 0.64U_{CC}$，$P_{T_1}$ 取得最大值

$$P_{T1(max)} = \frac{U_{CC}^2}{\pi^2 R_L} = \frac{2}{\pi^2}P_{o(max)} \approx 0.2P_{o(max)} \tag{6.4.25}$$

$$P_{T(max)} = 2P_{T_1(max)} \approx 0.4P_{o(max)}$$

应当注意最大管耗并不发生在最大幅度输出时，在 $U_{o(max)} = U_{CC} - U_{CE(sat)} \approx U_{CC}$ 时，有

$$P_{T_1}=\frac{U_{CC}^2}{\pi R_L}-\frac{1}{4}\cdot\frac{U_{CC}^2}{R_L}=\left(\frac{2}{\pi}-\frac{1}{2}\right)P_{o(\max)}\approx 0.137P_{o(\max)}$$

⑤ 功率管参数的确定　由图 6.4.11 可知，截止管承受的最高反压约为 $2U_{CC}$，集电极电流 i_C 不超过$\frac{U_{CC}}{R_L}$，因此功放管应用时要满足下列条件

$$\begin{cases}U_{(BR)CEO}>2U_{CC}\\P_{CM}>0.2P_{o(\max)}\\I_{CM}>\dfrac{U_{CC}}{R_L}\end{cases}\tag{6.4.26}$$

(4) 乙类功放存在的问题

前面介绍的乙类互补对称功率放大电路，由于没有静态直流偏置，当输入电压 u_i小于晶体管死区电压（对硅管 $U_{BE}\leqslant 0.5$ V，锗管 $|U_{BE}|\leqslant 0.2$ V）时，晶体管截止。因此，当输入信号过零点时，输出的波形便产生了失真，称为“交越失真”，如图 6.4.12 所示。

消除交越失真的办法是给管子建立一定的直流偏置，使每只管子在静态时已处于微导通状态，输入信号一旦加入，晶体管即进入线性放大区。

图 6.4.13 所示电路是改进方案之一。由于偏置电压作用，在输入信号作用下，T_1、T_2均在大于半个周期内导通，因而称它为甲乙类互补对称功率放大电路，图中由二极管 D 和可变电阻 R_P组成的支路为 T_1和 T_2管的静态偏置电路。调节 R_P使 b_1、b_2两端偏置电压略大于两只晶体管死区电压之和。由于 T_1、T_2管参数对称，静态时 $U_E=0$，所以流入负载的静态输出电流为零，静态输出电压也为零。在动态时，二极管 D 的动态电阻很小，R_P的阻值也取得较小，所以 D 和 R_P支路两端的交流电压很小，可以近似认为 T_1、T_2的基极对交流信号为等电位。由于静态电流很小，因此，可以近似用前面乙类互补对称功率放大电路的计算公式近似估算甲乙类互补对称功率放大电路的各项指标。

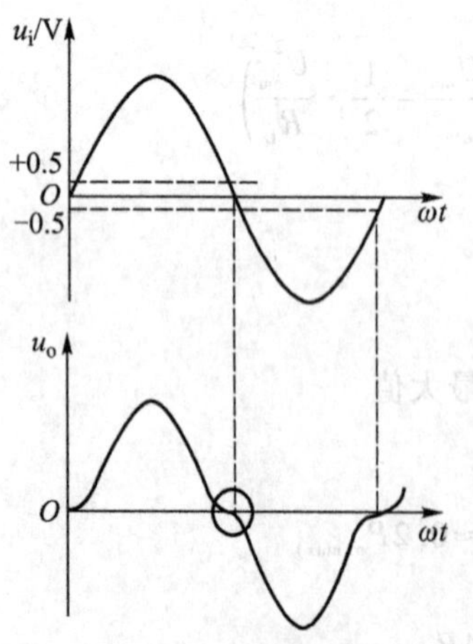

图 6.4.12　交越失真

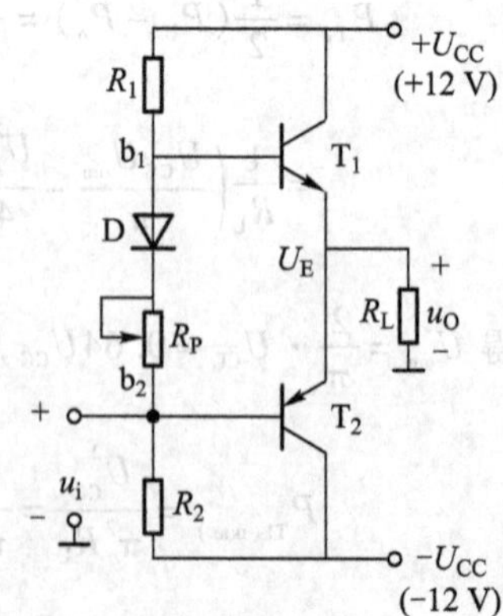

图 6.4.13　甲乙类互补对称功率放大电路

例 6.4.2 甲乙类互补对称功率放大电路如图 6.4.13 所示，$U_{CC}=12\ V$，$R_L=8\ \Omega$，两只管子的 $U_{CE(sat)}=2\ V$，试求：(1) 最大不失真输出功率；(2) 电源供给的功率和最大输出功率时的效率；(3) 每只管子的最大管耗；(4) 选择晶体管 T_1；T_2。

解 (1) 最大不失真输出功率 $P_{o(max)}$ 为

$$P_{o(max)}=\frac{1}{2}\frac{(U_{CC}-U_{CE(sat)})^2}{R_L}=6.25\ W$$

(2) 电源供给的功率 $P_{U(max)}$ 为

$$P_{U(max)}=2\frac{U_{CC}}{\pi}\cdot\frac{U_{CC}-U_{CE(sat)}}{R_L}=9.55\ W$$

最大输出功率时的效率为

$$\eta_{(max)}=\frac{\pi}{4}\cdot\frac{U_{CC}-U_{CE(sat)}}{U_{CC}}=65\%$$

(3) 每只管子的最大功耗 $P_{T_1(max)}$ 为

$$P_{T_1(max)}=\frac{U_{CC}^2}{\pi^2 R_L}=1.82\ W$$

(4) 选管为

$$\begin{cases}P_{CM}>P_{T_1(max)}=1.82\ W\\ U_{(BR)CEO}\geqslant 2U_{CC}=24V\\ I_{CM}>I_{om}=\dfrac{U_{CC}}{R_L}=1.5A\end{cases}$$

查手册，可选出满足上述要求的管子。

4. 无输出变压器功率放大电路(OTL)

OCL 电路采用双电源供电，会给使用和维修带来某些不便，因此可以在放大电路输出端接一个容量足够大的电容 C，利用该电容的充放电代替一个负电源，就可构成单电源互补对称功率放大电路，常称为无输出变压器功率放大电路，简称 OTL 电路。OTL 同 OCL 类似，也有乙类和甲乙类之分，图 6.4.14 是典型的甲乙类 OTL 电路。

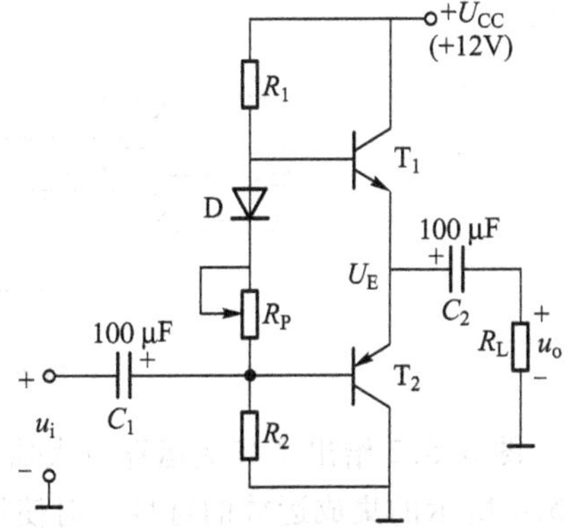

图 6.4.14 甲乙类 OTL 电路

在图 6.4.14 所示的电路中，由于 T_1 管、T_2 管对称，当 $u_i=0$ 时，电源 U_{CC} 经 R_1、T_1、C_2 和 R_L 对 C_2 充电，稳定时 $U_E=U_C=\frac{1}{2}U_{CC}$，又因为 C_2 取得足够大，使其充放电时间常数也足够大，所以当有信号作用时，C_2 上的电压基本恒定不变，实现了用其代替 $-U_{CC}$ 的作用。该电路 T_1 管和 T_2

管的工作电压均为$\frac{1}{2}U_{CC}$，工作原理和 OCL 完全相同，如欲进行定量计算，只需将乙类 OCL 各式中的 U_{CC}用$\frac{1}{2}U_{CC}$代替即可。

6.5 集成运算放大器

6.5.1 集成运算放大器的基本概念

在一块微小的半导体芯片上，采用专门的制造工艺，将电阻、二极管、双极晶体管、场效晶体管及小电容和它们之间的连线组成的完整电路制作在一起，以实现特定功能的电路称为集成电路。集成电路分为模拟集成电路和数字集成电路。集成运算放大电路，简称集成运放或者运放，属于模拟集成电路。集成运放实质是一种高放大倍数的多级直接耦合放大电路，它以其高放大倍数、高可靠性、低成本和微型化等优越性能，被广泛地应用在电子技术领域中。

1. 结构及符号

(1) 结构

集成运算放大器由差分输入级、中间放大级、输出级和偏置电路四部分组成，框图结构如图 6.5.1所示。

差分输入级是由双极晶体管或场效晶体管组成的差分电路构成，其主要作用是提高差模放大倍数、差模输入电阻和共模抑制比。

中间放大级本身可由多级放大器构成，共射、共源以及差分放大电路都可构成中间级的基本单元，其主要作用是提高电压放大倍数。

输出级一般采用双电源甲乙类互补对称输出电路，其主要作用是提高功率输出、降低输出电阻（即提高带负载能力）、减小非线性失真和增大输出电压的线性范围。

偏置电路大多由晶体管恒流源组成，其主要作用是为各级提供偏置电流，建立合适的静态工作点。

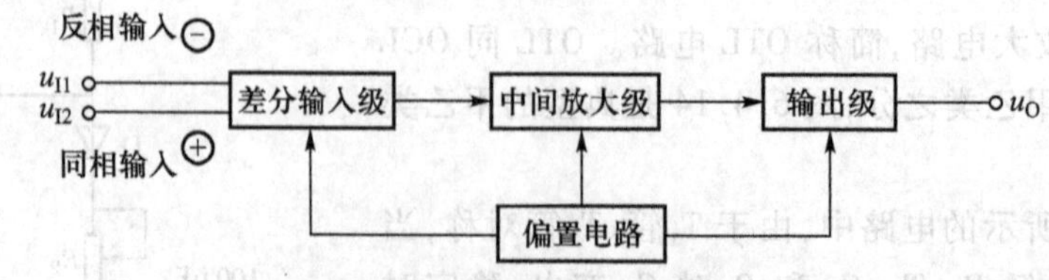

图 6.5.1 集成运算放大器方框图

图 6.5.2 给出了集成运算放大器 CF741 的原理电路供读者与图 6.5.1 比对，并加深理解图 6.5.4 所示的集成运放的符号。对使用者来说，一般无须深究内部电路，应注重对集成运算放大器符号及分析原则的掌握。

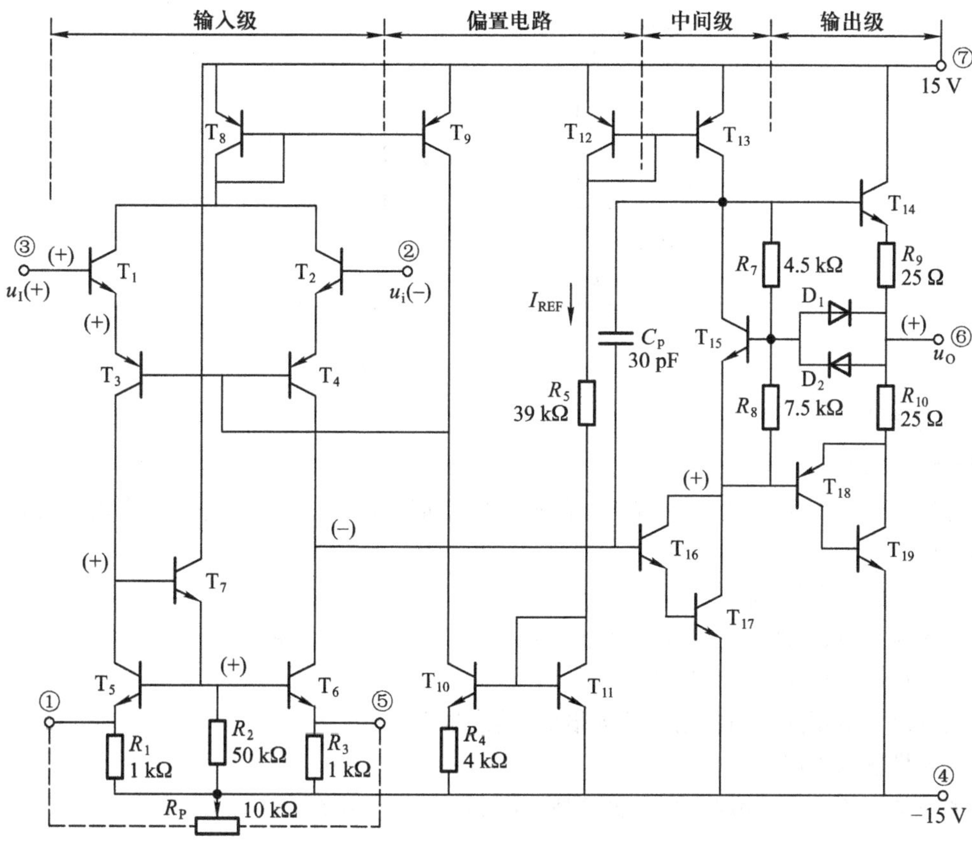

图 6.5.2 CF741 的原理电路

(2) 符号

集成运算放大器通常有金属圆壳式和双列直插式等封装方式,如图 6.5.3 所示。集成运放的符号如图 6.5.4 所示,其中图(a)是完整符号,所需引脚均已标出,图中 R_P 为调零电位器,用于调整放大器输出零点,C_P 用于消除放大器内部的寄生振荡。为了使复杂电路图简明扼要,常采用图(b)的简化符号,但应注意,在实际连线时,仍要按图(a)连接。

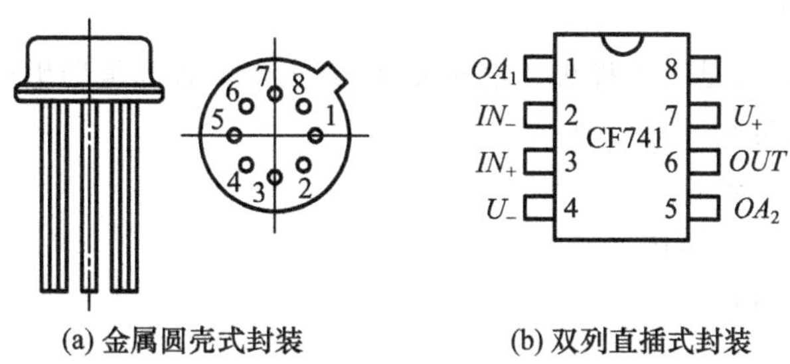

图 6.5.3 集成运算放大器引脚排列顶视图

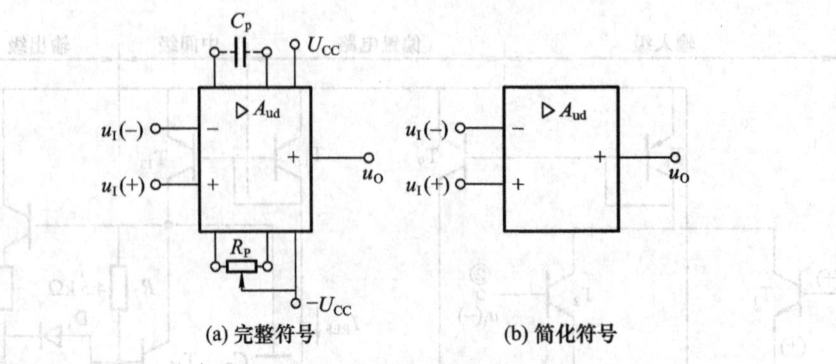

图 6.5.4　集成运放的符号

2. 主要参数

(1) 输入失调电压 U_{IO}

指为使输出电压为零,在输入端所加的补偿电压值,以解决参数不对称带来的不良后果,其值越小越好。

(2) 输入失调电流 I_{IO}

指输入为零时,运放两个输入端静态电流之差,其值也是越小越好。

(3) 开环差模电压放大倍数 A_{od}

指运算放大器不加反馈的电压放大倍数,其值越大越好。

(4) 差模输入电阻 r_{id}

指差模信号输入时的电阻,其值也是越大越好,一般为$(0.5\sim5)\times10^6\ \Omega$。

(5) 差模输出电阻 r_{od}

指差模信号输入时的电阻,其值越小越好。

(6) 共模抑制比 K_{CMR}

指运放开环的差模电压放大倍数 A_{od} 与开环的共模电压放大倍数 A_{oc} 绝对值之比,其值越大越好,典型值可达 10^6(即 120 dB)。

用实际的集成运算放大器的电路模型进行电路分析,结果十分繁杂,在一般情况下无必要。为了简化分析过程以得出简明扼要的结果,在大多数情况下,均采用理想运算放大器的电路模型进行分析。

3. 理想运算放大器

所谓理想运算放大器,是一种理想的电路元件,其主要参数都是理想值,即:

开环差模电压放大倍数　$A_{od}\to\infty$

差模输入电阻　$r_{id}\to\infty$

共模电压放大倍数　$A_{oc}=0$

共模输入电阻　$r_{ic}\to\infty$

输出电阻　$r_o=0$

共模抑制比　$K_{CMR}=\dfrac{A_{od}}{A_{oc}}\to\infty$

理想运算放大器的符号如图 6.5.5(a)所示,它是将图 6.5.4(b)中的 A_{od}换成∞得到的。

4. 理想运算放大器的电压传输特性

描述开环时理想运算放大器输出电压 u_O与输入电压 $u_{Id}=u_+-u_-$的关系曲线称为电压传输特性,如图 6.5.5(b)所示特性曲线可以分为三个区域:即 $u_{Id}>0_+$为正向饱和区,$u_{Id}<0_-$为负向饱和区,这两个区域亦可合称为非线性区;$0_-<u_{Id}<0_+$的区域称为线性区。图中 U_{Om}称为饱和输出电压,其值小于运放所使用的电源电压值,如 $U_{CC}=15$ V,一般情况下 U_{Om}约为 13 V。图中虚线为实际情况,线性区域在 $U_{I-}<u_{Id}<U_{I+}$之间。

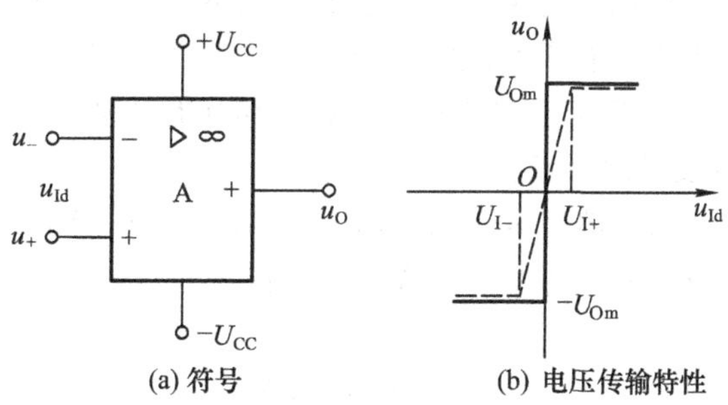

图 6.5.5 理想运放符号及电压传输特性

5. 理想运算放大电路分析的原则——虚断和虚短

采用理想运算放大器作为电路模型,能够大大地简化模拟放大电路的分析计算,实际上由于集成电路制造工艺的进步,目前运算放大器的性能已经非常接近理想值,故将实际运放看做理想运放,不会引起明显的误差。

利用理想运算放大器进行模拟放大电路分析时,有两条原则是必须掌握的。

(1) 运放工作在线性区,即运放处于闭环工作状态

① 虚断 因输入电阻 $r_{id}\to\infty$,故运放的输入电流为零,即两输入端之间相当于断开,$I_+=I_-=0$,故称虚断。

② 虚短 因开环差模电压放大倍数 $A_{od}\to\infty$,但运算放大器的输出电压总是有限值,最大只能接近运放使用的电源电压,故两输入端之间的差模输入电压为零,即两输入端同电位,相当于短接,$U_+=U_-$,故称虚短。

应当注意上面的虚断和虚短,不是真正地将两输入端断开和短接,它只是分析问题时的近似方法;再者,虚断和虚短只有运放工作在线性区才适用。

(2) 若运放工作在非线性区,即运放处于开环工作状态或正反馈工作状态

① 虚断仍然成立。

② 虚短只在输出信号跳变的瞬间成立,其余时间均不成立,即 $U_+\neq U_-$(或 $U_{id}\neq 0$),这点务必引起注意。

6.5.2 反馈的基本概念

集成运算放大器在线性应用时需要在运放外部连接电路元件,构成负反馈电路。负反馈电

路是电子电路最重要也是使用最为普遍的一类电路。

所谓反馈，就是将输出量(电压或电流)的一部分或全部，通过某一网络送回输入端，与原输入量进行适当连接的过程。

1. 反馈的分类

反馈按反馈量是直流还是交流，可分为直流反馈和交流反馈两大类；按反馈量取自输出电压还是输出电流，可以分为电压反馈和电流反馈两类；按反馈量与原输入量是串联还是并联得到净输入信号，可以分为串联反馈和并联反馈两类；按净输入量的增减，可以分为正反馈和负反馈两类。关于直流负反馈，已在静态工作点稳定电路中简单提及，这里不再讨论。本节只讨论动态信号的反馈类型。综上可知，动态反馈类型共有八类：电压串联正、负反馈；电流串联正、负反馈；电压并联正、负反馈和电流并联正、负反馈。正、负反馈在电子电路中都有重要的应用。

2. 负反馈的框图结构及基本关系式

负反馈由基本放大电路和反馈网络两部分组成，如图 6.5.6 所示。基本放大电路和反馈网络构成的闭合回路，称为环路，图中各符号的含义如下：

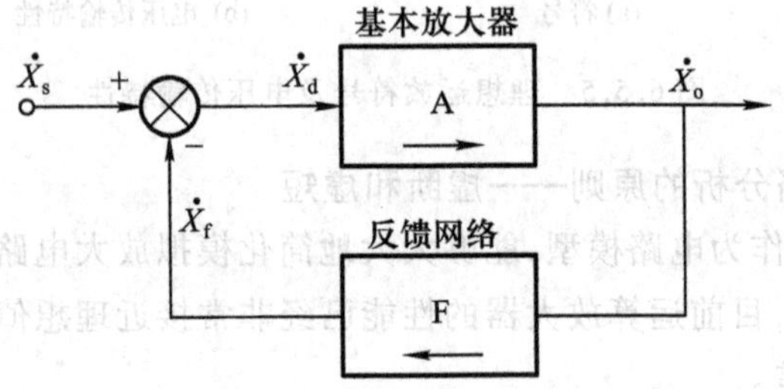

图 6.5.6　反馈放大电路框图

$\dot{X}_s$：原输入信号，它可以是电压或电流，为正弦量的相量形式(下同)。

$\dot{X}_d$：净输入信号　$\dot{X}_d=\dot{X}_s-\dot{X}_f$

$\dot{X}_f$：反馈信号　$\dot{X}_f=F\dot{X}_o$

$\dot{X}_o$：输出信号　$\dot{X}_o=A\dot{X}_d$

A：开环放大倍数　$A=\dfrac{\dot{X}_o}{\dot{X}_d}$

F：反馈系数　$F=\dfrac{\dot{X}_f}{\dot{X}_o}$

A_f：闭环放大倍数

$$A_f=\frac{\dot{X}_o}{\dot{X}_s}=\frac{A}{1+AF} \tag{6.5.1}$$

$|1+AF|$ 称为反馈深度，当 $|1+AF|\gg 1$ 时，称为深度反馈，此时

$$1 + AF \approx AF$$

$$A_{\mathrm{f}} \approx \frac{1}{F} \tag{6.5.2}$$

另外,反馈深度常用 $20\lg|1+AF|$(dB)表示。

3. 反馈类型的判断

反馈类型的判断,大致按四个步骤进行。

(1) 有无反馈的判断

先根据直流通路或交流通路,确定连接输入回路和输出回路元件(即反馈元件)的有无,若有反馈信号(信号源内阻 $R_s \neq 0$),即存在反馈;反之,不存在反馈。

(2) 电压反馈和电流反馈的判断

欲确定反馈信号采样(或依赖)是电流还是电压,一般采用输出电压短路法判断较为方便,即令 $\dot{U}_{\mathrm{o}}=0$。若反馈存在,说明反馈不依赖电压,故为电流反馈;若反馈不存在,说明反馈依赖电压,故为电压反馈。

(3) 串联反馈与并联反馈的判断

在反馈放大电路的输入端,根据输入信号与反馈信号的连接方式来判别串联反馈和并联反馈。如果反馈信号在输入回路中以电压的形式与输入信号相加减(反馈元件不直接与信号的输入端相连),即反馈信号与输入信号串联,称为串联反馈;如果反馈信号与输入信号以电流的形式相加减(反馈信号直接与信号的输入端相连),即反馈信号与输入信号并联,称为并联反馈。

(4) 正反馈与负反馈的判断

利用瞬时极性判断,净输入增大为正反馈,反之为负反馈。瞬时极性法的具体方法是:假定输入的极性,根据电路的结构得出输出的极性和反馈的极性,最后得到净输入的变化,从而得到正反馈或负反馈。

4. 典型的负反馈电路

(1) 电压并联负反馈

在图 6.5.7 中,输入回路和输出回路之间由 R_{F} 联系,所以,R_{F} 是反馈元件。

令输出电压 u_{O} 短路(用虚线表示),则反馈不存在,故为电压反馈。

反馈元件 R_{F} 直接与信号的输入端(反相端)相连,故为并联反馈。

假定输入信号 u_{I} 为正,用⊕表示,先断开 R_{F},用“×”表示,得输出电压 u_{O} 为负,用⊖表示,经反馈元件 R_{F} 送回到反相端的反馈信号为负,即引入反馈后,使净输入电压减小,故为负反馈。

综上所述,可知如图 6.5.7 所示电路为电压并联负反馈。

(2) 电压串联负反馈

在图 6.5.8 中,输入回路和输出回路由 R_{F} 联系,所以 R_{F} 是反馈元件。令输出电压 u_{O} 短路,反馈不存在,故为电压反馈。反馈元件 R_{F} 没有直接接于信号的输入端(同相端),故为串联反馈。假定输入信号 u_{I} 为正,先断开 R_{F},得输出电压 u_{O} 为正,经反馈元件 R_{F} 送回到反相端的反馈信号为正,即引入反馈后,运放同相端和反相端的净输入减小,故为负反馈。

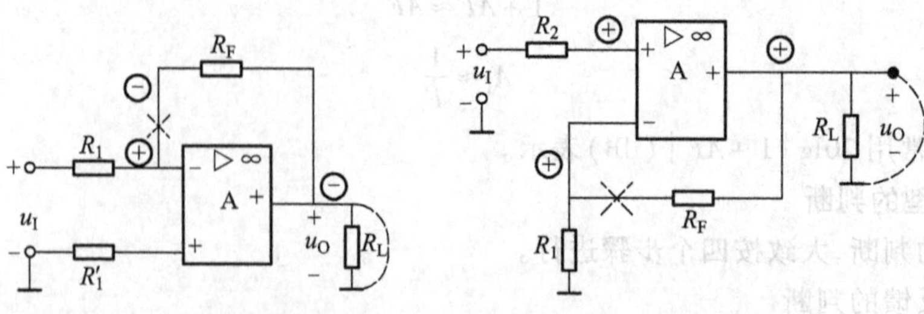

图 6.5.7　电压并联负反馈　　图 6.5.8　电压串联负反馈

综上所述，可知如图 6.5.8 所示电路为电压串联负反馈。

(3) 电流并联负反馈

在图 6.5.9 中，显然 R_F 为反馈元件且为并联反馈。

令输出电压 u_O 短路，但 R 两端的电压依然存在，即反馈存在，这说明反馈不依赖输出电压，故为电流反馈。

此处要特别注意 u_O 是 R_L 两端的电压，而不是一般的输出对地电压。

假定输入电压 u_I 为正，断开 R_F，得输出电压 u_O 为负，经 R_F 送回到反相输入端的反馈信号为负，即引入负反馈后，使净输入电压减小，故为负反馈。

综上可知如图 6.5.9 所示电路为电流并联负反馈。

(4) 电流串流负反馈

在图 6.5.10 中，R_F 为反馈元件且为串联反馈；令 $u_O=0$，反馈仍然存在，所以为电流反馈；用瞬时极性法，可得输入极性和反馈的极性如图示，显然，同相端和反相端之间的净输入减小。

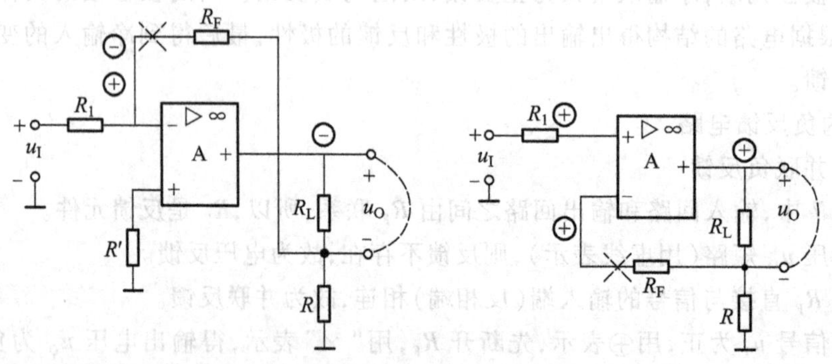

图 6.5.9　电流并联负反馈　　图 6.5.10　电流串联负反馈

综上所述，可知如图 6.5.10 所示电路为电流串联负反馈。

通过上述 4 个例子可以看出：对一个运放组成的电路反馈类型，可采用下面的简单方法判断，首先找出反馈元件(连接输入和输出回路的元件)，若反馈元件直接和输出端相连，一定为电压反馈，否则为电流反馈；若反馈元件直接和输入信号源的输出端相连，则为并联反馈，否则为串联反馈；对一个运放来说，若反馈元件直接和反相输入端相连则为负反馈，否则为正反馈。对于两个或两个以上运放及分立元件组成的反馈类型判断可通过下面的例子掌握其判断的方法。

例 6.5.1　试判断如图 6.5.11 所示电路的反馈类型。

解 多级电路的反馈类型一般是指整体反馈，即最后的输出反馈到第一级输入回路的类型，而对单级或级与级之间的反馈一般不要求考虑。

对图(a)，R_2 为反馈元件；它直接和输入信号 u_I 的输出端相连，为并联反馈；令 $u_O=0$，则反馈不存在，为电压反馈；先断开 R_2，假定 u_I 的极性为正，则

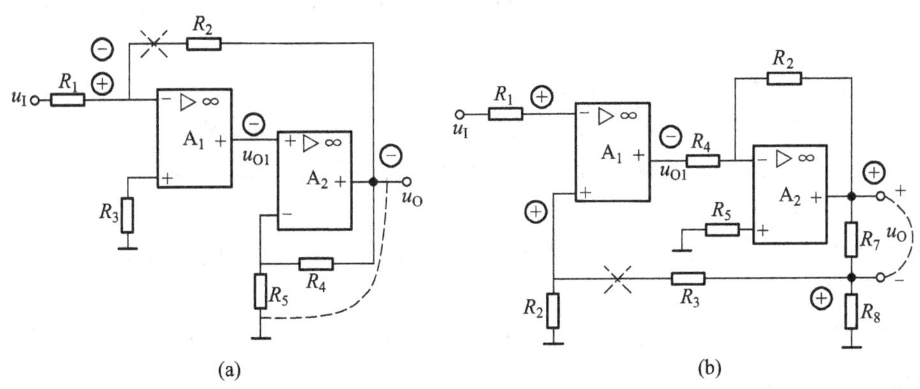

图 6.5.11 例 6.5.1 的图

u_{O1}和 u_O均为负，经 R_2 反馈到 A_1 反相端的电压为负，如图中小圆圈所示，使净输入减小，为负反馈，综上可知，该电路为电压并联负反馈。

对图(b)，R_3 为反馈元件(亦可讲 R_2，R_3，R_8 构成反馈网络)；它没有直接接于输入信号的输出端(反相端)，为串联反馈；令 u_O 短路，反馈仍然存在，为电流反馈；令输入信号 u_I 为正，则 u_{O1}为负，u_O为正，经 R_3，反馈到同相端的电压为正，如图中小圆圈所示，使 A_1 的反相端和同相端间的净输入电压减小，为负反馈，综上可知，该电路为电流串联负反馈。

例 6.5.2 试判断如图 6.5.12 所示电路的反馈类型。

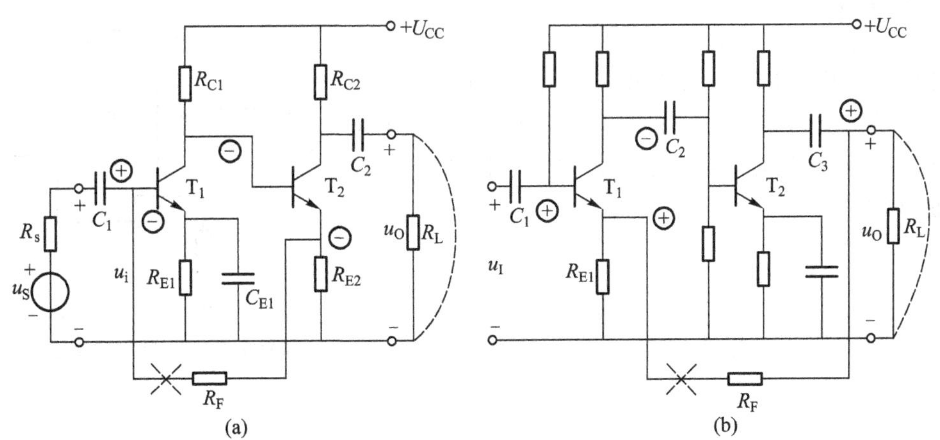

图 6.5.12 例 6.5.2 的图

解 对图(a)，R_F 为反馈元件，它直接接于输入信号源的输出端(T_1 的基极)，为并联反馈；令 $u_O=0$，R_{E2}上仍有电压并反馈到 T_1 的基极，为电流反馈；假定 u_I 为正，则 T_1 的集电极和 T_2 的发射极电压均为负，经 R_F 反馈到 T_1 的基极电压为负，如图(a)小圆圈所示，使净输入减小，为负

反馈. 综上所述,该电路为电流并联负反馈。应当指出,若图(a)中的 R_s 为零,则 u_I 为定值,始终等于 u_S,即净输入不变,该电路为无反馈。

对图(b),R_F 为反馈元件;它没有直接和输入信号源的输出端相连,为串联反馈;令 $u_O=0$,反馈不存在,为电压反馈;令输入信号 u_I 为正,则 T_1 集电极电压为负,T_2 集电极电压为正,经 R_F 反馈到 T_1 发射极的电压为正,如图(b)中小圆圈所示,使 T_1 的 u_{be1}减小,为负反馈。综上所知,该电路为电压串联负反馈。

5. 负反馈对放大器性能的定性影响

各类负反馈放大器均以牺牲放大倍数为代价,换来下列几方面的性能改善。

① 所有负反馈都使放大倍数 A_f 的稳定性提高、频带宽度增加、非线性失真改善、反馈环内的干扰和噪声被抑制。

② 凡串联负反馈,都使放大电路输入电阻增加(具体分析略,下同);凡并联负反馈,都使放大电路输入电阻减小。

③ 凡电压负反馈都使放大电路输出电阻减小,稳定输出电压;凡电流负反馈都使放大电路输出电阻增大,稳定输出电流。

④ 凡负反馈都能使频带(f_H-f_L)展宽,但增益带宽积不变。

⑤ 信号源内阻高,引入并联负反馈,改善性能效果好;信号源内阻低,引入串联负反馈,改善性能效果好。

6.5.3　基本运算电路

掌握运放在线性区的分析原则和电路的基本分析方法后,所有运放构成的线性电路都很容易分析,且方法不止一种。

1. 比例运算

(1) 反相输入的比例运算

反相输入的比例运算电路如图 6.5.13 所示。利用虚断和虚短可得出反相端"虚地"的推论,即反相端与地同电位。应当注意,虚地只对反相端输入才成立。按图示电路,利用虚断,可得

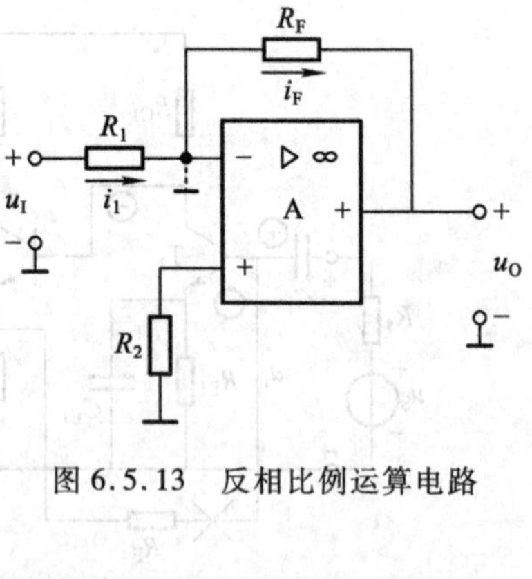

$$i_1=i_F$$

$$\frac{u_I}{R_1}=\frac{-u_O}{R_F}$$

图 6.5.13　反相比例运算电路

故

$$u_O=-\frac{R_F}{R_1}u_I$$

此式说明,输出电压和输入电压成比例关系,故称比例运算电路。负号体现了反相端输入的特点,即 u_O和 u_I相位或极性相反。

电路的电压放大倍数

$$A_{uF}=\frac{u_O}{u_I}=-\frac{R_F}{R_1} \tag{6.5.3}$$

(2) 同相输入的比例运算

同相输入的比例运算电路如图 6.5.14 所示。由虚断和虚短可得：

虚断 $$i_1=i_F,\quad \frac{0-U_-}{R_1}=\frac{U_--u_O}{R_F}$$

虚短 $$U_-=U_+=u_I$$

故

$$-\frac{u_I}{R_1}=\frac{u_I-u_O}{R_F}$$

$$u_O=\left(1+\frac{R_F}{R_1}\right)u_I$$

此式说明，输出电压与输入电压相位或极性相同，且 u_O总是大于 u_I。

电路的电压放大倍数

$$A_{uf}=\frac{u_O}{u_I}=1+\frac{R_F}{R_1} \tag{6.5.4}$$

图 6.5.15 为同相跟随器，它是图 6.5.14 电路中 $R_F=R_2=0$，$R_1\to\infty$ 的特例，此时 $A_{uF}=1$，即输出电压 u_O与输入电压 u_I相同，电路起了放大电流与缓冲作用。

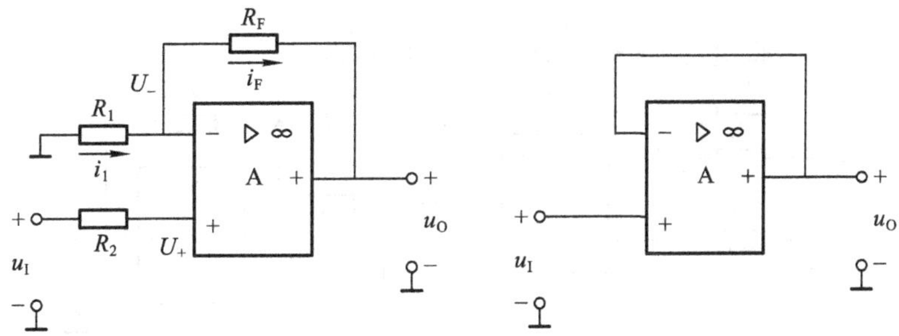

图 6.5.14 同相比例运算电路　　图 6.5.15 同相跟随器

(3) 双端输入的比例运算电路

图 6.5.16 示出了双端输入的比例运算电路，按图标出的电压、电流方向，由虚短和虚断可得

$$U_-=U_+=\frac{R_3}{R_2+R_3}u_{I2}$$

$$\frac{u_{I1}-U_-}{R_1}=\frac{U_--u_O}{R_F}$$

故

$$u_O=U_-+\frac{R_F}{R_1}(U_--u_{I1})$$

$$= -\frac{R_F}{R_1}u_{I1} + \left(1 + \frac{R_F}{R_1}\right)\frac{R_3}{R_2 + R_3}u_{I2}$$

上式亦可由叠加定理直接求得。

（4）差分输入的比例运算电路

若取图 6.5.16 中的 $R_1 = R_2$，$R_3 = R_F$，则

$$u_O = \frac{R_F}{R_1}(u_{I2} - u_{I1}) \tag{6.5.5}$$

此式说明，输出电压与输入电压之差成比例关系，故电路称为差分输入的比例运算电路，该电路也称为减法运算电路，有极广泛的应用。

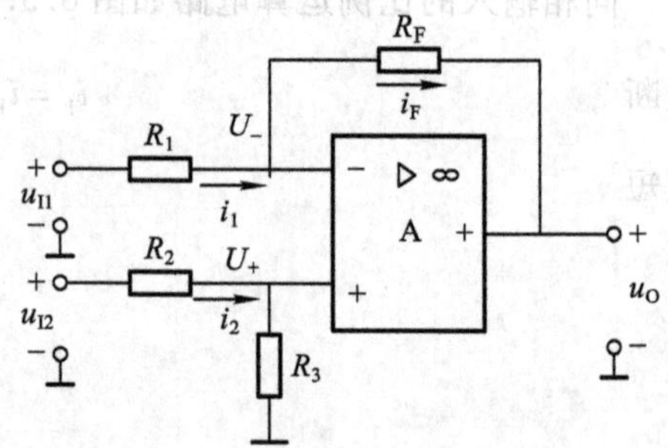

图 6.5.16　双端输入的比例运算电路

（5）关于平衡电阻的说明

运放的输入级均采用差分放大电路，从反相端和同相端看入的电阻是对称的，在接入外电路后，一般仍要保证对称性，就是说反相端和同相端的对地电阻要相等，因此，反相和同相输入的比例运算电路，应有 $R_2 = R_1 /\!/ R_F$，双端输入的比例运算电路应有 $R_2 /\!/ R_3 = R_1 /\!/ R_F$，前述的 $R_1 = R_2$，$R_3 = R_F$ 是其特例。

2. 求和运算

求和运算电路的种类很多，但能够进行加、减运算的二级电路多采用两个运放构成，其电路如图 6.5.17 所示。

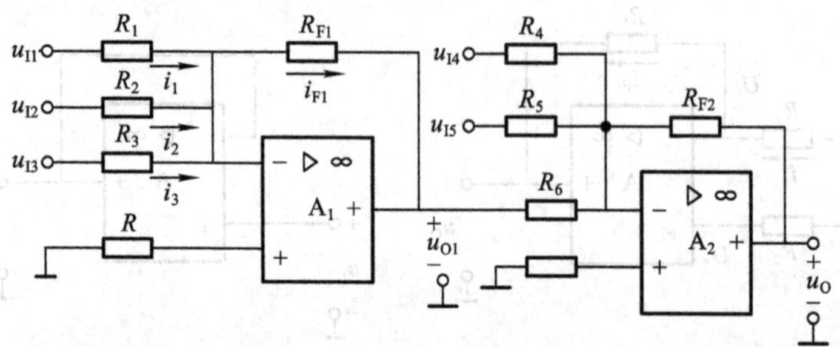

图 6.5.17　二级求加、减电路

上述电路是二级反相输入的电路组合，只要把第一级的输出 u_{O1} 看作第二级的输入，就容易得到结果。

对第一级根据虚断和反相端虚地，可得下列关系

$$i_1 + i_2 + i_3 = i_{F1}$$

$$\frac{u_{I1}}{R_1} + \frac{u_{I2}}{R_2} + \frac{u_{I3}}{R_3} = \frac{0 - u_{O1}}{R_{F1}}$$

故

$$u_{O1} = -\left(\frac{R_{F1}}{R_1}u_{I1} + \frac{R_{F1}}{R_2}u_{I2} + \frac{R_{F1}}{R_3}u_{I3}\right) \tag{6.5.6}$$

对第二级同理可得

$$\frac{u_{I4}}{R_4}+\frac{u_{I5}}{R_5}+\frac{u_{O1}}{R_6}=\frac{-u_O}{R_{F2}}$$

令 $R_6=R_{F2}$，则

故
$$u_O=\frac{R_{F1}}{R_1}u_{I1}+\frac{R_{F1}}{R_2}u_{I2}+\frac{R_{F1}}{R_3}u_{I3}-\frac{R_{F2}}{R_4}u_{I4}-\frac{R_{F2}}{R_5}u_{I5} \tag{6.5.7}$$

3. 积分和微分运算

积分和微分运算电路与比例运算电路一样，也有反相输入、同相输入和双端输入三种情况，本节仅介绍反相输入的情况。

(1) 积分运算

积分运算的电路如图 6.5.18 所示。因为是反相输入，故反相输入端为虚地。按图示的电压、电流方向，可得

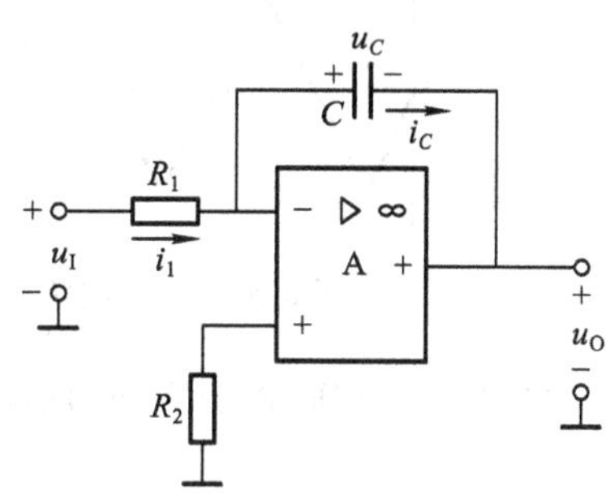

图 6.5.18 积分电路

$$i_1=i_C$$

$$\frac{u_I}{R_1}=C\frac{\mathrm{d}u_C}{\mathrm{d}t}$$

故

$$u_O=-u_C=-\frac{1}{C}\int i_C\mathrm{d}t$$

若积分时间从 0 到 t，则

$$\begin{aligned}u_O&=-\frac{1}{C}\int_0^t\frac{u_I}{R_1}\mathrm{d}t+u_O(0)\\&=-\frac{1}{R_1C}\int_0^t u_I\mathrm{d}t+u_O(0)\end{aligned} \tag{6.5.8}$$

输出电压是输入电压积分，故称积分电路。$u_O(0)$是 $t=0$ 时输出电压的初始值，按图示电压参考方向，$u_O(0)=-u_C(0)$

若 $u_I=U_I$为阶跃信号，则

$$u_O=-\frac{U_I}{R_1C}t+u_O(0) \tag{6.5.9}$$

积分电路有很广的用途，例如实现方波转换成三角波（如图 6.5.19 所示），求解微分方程和实现模拟量和数字量的转换等。

(2) 微分运算

微分运算和积分运算是互为逆运算，因此将积分电路的电容和电阻位置互换即可，电路如图 6.5.20所示。

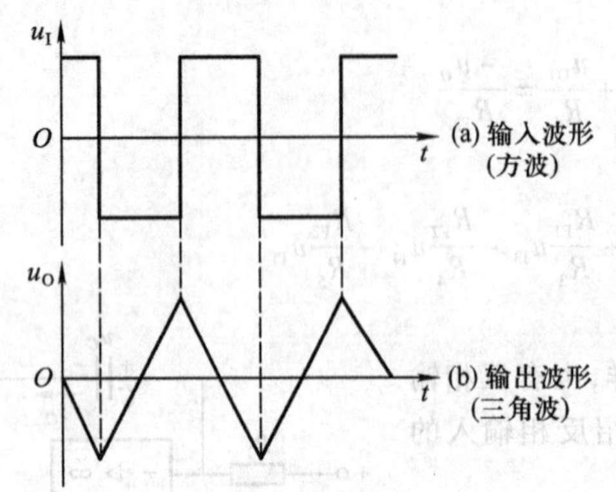

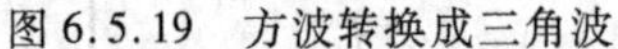

图 6.5.19　方波转换成三角波

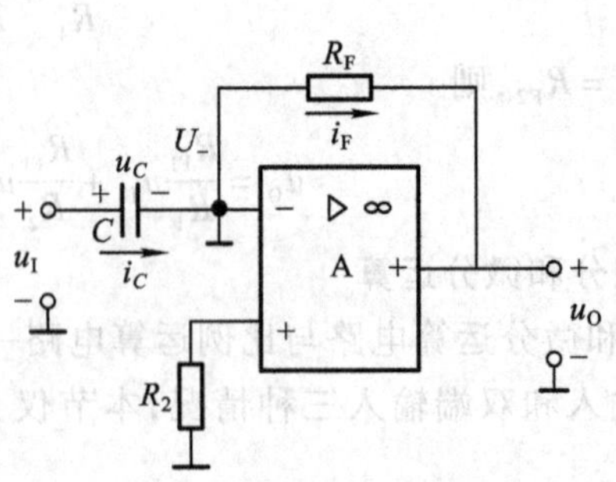

图 6.5.20　微分电路

按图示的电压、电流方向，且反相输入端为虚地，可得

$$i_C = i_F$$

$$u_I = u_C$$

$$C\frac{\mathrm{d}u_C}{\mathrm{d}t} = C\frac{\mathrm{d}u_I}{\mathrm{d}t} = \frac{0 - u_O}{R_f}$$

故

$$u_O = -R_f C\frac{\mathrm{d}u_I}{\mathrm{d}t} \tag{6.5.10}$$

输出电压和输入电压成微分关系，故称微分电路。

该电路虽能在理论上实现微分运算，但极易受到高频噪声和干扰的影响，另一缺点是 RC 反馈网络引起的滞后相移和运放内部的滞后相移叠加会引起振荡，实用的微分电路如图 6.5.21 所示，该电路是用积分电路作为反馈回路，构成负反馈来实现其逆运算构成微分运算的，这种方法具有普遍意义。

在图 6.5.21 电路中，A_2 构成积分器，整个电路是一个电压并联负反馈电路，利用“虚短”和“虚断”可得

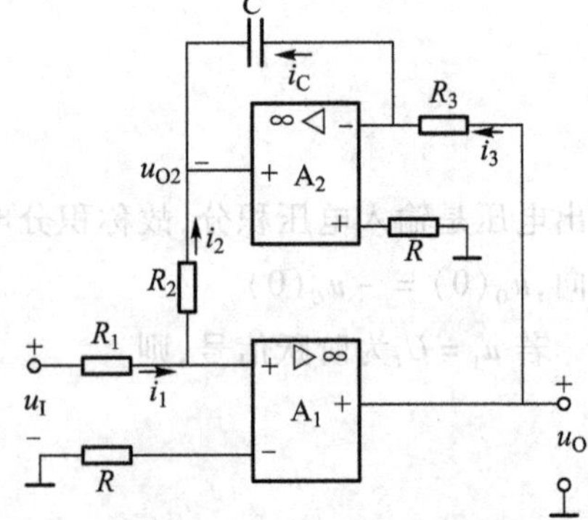

图 6.5.21　实用的微分电路

$$i_1 = i_2$$

$$\frac{u_I}{R_1} = -\frac{u_{O2}}{R_2}$$

又

$$u_{O2} = -\frac{1}{R_3 C}\int u_O \mathrm{d}t$$

故

$$u_O = \frac{R_2 R_3 C}{R_1}\cdot\frac{\mathrm{d}u_I}{\mathrm{d}t}$$

6.6 集成运算放大器的其他应用

6.6.1 电压比较器

所谓电压比较器是指运放输入的模拟信号与阈值电压 U_T 进行比较决定输出的电路。

1. 电压比较器概述

(1) 电压比较器的传输特性

电压比较器的输出电压 u_O 和输入电压 u_I 的数学表达式 $u_O=f(u_I)$ 称为传输特性,其图形表达形式称为传输特性曲线。在电压比较器中,运放工作在非线性区,即工作在开环或正反馈状态,因此运放的输出电压 u'_O 只有 $\pm U_{om}$ 两种状态,U_{om} 是接近但小于运放电源电压 U_{CC} 的某个值。当输出电压从 $+U_{om}$ 跃变为 $-U_{om}$,或从 $-U_{om}$ 跃变为 $+U_{om}$ 时,所对应的输入电压称为阈值电压(又称为门限电压或转折电压),一般用 U_T 表示。

(2) 电压比较器的分类

电压比较器的分类方法有多种,按门限电压 U_T 的个数,可分为单限和双限电压比较器;按输入信号接入的位置,可分为反相和同相电压比较器;按传输特性的形状,可分为一般、窗口和滞回电压比较器;按输出电平,可分为双态和三态电压比较器等。

(3) 电压比较器的分析内容和方法

电压比较器的分析内容和方法大致分为三类:一是求传输特性;二是在已知输入电压波形的情况下,画输出电压波形;三是应用。

由于运放在电压比较器中工作在非线性区,所以必须按非线性区的原则进行分析。

① 虚断 即 $I_+=I_-=0$ 始终成立;

② 虚短 即 $U_+=U_-=0$ 有条件的成立,即只有在输出电压跃变时才成立。因此,在求阈值电压 U_T 时,“虚断”和“虚短”都成立。

当 $u_I=U_T$ 时,是临界情况,输出电压 u'_O 在此时跃变。

当 $u_I>U_T$ 时,若 u_I 加在反相输入端,$u'_O=-U_{om}$;若 u_I 加在同相输入端,$u'_O=+U_{om}$。

当 $u_I<U_T$ 时,若 u_I 加在反相输入端,$u'_O=+U_{om}$;若 u_I 加在同相输入端,$u'_O=-U_{om}$。

2. 单限电压比较器

(1) 电路结构

单限电压比较器最常用的是带有限幅环节反相或同相输入的电路,图 6.6.1(a)是反相输入的电路。

在图 6.6.1(a)中,U_R 是参考电压,其值是任意的,若 $U_R=0$,称为过零比较器。R 和双向稳压管 D_Z 构成限幅环节,电路的参数保证 u'_O 的幅值 $U_{om}>U_Z$,使 $u_O=\pm U_Z$ 起到限幅作用。

(2) 传输特性

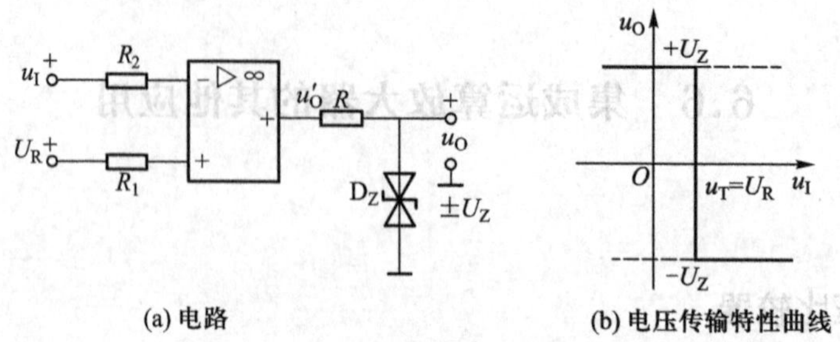

(a) 电路　　(b) 电压传输特性曲线

图 6.6.1　反相输入的电压比较器

画传输特性,求 U_T 是关键。因求 U_T 时,"虚断"、"虚短"都成立,故有

$$U_+ = U_-$$

$$u_I = U_R = U_T, u_O \text{ 跃变}$$

$$u_I > U_T, u_O' = -U_{om}, u_O = -U_Z$$

$$u_I < U_T, u_O' = +U_{om}, u_O = +U_Z$$

设 $U_R > 0$,可得传输特性曲线如图 6.6.1(b)实线所示,U_R 值不同,传输特性左右平移,但形状不变,跃变与纵坐标重合时,即为过零比较器的特性曲线。

(3) 波形图

在图 6.6.1(a)的电路中,若 u_i 的波形如图 6.6.2(a)所示,$U_R = 4$ V,可得图 6.6.2(b)所示的矩形波;$U_R = 0$ V,可得图(c)所示的方波。画输出波形的关键是在输入波形上标出 U_T 的值,U_T 与 u_i 的交点即为临界点,从交点向下做垂线,再由 $u_i > 0, u_O = -U_Z$;$u_i < 0, u_O = +U_Z$ 即得输出波形。波形图体现了比较器的一个重要用途:波形变换。正弦波变成矩形波或方波,更一般的情况下是输入不规则的波形,经过电压比较器也可以得到矩形波,此种情况一般称为整形。

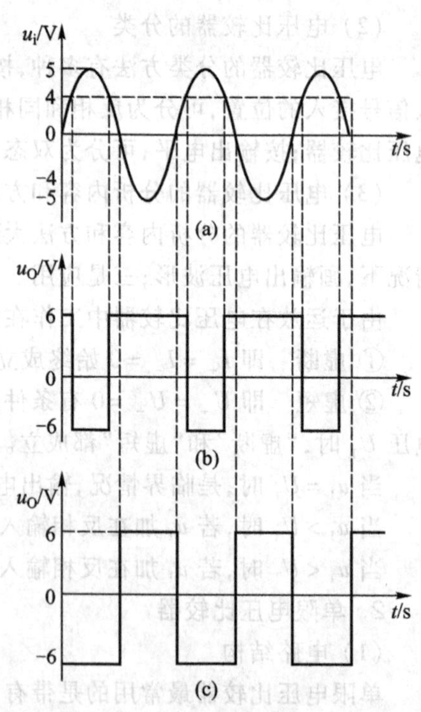

图 6.6.2　电压比较器的波形图

(4) 同相电压比较器

图 6.6.1(a)中的 u_I 和 U_R 位置互换,即构成同相电压比较器,分析的内容、方法和方向与反相电压比较器类同,只是输出电压的极性与反相电压比较器相反。

3. 双限电压比较器——窗口比较器

单限电压比较器有三个重要缺点:一是只能判断输入信号电压是否达到某一门限电压,而在实际应用中往往需要判别输入信号电压是否处于某一个电压区间;二是灵敏度太高,在阈值电压 U_T 附近任何微小的变化都足以使输出发生跃变,因此抗干扰能力差;三是运放的电压放大倍数实际上是有限值,故转折特性不理想。图 6.6.3 的双限电压比较器,可改进第一个缺点。

设 $U_{R1} > U_{R2}$,由"虚断"和"虚短",可得 A_1 和 A_2 的门限电压为 $U_{TH} = U_{R1}, U_{TL} = U_{R2}$。当 $u_I >$

U_{TH}时，在 A_1 中，$u_O' = +U_{om}$，在 A_2 中，$u_O'' = -U_{om}$，则 D_1 导通，D_2 截止，$u_O = +U_Z$。

当 $U_{TL} < u_I < U_{TH}$时，在 A_1 中，$u_O' = -U_{om}$，在 A_2 中，$u_O'' = -U_{om}$，则 D_1 和 D_2 均截止，$u_O = 0$。

当 $u_I \leqslant U_{TL}$时，在 A_1 中，$u_O' = -U_{om}$，在 A_2 中，$u_O'' = +U_{om}$，则 D_1 截止，D_2 导通，$u_O = +U_Z$。

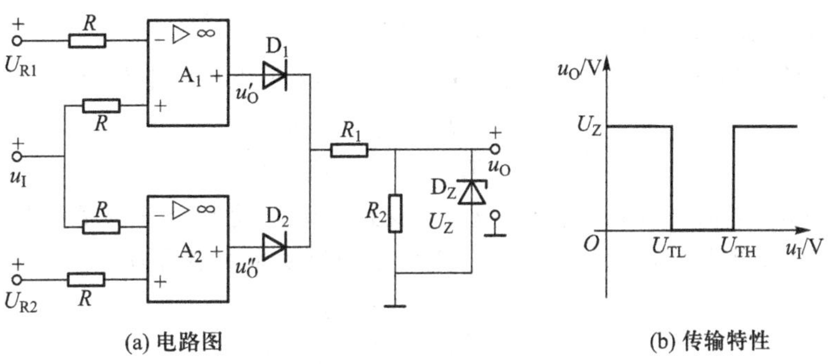

图 6.6.3 窗口比较器

因此传输特性如图 6.6.3(b)所示，由于形状像一个窗口，故称窗口比较器。

应当注意，前述的两个电路，阈值电压 U_T 都等于参考电压 U_R，不是一般情况，只是特例，所以输入信号应和 U_T 比较才是一般情况。

*4. 滞回比较器

(1) 传输特性

图 6.6.4(a)是具有正反馈的比较器，改进了单限比较器的缺点，其抗干扰能力大大提高。在求阈值电压 U_T 时，运放满足“虚断”和“虚短”，由此可得

$$u_+ = u_-$$

$$U_T = u_I = u_+$$

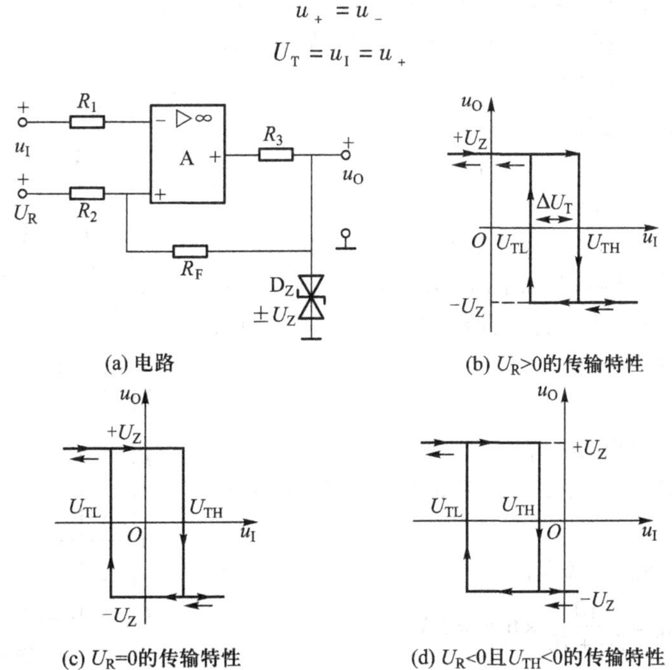

图 6.6.4 滞回比较器

u_+有多种求法，但利用叠加定理可方便求出

$$U_T = u_+ = \frac{R_F}{R_F + R_2}U_R + \frac{R_2}{R_F + R_2}u_O \qquad (6.6.1)$$

由于电路是正反馈，合上电源后，$u_O = \pm U_Z$ 是随机的。

假定 u_O 的初始状态 $u_O = +U_Z$，代入式(6.6.1)可得阈值电压的上限值 U_{TH}

$$U_{TH} = u_+ = \frac{R_F}{R_F + R_2}U_R + \frac{R_2}{R_F + R_2}U_Z \qquad (6.6.2)$$

此时，u_I 增加到 U_{TH}时，输出 u_O 将从 $+U_Z$ 跃变到 $-U_Z$。设 $U_R > 0$，可得如图 6.6.4(b)中右边一根箭头走向所示的转折曲线。$u_O = -U_Z$ 立即使阈值变为下限值 U_{TL}。

$$U_{TL} = \frac{R_F}{R_F + R_2}U_R - \frac{R_2}{R_F + R_2}U_Z \qquad (6.6.3)$$

此时只有减小 u_I 到 U_{TL}时，输出 u_O 才会从 $-U_Z$ 跃变到 $+U_Z$，由此可得如图 6.6.4(b)中左边一根箭头走向所示的转折曲线。左、右两根的转折特性曲线合成即得完整的传输特性曲线，如图 6.6.4(b)所示。

(2) 回差电压 ΔU_T

回差电压 ΔU_T 定义为

$$\Delta U_T = U_{TH} - U_{TL} = \frac{2R_2}{R_2 + R_F}U_Z \qquad (6.6.4)$$

式(6.6.4)说明回差电压与参考电压无关，取决于正反馈回路的其他参数。

传输特性一个重要特点就是在 ΔU_T 范围内，输入无论增加还减小，输出都维持原来的值，也就是干扰的幅值只要在 ΔU_T 范围内，将不对输出造成影响，因此该电路有很强的抗干扰能力。

(3) 阈值电压的平均值 U_{T0}

$$U_{T0} = \frac{U_{TH} + U_{TL}}{2} = \frac{R_F}{R_2 + R_F}U_R \qquad (6.6.5)$$

式(6.6.5)说明 U_R 只改变回差电压的中心位置。当 $U_R = 0$ 和 $U_R < 0$ 时的传输特性如图 6.6.4(c)和(d)所示。可见 U_R 取值不同不影响传输特性曲线的形状，左右平移即可得到对应的传输特性曲线。

(4) 波形图

在图 6.6.4(a)的电路中，设 $U_R = 0$，$U_Z = 6$ V，$R_2 = 10$ kΩ，$R_F = 20$ kΩ，输入 u_I 的波形如图 6.6.5(a)所示，试画出输出电压 u_O 的波形。

由参数可知　　$u_O = \pm 6$ V，

$$U_{TH} = \frac{10}{20 + 10} \times 6\ \text{V} = 2\ \text{V}$$

$$U_{TL} = -\frac{10}{20 + 10} \times 6\ \text{V} = -2\ \text{V}$$

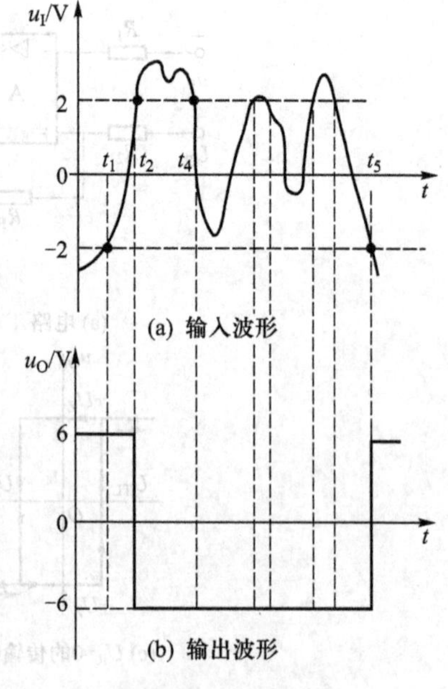

图 6.6.5　波形图

为了比较，在 u_I 的波形上标出 U_{TH} 和 U_{TL} 的值，从交点向下做垂线，$0 \sim t_1$ 段，$u_I \leqslant U_{TL}$，$u_O = U_Z$；在 $t_1 \sim t_2$ 段，u_O 保持不变；当 $t_2 \leqslant t \leqslant t_4$ 时，$u_I \geqslant U_{TH}$，u_O 跃变为 $-U_Z$；在 $t_4 \leqslant t < t_5$ 时，u_I 虽变但始终大于 U_{TL}，故 u_O 维持不变；在 $t \geqslant t_5$ 后，$u_I \leqslant U_{TL}$，u_O 变成 $+U_Z$。

由此可画出如图 6.6.5(b) 所示的波形。

对滞回比较器画波形的关键是，掌握 u_I 在 U_{TH} 和 U_{TL} 之间变化，输出不变。

图 6.6.5 体现了滞回比较器抗干扰的情况，也体现它具有整形或波形转换作用。

*6.6.2 有源滤波器

有源滤波器是指用有源器件（如运放）构成的滤波器。所谓滤波，实际上就是选频，让某段频率的信号通过，而滤掉（不让通过）不需要的信号或噪声。

1. 有源低通滤波器

图 6.6.6 示出了一阶有源低通滤波器的基本电路及其幅频特性，它只允许低频通过。该电路属于同相输入式的放大电路，因而，虚断和虚短仍然成立。

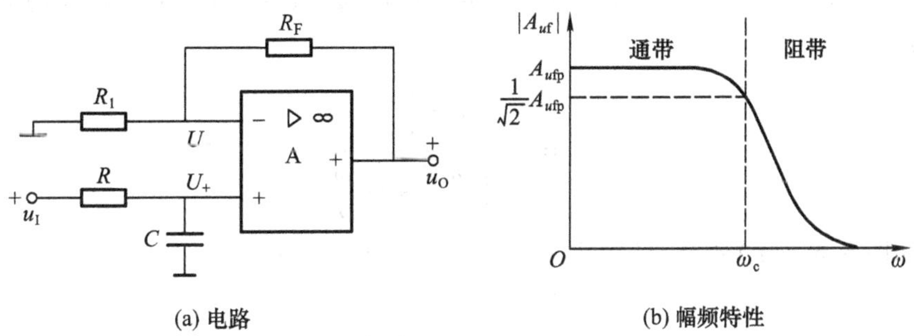

(a) 电路　　(b) 幅频特性

图 6.6.6 一阶有源低通滤波器

由同相放大器知

$$\dot{U}_o = \left(1 + \frac{R_F}{R_1}\right)\dot{U}_+$$

由“虚断”知

$$\dot{U}_+ = \frac{1}{1 + j\omega RC}\dot{U}_i$$

电路的频率特性 A_{uf} 为

$$A_{uf} = \frac{\dot{U}_o}{\dot{U}_i} = \frac{1 + \dfrac{R_F}{R_1}}{1 + j\dfrac{\omega}{\omega_c}}$$

式中，$\omega_c = \dfrac{1}{RC}$，称为截止角频率。A_{uf} 是一个复数，若设通带增益 $A_{ufp} = 1 + \dfrac{R_F}{R_1}$，则

$$A_{uf}=\frac{A_{ufp}}{1+j\dfrac{\omega}{\omega_c}}=\frac{A_{ufp}}{\sqrt{1+\left(\dfrac{\omega}{\omega_c}\right)^2}}\angle\varphi(\omega) \tag{6.6.6}$$

其模为

$$|A_{uf}|=\frac{A_{ufp}}{\sqrt{1+\left(\dfrac{\omega}{\omega_c}\right)^2}}$$

此式对应的曲线称为幅频特性，由此式知：

$\omega=0$ 时　　$|A_{uf}|=A_{ufp}$

$\omega=\omega_c$时　　$|A_{uf}|=\dfrac{1}{\sqrt{2}}A_{ufp}$

$\omega\to\infty$ 时　　$|A_{uf}|=0$

低于截止角频率的区域称为通带，高于截止角频率的区域称为阻带，故称为低通滤波器。实际上，$\omega>\omega_c$的狭窄区域，电路仍有放大作用。这反映了滤波性能较差，欲使 $\omega>\omega_c$后，$|A_{uf}|$迅速衰减为零，可采用二阶以上的有源低通滤波器。二阶有源低通滤波器的基本电路如图 6.6.7(a)所示，该电路的频率特性为

$$A_{uf}=\frac{1+\dfrac{R_F}{R_1}}{1-\left(\dfrac{\omega}{\omega_c}\right)^2+j3\dfrac{\omega}{\omega_c}} \tag{6.6.7}$$

其幅频特性如图 6.6.7(b)所示，显然其性能优于一阶低通滤波器。

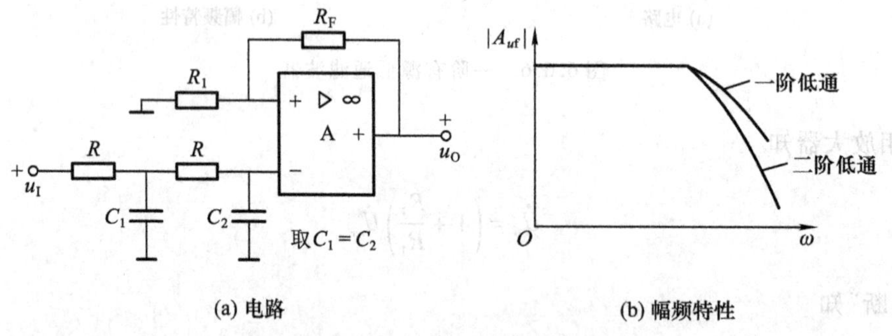

(a) 电路　　(b) 幅频特性

图 6.6.7　二阶有源低通滤波器

2. 有源高通滤波器

图 6.6.8(a)示出了一阶有源高通滤波器，它只允许高频信号通过，仿照一阶低通滤波器的分析方法，不难得出频率特性为

$$A_{uf}=\frac{\dot{U}_o}{\dot{U}_i}=\frac{1+\dfrac{R_F}{R_1}}{1-j\dfrac{\omega_c}{\omega}} \tag{6.6.8}$$

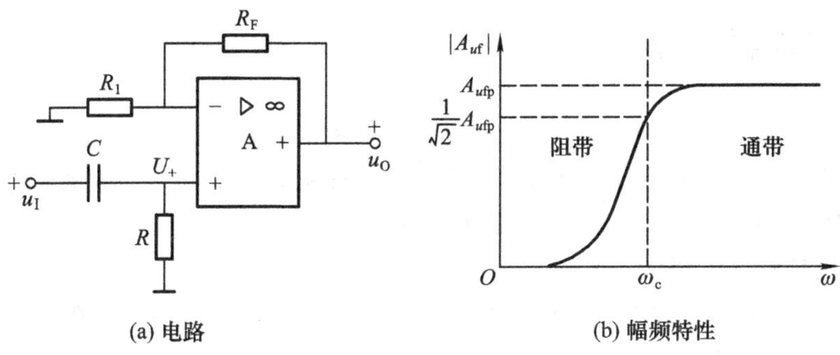

(a) 电路　　(b) 幅频特性

图 6.6.8　一阶有源高通滤波器

式中，$\omega_c=\dfrac{1}{RC}$为截止角频率，若设通带增益 $A_{ufp}=1+\dfrac{R_F}{R_1}$，可得

$$A_{uf}=\frac{A_{ufp}}{1-\mathrm{j}\dfrac{\omega_c}{\omega}} \tag{6.6.9}$$

$$|A_{uf}|=\frac{A_{ufp}}{\sqrt{1+\left(\dfrac{\omega_c}{\omega}\right)^2}}$$

和一阶低通滤波器类似，可按此式画出幅频特性如图 6.6.8(b)所示。为了改善滤波器性能，可采用二阶以上的有源高通滤波器，只要把二阶低通滤波器电路中 R、C 位置互换即可。

3. 带通滤波器和带阻滤波器

让某一频段的信号通过，而滤去低频和高频信号的电路称为带通滤波器；功能与带通滤波器相反的电路称为带阻滤波器。

带通滤波器可由低通滤波器和高通滤波器级连组成，但必须满足低通滤波器的截止频率要高于高通滤波器的截止频率；带阻滤波器可由低通滤波器和高通滤波器并联而组成，但必须满足低通滤波器的截止频率低于高通滤波器的截止频率。

图 6.6.9 示出了带通和带阻滤波器的原理图。这两种电路常用于抑制干扰和噪声，提升有用频段的信号。

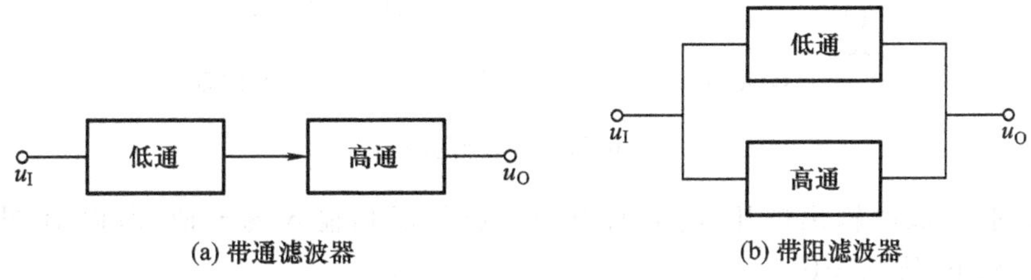

(a) 带通滤波器　　(b) 带阻滤波器

图 6.6.9　带通和带阻滤波器原理图

*6.6.3　精密整流电路

精密整流电路是相对于一般二极管整流电路而言的。普通二极管整流电路，由于受二极管正向压降、非线性的伏安特性和温度等影响，对小信号整流的误差很大。精密整流电路是将二极管置于运算放大器的负反馈回路中，可大幅度提高精度。

1. 一般二极管整流电路

一般二极管整流电路及波形图如图 6.6.10 所示。由波形图可以看出，在 u_i 大于 $-0.7\ \mathrm{V}$ 时，二极管不导通（设二极管导通电压为 0.7 V），若输入信号 u_i 较大，相对误差较小，反之，误差很大。

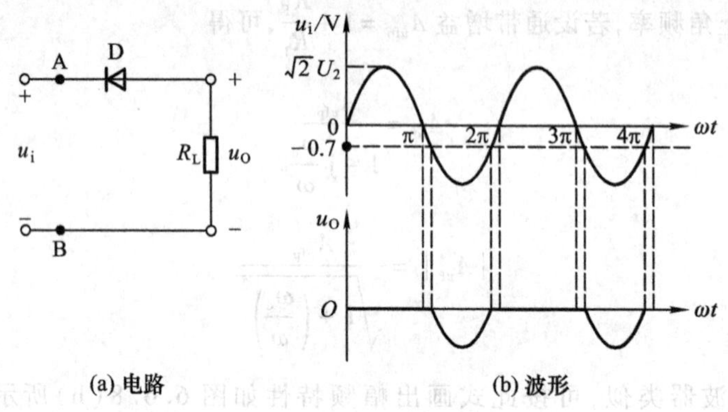

图 6.6.10　二极管整流

2. 精密整流电路

半波精密整流电路及其波形图如图 6.6.11 所示，下面简述电路的工作原理。

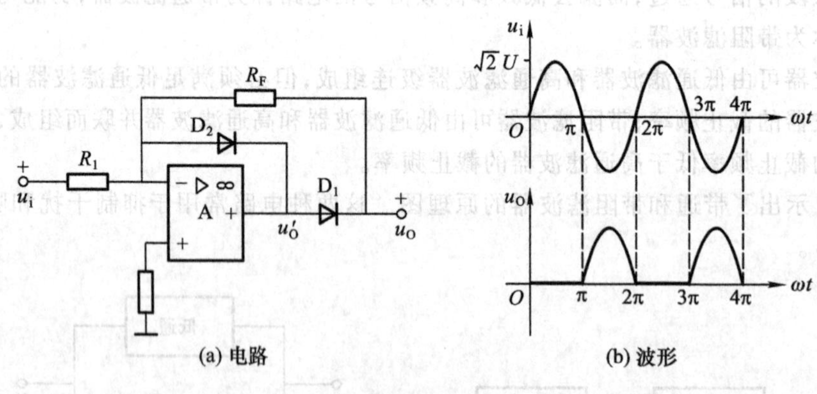

图 6.6.11　半波精密整流

当 $u_i>0$ 时，运放的输出电压 $u_O'<0$，由于运放的反相输入端虚地，所以 D_2 导通，u_O' 近似为 $-0.7\ \mathrm{V}$，D_1 截止，故 $u_O=0$。

当 $u_i<0$ 时，运放的输出电压 $u_O'>0$，同样因为反相端虚地，所以 D_2 截止，D_1 导通，此时 R_F 和

D_1一起构成运放的深度负反馈，故 $u_O = -\dfrac{R_F}{R_1}u_i$。因为 $u_i<0$，所以 $u_O>0$。

此式说明，在 u_i极小的情况下，输出电压 u_O与输入电压 u_i亦成线性关系，其传输特性如图 6.6.12所示。

*6.6.4　采样保持电路

对连续变化的模拟信号进行等间隔的采样，使输出信号跟随输入信号的变化，并且能在两次采样间隔的时间内，保持前一次采样结束的瞬间数值，具有上述功能的电路，就称为采样保持电路，简称 S/H。图 6.6.13 示出了采样保持的波形转换过程。

能够实现图 6.6.13 所示波形转换的电路很多，下面简单介绍几种采样保持电路的工作原理。

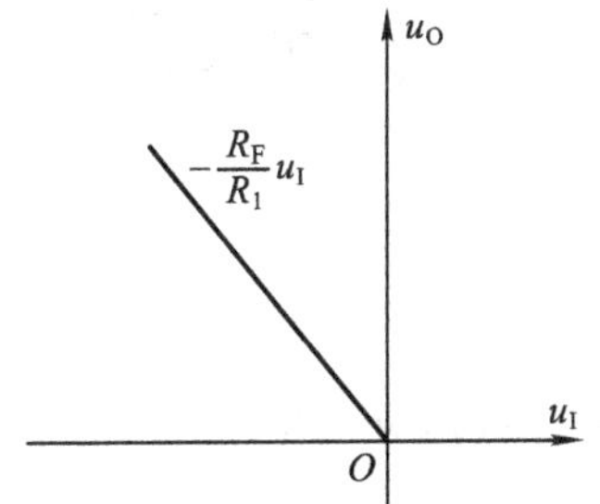

图 6.6.12　半波精密整流的传输特性

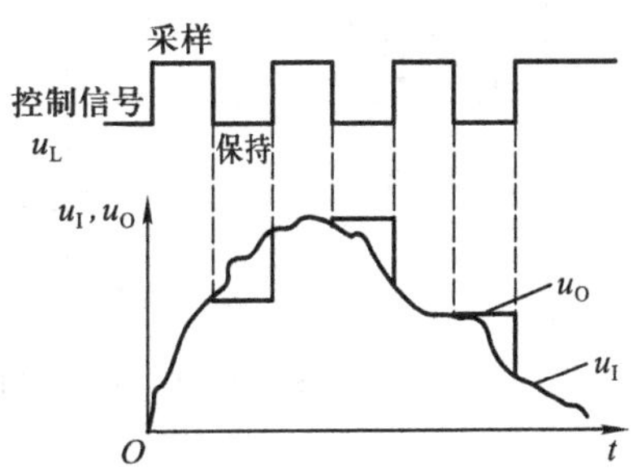

图 6.6.13　采样保持电路波形

1. 同相输入式采样保持电路

同相输入式的原理电路如图 6.6.14 所示。该电路由三部分组成，场效晶体管 T 是模拟开关，运放构成同相跟随器。当控制信号 u_L为高电平，场效晶体管导通（相当于开关闭合），电路进行采样，这时 u_I对存储电容元件 C_H充电，使电容上的电压跟随 u_I变化，从而实现了 $u_O=u_C=u_I$，完成了采样。当控制信号 u_L变为低电平，场效晶体管截止（相当于开关断开），此时电容上的电压无放电回路，故其上的电压保持不变，输出电压 u_O亦保持不变，从而完成一个周期控制信号的采样保持，其后周而复始。

2. 反相输入式采样保持电路

反相输入式的原理电路如图6.6.15 所示。当选取 $R_F=R_1$和$\dfrac{1}{R_FC_H}$足够大，在控制信号 u_L为高电平时，u_I对 C_H充电，充电结束 $u_O=-u_{C_H}=-u_I$，当 u_L返回低电平，C_H充得的电压无放电回路而得以保持。

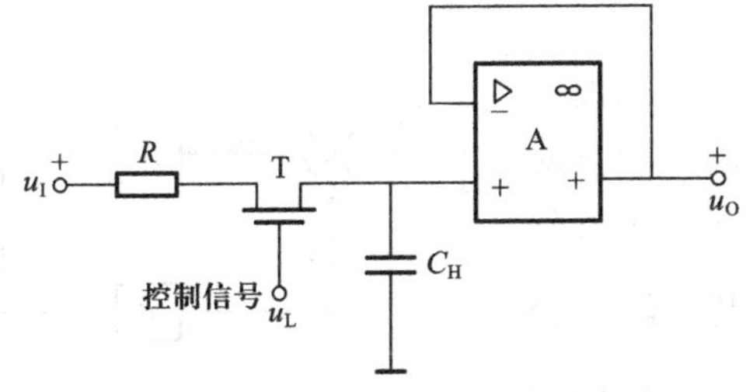

图 6.6.14　同相输入式采样保持电路

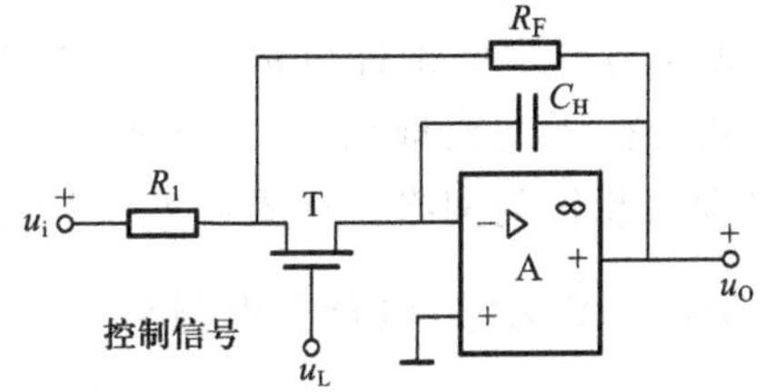

图 6.6.15　反相输入式采样保持电路

3. 集成采样保持电路

集成采样保持电路 LF198 电路及符号如图 6.6.16 所示。LF198 是采用了双极型和 MOS 的混合工艺制成。C_H应外接，C_H的容量要适中，且要采用绝缘性能好的聚苯乙烯电容或聚四氟乙烯电容，U_{OS}用于调整输出电压的零点，以保证静态 $u_I=0$ 时，$u_O=0$。

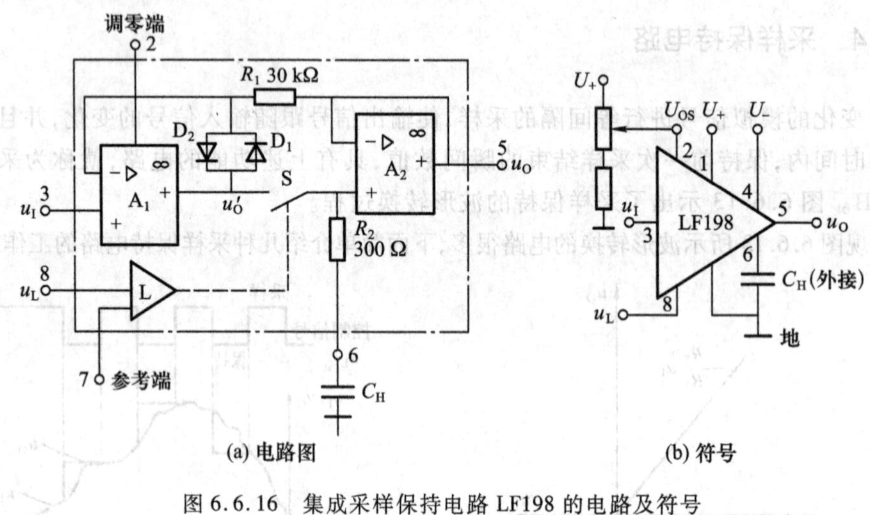

图 6.6.16　集成采样保持电路 LF198 的电路及符号

6.7　信号发生电路

无输入信号的情况下，能依靠自激振荡产生各种周期性信号波形的电路，称为信号发生电路，通常可分为正弦波信号发生电路和非正弦波信号发生电路。

6.7.1　正弦波信号发生电路

正弦波信号发生电路是指无外加激励产生输出正弦波电压的电路。正弦波信号发生电路常称为正弦波发生器和正弦波振荡器。

1. 正弦波信号发生电路的原理及组成

(1) 正弦波产生的条件

正弦波信号产生的条件可由图 6.7.1 所示的正弦波信号发生电路的框图结构推出，A 为基本放大电路，F 为只对频率f_0 才是正反馈的网络。在图 6.7.1 中，虽然无人为的外加激励，即输入 $\dot{X}_i$为零，但合上电源后，可由干扰、噪声、合上电源的冲击等因素产生一个很小的 $\dot{X}_o$，$\dot{X}_o$含有丰富的频

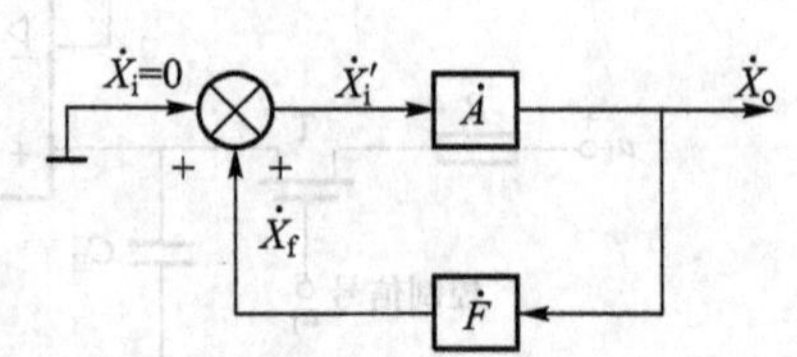

图 6.7.1　正弦波信号发生电路的框图

率,其中频率为f_0的才会产生正反馈$\dot{X}_f$,$\dot{X}_f$就作为$\dot{X}_i'$,经A放大后形成新的$\dot{X}_o$,再反馈,使$\dot{X}_i$的值再增大,这样周而复始,经过若干时间后,由于晶体管元件的非线性或人为加入的限幅环节,使$\dot{X}_o$稳定,此时

$$\dot{X}_f = \dot{X}_i'$$

$$AF\dot{X}_i' = \dot{X}_i'$$

由此可得正弦波信号产生的稳定条件为

$$AF = 1 \tag{6.7.1}$$

$AF = 1$为复数,可以分解为模和相角的形式。

正弦波信号的平衡条件为

$$\begin{cases} |AF| = 1 & (6.7.2) \\ \varphi_A + \varphi_F = \pm 2n\pi \quad (n = 0,1,2,\cdots,\text{整数}) & (6.7.3) \end{cases}$$

式(6.7.2)称为幅值平衡条件,式(6.7.3)称为相位平衡条件。为了使输出量在合闸后能够有一个从小到大直至稳定的过程,电路起振的幅值条件为

$$|AF| > 1 \tag{6.7.4}$$

因为电路只对频率f_0的信号才形成正反馈,所以相位条件仍为式(6.7.3),除频率$f = f_0$以外的输出量均很小,甚至为零,故输出量为$f = f_0$的正弦波。

(2) 正弦波信号发生电路的组成

从以上分析可知,正弦波信号发生电路必须由以下四个基本部分组成。

① 放大电路　保证电路完成从起振到动态平衡的过程,使电路获得一定幅值的输出量,实现能量的控制。

② 选频网络　使电路产生单一频率的正弦波振荡。

③ 正反馈网络　引入正反馈,使放大电路稳定时的输入信号等于反馈信号;而在起振时反馈信号大于输入信号。

④ 稳幅环节　作用是使输出信号幅值稳定,即实现$|AF| > 1$到$AF = 1$。

除上述四个基本部分外,在要求比较高的场合,还需要稳频环节使输出频率稳定。在不少电路中,往往将选频网络和正反馈网络合二为一。

(3) 正弦波信号发生电路的分类

正弦波信号发生电路常用选频网络所用元件来命名,分为RC正弦波信号发生电路、LC正弦波信号发生电路和石英晶体正弦波信号发生电路三种类型。RC正弦波信号发生电路产生的频率较低,一般在1 MHz以下;LC正弦波信号发生电路产生的频率多在1 MHz以上;石英晶体正弦波信号发生电路本质仍是LC正弦波信号发生电路,但其特点是产生的频率非常稳定。本节主要介绍RC正弦波信号发生电路。

(4) 判断电路能否产生正弦波信号的一般方法

① 首先得出直流通路,其方法是电容均断路,电感均短路,若直流通路合理,即能建立合适的工作点。

② 然后得出交流通路，其方法是直流电源对地短路，不在振荡回路的电容（即把隔直耦合、旁路作用的电容）均断路，振荡回路的电容保留，这是与放大电路的交流通路不同的地方，应特别予以注意。若交流通路存在正弦波信号发生电路的四个基本部分，再进行相位和幅值条件的判断。

③ 由交流通路判断相位条件是否满足，其方法是断开反馈，一般在断开处假定一个频率为 f_0 的输入电压，其后采用瞬时极性法，判断电路是否为正反馈。若是，即可能构成正弦波信号发生电路；否则为不可能，结束判断。

④ 求解电路的 A、F，若 $|AF|>1$，则说明满足幅值条件，判断结束。

应当指出，幅值条件在放大电路中是极易满足的，因此只要相位满足要求就认为可以产生正弦波振荡。

2. RC 正弦波信号发生电路

选频网络若由 R、C 组成，则成为 RC 正弦波信号发生电路，此类电路又分为超前型、滞后型及串并联型（又称桥式或文氏桥振荡器）三种，其中以串并联型最具典型和实用性，本节介绍其电路组成、工作原理和振荡频率。

(1) RC 串并联网络的选频特性

RC 串并联网络的电路如图 6.7.2(a) 所示，一般情况下取 $R_1=R_2=R$，$C_1=C_2=C$。

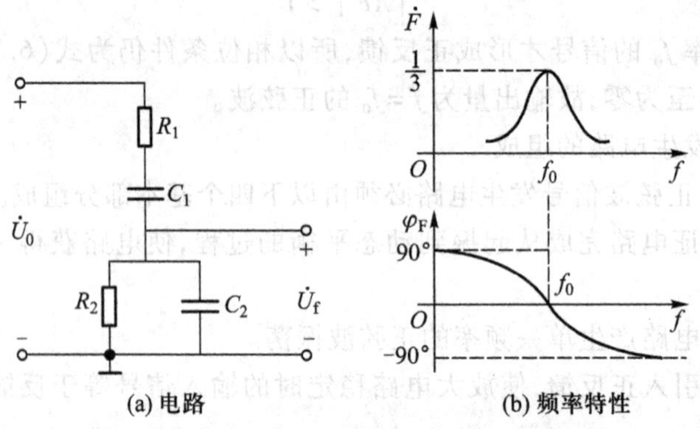

图 6.7.2　RC 串联网络的选频特性

网络的输入为来自某放大电路的输出电压 $\dot{U}_0$，网络的输出为 $\dot{U}_f$，所以反馈系数 F 的表达式为

$$F=\frac{\dot{U}_f}{\dot{U}_0}=\frac{R_2/\!/\frac{1}{j\omega C_2}}{R_1+\frac{1}{j\omega C_1}+R_2/\!/\frac{1}{j\omega C_2}}=\frac{R/\!/\frac{1}{j\omega C}}{R+\frac{1}{j\omega C}+R/\!/\frac{1}{j\omega C}}$$

整理可得

$$F=\frac{1}{3+j\left(\omega RC-\frac{1}{\omega RC}\right)}$$

令 $f_0=\frac{1}{2\pi RC}$ 代入上式，得到

$$F=\frac{1}{3+\mathrm{j}\left(\frac{f}{f_0}-\frac{f_0}{f}\right)} \tag{6.7.5}$$

F 的相频特性

$$\varphi_F=-\arctan\frac{\frac{f}{f_0}-\frac{f_0}{f}}{3} \tag{6.7.6}$$

F 的幅频特性

$$|\dot{F}|=\frac{1}{\sqrt{3^2+\left(\frac{f}{f_0}-\frac{f_0}{f}\right)^2}} \tag{6.7.7}$$

由式(6.7.6)和(6.7.7)可知，当频率f趋近于无穷大时，$|F|$趋近于0，φ_F 角趋近于$-90°$；当频率趋近于0时，$|F|$趋近于0，φ_F 角趋近于$+90°$；而仅当$f=f_0$ 时，$|F|=|F|_m=\frac{1}{3}$，且 $\varphi_F=0$。此时 $\dot{F}$ 的幅值达到最大值，并且 $\dot{U}_f$与 $\dot{U}_0$同相，体现了网络的选频特性，由此可得图 6.7.2(b)所示的频率特性曲线。

(2) RC 串并联正弦波信号发生电路(文氏桥振荡器)

图 6.7.3(a)、(b)是 RC 串并联正弦波信号发生的原理电路和正、负反馈网络组成的桥路。电路由四大部分组成，已在图中点画框内标出，其中 RC 串并联网络同时具有两个网络的功能；R_F 和 R_t 组成负反馈网络起稳幅作用，正、负反馈网络接于运放的输入端组成的桥路如图 6.7.3(b)所示，桥式或文氏电桥振荡器因此得名。

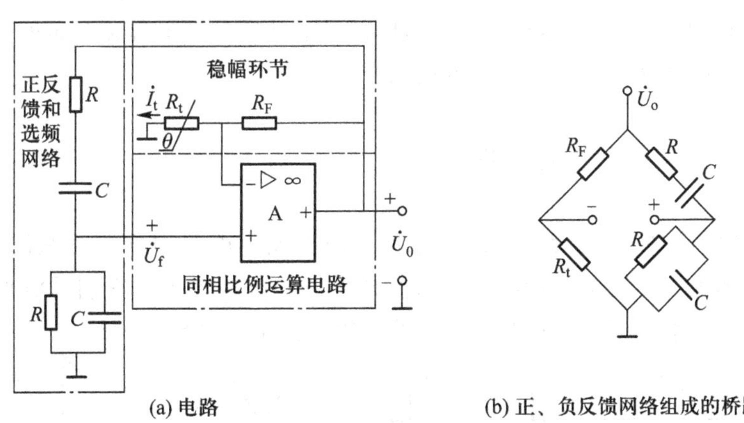

(a) 电路　　(b) 正、负反馈网络组成的桥路

图 6.7.3　RC 串并联正弦波信号发生原理电路

图 6.7.3(a)的电路在$f=f_0=\frac{1}{2\pi RC}$时能满足正反馈；由于$|F|_m=\frac{1}{3}$，$A=\frac{\dot{U}_0}{\dot{U}_+}=\left(1+\frac{R_F}{R_t}\right)>3$，只要选择 R_F 略大于 $2R_t$，即能起振。

在稳幅环节中，R_t 应选用正温度系数的热敏电阻，其值随温度的升高而增大。振荡建立后，

$\dot{U}_0$的值随时间增加而增大，负反馈支路的电流 $\dot{I}_t$亦随之增大，R_t 的温度上升，其值增大，负反馈增强，$|A|$下降，直到下降到$|A|=3$，使$|AF|=1$时，输出才稳定不变，即起到稳幅作用。由上述分析可知，R_t 选用负温度系数的热敏电阻，并与电阻 R_F 的位置对调，同样可实现稳幅的目的。

(3) 频率可调的 RC 串并联正弦波信号发生电路

频率可调的 RC 串并联正弦波信号发生电路如图 6.7.4 所示。

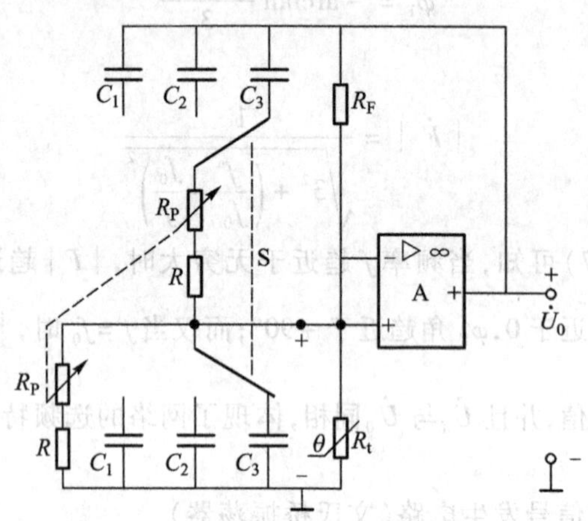

图 6.7.4　频率可调的正弦波信号发生电路

R_P 是同轴双联可变电阻，S 为双联开关，粗调可转换双联开关所接的电容，在同一挡内，调整 R_P 的值实现细调。

由于 R、C 串并联电路产生的正弦波信号频率由 R 和 C 决定，因此实现高频输出，势必减小 R 和 C 的值，R 和 C 的值如太小，运放的输出电阻以及晶体管的结电容和分布电容都将影响选频特性。因此，这类电路适用于输出频率较低的场合。

6.7.2　非正弦波信号发生电路

除前述的正弦波信号发生电路之外，其余信号波形发生电路均称非正弦波信号发生电路。它可产生方波、矩形波、三角波、锯齿波、尖脉冲、梯形波和阶梯波等。它们的波形如图 6.7.5 所示，本节重点讨论矩形波和三角波信号发生电路的组成及工作原理。

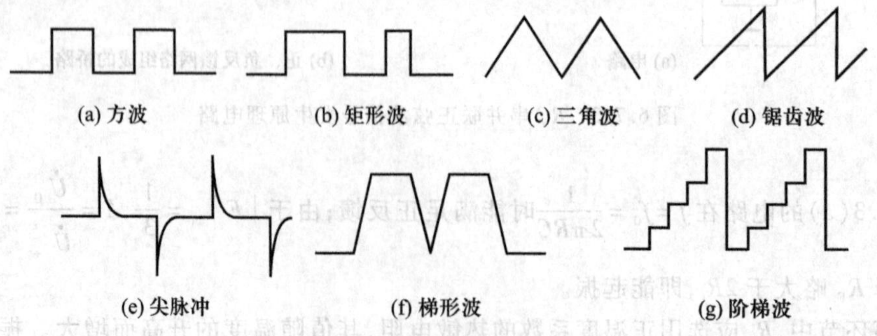

图 6.7.5　非正弦波的类型

1. 方波和矩形波信号发生电路

(1) 方波信号发生电路

① 电路的组成 方波信号发生电路如图 6.7.6 所示，它是由滞回比较器和电阻 R_3、电容 C 构成 RC 充放电时间常数相等的振荡电路。稳压管 D_Z 和电阻 R_4 起限幅作用，将滞回比较器的输出电压限制在稳压管的稳定电压值 $\pm U_Z$。

② 工作原理 电路输出电压 u_O 经过 RC 电路，在电容 C 上形成一个可变电压，加到比较器反相端，与同相端上的门限电压相比较，使比较器的输出端正、负电压不断发生转换，从而形成方波信号。下面详细分析这个电路的工作过程。

如前述，滞回比较器的输出只有 $+U_Z$ 和 $-U_Z$ 两种状态，故阈值电压为

$$U_{TH}=\frac{R_1}{R_1+R_2}\cdot U_Z \tag{6.7.8}$$

$$U_{TL}=-\frac{R_1}{R_1+R_2}\cdot U_Z \tag{6.7.9}$$

设在接通电源的瞬间，电容 C 的初始电压为 0，电路输出电压 u_O 是高电平或低电平是随机的，假设输出电压为高电平 $u_O=+U_Z$，则运放的同相输入端电位是 $u_+=U_{TH}$，u_O 通过 R_3 对电容 C 正向充电，使 u_C 增加，如图 6.7.6 中实线箭头所示。当 $u_C=u_-=U_{TH}$时进入临界状态，随后比较器输出发生翻转，u_O 由 $+U_Z$ 突然变成 $-U_Z$，同相端的电位 u_+ 值随之由 U_{TH}变成 U_{TL}。与此同时，电容 C 上的电压通过 R_3 先放电再反相充电，使 u_C 下降，如图 6.7.6 中虚线箭头所示。当 u_C 下降到 $u_C=u_-=U_{TL}$时，再次进入临界状态，比较器输出再次发生翻转，u_O 由 $-U_Z$ 突变成 $+U_Z$，同相端的电位 u_+随之由 U_{TL}突变为 U_{TH}。此后，电容又开始正向充电，上述过程周而复始，电路便产生了自激振荡，稳定后输出的方波 u_O 和近似的三角波 u_C 如图 6.7.7 所示。

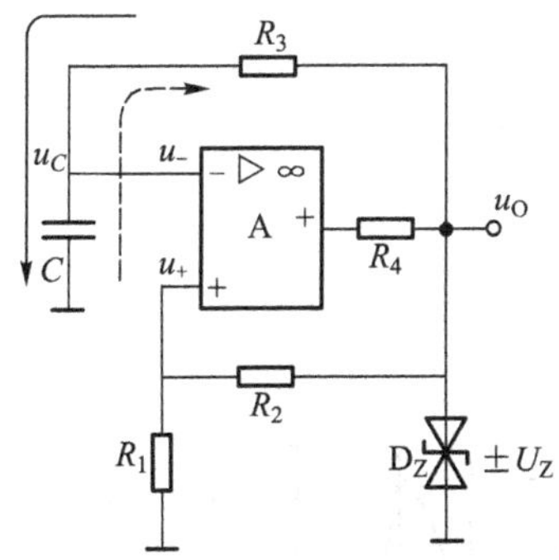

图 6.7.6 方波信号发生电路

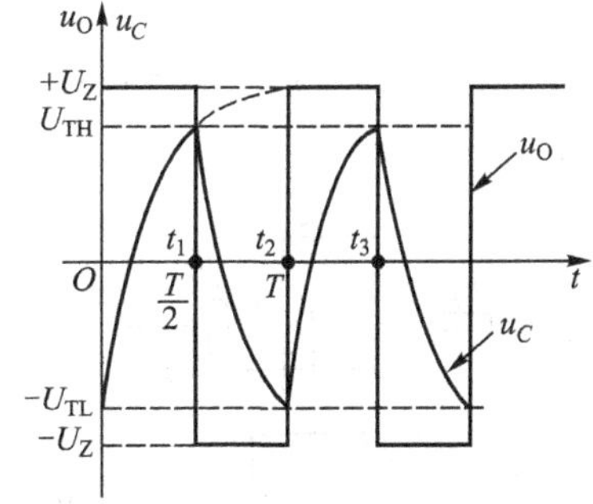

图 6.7.7 方波信号发生电路的波形图

③ 振荡周期 由一阶电路的三要素法可知，u_C 的变化规律由下式决定

$$u_C(t)=u_C(\infty)+[u_C(0^+)-u_C(\infty)]\cdot e^{-\frac{t}{\tau}}$$

式中，$u_C(0^+)=U_{TL}$为 u_O 稳定后电容电压的初始值。$u_C(\infty)=U_Z$ 为电容电压的最终稳态值。$\tau=R_3C$为电容充放电时间常数，$u_C\left(\frac{T}{2}\right)=U_{TH}$，故

$$u_C\left(\frac{T}{2}\right)=U_Z+[U_{TH}-U_Z]\cdot e^{-\frac{T}{2R_3C}}=U_{TH} \tag{6.7.10}$$

将式(6.7.8)、式(6.7.9)代入式(6.7.10)可得方波的振荡周期为

$$T=2R_3C\ln\left(1+\frac{2R_1}{R_2}\right) \tag{6.7.11}$$

振荡频率为

$$f=\frac{1}{T}=\frac{1}{2R_3C\ln\left(1+\frac{2R_1}{R_2}\right)} \tag{6.7.12}$$

可见,调整充放电回路的时间常数 R_3C 以及电阻 R_1、R_2 的数值,可调节电路的振荡周期,但应注意 R_1、R_2 改变也改变了 u_C 的幅值,振荡周期与双向稳压管的稳定电压 $\pm U_Z$ 无关;如欲改变方波的幅值,则要更换双向稳压管。

④ 占空比 q　方波信号正值维持时间 T_1 与周期 T 之比定义为占空比 q,即

$$q=\frac{T_1}{T}\times 100\% \tag{6.7.13}$$

显然,方波信号的占空比为50%,它是矩形波信号的一种特殊情况。

(2) 矩形波信号发生电路

如果图6.7.6中的 R_3C 电路的充放电不经同一路径且可调节,电路的输出将不是方波,而是占空比可调的矩形波。图6.7.8(a)、(b)所示是其电路和波形图,对电容充放电的电阻由二极管分成两路,用可变电阻 R_P 进行调节。设二极管导通时的等效电阻均为 r_d,仍用一阶电路的三要素法可得

$$T_1=(R_3+R_{P1}+r_d)C\cdot\ln\left(1+\frac{2R_1}{R_2}\right) \tag{6.7.14}$$

$$T_2=(R_3+R_{P2}+r_d)C\cdot\ln\left(1+\frac{2R_1}{R_2}\right) \tag{6.7.15}$$

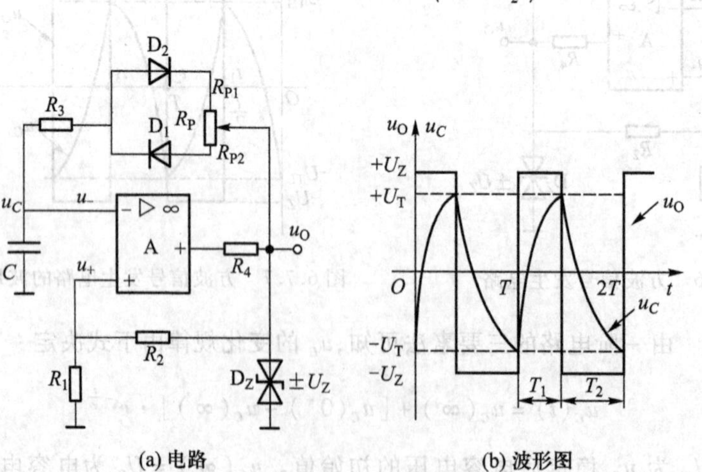

图6.7.8　矩形波信号发生电路

矩形波的振荡周期为

$$T = T_1 + T_2 = (2R_3 + R_P + 2r_d)C \cdot \ln\left(1 + \frac{2R_1}{R_2}\right) \tag{6.7.16}$$

矩形波的占空比为

$$q = \frac{T_1}{T} = \frac{R_3 + R_{P_1} + r_d}{2R_3 + R_P + 2r_d} \tag{6.7.17}$$

式(6.7.16)和式(6.7.17)表明,改变可变电阻滑动端的位置即可调节矩形波的占空比,但振荡周期保持不变。

2. 三角波和锯齿波信号发生电路

(1) 三角波信号发生电路

① 电路的组成 方波信号发生器电路虽然可在电容两端得到近似的三角波,但由于电容的充、放电的电压呈指数规律变化,故三角波的线性度较差。要得到线性度较好的三角波,可以将方波通过运放构成的积分电路得到。图6.7.9(a)就是满足这一要求的三角波发生电路。图中,运放 A_1 构成同相输入滞回比较器,运放 A_2 构成反相积分电路。滞回比较器输出的矩形波 u_{O1}加在积分电路的反相输入端,而积分电路输出的三角波又接到滞回比较器的同相输入端,控制滞回比较器输出端的状态周期性发生跳变,从而在积分电路输出端得到三角波。

② 工作原理 对图6.7.9(a)的电路应用叠加原理,可得运放 A_1 同相输入端的电压

$$u_+ = \frac{R_2}{R_1 + R_2}u_O + \frac{R_1}{R_1 + R_2}u_{O1} \tag{6.7.18}$$

转折时,$u_+ = u_- = 0$,则阈值电压

$$U_T = -\frac{R_1}{R_2}u_{O1} \tag{6.7.19}$$

当 $u_{O1} = +U_Z$ 时

$$U_{TL} = -\frac{R_1}{R_2}U_Z \tag{6.7.20}$$

当 $u_{O1} = -U_Z$ 时

$$U_{TH} = \frac{R_1}{R_2}U_Z \tag{6.7.21}$$

积分电路的输入电压是滞回比较器的输出电压 u_{O1},且 u_{O1}不是 $+U_Z$ 就是 $-U_Z$。当 $u_{O1} = U_Z$ 时,对应 $U_{TL} = -\frac{R_1}{R_2}U_Z$,而积分电路的输出电压 u_O 将随时间往负方向线性变化,u_+ 随之减小,当减小到 $u_O = U_{TL}$时,滞回比较器输出端将发生跳变,使 $u_{O1} = -U_Z$,门限电压随之变为 $U_{TH} = \frac{R_1}{R_2}U_Z$。之后,积分电路的输出电压将随时间往正方向线性增长,u_+ 随之增大,当增大到 $u_+ = U_{TH}$时,滞回比较器输出端将再次发生跳变,使 $u_{O1} = +U_Z$,然后电路重复上述过程,产生自激振荡,滞回比较器输出电压 u_{O1}为矩形波,而积分电路的输出电压 u_O 为三角波,由此可得如图6.7.9(b)所示的波形图。

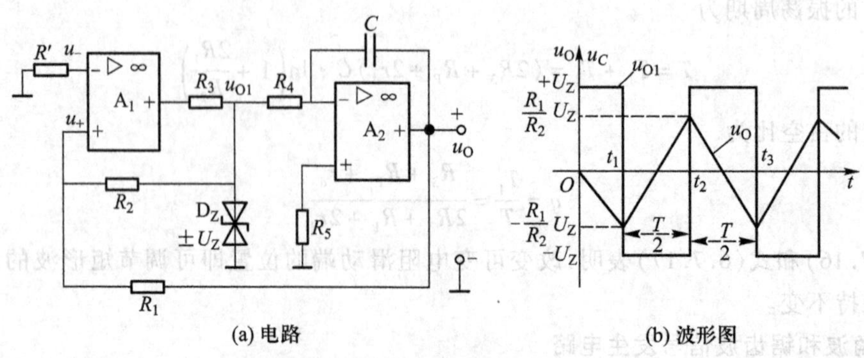

(a) 电路　　　　　　　　　　　　(b) 波形图

图 6.7.9　三角波信号发生电路

③ 振荡周期　由于图 6.7.9(a)中，A_2 构成的积分器充放电为同一路径，时间常数相等。所以图 6.7.9(b)中 u_{O1} 的正负半周持续的时间各为 $T/2$。对积分器可得

$$u_O(t) = -\frac{1}{R_4 C}\int u_{O1}\,dt$$

当 $u_{O1} = -U_Z$，积分器从 t_1 积到 t_2 时，由

$$u_O(t_2) = -\frac{1}{R_4 C}\int_{t_1}^{t_2}(-U_Z)\,dt = \frac{U_Z}{R_4 C}(t_2 - t_1) + u_O(t_1) = \frac{U_Z}{R_4 C}\cdot\frac{T}{2} + \left(-\frac{R_1}{R_2}U_Z\right) = \frac{R_1}{R_2}U_Z$$

由此可解得三角波信号和方波信号的周期

$$T = \frac{4R_1 R_4 C}{R_2} \tag{6.7.22}$$

三角波信号和方波信号的振荡频率

$$f = \frac{R_2}{4R_1 R_4 C} \tag{6.7.23}$$

调节电路中 R_1，R_2，R_4 和 C 的值，可以改变振荡频率：调节 R_1 和 R_2 的比值，可以改变三角波信号的幅值。在实际工作中应先调整电阻 R_1 和 R_2 的比值，使输出幅度达到规定值，然后再调整 R_4 和 C，使振荡频率满足要求。

(2) 锯齿波信号发生器

如果图 6.7.9(a)电路中的电容充电和放电时间相差很多，就可在积分电路的输出端得到锯齿波。

在图 6.7.9(a)所示的三角波信号发生器电路的基础上，用二极管 D_1、D_2 和可变电阻 R_P 代替原来的积分电阻 R_4，使积分电容的充放电回路分开，即成为锯齿波信号发生电器，如图 6.7.10(a)所示。

假设调节可变电阻 R_P 后，使 $R_{P1} \ll R_{P2}$，则电容充电的时间常数远小于放电的时间常数，即 $T_1 \ll T_2$，充电过程很快，放电过程很慢，此时 u_O 成为锯齿波。u_{O1}、u_O 的波形如图 6.7.10(b)所示。

采用三角波信号发生电路类似的分析方法，可求得锯齿波信号的幅度为

$$U_{om} = \frac{R_1}{R_2}U_Z \tag{6.7.24}$$

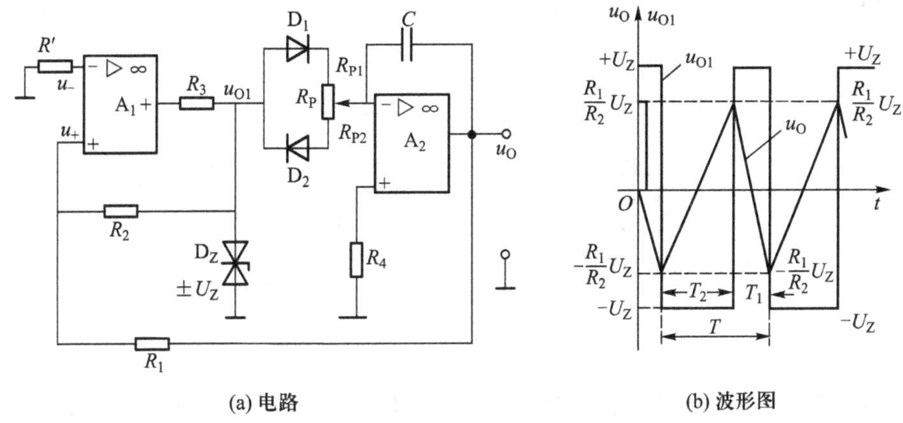

(a) 电路　　　　(b) 波形图

图 6.7.10　锯齿波发生电路

设二极管导通时的等效电阻均为 r_a，电容充电时间 T_1、放电时间 T_2 与锯齿波的振荡周期 T 分别为

$$T_1=\frac{2R_1(R_{P1}+r_d)C}{R_2} \tag{6.7.25}$$

$$T_2=\frac{2R_1(R_{P2}+r_d)C}{R_2} \tag{6.7.26}$$

$$T=T_1+T_2=\frac{2R_1(R_P+2r_d)C}{R_2} \tag{6.7.27}$$

调节电路中 R_1、R_2 的阻值可以改变锯齿波的幅值；调整 R_1、R_2、R_P 的阻值和 C 的容量，可以改变振荡周期的频率；调整可变电阻动点的位置，可以改变锯齿波上升和下降的斜率，以及矩形波 u_{O1} 的占空比。

复习思考题及练习题

6－1　填空题

（1）N 型半导体中多数载流子是(　　)，P 型半导体多数载流子是(　　)。

（2）当温度升高时，晶体管的反向电流(　　)，β(　　)。

（3）PN 结中扩散电流的方向是从(　　)区到(　　)区，漂移电流的方向是从(　　)区到(　　)区。

（4）晶体管可以分为(　　)型、(　　)型、(　　)型和(　　)型四类。

（5）场效晶体管可以分为(　　)沟道和(　　)沟道二类。

（6）晶体管处于放大状态的条件是(　　　)，处于饱和状态的条件是(　　　　　)，处于截止状态的条件是(　　　　　)。

（7）场效晶体管处于放大状态时应工作在特性曲线的(　　)区。

6-2　设二极管为理想器件(忽略二极管的正向压降和正向电阻,求图 6.01 所示电路的输出电压 U_O。

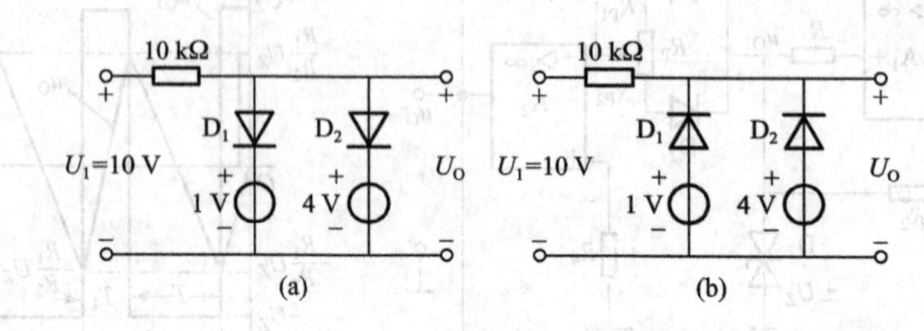

图 6.01　练习题 6-2 的图

6-3　图 6.02 所示为某晶体管的特性曲线,当 $U_{CE}=6\ V, I_B=0.08\ mA$ 时,该管的直流 $\bar{\beta}$ 和交流 $\tilde{\beta}$ 各为多少?

6-4　设四个晶体管均处于放大状态,现测得各管三个电极的电压 U_1、U_2 和 U_3,试判断它们是 NPN 型还是 PNP 型晶体管,是硅管还是锗管。并确定 E、B、C 三个电极。

(1) $U_1=3.5\ V, U_2=2.8\ V, U_3=12\ V$

(2) $U_1=3\ V, U_2=2.8\ V, U_3=12\ V$

(3) $U_1=6\ V, U_2=11.3\ V, U_3=12\ V$

(4) $U_1=6\ V, U_2=11.8\ V, U_3=12\ V$

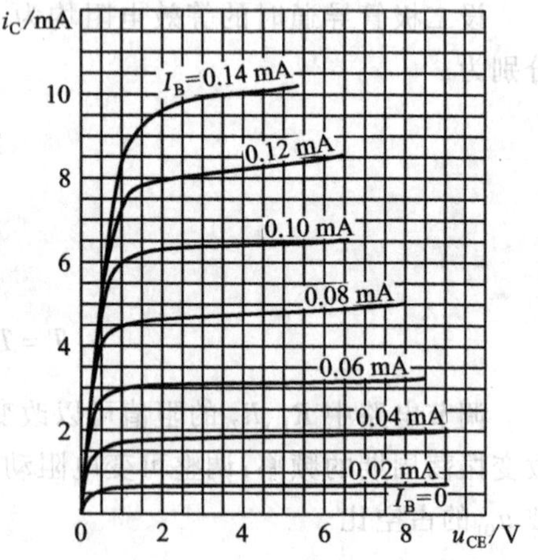

图 6.02　练习题 6-3 的图

6-5　填空题

(1) 在多级放大电路中,常见的耦合方式有(　　)耦合、(　　　)耦合和(　　　)耦合三种方式。

(2) 阻容耦合放大电路,只能放大(　　　)信号,不能放大(　　　)信号;直接耦合放大电路,既能放大(　　　)信号,也能放大(　　　)信号。

(3) 直接耦合放大电路存在的主要问题是(　　　　),解决的有效措施是采用(　　　)放大电路。

(4) 共集电极放大电路的主要特点是电压放大倍数(　　　)、输入电阻(　　)、输出电阻(　　)。

(5) 共集电极放大电路,因为输入电阻高,所以常用在多级放大器的(　　)级,以减小信号在(　　)上的损失,因为输出电阻低,所以常用于多级放大器的(　　)级,以提高(　　)的能力。

(6) 差模信号是指两输入端的信号(　　　　　　　　　　)的信号,共模信号是指两输入端的信号(　　　　　　　　　　)的信号。

(7) 差模信号按其输入和输出方式可以分(　　　　　　　　)、(　　　　　)、(　　　　　)和(　　　　　)四种类型。

(8) 交流负反馈有(　　　　　　)、(　　　　　　)、(　　　　　　)和(　　　　　)四种类型。

(9) 对于一个放大器,欲稳定输出电压应采用(　　)负反馈、欲稳定输出电流应采用(　　　)负反馈、欲提高输入电阻应采用(　　　)负反馈、欲降低输出电阻应采用(　　　)负反馈、欲降低输入电阻而提高输出电阻应采用(　　　)负反馈。

(10) 正弦波振荡器振幅平衡条件是(　　　　)、相位平衡条件是(　　　　);正弦波振荡器四个基本组成部分是(　　　　)、(　　　　)、(　　　　)和(　　　　)。

(11) 低频功率放大器的工作状态可分为(　　　　)、(　　　　)、(　　　　)三种,通常采用(　　　)。

6-6　从电路结构上定性分析图 6.03 能否起到电压放大作用?为什么?(提示:静态和动态要同时合理才能起电压放大作用,必要时可以画出交、直流通路分析。)

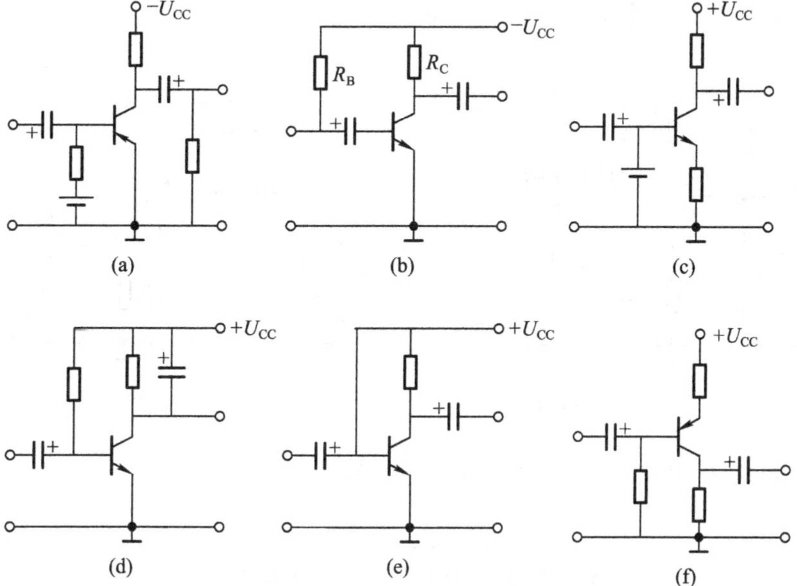

图 6.03　练习题 6-6 的图

6-7　若三个参数不同的共射放大电路,在输入正弦信号的情况下,输出波形如图 6.04 所示,试分析它们各属于何种失真?如何解决?

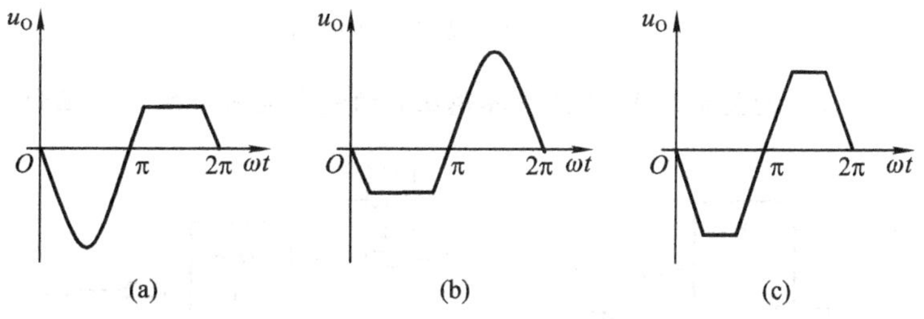

图 6.04　练习题 6-7 的图

6-8　共射放大电路如图 6.05 所示,已知晶体管的 $\beta=50$,静态 $U_{BE}=0.7\ \text{V}$。试求:(1) 静态工作点 I_B、I_C 及 U_{CE}。(2) 放大电路的电压放大倍数 A_u、输入电阻 r_i 和输出电阻 r_o。(3) 如

果晶体管的β增大一倍，计算(1)和(2)并由此可以得出什么结论。

6－9　静态工作点稳定电路如图 6.06 所示。已知晶体管的$\beta=50$，静态$U_{BE}=0.7\ V$，$r_{be}=1.5\ k\Omega$。试求：(1) 放大电路的电压放大倍数A_u、输入电阻r_i和输出电阻r_o。(2) 如果晶体管的β增大一倍，计算(1)和(2)并由此可以得出什么结论。

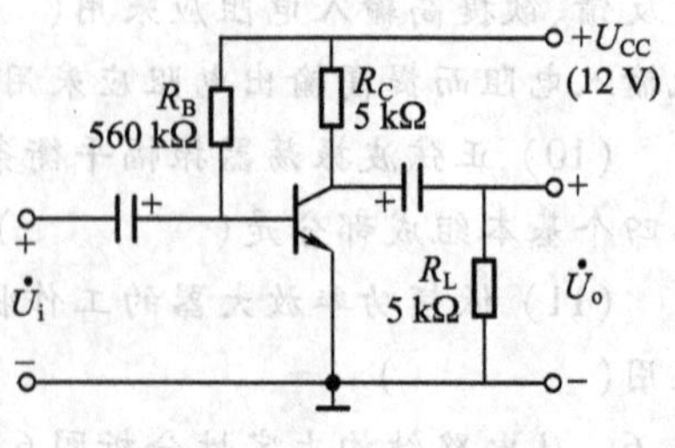

图 6.05　练习题 6－8 的图

6－10　共集电极放大电路如图 6.07 所示，已知晶体管的$\beta=50$，$U_{BE}=0.7\ V$，$r_{be}=1.1\ k\Omega$。试求：(1) 放大电路的电压放大倍数A_u、输入电阻r_i和输出电阻r_o。

(2) 放大电路对信号源$\dot{U}_s$的电压放大倍数A_{us}。

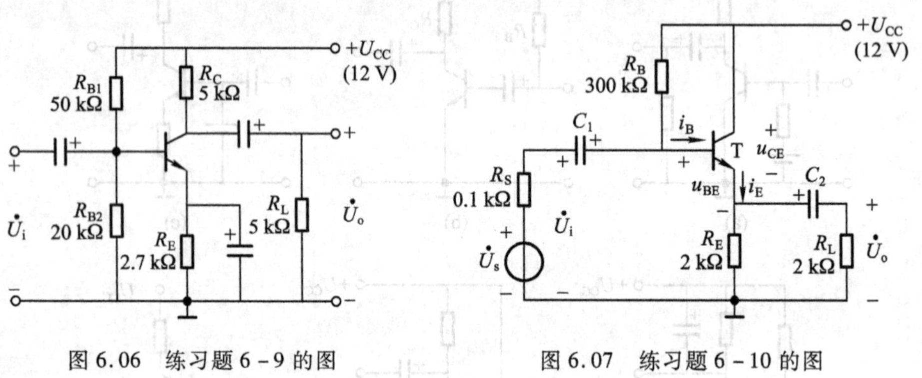

图 6.06　练习题 6－9 的图　　图 6.07　练习题 6－10 的图

6－11　电路如图 6.08 所示，试推导出u_O与u_I之间的关系式。

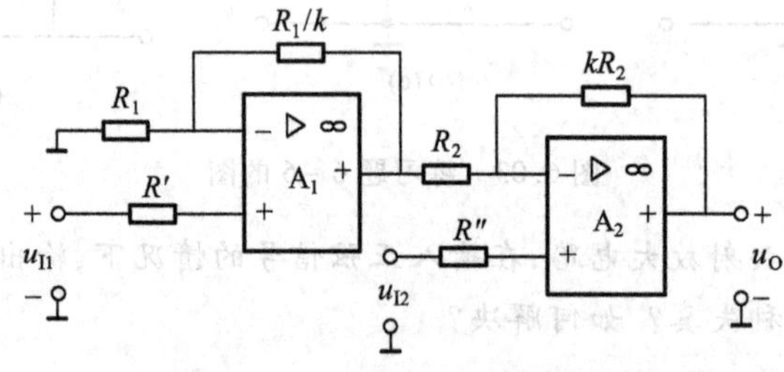

图 6.08　练习题 6－11 的图

6－12　画出图 6.09u_O与u_I的关系曲线，设图中各稳压管的稳定电压为 5.3 V，正向压降为 0.7 V。

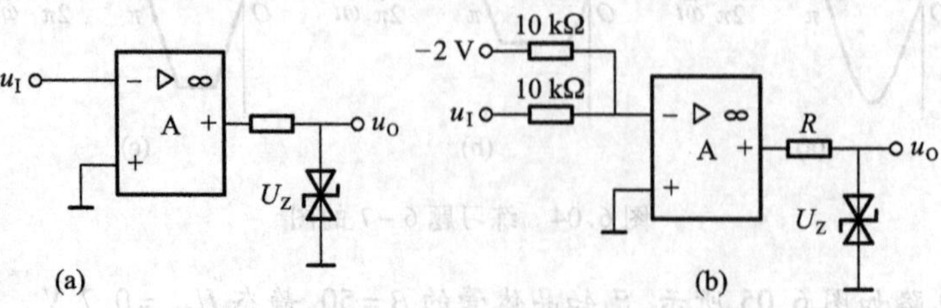

图 6.09　练习题 6－12 的图

6-13 填空题

(1) 为了稳定放大电路的输出电压,应引入(　　　　)负反馈。

(2) 为了稳定放大电路的输出电流,应引入(　　　　)负反馈。

(3) 为了增大放大电路的输入电阻,应引入(　　　　)负反馈。

(4) 为了减小放大电路的输入电阻,应引入(　　　　)负反馈。

(5) 为了减小放大电路的输出电阻,应引入(　　　　)负反馈。

(6) 为了增大放大电路的输出电阻,应引入(　　　　)负反馈。

6-14 单项选择题,将合适的答案填入括号内。

(1) 要求增大输入电阻,减小输出电阻,应选择的负反馈是(　　)。

A. 电压串联　　B. 电压并联

C. 电流串联　　D. 电流并联

(2) 在信号源内阻 R_s 很高时,要求减小输出电阻应选择的负反馈是(　　)。

A. 电压串联　　B. 电压并联

C. 电流串联　　D. 电流并联

(3) 在信号源内阻 R_s 很低时,要求稳定输出电流应选择的负反馈是(　　)。

A. 电压串联　　B. 电压并联

C. 电流串联　　D. 电流并联

(4) 已知电路是电压串联负反馈,正确的结论是(　　)。

A. 稳定电压提高输入电阻　　B. 稳定电流提高输入电阻

C. 稳定电压降低输入电阻　　D. 稳定电流降低输入电阻

(5) 已知电路是电流并联负反馈,正确的结论是(　　)。

A. 降低输入电阻和输出电阻

B. 增大输入电阻和输出电阻

C. 降低输入电阻和增大输出电阻

D. 增大输入电阻和降低输出电阻

6-15 判断图 6.10 各电路中有无交流反馈,若存在反馈,判断其整体交流反馈类型(设电容均交流短路)。

6-16 为了获得较高的电压放大倍数,而又不可避免采用高值电阻 R_F,将反相比例运算电路改为图 6.11 所示的电路,并设 $R_F=R_4$。(1) 试证 $A_{uf}=\dfrac{u_O}{u_I}=\dfrac{R_F}{R_1}\left(1+\dfrac{R_3}{R_4}\right)$。(2) 已知,$R_1=50\ \text{k}\Omega$,$R_2=33\ \text{k}\Omega$,$R_3=3\ \text{k}\Omega$,$R_4=2\ \text{k}\Omega$,$R_F=100\ \text{k}\Omega$,求电压放大倍数 A_{uf}。(3) 如果 $R_3=0$,要得到同样大的电压放大倍数,R_F 的阻值应增大到多少?

6-17 电路如图 6.12 所示,已知 $u_{I1}=1\ \text{V}$,$u_{I2}=2\ \text{V}$,$u_{I3}=3\ \text{V}$,$u_{I4}=5\ \text{V}$,$R_1=R_2=2\ \text{k}\Omega$,$R_3=R_4=1\ \text{k}\Omega$。试计算输出电压 u_O。

6-18 求图 6.13 所示电路的 u_O 和 u_I 的关系。

6-19 在图 6.14 的图中,电源电压为 $\pm15\ \text{V}$,$u_{I1}=1.1\ \text{V}$,$u_{I2}=1\ \text{V}$,试问接入输入电压后,输出电压 u_O 由 0 上升到 10 V 所需时间。

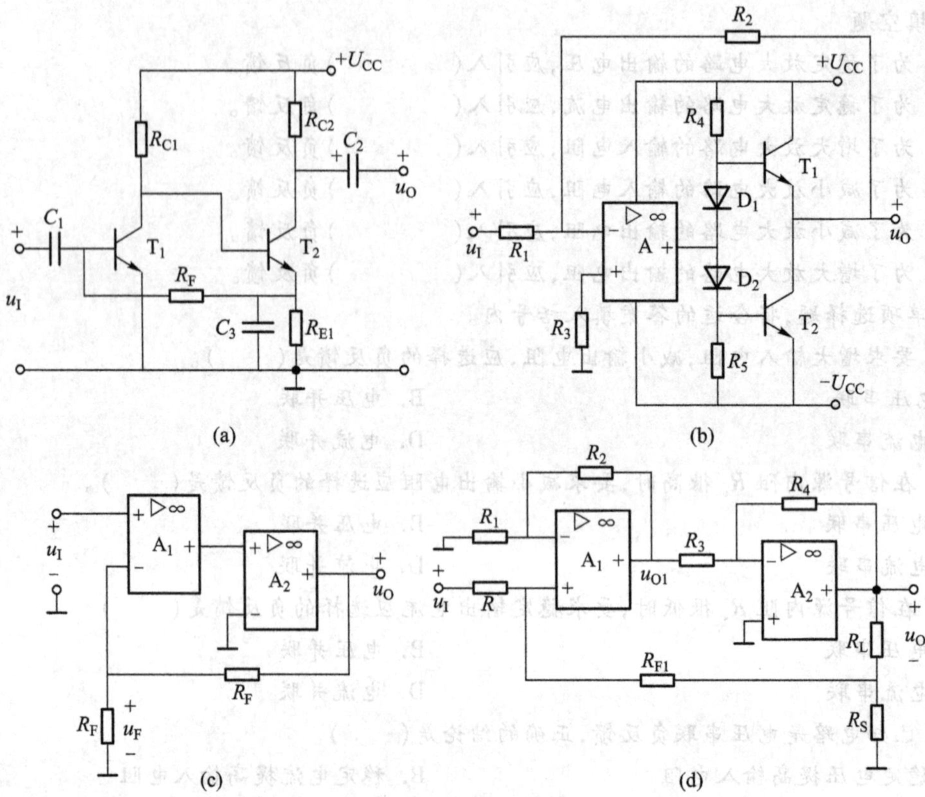

图 6.10　练习题 6-15 的图

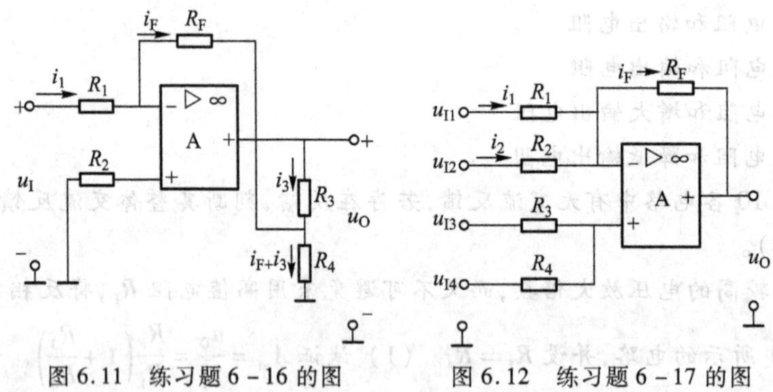

图 6.11　练习题 6-16 的图　　图 6.12　练习题 6-17 的图

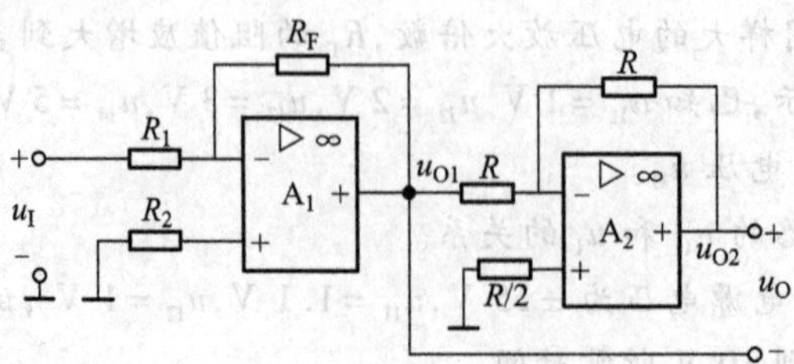

图 6.13　练习题 6-18 的图

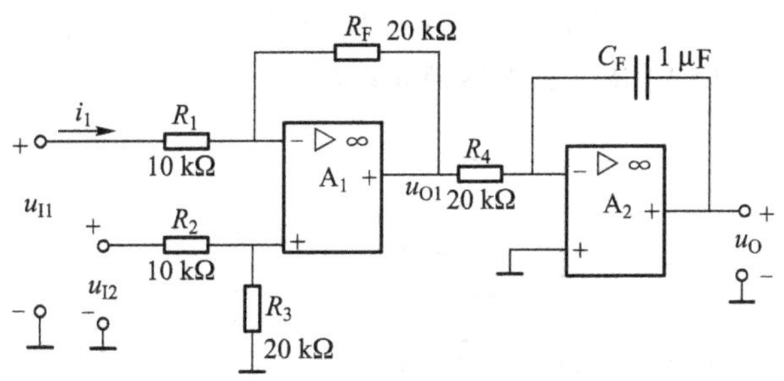

图 6.14　练习题 6-19 的图

6-20　积分运算电路如图 6.15(a)所示，输入信号 u_I 为图 6.15(b)所示的矩形波，求输出波形，其中 $C=50\ \mu F, R=10\ k\Omega, u_O(0)=0$。

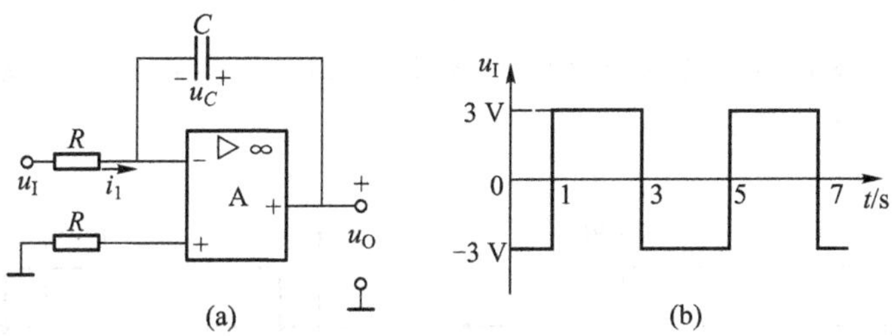

图 6.15　练习题 6-20 的图

6-21　图 6.16 是监控报警装置，如需要对某一非电量（如温度、电压等）进行监控时，可由传感器取得监控信号 u_I，U_R 是参考电压，当超过正常值时报警灯亮。试说明其工作原理、二极管 D 和电阻 R'所起的作用。

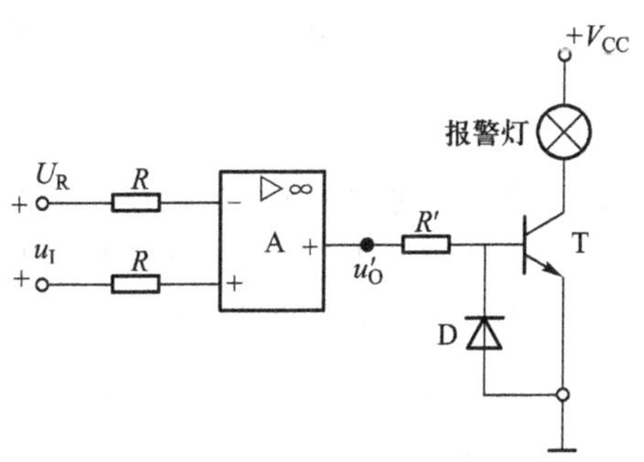

图 6.16　练习题 6-21 的图

6-22　电路如图 6.17 所示，若运放的输出 $U_{om}=\pm 12$ V，试回答下列问题：(1) 各运放组成何种基本运放电路。(2) 根据电路参数，求 u_{O1} 和 u_{O2} 的表达式。(3) 若 $u_I=0.5$ V，试画出 u_{O3} 的电压传输特性。

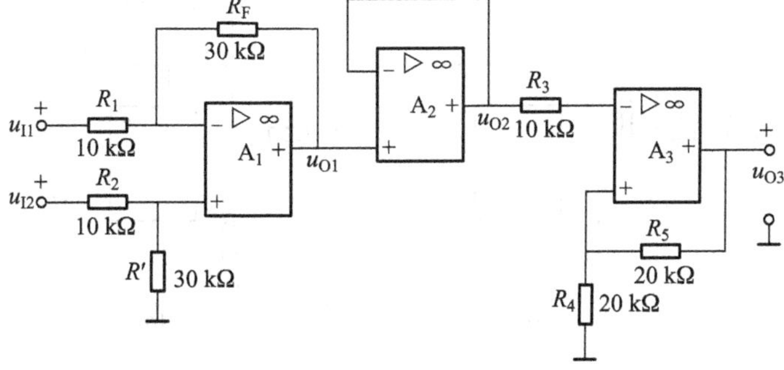

图 6.17　练习题 6-22 的图

6－23　已知电路如图 6.18 所示，已知 $U_{RH}=6$ V，$U_{RL}=3$ V，稳压管的稳压值 $U_Z=\pm6$ V，运放输出的最大电压为 ±13 V，试画出电路的传输特性。

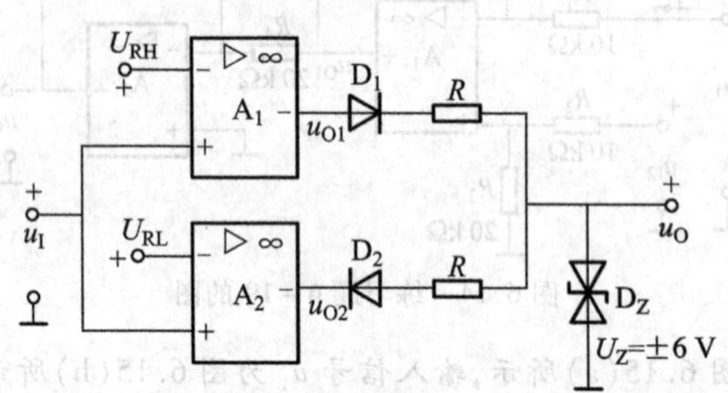

图 6.18　练习题 6－23 的图

6－24　已知电压比较器的传输特性如图 6.19 所示，试指出它们的输入 u_I 是加同相端还是反相端？阈值电压各为多少？

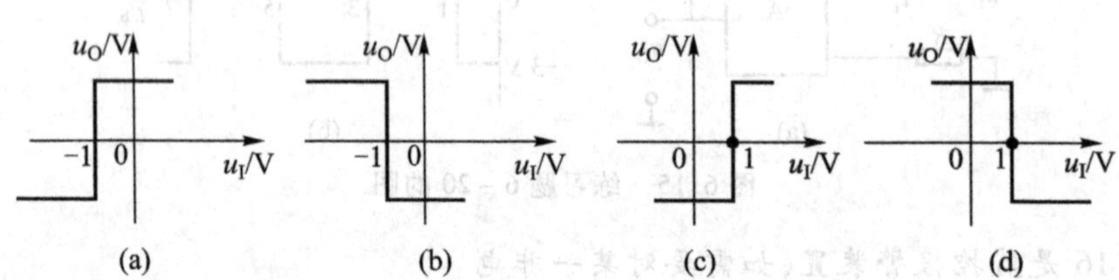

图 6.19　练习题 6－24 的图

6－25　要对信号做处理，使之分别满足下列要求，试选择合适的滤波电路（低通、高通、带通、带阻）。(1) 所需信号频率为 1 kHz 至 2 kHz，消除其他干扰频率。(2) 抑制 50 Hz 电源干扰。(3) 低于 5 kHz 为所需信号。(4) 高于 200 kHz 信号为所需信号。

6－26　试求出图 6.20(a)，(b)所示电路的传递函数（$\dot{U}_o/\dot{U}_i$），指出它们各为什么类型的滤波电路。

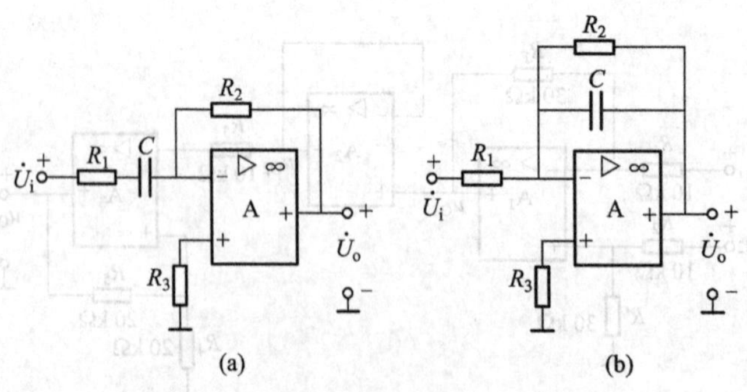

图 6.20　练习题 6－26 的图

6－27　已知电路和输入波形如图 6.21(a)，(b)所示，试画出输出电压 U_0 波形。

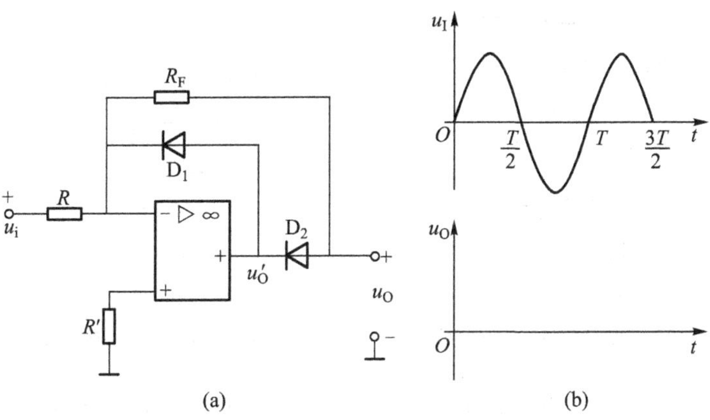

图 6.21 练习题 6-27 的图

6-28 已知电路和输入波形如图 6.22(a),(b),(c)所示,试分别画出电压 U_0 的波形。

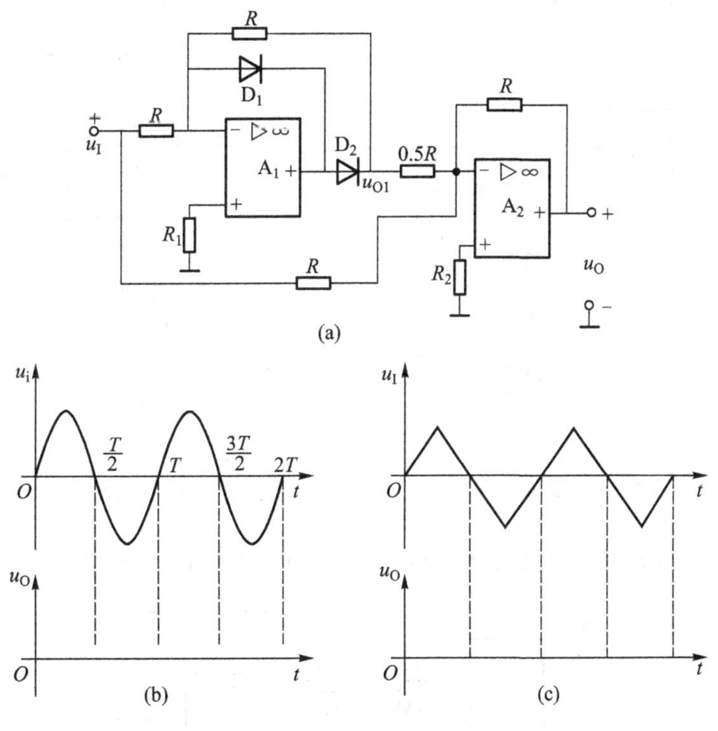

图 6.22 练习题 6-28 的图

6-29 图 6.23 所示的电路是负载接地的电压与电流变换电路,试求 I_L 的表达式。

6-30 图 6.24 是提高输出电流的电压与电流变换电路,设晶体管的基极电流可以忽略,试求 I_L 的表达式。

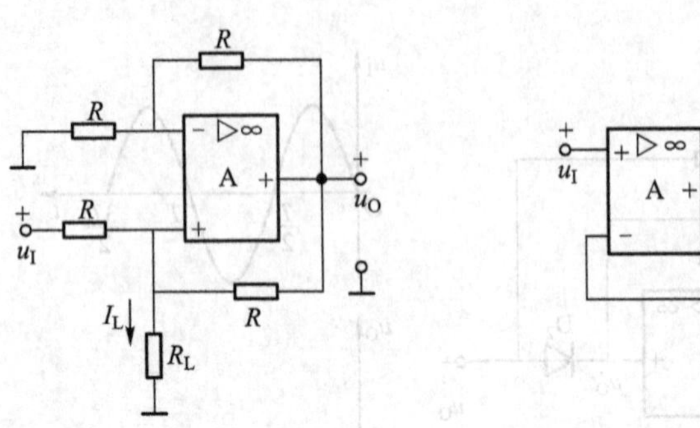

图 6.23　练习题 6-29 的图　　图 6.24　练习题 6-30 的图

6-31　电路如图 6.25 所示。(1) 将图中 A,B,C,D 四点正确连接,使之成为一个正弦波振荡电路。(2) 估算电路的振荡频率 f_0。(3) 如果 R_1 断路、R_1 短路、R_2 断路、R_2 短路,则电路将分别产生什么现象?

6-32　电路如图 6.26 所示。R 为双联同轴可变电阻,阻值可以同时从零调到 100 kΩ。(1) 为保证电路起振,可变电阻 R_P 应调到多大?(2) 电路的振荡频率 f_0 调节范围为多大?

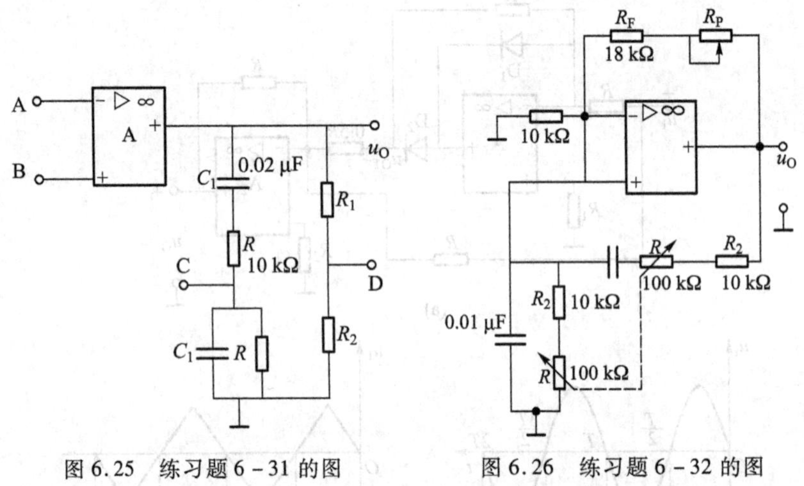

图 6.25　练习题 6-31 的图　　图 6.26　练习题 6-32 的图

6-33　在如图 6.27 所示的三角波发生电路中,设双向稳压管 $U_Z = \pm 4$ V。(1) 若要求输出三角

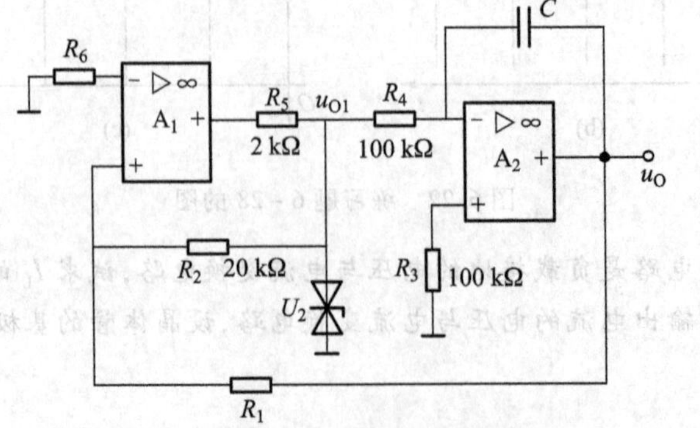

图 6.27　练习题 6-33 的图

波形的幅值 $U_{om}=3$ V,振荡周期 $T=1$ ms。试选择电阻 R_1 和电容 C 的值。(2) 试画出 u_O、u_{O1} 的波形图,并在图上标出电压的幅值和振荡周期 T 的数值。

6-34 电路如图 6.28(a)所示,图 6.28(b)给出了 R_t 的特性曲线。试问:(1) 当 R_t 多大时,该电路出现稳定的正弦波振荡?此时 $i_t=?$ (2) 振荡频率 $f_0=?$ (3) 输出电压的峰峰值 $U_{opp}=?$ (4) A_2 在电路中起何作用?

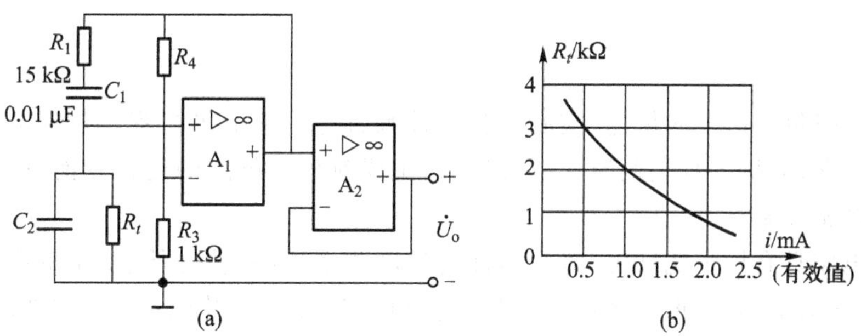

图 6.28 练习题 6-34 的图

第七章　数字电子电路

数字电子电路包括信号的传送、控制、记忆、计数、产生、整形等内容。数字电子电路的基本单元是逻辑门电路，分析工具是逻辑代数，研究的主要对象是电路的逻辑功能，即输入信号和输出信号之间的逻辑关系。

数字电子电路具有抗干扰性强、对元器件的精度要求不高、功耗低、便于集成和系列化生产等特点，在无线电通信、自动控制系统、测量设备、电子计算机以及模拟信号的"数字化"等领域获得了日益广泛的应用。

7.1　数制及数字逻辑

7.1.1　数制

1. 数制的种类

数制是进位计数制的简称，它是指将数字符号排成数列，遵照由低位到高位的某种进位方式计数的体制。数制的种类繁多，常用的是十进制，它有0、1、2、…、9十个数码，计数的规律是逢10进1。在数字电路中，常采用二进制、八进制和十六进制，它们分别有0和1两个数码、0～7八个数码和0～9、A、B、C、D、E、F十六个数码。也就是说"J进制"，必有"J"个数码和逢"J"进1的规则，"J"称为基数。在J进制中，每位数码所代表的数值与其所处的位置有关，等于该数字符号K_i乘一个与数字符号位置相关的常数，这个常数称位权，简称权，每位的权可表示为J^i，i的取值是以小数点为基准，整数部分自右向左按0、1、…、n递增，小数部分则自左向右按-1、-2、…、$-m$递减。J进制数N，可用下式表示为

$$(N)_J = \sum_{i=n}^{-m} K_i J^i \tag{7.1.1}$$

式中，K_i代表第i位的数码，用此式可将非十进制数$(N)_J$转变成十进制数。

例 7.1.1　写出十进制数168.9的表示式。

解　$(168.9)_{10} = \sum_{i=2}^{-1} K_i 10^i = 1 \times 10^2 + 6 \times 10^1 + 8 \times 10^0 + 9 \times 10^{-1}$

例 7.1.2 把二进制数 **11011.11** 转变为十进制数。

解 $(\mathbf{11011.11})_2 = \sum_{i=4}^{-2} K_i 2^i = \mathbf{1}\times 2^4 + \mathbf{1}\times 2^3 + \mathbf{0}\times 2^2 + \mathbf{1}\times 2^1 + \mathbf{1}\times 2^0 + \mathbf{1}\times 2^{-1} + \mathbf{1}\times 2^{-2}$

$= 16 + 8 + 0 + 2 + 1 + 0.5 + 0.25$

$= (27.75)_{10}$

2. 数制的转换

欲将十进制数 N,转换成 J 进制数,可用将$(N)_{10}$的整数部分除 J 取余法,而将小数部分乘 J 取整法,两者组合起来即可。转换时应注意:整数的转换到商为零结束,小数的转换可能是无穷尽的,具体的位数根据给定的精度决定。

例 7.1.3 将$(27.75)_{10}$转换成相应的二进制数。

解

除 2	余数	二进制位数	
2 | 27			
2 | 13 ……	**1**	K_0	最低位到最高位 ↓
2 | 6	**1**	K_1	
2 | 3	**0**	K_2	
2 | 1	**1**	K_3	
0	**1**	K_4	

小数部分运算	整数部分	二进制位数	
0.75 × 2 = 1.50 ……	**1**	K_{-1}	最高位到最低位 ↓
0.50 × 2 = 1.00	**1**	K_{-2}	

所以$(27.75)_{10} = (\mathbf{11011.11})_2$。其余转换类同。

各种进制数位权值对照见表 7.1.1。

表 7.1.1 各种进制数位权值对照

	K_2	K_1	K_0	小数点	K_{-1}
$J=2$	$2^2=4$	$2^1=2$	$2^0=1$	.	$2^{-1}=0.5$
$J=8$	$8^2=64$	$8^1=8$	$8^0=1$	.	$8^{-1}=0.125$
$J=10$	$10^2=100$	$10^1=10$	$10^0=1$	.	$10^{-1}=0.1$
$J=16$	$16^2=256$	$16^1=16$	$16^0=1$	.	$16^{-1}=0.0625$

3. BCD 码(二-十进制编码)

用 4 位二进制代码来表示十进制数 0~9 十个数码,该代码就称为二-十进制代码,简称 BCD 码。BCD 码既具有二进制数的形式,又具有十进制的特点,是人机交互的一种中间形式,计算机可以识别和直接运算。

BCD 码有多种形式,常用的有 8421、2421 和余 3BCD 码,其对应关系见表 7.1.2。

BCD 码与十进制数之间的相互转换是以四位为一组直接转换，因此极易实现，且容易识别数的大小。

表 7.1.2　几种常用代码

十进制	BCD8421 码	BCD2421 码	BCD 余三 8421 码	循环码（格雷码之一）	余三循环码
	（权）8421	（权）2421			
0	0000	0000	0011	0000	0010
1	0001	0001	0100	0001	0110
2	0010	0010	0101	0011	0111
3	0011	0011	0110	0010	0101
4	0100	0100	0111	0110	0100
5	0101	1011	1000	0111	1100
6	0110	1100	1001	0101	1101
7	0111	1101	1010	0100	1111
8	1000	1110	1011	1100	1110
9	1001	1111	1100	1101	1010
10				1111	
11				1110	
12				1010	
13				1011	
14				1001	
15				1000	

例 7.1.4　将十进制数 518 转换成对应的 8421BCD 码和 2421BCD 码。

解

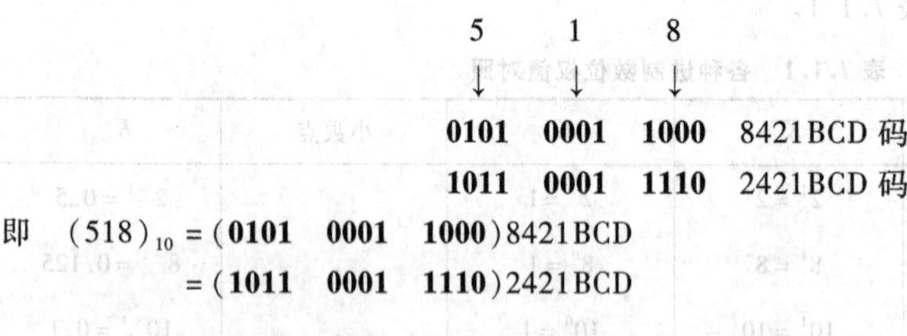

```
  5      1      8
  ↓      ↓      ↓
0101   0001   1000   8421BCD 码
1011   0001   1110   2421BCD 码
```

即　$(518)_{10}$ =(**0101**　**0001**　**1000**)8421BCD

=(**1011**　**0001**　**1110**)2421BCD

7.1.2　数字逻辑

数字逻辑是指在数字电路中输入量和输出量之间的因果关系。反映逻辑关系的变量称为逻辑变量，对逻辑变量的因果关系进行系统的数学描述即逻辑代数。

逻辑变量是一个二值变量，它代表两种对立的状态，如事物的真与假、是与非，电平的高与低，开关的通与断，电灯的亮与暗，信号的有与无等。两种对立的状态用 **1** 和 **0** 表示，称为逻辑 **1** 和逻辑 **0**，应当注意，这里的 **1** 和 **0** 已无数值的概念，仅代表两种对立状态，因此，逻辑代数与一般代数的运算法则将有很多不同。尽管 **1** 和 **0** 都可以代表对立状态的任何一种，但本教材采用 **1** 代表上述对立状态的前者，**0** 代表后者，即正逻辑。

1. 数字逻辑信号

数字逻辑信号是一种跃变信号，它是数字电路常使用的一种信号，常见的形式有理想矩形波、尖脉冲和实际矩形波，如图 7.1.1 所示。图中 **1** 代表某个电平以上的数值，**0** 代表某个电平以下的数值。

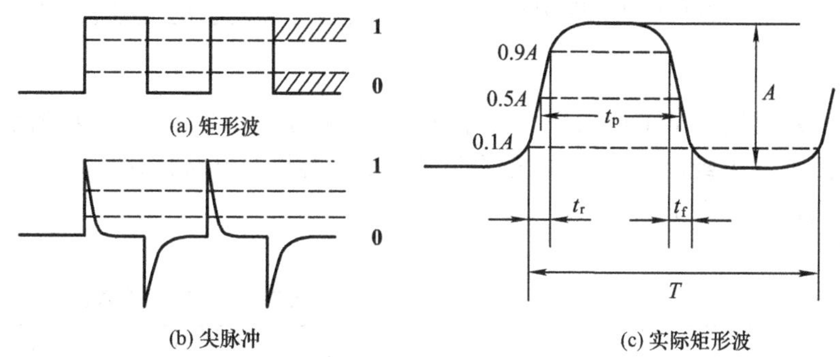

图 7.1.1 逻辑信号波形

实际矩形波有关参数定义如下：

脉冲幅度 A 脉冲信号变化的最大值。

上升时间 t_r 从幅度的 10% 上升到 90% 所需时间。

下降时间 t_f 从幅度的 90% 下降到 10% 所需时间。

脉冲宽度 t_p 上升沿和下降沿 50% A 之间的时间。

脉冲周期 T 两个相邻的上升沿（或下降沿）10% A 之间的时间。

脉冲频率 f 单位时间的脉冲数，$f=\frac{1}{T}$。

占空比 q $q=\frac{t_p}{T}$，$q=50\%$ 的矩形波称为方波。

2. 逻辑函数的基本运算关系

若输入逻辑变量 $A,B,\cdots$ 的取值确定以后，输出逻辑变量 F 的值就被唯一地确定了，则 F 是 A、B 的逻辑函数，写作 $F=f(A,B,\cdots)$，此式亦称逻辑表达式，它还可以用相应的逻辑符号和表格（真值表）表示。

逻辑的基本运算共有三种，它们是：

（1）**与**运算

亦称**与**逻辑，就是决定某事件的全部条件同时具备时，事件才会发生，这种因果关系称为**与**逻辑，其逻辑函数的表达式称为**与**运算。例如图 7.1.2 开关串联控制一盏灯，只有开关 A、B 全部闭合，灯亮才会发生。若设开关 A,B 闭合为 **1**，断开为 **0**；灯 F 亮为 **1**，不亮为 **0**，将输入变量和输出变量的所有组合列成一张表，称为真值表，**与**运算的真值表见表 7.1.3。

由逻辑关系直接可得

$$F=A\cdot B \tag{7.1.2}$$

式中，“·”读作“**与**”，一般可以省略而写成 $F=AB$。

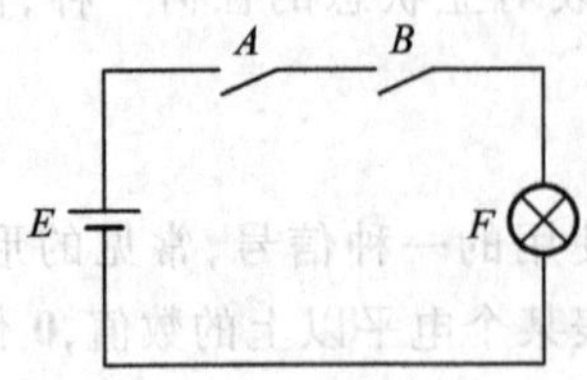

图 7.1.2　具有逻辑与关系的电路图

表 7.1.3　与逻辑真值表

A	B	F
0	0	0
0	1	0
1	0	0
1	1	1

(2) 或运算

亦称或逻辑,就是决定某事件的全部条件只要一个具备,事件就发生,这种因果关系叫做或逻辑,其逻辑表达式称为或运算。例如,开关并联控制一盏灯的电路,如图 7.1.3 所示,仿照与逻辑的规定,可得真值表见表 7.1.4。

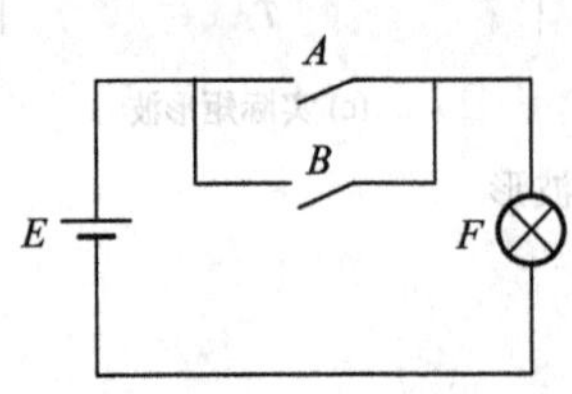

图 7.1.3　具有逻辑或关系的电路图

表 7.1.4　或逻辑真值表

A	B	F
0	0	0
0	1	1
1	0	1
1	1	1

由逻辑关系直接可得

$$F = A + B \tag{7.1.3}$$

式中,"+"读作"或"。

(3) 非逻辑

亦称非运算,决定事件的条件只有一个,当条件具备时,事件不会发生,其电路如图 7.1.4 所示,仍按前述规定,可得真值表见表 7.1.5。

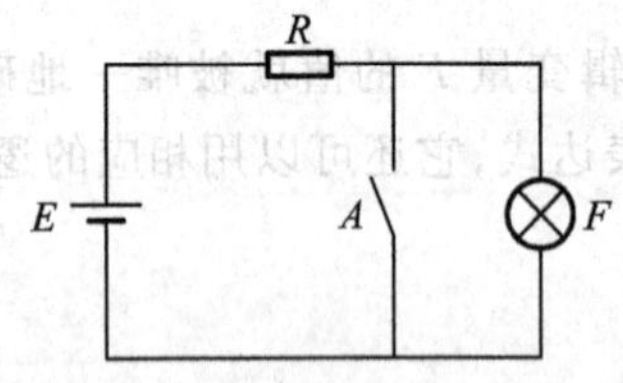

图 7.1.4　具有逻辑非关系的电路图

表 7.1.5　非逻辑真值表

A	F
0	1
1	0

由逻辑关系直接可得

$$F = \overline{A} \tag{7.1.4}$$

式中,"-"号读作"非"或者"反"。

3. 逻辑代数的主要公式和基本运算法则

(1) 主要公式

逻辑代数的运算只有与、或、非三种基本运算,函数变量的取值只有 **1** 和 **0**,这就决定了逻辑代数运算法则和一般代数有所不同。主要定理见表7.1.6(证明从略)。

表7.1.6 逻辑代数的主要公式

1、**0** 规律	定理 1A	$\mathbf{1}+A=\mathbf{1}$	基本定理
	定理 1B	$\mathbf{0}\cdot A=\mathbf{0}$	
	定理 2A	$\mathbf{0}+A=A$	
	定理 2B	$\mathbf{1}\cdot A=A$	
重叠律	定理 3A	$A+A=A$	
	定理 3B	$A\cdot A=A$	
互补律	定理 4A	$A+\overline{A}=\mathbf{1}$	
	定理 4B	$A\cdot\overline{A}=\mathbf{0}$	
对合律	定理 5	$\overline{\overline{A}}=A$	
交换律	定理 6A	$A+B=B+A$	代数定理,其中定理8B不符合一般代数法则
	定理 6B	$A\cdot B=B\cdot A$	
结合律	定理 7A	$A+(B+C)=(A+B)+C$	
	定理 7B	$A(B\cdot C)=(A\cdot B)C$	
分配律	定理 8A	$A(B+C)=AB+AC$	
	定理 8B	$(A+B)(A+C)=A+BC$	
反演律(摩根定理)	定理 9A	$\overline{(A+B)}=\overline{A}\cdot\overline{B}$	
	定理 9B	$\overline{A\cdot B}=\overline{A}+\overline{B}$	
吸收律	定理 10A	$A+AB=A$	
	定理 10B	$A(A+B)=A$	
	定理 10C	$A+\overline{A}B=A+B$	
	定理 10D	$AB+\overline{A}C+BC=AB+\overline{A}C$	

(2) 基本运算法则

在逻辑代数中,由**与**、**或**、**非**三种基本运算可以导出逻辑运算的一些基本法则。

① 代入法则　对于任何一个逻辑等式,以某个逻辑变量或逻辑函数同时取代等式两端任何一个逻辑变量后,等式依然成立。

利用代入规则可以方便地扩展公式。例如,在反演律$\overline{AB}=\overline{A}+\overline{B}$中,可用$BC$去代替等式中的$B$,则新的等式仍成立

$$\overline{ABC}=\overline{A}+\overline{BC}=\overline{A}+\overline{B}+\overline{C}$$

② 对偶法则　将一个逻辑函数Y进行下列变换

$$\cdot\rightarrow+,\ +\rightarrow\cdot$$

$$\mathbf{0}\rightarrow\mathbf{1},\mathbf{1}\rightarrow\mathbf{0}$$

所得新函数表达式称为Y的对偶式,用Y'表示。对偶规则的基本内容是:如果两个逻辑函数表达

式相等,那么它们的对偶式也一定相等,据此可证明逻辑式相等。变换时要遵守"先括号、再与、后或"的运算秩序。

例 7.1.5　求 $Y = A(B + C)$ 的对偶式 Y'。

解　$Y' = A + B \cdot C$

③ 反演法则　将一个逻辑函数 Y 进行下列变换

$$\cdot \rightarrow +,\ + \rightarrow \cdot$$

$$\mathbf{0} \rightarrow \mathbf{1},\ \mathbf{1} \rightarrow \mathbf{0}$$

原变量→反变量,反变量→原变量。所得新函数表达式叫做 Y 的反函数,用 $\overline{Y}$ 表示。

利用反演法则,可以非常方便地求得一个函数的反函数。但要注意两点:①仍要遵守"先括号、然后**与**、最后**或**"的运算秩序;②不属于单个变量上的非(反)号应保留不变。

例 7.1.6　求函数 $Y = \overline{AC + BD}$ 的反函数。

解　$\overline{Y} = \overline{\overline{AC + BD}} = \overline{AC} \cdot \overline{BD} = (\overline{A} + \overline{C})(\overline{B} + \overline{D})$

逻辑运算的基本定律是化简逻辑函数、分析和设计逻辑电路的基础。

4. 逻辑函数的代数化简法

逻辑函数的代数化简法就是运用逻辑函数的基本运算法则和基本公式对逻辑函数进行化简。

例如,可运用互补律 $A + \overline{A} = \mathbf{1}$,将两项并为一项;运用吸收律 $A + AB = A$, $A + \overline{A}B = A + B$,消去多余因子;运用 $A + \overline{A} = \mathbf{1}$ 进行拆项或补项等方法,使表达式得以简化。

所谓最简逻辑函数式,首先是指逻辑函数式的项数最少(即逻辑门的个数最少),其次是每项含有的变量数最少(即逻辑门的输入端数最少)。

对**与或**式而言,就是**与**项最少,每个**与**项里的变量数最少;对**与非与非**式而言,就是**非**线"–"最少,而且**非**线下的变量数最少;其他形式类推。

常用的化简方法见表 7.1.7。

表 7.1.7　常用的化简方法

名称	所用公式	方法说明	举例
并项法	$A + \overline{A} = \mathbf{1}$	将两项合并为一项,并消去一个变量	$ABC + AB\overline{C} = AB(C + \overline{C}) = AB$
吸收法	$A + AB = A$	消去多余的乘积项 AB	$A\overline{B} + A\overline{B}CD(E + F) = A\overline{B}$
消去法	$A + \overline{A}B = A + B$	消去乘积项中多余的因子	$AB + \overline{A}\overline{C} + \overline{B}\overline{C} = AB + (\overline{A} + \overline{B})\overline{C}$ $= AB + \overline{AB}\,\overline{C} = AB + \overline{C}$
配项法	$A + A = A$	重复写入某项,再与其他项配合简化	$Y = AB\overline{C} + A\overline{B}C + \overline{A}BC + ABC$ $= AB\overline{C} + A\overline{B}C + \overline{A}BC + ABC + ABC + ABC$ $= (AB\overline{C} + ABC) + (A\overline{B}C + ABC)$ $+ (\overline{A}BC + ABC)$ $= AB(C + \overline{C}) + AC(B + \overline{B}) + BC(A + \overline{A})$ $= AB + AC + BC$
	$A = A(B + \overline{B})$	可将一项拆成两项,将其配项,然后消去多余的项	

例 7.1.7 试用并项法化简逻辑函数：$Y = A\overline{\overline{B}CD} + A\overline{B}CD$。

解 $Y = A\overline{\overline{B}CD} + A\overline{B}CD = A(\overline{\overline{B}CD} + \overline{B}CD) = A$

例 7.1.8 试用吸收法化简逻辑函数：$Y = AB + AB\overline{C} + ABD + AB(\overline{C} + \overline{D})$。

解 $Y = AB + AB\overline{C} + ABD + AB(\overline{C} + \overline{D})$

$= AB(\mathbf{1} + \overline{C} + D + \overline{C} + \overline{D}) = AB$

例 7.1.9 试用消去法化简逻辑函数：$Y = AC + \overline{A}\,\overline{B} + \overline{B + \overline{C}}$。

解 $Y = AC + \overline{A}\,\overline{B} + \overline{B + \overline{C}} = AC + \overline{A}\,\overline{B} + \overline{B}C = AC + \overline{A}\,\overline{B}$

例 7.1.10 试用消去法化简函数：$Y = \overline{B} + ABC$。

解 $Y = \overline{B} + ABC = \overline{B} + AC$

例 7.1.11 试用配项法化简逻辑函数：$Y = \overline{A}B\overline{C} + \overline{A}BC + ABC$。

解 $Y = \overline{A}B\overline{C} + \overline{A}BC + ABC = \overline{A}B\overline{C} + \overline{A}BC + \overline{A}BC + ABC$

$= \overline{A}B(C + \overline{C}) + BC(A + \overline{A}) = \overline{A}B + BC$

在化简复杂的逻辑函数时，往往需要灵活、交替地综合运用上述方法，才能得到最后的化简结果。

7.2 逻辑门电路

所谓逻辑门电路，是实现逻辑运算的电路的通称。如实现前述**与**、**或**、**非**的逻辑电路，就称为**与**门、**或**门和**非**门。除基本逻辑门外，还有**与非**门、**或非**门、**异或**门和三态门等复合门电路。各种复合门的组成方法，一般有两大类，一是由双极型元件组成，称为双极型门，另一种是由单极型元件场效晶体管构成，称为单极型门。现以**与非**门为例，说明其逻辑功能。

7.2.1 TTL 与非逻辑门电路

图 7.2.1 示出了 TTL **与非**逻辑门电路（简称**与非**门），表 7.2.1 是 TTL **与非**门的真值表。

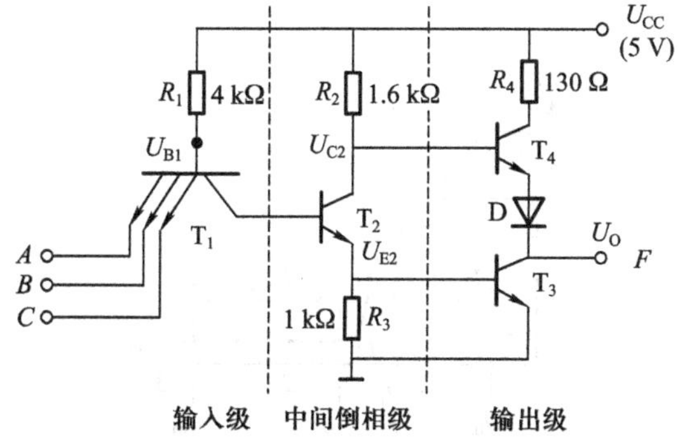

图 7.2.1 典型的 TTL **与非**逻辑门电路

表 7.2.1　与非门真值表

A	B	C	F
0	**0**	**0**	**1**
0	**0**	**1**	**1**
0	**1**	**0**	**1**
0	**1**	**1**	**1**
1	**0**	**0**	**1**
1	**0**	**1**	**1**
1	**1**	**0**	**1**
1	**1**	**1**	**0**

1. 工作原理

在图 7.2.1 中，T_1是多发射极晶体管，就是多个晶体管的基极和集电极并联后合并成一个基极和集电极，而发射极则分别引出。设输入信号 A、B、C 的高电平值为 3.6 V，低电平的值为 0.3 V，发射结和二极管的导通电压为 0.7 V，可以得出下列结论：

（1）当输入信号不全为高电平时，必有 $F=\mathbf{1}$ 成立

这是因为在 A、B、C 至少有一个为 **0** 时，$U_{B1}=1$ V，T_2，T_3必截止；U_{CC}通过 R_2可使 T_4饱和导通，D 导通，故 $U_O\approx3.6$ V，即 $F=\mathbf{1}$。

（2）当输入全为高电平时，必有 $F=\mathbf{0}$ 成立

这是因为在 A、B、C 全为高电平时，T_1的发射结不可能导通，而 U_{CC}通过 R_1、T_1的集电结，使 T_2和 T_3饱和导通；此时 $U_{C2}\approx1$ V，不能满足 T_4和 D 的导通条件，即 T_4和 D 截止，故 $U_O=0.3$ V，$F=\mathbf{0}$。

综上所述，可见电路实现"见 **0** 出 **1**"和"全 **1** 出 **0**"的逻辑关系，故可得出表 7.2.1 和 $F=\overline{ABC}$的逻辑关系。

由于电路结构是由晶体管－晶体管实现的逻辑关系，故称 TTL 与非门。

2. TTL 与非门的传输特性

TTL 与非门的传输特性如图 7.2.2 所示。它表明了输出电压 U_O与输入电压 U_I的关系曲线，即 $U_O=f(U_I)$，实线为实际情况，按虚线 B'转折为理想情况。标出实际曲线可以对主要参数有更好的理解。其主要参数为：

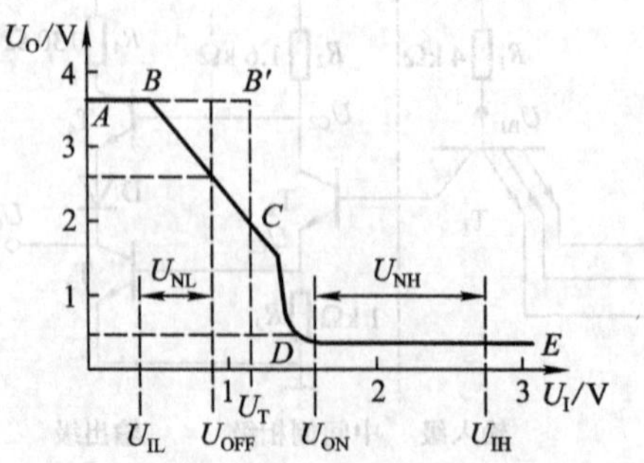

图 7.2.2　TTL 与非门的电压传输特性

3. 主要参数

开门电平 U_{ON}　保证输出为低电平所对应的输入电平的下限值，U_{ON}一般取 1.6 V。

关门电平 U_{OFF}　保证输出为高电平所对应的输入电平的上限值，一般取 0.8 V。

阈值电压 U_T　理想特性所对应的输入电压，其值约为 U_{ON}与 U_{OFF}之和的一半。

噪声容限　指在不破坏**与非**门逻辑关系的前提下，所允许叠加在输入信号上的最大噪声。噪声分为低电平噪声容限和高电平噪声容限，它们都体现了电路的抗干扰能力。

低电平噪声容限　$U_{NL}=U_{OFF}-U_{IL}$，其中 U_{IL}一般取 0.4 V，为输入电压低电平值。

高电平噪声容限　$U_{NH}=U_{IH}-U_{ON}$，其中，U_{IH}一般取 2.7 V，为输入电压高电平值。

扇出系数 N_0　是指一个**与非**门能带同类门的最大数目，一般 $N_0 \geqslant 8$。

7.2.2 CMOS 逻辑门电路

CMOS 逻辑电路的许多最基本的逻辑单元，都是用 P 沟道增强型 MOS 管和 N 沟道增强型 MOS 管按照互补对称形式连接起来构成的，这类电路具有电压控制、功耗极低、连接方便等一系列优点，是目前应用最广泛的集成电路之一。在 CMOS 集成电路中，CMOS 反相器和 CMOS 传输门又是构成各种复杂 CMOS 逻辑电路的两种基本单元。CMOS 逻辑门电路的逻辑符号及表达式与对应的 TTL 逻辑门电路相同。

1. 反相器

(1) 电路组成

CMOS 反相器电路如图 7.2.3(a)所示，其中 T_P 是 P 沟道增强型 MOS 管，设开启电压 $U_{GS(th)P}=-2$ V；T_N 是 N 沟道增强型 MOS 管，设开启电压 $U_{GS(th)N}=2$ V。两管连成互补对称结构，T_P 和 T_N 管的栅极连在一起作为信号输入端，漏极连在一起作为信号的输出端，T_P 管的源极接电源电压 $+U_{DD}$(3～18 V)，T_N 管的源极接地。T_P 管和 T_N 管结构、特性对称，$U_{GS(th)N}=|U_{GS(th)P}|$，一般情况下要求 $U_{DD}>U_{GS(th)N}+|U_{GS(th)P}|$。

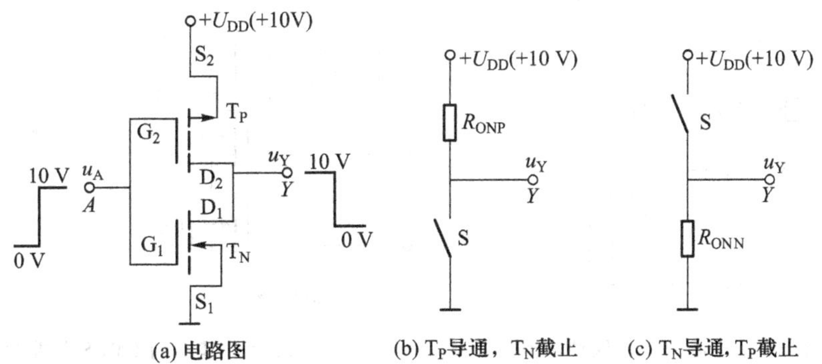

(a) 电路图　(b) T_P导通，T_N截止　(c) T_N导通，T_P截止

图 7.2.3　CMOS 反相器电路

(2) 工作原理

① 当 $u_A=0$ V 时，即 $A=\mathbf{0}$，$u_{GSN}=0$ V $<u_{T_N}$，T_N 管截止；$u_{GSP}=-10$ V $<u_{T_P}$，T_P 管导通，等效电路如图 7.2.3(b)所示。输出电压 $u_Y\approx 10$ V，即 $Y=\mathbf{1}$。

② 当 $u_A=10\ V$ 时，即 $A=\mathbf{1}$，$u_{GSN}=10\ V>u_{T_N}$，T_N 管导通；$u_{GSP}=0\ V>u_{T_P}$，T_P 管截止，等效电路如图 7.2.3(c)所示。输出电压 $u_Y\approx0\ V$，即 $Y=\mathbf{0}$。

综上所述，当 u_A 为低电平时，输出 u_Y 为高电平；当 u_A 为高电平时，输出 u_Y 为低电平，输入与输出间实现了非运算，输入 A 与输出 Y 满足 $Y=\overline{A}$，即反相器。CMOS 反相器与 TTL 反相器的逻辑符号一致。

如果 $U_{GS(th)N}=|U_{GS(th)P}|\leqslant 2\ V$，为了在实际使用时，便于和 TTL 门电路兼容，一般 U_{DD} 取 +5 V。

(3) 输入端保护电路

因为 MOS 管的栅极和衬底之间存在着以薄层(厚约 1 000 Å) SiO_2 为绝缘介质的输入电容，极易被击穿(耐压约 100 V)，所以实际 CMOS 反相器的输入端都内置有保护电路，如图 7.2.4 所示，其中 D_1、D_2、D_3 都是二极管，正向导通压降约为 0.7 V，反向击穿电压约为 30 V，反向击穿电流限制在 10 mA。电阻 R_S 与 C_1、C_2 组成积分网络，可衰减干扰电压，提高电路工作的可靠性；但积分网络对输入信号产生延迟作用降低了工作速度，故 R_S 不能太大，一般取 $R_S=1.5\sim2.5\ k\Omega$，C_1、C_2 即管子 T_N，T_P 的栅极等效电容，耐压 100 V。

在正常工作时，由于 u_A 在 0 V 和 10 V 之间变化，保护二极管 D_1、D_2、D_3 均不起作用，不影响电路的正常工作。当输入端出现高于 $(U_{DD}+u_D)$ 或低于 $-u_D$ 时，相应的保护二极管导通，从而保护 T_N，T_P 不被击穿。

2. 基本的 CMOS 与非门电路

(1) 电路组成及工作原理

基本 CMOS 与非门电路的结构如图 7.2.5(a)所示。设图中各管参数互补对称，即 $U_{GS(th)N}=|U_{GS(th)P}|$，导通电阻均为 R_{ON} (<1 kΩ)，截止时电阻 $R_{OFF}\to\infty$，且 $U_{DD}>U_{GS(th)N}=|U_{GS(th)P}|$，则可得到其工作情况如表 7.2.2 所示。

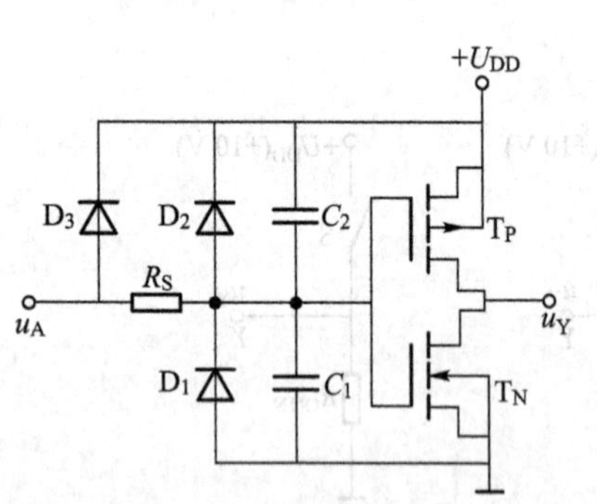

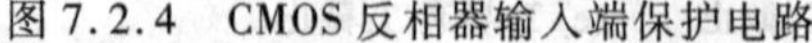

图 7.2.4　CMOS 反相器输入端保护电路

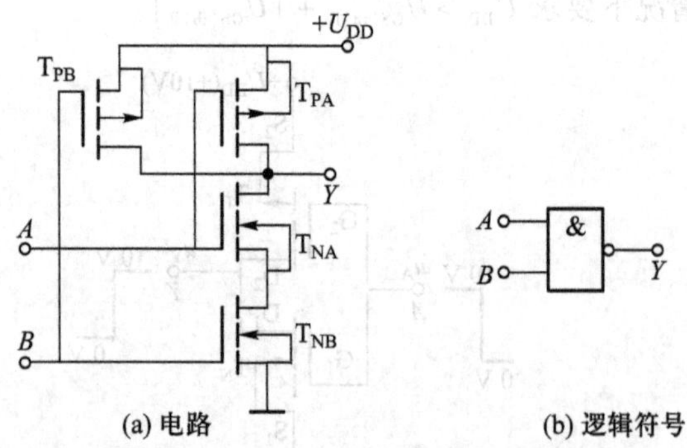

图 7.2.5　基本的 CMOS 与非门电路

表 7.2.2　图 7.2.5 电路的工作情况

输入情况		输出情况	各管沟道电阻				输出电阻
A	B	Y	T_{PA}	T_{NA}	T_{PB}	T_{NB}	R_O
0	**0**	**1**	R_{ON}	∞	R_{ON}	∞	$0.5R_{ON}$

续表

输入情况	输出情况	各管沟道电阻				输出电阻
0 1	1	R_{ON}	∞	∞	R_{ON}	R_{ON}
1 0	1	∞	R_{ON}	R_{ON}	∞	R_{ON}
1 1	0	∞	R_{ON}	∞	R_{ON}	$2R_{ON}$

从表7.2.2可知：电路可实现 $Y=\overline{AB}$ 的**与非**功能。

(2) 主要缺点

① 基本电路的结构不对称，上面是两个PMOS并联，下面是两个NMOS串联，输出电阻受输入状态影响，最小值 $0.5R_{ON}$，最大值 $2R_{ON}$，相差4倍之多。

② 当输入端并联使用，传输特性转折区中点的值会偏移，$U_{TH}\neq 0.5U_{DD}$，使噪声容限下降。

③ 当**与非**门的输入端数增加时，串联的 T_N 管和并联的 T_P 管增多，电路不对称程度加大，带来的问题更突出。解决的方法是增加缓冲电路。

3. 基本CMOS**或非**门电路

基本CMOS**或非**门电路如图7.2.6所示。此电路中。只要 A、B 有一个是高电平，T_{PA}、T_{PB} 必有一个截止，T_{NA}、T_{NB} 必有一个导通，Y 就是低电平，只要 A、B 同时为低电平，T_{PA}、T_{PB} 均导通，T_{NA}、T_{NB} 均截止，Y 才是高电平，故 $Y=\overline{A+B}$。

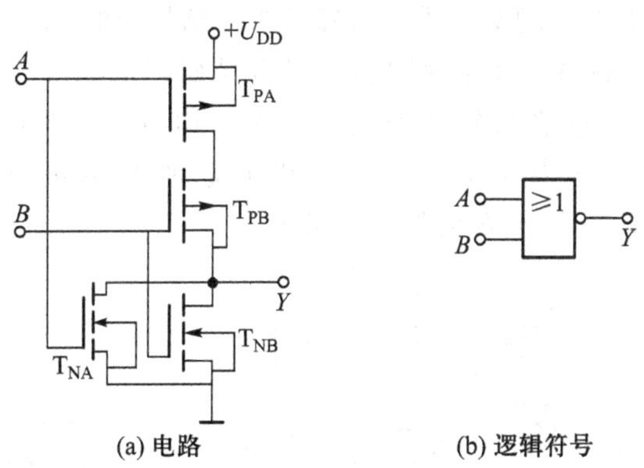

图7.2.6 基本CMOS**或非**门电路

基本**或非**门电路结构同样存在类似基本**与非**门电路结构的一些缺点，即输入端的状况会影响输出电阻、电压传输特性、噪声容限和输出高电平的数值。

4. 带缓冲级的门电路

为克服上述缺点，在国产4000系列和74HC系列的CMOS电路中均采用了带缓冲级的电路结构。图7.2.7(a)是实用的带缓冲级的CMOS**与非**门电路，等效的电路如图7.2.7(b)。它是在基本的**或非**门的输入端和输出端接入反相器而构成的。用类似方法可得到在基本的**与非**门的输入端和输出端接入反相器构成的**或非**门等各种逻辑功能的带缓冲级的CMOS门电路，则前面讲到的CMOS反相器输入、输出特性对它们同样适用。

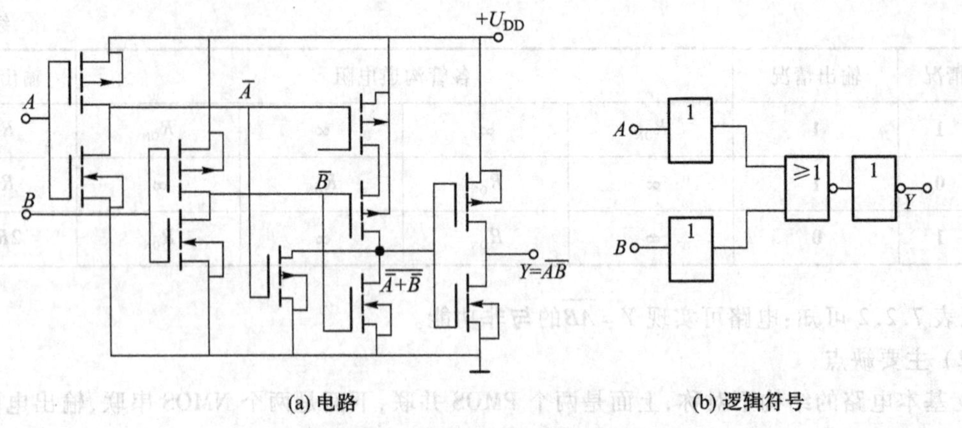

(a) 电路　　(b) 逻辑符号

图 7.2.7　带缓冲级的与非门电路

7.2.3　其他常用的逻辑门

1. 集电极开路门(OC 门)

一般集成逻辑门电路的输出端不允许并接在一起,因为它们的输出级都是采用推拉式互补的电路结构,无论输出端是高电平还是低电平,总有一个输出管是饱和导通的,若并接在一起的输出端中具有不同的输出电平,必然形成电源通过两个输出端中不同电平的饱和导通输出管对地短路。为了解决输出端并接问题必须采用特殊的输出结构,如 OC 门和三态门。

集电极开路门(OC 门)的输出级原理图和逻辑符号如图 7.2.8 所示,该电路只有在外接负载电阻 R_L 及电源 U 以后才能正常工作,电路输入端 A、B 均为高电平时,T_2 和 T_3 饱和导通,输出端 Y 为低电平;A、B 端中有一个为低电平时,T_1 饱和导通,使 T_2 基极为低电平而截止,则 T_3 亦截止,输出端 Y 为高电平,所以 Y 与 A、B 为**与非**逻辑关系。

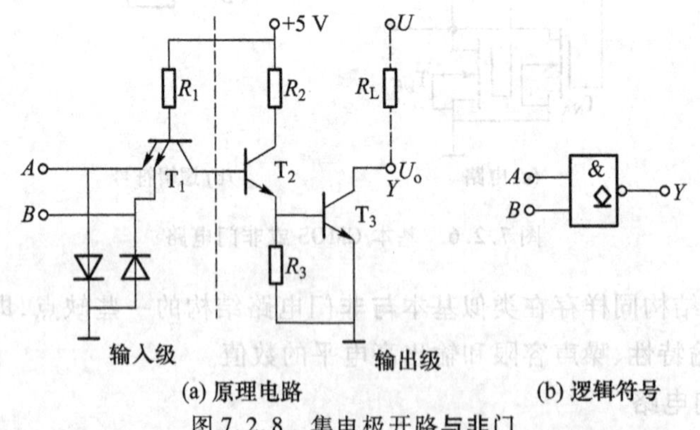

(a) 原理电路　　(b) 逻辑符号

图 7.2.8　集电极开路与非门

由于输出管 T_3 集电极开路,就可以将若干个 OC 门的输出端并接在一起,外接一个公共的负载电阻 R_L 如图 7.2.9 所示,此时只有所有器件输出端为高电平时,Y 为高电平;若其中有一个器件输出为低电平,则 Y 为低电平。这样采用导线连接实现了不同器件输出之间的**与**逻辑关系,称为"线**与**",图中的逻辑关系为 $Y=Y_1\cdot Y_2\cdot Y_3\cdot Y_4$。若连接线上的 OC 门均为**与非**门,则逻辑关系为 $Y=\overline{AB}\cdot\overline{CD}\cdot\overline{EF}\cdot\overline{GH}=\overline{AB+CD+EF+GH}$,构成**与或非**逻辑。

为了保证“线与”后，Y端的电平符合TTL电路的逻辑要求，即输出高电平$U_{OH} \geqslant 2.8$ V，输出低电平$U_{OL} \leqslant 0.35$ V，负载电阻R_L应根据连接线上所接OC门及负载门的数量进行选择。

R_L最大值应保证U_{OH}不低于2.8 V，即

$$R_{Lmax} = \frac{5\ \text{V} - 2.8\ \text{V}}{nI_{OH} + mI_{IH}}$$

R_L最小值应保证U_{OL}不高于0.35 V，即

$$R_{Lmin} = \frac{5\ \text{V} - 0.35\ \text{V}}{I_{OLM} - m'I_{IL}}$$

式中n为OC门个数，m为负载门接入的输入端个数，m'为负载门个数，$I_{OH} \leqslant 0.05$ mA为输出管漏电流，$I_{IH} \leqslant 0.05$ mA为负载门高电平输入电流，$I_{OLM} \leqslant 20$ mA为输出管最大灌电流，$I_{IL} \leqslant 1.6$ mA为负载低电平输入电流（实际上是流出电流）。一般R_L取值均接近于R_{Lmin}。

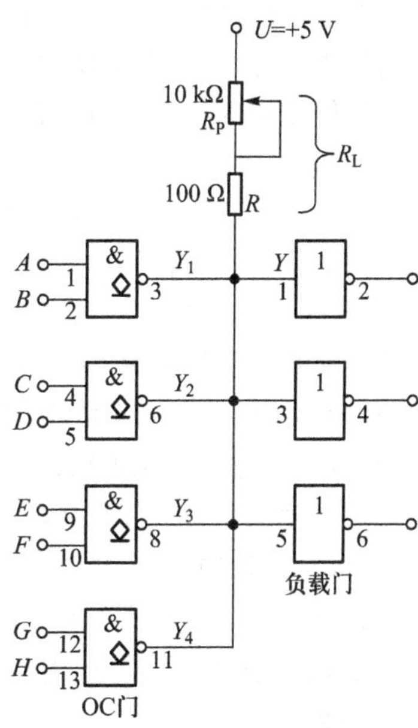

图 7.2.9 用OC门实现“线与”逻辑

利用OC门的外接电源电压U可以高于5 V的特点，还可以实现输出高电平的转换，并可驱动继电器、数码管等器件工作，一般外接电源电压应不超过15 V，负载电流不超过I_{OLM}。

2. 三态门

三态门是在普通门的基础上加上使能控制端和控制电路构成的，其输出端除了有高电平和低电平两种输出状态外，还有输出端悬空，处于高阻状态，此时电路与负载间相当于开路，称为第三种状态。

输出端悬空的高阻状态是由使能端控制的，若使能端C标EN，则为高电平有效，即$EN = \mathbf{1}$时为工作状态，实现$Y = A$的传输，$EN = \mathbf{0}$时为高阻状态。若使能端C标$\overline{EN}$，则为低电平有效，即$\overline{EN} = \mathbf{1}$时为高阻状态，$\overline{EN} = \mathbf{0}$时为工作状态，实现$Y = A$的传输，三态门的逻辑符号如图7.2.10所示。

三态门的主要用途是在电路中构成总线，以选通的方式传送多路信号，如图7.2.11所示。

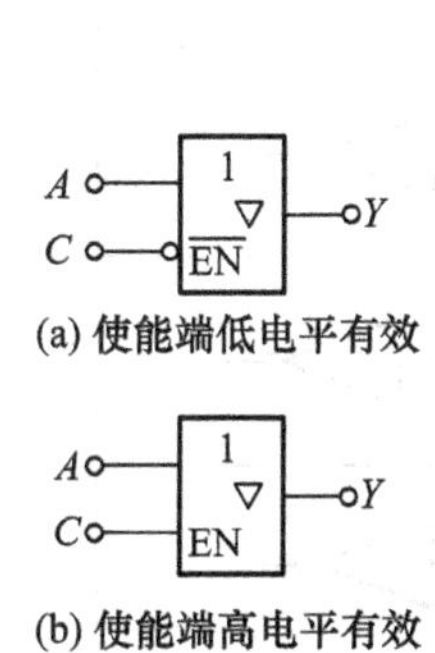

图 7.2.10 三态门逻辑符号

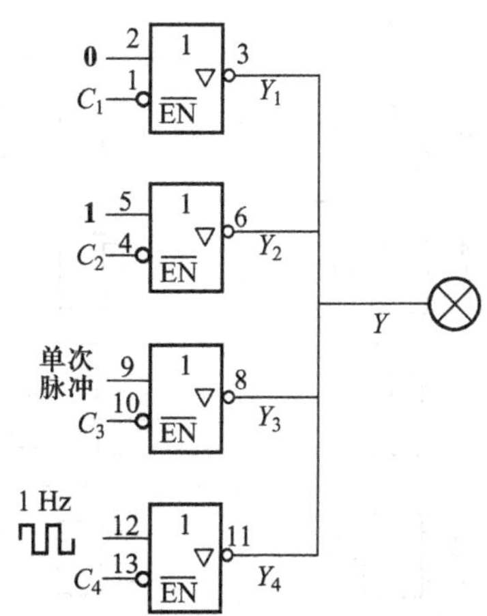

图 7.2.11 利用三态门传送多路信号

由于三态门输出级的电路结构与普通门电路相同，在连接在总线上的所有三态门中，仅允许有一个门的使能端开通，处于工作状态，决不能有两个或两个以上的三态门同时开通，这是在编制各个三态门使能端的控制逻辑时首先要考虑的。

3. 模拟传输门

模拟传输门是 CMOS 电路，用以在电路中由逻辑信号控制模拟信号传输的通断，CMOS 传输门的原理电路和逻辑符号如图 7.2.12 所示。图中 N 沟道 MOS 管 T_1 和 P 沟道 MOS 管 T_2 并联，由于 MOS 管的结构是对称的，漏极可以互换，所以两边的并联引出端既可以作输入端，又可以作输出端。两管的栅极 C 和 $\overline{C}$ 作为控制极，外加互补的控制信号控制 MOS 管的通断。当控制信号 $C=\mathbf{1}$、$\overline{C}=\mathbf{0}$ 时，C 的高电平使 T_1 管导通，$\overline{C}$ 的低电平使 T_2 管导通，若在左边引出端加输入信号 u_I，可以传输到右边输出端成为输出信号 u_O；反之信号亦可以从右边传输到左边，形成双向传输。

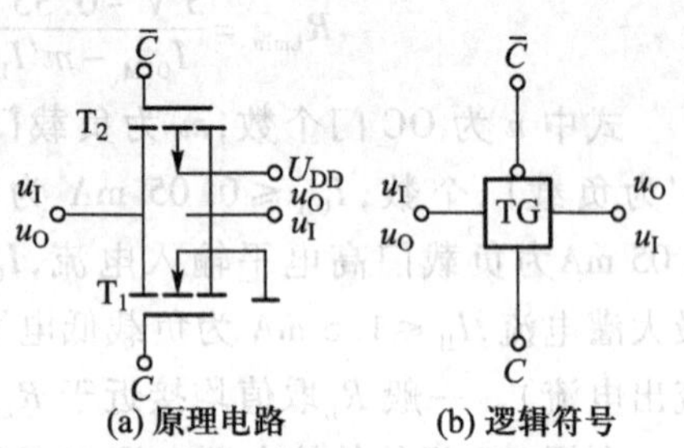

图 7.2.12　CMOS 传输门

当控制信号 $C=\mathbf{0}$、$\overline{C}=\mathbf{1}$ 时，C 的低电平使 T_1 管截止，$\overline{C}$ 的高电平使 T_2 管截止，则信号传输通路被截断，相当于开关断开。

传输门仅能传输幅值在电源电压范围内的模拟信号，若电源为正、负电压对称供电，即正端为 U_{DD}，负端为 U_{SS}，则能传输正、负模拟电压，电源电压幅度应大于模拟信号电压幅度，一般不超过 ±9 V，即 0 ~ 18 V。实际上在传输门芯片内 C 与 $\overline{C}$ 之间已经接入了一个非门，仅需一个外接控制信号 C 就可控制传输门的通断。传输门的导通电阻约为几百欧姆，一般输出端的负载电阻为 100 kΩ，导通电阻对信号衰减的影响可以忽略。

4. 各种门的运算关系与符号

为了描述逻辑关系，各种逻辑门均有相应的符号与之对应，除了标准符号之外，各类参考书经常出现一些惯用符号，在表 7.2.3 中予以介绍，以供参考。

表 7.2.3　各种逻辑符号与功能对照表

名称	标准符号	其他画法的符号	逻辑表达式
与门	A B C & F		$F=ABC$
或门	A B C ≥1 F	+ + +	$F=A+B+C$
非门	A 1 F		$F=\overline{A}$
与非门	A B C & F		$F=\overline{ABC}$

续表

名称	标准符号	其他画法的符号	逻辑表达式
或非门	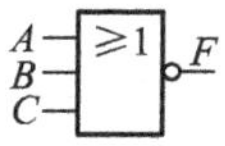		$F=\overline{A+B+C}$
与或非门	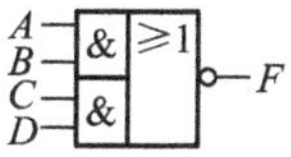		$F=\overline{AB+CD}$
异或门	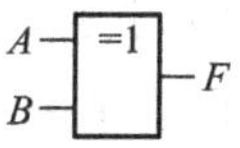	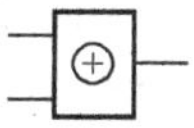	$F=\overline{A}B+A\overline{B}$
同或门	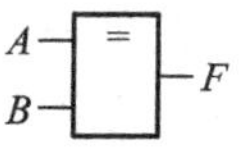	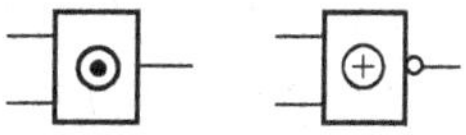	$F=AB+\overline{A}\,\overline{B}$
三态与非门	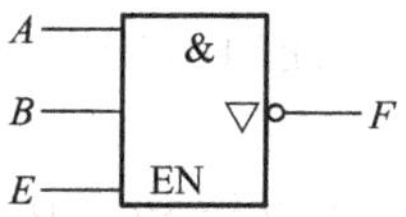	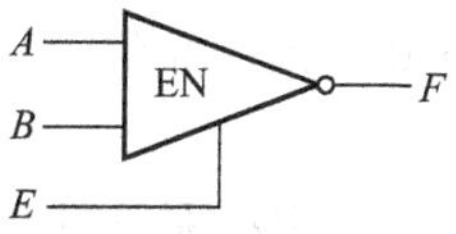	$E=\mathbf{1}$ 时，$F=\overline{AB}$ $E=\mathbf{0}$ 时，输出高阻
	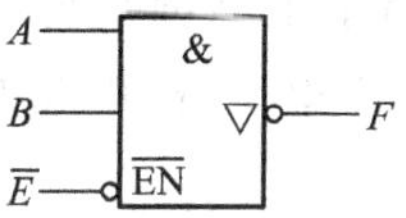	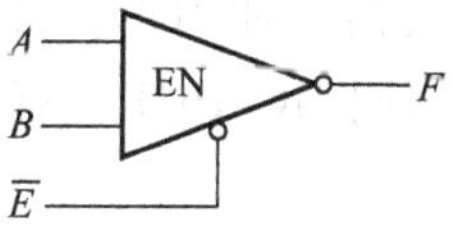	$E=\mathbf{0}$ 时，$F=\overline{A}\,\overline{B}$ $E=\mathbf{1}$ 时，输出高阻
传输门	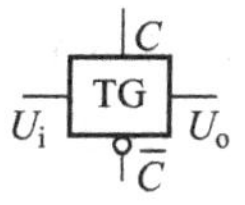	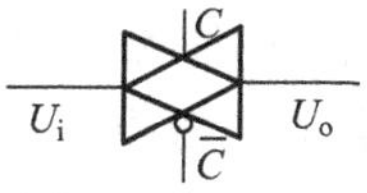	$C=\mathbf{1}$ 时，$U_O=U_I$ $C=\mathbf{0}$ 时，传输门截止
集电极开路门（OC门）	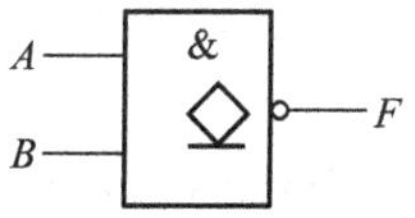	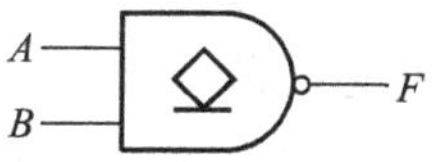	外接 R_C $F=\overline{AB}$

5. 通用数字集成电路的品种系列及封装

(1) TTL 数字集成电路系列

TTL 数字集成电路主要是 54/74 系列，其中 54 系列是军品，各项指标要求较高（耐温范围可达 $-55\sim+125$ ℃），74 系列是民品（耐温范围为 $0\sim+70$ ℃），同一型号的两种系列的产品其逻辑功能是一样的。早期的 74 系列（部标 T1000）产品向低功耗高速度方向发展，经历了 74H（部标 T2000）高速系列、74S（部标 T3000）肖特基系列，目前应用的是 74LS（部标 T4000）低功耗肖特基系列，它把 74H、74S 系列的优点结合在一起，其内部采用抗饱和晶体管及有源泄放电路，使工作速度较高；由于同时加大了各电阻阻值，使功耗很低，故称为低功耗肖特基电路。由于 74LS 系列产品具有很佳的综合性能，一度成为 TTL 电路的主流产品。

门电路的每个门的功耗和传输延迟时间的乘积称为“功耗－延迟积”或 PD 积，PD 积越小，电路的综合性能越好。74LS00 的"PD 积"是很小的。

现代主要发展了 74AS 系列(先进肖特基),其结构与 74LS 相似,但内部电阻阻值进一步减小,使传输延迟时间下降,但功耗较大。74ALS 系列(先进低功耗肖特基)的内电阻阻值较大,因而功耗低,此外缩小内部各器件尺寸,速度仍较高,故 PD 积最小,成为目前的主流产品。

上述各种 TTL 系列产品的传输延迟时间(t_{pd})、平均功耗(每门,P)、工作频率(f_{max})及 PD 积,典型内电路、电压传输特性等资料,可查阅集成电路的相关手册。

(2) CMOS 数字集成电路系列

C000 系列和 CC4000 系列是早期产品,C000 系列电源电压范围(7 ~ 15 V),CC4000 系列电源电压范围(3 ~ 18 V),两种系列外部引脚图不一样,使用时需查阅相关手册。由于他们延迟时间长,可达 100 ns,带负载能力差,最大负载电流只有 0.5 mA 左右,目前已基本不用这种产品。

HC/HCT 系列是高速 CMOS 逻辑系列的简称。HC 系列可在 2 ~ 6 V 间的任何电源电压下工作,与 TTL 输出电平不匹配,不能与 TTL 电路混合使用;而 HCT 系列只在单一的 5 V 电源电压下工作,它的输入、输出电平与 TTL 完全兼容,可以与 TTL 电路混合使用。两者在传输延迟时间和带负载能力上基本相同,HC/HCT 系列的传输延迟时间仅为 CC4000 系列的十分之一,约为 10 ns,而最大带负载能力是 CC4000 系列的 8 倍,约为 4 mA。因此,目前 HC/HCT 系列产品已基本取代了 CC4000 系列产品。

AHC/AHCT 系列是改进的高速 CMOS 系列的简称,这两种系列不仅较 HC/HCT 系列在速度和带负载能力上都提高了约一倍,而且和 HC/HCT 兼容。AHC/AHCT 系列是目前应用最广的 CMOS 器件,AHC 与 AHCT 的区别同 HC/HCT 一样主要表现在工作电压、范围和对输入电平的要求上。

VHC/VHCT 系列性能与 AHC/AHCT 系列性能相近,但某些参数完全不同。

LVC 系列是低压 CMOS 逻辑系列的简称,LVC 系列不仅能在 1.65 ~ 3.3 V 的低压下工作,而且延迟时间很短,只有 3.8 ns,同时,在电源电压 3 V 时,能提供高达 24 mA 的负载电流。LVC 系列的输入可以接受 5 V 的高电平信号,并能方便地将 5 V 的电平信号转换为 33 V 以下的电平信号,而 LVC 系列提供的总线驱动电路又能将 3.3 V 以下的电平信号转换为 5 V 的输出信号。LVC 系列为 3.3 V 系统与 5 V 系统之间的连接提供了方便。

ALVC 系列是改进的低压 CMOS 逻辑系列,较 LVC 速度更快,总线驱动器性能更加优越。LVC 和 ALVC 是目前 CMOS 电路中性能最好的两个系列,可以满足高性能数字系统设计的需要。尤其在移动式的便携电子设备中优势尤为明显。

(3) 集成逻辑门电路常见封装及引脚排列

集成逻辑门电路芯片的封装技术已经历了好几代的变迁,从 DIP、QFP、PGA、BGA 到 CSP 再到 MCM,技术指标一代比一代先进,包括芯片面积和封装面积之比越来越接近于 1:1,适用频率越来越高,耐温性能越来越好,引脚数增多,引脚间距减小,重量减小,可靠性提高,使用更加方便等。目前较常用的有 DIP 双列直插式封装、PLCC 封装方式和 QFP 塑料方型扁平式封装等,常见封装形式如图 7.2.13 所示。

由于 DIP 封装形式的集成逻辑门电路使用较为广泛,现介绍其引脚识别方法。

以图 7.2.14 所示的 74LS00 芯片引脚排列为例,将集成块 74LS00 芯片水平正面摆放后,芯片两端的其中一侧会有半圆或小圆圈标识,半圆朝左水平摆放,半圆(或小圆圈)左下角第一个引脚就是集成芯片的 1 脚，然后按逆时针方向顺数至 14 脚即可。另外 74LS00 芯片内部由四个**与非**门构成，14 脚必须连 +5 V 电源，7 脚接地，其他引脚的连线可查看器件手册一一对应使用。

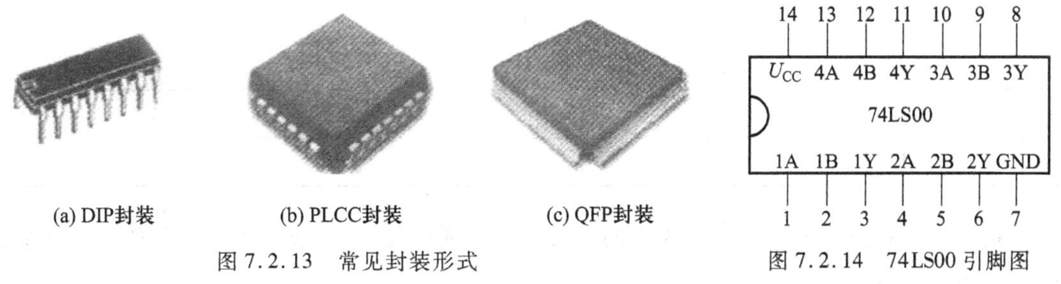

(a) DIP封装 (b) PLCC封装 (c) QFP封装

图 7.2.13 常见封装形式

图 7.2.14 74LS00 引脚图

7.3 组合逻辑电路

根据逻辑功能和结构的不同特点，数字电子电路可分为两大类：一类是组合逻辑电路（简称组合电路），另一类是时序逻辑电路（简称时序电路）。

所谓组合逻辑电路是指电路任何时刻的输出状态仅仅取决于该时刻各个输入信号的状态，而与信号作用前电路的（历史）状态无关的逻辑电路，或者说是无反馈无存储功能的逻辑电路。

7.3.1 组合逻辑电路的分析和设计

1. 组合逻辑电路的分析

所谓分析，就是根据给定的逻辑电路（图），通过分析得出它的逻辑功能（一般用文字叙述）。分析最关键的步骤是正确写出表达式，得出真值表，至于化简与否，视表达式的繁简程度而定。

例 7.3.1 逻辑电路如图 7.3.1 所示，试分析其逻辑功能。

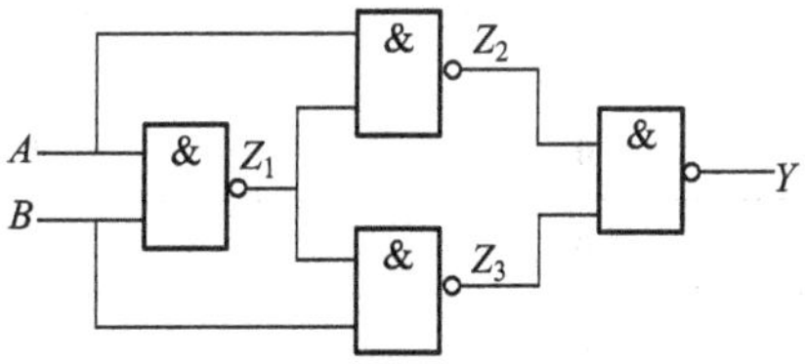

图 7.3.1 例 7.3.1 逻辑电路图

解 逐级写出逻辑表达式。

$$Z_1 = \overline{AB}$$

$$Z_2 = \overline{A \cdot Z_1} = \overline{A \cdot \overline{AB}}$$

$$Z_3 = \overline{B \cdot Z_1} = \overline{B \cdot \overline{AB}}$$

$$\begin{aligned} Y &= \overline{Z_2 \cdot Z_3} = \overline{\overline{A \cdot \overline{AB}} \cdot \overline{B \cdot \overline{AB}}} \\ &= \overline{\overline{A \cdot \overline{AB}}} + \overline{\overline{B \cdot \overline{AB}}} = A(\overline{A} + \overline{B}) + B(\overline{A} + \overline{B}) \\ &= A\overline{B} + B\overline{A} \end{aligned}$$

真值表见表 7.3.1。

表 7.3.1　例 7.3.1 的真值表

A	B	Y
0	0	0
0	1	1
1	0	1
1	1	0

由最简**与或**式或真值表知例 7.3.1 的逻辑电路实现**异或**功能，或者说实现数值比较功能，即相同出 **0**，相异出 **1**。

例 7.3.2　试分析图 7.3.2 所示电路的逻辑功能。

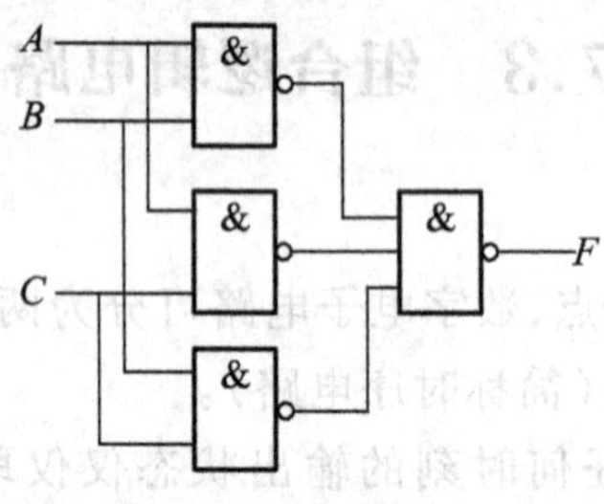

图 7.3.2　例 7.3.2 电路

解　由逻辑电路图可写出输出 F 的逻辑表达式

$$F=\overline{\overline{AB}\cdot\overline{AC}\cdot\overline{BC}}=AB+AC+BC$$

列出真值表如表 7.3.2 所示。

表 7.3.2　例 7.3.2 的真值表

A	B	C	F
0	0	0	0
0	0	1	0
0	1	0	0
0	1	1	1
1	0	0	0
1	0	1	1
1	1	0	1
1	1	1	1

从表 7.3.2 所示的真值表可以看出，三个输入变量，只有两个及两个以上变量取值为 **1** 时，输出才为 **1**。因此电路可实现多数表决逻辑功能。

由以上两例知，通过列写真值表，可以帮助得出电路的逻辑功能；对某些简单电路，可由最简逻辑表达式直接描述功能；也可以不化简，不变换，直接根据逻辑表达式求真值表，再描述功能。当然，也会出现某些电路的逻辑功能很难用文字描述的情况，这时候只要列写出该电路的真值表即可。

2. 组合逻辑电路的设计

所谓设计，就是根据给出的实际逻辑问题，得出符合要求的逻辑电路。设计的方法大致是分析的逆过程，但较分析难度高些。设计的关键是根据给出的实际问题，正确抽象出因果关系的逻辑变量，定义逻辑状态的含义，得出真值表，其后的工作相对容易。

下面举例说明组合逻辑电路的设计方法。

例 7.3.3 设计一个监视交通信号灯工作状态的逻辑电路。每一组信号灯由红、黄、绿 3 盏灯组成，如图 7.3.3 所示。正常工作情况下，任何时刻必有一盏灯点亮，而且只允许有一盏灯点亮。当出现其他五种点亮状态时，电路发生故障，这时要求发出故障信号，以提醒维护人员前去修理。

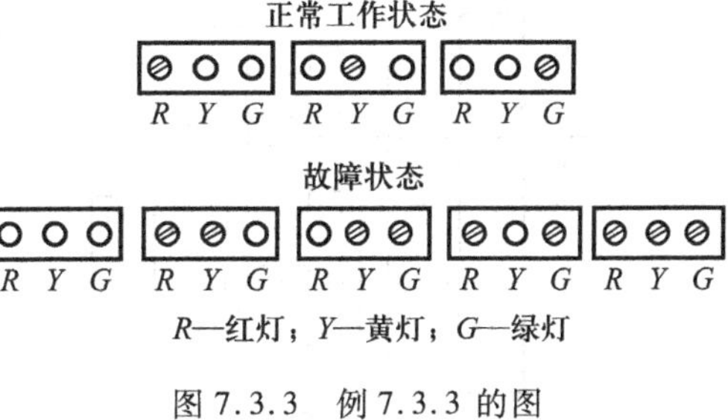

图 7.3.3 例 7.3.3 的图

解 (1) 首先进行逻辑抽象。

取红、黄、绿 3 盏灯的状态为输入变量，分别用 R、Y、G 表示，并规定灯亮时为 **1**，不亮时为 **0**。输出变量用 Z 表示，并规定正常工作状态下 Z 为 **0**，发生故障时 Z 为 **1**。

根据题意可列出如表 7.3.3 所示的真值表。

表 7.3.3 例 7.3.3 的真值表

R	Y	G	Z
0	**0**	**0**	**1**
0	**0**	**1**	**0**
0	**1**	**0**	**0**
0	**1**	**1**	**1**
1	**0**	**0**	**0**
1	**0**	**1**	**1**
1	**1**	**0**	**1**
1	**1**	**1**	**1**

(2) 写出逻辑函数式。

由表 7.3.3 可得

$$Z=\overline{R}\,\overline{Y}\,\overline{G}+\overline{R}YG+R\overline{Y}G+RY\overline{G}+RYG \tag{7.3.1}$$

(3) 选定器件类型为小规模集成门电路。

(4) 将式 7.3.1 化简后得到

$$Z=\overline{R}\,\overline{Y}\,\overline{G}+RY+RG+YG \tag{7.3.2}$$

(5) 根据式(7.3.2)画出逻辑电路图，得到图 7.3.4 所示逻辑电路图。

由于式(7.3.2)为最简**与或**表达式，所以在使用**与**门、**或**门和**非**门组成电路时可得到最简单的电路；如果要求用其他类型的门电路来组成这个逻辑电路，为了得到最简单的电路，化简的结果亦需相应地改变。

例如，在要求用全**与非**门组成这个逻辑电路时，就应当将函数式化为最简**与非与非**表达式，通常可以通过**与或**表达式两次求反得到。

$$Z=\overline{\overline{\bar{R}\bar{Y}\bar{G}+RY+RG+YG}}=\overline{\overline{\bar{R}\bar{Y}\bar{G}}\cdot\overline{RY}\cdot\overline{RG}\cdot\overline{YG}} \tag{7.3.3}$$

根据式(7.3.3)即可画出全部用**与非**门和反相器组成的逻辑电路，如图 7.3.5 所示电路。

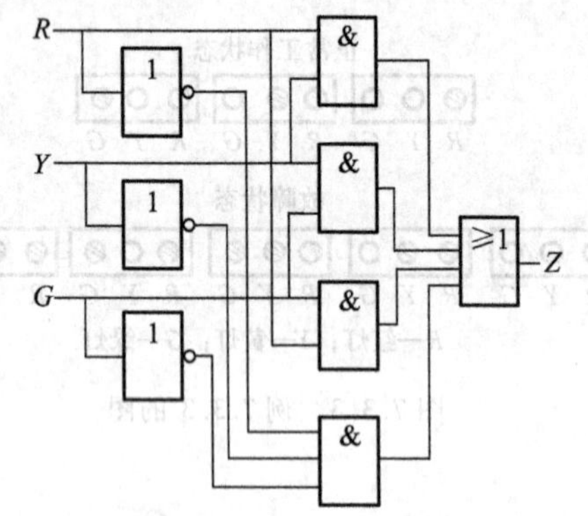

图 7.3.4　例 7.3.3 的逻辑电路图之一

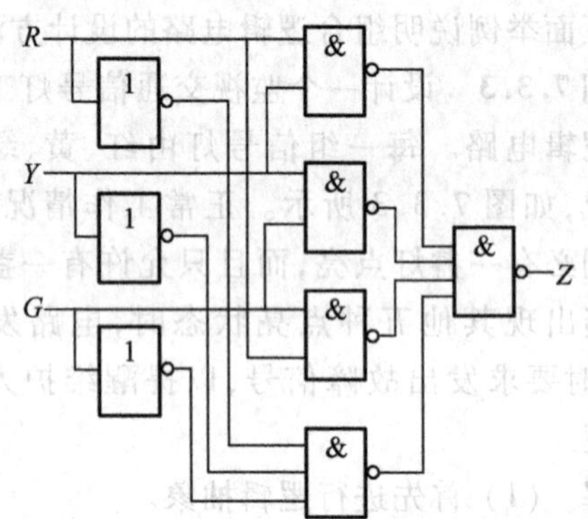

图 7.3.5　例 7.3.3 的逻辑电路图之二

7.3.2　加法器

算术运算是数字系统的基本运算，更是计算机处理信息不可缺少的重要过程。加法运算是算术运算的最基本单元，因此在数字计算机中，加、减、乘、除运算都是化作若干步加法运算进行的。

1. 1 位加法器

(1) 半加器

不考虑来自低位进位，只考虑本位的两个二进制数相加的运算称为半加。实现半加运算的电路称为半加器。

根据二进制加法运算的规则可以列出如表 7.3.4 所示的半加器的真值表。其中，A、B 是两个加数，S 是相加的和，CO 是向高位的进位。

表 7.3.4　半加器的真值表

输入		输出	
A	B	S	CO
0	0	0	0
0	1	1	0
1	0	1	0
1	1	0	1

由表 7.3.4 得 S、CO 逻辑表达式为

$$\begin{cases} S = \bar{A}B + A\bar{B} = A \oplus B \\ CO = AB \end{cases} \tag{7.3.4}$$

因此,半加器是由一个**异或**门和一个**与**门组成的,如图 7.3.6(a)所示,图 7.3.6(b)是它的图形符号。

(2) 全加器

不仅考虑本位的两个二进制数,而且考虑来自低位进位的 3 个数相加的运算称为全加,实现全加运算的电路称为全加器。

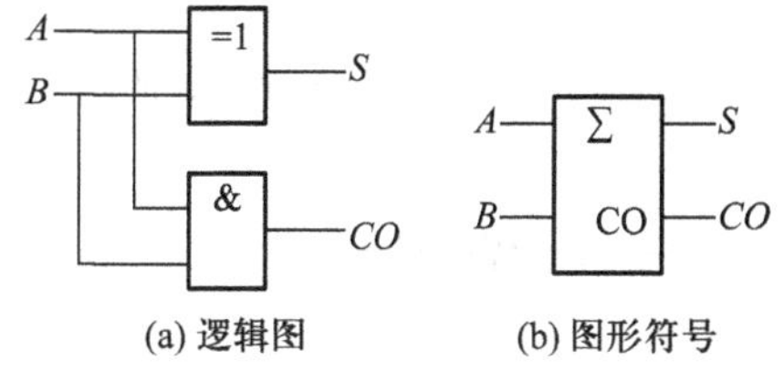

(a) 逻辑图　(b) 图形符号

图 7.3.6 半加器

根据二进制加法运算的规则可以列出如表 7.3.5 所示的全加器的真值表。其中,A、B 是两个加数,S 是相加的和,CI 是来自低位的进位,CO 是向高位的进位。

根据表 7.3.5 所示的真值表,写出 S 和 CO 的逻辑表达式并化简,可得

$$\begin{cases} S = \bar{A}\,\bar{B}CI + \bar{A}B\,\overline{CI} + A\,\bar{B}\,\overline{CI} + ABCI \\ CO = AB + ACI + BCI \end{cases} \tag{7.3.5}$$

表 7.3.5 全加器的真值表

输入			输出	
A	B	CI	S	CO
0	0	0	0	0
0	0	1	1	0
0	1	0	1	0
0	1	1	0	1
1	0	0	1	0
1	0	1	0	1
1	1	0	0	1
1	1	1	1	1

根据使用器件的不同,S 和 CO 有不同的化简结果,因此,全加器的电路有多种结构形式,但它们的逻辑功能都必须符合表 7.3.5 所给出的全加器真值表。全加器的图形符号如图 7.3.7 所示。

2. 多位加法器

前面介绍的是 1 位二进制数相加的加法器。当多位二进制数相加时,除最低的一位外,其余每一位都是带进位相加的,所以必须使用全加器。74LS283 芯片是一个 4 位超前进位的加法器,可实现两个 4 位二进制数相加,其图形符号如图 7.3.8 所示。

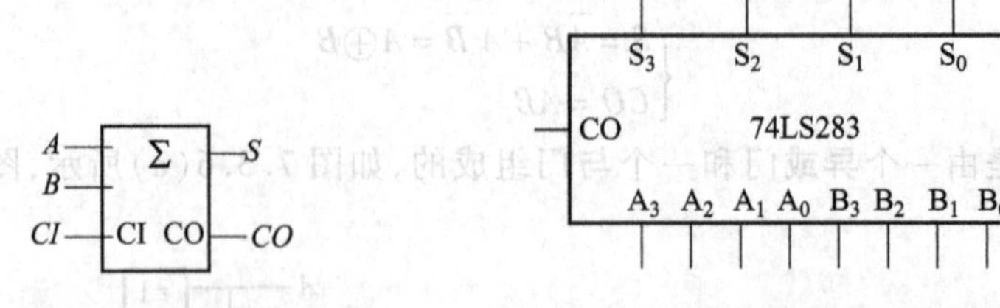

图 7.3.7　全加器的图形符号　　图 7.3.8　74LS283 芯片的图形符号

7.3.3　编码器

用一组二进制代码来表示不同信息(如文字、符号、数字)的过程称为编码,用来完成编码工作的数字电路称为编码器。

1. 二进制编码器

用 n 位二进制代码对 $N=2^n$ 个输入信号编码的电路,称为二进制编码器。

(1) 3 位二进制编码器

图 7.3.9 是 3 位二进制编码器的框图,它的输入是 $I_0 \sim I_7$ 8 个信号,输出是 3 位二进制代码 $Y_2Y_1Y_0$,故称它为 8 线 -3 线编码器,其输入和输出均以高电平作为有效信号。8 线 -3 线编码器输入与输出的对应关系的真值表(功能表)如表 7.3.6 所示。

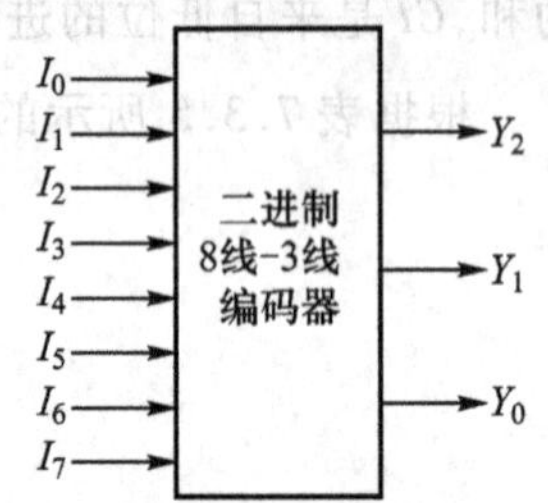

图 7.3.9　8 线 -3 线编码器的框图

表 7.3.6　8 线 -3 线编码器的真值表

输入								输出		
I_0	I_1	I_2	I_3	I_4	I_5	I_6	I_7	Y_2	Y_1	Y_0
1	0	0	0	0	0	0	0	0	0	0
0	1	0	0	0	0	0	0	0	0	1
0	0	1	0	0	0	0	0	0	1	0
0	0	0	1	0	0	0	0	0	1	1
0	0	0	0	1	0	0	0	1	0	0
0	0	0	0	0	1	0	0	1	0	1
0	0	0	0	0	0	1	0	1	1	0
0	0	0	0	0	0	0	1	1	1	1

由表 7.3.6 不难看出,该编码器,在任何时刻只允许对一个输入信号进行编码,即不允许两个或两个以上输入信号同时存在的情况出现,完成这种编码的电路称为普通编码器。普通编码器的输入变量 $I_0 \sim I_7$ 是一组互相排斥的变量。

在实际操作中常会遇到同时输入两个或两个以上编码信号的情况,例如同时按下计算机键盘上两个或两个以上的按键，若用普通编码器计算机就不能对这种输入进行编码，导致错误信息出现，这是不允许的，而优先编码器则可解决这一问题。

(2) 3 位二进制优先编码器

在优先编码器电路中，允许同时输入两个或两个以上编码信号，在设计优先编码器时已经将所有的输入信号按优先顺序排了队，当几个信号同时出现时，只对其中优先权最高的一个进行编码，而优先权的高低则完全由设计者根据实际情况的轻重缓急而定。

图 7.3.10 是 8 线 –3 线优先编码器 74LS148 芯片的图形符号，表 7.3.7 是 74LS148 芯片（74HC148）的真值表（功能表）。它的输入和输出均以低电平作为有效信号。

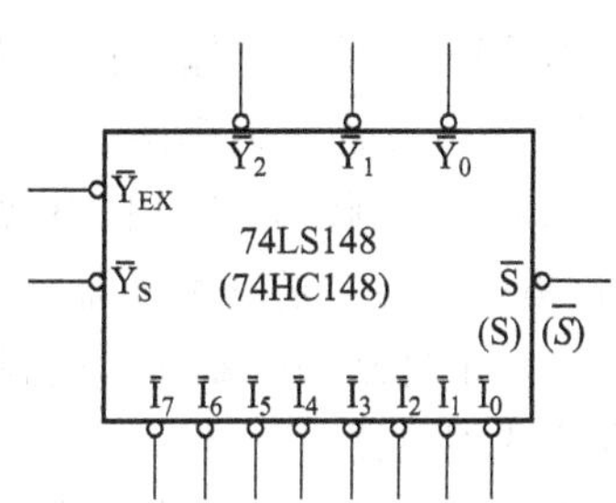

图 7.3.10 74LS148 芯片的图形符号

图 7.3.10 的图形符号是一种节省空间的标法，输入和输出全部标在框内，使外接线图更清晰；另一种标法是在框图内只标输入、输出的原变量名称，对低电平有效的电路，框外加小圆圈，并在对应的输入端和输出端标上非符号的名称。如框内标 S，框外标$\overline{S}$，余类推。两种标法在不同书上均有使用，应注意鉴别。

表 7.3.7 74LS148 芯片的真值表

输入									输出				
$\overline{S}$	$\overline{I_0}$	$\overline{I_1}$	$\overline{I_2}$	$\overline{I_3}$	$\overline{I_4}$	$\overline{I_5}$	$\overline{I_6}$	$\overline{I_7}$	$\overline{Y_2}$	$\overline{Y_1}$	$\overline{Y_0}$	$\overline{Y_S}$	$\overline{Y_{EX}}$
1	×	×	×	×	×	×	×	×	1	1	1	1	1
0	1	1	1	1	1	1	1	1	1	1	1	0	1
0	×	×	×	×	×	×	×	0	0	0	0	1	0
0	×	×	×	×	×	×	0	1	0	0	1	1	0
0	×	×	×	×	×	0	1	1	0	1	0	1	0
0	×	×	×	×	0	1	1	1	0	1	1	1	0
0	×	×	×	0	1	1	1	1	1	0	0	1	0
0	×	×	0	1	1	1	1	1	1	0	1	1	0
0	×	0	1	1	1	1	1	1	1	1	0	1	0
0	0	1	1	1	1	1	1	1	1	1	1	1	0

优先编码器 74LS148（74HC148）芯片的逻辑功能：

① 选通输入$\overline{S}$　只有在$\overline{S}=0$ 的条件下，编码器才能正常工作。而在$\overline{S}=1$ 时，无论输入信号的有无，所有的输入端被封锁在高电平，即编码器不工作。

② 编码输入$\overline{I_0}\sim\overline{I_7}$　在$\overline{S}=0$ 电路正常工作状态下，允许$\overline{I_0}\sim\overline{I_7}$当中同时有几个输入端为低电平，即有编码输入信号。$\overline{I_7}$的优先权最高，$\overline{I_0}$的优先权最低。比如，当$\overline{I_7}=0$ 时，无论其他输入端有无输入信号（表中以 × 表示），只对$\overline{I_7}$进行编码；当$\overline{I_7}=1$，$\overline{I_6}=0$ 时，无论其余输入端有无输入信号，只对$\overline{I_6}$进行编码，余类推。

③ 编码输出$\overline{Y_2}$，$\overline{Y_1}$，$\overline{Y_0}$　从表 7.3.7 可以看出，74LS148 编码器的编码输出是反码。比如，对

$\overline{I_0}$编码，应当输出 **000**，而电路输出的是 **111**；对$\overline{I_6}$编码，应当输出 **110**，而电路输出 **001**。

④ 选通输出$\overline{Y_S}$和扩展输出$\overline{Y_{EX}}$　$\overline{Y_S}$和$\overline{Y_{EX}}$是为区别输入的不同情况和扩展编码器的功能而设置的。

从表 7.3.7 可以看出，只有当所有的编码输入端都是高电平（即没有编码输入），而且$\overline{S}=\mathbf{0}$时，$\overline{Y_S}$才是低电平。因此，$\overline{Y_S}$的低电平输出信号表示"电路工作，但无编码输入"。

从真值表还可以看出，只要任何一个编码输入端有低电平信号输入，且$\overline{S}=\mathbf{0}$，$\overline{Y_{EX}}$即为低电平。因此$\overline{Y_{EX}}$的低电平输出信号表示"电路工作，且有编码输入"。

2. 二－十进制编码器

二－十进制编码器是将 10 路输入对应的 4 位二进制输出，表示 1 位十进制数码 0～9 的电路，该编码器与二进制编码器并无本质区别，这种编码器也可称为 10 线－4 线编码器。

二－十进制编码器和二进制编码器一样，也有普通编码器和优先编码器；门电路组成的编码器和集成编码器。

下面介绍目前广泛使用的集成 10 线－4 线 8421BCD 码编码器 74LS147（74147）。

集成 10 线－4 线 8421BCD 码编码器的真值表（功能表）如表 7.3.8 所示，其符号图和引脚图如图 7.3.11 所示，输入、输出都是低电平有效。

表 7.3.8　二－十进制编码器 74LS147 的真值表

输入										输出			
$\overline{I_9}$	$\overline{I_8}$	$\overline{I_7}$	$\overline{I_6}$	$\overline{I_5}$	$\overline{I_4}$	$\overline{I_3}$	$\overline{I_2}$	$\overline{I_1}$	$\overline{I_0}$	$\overline{Y_3}$	$\overline{Y_2}$	$\overline{Y_1}$	$\overline{Y_0}$
0	×	×	×	×	×	×	×	×	×	0	1	1	0
1	0	×	×	×	×	×	×	×	×	0	1	1	1
1	1	0	×	×	×	×	×	×	×	1	0	0	0
1	1	1	0	×	×	×	×	×	×	1	0	0	1
1	1	1	1	0	×	×	×	×	×	1	0	1	0
1	1	1	1	1	0	×	×	×	×	1	0	1	1
1	1	1	1	1	1	0	×	×	×	1	1	0	0
1	1	1	1	1	1	1	0	×	×	1	1	0	1
1	1	1	1	1	1	1	1	0	×	1	1	1	0
1	1	1	1	1	1	1	1	1	0	1	1	1	1

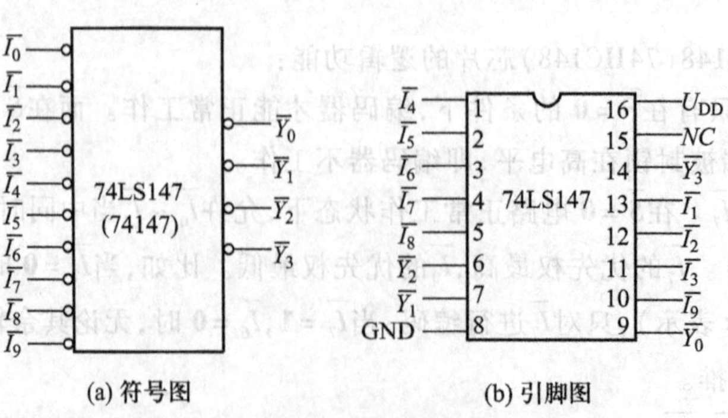

图 7.3.11　二－十进制优先编码器 74LS147（74147）

7.3.4 译码器

译码是编码的逆过程，实现译码功能的电路称为译码器。译码器种类繁多，凡能把各种代码转换成另一种代码的转换电路都属于译码器的范围。本节将讨论常用的二进制译码器和显示译码器。

1. 二进制译码器

将一组二进制输入的代码，转化成一组输出与输入相对应的高、低电平信号的电路称为二进制译码器，它满足 $2^n=m$ 的关系，n 是输入二进制代码的位数，m 是输出信号的个数。图 7.3.12 是 $n=3,m=8$ 的 3 线 -8 线译码器的框图，3 线 -8 线译码器典型产品 74LS138（74HC138）的图形符号如图 7.3.13 所示，表 7.3.9 是 74LS138 芯片的真值表（功能表）。

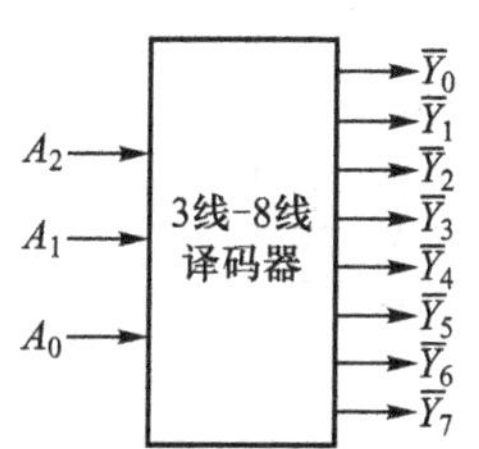

图 7.3.12 3 线 -8 线译码器的框图

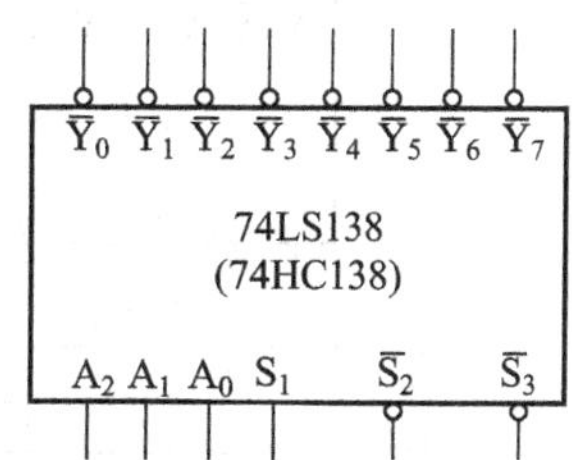

图 7.3.13 3 线 -8 线译码器 74LS138 的图形符号

表 7.3.9 74LS138 芯片的真值表

输入					输出							
S_1	$\overline{S_2}+\overline{S_3}$	A_2	A_1	A_0	$\overline{Y_7}$	$\overline{Y_6}$	$\overline{Y_5}$	$\overline{Y_4}$	$\overline{Y_3}$	$\overline{Y_2}$	$\overline{Y_1}$	$\overline{Y_0}$
0	×	×	×	×	1	1	1	1	1	1	1	1
×	1	×	×	×	1	1	1	1	1	1	1	1
1	0	0	0	0	1	1	1	1	1	1	1	0
1	0	0	0	1	1	1	1	1	1	1	0	1
1	0	0	1	0	1	1	1	1	1	0	1	1
1	0	0	1	1	1	1	1	1	0	1	1	1
1	0	1	0	0	1	1	1	0	1	1	1	1
1	0	1	0	1	1	1	0	1	1	1	1	1
1	0	1	1	0	1	0	1	1	1	1	1	1
1	0	1	1	1	0	1	1	1	1	1	1	1

通过分析 74LS138 芯片的真值表，可以得到 74LS138 芯片的逻辑功能。

74LS138 芯片有 3 个译码输入端（又称地址输入端）A_2、A_1、A_0，8 个译码输出端 $\overline{Y_0}\sim\overline{Y_7}$，以及 3 个控制端 S_1、$\overline{S_2}$、$\overline{S_3}$。

当译码器处于工作状态时，每输入一组二进制代码将使对应的一个输出端为低电平，而其他输出端为高电平。$\overline{Y_0} \sim \overline{Y_7}$是 A_2、A_1、A_0 这 3 个变量的全部最小项的译码输出。例如,当 A_2、A_1、A_0 输入为 **000** 时,输出端$\overline{Y_0}$为 **0**,其他输出端为 **1**;当 A_2、A_1、A_0 输入为 **101** 时,输出端$\overline{Y_5}$为 **0**,其他输出端为 **1**,余类推。

S_1、$\overline{S_2}$、$\overline{S_3}$是译码器的控制输入端,又称使能端,当 $S_1 = \mathbf{1}$、$\overline{S_2} + \overline{S_3} = \mathbf{0}$ 时,译码器处于工作状态。否则,译码器被禁止,所有输出端被封锁在高电平。这 3 个控制输入端也称为"片选"输入端,具有将多片译码器连接起来以扩展其功能。

例 7.3.4　试用两片 3 线 -8 线译码器 74LS138 组成 4 线 -16 线译码器。

解　令 D_3、D_2、D_1、D_0 作为 4 个译码器输入端,$\overline{Z_0} \sim \overline{Z_{15}}$作为 16 个译码输出端。连接图如图 7.3.14所示。

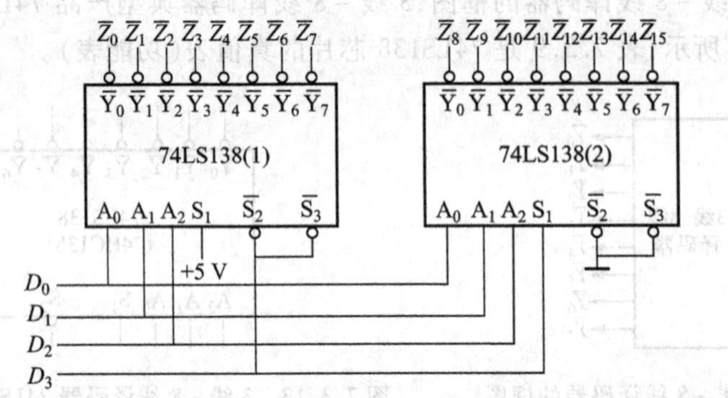

图 7.3.14　两片 74LS138 芯片接成的 4 线 -16 线译码器

当 $D_3 = \mathbf{0}$ 时,第 1 片 74LS138 芯片工作而第 2 片 74LS138 芯片禁止,将 $D_3D_2D_1D_0$ 的 **0000** ~ **0111** 这 8 个代码译成$\overline{Z_0} \sim \overline{Z_7}$8 个低电平信号。当 $D_3 = \mathbf{1}$ 时,第 2 片的 74LS138 芯片工作而第 1 片的 74LS138 芯片禁止,将 $D_3D_2D_1D_0$ 的 **1000** ~ **1111** 这 8 个代码译成$\overline{Z_8} \sim \overline{Z_{15}}$8 个低电平信号。这样就用 2 片 3 线 -8 线译码器扩展成 1 片 4 线 -16 线译码器了,即实现了

$$\overline{Z_i} = \overline{m_i} \quad (i = 0 \sim 15) \tag{7.3.6}$$

2. 七段 LED 显示译码器

许多的电子、电器产品大都有显示十进制字符的显示器,以直观、清晰地显示电子电器产品的工作状态。凡能够显示数字的器件均称为数字显示器。

在数字电路中,数字量都是以一定的代码形式出现的,所以这些数字量要先经过译码,才能送到数字显示器去显示。这种能把数字量翻译成数字显示器所能识别的信号的装置,称为数字显示译码器。

(1) 七段字符显示器

目前应用广泛的数字显示器是由七段可发光线段构成的七段数字显示器,又称七段数码管。常见的七段显示器有半导体数码管和液晶显示器两种。

现以半导体数码管为例说明显示器的构成及工作原理。图 7.3.15 是半导体数码管 BS201A 的外形图和等效电路。这种数码管的每个线段均由一个发光二极管(Light Emitting Diode,LED)组成,这种数码管也称为 LED 数码管或 LED 七段显示器。发光二极管的 PN 结用磷砷化镓、磷化钾、砷化镓等做成。当外加正向电压时,将电能转化成光能,可发出一定波长的可见光。

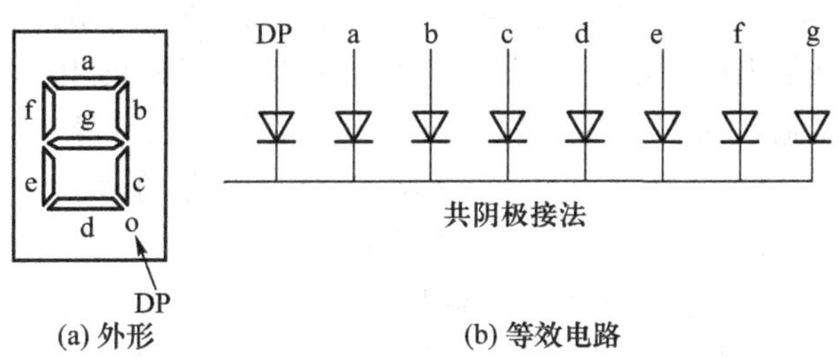

图 7.3.15 半导体数码管 BS201A

在 BS201A 等数码管中还在右下角增设了一个小数点 DP,如图 7.3.15(a)所示。此外,由图 7.3.15(b)可见,BS201A 的八段发光二极管的阴极是做在一起的,属于共阴极类型。为了增加使用的灵活性,同一规格的数码管一般都有共阴极和共阳极两种类型可供选用。

(2) BCD 七段显示译码器

半导体数码管可以用 TTL 或 COMS 集成电路直接驱动。为使用数码管能用十进制数字显示出 BCD 代码所表示的数值,需要使用显示译码器将 BCD 代码译成数码管所需要的驱动信号。

表 7.3.10 BCD 七段显示译码器的真值表

输入					输出							
数字	A_3	A_2	A_1	A_0	$\overline{Y_a}$	$\overline{Y_b}$	$\overline{Y_c}$	$\overline{Y_d}$	$\overline{Y_e}$	$\overline{Y_f}$	$\overline{Y_g}$	字形
0	**0**	**0**	**0**	**0**	**1**	**1**	**1**	**1**	**1**	**1**	**0**	0
1	**0**	**0**	**0**	**1**	**0**	**1**	**1**	**0**	**0**	**0**	**0**	1
2	**0**	**0**	**1**	**0**	**1**	**1**	**0**	**1**	**1**	**0**	**1**	2
3	**0**	**0**	**1**	**1**	**1**	**1**	**1**	**1**	**0**	**0**	**1**	3
4	**0**	**1**	**0**	**0**	**0**	**1**	**1**	**0**	**0**	**1**	**1**	4
5	**0**	**1**	**0**	**1**	**1**	**0**	**1**	**1**	**0**	**1**	**1**	5
6	**0**	**1**	**1**	**0**	**0**	**0**	**1**	**1**	**1**	**1**	**1**	6
7	**0**	**1**	**1**	**1**	**1**	**1**	**1**	**0**	**0**	**0**	**0**	7
8	**1**	**0**	**0**	**0**	**1**	**1**	**1**	**1**	**1**	**1**	**1**	8
9	**1**	**0**	**0**	**1**	**1**	**1**	**1**	**0**	**0**	**1**	**1**	9
10	**1**	**0**	**1**	**0**	**0**	**0**	**0**	**1**	**1**	**0**	**1**	⊏
11	**1**	**0**	**1**	**1**	**0**	**0**	**1**	**1**	**0**	**0**	**1**	⊐
12	**1**	**1**	**0**	**0**	**0**	**1**	**0**	**0**	**0**	**1**	**1**	⊔
13	**1**	**1**	**0**	**1**	**1**	**0**	**0**	**1**	**0**	**1**	**1**	⊑
14	**1**	**1**	**1**	**0**	**0**	**0**	**0**	**1**	**1**	**1**	**1**	⊢
15	**1**	**1**	**1**	**1**	**0**	**0**	**0**	**0**	**0**	**0**	**0**	

规定 **1** 表示数码管中线段的点亮状态，**0** 表示线段的熄灭状态，则根据显示字形的要求便得到了表 7.3.10 所示的真值表（功能表）。表中除列出了 BCD 代码的 10 个状态与 $Y_a \sim Y_g$ 状态的对应关系以外，还列出了输入为 **1010 ~ 1111** 这 6 个状态下显示的符号。

图 7.3.16 是功能更全的 BCD 七段显示译码器 7448 的图形符号。$\overline{LT}$、$\overline{RBI}$、$\overline{BI}/\overline{RBO}$ 是附加控制端。若不考虑附加控制电路的影响，$Y_a \sim Y_g$ 与 A_3、A_2、A_1、A_0 之间的逻辑关系与表 7.3.10 所示的完全相同。附加控制电路用于扩展电路功能，功能和用法如下：

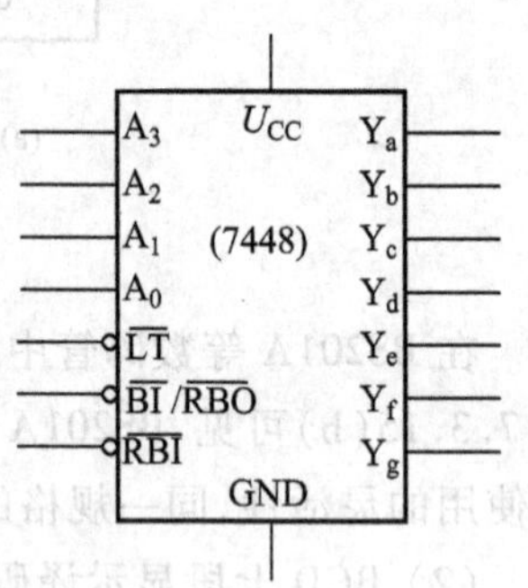

图 7.3.16　BCD 七段显示译码器 7448 的图形符号

试灯输入 $\overline{LT}$　只要令 $\overline{LT}=\mathbf{0}$，便可使被驱动数码管的七段同时点亮，以检查该数码管各段能否正常发光。平时应置 $\overline{LT}$ 为高电平。

灭零输入 $\overline{RBI}$　$\overline{RBI}=\mathbf{0}$ 时，可以把不希望显示的零（无效的零）熄灭。例如有一个 8 位的数码显示电路，整数部分为 5 位，小数部分为 3 位，在显示 18.9 这个数时将呈现 00018.900 字样。如果将前、后多余的零熄灭，则显示的结果将更加醒目。

灭灯输入/灭零输出 $\overline{BI}/\overline{RBO}$　这是一个双功能的输入/输出端。$\overline{BI}/\overline{RBO}$ 作为输入端使用时，称灭灯输入控制端。只要加入灭灯控制信号 $\overline{BI}=\mathbf{0}$，无论 A_3、A_2、A_1、A_0 的状态是什么，$Y_a \sim Y_g$ 均输出 **0**，可将被驱动数码管的各段同时熄灭。$\overline{BI}/\overline{RBO}$ 作为输出端使用时，称为灭零输出端。只有当输入 $A_3=A_2=A_1=A_0=\mathbf{0}$，而且有灭零输入信号 $\overline{RBI}=\mathbf{0}$ 时，$\overline{RBO}=\mathbf{0}$，给出低电平，因此 $\overline{RBO}=\mathbf{0}$ 表示译码器已将本来应该显示的零熄灭了。

74LS48 芯片驱动 BS201A 半导体数码管的连接方法如图 7.3.17 所示。

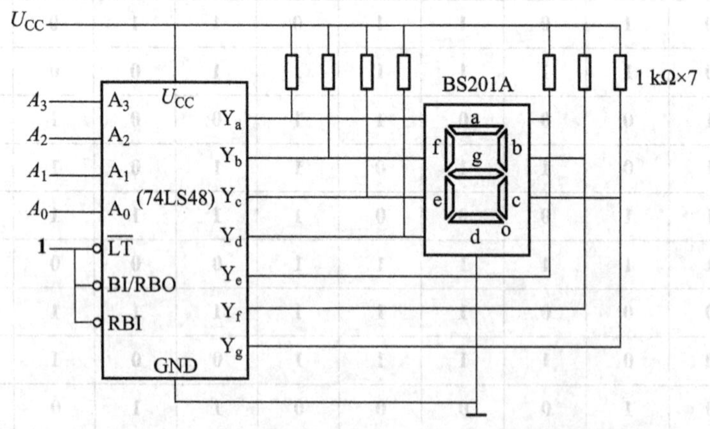

图 7.3.17　用 74LS48 芯片驱动 BS201A 的连接图

将灭零输入端和灭零输出端配合使用，可实现多位数码显示系统的灭零控制。只需在整数部分把高位的 $\overline{RBO}$ 与低位的 $\overline{RBI}$ 相连，在小数部分将低位的 $\overline{RBO}$ 与高位的 $\overline{RBI}$ 相连，就可以把前、后多余的零熄灭了。如图 7.3.18 所示为有灭零控制的 8 位数码显示系统。

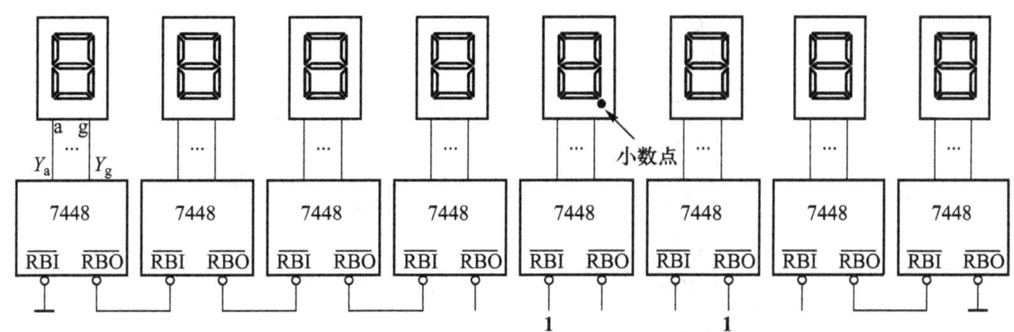

图 7.3.18 有灭零控制的 8 位数码显示系统

7.4 触 发 器

触发器是数字电路中具有记忆功能的基本单元,用来构成各种时序逻辑电路。如前所述,时序逻辑电路的输出不仅与当前的输入有关,而且与电路原来的输出状态有关,可见时序逻辑电路最主要的特点是具有记忆功能,电路中具有记忆功能的器件,即能存储电路工作信息的器件,是时序逻辑控制的必要条件。

触发器具有两个稳定状态,根据不同的输入控制信号,使触发器处于某一个稳定状态。在使触发器工作状态翻转的输入控制信号出现之前触发器总是保持原状态不变。当使触发器工作状态翻转的输入信号出现时,触发器工作状态立即翻转为与原状态相反的工作状态,此种翻转过程称为触发器被触发,使其翻转的外加输入信号称为触发信号。而触发器触发的条件及对触发信号的波形及时序要求,则随触发器的结构而有不同。

触发器按逻辑功能可分为 *RS* 触发器、*D* 触发器、*JK* 触发器、*T* 触发器和 *T′* 触发器;按触发方式分有边沿触发和电平触发两种,由于电平触发方式在同步时钟脉冲有效期间,触发电平的变化要引起输出状态变化,使工作状态不确定及工作不可靠,所以目前的集成触发器都采用边沿触发方式。

7.4.1 RS 触发器

1. 基本 *RS* 触发器

(1) 电路结构

由两个**与非**门的输入、输出交叉耦合而成的基本 *RS* 触发器电路如图 7.4.1(a)所示,图 7.4.1(b)为其逻辑符号。$\overline{R_D}$和$\overline{S_D}$为信号输入端,它们上面的非号表示低电平有效,在逻辑符号中用小圆圈表示。Q 和 $\overline{Q}$ 为互补输出端。

(2) 逻辑功能

下面根据**与非**的逻辑功能讨论基本 *RS* 触发器的工作原理。

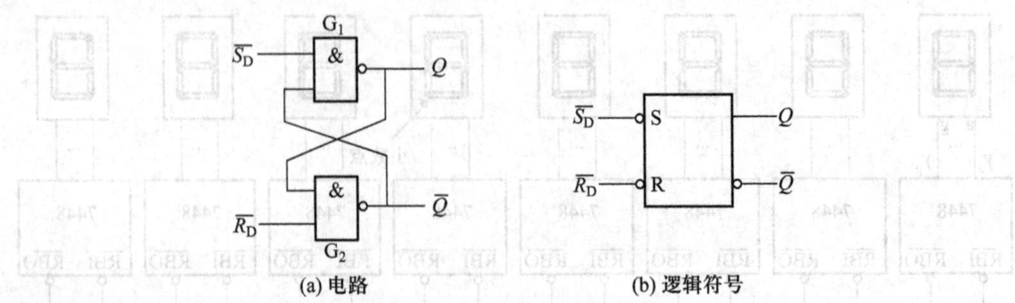

(a) 电路　　(b) 逻辑符号

图 7.4.1　与非门组成的基本 *RS* 触发器

当$\overline{R_D}=\mathbf{0}$、$\overline{S_D}=\mathbf{1}$时，$Q=\mathbf{0}$，即触发器置**0**。

因$\overline{R_D}=\mathbf{0}$，$G_2$ 输出$\overline{Q}=\mathbf{1}$，这时 G_1 输入都为高电平**1**，输出 $Q=\mathbf{0}$，触发器被置**0**。使触发器处于**0**状态的输入端$\overline{R_D}$称为置**0**端，也称复位端，低电平有效。

当$\overline{R_D}=\mathbf{1}$、$\overline{S_D}=\mathbf{0}$时，$Q=\mathbf{1}$，即触发器置1。

因$\overline{S_D}=\mathbf{0}$，$G_1$ 输出 $Q=\mathbf{1}$，这时 G_2 输入都为高电平**1**，输出$\overline{Q}=\mathbf{0}$，触发器被置**1**。使触发器处于**1**状态的输入端$\overline{S_D}$称为置**1**端，也称置位端，是低电平有效。

当$\overline{R_D}=\mathbf{1}$，$\overline{S_D}=\mathbf{1}$时，触发器保持原状态不变。

如触发器处于 $Q=\mathbf{0}$，$\overline{Q}=\mathbf{1}$ 的**0**状态时，则 $Q=\mathbf{0}$ 反馈到 G_2 的输入端，G_2 因输入低电平**0**，则输出$\overline{Q}=\mathbf{1}$；$\overline{Q}=\mathbf{1}$ 又反馈到 G_1 的输入端，G_1 输入都为高电平**1**，输出 $Q=\mathbf{0}$。电路保持**0**状态。

如触发器原处于 $Q=\mathbf{1}$，$\overline{Q}=\mathbf{0}$ 的**1**状态时，则电路同样能保持**1**状态不变。

当$\overline{R_D}=\overline{S_D}=\mathbf{0}$时，触发器状态不定。

所谓不定是指这时触发器的输出 $Q=\overline{Q}=\mathbf{1}$，在$\overline{R_D}$和$\overline{S_D}$同时由**0**变为**1**时，由于 G_1 和 G_2 传输延迟时间的差异，其输出状态是随机的，无法预知，可能是**0**状态，也可能是**1**状态；另外，$Q=\overline{Q}=\mathbf{1}$，违反了输出互补的规定，在实际应用中，这种情况是不允许的。

(3) 特性表

触发器次态 Q^{n+1} 与输入信号和现态 Q^n 的关系真值表称为特性表。由上述分析，可得基本 *RS* 触发器的逻辑特性表 7.4.1，将表 7.4.1 中的 8 行归类合并成 4 行，得简化特性表如 7.4.2 所示。

表 7.4.1　与非门组成的基本 *RS* 触发器的特性表

$\overline{R_D}$	$\overline{S_D}$	Q^n	Q^{n+1}	说明
0	0	0	1*	$\overline{R_D}$、$\overline{S_D}$同时由0变1，触发器状态不定，禁用
0	0	1	1*	
0	1	0	0	触发器置0(复位)
0	1	1	0	
1	0	0	1	触发器置1(置位)
1	0	1	1	
1	1	0	0	触发器保持原状态不变
1	1	1	1	

表 7.4.2 与非门组成的基本 *RS* 简化特性表

$\overline{R_D}$	$\overline{S_D}$	Q^{n+1}	说明
0	0	1*	$\overline{R_D}$、$\overline{S_D}$同时由 0 变 1，触发器状态不定，禁用
0	1	0	置 0（复位）
1	0	1	置 1（置位）
1	1	0	保持不变

（4）波形图

触发器的逻辑功能的描述，除以上方法之外，还可用波形图来描述。

设图 7.4.2 所示电路图的现态为 **0**，当给定$\overline{S_D}$和$\overline{R_D}$的波形图时，可根据$\overline{S_D}$、$\overline{R_D}$的每次变化分段，由表 7.4.2 画出 Q 和$\overline{Q}$的波形图，如图 7.4.2 所示。

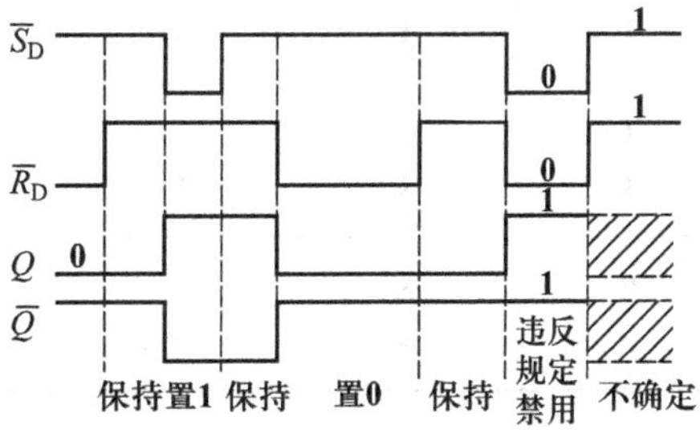

图 7.4.2 用与非门构成的基本 *RS* 触发器的波形图

2. 同步 *RS* 触发器

上面介绍的基本 *RS* 触发器是由$\overline{R_D}$、$\overline{S_D}$（或 R_D、S_D）端的输入信号直接控制的。在实际应用中，触发器的工作状态不仅由$\overline{R_D}$、$\overline{S_D}$（或 R_D、S_D）端的信号来决定的，而且还要求触发器按一定的节拍翻转。为此，需要加入一个时钟控制端 *CP*，使触发器的状态改变与时钟 *CP* 同步，故称为同步触发器（或时钟触发器）。

（1）电路结构

同步 *RS* 触发器在基本 *RS* 触发器的基础上增加了两个由时钟脉冲 *CP* 控制的门 G_3、G_4 组成的，如图 7.4.3（a）所示，图（b）为其逻辑符号。图中 *CP* 为时钟脉冲输入端，简称钟控端或 *CP* 端，*R* 和 *S* 为信号输入端。

（2）逻辑功能

当 $CP = \mathbf{0}$，G_3、G_4 被封锁，都输出 **1**，这时，不管 *R* 端和 *S* 端的信号如何变化，触发器的状态保持不变，即 $Q^{n+1} = Q^n$。

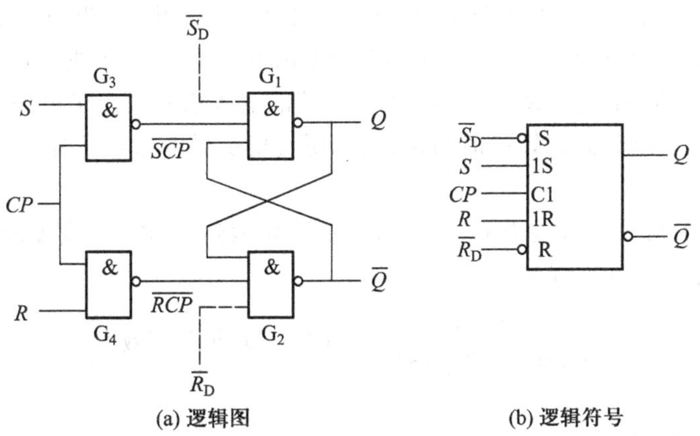

(a) 逻辑图 (b) 逻辑符号

图 7.4.3 同步 *RS* 触发器逻辑图和逻辑符号

当 $CP=\mathbf{1}$ 时，G_3、G_4 解除封锁，G_3 门的输出 $\overline{S}$，G_4 门的输出 $\overline{R}$，此时触发器的输入为高电平有效，触发器的特性表如表 7.4.3 所示。由于只在 $CP=\mathbf{1}$ 的全部时间里，触发器的输出状态才受输入信号控制，故这种触发器又称为电平触发器。

表 7.4.3　同步 *RS* 触发器的特性表

CP	R	S	Q^n	Q^{n+1}	说明
1	**0**	**0**	**0**	**0**	维持不变
1	**0**	**0**	**1**	**1**	
1	**0**	**1**	**0**	**1**	置 **1**(置位)
1	**0**	**1**	**1**	**1**	
1	**1**	**0**	**0**	**0**	置 **0**(复位)
1	**1**	**0**	**1**	**0**	
1	**1**	**1**	**0**	**1***	CP 由 **1** 变 **0** 或 R、S 同时由 **1** 变 **0**，触发器状态不定，禁用
1	**1**	**1**	**1**	**1***	
0	×	×	**0**	**0**	维持不变
0	×	×	**1**	**1**	

由表 7.4.3 可看出，在 $R=S=\mathbf{1}$ 时，触发器的输出状态不定，为避免出现这种情况，应使 $RS=\mathbf{0}$。

在图 7.4.3(a)中，虚线所示 $\overline{R_D}$ 和 $\overline{S_D}$ 端为直接置 **0**（复位）端和直接置 **1**（置位）端，$\overline{R_D}$ 和 $\overline{S_D}$ 的优先级最高。其作用是 $\overline{R_D}=\mathbf{1}$、$\overline{S_D}=\mathbf{0}$ 时，$Q=\mathbf{1}$、$\overline{Q}=\mathbf{0}$，触发器置 **1**；如取 $\overline{R_D}=\mathbf{0}$、$\overline{S_D}=\mathbf{1}$ 时，触发器置 **0**。由于置 **0** 和置 **1** 不受 CP 脉冲的控制，因此，$\overline{R_D}$ 和 $\overline{S_D}$ 端又称为异步置 **0** 端和异步置 **1** 端，$\overline{R_D}=\overline{S_D}=\mathbf{1}$ 时，触发器正常工作，$\overline{R_D}=\overline{S_D}=\mathbf{0}$ 时，不允许，禁用。应当注意，在各类触发器中，这两个端子都存在且作用相同，$\overline{S_D}$、$\overline{R_D}$ 不用时，在图 7.4.3(b)中往往省略不画，此时 $\overline{S_D}$、$\overline{R_D}$ 悬空，相当接 **1**，触发器正常工作；为了画图清晰，$\overline{S_D}$ 和 $\overline{R_D}$ 也往往画在触发器的上、下两端。

另外，图 7.4.3(b)框内的 1S、1C 和 1R 中的 1 表示和 CP 相互关联，C1 是 CP 编号为 1 的控制信号，而 1S、1R 是表示只受 C1 控制。在不至于混淆的情况下，1 往往被省略。

由上述分析可看出：在同步 *RS* 触发器中，R、S 端的输入信号决定了电路翻转到什么状态，而时钟脉冲 CP 则决定电路状态翻转的时间段，这样便实现了对电路状态翻转时刻的控制。

(3) 特性方程

触发器次态 Q^{n+1} 与 R、S 及现态 Q^n 之间关系的逻辑表达式称为触发器的特性方程。

同步 *RS* 触发器的特性方程为

$$\left.\begin{aligned}&Q^{n+1}=S+\overline{R}Q^n\\&RS=\mathbf{0}\quad\text{（约束条件）}\end{aligned}\quad(CP=\mathbf{1}\text{ 期间有效})\right\}\tag{7.4.1}$$

(4) 存在问题

① 存在约束条件，使用不便。

② 存在空翻现象。

在 CP = **1** 期间，R、S 发生多次变化，则触发器的输出状态也可能发生多次翻转，造成次态不稳定，这种现象称为空翻，如图 7.4.4 所示。空翻是一种有害的现象，使触发器不能按节拍工作造成系统误动作。

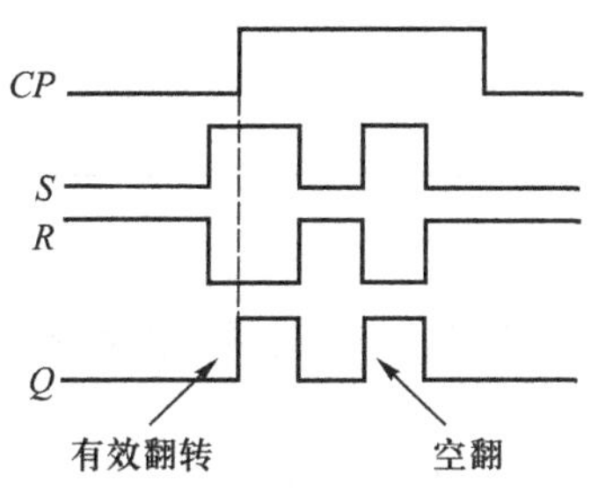

图 7.4.4 空翻现象

7.4.2 JK 触发器

JK 触发器有主从型和边沿型，而边沿型具有很强的抗干扰能力，所以使用最为广泛，图 7.4.5是边沿 JK 触发器的符号，在 CP 端用“ > ”标记，其中图(a)是下降沿触发，在 CP 端有“。”标记，图(b)是上升沿触发，在 CP 端无“。”标记。上述的标记形式对任何功能的触发器均适用，边沿触发的含义是指输出端状态的变化只有在 CP 的下降沿或上升沿才有可能。预置端$\overline{S}_D$和$\overline{R}_D$，各类触发器也都具有，而且功能也相同，在不需要预置时，此输入端可以不画。

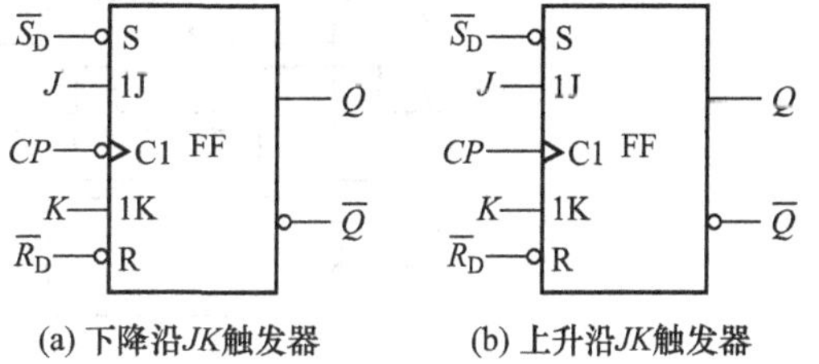

图 7.4.5 JK 触发器的符号

1. 逻辑功能

JK 触发器的功能可用特性表 7.4.4 描述，由表可知，在无触发信号 CP 时，无论 J、K 为何种信号，触发器均维持原态，即 $Q^{n+1}=Q^n$；只有在触发信号下降沿到来时，触发器的次态 Q^{n+1}才由触发器的输入信号 J、K 决定。如 J = **0**、K = **0** 时，输出不变，即 $Q^{n+1}=Q^n$；J = **1**、K = **0** 时，不论现态 Q^n如何，Q^{n+1} = **1**；J = **0**、K = **1** 时，不论现态 Q^n如何，Q^{n+1} = **0**；而当 $J=K$ = **1** 时，使触发器翻转一次，即 $Q^{n+1}=\overline{Q^n}$。

表 7.4.4 JK 触发器的特性表

CP	J	K	Q^n	Q^{n+1}
×	×	×	×	Q^n
⎍⎽	**0**	**0**	**0**	**0**
⎍⎽	**0**	**0**	**1**	**1**
⎍⎽	**1**	**0**	**0**	**1**
⎍⎽	**1**	**0**	**1**	**1**
⎍⎽	**0**	**1**	**0**	**0**

续表

CP	J	K	Q^n	Q^{n+1}
⊓	0	1	1	0
⊓	1	1	0	1
⊓	1	1	1	0

2. 特性方程(逻辑函数表达式)

触发器次态与现态和输入信号之间的逻辑关系,称为特性方程。JK 触发器的特性方程,可由特性表得出

$$Q^{n+1} = J\overline{Q}^n + \overline{K}Q^n \tag{7.4.2}$$

应当注意,此方程成立的条件和特性表对应,即必须在 CP 下降沿时才成立。

3. 波形图

波形图亦称时序图,如图 7.4.6 所示,在已知输入信号 JK 的情况下,对应 CP 的下降沿,对照特性表,可方便地得出输出端 Q 的波形。注意波形图只标 Q,而不标 Q^n 或 Q^{n+1},这是因为 Q^n 和 Q^{n+1} 是随时间不断地变化,CP 下降沿到来之前称为现态 Q^n,CP 下降沿之后即次态 Q^{n+1}。一般情况下,$\overline{Q}$ 可不画出。

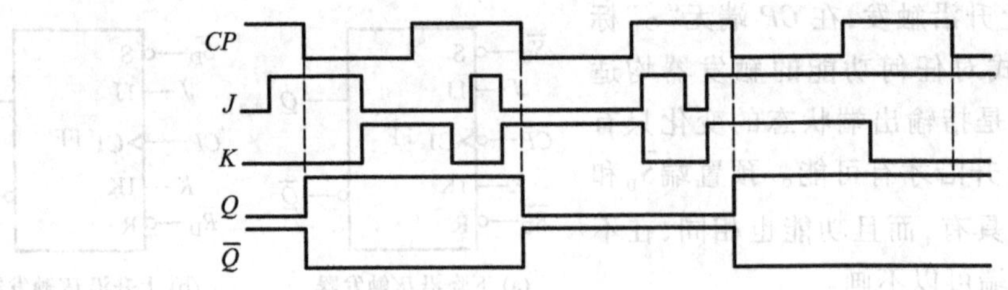

图 7.4.6　下降沿触发的 JK 触发器时序图

7.4.3　D 触发器

D 触发器有电平触发和边沿触发两种类型,上升沿触发的 D 触发器的符号如图 7.4.7 所示,其功能由表 7.4.5 描述。由表可得特性方程

$$Q^{n+1} = D \tag{7.4.3}$$

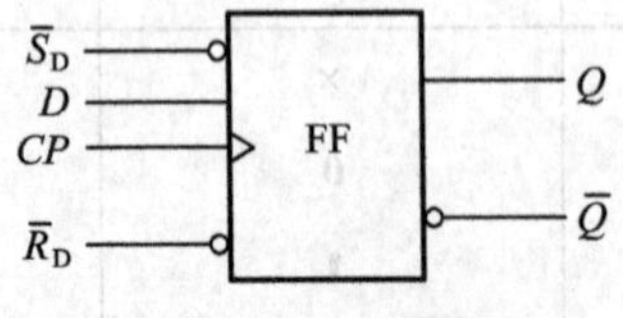

图 7.4.7　D 触发器的符号

表 7.4.5　D 触发器的特性表

D	Q^{n+1}
0	0
1	1

这说明 D 触发器在 CP 上升沿来到后,其次态 Q^{n+1} 由输入信号 D 的状态决定,而与 D 触发器的现态无关,图 7.4.8 示出了其波形图。

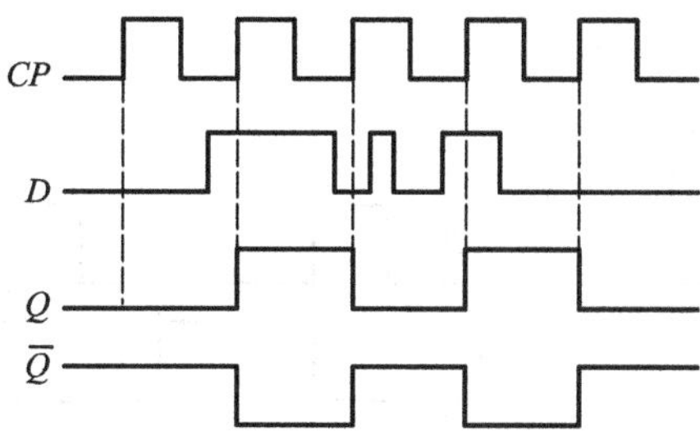

图 7.4.8 上升沿触发的 D 触发器波形图

7.4.4 T 触发器和T'触发器

在集成触发器电路中不存在 T 触发器和 T'触发器产品，它们是由其他类型的触发器连接而成，它们是具有翻转功能的触发器，但其逻辑符号可以单独存在，以突出其功能特点。

1. T触发器的逻辑功能

在 CP 作用下，根据输入信号 T(**0** 或 **1**)的不同，凡具有保持和翻转功能的触发器电路都称为 T 触发器。

将 JK 触发器的两个输入端连在一起作为 T 端，即 $J=K=T$，即构成了 T 触发器。T 触发器的特性方程为

$$Q^{n+1}=T\overline{Q^n}+\overline{T}Q^n=T\oplus Q^n \tag{7.4.4}$$

根据 T 触发器逻辑功能的定义，可列出 T 触发器的特性表如表 7.4.6 所示。当 $T=\mathbf{0}$ 时，触发器将保持原态不变；当 $T=\mathbf{1}$ 时，触发器将随 CP 触发沿的到来而翻转，具有计数功能。T 触发器的逻辑符号如图 7.4.9 所示。

表 7.4.6 T 触发器的特性表

T	Q^n	Q^{n+1}	说明
0	**0**	**0**	保持 $Q^{n+1}=Q^n$
0	**1**	**1**	
1	**0**	**1**	翻转 $Q^{n+1}=\overline{Q^n}$计数
1	**1**	**0**	

2. T'触发器的逻辑功能

在 T 触发器的基础上如果使 $T=\mathbf{1}$，那么，每来一个 CP 脉冲，触发器状态都将翻转一次，构成计数工作状态，这就是 T'触发器，也称翻转触发器，其特性方程为

$$Q^{n+1}=\overline{Q^n} \tag{7.4.5}$$

T'触发器的时序图如图 7.4.10 所示。

由图 7.4.10 可以看出，T'触发器输出 Q 的波形周期是输入 CP 波形周期的 2 倍，即 Q 的频率是 CP 的一半，也称为二分频。

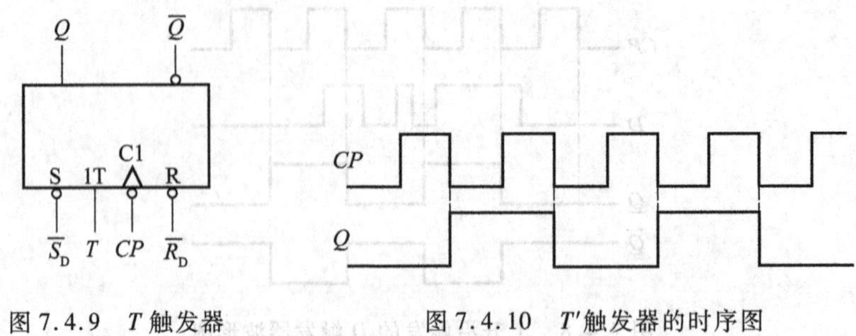

图 7.4.9　T 触发器　　图 7.4.10　T′触发器的时序图

7.5　时序逻辑电路

前已述及逻辑电路分为两大类,一类是组合逻辑电路,另一类是时序逻辑电路。时序逻辑电路的特点是:任何时刻电路的输出不仅与该时刻的输入有关,而且还和电路的以前(历史)状态有关;或者说是带有反馈和存储功能的逻辑电路。因此,时序逻辑电路是一种有“记忆”功能的电路。

7.5.1　分析时序逻辑电路的一般步骤

时序逻辑电路分析就是根据给定的时序逻辑电路图分析出该电路的功能。按照构成时序逻辑电路的所有触发器是否在同一时钟脉冲作用下工作可将其分成同步时序逻辑电路和异步时序逻辑电路。一般可按以下步骤进行分析:

① 判断电路类型　观察该电路的所有触发器是否在同一时钟脉冲作用下工作。若在同一时钟脉冲作用下工作,为同步时序逻辑电路;反之,则为异步时序逻辑电路。

② 写方程式　根据电路写出各个触发器的驱动方程(输入端逻辑表达式)和电路的输出方程(输出端逻辑表达式),再将驱动方程代入所有触发器的特性方程,从而求出电路的状态方程。对异步时序逻辑电路,需增加时钟方程。

③ 列真值表　对同步时序逻辑电路,只需假定初态,分别代入状态方程和输出方程进行计算,依次求出在某一初态状态下的次态和输出,通过列表,即可得到状态真值表。对异步时序逻辑电路,必须先确定每个触发器的时钟脉冲是否满足要求,如是,再按上述同步时序逻辑电路的方法处理。

④ 作状态图　根据真值表的结果,画出状态转换图。

⑤ 画时序图　根据状态真值表或转换图画出时序图。

⑥ 功能描述　用简单的文字概括电路的逻辑功能(一般包括能否自启动)。

一般根据真值表,即可描述其功能,并可以画出状态图,画状态图并非必需,应视题目要求而定。

7.5.2 寄存器

寄存器是数字系统中的重要部件之一。所谓寄存器是指能把二进制数据或代码暂时存储起来的电路。

1. 数码寄存器

图 7.5.1 示出了由 D 触发器组成的 4 位数码寄存器。显然，这是一种同步型电路，将需要寄存的数据 $d_0 \sim d_3$ 分别接于触发器 $FF_0 \sim FF_3$ 的输入端，在寄存指令 CP 上升沿来到后，即使 $Q_3^{n+1}Q_2^{n+1}Q_1^{n+1}Q_0^{n+1}=d_3d_2d_1d_0$。由于寄存器存入和取出数码的方式是并行完成的，故称并行输入和并行输出方式。

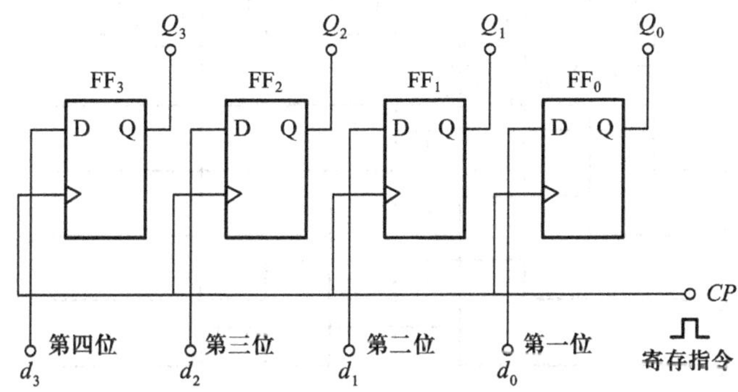

图 7.5.1　由 D 触发器组成的 4 位数码寄存器

2. 移位寄存器

移位寄存器是指既有存储数码的功能，又有移位功能的电路，这种电路比较具有实用价值。移位寄存器有 4 种输入输出方式，即并行输入并行输出、并行输入串行输出、串行输入串行输出、串行输入并行输出。作为例子，这里只介绍串行输入并行和串行输出，图 7.5.2 示出了由 D 触发器组成的 4 位移位（由低位向高位）寄存器。表 7.5.1 是其状态表，图 7.5.3 为其工作波形图。

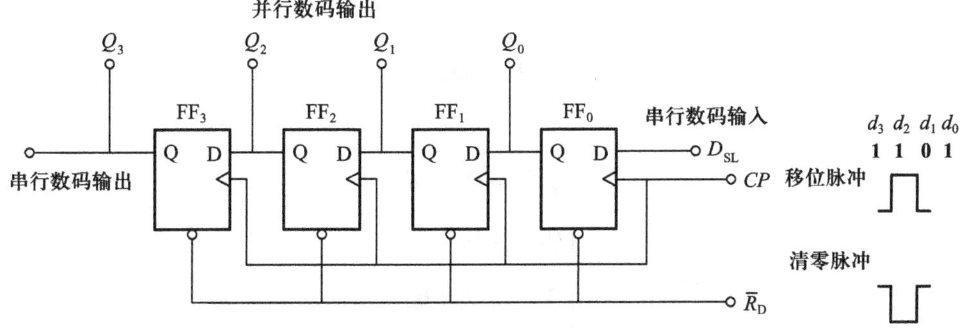

图 7.5.2　由 D 触发器组成的 4 位移位（由低位向高位）寄存器

表 7.5.1　移位寄存器的状态表

CP 的顺序	串行输入数码 D_{SL}	寄存器中的数码				移位过程	备　注
		Q_3	Q_2	Q_1	Q_0		
0	**0**	**0**	**0**	**0**	**0**	清　零	省略了串行输出状态
1	**1**	**0**	**0**	**0**	**1**	左移一位	
2	**1**	**0**	**0**	**1**	**1**	左移二位	
3	**0**	**0**	**1**	**1**	**0**	左移三位	
4	**1**	**1**	**1**	**0**	**1**	左移四位	

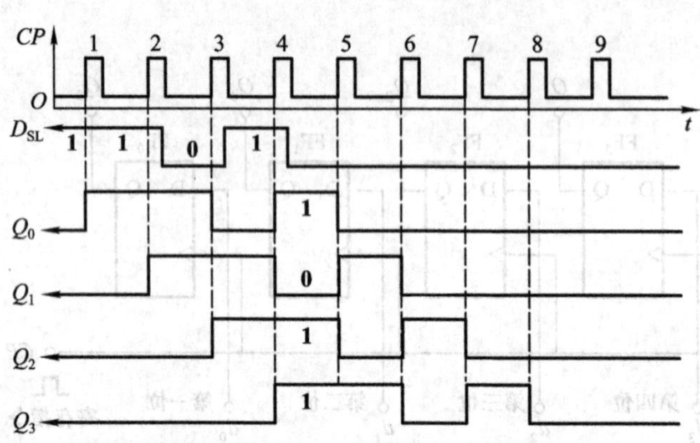

图 7.5.3　移位寄存器工作波形图

图 7.5.2 的电路是从触发器的最低位输入串行数码的最高位，经过 4 个 CP 后，D_{SL}的数据按高位到低位反映在 $Q_3 \sim Q_0$端，实现了串行输入并行输出方式；再经过 4 个脉冲，又可在 Q_3端得到和 D_{SL}一样的信号，从而实现了串行输入串行输出方式。只要掌握 D 触发器的特性方程 $Q^{n+1}=D$，在第 1 个 CP 上升沿作用下，由

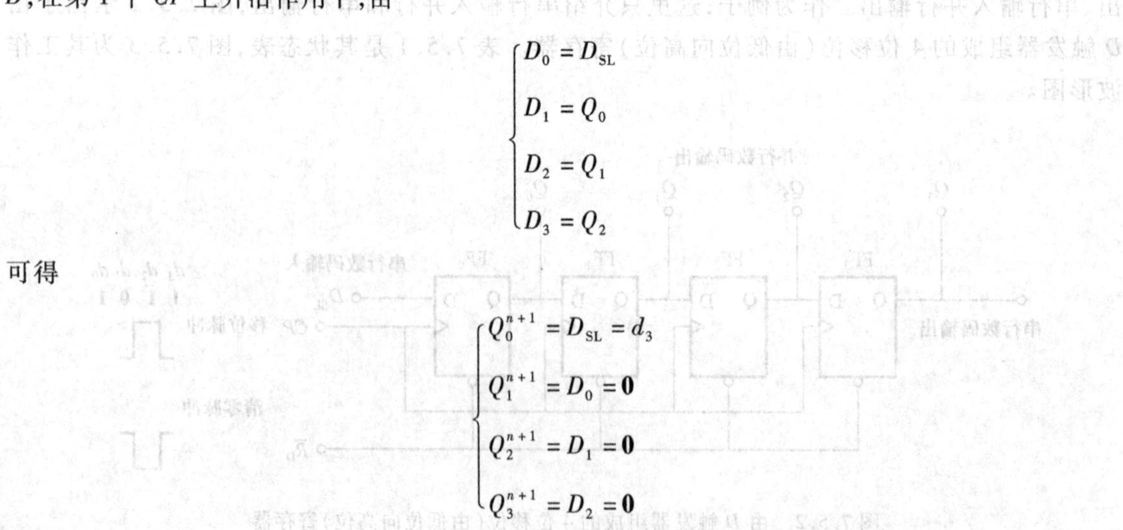

$$\begin{cases} D_0 = D_{SL} \\ D_1 = Q_0 \\ D_2 = Q_1 \\ D_3 = Q_2 \end{cases}$$

可得

$$\begin{cases} Q_0^{n+1} = D_{SL} = d_3 \\ Q_1^{n+1} = D_0 = \mathbf{0} \\ Q_2^{n+1} = D_1 = \mathbf{0} \\ Q_3^{n+1} = D_2 = \mathbf{0} \end{cases}$$

在第 2 个 CP 上升沿作用下可得

$$\begin{cases} Q_0^{n+1}=d_2 \\ Q_1^{n+1}=d_3 \\ Q_2^{n+1}=\mathbf{0} \\ Q_3^{n+1}=\mathbf{0} \end{cases}$$

经过 4 个脉冲作用后可得

$$\begin{cases} Q_0^{n+1}=d_0 \\ Q_1^{n+1}=d_1 \\ Q_2^{n+1}=d_2 \\ Q_3^{n+1}=d_3 \end{cases}$$

这样就把 D_{SL} 的数据 $d_3d_2d_1d_0$ 按位左移到寄存器中。

3. 集成寄存器

下面以中规模集成寄存器 74LS194 为例,说明其功能。其逻辑符号如图 7.5.4 所示,功能表见表 7.5.2。由功能表可以看出 74LS194 芯片是一种具有多种数据输入输出方式及清零功能的双向移位寄存器(D_{SR} 为右移数码输入端,D_{SL} 为左移数码输入端,$\boldsymbol{M}_1$、$\boldsymbol{M}_0$ 为工作方式控制端)。

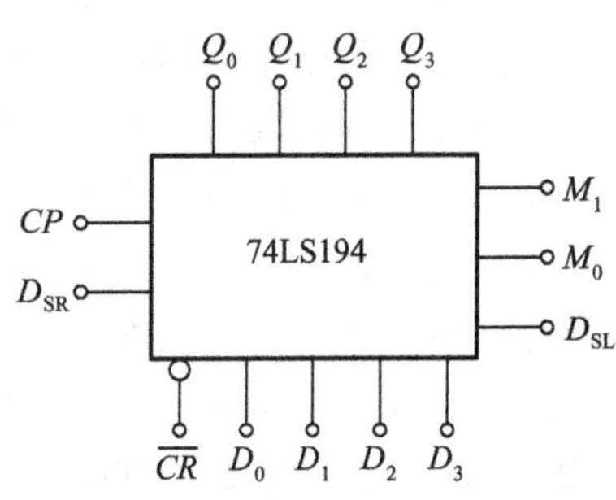

图 7.5.4 4 位双向移位寄存器 74LS194 逻辑功能示意图

表 7.5.2 74LS194 芯片的功能表

输入										输出				注
$\overline{CR}$	M_1	M_0	D_{SR}	D_{SL}	CP	D_0	D_1	D_2	D_3	Q_0^{n+1}	Q_1^{n+1}	Q_2^{n+1}	Q_3^{n+1}	
0	×	×	×	×	×	×	×	×	×	**0**	**0**	**0**	**0**	清零
1	×	×	×	×	**0**	×	×	×	×	Q_0^n	Q_1^n	Q_2^n	Q_3^n	保持
1	**0**	**0**	×	×	×	×	×	×	×	Q_0^n	Q_1^n	Q_2^n	Q_3^n	保持
1	**1**	**1**	×	×	↑	d_0	d_1	d_2	d_3	d_0	d_1	d_2	d_3	并行输入
1	**0**	**1**	**1**	×	↑	×	×	×	×	**1**	Q_0^n	Q_1^n	Q_2^n	右移输入 **1**
1	**0**	**1**	**0**	×	↑	×	×	×	×	**0**	Q_0^n	Q_1^n	Q_2^n	右移输入 **0**
1	**1**	**0**	×	**1**	↑	×	×	×	×	Q_1^n	Q_2^n	Q_3^n	**1**	左移输入 **1**
1	**1**	**0**	×	**0**	↑	×	×	×	×	Q_1^n	Q_2^n	Q_3^n	**0**	左移输入 **0**

(1) 清零功能($\overline{CR}$端)

当$\overline{CR}=\mathbf{0}$ 时,其余输入为任意值(用 × 表示),输出全 **0**。

(2) 并行送数功能(D_0、D_1、D_2、D_3端及 M_1、M_0、CP 端)

当$\overline{CR}=M_1=M_0=\mathbf{1}$ 时,在 CP 上升沿作用下,同步将数据 $d_0 \sim d_3$并行送到输出端。

(3) 右移串行送数功能(M_1、M_0端及 D_{SR}、CP 端)

当$\overline{CR}=M_0=\mathbf{1}$,$M_1=\mathbf{0}$ 时,在 CP 上升沿作用下,电路执行右移功能,D_{SR}端输入的数码从低位到高位依次串行送入寄存器中。

(4) 左移串行送数功能(M_1、M_0端及 D_{SL}、CP 端)

当$\overline{CR}=M_1=\mathbf{1}$,$M_0=\mathbf{0}$ 时,在 CP 上升沿作用下,电路执行左移功能,D_{SL}端输入的数码从高位到低位依次串行送入寄存器中。

(5) 保持功能(M_1、M_0端)

当$\overline{CR}=\mathbf{1}$,$CP=\mathbf{0}$,或$\overline{CR}=\mathbf{1}$,$M_1=M_2=\mathbf{0}$ 时,移位寄存器状态保持不变。

4. 集成寄存器的应用

集成寄存器可以构成移位计数器、顺序脉冲发生器等多种时序电路。图 7.5.5 是用 74LS194 芯片构成的顺序脉冲发生器的电路和工作波形。该电路的特点是把 Q_0与 D_{SL}相连,在电路工作前首先并行置数。具体的步骤是在 M_0端加预置数正脉冲,使 $M_1=M_0=\mathbf{1}$ 处于并行输入的置数状态,在移位脉冲 CP 上升沿作用下,将数码 $D_0D_1D_2D_3=\mathbf{0001}$ 并行存入到 $Q_0\sim Q_3$。预置脉冲结束后,使 $M_1=\mathbf{1}$,$M_0=\mathbf{0}$,又$\overline{CR}=\mathbf{1}$,电路处于左移状态,在移位脉冲 CP 的作用下,电路开始左移操作。应注意 $D_{SL}=Q_0$,在第一个移位脉冲上升沿来到前,$Q_0Q_1Q_2Q_3=\mathbf{0001}$,故为左移输入 $\mathbf{0}$,使 $Q_3^{n+1}=\mathbf{0}$,$Q_2^{n+1}=Q_3^n=\mathbf{1}$,$Q_1^{n+1}=Q_2^n=\mathbf{0}$,$Q_0^{n+1}=Q_1^n=\mathbf{0}$,形成 $Q_0Q_1Q_2Q_3=\mathbf{0010}$。依次类推,在第 3 个 CP 结束后,$Q_0Q_1Q_2Q_3=\mathbf{1000}$,故第 4 个 CP 来到后,左移输入 $\mathbf{1}$,使 $Q_0Q_1Q_2Q_3=\mathbf{0001}$,开始新一轮移位,故波形如图 7.5.5(b)所示。

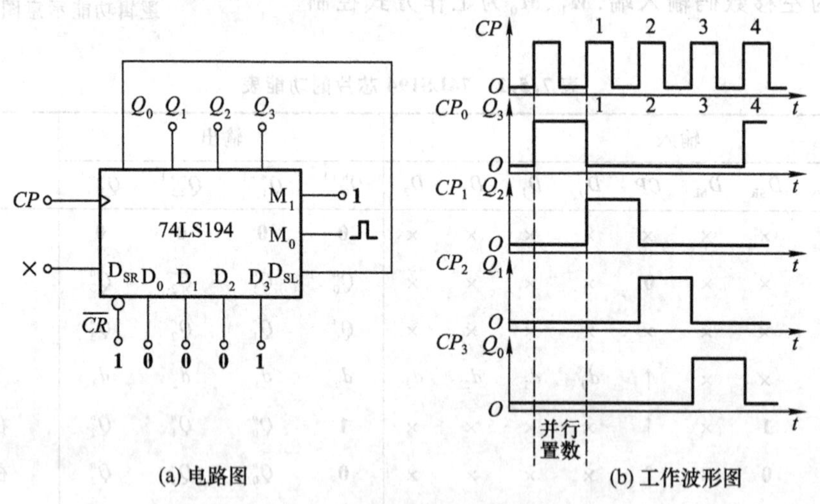

图 7.5.5　由 74LS194 芯片构成的顺序脉冲发生器

7.5.3　计数器

凡能对输入脉冲 CP 计数的电路,统称为计数器。计数器的分类方法有多种,按是否所有触发器都在同一时钟脉冲控制下同步工作,可分为同步计数器和异步计数器;按对时钟脉冲的累计方式,可分为加法计数器、减法计数器和可逆计数器;按计数进制,又可分为二进制计数器(逢二进一，全部触发器构成 2^n 进制，n 为触发器个数）、十进制计数器（由 4 个触发器构成逢十进一）、N 进制计数器（N 为任意正整数），上述计数器也称为模 2、模 10 和模 N 计数器。

计数器除了用于计数外，还可以用于定时、分频、产生节拍脉冲、用于数字系统的控制等。

1. 二进制计数器

（1）同步加法计数器

图 7.5.6 示出了由 JK 触发器构成的四位同步二进制加法计数器，其整体亦称十六进制。图中计数脉冲 CP 同时加在各触发器的 CP 端，各触发器同步工作。$Q_3 \sim Q_0$ 代表输出由高位到低位，它们整体显示的二进制数，反映了 CP 的数量。该计数器的分析步骤如下：

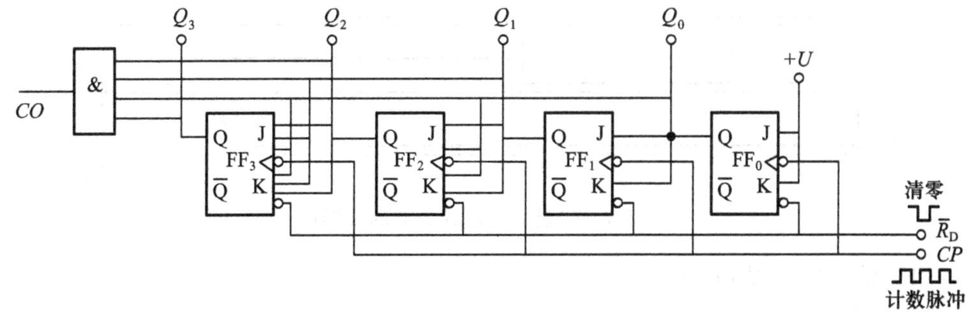

图 7.5.6 同步二进制加法计数器

① 写出各触发器的驱动方程（又称输入方程和激励方程，反映触发器输入端状态与各个输入量之间的逻辑关系）。

由各触发器 J、K 输入端的连线，可得

$$\left.\begin{aligned} &J_0 = K_0 = \mathbf{1} \qquad \text{（输入端接 }+U\text{ 为 }\mathbf{1}\text{ 状态）}\\ &J_1 = K_1 = Q_0^n \\ &J_2 = K_2 = Q_1^n Q_0^n \\ &J_3 = K_3 = Q_2^n Q_1^n Q_0^n \end{aligned}\right\} \tag{7.5.1}$$

② 写出各触发器的状态方程组。

将驱动方程代入特性方程 $Q^{n+1} = J\overline{Q}^n + \overline{K}Q^n$ 可得状态方程

$$\left.\begin{aligned} &Q_0^{n+1} = \overline{Q}_0^n \\ &Q_1^{n+1} = Q_0^n\overline{Q}_1^n + \overline{Q}_0^n Q_1^n \\ &Q_2^{n+1} = Q_1^n Q_0^n \overline{Q}_2^n + \overline{Q_1^n Q_0^n} Q_2^n \\ &Q_3^{n+1} = Q_2^n Q_1^n Q_0^n \overline{Q}_3^n + \overline{Q_2^n Q_1^n Q_0^n} Q_3^n \end{aligned}\right\} \tag{7.5.2}$$

③ 求出状态转换表和波形图。

将现态的值代入状态方程组计算，例如 $Q_3^n Q_2^n Q_1^n Q_0^n = \mathbf{0000}$，则 CP 到来后，$Q_0^{n+1} = \overline{Q}_0^n = \mathbf{1}$，$Q_3^{n+1} = Q_2^{n+1} = Q_1^{n+1} = \mathbf{0}$，此时由 **0000** 状态进到 **0001** 状态；再如 $Q_3^n Q_2^n Q_1^n Q_0^n = \mathbf{0111}$，则 CP 到来后，

$Q_3^{n+1}=\overline{Q}_3^n=\mathbf{1}, Q_2^{n+1}=Q_1^{n+1}=Q_0^{n+1}=\mathbf{0}$，此时由 **0111** 状态进到 **1000** 状态，将所有计算结果画成的表称为状态转换表，见表 7.5.3，如画成波形图，则如图 7.5.7 所示。

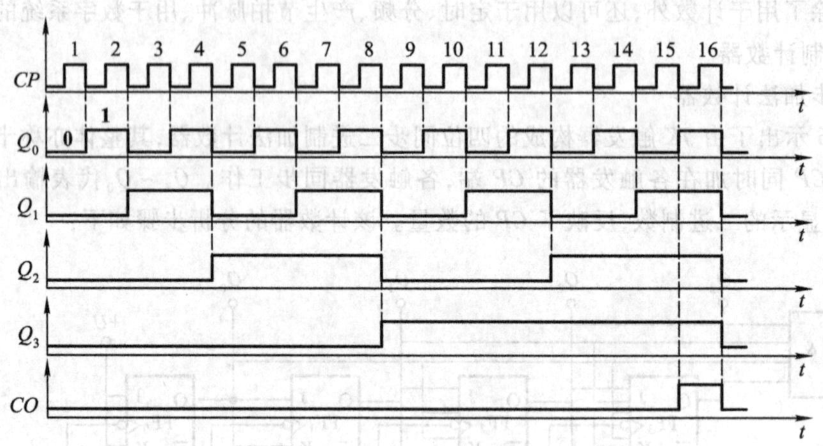

图 7.5.7　二进制加法计数器的波形图

④ 写出进位输出方程 CO。

由图 7.5.6 得

$$CO=Q_3^nQ_2^nQ_1^nQ_0^n \tag{7.5.3}$$

将现态值代入 CO 的表达式计算，结果列于表 7.5.3 中。

表 7.5.3　状态转换表

计数顺序 CP	电路状态				等效十进制数	进位输出 CO
	Q_3	Q_2	Q_1	Q_0		
0	**0**	**0**	**0**	**0**	0	**0**
1	**0**	**0**	**0**	**1**	1	**0**
2	**0**	**0**	**1**	**0**	2	**0**
3	**0**	**0**	**1**	**1**	3	**0**
4	**0**	**1**	**0**	**0**	4	**0**
5	**0**	**1**	**0**	**1**	5	**0**
6	**0**	**1**	**1**	**0**	6	**0**
7	**0**	**1**	**1**	**1**	7	**0**
8	**1**	**0**	**0**	**0**	8	**0**
9	**1**	**0**	**0**	**1**	9	**0**
10	**1**	**0**	**1**	**0**	10	**0**
11	**1**	**0**	**1**	**1**	11	**0**
12	**1**	**1**	**0**	**0**	12	**0**
13	**1**	**1**	**0**	**1**	13	**0**
14	**1**	**1**	**1**	**0**	14	**0**
15	**1**	**1**	**1**	**1**	15	**1**
16	**0**	**0**	**0**	**0**	16	**0**

从计数器的状态表或时序图均可得出，在来了 16 个 CP 脉冲后，电路回到初始状态，并发出一个进位信号 CO，故整体构成十六进制。但若从图 7.5.6 的每一个输出端来看，Q_0输出 8 个脉冲，是 16 个 CP 脉冲的$\frac{1}{2}$，故 Q_0为二分频输出端，同理可知 Q_1、Q_2和 Q_3分别构成四分频、八分频和十六分频输出。

(2) 集成同步二进制计数器 74161

集成同步二进制计数器的芯片很多，以 74161(74LS161)为例介绍其功能。实际上，74161 芯片是以上述十六进制计数器为基础，附加异步清零、置数和保持功能得到的，其管脚排列、逻辑符号如图 7.5.8 所示，功能表见表 7.5.4。

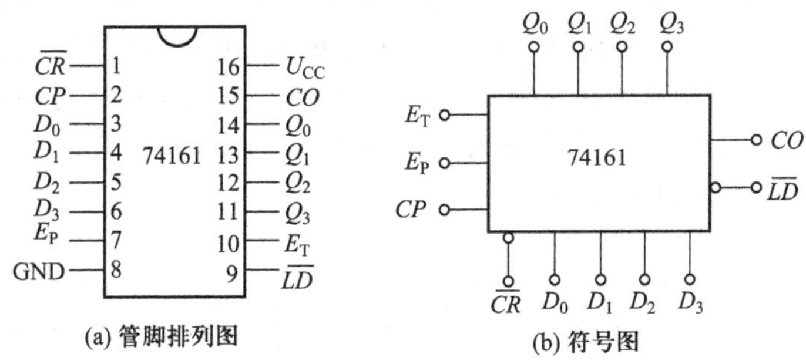

图 7.5.8 集成同步二进制计数器 74161

表 7.5.4 74161 芯片的功能表

输入									输出					注
$\overline{CR}$	$\overline{LD}$	E_P	E_T	CP	D_0	D_1	D_2	D_3	Q_0^{n+1}	Q_1^{n+1}	Q_2^{n+1}	Q_3^{n+1}	CO	
0	×	×	×	×	×	×	×	×	**0**	**0**	**0**	**0**	**0**	异步清零
1	**0**	×	×	↑ *	d_0	d_1	d_2	d_3	d_0	d_1	d_2	d_3		置数 $CO=E_T\cdot Q_3^nQ_2^nQ_1^nQ_0^n$
1	**1**	**1**	**1**	↑	×	×	×	×	计数					$CO=Q_3^nQ_2^nQ_1^nQ_0^n$
1	**1**	**0**	**1**	×	×	×	×	×	保持					$CO=E_T\cdot Q_3^nQ_2^nQ_1^nQ_0^n$
1	**1**	×	**0**	×	×	×	×	×	保持				**0**	

* 表示 CP 上升沿。

74161 芯片的功能表说明如下：

① 异步清零功能($\overline{CR}$端) 从表中可以看出，当$\overline{CR}=\mathbf{0}$，无论其他输入端处于何种状态(用“×”表示)，也不论输出端 $Q_0^n\sim Q_3^n$原来状态如何，必有输出端全 **0** 的结果。因为该结果与 CP 脉冲无关，故称异步清零，简称清零。

② 同步并行置数功能(D_0、D_1、D_2、D_3端及$\overline{LD}$端) 当$\overline{CR}=\mathbf{1}$，$\overline{LD}=\mathbf{0}$ 时，在 CP 上升沿作用下，并行输入数据 $d_0\sim d_3$置入计数器，使 $Q_0^{n+1}Q_1^{n+1}Q_2^{n+1}Q_3^{n+1}=d_0d_1d_2d_3$。

③ 保持功能(E_T、E_P端) 当$\overline{CR}=\overline{LD}=\mathbf{1}$ 时，只要 $E_T\cdot E_P=\mathbf{0}$，计数器就保持原来状态不变。欲同时保留进位信号 CO 不变，则必须使 $E_P=\mathbf{0}$，$E_T=\mathbf{1}$；欲使进位信号 CO 为 **0**，只要使 $E_T=\mathbf{0}$ 即可。

④ 计数功能（E_T、E_P端及 CP 端） 当$\overline{CR}=\overline{LD}=E_T=E_P=1$时，在 CP 上升沿作用下，计数器对 CP 脉冲按照 8421 码加法计数。

2. 十进制计数器

(1) 异步十进制加法计数器

二进制计数器虽然简单，运算方便，但是在日常生活中人们习惯于十进制计数规则。因此，需要将二进制计数器转换成具有十进制计数功能的计数器。

用 4 位二进制代码表示十进制的每一位数时，至少要用 4 位触发器才能实现。最常用的二进制代码是 8421BCD 码。用 4 个 JK 触发器组成的 8421 码异步十进制加法计数器，如图 7.5.9 所示。计数器的状态转换和二进制计数器相同，表 7.5.5 是状态转换表，上一行为初态，下一行为次态。CP 是计数脉冲输入，计数数码由 $Q_3Q_2Q_1Q_0$ 并行输出，CO 是进位输出。计数器每个次态的 4 位二进制码代表一个十进制数。例如，次态为 **0101**，代表十进制的 5，表示计数器已输入了 5 个计数脉冲；第 6 个计数脉冲输入后，状态转变为 **0110**，代表十进制的 6；若计数器的次态为 **1001** 时，代表十进制数 9；第 10 个脉冲输入后，状态转变为 **0000**，同时产生一个进位输出信号 $CO(\overline{Q}_3)$，相当于十进制数的逢十进一。

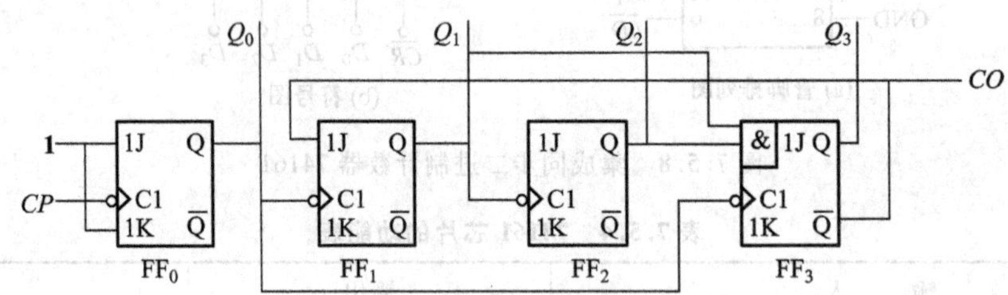

图 7.5.9 异步十进制加法计数器

表 7.5.5 十进制加法计数器的状态转换表

CP 顺序	电路状态				等效十进制数	进位输出 CO
	Q_3	Q_2	Q_1	Q_0		
0	**0**	**0**	**0**	**0**	0	**0**
1	**0**	**0**	**0**	**1**	1	**0**
2	**0**	**0**	**1**	**0**	2	**0**
3	**0**	**0**	**1**	**1**	3	**0**
4	**0**	**1**	**0**	**0**	4	**0**
5	**0**	**1**	**0**	**1**	5	**0**
6	**0**	**1**	**1**	**0**	6	**0**
7	**0**	**1**	**1**	**1**	7	**0**
8	**1**	**0**	**0**	**0**	8	**0**
9	**1**	**0**	**0**	**1**	9	**1**
10	**0**	**0**	**0**	**0**	0	**0**

(2) 集成异步二-五-十进制加法计数器

中规模集成计数器有二进制、十进制和任意进制计数器等，功能齐全，使用灵活。常用的集成芯片有74LS290、74LS161、74LS160、74192等。下面具体介绍集成异步二-五-十进制加法计数器74LS290(74290)。

① 电路与符号　集成异步二-五-十进制加法计数器74LS290(74290)相当于图7.5.9的 Q_0 与 CP_1 断开并增加置0端和置9端构成，其逻辑图、功能等效图、管脚排列图及符号图分别如图7.5.10(a)、(b)、(c)、(d)所示。

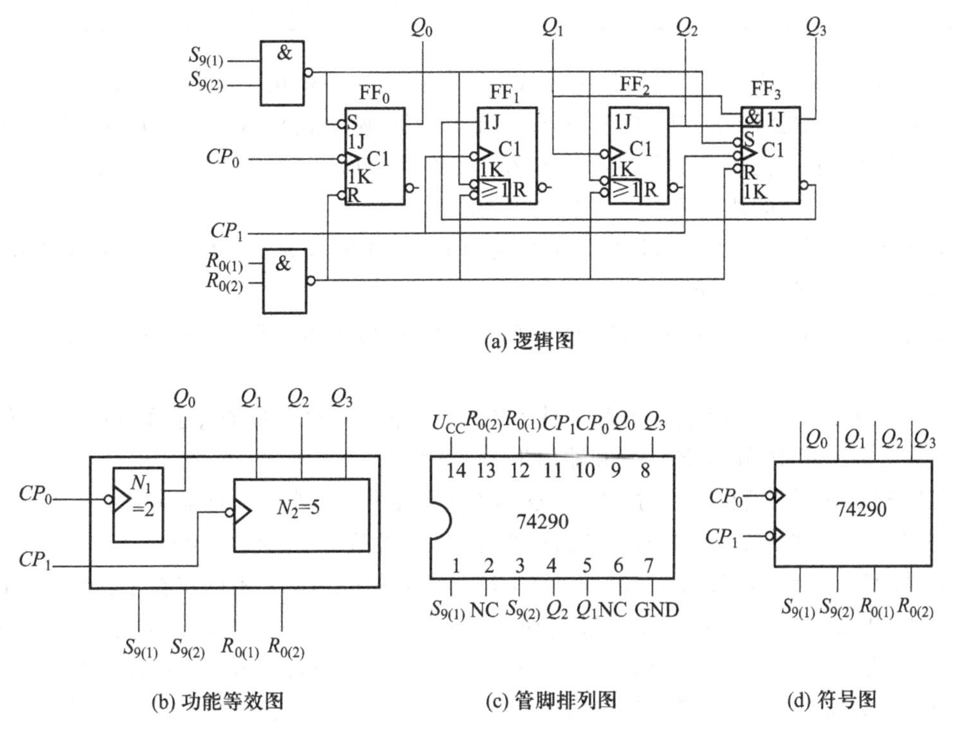

图7.5.10　集成异步二-五-十进制加法计数器74LS290(74290)

② 功能　由图7.5.10可清晰地看出该电路由模2计数器和模5计数器两大部分构成，它们串联又可以构成模10计数器，这样的结构显然增加了使用的灵活性。为了进一步扩展功能，电路还增加2个置0输入 $R_{0(1)}$、$R_{0(2)}$；2个置9输入 $S_{9(1)}$、$S_{9(2)}$，在需要时将触发器置成**0000**或**1001**状态。其功能(真值)表如表7.5.6所示。

表7.5.6　74LS290芯片的功能(真值)表

输入						输出				说明
$R_{0(1)}$	$R_{0(2)}$	$S_{9(1)}$	$S_{9(2)}$	CP_0	CP_1	Q_0^{n+1}	Q_1^{n+1}	Q_2^{n+1}	Q_3^{n+1}	
1	**1**	**0**	×	×	×	**0**	**0**	**0**	**0**	异步置0或(清0)
1	**1**	×	**0**	×	×	**0**	**0**	**0**	**0**	
×	×	**1**	**1**	×	×	**1**	**0**	**0**	**1**	异步置9

续表

输入						输出				说明
$R_{0(1)}$	$R_{0(2)}$	$S_{9(1)}$	$S_{9(2)}$	CP_0	CP_1	Q_0^{n+1}	Q_1^{n+1}	Q_2^{n+1}	Q_3^{n+1}	
×	**0**	×	**0**	↓	**0**	二进制计数				计数
×	**0**	**0**	×	**0**	↓	五进制计数				
0	×	×	**0**	↓	Q_0	8421BCD 码十进制计数				
0	×	**0**	×	Q_3	↓	5421BCD 码十进制计数				

由表 7.5.6 可以看出，74LS290 芯片的两个置 0 输入 $R_{0(1)}$ 和 $R_{0(2)}$ 同时为 **1** 时，且 $S_{9(1)}$ 和 $S_{9(2)}$ 至少有 1 个为 **0**，计数器清零，与 CP 无关，称为异步清零；两个置 9 输入 $S_{9(1)}$ 和 $S_{9(2)}$ 同时为 **1** 时，$Q_3Q_2Q_1Q_0=$ **1001**，电路直接置“9”，置 9 也与 CP 无关，称为异步置 9，又因置 9 与置 0 输入 $R_{0(1)}$ 和 $R_{0(2)}$ 无关，所以置 9 的优先级高于置 0 的优先级。

③ 计数电路的构成　当电路构成计数器时，两个置 0 输入 $R_{0(1)}$、$R_{0(2)}$ 和两个置 9 输入 $S_{9(1)}$ 和 $S_{9(2)}$ 都必须至少有一个接 **0**。

● 实现二进制计数　接法：计数脉冲从 CP_0 输入，输出为 Q_0 端。在这种应用中输入端 CP_1 和输出端 Q_3、Q_2、Q_1 不用。

● 实现五进制计数　接法：计数脉冲从 CP_1 输入，输出为 Q_3、Q_2、Q_1，这样就可实现异步五进制计数。在这种应用中，输入端 CP_0 和输出端 Q_0 不用。

● 实现 8421 码十进制计数　接法：把 Q_0 端与 CP_1 端相连（外接），计数脉冲从 CP_0 端输入，于是从 $Q_3Q_2Q_1Q_0$ 输出便构成 8421 码十进制计数器（即总模数 $N=2\times5=10$）。

● 实现 5421 码十进制计数　与 8421 码十进制计数在接法上的不同仅在于：计数脉冲从 CP_1 输入，Q_3、Q_2、Q_1 跟随 CP_1 进行异步五进制加法计数，将 Q_3 接至 CP_0 端，当 $Q_3Q_2Q_1$ 由 **100** 变至 **000** 实现五进制加计数时，Q_3（即 CP_0）由 **1→0**，驱动模 2 计数器，使 Q_0 端实现模 2 计数，结果使构成的异步计数器总模数 $N=2\times5=10$，实现 5421 码十进制计数。应注意，此时输出高位至低位顺序为 Q_0、Q_3、Q_2、Q_1（权为 5 和 4，2，1），状态转换图如图 7.5.11 所示。

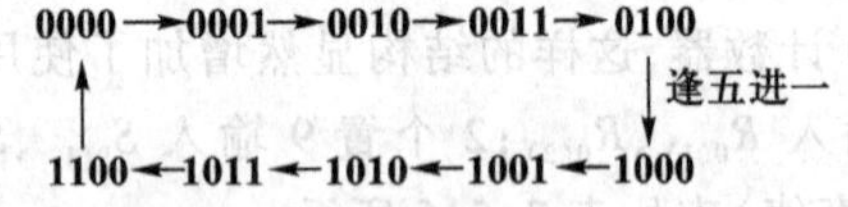

图 7.5.11　74LS290 芯片按 5421 码计数的状态图

3. N 进制计数器

利用触发器可以组成任意进制的计数器，称为 N 进制计数器。但集成计数器的进位模值是固定的，要改变计数器的进位模值，只能通过增加外部电路的方法，不可能对集成计数器本身进行修改。

设集成计数器本身的模值为 M，即计数器具有 M 个输出状态代表 M 个数值，通常 4 位二进制计数器的模值为 16，十进制计数器的模值为 10，两片 4 位二进制计数器级联后成为 8 位二进制计数器，其模值达 $16^2=256$，两片十进制计数器级联后成为百进制计数器，其模值为

$10^2=100$。

N 代表所需要的计数器模值,该计数器具有 N 个输出状态。用模值为 M 的集成计数器来构成 N 进制计数器时,必须满足 $M>N$ 的条件,即在计数器工作时利用了集成计数器中的 N 个工作状态,而跳过了 $M-N$ 个工作状态。

(1) 清零法

① 异步清零　计数器从 0 开始计数,若计数器具有直接复位端 $\overline{R}_D$(如 74LS160、161),则计数到 N 时,将各输出端的有效输出通过**与非**门反馈到直接复位端,使计数器立即复位。此时计数值 N 的状态瞬间消失,不能维持,实际出现的计数状态为 0 ~ ($N-1$),共 N 个状态,形成 N 进制计数器,而其余工作状态不再出现。

在图 7.5.12 中表示了采用异步清零的七进制计数器电路,此时 $N=7$,将 $Q_2Q_1Q_0$ 的输出接到**与非**门输入,由于 $Q_2Q_1Q_0=\mathbf{1}$ 的状态转瞬即逝,直接把**与非**门输出接到复位端 $\overline{R}_D$,会使复位的负脉冲很窄,工作不可靠,必须用两个 2 输入**与非**门构成的 SR 触发器保持其复位端的低电平,直到下一次 CP 脉冲到来时再将触发器翻转。

② 同步清零　若计数器具有同步复位端(如 74LS162、163),则计数到($N-1$)时将各输出端的有效输出通过**与非**门反馈到复位准备端 $\overline{R}_D$,当第 N 个 CP 脉冲到达时,计数器立即复位,翻转为全 **0** 状态。

在图 7.5.13 所示的同步清零七进制计数器中,只要计数到 6,即 $Q_2Q_1=\mathbf{1}$ 时就使复位端为 **0**,当下一次 CP 脉冲到来时就能使计数器复位为全 **0**,此计数器的状态为 0、1、2、3、4、5、6,构成七进制计数器。

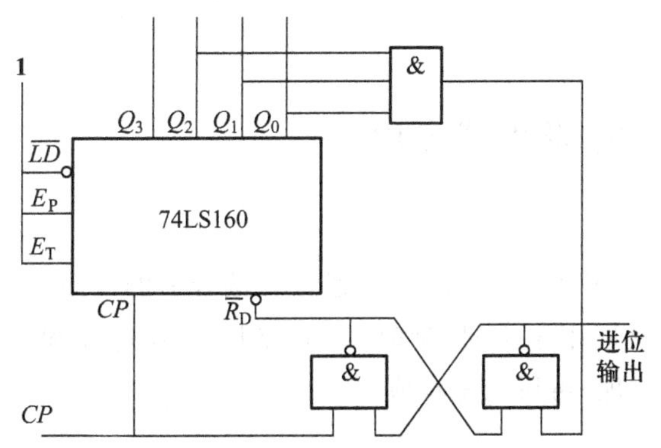

图 7.5.12　用异步清零法的七进制计数器

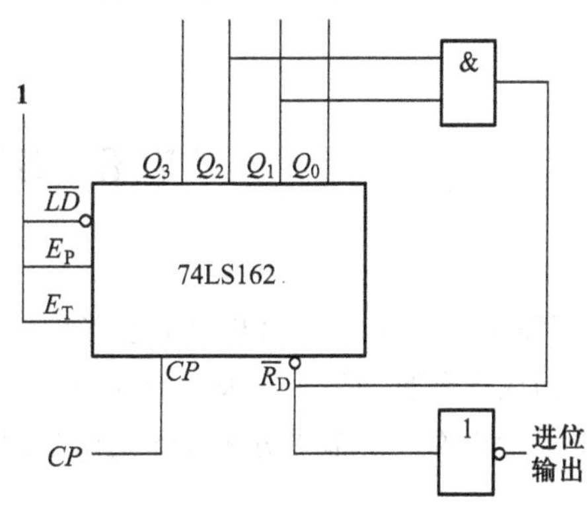

图 7.5.13　用同步清零法的七进制计数器

(2) 预置数法

此法适用于具有预置数功能的集成计数器,其预置数方式有两种。

① 置零法　预置数为 0,计数器从 0 开始计数,当计数到($N-1$)时(适用于同步置数如 74LS160、161)或 N 时(适用于异步置数如 74LS192、193),将各输出端的有效输出通过**与非**门反馈到置数控制端 $\overline{LD}$,将预置数 0 置入计数器,计数器恢复置 0 状态。

在图 7.5.14 所示的同步置零七进制计数器中,采用置数端置 0 的方法清零,其状态与图 7.5.13相同。

② 置数法　预置数为($M-N$),计数器从($M-N$)开始计数,当计数到($M-1$)时,其进位输

出端 Q_{C0}有进位脉冲输出，通过非门反馈到$\overline{LD}$端，将预置数 $M-N$ 置入计数器，计数器恢复置数起始状态。

在图 7.5.15 所示的同步置数七进制计数器中，由于 74LS160 芯片的模值 $M=10$，所以将数字 $M-N=10-7=3$ 作为预置数置入计数器中。此计数器的状态为 3、4、5、6、7、8、9，构成七进制计数器，当计数器计数到最高位 9(**1001**)时，其本身的进位输出 Q_{C0}为 **1**，可直接利用 Q_{C0}输出反相后，加到置数控制端$\overline{LD}$，实现同步置数。此电路最为简单，而且变更 N 值比较容易，只是计数器的输出状态与传统表示方法相比，不很习惯，一般用于 $1/N$ 分频，从 Q_{C0}端输出的脉冲频率是 CP 脉冲频率的$\frac{1}{N}$。

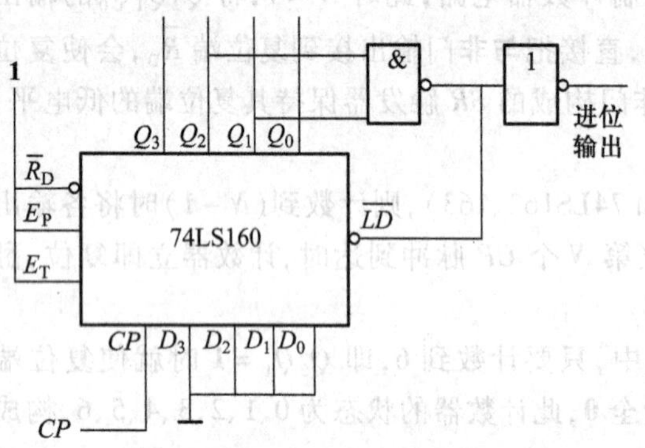

图 7.5.14　用同步置零法的七进制计数器

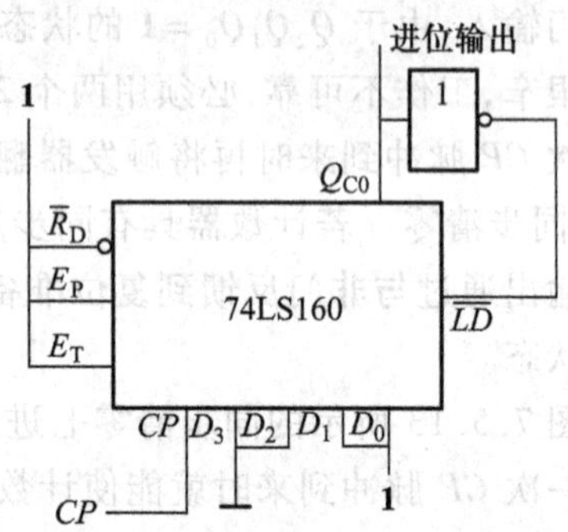

图 7.5.15　用同步置数法的七进制计数器

*7.6　555 定时器及其应用

555 定时器是由模拟和数字电路相结合组成的中规模集成电路，通过外接合适的电阻、电容可以构成多种脉冲发生和波形变换电路。它广泛地用于定时、延时、工业控制、家用电器和防盗报警等诸方面。本节先分析 555 定时器组成的原理，再讨论基本应用。

7.6.1　555 定时器的基本功能

1. 555 定时器的电路和符号

555 定时器的原理电路和符号如图 7.6.1 所示。

原理电路由三大部分组成。

(1) 分压器和电压比较器

3 个等值电阻 R 构成分压器，提供运放 A_1、A_2构成的比较器的参考电压。因为运放是理想的，在控制端 CO 不加电压的情况下，易得 A_1的 $u_{1+}=\frac{2}{3}U_{CC}$，A_2的 $u_{2-}=\frac{1}{3}U_{CC}$。CO 端如加电压

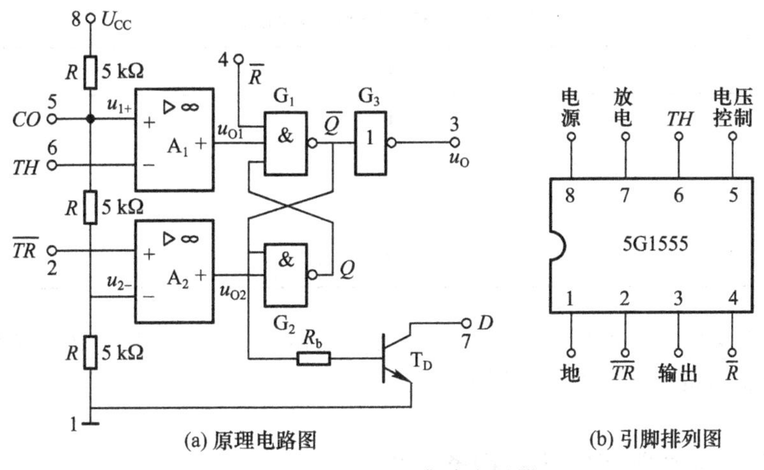

图 7.6.1 5G1555 集成定时器

U_M，参考电压的值随之改变。A_1的 $u_{1+}=U_M$，A_2的 $u_{2-}=\frac{1}{2}U_M$。应当注意，控制端不加电压时，控制端不允许悬空，一般接一个 0.01 μF 电容至接地端（引脚 1），以旁路高频干扰。TH 和 $\overline{TR}$端的电压 U_{TH}和 $U_{\overline{TR}}$分别与参考电压 u_{1+}、u_{2-}比较，决定电压比较器输出 u_{O1}和 u_{O2}的电位高低。

（2）基本 RS 触发器和缓冲器 G_3

与非门 G_1和 G_2交叉反馈，构成基本 RS 触发器，$\overline{R}$为低电平时，$u_O=0$，故为置 **0** 输入端，在 $\overline{R}=\mathbf{1}$ 时，u_{O1}和 u_{O2}决定 RS 触发器的输出和电路输出 u_O的高低。门 G_3起缓冲器作用，以隔离负载对定时器的影响和提高带负载的能力。

（3）放电管 T_D

放电管 T_D可用双极晶体管（如图）亦可用场效晶体管构成，起开关作用，$\overline{Q}$端的状态决定了 T_D的饱和导通和截止。

2. 555 定时器的基本功能

在了解了电路的基本组成后，不难得出下列结论：

① $\overline{R}=\mathbf{0}$，无论其他输入为何值（用 × 表示），必有$\overline{Q}=\mathbf{1}$，u_O为低电平 **0**，T_D饱和导通，故$\overline{R}$端称为置 **0** 端或复位端。

② $\overline{R}=\mathbf{1}$、$U_{TH}>\frac{2}{3}U_{CC}$、$U_{\overline{TR}}>\frac{1}{3}U_{CC}$时，$u_{O1}$为低电平，$u_{O2}$为高电平，使$\overline{Q}=\mathbf{1}$、$Q=\mathbf{0}$，$u_O$为低电平 **0**；$T_D$饱和导通。

③ $\overline{R}=\mathbf{1}$、$U_{TH}<\frac{2}{3}U_{CC}$、$U_{\overline{TR}}>\frac{1}{3}U_{CC}$时，$u_{O1}$和 u_{O2}均为高电平，基本 RS 触发器维持原态，故 u_O和 T_D亦维持原态。

④ $\overline{R}=\mathbf{1}$、$U_{TH}<\frac{2}{3}U_{CC}$、$U_{\overline{TR}}<\frac{1}{3}U_{CC}$时，$u_{O1}$为高电平，$u_{O2}$为低电平，使$\overline{Q}=\mathbf{0}$，$Q=\mathbf{1}$，$u_O$为高电平 **1**，$T_D$截止。

上述分析可列成表 7.6.1，以清楚地反映其功能。

表 7.6.1 555 定时器的功能表

U_{TH}	$U_{\overline{TR}}$	$\overline{R}$	u_O	T_D的状态
×	×	**0**	U_{OL}	导通
$>2U_{CC}/3$	$>U_{CC}/3$	**1**	U_{OL}	导通
$<2U_{CC}/3$	$>U_{CC}/3$	**1**	不变	不变
$<2U_{CC}/3$	$<U_{CC}/3$	**1**	U_{OH}	截止

555 定时器电源的工作电压范围大，CMOS 电路可取 $U_{DD}=3\sim18$ V，双极型电路可取 $U_{CC}=4.5\sim16$ V，输入信号的电压应低于电源电压。

7.6.2 555 定时器组成的单稳态触发器

所谓单稳态触发器，是指只有一个稳态和一个暂稳态，在外来触发信号的作用下，稳态能翻转到暂稳态、暂稳态维持一段时间会自动返回稳态的电路。

1. 电路组成和工作原理

单稳态触发器的基本电路结构如图 7.6.2 所示。图中 u_I为输入触发信号，接在$\overline{TR}$端，放电端 D 与 TH 端相连，R、C 为定时元件，该电路能实现单稳功能的解释如下：

① 没有触发信号 即 u_I为高电平时，电路一定工作在稳态，即 u_O输出低电平，这是因为合上电源，u_I为高电平时，若 u_O为低电平，则 T_D饱和导通，TH 端为低电平，u_O的状态不变；若 u_O为高电平，T_D截止，电容 C 被充电，当 TH 端上升到$\frac{2}{3}U_{CC}$时，u_{O1}输出为低电平，使基本 RS 触发器处于 **0** 状态，从而使输出 u_O为低电平，并使 T_D饱和导通，TH 端为低电平，使 u_O的低电平状态维持。

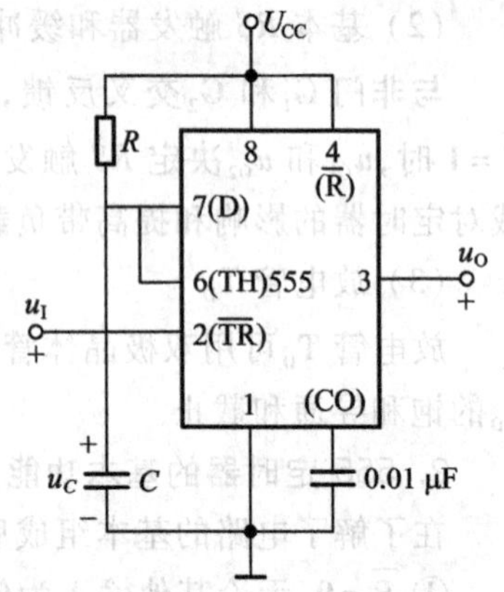

图 7.6.2 由 555 定时器构成的单稳态触发器

② u_I下降沿触发时 电路从稳态进入暂稳态。这是因为 u_I从高跳到低，使$\overline{TR}$端低于$\frac{1}{3}U_{CC}$，u_{O2}变为 **0**，基本触发器被置 **1**，使输出 u_O为高电平，即进入暂稳态。以后的情况同前述，C 被充电，当 $u_C=\frac{2}{3}U_{CC}$时，T_D迅速导通，很快放电结束，返回稳态。

暂稳态维持的时间 t_W，由充电时间常数 RC 决定，理论分析可知

$$t_W=RC\ln 3\approx1.1RC。\qquad(7.6.1)$$

由上分析，可得电路的工作波形如图 7.6.3 所示。

③ 触发信号应满足的条件 触发信号 u_I必须满足下降幅度大于$\frac{2}{3}U_{CC}$，而宽度必须小于 t_W，否则电路不能正常工作。解决的方法是将 u_I经微分电路后再接到$\overline{TR}$端。

2. 单稳态电路的应用

在数字系统中,单稳态电路常用于定时、整形、延时、脉冲展宽和脉冲宽度调制等。

(1) 脉冲整形

利用暂稳态输出幅度和宽度恒定的特点,可以将过窄和过宽的输入脉冲整形为幅度和宽度固定的脉冲。图 7.6.4 示出了不规则的输入波形整形后的情况。

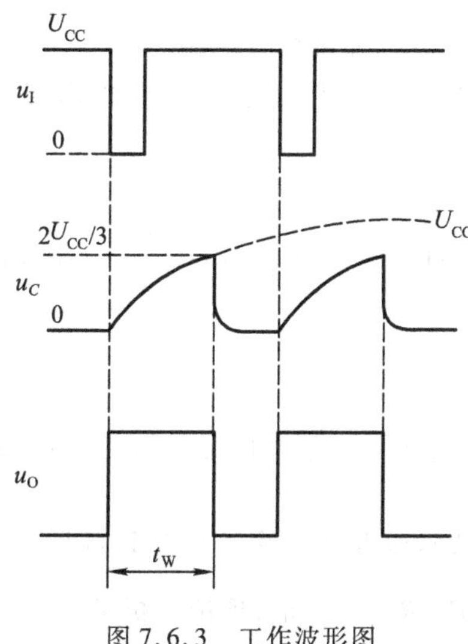

图 7.6.3 工作波形图

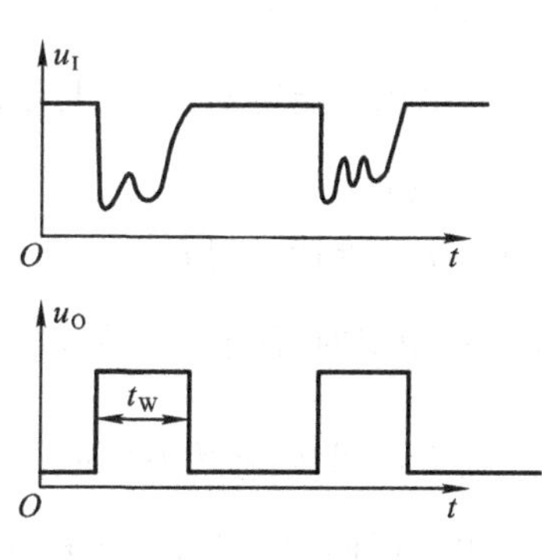

图 7.6.4 脉冲整形

(2) 脉冲定时

脉冲定时的电路和波形如图 7.6.5(a)、(b)所示。

由图可知,在单稳态输出的暂稳态时间 t_W 内,打开门 G,$u'_O = u_B$,实现了 u_B 高频脉冲选通定时作用。调节 t_W,即可控制暂稳时间内通过的高频脉冲数。

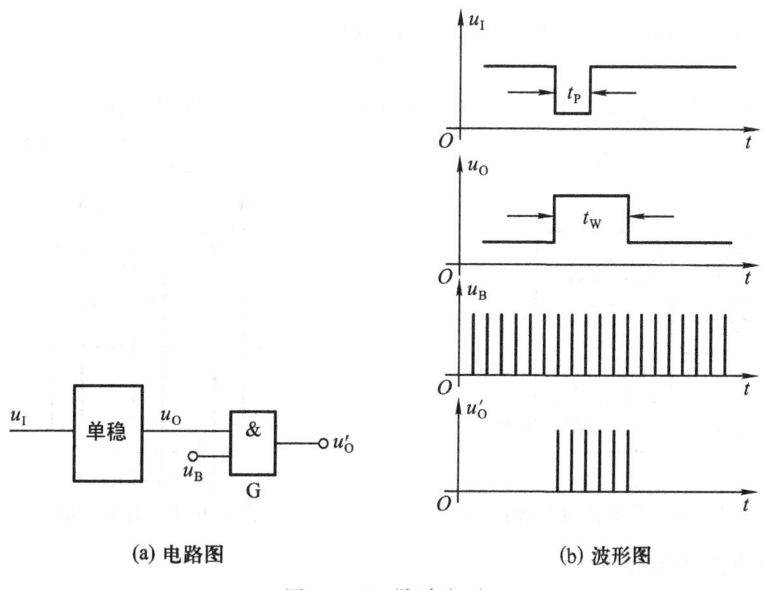

(a) 电路图 (b) 波形图

图 7.6.5 脉冲定时

7.6.3　555 定时器组成的多谐振荡器

多谐振荡器就是一种无稳态的触发器，无须任何输入信号，就可以产生矩形波输出，所以多谐振荡器又称为矩形波发生器。

1. 电路组成和工作原理

多谐振荡器的原理电路如图 7.6.6 所示，图中 TH 及 $\overline{TR}$ 都接在电容端。

由图知，该电路无输入信号，比较器 A_1、A_2 的输入均为电容上的电压 u_C，u_C 的高与低决定了输出的变化。较详细的分析如下：

(1) 起始状态 u_O 为高电平

因为电容的电压不能突变，合上电源瞬间，$u_C=0$，即 $U_{\overline{TR}}$ 和 U_{TH} 均小于 $\frac{1}{3}U_{CC}$，由功能表知 u_O 输出高电平且 T_D 截止。

(2) 暂稳态 Ⅰ 及维持时间 t_{W1}

$u_O=u_{OH}$ 是不稳定的，称第 Ⅰ 暂稳态，这是因为 T_D 截止，C 被充电，u_C 上升，当 $u_C=\frac{2}{3}U_{CC}$ 时，即 $U_{TH}=U_{\overline{TR}}=\frac{2}{3}U_{CC}$，使 u_O 翻转为低电平，$u_O=u_{OL}$，进入第 Ⅱ 暂稳态。u_O 维持高电平的时间，显然与电容 C 充电的时间常数有关，充电回路是 $U_{CC}\to R_1$、$R_2\to C\to$ 地，理论分析可得

$$t_{W1}=(R_1+R_2)C\ln 2=0.7(R_1+R_2)C \tag{7.6.2}$$

(3) 暂稳态 Ⅱ 及维持时间 t_{W2}

电路一旦进入第 Ⅱ 暂稳态，T_D 饱和导通，电容上的电压将通过 R_2 和 T_D 放电，当放到 $\frac{1}{3}U_{CC}$ 时，即 $U_{TH}=U_{\overline{TR}}=\frac{1}{3}U_{CC}$，使 u_O 又翻转到高电平。u_O 维持低电平的时间，显然与电容 C 放电的时间常数有关，放电回路是 $C\to R_2\to T_D\to$ 地。理论分析可得

$$t_{W2}=R_2C\ln 2=0.7R_2C \tag{7.6.3}$$

以后，u_O 的变化周而复始的进行，从而得到矩形波输出，其波形图如图 7.6.7 所示。

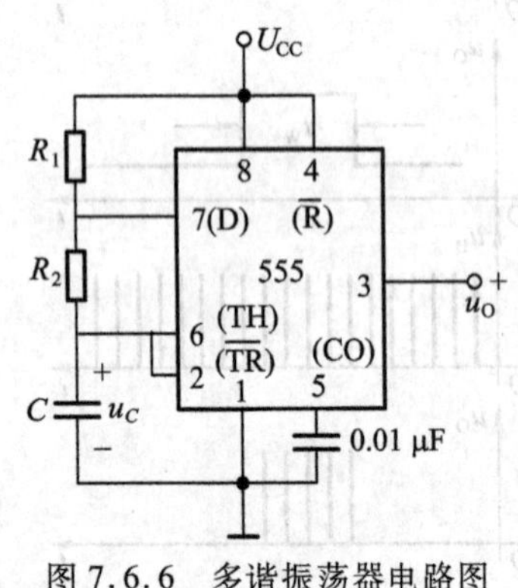

图 7.6.6　多谐振荡器电路图

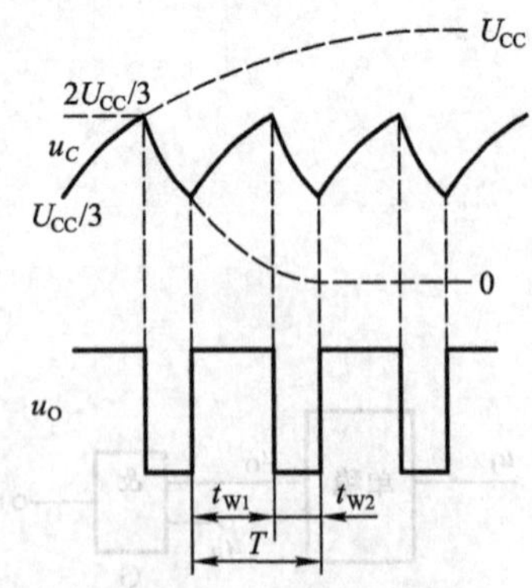

图 7.6.7　工作波形

(4) 振荡频率及占空比

① 振荡频率 f　由图 7.6.7 可知，振荡稳定后，周期

$T = t_{W1} + t_{W2} = 0.7(R_1 + 2R_2)C$ 故振荡频率

$$f = \frac{1}{T} = \frac{1}{0.7(R_1 + 2R_2)C} \tag{7.6.4}$$

② 占空比 q 定义占空比 $q = \frac{t_{W1}}{T}$，即高电平的脉宽与周期之比，故

$$q = \frac{R_1 + R_2}{R_1 + 2R_2}$$

2. 占空比可调的多谐振荡器

实际使用的多谐振荡器，常常要求占空比 q 可调。由上面分析可知，只要改变充电和放电回路的路径，即实现了占空比可调。图 7.6.8 示出了充电和放电回路隔离的电路。

由图可以看出电容 C 充电回路是 $U_{CC} \to R_1 \to D_1 \to C \to$ 地，放电回路是 $C \to D_2 \to R_2 \to T_D$ 饱和导通电阻→地。若忽略两二极管的正向导通电阻，占空比 $q = \frac{R_1}{R_1 + R_2}$，调节 R_P 动端的位置，可以方便地改变占空比 q，若 $R_1 = R_2$，则 $q = 50\%$，此时的矩形波称为方波。

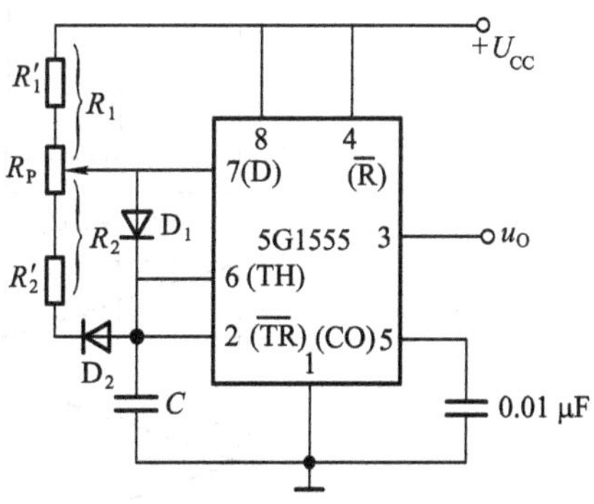

图 7.6.8 占空比可调的多谐振荡器

3. 多谐振荡器的应用

利用多谐振荡器能输出频率可调的方波，可以构成报警器、模拟声响发生器；将可变电源接到电压控制端，可构成电压－频率转换的原理电路。

以模拟声响发生器为例说明其应用。模拟声响发生器的电路和波形如图 7.6.9 所示。

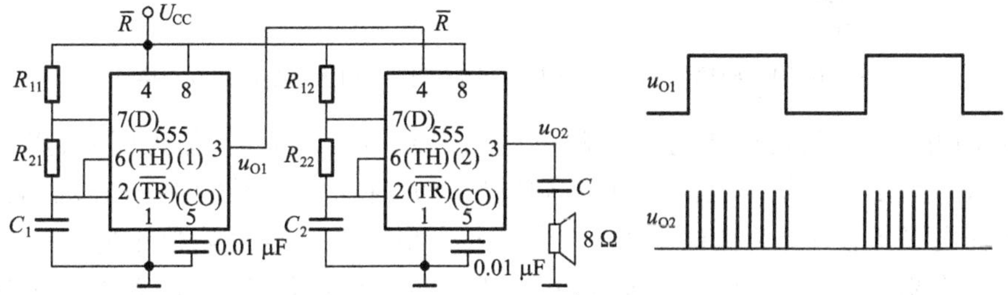

(a) 电路 (b) 工作波形

图 7.6.9 用多谐振荡器构成的模拟声响发生器

由图知，模拟声响发生器是由两个多谐振荡器构成，两个振荡器电路结构相似但参数不同，尤其应引起注意的是第(1)片的输出 u_{O1} 接到第(2)片的复位端。适当选择参数使第(1)片的振荡频率 $f_1 = 1$ Hz，第(2)片的振荡频率 $f_2 = 2$ kHz。很明显，u_{O1} 为高电平时，第(2)片工作，扬声器发声；u_{O1} 为低电平时，使第(2)片复位，振荡器停振，振荡器的工作波形如图 7.6.9(b)所示。这种波形将使扬声器发出间隙式声响。

7.6.4 555 定时器组成的施密特触发器

1. 施密特触发器的特性

施密特触发器是根据输入电平触发翻转的触发器，其输出有两个稳定状态，即高电平输出

U_{OH}和低电平输出 U_{OL}，触发器的特点是输入端的触发翻转电平（称阈值电压）是随输出电平高低及输入电压变化方向而变的，当输出电压为高电平时，其输入端的阈值电压也是高电平，称为正向阈值电压 U_{T+}，在输入电压由低到高上升到 U_{T+} 时，触发器翻转为低电平，当输出电压为低电平时，阈值电压也是低电平，称为负向阈值电压 U_{T-}，在输入电压由高到低下降到 U_{T-} 时，触发器将翻转为高电平，相对应的触发器电压传输特性 $u_O = f(u_I)$ 如图 7.6.10 所示。

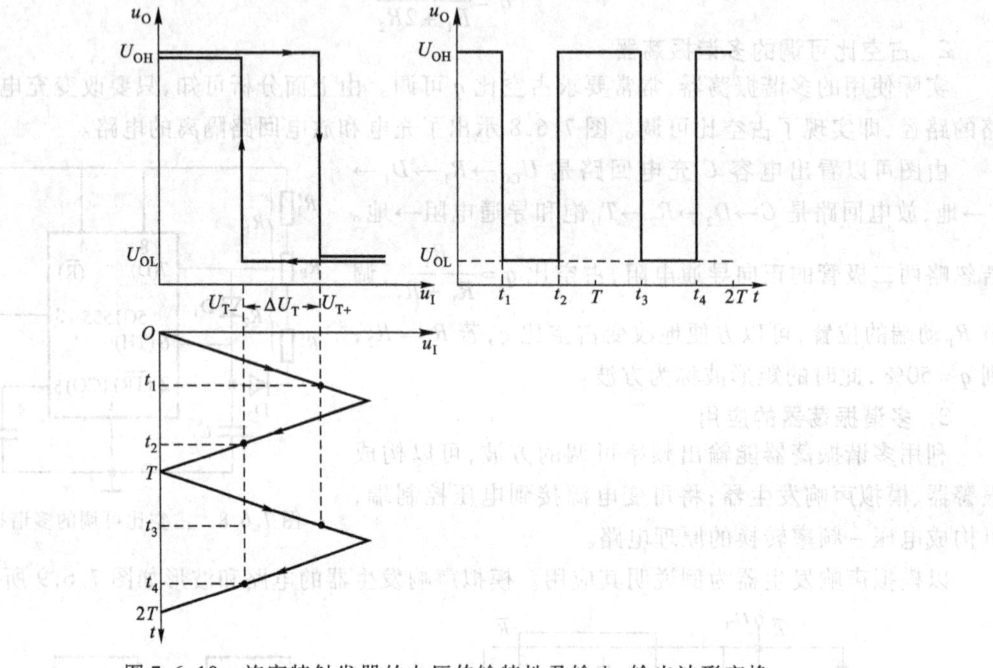

图 7.6.10　施密特触发器的电压传输特性及输入、输出波形变换

图 7.6.10 中，正向阈值电压与负向阈值电压之差（$U_{T+} - U_{T-}$）称为回差，用 ΔU_T 表示。若输入电压（u_I）为由零开始的正向三角波，则电压上升时在 t_1 时刻达到正向阈值电压 U_{T+}，触发器翻转由高电平 U_{OH} 下降为低电平 U_{OL}。当输入三角波电压越过峰值下降时，过正向阈值电压 U_{T+} 时触发器没有反应，而在 t_2 时刻下降到负向阈值电压 U_{T-} 时，触发器翻转，由低电平 U_{OL} 上升为高电平 U_{OH}。形成了如图 7.6.10 所示的矩形波输出。

根据以上分析可见，只要输入电压波形变化幅度超过正向与负向阈值电压的范围，无论何种波形都能变换为高低电平固定的矩形波脉冲，其脉冲宽度则取决于输入电压波形与阈值电压交点的位置。

2. 电路组成和工作原理

施密特触发器的基本电路结构如图 7.6.11 所示，图中 TH 端与$\overline{TR}$端接在一起作为输入端，外接输入电平触发信号 u_I，根据 7.6.1 节中表 7.6.1 的定时器功能可知，u_I 上升到 $\frac{2}{3}U_{CC}$ 时，$\overline{TH}$端起翻转作用，输出电压 u_O 由 U_{OH} 下降为 U_{OL}；

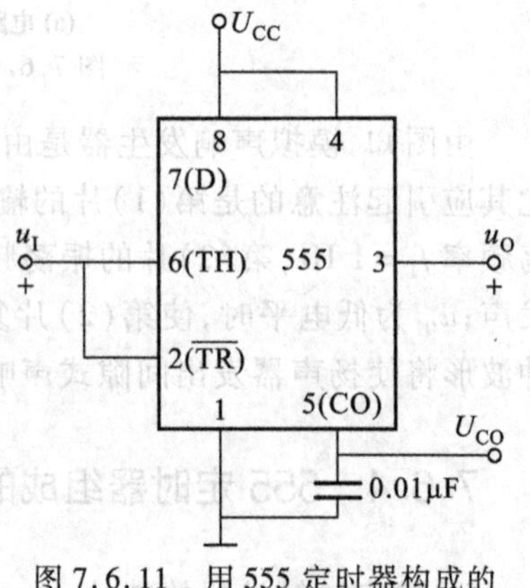

图 7.6.11　用 555 定时器构成的施密特触发器

而 u_I 下降到$\frac{1}{3}U_{CC}$时，$\overline{TR}$端起翻转作用，输出电压 u_O 由 U_{OL}上升为 U_{OH}。此种工作过程完全符合施密特触发器的特性要求，此时回差为

$$\Delta U_T=\left(\frac{2}{3}-\frac{1}{3}\right)U_{CC}=\frac{1}{3}U_{CC}$$

如果要调节回差，可在电压控制端 CO 外加控制电压 U_{CO}，此时 $U_{T+}=U_{CO}$，$U_{T-}=\frac{1}{2}U_{CO}$，回差 $\Delta U_T=\left(1-\frac{1}{2}\right)U_{CO}=\frac{1}{2}U_{CO}$，改变 U_{CO}即能调节回差的大小。

3. 施密特触发器的应用

施密特触发器主要应用在波形的变换、整形及鉴幅，即把输入电压的波形转换为规整的矩形波，并可通过鉴别输入信号的幅度来确定信号的有效性，以排除因外来干扰带来输入信号幅度异常波动所造成的后置设备误动作（如图 7.6.12 所示）。

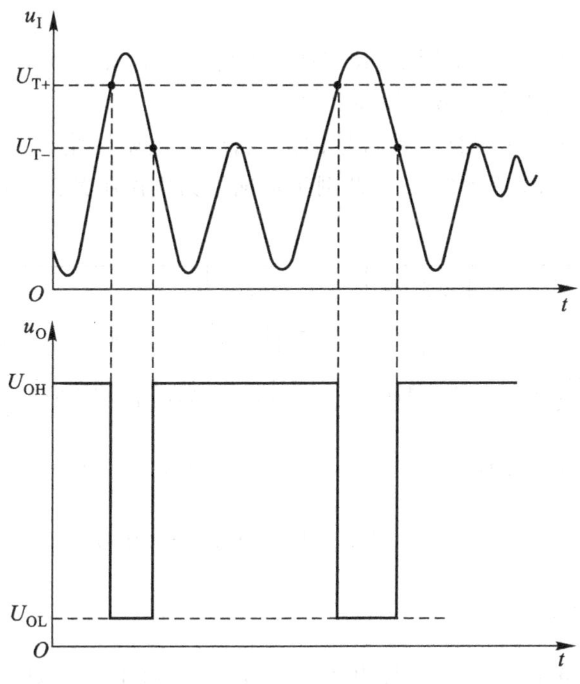

图 7.6.12 施密特触发器的鉴幅作用

*7.7 D/A 与 A/D 转换器

D/A 转换器，就是数字量转换模拟量的电路，称为数模转换器，简称 D/A 转换器（或用 DAC 表示）；A/D 转换器，就是模拟量转变成数字量的电路，称为模数转换器，简称 A/D 转换器（或用

ADC 表示)。ADC 和 DAC 是模拟系统和数字系统的接口电路,有人形象地称之为两者的桥梁,故在现代电子系统中得到广泛的应用,图 7.7.1 示出了它们作用的原理框图。

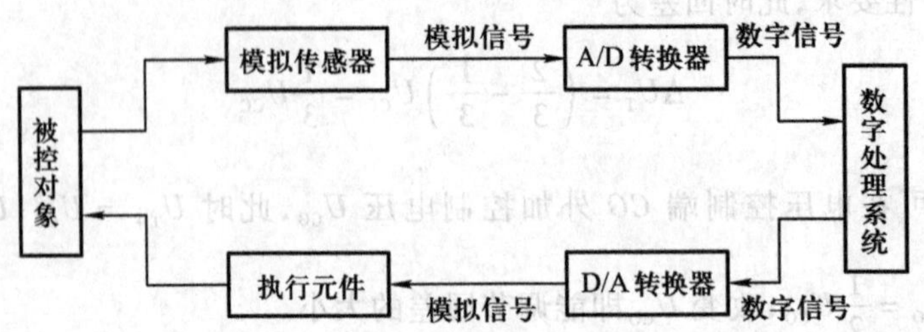

图 7.7.1　A/D 和 D/A 转换器在控制系统中的作用

7.7.1　D/A 转换器

1. D/A 转换器的组成

D/A 转换器的组成如图 7.7.2 所示,其中基准电源和由运算放大器构成的反相求和放大器两部分为外接,现简单介绍电阻网络和模拟开关。

D/A 转换器的电阻网络一般有三种常用的形式,即权电阻网络、$R-2R$ T 形网络和 $R-2R$ 倒 T 形网络,下面以图 7.7.3 所示的 $R-2R$ 倒 T 形网络为例说明其工作原理。

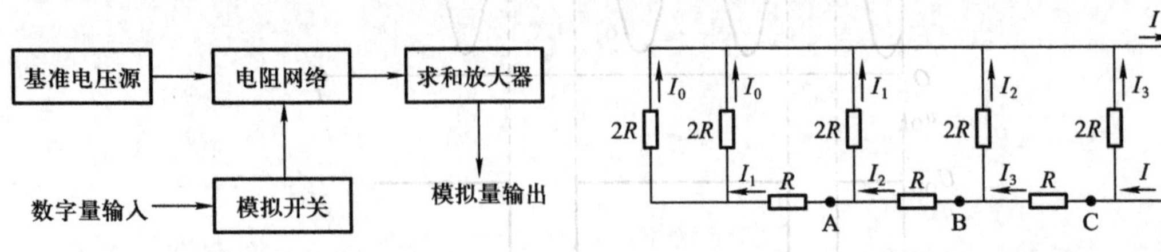

图 7.7.2　D/A 转换器的框图　　　　图 7.7.3　$R-2R$ 倒 T 形电阻网络等效电路

在图示的倒 T 形网络中,从结点 A、B、C 向左的等效电阻均为 $2R$,故图示的电流 $I=\dfrac{U_{REF}}{R}$,

$I_3=\dfrac{1}{2}I, I_2=\dfrac{1}{4}I, I_1=\dfrac{1}{8}I, I_0=\dfrac{1}{16}I$。

能实现开关功能的电子电路,均可称电子模拟开关,它可由双极型元件或单极型元件构成。图 7.7.4 示出了 CMOS 电子模拟开关的结构,其原理叙述如下:

D_1 为开关的数字控制信号,通过驱动器产生一组 Q 和 $\overline{Q}$ 信号,$Q=D_1, \overline{Q}=\overline{D}_1$,显然,$D_1=\mathbf{1}$ 时,T_1 导通。T_0 截止,实现了位置 **1** 与 $2R$ 的上端接通,位置 **0** 与 $2R$ 上端断开;反之,则位置 **0** 与 $2R$ 上端接通,位置 **1** 与 $2R$ 上端断开。上述电路的功能相当于一个单刀双掷开关。

2. $R-2R$ 倒 T 形电阻网络 D/A 转换器的原理图

$R-2R$ 倒 T 形电阻网络转换器的原理图如图 7.7.5 所示,U_{REF} 为基准电压源,运算放大器 A 组成反相求和放大器,$S_0 \sim S_3$ 则为模拟开关的简化,余下为倒 T 形电阻网络。

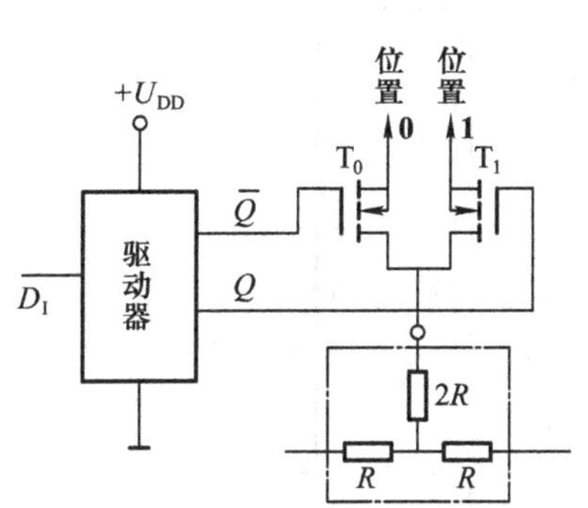

图 7.7.4 CMOS 电子模拟开关

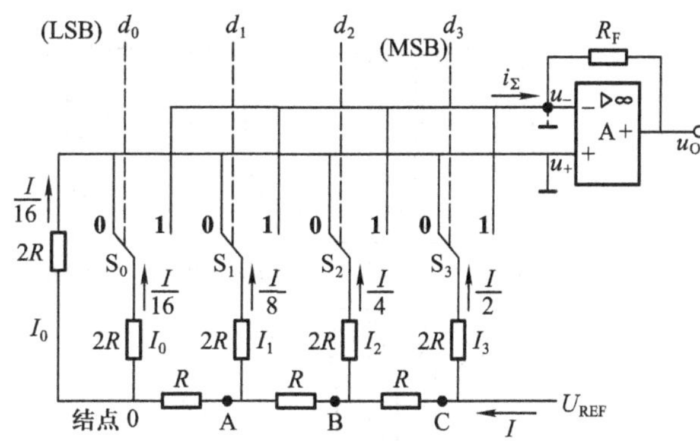

图 7.7.5 $R-2R$ 倒 T 形电阻网络 D/A 转换器的原理图

因为运算放大器为理想元件，其反相输入端为“虚地”，无论数字量 d_3、d_2、d_1 和 d_0 控制的模拟开关接 **1** 或接 **0**，$2R$ 的上方均相当于接地，各 $2R$ 上的电流为固定值(已标于图中)，流入求和放大器的电流 i_Σ 受数字量 d_3、d_2、d_1 和 d_0 的控制，即

$$i_\Sigma=\frac{I}{2}d_3+\frac{I}{4}d_2+\frac{I}{8}d_1+\frac{I}{16}d_0$$

而

$$I=\frac{U_{REF}}{R}$$

故

$$\begin{aligned}u_O&=-i_\Sigma R_F\\&=-\frac{U_{REF}\cdot R_F}{2^4R}(2^3d_3+2^2d_2+2^1d_1+2^0d_0)\end{aligned}\tag{7.7.1}$$

如果数字量为 n 位，则 D/A 转换器的输出 u_O 为

$$u_O=-\frac{U_{REF}\cdot R_F}{2^nR}(2^{n-1}d_{n-1}+2^{n-2}d_{n-2}+\cdots+2^1d_1+2^0d_0)\tag{7.7.2}$$

在实际使用中，常取 $R_F=R$，使计算更加简单。此时

$$u_O=-\frac{U_{REF}}{2^n}\sum_{i=0}^{n-1}2^id_i\tag{7.7.3}$$

上式实现了数字量转换成模拟量。

3. 集成 D/A 转换器

前面介绍了 D/A 转换器组成的一般原理，它提供了分析 D/A 转换器的一般方法。目前，实际使用的 D/A 转换器多为集成 D/A。集成 D/A 种类很多，仅按输入的数字量的位数分类就有 8 位、10 位、12 位和 16 位等类型。下面以 AD7520 为例说明之。

AD7520 的电阻网络是采用倒 T 形；电子模拟开关则采用 CMOS 型的；求和放大器 A 需外接，但反馈电阻 R_F 已集成在内部；基准电压 U_{REF} 需外接，一般取 $-10\sim10$ V。具体电路和引脚图，如图 7.7.6 所示。引脚图中的 U_{DD} 为 CMOS 模拟开关的电源电压 U_{DD} 的接线端，其余接线端如图 7.7.6(a)所示。

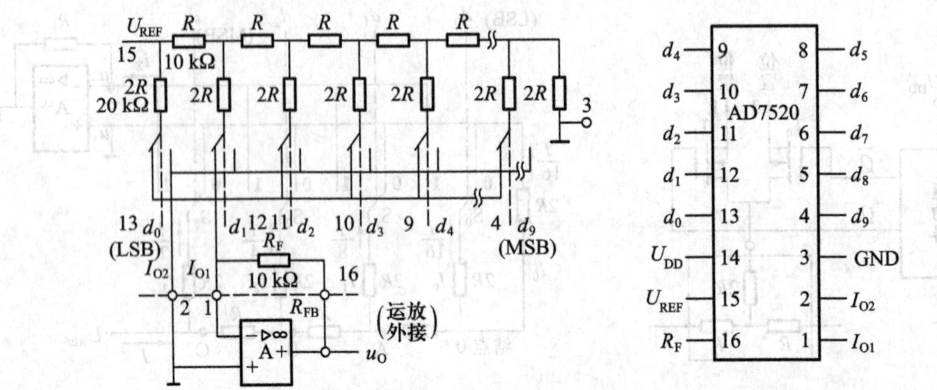

(a) 原理图　　　　(b) 引脚图

图 7.7.6　AD7520 集成 D/A 转换器

由图可知，这是一个十位的 D/A 转换器，其输出电压为

$$u_O = -\frac{U_{REF}}{2^{10}}(2^9 d_9 + 2^8 d_8 + \cdots + 2^1 d_1 + 2^0 d_0)$$

例 7.7.1　某数字量 $d_9d_8d_7d_6d_5d_4d_3d_2d_1d_0 = \mathbf{1000000001}$，$U_{REF} = 8$ V，试求输出电压 u_O 的值。

解　由公式可知

$$u_O = -\frac{8}{2^{10}}(2^9 \times \mathbf{1} + \mathbf{0} + \mathbf{0} + \mathbf{0} + \mathbf{0} + \mathbf{0} + \mathbf{0} + \mathbf{0} + \mathbf{0} + \mathbf{1} \times 1)$$

$$= -\frac{8}{1\ 024} \times 513 \text{ V}$$

$$= -4.007\ 812\ 5 \text{ V}$$

4. D/A 转换器的主要技术指标

(1) 分辨率 S

它反映 D/A 转换器分辨最小输出模拟电压（对应输入的二进制数为 **1**）的能力。转换器的位数越多，分辨率越高，分辨率 S 的定义为

$$S = \frac{U_{LSB}}{U_m} = \frac{1}{2^n - 1} \tag{7.7.4}$$

式中，U_{LSB} 为最小输出模拟电压，U_m 为最大输出模拟电压（对应输入的二进制数各位全 **1**）。

显然 10 位 D/A 转换器的分辨率

$$S = \frac{1}{2^n - 1} = \frac{1}{1\ 023} \approx 1‰$$

(2) 精度

转换器的精度是指输出电压的实际值与理论值之间的最大误差，通常要求误差小于 $U_{LSB}/2$。为了达到这一要求应选用低零漂高精度的求和运算放大器。

7.7.2 A/D 转换器

1. A/D 转换的基本概念

A/D 转换一般包括四个步骤:采样、保持、量化和编码。其中采样保持电路已在 7.3.4 节叙述过,下面简单介绍量化和编码。把采样保持的电压转化为最小数量单位的整数倍的过程称为量化;而量化的结果用代码(二进制代码或其他代码)表示出来称为编码。A/D 转换的过程如图 7.7.7所示。

在量化过程中,用作比较的单位电压值称为量化单位,用 Δ 表示,若量化输出采用 3 位二进制码,基准电压为 U_{REF},则量化单位为 $\Delta=\frac{1}{8}U_{REF}$。这样可将基准电压均分为 8 份,与 3 位二进制数的 **000** ~ **111** 相对应,当 $0\leqslant u<\frac{1}{8}U_{REF}$时,认为输出的二进制数为 **000**,$\frac{1}{8}U_{REF}\leqslant u<\frac{2}{8}U_{REF}$时,认为输出的二进制数为 **001**,…,$\frac{7}{8}U_{REF}\leqslant u<U_{REF}$时,认为输出的二进制数为 **111**。显然 Δ 的大小就表示数字信号中最低位 **1** 对应的输入模拟量的大小;量化的最大误差为 Δ。应当注意 U_{REF}的值应略大于或等于 u_I的最大值;量化级分的越多误差越小,但电路相应越复杂。

2. 逐次比较型 A/D 转换器工作原理

逐次比较型 A/D 转换器是常用的一种类型,故以此为例作一介绍。该转换器是一种反馈比较型的 A/D 转换器。它的工作过程十分类似于砝码称重的过程,为了便于比较,取砝码的质量依次相差一倍,模拟二进制数的逢二进一。例如有四个砝码,质量分别为 1 g、2 g、4 g、8 g,去称重 13 g 的物体,先从最重的砝码加起,若砝码的质量轻于物重,则砝码保留,再加次重的一个,如果砝码的质量仍轻于物重,砝码保留,否则除去,直到所加砝码的质量和物重持平,砝码的总质量即为物重。

A/D 转换的框图结构如图 7.7.8 所示。

下面以 4 位 A/D 转换器为例说明其工作过程。

设模拟输入电压 $u_I=8.2$ V 并取 D/A 转换器的基准电压 $U_{REF}=10$ V,则逐次比较的转换过程是:

① 当转换控制信号启动后,第一个 CP 到来,寄存器 Q_3 置 **1**,并行输出 $Q_3Q_2Q_1Q_0=\mathbf{1000}$,D/A转换器的模拟输出电压 $u_O=\frac{U_{REF}}{2^4}(d_3\times 2^3+\mathbf{0}+\mathbf{0}+\mathbf{0})=5$ V,$u_O<u_I$,比较的结果 $Q_3=\mathbf{1}$ 保留。

② 第二个 CP 到来,使寄存器的 Q_2 置 **1**,并行输出 $Q_3Q_2Q_1Q_0=\mathbf{1100}$,D/A 转换器的 $u_O=7.5$ V,$u_O<u_I$,$Q_2=\mathbf{1}$ 保留。

③ 第三个 CP 到来,使寄存器的 Q_1 置 **1**,$Q_3Q_2Q_1Q_0=\mathbf{1110}$,$u_O=8.75$ V,$u_O>u_I$,所以 $Q_1=\mathbf{1}$ 被清除,使并行输出仍为 $Q_3Q_2Q_1Q_0=\mathbf{1100}$。

④ 第四个 CP 到来,使寄存器的 Q_0置 **1**,$Q_3Q_2Q_1Q_0=\mathbf{1101}$,$u_O=8.125$ V,$Q_0=\mathbf{1}$ 保留,最低位已比较完毕,整个比较过程亦结束,寄存器的并行输出为 $Q_3Q_2Q_1Q_0=\mathbf{1101}$,即是模拟量 u_I的转换结果。显然转换误差为$(8.125-8.2)=-0.075$ V,而四位 A/D 转换器的 $U_{LSB}=\frac{U_{REF}}{16}=0.625$ V,所以转换误差低于 1 U_{LSB}。

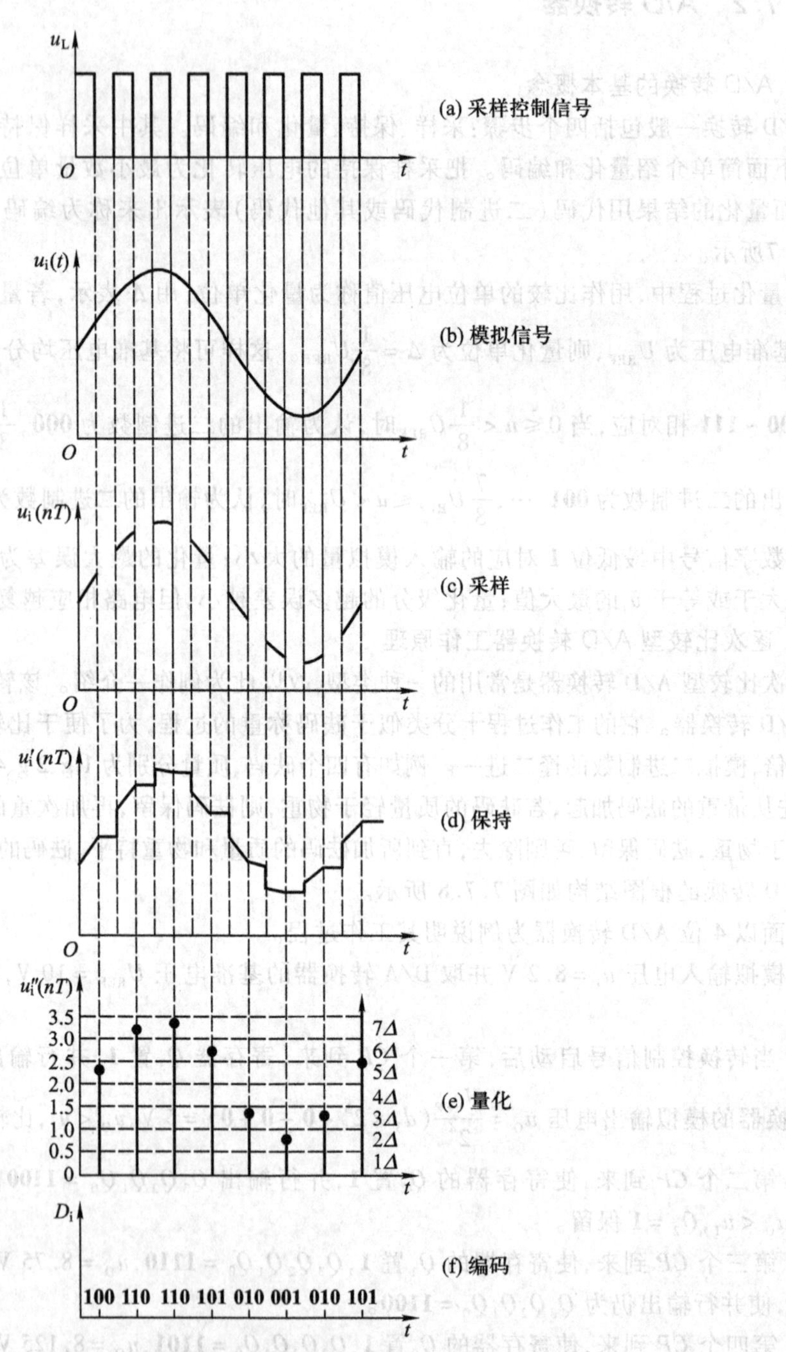

图 7.7.7 模拟信号转换为数字信号

转换的波形图如图 7.7.9 所示。

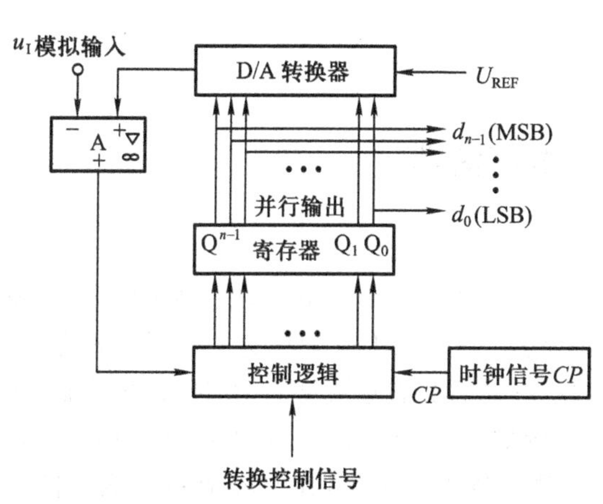

图 7.7.8 A/D 转换框图

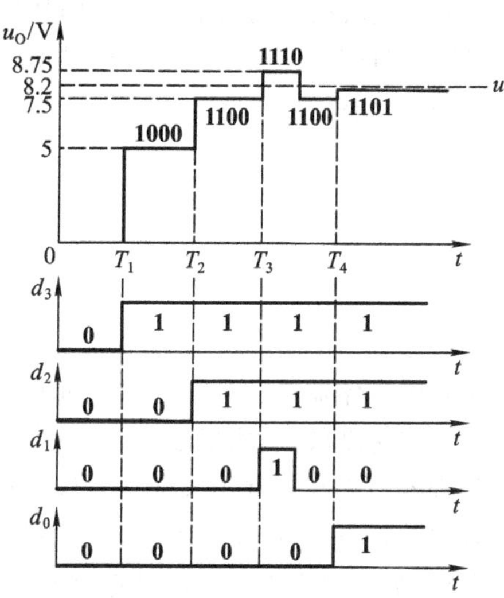

图 7.7.9 A/D 转换波形图

3. 集成 A/D 转换器

目前使用的 A/D 转换器多为集成 ADC,集成 ADC 的种类很多,下面以 8 位 8 输入通道逐次比较型 ADC0808、ADC0809 为例介绍该器件的主要性能。

ADC0808 和 ADC0809 的引脚图相同,如图 7.7.10 所示,两者的差别在于失调误差,ADC0808 为 $\pm\frac{1}{2}$ LSB,ADC0809 为 ±1 LSB。

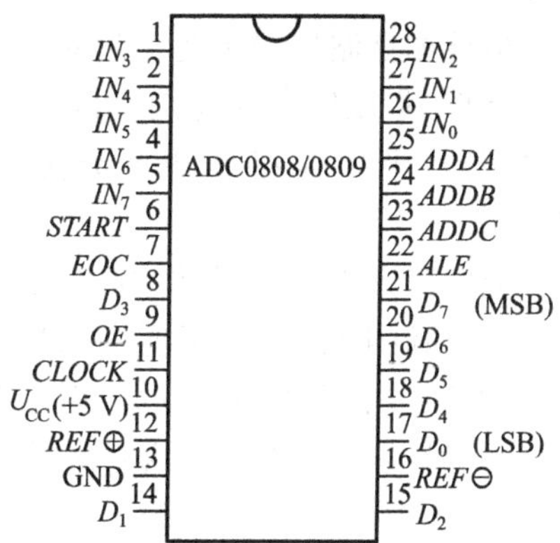

图 7.7.10 ADC0808/0809 引脚图

上述两种 ADC 采用 5 V 电源,工作时钟的典型值为 640 kHz,转换时间在 100 μs 左右。

模拟量的输入电平为 0～5 V,不需要零点和角度调节。IN_0～IN_7 为 8 路模拟输入端。D_0～D_7 为数字量输出端。

REF 为基准电压输入端。

START 为启动信号端。高电平有效。

EOC 为转换结束信号端。转换结束时,*EOC* 变为高电平,并将转换的结果送入三态输出锁存器。

OE 为输出允许控制端。当 *OE* =**1** 时,三态输出锁存器中的数据传输到数据总线上。

CLOCK 为时钟信号输入端。最高输入信号频率为 640 kHz。

ALE 为地址信号锁存端。在上升沿时,将地址信号 *ADDA*、*ADDB*、*ADDC* 锁入地址寄存器,译码后选择输入通道地址。

4. 主要参数

(1) 分辨率

用输出数字量的二进制位数表示分辨率,位数越多,误差越小,转换精度越高。

(2) 转换速度

完成一次转换所需要的时间。即从接收到转换信号开始,到输出端得到稳定的数字信号输出所经历的时间。该项指标取决于转换电路的类型,高速全并行式最快,此处介绍的逐次比较型次之,双积分型最慢。

*7.8 半导体存储器

半导体存储器是一种能存储二进制信息的半导体器件。它和寄存器的主要区别在于:寄存器具有工作速度较快、集成度低、容量小、成本高的特点,一般用于少量信息的短时间寄存,例如在微处理器中寄存器常用来寄存操作数和中间结果;存储器具有集成度高、容量大、成本低、工作速度较慢等特点,一般用于大量信息的长时间存储,例如在数字计算机中的半导体存储器可用来存储程序、数据和文件等。衡量存储器性能的两个重要技术指标是:存储容量和存取时间。在数字系统中,存储器的存储容量越大,就可以存放更多的程序和数据;存取时间越短,数字系统的处理速度越快。存储容量是存储器的主要技术指标,可用字位数表示,即字数乘每字位数。一个字有 m 位,则 n 位地址的存储器容量就有 $2^n \times m$ 字位,例如 1024 ×1(1K 字位)。存储器容量也可用字节数表示,每 8 个字位为一个字节,例如 1024 ×1(1K 字位)相当于 128 字节。

半导体存储器按制造工艺的不同,可以分为双极型和 MOS 型两类。由于 MOS 型电路具有功耗低、集成度高的优点,目前大容量的半导体存储器均采用该工艺制造。按信息存储方式的不同,半导体存储器可分为顺序存储器(SAM)、只读存储器(ROM)和随机存储器(RAM)。

顺序存储器,简称为 SAM,所存储的数据只能按顺序(如先进先出或先进后出)存取,其特点是读/写控制电路简单,但要读取特性数据不方便。SAM 常用于需要顺序读/写存储内容的场合,如 CPU 中用作堆栈(sack),以保存程序断点和寄存器内容。

在半导体存储器中只读存储器和随机存储器是使用最广泛的两种形式,现分别予以介绍。

7.8.1 只读存储器

只读存储器(ROM)是存储固定信息的存储器件,即先把信息写入到存储器中,然后存储器只能读出不能写入。ROM 主要用于工作时不需要修改内容,断电后不能丢失信息的场合,如计算机中用来存放程序等固定数据。

ROM 可以分为掩模 ROM、可编程 ROM(PROM)、紫外线可擦除可编程 ROM(EPROM)、电可擦除可编程 ROM(E^2PROM)和闪速存储器五种。

1. 掩模 ROM

掩模 ROM 是指利用掩模技术将要存储的信息写入存储器中。掩模 ROM 通常由地址译码器、存储矩阵和输出缓冲器三个主要部分组成,其基本结构框图如图 7.8.1 所示。它有 n 根地址

输入总线和 m 根数据输出总线,两者成固定的对应关系,即一个地址码对应一个数据输出。地址译码器是一个具有 n 个输入、2^n 个输出的变量译码器,地址译码器的 2^n 根输出线称为字线。从 ROM 中读出数据,需要地址译码器将地址总线进行译码,当片选控制信号 CS 和读控制信号 OE 有效时,对应的 m 位数据通过输出缓冲器输出,送到数据总线。当片选控制信号 CS 和读控制信号 OE 无效时,数据总线呈高阻状态。

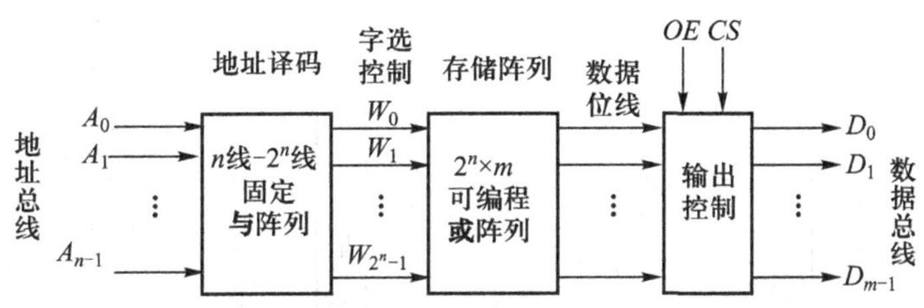

图 7.8.1 ROM 的基本结构框图

ROM 的地址译码器由固定**与**阵列构成,存储阵列由可编程的**或**阵列构成。对于 n 输入的 ROM,**与**阵列由 2^n个**与**门构成。每个**与**门输出一个由输入变量构成的最小项,所以 ROM 的**与**阵列是一个针对全部输入的通用译码器。任何一组输入状态都能使且只能使其最小项所对应的**与**门输出为 **1**,而其他**与**门输出均为 **0**,从而唯一地选中一条字选线 W_i。ROM 的**或**阵列是可编程的。对于 m 输出的 ROM,有 m 个输入 2^n的**或**门,每个**或**门的输入都可以由用户选择如何和**与**阵列的 2^n个输出(字线)相连。

2. 可编程 ROM(PROM)

PROM 出厂时其内容全部为 **0** 或 **1**,使用时由用户根据个人的需要将数据或程序写入存储矩阵。这种存储器只能写入一次,一经写入就不能修改。

一次性编程 PROM 存储单元由带熔丝的半导体开关管(肖特基二极管 SBD、双极型晶体管 BJT 或增强型 MOS 管)或反熔丝介质构成。熔丝型器件的所有编程点在出厂时都连通,如图 7.8.2所示,其存储内容为 **1**。如果用户希望编程点断开,可以通过较大的电流使熔丝烧断,则其存储内容为 **0**。反熔丝器件的核心是介质,出厂时编程点介质呈现很高的阻抗(>100 MΩ),相当于断开。编程时利用高电压将介质击穿,编程点接通。熔丝和反熔丝的开关面积小,导通电阻低,但器件编程后不可恢复,所以 PROM 是一次性编程的,但抗干扰性能好,适用于可靠性要求高的定型产品。

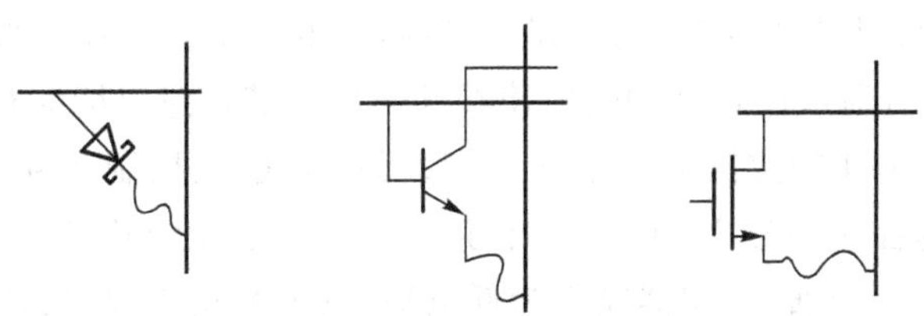

图 7.8.2 带熔丝的半导体开关管

图 7.8.3 为熔丝型 SBD、SBJT(肖特基二极管、晶体管)构成的 4(字) ×3(位)PROM 电路结构图。输入地址码通过译码器选通字线 W_i。由于每组地址码只能唯一地使一条 X 字选线为 **1**,

其余为 **0**,所以此时 ROM 的数据输出就完全取决于该字选线和存储阵列中各位线的连接关系。如果该字选线与某位线存在半导体开关(编程点相连),相应的数据位输出 **1**;反之,编程点断开,相应的数据位输出 **0**。所以,从数据存储的角度分析 ROM,输入地址码通过与阵列译码选择一个字单元,作为数据位的各或门就输出该单元的编程信息,编程点相连的数据位为 **1**,编程点断开的数据位为 **0**。

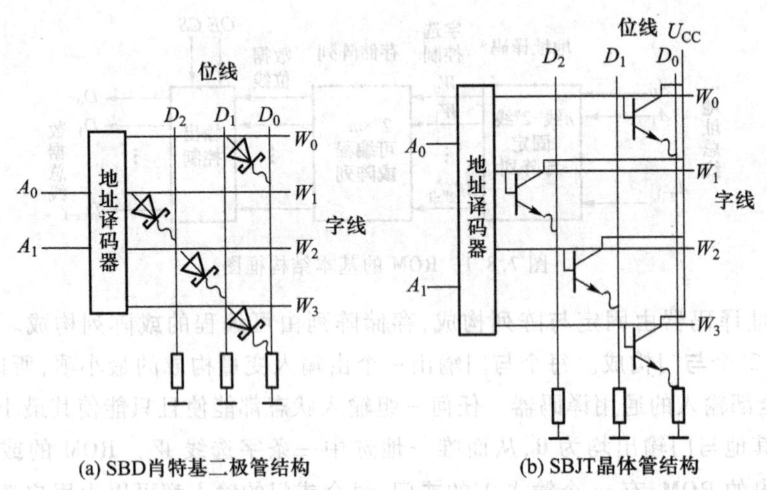

图 7.8.3　熔丝型 4×3PROM 电路结构图

3. 紫外线可擦除可编程 ROM(EPROM)

EPROM 是一种利用紫外线擦除原储存信息,可重写信息的存储器。EPROM 的存储元由采用了浮置栅雪崩注入式编程工艺的叠栅 SIMOS 管构成,因此又称为 EMOS 器件。叠栅 SIMOS 管的器件符号如图 7.8.4(a)所示,原理结构如图 7.8.4(b)所示,除控制栅 G_C 外,还有一个隔离在绝缘层中、没有外引线的浮置栅 G_F。当 G_C 施加控制信号时,如果浮置栅 G_F 没有负电荷,控制电压将使 P 型衬底表面感应出 N 型沟道,SIMOS 管导通。如果浮置栅上 G_F 充有负电荷,则会使 SIMOS 管的开启电压变高,控制电压无法使其导通,相当于存储了相反的信息。

所以,SIMOS 管的信息编程是利用浮置栅存储负电荷来实现的。图 7.8.4(c)是 EPROM 的编程电路原理。当行、列选信号 X_i、Y_j 都有效时,门控管 T_1 导通,幅度较高的编程脉冲 P 使 SIMOS 管 T_2 的漏极与衬底间的 PN 结雪崩击穿,产生高能电子堆积在浮置栅上。由于浮置栅的绝缘环境使这些负电荷没有泄放回路,因此,即使器件失电存储信息也能够长久保存。

图 7.8.4(d)是 EPROM 的数据输出电路原理,行选信号 X_i 控制 SIMOS 管的控制栅 G_C。当片选使能 CS 和行、列选控制信号 X_i、Y_j 都有效时,T_1、T_3 导通,但 SIMOS 管能否导通还受其浮置栅状态影响。若 SIMOS 管导通,反相器输入为低电平,输出数据 D_0 为 **1**;若 SIMOS 管浮置栅充有负电荷不能导通,反相器输入电平为 U_{DD},输出数据 D_0 为 **0**。

要擦除 SIMOS 管浮置栅上堆积的负电荷,可以采用紫外线照射方式,使负电荷形成光电流释放,如图 7.8.4(e)所示,所以,EPROM(可擦除只读存储器)芯片表面有供紫外线照射的石英玻璃窗,如图 7.8.4(f)所示。EPROM 编程虽然可以重复多次,但其信息的编程和擦除都需脱离

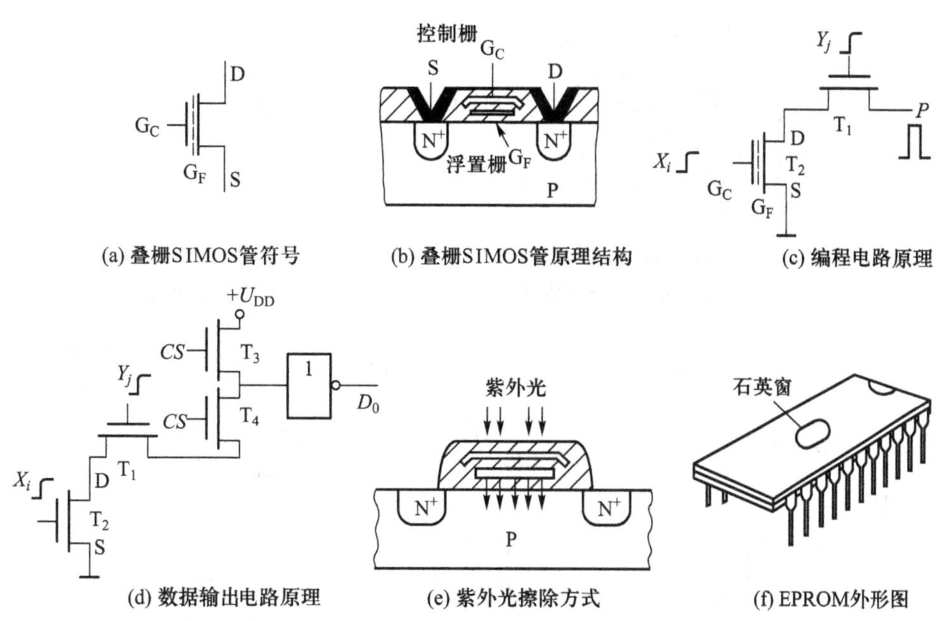

(a) 叠栅SIMOS管符号　(b) 叠栅SIMOS管原理结构　(c) 编程电路原理

(d) 数据输出电路原理　(e) 紫外光擦除方式　(f) EPROM外形图

图 7.8.4　EPROM 的编程信息原理

电路系统分别在编程或紫外线照射仪上进行，编程工艺复杂，擦除照射时间需 15 ~ 20 min，信息修改时相当不方便。

4. 电可擦除可编程 ROM(E^2PROM)

E^2PROM 的存储元也采用双栅极 SIMOS，但浮置栅 G_F和漏极 D 之间有一小块绝缘层厚度极薄，由于这一特殊结构，实现了 SIMOS 管的电擦除功能。电可擦除 SIMOS 管的原理结构如图 7.8.5(a)所示，器件符号如图 7.8.5(b)所示。

图 7.8.5(c)和图 7.8.5(d)是 E^2PROM 的编程原理。存储元 SIMOS 管 T_2 源极 S 接地，漏极 D 由字选信号通过门控管 T_1 控制。当 T_2 的漏极 D 通过 T_1 接地，控制栅 G_C 施加 20 V 的正脉冲时，在浮置栅 G_F 和漏极 D 之间产生隧道效应，使衬底的电子注入浮置栅，T_2 的开启电压变高，相当于存储元写入 **1**，如图 7.8.5(c)所示。反之，当 T_2 的控制栅 G_C 接地，漏极通过字选门控管 T_1 施加 20 V 的正脉冲时，浮置栅 G_F 上堆积的电子就通过隧道返回衬底，使 T_2 的开启电压回到正常值，相当于存储元写入 **0**，如图 7.8.5(d)所示。读操作时，存储元 T_2 的状态可通过字选门控管 T_1 送至内部数据位线上，如图 7.8.5(e)所示。

E^2PROM 的工作电源为 5 V，输入“写数据”命令可以在芯片内部产生 20 V 的正脉冲，因此不需要编程器，器件可以不脱离电路而直接在目标系统中进行数据修改，称为在系统可编程(In System Programmable，ISP)技术。由于编程时采用系统工作电源，外电路同时也处于工作状态，为了在编程期间切断被编程器件与外电路的联系，采用 ISP 技术的器件一般都有编程使能端口 $\overline{ispEN}$。编程时使 $\overline{ispEN}$ 有效(低电平)，被编程器件所有的 I/O 端口均呈高阻状态，从而隔断器件与外电路的联系；编程结束后令 $\overline{ispEN}$ 无效(高电平)，各端口恢复正常工作状态。数据的擦除和写入同时进行，以字为单位，写入时间为 μs 级，比 EPROM 方便快捷。E^2PROM 器件重复编程的次数可达数万次，信息存储时间在 5 ~ 20 年之间。

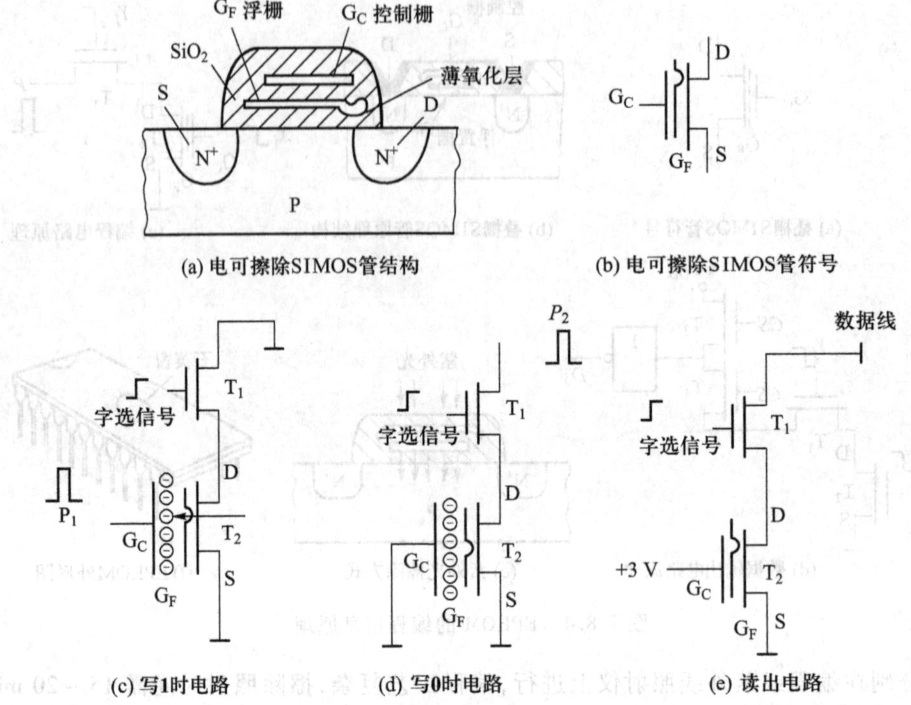

(a) 电可擦除SIMOS管结构　(b) 电可擦除SIMOS管符号

(c) 写1时电路　(d) 写0时电路　(e) 读出电路

图 7.8.5　E^2PROM 的编程信息存储原理

5. 闪速存储器(Flash Memory)

闪速存储器是新一代可电擦除的可编程 ROM,且同时具有容量大、速度快、可在线编程的非易失性存储器件,简称闪存。常做成卡式,又称 U 盘。闪速存储器也采用双栅极 MOS 管存储信息,但 MOS 管的浮置栅和衬底间的绝缘层厚度、浮置栅与源极的重叠面积都较小,因此,浮置栅和源区间容易产生隧道效应。在闪速存储器电路中,各叠栅 MOS 管的控制栅 G_C 由字选线控制,漏极 D 接内部数据位线,而源极 S 全部并接在一起,结构如图 7.8.6 所示。电路结构更为简单,因而集成度更高,存储容量更大。

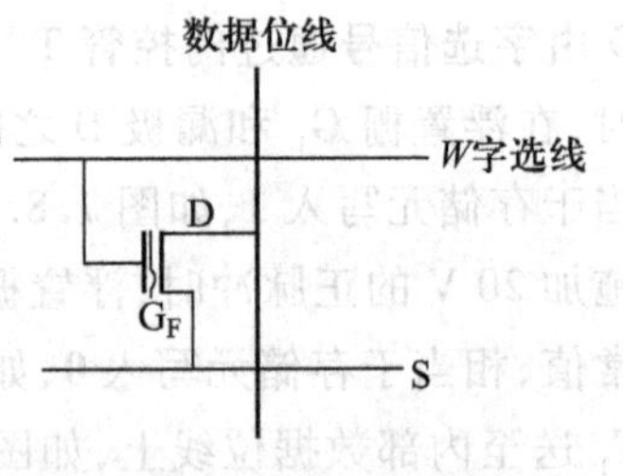

图 7.8.6　闪速存储器存储元结构

信息编程时,要编程的叠栅 MOS 管的漏极经数据位线接至较高的正电压(一般为 6 V),源极被接至参考地,控制栅 G_C 加幅度为 12 V 左右、宽度为 100 μs 的正脉冲,使源、漏极间发生雪崩击穿,部分高能电子就会穿过绝缘层聚集在浮置栅上,使叠栅 MOS 的开启电压 U_{th}变高,约为 7 V。

闪速存储器的擦除操作类似电可擦除 SIMOS,是利用隧道效应实现的。当控制栅 G_C 接低电平、源极加幅度为 12 V 左右、宽度为 100 ms 的正脉冲时,浮置栅和源区间极薄的重叠部分产生隧道效应,使浮置栅上聚集的电荷向源区释放。由于存储器片内所有叠栅 MOS 的源极是连在一起的,所以片上所有存储单元将被同时擦除。当浮置栅上没有负电荷时,叠栅 MOS 的开启电压 U_{th} 约为 2 V。

闪速存储器在读出时,被字选线控制的存储元栅极 G_C 为 +5 V 的高电平,而源极 S 为低电平，栅、源极电位差约为5V。如果存储元的浮置栅充有负电荷，栅、源极电压小于开启电压，叠栅MOS截止；反之，叠栅MOS导通。

显然，闪速存储器兼具了EPROM电路简单、集成度高和E^2PROM电擦除操作简便的优点。但是闪速存储器不能像E^2PROM一样可以按字节擦除信息。闪存中数据的擦除和写入是分开进行的，编程（数据写入）是对字节或字进行的，但擦除是类似EPROM整片或分块擦除，不需要存储器寻址。因此，用于实现寻址所需要的硅片面积大大减小。

7.8.2 随机存储器

随机存储器（RAM）可以任意选中某一地址的存储单元，从该单元读取信息或写入新的信息，因此也称为读/写存储器。随机存储器的数据易于丢失，即一旦停电后，所存储的数据将随之丢失；上电后还没写入之前，其存储单元的数据是随机数。读出时，存储单元原信息保持不变；写入时，存储单元原信息被信息覆盖。

随机存储器通常由地址译码器、存储矩阵和读/写控制电路组成，如图7.8.7所示。

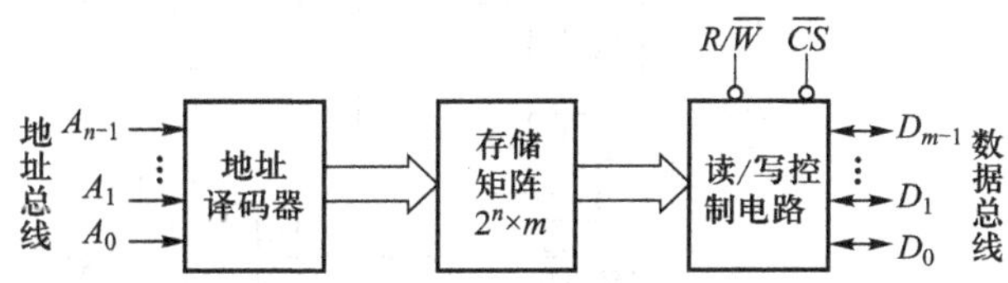

图7.8.7 RAM的结构框图

地址译码器将输入地址代码译成某一条字线的输出高、低电平信号。当某一条字线被选中时，与该字线相联系的存储单元就与数据线相通，以实现读数或写数。

读/写控制电路用于对电路的工作状态进行控制。当读/写控制信号$R/\overline{W}=\mathbf{1}$，执行读操作，将存储单元里的数据送到输入/输出端上；当读/写控制信号$R/\overline{W}=\mathbf{0}$，执行写操作，将输入/输出端上的数据写入存储单元里。

存储矩阵由许多存储单元构成，每个存储单元存放一位二进制数码（**1**或**0**）。与ROM的存储单元不同的是，RAM存储单元的数据不是预先固定的，而是取决于外部输入的信息。若有n根地址线，则可构成2^n根字线，若每根字线上有m个存储单元，则该字的位数为m位，该存储器的容量为$2^n \times m$字位，也可表示为$2^n \times m/8$字节（1字节有8位）。

按照所用器件的不同，又可分为双极型（晶体管）和MOS型两种。根据所采用存储单元工作原理的不同，RAM又可分为静态存储器（SRAM）和动态存储器（DRAM）。

1. 静态存储器（SRAM）

静态随机存储器SRAM的存储元一般由触发器构成。每个触发器存放一位二进制信息，由若干个触发器组成一个存储单元，再由若干存储单元组成存储器矩阵，加上地址译码器和读/写控制电路组成SRAM。图7.8.8为增强型N沟道MOS管组成的六管静态存储元的电路原理，2个MOS反相器（T_1-T_3和T_2-T_4）构成了基本RS触发器，可以记忆一位二进制数据。T_5、T_6是两个由行选线X_i选通的MOS门控管电子开关，控制存储元输入/输出端Q、$\overline{Q}$与内部数据位线D、

$\overline{D}$的连接；而 T_7、T_8 是由列选线 Y_j 控制的 MOS 门控管电子开关，控制数据位线与读、写电路的连接。当行、列电子开关同时接通时，*RS* 触发器的状态（存储单元中的信息）可以通过内部数据线被输出（读）或修改（写）。

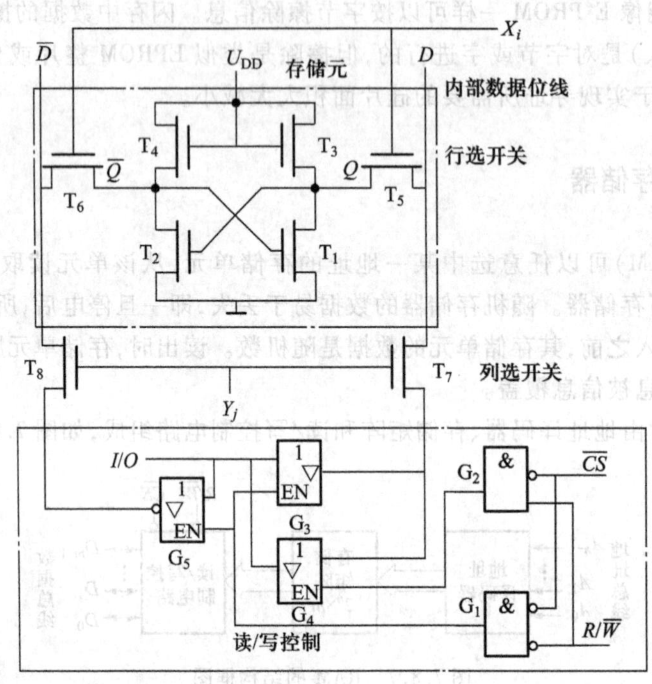

图 7.8.8　静态 RAM 六管存储元电路原理结构

$G_1 \sim G_5$ 是 RAM 的读/写控制逻辑门，其中高电平选通的三态门 G_3、G_5 组成了双向数据传输线，存储器信息存取由读/写控制信号 $R/\overline{W}$ 和低电平有效的片选信号 $\overline{CS}$ 共同通过 G_1、G_2 控制。

六管静态存储元工作原理：

① 当 $\overline{CS}$ 为 **1** 时　与非门 G_1、G_2 输出为 **0**，三态门 G_3、G_4、G_5 均被禁止，输出为高阻状态，*I/O* 端口与内部数据线隔离，存储信息既不能被读出也不能被修改。

② 当 $\overline{CS}$ 为 **0** 时　与非门 G_1、G_2 受 $R/\overline{W}$ 控制。当读操作时，$R/\overline{W}$ 为 **1**；G_1 输出为 **0**，三态门 G_3、G_5 被禁止，其输出端与内部数据线断开；G_2 输出为 **1** 时，被地址码寻访的存储单元信息通过选通的三态门 G_4 输出。

当写操作时，$R/\overline{W}$ 为 **0**，G_2 输出为 **0**，G_4 被禁止，其输出端与 *I/O* 口断开；G_1 输出为 **1**，*I/O* 口上要写入的信息通过被选通的 G_3 和 G_5 输入到地址码寻访的存储单元中。如果存储元原来记忆的数据为 **0**，即 T_2 截止、T_1 饱和导通，当希望写入数据 **1** 时，$D = \mathbf{1}$，$\overline{D} = \mathbf{0}$，则存储元选通时，$\overline{Q}$ 电位下降，使 T_1 趋向截止，Q 上升，T_2 导通，$\overline{Q}$ 点电位进一步下降，正反馈的作用最后使 $Q = \mathbf{1}$，$\overline{Q} = \mathbf{0}$，数据存入。

表 7.8.1 列出了部分集成静态 RAM 芯片的型号和容量。SRAM 的存取速度快，只要不掉电即可保持内容不变，但其集成度较低，成本较高。

表 7.8.1 部分集成静态 RAM 芯片的型号和容量

型号	容量(字数×字长)	型号	容量(字数×字长)
MB2114	1K×4	HM6264	8K×8
MB6116	2K×8	HM62256	8K×8

2. 动态存储器(DRAM)

动态存储器 DRAM 利用 MOS 管栅极电容存储信息。它不是利用双稳态触发器的原理,而是靠结电容存储电荷的方式存储信息。电容上有无电荷状态被视为逻辑 **1** 和 **0**。存储元只需 3 个 MOS 管,通过门控管电子开关与数据总线连接。

图 7.8.9 是三管 DRAM 存储元的原理结构,其中电容 C 和 MOS 管 T_1 存储信息,T_2、T_3 是行选门控管,T_5、T_6 是列选门控管,T_4 是列公共预充电控制 MOS 管。数据信息以电荷形式存储在 T_1 管的栅极电容 C 中。电容上的电压 u_C 控制 T_1 管的开关状态,给出读位线上的高、低电平。C_B 是位线上的分布电容,由于所有字单元中位序相同的存储元挂在同一条位线上,所以 C_B 较大。读出数据时,必须先加预充电脉冲,T_4 管导通,对分布电容 C_B 充电,使位线电平为 U_{DD}。如果存储的数据为 **1**,电容没有充电,u_C 为低电平,T_1 截止。当行选门控管 T_3 导通时,C_B 没有放电回路,读位线保持高电平,输出数据 **1**;反之,若存储数据为 **0**,电容充有电荷,u_C 为高电平,T_1 导通。当行选信号 X_i 控制 T_3 导通时,C_B 通过 T_1、T_3 迅速放电,位线电平下降,输出数据 **0**。

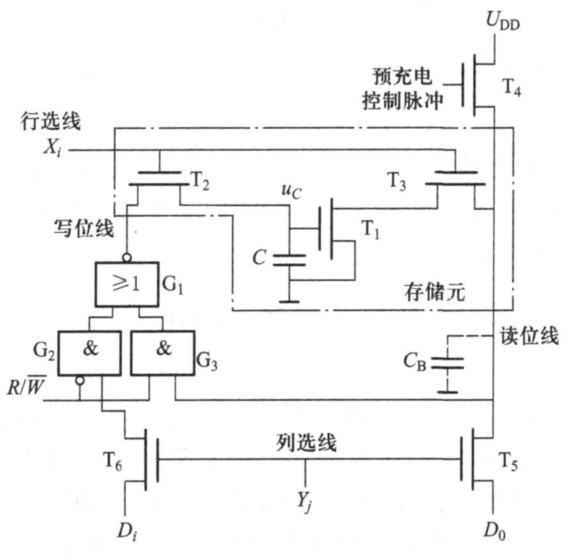

图 7.8.9 三管 DRAM 存储元原理结构

G_1、G_2、G_3 是写入和刷新控制电路。数据读出时,$R/\overline{W}=\mathbf{1}$,$G_2$ 被封锁,D_i 输入的数据不能影响写位线;而 G_3 被开通,读位线上的数据通过 G_3、G_1 和 T_2 对存储电容 C 进行刷新操作。若 C 充有电荷,读位线为 **0**,通过 G_1 反相,写位线为 **1**,对 C 充电补充电荷;反之,写位线为 **0**,C 放电。显然,存储元的刷新并不需要列选门控管导通。所以,DRAM 的刷新是逐行进行的。无论是读操作还是写操作,只要行选信号 X_i 有效,就能对被寻访对象所在行的所有字单元进行刷新。如果没有读、写操作,数字系统也可以定时按行对 DRAM 进行周期性刷新。刷新操作的循环周期一般为刷新一个单元的时间乘以行数。

当 $R/\overline{W}=\mathbf{0}$ 时，G_3 输出为 **0**，D_i 输入的数据通过 G_2、G_1 反相控制写位线。当 D_i 为 **0** 时，G_1 输出高电平，通过 T_2 对电容充电，写入数据 **0**；当 D_i 为 **1** 时，G_1 输出低电平，电容通过 T_2 和 G_1 放电，写入数据 **1**。

图 7.8.10 是单管 DRAM 的存储元原理图。数据以电荷形式存储在电容 C 中，T 为字选门控管。单管 DRAM 电路结构最为简单，所以单片存储器的存储容量可以很大。由于未采用预充电方式，在字选门控管导通时，存储电容 C 和分布电容 C_B 并联，使数据位线 D 的电平下降（电容容量增大而存储电荷总量不变）。所以，单管 DRAM 一般采用灵敏放大器放大数据位线上的信号，同时对存储电容状态进行刷新。

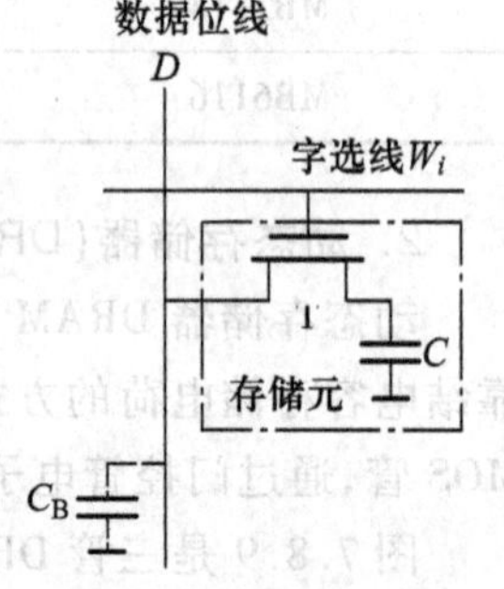

图 7.8.10　单管 DRAM 存储元原理图

在实际应用时，存储器的控制信号、数据信号和地址信号必须满足一定的时序关系才能正确地读/写信息，使用前必须查阅有关资料，了解具体参数。表 7.8.2 列出了部分集成动态 RAM 芯片的型号和容量。

表 7.8.2　部分集成动态 RAM 芯片型号和容量

型号	容量（字×位）	型号	容量（字×位）
MB2118	16K×1	MB81C4256	256K×1
MB81416	16K×4	MB814101	4K×1
MB81464	64K×4		

DRAM 的特点：

① 存储容量大　DRAM 存储元采用的 MOS 管少，所以其单片存储器的容量可以大大增加。DRAM 的存储容量可达相同晶片面积 SRAM 的 4 倍，存储字数增加使信息寻访的地址码位数增加。为了减少地址输入端口数，DRAM 一般采用地址分组输入、端口复用的方式，即 n 位地址码的存储器地址输入线只有$\frac{n}{2}$条。行、列地址分时输入，由存储器内部的地址锁存器锁存后共同译码寻址。

② 电路复杂、存取速度低　DRAM 利用电容存储信息，由于电容具有漏电特性，随着时间推移，存储器信息容易丢失。因此，在数字系统运行中，必须定时对 DRAM 中的数据信息刷新，所以 DRAM 的控制操作较 SRAM 复杂，信息存取速度较低。根据 DRAM 与 SRAM 各自的特点，在计算机系统中，容量大的主内存一般采用 DRAM，而高速缓存器则采用 SRAM。

7.8.3　半导体存储器容量的扩展

当通用集成存储器的字数或字长不能满足系统信息存储要求时，通常需要组合多片 ROM 或 RAM 存储器来扩展。

1. 位数（字长）扩展

如果现有存储器的字数符合要求，但需要存储信息的位数大于存储器字单元的位数，就需要扩展字长。扩展存储器位数的思路是将每个存储字分成若干段，分别存在位于不同存储器，但具有相同地址码的字单元中。图 7.8.11 所示为将 4 片 1K×4 的存储器扩展成 1K×16 的存储器组，存储总容量增加了 4 倍。由于存储字数仍为 1K，地址码位数不变，各存储器的地址总线和控制总线分别对应并接。因为字长扩展为 16 位，总的数据端口相应增加到 16 个。存储器 U_1 的数据端口位序为 $D_3 \sim D_0$，这表示信息字最低 4 位存放在存储器 U_1 中；存储器 U_2 的数据端口位序为 $D_7 \sim D_4$，存储器 U_3 的数据端口位序为 $D_{11} \sim D_8$，存储器 U_4 的数据端口位序为 $D_{15} \sim D_{12}$，所以信息字的最高 4 位存放在存储器 U_4 中。当欲寻访单元的地址码出现在地址总线上时，4 片存储器的相应单元同时选通，根据读/写命令，信息字分 4 段从数据总线 $D_{15} \sim D_0$ 上同时存入或取出。

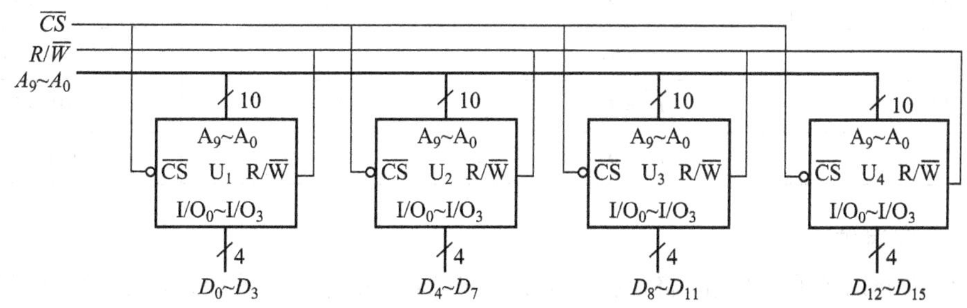

图 7.8.11 RAM 位数扩展

2. 字(字数)扩展

如果原有存储器的字长符合信息位数要求，但信息存储单元不够，就要扩展存储器的字数。信息字数的增加势必需要增加寻访地址码的位数。根据地址码位数和存储字数的关系可知，每增加一位地址码，存储单元的寻址范围(字数)增加一倍，所以字数扩展的思路是在多片存储器构成的存储器组中，利用增加的高位地址码信号选择不同的存储芯片，再由低位地址码寻访具体的存储单元。

图 7.8.12 是用 4 片 1K×4 的存储器构成了 4K×4 的存储器组。由于字长没有变化，每片存储器的字数也不会改变，所以各存储器的地址总线($A_9 \sim A_0$)、数据总线和读/写控制线分别对应并接。增加的高位地址码 A_{11}、A_{10}通过 2 线 -4 线译码器 74LS139 产生低电平有效的译码信号$\overline{Y_3} \sim \overline{Y_0}$，

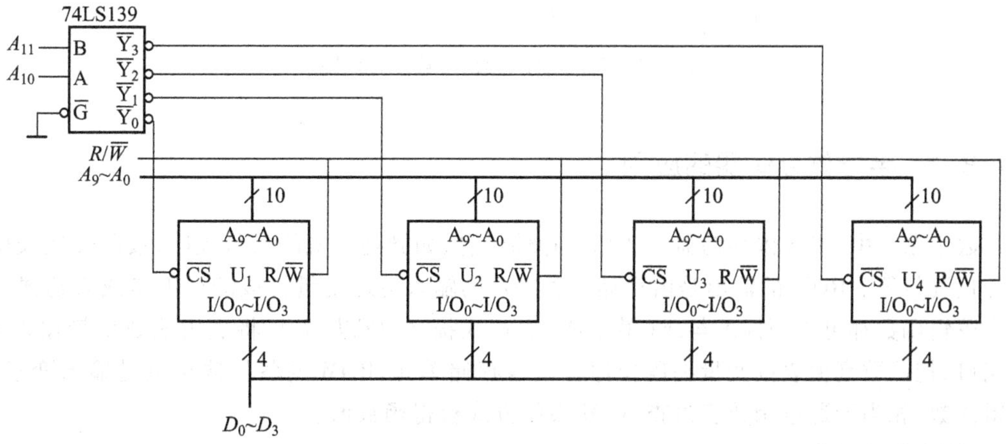

图 7.8.12 RAM 字数扩展

控制各片存储器的片选端$\overline{CS}$。当高两位地址码为**00**时,74LS139 芯片的输出为$\overline{Y_0}$低电平,存储器 U_1 片选有效,而其他存储器均被禁止($\overline{Y_3}\sim\overline{Y_1}$为高电平,片选$\overline{CS}$无效),数据端口呈高阻状态。这样存储器 U_1 中由低位地址码 $A_9\sim A_0$ 寻访的字单元就与数据总线连通,其信息内容可以被读出或修改。由于每片存储器 10 位地址码寻访的范围仍为 1K(000H ~ 3FFH),各存储器通过高位地址码控制片选$\overline{CS}$后的寻访地址范围见表 7.8.3。

表 7.8.3 1K ×4 存储器组的寻址范围

$A_{11}A_{10}$地址码	译码器输出有效	选通存储器	寻址范围
00	$\overline{Y_0}=0$	U_1	000H ~ 3FFH
01	$\overline{Y_1}=0$	U_2	400H ~ 7FFH
10	$\overline{Y_2}=0$	U_3	800H ~ BFFH
11	$\overline{Y_3}=0$	U_4	C00H ~ FFFH

3. 字、位同时扩展

根据字、位分别扩展的原理,将位扩展后的存储器组再进行字扩展,或先进行字扩展然后再位扩展,就可以实现字、位同时扩展。4 片 1K ×4 的存储器可以实现 2K ×8 的存储系统,字数和字长各扩展一倍,如图 7.8.13 所示。

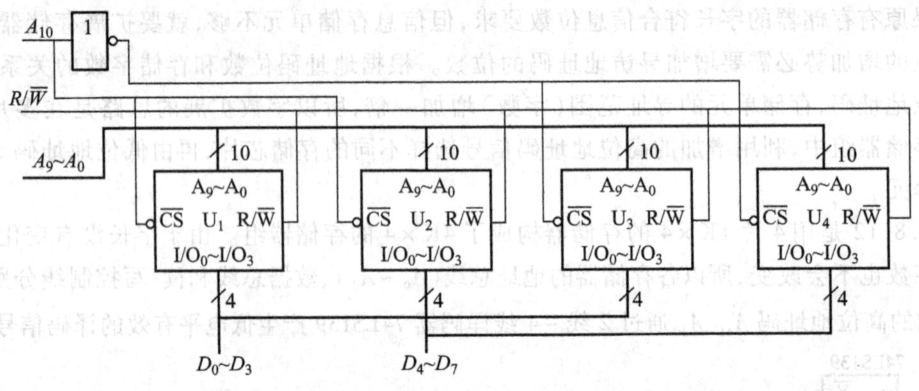

图 7.8.13 RAM 位数、字数同时扩展

7.8.4 半导体存储器的应用

在数字系统中,半导体存储器主要用来存储信息,如微处理机的执行程序、数码转换表格、图片、乐曲、资料等。ROM 的输出是由存储信息决定的输入地址变量构成的标准**与或**表达式,而任何组合逻辑函数都可以用标准**与或**(最小项)表达式描述,所以,如果将逻辑函数变量输入 ROM 地址端口,把函数真值表按变量编码位序存入各存储单元,ROM 的各位输出就是输入变量的组合逻辑函数,相当于通过函数变量查 ROM 表的方式获得函数值。

1. 实现逻辑函数

n 输入 ROM 的每一个输出都可以实现 n 变量的组合逻辑函数。如果如图 7.8.3 所示的

ROM 地址 A_1、A_0 输入的是两个函数变量 A、B，则 3 个数据端函数输出 D_2、D_1、D_0 分别产生函数 L_1、L_2、L_3。根据图 7.8.3 的存储内容可列函数输出 L_1、L_2、L_3 和函数变量 A、B 的逻辑关系如表 7.8.4所示，各函数逻辑表达式为

$$L_1=\overline{A}B \quad L_2=A\overline{B} \quad L_3=\overline{A}\,\overline{B}+AB$$

如果输入 A、B 表示的是二进制数值，该 PROM 实现的逻辑功能是比较这两个一位二进制数的大小，L_1表示 A 小于 B；L_2表示 A 大于 B；L_3表示 A 等于 B。

表 7.8.4 图 7.8.3 所示 PROM 地址与存储数据关系表

$A_1(A)$	$A_0(B)$	$D_2(L_1)$	$D_1(L_2)$	$D_0(L_3)$
0	0	0	0	1
0	1	1	0	0
1	0	0	1	0
1	1	0	0	1

2. 信息存储

图 7.8.14 中 ROM 存储的是 8421BCD 码与共阴七段显示控制码的译码逻辑关系。可以分析，当 ROM 地址 $A_3 \sim A_0$ 输入 8421BCD 码变量 A、B、C、D 时，7 位输出数据 $D_6 \sim D_0$ 控制共阴显示器的七个段信号 $a \sim g$ 显示相应的十进制数字。

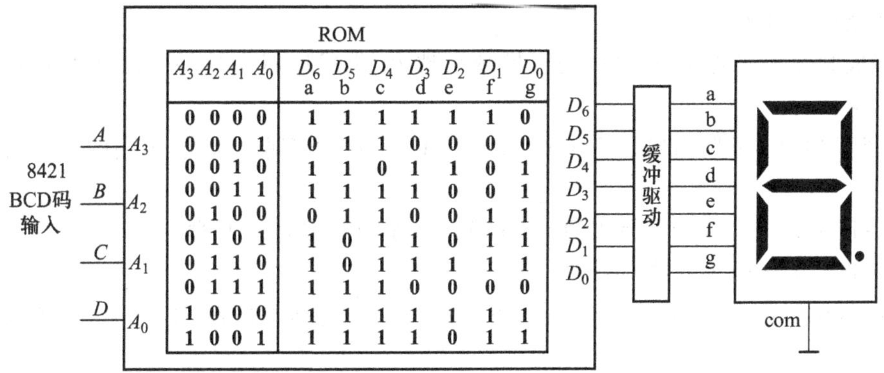

图 7.8.14 ROM 存储译码信息表实现显示控制

*7.9 可编程逻辑器件

7.9.1 可编程逻辑器件的基本概念

1. 可编程逻辑器件简介

数字逻辑器件的发展可以分为几个阶段，从密度为几十门的小规模（SIC）集成逻辑门（与

门、或门、异或门、触发器等),到密度为几百门的中规模(MIC)集成通用功能芯片(译码器、编码器、数据选择器、计数器等)以及密度为上千门的大规模、超大规模(LIC、VLIC)集成通用芯片(存储器、微处理器等)。这些通用芯片的功能都是固定的,首先设计人员要通过单元小样试验,然后制作印制电路板,再连接芯片实现系统。如果设计有误,还必须重新设计印制电路板,所以产品开发周期长,初期成本也很高。另外,如果系统采用的芯片量较大,芯片和芯片、芯片和印制电路板之间的连接点、连接线较多,系统的可靠性就会下降,而且对于高频数字信号系统,印制电路板连线引起的干扰可能会严重影响系统运行。因此,许多情况下,人们希望能有允许用户自己设计功能的、可以轻松重构电路的、资源密度更加高的集成器件。可编程逻辑器件(Programmable Logic Device,PLD)就此应运而生,它的出现将数字系统的设计从电路级深入到芯片级。用户可以在计算机虚拟环境中,用器件逻辑符号或文字语言的形式设计系统,并进行逻辑仿真。设计完成后由计算机进行器件资源匹配,产生 PLD 器件内部电路构成的编程信息,下载入器件即实现所设计的系统。PLD 的出现使数字系统的设计周期大大缩短,开发成本也显著下降。目前,可编程逻辑器件(PLD)是电子设计领域中最具活力和最有发展前景的器件,其中应用最广泛的当属现场可编程门阵列(FPGA)和复杂可编程逻辑器件(CPLD)。

2. 可编程逻辑器件的分类

可编程逻辑器件有多种类型,下面从集成度、逻辑单元、基本结构和编程工艺角度,介绍几种 PLD 的分类方法。

(1) 按集成度分类

随着集成制造工艺的发展,PLD 的规模越来越大,集成度越来越高。根据集成度 PLD 可分为以下两大类。

① 低密度 PLD　早期出现的 PROM、PLA、PAL、GAL 等都属于这类,可用的逻辑门数在 1000 门/片以下。

② 高密度 PLD　现在大量使用的 CPLD、FPGA 器件等都属于此类。

(2) 按 PLD 的逻辑单元结构分类

在众多 PLD 器件中,常见的器件内部逻辑单元主要包括**与或**阵列、宏单元、查找表和多路开关。

① **与或**阵列　**与或**阵列是一种最为简单的可编程逻辑单元结构,它由**与**阵列和**或**阵列共同组成器件内部的逻辑单元,通过对阵列编程来实现电路的功能。这种结构主要应用在低密度 PLD 器件中,如 PROM、PLA、PAL 和 GAL 等。

② 宏单元　宏单元结构是将**与或**阵列与触发器或寄存器单元进行组合来构成器件内部的逻辑单元。这种结构的器件很容易实现时序逻辑器件,是一种常见的单元结构。CPLD 器件的内部逻辑单元就采用这种结构。

③ 查找表　查找表是将一个逻辑函数表存放在静态存储器中,通过查找该表中的函数值来实现逻辑运算。这种结构主要应用在 FPGA 中。

④ 多路开关　多路开关实际上是一个多路选择器的组合,它可以实现逻辑函数的最小项**或**。利用多路选择器的特性,可以对多路选择器的输入和选择控制信号进行配置,从而实现不同的逻辑功能。这种结构主要应用在 FPGA 中。

(3) 按 PLD 的基本结构分类

常用的可编程逻辑器件都是基于**与或**阵列或门阵列基本结构发展起来的,所以可编程逻辑器件从基本结构上可分为阵列型器件和单元型器件。

① 阵列型器件的基本结构由**与**阵列和**或**阵列组成,采用粗颗粒(Coarse Grained)逻辑单元和连续式连线结构,能有效地实现**与或**形式的逻辑函数。低密度 PLD 和 CPLD 中采用这种结构。

② 单元型器件采用细颗粒(Fine Grained)逻辑单元和分段式连线结构,能有效地实现各种大规模的逻辑函数。这类结构主要在 FPGA 中使用。

(4) 按编程工艺分类

根据 PLD 器件在编程点所使用的编程器件不同,可分为以下三类:

① 熔丝或反熔丝编程器件　在熔丝编程器件的每个可编程点处都接有熔丝开关。若编程点需要接通时,则保留熔丝;若编程点需要断开时,则用较大的编程电流将熔丝烧断。早期的 PROM 器件就是采用熔丝编程工艺,编程过程就是根据设计的熔丝图文件来烧断对应的熔丝,以达到编程的目的。

反熔丝编程器件是对熔丝技术的改进,以反熔丝开关作为编程元件,其实质为一种介质。未编程时,编程开关呈现高阻抗,编程点断开;当编程电压加到开关上后,能够击穿开关介质,开关呈现导通状态。Actel 公司的 FPGA 器件采用这种工艺。无论是熔丝还是反熔丝结构,都只能编程一次。

② 浮栅编程器件　这种器件采用浮栅编程技术,包括光擦除电编程存储单元、电擦除电编程存储单元和闪速存储单元(Flash)。它们都是采用悬浮栅存储电荷的方法来保存数据的,属于非易失可重复擦除器件。

光擦除电编程存储单元采用 EPROM 器件,器件中的编程元件为一只浮栅 MOS 管,其栅极下的绝缘层中设置一个栅极,称为浮栅。当编程电压脉冲对 MOS 管的浮栅注入电子时,MOS 管截止,编程点断开;当紫外线照射浮栅时,浮栅中的电子泄放,MOS 管导通,编程点恢复导通。这种类型的 PLD 主要有 CPLD 等产品。

电擦除电编程存储单元和闪速存储单元(Flash)采用 E^2PROM 器件,其编程元件的浮栅 MOS 管采用浮栅隧道氧化物工艺。当加入编程电脉冲时,使浮栅注入电子,浮栅 MOS 管截止;在擦除信息时,由电脉冲使浮栅中的电子通过隧道泄放,MOS 管恢复导通,实现电擦除。现有的大部分 CPLD 及 GAL 器件采用此类结构。

③ SRAM 编程器件　在该类器件的内部配置静态存储器 SRAM,其作用是用来存储决定系统逻辑功能和互连的配置数据。SRAM 属于易失元件,因此系统每次启动时,应先将编程数据从外部 EPROM 或硬盘中加载到 SRAM 中。大部分 FPGA 器件都采用此种编程工艺,如 Xilinx 公司的 FPGA、Altera 公司的部分 FPGA 器件。

3. PLD 的基本结构和逻辑符号

(1) PLD 的基本结构

任何组合逻辑函数都可以用标准**与或**表达式(最小项表达式)描述,通过卡诺图的化简也可以得到函数的最简**与或**表达式。任何时序逻辑电路都可以用电路的次态方程和输出方程来描述,而这些方程式同样是输入信号和电路状态的**与或**表达式。因此,一个数字系统的基本逻辑关系可以是个输入变量或状态变量的**与**、**或**关系综合。PLD 的基本结构是**与或**逻辑阵列,输入信号经过**与或**逻辑运算后输出，其功能框图如图 7.9.1 所示。通过编程，每个**与**门可以实现器件所有输入的最小项，每个**或**门可以输出一个标准**与或**关系描述的逻辑函数式。所以对于 n 输入、m 输出的基本 PLD，最多可能有 2^n 个**与**门（构成各自独立的最小项）和 m 个**或**门。每个**与**门的输入最多可达 $2n$ 个（各输入及其反相信号），每个**或**门的输入可达 2^n 个（所有**与**门的输出）。

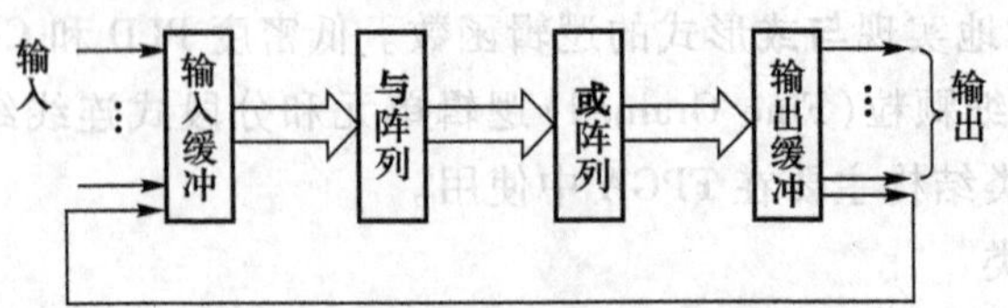

图 7.9.1　PLD 的基本功能框图

（2）PLD 的逻辑符号

在 PLD 中，通常用阵列方式表示庞大的逻辑资源，各逻辑门之间的连接用互相垂直的相交线来表示。如图 7.9.2(a) 所示，如果相交线有交点，表示两线固定连接；如果相交线无交点，表示两线不连接；如果相交点处是叉（或空心圈），表示两线可通过编程连接。

PLD 器件的输入一般经过输入缓冲器形成同相和反相两路信号，输入缓冲器的符号如图 7.9.2(b) 所示。

图 7.9.2(c) 是一个 4 输入端的可编程**与**门，目前，**与**门的输出为 $F=A\cdot B\cdot C$，但信号 A、C 和**与**门的输入端是可编程连接，所以也可由用户选择实现 $F=A\cdot B$ 或 $F=B\cdot C$，甚至是 $F=B$。图 7.9.2(d) 是一个 4 输入的可编程**或**门，通过编程实现 $F=A+B$。

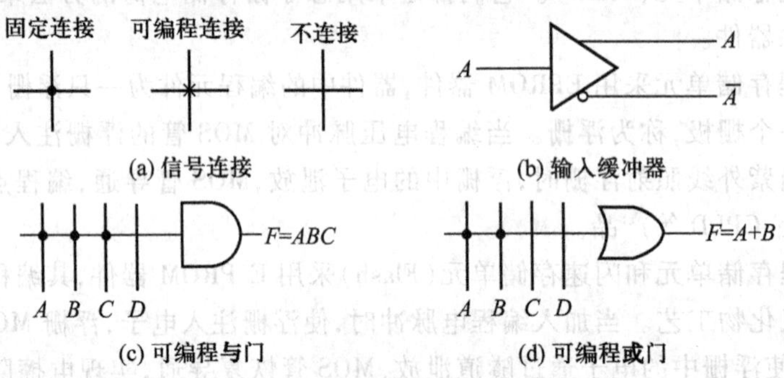

图 7.9.2　可编程逻辑关系描述

PLD 符号是用逻辑图的方式将逻辑门、编程点和连线的内部结构形象、直观地表示出来。一些常用的逻辑电路符号及描述 PLD 内部结构的专用电路符号如表 7.9.1 所示。

表 7.9.1　常用逻辑门符号与现有国标符号的对照

	非门	与门	或门	异或门
常用符号	A—▷o—$\overline{A}$	A, B → F	A, B → F	A, B → F
国标符号	A → [1] o→ $\overline{A}$	A, B → [&] → F	A, B → [≥1] → F	A, B → [=1] → F
逻辑表达式	$\overline{A}$ = NOTA	$F=A\cdot B$	$F=A+B$	$F=A\oplus B$

7.9.2 简单的 PLD 原理

根据**与或**阵列电路中只有部分电路可以编程以及组态的方式不同，PROM、PLA、PAL 和 GAL 四种电路的结构特点如表 7.9.2 所示。

表 7.9.2 四种简单 PLD 电路的结构特点

类型	阵列		输出方式
	与	**或**	
PROM	固定	可编程	TS(三态)，OC(可熔极性)
PLA	可编程	可编程	TS，OC
PAL	可编程	固定	TS，I/O，寄存器反馈
GAL	可编程	固定	用户定义

图 7.9.3 至图 7.9.5 分别表示了 PROM、PLA 和 PAL(GAL)的阵列结构图，图 7.9.3(b)为图 7.8.3PROM 的原理图。在这些图中，左边部分为**与**阵列，右边部分为**或**阵列。**与**门采用**线与**的形式。输入信号通过互补缓冲器输入，通过交叉点上的连接加到函数的**与或**表达式的乘积项中。**与**阵列产生的多个乘积项，通过**或**阵列的交叉点连接，完成函数的**或**运算。其中 PAL 和 GAL 基本门阵列结构相同，均为**与**阵列可编程及**或**阵列固定连接，编程容易实现且费用低。

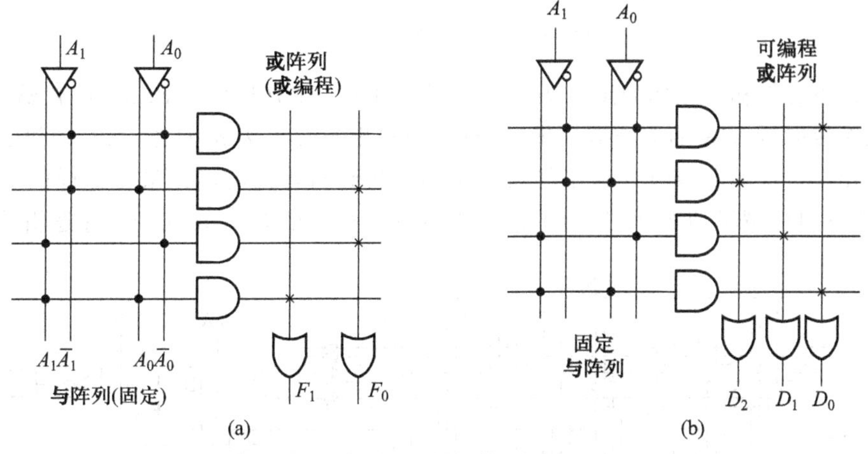

图 7.9.3 PROM 阵列结构图

根据输出和反馈的结构不同，PAL 器件主要分为可编程输入输出结构、带反馈的寄存器型结构、**异或**结构、专用组合输出和算术选通反馈结构等。

例如，如图 7.9.6 所示的可编程输入/输出结构，其输出电路是一个三态缓冲器，反馈部分是一个互补输出的缓冲器。**与**阵列的第一个**与**门的输出控制三态门的输出，当**与**门输出为 **0** 时，三态门禁止，输出呈高阻状态，*I/O* 引脚可作为输入使用；当**与**门输出为 **1** 时，三态门被选通，*I/O* 引脚作为输出使用，**或**阵列的输出信号经缓冲器反相后，一路从 *I/O* 引脚送出，另一路经互补缓冲器反馈至**与**阵列的输入端。图 7.9.6 中只画了 1 个输出，如产品 PAL16L8 有 8 个输出。

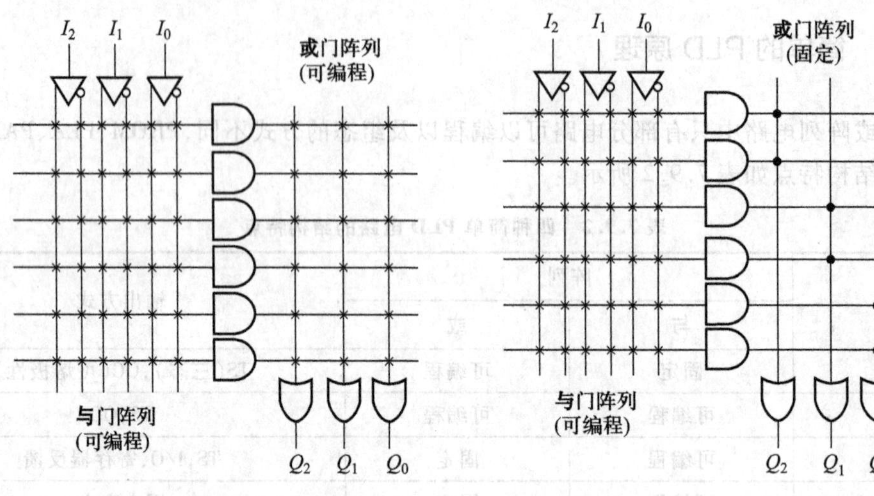

图 7.9.4　PLA 阵列结构图　　　图 7.9.5　PAL(GAL)的阵列结构图

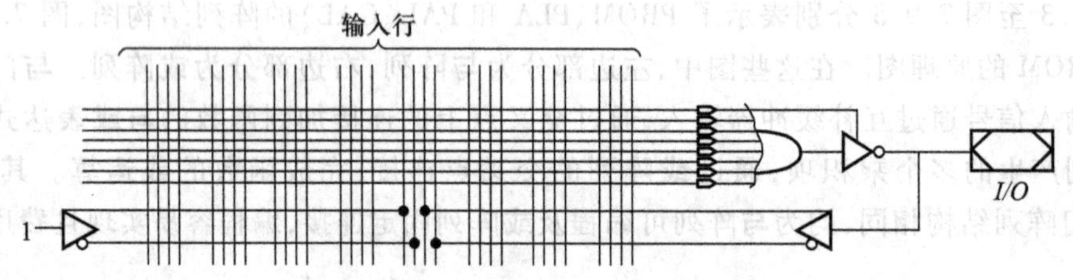

图 7.9.6　可编程输入/输出结构

带反馈的寄存器输出结构如图 7.9.7 所示，产品 PAL16R8（R 代表 Register）就属于寄存器输出结构。在系统时钟 *CLK* 的上升沿到来后，或门的输出被存入 *D* 触发器，然后通过选通三态缓冲器送到输出端。*D* 触发器的 *Q* 输出经反馈缓冲器送到与阵列的输入端。这样的 PAL 具有记忆功能，能实现时序逻辑功能，而 PROM 和 PLA 没有寄存器结构，不能实现时序逻辑功能。

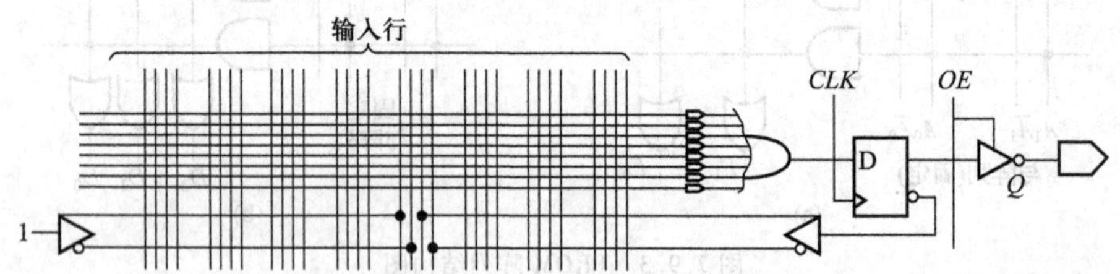

图 7.9.7　带反馈的寄存器输出结构

GAL 和 PAL 最大的差别在于 GAL 的输出结构可由用户定义，是一种灵活可编程的输出结构。GAL 的两种基本型号 GAL16V8（20 引脚）和 GAL20V8（24 引脚）可代替数十种 PAL，因而称为通用可编程逻辑器件。GAL 的每一个输出端都集成了一个输出逻辑宏单元 OLMC（Output Logic Macro Cell）。图 7.9.8 是 GAL22V10 的 OLMC 内部逻辑图。

OLMC 中除了包含或门阵列和 *D* 触发器之外，还多了两个数据选择器（MUX），其中 4 选 1 MUX 用来选择输出方式和输出极性，2 选 1 MUX 用来选择反馈信号。数据选择器的状态取决于

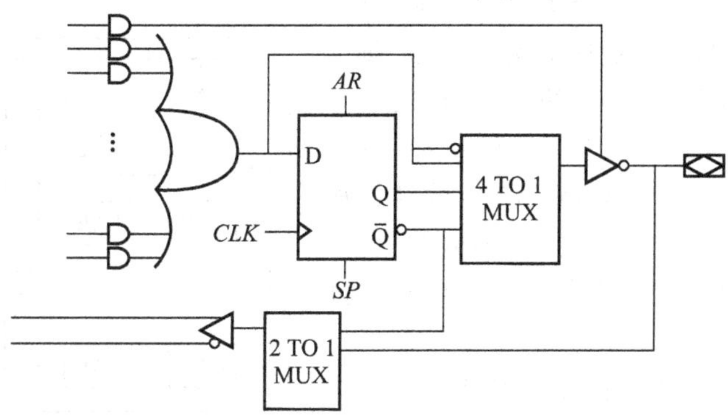

图 7.9.8 GAL22V10 的 OLMC 内部逻辑图

2 位可编程特征码 S_1、S_0 的控制。编程信息使 S_1、S_0 编为 **00**、**01**、**10**、**11** 中的一个，OLMC 便可以分别被组态为四种输出方式中的一种，如图 7.9.9 所示。

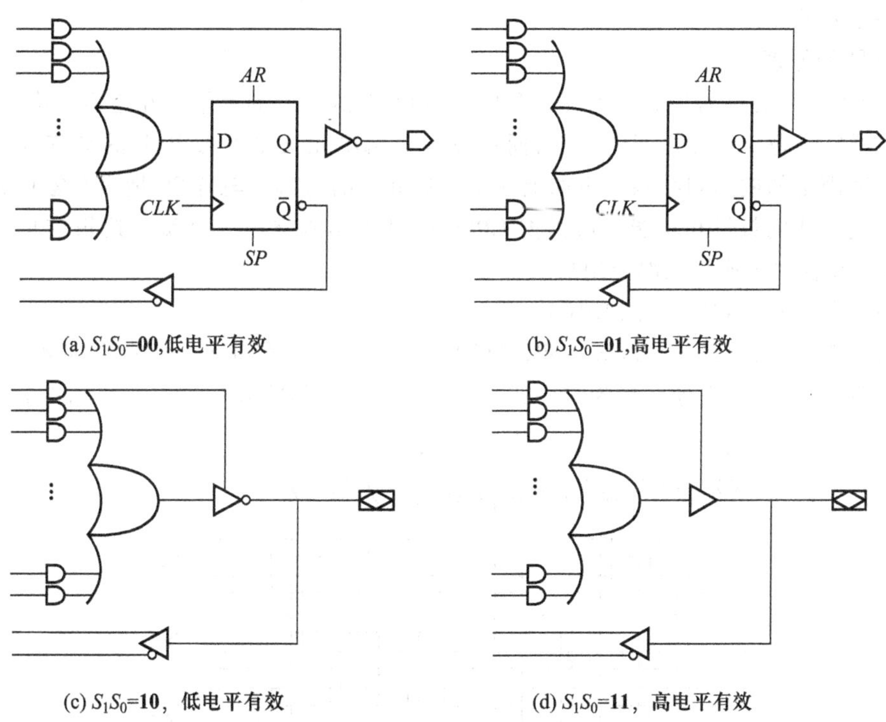

图 7.9.9 GAL22V10 的四种输出组态

7.9.3 CPLD 的结构与原理

1. CPLD 的结构

早期的 CPLD 主要用来替代 PAL 器件，所以其结构与 PAL、GAL 基本相同，由可编程**与**阵列、固定**或**阵列、输入缓冲电路、输出宏单元组成，再加上一个全局共享的可编程**与**阵列，把多个宏单元连接起来,并增加了 I/O 控制模块的数量和功能。

在 CPLD 中,通常将整个逻辑分为几个区,每个区相当于一个 GAL 或几个 GAL 的组合,再用总线实现各区之间的逻辑互连。典型的 CPLD 有 Altera 公司的 MAX 系列器件,其中 MAX 7128S 的结构如图 7.9.10 所示。可见,CPLD 中包含三种逻辑资源:逻辑阵列单元 LAB、可编程 I/O 单元和可编程内部互连资源。

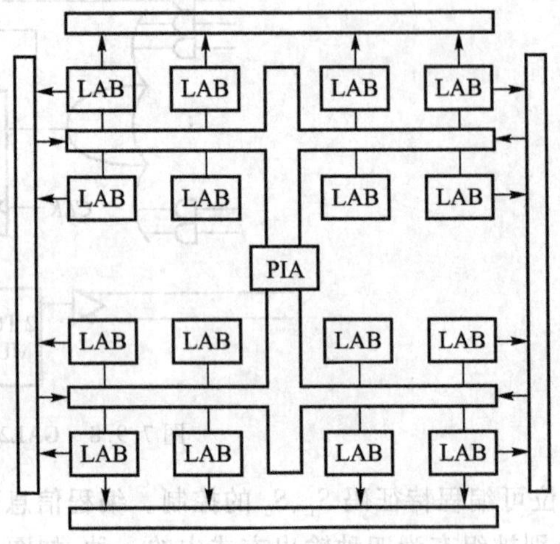

图 7.9.10　MAX 7128S 的结构

由图 7.9.10 可见,CPLD 的基本结构是由一个二维的逻辑块阵列组成的,它是构成 CPLD 器件的逻辑组成核心,还有多个 I/O 块以及连接逻辑块的互连资源(由各种长度的连线线段组成,其中也有一些可编程的连线开关,它们用于逻辑块之间、逻辑块与 I/O 块之间的连接)。

2. CPLD 的原理

CPLD 由可编程逻辑的功能块围绕一个位于中心、时延固定的可编程互连矩阵构成。由固定长度的金属线实现逻辑单元之间的互连,而可编程逻辑单元又是类似 PAL 的**与**阵列,采用可编程的**与**阵列和固定的**或**阵列结构。再加上一个全局共享的可编程**与**阵列,把多个宏单元连接,并增加 I/O 控制模块的数量和功能。可以把 CPLD 的基本结构看成由可编程逻辑宏单元、可编程 I/O 单元和可编程内部连线三部分组成。

(1) 可编程逻辑阵列宏单元(LMC)

可编程逻辑宏单元(Logic Macro Cell, LMC)内部主要包括**与**阵列、**或**阵列、可编程触发器和多路选择器等电路,能独立地配置为时序或组合工作方式。**与或**阵列结构如图 7.9.11 所示。

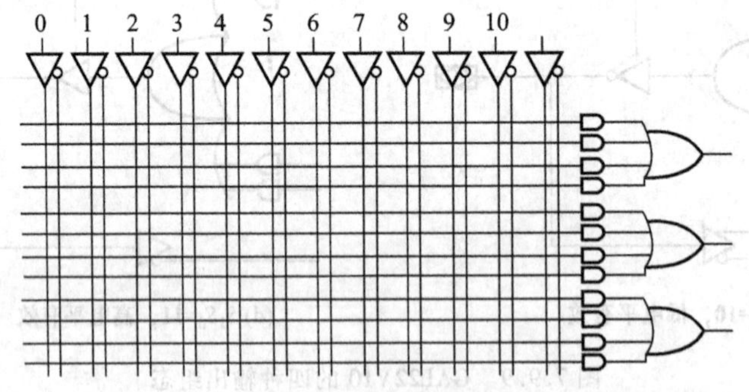

图 7.9.11　**与或**阵列结构图

EPLD 器件与 GAL 器件相似,其逻辑宏单元同 I/O 做在一起,称为输出逻辑宏单元(OLMC),但其宏单元及**与**阵列数目比 GAL 大得多,CPLD 器件的宏单元在内部,称为内部逻辑宏单元。CPLD 除了密度高之外,逻辑宏单元结构上还具有如下特点。

① 乘积项共享结构　早期可编程逻辑器件的**与或**阵列中,每个**或**门的输入乘积项最多为 7 个或 8 个,当要实现多于 8 个乘积项的逻辑函数时,必须进行逻辑变换。而在 CPLD 的宏单元

中,如果输出表达式的**与**项较多,对应的**或**门输入端不够用时,可以借助可编程开关将同一单元(或其他单元)中的其他**或**门与之联合起来使用,或者在每个宏单元中提供未使用的乘积项供其他宏单元使用。图 7.9.12 为 EPM7128E 乘积项扩展和并联扩展项的结构图。从图中看出,每个共享扩展项可以被任何宏单元使用和共享,并联扩展项可以从邻近的宏单元中借用,宏单元中不用的乘积项都可以分配给邻近的宏单元。因此,乘积项共享结构提高了资源利用率,可以实现快速复杂的逻辑函数。

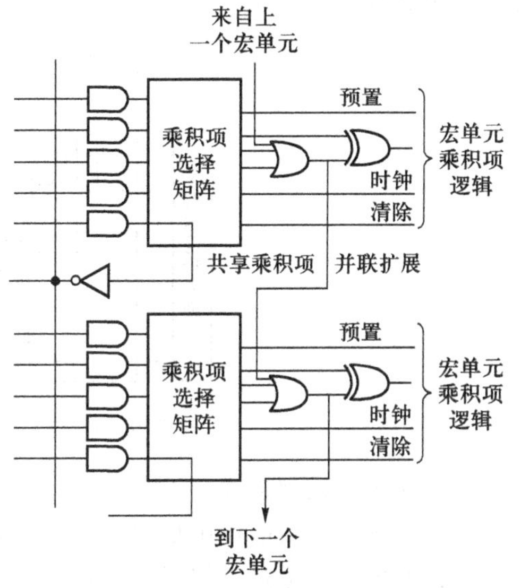

图 7.9.12 EPM7128E 乘积项扩展和并联扩展项的结构图

② 多触发器结构 早期可编程器件的每个输出宏单元(OLMC)只有一个触发器,而 CPLD 的宏单元内通常含有两个或两个以上的触发器,其中只有一个触发器与输出端相连,其余触发器的输出不与输出端相连,但可以通过相应的缓冲电路反馈到**与**阵列,从而与其他触发器一起构成较复杂的时序电路。这些不与输出端相连的内部触发器就称为"隐埋"触发器。这种结构可以不增加引脚数目,只增加其内部资源。

③ 异步时钟 早期可编程器件只能实现同步时序电路,在 CPLD 器件中各触发器的时钟可以异步工作,有些器件中触发器的时钟还可以通过数据选择器或时钟网络进行选择。此外,OLMC 内触发器的异步清零和异步置位也可以用乘积项进行控制,因而使用更加灵活。

(2) 可编程 I/O 单元(IOC)

CPLD 的 I/O 单元(IOC,Input/Output Cell),是内部信号到 I/O 引脚的接口部分。根据器件和功能的不同,各种器件的结构也不相同。由于阵列型器件通常只有少数几个专用输入端,大部分端口均为 I/O 端,而且系统的输入信号通常需要锁存,因此 I/O 常作为一个独立单元来处理。图 7.9.13 为与 PAL 兼容的 CPLD 器件的 I/O 单元结构图,其内部由三态输出缓冲器、输出极性选择、输出选择等数据选择器组成。

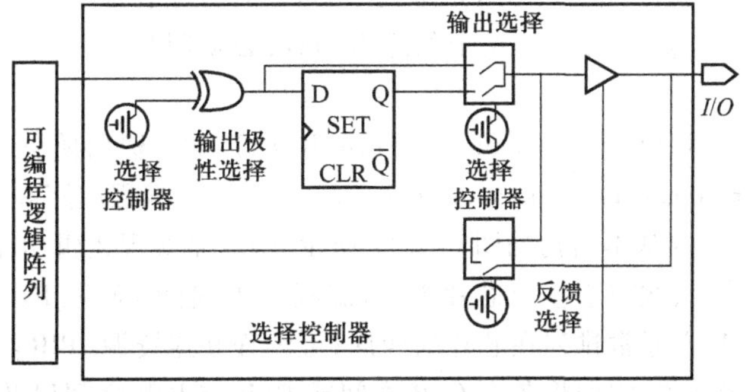

图 7.9.13 与 PAL 兼容的 CPLD 器件的 I/O 单元结构图

图 7.9.14 为与 GAL 器件兼容的 I/O 单元结构图，其内部由触发器输出极性选择、输出选择器和反馈选择器等组成。

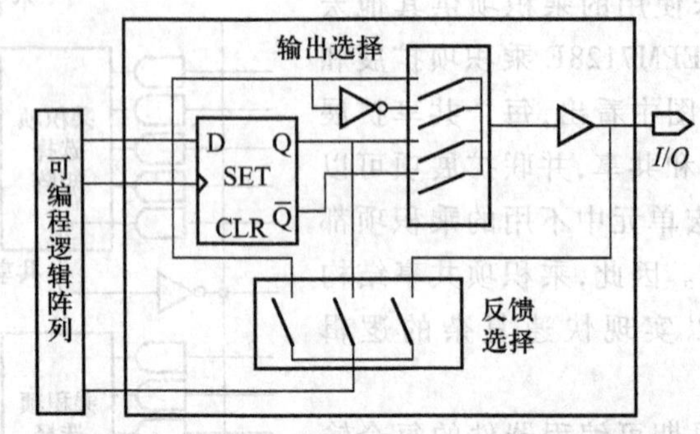

图 7.9.14　与 GAL 器件兼容的 I/O 单元结构图

(3) 可编程内部连线

可编程内部连线的作用是在各逻辑宏单元之间以及逻辑宏单元和 I/O 单元之间提供互连网络。各逻辑宏单元通过可编程连线阵列接收来自输入端的信号，并将宏单元的信号送到目的地。这种互连机制有很大的灵活性，它允许在不影响引脚分配的情况下改变内部的设计。

7.9.4　FPGA 的结构与原理

1. FPGA 的结构

FPGA 采用查找表逻辑结构，即可编程的查找表(Look Up Table，LUT)结构，LUT 是可编程的最小逻辑构成单元。大部分 FPGA 采用基于 SRAM 的查找表结构，就是用 SRAM 来构成逻辑函数发生器。Xilinx 公司的 XC4000 系列、Spartan 系列，Altera 公司的 FLEX IOK 系列、ACEX、APEX、Cyclone 等系列都采用 SRAM 查找表构成，是典型的 FPGA 器件。

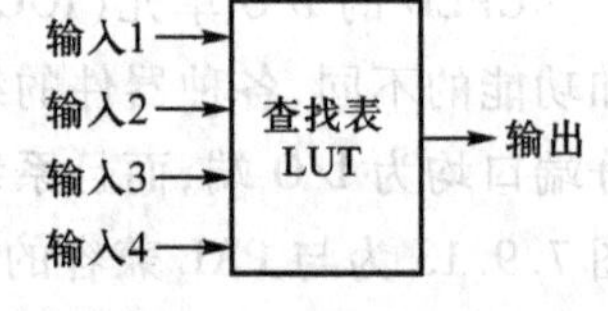

图 7.9.15　四输入查找表单元

一个 N 输入查找表可以实现 N 个输入变量的任何逻辑功能，如图 7.9.15 所示是四输入 LUT，其内部结构如图 7.9.16 所示，如 N 输入与、N 输入异或等。一个 N 输入的查找表，需要 SRAM 存储 N 个输入构成的真值表，需要用 $2N$ 个位的 SRAM 单元。显然 N 不可能很大，否则 LUT 的利用率很低，输入多于 N 个的逻辑函数，必须用几个查找表分开实现。

FPGA 由可编程逻辑块(CLB，Configurable Logic Block)、输入输出模块(IOB，I/O Block)及可编程互连资源(PIR，Programmable Interconnect Resource)三种可编程电路和一个 SRAM 结构的配置存储单元组成。FPGA 的基本结构如图 7.9.17 所示，CLB 是实现逻辑功能的基本单元，它们通常规则地排列成一个阵列，散布于整个芯片中；可编程输入/输出模块(IOB)主要完成芯片上的逻辑与外部引脚的接口，它通常排列在芯片的四周；可编程互连资源(PIR)包括各种长度的连线线段和一些可编程连接开关，它们将各个 CLB 之间或 CLB 与 IOB 之间以及 IOB 之间连接起来，构成特定功能的电路。

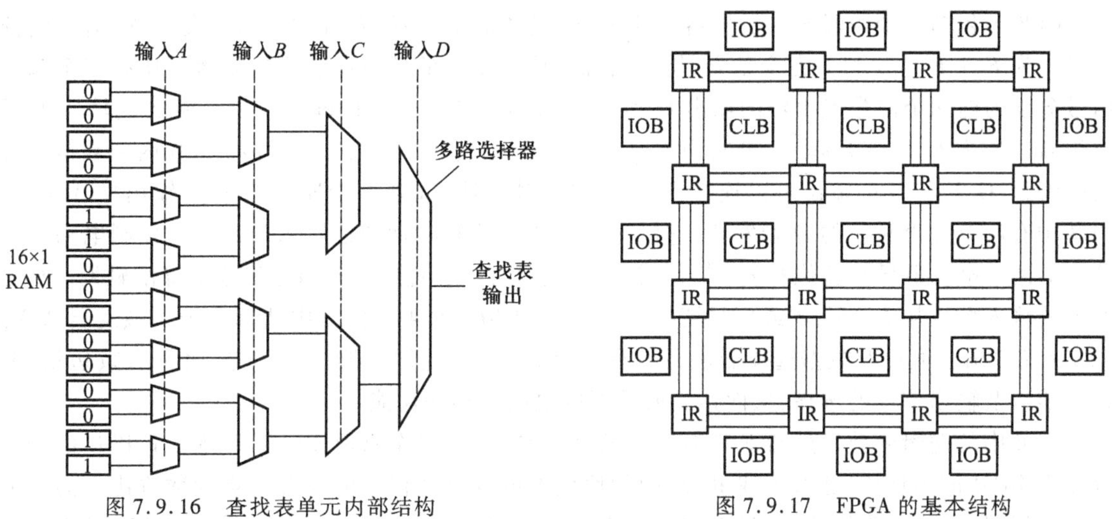

图 7.9.16 查找表单元内部结构

图 7.9.17 FPGA 的基本结构

2. FPGA 的原理

FPGA 由可编程逻辑块(CLB)、输入/输出模块(IOB)及可编程互连资源(PIR)三种可编程电路和一个 SRAM 结构的配置存储单元组成。

(1) 可编程逻辑块(CLB)

CLB 主要由逻辑函数发生器、触发器、数据选择器等电路组成。图 7.9.18 是 XC4000 系列的 CLB 基本结构框图。

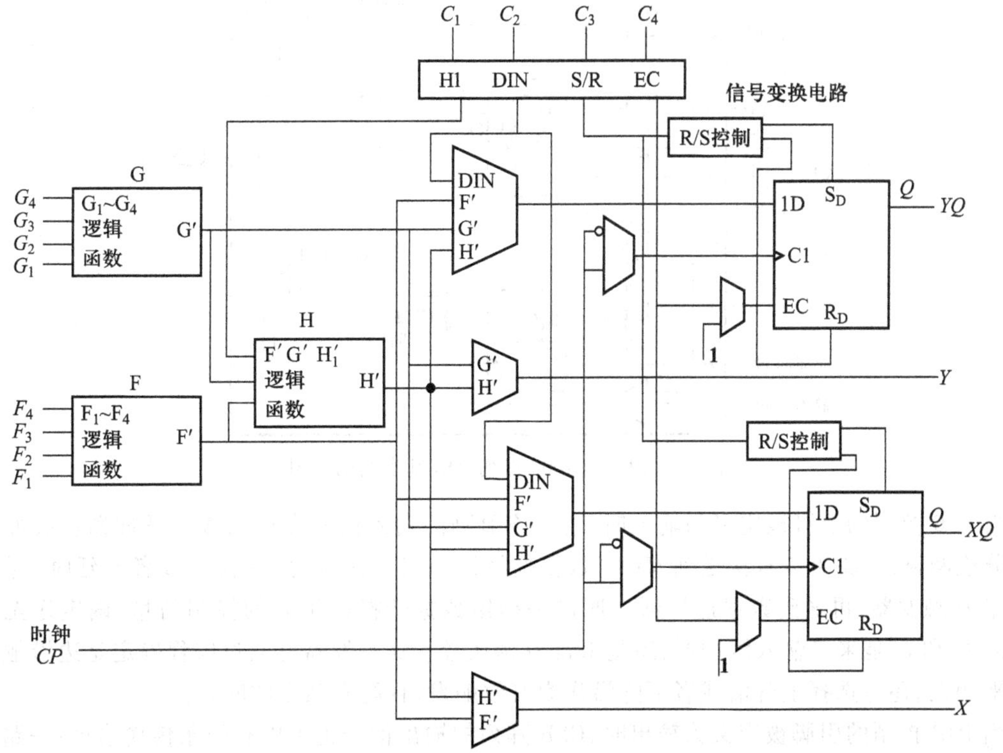

图 7.9.18 XC4000 系列的 CLB 基本结构框图

CLB 中包括三个逻辑函数发生器 G、F 和 H,具体输出为 G'、F'和 H'。G 的输入为 $G_1 \sim G_4$;F 的输入为 $F_1 \sim F_4$。G 和 F 完全独立,均可实现 4 输入变量的任意组合逻辑函数。H 有三个输入信号分别为前两个函数发生器的输出 G'和 F'以及信号变换电路的输出 H_1',H 能实现输入的任意组合。G、F 和 H 结合起来,可实现多达 9 变量的组合逻辑函数。通过对 CLB 内部数据选择器的编程,G、F 和 H 的输出可以连接到 CLB 内部触发器,或者直接连到 CLB 的输出端 X 或 Y。CLB 中有两个边沿触发的 D 触发器,它们有公共的时钟和时钟使能输入端。R/S 控制电路可以分别对两个触发器异步置位和复位。每个 D 触发器可以配置成上升沿触发或下降沿触发。D 触发器的输入可以从 F'、G'、H'或信号变换电路送来的 DIN 这 4 个信号中选择一个。触发器从 XQ 和 YQ 端输出。通过对数据选择器进行编程控制,可以实现触发器输入信号、时钟有效边沿、时钟使能以及输出信号的选择,从而达到所需要的电路结构和功能。

CLB 中的逻辑函数发生器 F 和 G 均为查找表结构,其工作原理类似于 ROM。F 和 G 的输入等效于 ROM 的地址码,通过查找 ROM 中的地址表可以得到相应的组合逻辑函数输出。另一方面,通过信号变换电路的控制,逻辑函数发生器 F 和 G 还可以作为器件内高速 RAM 或小的可读/写存储器使用。

(2) 输入/输出模块(IOB)

IOB 主要由输入触发器、输入缓冲器和输出触发/锁存器、输出缓冲器组成,其结构框图如图 7.9.19所示。每个 IOB 控制一个引脚,它们可被配置为输入、输出或双向 I/O 功能。

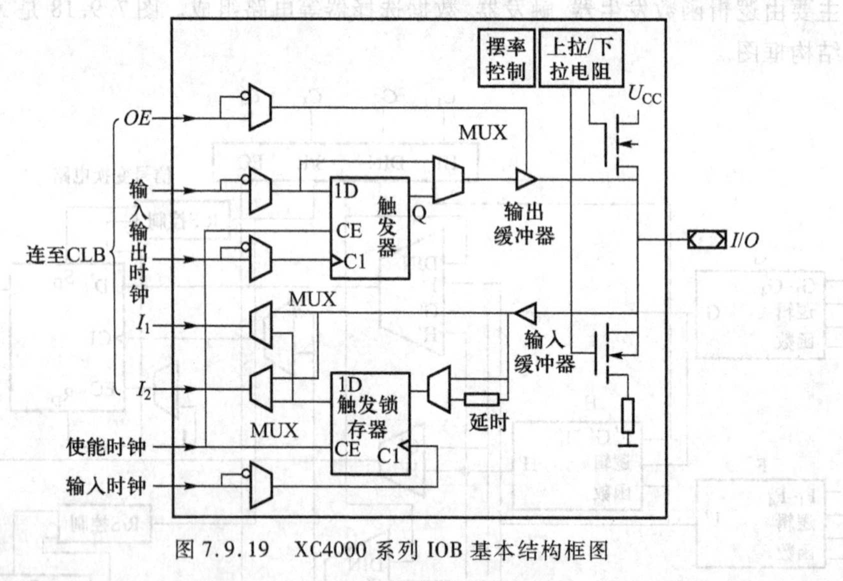

图 7.9.19 XC4000 系列 IOB 基本结构框图

当 IOB 控制的引脚被定义为输入时,通过该引脚的输入信号先送入输入缓冲器。缓冲器的输出分成两路,一路可以直接送到 MUX(数据选择器);另一路延时几纳秒(或者不延时)送到输入通路 D 触发器,再送到数据选择器。通过编程给数据选择器不同的控制信息,确定送至 CLB 阵列的 I_1 和 I_2 是来自输入缓冲器,还是来自 D 触发器。D 触发器可通过编程确定是边沿触发还是电平触发,还可选择上升沿或者下降沿作为有效触发,且配有独立的时钟。

当 IOB 控制的引脚被定义为输出时,CLB 阵列的输出信号也可以有两条传输途径:一路是直接经 MUX 送至输出缓冲器;另一路是先存入输出通路 D 触发器,再送至输出缓冲器。输出通路

D 触发器也有独立的时钟，且可任选触发边沿输出缓冲器既受 CLB 阵列送来的 OE 信号控制，使输出引脚有高阻状态，还受转换速率控制电路的控制，使它可高速或低速两种运行方式。

IOB 输出端配有两只 MOS 管，它们的栅极均可编程，使 MOS 管导通或截止，分别经上拉电阻（或下拉电阻）接通 U_{CC}、地线或者不接通，用于改善输出波形和负载能力。

(3) 可编程互连资源(PIR)

PIR 由许多金属线段构成，这些金属线段带有可编程开关，通过自动布线连接各种电路，实现 CLB 和 CLB 之间、CLB 和 IOB 之间的连接。

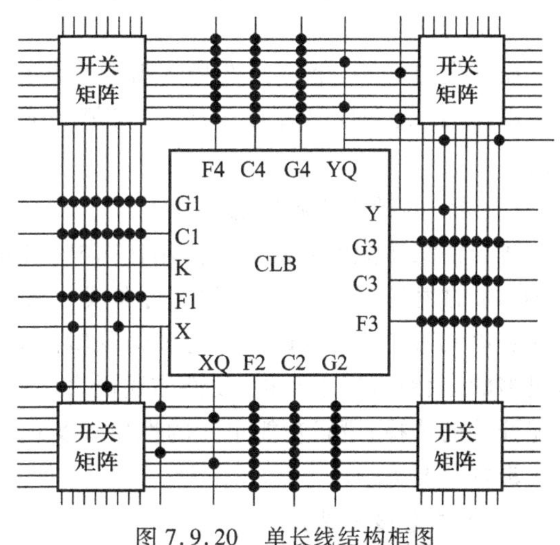

图 7.9.20 单长线结构框图

XC4000 系列采用分段互连资源结构，按相对长度可分为单长线、双长线和长线三种。单长线连接结构框图如图 7.9.20 所示，这些连线是贯穿于 CLB 之间的 8 条垂直和水平金属线段，这些金属线段的交叉点是可编程开关矩阵。CLB 的输入和输出分别接至相邻的单长线，进而可与开关矩阵相连。通过编程，可控制开关矩阵将某个 CLB 与其他 CLB 或 IOB 连在一起。

双长线连接结构如图 7.9.21 所示。它包括夹在 CLB 之间的 4 条垂直和水平金属线段。双长线金属线段的长度是单长线金属线段的两倍，要穿过两个 CLB 之后，这些金属线段才与可编程的开关矩阵相连。因此，通用双长线可使两个相隔(非相邻)的 CLB 连接。

可编程开关矩阵的连线点上有 6 个选通晶体管，进入开关矩阵的信号，可与任何方向的单长线或双长线互连。

单长线和双长线提供了相邻 CLB 之间的快速互连和复杂互连的灵活性，但传输信号每通过一个可编程开关矩阵，就增加一次延时。因此，FPGA 内部延时与器件结构和逻辑布线等有关，它的信号传输延时不可确定。

长线连接结构如图 7.9.22 所示。长线连接不经过可编程开关矩阵而直接贯穿整个芯片，由

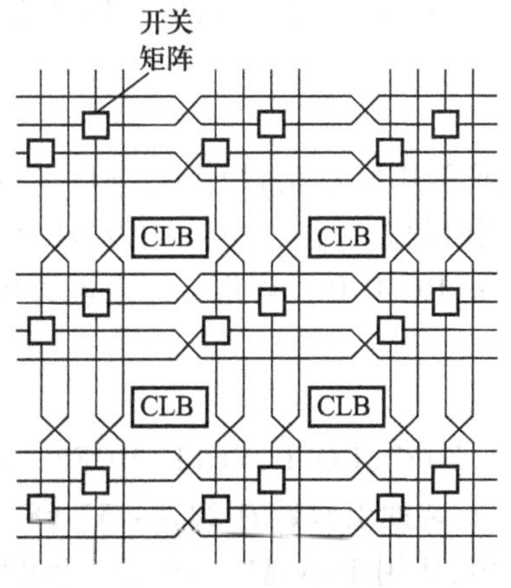

图 7.9.21 双长线结构框图

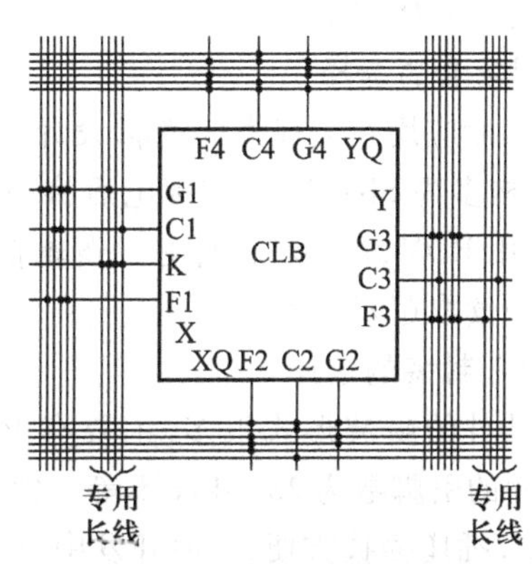

图 7.9.22 长线结构框图

于长线连接信号延时时间短,主要用于高扇出、关键信号的传播。每条长线中间有可编程分离开关,使长线分成两条独立的连线通路,每条连线只有阵列的宽度或高度的一半。CLB 的输入可以由邻近的任一长线驱动,输出可以通过三态缓冲器驱动长线。

7.9.5 可编程逻辑器件的应用选择

在开发过程中,器件的选择一般需要考虑以下因素:门密度、内存容量、最大的时钟频率、工作电压、最大 I/O 引脚数、封装形式等。下面以 FPGA 器件选择为例,分析器件选择的一般方法。

1. 器件的逻辑资源量的选择

适当估测功能资源以确定使用什么样的器件。对于 FPGA 的估测应考虑到其结构特点。由于 FPGA 的逻辑颗粒比较小,即其可布线区域是散布在所有的宏单元之间的,因此,FPGA 对于相同的宏单元数将比 CPLD 对应更多的逻辑门数。在实际开发中,逻辑资源的占用情况涉及因素是很多的,大致有以下几种:硬件描述语言的选择、描述风格的选择、HDL 综合器的选择;综合和适配开关的选择;逻辑功能单元的性质和实现方法。一般情况下,许多组合电路比时序电路占用的逻辑资源要大。

2. 芯片速度的选择

随着可编程逻辑器件集成技术的不断提高,FPGA 的工作速度也不断提高,Pin - to - Pin 延时已经达到纳秒级,在一般使用中,器件的工作频率已经足够了。目前,Altera 公司和 Xilinx 公司的器件标称工作频率最高都超过 300 MHz。

具体设计中应对芯片速度的选择有一个综合考虑,并不是速度越高越好。芯片速度的选择应与所设计系统的最高工作速度一致,使用了速度过高的器件将加大印制电路板 PCB 设计的难度。这是因为器件的高速性能越好,则对外界微小毛刺信号的反应敏感性越好,若电路处理不当,或编程前的配置选择不当,极易使系统处于不稳定的工作状态。

3. 器件功耗的选择

FPGA 工作电压越来越低,3.3 V 和 2.5 V 甚至更低的工作电压的使用已十分普遍。因此,在低功耗、高集成度方面,FPGA 具有绝对的优势。相对而言,Xilinx 公司的器件的性能比较稳定,功耗较低,用户 I/O 利用率高。

4. 应用场合的选择

FPGA 一般应用在大规模的逻辑设计、ASIC 设计或单片机系统设计上。FPGA 保存逻辑功能的物理结构多为 SRAM 型,即掉电后将丢失原有的逻辑信息,所以在实用中需要为 FPGA 芯片配置一个专用 ROM,需要将设计好的逻辑信息记录在此 ROM 中。电路一旦上电,FPGA 就能自动从 ROM 中读取逻辑信息。

5. FPGA 封装的选择

FPGA 器件的封装形式很多,主要有 PLCC、PQFP、TQFP、RQFP、VOFP、MQFP、PGA 和 BGA 等,每个芯片的引脚数为 28 ~ 484 不等。常用的 PLCC 封装的引脚数有 28、44、52、68、84 等规格。现成的 PLCC 插座插拔方便,一般开发中,比较容易使用,适用于小规模的开发。PQFP 属贴片封装形式,无须插座,引脚间距有零点几毫米,直接或在放大镜下就能焊接,适用于一般规模的产品开发或生产。RQFP 或 VQFP 引脚间距比 PQFQ 要小,徒手难于焊接,多数大规模、多 I/O 的器件都采用这种封装。PGA 封装的成本比较高,一般不直接用作系统器件。BGA 封装的引脚属于球状引脚,是大规模 PLD 器件常用的封装形式。BGA 封装的引脚结构具有更强的抗干扰和机械抗振性能。

6. 其他因素的选择

相对而言,在 PLD 主流公司的产品中,Altera 公司和 Xilinx 公司的设计比较灵活,器件利用率比较高,器件价格比较便宜,品种和封装形式比较丰富。

复习思考题及练习题

7-1 填空题

(1) 逻辑变量只有(　　　)和(　　　)两种对立的状态。

(2) 三种基本逻辑运算是指(　　　)、(　　　)和(　　　)。

(3) **1+1=1** 是(　　　)运算,**1+1=10** 是(　　　)。

(4) 触发器具备(　　　)、(　　　)、(　　　)三个基本特点。

(5) 触发器按逻辑功能,可分为(　　　)、(　　　)、(　　　)、(　　　)和(　　　)五种类型。

(6) (　　　)触发器的功能最齐全,(　　　)触发器的抗干扰能力最强。

(7) 时序电路任何时刻的稳定输出信号由(　　　)和(　　　)共同决定。

(8) 时序电路按电路中触发器的状态变化是否同步,可分为(　　　)电路和(　　　)电路。

(9) 同步时序电路分析的基本步骤是写出(　　　)、(　　　)和(　　　)方程,将输入信号和电路的初态代入(　　　)和(　　　)方程,得出(　　　)表或(　　　)图和(　　　)图,最后用文字说明电路的功能。

(10) 中规模集成计数器构成 N 进制的方法有(　　　)和(　　　)两大类。

(11) N 位移位寄存器欲实现串行输入、并行输出,需加(　　　)个 CP 就可以完成,若再实现串行输出又要再加(　　　)CP 才能完成。

(12) 555 集成定时器由(　　　)、(　　　)、(　　　)、(　　　)和(　　　)5 个部分组成。

(13) 多谐振荡器,振荡频率 f_0 表达式是(　　　),占空比 q 的表达式是(　　　)。

(14) 单稳态触发器,暂稳态的宽度 t_W 的表达式是(　　　)。

(15) 将(　　　)转换成(　　　)的电路,称为模数转换器,将(　　　)转换成(　　　)的电路,称为数模转换器。

(16) D/A 转换器包括(　　　)、(　　　)、(　　　)和(　　　)四个基本部分构成。

(17) D/A 转换器的分辨率 S 的表达式是(　　　)。

(18) A/D 转换一般包括(　　　　)、(　　　　)、(　　　　)和(　　　　)四个基本步骤。

(19) $R-2R$ T 形电阻网络 DAC 中,设位数 $n=6$,$R_F=3R$,基准电压 $U_{REF}=10$ V,输入 $X=$ **110101** 时,输出 u_O 为(　　　　)V。

(20) 8 位 ADC 的输入为 +5 V 时,输出为全 **1**,输入为 0 V 时,输出为全 **0**,若输入 1 V 时,A/D转换后的二进制码为(　　　　)。

(21) A/D 转换过程有(　　　　)、(　　　　)、(　　　　)、(　　　　)四个步骤。取样频率至少应是模拟信号最高频率的(　　　　)倍。

(22) A/D 转换器两个最重要的指标是(　　　　)和(　　　　)。

(23) D/A 转换器的分辨率指(　　　　)和(　　　　)之比。

7-2　选择题

(1) 8 位 D/A 转换器当输入数字量只有最低位为 **1** 时,输出电压为 0.02 V,若输入数字量只有最高位为 **1** 时,则输出电压为(　　)V。

A. 0.039　　B. 2.56　　C. 1.27　　D. 都不是

(2) D/A 转换器的参数有(　　)、转换精度和转换速度。

A. 分辨率　　B. 输入电阻　　C. 输出电阻　　D. 参考电压

(3) 一个无符号 10 位数字输入的 DAC,其输出电平的级数为(　　)。

A. 4　　B. 10　　C. 1 024　　D. 210

(4) 将一个时间上连续变化的模拟量转换为时间上断续(离散)的模拟量的过程称为(　　)。

A. 采样　　B. 量化　　C. 保持　　D. 编码

(5) 用二进制码表示指定离散电平的过程称为(　　)。

A. 采样　　B. 量化　　C. 保持　　D. 编码

7-3　(1) 将下列十进制数转换为二进制数:60_{10},$3\,601_{10}$,340.01_{10}。

(2) 将下列二进制数转换为十进制数:$\mathbf{1010}_2$,$\mathbf{111011}_2$,$\mathbf{100011}_2$。

7-4　化简下列逻辑函数:

(1) $F=A\overline{B}+\overline{A}C+\overline{C}\,\overline{D}+D$。

(2) $F=A\overline{B}C+\overline{A}+B+\overline{C}$。

(3) $F=\overline{\overline{A}BC+A\overline{B}}$

7-5　写出图 7.01(a)、(b)所示电路的逻辑表达式。

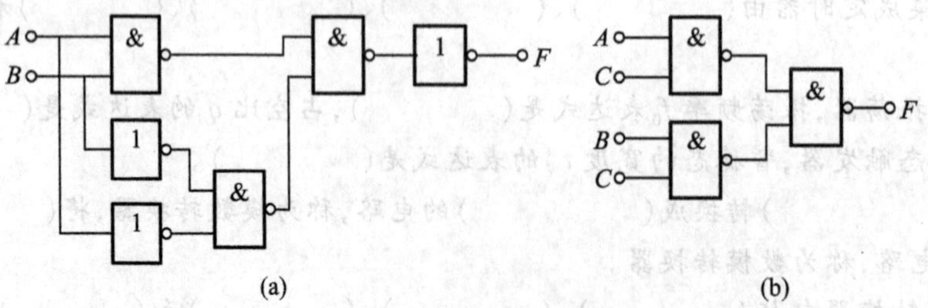

图 7.01　练习题 7-5 的图

7-6　写出图 7.02 的逻辑表达式,列出真值表分析其功能。

7-7 写出图 7.03 所示逻辑图的逻辑函数式，并化简为最简**与或**式。

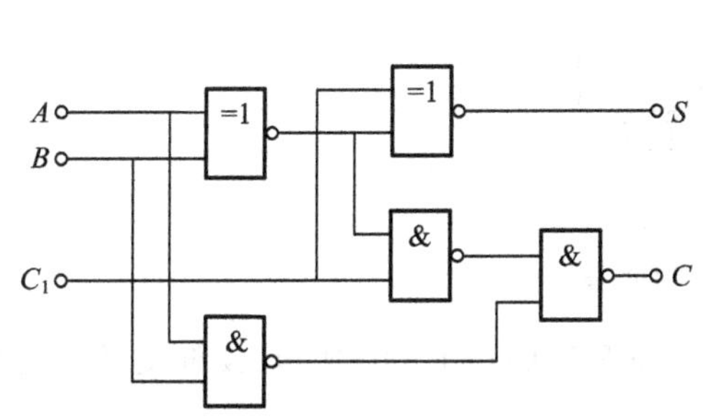

图 7.02 练习题 7-6 的图

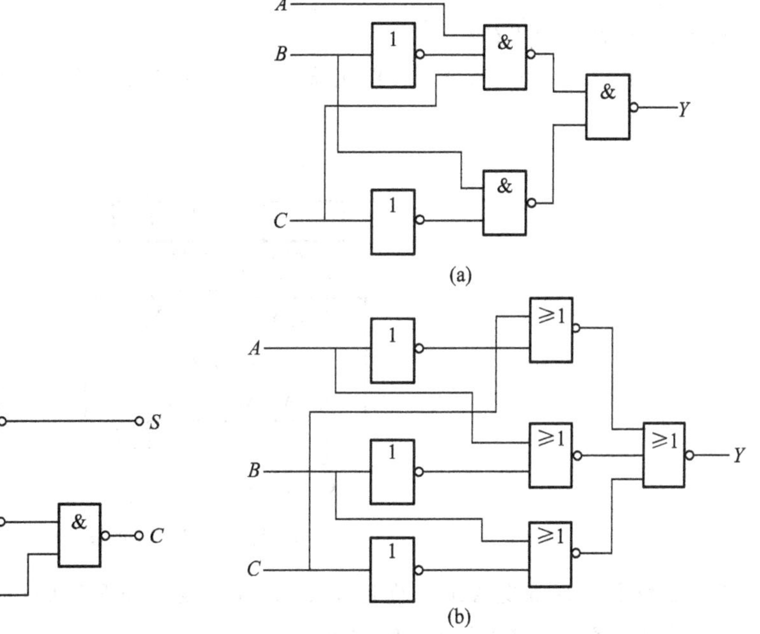

图 7.03 练习题 7-7 的图

7-8 求下列函数的反函数并化为最简**与或**形式。

(1) $Y=AB+C$

(2) $Y=(A+BC)\overline{C}D$

(3) $Y=\overline{(A+\overline{B})(\overline{A}+C)AC+BC}$

(4) $Y=\overline{\overline{A\overline{B}C}+\overline{C}D}(AC+BD)$

(5) $Y=A\overline{D}+\overline{A}\,\overline{C}+\overline{B}\,\overline{C}D+C$

7-9 将下列各函数式化为最小项之和的形式。

(1) $Y=\overline{A}BC+AC+\overline{B}C$

(2) $Y=A\overline{B}\,\overline{C}D+BCD+\overline{A}D$

(3) $Y=A+B+CD$

7-10 用**与**门、**或**门和**非**门实现如下逻辑函数。

(1) $F_1=\overline{A+B}$

(2) $F_2=\overline{A\overline{B}+CD}$

7-11 用**与非**门和**非**门实现如下逻辑函数。

(1) $F_1=A\overline{B}+\overline{C+D}$

(2) $F_2=(\overline{A}C+D)(B+CD)$

7-12 用**与非**门设计一个四变量多数表决电路。当输入变量 A、B、C、D 有 3 个或 3 个以上为 **1** 时，输出为 **1**，输入变量为其他状态时输出为 **0**。

7-13 试用 3 线-8 线译码器 74LS138 及门电路实现如下逻辑函数。

（1）$Y_1 = AC$

（2）$Y_2 = \overline{B}\,\overline{C} + AB\,\overline{C}$

（3）$Y_3 = \overline{AB}C + A\,\overline{B}\,\overline{C} + BC$

7－14　写出图 7.04 的输出 Y_1 和 Y_2 的表达式，并分析该电路的功能。

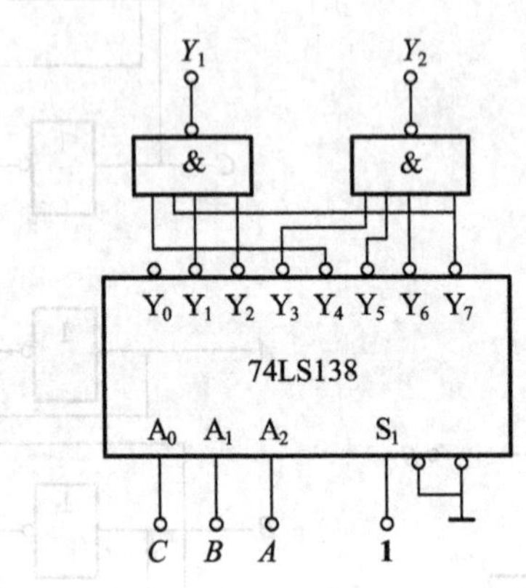

图 7.04　练习题 7－14 的图

7－15　已知边沿 D 触发器组成的电路及 CP、A 的波形如图 7.05(a)、(b)所示，设触发器初态均为 **0**。试画出输出端 Q_1、Q_2 的波形。

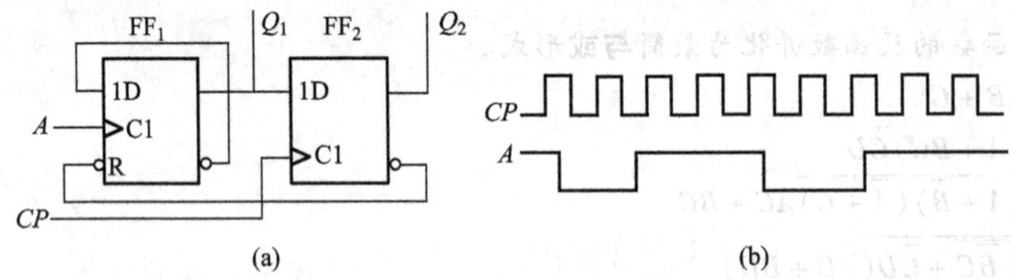

图 7.05　练习题 7－15 的图

7－16　电路及输入波形如图 7.06(a)和(b)所示，试画输出 Q_1、Q_2 波形。设初始状态均为 **0**。

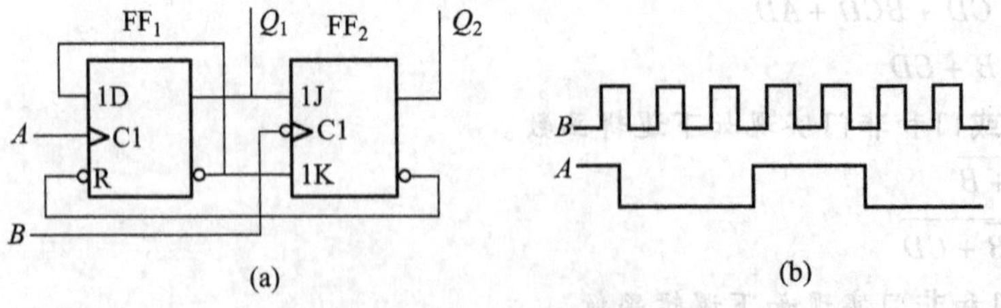

图 7.06　练习题 7－16 的图

7－17　图 7.07 所示各 JK 触发器，已知 CP 波形，对应画出 Q 端波形（各触发器初始状态均为 **1**）。

7－18　写出图 7.08 次态 Q^{n+1} 的函数表达式，并画出 Q 端的波形（设各触发器初始状态为 **0**）。

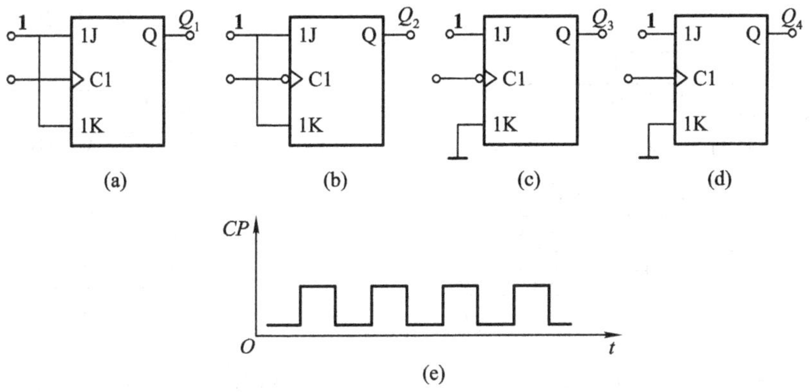

图 7.07 练习题 7-17 的图

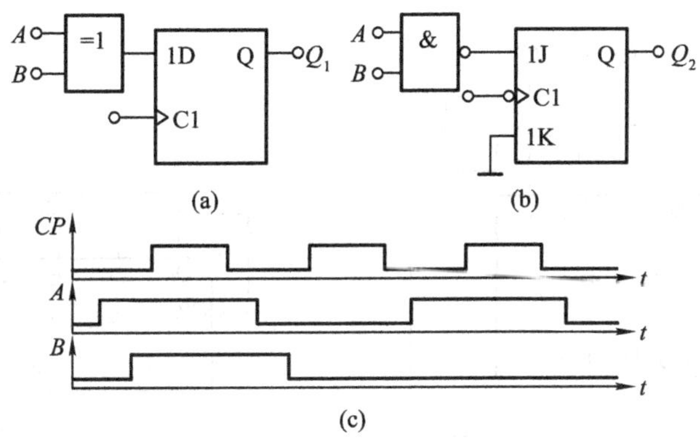

图 7.08 练习题 7-18 的图

7-19 试分析图 7.09 所示电路的逻辑功能。

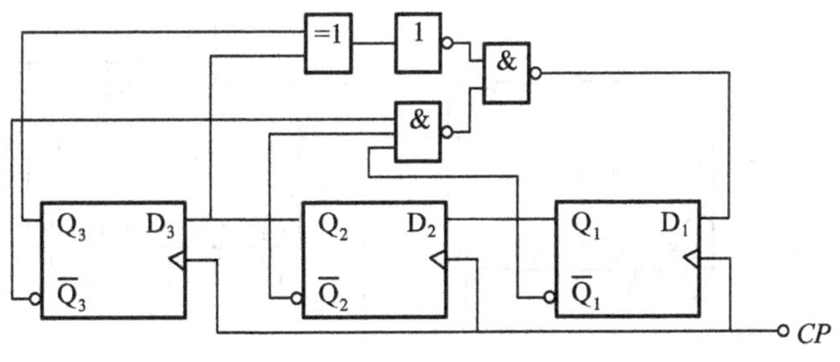

图 7.09 练习题 7-19 的图

7-20 试分析图 7.10 所示的计数器电路,画出电路的状态转换图,说明这是多少进制的计数器。十六进制计数器 74LS161 的功能见表 7.5.4。

7-21 试用反馈置位法,用 74LS290 芯片设计一个同步七进制加法计数器,要求写书设计过程。

7-22 分析题图 7.11 所示电路,画出状态转换图,说明构成几进制计数器。

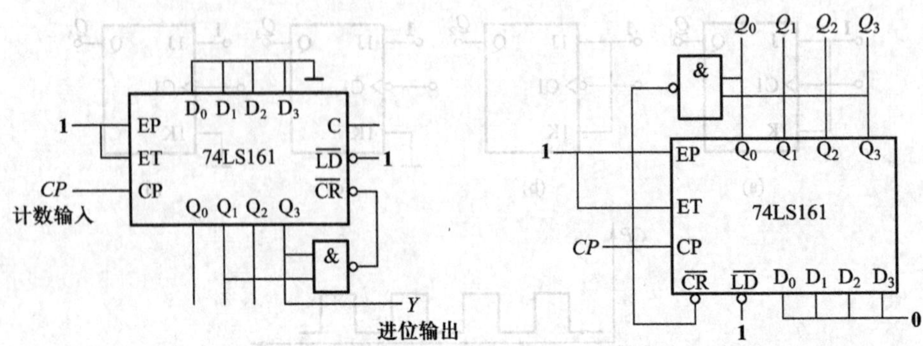

图 7.10　练习题 7-20 的图　　　图 7.11　练习题 7-22 的图

7-23　分析题图 7.12 所示电路，画出状态转换图，并说明是几进制计数器。

7-24　已知电路如题图 7.13 所示，试分析它是几进制计数器。

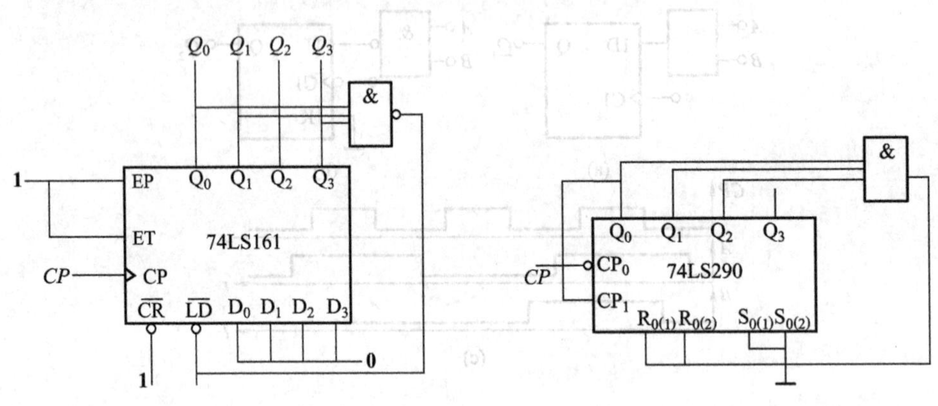

图 7.12　练习题 7-23 的图　　　图 7.13　练习题 7-24 的图

7-25　试运用反馈置数法把题图 7.14 的 74LS161 芯片设计成一个五十进制计数器。

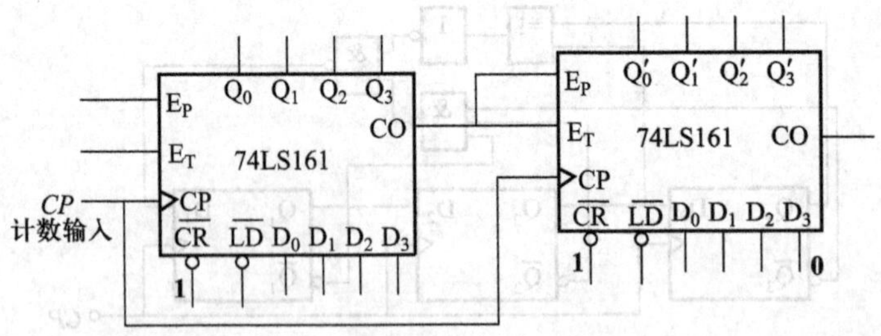

图 7.14　练习题 7-25 的图

7-26　图 7.15 所示为用 555 电路组成的单稳态触发器。如外接电容 $C_{ext}=0.01\ \mu F$，输出脉冲宽度的调节范围为 10 μs ~ 1 ms，试求外接电阻 R_{ext} 的调节范围为多少？

7-27　用集成芯片 555 构成的施密特触发器电路及输入波形 u_I 如题图 7.16(a)、(b)所示，试画出对应的输出波形 u_O。

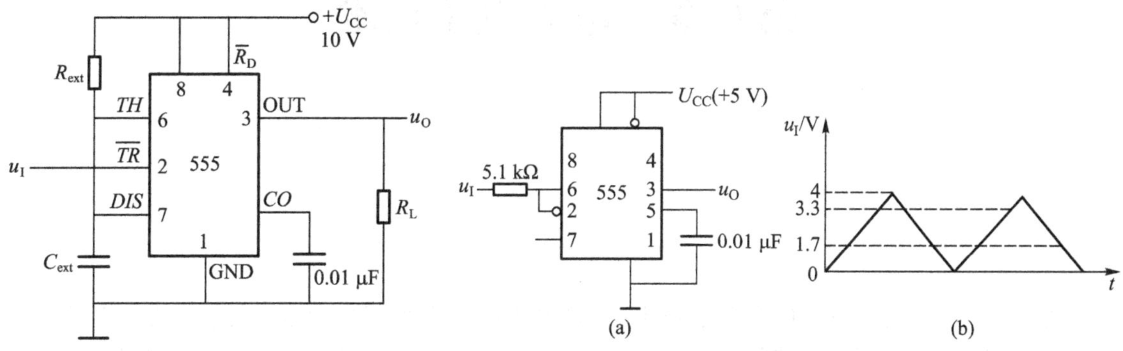

图 7.15 练习题 7-26 的图

图 7.16 练习题 7-27 的图

7-28 题图 7.17 是一个防盗报警电路,a,b 两端被一细铜丝接通,此铜丝置于认为盗窃者必经之处。当盗窃者闯入室内将铜丝碰断后,扬声器即发出报警声(扬声器电压为 1.2 V,通过电流 40 mA)。(1)试问 555 定时器接成何种电路?(2)说明本报警电路的工作原理。

7-29 题图 7.18 是一简易触摸开关电路,当手摸金属片时,发光二极管亮,经过一段时间,发光二极管熄灭。试说明其工作原理,并问二极管能亮多长时间?

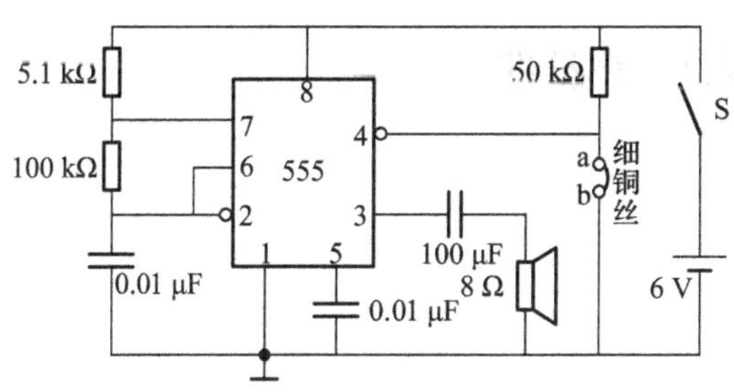

图 7.17 练习题 7-28 的图

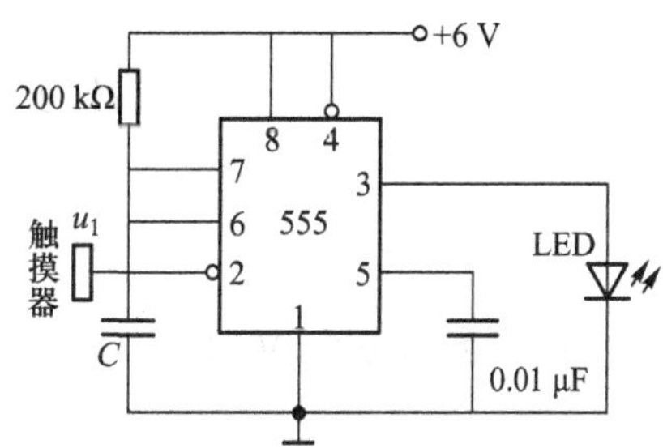

图 7.18 练习题 7-29 的图

7-30 ROM 有哪些种类?它们各有什么特点?

7-31 RAM 和 ROM 的主要区别是什么?

7-32 SRAM 和 DRAM 各有什么优缺点?

7-33 若有一片 256 K×8 位的存储芯片,该芯片有多少个字?每个字有多少位?

7-34 简述可编程逻辑器件的分类。

7-35 用 PLA 器件实现以下逻辑关系,画出阵列图。

$$Y = AB + BC$$

$$Y = B\overline{D} + A\overline{B}D + \overline{A}C\overline{D} + \overline{A}B\overline{D} + AB\overline{C}D$$

7-36 简述 CPLD 的结构和原理。

7-37 简述 FPGA 的结构和原理。

第八章　电力电子技术

电力电子技术又称为大功率电子技术，它是电工技术中采用电力电子器件（功率半导体器件）进行功率变换、控制和处理的一个分支。电力电子技术大致包括下面三个基本组成部分：

① 元器件：电力电子器件、磁元件和电力电容器等。

② 电力电子的变换：变流、变压和变频等。

③ 电力电子器件和计算机等微电子技术相结合的控制部分。

最早的电力电子器件晶闸管制成于 1957 年，1958 年应用于工业控制系统，电力电子技术自此诞生，直到 1974 年成为相对独立的一门学科。它是电气工程中电力、电子和控制三大主要领域之间的边缘学科，近年来，由于新一代的电子器件不断问世，电力电子技术获得了飞速的发展。

8.1　电力电子器件

8.1.1　硅整流二极管

硅整流二极管又称为电力二极管（Power Diode），是最早问世的电力电子器件。从 20 世纪 50 年代起就在半导体整流器中应用，取代了早期的汞弧整流器。硅整流二极管是由截面积较大的 PN 结、两端引线以及封装组成的，其基本结构和工作原理与电子二极管相同。硅整流二极管在电力电子电路中应用广泛，在交直流变换电路中作为整流元件，在电感元件的电能释放电路中作为续流元件，在各种变换电路中作为电压隔离、钳位或保护元件。在整流电路中应用的普通二极管，其正向额定电流和反向电压定额可以达到数千安和数千伏以上。

8.1.2　晶闸管(SCR)

1. 结构及工作原理

晶闸管是具有三个以上 PN 结的电子器件的统称，代表性的晶闸管是具有 PNPN 四层结构的三端器件。图 8.1.1(a)、(b)、(c)分别是其结构示意图、外形图和符号。三个引出端 G、A、K 分别称为门极、阳极和阴极。

晶闸管有导通和阻断两种状态。图 8.1.2 是晶闸管工作的实验电路，工作时，阳极 A、阴极 K、电源 E_1 和负载白炽灯构成主回路；门极 G、阴极 K 和电源 E_2 构成控制回路。

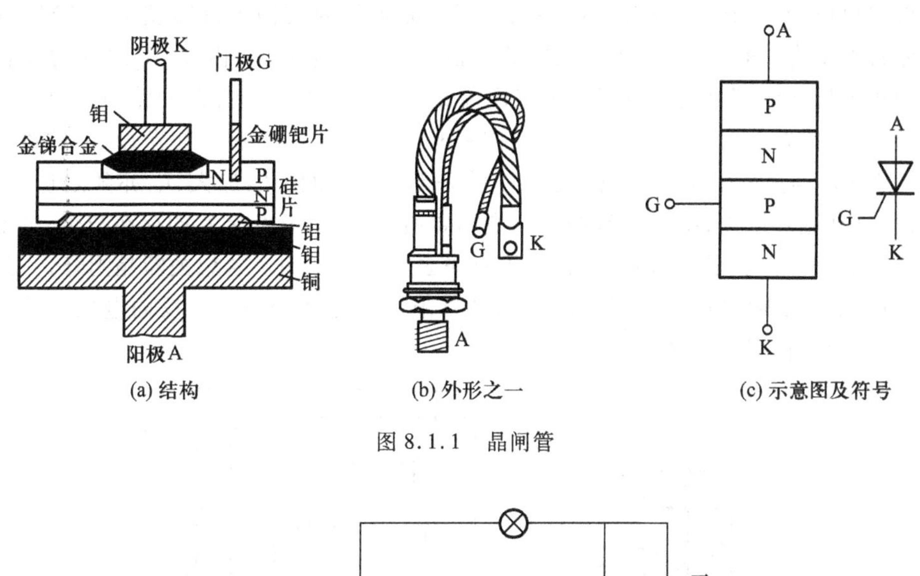

图 8.1.1 晶闸管

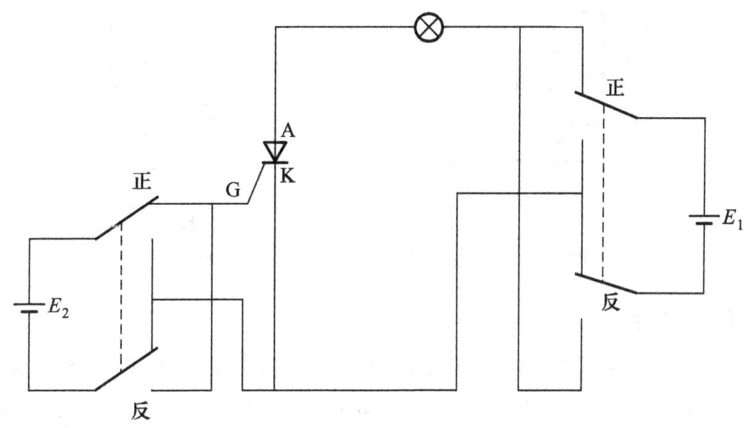

图 8.1.2 晶闸管工作的实验电路

在主回路中,当阳极 A 接电源 E_1 的正极、阴极 K 接电源 E_1 的负极,称为阳极和阴极加正向电压;反之,则称为接反向电压。控制回路中门极 G 接电源 E_2 的正极,阴极 K 接电源 E_2 的负极,称为控制极和阴极加正向电压;反之,则称为接反向电压。电路处于导通状态灯亮,处于阻断状态灯不亮。经过实验可以发现以下几个现象:

① 主回路和控制回路均接正向电压,灯亮,晶闸管导通。

② 灯亮后,只要主回路维持正向电压,控制回路无论接反向电压或断开,灯仍亮,说明门极失去控制作用,晶闸管仍导通。

③ 灯亮后,主回路电压逐渐减少至零,灯才会不亮,晶闸管由导通状态回到阻断状态。

④ 控制回路加反向电压或不加电压,主回路无论加何种电压,灯都不亮,晶闸管处于阻断状态。

分析实验的结果,可以得出晶闸管从阻断到导通,必须同时具备两个条件:

① 晶闸管主回路必须加正向电压。

② 晶闸管控制回路必须加适当的正向电压(一般加正脉冲)。而晶闸管从导通到阻断,控制回路不起作用,只有将主回路电压降至零、改接反向电压或撤除,才能实现。

上述现象可以用晶闸管的等效变换加以解释。晶闸管的结构示意图相当于 PNP 型和 NPN 型两个晶体管的组合，图 8.1.3 示出了其等效变换。由图不难看出，由 T_1、T_2 组成的复合管中的每一管子的集电极电流都是另一管子的基极电流或其主要部分。当控制回路和主回路均接正向电压时，T_2 管刚开始处于放大状态，E_G 产生的控制电流 I_G 就是 T_2 的基极电流 I_{B2}，T_1 的集电极电流 $I_{C1}=\beta_1 I_{B1}=\beta_1\beta_2 I_{B2}=\beta_1\beta_2 I_G$，而 I_{C1} 又构成了 I_{B2} 的一部分，从而使 I_{C2} 加大，I_{C1} 亦随之加大，形成强烈的正反馈，这样循环下去，结果导致两管均饱和导通，此时门极电流 I_G 的存在与否，都不影响晶闸管的导通状态，换言之，晶闸管导通后，门极就失去了控制作用。若想关断晶闸管，一是将晶闸管的阳极电压减小到不能维持正反馈过程，二是将阳极电源断开或接一反向电压。综上所述可知，晶闸管是一个单向可控开关。

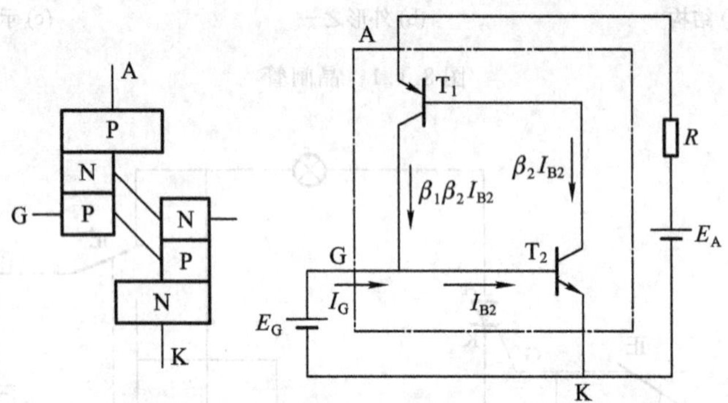

图 8.1.3　晶闸管的等效变换及工作原理

2. 晶闸管的伏安特性

根据图 8.1.4(a)所示的实验电路，可得晶闸管的伏安特性曲线如图 8.1.4(b)所示。当晶闸管的阳极和阴极之间加正向电压时，因门极开路 $I_G=0$，晶闸管内有一个 PN 结处于反向偏置，故只有一个很小的正向漏电流流过，晶闸管阳极和阴极之间呈现很大的电阻，处于阻断状态。当阳极电压升到某一数值时，漏电流突然增大，晶闸管由阻断状态突变到导通状态，此时阳极和阴极间所加的电压称为正向转折电压，用 U_{FBO} 表示。若加适当的门极电流，晶闸管由阻断状态变到导通状态所需的正向转折电压就将小于 U_{FBO}，显然，门极电流越大，对应的正向转折电压就越低，图 8.1.4(b)的 I_{G2}、I_{G3} 和 I_{G4} 显示了这种情况。晶闸管导通后，就可以通过很大的电流，而它本身的饱和压降 U_T 一般在 1 V 左右。

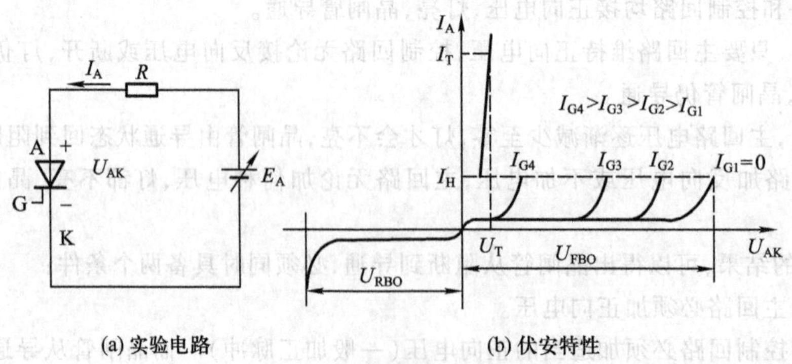

(a) 实验电路　(b) 伏安特性

图 8.1.4　晶闸管的伏安特性

当晶闸管加反向电压时，晶闸管亦处于阻断状态，只有很小的反向漏电流，当反向电压继续增大，达到 U_{RBO}时，反向漏电流会突然增大，晶闸管被反向电压击穿，U_{RBO}称为反向转折电压，即反向击穿电压，此情况类似一般二极管的反向击穿。

3. 晶闸管的主要参数

(1) 正向平均电流 I_F

在规定的环境温度（不大于 40℃）和标准散热及全导通的条件下，晶闸管可以连续通过的工频正弦半波电流在一个周期内的平均值，又称通态平均电流，常简称为正向电流。使用时，对于全导通的晶闸管，通过管子的峰值电流值应不超过 $1.57I_F$，以留有一定的安全裕量。

(2) 维持电流 I_H

在规定的环境温度及门极断路时，维持元件继续导通的最小电流。当晶闸管正向电流小于此值将自动关断。

(3) 正向断态重复峰值电压 U_{FRM}

在额定结温，门极断开时，允许重复加在器件上的正向峰值电压。规定正向转折电压 U_{FBO}的 80% 为 U_{FRM}。

(4) 反向重复峰值电压 U_{RRM}

在额定结温，门极断路时，阳极和阴极之间允许重复加的反向峰值电压。规定反向转折电压 U_{RBO}的 80% 为 U_{RRM}。

(5) 通态平均电压 U_T

在规定条件下，当通过额定通态平均电流时，晶闸管阳极和阴极间电压降的平均值，一般称为管压降，其值为 0.4～1.2 V。

4. 双向晶闸管

双向晶闸管 TRIAC（Triode AC Switch）是晶闸管的派生器件，可以认为是一对反并联普通晶闸管的集成，其电气符号和伏安特性如图 8.1.5 所示。它有两个主电极 T_1 和 T_2，一个门极 G。门极使器件在主电极的正反两方向均可触发导通，所以双向晶闸管在第Ⅰ和第Ⅲ象限有对称的伏安特性。双向晶闸管与一对反并联晶闸管相比不仅经济，而且控制电路简单，所以在交流调压电路、固态继电器和交流电动机调速等领域应用较多。

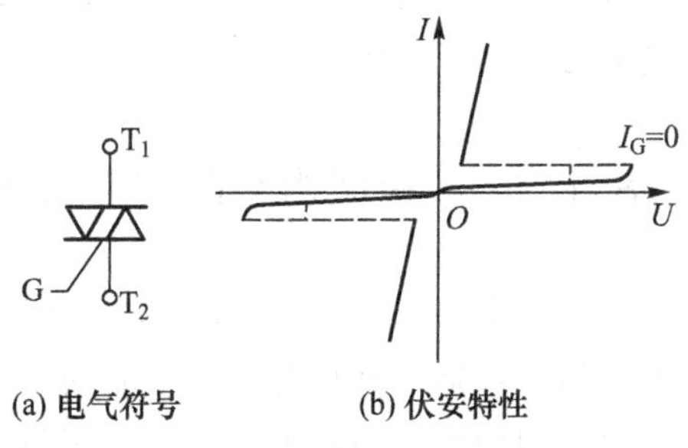

(a) 电气符号　(b) 伏安特性

图 8.1.5 双向晶闸管

5. 门极可关断晶闸管

门极可关断晶闸管 GTO（Gate Turn－Off Thyristor）是一种具有自关断能力的晶闸管。GTO 的电气符号如图 8.1.6(a) 所示。GTO 处于断态时，如果有阳极正向电压，在其门极加上正向触发脉冲电流后，GTO 可由断态转入通态；GTO 处于通态时间，门极加上足够大的反向脉冲电流时，可使 GTO 由通态转入断态。

GTO 的开关动态特性如图 8.1.6(b) 所示。图 8.1.6(b) 中给出了 GTO 开通和关断过程中门极电流 i_G 和阳极电流 i_A 的波形。开通过程包括延迟时间 t_d 和上升时间 t_r；关断过程包括储存时间 t_s、下降时间 t_f 和尾部时间 t_t。

GTO 的许多参数都和普通晶闸管的参数意义相同，现介绍一些意义不同的参数。

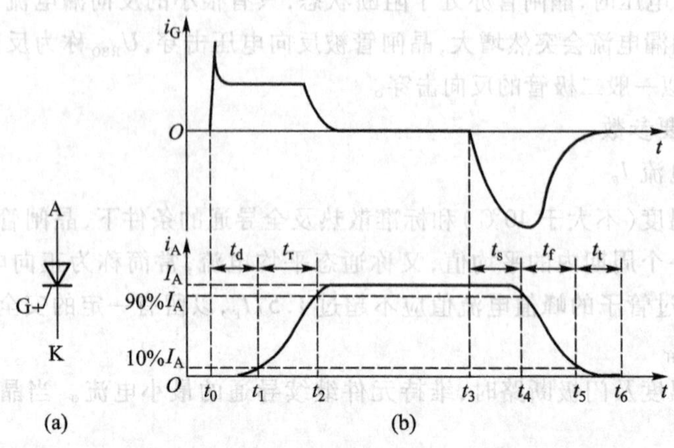

图 8.1.6　GTO 的电气符号与开关过程电流波形

① 最大可关断阳极电流 I_{ATO}　这是用来标称 GTO 额定电流的参数。

② 电流关断增益 β_{off}　最大可关断阳极电流与门极负脉冲电流最大值之比称为电流关断增益，即 $\beta_{off}=\dfrac{I_{ATO}}{I_{GM}}$，$\beta_{off}$ 一般很小，只有 5 左右。

③ 开通时间 t_{on}　开通时间指延迟时间 t_d 和上升时间 t_r 之和。GTO 的延迟时间一般为 1 ~ 2 μs，上升时间则随通态阳极电流值的增大而增大。

④ 关断时间 t_{off}　关断时间一般指储存时间 t_s 和下降时间 t_f 之和，而不包括尾部时间 t_t。GTO 的存储时间随阳极电流的增大而增大，下降时间一般小于 2 μs。

目前，GTO 产品的额定电流、电压已超过 6 kA、6 kV，在 10 MV · A 以上的大型电力电子变换装置中已有不少应用。

8.1.3　双极型功率管(GTR、BJT)

高击穿电压，大容量的双极型晶体管称为双极型功率管，又称电力晶体管，常用 GTR 或 BJT 代表。晶体管是一种具有放大功能的器件，但在电力电子技术领域，将其用作功率开关。

双极型功率管的基本结构和图形符号，和小功率晶体管相同，但通常做成 NPN 型。双极型功率管由于容量大，在制作工艺上有别于小功率晶体管，例如为了提高集电极与发射极之间的最大电压，就需要提高集电结的耐压，因此加大了集电结耗尽层的宽度；为了提高集电极电流，增大了集电结的有效面积；由于功率大，结温就高，因此，采取措施提高了结区的散热能力。

双极型功率管的直流电流放大系数 β 一般都比较小，单一晶体管结构的基极电流难以驱动集电极电流，所以通常采用内置 1 ~ 2 个放大晶体管的复合管结构，该复合管结构称为达林顿晶体管，其内部结构如图 8.1.7 所示。

现在实际使用的大多是电力晶体管模块。如图 8.1.8 所示。它是在二重达林顿管的基础上增加了两个电阻和两个二极管。其中电阻 R_1、R_2 用来减小漏电流的影响，以提高达林顿管的温度稳定性；D_2 的作用是加快晶体管的关断速度，B_1 端的引出可以外接控制电路，也是为了控制 T_1

的快速关断;D_1是一个续流二极管,以保护 T_1不被反向击穿。整个模块作为一个功率单元使用。

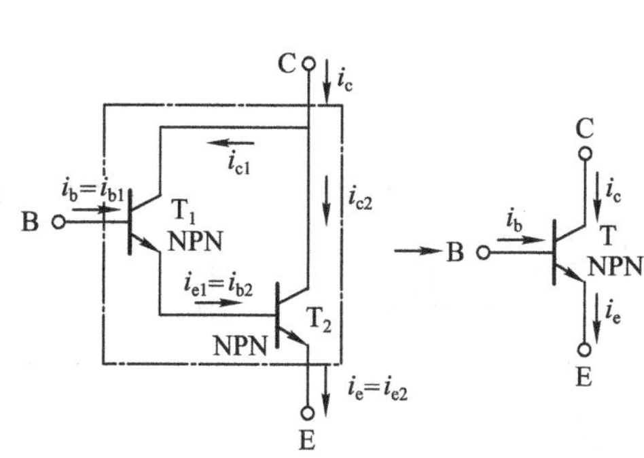

图 8.1.7 达林顿晶体管

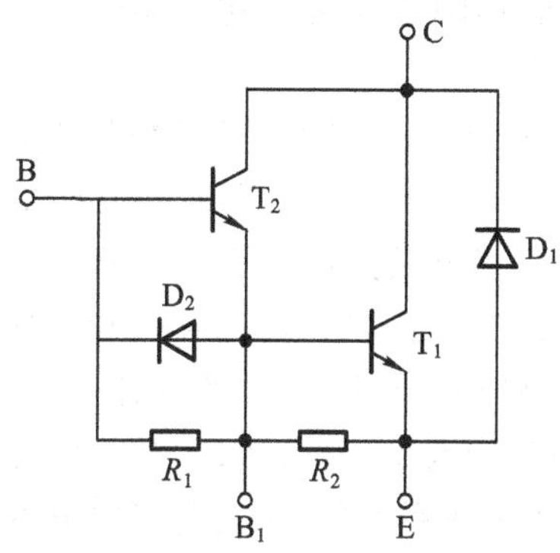

图 8.1.8 电力晶体管模块

在使用双极型功率管时,必须考虑晶体管的最大集电极电压、最大集电极电流、最大输入功率及散热条件等因素,只有在极限参数以内使用才是安全的,各类产品出厂时,厂家已提供了安全使用的数据或图表。

8.1.4 功率场效晶体管(P-MOSFET)

功率场效晶体管,亦称电力场效晶体管,与小功率场效晶体管相似,它也有结型和绝缘栅型两种类型,但通常主要指绝缘栅 MOS 型,故用 P-MOSFET 或 MOSFET 表示。尽管 P-MOSFET 的工作原理与普通的 MOS 管相似,但为了使之可以通过较大电流和承受高电压,在工艺上较普通 MOS 管做了许多重大改进。图 8.1.9(a)、(b)分别是 N 沟道 P-MOSFET 和 P 沟道 P-MOSFET 的符号,其中的二极管是 P-MOSFET 内部形成的寄生二极管,它们是一个不可分割的整体。

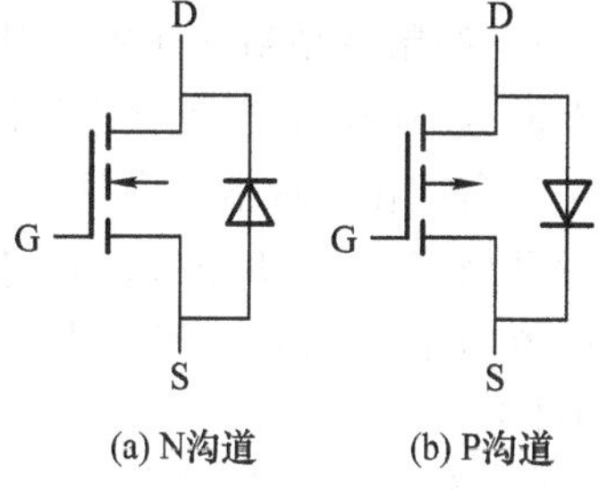

(a) N沟道 (b) P沟道

图 8.1.9 功率场效晶体管符号

P-MOSFET 的主要参数:

① 漏极电压 U_{DS} 额定的耐压参数。

② 漏极直流电流 I_D和漏极脉冲电流幅值 I_{DM} 额定的电流参数,漏极的载流能力主要受温升限制。

③ 栅源电压 U_{GS} 栅源之间的绝缘层很薄,$|U_{GS}|>20$ V 绝缘层将击穿。

漏源间的耐压、漏极最大允许电流和最大耗散功率决定了 P-MOSFET 的安全工作区。在实际使用时要留有较大的安全余量。

8.1.5 绝缘层双极型功率管(IGBT)

绝缘层双极型功率管是双极型晶体管和单极型 MOS 管的复合器件,它兼有两者的优点,因此发展迅速,应用日益广泛,其符号和等效电路如图 8.1.10(a)、(b)所示。由等效电路可知

IGBT的输入特性应和N沟道MOS管的输入特性相似;输出特性应和晶体管的输出特性相似,所不同的是IGBT的集电极电流是受栅、射之间的电压控制,属于电压控制电流型的器件,故又称为场控器件。

IGBT的导通和关断取决栅射电压 U_{GE},当 $U_{GE} > U_{GE(th)}$ 时,IGBT导通;而当 $U_{GE} \leqslant 0$ 时IGBT被关断。

IGBT的开关速度低于MOSFET,而高于电力晶体管,其开启电压 $U_{GE(th)}$ 约为3~4 V,和MOSFET相当,饱和压降较MOSFET低而接近电力晶体管。

IGBT的电压、电流等级已接近电力晶体管的水平,为了便于散热和安装,对大电流的IGBT都已做成了模块化结构,即将IGBT、驱动和保护电路集于一体,使其直接用于驱动电路。

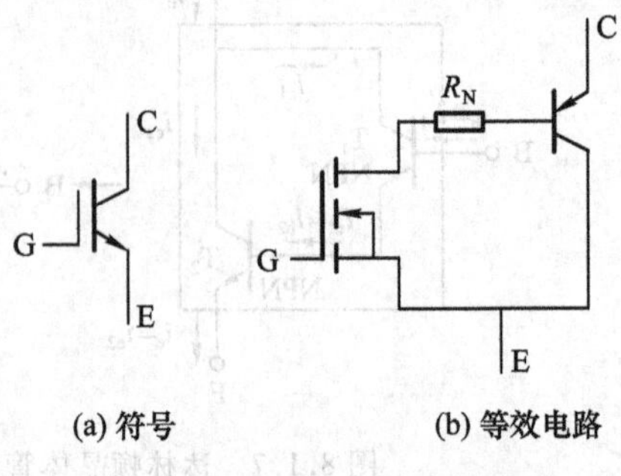

图 8.1.10 绝缘层双极型功率管

8.1.6 其他新型电力电子器件

1. MOS控制晶闸管(MCT)

MCT(MOS Controlled Thyristor)是将MOSFET与晶闸管组合而成的复合型器件。MCT将MOSFET的高输入阻抗、低驱动功率、快速的开关过程和晶闸管的高电压大电流、低导通压降的特点结合起来。一个MCT器件由数以万计的MCT单元组成,每个元的组成为:一个PNPN晶闸管、一个控制该晶闸管开通的MOSFET和一个控制该晶闸管关断的MOSFET。MCT具有高电压、大电流、高载流密度、低通态压降的特点,其通态压降只有GTR的1/3左右,硅片的单位面积连续电流密度在各种器件中是最高的。与GTR相比,MCT的开关速度快,开关损耗小。此外,MCT可承受极高的 di/dt 和 du/dt,使得其保护电路可以简化。总之,MCT被认为是一种最有发展前途的电力电子器件。随着性价比的不断提高,MCT将逐渐走入应用领域并有可能取代高压GTO。

2. 静电感应晶体管SIT

SIT(Static Induction Transistor)是一种结型场效应晶体管,将用于信息处理的小功率SIT器件的横向导电结构改为垂直导电结构,即可制成大功率的SIT器件。SIT是一种多子导电的器件,其工作频率与电力MOSFET相当,容量比电力MOSFET大,适用于高频大功率场合,目前在雷达通信设备、超声波功率放大、脉冲功率放大和高频感应加热等专业领域获得了较多的应用。

3. 静电感应晶闸管SITH

SITH(Static Induction Thyristor)是在SIT的漏极层上附加一层与漏极层导电类型不同的发射极层而得到的,因此SITH可以看做是SIT与GTO复合而成的。因其工作原理与SIT类似,又被称为场控晶闸管(Field Controlled Thyristor,FCT)。与SIT相比,多了一个具有少子注入功能的PN结,因而SITH本质上是两种载流子导电的双极型器件,具有电导调制效应,通态压降低、通流能力强,其很多特性与GTO类似,但开关速度比GTO高得多,属于大容量的快速器件。SITH最重要的用途是作为可关断的电力开关。

4. 集成门极换流晶闸管(IGCT)

IGCT(Integrated Gate - Commutated Thyristor)即集成门极换流晶闸管,又称为 GCT(Gate - Commutated Thyristor),其实质上是将平板型的 GTO 与其门极驱动电路采用精心设计的互联结构和封装工艺集成在一起。GTO 门极驱动电路由很多个并联的电力 MOSFET 器件和其他辅助元件组成。IGCT 的容量与普通 GTO 相当,但开关速度比普通 GTO 快 10 倍,而且可以简化普通 GTO 应用时庞大而复杂的缓冲电路。IGCT 具有电流大、阻断电压高、开关频率高、可靠性高、结构紧凑、低导通损耗等特点,而且成本低,有很好的应用前景。

8.2 整 流 器

所谓整流器,是指将交流电转换成直流电的电路统称。整流器的种类繁多,按输出波形可分为半波和全波整流;按输入电源的相数可分为单相及多相(如三相和六相);按功率可分为一般整流和大功率整流;而按整流元件的特性又可分为不可控整流和可控整流。

8.2.1 单相不可控整流

1. 单相半波整流

单相半波整流电路及其波形如图 8.2.1 所示。单相半波整流电路虽然简单,但其分析方法和引出的基本概念适用于后面的复杂电路。

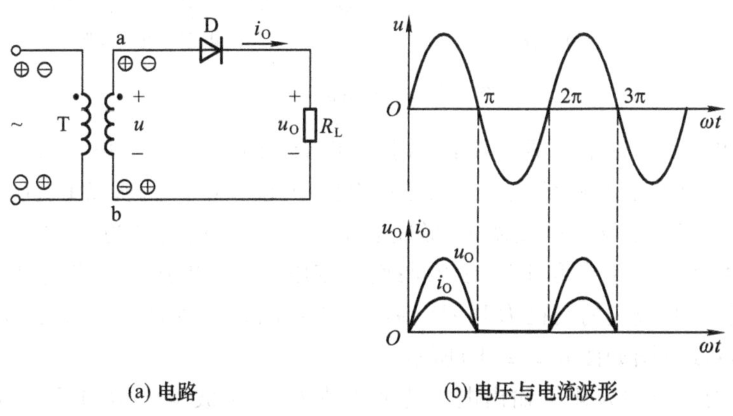

(a) 电路　　(b) 电压与电流波形

图 8.2.1 单相半波整流

在图 8.2.1(a)的电路中,变压器一次侧交流电压为正半周即上⊕下⊖时,二次侧亦感应出上⊕下⊖的电压。此时二极管 D 处于正偏而导通,产生了如图示的 i_O和 u_O;当交流电压变为上⊖下⊕的负半周时,二极管 D 处于反偏而截止,故整个周期内只有正半周导通,由此可得图 8.2.1(b)所示的波形图,该波形图是在忽略二极管正向压降情况下得出的,即 u 的正半周就是 u_O的波形。

该电路实现了交流变直流,但只有正半周得到利用,故称单相半波整流。常用平均值 U_O说

明负载 R_L 上得到电压的大小，U_O 由下式定义

$$U_O = \frac{1}{2\pi}\int_0^{\pi}\sqrt{2}U\sin\omega t\mathrm{d}(\omega t) = \frac{\sqrt{2}}{\pi}U \approx 0.45U \tag{8.2.1}$$

得到 U_O 的值以后，不难得出电流的平均值 I_O

$$I_O = \frac{U_O}{R_L} \approx 0.45\frac{U}{R_L} \tag{8.2.2}$$

为了选择整流元件，还必须得出二极管承受的最高反压 U_{DRM}。在半波整流中，D 截止时，u 的负半周全部加到 D 的两端，故 $U_{DRM} = U_m = \sqrt{2}U$。

I_O 和 U_{DRM} 是选择二极管的依据，为了安全，应留有裕量，一般最高反压留有一倍的裕量。

2. 单相桥式整流

单相桥式整流电路是单相全波整流电路的一种，目前单相整流多使用这种结构。全波整流从两个方面改变了单相半波整流电路的缺点，一是提高了电源的利用率，二是减小了输出电压的脉动，使输出的电压更加平滑。单相桥式整流电路的电路图和波形图如图 8.2.2 所示。

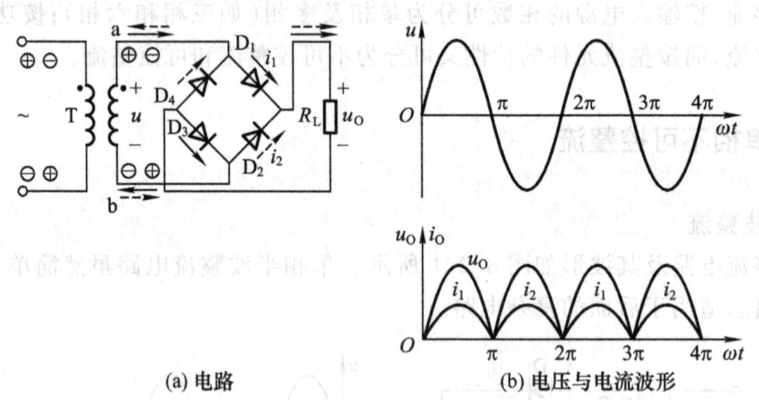

(a) 电路　　(b) 电压与电流波形

图 8.2.2　单相桥式整流

在变压器二次电压的正半周即上⊕下⊖时，二极管 D_1 的正极接高电位，D_3 的负极接低电位；D_4 的负极接高电位，D_2 的正极接低电位。由于此电路中无其他电源，所以 D_1、D_3 一定处于正向偏置导通，而 D_2、D_4 一定处于反向偏置截止，形成电流 i_1，其流过的路径为 $a \to D_1 \to R_L \to D_3 \to b$。忽略二极管的压降可得 u_O 的波形和正半周相同；而在变压器二次电压的负半周，D_2 和 D_4 导通，D_1 和 D_3 截止，形成电流 i_2，其流过的路径为 $b \to D_2 \to R_L \to D_4 \to a$，在负载 R_L 上形成了与正半周相同的电压，综上所述，可得波形图如图 8.2.2(b) 所示。

与半波整流对照，不难发现其输出电压的平均值 U_O 比半波整流增加了一倍，电流 I_O 亦增加一倍，即

$$\left.\begin{aligned} U_O &= 0.9U \\ I_O &= 0.9\frac{U}{R_L} \end{aligned}\right\} \tag{8.2.3}$$

因为 I_O 是由 i_1 和 i_2 两路电流形成，因此通过每个二极管的电流 I_D 只有 I_O 的一半，即

$$I_D = \frac{1}{2}I_O = 0.45\frac{U}{R_L} \tag{8.2.4}$$

按照二极管导通视为短路,截止视为开路,不难得出二极管截止时承受的最高反压 U_{DRM} 就是二次电压的最大值,即

$$U_{DRM}=\sqrt{2}U_O$$

I_D 和 U_{DRM} 是选择二极管的依据。

8.2.2 平滑滤波器

全波整流虽然减小了半波整流输出电压的脉动,但脉动仍较大,不能在电子设备中使用,为了获得脉动更小更平滑的直流电源,在整流电路之后,几乎毫无例外地都接平滑滤波器将输出电压中的交流成分滤除。滤波器的种类繁多,但基本原理都是利用储能元件电感或电容存储能量和释放能量实现的,本节简要介绍几种常用的滤波器。

1. 电容滤波器

电容滤波器的原理图如图 8.2.3 所示。单相半波整流电容滤波和单相全波整流电容滤波的工作原理相似,差别在于后者较前者得到的输出电压 U_0 纹波更小更平滑,下面以最简单的单相半波整流滤波器为例介绍其工作原理。

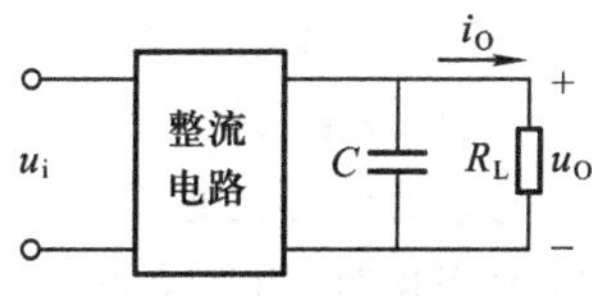

图 8.2.3 电容滤波原理图

由图 8.2.4(a)知,二极管 D 导通形成的电流一路提供给负载 R_L,另一路给 C 充电,当二极管为理想元件时,$u_C=u$,当 u 达到峰值图 8.2.4(c)的 a 点后,u 和 u_C 均开始下降,只要 u 仍大于 u_C,二极管 D 就处于导通状态,使 $u_C=u$;当 $u<u_C$ 时(u 的下降速度快于 u_C 的下降速度所致),二极管 D 就承受反偏而截止,此时对应于图 8.2.4(c)的 b 点,电容 C 将按指数规律放电使 u_C 下降,下降的快慢取决于时间常数 R_LC,当 u_C 下降到图 8.2.4(c)中的 c 点后,$u>u_C$,重复上述过程,其外特性曲线如图 8.2.4(d)所示。

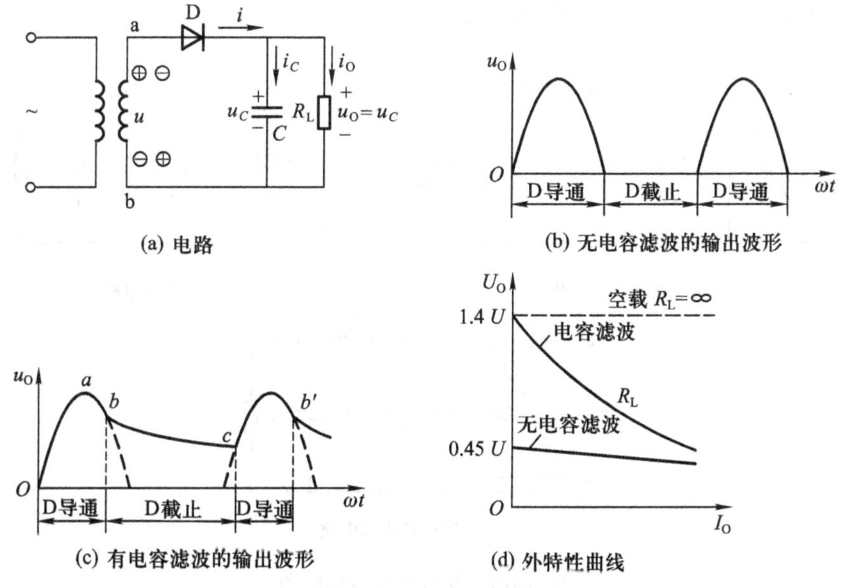

图 8.2.4 单相半波整流电容滤波器

滤波电路的定量分析相当复杂，当取电容值 C 满足 $R_L C \geqslant (3\sim5)\dfrac{T}{2}$ 时，通常认为输出电压的平均值 U_O 为

$$\left.\begin{aligned} U_O &= U \quad &\text{（半波整流电容滤波）} \\ U_O &= 1.2U \quad &\text{（桥式整流电容滤波）} \end{aligned}\right\} \tag{8.2.5}$$

二极管承受最高反压的分析较整流电路要复杂一些，图 8.2.4(a) 中二极管 D 不导通时，二端承受的电压显然为 u 和 u_O 之和，故最大值为

$$\left.\begin{aligned} U_{DRM} &= 2\sqrt{2}U \quad &\text{（半波整流电容滤波）} \\ U_{DRM} &= \sqrt{2}U \quad &\text{（桥式整流电容滤波）} \end{aligned}\right\} \tag{8.2.6}$$

二极管通过的瞬时电流远大于整流时的 i_D，这是因为在电容滤波电路中，I_O 的值已大于整流电路；再加上其导通时间缩短和电容上的电流平均值为零（在一个周期内电容充放电的电荷相等）所致，这点在选取整流元件时务必注意。

2. 电感滤波器

电感滤波器的框图结构如图 8.2.5 所示，电感滤波器的工作原理是利用了电感元件中的电流发生变化时，电感会产生自感电动势反抗电流的变化，所以在整流输出电压 u 减小到零时，i_O 力图维持原来的电流方向，在负载 R_L 上起到了续流作用，从而使输出电压纹波减小而趋于平滑。由于电感易产生电磁干扰，且制作相对复杂、体积大而笨重，故一般只用于大电流负载的场合。

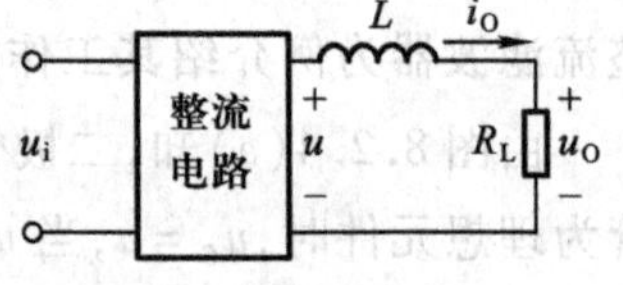

图 8.2.5　电感滤波原理图

3. 其他类型的滤波电路

为了提高滤波效果，以满足更高的滤波要求，往往采用复式滤波器，常采用的形式有图 8.2.6(a) 的 *LC*"ㄱ"形滤波器及图 8.2.6(b)、(c) 的 *CLC* 和 *CRC*"π"形滤波器。复式滤波器采用了二级以上的单式滤波器构成，因此，滤波效果优于单式滤波器。

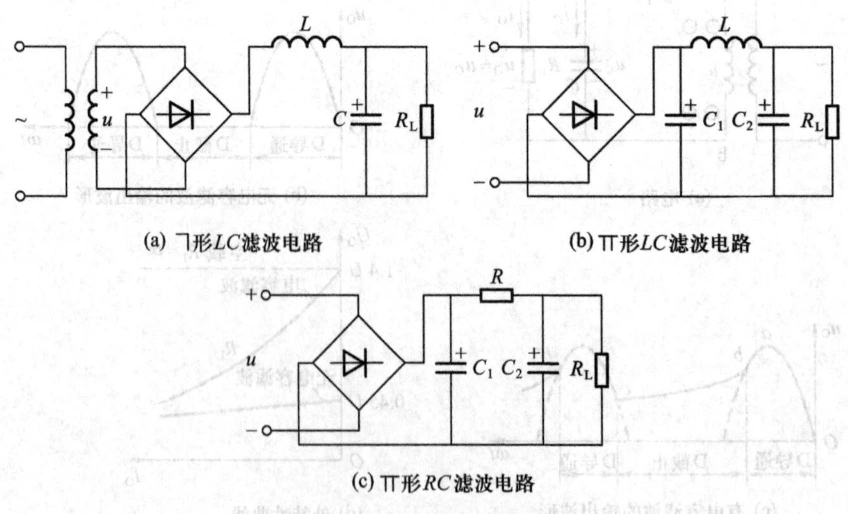

图 8.2.6　复式滤波器电路图

在选用滤波器时，不必过分追求滤波效果，一般以达到使用目的为原则。在负载不太重时，选用 *CRC* 的滤波器已能满足使用要求；而在负载较重时，才考虑选用电感电容构成的复式滤波器。

8.2.3 直流稳压电源

把整流滤波后不可控的直流电压变成可控且稳定的直流电压的电路称为直流稳压电路。直流稳压电路可分为简单稳压电路（稳压二极管稳压电路）、线性稳压电路、开关稳压电路；按元件是否集成又可分为分立元件的稳压电路和集成稳压电路；按功率大小，则可分为小功率稳压电路及大功率稳压电路。稳压电路使用极广，是各种电子设备的重要组成部分。本节对基本稳压电路作一介绍。

1. 稳压二极管稳压电路

图 8.2.7 是稳压二极管组成的简单稳压电路，它是由桥式整流、滤波电容、限流电阻及稳压二极管组成。稳压二极管与负载并联，其稳压是利用稳压二极管微小电压变化可引起电流 I_{D_Z} 较大变化的原理。在一定范围内的电源电压变化和负载变化时，将由 I_{D_Z} 调节总电流 I_R 变化，使 U_O 基本不变。例如电源电压升高而负载不变，I_R 的增加量将转变为 I_{D_Z} 的增加量，反之亦然；若电源电压不变，负载电流 I_O 变大，则由 I_{D_Z} 的减小来维持 I_R 的不变。稳压二极管电路简单而实用，在要求不高的场合都能满足使用。该电路的限流电阻有一个取值范围，以保证 $I_{D_Z\min} \leqslant I_{D_Z} \leqslant I_{D_Z\max}$，否则 I_{D_Z} 的调节作用不能实现，电路不起稳压作用。

稳压二极管电路的主要缺点是输出电压固定且不能调节，负载电流的变化范围小，因此需要改进。

2. 串联型稳压电路

串联型稳压电路的原理图如图 8.2.8 所示。该电路分为四个基本组成部分：采样环节由电阻 R_1、R_2 和 R_P 完成，将电压的变化送入运算放大器 A 的反相端；R_3 和 D_Z 构成稳压二极管稳压电路，稳定的电压 U_Z 送入运放 A 的同相端；比较放大环节由运放 A 构成，它将反相端和同相端的差值电压进行放大；调整环节由晶体管 T 担任。电路的稳压原理可简述如下：假设电网电压或负载的变化，引起输出电压 U_O 的变化，必然带来下列的连锁反应：若输出电压 U_O 升高（降低）

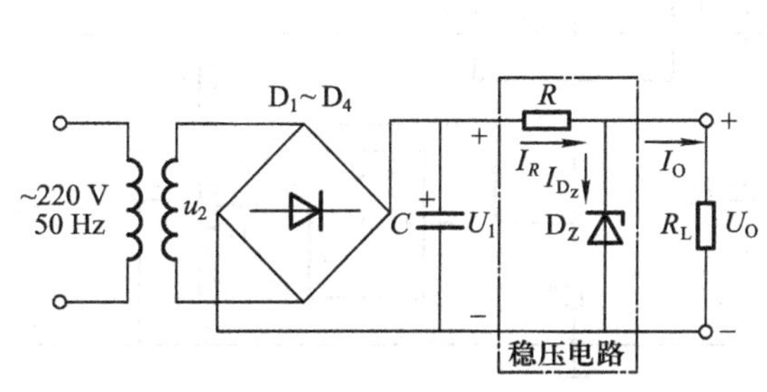

图 8.2.7 稳压二极管组成的稳压电路

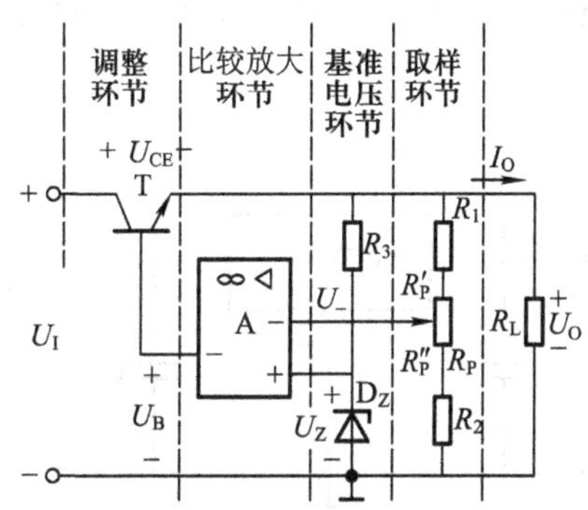

图 8.2.8 串联型稳压电路

时，采样电路将使运放反相端电压 U_- 上升(下降)，而基准电压 U_Z 基本不变，所以比较放大后必使 U_B 下降(升高)，因为调整管 T 是接成射极输出器的形式，故 U_O 必然跟随 U_B 的变化，即 U_O 下降(升高)，从而使输出电压稳定。其稳定过程可以表示为

$$U_O\uparrow \longrightarrow U_-\uparrow \longrightarrow U_B\downarrow \longrightarrow U_O\downarrow \quad \text{或} \quad U_O\downarrow \longrightarrow U_-\downarrow \longrightarrow U_B\uparrow \longrightarrow U_O\uparrow$$

电路的调压范围是

$$U_Z\frac{R_1+R_2+R_P}{R_2+R_P}\leqslant U_O\leqslant U_Z\frac{R_1+R_2+R_P}{R_2} \tag{8.2.7}$$

3. 集成稳压电源

目前已将串联型稳压电路集成化，它具有体积小、重量轻、可靠性高、使用灵活方便且价廉等优点。仅串联型集成稳压电路也有多种型号，这里只讨论 W7800 系列一种。W7800 系列是一种只有正电压输出的三端器件。其外形如图 8.2.9 所示，其符号如图 8.2.10 所示，它的输入端①接滤波后的直流电压，输出端②接负载，输出端③是公共接地端。W7800 系列可提供 5 V、6 V、9 V、12 V、15 V、18 V 和 24 V 七挡输出电压和 1.5 A 的最大输出电流。

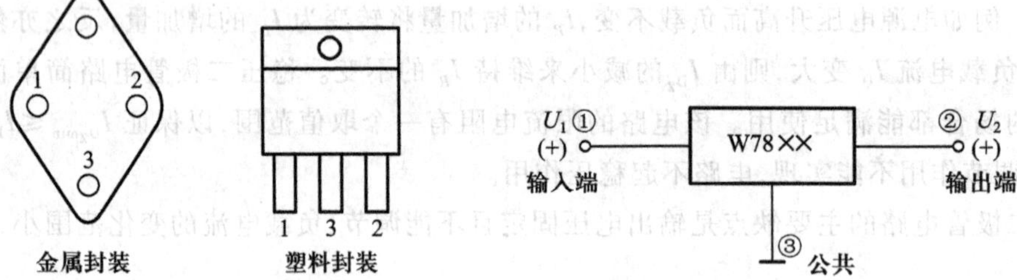

图 8.2.9　W7800 系列外形　　　图 8.2.10　集成稳压器 W7800 系列符号

用 W7800 构成固定正电压输出的电路十分简单，只需在输入端①和输出端②对公共端之间各并联一个电容即可，如图 8.2.11 所示。

C_i 的数值在 0.1～1 μF 之间，C_L 可接 1 μF，它们的作用分别是防止自激和改善负载的瞬态响应。

如需获得可调的输出电压，可采用图 8.2.12 所示的电路，该电路的单电源运放接成了电压跟随器的形式，其电源电压来自电路的输入电压 U_I。设 W78××的稳压值为 $U_{××}$，则有

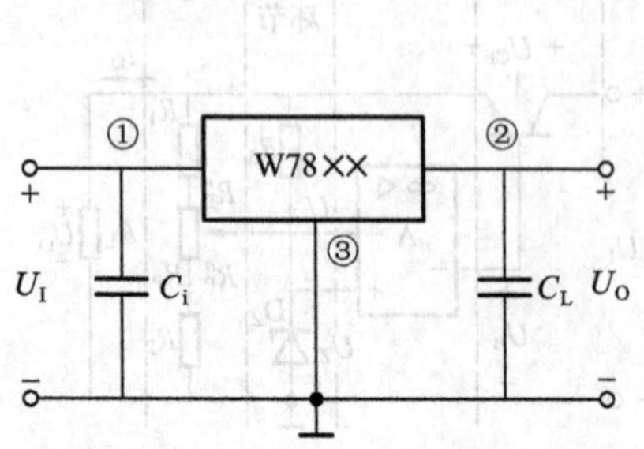

图 8.2.11　固定正电压输出

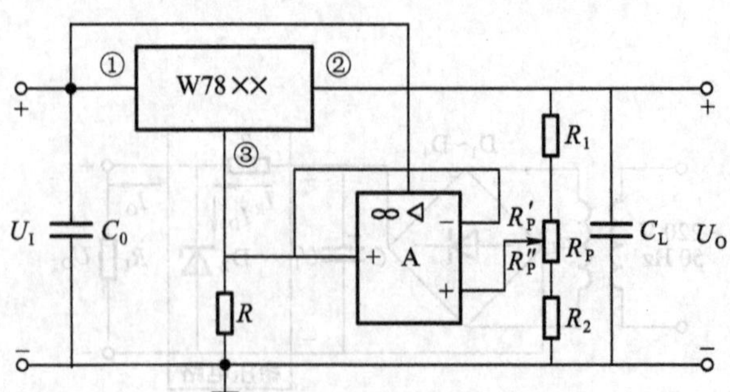

图 8.2.12　输出电压可调电路

$$U_O = U_{\times\times} + U_O \frac{R_P'' + R_2}{R_1 + R_2 + R_P}$$

$$U_O = \frac{R_1 + R_2 + R_P}{R_1 + R_P'} U_{\times\times} \tag{8.2.8}$$

如欲扩大输出电流,可采用图 8.2.13 所示的电路。该电路以 W78××的输出电压作为基准工作电压,增加功率管 T,用其集电极电流 I_C 增加 I_L,只要晶体管处于放大状态,负载电流 $I_L = I_2 + I_C$,故扩大了输出电流。该电路的设计是输出电流较大时,功率管才导通。根据输出电流选择 R 的数值,可按下列方法

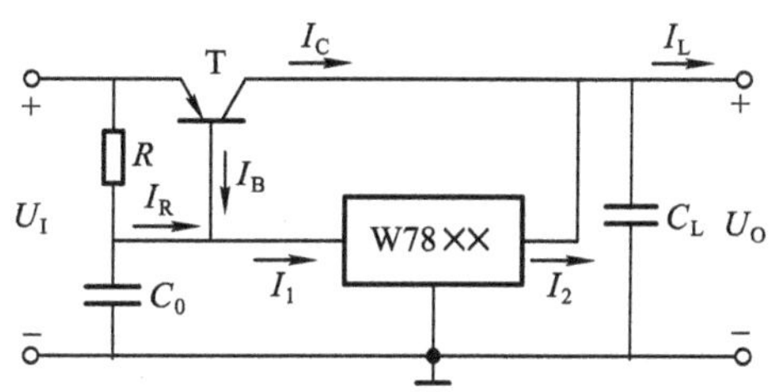

图 8.2.13 扩大输出电流电路

$$I_L = I_2 + I_C$$

$$I_2 \approx I_1 = I_R + I_B = \frac{U_{EB}}{R} + \frac{I_C}{\beta}$$

$$R = \frac{U_{EB}}{I_1 - I_C/\beta} = \frac{U_{EB}}{I_1 - (I_L - I_1)/\beta} \tag{8.2.9}$$

*8.2.4 单相可控整流

1. 单相半波可控整流电路

把不可控的单相半波整流电路中的二极管用晶闸管取代,即构成半波可控整流电路,它可分为电阻性负载和电感性负载两类。

(1) 电阻性负载

接电阻负载的单相半波可控整流电路如图 8.2.14 所示,其波形图如图 8.2.15 所示。下面简要分析其工作原理。

在图 8.2.14 的电路中,u 的正半周晶闸管 T 承受正向偏置,即阳极电位高于阴极电位,晶闸管具备了导通条件之一,在门极施加如图 8.2.15 的触发电压 u_g时,晶闸管即导通,忽略晶闸管的正向压降,则输出电压和正半周相同;在 u 的负半周,由于晶闸管反向偏置,无论门极有无触发电压 u_g,晶闸管均处于关断状态,其波形如图 8.2.15 的 u_O 所示。由于是电阻性负载,故电流 i_O 与 u_O 同相位,其值由 u_O 和 R_L 决定。由 u_O 的波形可知,只有在电源的正半周中有一部分得到利用,利用的多少,因 u_g 加入的时间而异,即由图中的控制角 α 决定,所以输出电压是可以调节的,这就是电路名称的由来。图中的 θ 称为导通角,对于单相半波可控整流电路,显然有 $\alpha = 0 \sim \pi$ 的变化范围,而 $\theta = \pi - \alpha$。

若设变压器的二次电压瞬时表达式为$u = \sqrt{2}U\sin\omega t$,则输出直流平均电压为

$$U_O = \frac{1}{2\pi}\int_{\alpha}^{\pi} \sqrt{2}U\sin\omega t\mathrm{d}(\omega t)$$

$$= \frac{\sqrt{2}}{2\pi}U(1 + \cos\alpha)$$

$$\approx 0.45U\frac{1+\cos\alpha}{2} \tag{8.2.10}$$

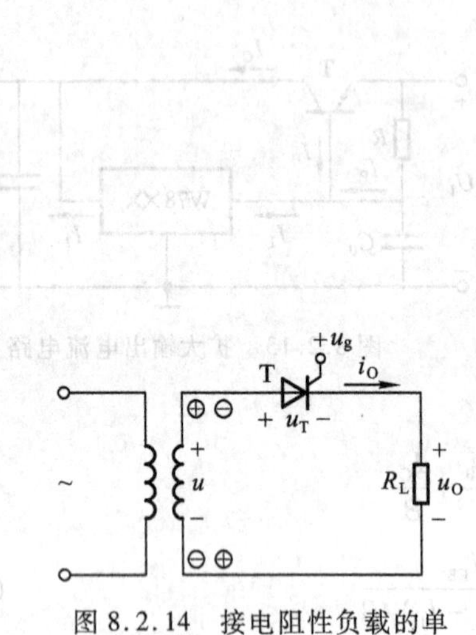

图 8.2.14　接电阻性负载的单相半波可控整流电路

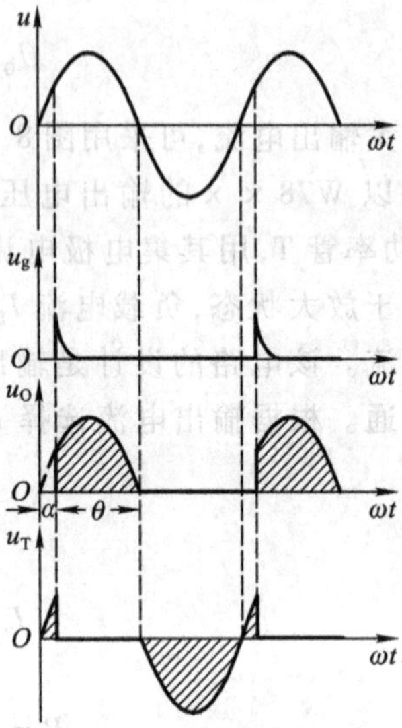

图 8.2.15　电阻负载的单相半波可控整流电路的电压波形

式(8.2.10)说明，当$\alpha=0$时，$U_O=0.45U$，即是单相半波不可控整流的值。

$\alpha=\pi$时，$u_O=0$，即晶闸管全关断。

负载的平均电流I_O显然为

$$I_O=0.45\frac{U}{R_L}\cdot\frac{1+\cos\alpha}{2} \tag{8.2.11}$$

（2）电感性负载

前述的电阻性负载分析虽然简单，但实际的电路多为电感性负载，例如各种电感线圈、电感与电阻的组合电路、电机的励磁绕组等。电感性负载电路的工作情况和电阻性负载的工作情况有很大的不同。

电感性负载的单相半波可控整流电路如图 8.2.16 所示，其中L和R是一个实际电感的等效，图 8.2.17 是各处的工作波形。

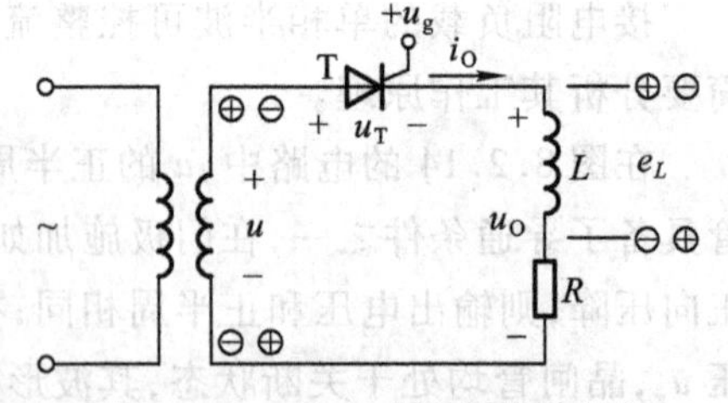

图 8.2.16　接电感性负载的单相半波可控整流电路

在u的正半周和门极电压u_g的作用下，晶闸管 T 导通，与此同时，电感元件L产生反电势e_L（上正下负），阻止电流i_O的跃变而使其从零增加，当电流达到最大值时，感应电动势变为零；当电流变小时，电感L亦产生反电动势（下正上负）阻止其减小，此时e_L的极性和u相同，两者串联相加形成i_O，当u过零变负，e_L的极性和u相反，但只要u小于e_L，晶闸管仍受正向偏置而导通，在i_O小于维持电流之前，晶闸管不会关断，负载上出现负电压；只有i_O小于维持电流时，晶闸管才关断，并且即刻承受反向电压，综上分析可得图 8.2.17 各处的工作波形。

显然，该电路的导通角θ大于$(180°-\alpha)$，且电感越大，其值越大，这将大大减小了输出电压和输出电流的平均值。为了使晶闸管在 u 降到零时及时关断，使负载上不出现负电压，在电感两端并联续流二极管 D，如图 8.2.18 所示，即可实现，这是因为交流电压一旦过零变负，电感产生的下正上负的反电动势 e_L 将续流二极管 D 导通，若设 D 为理想二极管，则输出电压 u_O 变为零，晶闸管因受反压而关断。

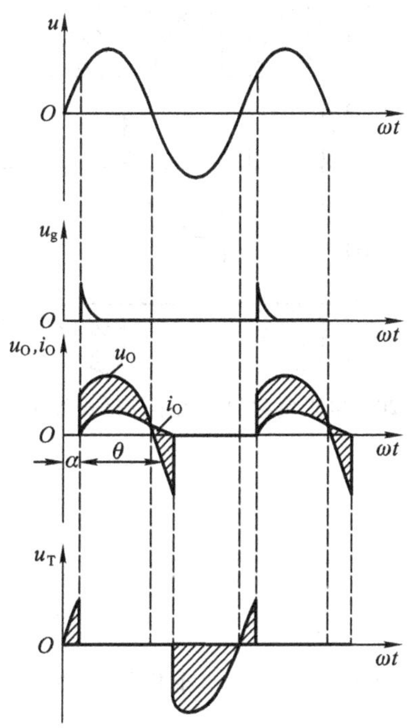

图 8.2.17 电感负载的单相半波可控整流电路的波形

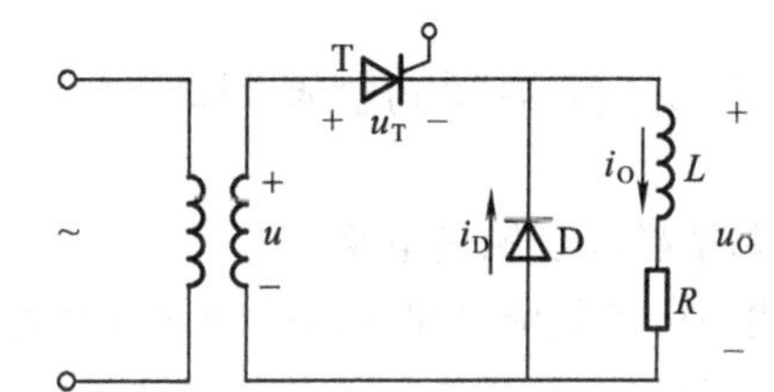

图 8.2.18 与电感性负载并联续流二极管

2. 单相半控桥式整流电路

与不可控半波整流电路一样，半波可控整流电路也存在着脉动大和输出电流小的缺点，常用的改进的方法是采用单相半控桥式整流电路（简称半控桥）。其电路如图 8.2.19 所示。当变压器二次电压 u 为正半周时，仅 T_1 和 D_2 承受正向电压，此时只要对 T_1 施加触发脉冲，则 T_1 和 D_2 导通，导通的路径为 $a \to T_1 \to R_L \to D_2 \to b$；在电压 u 的负半周，仅 T_2 和 D_1 承受正向电压，此时只要对 T_2 施加触发脉冲，则 T_2 和 D_1 导通，导通的路径为 $b \to T_2 \to R_L \to D_1 \to a$。由此可得波形如图 8.2.20 所示。

对电阻性负载，输出电压显然比单相半波可控整流电路高出一倍，即

$$U_O = 0.9U \cdot \frac{1+\cos\alpha}{2} \tag{8.2.12}$$

输出电流的平均值相应为

$$I_O = \frac{U_O}{R_L} = 0.9\frac{U}{R_L}\frac{1+\cos\alpha}{2} \tag{8.2.13}$$

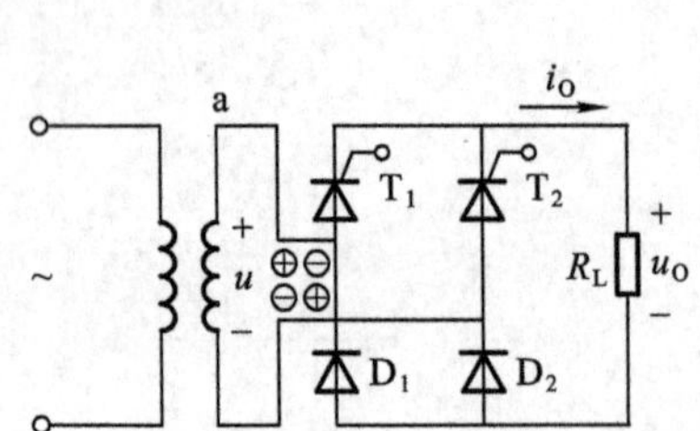

图 8.2.19　接电阻性负载的单相半控桥式整流电路

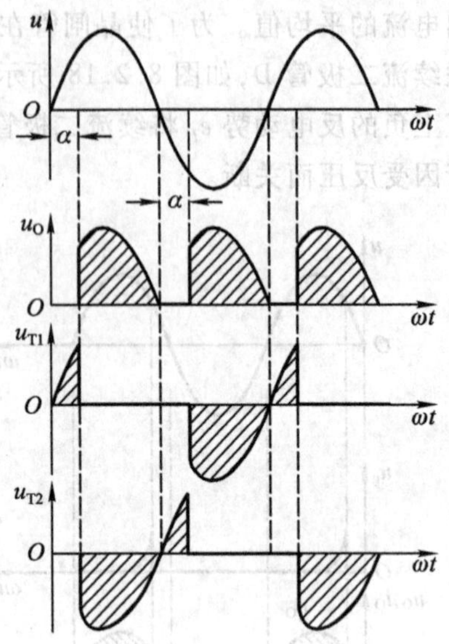

图 8.2.20　电阻负载的单相半控桥式整流电路的波形

*8.2.5　晶闸管的触发电路

1. 单结晶体管触发电路

前述的可控整流电路在门极加触发脉冲是晶闸管导通的条件之一。能够产生触发脉冲的电路很多,这里仅介绍最常用的单结晶体管触发电路。

(1) 单结晶体管

单结晶体管的结构示意图及符号如图 8.2.21(a)、(b)所示。它是在一块低掺杂的 N 型硅片的一侧上、下两端各引一个电极,称第一基极 b_1 和第二基极 b_2,在中间掺入 P 型杂质形成一个 PN 结,引出发射极 e。由于该管有两个基极,所以单结晶体管又称双基极二极管。两个基极之间的电阻 $R_{bb}=R_{b_1}+R_{b_2}$,一般为 3 ~ 12 kΩ。

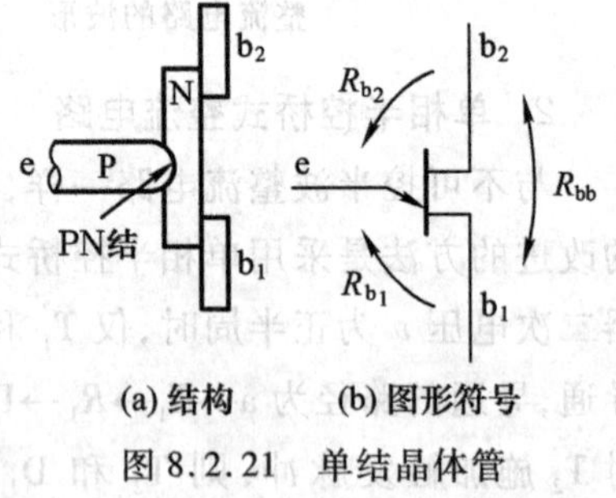

图 8.2.21　单结晶体管

单结晶体管的结构可用图 8.2.22(a)等效,其伏安特性曲线可由实验得出,如图 8.2.22(b)所示。在图 8.2.22(a)中,若发射极开路,在 b_1、b_2 间加电压 U_{bb},则 d 点电位 $U_d=U_{bb}\dfrac{R_{b_1}}{R_{b_1}+R_{b_2}}=\eta U_{bb}$,$\eta$ 称为分压比,与管子的结构有关,在 0.3 ~0.9 之间。若 U_e 在 $(0\sim\eta)U_{bb}$ 范围内,二极管呈反偏截止,仅有很小漏电流,呈高阻状态。随着 U_e 的增高,二极管由反偏变为正偏,在不足以使二极管 D 导通的情况下,仍只有很小的正向漏电流。单结晶体管仍处于正向截止状态。

当 $U_e=\eta U_{bb}+U_D$ 时,二极管 D 导通,发射极电流突然增加,该突变点称为峰点 P,该点所对应的电压和电流分别称峰点电压 U_P 和峰点电流 I_P,显然有 $U_P=U_e=\eta U_{bb}+U_D$ 一般取 $U_D=0.7$ V。

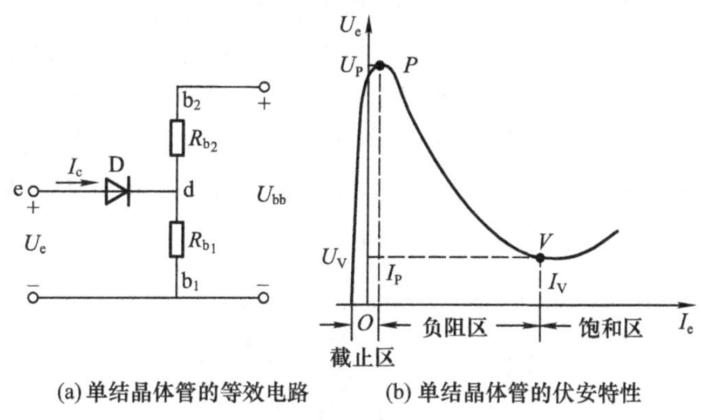

(a) 单结晶体管的等效电路 (b) 单结晶体管的伏安特性

图 8.2.22 单结晶体管特性

单结晶体管一旦导通,发射区向基区发射大量空穴型载流子,I_e 增长很快,同时使 R_{b_1} 迅速变小,而 R_{b_2} 基本不变,使分压比 η 进一步减小,U_e 减小,I_e 进一步增大,形成负阻工作区,这一正反馈过程直至谷点 V 时结束,该点对应谷点电压 U_V 和谷点电流 I_V。

谷点以后的区域,称为饱和区,发射极电流增大,发射极电压 U_e 略有上升,但变化缓慢。

(2) 单结晶体管脉冲形成电路

利用单结晶体管的负载特性和 RC 的充、放电,可以构成脉冲发生电路如图 8.2.23(a)所示,其波形如图 8.2.23(b)所示。设图 8.2.23(a)中电容的初始电压为零,一旦接通电源 U,电源经 R 对 C 充电,使 u_C 上升,当 $u_C=U_P$ 时,单结晶体管导通,u_C 经单结晶体管迅速放电,在 R_1 上形成瞬间上升的电压,由于放电时间常数很小,使 C 迅速放电至谷点 U_V,于是在 R_1 上形成一个尖脉冲;而同时使单结晶体管截止,C 将再次被充电和放电,在 R_1 上形成一系列的尖脉冲。此尖脉冲可以用于晶闸管的控制。

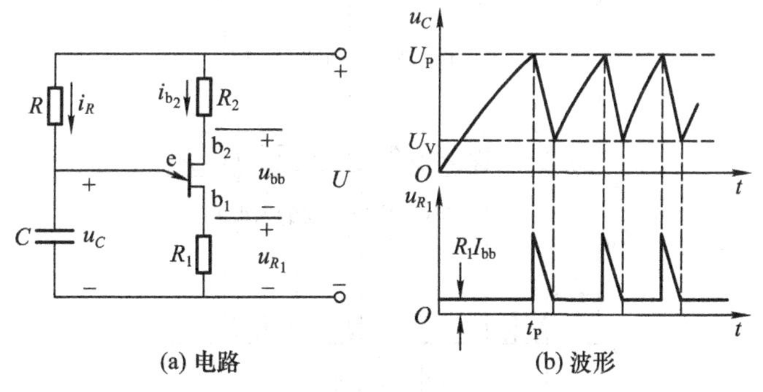

(a) 电路 (b) 波形

图 8.2.23 单结晶体管脉冲形成电路

(3) 单结晶体管的同步触发电路

在实际应用中,要求装置主回路的晶闸管,在每个周期的正半周所接受的触发脉冲的时刻应相同。即主回路应与触发脉冲电路同步,否则输出电压将不稳定。

图 8.2.24 为一单结晶体管同步触发电路及其波形图。触发电路与主回路的同步方式有多种,一般是利用同步变压器 T_2 一次侧接在主电源上获得同步电信号。图中 T_1 为主变压器,它是

整流电路的主电源。当交流电压 u_i 过零时,u_2 也过零,使单结晶体管 b_1、b_2 之间的电压亦为零,如果此时 U_C 的值不为零,电容 C 上的电压将通过单结晶体管的 e、b_1 结和 R_1 迅速放电至零。这就使电容 C 在电源每次过零后都从零开始重新充电,只要 R、C 的数值保持不变,则每半周由过零点到产生第一个脉冲 U_G 的时间间隔是固定不变的。虽然在每半个周期内会产生多个脉冲,但只有第一个脉冲起到触发晶体管的作用,这是因为一旦晶闸管被触发导通,后面的脉冲将不起作用,故产生同步输出波形 U_O 如图 8.2.24(f)所示。

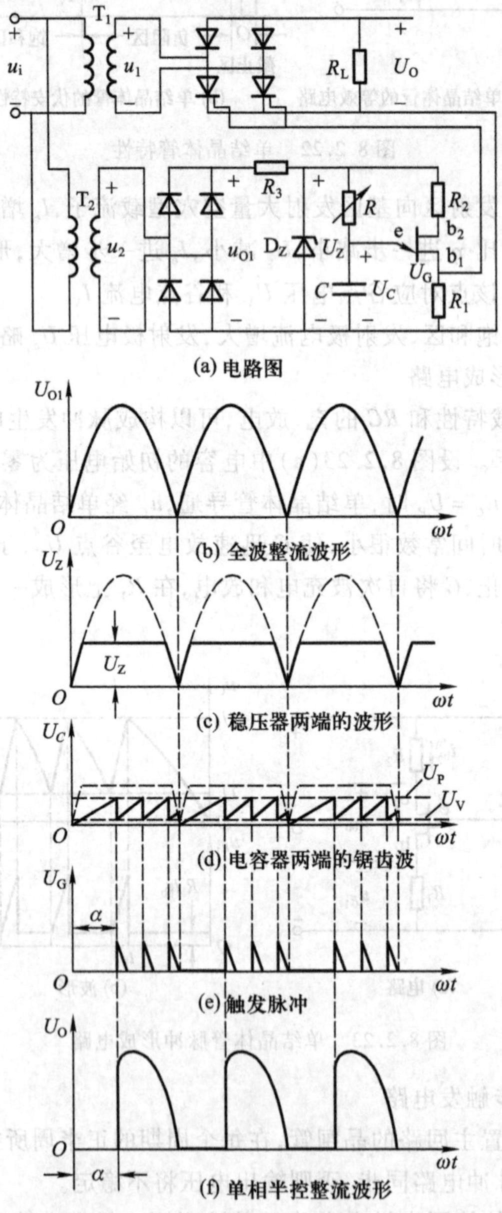

图 8.2.24 单结晶体管同步触发电路及其波形图

电阻 R 起移相作用，调节其值，可改变电容 C 充电的快慢，从而改变产生第一个脉冲的时间，以改变控制角 α，达到控制输出电压 U_0 的目的。

2. 双向触发二极管触发电路

双向触发二极管是一种五层二端器件，没有控制极，两个方向都可以导通，导通利用它的转折特性来实现。当加于双向触发二极管两端的电压 U 小于转折电压 U_P 时，管子电阻很大。当 $U \geqslant U_P$ 时，管子导通，电阻变小，可通过电流。双向触发二极管的正反特性基本一致，如图 8.2.25 所示。

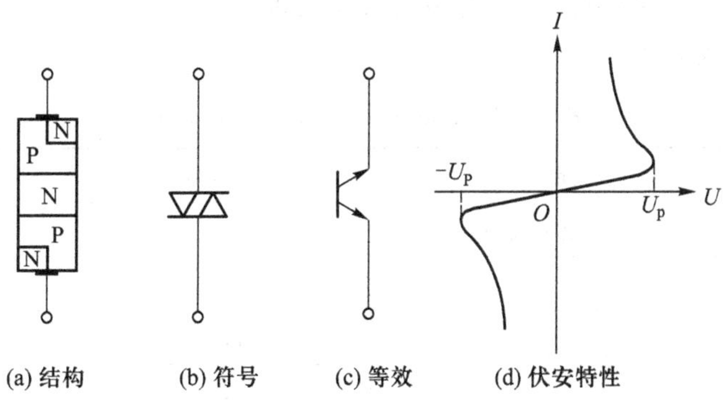

图 8.2.25 双向触发二极管

利用双向触发二极管触发，正是利用了它的转折特性。用一只双向晶闸管与负载相串联就组成了单相调压电路的主回路，其原理图如图 8.2.26 所示，图中 R_L 是负载，D 为双向触发二极管（也可用两个普通二极管反并联），T 为双向晶闸管，它有两个阳极 A_1 和 A_2 及一个控制极 G，只要 A_1 和 A_2 之间有电压（不论正负）及 G 和 A_1 之间有足够大的触发电压和触发电流时（不论正负），双向晶闸管都能导通，电流可以双向流通。该电路不需要专用的直流触发电源，也不需要同步电源，而是用交流电源本身作同步电源，所以线路简单。

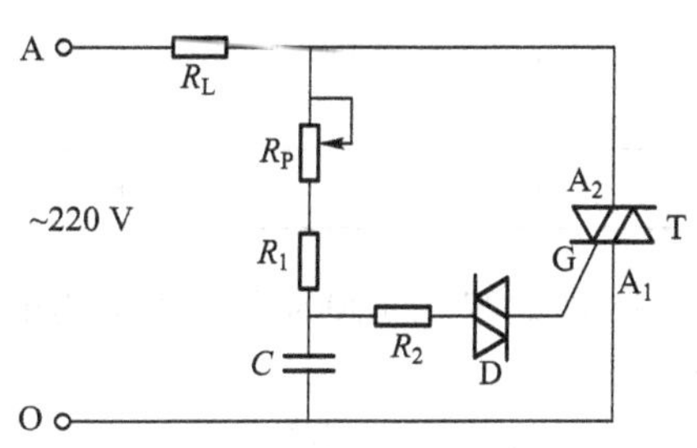

图 8.2.26 双向晶闸管单相调压电路

电路工作原理如下：单相正弦半波电源电压由零开始增大时，电源通过 R_L、R_P 和 R_1 对电容 C 充电，当 C 的电压升高到大于双向触发二极管的击穿电压时，双向触发二极管导通，C 通过 R_2 和 D 向双向晶闸管的控制极和阳极放电，使双向晶闸管导通。当电源电压由正半波过零变负时，双向晶闸管阻断，电容器开始反向充电，当充电电压高于双向触发二极管的击穿电压时，双向触发二极管导通，电容通过双向晶闸管的阳极和控制极放电，晶闸管又导通，如此循环。当晶闸管阻断时，流过负载 R_L 上的电流为 C 的充电电流，由于在电容器的充电回路中串有大电阻 R_P（数百千欧）和 R_1（几千欧），充电电流很小，R_L 上的压降近似为零；当晶闸管导通时，R_L 上的压降即为电源电压，调节 R_P 就改变了充电电流，也就改变了晶闸管的触发导通角，从而调节了输出电压。由于电容器正反向充电和放电是在固有回路内进行的，只要电源电压正负半波是对称的，双向晶闸管正反向触发导通时刻间隔就必定是 180°，输出电压必定是对称的。

3. 集成触发器件

在晶闸管可控整流电路中，通过控制触发角的大小来调节输出电压。为保证电路正常工作，应按照触发角的大小在正确的时刻向电路中的晶闸管施加有效的触发脉冲。随着集成电路制作技术的提高,集成化晶闸管触发电路已逐渐取代分立式电路。目前国内常用的有 KJ 和 KC 系列,两者仅生产厂家不同。

KJ004 是目前国内晶闸管控制系统中广泛使用的单相移相触发集成电路,可输出两路相位差 180°的触发脉冲,正负半波脉冲相位均衡性好,对同步电压要求低,可实现脉冲列调制输出。

KJ004 集成电路内部采用锯齿波垂直移相触发控制方法,由同步电路、锯齿波形成电路、移相电路、脉冲形成电路、脉冲分选及放大电路等环节实现。

引脚功能说明见表 8.2.1。

表 8.2.1 KJ004 集成电路的引脚功能

引脚编号	功能说明	引脚编号	功能说明
1	正向脉冲输出	9	综合比较
2	空	10	空
3	锯齿波形成	11	微分阻容
4		12	
5	$-U_{EE}$	13	封锁调制
6	空	14	
7	GND	15	移相 180°的正向脉冲输出
8	同步电压输入	16	$+U_{CC}$

图 8.2.27 为 KJ004 的典型应用电路。图中锯齿波的斜率由外接电阻 R_{P1}、R_6 流出的充电电

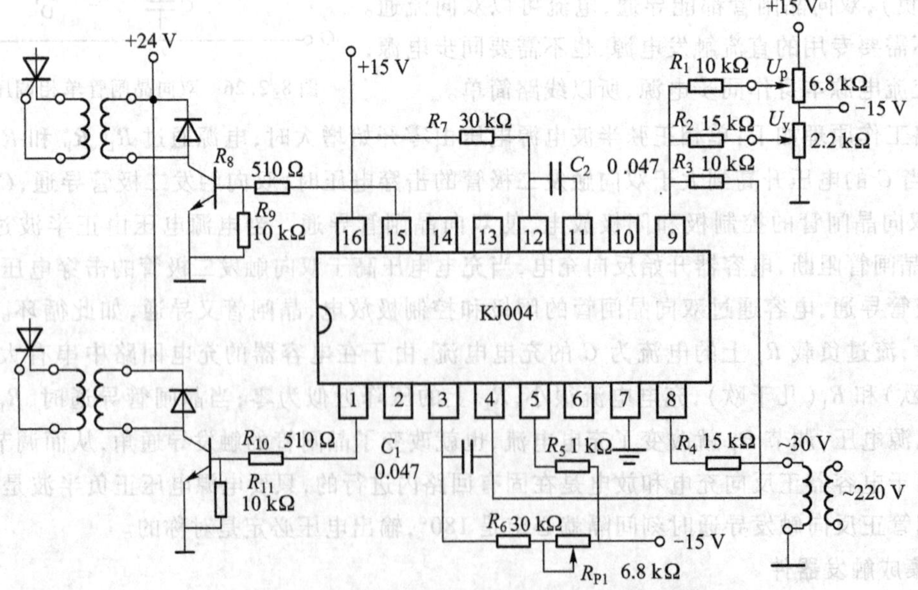

图 8.2.27 KJ004 集成电路的典型应用电路

流和积分电容 C_1的值决定。对于不同的移相控制电压 U_y，只要改变电阻 R_1、R_2的比例，调节相应的偏移电压 U_P和调整锯齿波的斜率电位器 R_{P1}，可以获得合理的移相范围。该触发电路中，移相控制电压增大，输出导通角增大。R_7和 C_2形成微分电路，改变其数值，可以获得不同的脉宽输出。图中引脚 1 和 15 为互差 180°的脉冲输出端，通过外接由双极晶体管、变压器、续流二极管和电阻构成的功率放大电路，实现晶闸管的触发。

集成化触发电路具有性能稳定可靠、应用方便、功耗低、体积小等优点。随着微电子技术的发展，各类晶闸管相位控制的集成电路应运而生，并在单相、三相全控桥式整流装置中广泛应用。

*8.2.6 晶闸管的保护

晶闸管是整流装置的核心元件，在工作过程中出现的暂态过电压、过电流会危及到器件的正常功能，因此需要采取防护措施。

1. 过电压及过电压保护

过电压是指超过晶闸管本身承受能力的电压。变压器一次侧合闸时，经过绕组间的耦合作用，在二次绕组两端会出现感应过电压；交直流侧分闸，将电感回路切断造成的过电压，其数值可达额定电压值的数倍；在晶闸管关断过程中，因反向电流迅速减小，在回路电感中产生很高的换相过电压；此外，由于雷击引起的过电压侵入电力电子装置后也会施加到晶闸管阴阳两极之间。过电压是不可避免的，因此，需要采取措施保护晶闸管及其装置。

常见的过电压保护方法有：

① 用非线性元件限制过电压　硒堆、金属氧化物压敏电阻、转折二极管、对称硅过电压抑制器等非线性元件，具有近似于稳压管的伏安特性。采用非线性器件限制或吸收过电压，能把端电压限制在一定范围内。

② 用 *RC* 电路抑制过电压　电容器具有储能作用和端电压不能突变的特性，可快速吸取造成过电压的电能；电阻器可消耗造成过电压的电能。为了抑制晶闸管两端的过电压，在电力电子装置中，常用 *RC* 串联构成的阻容吸收电路。在三相交流电路中，可用 3 个串联的 *RC* 接成星形或三角形，作为三相阻容吸收装置；在大功率晶闸管装置中，可以采用整流式阻容保护，通过三相不可控整流器将阻容电路接于电网，此时，还可以在电容器上并联电阻。

③ 过电压保护装置　对于因雷电产生的偶然性过电压，可在变压器一次侧设置避雷器。对于变压器一次侧合闸引起的过电压，可在变压器二次侧中点和地间附加合适的电容器，可减小合闸产生的感应过电压。

2. 过电流及过电流保护

晶闸管装置在运行过程中，不可避免将会有短路故障和过载现象发生。晶闸管本身过载能力低，其保护环节尤为重要。产生过电流的原因可概括为：生产机械的过载、晶闸管装置负荷侧短路、逆变电路的逆变失败、器件因性能变坏而损坏等。过电流保护用于在发生过载和短路时快速切断电路，或使电流迅速下降，保护晶闸管免受损害。

常见的过电流保护方法有：

① 快速熔断器　快速熔断器是一种广泛应用的保护措施，在装置中与晶闸管串联使用。快速熔断器的保护原理和普通熔断器相似，将其熔断特性与晶闸管特性相配合，在发生过电流时，

其会先熔断,切断电路,保护晶闸管。快速熔断器具有通过电流越大,熔断时间越短的特点,适宜作短路保护,不宜作过载保护。

② 电磁式继电保护装置　这种装置由过电流继电器、电流检测环节和自动开关构成。由于过电流继电器和自动开关动作时间长,作晶闸管过载保护时,通常在交流侧串联进线电抗器,来限制短路电流。直流快速开关是一种较好的直流侧过载与过流保护装置,动作时间 10~20 ms。

③ 电子过电流保护装置　利用电子器件组合成具有继电特性的电子过电流保护装置,由电流检测环节监视系统电流,形成输入信号。在发生短路或过载时,电子保护发出保护信号,使触发脉冲迅速后移,将电路转变为逆变状态或封锁触发脉冲,使晶闸管迅速阻断。

一般电力电子装置中同时采取几种过电流保护措施,以提高保护的可靠性和合理性。在选择各种保护措施时应注意相互协调。通常电子保护装置作为第一保护措施,快速熔断器仅作为短路时的部分区段的保护,直流快速开关整定在电子电路动作之后实现保护,电磁式继电保护器整定在过载时保护。

*8.3　逆　变　器

逆变器是将直流电转变成交流电的装置,它的应用领域十分广泛,例如应用于交流异步电动机变频调速、逆变型电车、变频空调机、中高频感应加热、功率超声波电源、高频逆变焊机,不间断电源(UPS)等。

逆变器若按输入电源形式可分电流型和电压型;按输入电压相数可分为单相和三相逆变器;按输出波形则可分为矩形波和正弦波逆变器。

8.3.1　单相逆变的原理

电压型矩形波输出式的单相逆变器的原理图及输入输出波形图如图 8.3.1(a)、(b)所示。

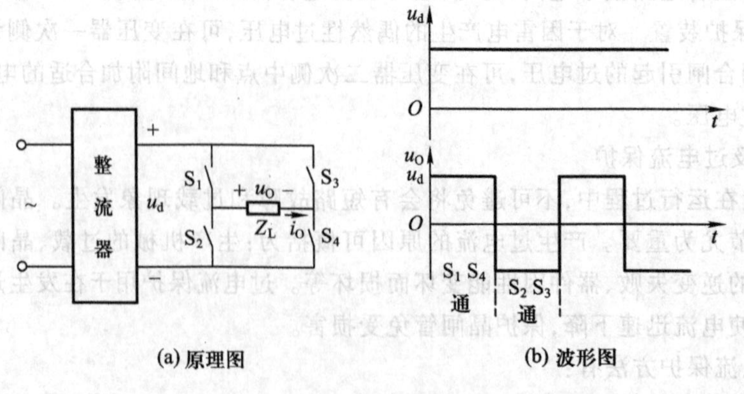

图 8.3.1　单相逆变器的原理图及输入、输出波形

原理图中的 u_d 可由单相整流提供，亦可用蓄电池代替，只要控制 S_1、S_4 和 S_2、S_3 轮流导通，就在负载 Z_L 上得到矩形波输出。输出矩形波的频率将由控制开关的时间决定。

用功率半导体器件置换图 8.3.1(a)中的 $S_1 \sim S_4$，就得实际的单相逆变器，图 8.3.2 是用晶闸管 $T_1 \sim T_4$ 置换 $S_1 \sim S_4$ 所得的实际电路，应该注意，普通晶闸管导通和关断的控制电路较为复杂，如能将 $T_1 \sim T_4$ 置换为可关断晶闸管(GTO)，控制电路就相对简单。

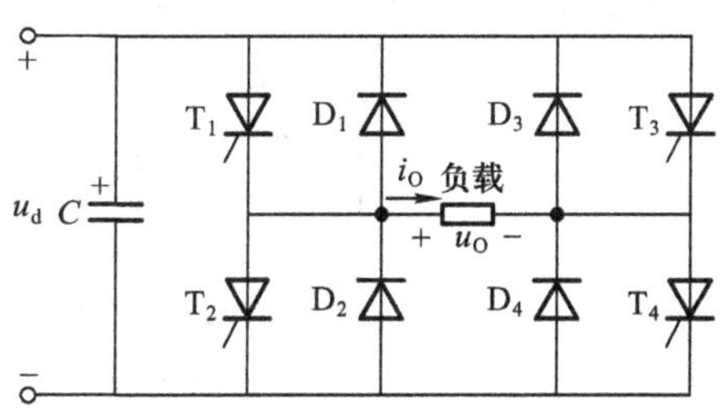

图 8.3.2 电压型单相桥式逆变电路

图中 $D_1 \sim D_4$ 为反馈二极管，其作用是将电感性负载的能量反馈回电源，反馈二极管名称也由此而得。如负载为电感性，则 i_O 滞后于 u_O，当 T_1、T_4 导通时，i_O 的方向如图，当切换为 T_2、T_3 导通的瞬间，i_O 的方向不变，此时可通过二极管 D_3→电源→D_2 形成电流通路，将电感能量回送给电源。如果负载是阻性，i_O 与 u_O 同相，则二极管不会有电流通过，二极管不起作用。

8.3.2 三相逆变的原理

将单相逆变器上下两组开关，改为上下三组开关，相互错开 120°轮流导通和关断，就可实现三相逆变。图 8.3.3 示出了电压型三相桥式逆变电路，晶闸管和反馈二极管已标于图中。

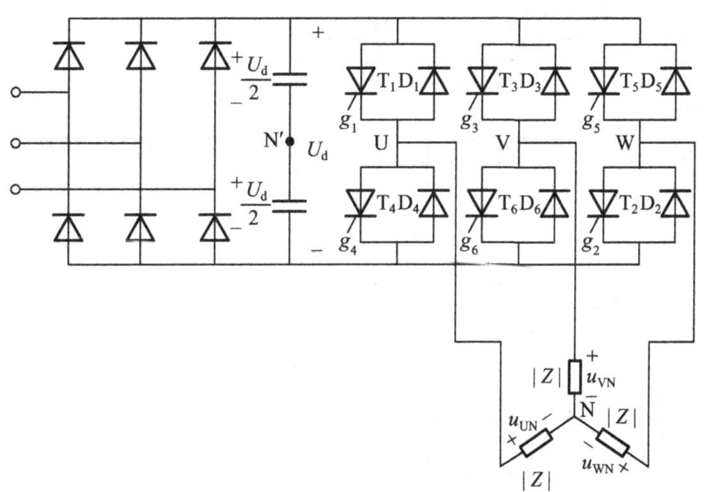

图 8.3.3 电压型三相桥式逆变电路

为了分析方便，画出了直流侧的假想中点 N′。电压型三相桥式逆变电路，基本导电方式是每个桥臂的导电角度为 180°，同一相上下两个臂交替导电，但各相开始导电的时间依次相差 120°。因为每次换相都是在同一相上下两个桥臂之间进行，故称纵向换相。这样，在任一瞬间将有三个臂同时导通，可能是上面一个桥臂和下面两个桥臂同时导通，亦可能是上面两个桥臂和下面一个桥臂同时导通。

设输出的三相用 U 相、V 相和 W 相表示，忽略晶闸管导通时的管压降，可得桥臂 1 导通时，

$u_{UN'}=\frac{1}{2}U_d$，而桥臂4导通时 $u_{UN'}=-\frac{1}{2}U_d$。类似可得V相和W相上下桥臂导通时的电压。设导通的次序为 $T_1 \to T_2 \to T_3 \to T_4 \to T_5 \to T_6$，则波形如图8.3.4(a)所示。

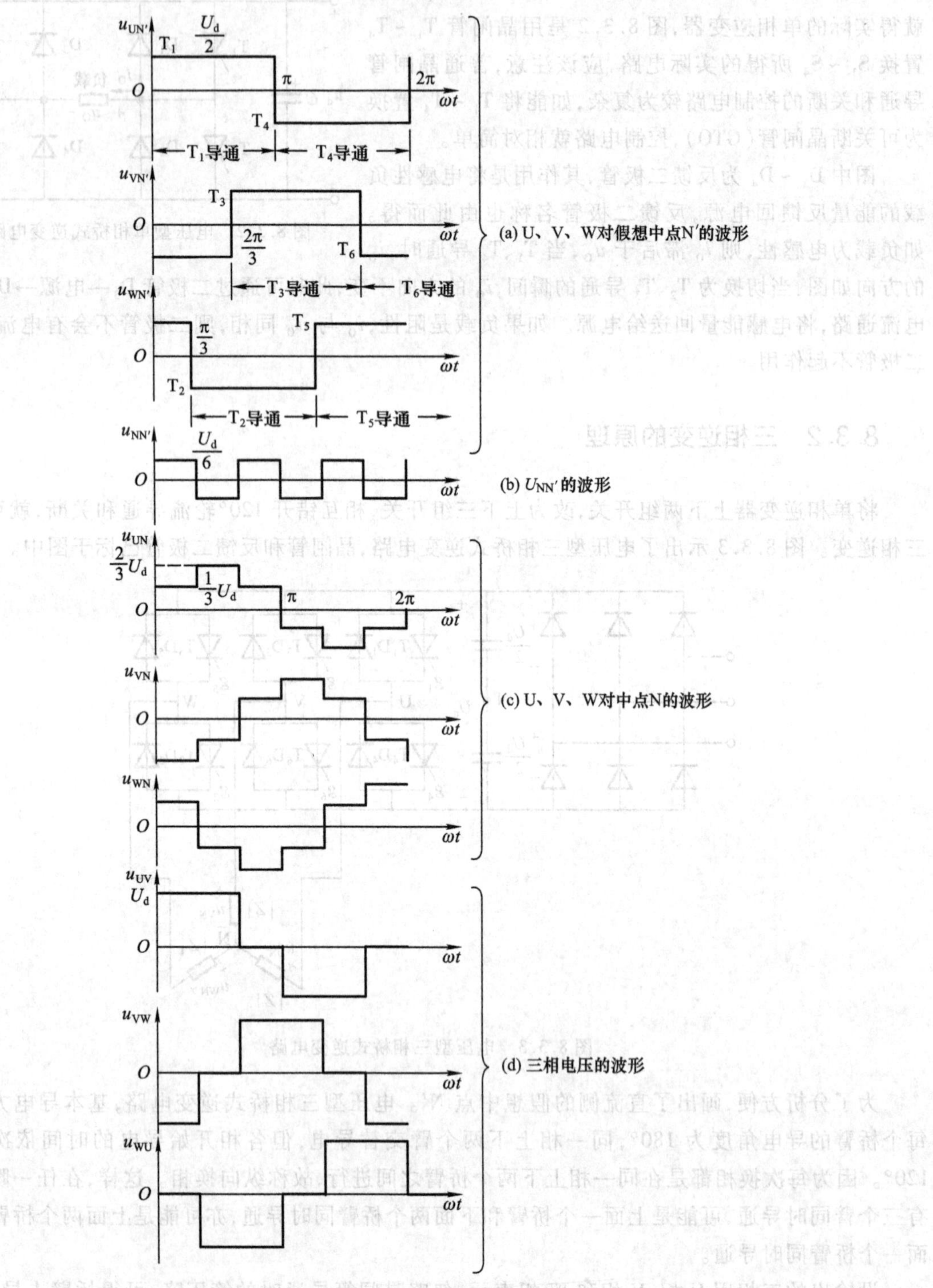

图8.3.4　相电压和线电压波形

设负载的中点为N,则各相负载的电压为

$$\left.\begin{aligned}u_{UN}&=u_{UN'}+u_{N'N}=u_{UN'}-u_{NN'}\\u_{VN}&=u_{VN'}+u_{N'N}=u_{VN'}-u_{NN'}\\u_{WN}&=u_{WN'}+u_{N'N}=u_{WN'}-u_{NN'}\end{aligned}\right\}\tag{8.3.1}$$

在三相对称负载情况下,又有

$$u_{UN}+u_{VN}+u_{WN}=0\tag{8.3.2}$$

将式(8.3.1)代入式(8.3.2)可得

$$u_{NN'}=\frac{1}{3}(u_{UN'}+u_{VN'}+u_{WN'})\tag{8.3.3}$$

其波形示于图8.3.4(b)中。

将$u_{NN'}$与$u_{UN'}$、$u_{VN'}$和$u_{WN'}$的波形分段叠加,可得u_{UN}、u_{VN}和u_{WN}的波形如图8.3.4(c)所示。

若按下式在波形图中求取线电压

$$\left.\begin{aligned}u_{UV}&=u_{UN}-u_{VN}\\u_{VW}&=u_{VN}-u_{WN}\\u_{WU}&=u_{WN}-u_{UN}\end{aligned}\right\}\tag{8.3.4}$$

其对应的波形图如图8.3.4(d)所示。

8.3.3 脉冲宽度调制的原理

前述的逆变器输出波形为矩形波。含有较大的谐波成分,多数负载都不宜直接采用这种交流电源,而是希望输出的交流电流接近正弦信号,而实现这一设想的电路常采用正弦波脉宽调制逆变器,简称SPWM逆变器。

单相桥式PWM逆变器的原理电路如图8.3.5所示。图中的$T_1\sim T_4$为电力晶体管,由调制电路控制它们的导通时间,使输出电压为一系列的等幅不等宽的矩形脉冲,并使脉冲宽度按照所需频率的正弦函数分布,这就实现了SPWM的逆变器的设想,图8.3.6示出了SPWM的电压波形。在图8.3.5所示的电路中,电感性负载加上脉宽调制的电压后,由于电感电流的滞后,将形成接近正弦的电流。

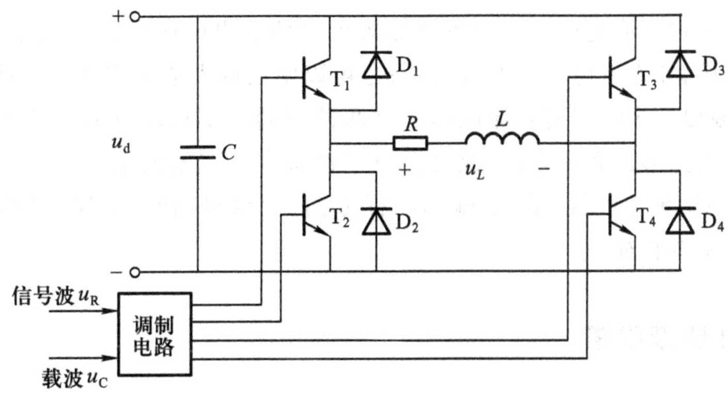

图8.3.5 单相桥式PWM逆变器电路

$T_1 \sim T_4$ 控制信号的产生,可用比较器实现,在同相输入端加正弦调制电压 u_R,在反相输入端加三角波控制电压(又称载波电压)u_C,图 8.3.7(a)和(b)示出了电路原理图和波形图。很明显 $u_R > u_C$ 时,输出为高电平;$u_R < u_C$,输出为低电平。实际上载波频率要比调制波频率高许多倍,在调制波的一周期中可以得到密集的等幅不等宽的序列脉冲 u_O,而用它控制电力晶体管,可在负载上得到脉冲宽度正比于正弦函数的等幅不等宽的序列矩形脉冲电压 u_L。

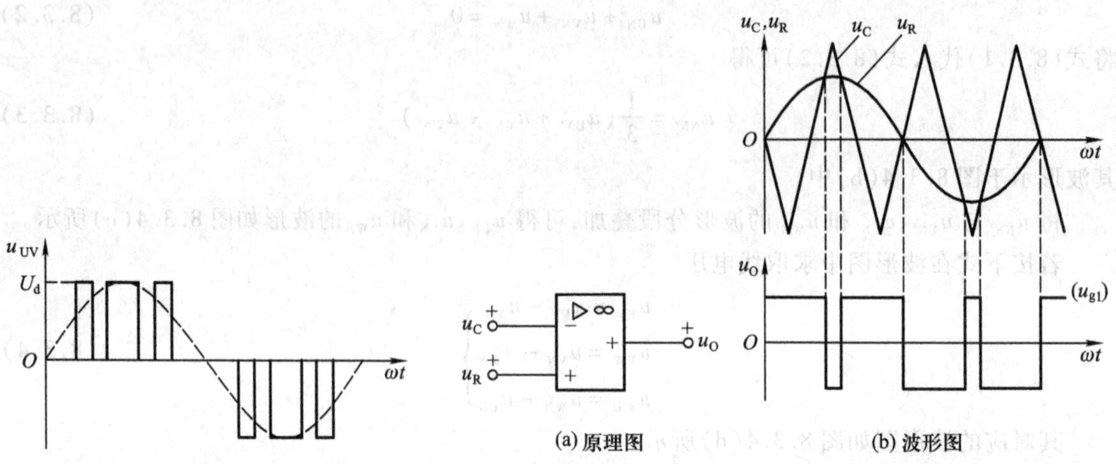

图 8.3.6　正弦波脉宽调制的电压波形

图 8.3.7　三角波生成脉宽调制

与矩形波逆变器相比,SPWM 型正弦波逆变器具有谐波分量小、噪声低,调频调压方便等优点,但使用的开关管工作频率较高,损耗大。控制复杂是其缺点。目前多采用开关频率高、损耗小的新型电力电子器件 IGBT,而 SPWM 的控制也采用微机技术实现,因此 SPWM 的性能更趋完善,控制精度也大大提高。

*8.4　直流斩波器

直流斩波器是指由全控型电力电子器件、电感器、电容器和二极管等组成的电路,其把一种直流电压变换成另一种直流电压。直流斩波器既可以使输出电压可在一定范围内连续调节,即输出可变的直流电压,如直流电动机调速控制;也可以使在输入电压变化或负载变化时保持输出电压恒定不变,即输出一个恒定的直流电压。这两种不同的要求均可通过开关器件的控制来实现。直流斩波器的电路形式有很多,在此仅提及三种基本直流斩波电路,现从电路组成、工作原理(控制方式)、电感电流连续性、输入/输出特征方面介绍降压斩波电路、升压斩波电路和升降压直流斩波电路的主要特征。

8.4.1　降压斩波电路

图 8.4.1(a)中全控型开关器件 T 和续流二极管 D 是降压变换电路的基本部分,连同 LC 滤

波电路一起构成降压斩波电路,又称为Buck 型 DC/DC 变换器。对其中开关管进行高频周期性的通断控制,能将输入侧直流电源 U_S 变换成电压 U_O 输出给负载。开关周期为 $T_S=T_{on}+T_{off}$,开关管导通时间 T_{on}与周期 T_S 的比值称为开关管导通占空比 q,即 $q=T_{on}/T_S$,简称占空比或导通比。

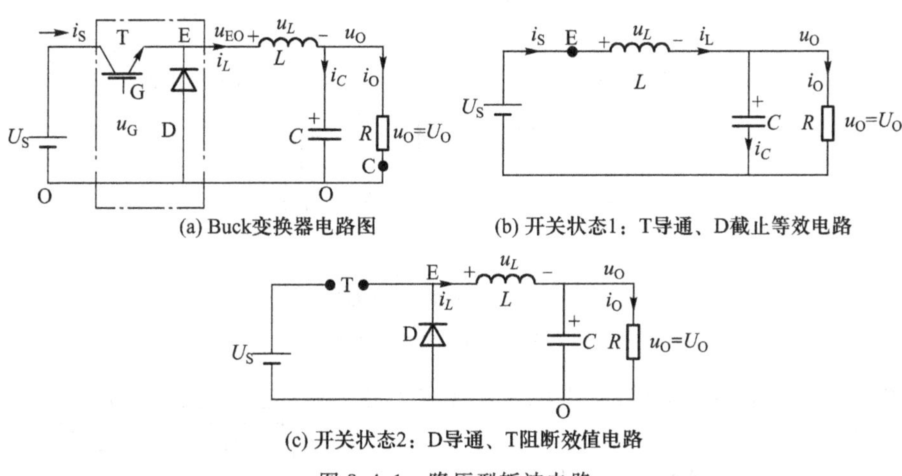

(a) Buck变换器电路图

(b) 开关状态1:T导通、D截止等效电路

(c) 开关状态2:D导通、T阻断效值电路

图 8.4.1 降压型斩波电路

假定电路是由理想器件构成的,电感电流工作在连续状态。电路工作原理如下:

图 8.4.2 中 u_G 是开关器件的驱动信号,在 T_{on}期间,$u_G>0$,开关管处于通态,直流电源 U_S 经开关管 T、LC 滤波后直接输出,$u_{EO}=U_S$,此时二极管承受反压截止,电源电流 i_S 经电感器后流入负载,电感电流 $i_L=i_S$ 上升,其等效电路如图 8.4.1(b)所示;在 T_{off}期间,$u_G<0$,开关管处于断态,负载与电源脱离,$u_{EO}=0$,电感电流 i_L 经负载和二极管续流,通常在断态过程中 $i_L>0$(电感电流连续),其等效电路如图 8.4.1(c)所示。u_{EO}经输出 LC 滤波后的直流平均值 $U_O=DU_S$。降压变换器的变压比 $M=U_O/U_S$。因此,在电感电流连续情况下,$M=q$。

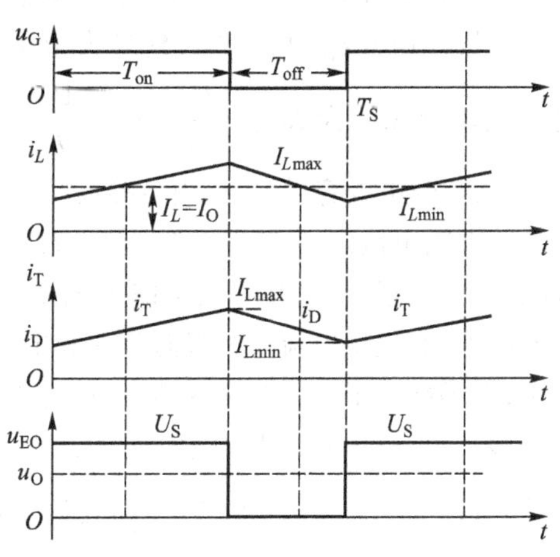

图 8.4.2 降压斩波电路中电流 i_L连续时的波形

改变开关管 T 在一个开关周期 T_S 中的导通时间 T_{on},即改变导通比 q,就可以改变变压比 M,可以通过以下两种方式改变 q,调控输出电压 U_O。①脉冲宽度调制方式 PWM(Pulse Width Modulation):保持 T_S 不变,改变 T_{on};②脉冲频率调制方式 PFM(Pulse Frequency Modulation):保持 T_{on}不变,改变 T_S(频率 f)。因为获得可变脉宽比获得可变频率信号容易,实际应用中广泛采用 PWM 方式,此时,输出电压中谐波频率固定,滤波器容易设计。

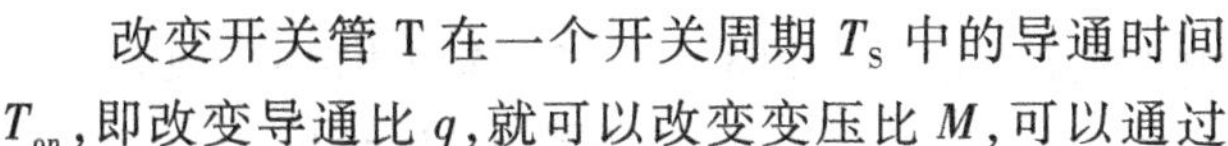

8.4.2 升压斩波电路

图 8.4.3(a)中由全控型开关器件 T、续流二极管 D、电感器 L 和电容器 C 构成直流升压斩波电路,又称为 Boost 型 DC/DC 变换器。

(a) 电路结构　(b) T导通，D截止(开关状态1)

(c) T阻断，D导通(开关状态2)

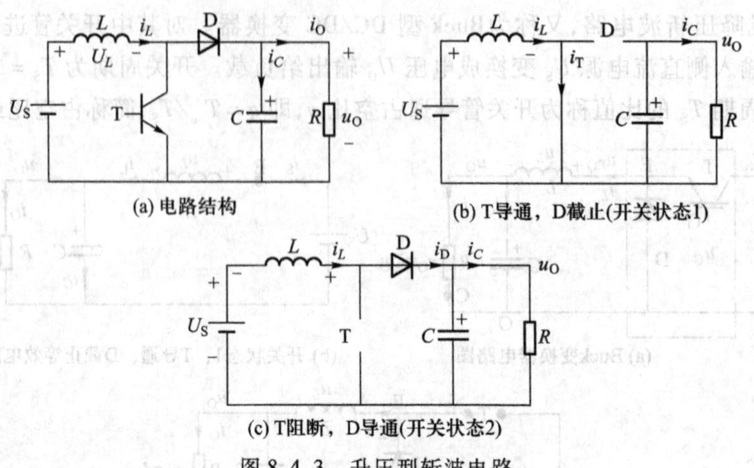

图 8.4.3　升压型斩波电路

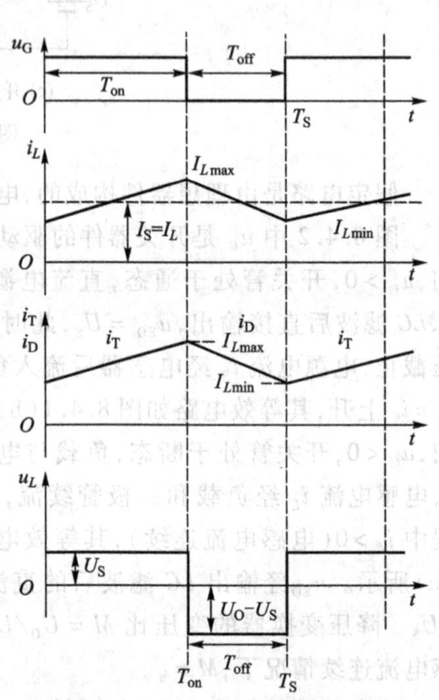

图 8.4.4　升压斩波电路中电流 i_L 连续时的波形图

假定电路是由理想器件构成的，电感电流工作在连续状态，电路工作原理如下：

图 8.4.4 中 u_G 是开关器件的驱动信号，在 $0<t<T_{on}$ 期间，$u_G>0$，开关管导通，二极管截止，其等效电路如图 8.4.3(b)所示。直流电源 U_S 加到电感上，电感电流 i_L 线性增长，到 $t=T_{on}$ 时，i_L 增长到最大值 $I_{L\max}$；在 T 导通期间，i_L 的增量 Δi_{L+} 为 $\Delta i_{L+}=\dfrac{U_S}{L}\cdot T_{on}=\dfrac{U_S}{L}\cdot q\cdot T_S$；由于二极管截止，负载由电容供电，选用足够大的 C 值，可使 U_O 在一个开关周期中恒定不变。在 $T_{on}<t<T_S$ 期间，$u_G<0$，开关管阻断，二极管导通，其等效电路如图 8.4.3(c)所示。直流电源 U_S 和电感电流 i_L 一起向负载和电容器供电，i_L 不断减小，电感端电压如图 8.4.4 所示；C 充电，到 $t=T_S$ 时，减小到最小值 $I_{L\min}$；在 T 截止期间，i_L 的减少量 Δi_{L-} 为 $\Delta i_{L-}=\dfrac{U_O-U_S}{L}\cdot(T_S-T_{on})=\dfrac{U_O-U_S}{L}\cdot(1-q)\cdot T_S$。在周期性工作中，T 导通期间的电感电流增量与 T 阻断期间的减少量相等，得出升压比 $M=\dfrac{U_O}{U_S}=1/(1-q)$。

8.4.3　升降压直流斩波电路

图 8.4.5(a)中由开关管 T、二极管 D、电感器 L_1 和电容器 C_1 构成的电路既能实现斩波升压又能实现斩波降压，故称之为 Boost - Buck 型 DC/DC 变换器，因该变换器的发明人为 Cuk 亦称为 Cuk 变换器。

图 8.4.5(a)所示电路中，开关管 T 周期性改变通断状态，如果开关频率 f_S 较高，开关周期 T_S

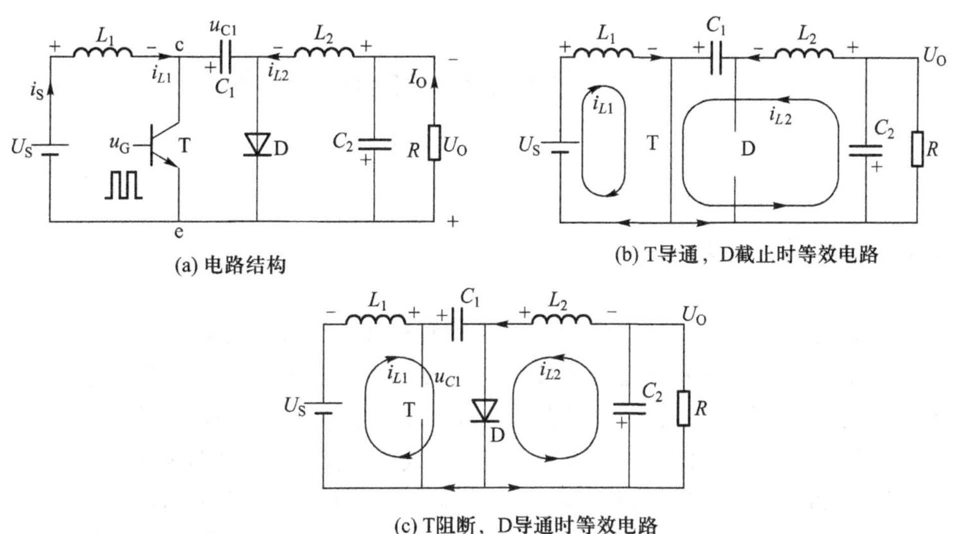

图 8.4.5 升降压斩波电路

较短，电容器 C_1 和 C_2 取值较大，则在一个开关周期中可以认为电容电压 U_{C1} 和 U_{C2}（负载电压 U_0）恒定不变。电路的工作原理如下：

图 8.4.6 中 u_G 是开关器件的驱动信号，在 $0<t<T_{on}$ 期间，$u_G>0$，开关管导通，二极管截止，其等效电路如图 8.4.3(b) 所示。此时直流电源 U_S 加到电感 L_1 上，i_{L1} 的增量 Δi_{L1+} 为 $\Delta i_{L1+}=\dfrac{U_S}{L_1}\cdot T_{on}=\dfrac{U_S}{L_1}\cdot q\cdot T_S$；由于二极管截止，电容器 C_1 的电压 u_{C1} 经开关管 T 对负载 R、C_2 和 L_2 供电，电流 i_{L2} 的增量 Δi_{L2+} 为 $\Delta i_{L2+}=\dfrac{U_{C1}-U_O}{L_2}\cdot q\cdot T_S$。在 $T_{on}<t<T_S$ 期间，$u_G<0$，开关管阻断，二极管导通，其等效电路如图 8.4.5(c) 所示。i_{L1} 因经 D 续流并对 C_1 充电而减小，在此期间 i_{L1} 的减小量 Δi_{L1-} 为 $\Delta i_{L1-}=\dfrac{U_{C1}-U_S}{L_1}\cdot(1-q)\cdot T_S$，与此同时，$i_{L2}$ 经 D 续流而向负载供电也减小，i_{L2} 的减小量 Δi_{L2-} 为 $\Delta i_{L2-}=\dfrac{U_O}{L_2}\cdot(1-q)\cdot T_S$。在周期性工作中，T 导通期间的电感电流增量与 T 阻断期间的减少量相等，$\Delta i_{L1+}=\Delta i_{L1-}$、$\Delta i_{L2+}=\Delta i_{L2-}$，得出变压比 $M=\dfrac{U_O}{U_S}=\dfrac{U_O}{U_{C1}}\times\dfrac{U_{C1}}{U_S}=q/(1-q)$。

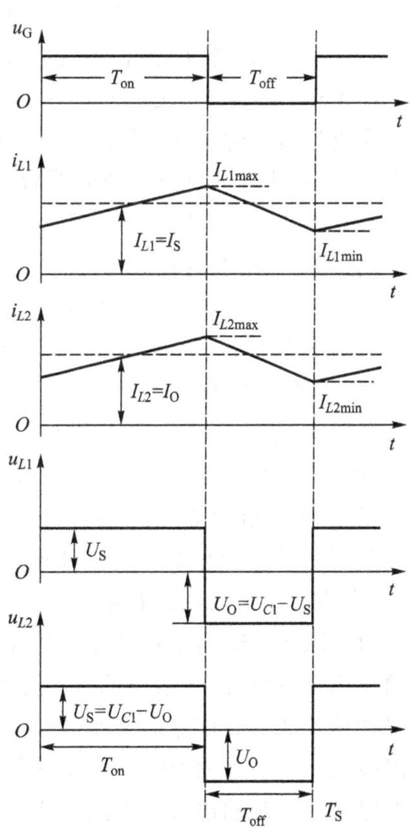

图 8.4.6 升降压斩波电路中电流连续时的波形

*8.5 电力电子技术的应用举例

8.5.1 VVVF 变频器

变频器分为交流－交流和交流－直流－交流两种形式。交流－交流变频器可将工频交流直接转换成频率、电压均可控制的交流,又称为直接式变频器。交流－直流－交流变频器则是先把工频交流通过整流器变成直流,然后再把直流变成频率、电压均可控制的交流,故称为间接式变频器。由于间接式变频器通用性较强,所以也将间接式变频器称为通用变频器。

VVVF 是 Variable Voltage Variable Frequency 的简称,意即变压变频,专门用于异步电动机变频调速。异步电动机在额定频率以下调速时,在降低频率的同时必须也降低电压,以保证电机的磁通 Φ_m 不变,为此需要保持 U_1/f_1 不变($U_1=4.44kf_1N_1\Phi_m$),这样实现恒转矩调速。采用 VVVF 变频器实现异步电动机变频调速,具有调速范围宽、损耗小、效率高、调速平滑等优点,而且在额定频率以下调速时其最大转矩 T_m 近似不变以及理想空载转速与运行转速之差($n_0-n=\Delta n$)保持不变。

VVVF 变频器又称为变频调速器,是由整流、滤波、逆变电路构成主电路,整流电路是由整流二极管或晶闸管构成三相桥式不可控或可控整流电路。滤波电路由大容量滤波电容或滤波电感构成,电容滤波时该直流电源可看做恒压的,电感滤波时该直流电源可看做恒流的。逆变电路一般由 IGBT(绝缘层双极型功率管)构成三相逆变电路,其栅极加上 SPWM(正弦脉宽调制)的控制电压,它是由三角波的载波信号和正弦调制信号相比较产生的一系列等高不等宽的矩形调制脉冲。在图 8.5.1 中作出了三相逆变器的原理图(图中为方便起见电力电子器件用 GTR 表示),在图 8.5.2 中作出了 SPWM 控制电压脉冲,在高电平时电路中相应的共集电极器件 T_1、T_3、T_5 导通,在低电平时共发射极器件 T_4、T_6、T_2 导通,在一周期中逆变器输出线电压如图 8.5.2 所示,其电压脉冲宽度接近于正弦调制(线电压波形可以由对应相的矩形调制脉冲相减得到)。若正弦调制信号幅值减小,则 SPWM 的脉宽变窄,输出线电压仍按正弦调制,但线电压的矩形脉冲面积减小使输出电压减小。若正弦调制信号频率增加,则输出线电压的频率亦增加,这样只要调节正弦调制信号的大小和频率就能控制输出线电压的大小和频率,直接采用不可控整流电路就能实现输出线电压的调节。

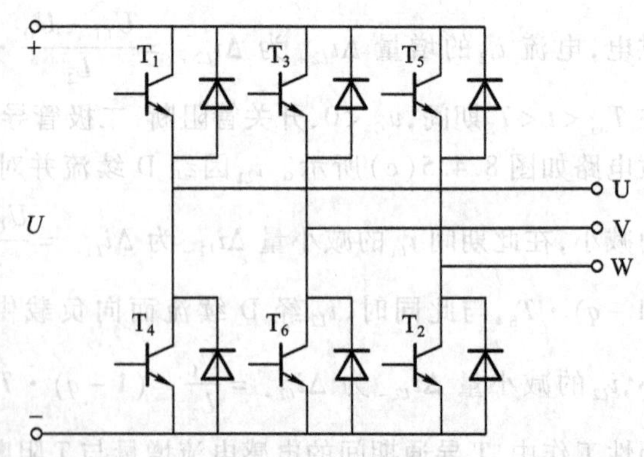

图 8.5.1 用 GTR 的三相逆变器原理图

VVVF 变频器一般采用 U/f 控制方式,即在改变频率的同时按照一定规律改变变频器的输出电压,其 U/f 变化曲线斜率可以设定,U/f 控制方式的示意图如图 8.5.3 所示。图中频率信号通过 U/f 模块转换成电压信号,改变调制器中的正弦调制信号大小,实现电压随频率而变化。

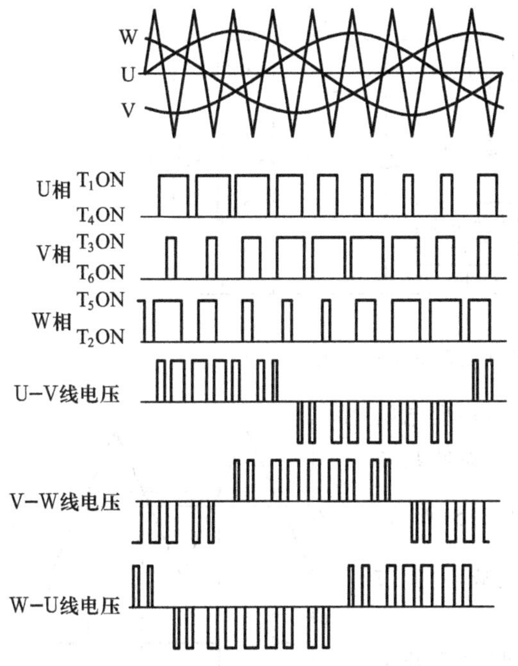

图 8.5.2 SPWM 型三相逆变器输入输出电压波形

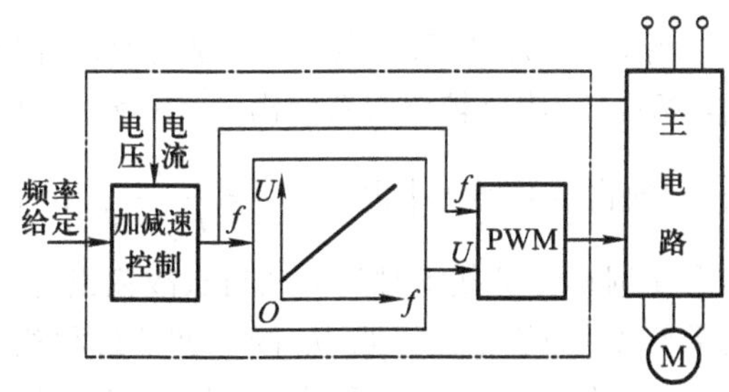

图 8.5.3 U/f 控制方式示意图

VVVF 变频器在工业上有广泛的应用，在泵及风机的驱动中，采用变频调速可以调节其流量及风量，相比采用调节阀门或挡板开度的传统方法，可以大大减少能耗，特别在小流量轻负载的情况下，节能效果特别明显，所以在泵及风机的驱动电动机上采用变频调速是我国重要的节能措施之一。另外在各种机械的自动化方面采用变频调速之后可以大大简化机械变速机构，方便地实现调速操作的远距离控制及集散联网控制，提高生产线协调精确度及自动化程度。

8.5.2 开关型稳压电源

开关型稳压电源是一种直流变换电路，由于调整管处于开关工作状态，故又称为开关型稳压电源。它与线性直流稳压电源相比有效率高、体积小、重量轻以及允许电网有较大波动等优点，但输出电压会有较大纹波和噪声是其不足。由于开关型稳压电路优点较为突出，故在计算机、电视机、通信及空间技术等领域获得广泛的应用。

开关型稳压电路种类繁多，这里仅介绍串联降压型开关稳压电路，其框图结构如图 8.5.4 所示，其控制电路采用脉冲调宽式（PWM 型）。

图 8.5.4 中的晶体管 T（亦可用 MOSFET 或晶闸管等元件替代）是工作在开关状态的调整管。电感 L 和电容 C 组成滤波电路，二极管 D 为续流二极管。脉冲调宽电路由比较器 A_2 和一个能产生三角波的振荡器组成。运算放大器 A_1 作为比较放大电路，其比较输入 U_{N1} 由采样电阻 R_1 和 R_2 分压取出，基准电源电压 U_{REF} 可视需要由不同的稳压电路或标准电池构成。

该电路的稳压工作原理可简述如下：

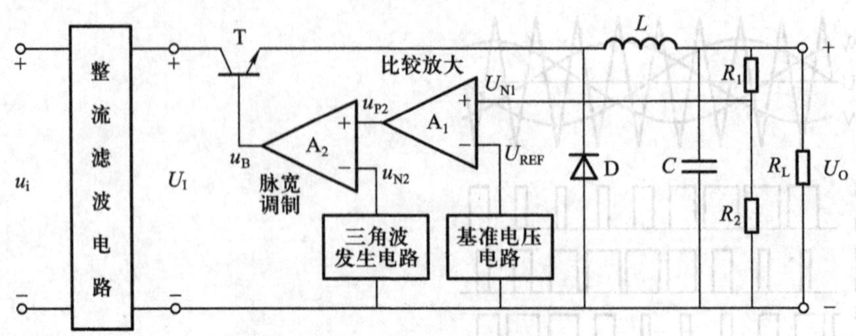

图 8.5.4　串联开关型稳压电源的结构框图

当 U_O 升高时，采样电压 U_{N1} 亦增加，与同相端的基准电压 U_{REF} 相比较，使比较放大器输出 u_{P2} 下降，经电压比较器使其输出 u_B 的占空比变小$\left(\text{占空比 } q=\dfrac{T_{on}}{T_{on}+T_{off}}\right)$，如图 8.5.5 所示。结果使调整管 T 截止时间 T_{off} 加长，故输出电压随之减小，调节结果使 U_O 趋于不变。当 U_O 降低调节过程相反。

通过以上分析不难看出，控制过程是在保持调整管开关周期 T 不变的情况下，通过改变开关管导通的时间 T_{on} 来调节占空比，从而实现稳压的，故称该电路为脉宽调制型开关电源。目前已有多种脉宽调制型开关电源的控制芯片，有的还将开关管也集成于芯片内，且具有各种保护电路，可以根据需要，选用芯片组成开关型稳压电源。

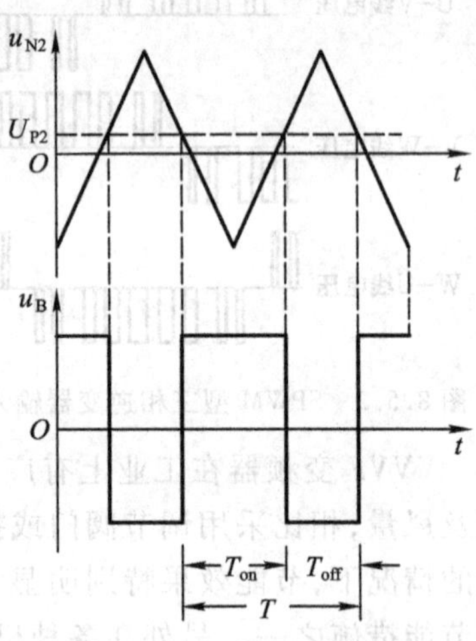

图 8.5.5　u_{N2} 和 u_B 的波形

8.5.3　绿色照明

电光源始于 1879 年爱迪生采用钨丝电热发光的白炽灯。白炽灯用电能加热钨丝灯电阻、电能转化为热光能，白炽灯的电压增高时电流增大，炽热钨丝电阻温度上升，等效电阻增大，其电阻温度系数为正值。白炽灯发光的电光转换效率很低，其应用已愈百年。

20 世纪中期开始应用气体放电的日光灯。气体放电日光灯电流增大时，温度升高，导电能力更强，使等效电阻显著下降，灯管两端电压反而减小，气体放电的日光灯呈负阻效应。因此，如果电源电压直接对日光灯供电，一旦电流有所增大时，其端电压反而减小，会导致电流进一步增大，为了维持气体放电日光灯管（充满惰性气体）的稳定运行，必须在电路中串联一个稳流电感（又称镇流电感或镇流器），如图 8.5.6 所示。

图 8.5.6 中电压 $\dot{U}_R$ 加在日光灯两个电极之间，直接形成气体放电发光，即使在 50 Hz 电源时，其电光转换效率也比钨丝炽热发光效率高 3 倍。为了抵偿气体放电日光灯管的负阻效应，图中的电感压降 $\dot{U}_L$ 远比灯管压降 $\dot{U}_R$ 大，虽然电感 L 并不消耗有功功率，但其电感电抗对应的无功功率仍使其功率因数较低。因此，图中外接电容 C_S 以补偿功率因数。图中在灯管两极之间并联有一个双金属片开关 K_1，正常灯不工作时在常温下 K_1 闭合。合上电源开关 S 后，电源电压经电

感 L 和 K_1 形成回路（将灯管短接）电流，使双金属片开关 K_1 发热迅速断开。电感 L 感应反电势 $e = L\mathrm{d}i/\mathrm{d}t$ 加在灯管两个电极之间使气体开始放电，点燃灯。正常工作时电极温度高使 K_1 保持断开状态。一旦断开电源开关 S，灯灭，K_1 又恢复到闭合状态。图中 K_1 又称为启辉器或起辉开关管。图中灯管两端并联的小电容 C_1 用于降低启动过程中的过压和无线电干扰。

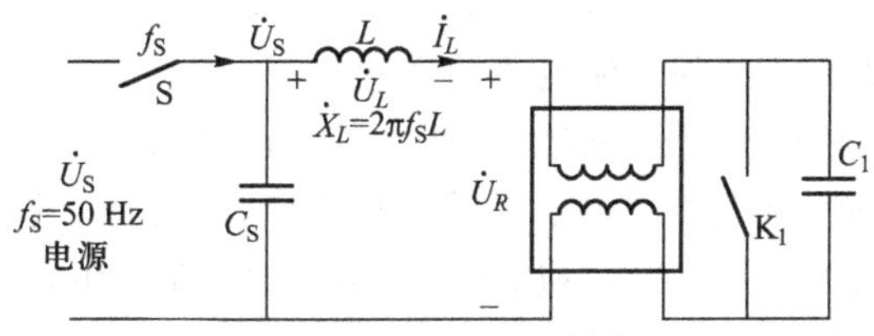

图 8.5.6 电感镇流器日光灯原理图

图 8.5.6 电感式镇流器日光灯的缺点是 50 Hz 电源供电时，电感值 L 比较大，同时日光灯在 50 Hz 电源频率下工作，灯管放电电流每半个电源周期 $T/2 = 0.01$ s 脉动一次（频率为 $2f_S$ 的交流）。为了减小电感值，提高日光灯工作频率可采用如图 8.5.7 所示的高频电感电子镇流器代替图 8.5.6 中的大电感镇流器。图 8.5.7 中 50 Hz 交流电源经射频干扰滤波器供电给一个二极管整流电路，再经有源功率因数校正 APFC 后给高频逆变器供电，再经高频电感 L 向气体放电，日光灯管输出 $f = 20 \sim 30$ kHz 的高频电流，或经高频变压器变压、隔离后，再对灯管供电。由于向灯管供电电压的频率 $f = 20 \sim 30$ kHz 比 $f_S = 50$ Hz 高 400 多倍，可显著减小这种电子镇流器的体重、体积。使用高频电子镇流器的日光灯其发光效率也比使用大电感工频镇流器的日光灯高 20%。对电网而言，其用电特性也大为改善，电源电流 i_S 正弦性好，功率因数接近于 1.0。

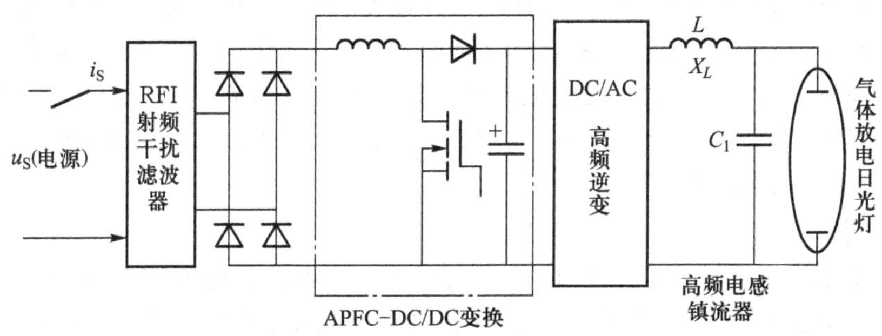

图 8.5.7 高频电子镇流器日光灯原理图

近年来高频电子镇流器不仅用于日光灯，也开始用于霓虹灯、高压钠灯和金属卤化物灯等高强度气体放电灯。电子镇流器已在逐步取代电感镇流器。

8.5.4 电动车辆

随着人们对汽车性能要求的不断提高，加速了汽车工业与电子产业的融合，当前汽车的电气系统由 200 多个电气设备构成，大大提高了汽车的动力性能，改善了操作的稳定性、安全性和舒适性。在汽车电气系统中，基于电力电子技术的各类电气设备正在发挥着重要作用。

1. 在汽车动力系统中的应用

目前,电力电子技术在汽车动力系统上的应用与传统汽车相比,主要增加了在电力驱动系统上的应用,包括电动机调速系统、能量转换器、充电器等。

(1) 电动机调速系统

电动机是电动汽车发动机的主要部件。功率变换器在电动汽车电机调速系统中,主要有两种形式:用于直流电动机的斩波器和交流电机的逆变器。

① 斩波器　对于直流电动机调速系统。一般采用斩波器,其功率电路比较简单,效率也比较高。随着功率器件的发展,斩波器的频率可做到几千赫兹,因而很适合用作直流牵引调速。电动汽车采用直流电机驱动,无论是串励电机,还是他励电机,都采用斩波器作为功率变换器。斩波器的功率电力电子器件多采用 MOSFET、BJT 和 IGBT。

② 逆变器　在 DC/AC 变换方式中,一般采用直流斩波器加逆变器和 PWM 逆变器两种方式。由于电动汽车的电源(蓄电池)电压低,采用前一种方式,传输能量环节过多,会降低整个系统的效率,而采用 PWM 电压型逆变器,则线路简单、环节少、效率高。另外,现在还出现了谐振直流环节变换器和高频谐振交流环节变换器。由于采用零电压或零电流开关技术,谐振式变换器具有开关损耗小、电磁干扰小、低噪声、高功率密度和高可靠性等优点。在功率变换器中,常用的电子开关器件主要有 GTO、BJT、MOSFET、IGBT 和 MCT 等。由于 IGBT 集 BJT 和 MOSFET 特点于一体,其压控栅极阻抗高,可明显降低栅极驱动功率,从而可使栅极驱动电路集成化。另外,在极短的开关时间内可使系统具有快速响应能力,减小开关损耗,降低噪声,是很好的开关器件。

(2) 能量转换器

电动汽车能量转换器的主要部件是功率器件。目前常用的功率器件有 GTO、BJT、MOSFET、IGBT、SIT、SITH、MCT,其中 GTO、MCT 具有高开关速度、高能量传输能力、优越的动态特性及高可靠性,很适合于电动汽车驱动。功率器件还能影响到能量转换器的结构,直 - 直流及直 - 交流转换器可各自应用于直流电动机和交流电动机。除了通常的脉宽调制转换器外,最近有一种共振直流耦合转换器,它可提供零电压开关或零电流开关,具有开关损耗低、能量密度高、电磁干扰小、噪声低及可靠性高的优点。

(3) 充电器

充电器是电动汽车运行的必要条件,因为它能将交流电网的电能有效地补充到每辆电动汽车的蓄电池中。为普及电动汽车,则需要建立蓄电池充电站,每个站必须配备若干套自动充电器。此外,每辆电动汽车亦需配备一台自动充电器。充电器的功能就是将交流电变为直流电,这就需要用到电力电子电路来实现。当这些充电器运用到电动汽车中时,还需具备恒流恒压二段式充电、效率高、重量轻、有自检及自动充电等多种保护功能,并且能程控设定充电时间曲线、监视电池温度、对电网无污染。这些都要借助电力电子技术来实现。

2. 在汽车辅助系统中的应用

在汽车中,采用电力电子镇流器驱动的高亮度放电灯可作为短焦距灯和雾灯使用,与传统的卤素灯相比,具有发光效率高、触发起动快、可靠性高和寿命长等特点。向客舱供气的风机等一般是具有笼型风扇的永磁直流电动机,常需要实现变速控制,目前采用大功率全控型电力电子器件的脉宽调制技术在直流电动机调速得到了广泛的应用,具有体积小、开关速度快、效率高等优点。在汽车上安装汽车防抱死制动系统 ABS(Anti - skid Braking System)可有效地减少交通事故损伤，提高行车安全性，目前 ABS 装置中采用了单片机和功率 MOSFET 驱动电路。汽车可采用 42 V 的电气系统来取代当前的 12 V 的电压系统，此时用脉宽调制的方法来控制白炽灯，达到不依赖母线电压等级就能对照明强度进行控制，还可实现多种亮度、闪光和暗光，并且能有效提高灯的寿命。由电力电子电路驱动的超声电动机可以作为汽车窗户提升、座位定位和驾驶员头部保护装置的执行器。应用电力电子电路驱动电磁执行机构的发动机气门代替凸轮轴和凸轮气门，通过控制发动机进气门和排气门的开关，可以在由多变量如速度、负载、高度和温度所确定的大范围内，优化发动机性能。在汽车电气空调中有三相 MOSFET 桥驱动的直流无刷电动机来驱动压缩机，此时空调的压缩机速度和发动机速度无关，具有安装位置灵活等优点。目前电子燃油喷射系统中采用 MOSFET 的通断控制电磁阀，燃油泵采用由三相桥式电路驱动的直流无刷电机，在微控制器的控制下点火线圈可以对发动机实现更加精确的点火，因而提高了汽车的效率和燃油经济性，增强了汽车的操纵灵活性，并使排放更加清洁，已在汽车上广泛使用。

综上所述，基于电力电子技术的电气部件将在汽车技术的发展中承担着重要的作用。

8.5.5 在电力系统中的应用

电力系统是能源利用、输送和配给的主要载体，在社会经济中发挥着重要作用。在电力系统中，可再生能源的并网发电、储能装置的功率转换、交直流电网的柔性互联、配用电能的双向流动、无功和谐波的动态补偿都需要依靠基于电力电子技术的变换装置来实现。现从发电、电能存储、微型电网、输电和电能质量五个方面的介绍电力电子装置的主要应用。

1. 发电环节

发电机组励磁。大型同步发电机组中应用基于整流器的静止励磁技术，与励磁机相比，具有调节速度快、控制简单的特点，显著提高了发电厂的运行性能和效率。水力发电机组中应用基于变流器的交流励磁技术，通过对励磁电流频率的动态调整，实现了发电系统对水头压力和水流量动态变化的快速调节，改善了发电品质，提升了发电效率。

风力发电。变流器是风力发电中不可或缺的核心环节。风电变流器通过整流器和逆变器将不稳定的风能变换为电压、频率和相位符合并网要求的电能。随着变流器技术的发展，风力发电系统的容量和电压等级逐步提高，有效降低了线路损耗和传输导线成本，促进了风电特别是海上风电的大规模开发。

光伏电站。大型光伏电站由光伏阵列组件、汇流器、逆变器组、滤波器和升压变压器构成，是大规模集中利用太阳能的有效方式。通过给并联逆变器施加合理的控制方案，光伏电站可以实现无功补偿和有源滤波等功能。

2. 电能存储

储能技术在电力系统中应用可以缓解高峰负荷供电需求，提高现有电力设备的利用率和电网的运行效率；可以有效应对电网故障的发生，提高电能质量和用电效率，满足经济社会发展对优质、安全、可靠、高效用电的要求。在各种储能方式中，可调速抽水蓄能电站和电池储能都是可达兆瓦级的储能技术。

可调速抽水蓄能。抽水蓄能电站通常由上水库、下水库和输水及发电系统组成。在运行过程中，上下水库落差不断变化，因此抽水蓄能电站只有工作在变速状况下才能取得最佳发电效率。目前,可调速抽水蓄能机组主要采用转子绕组励磁方式,励磁调节系统通常采用基于晶闸管的周波变换器或基于全控器件的电压型或电流型变换器。抽水蓄能机组通过调节转子励磁电流的频率和幅值,可实现有功出力与无功出力的大幅度独立调整,且便于机组启动和运行模式的切换,使得抽水蓄能电站在电力系统中更好地发挥调峰填谷、调频、调相、紧急事故备用、黑启动和为系统提供备用容量等多重作用。

电池储能。电池储能系统主要包括电池系统和功率调节系统。电池一般采用锂离子电池、钠硫电池和全钒液流电池。在电池系统中,采用小功率 DC/DC 变换器可实现电池模块的电流均衡。大功率和高增益 DC/DC 变换器可集成到电池模块内,并作为电池模块输出接口实现串并联成组,从而提高直流母线电压等级、简化均衡控制要求和优化功率调节系统的拓扑。在功率调节系统中,电压型四象限变换器作为电池系统与电网的电力电子接口,变换器除了进行电池充放电管理外还能实现储能系统的各项并网功能。

3. 微型电网

微型电网是由分布式电源、储能装置、功率变换器、相关负荷以及监控保护装置汇集而成的小型发配电系统。通过功率变换器的调节,微型电网可与外部电网并网运行,实现局部的功率平衡与能量优化;在外部电网故障时,通过变换器的解列,使微型电网运行在独立模式,可以继续向关键负荷供电,提高用电的安全性和可靠性。实践表明,将分布式电源以微型电网的形式接入到电网中并网运行,与电网互为支撑,是发挥分布式电源效能的最有效方式。

4. 输电环节

直流输电。直流输电包括常规直流输电和柔性直流输电。常规直流输电采用基于晶闸管的换流器;柔性直流输电采用基于全控器件的换流器。与常规直流输电相比,柔性直流输电具有有功无功独立可控、省去滤波及无功补偿装置、可向无源负荷供电、潮流翻转时电压极性不变等优势,因而更适合于在可再生能源接入、孤岛供电、城市供电和电网互联等领域广泛应用。在柔性直流输电中,换流器拓扑由两电平、三电平逐步发展到模块化多电平,使得器件的开关频率和开关应力低、输出电压的谐波和畸变率小。

分频输电。分频输电系统利用较低的频率(如 50/3 Hz)传输电能,可减少交流输电线路电气距离,提高系统传输能力,抑制线路电压波动。在水电、风电等可再生能源发电系统中,由于发电机转速较低,十分适合利用低频进行发电和输电。目前,分频输电主要通过交-交变频器实现输电线路与工频电网的连接。

固态变压器。固态变压器是一种将电力电子变换技术和基于电磁耦合电能变换技术相结合,可对电压或电流的幅值、相位、频率、相数和形状等特征进行变换的新型变压器。固态变压器具有潮流控制、电能质量调节等功能,可以给电力系统带来更高的稳定性、更加灵活的输电方式、多种形式的交直流电源和高品质的电能,为电力系统智能化提供更有效的控制手段。

5. 电能质量

无功补偿。采用动态无功补偿器对抑制系统功率振荡、保持母线电压稳定、解决负荷电压闪变和不平衡等问题有重要作用。链式静止同步补偿器(STATCOM)可以实现独立分相补偿和模块化冗余设计,与静止无功补偿器(SVC)相比,具有无功功率连续可调、总谐波畸变率小、响应速度快、效率与可靠性高、容量易于扩展和占地面积小等优点。

谐波治理。谐波治理分为从谐波源本身出发抑制谐波的主动谐波治理和增加额外谐波治理装置的被动谐波治理。主动谐波治理采用多重化技术和脉宽调制技术,降低变流装置注入电网的谐波。被动谐波治理中采用混合型、级联型有源电力滤波器(APF)和统一电能质量调节器(UPQC)等在谐波源外部进行动态谐波治理,可以减少网侧电流谐波含量,提高电力设备效率和利用率。

电压暂降抑制。在中低压电力系统中,电压暂降可引起企业的生产中断、设备损坏和产品报废。动态电压恢复器(DVR)是一种基于电压源逆变技术的串联型电能质量控制器,可以动态补偿正序、负序和零序电压,抑制不平衡的电压暂降。目前,采用从电网提取能量、无串联变压器的多电平逆变器方案是动态电压恢复器的发展方向。

随着高电压、大功率电力电子器件的发展,变换器模块化、单元化和智能化水平的提升,控制策略和调制策略性能的提高,电力电子装置在电力系统中的应用将会进一步拓宽。

复习思考题及练习题

8-1 晶闸管在什么条件下才能导通?导通后,在什么条件下才能关断?

8-2 晶闸管能否与晶体管一样构成放大电路?为什么?

8-3 晶闸管导通后,通过管子的阳极电流大小由电路中哪些因素决定?

8-4 为什么晶闸管导通后,控制极就失去控制作用?

8-5 图 8.01 为全波整流电路,已知变压器二次绕组电压 u_2 的有效值为 20 V,负载 $R_L=20\ \Omega$。(1)画出 u_2、u_L 及 i_L 的波形。(2)估算输出平均电压 u_L 及平均电流 I_L。

8-6 试分析图 8.02 所示电路由哪几部分组成,简述各部分的作用。

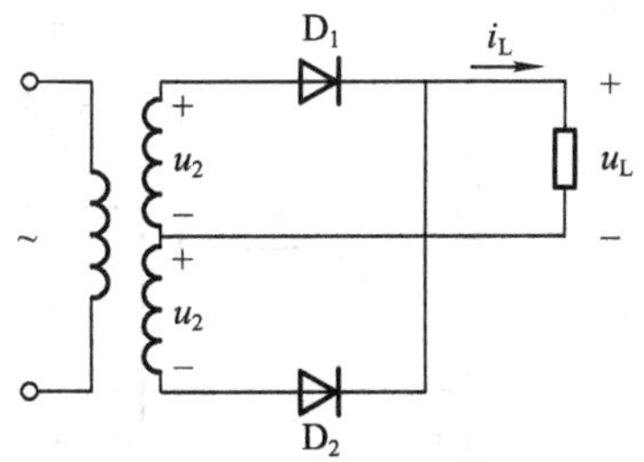

图 8.01 练习题 8-5 的图

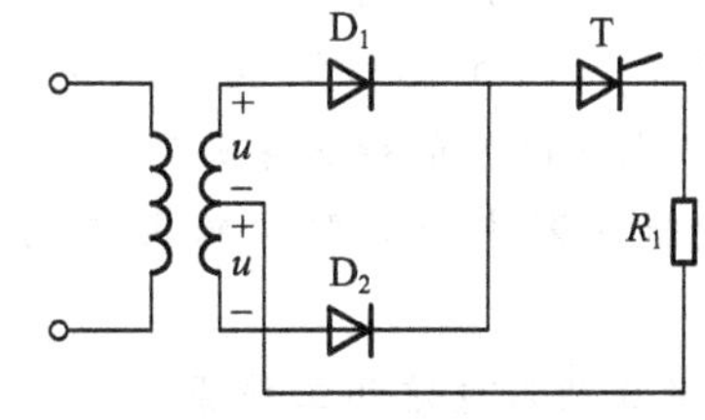

图 8.02 练习题 8-6 的图

8-7 设单结晶体管的 $U_{BB}=20$ V,$U_D=0.7$ V,分压比 $\eta=0.6$,试问发射极电压升高到多少伏管子导通?如果 $U_{BB}=10$ V,又如何?

8-8 为什么触发电路要与主电路同步?怎样才能实现同步?

8-9 在图 8.2.17 中,调节哪个参数可以实现触发脉冲的移相?

8-10 在单相桥式半控整流电路中,电网电压 220 V,电阻性负载 $R_L=10\ \Omega$,试求导通角 $\theta=45°$ 和 $\theta=90°$ 时,输出电压的有效值。

8－11　试分析图 8.03 所示晶闸管整流电路的工作情况。

8－12　试分析图 8.04 所示电路由哪几部分组成，简述各部分的作用。

8－13　逆变器的作用是什么？

8－14　简述正弦脉宽调制型逆变器的工作原理。

8－15　某稳压电路如图 8.05 所示，试问：(1) 输出电压的大小极性如何？(2) 电解电容 C_1、C_2 的极性如何？它们的耐压应如何选取？

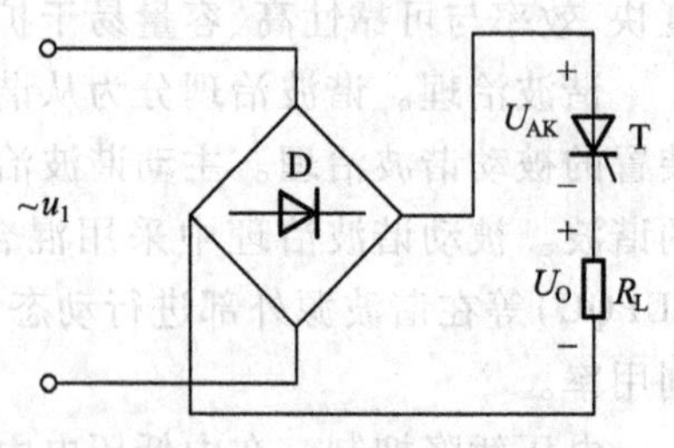

图 8.03　练习题 8－11 的图

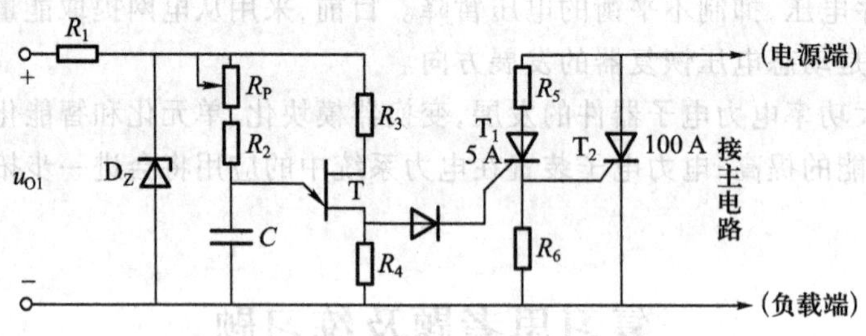

图 8.04　练习题 8－12 的图

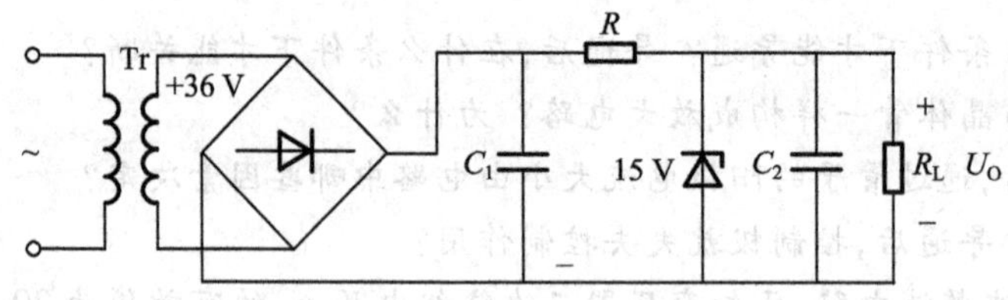

图 8.05　练习题 8－15 的图

8－16　由运放组成的稳压电路，如图 8.06 所示，稳压二极管稳定电压 $U_Z = 4\ \text{V}$，$R_1 = 4\ \text{k}\Omega$。试问：(1) 输出电压 U_O 的表达式是怎样的？(2) 若要求 $u_O = 5 \sim 12\ \text{V}$ 可调，则 R_f 的变化范围是多少？

8－17　用两个 W7815 稳压器能否构成输出 +15 V、－30 V 或 ±15 V 的稳压电源？

8－18　直流斩波器中开关器件的占空比 q 的含义是什么？

8－19　简述降压斩波电路的工作原理。

8－20　简述升压斩波电路的工作原理。

8－21　简述升降压斩波电路的工作原理。

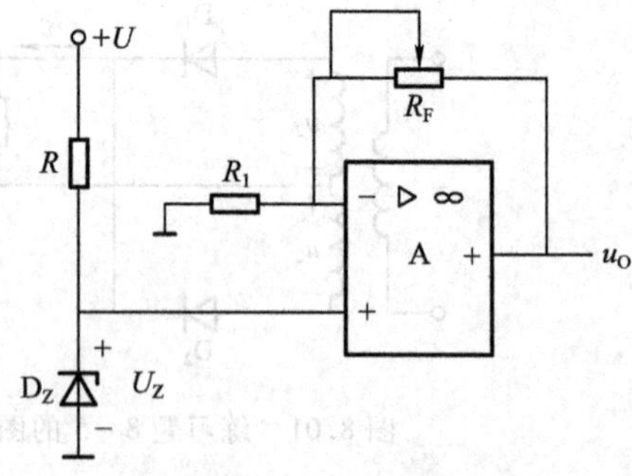

图 8.06　练习题 8－16 的图

第九章　电工测量与传感器技术

测量是用实验方法对客观事物取得数量概念的认识过程，是一个把事物的某一物理参数与标准量相比较的过程，测量的结果可以用数值或者曲线、图形表示，在结果中应包括数值的大小、符号和单位。

测量的过程应该具有体现测量单位的标准，有为大家公认的测量原理和方法，以及相应的测量仪器和设备。

本章内容包括电量的测量和非电量的测量两大部分，非电量的测量通常是通过传感器把非电量转换为电量后，再用测量电量的方法进行测量和显示，所以传感器是很重要的转换装置。在现代社会中，已经有上万种不同原理和不同应用的传感器为我们服务，所以传感器技术是测量的基础技术。

9.1　电气测量

电气测量包括电工测量和电子测量，通常电工测量是指利用电流的电磁效应对常用电量和电参数进行的测量，常用的是指针式测量仪表，而电子测量是指用电子技术的方法和电子仪器进行的测量，两种方法测量的对象都可以是电量、电路元件参数，而电子测量还可以测量电信号特性、电路性能特性以及实时显示动态的特性曲线和特性参数，所以应用更为广泛。

9.1.1　指示式测量仪表

指示式仪表是用指针的偏转角来反映被测电量大小的模拟式电表，仪表通常按被测电量分成电流表、电压表、功率表、功率因数表、电能表、万用表、兆欧表等；按适用电流分成直流表、工频交流（45 ~ 65 Hz）表、中频交流（45 ~ 1 500 Hz）表及交直流二用表等；按工作原理分成磁电式、电磁式、电动式、感应式等；按使用方法分成面板式（安装式）和携带式。

1. 工作原理

(1) 磁电式

各种直流电表都属于磁电式仪表，其测量机构如图 9.1.1 所示。当被测电流 I 经游丝流入线圈时，磁场对电流的作用形成电磁力矩 T，使线圈及指针偏转，而游丝因被扭转而产生反作用力矩 T_C。当 $T = T_C$ 即力矩平衡时，由于电磁力矩 T 正比于电流 I，而反作用力矩 T_C 正比于偏转角 α，显然偏转角 α 与电流 I 成正比。若电流方向变反，则指针将反向偏转，此时需将仪表的接线端的接线对调，指针正向偏转后才能读数，所读出的数值应记为负值。

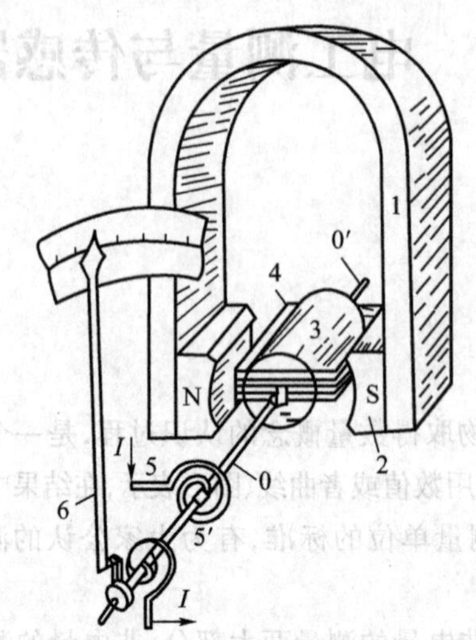

1—磁铁　2—极掌　3—铁心　4—铝框及线圈　5—游丝　6—指针

图 9.1.1　磁电式测量机构

磁电式测量机构的特点是只能测量直流，性能稳定，灵敏度及精度高，线性刻度，能耗低，过载能力小。一般实验室用携带式直流电表的精度等级均为 0.5 级，即其最大绝对误差为所选量程的 ±0.5%。

（2）电磁式

电磁式测量机构有吸引式和推斥式两种，吸引式为扁线圈结构，如图 9.1.2 所示，当电流通过线圈时，产生磁场吸引偏心地固定在转轴上的小铁片，带动转轴和指针旋转，其吸引力的大小正比于线圈电流的平方，吸引力的方向与电流方向无关，所以可用于交直流电流的测量，在测量交流时所指示的读数为交流电流的有效值。

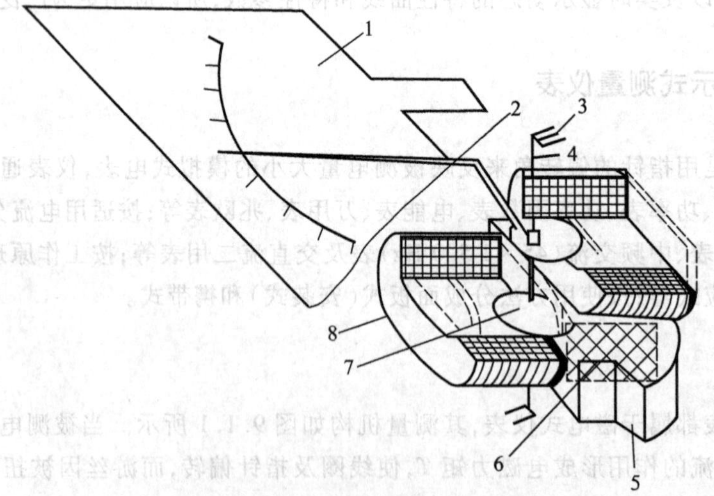

1—标度盘　2—指针　3—固定弹簧片　4—张丝　5—空气阻尼箱

6—空气阻尼片　7—可动铁芯　8—固定线圈

图 9.1.2　吸引式扁线圈结构测量机构

推斥式为圆线圈结构,如图 9.1.3 所示。在转轴上安装了可使其转动的动铁片,在线圈内壁上安装了固定的静铁片,当线圈通电时两铁片同时被磁化且磁极极性相同,相互间产生推斥力使转轴和指针旋转,推斥力的大小正比于线圈电流的平方,力的方向与电流方向无关。

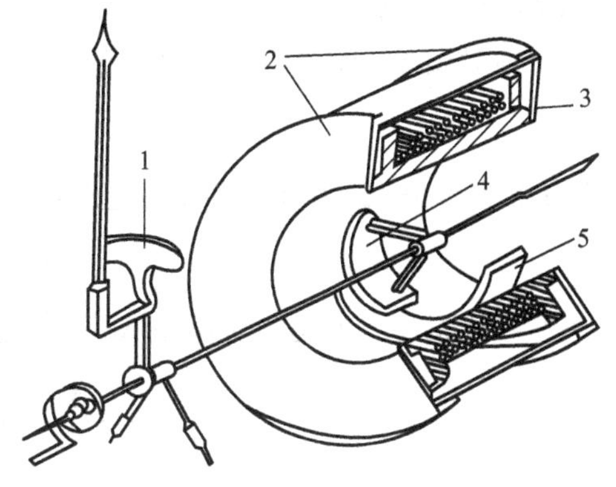

1—磁感应阻尼片 2—磁屏蔽 3—线圈
4—可动铁芯 5—固定铁芯

图 9.1.3 推斥式圆线圈结构测量机构

电磁式测量机构的特点是结构简单,过载能力大,可测交直流电流且波形失真对有效值读数影响小。其缺点是刻度不均匀,容易受外磁场影响,测量线圈吸收功率较大。若交流频率升高,还会因铁片损耗增加引起附加误差,一般用在工频交流电路中。

(3) 电动式

电动式测量机构如图 9.1.4 所示,它有两组固定线圈,安置在轴上的可动线圈可以在固定线圈内转动。固定线圈中通过电流 i_1 时产生的磁场和可动线圈中的电流 i_2 相互作用产生驱动力矩,其大小与电流 i_1 和 i_2 的乘积成正比,当两个线圈中的电流同时改变方向则驱动力矩方向不变。

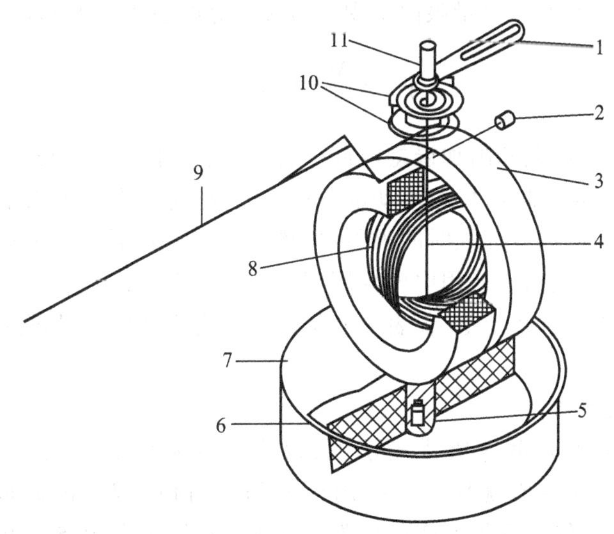

1—零点调整器 2—平衡锤 3—固定线圈 4—轴 5—下轴承 6—空气阻尼
7—空气阻尼箱子 8—活动线圈 9—指针 10—游丝 11—上轴承

图 9.1.4 电动式测量机构

若线圈中通入正弦交流电流 $i_1 = I_{1m}\sin \omega t$ 及 $i_2 = I_{2m}\sin(\omega t + \varphi)$ 时,其平均力矩正比于 $I_1 I_2 \cos\varphi$,指针偏转角大小亦与 $I_1 I_2 \cos\varphi$ 成正比。

电动式测量机构性能稳定,准确度较高,但受外磁场影响大,不能承受较大的过载,而且两线圈吸收功率较大,对被测电路有一定影响。

2. 测量误差和仪表准确度等级

(1) 测量误差

① 绝对误差　就是指示值和真值之差,即

$$\Delta A = A - A_0 \tag{9.1.1}$$

式中 A 为指示值;A_0 为真值;ΔA 为绝对误差。绝对误差的负值称为修正值(校正值)ε,即

$$\varepsilon = -\Delta A = A_0 - A \tag{9.1.2}$$

② 相对误差　就是绝对误差 ΔA 与真值 A_0 之比的百分数,以 γ 表示,即

$$\gamma = \frac{\Delta A}{A_0} \times 100\% \approx \frac{\Delta A}{A} \times 100\% \tag{9.1.3}$$

相对误差的负值称为相对修正值 θ,即

$$\theta = -\gamma = \frac{\varepsilon}{A_0} \times 100\% \approx \frac{A_0 - A}{A} \times 100\% \tag{9.1.4}$$

③ 引用误差　就是绝对误差 ΔA 与仪表量限 A_m 之比的百分数,以 γ_a 表示,即

$$\gamma_a = \frac{\Delta A}{A_m} \times 100\% \tag{9.1.5}$$

仪表的最大引用误差 γ_{am} 是在整个量限内出现的最大绝对误差 ΔA_m 与量限之比的百分数,即

$$\gamma_{am} = \frac{\Delta A_m}{A_m} \times 100\% \tag{9.1.6}$$

仪表的误差分为基本误差和附加误差两部分,前者是由于仪表本身特性及制造缺陷所引起的,例如轴尖与轴承的摩擦,轴隙过大,可动部分的不平衡,标尺分度和安装不准,游丝或张丝的永久变形,内部电磁场影响以及计数时的视差等,均可引起基本误差,基本误差的大小是用仪表的引用误差表示的。后者是由于使用中外界因素影响所引起的,例如外来电磁场的影响,温度、频率、电压值偏离其工作条件规定值、仪表安放位置不正确等,均可引起附加误差,其表示方法与基本误差相同。

(2) 仪表的准确度等级

仪表的准确度是以准确度等级来表示的,仪表的准确度等级共分 0.1、0.2、0.5、1.0、1.5、2.5、5.0 七级,其等级值就是最大引用误差的绝对值上限,准确度等级值愈小则仪表愈精确。0.1 级及 0.2 级仪表可作为计量标准表或精密测量用表,0.5 级仪表作为试验室用表,1.0 级仪表作为一般携带式电表,1.5 ~ 5.0 级仪表是配电板式指示电表,仪表的准确度等级用符号标在标度盘上。

虽然仪表的准确度等级反映了仪表的精度,但实际测量时的相对误差大小还与所选量限是否适当有很大关系。当仪表准确度等级一定时,所选择量限愈接近被测量值,测量误差就愈接近仪表准确度等级的百分值。一般在选择量限时,应力求被测量的值不小于量限的一半。这是因为在同样准确度等级的条件下,量限愈大则可能出现的最大绝对误差愈大,即

$$|\Delta A_m| \leqslant A_m \times (\text{准确度等级百分值}) \tag{9.1.7}$$

这样，在测量时可能出现的最大相对误差值就取决于 ΔA_m 的大小，也就是与量限成正比，即

$$\gamma_m=\frac{\Delta A_m}{A}=\frac{A_m}{A}\times(\text{准确度等级百分值}) \tag{9.1.8}$$

如果被测量很小而选用的量限很大，即使所选仪表的准确度等级很高，也会造成很大的相对误差。而且，在刻度不均匀的电磁系或电动系仪表中，起始部分的转角很小，刻线分度很粗，更会造成读数误差。因此，用仪表的大量限测量小电流或低电压，是应该避免的。

(3) 仪表的选择与使用

选择电表时首先应根据测量对象及电流种类来决定所选用仪表的种类，同时根据使用场合的要求来决定仪表的准确度等级及结构型式，并决定仪表的外形尺寸等，这样就能选定所用电表的类型和型号。其次是决定仪表的量限，量限的选择应与预计的被测量相当，而且在一些小功率、高精度的场合，还应考虑电表的内阻抗对被测电路工作状态的影响。

使用电表时应特别注意按规定正确地接线，在直流电路中还应注意“+”“-”极性，应避免因接线错误而损坏电表。为了避免产生附加误差，电表还应远离强电流导线及强电磁场，按规定安放位置放置。仪表通电前应注意指针是否指零，否则应进行指针调零。读数时应注意指针应与刻度尺下面反射镜中的影子重合，防止因斜视而引起视差。在使用多量限电表或不均匀刻度的电表时，还应事先根据所接量限及刻度线的长短，弄清每格刻度线所对应的读数，以免因换算错误而读错。

在电表的标度盘上绘有一些表征仪表主要技术特性的标志符号，包括仪表的型式、型号、被测量的单位，准确度等级、正常工作位置、绝缘强度、电流种类等级。其主要标志符号见表 9.1.1。

表 9.1.1 电测量指示仪表的符号

名称	符号	名称	符号
磁电系仪表		直流	—
电磁系仪表		直流和交流	≂
电动系仪表		单相交流	~
感应系仪表		三相交流	≋
额定频率 50 Hz 和扩频范围 20 ~ 120 Hz	20 - 50 - 120 Hz	额定频率 45 ~ 65 Hz 和扩频范围 500 Hz	45 - 65 - 500 Hz
以标尺量限百分数表示的准确度等级	1.5	标度尺位置为垂直的	⊥
以标尺长度百分数表示的准确度等级	\/ 1.5 (with a V mark)	标度尺位置为水平的	⊔
以指示值的百分数表示的准确度等级	(1.5)	标度尺位置与水平面倾斜成 60°	∠60°
绝缘强度试验电压为 500 V	☆	绝缘强度试验电压为 2 000 V	☆2

9.1.2 数字式测量仪表

数字式测量仪表是将被测电量通过采样技术自动地转换成数字量，并进行数字编码处理，最后用数字显示的电测仪表。目前已有的基本的数字仪表是数字电压表、功率表、频率表等。

1. 工作原理

各种数字式测量仪表都是采用A/D(模拟/数字)转换技术把模拟量转换成数字量的，为此必须把各种被测电量预先变换为被测直流电压或被测频率(脉冲数)，然后再通过各种A/D转换方法转换为脉冲频率或数码，再通过数码存储、计数、译码、显示等环节显示测量结果。数字式测量仪表的原理结构框图如图9.1.5所示。目前各个转换环节均有相应的专用大规模集成电路产品可选，所以运用积木方式能方便地组装一个数字仪表，甚至采用一片专用的数字万用表电路芯片就可以组装成一台小型的数字万用表。

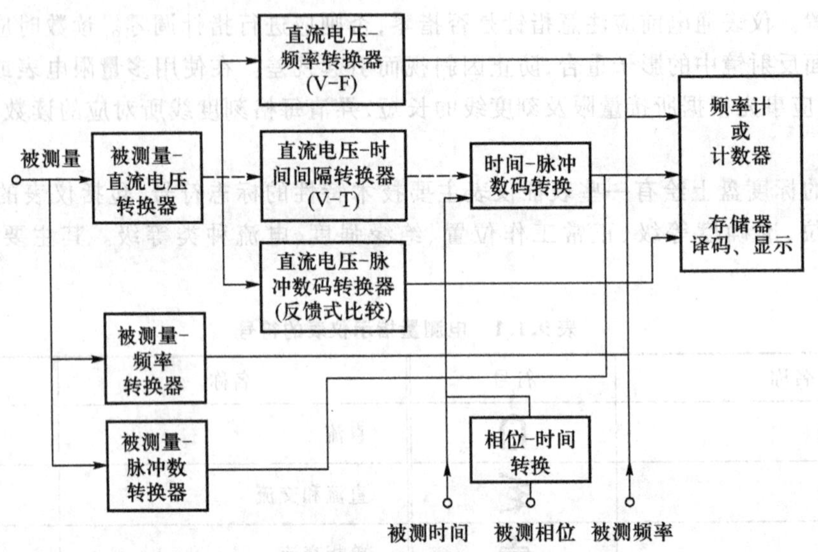

图9.1.5 数字式测量仪表的原理结构框图

数字式测量仪表之所以得到普遍应用，是因为与指示式仪表相比具有以下优点：

① 读数方便，不会有读数误差(视差)。

② 测量速度快，能实现自动跟踪被测量变化，实时快速更新。

③ 输入阻抗高，输入电流小，功耗低，对被测电路影响小。

④ 测量灵敏度高，分辨率可达微伏级。

⑤ 测量准确度高，环境条件及干扰因素的影响较小。

⑥ 能够通过仪表中添加的标准接口电路与计算机及其他检测仪表通信，或构成通用的检测网络。

⑦ 能够方便地组成测量非电量的自动化仪表、自动化调节装置，此时数字式测量仪表就作为一个部件嵌入整个装置中，既可以显示被测非电量的数值，又可以发出各种操作指令。

2. 测量误差和仪表灵敏度

(1) 测量误差

数字式测量仪表的绝对误差的表达式

$$\Delta A = \pm a\% A \pm b\% A_{m} \tag{9.1.9}$$

式中 A 为指示值,A_m 为满量限值,a 为误差的相对项系数,b 为误差的固定项系数。式(9.1.9)表示了数字仪表的绝对误差不仅与测量指示值有关,而且与仪表的量限有关。

数字测量相对误差可表示为

$$\gamma = \Delta A/A = \pm a\% \pm b\% \frac{A_{m}}{A} \tag{9.1.10}$$

所以仪表的相对误差随被测量的大小和仪表量限而变,对于同一被测量,量限不同其测量误差亦不同,在测量时选择仪表的量限应尽可能接近被测量的大小。

(2) 仪表灵敏度和分辨力

灵敏度是指能使仪表正常工作的最小被测量大小,通常以每个字所代表的被测量表示。

分辨力通常是指仪表的最小读数和最大读数之比,若最大读数为 20 000,最小读数为 1,则分辨力为 1/20 000 = 0.005%,显然数字仪表能显示的位数越多,则分辨力越高。例如一台数字电压表的量限为 1 V,分辨力为 0.001%,则灵敏度为 0.001% ×1 V = 10 μV。

数字仪表的测量准确度,分辨力(灵敏度)和显示位数有关,显示位数越多说明仪表的测量精度越高,例如 $6\frac{1}{2}$位的最大显示值达 1 999 999,属于精密仪器,$3\frac{5}{6}$位的最大显示值为 5 999,属一般仪器,数字仪表读数的最末一位的数字是不精确的,只能供参考,前面几位数字是确实可靠的。

9.1.3 电量的测量

1. 电流的测量

(1) 直流电流的测量

测量直流电流应选用直流电流表,电流表要串联在被测电路中,如图 9.1.6(a)所示,接线时应注意电流从“+”端流入、“-”端流出,否则指针反转。电流表的内阻必须很小,使电流表的接入不影响电路的工作状态。

由于磁电式测量机构所允许流入的电流不超过 10 mA,为了测量较大的电流,在各个量程上都用分流电阻 R_A 与测量机构并联,如图 9.1.6(b)所示,这时大部分电流都由 R_A 通过。由于测量机构的额定电流 I_0 及内阻 R_0 是固定的,若某量程 I 的电流量程扩大倍数 $K_A = \frac{I}{I_0}$,则对应的分流电阻 R_A 为

$$R_{A} = \frac{I_{0}R_{0}}{I - I_{0}} = \frac{R_{0}}{K_{A} - 1} \tag{9.1.11}$$

可见量程越大,分流电阻阻值越小。

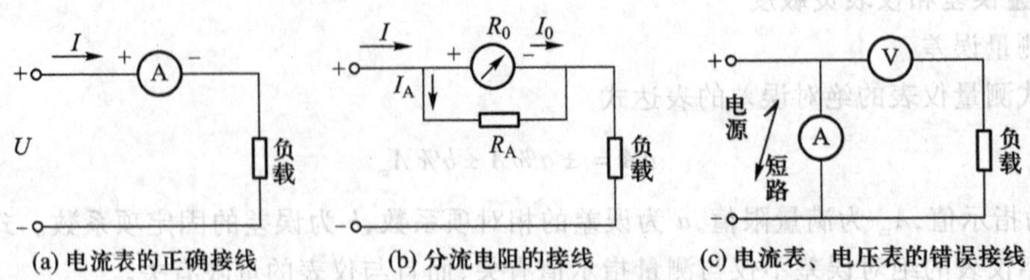

图 9.1.6　电流表与分流电阻

在测量时,所选量程应为被测电流的 1.2~2 倍,以免通电瞬间因指针摆动过大而打断。另外电流表决不能并联在被测电路的两端,如图 9.1.6(c)所示,此时将造成短路事故,电流表被烧坏。

(2) 交流电流的测量

交流电流、电压大都采用电磁式仪表测量,但近来随数字式仪表的普及也有用单量程的板式数字仪表测量。

测量交流电流时采用交流电流表,电流表要串联在被测电路中,实验室用多量程电流表的量程变换是将线圈做成分段式,利用转换开关、插头或接线端换接成串联、混联及并联,以得到 1:2 或 1:2:4 的量程比例,如图 9.1.7 所示。

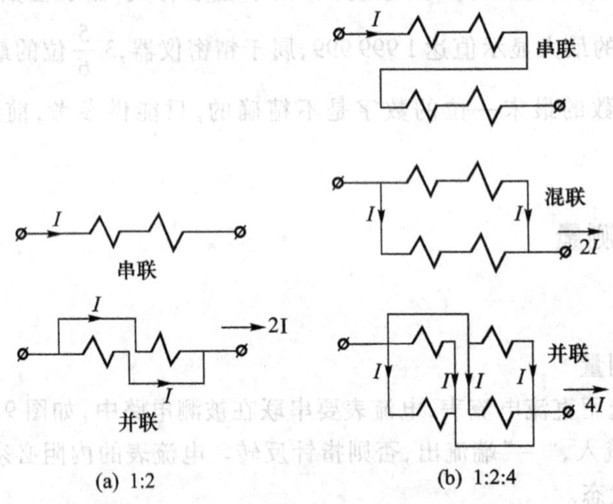

图 9.1.7　多量程交流电流表的接线

2. 电压的测量

(1) 直流电压的测量

测量直流电压应选用直流电压表,电压表要并联在被测电路的两端,如图 9.1.8(a)所示,接线时应注意接线端亦有“+”、“-”极性,如果接反指针要反转。由于测量机构允许流入的电流 I_0 是固定的,电压表的各量程必须用高值分压电阻 R_V 与测量机构串联,如图 9.1.8(b)所示,以限制通过的电流。若某量程 U 的电压量程扩大倍数为 $K_V = U/I_0R_0 = U/U_0$,则对应的分压电阻为

$$R_V = \frac{U}{I_0} - R_0 = (K_V - 1)R_0 \tag{9.1.12}$$

可见量程越大,分压电阻阻值越高。

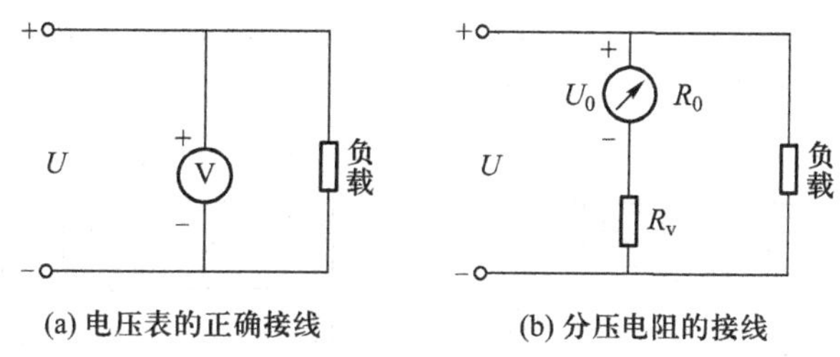

图 9.1.8 电压表与分压器

测量时所选量程亦应高于被测电压,另外电压表不能串联在电路中,否则使电路工作出错,负载无法工作。

(2) 交流电压的测量

测量交流电压时采用交流电压表,电压表应并联在被测支路的两端,交流电压表也是采用串联电阻的方法扩大量程,由于电压表本身要从被测电路中吸取一定的电流和功率,所以电磁式测量机构的电压表不能用于小功率电路特别是电子电路的测量。

3. 功率的测量

(1) 直流功率的测量

① 伏安表法 直流功率为电压与电流的乘积,只要测出负载的电压和电流,就可间接地测出直流负载的功率。

② 功率表法 电动系功率表能直接测出直流负载功率,其接线方法与测量单相功率的接线相同。

由于功率表同时有电压量程和电流量程,任何一个量过载就会损坏电表,但电表的偏转指示不一定会超量程,所以测量时要同时接电流表和电压表,以监视电压、电流是否过载。

(2) 单相功率的测量

① 功率表的接线 测量交流功率应采用电动式功率表,它的固定线圈作为电流线圈与被测负载串联,可动线圈作为电压线圈与分压电阻 R_D 串联后再与被测负载并联,其接线原理如图 9.1.9 所示。从图中可见,功率表的电流线圈和电压线圈的接线端中,都有一端标有"±"或"*"符号,该接线端称电源端,接线时应把两个电源端连在一起,接到电源的同一端上。如果把电流线圈接反,指针将会反转。

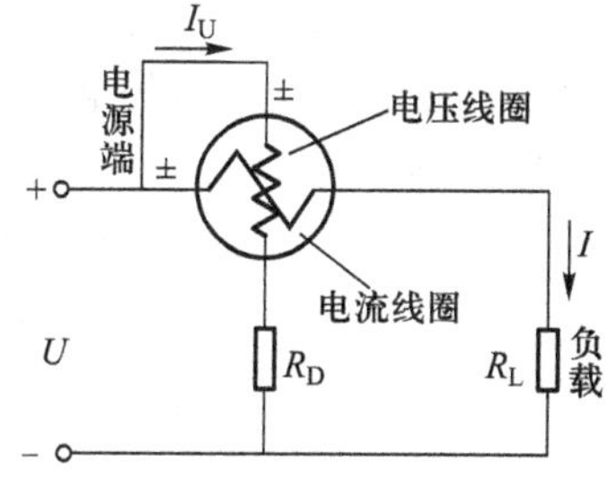

图 9.1.9 功率表的接线原理

② 量程的扩大 功率表的电流线圈用串并联的方法改变电流量程,电压线圈采用分压电阻抽头的方法可以得到三种电压量程,其实际接线见图 9.1.10。

多量程功率表采用无单位的标尺分格,在标尺上读出分格数 α 再乘上仪表常数 C_W 才是所测得的功率读数,即

$$P = C_W \alpha = \left(\frac{U_N I_N}{\alpha_m}\right)\alpha \tag{9.1.13}$$

式中的 α_m 为功率表满偏转的分格数，U_N、I_N 分别为所选电压量程和电流量程。

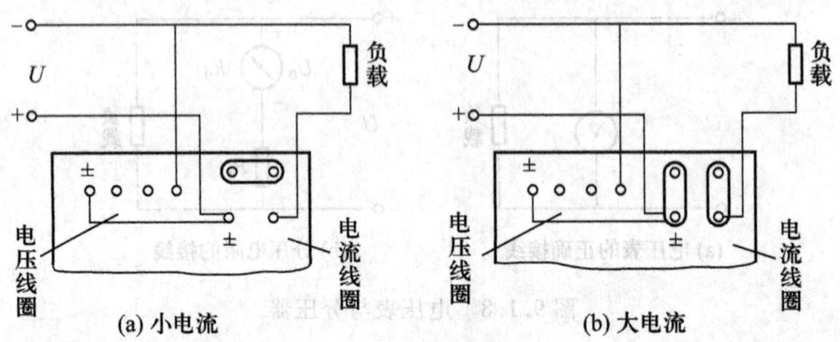

图 9.1.10 功率表的实际接线

（3）三相功率的测量

① 三瓦特计法 在三相四线制电路中，将三只功率表分别接入三相电路，每只功率表测出一相功率，将每相功率读数相加就是三相总功率，如图 9.1.11 所示。

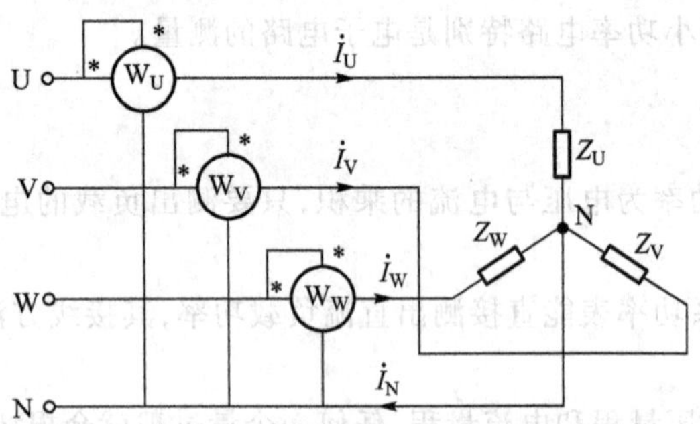

图 9.1.11 三瓦特计法测量三相四线制负载功率

② 二瓦特计法 在三相三线制电路中，将两只功率表分别接入任意两相电路，把第三相作为“公共线”接两只功率表的电压线圈的末端，如图 9.1.12 所示，此时两只功率表读数之和就是三相总功率，即

$$P = P_1 + P_2 = U_{UW} I_U \cos\varphi_1 + U_{VW} I_V \cos\varphi_2 \tag{9.1.14}$$

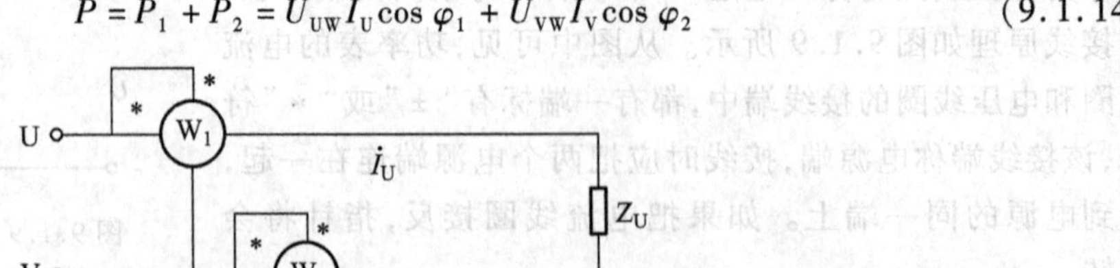
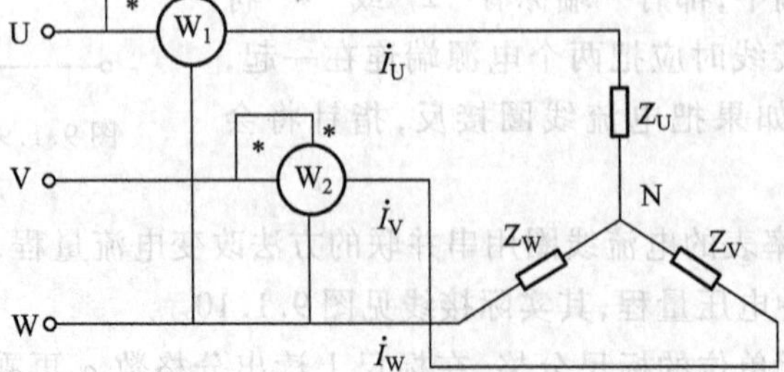

图 9.1.12 二瓦特计法测量三相三线制负载功率

式中 φ_1 为$\dot{U}_{UW}$与$\dot{I}_U$之间的相位差,φ_2 为$\dot{U}_{VW}$与$\dot{I}_V$之间的相位差。由于三相总瞬时功率为各相瞬时功率之和,即

$$p = p_U + p_V + p_W = u_U i_U + u_V i_V + u_W i_W \tag{9.1.15}$$

在中性点 N 上有 $i_U + i_V + i_W = 0$,即 $i_W = -i_U - i_V$,则

$$p = u_U i_U + u_V i_V + u_W(-i_U - i_V) = (u_U - u_W)i_U + (u_V - u_W)i_V = u_{UW}i_U + u_{VW}i_V \tag{9.1.16}$$

所以对应的三相总平均功率

$$\begin{aligned} P &= \frac{1}{T}\int_0^T p\mathrm{d}t = \frac{1}{T}\int_0^T (u_{UW}i_U + u_{VW}i_V)\mathrm{d}t \\ &= U_{UW}I_U\cos\varphi_1 + U_{VW}I_V\cos\varphi_2 = P_1 + P_2 \end{aligned} \tag{9.1.17}$$

从式中可见,两只功率表的读数仅与对应相的线电流及该相与第三相之间的线电压有关,与三相负载是否对称以及负载的接法都没有关系。与图 9.1.12 电路相对应的相量图如图 9.1.13 所示。

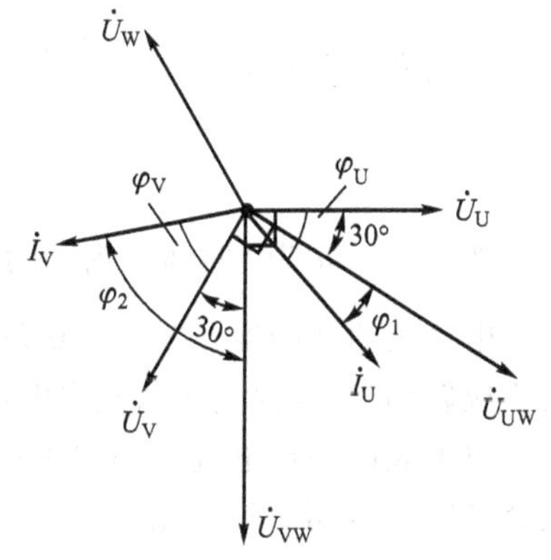

图 9.1.13 二瓦特计法测量功率时的相量关系

从图 9.1.13 中可见,线电压$\dot{U}_{UW}$滞后于相电压$\dot{U}_U$30°,线电压$\dot{U}_{VW}$超前于相电压$\dot{U}_V$30°,所以

$$\varphi_1 = \widehat{\dot{U}_{UW}\dot{I}_U} = \varphi_U - 30°$$

$$\varphi_2 = \widehat{\dot{U}_{VW}\dot{I}_V} = \varphi_V + 30°$$

在电阻性对称负载下,$\varphi_U = \varphi_V = 0$,则 $\cos\varphi_1 = \cos\varphi_2 = \frac{\sqrt{3}}{2}$,两只功率表读数相等。而在电抗性对称负载,$\varphi_1 \neq \varphi_2$,两只功率表读数不同,如果 φ 角大于 60°,则有一只功率表的读数为负值,电动式功率表指针将反转(数字式功率表显示符号为“-”),此时可将功率表的电流线圈反接使指针正转,读出负功率。

③ 一瓦特计法 在对称三相四线制电路中,仅需用功率表测出任意一相负载的功率 P_φ,再乘以 3 就得到三相总功率,即

$$P = 3P_\varphi = 3U_\varphi I_\varphi\cos\varphi \tag{9.1.18}$$

4. 电能的测量

(1) 单相电度表

单相电度表是计量单相供电负载电能消耗的仪表,目前部分电度表还是采用传统的感应式测量机构,有相当部分改用电子式测量。

① 感应式测量机构 单相感应式电度表测量机构的原理如图 9.1.14 所示,其电流线圈与负载串联,电压线圈与负载并联,两线圈接入电路后线圈电流分别产生交变磁通 Φ_I 和 Φ_U,并在

铝盘中感应出涡流,涡流与磁通相互作用产生转动力矩,使铝盘转动,可以证明转动力矩正比于负载消耗的功率 $P = UI\cos\varphi$。

铝盘转动时还通过永久磁铁的气隙并产生另一种涡流,该涡流与永久磁铁的磁场相互作用产生制动力矩,其大小与铝盘转速成正比。当转动力矩与制动力矩平衡时,铝盘恒速旋转,其转数与负载消耗功率在该段时间内对时间的积分(即消耗电能)成正比,其比值为 $N_H = N_t/W$,称为电度表常数,单位为r/kW·h,表示每千瓦·小时电能所对应的转数。这样在时间 t 内负载所消耗的电能为

$$W = \int_0^t p\mathrm{d}t = \int_0^t \frac{1}{N_H} n\mathrm{d}t = \frac{1}{N_H} N_t \quad [\mathrm{kW \cdot h}] \tag{9.1.19}$$

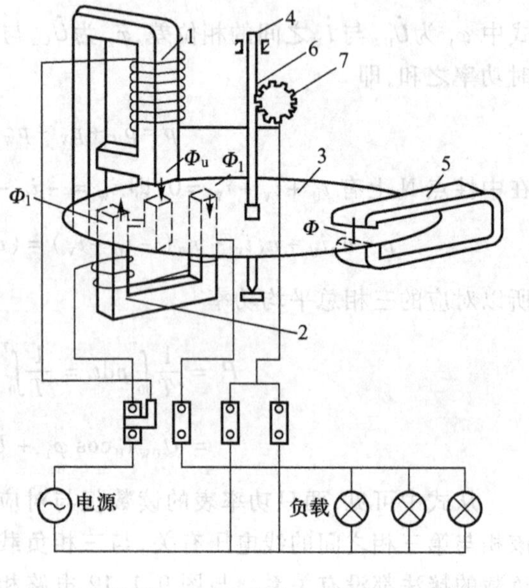

1—电压线圈　2—电流线圈　3—铝盘　4—转轴
5—永久磁铁　6—蜗轮　7—蜗杆

图 9.1.14　单相感应式电度表测量机构

式中 $N_t = \int_0^t n\mathrm{d}t$ 为 t 时间内铝盘的累计转数。

电度表的准确度一般为1.0及2.0级,即最大测量误差为±1%及±2%。在空载情况下,铝盘不应转动,当线路电压从额定电压的80%变化为110%时,铝盘转动不应超过1圈。

电度表的额定电流有5(20)A,5(30)A,10(40)A,10(60)A,……括号内的数字表示最大电流,5(20)A说明其过载能力有4倍。

② 电子式测量机构　单相电子式电度表测量机构的原理图见图9.1.15,它采用专门的电流、电压变换器采集电流、电压信号,并与电源电路隔离,将电流、电压信号 u_i、u_u 输入到专用芯片,并通过模拟乘法器求取电流、电压乘积的瞬时值 u_p,再经过电压/频率转换器转换成频率可变的脉冲信号,此时频率 f_p 就正比于 u_p,代表待测电路的瞬时功率,若对脉冲频率进行累积计数,就相当于对瞬时功率进行积分,可得到在该时段内所消耗的电能,即

$$W = \int_0^t ui\mathrm{d}t = \int_0^t p\mathrm{d}t = \int_0^t \frac{1}{N_p} f_p \mathrm{d}t = \frac{1}{N_p} N_f \quad [\mathrm{kW \cdot h}] \tag{9.1.20}$$

式中 $N_f = \int_0^t f_p \mathrm{d}t$ 为 t 时间内的累计脉冲数,N_p 为电度表的脉冲常数,单位为[imp/kW·h](脉冲数/千瓦·时)。

(2) 三相电度表

三相电度表是用两组或三组测量元件组成的共轴测量机构,三相两元件的电度表结构示意图如图9.1.16所示,适用于三相三线制供电,用二瓦计测量功率的电路;三相三元件的电度表适用于三相四线制供电,用三瓦计测量功率的电路。

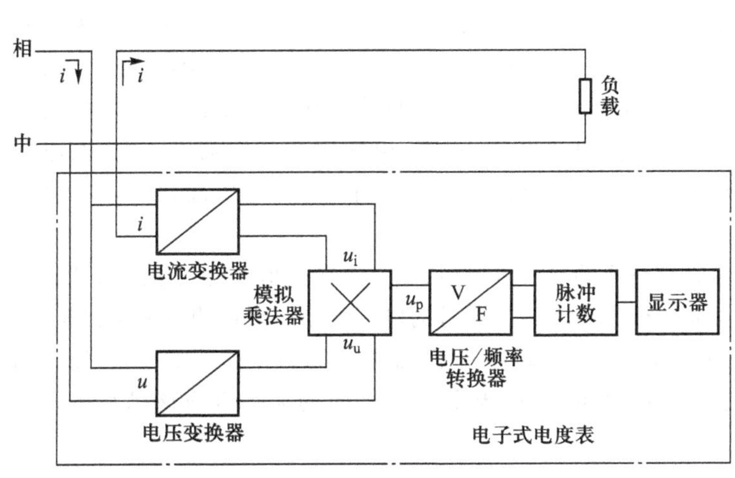

图 9.1.15 单相电子式电度表测量机构原理图

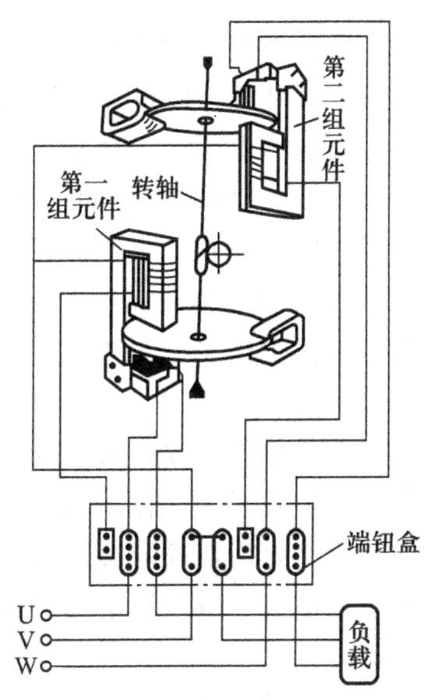

图 9.1.16 三相两元件电度表结构示意图

9.1.4 电阻的测量

电阻值是衡量导体导电性能以及绝缘性能的重要参数，导体的电阻值可从 $10^{-6}\sim10^{7}\ \Omega$，绝缘体的电阻可从 $10^{6}\sim10^{14}\ \Omega$，对应于不同阻值范围的电阻，以及不同的测量精度要求，应采用不同的测量仪表和方法。

1. 电流表、电压表法

把被测电阻接在交流或直流电源上，用电流表及电压表分别测出电阻的电流和电压，则被测电阻为

$$R_X=\frac{U}{I} \tag{9.1.21}$$

由于电流表及电压表都具有一定的内阻，所以测量结果总是有误差的。

测量电路有三种接线，按图 9.1.17(a)的接法，适用于测量阻值较大的电阻，此时电流表电压降远小于被测电阻电压降，电压表读数近似等于电阻电压降。假设电流表的内阻为 R_A，电压表内阻为 R_V，根据分析，当 $R_X>\sqrt{R_AR_V}$时，宜采用此种接法。

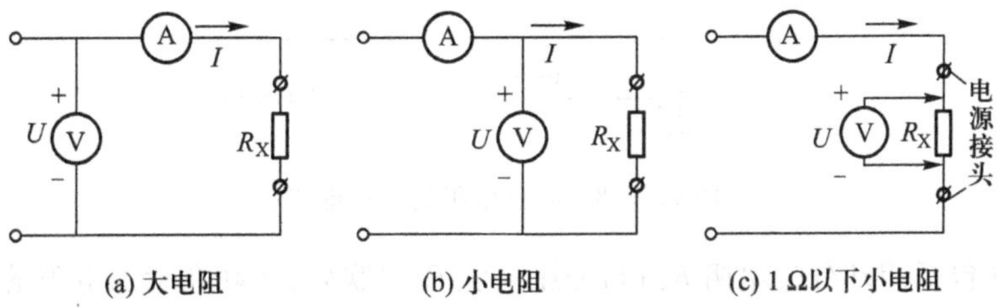

图 9.1.17 测量电阻的接线

按图 9.1.17(b)的接线,适用于测量小电阻,因电压表电流远小于被测电阻电流,电流表读数与电阻电流近似相等。当 $R_X < \sqrt{R_A R_V}$时,宜采用此种接法。

如被测电阻在 1 Ω 以下,仍按图 9.1.17(b)接线,则因导线与被测电阻连接处的接触电阻数值可以与被测电阻阻值相比拟,使所测出的电阻值实际上为接触电阻与被测电阻之和,造成很大的测量误差。所以应按图 9.1.17(c)接线,把电压表两端接在被测电阻的电流接头之内,这样,测量电流在电流接头接触电阻上的电压降就不计入电压表所测出的电压内;而电压表与被测电阻的接触电阻上仅通过电压表电流,所以电压降很小,它对电压读数的影响可以略去不计。

这几种测量方法的精度较低,但具有一定的实用价值,特别是要在电阻接近正常运行状态下进行测量时,就应当采用这种方法。此时被测电阻中所通过的电流大小应根据测量要求而定,如果要测出导体在额定发热状态下的电阻值,则应通额定电流;如果要测出常温下的电阻,则应通很小的电流。所以测量用的电源电压应该是可调的,电源输出电流的大小也应该满足测量的需要。

2. 万用表法

万用表是一种多量限、多功能、便于携带的电工仪表,一般可测直流电流、直流电压、交流电压、直流电阻和音频电平,有的万用表还能测量交流电流、电感、电容,粗测晶体管参数。万用表种类繁多,可分为指针式万用表和数字式万用表两大类。

(1) 指针式万用表

指针式万用表是用磁电系表头配以转换开关和各种测量电路构成的,表头灵敏度较高,满偏转电流通常为 30 ~ 200 μA,但测量准确度较低,一般万用表的准确度等级为 2.5 级(直流)、5 级(交流)。指针式万用表测量直流电阻的原理电路如图 9.1.18 所示,由被测电阻 R_X,附加电阻 R_1、R_2、R_3,与内接电池组成一个串联电路,附加电阻的端电压是被测电阻 R_X 的函数,即

$$U_R = U\frac{R}{(R + R_X)} = f(R_X) \tag{9.1.22}$$

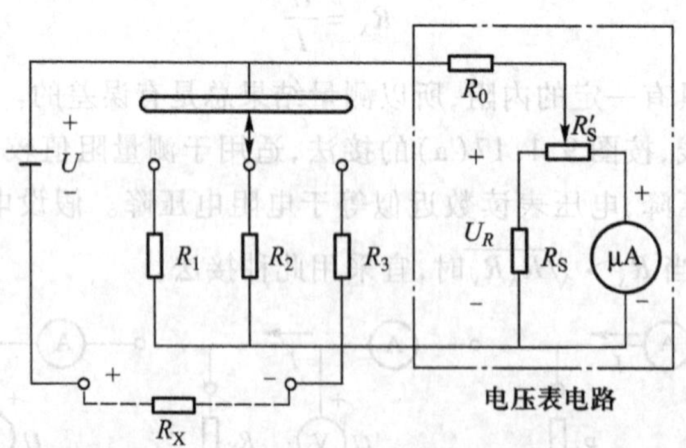

图 9.1.18　测量电阻的原理电路

此时,把微安表(包括闭环分流电阻 R_S)与分压电阻 R_0串联后,并联在附加电阻的两端,测出附加电阻的端电压 U_R,也就反映了被测电阻值。当 $R_X = 0$ 时,U_R等于电源电压,指针满偏转;当 $R_X \to$

∞时，$U_R=0$，指针位于起始位置；当 R_X 与附加电阻相等时，$U_R=\dfrac{1}{2}U$，指针偏转在标度尺的中心位置，此时所指示的电阻数值称为电阻中心值。

从图 9.1.18 中可见，测电阻时电表的正插孔（红棒）是接内电源的负端，负插孔（黑棒）是接内电源的正端，所以在测试半导体器件、电解电容等有极性元器件时必须注意黑棒为正，红棒为负。

为了补偿电源电压的变动，用线绕可变电阻器 R_S'来调整电流表电路的分流比，R_S'安装在电表面板上用作欧姆调零。在测量前，先将万用表二端短接，然后调节 R_S'，使指针达到满刻度，此时 U_R达到电源电压，与 $R_X=0$ 的刻度相对应。

（2）数字式万用表

数字式万用表是以数字式电压表为基础加上多种转换电路以后构成的便携式数字仪表，可以方便地测量电压、电流、电阻、频率、电容、温度，测试二极管、晶体管、电路通断等，用数字直接显示被测量。

用数字式万用表测量电阻的原理如图 9.1.19 所示，在电表内部有输出恒定测量电流 I_0 的电流源与被测电阻 R_X 构成闭合回路，测量时 I_0 流过 R_X 所形成的电压降 $U_X=I_0R_X$ 正比于被测电阻 R_X，因 I_0 为单位电流值，用数字电压表测量电压降 U_X 的显示值即为被测电阻值。电阻的量程是自动转换，显示单位有 Ω、kΩ、MΩ 等，实测时从低量程起测，超量程时自动换挡，也就是减小标准测量电流 I_0。

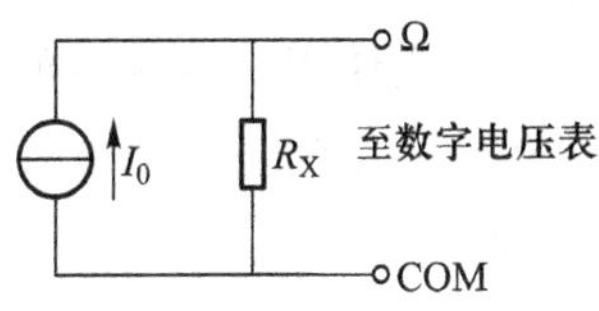

图 9.1.19 数字式万用表测量电阻的原理

3. 兆欧表法

兆欧表又称摇表，是由手摇发电机与磁电式比率计构成的测量绝缘电阻的仪表。由于绝缘电阻测量必须在被测设备的工作电压条件下进行，所以采用电压较高的发电机作为电源。手摇发电机的电压有 100 V、250 V、500 V、1 000 V、2 500 V 等规格，其中 100 V 用于通信、电子电路，250 V、500 V 用于一般低压电路，1 000 V、2 500 V 用于较高电压的设备及配电线的测量。

兆欧表的结构原理如图 9.1.20 所示。图中测量机构有两个固定连接的动圈，分别通过电流 I_1、I_2，其中 I_1 通过线圈 1、固定电阻 R_1、R_3 及待测电阻 R_X，I_2 通过线圈 2 及固定电阻 R。两条支路并联在发电机输出端上，此时两个通电线圈在磁极间隙中产生两个方向相反的力矩，当两力矩不平衡时使动圈转动，由于磁极及铁心为特殊形状，使气隙磁通分布不均匀，所以动圈旋转到某一位置时两转矩能够平衡，此时指针偏转角 α 就与两个电流的比值有关，即 $\alpha=f\left(\dfrac{I_1}{I_2}\right)$。由于两个电流是由同一个电源产生，电流的比值只与支路中的电阻有关，若忽略线圈电阻，则有 $\alpha\approx f\left(\dfrac{R}{R_1+R_3+R_X}\right)$，由于 R、R_1、R_3 为已知电阻，所以偏转角 α 是待测电阻 R_X 的函数，与手摇发电机端电压无关，即 $\alpha=f'(R_X)$。

比率计测量机构中不用游丝来产生平衡力矩，指针没有固定的零位，线圈不通电时指针位置是任意的，只有在摇动发电机手柄时，指针才有确定的偏转位置。

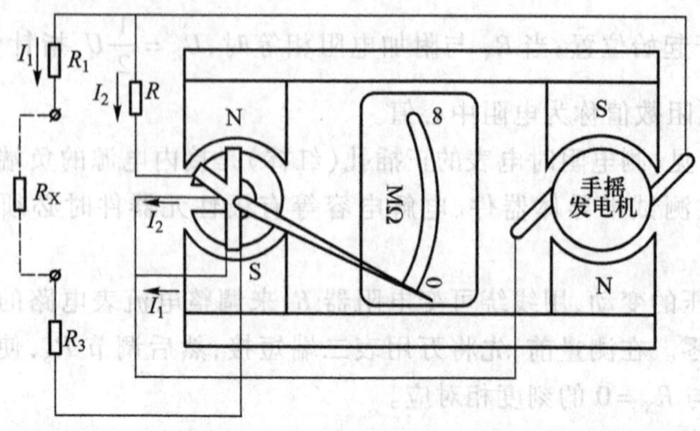

图 9.1.20　兆欧表的结构原理

近年来还开发了采用电池作为电源的电池式绝缘电阻表，表内带有升压型 DC－DC 变换器，将电池电压变换成直流高电压作为测试电源进行测量，这种兆欧表具有体积小、重量轻、便于携带等优点。

兆欧表使用时的接线如图 9.1.21 所示，被测电阻 R_X 应接在“线路”(L)和“接地”(⏚或 N)两个接线柱之间。被测电气设备的接线端(导电部分)应接“L”，电气设备的金属外壳或接地点应接“N”。

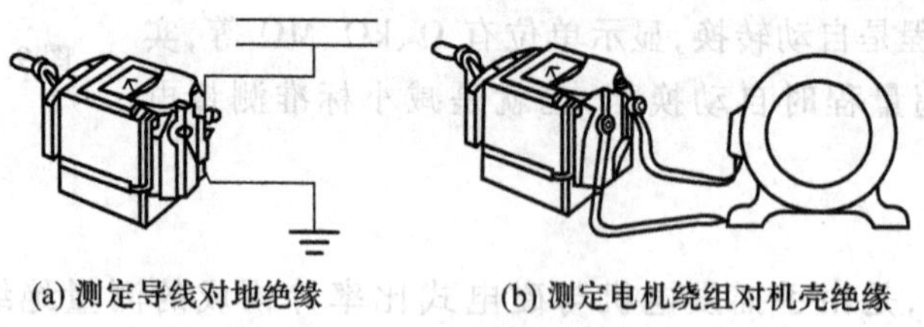

(a) 测定导线对地绝缘　　(b) 测定电机绕组对机壳绝缘

图 9.1.21　兆欧表的使用

在使用时应注意必须在待测电气设备或线路断开电源时进行测量，并且应选用电压等级略高于被测电气设备工作电压的兆欧表，一般由市电电源供电的设备采用 500 V/500 MΩ 的兆欧表。

4. 电桥法

(1) 平衡电桥

在图 9.1.22 所示的电桥电路中，电阻 R_1、R_2、R_3、R_4 称为桥臂。若电路中 U_{BC} 与 U_{DC} 相等，表示 B、D 两点同电位，则 $U_{BD}=0$，即 $I_0=\frac{U_{BD}}{R_0}=0$。此时电桥处于平衡状态，并有 $I_1=I_2$、$I_3=I_4$，则有 $\frac{U_{AB}}{U_{BC}}=\frac{U_{AD}}{U_{DC}}$；$\frac{R_1}{R_2}=\frac{R_3}{R_4}$。

在平衡状态下，若有三个电阻阻值为已知，一个电阻阻值为未知，则可据上式精确求出其电阻值。因此平衡电桥可用于电阻值的精确测量。

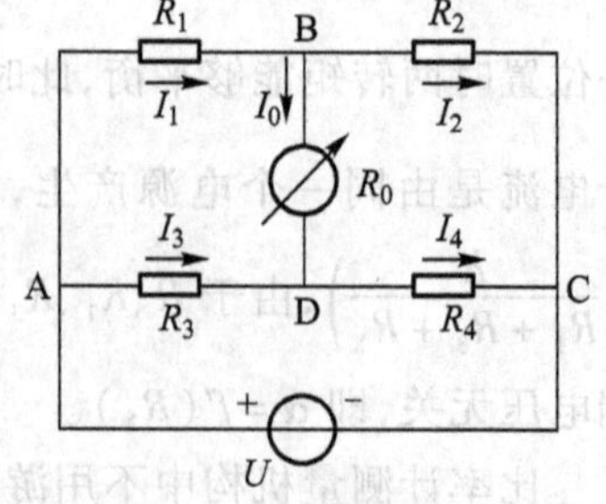

图 9.1.22　测量用电桥电路

(2) 不平衡电桥

若电桥电路原来已经调整到平衡状态，即 $U_{BD}=0$，由于外界某种原因使桥臂电阻发生变化，则在 BD 之间就有不平衡电压 U_{BD} 输出，根据 U_{BD} 的大小，可以推断出电阻的相对变化值。此种运用方式称为不平衡电桥，通常用于检测非电量。

为了得到最大灵敏度，电桥的四个臂取相同的电阻 R，称为等臂电桥，当电桥单臂电阻 R_1 变化为 $R+\Delta R(\Delta R \ll R)$ 时，可以推得输出电压 $U_{BD}=U_o$ 为

$$U_o=-\frac{1}{4}\frac{\Delta R}{R}U \quad (\Delta R/R<1\%)$$

9.2 传 感 器

传感器是把各种非电物理量（化学量、生物量）转换成电量的元件，人们通过测量其输出电量的大小，间接地得出被测非电量的大小。传感器在各种测控系统中所起的作用就相当于人的感觉器官，感受外界的光（光敏器件、CCD 图像传感器）、声音（电容式话筒、陶瓷传感器、动圈式话筒）、力（应变片、半导体压力传感器）、温度（热电阻、热电偶、热敏电阻、半导体温度传感器）、气体（半导体气敏传感器、燃烧式气敏传感器）、水质（离子传感器、pH 传感器），以及测量距离、磁场、转角、转速等（如超声波传感器、霍尔传感器、旋转编码器等），它们在各种机电设备及自动化控制系统中应用甚广。

在生活中也会碰到各种传感元件，例如家用电器中的测温，安保系统中的煤气检漏等都需要准确可靠的传感器，本章中的应用举例亦有相应的介绍。

9.2.1 参数传感器

利用传感元件的一些物理性质，把非电量转换成电路参数（电阻、电感、电容）的传感器称为参数传感器，其种类很多，现将典型的传感器介绍如下：

1. 电阻应变片

电阻应变片是利用导体或半导体材料在外力作用下会发生微小的机械变形（称为应变），从而引起材料电阻值发生变化的应变效应制成的传感元件，其原理结构如图 9.2.1 所示。使用时用特别的粘结剂把应变片粘在被测的金属弹性体的表面上，利用测量电路测出应变片的电阻变化就可以得出金属弹性体的变形量，若已知弹性体的弹性系数及弹性体的结构参数，就可以通过力学计算求得该弹性体的受力情况。

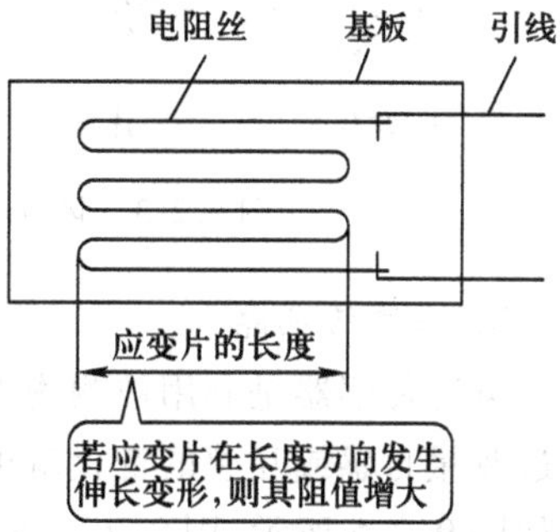

图 9.2.1 电阻应变片的原理结构

一般金属丝应变片在其弹性范围内电阻值的变化与其应变间具有很好的线性关系，即

$$\frac{\Delta R}{R}=k\frac{\Delta l}{l}=k\varepsilon \qquad (9.2.1)$$

式中，R 为应变片电阻，一般金属丝应变片阻值约为 120 Ω；ΔR

为电阻变化值；l 为金属丝的有效长度；Δl 为有效长度变化值；$\Delta l/l=\varepsilon$ 称为应变；k 为灵敏度系数，一般在 1.9～2.3 之间。

金属丝应变片一般是在塑料薄膜基片上蒸镀康铜（即铜镍合金）电阻丝制成的，它具有灵敏度系数稳定、测量范围大、温度影响小等优点。半导体应变片的灵敏度系数要比金属丝应变片大几十倍，但它受温度影响大，且电阻变化与应变间不完全成严格的线性关系，所以应用范围有限。

2. 热电阻

热电阻是利用导体或半导体材料的电阻值随温度变化的特性来测量温度的。金属热电阻有铂电阻和铜电阻两种，铂电阻元件的测温范围为 -200～+600 ℃，在高温下其物理化学性能稳定，所以国际温标规定在 -259.34～+630.74 ℃的范围内，以铂电阻作为温度基准。铂电阻的电阻-温度对照关系用分度表表示，所对应的分度号有 Pt10 和 Pt100 两种，Pt 为铂的化学元素代号，10、100 分别为铂电阻元件在 0 ℃时的电阻值。图 9.2.2 为铂电阻测温元件结构。

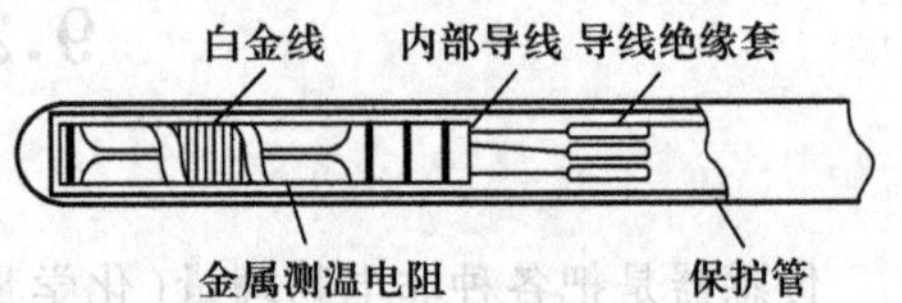

图 9.2.2　铂电阻测温元件结构图

铜电阻具有价格便宜、电阻温度系数较大的优点，但在 100 ℃以上的环境中容易氧化，而且电阻率较低、电阻元件的体积大，所以一般用在低温没有腐蚀性介质的环境中。它的测温范围为 -50～+150 ℃，分度号有 Cu50 及 Cu100 两种，50、100 分别为铜电阻元件在 0 ℃时的电阻值。

用半导体材料（钴、锰、镍的氧化物）制成的测温电阻元件称为热敏电阻，其结构有珠状、片状、杆状等多种（如图 9.2.3 所示），它具有灵敏度高、体积小、响应快的优点，但电阻值随温度呈非线性变化，元件的稳定性及互换性差，且不能在高温下使用。根据其温度特性可以分为正温度系数热敏电阻（PTC）、负温度系数热敏电阻（NTC）、临界温度系数热敏电阻（CTR）等，其温度特性如图 9.2.4 所示。图中可见 PTC 及 CTR 两种元件在某一温度范围内，阻值急剧变化，曲线斜率特别大，据此可以制造开关式控温装置。

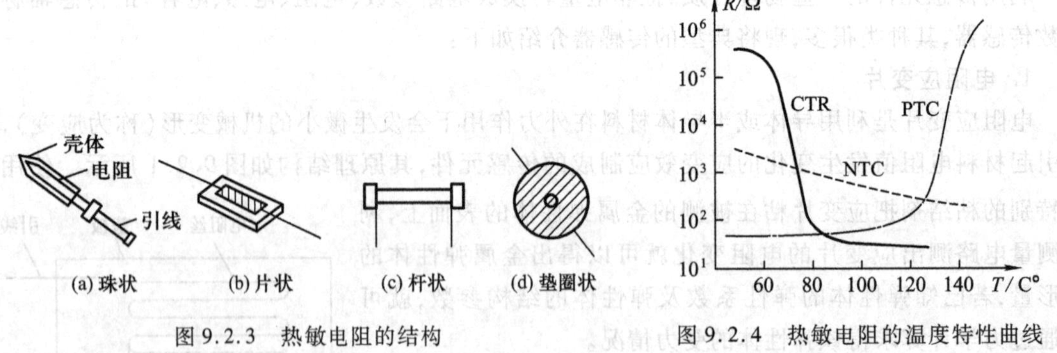

图 9.2.3　热敏电阻的结构

图 9.2.4　热敏电阻的温度特性曲线

3. 电感传感器

电感传感器是利用被测物理量的变化引起电感线圈的自感系数 L 或互感系数 M 发生变化，通过测量自感或互感的变化就可以测出被测量。通常电感传感器用来测量微小位移，其结构原理如图 9.2.5 所示，图 9.2.5(a) 为差分式自感传感器，图 9.2.5(b) 为差分式互感传感器（差分变压器）。

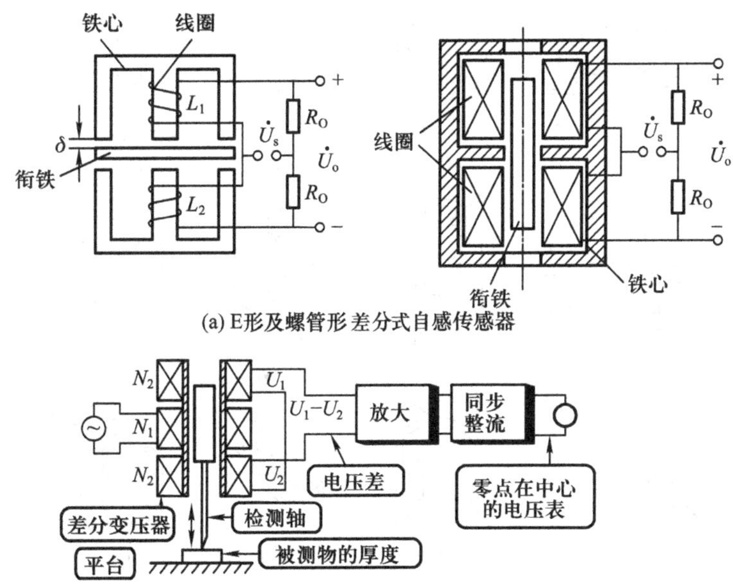

(a) E形及螺管形差分式自感传感器

(b) 差公式互感传感器(差分变压器)及其测量电路

图 9.2.5 差分式电感传感器

差分式自感传感器的衔铁在中间位置时,上、下的两个气隙相等,两个线圈结构相同,理论上电感量相同,若构成交流电桥电路,则电桥输出为零。当衔铁偏离中间位置,则两个线圈电感量必然一增一减,使电桥有输出电压,其大小在一定范围内与衔铁的位移成正比,其相位反映衔铁位移方向。

差分变压器的一次线圈接交流电源,当铁心在中间位置时,在两个相同的二次线圈中感应出相同的交流电动势,由于两个二次线圈反相串联,感应电动势相互抵消,输出电压为零。若铁心发生位移,则造成二次交流电动势不平衡,形成电压输出,其大小与铁心位移成正比,其相位反映铁心位移的方向。

4. 电容传感器

电容传感器是将被测物理量的变化转换为电容器的电容量变化的传感元件。由于电容器的电容值与极板间距离 δ、极板相互覆盖的面积 A 以及极板间介质的介电常数 ε 有关,只要被测物理量的变化能引起 δ、A、ε 中的一个发生变化,就能构成电容传感器,所以电容传感器具有多种结构形式,并能测量多种被测物理量。其典型结构如图 9.2.6 所示,图(a)为单一变间隙式线位移传感器,图(e)为差分变间隙式线位移传感器。图(b)、图(f)分别为单一及差分变面积式线位移传感器,图(c)、图(d)及图(g)、图(h)分别为单一及差分变面积式角位移传感器。图(i)、图(j)分别用来测量固体介质及液体介质的位移,而图(k)、图(l)则用来测量介质的湿度和密度的变化。从性能上看应尽可能采用差分式结构,它具有灵敏度高、温度影响及非线性能够相互补偿等优点。

电容传感器由于其起始电容值小,容易受外界温度、湿度等环境条件影响,加上测试连接线的分布电容及绝缘性能都会影响测试结果,曾经很少采用。但近年来随着精密加工工艺及测试线路性能的改进,采用传感器与集成前置放大器件的紧凑连接甚至一体化结构,克服其固有缺

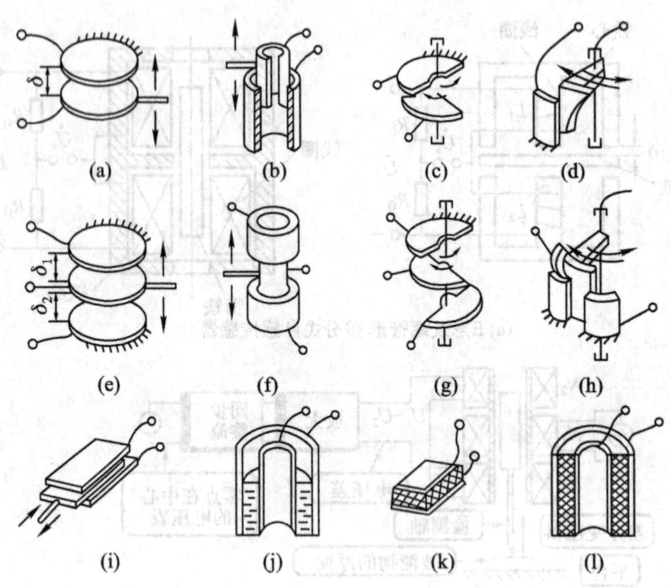

图 9.2.6　各种结构形式的电容传感器

点，使其灵敏度高、响应快、高频特性好等优点能充分显现，目前在压力、液位、介质厚度、湿度等测量领域内得到广泛的应用。

9.2.2　半导体传感器

1．半导体压阻式压力传感器

半导体硅晶体材料具有压阻效应，即对半导体晶体施加压力，晶体电阻就发生变化。因此可以用制造集成电路的方法，在半导体硅片表面形成4个阻值相同的扩散电阻条，如图 9.2.7(a)所示，并将它们连接成电桥，如图 9.2.7(b)所示。当晶体表面受到压力时，由于结构的原因 R_2、R_3 产生变形，R_1、R_4 未发生变形，所以电阻 R_2、R_3 发生变化，使电桥有电压信号输出，通过放大以后就可由显示仪表指示其压力数值。压阻式压力传感器具有很高的灵敏度，在采用了一定的温度补偿措施后，可用于气体或液体压力的高精度测量。

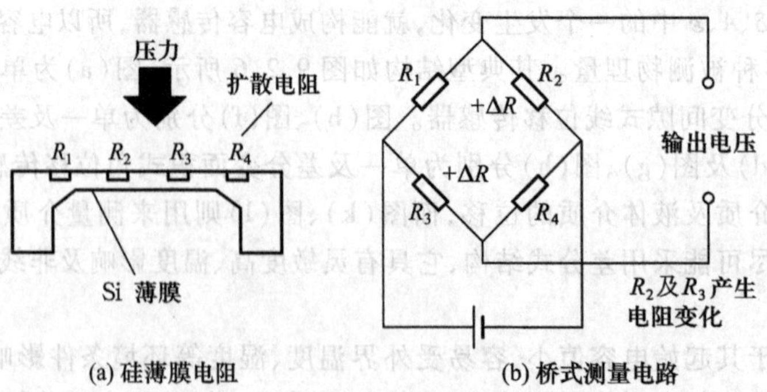

图 9.2.7　硅薄膜压阻式压力传感器

2. PN 结温度传感器

二极管和晶体管的 PN 结正向电压降在通过 PN 结的电流密度恒定时，与绝对温度 T 成线性关系，一般温度每升高 1 ℃，PN 结正向电压下降 2 mV。这样如用直流电源对二极管供电，测出二极管的正向压降，就可以得出二极管所测的温度值。

一般硅二极管的测温范围为 -50 ~ +125 ℃，测量体温的电子体温计测温范围为 0 ~ +50 ℃，硅晶体管温度传感器测温范围为 -50 ~ +150 ℃。

如果把测温晶体管元件与放大电路、补偿及线性化电路均集成在同一块芯片上则构成集成温度传感器，它具有接线简单、使用方便的优点，常用的 AD590 集成温度传感器只需要 5 ~ 30 V 的直流电源，在输出端串接 1 kΩ 的固定电阻，在此电阻上流过的电流和被测温度成正比，不受接线及接触电阻的影响，固定电阻的电压降可作为与被测温度成正比的电压输出，其接线原理如图 9.2.8 所示。AD590 的测温范围为 -55 ~ +150 ℃，精度为 ±1 ℃，可以远距离传输输出电流，配用集成块 ICL7106 及液晶数字显示器可构成数字测温计。

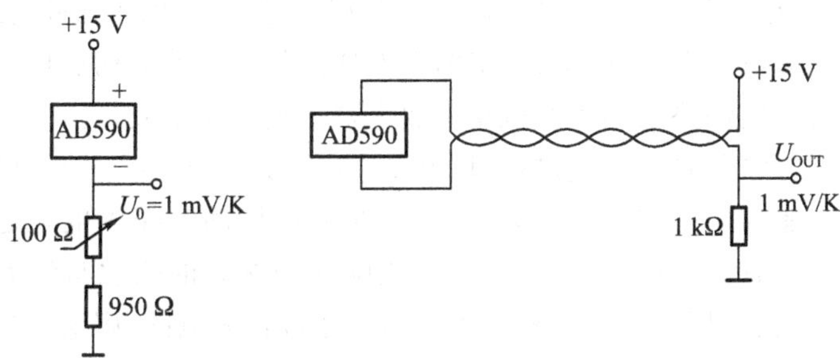

图 9.2.8 AD590 基本接线原理图

3. 霍尔传感器

霍尔传感器是一种用半导体材料锑化铟或硅的薄片构成的磁敏传感器，它的工作原理可用图 9.2.9 来说明。在图中半导体薄片两端间通以电流 I，并在薄片的垂直方向上外加磁感应强度为 B 的磁场，则在薄片的另外两端会产生与 I 和 B 的乘积成正比的电动势 E_H，称为霍尔电动势，即有

$$E_H=\frac{R_H IB}{d} \tag{9.2.2}$$

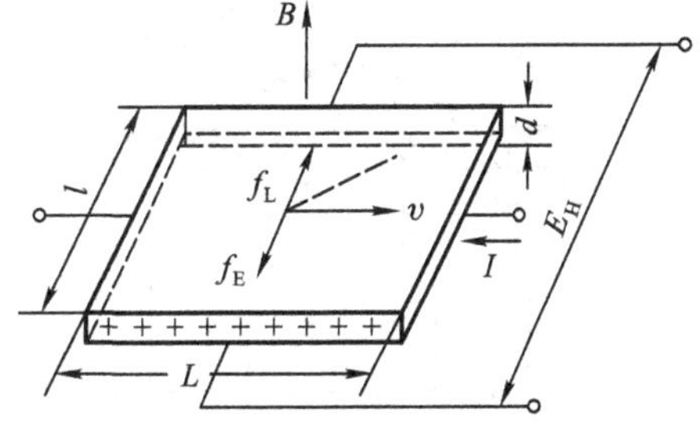

图 9.2.9 霍尔元件的工作原理

式中，R_H 为霍尔系数；I 为控制电流；B 为磁感应强度；d 为霍尔元件厚度。

令 $K_H=R_H/d$ 称为霍尔元件的灵敏度，则式(9.2.2)可写成

$$E_H=K_H IB \tag{9.2.3}$$

若磁场方向与元件平面不垂直，而与平面法线的夹角为 θ 时，则

$$E_H=K_H IB\cos\theta \tag{9.2.4}$$

显见，当 I 或 B 的方向变反时，E_H 的方向亦随之变反，但 I 与 B 的方向同时变反时，E_H 的方向

不变。

根据上述原理,霍尔元件可用于检测磁场(控制电流 I 恒定)以及检测产生磁场的电流大小,从而可以制成霍尔电流传感器、霍尔电压传感器及霍尔功率传感器。另外,将永久磁铁制成位置标志,霍尔元件可用于位置检测及位移检测;将霍尔元件放在永久磁铁与铁磁性运动物体(如齿轮)之间,可以检测转速、转角及移动速度等。

9.2.3 发电传感器

发电传感器是指被测物理量的变化能使传感器产生电动势,直接对外输出,通过检测电动势的大小或方向来得出被测物理量的大小和方向的传感装置。

1. 磁电式传感器

磁电式传感器是利用线圈在固定磁场气隙中运动产生感应电动势的原理工作的,由于必须在线圈运动时才能感应电动势,所以它是动态检测传感装置。常用的动圈式话筒是一种典型的磁电式传感器,其结构如图 9.2.10 所示,外来的声波通过外罩后使振动板振动,带动线圈在磁场气隙中运动,产生的感应电动势送到扩音机功率放大器后使扬声器发声。

类似的动圈式结构的振动速度传感器如图 9.2.11 所示。图中线圈及阻尼器用弹簧片固定在外壳上,使用时把传感器固定在被测振动体上,当振动体振动时壳体也随之振动,而由弹簧片连接的线圈、阻尼器及芯轴因惯性而相对静止,形成随外壳振动的磁铁与线圈间的相对运动,线圈中所感应的电动势正比于振动速度。若将该电动势通过积分电路,则输出信号正比于振幅,将电动势通过微分电路,可得到与加速度成正比的电信号。

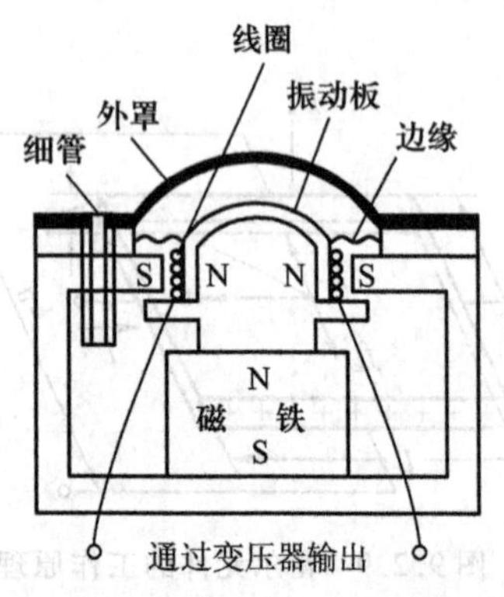

图 9.2.10　动圈式话筒的结构

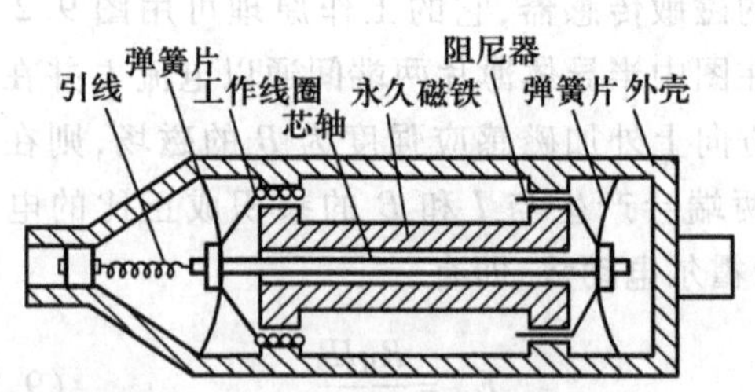

图 9.2.11　振动速度传感器结构

2. 压电式传感器

某些电介质材料如石英晶体、钛酸钡,当在一定方向上受到外力作用而变形时,在与外力垂直的两个表面上就会产生符号相反的束缚电荷,当外力去除后,晶体表面又恢复不带电的状态,这一现象称为压电效应。利用压电效应可以制成测量压力和加速度的传感器,也可以制成发射和接收超声波的探头,这是因为压电材料同时具有电致伸缩效应,即在材料的两个表面上加上交流电压,在晶体内部产生交变电场时,晶体在电场方向上会形成伸长和缩短,产生机械振动。这样同一个探头在加上超音频交流电压时发射同频率的超声波,在停止发射时接收超声波的回波,就可用来测量距离、液面高度以及材料厚度等。

压电传感器的输出信号很弱，而且内阻很高，必须采用专用的低噪声电缆连接到专门的高输入阻抗的前置放大器，再由放大器输出到测量仪器显示测量结果，其测量系统如图 9.2.12 所示。

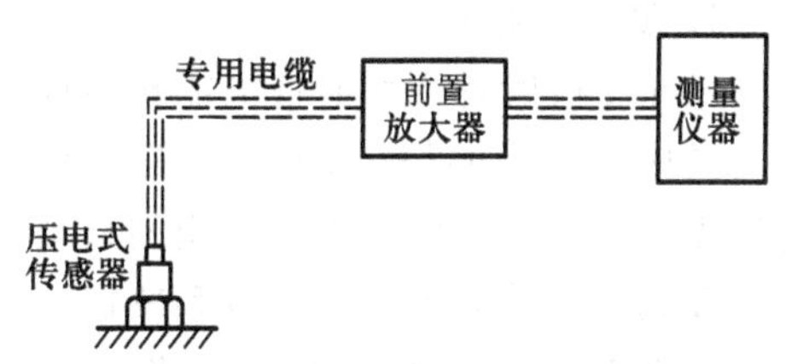

图 9.2.12 压电传感器测量系统

压电晶体还可以制成晶体话筒以及晶体扬声器、耳机等，具有体积小、价格低的优点，但低频性能较差。

3. 热电偶

两种不同材料的金属导体两端紧密接触形成一个闭合回路，若两个连接点所处的温度不同，则回路中会产生电动势及电流，该电动势大小只与导体材料和接点温度有关，当材料确定后，并把热电偶一端（称自由端或冷端）的温度保持为零摄氏度，则电动势的大小只与另一端（称工作端或热端）温度有关，只要用仪表测出热电动势就可以得出热端温度（如图 9.2.13 所示）。

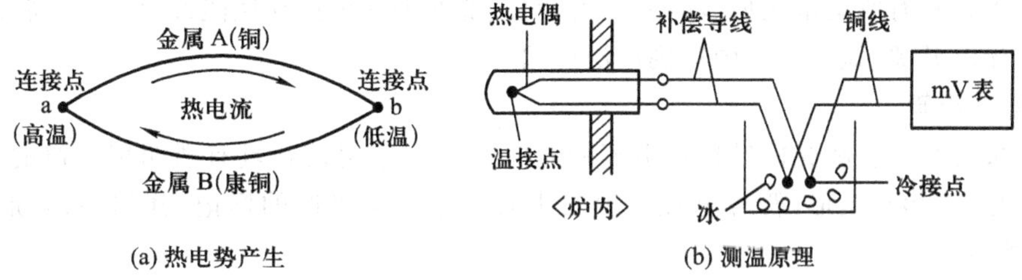

图 9.2.13 热电偶的结构原理

常用的热电偶有铂铑$_{10}$－铂（分度号 S）、铂铑$_{30}$－铂铑$_{6}$（分度号 B）、镍铬－镍硅（分度号 K）、镍铬－康铜（分度号 E）、铜－康铜（分度号 T）等，它们的测温范围分别为 −50～1 700 ℃、0～1 800 ℃、−50～1 200 ℃、−100～900 ℃、−200～400 ℃，一般热电偶的结构如图 9.2.14 所示。使用时从热电偶的接线盒到测试仪表的输入端必须采用补偿导线连接，补偿导线是由价格低廉的两种导体制成的，在 0～100 ℃的范围内补偿导线的热电性能与所采用的热电偶相同，也就相当于把热电偶延长到仪表的输入端，同时又避免采用过多的贵金属以降低费用，根据不同的热电偶应选用不同的配套补偿导线，并在接线时注意正、负极（红线、黑线）应对应连接。另外实际工作中要保持冷端温度恒定有一定困难，因此在测量仪表中均在输入端加接一个补偿线路，以产生一个补偿电压与输入的热电势相叠加，以消除自由端温度变化造成的误差。显然该补偿电压的大小必须等于自由端温度与零摄氏度之间的热电动势，且随自由端温度的变化而变化。

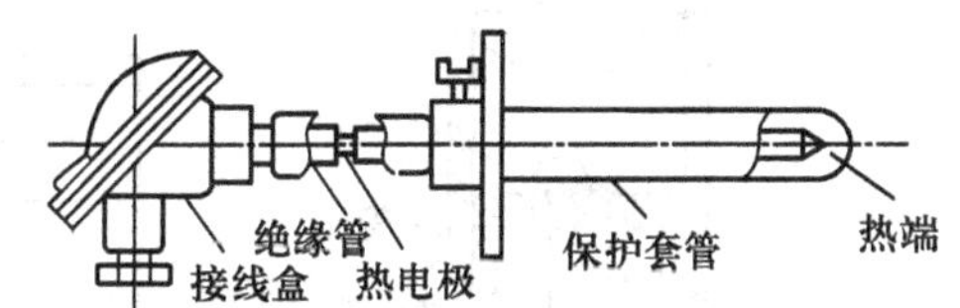

图 9.2.14 一般热电偶结构

9.2.4 光电器件

利用光和电子相互作用制成的半导体器件统称为光电器件。半导体光电器件发展迅速。在测量、控制、显示及通信等方面获得广泛的应用。下面简单介绍发光二极管、光电二极管和光电晶体管、光电池、光电耦合器件和半导体激光器等的工作原理。

1. 发光二极管

发光二极管是一种能将电能转换成光能的固体器件，简称 LED。其结构和普通二极管相似，只是构成 PN 结的材料和普通二极管不同，发光二极管多采用磷(P)砷(As)化镓(Ga)制成。发光二极管的发光颜色取决于使用的材料，发光的颜色一般有红、绿、黄、蓝、橙等色。

发光二极管的工作原理也和普通二极管相似，具有单向导电性，但在其两端施加的正向工作电压要高于普通二极管才会发光，一般正向工作电压在 1.5 ~ 2.5 V之间，正向电流在 5 ~ 20 mA 之间。不同型号的发光二极管虽然正向导通电压有所差别，但工作时均不允许超过极限参数，使用时应特别加以注意。

发光二极管的 PN 结封装在透明的塑料管壳内，外形多为圆形、方形和矩形，符号是在一般二极管上加上发光标记，图 9.2.15 示出了其外形和符号。

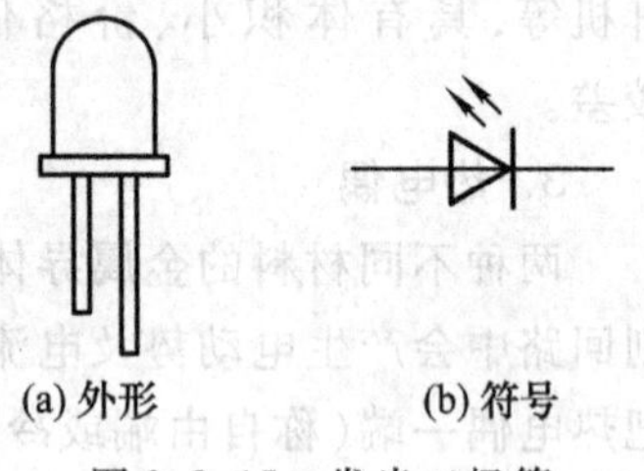

图 9.2.15　发光二极管

发光二极管具有驱动电压低、功耗小、寿命长、抗冲击和抗振动性能好、可靠性高等一系列优点，在照明、光电开关、显示电路中得到广泛应用。

2. 光电二极管

光电二极管是一种将光能转换成电流的器件，其 PN 结封装在具有透明聚光窗的管壳内，其外形亦有圆形、方形和矩形，符号是在一般二极管符号上加光照的标记，其结构、外形与符号如图 9.2.16 所示。

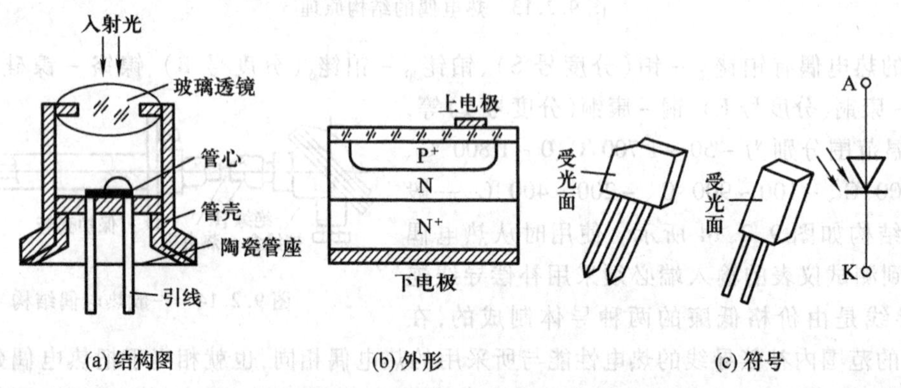

图 9.2.16　光电二极管的结构、外形与符号

光电二极管的 PN 结受光照射时，半导体共价键中的电子获得能量，产生的电子空穴对增多，在外加反向电压作用下，反向电流增加，其大小与光的强度成正比，这一点类同于温度增加反向电流增加，此时的光电二极管等效于一个电流源；若无光照射，光电二极管和一般二极管一样呈单向导电性，其伏安特性如图 9.2.17 所示。使用时应当注意所加反向电压要小于最高的工作电压。光电二极管常用于遥控、报警和光电传感器中。

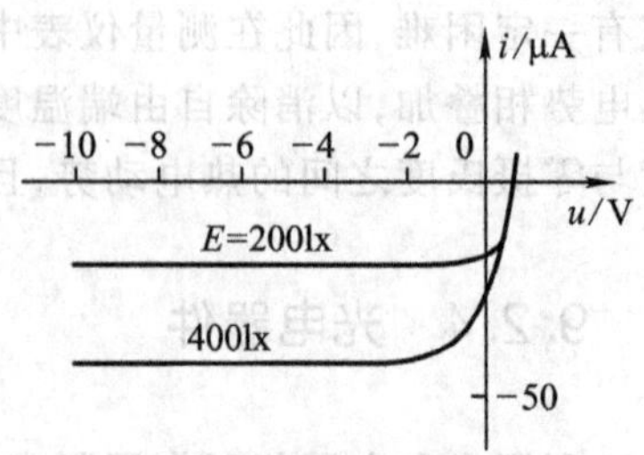

图 9.2.17　光电二极管的伏安特性

3. 光电晶体管

光电晶体管是一种将光能转换成电能的晶体管,其集电极电流随光照的强弱而变化,体现了光控制电流的作用。光电晶体管可以用一只光电二极管和一只双极晶体管组合加以等效,且仅引出集电极与发射极,其输出特性曲线和双极晶体管类似,只是光照强度代替了 I_B。图 9.2.18 示出其等效电路、符号、外形及输出特性曲线。

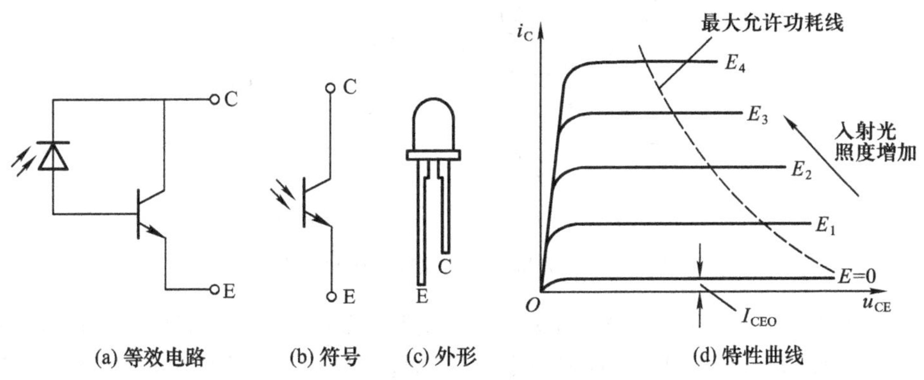

图 9.2.18 光电晶体管的等效电路、符号、外形和特性曲线

无光照射的电流 I_{CEO} 称为暗电流,比光电二极管的暗电流大两倍,而且受温度影响很大。光电晶体管的灵敏度比光电二极管提高了 β 倍,其响应时间亦相应增加。当管压降大于饱和压降后,i_C 的值将取决于入射光的强度而与 u_{CE} 的大小基本无关。

应当注意,光电晶体管在使用时不要超过其极限参数。

4. 光控晶闸管

光控晶闸管是一种由固定波长的光照射其门极而触发导通的晶闸管,小功率的光控晶闸管无门极引线,完全是由光照控制其导通,大功率光控晶闸管除有阳极(A)和阴极(K)的引线外,还带有传递光信号的光缆,其端口装有作为触发光源的发光二极管或半导体激光器,光源由低压电信号控制发光,光通过光缆传输到门极,使晶闸管触发导通。

光控晶闸管的等效电路与符号如图 9.2.19 所示,由等效电路可见光控晶闸管可用一只光电二极管和一只普通晶闸管组合加以等效,在晶闸管阳极、阴极间加上电压,并在门极上受到光照后,使光电二极管有光电流通过,由于管内反复的正反馈作用,使晶闸管迅速由断态转为通态。

大功率光控晶闸管的触发装置和主电路之间的电绝缘电压可达上万伏,所需的触发光功率不超过 100 mW,而晶闸管额定电流可达数千安,额定电压可达上万伏,一般用于高压输电及交直流变电系统中,还可用于无功功率动态补偿系统中。小功率光控晶闸管可用于光继电器、输入隔离开关、光计数器、报警装置和光触发器等自动控制元件中。

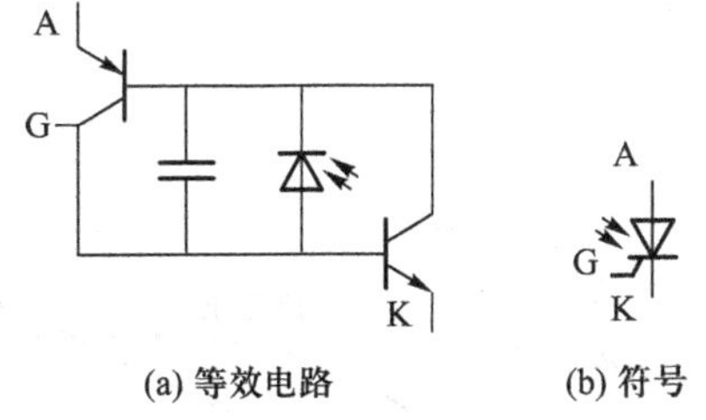

图 9.2.19 光控晶闸管的等效电路和符号

5. 光敏电阻

光敏电阻是利用半导体材料的光电导效应,制成的探测光信号的器件。当一定波长的光照

射到半导体光敏电阻上时，能够使材料中的电子－空穴对增加而使导电性能增强、电阻值下降。光照停止后电子和空穴对复合，导电性能减弱，电阻值恢复。光敏电阻的原理结构与接线图如图9.2.20所示。

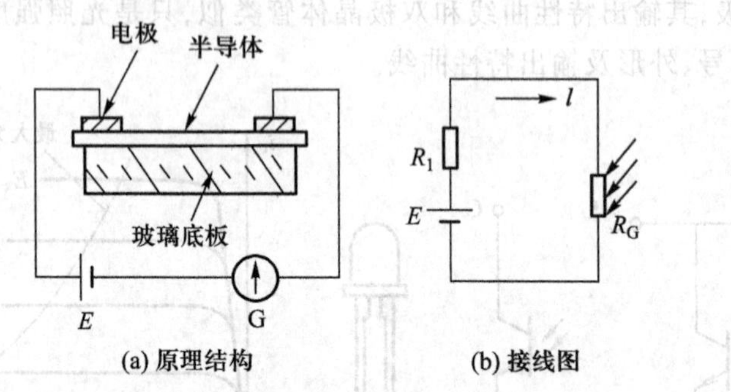

图9.2.20　光敏电阻的原理结构和接线图

光敏电阻主要特性参数有暗电阻（MΩ级）、亮电阻（几kΩ）、响应时间、光谱响应范围、最高工作电压、最大功耗等。其光电流I和光照强度（光通量）之间的关系称为光照特性，一般都是非线性的，当光照强度增强到一定程度时光电流会趋向饱和。另外，电阻值变化对光照变化的响应时间较长，频率特性较差，所以光敏电阻不宜作为线性测量元件，一般用作开关式光电转换器。

6. 光电池

光电池是在光线照射下能直接把光能量转变为电动势的光电元件，目前应用最广的是硅光电池和硒光电池。硅光电池价格便宜、寿命长、转换效率高、适应光谱范围宽，适用于接收红外光，而硒光电池的光谱特性与可见光的光谱相符，一般用于接收可见光，制成照度计测定光照强度。

硅光电池的光照特性如图9.2.21所示，其开路电压与光照强度成非线性关系，并且在光照强度为2 000 lx时就趋于饱和了，此时相当于电压源。而短路电流在很大范围内与光照强度成线性关系，所以光电池用来测量光照强度时，应该接成电流源，此时所接的负载电阻应该接近于零，基本上处于短路状态。硅光电池还具有频率响应宽的优点，能够适应入射光的高频变化，可以用在高速计数、有声电影等方面。

光电池的短路电流会随温度升高而缓慢增加，开路电压会随温度升高而较快下降，其温度特性如图9.2.22所示，所以，把光电池作为测量元件时，应有相应的补偿措施补偿温度变化引起的误差。

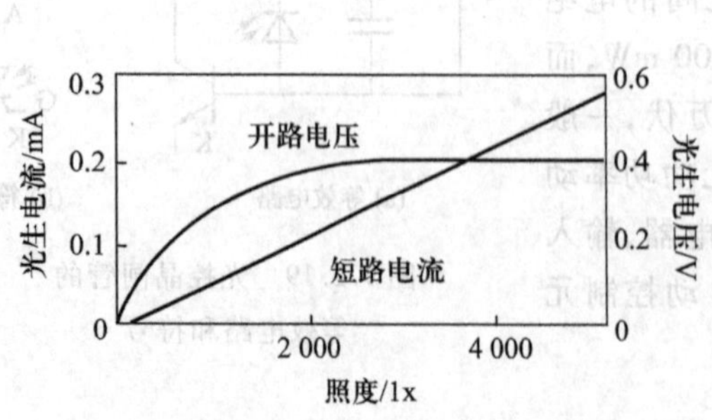

图9.2.21　硅光电池的光照特性

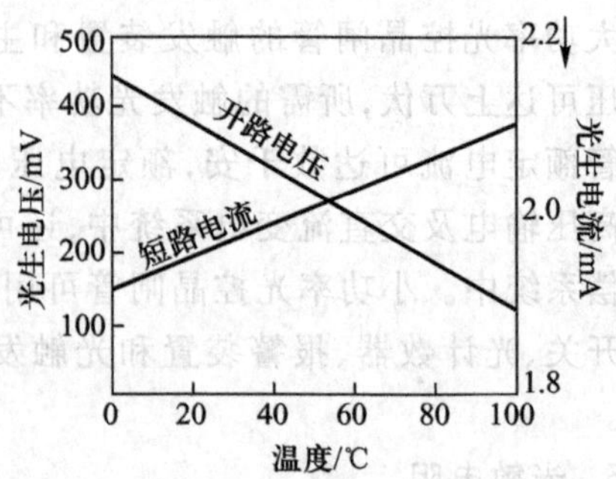

图9.2.22　光电池的温度特性

*7. 光电耦合器

光电耦合器是把发光二极管和光电二极管或光电晶体管合二为一的器件。整体相当于一个二端口网络，输入端接收电信号，中间以光耦合的形式控制输出端的电信号。这种耦合方式没有电气方面的直接联系，故光电耦合器又称为光电隔离器。

光电耦合器的发光元件(发光二极管)和受光元件(如光电二极管等)相互绝缘地封装在同一不透明的管壳内。图 9.2.23 示出了两种光电耦合器的符号。

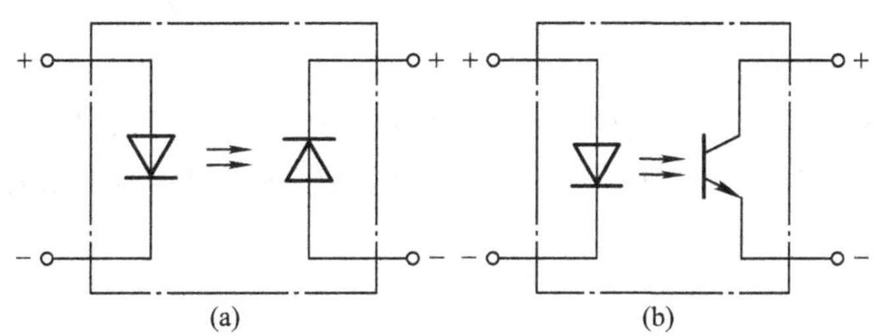

图 9.2.23 光电耦合器符号

光电耦合器因输入和输出相互绝缘，绝缘电阻极高，可承受很高的电压，可用于隔离强电和弱电系统；一般干扰信号很难达到发光二极管所需的电流值，故有极强的抗干扰能力；响应速度快，高速型的响应时间小于 100 ns。

鉴于上述优点，光电耦合器用途很广，如用于信号隔离转换、脉冲系统的电平匹配、数模转换和计算机的接口等方面。

*8. 半导体激光器

半导体激光器是以半导体为工作物质的一类激光器的统称，它是一种相干辐射光源的发光器件。相干光是指光的波长和相位呈现出某种一致性的光。

(1) 半导体激光器的结构及工作原理

半导体激光器的结构有多种，目前一般采用双异质结结构，如图 9.2.24 所示，它用 P 型和 N 型半导体夹住本征半导体 GaAs。P 型和 N 型是用 AlGaAs 制成，这种种类不同的半导体结称为异质结，如果有两个异质结就称为双异质结。中间的 GaAs 层称为有源层或激活区，其一端为镜面，另一端为可透过一部分光的半镜面。

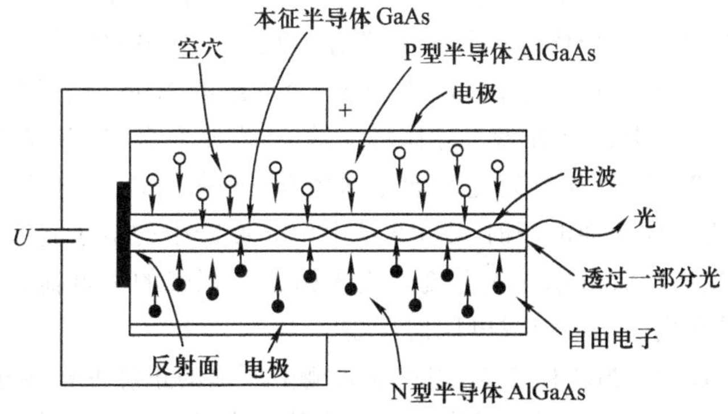

图 9.2.24 半导体激光器的结构

当双异质结上加正向偏压时，由 N 型 AlGaAs 层向有源层注入电子，而 P 型 AlGaAs 层则向有源层注入空穴，注入的载流子在有源区内由于复合而发光。由于有源区的折射率比相邻的 P 型区域和 N 型区域都大，因此发出的光就在结面上形成全反射而被封入有源区内。入射到有源区端的光，由于镜面的反射，使光往返于有源区域中，形成反转分布，产生光的放大，直至共振，产生激光。

(2) 半导体激光器的应用

半导体激光器具有亮度高、方向性强、单色性和相干性好、发散角和能量高度集中、设备体积小、耗电少、寿命长和光调制容易等一系列优点。因此，半导体激光器获得广泛的应用。例如，半导体激光器作为光通信的光源以及用于短距离激光测距、引爆和污染检测；还常用于 CD 放音机、CD－ROM 驱动器、MD、PD 和 DVD 驱动器；另外，由磁盘读取信号的拾音器和激光打印机也使用激光。

9.2.5　光传感器

光传感器是把光信号转换为电信号的器件，在 9.2.4 节中介绍过的光电二极管、光电晶体管、光耦合器件都是利用光电效应制造的半导体光检测器件。此外利用光导效应制造的硫化镉光敏电阻，在光照时电阻急剧变小，而在暗状态下电阻可达几百兆欧；利用光伏效应制造的硅光电池、硒光电池，在光照时能向负载电阻输出稳定的光电流，而且在负载电阻一定时，光电流大小与光照度近似成正比，这些光电元件同样可以用作光检测器件。

利用各种光检测器件可以制成具有不同功能的光传感器，在自动控制中常用的光电开关及转速测量中的光电码盘，就是利用有无光照来使电路通断的开关型光传感器。另外也可以利用光电器件的输出电流与光照度之间的线性关系，通过检测光照度来间接地检测其他物理量。例如检测气体、液体的透光能力以确定其浑浊度，检测物体表面的光反射能力以确定其光洁度，检测高温物体所发出的光线强弱及光谱可以测定其表面温度等。此外还可以利用不同的光敏器件敏感光谱范围的不同，制成色敏传感器，用于检测产品的颜色、光源的色温以及自动辨色的跟踪系统中。

1．CCD 图像传感器

CCD 器件称为电荷耦合器件，它由感光元件、电荷转移元件及输出元件构成，其原理结构如图 9.2.25 所示，图中在 P 型半导体硅（衬底）上覆盖一层二氧化硅绝缘层，并在绝缘层上制作若干个微细的金属电极，电极与衬底之间就形成了若干个微细的 MOS 电容器。其中输入二极管作为感光元件，是在 P 型衬底上扩展 N 型半导体形成的，在光照后会在 PN 结中产生与光照成正比的电子－空穴对，在二极管阴极与衬底之间加正向电压（反向偏置），则反向电流就与光照成正比。若在输入栅上加上正向脉冲电压时，则 PN 结中由光照产生的电子将吸附在输入栅下，而光照产生的空穴则被衬底所吸收形成注入电流。输入栅下所积聚的负电荷量与光照成正比，需要通过电荷转移元件，转移到输出端形成电压信号输出。

图 9.2.25 中，G_1、G_2、G_3 为转移栅极，当把输入栅上所加的正脉冲电压按一定节拍依次切换到 U_1、U_2、U_3 端子上时，在输入栅下面吸附的电子将依次向 G_1、G_2、G_3 下面转移，并通过输出栅转移到输出二极管的 PN 结中，此时输出二极管亦是反向偏置，二极管阴极接正，阳极为衬底

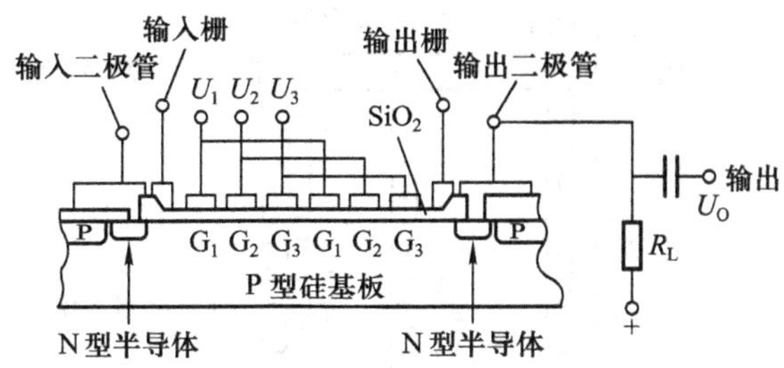

图 9.2.25 CCD 器件的原理结构

接地，则信号负电荷就流向阴极形成二极管的反向电流，并通过负载电阻 R_L 变换成电压信号 U_O。

实用的图像传感器分线型和面型两种，线型图像传感器的光敏单元排列成直线如图 9.2.26 所示。图 9.2.26(b)中，单数光敏单元中的信号电荷转移到上面的 CCD 转移寄存器中，双数光敏单元则转移到下面的 CCD 转移寄存器中，然后按电荷转移方式自左向右到输出端交替合并输出，就得到与直线方向上光强信号成正比的信号电压输出。线型图像传感器适用于传真机、工业自动检测等领域，传感器与所扫描的图像紧贴，并采用发光二极管照明。

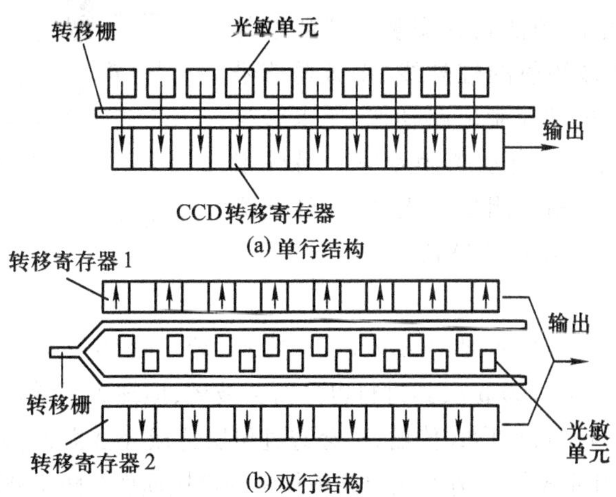

图 9.2.26 线型 CCD 图像传感器原理

面型图像传感器的原理结构如图 9.2.27 所示，光敏单元中的信号电荷先转移到垂直转移寄存器中，然后一次一行地将电荷转移到水平转移寄存器中右移输出。这种传感器主要用于一般摄像机及监视器、扫描仪等。

2. 热释电红外线传感器

热释电红外线传感器由高热电系数的锆钛酸铅系陶瓷或钽酸锂等热释电元件和滤光镜片构成，主要用于检测物体所放射出来的红外线能量并将其转换成电信号输出。由于人体可辐射的红外线波长为 9 ~ 10 μm，只要选择截止波长为 7 ~ 10 μm 的滤光镜，就可以构成只对人体敏感的传感器。

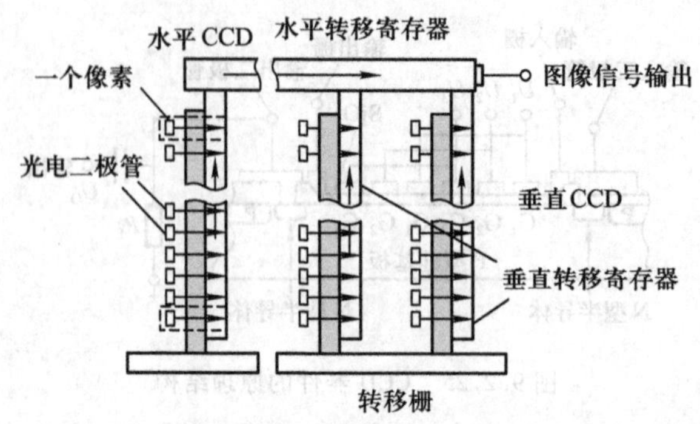

图 9.2.27　面型 CCD 图像传感器原理结构

图 9.2.28 是典型的热释电红外线传感器原理图，两个热释电元件反极性串联后作为场效晶体管的信号源，平时两个元件产生的信号相互抵消，场效晶体管无输入信号。当红外线通过滤光镜（滤除太阳光、灯光的影响）聚焦到上面的热释电元件上，则产生的信号增大，使场效晶体管栅极为正，促使场效晶体管导通，源极有输出电压。

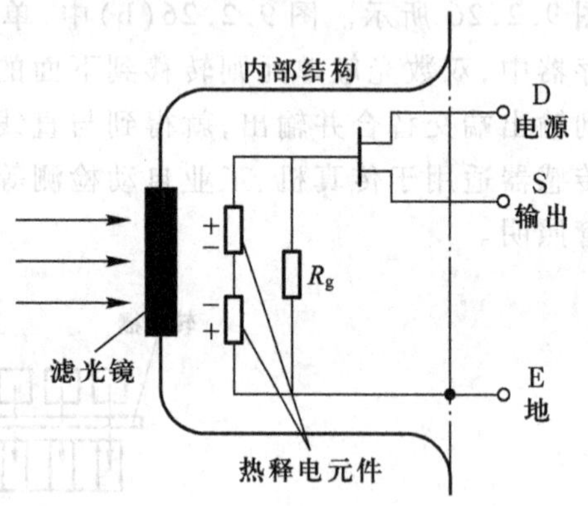

图 9.2.28　热释电红外线传感器原理图

热释电探测元件主要用于遥测、遥控、防盗报警、防火、节水系统中，在洗手间的洁具旁安装了热释红外线传感头后，可以摄取人体辐射的红外线，将微弱信号经放大、滤波、比较以后，推动控制电路动作，使水管自动喷水一段时间，定时结束后自动关闭水管。另外根据不同的红外线波长，可以制成测量激光功率、红外测温、火灾报警、炊具的温度控制用传感器。

3. 光纤传感器

光纤是光导纤维的简称，其结构如图 9.2.29 所示，纤芯是用石英玻璃拉丝而成的，直径为 5 ~ 75 μm。包层外径为 100 ~ 200 μm，其材料也是石英玻璃，但掺入了微量的氧化物以降低光的折射率，使光线能在纤芯中以全反射形式传输，不会透过包层造成光强损失（如图 9.2.30 所示）。缓冲层、加强层用以提高光纤的机械强度，外套用以防护外来的机械损伤并防止外面的光线进入纤芯。

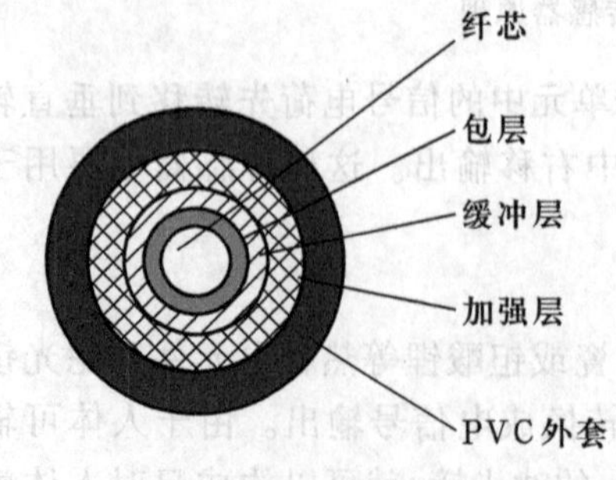

图 9.2.29　光纤的截面结构

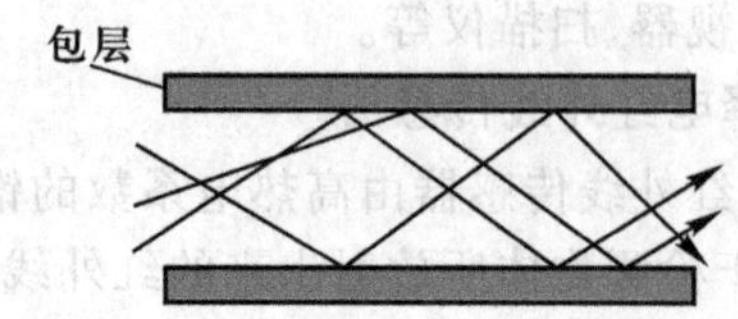

图 9.2.30　光线在纤芯中以全反射形式传输

光纤大量用于通信(见11.3节),但近年来广泛地用于研发各种类型的传感器,由于光纤传感器具有抗电磁干扰、抗雷击、电绝缘性能好、灵敏度高、重量轻、体积小、耐腐蚀、柔韧、光路可弯曲等优点,可用于测量热工量、机械量、电磁量、力学量、化学量、辐射量、生物量等,在科学研究、军事航空航天、医学及生命科学、工业控制、商业民生等领域内起着重要的作用。

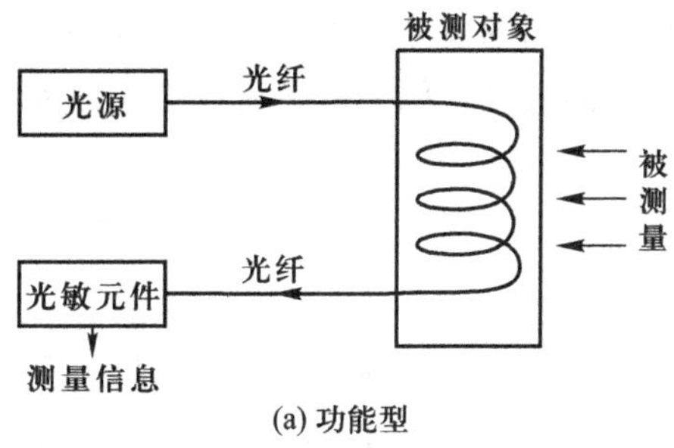

(a) 功能型

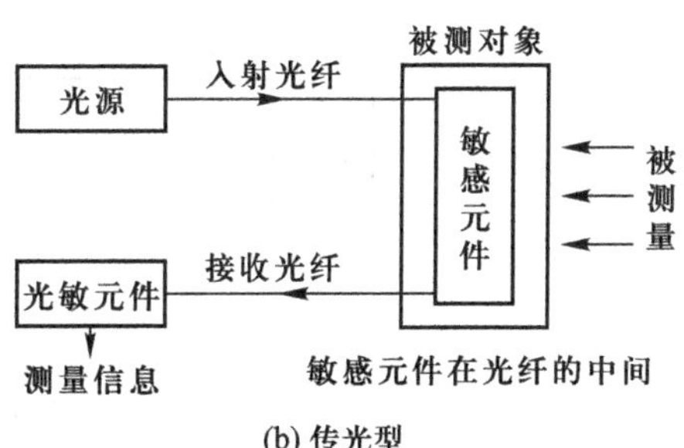

(b) 传光型

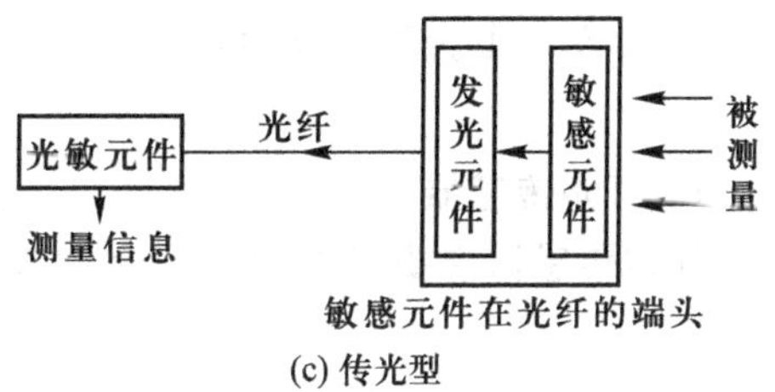

(c) 传光型

图 9.2.31 光纤传感器的分类

光纤传感器由光源、光纤及光电检测器组成,光源可以是白炽灯(钨丝灯泡)、发光二极管(LED)和半导体激光器(见9.2.4小节)。光电检测器通常是硅光电二极管和光电晶体管,在频率较高的场合采用高速光电二极管(PIN)或高速光电二极管与场效晶体管集成组件(PIN-FET微型组件)。

光纤传感器分为功能型及传光型两大类,功能型是被测量作用于光纤会使光纤本身的特性发生改变,此时光纤相当于敏感元件,如图9.2.31(a)所示。传光型是光纤仅仅起传导光波的作用,在光路中必须安置其他敏感元件才能构成传感器。例如图9.2.31(b)中将敏感元件置于入射光纤与接收光纤之间,在被测量作用下,使敏感元件的光穿透率发生变化,甚至遮断光路;又如图9.2.31(c)中,将敏感元件与发光元件组合在一起,被测量作用于敏感元件后使发光元件的发光强度发生变化。

图9.2.32所示的光纤辐射剂量传感器是一种功能型传感器,光纤在X射线或γ射线辐射下,会使光纤对传输光的吸收损耗增加,从而使输出的发光强度减少,不同的射线辐射以及辐射剂量不同,输出光照的下降幅度也不一样。

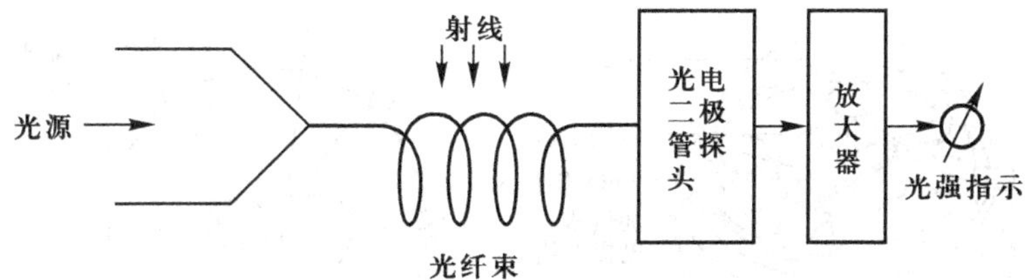

图 9.2.32 光纤辐射剂量传感器原理

利用光纤的传光特性还可以做成工业用或医用的内窥镜,用以观察工业设备内部或人体器官内部的图像,其工作原理如图9.2.33所示。光源发出的光通过传光束投射到被观测物体上的待观测区域,然后通过物镜和传像束把内部图像传送出来供观察或照相,或者送入CCD图像传感器,转换为电信号供微机信号处理或远距离传送。图中的传像束是由1~10万股细光纤平行排列组成的图像光纤束,每一股光纤直径均为 10 μm,传送图像中的一个像素,在接收端将光纤束输出的数万个像素重建成发送端原来的图像。

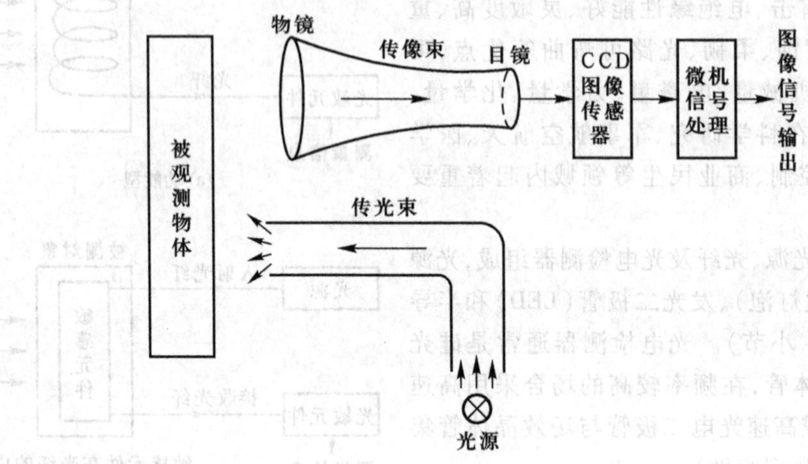

图 9.2.33　工业用内窥镜工作原理

9.2.6　成分检测传感器

1. 气体传感器

气体传感器主要用来检测可燃性气体的浓度和成分,在环境保护及安全预警系统中应用甚广。

目前最广泛使用的是半导体气体传感器,它是由 SnO_2(氧化锡)、ZnO_2(氧化锌)、Fe_2O_3(三氧化二铁)一类的金属氧化物半导体烧结而成,其结构如图 9.2.34 所示。当被测可燃气体通过氧化物半导体的表面时,会发生热化学反应,使金属氧化物中的氧与可燃气体结合,从而改变了金属氧化物的电阻。这些传感器全部带有加热器,其作用是使附着于半导体表面的油雾、尘埃等杂质烧掉,并使表面所吸附的气体流动,以提高传感器的灵敏度及响应速度。

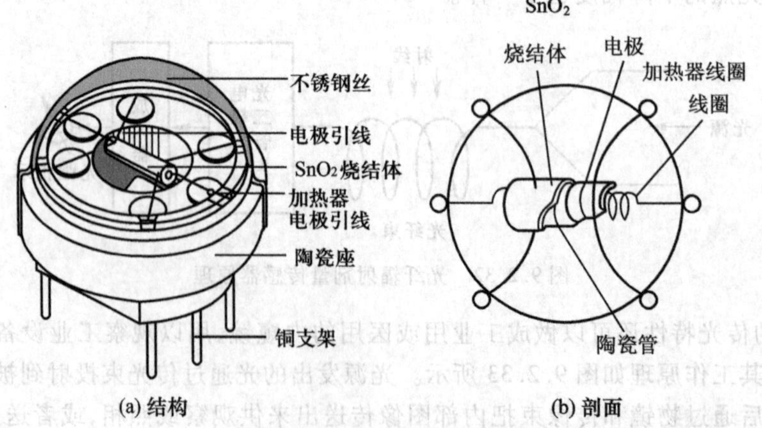

图 9.2.34　烧结型半导体气体传感器结构

为了能使传感器区别气体的种类，可以在 SnO_2 等半导体材料中添加少许 Pt（铂）或 Pd（钯）等贵金属，并改变其含量、烧结温度，就可以对不同气体产生不同的气敏效应。例如在同一温度下，含 1.5% 重量的 Pd 可对 CO（一氧化碳）最灵敏，而含 0.2% 重量的 Pd 则对 CH_4（甲烷）最灵敏。SnO_2 气体传感器的基本检测电路如图 9.2.35 所示，图中器件两极之间为半导体材料，其阻值在正常空气条件下在 0.5 ~ 10 kΩ 的范围内，当有可燃性气体时阻值将会下降，且与气体浓度成对数关系。

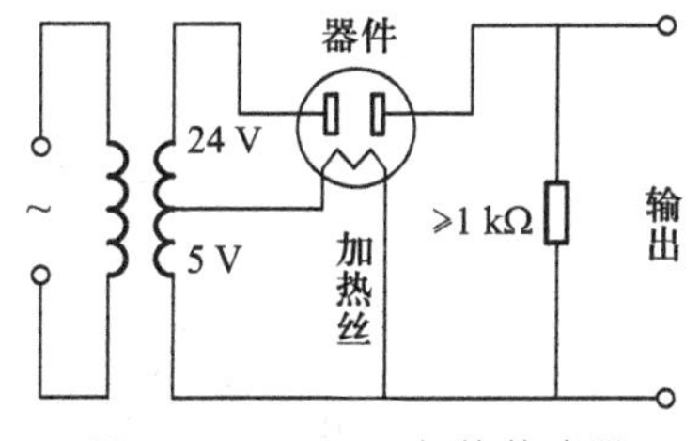

图 9.2.35 SnO_2 气体传感器的基本检测电路

半导体气体传感器具有灵敏度高、响应时间和恢复时间快、寿命长、价格低廉等优点，用于家用煤气检漏报警、汽车司机酒精检测及防止酒后开车控制，以及煤矿中的瓦斯检测报警、化工厂中的有害可燃气体报警等，目前常见的被检测气体有甲烷、一氧化碳、乙醇、异丁烷、液化石油气、天然气等。

2. 湿度传感器

湿度传感器用来测定大气中的水蒸气含量（湿度）。湿度有绝对湿度（AH）和相对湿度（RH）两种表示方法，绝对湿度是指单位空间中所含水蒸气的绝对含量和密度，相对湿度是指大气中蒸汽压与在相同温度下饱和蒸汽压的百分比，测定相对湿度可以了解大气的潮湿程度。

湿度传感器是基于湿敏材料在湿度发生变化的环境中会发生与湿度有关的物理效应或化学反应的原理制造的，这些变化会引起材料的电性能变化，例如电阻、电容或是 MOS 器件等的电参数变化。常用的有利用电解反应制造的氯化锂湿敏电阻、利用多孔陶瓷的吸附效应制造的半导体陶瓷湿度传感器。其中又以制作工艺分为烧结型、涂覆膜型、厚膜型、薄膜型和 MOS 型等，若以材料区分又可分为十几种，这足以说明湿度变化对许多材料的性能都会发生影响。

烧结型多孔陶瓷湿敏材料的表面气孔率达 40%，其表面电阻随湿度变化，负特性半导体陶瓷的表面电阻率随湿度的增大而下降，正特性半导体陶瓷表面电阻率随湿度增大而增加。其典型的负湿敏元件电阻值与湿度的关系如图 9.2.36 所示。由图可见，其电阻值与湿度变化在相对湿度为 80% RH 以下时基本上成线性关系，而且在从湿度变化从 0 到接近 100% RH 范围内，电阻值约下降 3 个数量级（约 1 000 倍），所以有很高的灵敏度。而正湿敏元件电阻值与湿度的关系如图 9.2.37 所示。由图可见其电阻值与相对湿度在 0 ~ 100% 的范围内有很好的线性关系，但是电阻值仅增加 1 倍，所以灵敏度相对于负特性元件要小得多。

典型的 $MgCr_2O_4-TiO_2$（铬酸镁 - 二氧化钛）湿度传感器结构如图 9.2.38 所示，其湿敏陶瓷片的电阻率较低，电阻温度特性好，瓷片两面印制多孔金电极，并用铂 - 铱合金引线接到接线端上。为了减少因环境污染引起的测量误差，在陶瓷片外围设置了镍铬丝制成的加热线圈，通电后可升温到 600 ℃，烧掉吸附在瓷片上的油污、灰尘、盐渍、酸雾或其他污染物，以保持精度不变。

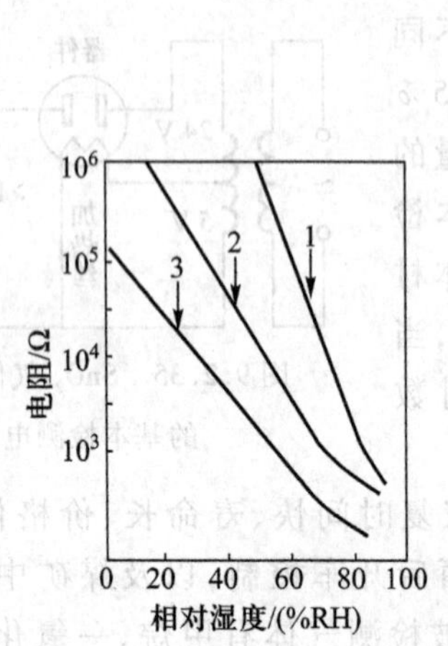

1. $ZnO-LiO_2-V_2O_5$ 混合烧结　2. $Si-Na_2O-V_2O_5$ 混合烧结　3. $MgCr_2O_4-TiO_2$ 混合烧结

图 9.2.36　几种半导体陶瓷湿敏电阻的负特性

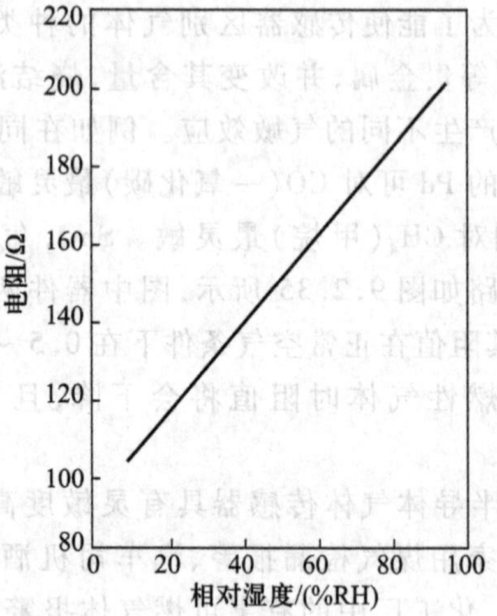

图 9.2.37　四氧化三铁半导体陶瓷湿敏电阻的正特性

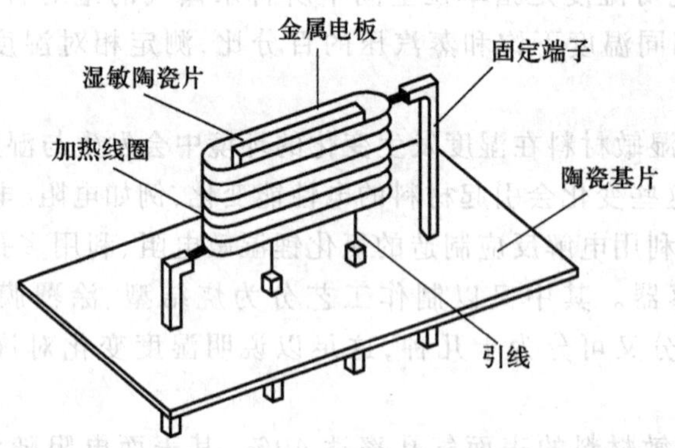

图 9.2.38　$MgCr_2O_4-TiO_2$ 湿度传感器的结构

半导体陶瓷烧结型湿敏元件具有精度高、体积小、测湿范围宽，用一片就可进行全量程范围（0～100% RH）测量，响应速度快（不超过 20 s）、长期稳定性好，而且可以反复用通电燃烧方法除污，保持精度不变。

湿度传感器广泛地应用于各种场合的湿度监测、控制和报警，其中用于无线电遥测自动气象站的湿度自动测报原理框图如图 9.2.39 所示。图中 $R-f$ 变换将传感器输出的电阻值变换为相应的频率，再用自校器予以标定为湿度信号，通过控制电路分送现场记录及无线电发射。

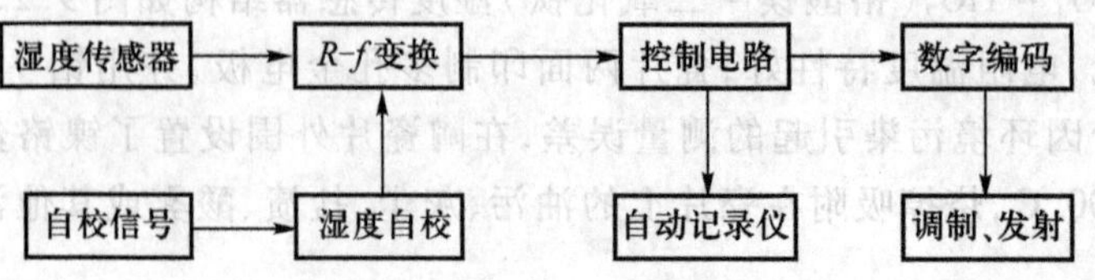

图 9.2.39　湿度自动测报原理框图

湿度传感器还普遍地用在仓库控湿，尤其是需要一定温湿度条件的食品仓库，另外在一些精密加工的场地需要封闭保温、保湿，也需要精确的保湿控制，通过测量电路及信号处理，决定去湿还是加湿，控制除湿装置或加湿装置工作，通过空调系统，把湿度稳定在预定的数值（一般为50% RH）。

*9.3 生活中的检测举例

9.3.1 电子秤

电子秤是测定器物、材料、商品等质量的装置，目前已广泛地使用在工业生产、仓储、运输以及生活等诸多方面，往往在结构上与各种生产设备相配合而形成各种轨道衡、汽车衡、地中衡、料斗秤、皮带秤、吊钩秤等工业用称重装置，以及生活中的电子计价秤、手提弹簧电子秤。电子秤不仅具有称量正确、响应速度快、灵敏度高、可以远距离显示等优点，而且由于采用了单片机等微电脑装置，可以通过接口与上位计算机相连，便于向上位机传输数据以及接受上位机的称量控制指令，以实现称量自动化；另外单片机本身也可以带有许多附加功能，例如根据不同商品价格进行价格计算、去皮（去掉外包装或容器的起始重量），记忆、累加计数等。所以，目前无论工业上还是生活中所用的衡器基本上已由电子秤所替代，衡器生产厂已不生产传统的机械磅秤、弹簧秤。

典型的电子秤结构框图如图 9.3.1 所示，图中由传感器产生的称量信号通过模拟放大及A/D 转换以后送到单片机，再由键盘键入单价或其他控制指令后就能在显示屏上直接读出其质量及单价、总价等数据。电子秤电源是交直流两用的，一般由市电 220 V 供电，必要时可采用干电池或可充电电池供电。

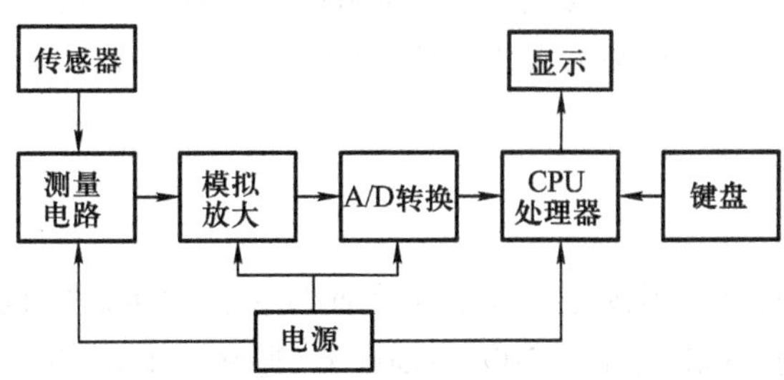

图 9.3.1 典型的电子秤结构框图

典型的称重传感器结构如图 9.3.2 所示，传感器的主体是特殊形状的金属弹性体，在弹性梁的上、下面上粘贴 4 片应变片，当垂直重力作用在传感器的承压面上时，弹性梁变形并使应变片 R_1、R_3 受拉伸而电阻增加，应变片 R_2、R_4 受压缩而电阻减小。把 4 片应变片组成直流电桥，未加重力时电桥平衡无输出电压，加上重力后电桥对角线将输出与重力大小成正比的直流信号电压，送入模拟放大电路。

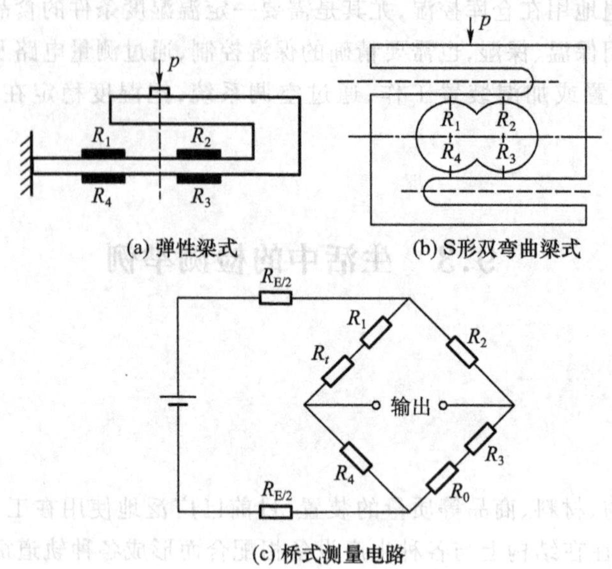

(a) 弹性梁式　(b) S形双弯曲梁式

(c) 桥式测量电路

图 9.3.2　秤重传感器及测量电路

由于电桥电路相邻臂的电阻作同样变化时，电桥对角线没有不平衡电压输出，而相对臂的电阻作同样变化时，不平衡输出电压将为单电阻变化时的两倍，所以电桥电阻的配置应为把相同电阻变化的放在相对臂，而相邻臂的电阻变化应相反以增大不平衡电压输出。可以证明，当应变片电阻按图 9.3.2(c)构成直流电桥时，不平衡输出电压将为单电阻变化时的四倍，而温度变化以及传感器受到侧向力的影响时，由于 4 片应变片的电阻变化相同而相互补偿，对输出不产生影响。实际上由于应变片电阻不可能完全一致，电路中需要增加调零及适当的温度补偿措施。图中 R_0 为调零电阻，R_t 为温度漂移补偿电阻，R_E 为灵敏度调节电阻。

生活中常见的电子计价秤广泛地应用于商业、邮政部门，一般感量为最大称量的 1/3 000，其最大称量有 3 kg、6 kg、15 kg、30 kg 等多种规格，高精度电子秤的感量可达最大称量的 1/30 000，所以无论是精度或灵敏度，电子秤都大大优于传统的磅秤及弹簧秤。

9.3.2　温度检测

温度测量的应用范围很广，不仅是工农业生产而且在日常生活中也都需要测量温度。目前各种测温仪器所覆盖的测温范围已达 -200 ~ 2 000 ℃，通常对 1 500 ℃以上的高温均采用不接触的间接测温法测量，即用光学高温计及辐射高温计测量。光学高温计是通过检测高温体发出的可见光亮度及光色来确定高温体温度的，其结构如图 9.3.3 所示。在高温计前端装有光学透镜，在后端装有目镜，仪器中构成了类似望远镜的光学系统，在目镜中可以清楚地观测到前面一定距离的高温体。而在高温计的内部有一只特殊的白炽灯，灯丝通电后发光作为测量温度的基准，若调节其电流大小使亮度变化，也就改变了基准温度。在用高温计检测高温体时，目镜中同时能看到高温体的光焰以及白炽灯的灯丝，当操作者调节电流使灯丝亮度与高温体的光焰亮度一致时，灯丝则隐没在被测背景之中，此时就可以从该电流调节器的刻度盘上直接读出温度的数值。一般光学高温计作为手持式测量仪器专门用于远距离测量人体无法靠近的高温体温度，例如火焰温度、钢水温度、炉膛温度，此种方法所测出的结果往往低于高温体的实际温度，但能比较方便地在现场进行实时测量。

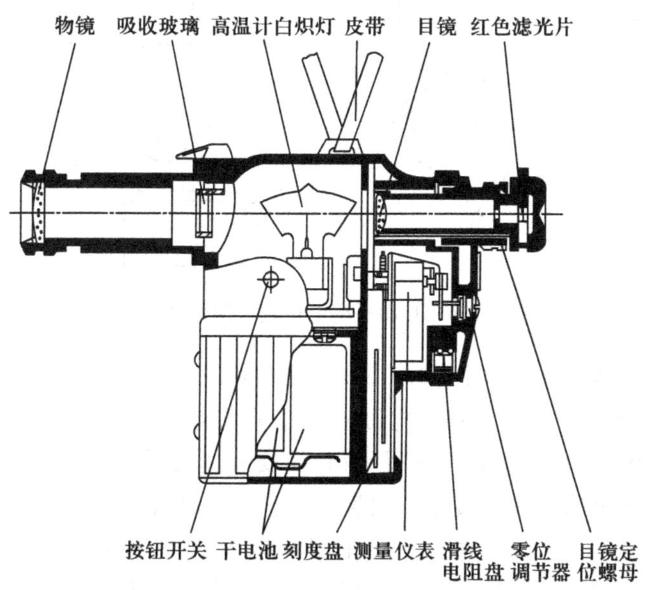

图 9.3.3 光学高温计的结构

辐射高温计是将高温体所辐射的各种能量（从可见光到红外线）通过凸透镜聚焦后集中于热电转换器件——半导体热电堆上，使其升温并产生一定大小的热电动势，将该电动势送到配套的测温毫伏计，就可以在仪表刻度盘上读出温度数值。由于产生的热电动势大小与高温体和测温传感头的距离有关，所以测温头必须固定安装，且与高温体距离不能太近，否则辐射能量过大会把热电堆烧坏。

对于 500 ~ 1 500 ℃范围内的高温，一般都采用热电偶测温（也可以对 1 000 ~ 1 500 ℃采用光学高温计及辐射高温计，但测温精确度不高），与热电偶配套的温控仪表有两种，一种是带温度调节或控制机构的测温毫伏计，热电偶输出通过补偿导线连接到毫伏计后，除了显示其温度数值外，仪表还可以根据外界输入的设定温度值与实际温度值进行比较，输出触点控制信号或者连续控制信号。另一种是自动平衡电位差计，其原理结构如图 9.3.4 所示，热电偶输出的电压信号 U 与仪表内部电桥线路输出的不平衡电压 U_{ab} 反极性相加，二者之差 ΔU 送入放大器经放大后输出 50 Hz 交流控制功率，驱动伺服电机ND－D，该伺服电机经过机械传动装置带动测量电桥中间滑线电阻 R_H 上的滑动触点及指针架移动，由于触点移动使 U_{ab} 与 U 相平衡，则二者差值 $\Delta U=0$，伺服电机停止转动并处于平衡位置，此时指针位置就指示出被测温度值。若指针带有记录笔尖，并用交流微型同步电动机 TD 带动走纸机构使记录纸以恒速移动，就可以在记录纸上描下温度随时间变化的曲线。由于自动平衡电位差计采用平衡法测量，能精确地测出热电动势数值，且具有记录描迹的功能，因此在工业上应用很广。

对于 500 ℃以下的温度测量一般采用金属热电阻测温（150 ℃以下也可用半导体热敏电阻或半导体测温），与热电偶相类似，其配套的温控仪表也有两种，一种是带温度调节机构的测温电桥，另一种是自动平衡电桥。通常热电阻都采用电桥电路测量，为了减少接线电阻的影响，热电

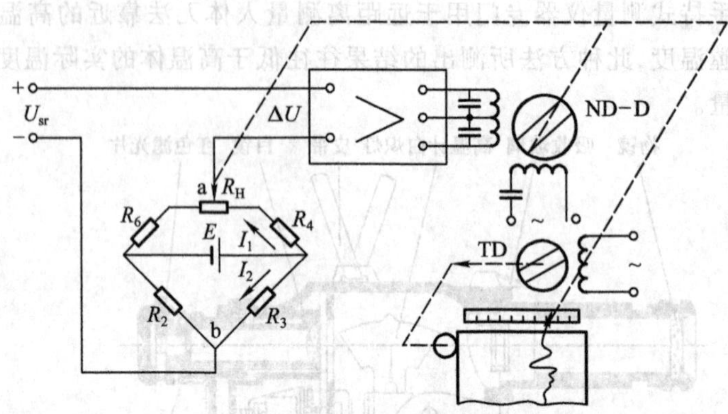

图 9.3.4　自动平衡电位差计的原理结构

阻应采用三线式接法接入桥路，如图 9.3.5 所示，此时热电阻两端的两根引线 r_1、r_3 分别接入电桥的相邻臂内，而且应保证 $r_1=r_3$，另外，电源应通过引线 r_2 直接接到热电阻的一端。在电桥对角线上接入微安表，当温度为零时调节电桥平衡，微安表读数为零，而在温度变化时引起热电阻变化，电桥不平衡，就可从微安表刻度上读出温度值。另外也可以采用类似于图 9.3.4 所示结构的自动平衡电桥来测量，此时将 U_{sr} 两端短接，而热电阻 R_t 用三线接法接入 R_6 桥臂内，电桥对角线 ab 间输出的不平衡电压直接接入放大器，即 $\Delta U=U_{ab}$。此时伺服电机带动电桥平衡电阻 R_H 上的滑动触点使电桥恢复平衡，电桥平衡时伺服电机停转，指针指示出被测温度值。自动平衡电桥亦具有走纸记录功能，其测量精确度亦很高，在较低温度测量中应用很广。

在日常生活中温度测量也有很广泛的应用，图 9.3.6 就是电子体温计的结构，图中热敏电阻是由钴、锰、镍等金属氧化物烧结而成，且具有负温度系数（NTC），温度升高电阻值下降，在测量电路中电阻值被转换成频率，且电阻值与频率成反比，再通过大规模集成电路换算成体温数值，在液晶屏上显示出体温数字。

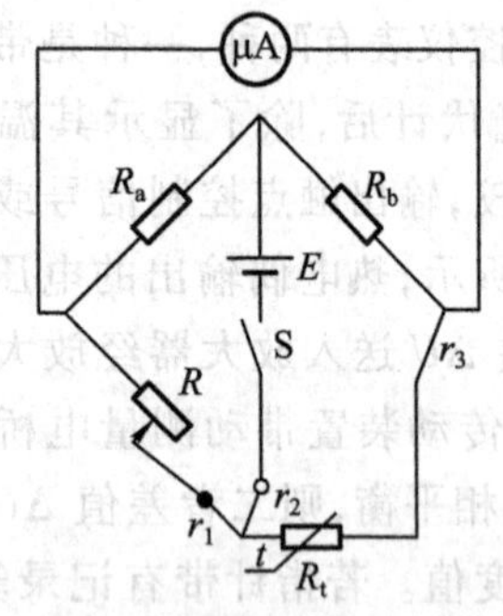

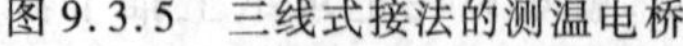
图 9.3.5　三线式接法的测温电桥

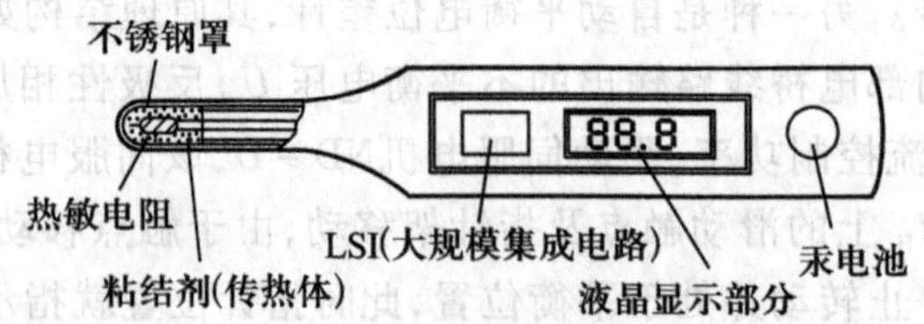

图 9.3.6　电子体温计的结构

此外，现今所有的家用燃气器具（燃气灶、燃气热水器）中都安装有熄火保护装置，它是由安置在火焰中的热电偶与小型电磁气阀所组成。燃气装置点火后，使热电偶一端迅速升温，产生的热电动势在热电偶与电磁线圈的闭合回路中形成电流，使电磁气阀打开，燃气连续进入燃烧器燃烧。（点火时所需的燃气是在压下点火开关时，由开关分流一部分燃气引入的。）若燃烧过程中因各种原因导致燃气装置熄火,因燃具温度下降热电偶冷却使电磁线圈电流下降到零,电磁气阀立即关闭,防止因熄火造成大量燃气外溢所导致的燃气中毒或爆炸事故。

9.3.3 烟雾报警器

烟雾报警器是火灾报警装置中的一种,它用于检测由于火灾开始时因燃烧或材料过热碳化时所产生的烟雾,例如躺在床上吸烟引起床单被子起燃,电热器具过热引燃周围的可燃性物质等。烟雾报警器的主体是烟雾传感器,一般安装在房间、办公室、仓库、走廊的天花板上容易觉察烟雾的地方,当室内烟雾达到一定浓度时,传感器发出的信号使报警装置发出报警信号,通知保安部门,也可以使所安装的自动喷淋设备动作,喷出水雾。

烟雾传感器有光电式和电离式两种,光电式传感器是利用烟雾粒子对光线的反射能力工作的,其结构原理如图 9.3.7 所示,发光器件和感光器件在检测用烟室内成 90°安置,烟室内不透光,只有烟雾可以进入,平时室内没有可以使感光器件感光的光线,当烟室内有烟雾粒子进入时,将反射由发光器件发出的光线使烟室透亮,同时使感光器件感光,产生光电信号,当信号达到一定大小时发出报警信号。此种传感器比较多地应用于宾馆及高档住宅的房间和走廊内。

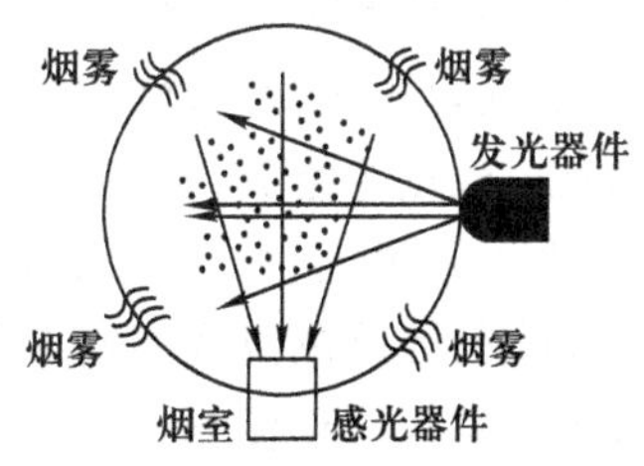

图 9.3.7 光电式烟雾传感器

电离式烟雾传感器的工作原理如图 9.3.8 所示。在电离室内安装两块电极板,极板上加上直流高电压,当电离室受到 α 射线照射时,空气发生电离并形成离子流,在电路中有电流流过。若有烟雾进入电离室时,烟雾粒子就会与空气离子相结合,从而减少了离子流,电路中电流下降,在达到一定的减少值时发出报警信号。

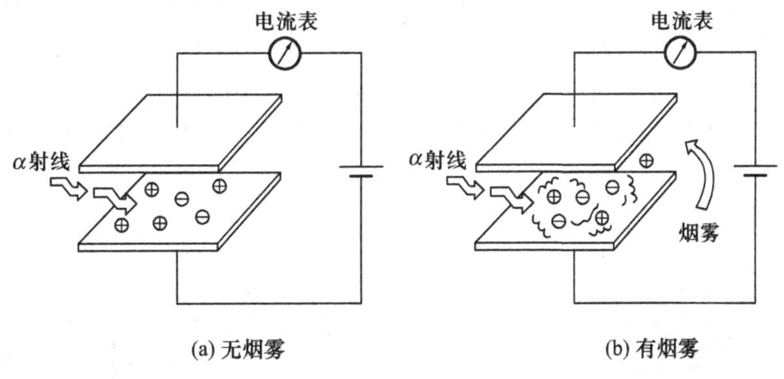

图 9.3.8 电离式烟雾传感器工作原理

9.3.4 煤气泄漏报警器

煤气泄漏会造成爆炸、火灾、一氧化碳中毒等事故,煤气泄漏报警器的主体是半导体气体传感器(参见 9.2.6 节),其半导体材料对一氧化碳、甲烷等可燃性气体比较敏感,当半导体表面吸附可燃性气体后会使材料电阻下降,其下降的程度与气体浓度近似成线性关系。当所检测出的煤气浓度达到其爆炸浓度的0.2~0.25倍时,报警器会发出报警信号。

由于煤气传感器所用的半导体材料吸附了可燃性气体后,其活性成分会逐步减少,会造成灵敏度下降,为了保证安全,当传感器使用了较长时间(一二年以上)或已经发生过若干次气体泄漏报警时,应该更换传感元件。

9.3.5 热检测器

热检测器用以检测非正常的温度上升,用以判别是否发生火灾,通常确定是否发生火灾往往需要有烟雾、温度及光的异常信号的同时产生或其中两个信号产生。

1. 空气管式热检测器

空气管式热检测器的结构原理如图9.3.9所示,检测器由安装在房屋的天花板内的空气管和隔板、触点等组成,当空气管受热后管内空气就会膨胀,一般正常情况下的温度升高(如进入夏季或冷天开暖气)由于空气可以通过空气管上的泄漏孔向外泄放,不会导致管内气压升高。在火灾情况下,因周围温度急剧上升,使管内空气膨胀剧烈,泄漏孔无法全部散发而导致管内气压升高,推动隔板动作使触点接通,发出报警信号。此种传感装置能在较大的检测面上检测环境的受热情况,具有一定的可靠性。

2. 紫外线管火焰传感器

紫外线管是一种真空光电器件,在抽成真空的玻璃管内充入了少量的惰性气体,另外管内封入了两个电极,其阴极表面上涂上一层对紫外线敏感的铯-碲(Cs-Te)化合物,当紫外线透过玻璃外壳照射在阴极表面上时,阴极表面就会发射出光电子,紫外线愈强则光电子愈多。在阳极与阴极间加上一定大小的直流电压时,光电子受电场作用飞向阳极,从而形成微弱的光电流。如果升高两极间的直流电压,光电子在电场中运动速度及动能大大增加,以至于在运动中与气体分子碰撞时会使气体分子电离,使光电流增大,当电压升高到一定数值及紫外线具有一定的光量时,管内将发生气体碰撞电离而放电的现象,此时电流急剧增大,并产生辉光。一般在起始放电时的放电电压为250~260 V,维持放电的电压为180 V。紫外线管的结构如图9.3.10所示。

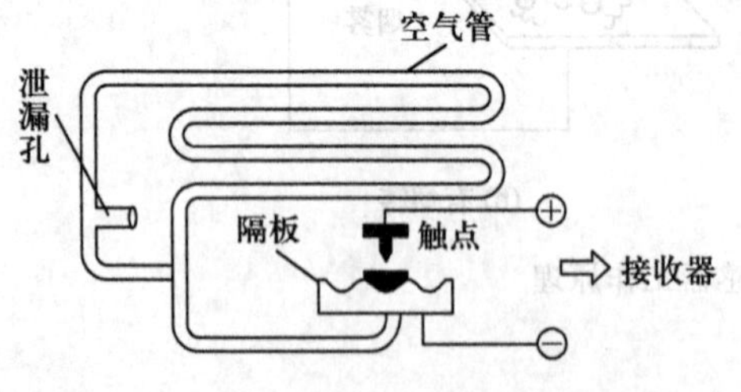

图9.3.9　空气管式热检测器结构原理

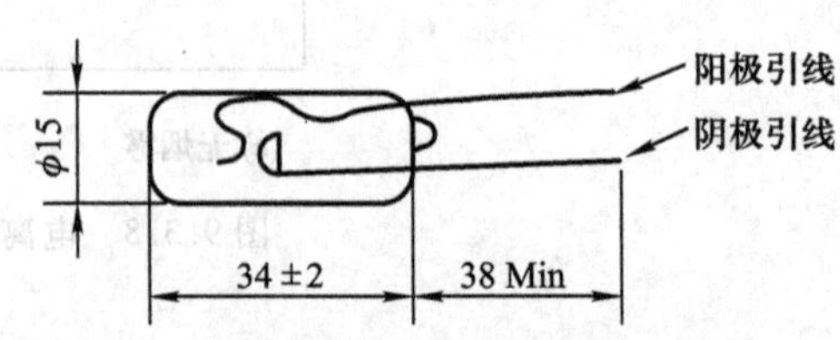

图9.3.10　紫外线管的结构

由于发生火灾时,火焰能产生大量的紫外线,此种传感器对火焰的响应快,灵敏度高,在室外环境下也能使用。为了防止因探测灵敏度高引起的误报警,如擦火柴、点燃打火机也有可能引起报警,在报警器的电路中应该有延时电路以及闪光脉冲次数的判别电路,以区别正常点火和火灾的火焰。紫外线管传感器能引起报警的光量很小，相当于在 7 ~ 10 m 距离处点燃打火机产生的光量。

9.3.6 红外线报警器

红外线报警器是利用测量物体所辐射出来的辐射能量来确定该物体的存在以及位置，也可以判别物体的性质以及温度。测量的基本方法是把被测目标物体的辐射能(红外线)用光学透镜聚焦后照射到红外线检测器件上，把辐射能转换成电信号。

常用的红外线检测器件有热敏电阻、热释电光敏器件、光电电阻、光电二极管、光电晶体管、光电池等，它们的光谱范围应该在 0.8 ~ 40 μm 的范围内，但各种检测器件的敏感范围不同就使得它的检测对象和使用目的不同。在 0.8 ~ 5 μm 的范围内，因波长与可见光波长比较接近称为近红外段，对应于发热温度较高的物体所发出的红外线。对近红外的检测主要用于不接触的温度检测以确定所测物体的温度是否有异常升高，是否有过热或隐性燃烧现象，以便及早发现火灾苗子。在近红外段可以用对红外敏感的光电二极管、光电晶体管作为检测器件，也可用热释电光敏器件进行检测，其价格比较低廉。

通常热释电光敏器件的敏感光谱波长为 2 ~ 20 μm，而人体发出的红外线波长为 7 ~ 10 μm，因此用它来检测人体的存在是最为恰当的，在保安系统中可用来制成侵入报警器，用于所需要警戒的空间范围。例如在博物馆的展览区域内，到晚上无人值守时可设置几个警戒区，用红外线传感器监视各区域的温度变化，在区内无人时所测到的是地面、墙壁和柜子的温度，该温度基本上是稳定的，当有人入侵警戒区时，所检测到的温度要比墙壁和地面的温度要高，一般高出 3 ℃左右时，传感器就能判别并发出报警信号。此种方式是利用检测人体热量以确定人体存在的。

另外在需要高度警戒的区域内，还可以设置数对红外激光发送、接收装置，平时激光的发送与接收路径已经调准，在需要警戒时将其打开，在无人情况下接收装置能够收到发送装置所发出并经过若干反射路径后照射到接收器的红外激光。当有人进入时必然会阻断一部分红外激光，而使接收装置接收不到红外激光，此时就会发出报警信号，以表示该警戒区情况异常。

上述两种红外线报警器主要适用在晚上室内无人时的监视，因为一般室内在晚上无人时是灯光熄灭的，在黑暗情况下用于监控的摄像机也就失去作用，只能采用人眼不可见的红外线作为警戒的主要手段。对警戒要求特别高的地方，也可以采用带有红外夜视镜的摄像头监控，此时犯罪盗窃分子在黑暗中的活动情况可以一目了然。

随着国家经济及科技手段的发展，家庭及办公室的安全性亦日趋重要，一些零星的报警装置将逐步完善并构成完整的保安系统。目前保安系统主要功能是防灾、防偷盗及其他犯罪活动、紧急救护等。防灾功能是防止火灾、防止煤气中毒、防止水管漏溢、防止电击、漏电等，采用上述的传感器及早感知灾害的发生是最重要的。目前一般家庭及办公室的供电亦已安装了漏电保护开关，在现代的工厂以及办公大楼内已经安装了完整独立的消防监视系统，一旦火警发生，该系统不仅能根据传感器的位置确定着火地点，而且能与地区的消防机构联网，使之以最快速度赶到现场。至于煤气中毒，目前在各种燃具上都强制安装了熄火保护装置，但是由于各种原因造成煤气泄漏的事件时有所闻，所以在住宅内安装煤气报警装置并将其联成系统还是有必要的，目前之所以还没有全面推广其原因在于传感器的可靠性与有效性以及费用问题，相信不久的将来这些问题会逐步解决。住宅与办公室内的漏水一般会造成一些麻烦或轻微损失,不会造成人身事故,随着水管材料及阀门质量的提高,一般不会发生漏水,除非是人为的疏忽或是使用了伪劣产品才会发生事故。因此住宅、办公室内大都不用漏水报警,除非是某些生产部门或是储藏区域绝对不允许有水流入的地方应该安装电导式漏水传感器(在检测管内安放两个电极,无水时电极间不导通,有水流入时电极间产生微小电流,经放大后发出报警信号)。

防偷盗及入侵室内的其他犯罪活动在白天主要通过摄像机进行监控,目前在各个金融部门、具有钱款来往的场所均安装了监控摄像头。但在需要警戒而又无人固定值守的场合,可以在门窗部位安装磁性传感器以及玻璃碎裂传感器来判别是否有门窗异常开启及打碎玻璃的情况,对于空间部位则可采用红外线光束(激光)传感器或超声波传感器来进行警戒,以判别是否有人进入警戒区域。现在在一些重要部门的入口处还安装了各种形式的电子门锁,有利用密码开锁的、利用身份卡片开锁的、利用指纹开锁的、利用摄像机摄取的头像开锁的,等等,在一些住宅小区已经安装了可视电话式对讲机,让住户认清来人身份后决定是否开门。这样采用了各种高科技手段后就能够在最大限度上防止犯罪事件的发生。

在家中或办公室发生突发疾病需要救护,或有突发事件需报警时,除利用手机或电话外,还可以在房内安装若干紧急按钮,即使身边无人也可以利用按钮或拉线开关接通警报装置发出呼救信号,或者与别处的家人取得联系,亦可通过无线信号发送装置与有关机构联络。

*9.4 现代传感技术的发展

传感技术是现代信息科学技术发展的基础,为了在各个领域中正确地获取各所需对象的运行信息,目前传感技术主要的发展方向为研究新材料、新工艺、新原理以开发新型传感器,以及研究传感器的微型化、集成化、智能化、仿生化、多功能化、高精度化。

9.4.1 微型传感器

在微电子技术发展的基础上,不仅开发了大量的集成电路,而且利用半导体的各种特性制成了各种半导体传感器(见9.2.2节),并把它们微型化。

1. 微型压力传感器

微型压力传感器是以硅为基材经过微细加工及微电子工艺制得的,除了压阻式以外还可以制成电容式及其他形式,也可以把信号接口电路、补偿电路和传感器制作在同一块集成芯片上,微型压力传感器不仅可用于工业测量及科学研究,而且可供植入人体,作为人体血管及脑内压力的监控,以及测量尿道、膀胱、子宫、肠胃内的压力。

2. 微型惯性传感器

微型惯性传感器是利用传感器内部“质量块”的惯性来测量物体运动情况的传感器,包括微型加速度传感器(测量线加速度)及微型陀螺(测量角加速度)。使用时把传感器固定在被测物体上,当物体发生直线运动或旋转运动时,由于传感器内部的“质量块”与传感器外壳之间的弹性结构，使质量块位置保持相对静止，从而测出物体运动的加速度。例如图 9.4.1 所示的电容式微加速度计，当基座上下运动时，质量块与基座之间就有相对运动，由质量块和基座上导电电极间形成的平行板电容的电容量将发生变化，从而实现加速度测量。

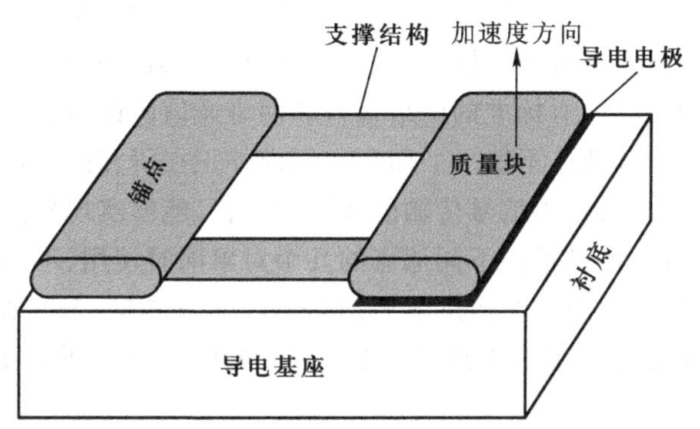

图 9.4.1 电容式微加速度计

微型惯性传感器主要用于船舶、飞机、航天飞行器以及导弹火箭的导航、姿态控制和测量等，它具有体积小、重量轻、方便灵巧等优点，较传统的传感器价格低很多，而且可以批量生产，其应用范围还可以扩展到生物医药、机器人技术、汽车工业等。

9.4.2 智能传感器

智能传感器是在传统的传感器的基础上加上微处理器构成的一体化单元，其结构框图如图 9.4.2 所示。智能传感器除了起传统的传感、检测作用外，还具有以下功能：

① 根据对环境的监测与判断，进行对测量数据的自动补偿、零位校正及增益调节。

② 对传感器内部的故障进行自检。

③ 能存储测量数据及进行数据预处理。

④ 对测量结果进行判断和决策处理。

⑤ 能与上级监控装置进行双向通信。

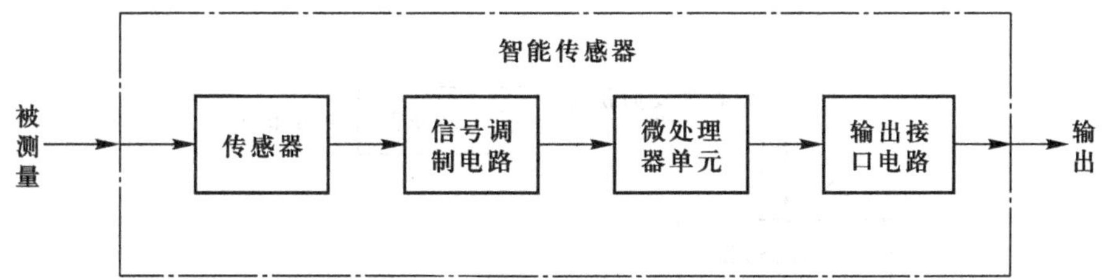

图 9.4.2 智能传感器结构框图

因而智能化传感器较传统的传感器精度高、可靠性与稳定性好、分辨力强、信噪比高，且具有很强的自适应能力、性价比高等特点。

智能传感器是微型传感器的延伸和发展，借助于微电子工艺技术，可以把半导体敏感元件、信号调理电路、微处理器及输出接口电路集成在同一块硅基芯片上，而且还可以实现多传感器的融合，即在一块芯片上有多个敏感元件，由同一个微处理器按时序进行数据处理，通过信号处理可以从噪声和干扰中提取有用信号。

网络化智能传感器是智能传感器发展的前沿技术，在智能传感器的输出端加上网络接口可以使传感器输出直接上网，使传感器由单功能及单点检测向多功能及多点检测方向发展，由独立监测元件向检测系统，检测网络方向发展，由就地测量向远距离实时在线动态检测方向发展。为了使传感器能方便地入网，必须有标准的网络接口和网络通信协议，目前在工业控制领域内已经有比较成熟的相关产品，但标准还不统一。而现在国内外正在研究的热点是无线传感器网络，该网络的建立不仅能实现传感器输出信号传输的无线化，而且能够实现检测信息的资源共享，可以将某一传感器的输出很方便地供给在不同地点的几个对象同时使用，不必重复设置传感器，不需增添专门的传输设备。也就是说无线传感器网络基本上是开放的，只要配置标准的软硬件及网络接口都可以入网，这无论是在军事上还是在民用上，在科学研究还是在探测自然等诸多领域内，都是极其有用的。

9.4.3　生物传感器

生物传感器是20世纪60年代开始发展起来的，在此以前，生物材料的检测都是用生物化学分析方法进行的，不仅速度慢、费用高、操作复杂，而且敏感度、能见度较低。生物传感技术为生命科学、现代医药以及生物技术的发展提供了必需的检测和监控手段，促成了当代生命科学及生物技术的蓬勃发展。

生物传感器是一类特殊的化学传感器，它是以具有高度选择性的生物活性物质作为生物敏感基元，固定在高分子材料构成的膜或陶瓷材料构成的固体载体上，当被测生物体的分子作用该生物敏感膜时，将会产生生物学反应，并伴随有电位变化、发热、发光等物理量信号输出，或者有氧(O_2)、二氧化碳(CO_2)、氨(NH_3)、氢(H_2)、过氧化氢(H_2O_2)等化学物质产生。利用相应的信号转换器转换为电信号后，可以得到被测物的浓度、成分、结构等诸多信息，以达到对生物物质分析检测的目的，其组成原理如图9.4.3所示。

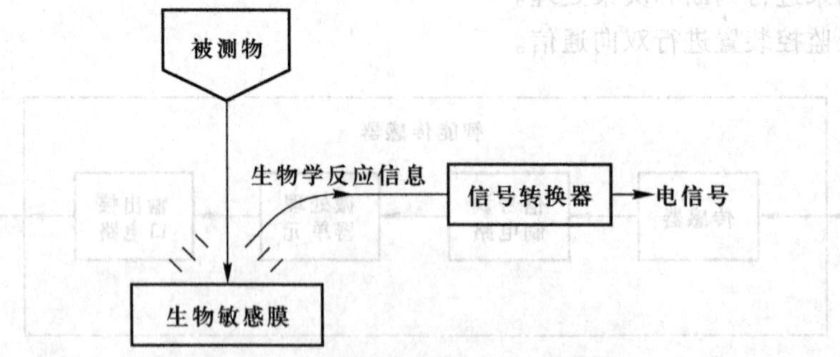

图9.4.3　生物传感器的组成原理

生物敏感基元材料通常是酶、微生物、动植物组织的切片、抗原和抗体以及核酶等，根据敏感材料的不同生物传感器可以分为酶传感器、微生物传感器、组织传感器、免疫传感器等。

1. 酶传感器

酶是生物体内具有催化作用的活性蛋白质，在生物体内对生化反应具有催化作用，它参与生物体新陈代谢过程中的所有生化反应,并以极高的速度和明显的方向性维持生命中的代谢活动,包括生长、发育、繁殖、运动,没有酶的作用就没有生命,目前已分离鉴定得到的酶有 2 000 余种。酶的催化作用有高度的专一性,即一种酶只能作用于一类物质,并产生一定的产物,称为特异催化功能,因此可以利用来对某种物质进行定向检测而制成酶传感器。

酶传感器是由特定的酶膜和电化学电极组装而成,其结构原理如图 9.4.4(a)所示,工作过程如图 9.4.4(b)所示。当传感器浸入待测溶液时,溶液中的待测底物会透过保护膜流入酶层,在酶的催化作用下,底物与水及氧发生反应并产生生成物,由电极测得的生成物数量可检知溶液中底物基质的浓度。

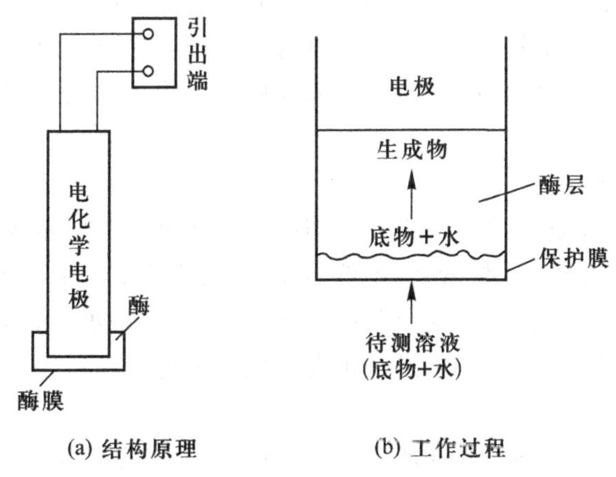

图 9.4.4　酶传感器

常用的酶传感器有葡萄糖传感器、氨基酸传感器、乙醇传感器、尿素传感器、青霉素传感器等,目前已有 200 余种不同检测对象的酶传感器已经商品化。

2. 微生物传感器

由于各种酶的提取比较复杂,而且性能不很稳定、价格很高,所以考虑直接用微生物做敏感材料,制成微生物传感器,其结构类似于酶传感器。微生物传感器的结构如图 9.4.5 所示,传感器按工作原理可分成三种类型。

(1) 利用微生物体内含有的各种酶来识别分子

与酶传感器相似。

(2) 利用微生物对有机物的同化作用

当有机底物扩散到微生物膜中时,微生物细胞会将底物摄入自身,并通过一系列生化反应转变成自身的物质,并存储能量。此时会使微生物细胞的呼吸活性(摄氧量)提高,可以通过测定含氧量来估

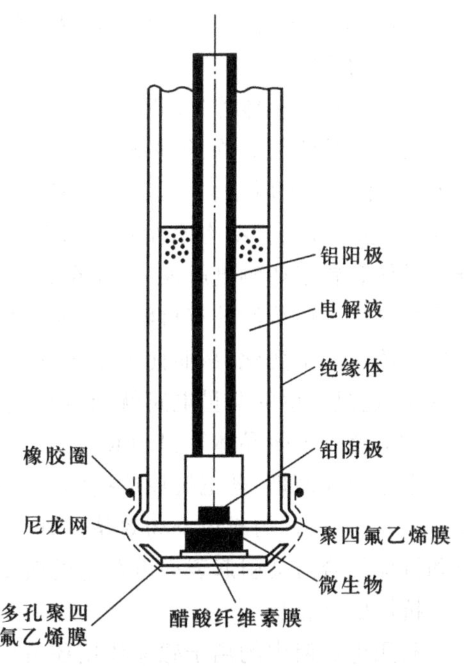

图 9.4.5　微生物传感器的结构图

计被测有机物的浓度。

(3) 对于厌氧性的微生物

可以通过测定微生物对有机物同化时产生的各种代谢物来估计被测物的浓度。

3. 免疫传感器

利用抗体能识别抗原并与抗原相结合的功能制成的传感器为免疫传感器。所谓抗原是指能够刺激动物机体产生免疫反应的蛋白质,包括天然的细菌、病毒、血细胞、花粉、某些蛋白质,以及人工变性的蛋白质如碘化蛋白质及化学合成的生物物质等。抗体是动物机体在抗原作用下产生的特异性免疫球蛋白,当抗原与抗体结合时将发生凝聚、沉淀、溶解等反应并使抗体吞噬抗原颗粒,此时抗体或抗原的结构及物性将发生变化。在免疫传感器中可以用抗体或抗原物质作为敏感材料,用来测定抗原或抗体,实际上为了使抗体与抗原结合时产生的化学变化更明显并容易被检出,还必须利用酶的化学放大作用,用特定的酶来标记抗体或抗原,然后通过检测酶的活性,从而间接地测定抗体或抗原。

4. 半导体生物传感器

半导体生物传感器是由起生物分子识别作用的生物敏感膜和半导体器件结合构成的传感器件,目前已批量生产的有酶光电二极管、酶场效晶体管等,这些生物半导体器件具有构造简单、生产成本低,机械性能好、耐振、寿命长,输出阻抗低,能与接口电路匹配等优点;并能够在同一芯片上集成多种传感器,实现多参数测量,可进一步发展成为生物芯片。

(1) 酶光电二极管

酶光电二极管结构原理如图 9.4.6 所示,它是在硅光电二极管顶端的透镜上固化一层具有催化发光反应的酶膜,例如过氧化物酶膜。当二极管顶端接触到过氧化氢时,由于酶膜的催化作用,在生物化学反应中会发光,通过光电二极管转换为光电流,检测该光电流的大小可知过氧化氢的浓度。

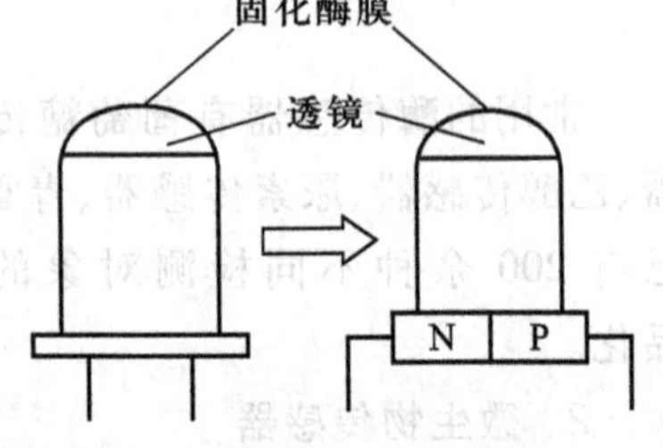

图 9.4.6　酶光电二极管结构原理

(2) 酶场效晶体管(ENFET)

酶场效晶体管是在绝缘栅型场效晶体管(MOSFET)的基础上,把栅极的金属层去掉,而把酶膜代替金属层固定在栅极绝缘层上形成的,其结构原理如图 9.4.7 所示。在测量时将酶场效晶体管置于待测电解液中,并在参比电极上加上参考电压,从而在电解液中形成一定的电场并产生电离。使待测的有机物分子通过酶的催化作用形成离子,使绝缘膜氮化硅(Si_3N_4)的表面上离子浓度发生变化,从而使表面电场发生改变,相当于改变了栅极电压 U_{DS} 而使漏极电流 I_{DS} 发生变化,通过简单的测量电路就能检测 I_{DS},从而检测出待测溶液中有机物的浓度。

(3) 免疫场效晶体管(IMFET)

根据上述原理,若把抗原或抗体固定在醋酸纤维素膜上,并覆盖在场效晶体管的栅极上,如图 9.4.8 所示,就构成免疫场效晶体管。由于抗体是蛋白质,本身就具有一定的表面电荷,在抗原和抗体结合时会引起表面电荷量的改变,而引起膜电位变化,使漏极电流 I_{DS} 变化,从而测定抗体与抗原的结合量。

利用电解液中的离子感应作用还可以制造各种具有生物识别敏感作用的场效晶体管器件,例如将微生物膜作为栅极覆盖物可制成微生物场效晶体管,将动植物组织薄片作为栅极覆盖膜

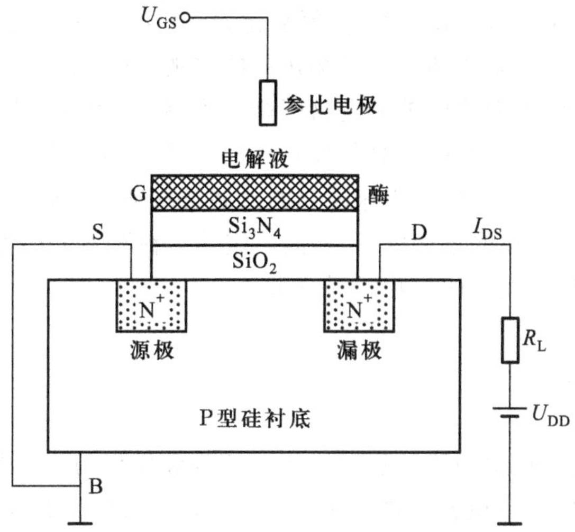

图 9.4.7　酶场效晶体管结构原理

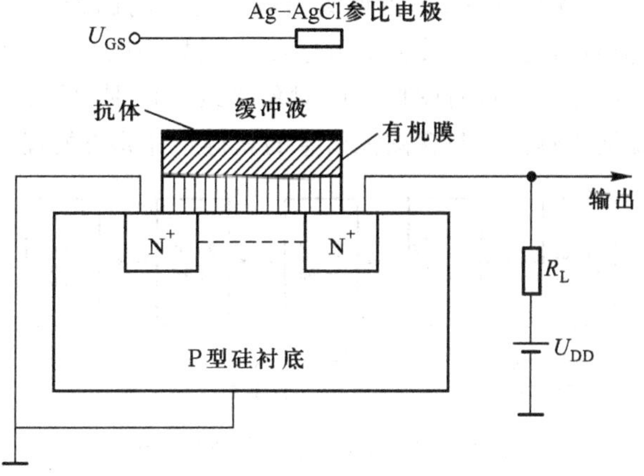

图 9.4.8　免疫场效晶体管结构原理

可制成组织场效晶体管,利用组织中酶的催化作用来测量特定的生物体。

5. 生物传感器的应用

生物传感器具有可靠性高、响应速度快、灵敏度高以及特异性好等优点,在食品工业、发酵工业、环境监测及生物医药等领域内都得到广泛的应用。

在食品工业中可用来在生产过程中实时检测食品的成分,如含糖量、氨基酸、蛋白质、有机酸及维生素等成分的测定;鉴定水果、水产品的新鲜度;检测食品中的致病性微生物、添加剂、色素、毒素、农药残留和重金属的含量,以判定食品的安全性,保障人民的身体健康;测定仓库存储的粮食及食品的质量是否合格等。

在发酵工业中主要采用微生物传感器在线检测原材料、微生物代谢生成物、微生物细胞的数量,如乙醇(酒精)含量、乳制品生产中乳酸菌的含量及杂菌的含量,酱油、醋等调味品中防腐剂的含量是否合格等。

在环境监测中广泛地采用各种生物传感器测定水质、大气及土壤中各种污染物的成分,以及各种指标，如废气中的 CO_2（二氧化碳）、NO_X（氮氧化物）、SO_2（二氧化硫）、NH_3（氨）、CH_4（甲烷）等，水体中的生化耗氧量（是测定水体被有机物污染的宏观指标）等。

生物传感器技术的发展大大地促进了生物医药的发展，利用各种生物传感器能够实时监控生物化学反应的过程、细胞活动的过程，对各种致病性菌种及病毒进行快速检测，对人体血液淋巴液及各种排泄物的检测等，也促进了临床医学的发展及基础医学研究，其中生物芯片就是一类先进的生物传感器，可用于癌症的早期发现、基因测定等。在军事上还可以用来对各种生物毒素进行快速检测，以防御和应对敌方的生物武器攻击。

9.4.4　仿生传感器

仿生传感器是模拟或反映生物体（或人）的动作行为和思想的传感器件，其发展至今仅有30年左右，目前主要应用于智能化机器人的开发，按其功能可以分为视觉、听觉、触觉、压觉、接近觉、力觉、滑觉、嗅觉、味觉等类别。

1. 视觉传感器

视觉传感器实质上是电视摄像头，由摄像头可以获得现场图像信息如亮度、颜色、距离等。传感器将图像每个像素信号通过A/D转换成数字量形成数字图像，再进行数据处理，对图像中的特征量进行分析和提取，然后通过对图像中的对象描绘和识别，得出对象的特征，其典型结构如图9.4.9所示，可见视觉传感器应包含图像信息的获得及计算机处理两大部分。

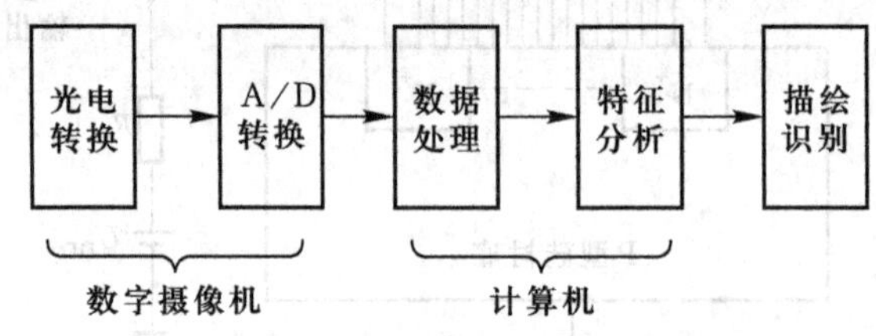

图9.4.9　视觉传感器的典型结构

2. 听觉传感器

听觉传感器是由通常的拾音器（MIC）作为语音输入装置，然后通过前置放大及A/D转换，将数字语音信号送入语音识别芯片。语音识别实质上是一种数据处理技术，它能够在数字语音信号中提取特征参数与预先存储的特定对象的发音特征如单词、语调、音节等进行比较，以确定是否是特定对象的声音以及声音的含义。听觉传感器不仅是接收语音信号，而且必须具备语音识别功能。

在语音识别的基础上还可以进一步通过计算机语音合成技术讲出人能听懂的语言，从而实现“人－机”对话，还可以根据机器人的其他感觉，通过计算机语音合成系统讲出机器人的状态和感觉，具有“人－机”对话功能的听觉传感器原理框图如图9.4.10所示。

3. 触觉传感器

触觉是人体（四肢及皮肤）对外界物体的感知，通过触觉可感知物体的特征及部位，触觉传感器可由微动开关、针式差动变压器、导电橡胶等构成。当传感器触及物体时、传感器输出通断信号或高低电平，以表征传感器与物体的碰触状态。

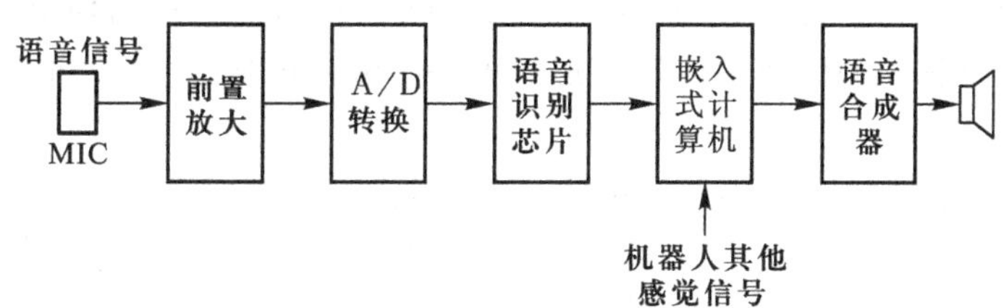

图 9.4.10 具有"人 - 机"对话功能的听觉传感器原理框图

典型的针式差动变压器是一种由多个触针构成的微型差动变压器阵列,每个触针传感器由钢针、塑料套筒及弹簧构成,如图 9.4.11 所示,在触针上部绕有交流激励线圈与检测线圈,当触针与物体接触时,触针根部在线圈中间移动,检测线圈输出相应的交流电压,通过扫描电路轮流读出各列检测线圈的感应电压,就能了解各个触针的位移情况,通过计算机运算分析,就能知道对象物体的特征。

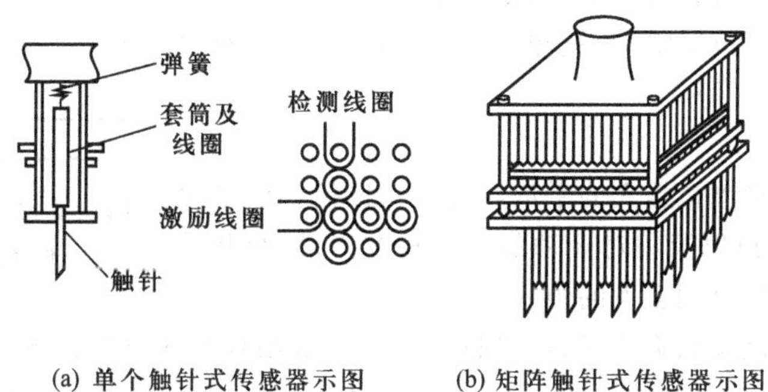

(a) 单个触针式传感器示图 (b) 矩阵触针式传感器示图

图 9.4.11 针式变压器矩阵接触传感器

4. 压觉传感器

压觉传感器是触觉传感器的延伸,通常是将压力转化成微小位移,然后使电阻、电容发生变化或利用压电效应得到电压输出的原理构成的。

① 利用半导体材料的压阻效应以及导电高分子材料受压变形而使内阻发生变化,制成微型压阻器件并密集配置成阵列,就可制成检测压力分布的传感器件,如压敏导电橡胶或压敏导电塑料等。

② 利用半导体压敏器件与信号电路构成集成压敏传感器,目前有电阻式硅集成器件(SIC)、电容式硅集成器件、压电式集成器件(ZnO/SiIC)三种,它们均有体积小、成本低的优点,但耐压性差、不柔软。其中压电式只能检测动态压力,不能检测静态压力,而电容式器件的灵敏度比压阻式高一个数量级,温度的影响远比压阻式要低,所以目前电容式硅集成压觉传感器应用最广泛。

5. 接近觉传感器

接近觉传感器是用于检测传感器与对象物体之间距离的,其形式有电磁感应式、光电式、电容式、超声波式、微波式等多种,根据对象物体的特点选用。通常用于弧焊机器人的电磁感应式传感器的工作原理如图 9.4.12 所示,它所检测的对象为金属材料,传感器实际上是一个差动变压器,它由励磁线圈 L_0(一次线圈)两个差分输出线圈 L_1, L_2(二次线圈)及固定的铁心构成。当传感器接近金属物体时，由于磁通 Φ 在金属中产生涡流，从而使 Φ 发生变化，同时因两个输出线圈与对象物体的距离不相等而形成不平衡输出电压，电压大小随距离 H 的不同而改变。

此种传感器结构坚固，工作可靠，价格便宜，且有抗热、抗光辐射的优点，应用于弧焊机器人时，可在 200 ℃以下的环境中对焊缝进行跟踪，距离 H 为 0～8 mm 时，误差小于 4%，工作比较稳定。

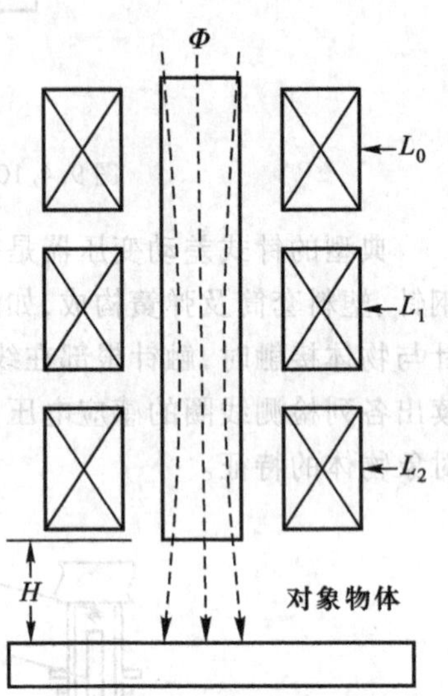

图 9.4.12　电磁感应式接近觉传感器的工作原理

6. 力觉传感器

力觉传感器用于检测和控制机器人及机械手的臂、腕、指上的力与力矩的大小及方向，各种形式的传感器嵌入相应的机构中，其中的敏感元件大都采用粘贴在各种材料及形态的弹性片上的半导体应变片，通过测量电路及运算电路获得机器人各个关节及手臂、手腕、手指在静止及运动状态所受到的力，从而经过计算机的综合判断可以决定下一步的姿态及动作方式以及估计对象物体的重量。

7. 滑觉传感器

滑觉传感器用于检测机器人的手爪与对象物体接触面之间是否有相对运动（滑动）以及相对运动的大小和方向，以判断手爪是否握住物体以及应该用多大的力。

检测手爪与物体之间的滑动时，可以将滑动转换成滚球及滚柱的旋转，其原理如图 9.4.13 所示，在图（a）中旋转滚球表面是由导体在绝缘球体上构成的网格，移动物体使滚球旋转时使电路接点之间时通时断，形成脉冲信号输出，表示接触面上存在滑动。同理在图（b）中，当被握物体在手爪中滑落时，会使滚轴旋转，并带动安装在滚轴中的光电传感器发出脉冲信号，表示存在滑动。当滑动脉冲信号通过计数电路及 D/A 转换后，控制相应的握力控制装置，增加握力，以消除滑动。

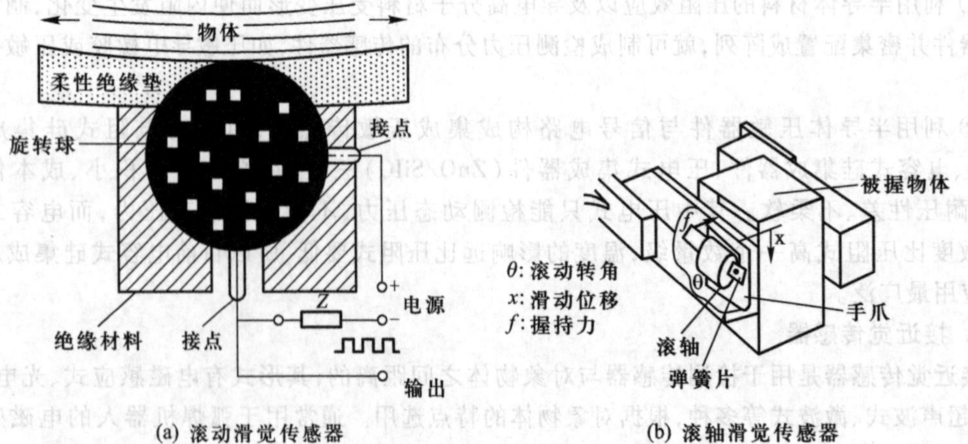

图 9.4.13　滑觉传感器的工作原理

8. 嗅觉、味觉传感器

嗅觉传感器实质上是一种检测气体化学成分的气体转感器,利用对各种气体敏感的半导体气敏器件及氧化物气敏器件作为检测元件,可以同时分析出混合气体中各种气体的含量。味觉传感器实质上是一种离子型的化学传感器,包括各种离子敏感器件及 pH 敏感电极,用于测量液体的含糖量及甜度、酸度、碱度(苦味)、盐分(咸味)等,以通过检测液体中各种化学成分达到辨味的作用。

复习思考题及练习题

9-1 磁电系、电磁系、电动系测量机构的工作原理有何异同之处?

9-2 磁电系、电磁系、电动系仪表各有什么优缺点?适用于何种测量场合?

9-3 在直流电路中应选用何种结构型式的电表测量?在正弦交流电路中应选用何种结构型式的电表测量?为什么?

9-4 在图 9.01 所示线路中,A_1 为磁电系、A_2 为电磁系、A_3 为动系电流表,试问 3 个表的读数是否相同?如有不同,则说明其原因。

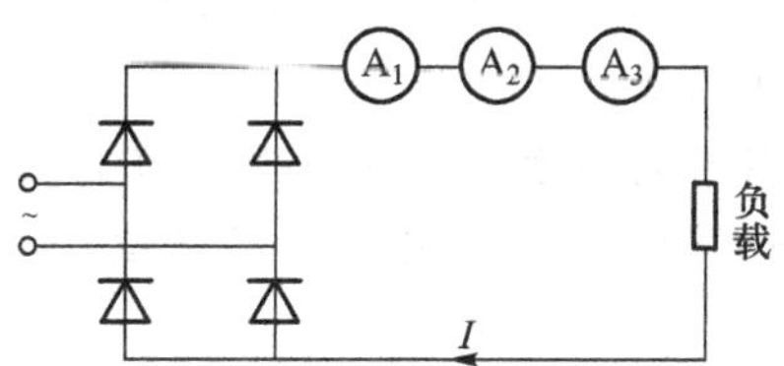

图 9.01 练习题 9-4 的图

9-5 解释仪表的绝对误差、相对误差、引用误差的含义。

9-6 电工测量仪表的准确度是怎样表示的?为什么仪表所指示的计数越接近于满刻度值,则读数的相对误差就越小?

9-7 一只 0.5 级 1 A 的直流电流表,当读数分别为 0.2 A、0.4 A、0.6 A、0.8 A、1.0 A 时,求可能产生的最大绝对误差和相对误差。

9-8 为什么电压表的内阻要大,电流表的内阻要小?假设不慎把电流表误作电压表使用,将产生怎样的后果?

9-9 今欲测量单相交流负载的端电压、电流、功率,问电表应如何接入电路?并画出接线图。若电源电压为 220 V,负载电阻约 40 Ω、负载电感约为 0.1 H,二者串联,且电源频率为 50 Hz,试选择电表的量程。

9-10 三相异步电动机额定电压为 380 V,额定电流为 15.4 A,额定功率为 7.5 kW,试画出测量其电流、电压、功率的接线图,并选择电表的量程。

9-11 感应系电度表测量机构中为什么要采用永久磁铁来产生制动力矩与旋转力矩平衡?而不采用弹性元件(游丝或张丝)来产生反作用力矩与旋转力矩平衡?

9－12　用二瓦特计法测量一台 380 V 50 Hz 的三相异步电动机所吸取的功率，其中一只瓦特计读数为 6 500 W，另一只瓦特计读数为 2 950 W，设电机效率为 0.83，求电动机线电流与输出功率。

9－13　采用电流表、电压表法测量电阻时，为什么需要根据被测电阻的大致数值范围选择适当的接线方法？

9－14　为什么兆欧表的指针在不用时是停在任意位置的？为什么选用兆欧表时要根据被测的工作电压来决定其电压等级？

9－15　何谓应变？通过何种方式测量应变？应变测量有哪些应用？

9－16　利用铂电阻及铜电阻测量温度的测温范围是多少？测温电阻接入测温电桥电路时为什么要用三线接法？Pt100、Cu50 等标号的含义是什么？

9－17　半导体热敏电阻能否很正确地测量温度？PN 结温度传感器能否很正确地测量温度？它们的测温范围各是多少？

9－18　欲测量 2 000 ℃的高温应采用何种测量方法？测量 1 000 ℃到 1 500 ℃的高温采用何种测量方法？

9－19　利用热电偶测量温度时为什么要用专用的补偿导线把热电偶输出端与测量仪表相接？为什么要冷端温度补偿？在一般测量仪表中是如何实现冷端温度补偿的？

9－20　何谓自动平衡电位差计及自动平衡电桥？它们分别与什么传感器配套使用？说明二者原理结构上的共同点与不同点。

9－21　电感传感器和电容传感器都是用于测量位移的，它们在应用中各有什么特点？电感传感器一般采用桥式或差分式测量线路，其原因是什么？电容传感器能否采用桥式测量电路？

9－22　为什么压电传感器只能用于动态测量？压电传感器对测量电路有什么要求？

9－23　说明磁电式传感器的工作原理及其应用场合。

9－24　说明霍尔传感器可以用来测量哪些物理量。

9－25　列举四种光电器件，简述主要工作原理及应用。

9－26　光电耦合器有哪些主要优点？主要使用在哪些方面？

9－27　半导体激光器主要用在哪些方面？

9－28　说明 CCD 传感器件的功能及主要应用场合。

9－29　说明热释电红外传感器的主要应用。

9－30　举例说明光纤传感器的应用。

9－31　说明气体传感器的功能和作用。

9－32　说明湿度测量的重要性以及湿度传感器的基本原理。

9－33　用作煤气泄漏报警应选用哪种传感器？

9－34　用作火焰报警应采用哪些综合检测措施？

9－35　红外线报警有哪些可供选用的检测器件？通过红外线的检测可以间接地测取哪些物理量？还有哪些应用？

9－36　简述电子秤的测量原理及其组成。

9-37　简述现代传感技术的主要发展方向。

9-38　开发微型传感器及智能传感器有何实际意义？它们所依赖的基础技术是什么？

9-39　简述生物传感器基本原理及分类。

9-40　何谓仿生传感器？发展仿生传感器有什么实用价值？

9-41　试举一两种仿生传感器实例，说明其工作原理。

第十章　广播、电视、声像系统

10.1　无线广播

人类在1905年成功地实现了用无线方式传送音乐和话音的实验，并在1920年开始定期无线广播。直至今日，无线广播已经伴随我们走过了一个世纪，它在人类文明的发展史上写下了隆重篇章。今天，无线广播仍然是我们日常生活中的重要组成部分。

10.1.1　无线广播原理

无线电技术的发展使得无线广播从20世纪20年代开始飞速发展，无线广播是由广播电台向收听者单向发送信息的系统，整个系统包括发射部分——广播电台、发射机，接收部分——收音机。无线广播根据波长分中波（Middle Wave）、短波（Short Wave）及超短波三种，其调制方式分为调幅（Amplitude Modulation）、调频（Frequency Modulation）两种。图10.1.1是采用调幅方式的无线广播发射机原理框图，图10.1.2是普通调幅收音机的原理框图。

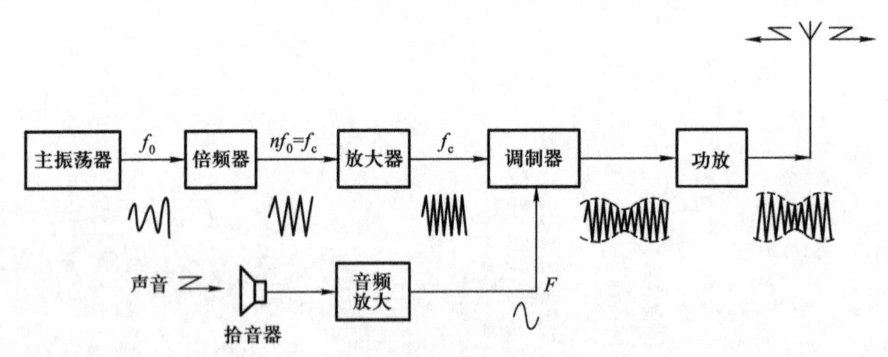

图10.1.1　调幅方式的无线广播发射机原理

采用调幅方式的无线广播发射机由以下几部分组成：振荡器、倍频器、高频放大器、调制信号放大器（音频放大器）、振幅调制器、高频功率放大器、天线。其中振荡器用以产生高频信号，放大器和倍频器用以对振荡器产生的高频振荡信号进行放大和倍频，倍频器有二倍频、三倍频等，可将高频振荡器的信号转变成更高频率的载波信号。同时语音或音乐节目信号由调制信号放大器放大到合适的幅值，然后将高频载波信号和调制信号一起送入振幅调制器进行调制，再由高频

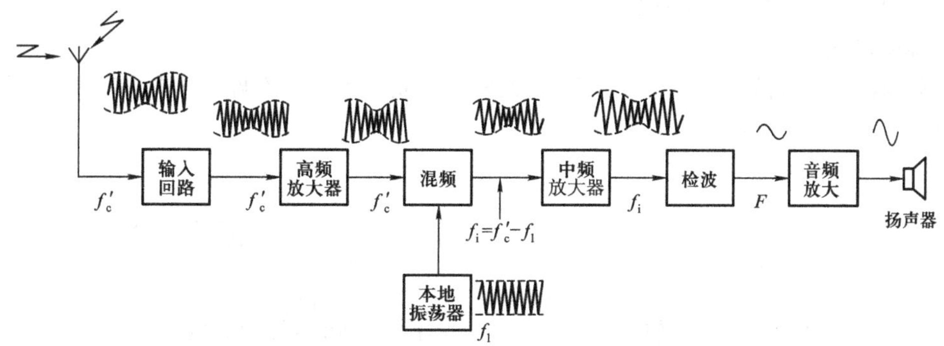

图 10.1.2 普通调幅收音机的原理

功率放大器进行功率放大，最后通过发射塔上的天线向空中发射。

对于收音机来说过程正好相反，其功能是要将在空中传播的无线信号通过解调恢复语音信号或音乐信号。先由天线将非常微弱的无线信号接收下来，再由高频放大器进行高增益放大，然后将此高频信号与收音机本机振荡器产生的高频振荡信号进行混频，即进行频率的减法运算，得到它们固定差频信号即中频信号（我国收音机一般采用 455 kHz 的中频信号），再对此信号进行放大，并进行振幅检波，即可将频率相对较低的语音或音乐信号从频率较高的中频信号中分离出来，再对其放大处理后，送到扬声器，从而实现收音功能。无线广播一般有规定的发射频率，对于接收机来说，中波广播频率范围为 526.5～1 606.5 kHz，短波广播频率范围为 2.3～26.1 MHz，超短波调频广播的频率范围为 87～108 MHz。

目前随着计算机技术的发展，相应的无线广播技术也在朝着计算机控制和数字化方向发展。

10.1.2 调制与解调

将声音信号通过话筒等信号转换器变成电信号后，通常想到的办法是将电信号直接传送，但这种办法只能用于近距离传输，例如在房间内话筒与放大器之间的有线传送、录像机与电视机间的有线传送。在某些采用有线传送不方便的场合，如文艺演出时，由于演员的移动表演，话筒与放大器间的传送如果采用有线传送的办法，就很不方便，所以现在经常要采用无线传送的方式。再如前面提到的无线广播，它需要远距离传送的信号也是语音和音乐等音频信号，这些信号因频率太低不能直接以无线的方式进行发射，只有频率较高的高频信号才能实现空中无线传送。为此需将音频信号从低频段搬移到高频段，并能保留其原来的信息，这样处理有点像将声音等信号通过转换后使之“骑”在高频信号这样一匹快马上，从而使其能传送得很远，这种将希望传送的低频信号（调制信号）变成能由传送媒介（空间、电缆）传送的高频信号的处理过程，称为调制。将声音信号进行调制处理后就可以由天线发射至接收机，再由接收机解调恢复声音信号，经放大器放大后再到扬声器发声。

1. 调制方式

在调制过程中，用于调制被传送音频信号的高频信号称为载波，而由载波携带的音频信号称为调制波，调制完成后的信号称为已调波。用调制波来对载波进行处理有调幅、调频、调相三种方式，其中调相方式常用于数字通信，在无线广播中一般不采用。

（1）幅度调制（调幅）

幅度调制就是使载波的频率不变，幅值随调制信号波形而改变的调制方式，其波形如图 10.1.3 所示，图中所输出的已调制波 $u(t)$ 的函数式为

$$u(t)=A[1+M_aF(t)]\cos\omega_c t \tag{10.1.1}$$

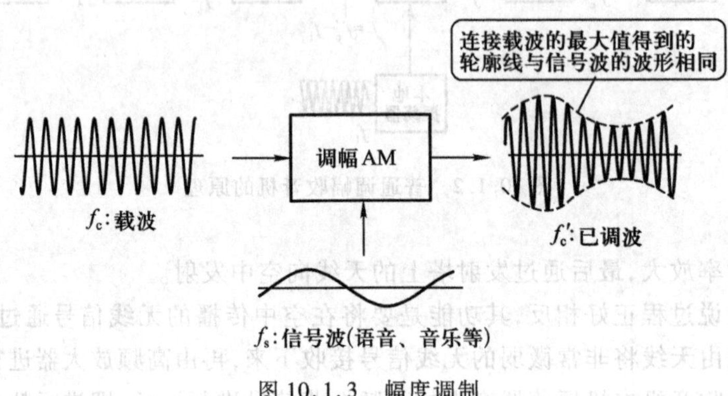

图 10.1.3 幅度调制

式中，A 为载波信号幅值；M_a为调制系数（通常是常数），表示调制波幅值与载波幅值的百分比，其数值 $M_a\leqslant 1$；$F(t)$为调制信号；$A\cos\omega_c t$ 为正弦载波的函数式，载波的角频率为 ω_c，频率为 f_c。若调制波 $F(t)$ 为单频信号即 $F(t)=\cos\omega_s t$，则式（10.1.1）展开后可得

$$\begin{aligned}u(t)&=A\cos\omega_c t+AM_a\cos\omega_s t\cos\omega_c t\\&=A\cos\omega_c t+\frac{AM_a}{2}\cos(\omega_c+\omega_s)t+\frac{AM_a}{2}\cos(\omega_c-\omega_s)t\end{aligned}\tag{10.1.2}$$

从式（10.1.2）中可见，单频信号 $F(t)$ 经频率为 f_c 的载波信号调制后得到的已调制波可以分解为 f_c、f_c+f_s、f_c-f_s 三个正弦信号的合成，其中 f_c+f_s 的信号称为上边频，f_c-f_s 的信号称为下边频，被调制波的分解情况如图 10.1.4 所示。其中图 10.1.4（c）为单频信号调制后的频谱，图中设 $f_c=$

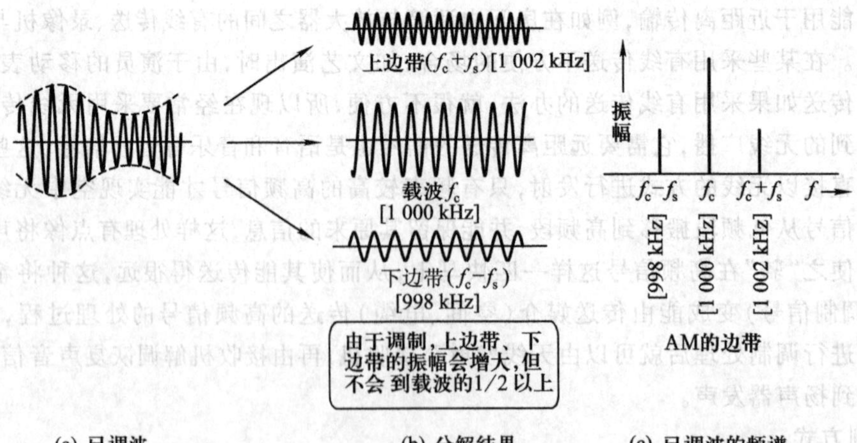

(a) 已调波 (b) 分解结果 (c) 已调波的频谱

图 10.1.4 已调波的分解

1 000 kHz,f_s =2 kHz。由于$M_a \leqslant 1$,所以边带信号幅值不会超过$\frac{A}{2}$。

实际上音频信号包括频率范围为 20 Hz ~20 kHz 内各种频率的音频信号,所以实际的调幅频谱如图 10.1.5 所示,其边频范围实际上是比较宽的,称为边带,上边带,下边带。如果考虑到整个音频范围,则广播电台所占用的频带范围是(f-20 kHz) ~(f+20 kHz),需要40 kHz。为了使整个中频广播频率范围内能够容纳较多的电台,缩小每个电台所占用的带宽,采用单边带方式,仅把上边带信号发射出去,这样所占用的带宽就少了一半。另外经过分析得知,大部分的语音及音乐信号的频率范围为 50 Hz ~8 kHz,因此规定将上边带的频带宽度限制在7.5 kHz 的范围内,截去了一部分音频信号的高频部分,因而人们从中频调幅广播中所收听到的音乐不是高保真的。为了防止各个相邻频率的广播电台之间相互串音干扰,又规定电台的载波频率间隔为9 kHz,在这个间隔中能够充分包含 7.5 kHz 的上边带,并且有 1.5 kHz 的缓冲频带范围,所以在中频广播的标称载波频率范围(531 ~1 602 kHz)内,每隔9 kHz 为一个电台频道,共有 120 个频道(标称载波频率是每个频道的中心频率,表示频道的特征)。例如某电台的标称载波频率为 990 kHz,所占用频带为 985.5 ~994.5 kHz。其相邻电台频率为 981 kHz 及 999 kHz,即频道间隔为9 kHz。

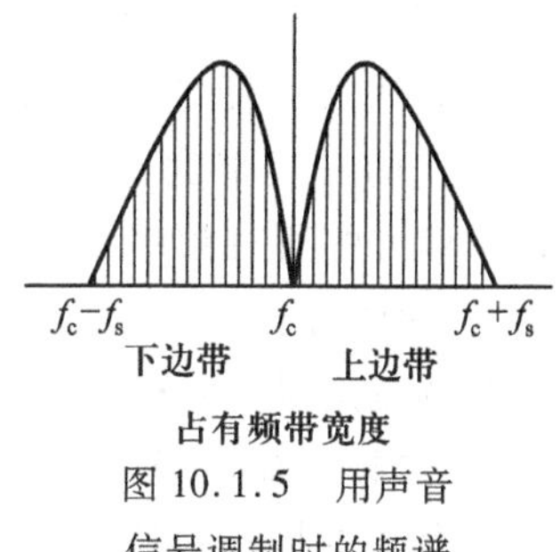

图 10.1.5 用声音信号调制时的频谱

调幅广播具有接收方便、接收机电路简单、价格便宜等优点,但由于噪声信号以及空间的电磁干扰很容易叠加在被调制波上,以至造成波形失真影响收音效果,加上传送频带范围有限,所以需要采用其他方式提高声音信号的传送质量。

(2) 频率调制(调频)

频率调制就是使载波幅度不变,而频率随调制信号波形变化的调制方式,其波形如图 10.1.6 所示。信号波形所引起的载波频率变化称为频偏,调频广播的最大频偏为 ±75 kHz,也就是需要占用的频带为(f-75 kHz) ~(f+75 kHz),所需的带宽至少为 150 kHz。

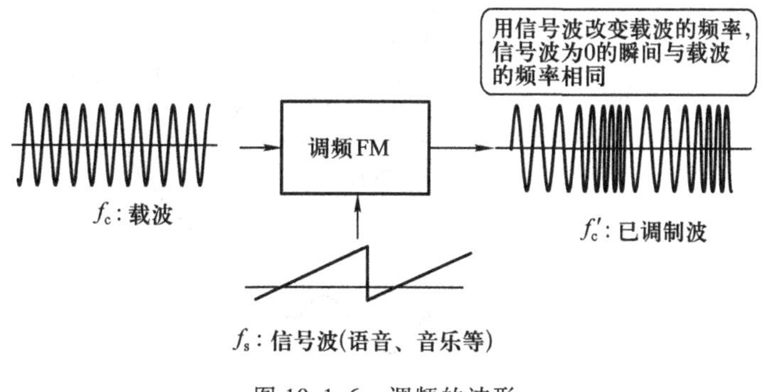

图 10.1.6 调频的波形

若调制波为单频信号 $F(t)=\cos \omega_s t$ 时,其被调制信号的频谱为以载波频率f_c为中心、间隔频率为f_s的一系列边带,如图 10.1.7 所示。由于语音及音乐信号频率是很丰富的,所以实际的调频信号频谱是一个连续的谱线。所占用的带宽为 2×(最大频率偏移 + 信号的最高频率) =

2×(75+20) kHz = 190 kHz，考虑到缓冲余地，调频广播电台的占用带宽为 200 kHz，所以调频广播不能在频率资源很少的中频广播段使用，而在超短波广播段(88～108 MHz)使用。

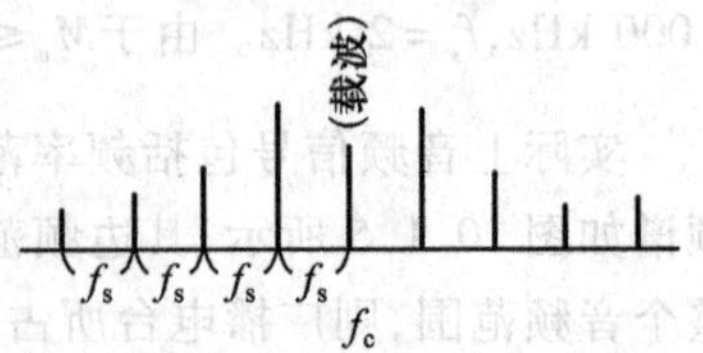

图 10.1.7　被调制波的频谱

调频广播的主要优点是抗干扰性好以及音乐信号的保真度高，因为对于叠加在已调制波上的噪声与干扰信号，可以用限幅的方法很方便地去除，而不影响信号频率，另外已调制波有足够宽的占用带宽，并且采用双边带发送的方式，这就包含了音乐信号的所有频率成分，若接收机性能良好，信号还原时的保真度可达95%以上。

2. 解调方式

解调就是对接收机所接收到的高频无线电信号进行处理，把语音或音乐信号从中"提炼"出来，对于调幅广播(AM)所采用的是混频、中频放大、振幅检波的所谓超外差方式(如图 10.1.2 所示)，其中的振幅检波器把中频放大器输出的已调幅波进行半波整流，随后进行平滑滤波，滤去高频信号，留下其振幅包络线信号波形，再用电容器隔去直流分量就可以检出已调制波中所携带的语音和音乐信号，这个检波过程也就是解调过程，典型的检波电路如图 10.1.8 所示。

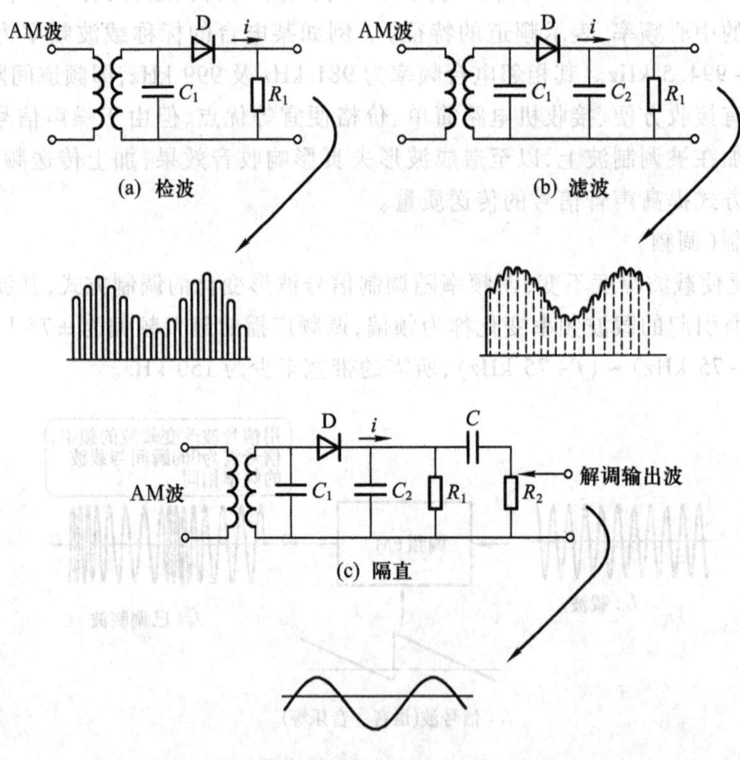

图 10.1.8　调幅(AM)检波电路及元件的作用

调频广播(FM)的接收也是采用类似于超外差式的接收电路，所不同的是中频信号频率为 10.7 MHz。调频解调的过程一种方法是把调频波通过一并联谐振电路的耦合(如图 10.1.9 所示)转换成调幅波，图中可看出调频波频率越接近谐振频率 f_0，则输出越大，若频率离 f_0 较远则输出越小,从而将其变成调幅波,然后再通过前述的幅度检波电路检出语音及音乐信号。为了除去干扰信号,一般在解调之前应先将信号通过限幅电路处理使之成为等幅波。另外,也可以采用如图 10.1.10 所示的方法,先对调频波进行整形得到方波,然后经触发器获得尖脉冲,再转换成宽度及幅度相等的脉冲,再通过积分电路取其平均值,也可以得到原来的音频调制信号。

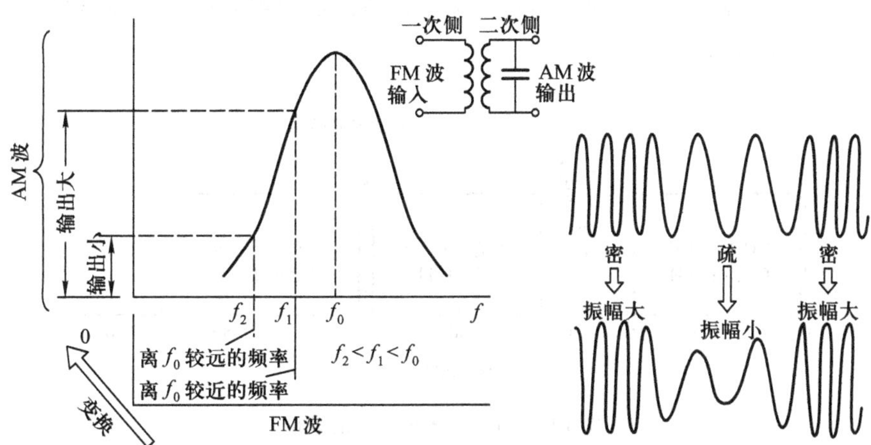

图 10.1.9 利用并联谐振电路把调频波转换为调幅波

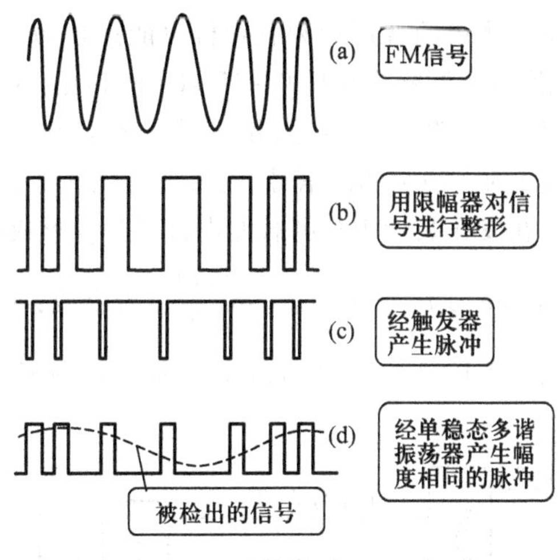

图 10.1.10 脉冲平均值解调

10.1.3 调频立体声广播

为了追求更高的收听效果,希望获得层次分明,有空间立体声的声音效果,就像在音乐厅听音乐一样,在广播系统中引入了双声道立体声技术。

在双声道立体声接收系统中,为了获得声音定位及临场宽度感效果,必须使用两组扬声器系统,每组扬声器系统的声音都会到达人的左、右耳,从而获得立体的效果。人通过感觉声音到达左、右耳的时间差来确定声源的位置。

立体声广播的制式是将声源的全部信号由拾音器、话筒分成左右两路进行调制,再在收音机中进行解调重放的过程。立体声广播有几个原则,一是有兼容性,即使没有立体声功能的收音机也能收到节目;二是播放机及接收机的造价低廉。目前广泛使用的调频 - 调幅制式立体声信号的频谱如图 10.1.11 所示。

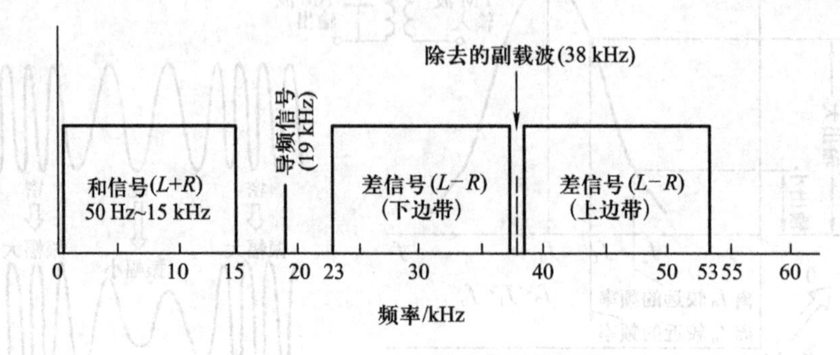

图 10.1.11　立体声信号的频谱

调频立体声广播电台的立体声信号形成过程如图 10.1.12 所示,播音室内左、右两个话筒送出的左声道信号(L 信号)和右声道信号(R 信号),通过矩阵电路后得到和信号(主信号)$M=L+R$ 及差信号 $S=L-R$,这样非立体声的普通调频收音机也能接收 M 信号,主信号 M 所占用的频率范围为 0 ~ 15 kHz,由于差信号 S 同样也需要 0 ~ 15 kHz 的频宽,为了不和主信号重叠,在立体声发送装置中装有 $f_s=38$ kHz的副载波发生器,用 S 信号对副载波进行振幅调制,形成 23 ~ 38 kHz的下边带及 38 ~ 53 kHz 的上边带的副信号,同时把副载波滤去。为了在接收时接收机中能恢复被除去的副载波信号,在发送装置中把副载波进行二分频形成19 kHz的导频信号,这样把主信号$(L+R)$、副信号$(L-R)\sin\omega_s t$、导频信号$P\sin\dfrac{\omega_s t}{2}$进行合成,所形成的复合信号在发射机中进行频率调制后发射出去,从图10.1.11 中可见立体声信号的频带宽度为 53 kHz。

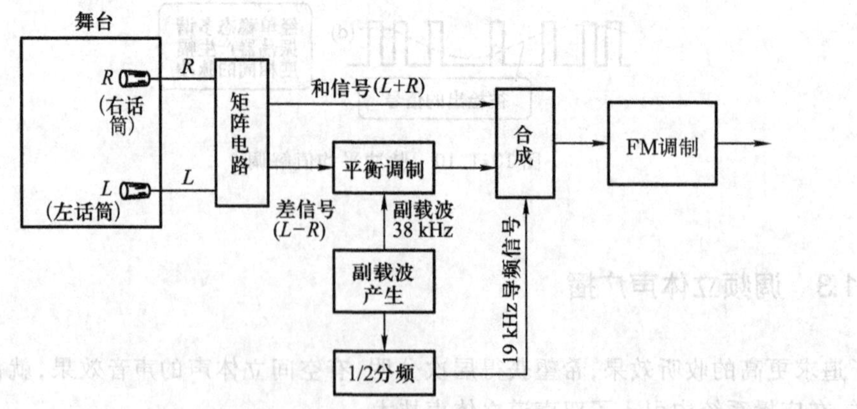

图 10.1.12　立体声信号的形成

接收机对调频信号进行解调处理后得到的立体声信号，一方面通过低频滤波取出0～15 kHz的主信号，另一方面通过谐振电路从复合信号中取出19 kHz的导频信号，并将它倍频得到38 kHz的副载波，叠加在副信号上恢复调幅波。经检波后得到差信号 $L-R$，将和信号 M 及差信号 S 再进行和、差合成，就能还原出左声道及右声道信号，即

$$左声道信号=\frac{M+S}{2}=\frac{L+R+L-R}{2}=L$$

$$右声道信号=\frac{M-S}{2}=\frac{L+R-L+R}{2}=R$$

由于立体声信号的最高频率达53 kHz，大大超过非立体声信号的最高频率15 kHz，所以调频立体声广播的占用带宽达 $2\times(75+53)$ kHz = 256 kHz，考虑一定的裕量，取300 kHz。

*10.2 电视系统

10.2.1 电视原理

今天电视已经成为人们日常生活必不可少的媒体，从20世纪20年代发明了电视到20世纪六七十年代普及电视再到今天，电视技术已经经历了多次变革，从早期的黑白电视发展到后来的彩色电视，目前随着计算机技术的发展，电视开始了由模拟电视到数字电视的革命。

为了了解电视的原理，必须了解如何将图像变成电信号，由光学系统将场景摄入摄像机中的光电传感器如CCD（电荷耦合器件），CCD根据光的强弱输出对应的电信号，从而把场景变成一连串电信号，并加入同步信号，以保证同步显示图像。

为了摄取一幅场景，通常采用扫描的办法，从CCD获取图像信号，如图10.2.1所示。整个场景被划分为若干行扫描线，扫描一次可以得到一行中像素的明暗信号。

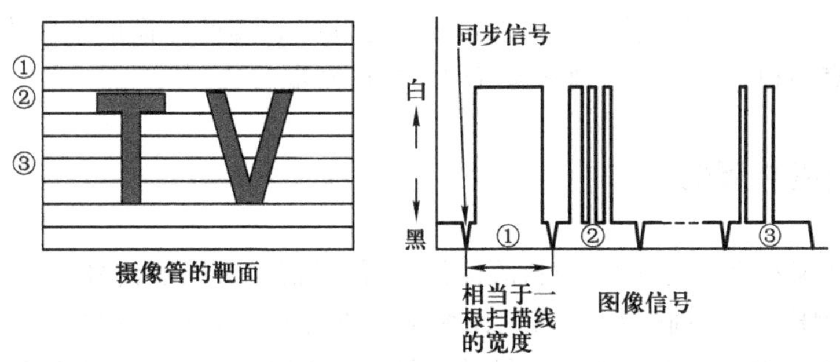

图10.2.1 图像获取过程

扫描在电视中非常重要，无论在获取图像时，还是在恢复显示图像时，在传送整幅图像信号时，任何时刻只能反映图像中某一点的信号，这一点称为像素。一幅图像由很多像素组成，扫描

时将像素按从左到右排列输出,完成一个从左到右的扫描过程称为行扫描。到末端快速返回(称为回扫),然后对刚才扫描过一行下面的一条像素线再进行同样的扫描,这样从左到右,从上到下,不断循环,完成了一幅图像的扫描。水平方向的行扫描又称为水平扫描。垂直方向完成自上而下的扫描称为垂直扫描,又称场扫描。图 10.2.2 表示了图像扫描的原理。我国电视标准规定一帧图像分解成 625 行发送。

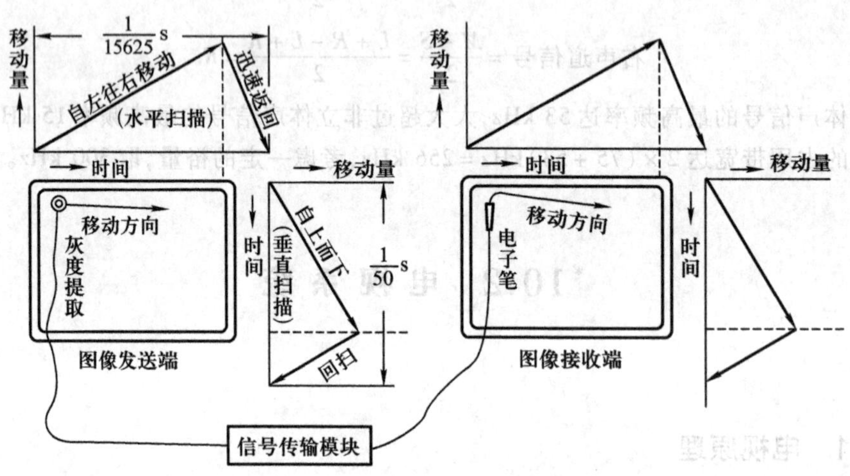

图 10.2.2　图像扫描原理

由于电视图像信号是按照 25 帧/s 的速度发送的,但这样的速度会让人眼感到闪烁,为了消除闪烁,采用 2 倍的速度对每一幅画面作两次扫描,第一次对奇数行作扫描,第二次对偶数行作扫描,这样的扫描称为隔行扫描。

扫描从上到下完成一个循环称为一场,这样一帧完整的图像是由两场合成的。第一次奇数行扫描线构成的图像称为奇数场,第二次偶数行扫描线构成的图像称为偶数场。奇数场和偶数场合成一帧,即一幅完整的图像。所以电视图像的帧频是 25 Hz,场频是 50 Hz。

对于电视图像既要保证图像的完整性,又要保证电视图像信号在接收端具有可恢复性,在电视信号中加入了同步信号,从而使发送端的扫描信号和接收端的扫描信号保持一致。同步信号按控制水平和垂直两种方向扫描分别称为行同步和场同步。

10.2.2　电视广播信号

电视广播信号又称全电视信号,包括图像信号、伴音信号及同步信号,其中图像信号的视频范围为 50 Hz ~ 6 MHz,采用调幅方式,此时图像载波的上边带及下边带共需 12 MHz 的频带。如果采用单边带发射,则图像质量变差,为了压缩频带,将图像信号的下边带用滤波器滤除大部分,仅留下接近图像载波的 1.25 MHz 部分,称为残留边带。这样图像信号所占用的频带为 1.25 MHz + 6.25 MHz = 7.5 MHz,其频带分布如图 10.2.3 所示。

伴音信号因频率较低可以采用调频方式,为了使图像与伴音信号不相互干扰,伴音载波频率要比图像载波频率高出 6.5 MHz,上、下边带各占有 0.25 MHz,共 0.5 MHz 频带。在这个频带内

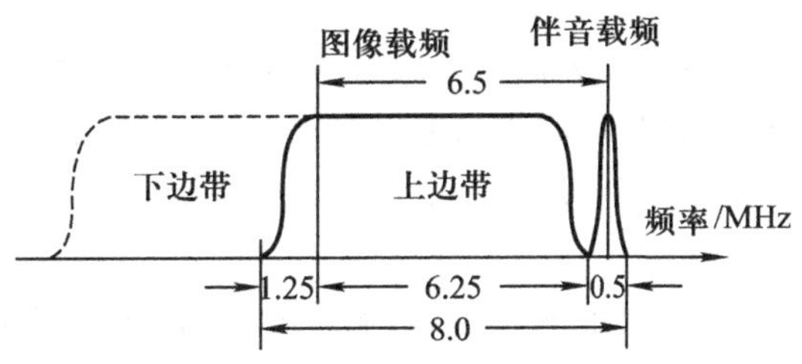

图 10.2.3 全电视信号的频带分布

能够发送立体声、多声道信号。所以我国的电视台每个频道所占用的频带宽度为 8 MHz。以 VHF 中的 10 频道为例，其频率范围为 199～207 MHz，图像载波频率为200.25 MHz，伴音载波频率为206.75 MHz。

同步信号是一种脉冲信号，是由同步机产生的，它一方面控制电视摄像机扫描的开始，另一方面在摄像机回扫时叠加在图像信号上发送，控制电视接收机扫描端的开始。因为在回扫时，摄像机没有信号的输出，在电视接收机荧光屏上不显示图像，这样不会影响图像的清晰度，并能使电视接收机的扫描与摄像机扫描保持一致。

10.2.3 电视接收机

电视接收机俗称电视机，图 10.2.4 是典型的黑白电视机框图，它由以下几部分构成。

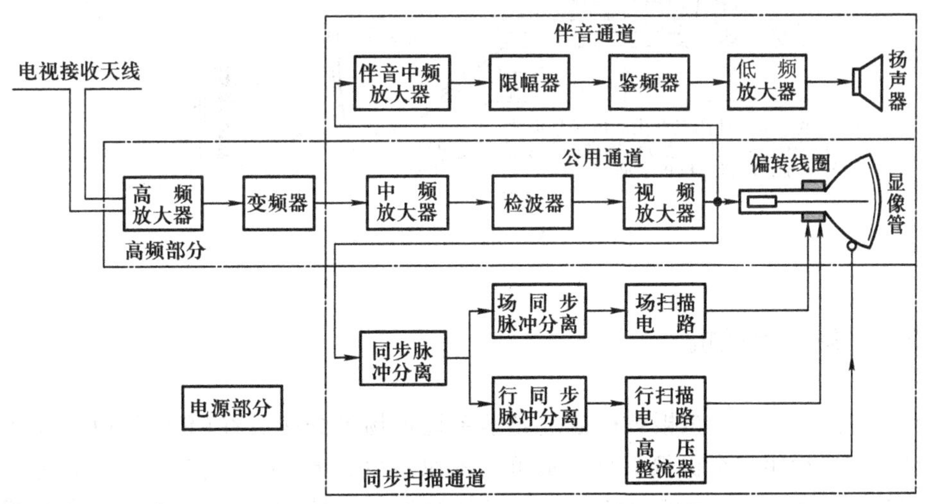

图 10.2.4 典型的黑白电视接收机框图

1. 高频调谐部分

电视电波从天线接收下来，经高频放大后，由调谐选频电路选择相应电视频道，并由本机振荡对其进行外差式变频，产生中频信号。按照我国的标准，图像中频频率为 34.25 MHz，伴音中频为 27.75 MHz，二者之差仍为 6.5 MHz。

2. 公用通道部分

包括中频放大器、检波器、视频放大器。中频放大器对图像和伴音中频信号进行放大,检波器进行图像检波,恢复图像信号并分离同步信号及伴音信号。图像信号进一步放大后送到显像管去控制电子枪发出的电子束的强度,从而决定了像素的亮度。

3. 同步扫描部分

在同步信号中通过分离,生成水平同步信号(行同步脉冲)与垂直同步信号(场同步脉冲),进一步控制行扫描及场扫描电路的输出电流。该输出电流分别输入行偏转线圈和场偏转线圈,控制显像管内电子束的水平和垂直位置,与电视台摄像管电子束的扫描同步,在荧光屏上显现稳定的图像。另外,利用行扫描输出电流的扫描回程在行扫描输出变压器中所感应的高压,通过高压整流送到显像管高压帽上,作为显像管所需的高压。

4. 伴音部分

从图像信号中提取伴音信号通过放大及限幅处理,再通过对调频伴音信号的解调,重现伴音信号,经音频功率放大送扬声器。

显像管又称 CRT,即阴极射线管,基本构造如图 10.2.5 所示,它是由产生电子束的电子枪、使电子束运动发生磁偏转的两组偏转线圈及显示图像的荧光屏组成。

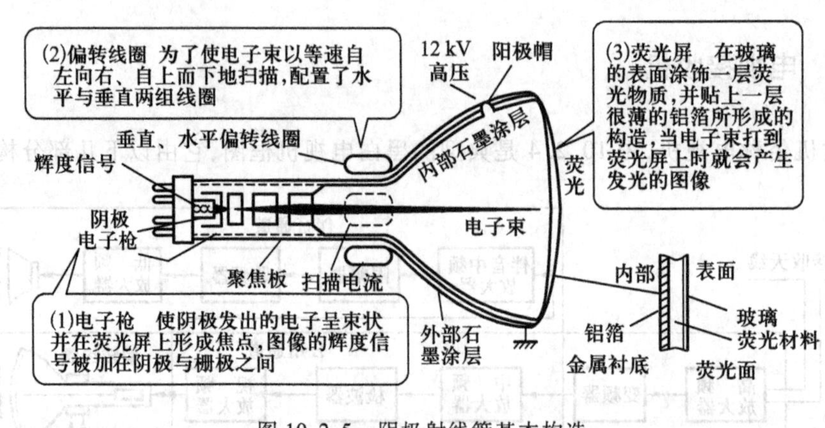

图 10.2.5 阴极射线管基本构造

10.2.4 彩色电视机

在彩色电视系统中,彩色摄像机通过光学系统把场景分解成红(R)、绿(G)、蓝(B)三原色的单色图像,然后用三个摄像头分别把单色图像转换成 E_R、E_G、E_B 三种图像信号输出。彩色电视机接收电视信号后分解出红、绿、蓝三色的色度信号,然后分别控制彩色显像管内三支电子枪所发出电子束的强弱。电子束各自射到荧光屏上与它们颜色相对应的三种荧光粉小点上,三种颜色的小点发光后合成一个彩色点,在图像扫描后就显现出彩色图像,其组成分别如图 10.2.6 和图 10.2.7所示。显像管中在荧光屏前安装了开有 30 万~50 万小孔的荫罩板,使每种电子束直射到与它对应的荧光点上,挡住电子束的散射,使不对应的荧光点不发光。

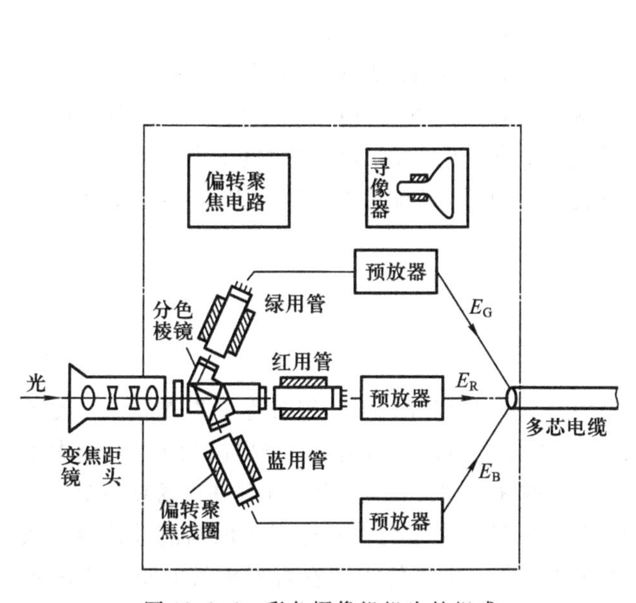

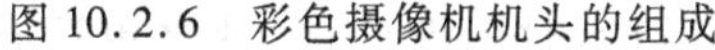
图 10.2.6 彩色摄像机机头的组成

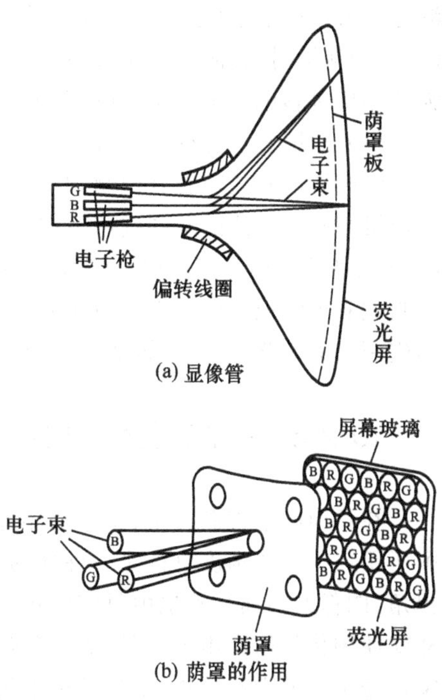

图 10.2.7 三枪三束彩色显像管

由于彩色电视广播系统要和黑白电视广播系统兼容,使黑白电视机能收到彩色电视信号显示黑白图像,彩色电视机也能收到黑白电视信号显示黑白图像,所以彩电信号必须采用黑白电视信号发送标准,不可能把三种单色图像信号独立发送,否则图像信号的占用频宽可达 3 × 6.25 MHz = 18.75 MHz。为了把三种单色图像信号组合在6.25 MHz 的频带中,必须对它们进行编码处理,组合成亮度信号 E_Y及色差信号 E_U、E_V。亮度信号就是黑白电视的图像信号,与单色图像信号的关系为 $E_Y=0.3E_R+0.59E_G+0.11E_B$,式中的比例系数与荧光粉的显色性能有关,调节亮度 E_Y,不影响色彩的比例。色差信号 E_U、E_V反映色彩的比例,$E_U=E_B-E_Y$,E_U可以调节蓝色调不影响红色。$E_V=E_R-E_Y$,调节 E_V可以调节红色调,不影响蓝色。

在如何将色差信号与亮度信号组合在一起发送的方式上,世界各国形成了 NTSC、PAL、SEGAM 三类共十余种不同的电视制式。由于亮度信号已经可以在 6.25 MHz 的频带中解决图像清晰度,而色差信号仅仅是起给图像着色的作用,清晰度的要求不高,所以可以把它的频带压缩到 1.3 MHz 左右,并调制一个适当频率的彩色副载波,然后叠加在亮度信号中发送。NTSC 制称为正交平衡调幅制,是较早的电视制式,为美国、日本、韩国、我国台湾地区以及部分拉丁美洲国家采用。其图像扫描行数为 525,场频为 60 Hz,行频为 15 750 Hz,每个频道宽度为 6 MHz,图像带宽为 4.2 MHz,彩色副载波频率为 3.58 MHz,伴音与图像间距 4.5 MHz。PAL 制称为逐行倒相正交平衡调幅制,是 NTSC 制的改进制式,克服了 NTSC 制在色差信号传输中产生失真引起的色调畸变,使色彩稳定。PAL 制由于具体参数的差异又分成 B、G、D、H、I、M、N 等几种,我国大陆地区采用 PAL - D 制,其图像扫描行数为 625,场频为 50 Hz,行频为 15 625 Hz,每个频道宽度为 8 MHz,图像带宽为 6.25 MHz,彩色副载波频率为 4.43 MHz,伴音与图像间距 6.5 MHz。我国香港地区与英国、爱尔兰、南非等国采用 PAL－I 制，除图像带宽为 5.5 MHz 外，其余参数都与 PAL－D制相同，其他的 PAL 制式主要为中欧、西欧、澳洲及中东、南亚等国家采用。SEGAM 制称为顺序传送彩色与记忆制，其中又分成多种，为东欧国家、法国及较多的非洲国家采用。

因此选用彩色电视机时首先要考虑电视机制式，国内自然选用 PAL－D 制，如果要接收其他制式的电视信号或观看其他制式的录像或光盘，就应选择多制式甚至全制式的电视机。在彩色电视机中根据制式的不同选用不同的色差信号解调及解码的方式，取出亮度信号 E_Y及色差信号 E_U、E_V，然后再通过矩阵电路恢复三原色图像信号 E_R、E_G、E_B控制显像管的电子束。现在新型的全制式彩色电视机能够根据所接收到的彩色电视信号，自动判断属于何种制式，然后自动换接到相应制式的电路，实现了智能化的换接。

10.2.5　高清晰度数字电视(HDTV)

在目前的电视制式中，图像及伴音的质量都已经被规范和限制了，很难进一步提高。为此各国所研究的高清晰度电视是一种新的电视制式，其图像宽高比由目前的4:3提高为16:9，增大了视角，图像的扫描行数也由目前的625 行增加到1 000 行以上，并且采用逐行扫描，场频不变。这样就使图像的像素由30 万增加到200 万以上，并且由彩色摄像机中所得到的色调信号转换为数字信号进行处理和传送，增加其抗干扰能力及减少失真。这样使人们在观看电视时更富于临场感及立体感。另外对于数字图像信号还可以用计算机进行实时图像处理，使之更适合于观赏及发送。在伴音方面 HDTV 可以达到在电影院看电影的效果。可见高清晰度电视是一种更适合大屏幕显示器的电视制式。

由于高清晰度电视每幅图像的像素急剧增加，显然每个频道的频带不可能限制在 8 MHz 左右，而要达到几十兆赫，因此其发送方式亦有很大变化，要采用卫星播放方式，即从地面站向卫星发送信号，通过卫星向全国及世界部分地区转发。

目前美国、日本、欧洲一些国家及俄罗斯都已经试播或正式播送高清晰电视节目，但其制式各不相同，扫描行数也不一样(美国为1 050，日本为1 125，欧洲为1 250，俄罗斯为1 375)，很难统一。我国的高清晰电视系统尚在开发过程中，其标准已初步确定，估计离正式播出的时间不远了。

10.2.6　有线电视(CATV)

CATV 是 Cable Assisted Television 的缩写，意为通过电缆传输的电视，即我们所熟悉的有线电视。有线电视最早是从大楼、居民小区中的共用天线系统发展到小区及单位内部的闭路电视系统，然后再把闭路电视系统连接起来，发展成为区域性的有线电视信息网。

电视信号原先是由电视发射台通过无线方式播发的，但在城市中有许多高楼，阻挡并吸收电视信号波，而且还向各个方向反射，使电视机接收图像时出现重影、扭曲、雪花、色彩失真等种种弊病。如果加高发射塔的高度及增加发射功率，往往使反射波也增大，接收效果不见好转，这种现象无论是调节接收天线还是改变天线的高度也难以解决。同样在山区、农村，山峰及森林亦会阻挡电视信号波，使接收困难。采用同轴电缆及光纤传输电视信号不仅可克服上述问题，而且可以避免无线电传送中的各种雷电干扰及工业干扰,使图像质量大为提高。

另外,由于无线电波频率资源限制,用于传输电视信号的频道是有限的。目前我国实际可以使用的无线频道为 1 ~3(48.5 ~72.5 MHz)频道、4(84 ~92 MHz)频道、6 ~12(167 ~223 MHz)频道、13 ~24(470 ~566 MHz)频道、25 ~48(606 ~798 MHz)频道等 47 个频道,在 12 ~13 频道之间的 247 MHz 间隔、24 ~25 频道之间的 40 MHz 间隔及调频广播 108 MHz 与 6 频道之间的 59 MHz 间隔是由电信、寻呼与军事部门使用,不能用于电视。但是在有线电视中就可以利用这些频率播发电视信号,形成增补频道。如增补 1 ~7 频道为 111 ~167 MHz,增补 8 ~37 频道为 223 ~463 MHz,增补 38 ~42 频道为 566 ~606 MHz,这样就使有线电视可以使用的频道数几乎增加了一倍。以后进一步发展的双向有线电视系统中把 87 MHz 以下频段作为用户向电视台传送信号之用,这样实际使用的频道是从增补 1 频道开始的。

在城市及乡镇中建立区域性的有线电视网络以后,可以综合应用该网络实现宽带综合业务网、信息高速公路,其业务可扩展为双向有线电视、会议电视、视频点播、远程教育、医疗及图像监控等。由于网络的传输媒体采用光纤,容许传输容量很大,传输损耗小,使得传输质量、上网速度更优于电话线。所以该网络不仅可以利用增补频道播送自办电视节目及收费电视节目,增加节目的套数,而且其作为区域性信息网络的应用具有广阔的发展前景。

有线电视网的基本构成如图 10.2.8 所示。

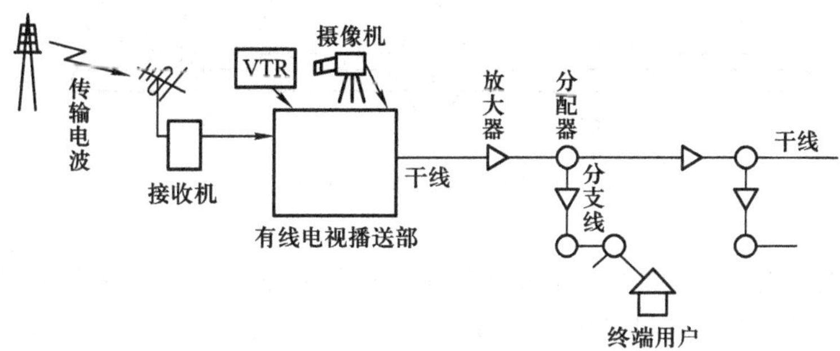

图 10.2.8 有线电视网的基本构成

*10.3 声像系统

10.3.1 磁带录音

磁带录音是一种音频信号的磁记录过程,该过程将音频信号变为磁带上的磁场强弱的信号,是一种声能—电能—磁能的转换过程,而磁带放音是其逆过程。

磁性录音技术最早始于 19 世纪后期,当时以钢丝作为磁性载体,目前普遍采用的磁带是一种聚酯材料做成的很薄的带子,在其一面上涂上磁粉,磁带上可分为四个磁道,分别供 A、B 两面双声道立体声录音使用。一般盒式磁带宽度为 3.8 mm，其磁道分迹如图 10.3.1 所示。

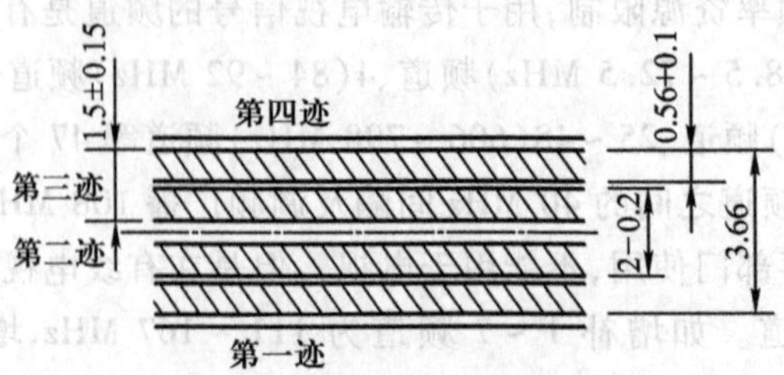

图 10.3.1　磁带的磁道分迹

录音时，由话筒或音源的声音信号输入到录音磁头，其实质就是一个线圈，根据声音的强弱，改变线圈中的电流，从而磁化磁带。放音时，也是由线圈组成的磁头接近磁道，由磁道上剩磁的变化产生线圈电流的变化，通过放大等处理，送到扬声器。其录放音原理如图 10.3.2 所示。

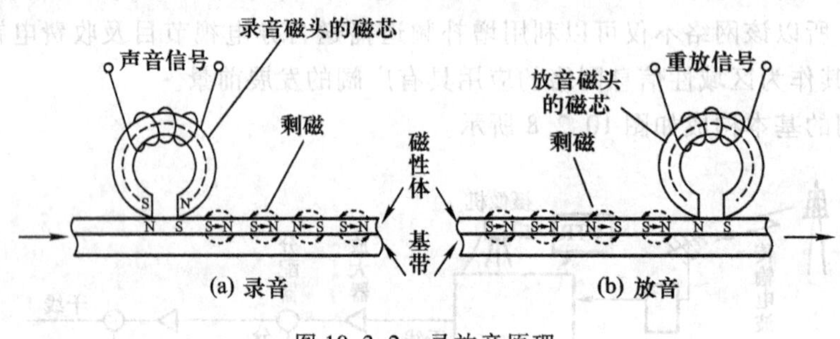

图 10.3.2　录放音原理

既有录音功能又有放音功能的录音机中除了电信号部分外，还有机械传动部分，目的是保证磁带的匀速运动。传统的录音机是模拟式的，即磁道上的剩磁强弱与磁化电流成正比或接近正比。但由于模拟信号本身的弱点，反复使用会使磁带磨损而导致磁性下降，如果采用数字化方法可得到根本性的改观。数字化录音技术先将音源模拟信号数字化转换成数字信号，再录入磁带，由于数字化信号只有 **0** 和 **1**，相对来说抗干扰性强，具有较大的动态范围，可以取得较高的声响效果。

10.3.2　摄像机

电视摄像机是在光电变换膜上生成光的图像，并将相应的成像电荷通过电信号取出装置取出。电信号的取出方法有两种，一种是将光电荷密封在电子管中在扫描时取出，另一种是将图像成像在 CCD 器件或 CMOS 图像传感器上。前者称为摄像管，用在专业摄像设备中。后者称为 CCD 或 CMOS 固体摄像机，目前家用摄像机大部分是 CCD 固体摄像机或 CMOS 摄像机。

固体成像器件 CCD 是 Charge Couple Device 即电荷耦合器件的简称，其原理结构如图 10.3.3 所示。

图 10.3.3 中，PN 结用于检测感光产生的电荷，储存在 CCD 中间，利用 CCD 特性构成一个移

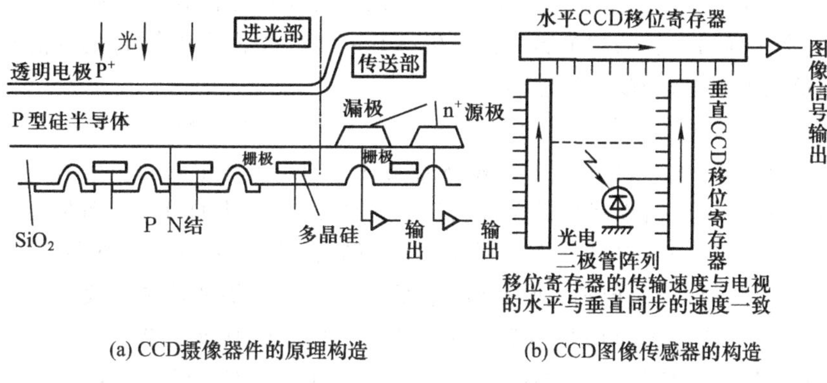

(a) CCD摄像器件的原理构造 (b) CCD图像传感器的构造

图 10.3.3 CCD 器件的原理结构

位寄存器，在移位脉冲作用下将储存的电荷一次一次送出去。它不需电子扫描，在电视摄像机中移位寄存器的传输速度与电视的水平与垂直扫描速度同步。

CCD 器件通常有两种，一种是面阵，通常用作摄像机的图像传感器，另一种称为线阵 CCD，通常是由许多 CCD 组成线性阵列，可以用于传真机等图像检测装置上。

CCD 器件不受磁场、电场的影响，使用寿命长，随着集成电路技术的发展，其分辨率也越来越高，CCD 器件也被用作其他图像传感器。

CMOS 摄像器件是由光电二极管阵列作为感光传感器，对应的 CMOS 场效晶体管开关作为扫描控制及光电信号读出通道，每一个像素包括一个光电二极管和一个场效晶体管，其基本结构如图 10.3.4 所示。光电二极管感光后产生光生电荷并积累在结电容上，工作时垂直扫描器产生

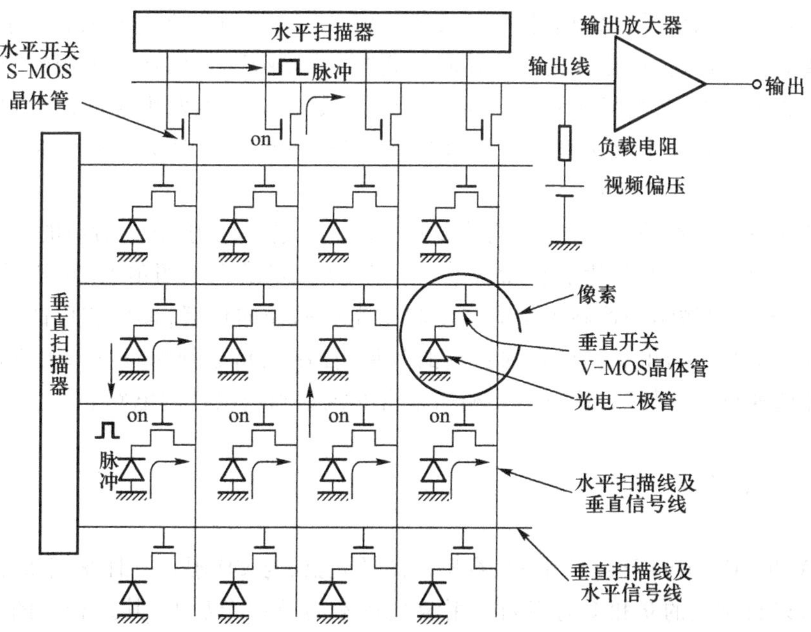

图 10.3.4 MOS 型摄像器件的基本结构

脉冲电压把某一行 V－MOS 垂直开关管全部开通，结电容所积累的信号电荷分别流到相应的垂直信号线上，水平扫描器产生的扫描脉冲依次接通 S－MOS 水平开关管，将垂直信号线上的信号电荷依次送到负载电阻上，经放大后输出。

由于此种结构的 CMOS 开关电路由脉冲驱动，在通断时会产生噪声，另外 V－MOS 晶体管的源极与光电二极管很近，光照以后也会在 MOS 管的衬底内产生寄生的光生电荷，并向周围扩散，形成图像的弥散模糊现象，所以形成的图像质量不佳，曾经有淘汰的可能。但是近年来已经有技术措施能解决上述缺陷，如采用差分放大器克服噪声的影响、在光电二极管和 MOS 管之间加一层不透光的隔离层以消除光生电荷，使图像质量逐步达到 CCD 摄像器件的效果。

此外，CMOS 晶体管构成的信号电流传输阵列特别省电，其能耗仅为同等 CCD 摄像器的 1/10，而且制造工艺简单，体积可以做得很小，它可以和其他的 CMOS 功能电路很容易集成在一起，做在同一块芯片上。这样就大大地降低了芯片价格，并容易实现规模化生产。这些优点使 CMOS 摄像器件在各种便携式的家用的数字相机，甚至手机中得到普遍的应用和推广，而 CCD 摄像器件仅用于专业的高精度的摄像设备中。

彩色摄像机跟单色的原理基本上是一样的，将彩色信号通过红、绿、蓝三原色原理进行分解，分别进行单色图像转换，再进行单色图像处理，得到彩色电视信号，然后进行存储或传送。

10.3.3　CD 唱机

CD 是英文 Compact Disc 的缩写，就是激光唱盘，直径约为 12 cm，放音时间达 1 h 以上。CD 唱机不像模拟唱机那样靠接触唱片来拾取信号，而是靠纤细的激光束进行非接触式光学拾音，因而又被称为激光唱机。CD 唱片上存储数字信号，在录制时也是靠激光完成的，所以 CD 唱片又称激光唱片。对于音源信号，比如语音信号或音乐信号，本身是模拟信号，随着电子技术的发展，为了保证这些信号的传送、储存并能在恢复时做到“原汁原味”，目前通常采用数字化方法，将模拟信号先进行数字化处理，变成 **0** 和 **1** 序列，只要这个数字信号不发生混乱，在恢复时就不会发生变化。所谓的高保真技术就是数字化处理技术，采用该技术的数字音响已成为音响的主流。CD 唱片示意图如图 10.3.5 所示。

唱片的表面有一点点的小坑，这些坑是按照一定的轨迹排列的，这个所谓的坑就是经过编码处理的音源数字化信号。在唱片上有 25 亿～60 亿个坑，当激光束照射时，坑不反射激光，无坑部分反射激光，通过机械结构控制光盘的转动和激光头的径向位置，读取相应的数字信号，通过处理恢复成模拟信号。为了获得较好的音响的效果，控制电路必须保证在 CD 外圈和内圈读到的数字信号流的速度是一样的，这就需要相当精密的机构和伺服控制电路。

10.3.4　VCD

VCD 是 Video Compact Disc 的缩写，意思是图像光盘，与 CD 唱片一样采用激光技术，将处理后的图像信号以数字化的 **0** 和 **1** 的序列采用激光技术刻录在光盘上，其过程如图 10.3.6 所示。由于图像信号的数据量庞大，不经过压缩一张光盘只能播放 5 min。由于一帧图像与前面一帧相比图像只有一部分变化，若能对变化部分信息进行编码，而重放时加上前一帧图像信息得到本帧

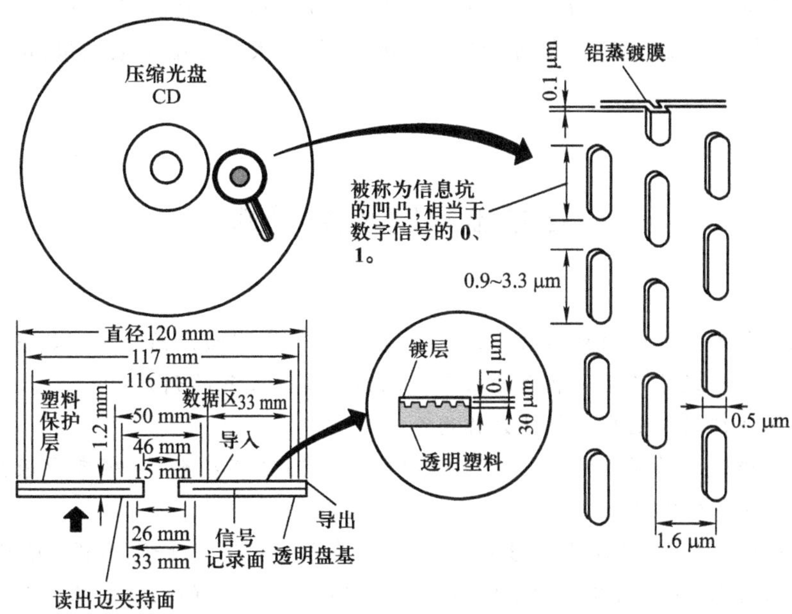

图 10.3.5 CD 唱片示意图

图像,这样就能大大压缩信息量,延长播放时间。

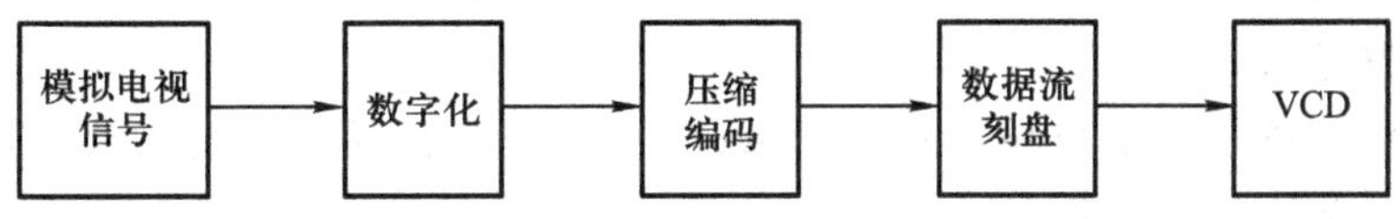

图 10.3.6 VCD 光盘刻录过程

VCD 放像机的放像过程正好与录制过程相反,由 VCD 光盘通过机械、光、电控制,使光检测器读取存储在光盘上的数据流信号,通过解码、解压缩,再通过数字到模拟的转化,最后恢复成普通的模拟信号,送到电视机中播放。

10.3.5 DVD

DVD 是 Digital Video Disc 的缩写,意为数字图像光碟,因为 VCD 的数字化压缩编码是采用国际运动图像压缩编码技术的 MPEG－1 标准,图像质量一般,未提高图像质量。若采用广播级数字电视技术来提高图像质量,也就是提高分辨率,带来的问题是数据量非常庞大,普通的 CD、VCD 光盘的存储密度为650 MB,如果用来存储 DVD 图像,显得空间太小。

目前单张 DVD 光盘的存储密度达 4.7 GB,最大的已达到 17 GB,为了达到这样大的存储密度,必须采用新的存储技术,这里采取了以下几项措施。

减小凹凸坑的长度,由原来的 0.83 μm 减为 0.4 μm,将光道之间的距离由原来的 1.6 μm 减小到 0.74 μm,另外采用更短波长的激光光源和更加精密的机械伺服系统。

同时,除了在光盘的工艺上有了改进以外,在数字压缩技术上也有了很大的提高,采用了MPEG-2标准的数字压缩方式,在保证图像质量的前提下,大大压缩了数据量,可以得到高清晰度的图像。

复习思考题及练习题

10-1　了解地区各主要电台的频率信息,并比较调幅广播和调频广播的声音效果。

10-2　为什么部分有经验的登山者通过收音机能预知雷雨天气的到来?

10-3　解释立体声广播中副载波起什么作用?

10-4　如果录音磁带与强磁场物体(如扬声器中的磁铁)紧密接触,对磁带中原先录制的信号的再放有影响吗?为什么?

10-5　如果有一幅200×300像素的彩色图像,要对其进行数字化处理,假设AD转换器为8位,每个像素对RGB分别进行数字化,不进行压缩处理,形成的数字图像存储空间为多大?

10-6　为什么在电视节目中显示正在工作的普通电视机或普通的CRT计算机监视器的图像是一闪一闪的?

10-7　修改计算机显示器CRT(阴极射线显像管)的刷新频率,分别设置为50 Hz、65 Hz、75 Hz、85 Hz时,观察各自的视觉影响;修改分辨率,再观察其视觉效果(注:要根据计算机的配置),并解释原因。

10-8　电视机的扫描分水平扫描和垂直扫描,当其中一种扫描电路发生故障时(没有扫描输出),电视屏幕会如何显示?

10-9　为什么说CD、VCD与模拟录音磁带或录像磁带相比,节目的效果通常不受放映次数的影响?

10-10　为什么DVD节目的质量比VCD高?

第十一章　信息通信系统

人类最初是通过嘴巴、耳朵、眼睛等途径与对方进行信息交换的，现在人们在相互交流时，大都是通过文字、图像和声音来进行的。通信就是指人们在相隔较远的地方，克服相互间的距离障碍进行信息交换的过程。通过电的手段可以解决信息交换时需要花费时间的问题，故将这种采用电的手段的通信称为电子通信，最典型的电子通信是电话。由于现代通信系统所能处理的信息已扩展到计算机数据、图像等更宽的范围，所以常常用“信息通信”一词来替代电子通信。

11.1　概　　述

1. 信息系统的基本组成

信息系统的基本组成如图 11.1.1 所示。

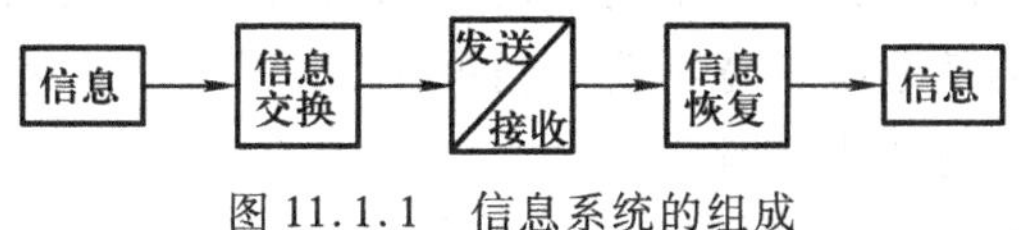

图 11.1.1　信息系统的组成

信息是指语音、文字、图像等能被大家理解并交流的内容。

信息变换是指将信息通过电的处理变成可以传输的信号的过程，如信号的获取、处理，将语音信号通过话筒转变成音频信号，将图像通过摄像设备转换成电视信号。其中信号处理是指将获取的信号进行放大、滤波、调制、解调、编码、解码、压缩、解压缩等操作，从而达到相应的效果。例如为了方便信号的传输，将信号通过放大、调制成高频信号，都属于信号处理。

发送是指将变换好的信号通过发送设备如天线等换能装置，由传输媒介如空气、电缆等传输到另一个地方的过程。

接收/信息恢复：由接收换能器如天线等将接收到的信号转换成电信号，再由逆变换转变成原有的信息的过程。

2. 通信系统分类

常见的通信系统按通信功能可以分为语音通信、图像通信、数据通信。

(1) 语音通信是以听觉为服务对象的通信方式

最具代表性的是电话，它具有高效实时等特点，成为人类现代生活中不可或缺的工具。

(2) 图像通信是以视觉进行信息交换的通信方式

从早期的以文字为主的电报，到后来的传真，以及目前经常使用的电视电话、电视会议、电视现场直播等都是图像通信。由于图像所包含的信息量很大，要求通信系统具有很高的传输带宽，目前正在研究如何在不损伤图像通信质量的情况下，降低通信成本，包括研究如何进行图像压缩、图像处理等。

（3）数据通信所传送的信号是指经过计算机处理后的数据符号

与语音通信或图像通信相比，比较明显的区别是，如果语音和图像在信号传送时出现了一点点差错，对语音和图像的影响较小，对于电话可能会听到一些噪声，对于图像可能局部有点模糊，但对于数据通信则可能会造成很大问题，比如对于股票交易的数据通信，出现数据通信问题，将会带来不可估量的损失。所以在数据通信系统中就要求具备差错检出和纠错功能，保证数据的正确性，增加了系统的复杂性。

通信系统按传输方式的不同，又可分为有线通信、无线通信、光纤通信、移动通信等。

3. 通信系统所需的带宽

对于信息通信系统，所需要的传送带宽是指由所处理的信息量和处理这些信息所对应的时间来决定的。对于系统带宽选择的原则是在保证信息能正确传递的情况下，带宽越窄越好。通信系统带宽通常由两种单位表示，对于模拟系统（例如电话、电视系统）常以 Hz、kHz、MHz 来表示，对于数据通信系统常以传输速率来表示，如 bit/s、kbit/s、Mbit/s、Gbit/s 甚至 Tbit/s。这两者之间有一定的区别和联系，对于 1 kHz 带宽的信号和 1 kbit/s 的数据通信速率，后者对应的信号带宽可以近似认为是 1 kHz 方波信号所对应的带宽，通过信号分析得出，其带宽达到 10 kHz 以上，比 1 kHz 要宽得多。对于声音信号，人的耳朵感觉到的频率范围为 20 Hz ~ 20 kHz，但在电话通信系统中，对声音带宽的处理只保留声音信号中的 0.3 ~ 3.4 kHz 部分，因为在这个带宽的情况下，已经能让对方的人听懂，达到了通信的目的。同时由于减少了带宽，使得通信频率资源的利用率大大提高。在保持通信系统带宽不变的情况下，由于每一路电话的带宽的减少使得可以有更多路的电话同时在一根电缆中传输。

对于图像通信也是如此，比如普通模拟图像的图像信号传输，其带宽为6.5 MHz，采用 MPEG - 2 的图像压缩模式，可以在 2 ~ 3 Mbit/s 的处理速度就可以获得高质量的传送，重现的图像质量和原来的标准电视一模一样。

对于计算机数据通信系统，目前传输的带宽根据要求的变化很大，小的为每秒几比特，大的为每秒几兆比特，最大的通信速率比如光纤主干网的传输速率已经达到 Gbit/s，甚至 Tbit/s 的数量级。

4. 对通信系统的主要技术要求

通信系统必须达到的要求首先是保证通信质量，其次是可靠性高，第三是使用方便，第四是收费低廉。

（1）对于通信质量和可靠性的要求

通信质量对于电话来说是通话质量，其质量高低表现为双方能否听懂对方的说话的意思；对于图像通信，其质量高低表现为能否获取清晰的图像，是否存在失真。

保密和抗干扰也是通信系统的一个重要要求，特别是在军事等领域，如何做好保密、抗干扰等工作是必须重点考虑的问题。

（2）对于通信便利的要求

人们对于信息通信系统提出了 5W 要求，能够用手持电话实现任何个人（Whoever）在任何时间（Whenever）任何地点（Wherever）都能与世界上其他任何人（Whomever）进行任何方式

(Whatever)的通信,这就是所谓全球个人通信标志(5W),第五个W是指可以支持话音、数据和图像等多种业务通信。

目前移动电话基本上实现了这一点,所以普及率很高,成为人们日常生活不可缺少的工具。另外一个例子是Internet技术的发展,使得人们通过任何一台计算机都可以和另外的任何一台处在这个网络中的计算机进行通信。目前电子邮件系统被广泛的使用,也是因为这个原因。

*11.2 有线通信

最早的通信正是从有线通信开始的,1876年贝尔发明了电话机,两年后又发明了手动交换机,如今电话机已成为人们日常生活的重要组成部分。有线通信由交换机和传送装置两大基本部分组成,公共的交换机分用户交换机和中继交换机。用户交换机汇集了很多来自电话机的电线并对电话机进行控制,中继交换机是向全国进行中继通信的装置。这些交换机组成了相互联系的网络,构成了一个大的系统。

11.2.1 电话通信线路及交换机

电话通信线路中的电话机(终端用户),由电话线连接到本地交换机,即用户交换机,可以实现本地电话交换,再由本地交换机通过中继交换机与其他用户交换机相连,实现异地通信,从而实现大范围的联网,如图11.2.1所示。

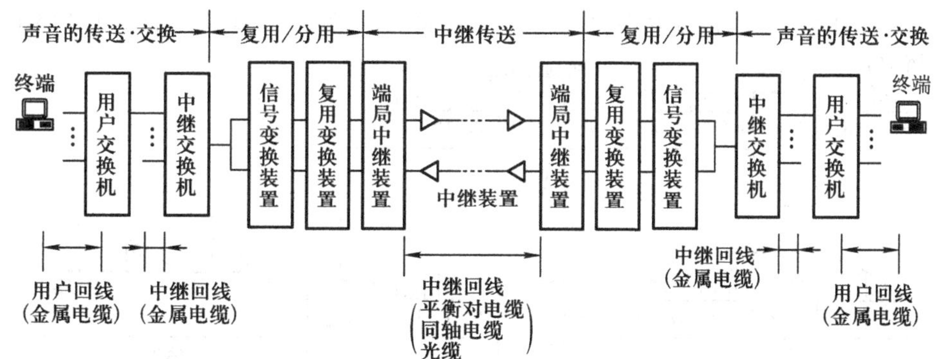

图11.2.1 电话通信系统

交换机是电话网络中的重要节点,用以实现话路的交换控制,它在电话网络中功能为:

连接:实现主叫用户和被叫用户的通话连接。

信令:在用户和交换机、交换机和交换机之间传递的用于呼叫建立、释放、控制的非话音信息。信令具有监视、选择、管理等功能。

控制:交换机的控制部件是交换机的核心,完成交换接续、日常维护、话务统计、测量计费、设备管理以及系统输入输出等所有控制。

交换机的发展经历了人工转接、电路交换、分组交换、快速分组交换(ATM)等阶段。主要的构成装置包括信号变换、复用变换、中继装置等。

1. 信号变换装置

(1) 调制解调器(Modem)

调制解调器是将所要发送的信号通过调制变成可以传输的信号,同时由于线路中信号的传输是双向的,也要将远方发来的信号解调还原成基带信号。比如我们上网用的调制解调器,俗称“猫”,它实现了将计算机的数字信号通过调制变成模拟信号由电话线传到 Internet,同时将网络中的数据通过电话线返回到计算机。在电话回路中实际传送的频率为 300 ~3 400 Hz,但我们计算机上网速率可以达到 56 kbit/s,就是通过调制解调技术实现的。

(2) 编码器、解码器

现代通信技术的发展使电话网络已经由原来的模拟手动交换发展成程控和数字交换。这就需要将模拟信号(声音信号)转换成数字信号,整个转换分成取样—量化—编码等一系列操作,完成这一过程的装置就是编码器,而解码器则是将数字信号变换成模拟信号的装置。

2. 复用变换装置

复用变换装置是提高线路的传输效率、降低设备成本的装置,它将多个信号进行复用处理后送往传送线路。在模拟线路中采用频分复用方式,在数字线路中采用时分复用方式。

(1) 频分复用

频分复用方式是将不同的输入信号通过不同的载波调制后再混合叠加,使得信号从频谱的角度看各路信号不互相重叠,然后在信道中传输。频分复用可以是多级的,例如将 12 路电话通过频分复用变换成一个基群,然后由若干个这样的基群进行第二次频分复用,再进行第三次频分复用等,称这样的频分复用信号分别为一次群、二次群、三次群。图 11.2.2 表示了 3 路电话通过

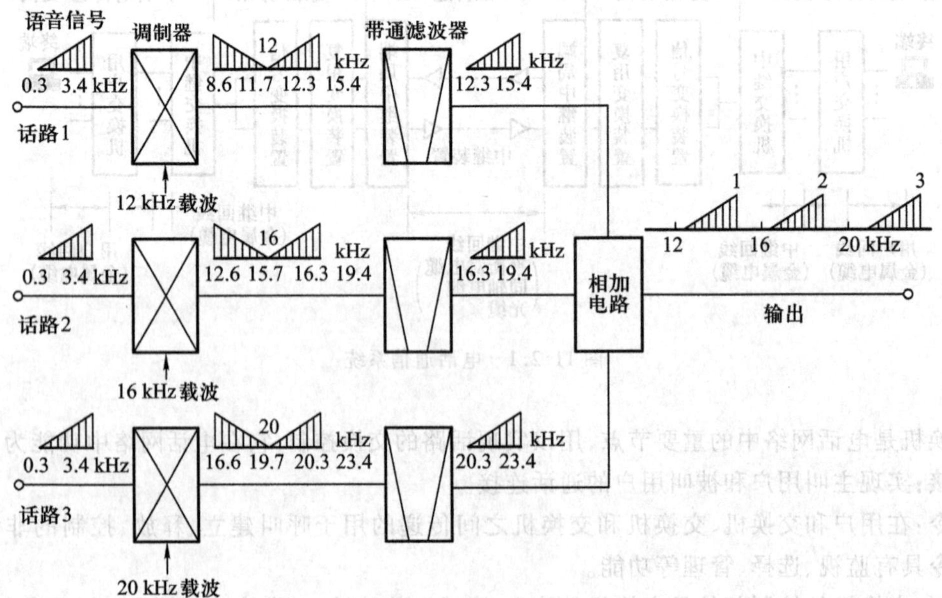

图 11.2.2　频分复用方式

频分复用构成一个基群的过程,图中 3.4 kHz 的语音信号经幅度调制后得到的是双边带信号,通过带通滤波后截去其下边带,将上边带信号通过相加电路合成后在一个信道上输出,每路的频率间隔为 4 kHz 。

(2) 时分复用

对于数字信号通常采用时分复用的方法,在不同的时间通过切换实现时分复用,如图 11.2.3(a)所示,当然为实现信息的再现,必须保证信号合成和分解时的同步控制。

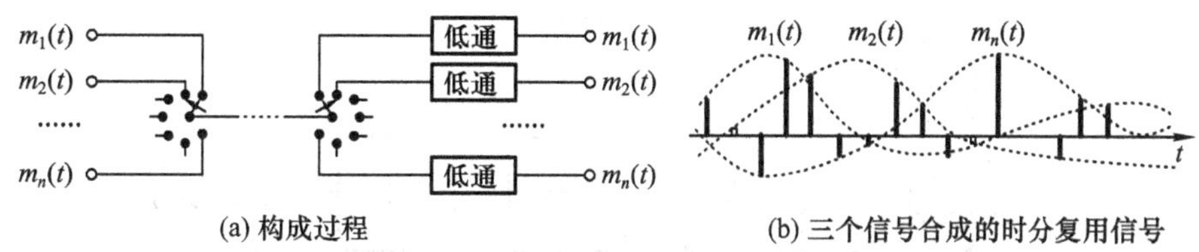

图 11.2.3 时分复用方式

3. 中继装置

中继装置是为了克服传送线路所造成的信号损耗和干扰,在线路中加装的补偿装置,一般放置在线路的专门位置。

11.2.2 传真

所谓传真是发送方把文字、图表、照片等图像变成电信号通过电话线传送,在接收方把接收到的电信号通过恢复处理,得到与原来画面一样的图像的通信方式。用电话线传送图像的原理是发送方将原图像划分成很多的像素,一行一行对像素进行扫描,其过程类似于电视对每个像素信号进行数字化处理,并对数字信号进行编码后送入传输通道。由于电话线路不能传输数字化的图像信号,必须将它调制在 1.9 kHz 的音频载波上以调幅信号方式传送。在接收方需将接收到的调幅信号解调得到数字信号,并将送来的数据进行解码,复原成黑白信息,通过以像素为单位的记录就可以获得与原图像相同的再生图像,其原理框图如图 11.2.4 所示。

接收方的记录方式有热敏记录、静电记录两种。热敏记录方式中,采用成卷的热敏记录纸(每卷长约 30 m 或 50 m),其走纸速度与发送方原稿移动速度同步。热敏记录纸表面涂满遇热变色的涂料,在经过由发热电阻元件组成的热敏电极时,热敏电极按照水平扫描中的图像信号发热,使记录纸变色显现图像。此种记录方式方便、价廉,为一般传真机普遍使用,但是由于像素较粗,所显示的清晰度不够高。另外记录的图像容易褪色,特别是受到阳光照射时,图像不能长久保持,如有需要必须复印保存。

静电记录方式采用静电记录纸,记录电极是由在水平方向上紧密排列的针状电极构成的。在水平扫描过程中,根据图像信号对针状电极施加 600 ~ 800 V 的高压,就会在电极下记录纸上留下静电电荷,然后将极细的墨粉吸附在记录纸的带电区域,再通过加热固化,图像就显现在记录纸上,这种方式类似于复印机的原理,所记录的图像比较清晰,能够长期保存。

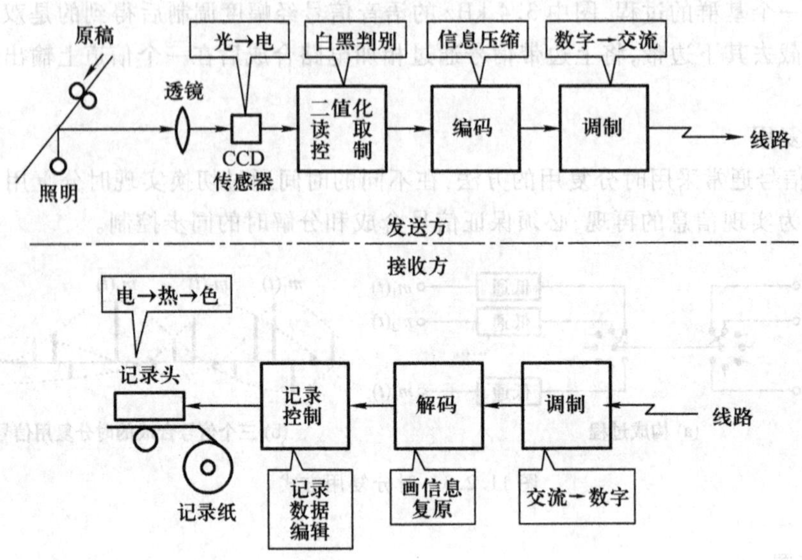

图 11.2.4 传真的原理

现在发展的新型传真机采用了类似喷墨打印机的记录方式，在接收传真图像信号时把数字信号存储在随机存储单元(RAM)中，当接收完成后再像打印机一样把图像打印出来，这种方式不要求发送方与接收方走纸同步，当接收方记录纸用完时，也能接收传真保存在RAM中，当重新装纸后再打印出来，而且可以根据需要打印若干份。在此基础上又发展成多用途的电话—传真—打印—体机，既能作为通信设备，又能作为计算机的打印机，而且这种传真设备不需要用专门的记录纸，可用普通纸记录，并能长期保存，所以有一定发展前景。

11.2.3 ISDN

在20世纪70年代前，通信业务集中在电话和电报，近40年来，随着工业和经济的发展，社会对信息的需求及对信息传递方式的要求也不断提高，出现了很多新的非语音的通信业务，如图像、图文业务、多媒体业务，电子邮件以及数字通信等，但由于传输的介质——电话线不变，人们为了满足以上业务的需求，开始时借助于调制解调器在电话网上用语音频带来传输数据，但传输的速率和质量都受到了较大的限制。为了克服这种限制，不得不建立新的专门网络来满足非语音业务的需求，于是就出现了所谓的公共电话交换网和分组数据通信网。几种网络并存，分别用来提供不同的业务，但这样又造成了通信资源浪费，通信成本很高。图11.2.5是目前的通信网。

在这个背景下，产生了将不同类型的业务综合在一个网中进行交换处理的设想，也就是建立综合业务数字网(ISDN：Integrated Services Digital Network)。ISDN是由电话综合数字网(IDN：Integrated Digital Network)即采用数字传输和交换综合而成的通信网络转变而来的，能提供端到端的数字连接，即网络中传输的是数字信号，以支持一系列广泛的业务(包括语音和非语音业务)，它为用户提供一组有限的标准多用途的用户网络接口。

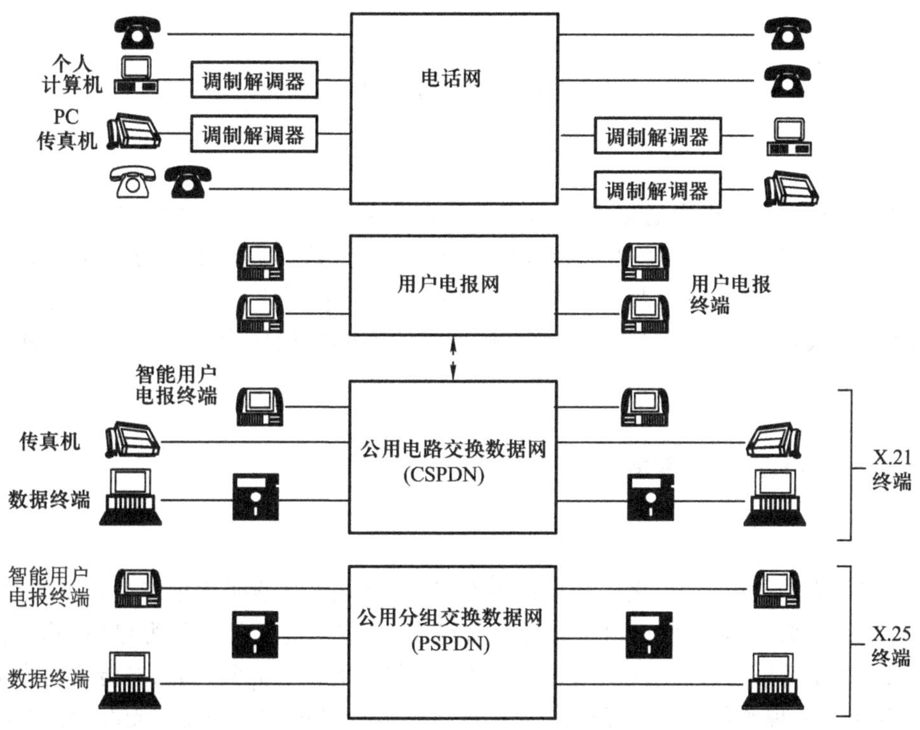

图 11.2.5 目前的通信网

ISDN 终端用户所采用的 ISDN 网络，支持 144 kbit/s 的数据通信速率及两条 16 kbit/s 的信号通道或语音通道，所以 ISDN 能作为介入 Internet 的一种较快速的选择。用户安装了 ISDN 接口设备后，在一条电话线上可以同时进行电话通信、传真、计算机上网或数据通信而互不影响，提高了网络的利用率。

11.2.4 ADSL

随着计算机网络的发展，人们对数据通信的速率和质量的要求越来越高。虽然从最初 Modem 的通信速率为 56 kbit/s 发展到 ISDN 的 144 kbit/s，但还是满足不了人们对通信的需求。例如通过 Internet 的视频点播系统（VOD ：Video on demand），要求通信速率至少为 3 Mbit/s。ADSL 是一种从服务端到用户端（下行方向）和从用户端到服务端（上行方向）具有不同传输速率的非对称数字用户线，下行方向的速率通常是上行方向速率的 10 倍，可以达到 1 Mbit/s 甚至 10 Mbit/s，它取决于初始化时决定的环路长度和网络条件规定的最高速率。ADSL 系统除了具有 ISDN 的功能外，在宽带高速条件下，能够传送电视信号、动画及超高速数据等，ADSL 可以支持 Internet 宽带接入，局域网（LAN）互联及 VOD 点播等应用。

随着电子技术和通信技术的发展，其他像宽带电缆调制解调器（Cable Modem），光纤宽带等技术也将应用于千家万户。

11.3　光纤通信

光纤通信是利用光缆作为通信媒介的通信方式。由于光缆具有传输损耗小、频带宽、容量大、无电磁干扰、无信息泄漏、无串音、重量轻的优点，越来越成为通信系统的主流。随着 Internet 技术的普及和发展，产生了高速大容量传输信息的需求，光纤到户已经逐步变成现实，实际上它是 21 世纪的“有线通信”。全光通信及光交换技术的不断发展使得光纤通信成为通信的主要手段。

11.3.1　光纤及光的传输

1. 光纤

光纤是直径为 124 μm 像毛发一样粗细的石英玻璃纤维，其透明度极高。它由两部分组成，中间部分称为纤芯部分，它是由折射率高的材料组成，纤芯的周围部分称为包层，其折射率相对较低。利用光的全反射原理，可以使光信号在光纤中传输而没有泄漏，如果对传输的光信号进行调制的话，就可以实现利用光来进行通信。图 11.3.1 是光纤的构造和光在光纤中传输的原理。

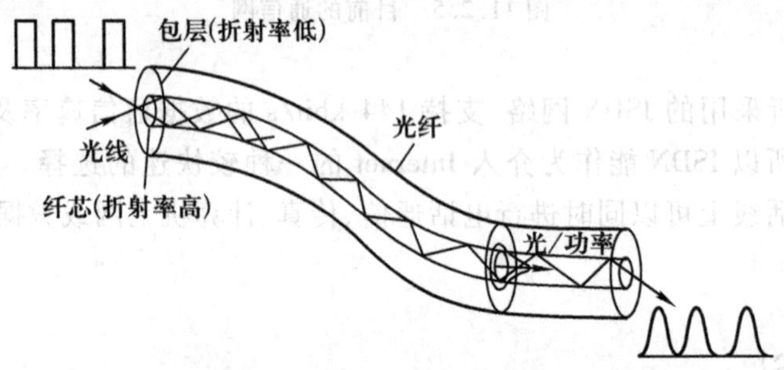

图 11.3.1　光纤的构造和光在光纤中的传输

2. 光缆

实际上通常使用的是光缆而不是光纤，光纤由于材料决定其非常脆弱，容易折断，所以在使用时必须对光纤进行保护，从而使其能承受较强的拉力和折弯能力。具体做法是，在光纤的外部包了两个保护层，第一个保护层为紫外线硬化树脂材料，第二层是尼龙。对使用多路光纤时常对尼龙保护层着色，以便于区别。光缆的缆芯是由耐张力的多股钢丝绞成，外覆缓冲用的塑料层，然后再在缆芯周围放置若干个光纤组，每组约 7 路光纤。然后再在外面包上两层坚固耐磨的包覆材料，其结构如图 11.3.2 所示。当然，根据不同的运用场合，采用的保护措施和选用的材

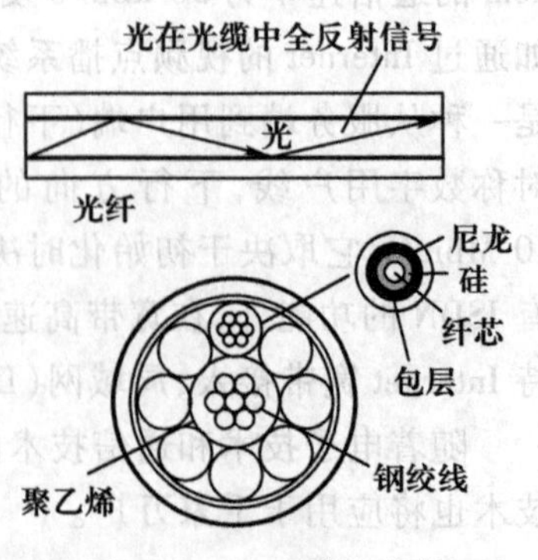

图 11.3.2　光缆的结构

料也不一样,比如海底用的光缆和陆上用的就有些差别。

3. 光纤传送的损耗

光纤传送的损耗主要有两个方面,一是由于材料和结构引起的吸收、散射所造成的损失,二是由于连接成系统时产生的损失,如接插件连接损失、弯曲损失等。因为高纯度石英玻璃技术的发展,目前光纤传送损耗已达 0.15 dB/km,基本上已经达到石英类光纤的理论损耗值。利用光纤远距离传输已经实用化,而且其损耗远低于通信电缆损耗值。

11.3.2　光纤通信系统的构成

光纤通信是在光发射器和光接收器之间用损耗小、频带宽的光纤进行连接,并实现通信的通信方式,它具有容量大、通信距离长的特点。随着技术的发展,光纤通信已经非常普及,重点中心城市之间的通信连接已经采用光纤通信的方式。目前,随着 Internet 的发展,光纤到户已经开始推广。今后,家用有线电视、Internet 接入等,多数将由光纤来承担。图 11.3.3 是光纤通信系统的构成。

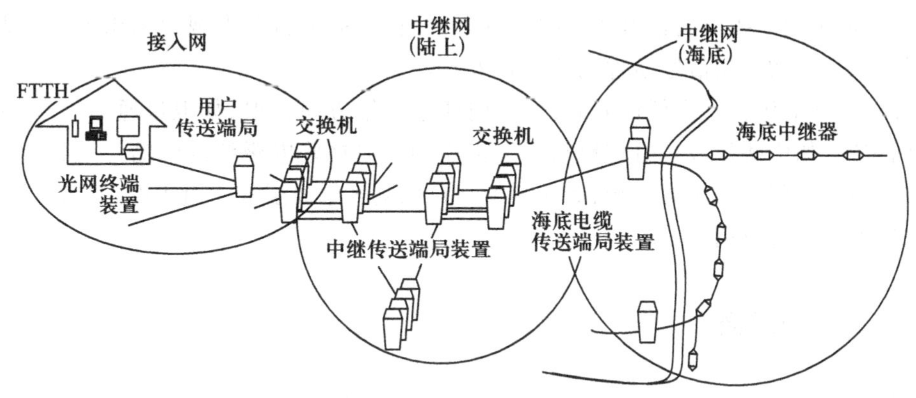

图 11.3.3　光纤通信系统的构成

光纤通信的基本原理如图 11.3.4 所示,发送端将电信号调制后送到半导体激光器,产生波长、相位一致的调制激光,通过光纤传送。在接收端用 PIN 光电二极管①(砷化铟稼)或雪崩二极管构成的光检测器接收光信号并转换成电信号,再通过解调得到所传送的原信号,送到终端设备。

光纤通信由于采用封闭传输的定波长激光作为通信媒介,可以实现极宽频带的信号传输,其信息容量大大超过微波通信,而且所需功率甚少。

① PIN 光电二极管:是采用 PIN 结构的光电二极管。P 代表 P 型半导体层,I 代表本征层,N 代表 N 型半导体层。PIN 结具有较宽的耗尽层及较小的结电容,能抑制耗尽区外扩散电流的影响,具有较快的响应速度。

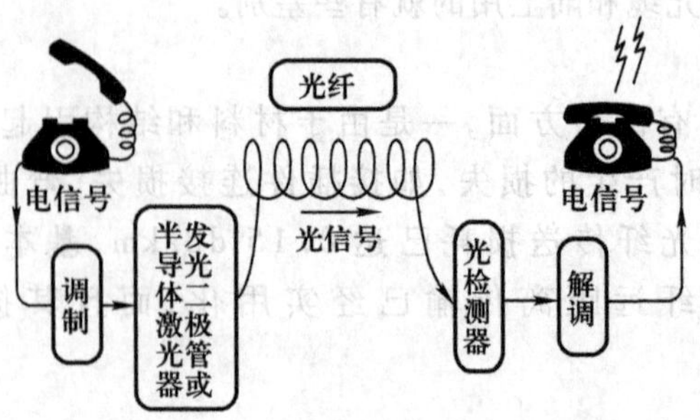

图 11.3.4　光纤通信的基本原理

11.4 无线通信

现代通信利用电磁波或光波作为传输信息的媒介,从某种意义上讲光波也是电磁波的一种。电话和有线电视采用电缆或同轴电缆定向传输电磁波,广播电台和电视台采用无线辐射的形式向周围空间传输电磁波,光信号通过光纤定向传输。

电磁波在空间的传输不受任何限制,可以向任意三维方向辐射,如卫星通信信号;也可以在二维的空间传输,如广播信号是沿着地球表面传输的。但这些电磁波的传输要受到能量源如天线的影响,也会受到所遇物质的影响,如建筑物、山岭、空气电离层等。由于电磁波在空间能自由传输,所以得到广泛的应用。

11.4.1　短波通信

短波通信是指利用波长为 100 ~ 10 m(频率为 3 ~ 30 MHz)的电磁波进行的无线电通信。超短波通信是指以波长为 10 ~ 1 m(频率为 30 ~ 300 MHz)的电磁波进行的无线电通信。短波通信主要运用在政府、军事、外交、气象、通信与导航等部门,传输语言、文字、图像、数据等信息,尤其在军事部门,作为远距离指挥的重要手段。超短波多用于电视、雷达、移动电话,也用于军事通信。

短波主要靠地面上方 100 ~ 400 km 处的电离层反射(天波)传播,所以能利用电离层与地面之间的多次反射传播到很远的地方,也可以和长中波一样沿地面进行短距离传播。超短波主要为直线传播,传播距离有限,一般为 50 km 左右。

按照无线电管理部门的规定在短波频率范围内,只有某些频段归通信使用。由于电离层的高度受太阳辐射的影响很大,所以在白天短波的反射传播很不稳定,通常在晚间电离层较低且高度比较稳定,传播质量较好,短波收音机只有在晚上才能较清晰地收到短波广播电台的节目,也是这个道理。为了使发送及接收更为可靠,通常同样的信息需要使用不同频段的几个频率同时发送,以保证接收方能从中选择效果最好的频率接收。

当太阳出现黑子或发生磁暴时,以及宇宙射线异常有大量带电粒子进入地球大气层时,会引起电离层异常波动而导致全球范围内无法进行短波通信。另外,异常的气象情况也会对短波通信造成不利的影响。

11.4.2 微波通信

微波通信是在二次大战后期开始使用的一种无线电通信技术,经过50年的发展获得了广泛应用。微波一般是指波长为1 m~1 mm(频率为300 MHz~300 GHz)范围内的电磁波,其中又可分为分米波(300 MHz~3 GHz)、厘米波(3~30 GHz)、毫米波(30~300 GHz)等。微波的波长很短,具有直线传播的性质,能穿透电离层而不被反射,外来电磁干扰对其影响较小。但传播途中的障碍物如建筑物及山峰会影响传播、吸收电磁波能量,另外,雨雪天气也会有较大的衰减。所以微波通信用的抛物面天线都被安置在离地高度达几十米以上的铁塔上。当微波通信用于长距离传输时,需要采用中继(接力)方式传输,所以又称微波中继(接力)通信,一般每30~50 km需要设定一个中继站。微波通信分为模拟微波通信和数字微波通信两种。现在模拟系统逐步为数字中继通信所取代。

由于微波通信具有定向发送的性质,所以接收方的抛物面天线必须对准发送方的天线才能接收信号。微波通信的频带很宽,在一个频段内可以发送多路通信信号。图11.4.1是微波中继通信线路示意图。图中的主干线及支线是指微波传播途径。中继站是指矗立在田野中间的上面装有接收天线及微波放大装置,然后再通过发射天线发射出去的高塔。现在的微波通信往往是双向的,所以中继站的两个抛物面天线既是接收的又是发射的。

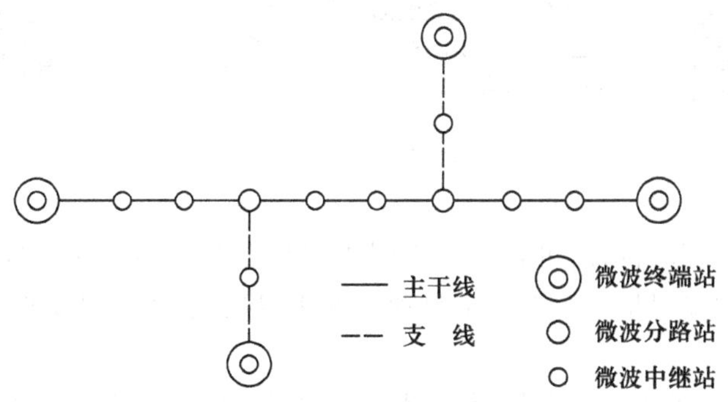

图11.4.1 微波中继通信线路示意图

微波通信有以下几个特点:

① 通信频带宽 占用的频带约300 GHz,而全部长波、中波、短波所使用的频段总和不足300 MHz,所以微波不仅可以作为电视、图像通信方式,还可以作为电话网中局与局之间的通信。

② 受外界干扰影响小 工业干扰、太阳黑子的活动对微波通信的影响较小。

③ 通信灵活性大,建设方便,还可以根据需要建立临时的车载微波通信站。

④ 天线增益高,方向性强,相互干扰小,可减小发射功率。

⑤ 投资小,建设速度快。

由于以上的微波通信特点,使得它能够替代远距离的长途有线通信线路。目前的长途通信大都已经采用了无线微波接力网,特别是在边远地区,架设线路不易的山区、海岛,各城市及偏远乡镇的电信局都装有微波通信站,实现了有线通信无线化,大大节省通信线路投资。

11.4.3　卫星通信

所谓卫星通信是指利用人造卫星转发信号实现的无线通信,用于通信的人造地球卫星称为通信卫星,如图 11.4.2 所示。

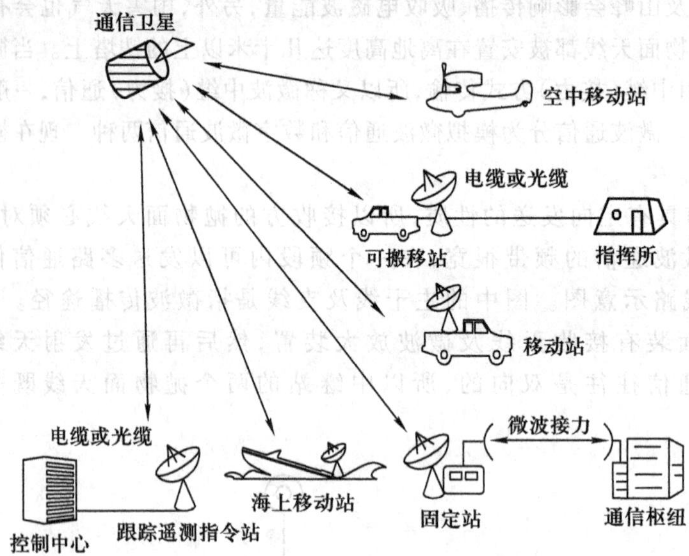

图 11.4.2　卫星通信

根据卫星与地面的相对位置,可将它分为同步卫星和非同步卫星。同步卫星运行的周期与地球自转周期相同。同步卫星又分静止卫星和不静止卫星,静止卫星从地球上看,好像固定在天空的某一位置。

在通信系统中,通常采用静止卫星,位于距地球约 36 000 m 高度的地方,覆盖地面面积约为地球表面的 40%,有 3 颗这样的卫星就可以覆盖全球除极地外的地球面积。卫星通信中所用的频率范围为 1 ~ 10 GHz 的微波波段,也有高达 20 ~ 30 GHz 的频段。在 10 GHz 以下的频段内所受到电离层及雨雪天的影响较小,另外宇宙射线引起的噪声也小。

卫星通信的构成如图 11.4.3 所示。图中,由地面站向空间站发送微波为上行线路,一般采用 6 GHz;由空间站向地面发送微波为下行线路,一般采用 4 GHz。

多个地面站可以通过通信卫星互相通信,这种通信称为多址连接,可以有时分多址连接(不同的信息按时序不同组合在一个信道中)及频分多址连接(不同的信息用不同频率的载波调制后再组合到一个信道中)两种方式,其原理如图 11.4.4 所示。

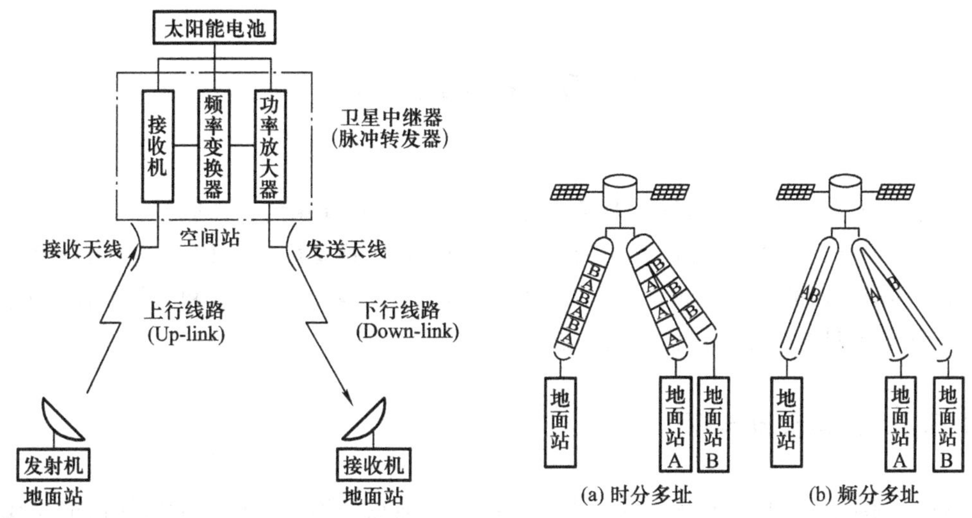

图 11.4.3 卫星通信的构成

图 11.4.4 多址连接卫星通信

空间站一般采用空间自旋的方式以保持其在空间的位置及状态不变,使它的天线始终朝向地球。空间站上装有几十套卫星转发器,每套转发器都有其固定的用途,转发器中的接收机接收到信号后经频率变换、功率放大后再向地球发送信号。各个转发器共用一套天线,所转发的信号是用调制的方式加在载波频率上,各个转发信号的合成频带宽度可达 500 MHz 左右。在空间站中采用调制滤波方式把各个转发信号取出,分别进行不同要求的功率放大,然后再将信号合成后发送。

空间站由太阳能电池供电,供电功率约为 1.5 kW,当无阳光照射时则由蓄电池供电,若电池寿命终结引起供电不足时将使卫星失效。

空间站内部的调整及状态控制、电路的通断、转发器用途的设定都由地面控制站通过专门的控制信道发出操作命令,而空间站的内部运行状态及参数也定时地通过控制信道发回地面控制站,并且对地面操作命令发出应答信号。

利用通信卫星作为中继可以实现地球上的全球跨区域通信,如图 11.4.5 所示。卫星通信可做到通信距离远、覆盖面大、通信灵活、频带宽、容量大、稳定可靠,还能现场实时传送电视图像信号。但由于卫星技术复杂,制作及发射成本高,且有一定寿命,所以通信费用很贵。另外由于传输距离长,加上转发器的信号处理需要时间,所以卫星通信时会有一定的延时。

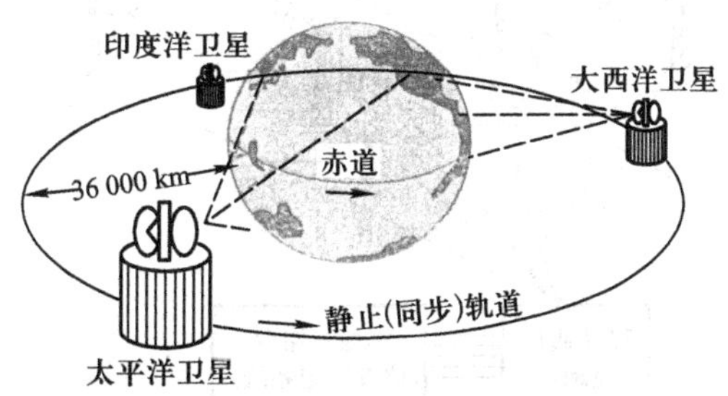

图 11.4.5 卫星全球通信

11.5　移动通信

移动电话、业余无线电、寻呼机、无绳电话，这些都是人们使用的移动通信系统。移动通信系统实际上就是一个无线通信系统，常用的移动通信有 GSM 蜂窝电话、CDMA 电话、寻呼机、无线对讲机等。移动电话的发展方向就是个人通信，任何人在任何地方，可以和另外的任何人进行通信，目前的海事卫星电话就可以做到这一点。

11.5.1　蜂窝移动电话

蜂窝电话系统（GSM）为在无线覆盖范围内的任何地点的用户提供市话交换网的无线接入，所采用的无线电波频率为 900 MHz ~ 1.8 GHz，蜂窝系统能在有限的带宽范围内并在很大的地理范围内容纳大量用户，提供与有线电话相当的通话质量。其高容量的获得主要是因为每个基站的覆盖范围限制到称为小区的小块地理区域，小区的范围为 3 ~ 5 km，这样相同的无线信道可以在相距不远的另一个基站里使用而不互相干扰。另外，采用一种称为切换的复杂交换技术，确保了当用户从一个小区移动到另一个小区时的通话不断。

蜂窝移动电话系统由移动电话交换局、移动通信控制台、本地存储台及小区基站构成，移动电话交换局与市话网通过中继线相连，相当于市话局的分局，起有线与无线通信的连接作用。交换局下面连接若干移动通信控制台，控制台控制若干小区基站，每个控制台又与本地存储台相连，在存储台中存储有控制台所辖范围内的各移动电话用户的位置信息。

当移动电话（手机）处于开机状态时就能接收到由控制台通过基站的控制频道所发出的控制信号，话机自动记录或更新机内存储的小区位置信息，同时向基站发送位置登记信息，控制台将该话机位置登录在存储台中，如图 11.5.1 所示。

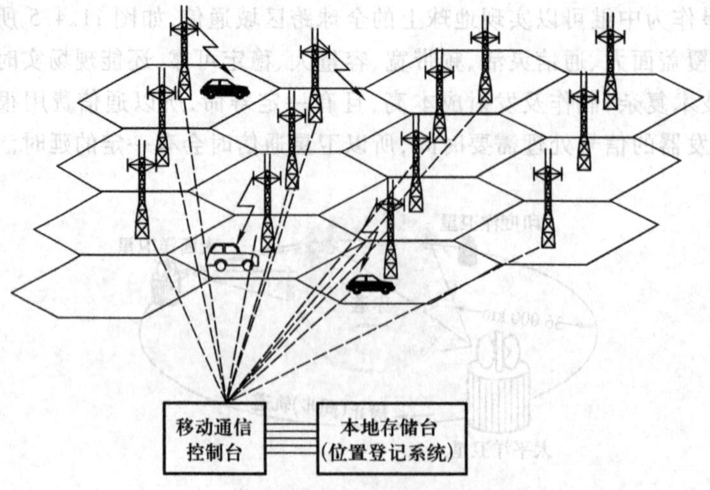

图 11.5.1　蜂窝移动电话的基站

当市话用户拨打手机用户时，通过市话网进入移动电话交换局，由交换局通过若干本地存储台查找对方手机的位置信息，然后选择离该手机最近的控制台，由该控制台下属的所有基站发出呼叫信号，被呼叫手机应答时发出应答信号，由基台通过控制台向交换局发送，同时控制台又向手机发出指定通话频道指令，手机自动切换到指定的通话频道上即可通话。

当移动电话用户在通话中，由一个小区移向另一个小区时，原来的小区基站会检测到该用户手机信号电平逐渐下降，相应的指示周围小区基站对此通话频道信号进行检测，其中信号最强的小区被判断为该用户手机的移动方向，这样选择该小区的空闲通话频道进行切换，同时更新本地存储台中存储的话机位置信息，从而保持连续通话而不中断，如图 11.5.2 所示。

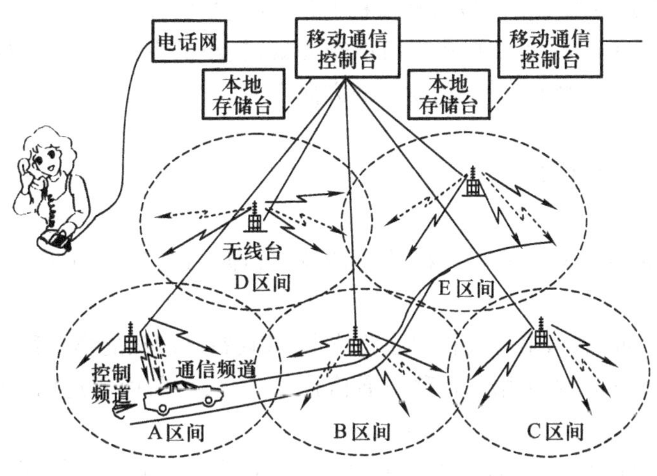

图 11.5.2 移动电话通信系统

11.5.2 CDMA

CDMA 是英文 Code Division Multiple Access 的缩写，意思是码分多址，它是基于扩频通信技术的一种移动通信系统。

扩频通信是利用在信息频带不变的情况下，用扩频信号扩大传送信号的频带，以对抗或者抑制干扰的有害影响，或者用低功率发送隐蔽信号，使窃听者难以检测，实现保密通信。其方法是利用带宽为 W 并比数字信息码带宽 R 高得多的伪随机码对数字信息码进行调制，再经载波调制发射，该通信系统模型如图 11.5.3 所示。伪随机码是近似随机噪声的信号，只有在接收端有相

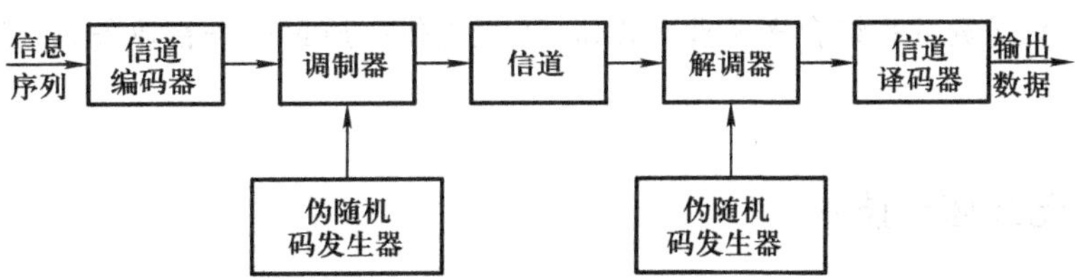

图 11.5.3 扩频数字通信系统模型

同的伪随机码才能解调,其他的接收机无法解调。所以最早的扩频通信用在军事领域,用于抗干扰和保密通信。因此在扩频通信系统中,发送端和接收端的伪随机码发生器完全相同,在开始通信前,发送机发送一个固定的伪随机码,即使在强干扰的情况下,也能被接收机识别出来,并建立同步,以后就可开始通信。如果用 W 表示传送带宽(Hz),用 R 表示数据速率(bit/s),W/R 被称为扩展系数或扩展增益,它的值一般可以在 $100 \sim 10^6$ 范围。可以证明扩展系数越大,发射所需的功率越小,而且保密性能越好。

多址就是在同一时刻、同一频段多个终端互相通信而互不干扰,并可以灵活选择通信用户。利用伪随机码的这个性质来实现多址,只要用不同的伪随机码作为每一个通信终端的地址(类似手机号码),在同一个载波频率下可以实现多机通信,这就是码分多址。

和 GSM 系统相比,CDMA 可获得较高的声音质量、较小的发射功率、较好的抗干扰能力、较高的接收灵敏度,是 21 世纪的移动通信发展的方向之一。

11.5.3　3G 移动通信

3G(Third Generation)表示第三代移动通信技术,即面向高速、宽带数据传输的移动通信技术。

1G(First Generation)表示第一代移动通信技术,如现在已淘汰的模拟移动网。

2G(Second Generation)表示第二代移动通信技术,代表为前面所述的 GSM。以数字语音传输技术为核心。

2.5G 是基于 2G 与 3G 之间的过渡类型,代表为通用分组无线业务(GPRS, General Packet Radio Service),比 2G 在速度、带宽上有所提高,可使现有 GSM 网络轻易地实现与高速数据分组的简便接入。GPSR 是一种基于 GSM 系统的无线分组交换技术,是 2.5G 的主流技术,理论最高数据速率为 171.2 kbit/s。

第三代移动通信 3G 的目标是面向高速数据和多媒体应用。使用时,终端在室内时传输速率可达 2 Mbit/s,步行时速率为 384 kbit/s,高速车辆行走时为 144 kbit/s。在发展 3G 的同时,全球已开始开发和使用第四代移动通信(4G)和第五代移动通信(5G)。4G 的传输速率可达 10 Mbit/s,可以把蓝牙、无线局域网和 3G 技术等结合在一起组成无缝的通信解决方案及相应的产品。5G 的手机除了通话,接收丰富的多媒体信息外,还可以演示三维立体游戏,参与三维立体电视会议。

据有关专家预测,进入 21 世纪移动通信的发展,将以第三代移动通信的应用和运营为起点,走向多媒体通信,随着移动通信与信息家电、消费性电子产品的结合成为未来的发展趋势,第三代移动通信系统实现宽带和综合多种业务需求,不仅提供高质量的语音业务,而且提供高速率的数据传输业务。

11.5.4　无线蓝牙技术

无线蓝牙技术最早是用来研究在移动电话和其他配件间进行低功耗、低成本无线通信连接的方法,发明者希望为设备间的通信创造一组统一规则(标准化协议),以解决用户间互不兼容的移动电子设备的连接问题，该技术最早由爱立信公司提出来，随着技术的发展和推广应用，目前已经成为一种成本低、效益高，在短距离范围内设备间可随意无线连接的通信连接技术标准。蓝技术运用如图 11.5.4 所示。

蓝牙技术的通信标准是基于无线网络原理，其工作频段为国际上专门开放给工业、科学、医学三个主要机构使用，无须专门许可 ISM(Industrial Scientific Medical)无线频段，频率为 2.402 ~ 2.480 GHz，最高通信速率可达 723.1 kb/s。该协议将此频段划分成 79 频道，带宽为 1 MHz，每秒的频道转换可达 1 600 次。这项无线技术的之所以称为蓝牙技术是来自于古代丹麦维京国王 Harald Blaatand 的名字，他以统一了因宗教战争和领土争议而分裂的挪威与丹麦而闻名于世，而这个国王名字的英文字面意义便是 Harald Bluetooth。

蓝牙技术和其他流行的红外线技术相比，具有更高的传输速度，并且不需要像红外线那样进行接口对接口的连接，所有设备基本上只要在有效通信范围内就可以使用，随时进行连接。

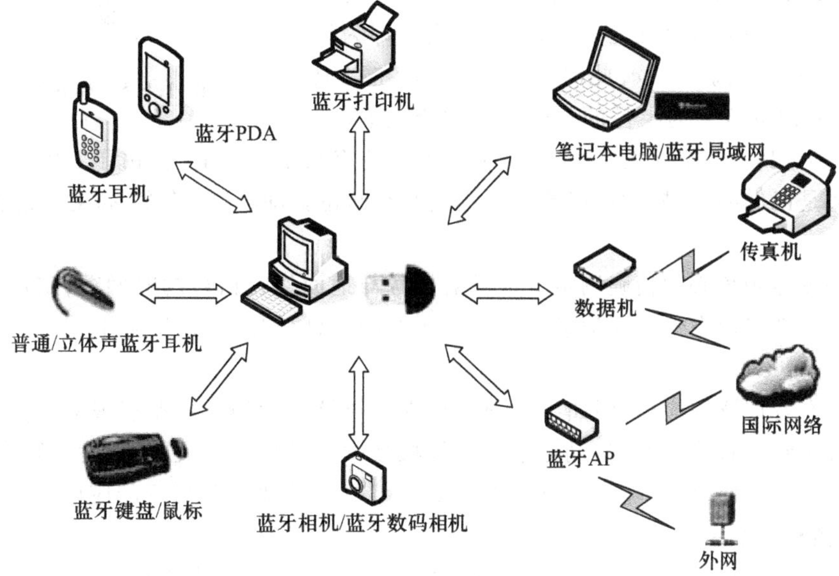

图 11.5.4 蓝牙技术运用

目前蓝牙技术的应用主要有以下几个方面：

① 移动电话和免提设备之间的无线通信，这也是最初流行的应用。

② 特定距离内计算机之间的无线网络。

③ 计算机与外设的无线连接，如鼠标、耳机、打印机、家用游戏机的手柄等。

④ 蓝牙设备之间的文件传输。

⑤ 传统有线设备的无线化，如医用器材、GPS、条形码扫描仪、交管设备、蓝牙无线麦克风收发机。

⑥ 数个以太网之间的无线桥架。

⑦ 个人计算机(PC)或平板计算机(PAD)通过蓝牙连上智能电话，并由移动电话通过移动网络(3G/4G 无线网络)实现上网。

⑧ 汽车上多媒体系统的互联，如移动电话、车载电话、音响系统、平板计算机实现互联。

11.5.5 卫星定位系统

1. GPS 系统

GPS 是英语 Global Positioning System 的缩写,意思是全球定位系统。它是一种可以定时和测距的空间交汇定点的卫星导航系统,可向全球用户提供连续、实时、高精度的三维位置、三维速度和时间信息。美国在地球上空约 21 000 km 所设置的 GPS 工作卫星共有 24 颗,均匀分布在倾角为 55°的 6 个轨道上。在定位时同时需要三颗卫星所发送的信号,如图 11.5.5 所示。图中利用三颗卫星 A、B、C 发出的伪随机码,由定位点接收卫星信号并计算三颗卫星上的信号传到本地所需的时间即为伪随机码延迟时间,再乘以光速即为该点到达这三颗卫星的距离 a、b、c,此时,定位点就处在以卫星 A、B、C 为球心,以 a、b、c 为半径的三个球面的交点上(三个球的交点有两个,其中一个在太空中,这样地球范围的交点是唯一的)。由于三颗卫星的位置坐标和相互距离是已知的,这样就可以算出定位点的空间位置即经度、纬度、高度。这就是 GPS 的工作原理。

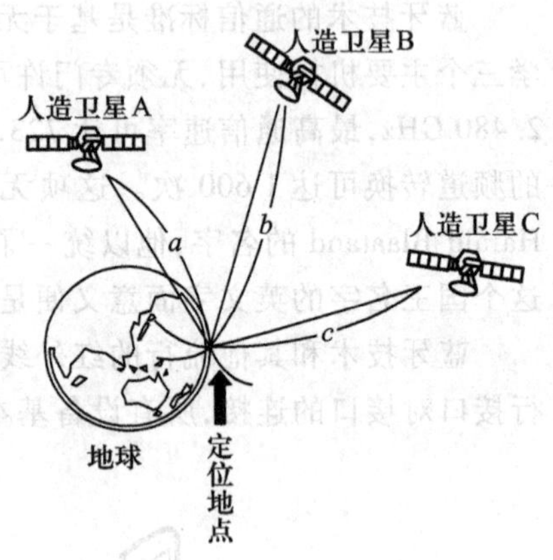

图 11.5.5　GPS 的工作原理

为了精确测定距离必须精确测定卫星发射信号与地面接收信号的时间差,定位点还必须接收由系统中另一个专门发送时间信息的卫星上所发的时钟信号,所以实际上需要接收四个卫星的信号。

GPS 目前有着广泛的应用,例如飞机、轮船、汽车导航,民用测绘,动态观测,传递时间等,目前定位精度在 100 m 以内,随着移动通信和计算机技术的发展,GPS 已经作为一种嵌入模块,嵌入到移动电话、汽车装备中。随着信息技术的发展,GPS 将有着更加广泛的应用。

2. 欧洲伽利略卫星定位导航系统

伽利略系统是由欧盟委员会和欧洲空间局共同发起并组织实施的欧洲民用卫星导航系统,由 27 颗运行卫星和 3 颗预备卫星组成,并用 3 种信号(免费信号、加密并需交费使用的信号、加密并有更高要求的信号)向地面发送,其最高定位精度比 GPS 高 10 倍,可以达到 1～3 m,而免费信号的定位精度为 6 m。另外,其定位信号同时通过 3 个波段分别传送,可使地面接收系统在任何时候都可以同任何一个卫星进行信号传递。伽利略系统与 GPS 系统是兼容的。

目前,已有多个非欧盟国家参与了该卫星导航系统的建设,我国亦参与了该系统的建设。

3. 俄罗斯的 GLONASS 系统

GLONASS 系统是苏联在 20 世纪 80 年代开始建设的,系统由 24 颗卫星组成,均匀分布在 3 个不同的运行轨道上,每个轨道面上有 8 颗卫星。系统中采用频分多址模式,即根据不同的载波频率来区分卫星,而 GPS 系统是采用码分多址模式,即根据调制码的不同来区分卫星。该系统采用了军民合用、不加密的开发使用的政策,定位精度为水平 16 m、垂直 25 m。

4. 中国北斗导航系统

北斗导航系统是我国在 1994 年开始建设的,2000 年发射了第一颗导航试验卫星,2003 年又发射了两颗试验卫星，以后又陆续发射至今，现在已经能开始组网试验应用。整个系统由30颗非静止轨道卫星和5颗静止轨道卫星组成，提供开放服务和授权服务两种模式，开放服务是在服务区内免费提供定位、测速和授时服务，定位精度为10 m，测速精度为0.2 m/s，授时精度为50 ns。授权服务是向授权用户提供更安全的定位、测速、授时和通信服务信息。北斗导航系统不仅能使用户知道自己的定位信息，还可以使别人知道自己所在位置。特别适用于需要导航和移动通信的场合，如交通运输、调度指挥、搜索营救、地理信息实时查询等。

复习思考题及练习题

11－1　简述下列几种语音对话信息变化和传输过程：（1）普通电话；（2）移动电话；（3）Internet电话（IP电话）。

11－2　简述通信系统根据传输方式的分类，并指出相应的特点。

11－3　确定和选择通信系统时应从哪几方面考虑？

11－4　解释名词ISDN、ASDL、宽带接入，并分析各自特点。

11－5　根据无线电波在空气中传播的波长计算公式 $\lambda \approx \frac{c}{f}$，其中 λ 为信号波长（m），c 为光速约为 3×10^8 m/s，f 为无线电信号频率（Hz），计算当无线电波分别为3 MHz、30 MHz、300 MHz、3 GHz、30 GHz时的信号波长。

11－6　比较有线通信、无线通信、光纤通信传输信息能力的大小。

11－7　为什么卫星通信中通常采用的卫星为同步静止卫星？

11－8　简述GSM、CDMA和3G这三种移动通信制式的各自特点。

11－9　列举三个GPS在日常生活或相关专业领域应用的例子。

第十二章 办公设备及智能卡系统

12.1 办 公 设 备

办公自动化(Office Automation,简称OA)是一门新兴的综合性科学技术,是现代信息社会的产物和重要标志。它在20世纪70年代起源于美国等西方发达国家,涉及了系统工程学、行为科学、管理科学、人机工程学、社会学等基本理论和计算机、通信、电子、自动化等支持技术,属于复杂的大系统科学工程,是当前世界新技术革命中一个非常活跃的领域。办公设备作为办公自动化技术的物理支撑和重要体现,发展日新月异,老产品持续更新换代,新产品也不断出现。

12.1.1 打印机

打印机是计算机最重要的输出设备之一,它能够在计算机的控制下,将指定的内容按一定的格式显现到纸上。现在常用的打印机一般分为针式打印机、喷墨打印机和激光打印机三类。

1. 针式打印机

针式打印机是依靠打印头的出针来打印信息的。这种打印机的打印头由许多细小的、垂直排列的“针(Pin)”组成,当它们击打色带时,就会把色带上的色彩印在纸上。打印机的内部控制部分根据要打印的内容来决定哪根针向前打出,哪根针不打出,打出的针就在纸上留下相应的色点,众多的色点组合成打印的内容。根据打印头上针的数目不同,针式打印机分为9针、24针、48针等不同规格,针的数目越多,打印的速度越快,打印出的图像质量越好。

针式打印机的缺点是噪声大、故障率高、打印速度慢、打印质量稍差,并且不支持多色打印,但是它打印成本低,适合打印多层纸、蜡纸和连续纸,特别适于打印票据,因此在银行、商店、邮政、保险等相关领域得到了广泛应用。

2. 喷墨打印机

喷墨打印机是在纸通过喷头时,借助强电场的作用,使从细喷嘴喷出的墨水高速喷射到纸上来形成点阵字符或图像的。喷墨打印机的喷墨方式有连续式和随机式两种。

连续式喷墨打印机的墨滴是连续喷射的。墨水在墨水泵的高压作用下,由喷嘴喷出,形成一束极细的高速射流,先通过高频振荡发生器断裂成连续均匀的墨水滴流,再通过充电电极被充上与墨滴在纸上的位置高低成正比的电荷。这样,带不同电荷的墨滴在通过恒定偏转电场后就会偏转到纸上所需的位置(对应纸上不需喷点位置的墨滴不被充电,它们无偏转地通过偏转电场后射入到墨水回收器中)。

随机式(又称按需式)喷墨打印机的墨滴只有在需要打印时才从喷嘴中喷出。根据墨水喷射的激励方式不同,随机式喷墨打印机又分为压电式和气泡式两种。压电式的工作原理是将由打印数据形成的电脉冲施加给压电晶体,使其变形后产生一个瞬间压力,从而挤压墨水盒喷出一滴墨水,在纸上形成一个墨点。气泡式的工作原理是利用由打印数据形成的电脉冲使喷嘴上的加热元件快速升温,促使喷嘴内邻近的墨水迅速汽化,形成气泡,由气泡膨胀产生的压力使墨水形成墨滴喷出。随机式喷墨打印机的喷头一般由多个喷嘴组成。

喷墨打印机结构简单、小巧方便、价格低、噪声小、打印色彩丰富,并且支持从普通纸张到胶片、照片纸、卷纸、T 恤转印纸等各种打印介质,能够适应不同层次的打印需要,近几年来发展十分迅速,应用越来越普遍。

3. 激光打印机

激光打印机是利用激光扫描和电子照相转印技术来进行印刷的,其中电子照相转印是一个由充电、曝光、显影、转印和清除组成的循环过程,围绕着转动的感光鼓反复进行,如图 12.1.1 所示。

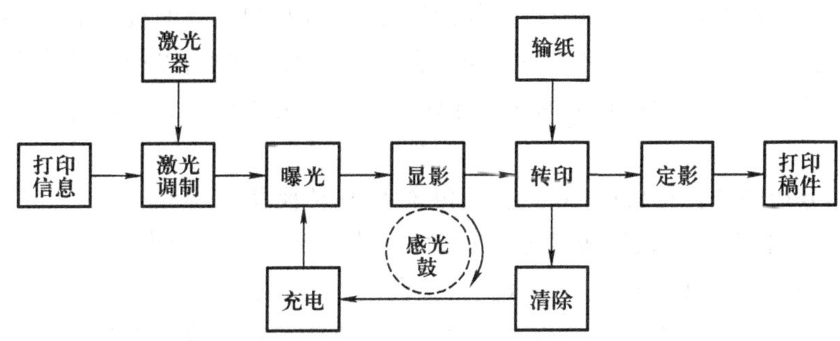

图 12.1.1　激光打印机工作原理示意图

从图 12.1.1 可以看出,激光打印机的工作过程可以分为以下几步:

① 激光调制　激光调制就是将要打印的图文信息调制到激光器所产生的激光束上。

② 充电　电晕放电使感光鼓表面充上电荷(电荷的正、负与感光鼓所用的光导材料有关,对于常用的光导材料——氧化锌,因为是 N 型半导体,所以要充负电)。

③ 曝光　感光鼓充电后,用调制后的激光束对其进行轴面横向扫描。感光鼓上被扫描光照射到的区域,电阻率降低,原有的电荷由接地线释放掉;未经扫描光照射的区域(即打印图文对应的部分),保持原有的电荷不变。这样,就由存留的电荷在感光鼓表面形成了要打印的图像,称为“静电潜像”。

④ 显影　对感光鼓上由电荷构成的静电潜像,使用带相反极性电荷的墨粉进行显影,得到可见的墨粉图像。

⑤ 转印　用电晕在打印纸背面充上与墨粉极性相反的电荷,当打印纸与感光鼓接触时,感光鼓上的墨粉图像被解吸并转移到打印纸上。

⑥ 定影　转印后,墨粉只是按原稿图像附着在打印纸的表面,一擦即掉,还要通过加热熔化或常温加压等方法使其固定于纸上。

⑦ 清除　清扫感光鼓表面的残留墨粉,利用光照清除剩余电荷,以便重新充电,进入下一

循环。

总的来说,激光打印机结构复杂、价格也高,但是它噪声小、打印速度快、打印效果比针式打印机和喷墨打印机都好,比较适合于高档的应用场合,是目前办公自动化和激光印刷系统的主选产品。

12.1.2　扫描仪

扫描仪是一种捕获图像(照片、文本、图画、胶片等),并将之转化为计算机可以显示、编辑、存储和输出的格式的一种数字化输入设备,是继键盘、鼠标后的第三种输入设备,也是将各种图像信息录入到计算机的主要方法之一。随着技术的进步,扫描仪的应用越来越普及,主流样式也逐渐由过去的手持式、滚筒式发展到现在的平板式。

扫描仪是光、机、电一体化的产品,虽然外形简洁、紧凑,内部结构却相当复杂。它不仅有精密的光学成像器件和复杂的电子控制线路,而且还包含设计精巧的机械传动装置,从功能上可以分为光学成像、光电转换和机械传动三个部分,它们的巧妙结合构成了扫描仪独特的工作方式。

光学成像部分俗称扫描头,是图像信息的读取部分,也是扫描仪的核心部件,主要由光源、镜头、感光元件和光路组成。镜头的功能是将光线会聚在感光元件上,以产生既清晰又不失真的图像。感光元件的功能是将照射在其上的光信号转换为对应的电信号,它是图像拾取设备,相当于人的眼球。

光电转换部分指的是扫描仪内部的主板,包含 A/D 转换器、BIOS 芯片、I/O 控制芯片和高速缓存(Cache)等。它控制扫描仪机械部分的运动,对感光元件传来的模拟电信号进行 A/D 转换并发送给计算机,对各部件的动作进行协调,是整台机器的心脏。

机械传动部分由步进电机、传动齿轮、传动皮带和支撑滑杆组成。光学成像部分由圆形支撑滑杆支撑,卡在传动皮带上,扫描图像时在步进电机的拖动下沿着支撑滑杆平稳移动。

扫描仪的工作方式和光学成像部分采用的感光元件有关。目前扫描仪常用的感光元件有电荷耦合器件(CCD)、接触式感光器件(CIS 或 LIDE)和光电倍增管三种。在这三者之中,电荷耦合器件性能较好,价格适中,被主流产品广泛采用;光电倍增管虽然性能最好,但是生产成本最高,扫描速度也慢,一般只使用在昂贵的专业滚筒式扫描仪上;接触式感光器件由于性能稍差,多用在中低档产品中。

以电荷耦合器件为感光元件的扫描仪在应用中最具代表性,其工作过程如图 12.1.2 所示。

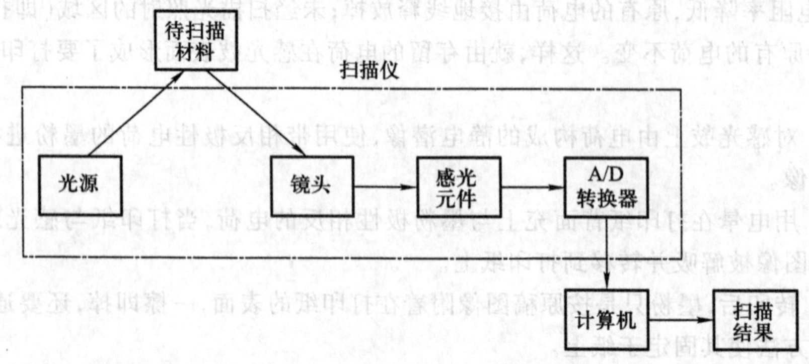

图 12.1.2　扫描仪基本工作过程示意图

① 将欲扫描的原稿正面朝下铺在扫描仪的玻璃板上。

② 启动扫描仪驱动程序后,机械传动部分在扫描仪主板的控制下带动光电转换部分(扫描头)与图稿进行相对运动来完成扫描。为了均匀照亮稿件,扫描仪光源为长条形,并沿原稿的竖向扫过整个稿件。

③ 照射到原稿上的光线经反射穿过一个很窄的缝隙,形成横向光带,再经过一组反光镜后,由光学透镜聚焦照射到感光元件上,由感光元件将光信号变换为模拟电子信号,然后再由 A/D 转换器转换为数字电子信号。至此,反映原稿图像的光信号转变成为计算机能够接收的二进制数字电子信号,并通过串行或者并行接口送至计算机。

④ 扫描仪每扫描一行就可得到原稿横向一行的图像信息,随着光源的竖向移动,计算机内部逐步形成原稿的全图。

从上述工作过程可以看出,以电荷耦合器件为感光元件的扫描仪的工作原理就是利用感光元件将检测到的光信号转变成电信号,再将电信号通过 A/D 转换器转换为数字信号传送到计算机中。事实上,无论何种类型的扫描仪,它们的工作过程都是如此。所以,光电转换是它们的核心工作原理。扫描仪的性能则取决于它把任意变化的模拟电平转换成数值的能力。

12.1.3 复印机

复印机主要是用来复印大量的文件、书刊和稿件的,同时也被应用于大幅面工程图纸的复印和一些其他的特殊用途(如显微胶片的放大复印等)。复印机的基本工作原理与激光打印机相似,使用的也是电子照相转印技术,只不过曝光光源的产生方式不同:激光打印机曝光的光源是经打印信息调制的激光束,复印机曝光的光源则来自复印原件的反射光线,如图 12.1.3 所示。

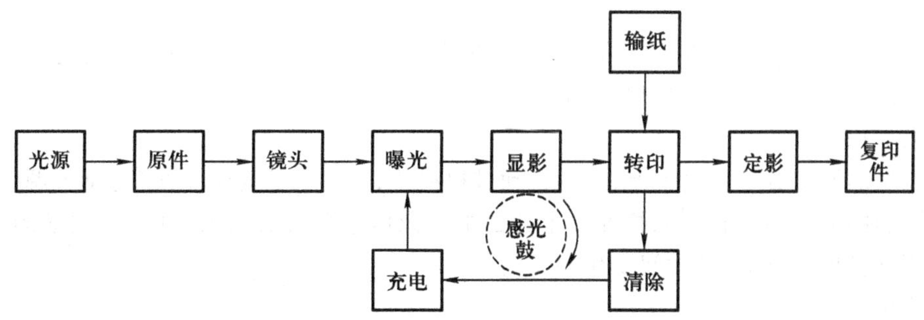

图 12.1.3 复印机基本工作原理示意图

复印机的工作过程也与激光打印机相似:用光线照射要复印的原件,原件的白区将光线反射到充电的感光鼓上,感光鼓表面受到反射光照射的区域,电阻率降低,原有的电荷由接地线释放掉,没有光线反射到的区域(即原件图像所对应的部分),原有的电荷基本没有变化,从而形成由电荷组成的原稿图像,即“静电潜像”,然后再经过显影、转印和定影,得到原件的复印件。虽然静电复印的整个工序只是一个光电物理变换过程,原理并不复杂,但是具体应用到复印机上,就有许多实际的问题需要解决,致使复印机的结构都比较复杂。

目前广泛使用的数码复印机与传统复印机的曝光光源直接来自原稿的反射光不同,数码复印机的曝光光源是调制而成的，它首先使用电荷耦合器件(CCD)对原稿的模拟图像信号进行光电变换，然后再对其进行 A/D 转换和一系列的数字处理，最后将这种数字化的图像信号输入到激光调制器来调制激光束对被充电的感光鼓进行扫描。数码复印机曝光后的工作步骤与传统复印机相同。可以说，数码复印机在功能上相当于把扫描仪和复印机融合在一起了。

12.1.4　传真机

传真机是传真通信的基本设备。传真通信是使用传真机，借助公用通信网或其他通信线路传送图片、文字等信息，并在接收方获得与发送方原件相同的副本(拷贝)的一种通信方式。传真通信是现代图像通信的重要组成部分，并且是目前采用公用电话网传送并记录图文真迹的唯一方法，因此得到了非常广泛的应用。这一通信方式的最大特点就是利用频带很窄的电话信道来传送图文信息，整个过程的基本原理如图 12.1.4 所示。

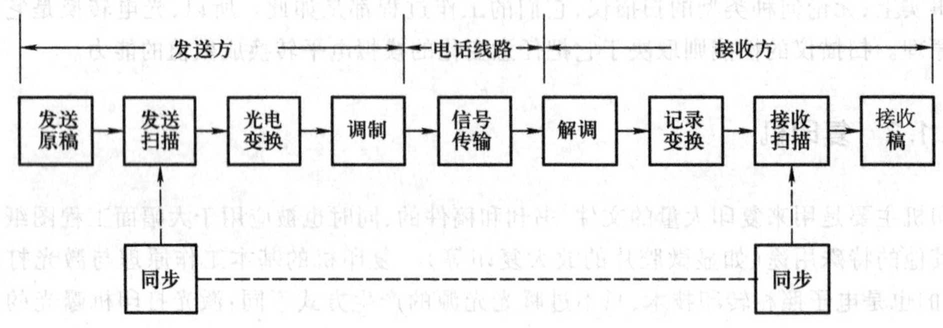

图 12.1.4　传真通信的基本工作原理示意图

从图 12.1.4 可以看出，传真机的基本工作过程可以大致划分为发送扫描、光电变换、传真信号的调制解调、记录变换和接收扫描五个环节。

(1) 发送扫描

将待发送的原稿置于原稿台上，启动自动进稿机构，发送机的光学系统(包括光源、透镜和反射镜等)将对原稿进行逐行扫描，把原稿上的二维图像信息分解成像素，并按照扫描的先后顺序将这些像素变换成一维的、随时间变化的光信号。

(2) 光电变换

光电变换就是把发送扫描送来的各个像素随时间变化的光信号，变换成与光信号强弱相对应的电信号。通常使用的转换器件有电荷耦合器件(CCD)光电转换器和金属氧化物半导体器件(MOS)图像传感器等。

(3) 传真信号的调制解调

调制就是指发送方把通过光电变换得到的电信号转换为适合电话网传输的信号的过程；解调就是接收方把被调制的信号复原的过程。传真机是以数字信号处理为基础的通信设备，然而目前使用最广泛的传输信道——电话交换网却属于模拟通道。所以，为了在模拟通道上传输数字信号，就必须在发送时进行数模(D/A)转换，即调制；在接收时再进行模数(A/D)转换，即解调。

为了缩短图像的传送时间、提高传输速度，一般还要在调制前对图像信号进行编码处理来压缩图像；相应地，在解调后也要进行解码以还原图像。

(4) 记录变换

把解调并解码后的图像信号记录在纸上的方法有电、光、热、磁、压力等几种，不同的记录方法要求输入的能量形式不同。记录变换就是指为采用的记录方法所作的能量变换。

(5) 接收扫描

接收扫描是把随时间序列变化的一维像素，还原组合成具有与原图像相同的二维图像信息的过程，它是发送扫描的逆过程。

与复杂的工作原理相对应，传真机的结构也比较复杂，主要由发送扫描、编码/解码、接收记录、信号传输、控制电路、操作显示面板、电源和机械传动等部分组成。

12.1.5 投影机

投影机是一种用来放大显示图像的投影装置，目前已广泛应用于会议演示、家庭娱乐、影院播映中。投影机有三种主要的显示技术，即 CRT(Cathode Ray Tube，即阴极射线管)投影技术、LCD(Liquid Crystal Display，即液晶显示屏)投影技术以及近些年发展起来的 DLP(Digital Light Procession，即数码光处理)投影技术。所有类型的投影机显示图像的原理基本上都一样：先将光线照射到图像显示元件上来产生影像，然后通过镜头进行投影。下面以应用比较普遍的三片 LCD 板的投影机为例进行介绍。

液晶投影机是利用液晶的光电效应(在电场作用下，液晶分子的排列发生变化，影响其液晶单元的透光率或反射率，从而影响它的光学性质，产生具有不同灰度层次及颜色的图像)来工作的，主要由液晶板、光路系统、电路系统三大部分组成(如图 12.1.5 所示)，其主要工作原理是：光学系统利用分色镜组把强光源发出的光线分成红、绿、蓝三束光，分别投射到三块液晶板上；电路系统通过对来自图像源的图像信号进行数模转换和映射运算，产生红、绿、蓝三色光的控制信号，加到对应的液晶板上，控制其液晶单元的开启与闭合，从而控制光路的通断，形成红、绿、蓝三色图像，通过棱镜汇聚成彩色图像，由投影镜头投射到屏幕上。

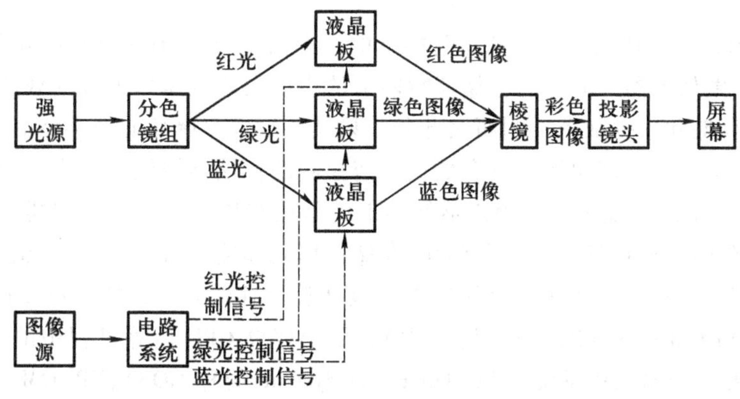

图 12.1.5 三片液晶投影机工作原理示意图

*12.2　接触式智能卡及其应用

12.2.1　智能卡的起源与分类

智能卡(又称集成电路卡、IC卡,英文名称是Smart Card或Integrated Circuit Card)是通过将具有存储、加密及数据处理能力的集成电路芯片封装于和磁卡尺寸一样大小的塑料基片中而构成的一种新兴电子产品。

在当今的信息化社会中,智能卡被公认为是世界上最小的个人计算机。在法国的罗兰·莫雷诺(Roland Moreno)1972年提出了智能卡的概念之后,法国的布尔(Bull)公司率先进行了该产品的开发,并于1976年研制出了世界上第一张智能卡。不久,世界上又有十几家公司(如Motorola、Thomson、Phillips、Gemplus等)投入了智能卡芯片和卡片的研发与生产,使之成为一个世界性的新兴技术产业。

智能卡具有突出的3S特点,即Standard(标准化)、Smart(智能化)和Security(安全性),在金融、通信、交通等许多原来使用磁卡的领域和一些新拓展的领域都得到了广泛应用,创造了巨大的经济效益和社会效益。

根据内部特征的不同,智能卡可以划分为不同的种类。

1. 按物理接口形式分类

① 接触式智能卡　接触式智能卡就是在使用时通过有形的电极触点将卡的集成电路芯片与外部接口设备直接接触连接以进行数据交换的智能卡。

② 非接触式智能卡　非接触式智能卡就是使用无线电波或电磁感应的方式使卡的集成电路芯片与外部接口设备进行数据交换的智能卡。非接触式智能卡分为无线电波(微波)卡和电磁感应卡两种。

2. 按卡内芯片分类

① 存储器(Memory)智能卡　存储器智能卡的芯片内主要有ROM、EPROM、E^2PROM等数据存储电路,不包含微处理器(CPU)。存储器智能卡的主要功能就是作为数据载体,芯片内部的电路可以分为数据存储和数据加密控制两大部分。只具有数据存储功能的存储器智能卡称为非加密型存储卡,既具有数据存储功能又具有数据加密控制的存储器智能卡称为加密型存储卡。

② 微处理器(CPU)智能卡　微处理器智能卡就是在芯片中带有微处理器(CPU)的智能卡。这种卡的芯片电路中一般包括微处理器单元、存储器单元和输入/输出单元。微处理器单元通常是8位CPU,能够执行指令和程序。存储器单元包括随机存储器(RAM)、只读存储器(ROM)和可编程存储器(EPROM或E^2PROM)。其中,RAM用于存放CPU运算过程中的中间数据或处理结果;ROM存放智能卡的操作系统(Chip Operating System,简称COS);EPROM或E^2PROM则是智能卡的应用存储器,用于存放有关卡应用的各种数据信息。

因为具有独立的卡操作系统来进行数据管理,所以CPU卡在所有的智能卡中安全性最高。

CPU 卡的 COS 相当于计算机上使用的各种操作系统，只是更加注重了安全性。COS 实质上是卡芯片内的一个监控软件，全面管理卡的各种内部信息和外部接口，外部设备对卡的所有操作都必须通过它进行，从而充分保证了智能卡的安全性。

12.2.2 接触式智能卡

智能卡发明和早期发展的主要目的是扩展和取代磁卡，因此国际标准化组织（ISO）在相关的国际标准中明确规定智能卡的外形尺寸与标准磁卡相同，即 85.6 mm×53.98 mm×0.76 mm。

接触式智能卡的实际构成可以分为集成电路芯片、电极模片和塑料基片三大部分，外形如图 12.2.1 所示。

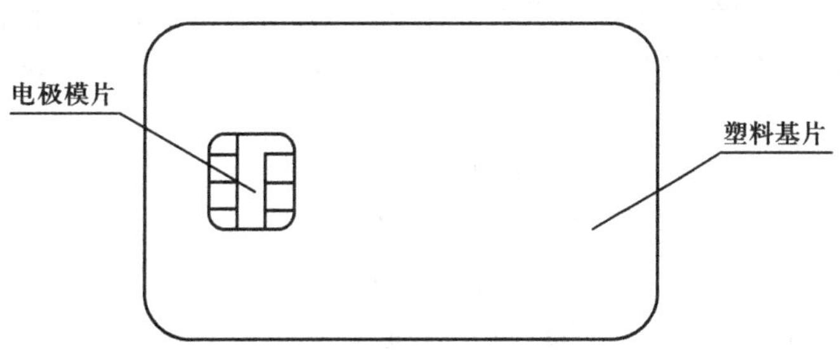

图 12.2.1 接触式智能卡外形图

集成电路芯片整体封装在塑料基片内部，是智能卡的核心部分，一般是采用 HCMOS 或 NMOS 工艺制造的超大规模集成电路，内部包括存储器、安全逻辑、接口驱动、加密控制甚至还有微处理器（CPU）等各种功能电路。芯片外形尺寸约为 2 mm×1 mm×0.3 mm，内部组成如图 12.2.2所示。不同智能卡芯片的存储结构不尽相同，应用数据一般只存放在整个存储结构的部分空间（即用户存储器）中。从用户的角度来讲，智能卡相当于一个数据存储区，这个存储区可以划分为很多数据存储单元，所有的应用数据存放在这些数据单元中，允许任意指定使用某个单元来存储某个数据，并能够进行随机读写。虽然有的智能卡将整个存储区划分为不同的分数据区，每个分数据区都具有其独特的性质，但是就其每一个分数据区来讲，存储方式基本上都是如此。

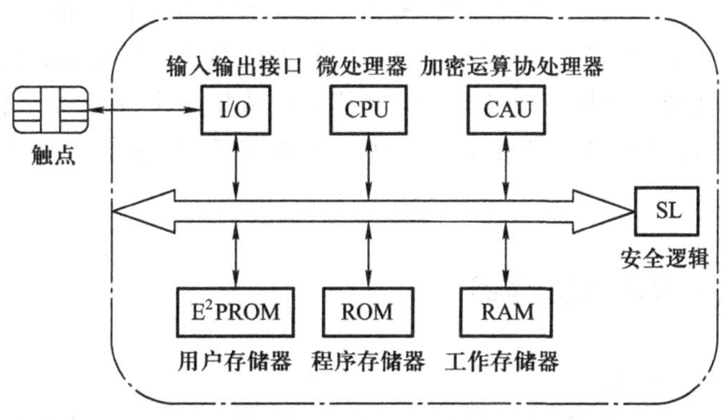

图 12.2.2 智能卡芯片内部组成示意图

电极模片嵌装在塑料基片表面,是集成电路芯片的各个输入输出信号引脚与外部接口设备接触连接的导电体,实际上是一种精密的印制电路板(PCB)。外部接口设备是指能够直接对智能卡进行读写操作的物理设备,一般称为智能卡读写器。

塑料基片是集成电路芯片和电极模片的载体,一般采用 PVC、PET 和 ABS 塑料材料制成。塑料基片的大小要满足国际标准。

根据与接口设备的数据传输方式不同,接触式智能卡分为串行传输卡和并行传输卡。串行传输卡与接口设备的数据交换采用串行传输方式,因此触点数较少,一般只有 6 个或 8 个触点。并行传输卡与接口设备的数据交换采用并行传输方式,触点数较多,一般为 28 ~ 68 个。并行传输卡传输速度较快,可以进行高速读写操作。串行传输卡在目前应用得最为广泛,并且为国际标准 ISO 7816 所采用。

在 ISO 7816 规范中,接触式智能卡共有 8 个触点,其中有两个触点目前尚无定义,保留给将来卡片做全双工使用,所以有部分智能卡外观上只有 6 个触点。ISO 7816 规定的 8 个触点分别是:

C1:VCC,电源　　C2:RST,复位

C3:CLK,时钟脉冲　　C4:RFU,未定义

C5:GND,接地　　C6:Vpp,编程电源

C7:I/O,输入/输出口　　C8:RFU,未定义

由于集成电路芯片封装在塑料基片内部,无外露部分,接口设备只能使用电极模片的触点向芯片提供能量,使其启动并工作。具体的操作过程大致分为以下 6 个步骤:

① 插卡　插卡就是将卡插入到接口设备中,使两者的触点物理接触。

② 接通触点　接口设备给触点上电。

③ 卡复位　接口设备按照一定的时间顺序在相应的触点上施加复位信号,智能卡在复位成功后给出应答信号,两者之间建立起通信。

④ 执行交易　接口设备按照特定的协议向智能卡发送各种命令,控制它进行数据的读出、运算、写入等各种操作,以完成整个交易过程。

⑤ 释放触点　接口设备按顺序将各个触点去电。

⑥ 拔卡　将卡从接口设备中拔出。

接触式智能卡存储容量大,保密功能强(有多重密码设置和认证功能),可实现一卡多用,广泛应用在电信、商场、超市、医院等各种场合。但是,它的读写速度较慢,操作也不是很方便,每次读写时必须把卡正确地插入到接口设备的插口才能完成数据交换,在公交、考勤等需要频繁读写卡的场合就很不方便,而且接口设备和卡片的触点暴露在外边,容易因损坏或变脏而导致接触不良。

12.2.3　接触式智能卡读/写器

1. 智能卡读/写器的分类

智能卡读/写器(英文名称是“Card Reader/Writer”)是一种能对智能卡的内部数据进行读出、擦除或写入等操作的电子设备,主要功能就是完成智能卡的输入、输出信号与一般应用的电

信号(如 RS-232 信号、TTL 电压信号等)之间的相互转换。根据智能卡读/写器所支持的智能卡种类不同,可以分为接触式智能卡读/写器和非接触式智能卡读/写器两种;根据智能卡读/写器功能上的差异,又可以分为通用读/写器和专用读/写器两类。

通用读/写器是指能够实现对智能卡信息的读出、写入或擦除操作,甚至实现了对卡内数据的简单运算操作,但本身并不限于某种固定用途的智能卡应用设备,如通用型智能卡收费机、通用型智能卡查询机、通用型智能卡读写机等。这种读/写器一般都配有与外部设备进行信息交换的通信接口,要与计算机连接在一起才能对卡操作。使用方式如图 12.2.3 所示。

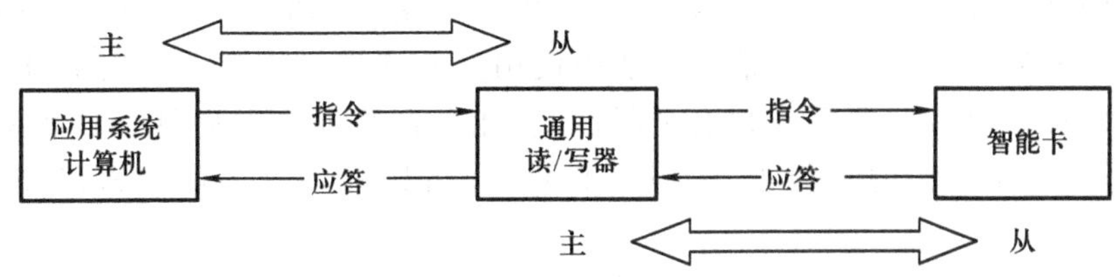

图 12.2.3 通用读/写器应用结构示意图

专用读/写器(独立终端)是指以智能卡作为设备本身或设备使用过程中信息存储与管理的部件,可以独立完成对卡的操作,并具有完整的固定用途的电子设备,如智能卡电话机、智能卡电度表、智能卡燃气表、智能卡门锁等。专用读/写器与智能卡的作用关系如图 12.2.4 所示。

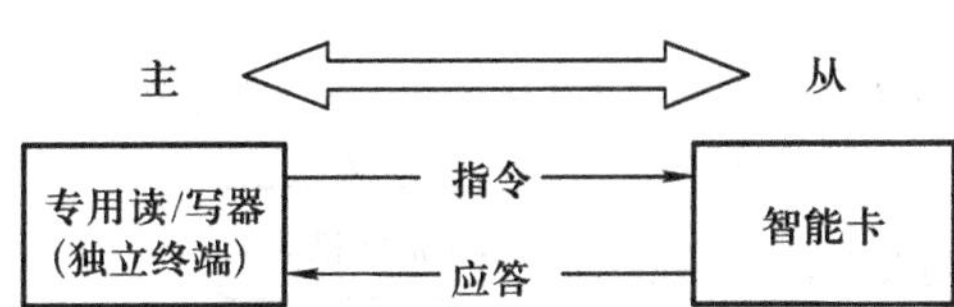

图 12.2.4 专用读/写器与智能卡的作用关系

2. 接触式智能卡读/写器

接触式智能卡读/写器一般由智能卡座、微处理器(CPU)和接口电路等部分组成,具有智能卡的插入识别、与智能卡交换数据及与上位计算机通信等功能。

智能卡座是接收智能卡的装置,与智能卡通过触点传输电流和数据信号。接触式智能卡读/写器的使用寿命主要由读/写器本身的器件选择和卡座寿命两个因素决定。好的卡座寿命一般有几十万次,差的只有几千次。选用性能优越的卡座,与智能卡频繁接触时不会损伤卡片。

微处理器(CPU)主要负责控制各部分电路协调工作、判别智能卡的种类、建立通信时序、与智能卡或上位计算机交换数据,并处理各种异常情况。

接口电路主要是通信线路,用以实现数据的电信号传输。

除上述基本组成以外,许多智能卡读/写器还配有显示系统,用以显示操作提示、运行结果或设备状态等;还有的配有键盘以允许用户进行输入。

读/写器应用中最重要的问题是保证通信的安全性和系统的可靠性,必须保证卡的数据不会被恶意地篡改或伪造,也就是说,要对智能卡中的静态数据和动态数据进行可靠的控制和管理。

具体可以分为内部静态安全控制和传输安全控制两个方面。

(1) 内部静态安全控制

内部静态安全控制的功能主要有两个:一是对数据及功能(如某一命令)的存取执行权限进行控制,二是对内部静态保密数据(如加密密钥等)进行安全管理。

① 对数据及功能的存取执行权限的控制。

以智能卡为中心,在卡的应用中要进行两种认证授权过程:一是智能卡验证持卡人身份的合法性,二是智能卡与读写器之间验证身份合法性。

智能卡验证持卡人身份的合法性是通过识别个人密码(PIN)来完成的,一般只有 CPU 卡才能支持,比较典型的如移动通信等行业中使用的 SIM 卡。在实际应用中,PIN 具有可修改性、临时失效性和有效范围等几种安全属性,智能卡在验证失败后具有自我锁定、自我销毁等安全措施。对于复杂的智能卡,一旦卡自锁,还可以通过个人解锁密码(PUC)将卡自锁打开。

智能卡可以与读/写器进行身份验证是其最主要的优点之一,通过身份确认,能够防止伪造的智能卡或读/写器窃取到自己内部的应用数据。智能卡与读/写器之间的身份验证一般有三种方式:外部验证(智能卡验证读/写器的合法性)、内部验证(读/写器验证智能卡的合法性)和相互验证(智能卡与读/写器相互验证合法性)。

外部验证的具体过程如图 12.2.5 所示。图中左半部分表示读/写器进行的操作,右半部表示智能卡进行的操作。智能卡的操作是完全按照读/写器发出的命令进行的。

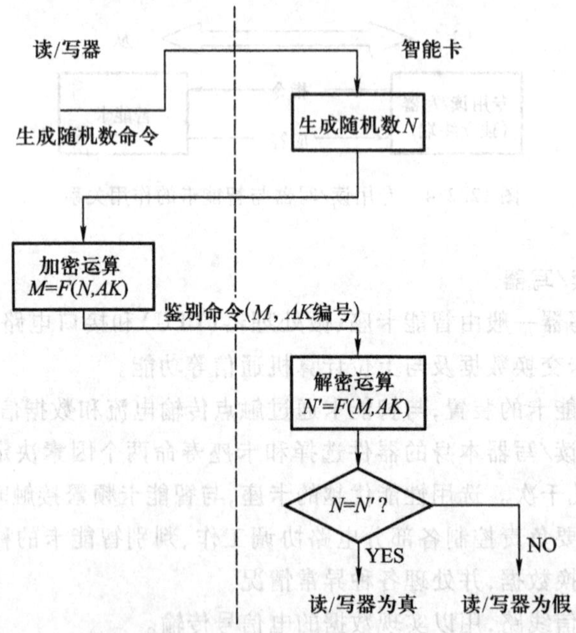

图 12.2.5　外部验证流程图

验证开始时,首先由读/写器向智能卡发出一条生成随机数的命令,卡执行该命令,生成随机数 N。N 暂时保存在卡中,并同时作为应答信息中的数据送到读/写器。读/写器接收到数据 N

后，利用密钥 AK 对它进行加密运算，加密运算用公式 $M=F(N,AK)$ 表示。公式中的 N 为智能卡生成的随机数，AK 是密钥编号。在卡中可能有几个密钥，读/写器根据预先商量好的协定选择其中的一个进行加密运算，得到结果 M。读/写器然后向卡发出鉴别命令，并将 M 与 AK 编号送到卡。传送密钥的编号而不是密钥本身也是为了安全。卡接到鉴别命令后进行解密运算，并得到结果 N'，如果 $N'=N$，就认为读/写器是真的，否则就认为是伪造的。智能卡执行完鉴别命令后向读/写器送回应答信号。如果卡认为读/写器是假的，卡将自锁，不再执行读/写器在其后送来的命令。验证通过的读/写器接受到卡的应答信号后，将进一步发出新的命令，进行其他操作，鉴别过程宣告结束。

内部验证的过程与外部验证相似。

② 内部静态保密数据的管理。

内部静态保密数据主要是指存储于智能卡内部的 PIN、PUC、加密密钥、解密密钥等重要数据。为了提高智能卡的安全性，这些数据在应用周期中一旦建立，就不能在智能卡外部出现，而且只允许在卡的内部使用，所以被称为内部数据。内部数据在卡中被专门存储，并提供了相应的安全措施。

（2）传输安全控制

传输安全控制就是对传输的数据进行安全保护。它是为了提高动态传输信息的安全性和可靠性，防止有关信息（命令、数据等）在读/写器和智能卡之间进行传输的过程中被恶意截取或篡改而采取的传输控制机制。其主要方法有以下几种：一是通过将传输的信息加密，使非法截取的信息无实际意义；二是将待传输的信息进行加密，并将该加密信息附加在传输的明文之后一起进行传输，使信息不可能被恶意篡改；三是将以上两种方法一起使用，既可以防止对传输信息的非法截取，又可以防止对传输信息的非法篡改。

12.2.4 接触式智能卡的典型应用

1. IC 卡公用电话

IC 卡公用电话是利用接触式智能卡作为识别卡完成通话和收费的公用电话，由 IC 卡和 IC 卡电话机两部分组成，IC 卡内储存用户的预付资金，作为资金扣除的媒介，IC 卡电话机既有智能卡读/写器的功能，又有公用电话机的通信功能。用户只要购买一张存有资金的 IC 卡，就可以在任何一部 IC 卡电话机上拨打电话。用户需要通话时，将 IC 卡插入到 IC 卡电话机，IC 卡电话机检测到 IC 卡后，立即验证卡的合法性并读出卡内余额，给用户开放相应的拨号权限，提示用户拨号。在用户通话过程中，IC 卡电话机根据通话时间进行计费，自动在用户 IC 卡资金余额中扣除。用户结束通话后，拔出 IC 卡，留待下次继续使用。

2. 手机 SIM 卡

手机 SIM 卡由通信服务商发行，里面存储着手机用户的身份标识，是服务商对用户进行通信转接和计费的重要依据。手机 SIM 卡采用嵌入式的外形，尺寸较小，直接安装在手机内部。手机一通电，就立即检测 SIM 卡是否存在、是否有效，只有在检测到 SIM 卡有效后才给用户开放使用正常通信功能的权限。

*12.3 非接触式智能卡及其应用

12.3.1 非接触式智能卡

非接触式智能卡(又称感应卡、射频卡)成功地将射频识别技术和智能卡技术结合起来,解决了无源(卡中无电源)和免接触这一难题,在卡片靠近读/写器表面时就可完成卡中数据的读写操作,使用非常方便、快捷,并且不易损坏,和接触式智能卡相比优势比较明显,所以广泛应用于电子钱包、公交自动售票、通道收费控制、停车收费、食堂售饭、考勤和门禁等多种场合,并在许多方面逐步取代了接触式智能卡。

非接触式智能卡的外形尺寸与接触式智能卡相同,但是内部组成有所不同,它由集成电路芯片、感应天线和塑料基片组成,没有包含触点的电极模片。集成电路芯片和感应天线完全密封在塑料基片中,在卡上无任何外露的部分。

非接触式智能卡的集成电路芯片除了包含数据操作和处理电路以外,还包括一个非常重要的高速射频(RF)接口,以便和外部设备进行数据交换。卡片的感应天线只是有几圈绕线的线圈,很适合封装到标准的卡片中。

非接触式智能卡内有一个 *LC* 串联谐振电路,进入到适当的电磁场内就会启动。工作状态的非接触式智能卡读/写器,一直向周围发射固定频率的电磁波,电磁波的频率与智能卡内部 *LC* 串联谐振电路的频率相同,电磁波的信号由电源信号和结合的数据信号两部分叠加而成。进入到读/写器电磁场内的智能卡,在电磁波电源信号的激励下,*LC* 谐振电路产生共振,从而使电容内有了电荷,在这个电容的另一端,连接一个单向导通的电子泵,将电容内的电荷送到另一个电容内储存。当储存电容所积累的电荷达到一定的电压值时,就作为电源向卡片的其他电路提供工作电压,卡片就可以开始与读写器进行通信并操作卡内数据了。电磁波结合的数据信号就是卡与读/写器之间的各种交换信息。

按照支持的读/写功能的不同,非接触式智能卡分为只读卡和读/写卡两种。只读卡内部没有用户数据存储器,结构和操作都比较简单,一般只能应用于比较简单的身份或物体识别系统。只读卡被适当的电磁场感应后,直接将卡内固有的编号发送出来,读卡器仅根据接收到的卡编号来完成识别,不需要向卡内写数据。读/写卡内部具有数据存储器,允许用户在里面存放数据,并能使用读/写器进行读写,所以适合于较为复杂的应用。大多数应用的卡都采用读/写卡。

目前世界上应用的非接触式智能卡有很多种,其中飞利浦(Philips)公司的 Mifare 1 卡应用得最为普遍,下面就对它进行简单介绍。

1. Mifare 1 主要指标

① 容量为 8 K 位 E^2PROM。

② 分为 16 个扇区,每个扇区分为 4 块,每块 16 个字节,以块为存取单位。

③ 每张卡有32位的全球唯一序列号。

④ 具有防冲突机制,支持多卡操作。

⑤ 无电源,自带天线,内含加密控制逻辑和通信逻辑电路。

⑥ 数据保存期为10年,可改写10万次,读无限次。

⑦ 工作频率　13.56 MHz。

⑧ 通信速率　106 kbit/s。

⑨ 读/写距离　100 mm以内(与读/写器有关)。

2. Mifare 1存储结构

Mifare 1卡分为16个扇区,每个扇区由4块(块0、块1、块2、块3)组成,一般也将16个扇区的64块按绝对地址编号为0~63,存储结构如图12.3.1所示。

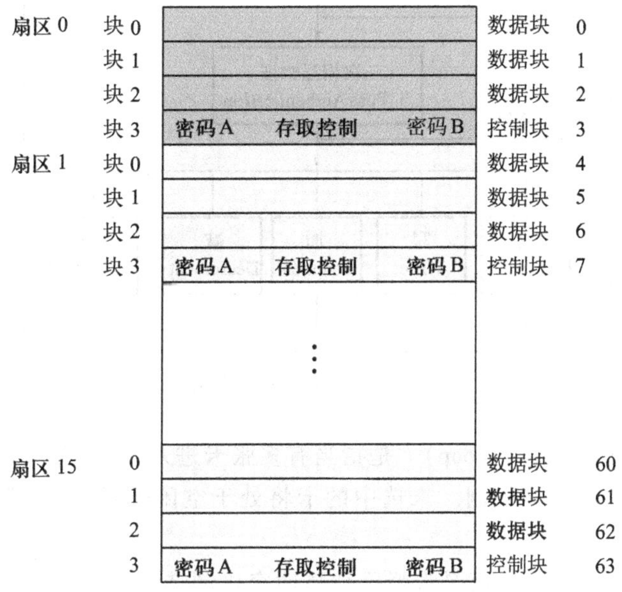

图12.3.1　Mifare 1存储结构

第0扇区的块0(即绝对地址0块)用于存放厂商代码,由厂商固化,不可更改。

每个扇区的块0、块1、块2为数据块,可用于存储数据。

每个扇区的块3为控制块,包括了密码A、存取控制、密码B。

每个扇区都有一组独立的密码及访问控制,可以根据实际需要设定。扇区中的每个块的存取条件由密码和存取控制共同决定。

3. Mifare 1操作流程

读/写器操作Mifare 1卡时,必须严格遵循特定的操作流程,如图12.3.2所示。

各种操作简单说明如下:

① 复位应答(Answer to Request)　就是验证卡片的卡型。Mifare 1卡的通信协议和通信波特率是定义好的,当有卡片进入读/写器的操作范围时,读/写器以特定的协议与它通信,从而确定该卡是否为Mifare 1卡。

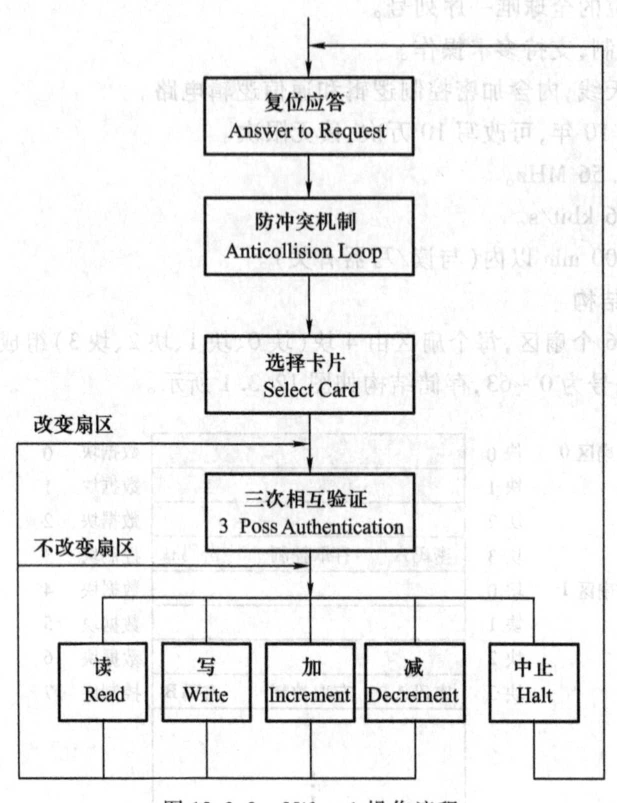

图 12.3.2　Mifare 1 操作流程

② 防冲突机制(Anticollision Loop)　是指当有多张卡进入读/写器操作范围时,只从其中选择一张卡进行操作的一种选择机制。未选中的卡将处于空闲模式,等待下一次的防冲突选择。该过程会返回被选中卡的序列号。

③ 选择卡片(Select Card)　就是选择已被防冲突机制选中的卡序列号,并同时返回卡的容量代码。

④ 三次互相验证(3 Pass Authentication)　是读/写器和卡片之间的相互身份确认。在选定了要处理的卡片之后,读/写器就确定要访问的扇区号,并对该扇区密码进行密码校验,在三次相互认证之后,就可以通过加密流进行数据操作了。

⑤ 四种数据块的操作方式　读(Read)是读一个块,写(Write)是写一个块,加(Increment)是对数据块进行加值,减(Decrement)是对数据块进行减值。

⑥ 中止(Halt)　是将卡置于暂停工作状态。

12.3.2　非接触式智能卡读/写器

非接触式智能卡读/写器一般由微处理器(CPU)、专用智能模块和天线等部件组成,主要实现非接触式智能卡的检测及识别、与智能卡及上位计算机的数据交换等功能。基本结构示意图如图 12.3.3 所示。

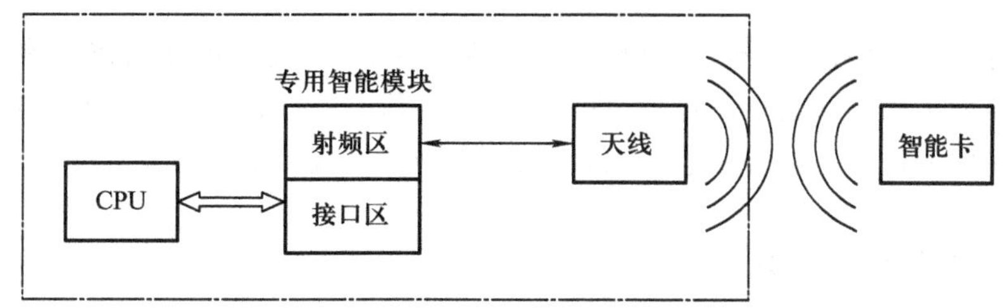

图 12.3.3　非接触式智能卡读/写器结构示意图

非接触式智能卡读/写器的核心技术是射频识别，专用智能模块是实现射频识别的关键器件，负责与智能卡的无线通信，是整个读/写器最重要的组成部分，读/写器工作时，利用它不断向外发出固定频率的电磁波来检测和操作非接触式智能卡。专用智能模块的主要功能包括射频信号产生、数据信息调制解调、安全管理和防冲突处理等，内部结构一般分为射频区和接口区两个部分。射频区主要进行模拟信号处理，内有调制解调器和电源供电电路，直接与天线相连接。接口区以处理数字信号为主，包含连接 CPU 的端口、连接射频区的数据收发器、多字节数据缓冲器、存放密钥的 ROM、控制单元、进行三次验证及数据加密的密码机、进行防冲突处理的防冲突模块等。

微处理器（CPU）的主要功能是与上位计算机进行数据交换，决定卡上数据的处理过程，通过专用智能模块操作智能卡。

天线的功能是信号转换，就是将专用智能模块不断产生的电信号以无线电磁波的方式发射出去，并将从外界接收到的电磁波信号转换为电信号传送给专用模块。

非接触式智能卡读/写器专用智能模块的生产厂家较多，型号也多种多样。早期的产品集成度较低，一般只是将数字处理部分集成在一片芯片中，模拟处理部分以元件形式分布在数字处理芯片的周围，模块的体积较大，电子参数要求苛刻，抗干扰性也差，因此对开发人员的要求很高。近些年来，随着技术的进步，有些厂家已经将整个专用智能模块的数字和模拟部分全部集成到一片芯片上（比较典型的是飞利浦（Philips）推出的 MF RC500，如图 12.3.4 所示），使模块的性能明显提高，非常适用于要求低成本、小尺寸、高性能以及单电源的非接触式通信应用场合，如公共交通终端、手持终端、非接触式公用电话等。

图 12.3.4　MF RC500 芯片

12.3.3　非接触式智能卡的典型应用

1. 动物识别

非接触式智能卡作为个体身份标识，在动物领域（如候鸟迁徙研究、家畜宠物管理等）获得了广泛应用，一般常用的方法是通过改变非接触式智能卡的外形（如做成环形），植入或佩戴到动物的身体上，在需要检验的地方使用固定或手持的读/写器读出智能卡的信息，从而确定动物的身份。

2. 高速公路收费

高速公路进出口安装读/写器，司机购买预付费的智能卡，当司机在高速公路进口刷智能卡时，进口读/写器向卡内写入进口的位置、进入的时间等信息，当司机在出口刷智能卡时，出口读/写器根据卡内存储的进口位置等信息自动计算交费金额，直接从卡上扣除。

12.3.4　多界面智能卡

智能卡主要分为接触式和非接触式两种，两者因使用环境、信息交换量的不同而各有利弊。接触式智能卡的优势在于安全性能高，但是交易速度慢；非接触式智能卡的优势是交易速度快，但是它安全性能差。这种性能上的差异造成了它们应用领域的不同，由于“一卡多用”一直是智能卡应用所追求的目标，所以为了同时发挥这两种卡的优势，既支持接触式通信、又支持非接触式通信的双界面智能卡就成为最具有吸引力的选择。

目前，双界面智能卡有三种解决方案：第一种是接触与非接触完全独立，仅在物理上复合在一张卡片上；第二种是接触与非接触彼此独立但共享某些存储空间；最后一种是接触与非接触运行状态相同，由同一个处理器控制，严格地讲，只有这种类型才可以说是真正意义上的双界面卡。

由于智能卡是以扩展和取代磁卡为目的而发明和发展起来的，所以在某些应用中，为了兼容原来使用的磁卡系统，在智能卡上复合了磁条，形成兼具智能卡和磁卡功能的双界面卡（接触式智能卡或非接触式智能卡加磁卡）或三界面卡（接触式智能卡、非接触式智能卡加磁卡）。由于磁条的寿命要比智能卡芯片短得多，卡片多界面的有效期受到限制，所以这种卡一般只在系统过渡时期使用。

12.3.5　智能卡终端

所谓智能卡终端，就是指以智能卡为数据载体，通过操作智能卡，能够完成一定的功能，具有某种用途的电子产品。

智能卡终端的形式一般有独立式和组合式两种。

独立式智能卡终端就是专用智能卡读/写器，设备本身既对卡操作，又完成所有的功能，一般结构较为简单，功能比较单一。公共交通中使用的公交售卡机、公交车载机和公交制卡机基本上都属于此类。就拿其中相对复杂的售卡机来说，其主要功能可以概括为接收键盘输入、操作智能卡、显示结果、保存并上传售卡记录四个部分；硬件结构也不算复杂，主要由专用智能模块、CPU、键盘、显示器件、存储器、天线、监控电路以及与 PC 通信的通信接口电路等组成。CPU 采用 51 系列单片机 89C52 就可以胜任，显示部分大多采用数码管，存储器容量一般不用超过 8 KB，键盘按键数目也不太多。

组合式终端是由通用读/写器、计算机以及其他部件组成的，一般结构比较复杂，功能也很强大。在组合式终端中，通用读/写器完全在计算机的控制下进行卡的操作，并直接将结果返回给计算机处理，所以说读/写器在功能上就像硬盘和光驱一样，只是计算机的一种外部连接设备，计算机才是整个设备功能的实现者。轨道交通或场所出入口常用的检票门机就属于组合式终端，一般由通行控制部分、智能卡读/写器、单程票回收部分和机械部分等组成，有的还包括磁卡或筹码处理部分,结构十分复杂,而且设备的功能也非常全面,仅靠读/写器很难实现,必须使用计算机进行控制。

*12.4 智能卡系统

12.4.1 金融智能卡系统

从全世界范围来看,金融业无疑是智能卡应用中的重要领域。在过去很长的一段时期内,磁卡在金融业中一统天下,至今仍然占据着大部分的市场份额,但是随着技术的迅速发展,智能卡一定会凭借其安全性能好、系统投资小、运行成本低、脱机交易安全等优点,逐步取代磁卡,占领金融卡市场。

在金融智能卡系统中,智能卡以电子存折和电子钱包两种形式实现脱机账户功能,持卡人一般有一个银行主账户和两个脱机账户(一张电子存折和一个电子钱包)。主账户可以向任意一种脱机账户转账,称为圈存交易;而两种脱机账户中只有电子存折能够向主账户转账,称为圈提交易。电子存折可以联机消费,也可以脱机消费;电子钱包只支持脱机消费。联机交易时,智能卡系统和用户卡片通过存放在银行加密机里的密钥和存放在卡中的密钥来实现彼此之间的相互认证。智能卡在进行圈存、圈提、取现、消费和修改透支限额等各种交易时自动保存交易记录,一般保存最新的10笔或更多。

一般来说,金融智能卡系统至少要包括中心账务系统、中心发卡系统、中心前置机系统、银行网点业务系统及商户POS(销售终端,即卡应用终端)系统几个部分,如图12.4.1所示。

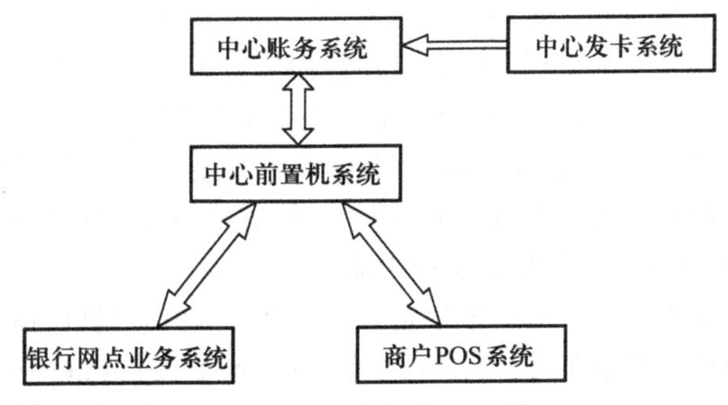

图12.4.1 金融智能卡系统结构图

智能卡中心账务系统主要具有系统管理、卡片处理、记账、日终结账、月终结账、年终结账、客户管理、POS管理、账户查询等功能。中心账务系统要保存智能卡对应的电子存折、电子钱包与专用钱包的账户余额与交易明细,还要开设并管理一个非常重要的账户——主账户。主账户只在智能卡中心数据库中存放。

中心发卡系统主要负责密钥卡的制作及保管、智能卡的制作和初始化等。

中心前置机系统在智能卡系统中的地位非常重要,它负责对所有的交易进行转发、监控,并验证它们的合法性。它一般还连接保密机及网控器(NAC)。保密机存放智能卡的密钥,每一笔智能卡的联机交易均要通过前置机进行密钥验证。网控器与通信线路相连,用于接受商户 POS 机上送的交易数据,并将通过了合法性验证的数据上送到中心账务系统。

银行网点业务系统主要有以下几种功能:主账户交易(如存款、取款、存款取消、取款取消等)、电子存折的圈存或圈提、电子钱包的圈存或存现、账户余额查询、智能卡管理(发卡、修改卡资料、挂失、解挂、换卡、销卡等)、密码管理、结算及各种银行服务功能(如代收公共事业费、代发工资)等。

商户 POS 系统实现卡的各种客户付费功能,如购物消费、就餐娱乐、医疗付费等。

在金融智能卡系统中,脱机交易和联机交易的密码校验方式不同。脱机交易时密码校验只在智能卡和 POS 机之间进行,联机交易的密码校验主要由系统加密机进行。比较起来,脱机交易操作速度快,安全性稍差,所以权限许可的交易金额较小;联机交易耗时较多,安全性高,交易许可相对宽松。另外需要说明的是,为了防止数据被窃听,提高整个系统的安全性,金融智能卡系统多采用接触式智能卡。

12.4.2　交通智能卡系统

前些年,公共交通的收费方式从传统的人工售票发展成为无人售票,采用乘客主动投币的形式,省去了售票员,并避免了逃票现象,产生了不小的经济效益,但是也出现了乘客投币不能找零和营运公司票款难以清点等新问题。近几年发展起来的交通智能卡自动收费系统,不仅实现了收费全自动化,无须找零也无须清点,还开创了一卡多用、一票换乘的新收费模式,全面体现了公交企业"方便快捷,准确耐用,保障利益"的收费服务宗旨,所以获得了迅速推广。

实际应用的交通智能卡系统规模差异很大,有的只限于单一的行业(如公共汽车收费系统、出租汽车收费系统);有的覆盖某一地区的多个行业,形成多行业统一收费系统,称为本地一卡通;还有的实现了跨地区的多行业一卡通收费,称为异地一卡通。这些系统尽管规模不同,内部结构却基本相似,典型的交通智能卡(一卡通)系统结构如图 12.4.2 所示。

系统中的发卡中心专门用于对智能卡进行初始化。卡在对外发售前必须经过初始化,初始化就是对卡内的空间按照系统规定的格式进行划分,然后将系统的初始密钥按照一定的算法进行变换后写入卡内,从而使这张卡能够在系统中流通。

售卡充值中心主要负责智能卡的发售和充值。售卡和充值有脱机与联机两种工作方式。脱机售卡充值点应当具备的功能主要有:操作员安全认证、购卡人信息登记、卡有效性检测、售卡、充值、收取押金、打印收据或发票、保存并上传交易记录、打印各种结算数据等。联机售卡充值点除具有脱机售卡充值点的基本功能外,还具有乘客消费记录查询、退卡、换卡、挂失和解禁等功能。

行业结算中心的主要任务是对本行业的交易数据进行采集分析,将数据导入本地数据库,并上传到系统清算中心,同时汇总每个下属公司的营业收入(以备与清算中心对账),此外还负责将清算中心下发的各种信息(如黑名单等)下发至各个收费设备。

清算中心是整个系统的核心,主要功能有:

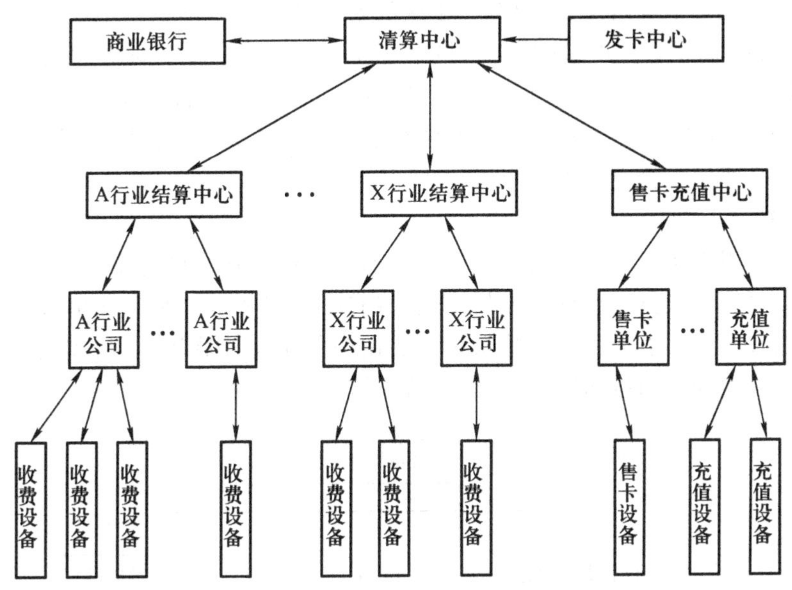

图 12.4.2 交通智能卡(一卡通)系统结构图

(1) 乘客卡的合法性检查

清算中心每天都要将每张乘客卡的售卡充值信息、消费交易信息和消费的最新余额进行动态平衡计算。如果发现收支不平衡的卡,就根据不平衡的具体情况进行针对性处理,重新确定卡的使用权限,并根据需要产生相应的黑名单下发到整个系统,禁止非法卡的使用,降低可能造成的营业损失。

(2) 乘客卡营运数据划拨

乘客卡营运数据划拨主要是根据各种数据统计结果,向商业银行提供所需的各种报表及单据,完成收费资金的入账、转账等;同时还负责清算中心、商业银行及行业结算中心之间的结算数据核对以及各核算成员间的收入结算、分账、转账等。

(3) 中心管理

清算中心负责统一管理系统中所有用户与系统资源的属性、权限及安全认证,确定并发放每个操作员的工作权限,同时禁用已经丢失或取消的权限,保证每项操作的合法性;此外还要统一管理系统中所有的卡片、设备等系统资源,保证它们的运行完整性。

(4) 综合信息查询

进行高效优质的数据分析,帮助领导进行决策分析,为系统的运营提供及时、准确的数据,降低决策风险,提高工作效率。

行业公司、售卡单位和充值单位在系统中的作用主要是监控前端设备的正常运行、完成各种信息数据的上下传送等。

12.4.3 小区智能卡系统

现在人们的居住条件得到了极大改善,许多新建小区都安装了小区智能卡系统(也称小区一卡通)，方便了居民的生活与管理，也提升了小区的安全性和整体形象。小区智能卡系统一般由门禁、电梯、消费、停车场及巡更等不同功能的子系统组合而成。小区的业主每人持有一张智能卡，根据所获得的授权，在有效期限内使用它开启指定的门锁，使用指定的电梯，进入实施出入控制的居住区域，还可以在充值后凭卡在小区的餐厅和娱乐场所消费，凭卡使用小区的自动停车场。巡更子系统主要用于物业管理。

1. 门禁系统

门禁系统主要用来实现小区内的各种出入口通行控制。在小区每个受控的出入口，都安装智能卡读/写器，对通行人员实行识别控制，只有持有小区智能卡并具有该出入口许可权限的业主或物业管理服务人员才能通行。门禁系统主要由门禁系统计算机、门禁控制器、智能卡读/写器、电控锁、门磁开关和出门按钮等组成，结构简图如图 12.4.3 所示。

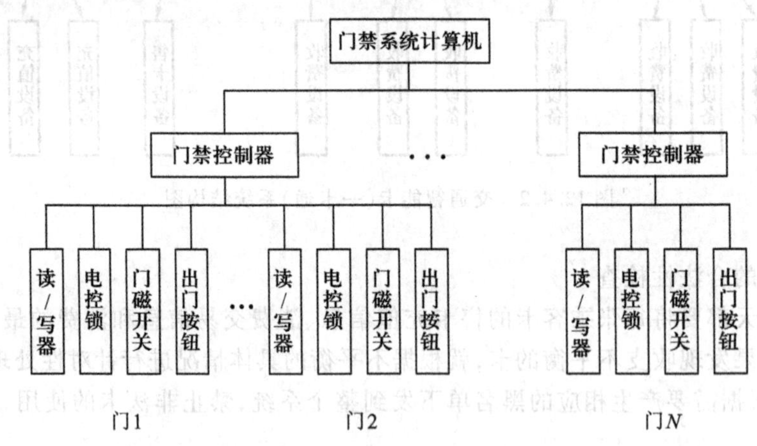

图 12.4.3　智能卡门禁系统结构图

门禁系统计算机一般安装在小区的管理中心，主要具有以下功能：设置操作人员权限、设置持卡人进出权限、监控各控制点门的开关状况、对异常情况(开门超时、非法开门等)报警、查询开门及报警记录、生成各种综合管理报表等。

门禁控制器根据系统计算机下发的名单，判断每个持卡人的通行权限，借助各个输入/输出设备(智能卡读/写器、出门按钮、电控锁等)控制门的开启与关闭，并将所有的正常通行记录和异常报警信息上传到系统计算机。

门禁读/写器主要作用是读取智能卡中的持卡人身份标识，并将之发送给门禁控制器；电控锁是用电信号驱动的锁具，其动作由门禁控制器驱动；门磁开关检测门当前的开关状态；出门按钮产生直接通行信号，在人们从受控区域到不受控区域(即出门)时使用。

2. 电梯控制系统

电梯控制系统是用来控制小区电梯使用权限的，具体地说就是在电梯的每个入口安装智能卡读/写器，只允许持有小区智能卡并具有许可权限的人员进入。它的系统结构与工作原理都和门禁系统相似。

3. 消费系统

消费系统用于小区内商店、酒吧、健身房等消费场所的收费，一般由消费系统计算机、销售终端(POS)、充值机和查询机等组成,结构图如图12.4.4所示。小区的业主只要先去充值,让充值机在所持卡片上写入相应的电子金额,以后就可持卡在各消费场所消费,由POS机从卡内扣款,实现电子自动结算。

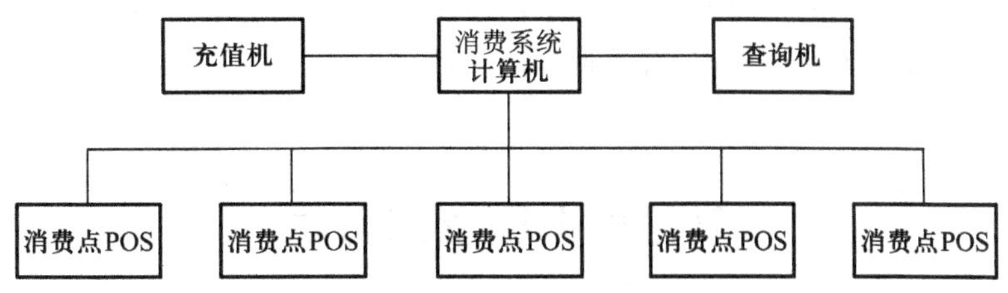

图12.4.4　智能卡消费系统结构图

消费系统计算机的主要功能有:

① 建立并管理营业组、智能卡和终端机(POS机、充值机、查询机等)的各种档案资料。

② 实现开户、充值、挂失、解挂、注销、补卡、统计等智能卡消费管理功能。

③ 设置POS机和充值机、采集交易数据、产生并下发黑名单。

④ 汇总营业数据,生成相应报表,按需要条件查询交易记录。

⑤ 备份、更新系统数据,设置系统管理员权限。

充值机主要功能是对卡进行充值,同时产生充值记录。POS机用来从消费者的智能卡中扣除消费金额并产生消费记录。充值记录和消费记录都要上传到系统计算机。

查询机主要用来验证卡的合法性、查询卡内的金额和交易记录。

4. 停车场系统

停车场系统主要用于控制停车场的入口和出口,它可以通过发卡系统方便地实现月卡、年卡等功能,业主根据车场规定交纳月租费或年租费。该系统从功能和结构上都类似于门禁系统和消费系统的组合。

5. 巡更系统

在智能化的小区中,巡更、巡检工作事关业主安全,必须严格地按计划的路线和时间进行。为了客观准确地记录并考核工作人员的巡更执行情况,就要使用巡更自动管理系统。

巡更系统可以分为移动巡更和固定巡更两种,两者的主要区别在于智能卡和读/写器安装方式不同。所谓固定巡更,就是在各巡更点安装智能卡读/写器(可使用门禁读写器代替),巡检人员携带自己的卡片巡逻,在各巡更点刷卡,读/写器自动记录巡检人员的卡号和巡检时间,并将数据上传给系统管理计算机,由系统计算机负责对巡检人员进行考核。所谓移动巡更,就是将卡片埋设在各巡更点,巡检人员携带手持巡更机(相当于手持式读写器)巡视,在各巡更点读卡,把代表该点的卡号和当前时间记录在巡更机中,巡更完成后将巡更机数据下载到计算机进行处理。

12.4.4　考勤智能卡系统

考勤智能卡系统现在也应用得非常广泛,一般由相互连接的一台管理计算机和若干台考勤读卡器组成。单位的员工在上下班时将自己的智能卡在读卡器上刷一下,考勤读卡器就会记录下该员工的卡号和刷卡时间，并将数据上传给管理计算机。管理计算机通过查询和比对，对读卡记录进行相关处理，自动生成考勤报表，实现电子管理。在安装了门禁系统的单位中，也可以将某几台门禁读卡器指定为考勤点，实现门禁、考勤统一管理。

总之，随着智能卡技术的快速发展，智能卡的应用越来越广泛，智能卡系统也越来越多，既方便了人们的生活，又节约了社会成本，有力地推动了社会进步。

复习思考题及练习题

12-1　打印机主要分哪几类，各有什么特点？

12-2　复印机的工作原理是什么，它是如何工作的？

12-3　传真机的基本工作过程是什么？

12-4　智能卡可以划分为哪几类？

12-5　接触式智能卡由哪几部分组成，使用过程分哪几步？

12-6　智能卡读/写器是如何保证应用可靠性的？

12-7　非接触式智能卡由哪几部分组成，它的工作原理是什么？

12-8　非接触式智能卡与读/写器之间的通信流程是什么？

12-9　非接触式智能卡读/写器由哪几部分组成，各具有什么功能？

12-10　金融智能卡系统由哪几部分组成，各具有什么功能？

12-11　交通智能卡系统由哪几部分组成，各具有什么功能？

12-12　小区智能卡系统由哪几部分组成，各具有什么功能？

参考书目

[1] 秦曾煌,姜三勇.电工学[M].7 版.北京:高等教育出版社,2009.
[2] 大连理工大学电工学教研室编,唐介.电工学(少学时)[M].2 版.北京:高等教育出版社,2005.
[3] 浙江大学电气技术与电工学教研室编,叶挺秀,张伯尧.电工电子学[M].3 版.北京:高等教育出版社,2008.
[4] 朱承高,贾学堂,郑益慧.电工学概论[M].2 版.北京:高等教育出版社,2008.
[5] 朱承高,吴月梅.电工及电子实验(非电类专业)[M].北京:高等教育出版社,2010.
[6] 林孔元,王萍.电气工程学概论[M].北京:高等教育出版社,2009.
[7] 王鸿明.电工与电子技术[M].北京:高等教育出版社,2007.
[8] 朱伟兴.电路与电子技术[M].北京:高等教育出版社,2008.
[9] 侯世英.电工学 I[M].北京:高等教育出版社,2007.
[10] 雷勇,宋黎明.电工学(上册)[M].北京:高等教育出版社,2012.
[11] 张南.电工学(少学时)[M].2 版.北京:高等教育出版社,2002.
[12] 许鸿量,孙文卿.电工技术[M].上海:上海交通大学出版社,1992.
[13] 贾学堂,汪琼,许鸿量.电子技术[M].上海:上海交通大学出版社,1998.
[14] 童诗白,华成英.模拟电子技术基础[M].3 版.北京:高等教育出版社,2001.
[15] 康华光.电子技术基础[M].3 版.北京:高等教育出版社,1990.
[16] 童诗白,徐振英.现代电子学及应用[M].北京:高等教育出版社,1994.
[17] 张凤言.电子电路基础[M].2 版.北京:高等教育出版社,1995.
[18] 阎石.数字电子技术基础[M].4 版.北京:高等教育出版社,1998.
[19] 孙文卿,朱承高.电工学试题汇编[M].北京:高等教育出版社,1993.
[20] 朱承高.电工及电子技术手册[M].北京:高等教育出版社,1990.
[21] 戴一平.可编程序控制器技术[M].北京:机械工业出版社,2003.
[22] 孙元章,李裕能.走进电世界[M].北京:中国电力出版社,2011.
[23] 颜嘉男.伺服电机应用技术[M].北京:科学出版社,2010.
[24] [日]坂本正文著,王自强译.步进电机应用技术[M].北京:科学出版社,2010.
[25] 贾学堂主编.电路及模拟电子技术基础(下册)[M].上海:上海交通大学出版社,2010.
[26] 贾学堂主编.数字电子技术基础[M].上海:上海交通大学出版社,2010.
[27] 朱承高,宋葛瑾.数字电子技术[M].哈尔滨:哈尔滨工业大学出版社,2009.
[28] 中国大百科全书总编辑委员会《电工》编辑委员会编.中国大百科全书.电工[M].北京:中国大百科全书出版社,1992.
[29] 吕砚山.常用电工电子技术手册[M].北京:化学工业出版社,1995.
[30] 诸君汉,夏有为.实验室实用手册[M].北京:机械工业出版社,1994.

[31] 机械工程手册电机工程手册编辑委员会编.机械工程手册[M].2版.电工、电子与自动控制卷.北京:机械工业出版社,1997.
[32] 陆元章.现代机械设备设计手册机电系统与控制卷[M].北京:机械工业出版社,1996.
[33] 陈伯时.电力拖动自动控制系统[M].2版.北京:机械工业出版社,2000.
[34] 周孝信,陈树勇,鲁宗相.电网和电网技术发展的回顾与展望——试论三代电网[J].电力系统自动化,2013,33(22):1-11.
[35]《中国电机工业发展史:百年回顾与展望》编写组著.中国电机工业发展史:百年回顾与展望[M].北京:机械工业出版社,2011.
[36] 中国科学院"构建符合我国国情的智能电网"咨询项目工作组.中国智能电网的技术与发展[M].北京:科学出版社,2013.
[37] 周杰娜.现代电力系统调度自动化[M].重庆:重庆大学出版社,2002.
[38] 吴文传,张伯明,孙宏斌.电力系统调度自动化[M].北京:清华大学出版社,2011.
[39] 杨旭,刘盾等.EDA技术基础与实验教程[M].北京:清华大学出版社,2010.
[40] 邹彦,庄严,邹宁,王宇鸿.EDA技术与数字系统设计[M].北京:电子工业出版社,2007.
[41] 王兆安,刘进军.电力电子技术[M].5版.北京:机械工业出版社,2009.
[42] 陈坚,康勇.电力电子学——电力电子变换和控制技术[M].3版.北京:高等教育出版社,2011.
[43] 姜建国,乔树通,郜登科.电力电子装置在电力系统中的应用[J].电力系统自动化,2014,38(3):2-6,18.
[44] 满永奎,韩安荣,吴成东.通用变频器及应用[M].北京:机械工业出版社,1995.
[45] 许实章.电机学[M].北京:机械工业出版社,1998.
[46] 吴道梯.非电量电测技术[M].2版.西安:西安交通大学出版社,2001.
[47] 赵继文.传感器与应用电路设计[M].北京:科学出版社,2002.
[48] 李清泉,黄昌宁.集成运算放大器原理及应用[M].北京:科学出版社,1980.
[49] [日]桂井诚.电工实用手册[M].北京:科学出版社,OHM社,2001.
[50] [日]藤井信生.电子实用手册[M].北京:科学出版社,OHM社,2002.
[51] [日]曾根悟,小谷诚,向殿政男.图解电气大百科[M].北京:科学出版社,OHM社,2002.
[52] [日]伊落菘,石井坚太郎,大园博嗣等.图解通信[M].北京:科学出版社,OHM社,2000.
[53] [日]木村博司,粉川昌己.图解通信应用[M].北京:科学出版社,OHM社,2000.
[54] [日]饭高成男,泽间照一.图解电机电器[M].北京:科学出版社,OHM社,2000.
[55] [日]正田英介.电机电器[M].北京:科学出版社,OHM社,2001.
[56] [日]正田英介.半导体器件[M].北京:科学出版社,OHM社,2001.
[57] 杨帮文.新型集成器件应用电路[M].北京:电子工业出版社,2002.
[58] [美]J G Proakis.数字通信[M].3版.北京:电子工业出版社,2001.
[59] 陈显治.现代通信技术[M].北京:电子工业出版社,2001.
[60] 黄军辉,刘永生.办公自动化与现代办公设备[M].北京:电子工业出版社,1999.
[61] 王卓人,邓晋钧,刘宗祥.IC卡的技术与应用[M].北京:电子工业出版社,1999.
[62] 袁连生.安全用电技术[M].北京:电子工业出版社,1990.
[63] 李旭.输电线路专业[M].北京:水利电力出版社,1995.
[64] 张凤言,王建刚.模拟集成电路及应用[M].北京:中国铁道出版社,2000.
[65] 王爱英.智能卡技术——IC卡[M].北京:清华大学出版社,2000.
[66] 郭士秋.ADSL宽带网技术[M].北京:清华大学出版社,2001.
[67] 啜钢,王文博,常永宇等.移动通信原理与应用[M].北京:北京邮电大学出版社,2000.

[68] 达新宇,孟涛,庞宝茂等.现代通信新技术[M].西安:西安电子科技大学出版社,2000.
[69] 黄如星,朱桂林.调频立体声广播技术[M].杭州:浙江大学出版社,1988.
[70] 付洪畴.低压电器安全[M].北京:中国标准出版社,1994.
[71] [日]正田英介,常深信彦.图像电子学[M].北京:科学出版社,OHM 社,2002.
[72] 林玉池.测量控制与仪器仪表前沿技术及发展趋势[M].天津:天津大学出版社,2005.
[73] 张洪润,张亚凡.传感技术与应用教程[M].北京:清华大学出版社,2005.
[74] 翁瑞琪.袖珍电子工程师手册[M].2 版.北京:机械工业出版社,2006.
[75] [美]马斯特斯.高效可再生分布式发电系统[M].王宾等译.北京:机械工业出版社,2009.

郑重声明

高等教育出版社依法对本书享有专有出版权。任何未经许可的复制、销售行为均违反《中华人民共和国著作权法》，其行为人将承担相应的民事责任和行政责任；构成犯罪的，将被依法追究刑事责任。为了维护市场秩序，保护读者的合法权益，避免读者误用盗版书造成不良后果，我社将配合行政执法部门和司法机关对违法犯罪的单位和个人进行严厉打击。社会各界人士如发现上述侵权行为，希望及时举报，我社将奖励举报有功人员。

反盗版举报电话 (010)58581999 58582371

反盗版举报邮箱 dd@hep.com.cn

通信地址 北京市西城区德外大街4号 高等教育出版社知识产权与法律事务部

邮政编码 100120

读者意见反馈

为收集对教材的意见建议，进一步完善教材编写并做好服务工作，读者可将对本教材的意见建议通过如下渠道反馈至我社。

咨询电话 400-810-0598

反馈邮箱 gjdzfwb@pub.hep.cn

通信地址 北京市朝阳区惠新东街4号富盛大厦1座

高等教育出版社总编辑办公室

邮政编码 100029

防伪查询说明

用户购书后刮开封底防伪涂层，使用手机微信等软件扫描二维码，会跳转至防伪查询网页，获得所购图书详细信息。

防伪客服电话 (010)58582300

新形态教材网使用说明

一、注册/登录

访问 http://abooks.hep.com.cn/，点击“注册”，在注册页面输入用户名、密码及常用的邮箱进行注册。已注册的用户直接输入用户名和密码登录即可进入“我的课程”页面。

二、课程绑定

点击“我的课程”页面右上方“绑定课程”，正确输入教材封底防伪标签上的20位密码，点击“确定”完成课程绑定。

三、访问课程

在“正在学习”列表中选择已绑定的课程，点击“进入课程”即可浏览或下载与本书配套的课程资源。刚绑定的课程请在“申请学习”列表中选择相应课程并点击“进入课程”。

如有账号问题，请发邮件至：abook@hep.com.cn。